高等
工程數學

SI Edition

ADVANCED ENGINEERING
MATHEMATICS
8th Edition

Peter V. O'Neil 著

黃孟槺 譯

Australia • Brazil • Mexico • Singapore • United Kingdom • United States

```
高等工程數學 / Peter V. O'Neil 原著；黃孟槺譯 --
    修訂二版 . -- 臺北市：新加坡商聖智學習,
    2019.03
        面；  公分
    譯自：Advanced Engineering Mathematics, 8th ed.
    ISBN 978-957-9282-42-0 (平裝)

    1. 工程數學

440.11                                  108003579
```

高等工程數學

© 2019 年，新加坡商聖智學習亞洲私人有限公司台灣分公司著作權所有。本書所有內容，未經本公司事前書面授權，不得以任何方式（包括儲存於資料庫或任何存取系統內）作全部或局部之翻印、仿製或轉載。

© 2019 Cengage Learning Asia Pte. Ltd.
Original: Advanced Engineering Mathematics, SI, 8th Edition
        By Peter V. O'Neil
        ISBN: 9781337274524
        © 2018 Cengage Learning
        All rights reserved.

        1 2 3 4 5 6 7 8 9 2 0 1 9

出 版 商	新加坡商聖智學習亞洲私人有限公司台灣分公司
	10448 臺北市中山區中山北路二段 129 號 3 樓之 1
	http://cengageasia.com
	電話：(02) 2581-6588 傳真：(02) 2581-9118
原　　著	Peter V. O'Neil
譯　　者	黃孟槺
執行編輯	曾怡蓉
印務管理	吳東霖
總 經 銷	台灣東華書局股份有限公司
	地址：10045 臺北市中正區重慶南路一段 147 號 3 樓
	http://www.tunghua.com.tw
	郵撥：00064813
	電話：(02) 2311-4027
	傳真：(02) 2311-6615
出版日期	西元 2019 年 3 月　修訂二版一刷

ISBN 978-957-9282-42-0

(19SMS0)

序

本書是依據高等數學主題的課程而編寫設計的。高等工程數學包括微分方程、線性代數、向量分析、傅立葉分析與複變函數等主題，是工程學習和練習所必須的。為了在學習過程中取得成功，讀者應該已經順利地完成了微積分的課程。

為了便於使用和選擇主題的靈活性，本書分為六個部分：

- **第 1 部分：常微分方程式**，包括一階和二階微分方程式，以及拉氏變換和特徵函數。
- **第 2 部分：矩陣、線性代數與微分方程組**，向讀者介紹向量和向量空間 R^n、矩陣、行列式以及特徵值、對角化和特殊矩陣與線性微分方程組。
- **第 3 部分：向量分析**，由向量的微分和向量的積分組成。
- **第 4 部分：史特姆－李歐維里問題、傅立葉分析與特徵函數展開**，涵蓋了史特姆－李歐維里問題、傅立葉級數和傅立葉變換。
- **第 5 部分：偏微分方程式**，包括波動方程式、熱方程式、拉氏方程式、特殊函數和應用以及利用變換法求解。
- **第 6 部分：複變函數**，討論複數和函數、積分、函數的級數表示法、奇點和留數定理。

在整本書中，詳細的例子闡明了符號、理論和數值計算。對於傅立葉、拉氏、傅立葉餘弦和正弦變換提供變換表以及符號指南。

新的第八版

第八版的《高等工程數學》包括幾個特點，旨在使工程學生更容易接近數學以及對於數學產生興趣，並組織有關特定主題的課程。

新的「數往知來」（Math in Context）特點出現在整本書中，這些是由工程師為工程學生編寫的短文，從他們的角度提供洞察力，了解數學如何在各種現實世界的工程項目和設置中出現。以下顯示一個例子。

數往知來──天線

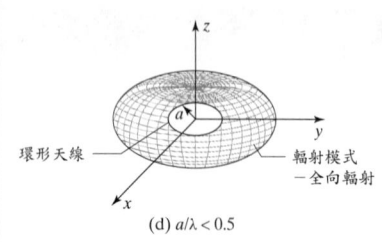

(d) $a/\lambda < 0.5$

（左圖）環形天線的輻射傳播場。
根據 Sisir K. Das and Annapurna Das. Antenna and Wave Propagation (New Delhi: Tata McGraw Hill, 2013).
（右圖）阿雷西博天文台，地球上最大的彎曲聚焦天線。

　　天線設計是現代電機工程的重要子集。發射和接收電磁波的天線是使衛星、無線網路、電視廣播和手機成為可能的設備。可以使用本章提到的向量積分法來分析簡單或理想的天線配置。

　　更複雜地，現代年代的天線設計是經由數值方法和電腦軟體進行的。重大研究還在進行，以開發演算法來準確地求解電磁學中產生的積分方程式。

　　本書的組織已重新設計，以便更有效地關注特定主題。例如，史特姆－李歐維里問題以及特徵函數展開可做為以分離變數法求解偏微分方程式的預備知識。使用積分變換求解偏微分方程式也收集在單獨的章節中。

　　大部分題材都是標準的，但是增加了一些額外的主題。

- 拉氏方程式一章以泊松方程式作為結束。
- 在波動和熱方程式的解法中，包括處理驅動函數的技術以及處理模擬各種效應的項。
- 對於線性代數和矩陣的處理，包括建立正交基底和正交補集，構成最小平方法的基底。

線上模組

　　其他特別感興趣的主題將會提供線上下載，使書保持合理的頁數和價格。這些主題包括：

- 小波

- 修正的貝索函數
- 矩陣的 LU 分解
- 離散傅立葉變換和取樣傅立葉級數
- 複變留數的應用

另外，關於機率和統計的兩個完整章節也可以由線上下載。這些章節包括條件機率和貝氏定理、統計推論和信賴區間。

致謝

在完成這個版本，感謝評論者提供有見地和有益的意見，其中包括 The University of Akron 的 Dmitry Golovaty、Saint Louis University 的 William D. Thacker 與 University of Maine 的 Jin Shihe，以及其他一些寧願保持匿名的人。

作者還要感謝 CJ Anslow、Omri Flaisher 及 Qaboos Imran，因為他們寫出「數往知來」（Math in Context）短文。

作者還要感謝 Cengage Learning 的全球工程團隊（Global Engineering team）對本書的奉獻，特別感謝產品部主任 Timothy Anderson、資深產品開發專員 Mona Zeftel、資深內容專案經理 Kim Kusnerak、行銷經理 Kristin Stine、學習解答專家 Elizabeth Brown 與 Brittany Burden、副媒體內容開發專員 Ashley Kaupert、產品部助理 Teresa Versaggi 與 Alexander Sham，以及 RPK 主編服務部的 Rose Kernan。他們熟練地指導本書開發和生產的各個環節，使本書能夠圓滿完成。

PETER V. O'NEIL
伯明罕阿拉巴馬大學

簡明目錄

PART 1　常微分方程式　　1
- Chapter 1　一階微分方程式　　3
- Chapter 2　二階微分方程式　　43
- Chapter 3　拉氏變換　　75
- Chapter 4　級數解　　111

PART 2　矩陣、線性代數與線性微分方程組　　129
- Chapter 5　向量與向量空間 R^n　　131
- Chapter 6　矩陣、行列式與線性方程組　　165
- Chapter 7　特徵值、對角化與特殊矩陣　　213
- Chapter 8　線性微分方程組　　245

PART 3　向量分析　　275
- Chapter 9　向量的微分　　277
- Chapter 10　向量的積分　　303

PART 4　史特姆－李歐維里問題、傅立葉分析與特徵函數展開　　357
- Chapter 11　史特姆－李歐維里問題與特徵函數展開　　359
- Chapter 12　傅立葉級數　　383
- Chapter 13　傅立葉變換　　419

PART 5　偏微分方程式　　441
- Chapter 14　波動方程式　　443
- Chapter 15　熱方程式　　479
- Chapter 16　拉氏方程式　　513

Chapter 17　特殊函數　543
Chapter 18　以變換法求解　577

PART 6　複變函數　599

Chapter 19　複數與函數　601
Chapter 20　積分　631
Chapter 21　函數的級數表示法　653
Chapter 22　奇點與留數定理　671

目錄

序 i

PART 1　常微分方程式 1

CHAPTER 1　一階微分方程式 3

1.1 術語和可分離變數的方程式 3
　　1.1.1　奇異解 7
　　1.1.2　可分離方程式的一些應用 8

1.2 線性一階方程式 17

1.3 正合方程式 22

1.4 積分因子 27
　　1.4.1　可分離方程式與積分因子 32
　　1.4.2　線性方程式與積分因子 32

1.5 齊次、伯努利與李卡地方程式 33
　　1.5.1　齊次微分方程式 33
　　1.5.2　伯努利方程式 37
　　1.5.3　李卡地方程式 39

CHAPTER 2　二階微分方程式 43

2.1 線性二階方程式 43

2.2 降階法 50

2.3 常係數齊次方程式 53

2.4 非齊次方程式的特解 58
　　2.4.1　參數變換法 58
　　2.4.2　未定係數法 61

2.5 歐勒方程式 70

CHAPTER 3　拉氏變換 75

3.1 定義與符號 75

3.2	初值問題的解	*79*
3.3	Heaviside 函數與移位定理	*84*
	3.3.1　第一移位定理	*84*
	3.3.2　Heaviside 函數、脈動與第二移位定理	*87*
	3.3.3　Heaviside 公式	*97*
3.4	卷積	*100*
3.5	脈衝與 Dirac delta 函數	*103*
3.6	線性微分方程組	*107*

Chapter 4　級數解　*111*

4.1	冪級數解	*111*
4.2	Frobenius 解	*117*

PART 2　矩陣、線性代數與線性微分方程組　*129*

Chapter 5　向量與向量空間 R^n　*131*

5.1	平面與三維空間的向量	*131*
	5.1.1　三維空間的直線方程式	*135*
5.2	點積	*137*
	5.2.1　平面的方程式	*141*
	5.2.2　一向量投影到另一向量	*142*
5.3	叉積	*143*
5.4	n-向量和 R^n 的代數結構	*147*
5.5	正交集合和正交化	*155*
5.6	正交補餘和投影	*160*

Chapter 6　矩陣、行列式與線性方程組　*165*

6.1	矩陣與矩陣代數	*165*
	6.1.1　術語與特殊矩陣	*169*
	6.1.2　矩陣乘法的不同觀點	*171*
6.2	列運算與簡化矩陣	*174*
6.3	齊次線性方程組的解	*184*

6.4	非齊次線性方程組的解	190
6.5	反矩陣	198
6.6	行列式	203
	6.6.1　以列或行運算計算	206
6.7	克蘭姆法則	210

Chapter 7　特徵值、對角化與特殊矩陣　213

7.1	特徵值與特徵向量	213
	7.1.1　特徵向量的線性獨立	218
	7.1.2　喬斯哥林圓	221
7.2	對角化	225
7.3	特殊矩陣及其特徵值和特徵向量	232
	7.3.1　對稱矩陣	233
	7.3.2　正交矩陣	235
	7.3.3　單式矩陣	237
	7.3.4　賀米特與反賀米特矩陣	238
7.4	二次式	241

Chapter 8　線性微分方程組　245

8.1	線性方程組	245
	8.1.1　$\mathbf{X}' = \mathbf{AX}$ 的解的結構	247
	8.1.2　$\mathbf{X}' = \mathbf{AX} + \mathbf{G}$ 的解的結構	252
8.2	當 $\mathbf{A}$ 為常數的 $\mathbf{X}' = \mathbf{AX}$ 的解	255
	8.2.1　複數特徵值的情況	264
8.3	指數矩陣解	267

PART 3　向量分析　275

Chapter 9　向量的微分　277

9.1	單變數的向量函數	277
9.2	速度、加速度與曲率	282
9.3	梯度場	287
	9.3.1　等位面、切平面與法線	290

9.4	散度與旋度	*294*
	9.4.1　散度的物理解釋	*296*
	9.4.2　旋度的物理解釋	*298*
9.5	向量場的流線	*299*

Chapter 10　向量的積分　　303

10.1	線積分	*303*
	10.1.1　相對於弧長的線積分	*311*
10.2	格林定理	*314*
	10.2.1　格林定理的推廣	*315*
10.3	與路徑無關以及位勢理論	*320*
10.4	面積分	*332*
	10.4.1　曲面的法向量	*333*
	10.4.2　純量場的面積分	*338*
10.5	面積分的應用	*341*
	10.5.1　曲面的面積	*341*
	10.5.2　殼的質量和質心	*341*
	10.5.3　流體通過曲面的通量	*344*
10.6	高斯散度定理	*347*
	10.6.1　阿基米德原理	*349*
	10.6.2　熱方程式	*350*
10.7	史托克定理	*352*
	10.7.1　三維空間的位勢理論	*355*

PART 4　史特姆－李歐維里問題、傅立葉分析與特徵函數展開　　357

Chapter 11　史特姆－李歐維里問題與特徵函數展開　　359

11.1	特徵值、特徵函數與史特姆－李歐維里問題	*359*
11.2	特徵函數展開	*366*
	11.2.1　係數的性質	*375*
11.3	傅立葉級數	*378*
	11.3.1　在 [0, L] 的傅立葉餘弦級數	*378*
	11.3.2　在 [0, L] 的傅立葉正弦級數	*380*

CHAPTER 12　傅立葉級數 383

- **12.1** 在 $[-L, L]$ 的傅立葉級數 　383
  - 12.1.1 偶函數與奇函數的傅立葉級數　391
  - 12.1.2 吉布斯現象　393
- **12.2** 正弦和餘弦級數　396
- **12.3** 傅立葉級數的積分與微分　401
- **12.4** 傅立葉係數的性質　407
  - 12.4.1 最小平方最適化　411
- **12.5** 複數傅立葉級數　414

CHAPTER 13　傅立葉變換　419

- **13.1** 傅立葉變換　419
  - 13.1.1 濾波和 Dirac delta 函數　433
- **13.2** 傅立葉餘弦和正弦變換　435

PART 5　偏微分方程式　441

CHAPTER 14　波動方程式　443

- **14.1** 在有界區間的波動　443
  - 14.1.1 c 對運動的影響　448
  - 14.1.2 有強制項 $F(x)$ 的波動　449
- **14.2** 在無界介質中的波動　455
  - 14.2.1 實線上的波動方程式　455
  - 14.2.2 半線上的波動方程式　460
- **14.3** d'Alembert 的解和特徵線　463
- **14.4** 具有強制項 $K(x, t)$ 的波動方程式　473

CHAPTER 15　熱方程式　479

- **15.1** 在有界介質中的擴散問題　479
  - 15.1.1 末端溫度保持在零度　480
  - 15.1.2 絕熱端　483
  - 15.1.3 一個輻射端　486
  - 15.1.4 非齊次邊界條件　488

	15.1.5 包含對流與其他效應	492
15.2	具有強制項 $F(x, t)$ 的熱方程式	496
15.3	實線上的熱方程式	502
	15.3.1 重新闡述實線上的解	505
15.4	半線上的熱方程式	507

Chapter 16　拉氏方程式　513

16.1	矩形的 Dirichlet 問題	514
16.2	圓盤的 Dirichlet 問題	518
16.3	Poisson 積分公式	522
16.4	無界區域的 Dirichlet 問題	525
16.5	紐曼問題	528
	16.5.1 矩形的紐曼問題	530
	16.5.2 圓盤的紐曼問題	532
	16.5.3 上半平面的紐曼問題	534
16.6	Poisson 方程式	537

Chapter 17　特殊函數　543

17.1	雷建德多項式	543
	17.1.1 生成函數	547
	17.1.2 遞迴關係	550
	17.1.3 Rodrigues 公式	551
	17.1.4 傅立葉－雷建德展開	552
	17.1.5 雷建德多項式的零點	557
17.2	貝索函數	560
	17.2.1 $J_n(x)$ 的生成函數	564
	17.2.2 遞迴關係	565
	17.2.3 $J_\nu(x)$ 的零點	566
	17.2.4 傅立葉－貝索特徵函數展開	567

Chapter 18　以變換法求解　577

18.1	拉氏變換法	577
	18.1.1 在半線上的強制波動	577
	18.1.2 在半無限棒上的溫度分布	579

		18.1.3 半無限棒的一端為不連續溫度	581
		18.1.4 彈性棒的振動	582
	18.2	**傅立葉變換**	**586**
		18.2.1 實線上的熱方程式	589
		18.2.2 上半平面的 Dirichlet 問題	590
	18.3	**傅立葉正弦與餘弦變換**	**593**
		18.3.1 半線上的波動問題	594

PART 6　複變函數　599

Chapter 19　複數與函數　601

	19.1	**複數的幾何和算術**	**601**
		19.1.1 複數	601
		19.1.2 複數平面、大小、共軛與極式	602
		19.1.3 複數的排序	604
		19.1.4 不等式	604
		19.1.5 圓盤、開集合與閉集合	605
	19.2	**複變函數**	**609**
		19.2.1 極限、連續與可微分	609
		19.2.2 柯西 – 黎曼方程式	613
	19.3	**指數與三角函數**	**618**
		19.3.1 指數函數	618
		19.3.2 餘弦與正弦函數	621
	19.4	**複數對數**	**624**
	19.5	**冪次**	**625**
		19.5.1 n 次方根	625
		19.5.2 有理冪次	627
		19.5.3 冪次 z^w	628

Chapter 20　積分　631

	20.1	**複變函數的積分**	**631**
	20.2	**柯西定理**	**637**
	20.3	**柯西定理的結果**	**640**
		20.3.1 與路徑無關	640

	20.3.2 變形定理	641
	20.3.3 柯西積分公式	644
	20.3.4 調和函數的性質	647
	20.3.5 導數的界限	648
	20.3.6 廣義的變形定理	649

Chapter 21 　函數的級數表示法　653

21.1 冪級數　653
  21.1.1　可微分函數的反導數　661
  21.1.2　函數的零點　661
21.2 勞倫展開　665

Chapter 22 　奇點與留數定理　671

22.1 奇點的分類　671
22.2 留數定理　676
22.3 實數積分的計算　684
  22.3.1　有理函數　684
  22.3.2　有理函數乘以餘弦或正弦　686
  22.3.3　餘弦和正弦的有理函數　688

習題解答　693
索引　757

PART 1

常微分方程式

第 1 章　一階微分方程式

第 2 章　二階微分方程式

第 3 章　拉氏變換

第 4 章　級數解

CHAPTER 1
一階微分方程式

1.1 術語和可分離變數的方程式

　　微分方程式是至少含有一個導數的方程式。因為導數是變化率，所以微分方程式可用於建立運動系統的模式，這些可能涉及物理、化學、生物、金融市場，以及其他領域中各種有趣的現象。

　　一階微分方程式包含一階導數，但不包含較高的導數。我們將從幾種可以求解的一階方程式開始，這些方程式都有重要和有趣的應用。

　　一階微分方程式是**可分離** (separable) 的，在經過一些代數運算之後，可以寫成如下的形式：

$$\frac{dy}{dx} = F(x)G(y)$$

亦即導數等於 x 的函數與 y 的函數之乘積。對於所有 $G(y) \neq 0$ 的情況下，我們可以分離變數，而將方程式寫成微分形式，即

$$\frac{1}{G(y)} dy = F(x) \, dx$$

將上式等號兩邊積分即可求解。

數往知來──質量與能量均衡方程式

　　許多工程機械和元件的設計是從質量與能量均衡方程式開始。流體系統的機械能均衡的微分形式可以寫為

$$dE = dH + dQ - dW$$

其中

E 是微量質量的總能量，

H 是焓，是內能的量度，
Q 是添加到系統中的熱量，
W 是系統所做的功。

在許多情況下對於感興趣的量，可將這種能量均衡簡化為一階可分離微分方程式進行求解。

例 1.1

$y' = y^2 e^{-x}$ 是可分離的，因為如果 $y \neq 0$，我們可將它寫成

$$\frac{1}{y^2} dy = e^{-x} dx$$

將上式積分，

$$\int \frac{1}{y^2} dy = \int e^{-x} dx$$

可得

$$-\frac{1}{y} = -e^{-x} + k$$

其中 k 為積分常數。解出此方程式中的 y，得到

$$y = \frac{1}{e^{-x} - k}$$

對任意數 k，將上式代入微分方程式可驗證上式是原題的解。

含有一個任意常數的一階微分方程式的解稱為**通解** (general solution)，而具有選擇特定 k 的解稱為**特解** (particular solution)。圖 1.1 顯示例 1.1 的微分方程式的特解之圖形，其中 k 取一些特定值。解的圖形稱為微分方程式的**積分曲線** (integral curve)。

通常我們需要一個微分方程式的解，其在某一已知數 $x = x_0$ 具有特定值 $y = y_0$。條件

$$y(x_0) = y_0$$

稱為**初始條件** (initial condition)，而具有初始條件的微分方程式稱為**初值問題** (initial value problem)。初值問題的解之圖形為通過 (x_0, y_0) 的積分曲線。

在例 1.1 中，如果我們指定初始條件為 $y(0) = 4$，則初值問題為

$$y' = y^2 e^{-x}; y(0) = 4$$

由微分方程式的通解

$$y(x) = \frac{1}{e^{-x} - k}$$

為了求 k，上式需滿足

$$y(0) = \frac{1}{1 - k} = 4$$

解出 $k = \frac{3}{4}$，此初值問題的解為

$$y = \frac{1}{e^{-x} - \frac{3}{4}}$$

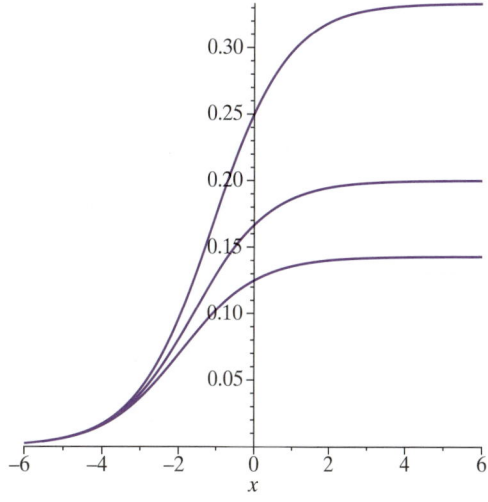

圖 1.1 例 1.1 中的積分曲線，其中 $k = -3 \cdot -5 \cdot -7$

當微分方程式具有 $y' = f(x, y)$ 的形式，且 $f(x, y)$ 在包含 (x_0, y_0) 的平面之某區域為連續，則初值問題

$$y' = f(x, y); y(x_0) = y_0$$

有唯一解。這表示對於每一點只會有一條微分方程式的積分曲線通過此點。這個技術的細節將於存在／唯一性的模組中討論。

例 1.2

若 $y \neq -1$，則 $x^2 y' = 1 + y$ 為可分離，因為

$$\frac{1}{1 + y} dy = \frac{1}{x^2} dx$$

將此可分離方程式積分，可得

$$\ln|1 + y| = -\frac{1}{x} + k$$

其中 k 為任意常數。我們必須寫成 $|1 + y|$，而不是 $1 + y$，因為只有正數才可以取對數。

我們要解此方程式，亦即以 x 表示 y。當解可分離方程式時，並不是一定可以解出 y，但是對於此題，我們可以解出 y。首先對方程式的兩邊取指數以消去對數，得到

$$|1 + y| = e^{k - 1/x}$$

將此式寫成

$$|1 + y| = e^k e^{-1/x} = a e^{-1/x}$$

其中 $a = e^k$ 為任意正數（因為對任意 k，e^k 為正）。

因為對任意 α，$|\alpha| = \pm\alpha$，上式變成

$$1 + y = \pm ae^{-1/x} = be^{-1/x}$$

其中我們令 $b = \pm a$，此處 b 可為任意非零的數，b 可能是負數，因為 $1+y$ 可以為負；但是 b 不為 0，因為我們需要 $y \neq -1$ 來分離變數。

因此，

$$y = -1 + be^{-1/x}$$

其中 b 為任意非零的數，此為微分方程式的通解。

作為初值問題的例子，假設我們要解

$$x^2 y' = 1 + y;\ y(1) = 4$$

解題的策略是要利用 $y(1) = 4$ 解出通解中的 b，亦即

$$y(1) = -1 + be^{-1} = 4$$

因此 $be^{-1} = 5$；故 $b = 5e$，滿足 $y(1) = 4$ 的特解為

$$y(x) = -1 + 5ee^{-1/x} = -1 + 5e^{1-1/x}$$

使用分離變數和積分解微分方程式時，有時我們無法用 x 來明確地 (explicitly) 表示 y。在這種情況下，微分方程式的通解只能用隱式解 (implicitly solution) 表示，如下例所示。

例 1.3

解

$$y' = y\frac{(x-1)^2}{y+3};\ y(3) = -1$$

策略是找到微分方程式的通解，然後利用初始條件求出通解中的常數。首先將變數分離：

$$\frac{y+3}{y}\,dy = (x-1)^2\,dx$$

微分方程式本身要求 $y \neq -3$，而分離變數進一步要求 $y \neq 0$。

此時

$$\left(1 + \frac{3}{y}\right)dy = (x-1)^2\,dx$$

對上式兩邊積分可得

$$y + 3\ln|y| = \frac{1}{3}(x-1)^3 + k$$

我們無法解出 y 使其成為涉及 x 的項的基本代數組合，所以必須對於此方程式的通解採用隱式解。然而，這並不妨礙我們解初值問題。將 $x = 3$ 和 $y = -1$ 代入這個隱式定義的通解：

$$-1 = \frac{1}{3}(2^3) + k$$

則 $k = -11/3$。初值問題的隱式解為

$$y + 3\ln|y| = \frac{1}{3}(x-1)^3 - \frac{11}{3}$$

圖 1.2 顯示當 $-1 \leq x \leq 3$ 時，此解的圖形。

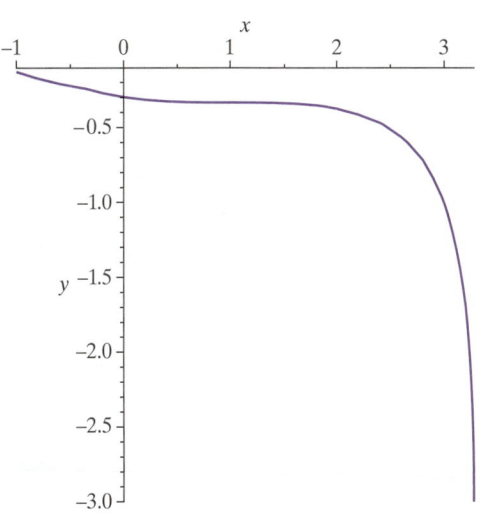

圖 1.2 $y + 3\ln|y| = \frac{1}{3}(x-1)^3 - \frac{11}{3}$ 的圖形

1.1.1 奇異解

為了分離變數，我們必須對微分方程式附加新的條件。在例 1.1 中，微分方程式 $y' = y^2 e^{-x}$ 在 $y = 0$ 有定義，但為了分離變數，我們假設 $y \neq 0$。

注意：$y = 0$ 確實不是下列通解中的一解，

$$y = \frac{1}{e^{-x} - k}$$

其中 k 為任意值。

為了分離變數而作出某些假設導致解的遺漏，此遺漏的解稱為**奇異解** (singular solution)。在例 1.1 中，$y = 0$ 為一奇異解。微分方程式 $y' = y^2 e^{-x}$ 具有解

$$y = \frac{1}{e^{-x} - k}$$

其中 k 為任意數，並且具有奇異解 $y = 0$。

有時我們為了要找通解而對 y 作限制，而我們可調整通解以包含奇異解。這對於例 1.1 是不可行的，因為無法在通解中選出 k 來產生 $y = 0$。但是，再觀察例 1.2，為了分離變數，強迫 $y \neq -1$，而 $y = -1$ 確是微分方程式 $x^2 y' = 1 + y$ 的一解。

在此例中，通解為

$$y = -1 + be^{-1/x}$$

其中 b 為任意非零的數。在此式中，若我們令 $b=0$，則可得解 $y=-1$，因此若令 b 為包括 0 的任意數，則可將所有解都包含在這個 y 的單一式中。

在例 1.3 中，為了分離變數，我們假設 $y \neq 0$，而 $y=0$ 為微分方程式的奇異解。如同例 1.1，我們無法將此奇異解包含在通解中，此通解的隱式定義為

$$y + 3\ln|y| = \frac{1}{3}(x-1)^3 + k$$

一般來說，對於在分離變數中，對 y 進行的任何限制 $y \neq \alpha$，是一個很好的做法。檢查 $y = \alpha$ 是否也是一個解，它是否包含於通解。例 1.2 的奇異解包含於通解，但是例 1.1 和例 1.3 中的奇異解則不包含於通解。

1.1.2 可分離方程式的一些應用

本節發展出三個例子，其中使用微分方程式來建立模式，並且提供有關現實世界問題的資訊。

數往知來——壓縮機

壓縮機是許多工程應用中發現的基本機器，例如噴射飛機發動機、化工廠、家用冰箱和空調。壓縮機增加氣體的壓力，而減小氣體的體積，對於在穩定狀態 ($dE = 0$) 下運行的簡單壓縮機，能量均衡可簡化為

$$dW = dH + dQ$$

此方程式可以用來解多個感興趣的變數。例如，考慮下列的問題：壓縮氣體使其溫度升高，如果不提供冷卻 ($dQ = 0$)，我們如何將溫度升高與體積變化相關聯？

（左圖）鼓風機的圖片，能夠實現中等壓縮，並引起溫度升高的一種壓縮機類型。
（右圖）壓縮機加熱效果示意圖。

根據 Israel Urieli. *Engineering Themodynamics – A Graphical Approach*, Chapter 4: The First Law of Themodynamics for Control Volumes, https://www.ohio.edu/mechanical/thermo/Intro/Chapt.1_6/Chapter4c/html

給予能量均衡，$dW = dH$，我們可以設計介於被壓縮氣體的體積減少與相應的加熱效應之間的關係。

將熱力學關係式 $dH = nC_p dT$ 與 $dW = -PdV$ 代入能量均衡式，並利用理想氣體方程式，我們得到一個可分離的微分方程式。當壓力低於 2 至 3 atm 時，空氣和大多數的典型氣體均遵循理想氣體方程式 $pV = nRT$ 的模式，其中 R 為氣體常數，C_p（在該壓力範圍內大致恆定）是被壓縮氣體的實驗確定的熱容量。

$$nC_p dT = -PdV = -\frac{nRT}{V}dV$$

分離變數且積分，我們得到

$$\int_{T_{in}}^{T_{out}} \frac{dT}{T} = -\frac{R}{C_p} \int_{V_{in}}^{V_{out}} \frac{dV}{V} \qquad \frac{T_{out}}{T_{in}} = \left(\frac{V_{in}}{V_{out}}\right)^{\frac{R}{C_p}}$$

取決於應用，工程師可能想要忽略或限制 T_{out}。例如，T_{out} 是設計致冷系統的重要參數。

例 1.4　估計死亡時間

有人被謀殺了，法醫被召喚來估計死者死亡的時間。法醫的策略是利用目前屍體的溫度來估計死亡時間，這是基於死亡後受害者將不再保有正常溫度的事實。

這個策略需要建立一些模型。假設在沒有其他資訊的情況下，死者在死亡時的平均體溫為 37°C。此後，屍體將體溫輻射至溫度為 20°C 的屋內。

令 $T(t)$ 為屍體在時間 t 的溫度，根據牛頓冷卻定律，屍體輻射至屋內的熱速率與屍體和屋內的溫差成正比。這表示對某比例常數 k 而言，

$$\frac{dT}{dt} = k(T(t) - 20)$$

此為可分離變數的微分方程式，微分式為

$$\frac{1}{T-20} dT = k \, dt$$

對上式積分可得

$$\ln|T - 20| = kt + c$$

其中 c 為任意常數。方程式兩邊取指數，得

$$|T - 20| = e^{kt+c} = Ae^{kt}$$

其中 $A = e^c$ 為欲求的正數。去掉絕對值
$$T - 20 = \pm A e^{kt}$$
故
$$T(t) = 20 + B e^{kt}$$
其中 $B = \pm A$，B 為任意非零的數。

　　欲求常數 B 與 k，需要有兩個資訊。假定法醫在晚上 9:40 抵達，並量測得知屍體溫度為 34.7°C。為了方便起見，以晚上 9:40 為量測時間的起點，則
$$T(0) = 34.7 = 20 + B$$
$B = 14.7$，故
$$T(t) = 20 + 14.7 e^{kt}$$
欲求 k，需要另一個量測。法醫發現屍體在晚上 11:00 的溫度為 31.8°C，由於晚上 11:00 是晚上 9:40 之後 80 分鐘，這表示
$$T(80) = 31.8 = 20 + 14.7 e^{80k}$$
則
$$e^{80k} = \frac{11.8}{14.7}$$
上式兩邊取自然對數，得到
$$k = \frac{1}{80} \ln\left(\frac{11.8}{14.7}\right)$$
此時確定了溫度函數：
$$T(t) = 20 + 14.7 e^{\ln(11.8/14.7) t/80}$$
若死亡時的體溫為 37°C，則可由下式算出死亡時間：
$$T(t) = 37 = 20 + 14.7 e^{\ln(11.8/14.7) t/80}$$
由此方程式，
$$e^{\ln(11.8/14.7) t/80} = \frac{37 - 20}{14.7} = \frac{17}{14.7}$$
上式兩邊取自然對數，可得
$$\frac{t}{80} \ln\left(\frac{11.8}{14.7}\right) = \ln\left(\frac{17}{14.7}\right)$$

從這個模型來看，死亡時間是

$$t = \frac{80\ln(17/14.7)}{\ln(11.8/14.7)}$$

此值約為 −52.9 分鐘。亦即，死亡時間大約是晚上 9:40 之前的 52.9 分鐘，謀殺時間約為晚上 8:47。

當然這是一種估算。然而，在意義上該模型是健全的，因為訊息中的微小誤差會導致估算死亡的時間有些微變化。舉例來說，讀者可以自行推算體溫為 36.8°C 情況下的死亡時間，是否會有太大的變化。

例 1.5　放射性衰變與指數變化

由於輻射造成的質量損失，放射性物質在任意時間 t 的質量 $m(t)$ 之變化率與其質量本身成正比，即

$$\frac{dm}{dt} = km$$

這是可分離的，因為

$$\frac{1}{m}\,dm = k\,dt$$

積分後可得

$$\ln|m| = kt + c$$

其中 c 為積分常數。因為在任何時間，$m(t) > 0$，所以可去掉絕對值

$$\ln(m) = kt + c$$

方程式兩邊取自然指數，得到

$$\text{在時間 } t \text{ 的質量} = m(t) = e^{kt+c} = e^c e^{kt} = Ae^{kt}$$

其中 $A = e^c$ 為任意正數。如果我們知道在任何特定時間的質量，則可求出 A。我們將開始量測質量的時間設定為零。若 $t = 0$ 的質量為 m_0，則在任何 $t > 0$ 的時間，

$$m(t) = m_0 e^{kt}$$

m_0 稱為**初始質量** (initial mass)。

放射性衰變有一個有趣的性質。假設在某個時間 τ。放射性物質的質量為 M 克。這表示

$$M = m(\tau) = m_0 e^{k\tau}$$

則此放射性物質的質量在什麼時候會變為 $M/2$ 克？設此時間為 $\tau + h$，則

$$\frac{M}{2} = m(\tau + h) = m_0 e^{k(\tau+h)} = m_0 e^{k\tau} e^{kh} = M e^{kh}$$

即

$$\frac{M}{2} = M e^{kh}$$

故

$$e^{kh} = \frac{1}{2}$$

這表示 $kh = \ln(1/2)$，由此可得

$$h = -\frac{1}{k}\ln(2)$$

h 與質量無關！若 $h = -\ln(2)/k$，則在任何時間 τ 之質量的一半，將在時間 τ 與 $\tau + h$ 之間輻射掉。h 僅與 k 有關，因此僅與特定元素有關，h 稱為元素的**半衰期** (half-life)。

以半衰期 h 表示在時間 t 的質量有時候會較為方便。由於 $k = -\ln(2)/h$，故

$$m(t) = m_0 e^{kt} = m_0 e^{-\ln(2)t/h}$$

這個方程式是碳測率 (carbon-dating) 技術的基礎，在考古學中已經證明此技術在估計某些古代物質年齡是很重要的。地球的大氣層含有少量放射性元素碳 14，^{14}C。以地質而言，這個星球在短時間內，大氣中 ^{14}C 的分率幾乎保持不變。此外，^{14}C 的半衰期約為 5730 年。以量測殘留在化石中這一元素的量，並計算已衰變的分率，化石的年齡可以估算為從化石為生物以來，已經過去的 ^{14}C 的半衰期之倍數。

若任何數量 $P(t)$ 的變化率與其本身成比例，則此數量遵循指數定律 $P(t) = Ae^{kt}$。若 $k > 0$，則為**指數成長** (exponential growth)；且若 $k < 0$，則為**指數衰減** (exponential decay)，就像放射性一樣。一些簡單的群體（例如，大型培養皿中某些類型的細菌）一度呈現指數成長。這樣的群體就具有半衰期（在這種情況下，是針對成長而不是損失），並且一旦確定了常數 k，數學模型將會相當準確地預測未來群體。

例 1.6　終端速度

一名跳傘者從一架飛機上跳下來，起初經歷朝向地球向下的加速度。然而，如果跳傘是在足夠的高度進行，跳傘者在著陸之前不會加速，但在某時間內會以大致恆定的速度下降，此速度稱為跳傘者的**終端速度** (terminal velocity)。

我們將導出終端速度的模型，以及其大小的表達式。

令 m 為墜落物體的質量，g 是地球表面附近的重力加速度常數。假設大氣以與速度平方成正比的力減慢下降（此假設可由實驗證明）。若 α 是比例常數，則作用在墜落物體上外力的大小為

$$F = mg - \alpha v^2$$

其中 mg 為向下重力的大小。對於恆定質量，由牛頓運動定律可知，此力等於質量乘以速度 $v(t)$ 的變化率：

$$m\frac{dv}{dt} = mg - \alpha v^2$$

此微分方程式是可分離的，因為我們可以將它寫成

$$\frac{1}{mg - \alpha v^2} dv = \frac{1}{m} dt$$

在積分之前，將方程式寫成

$$\frac{1}{1 - \frac{\alpha}{mg} v^2} dv = g\, dt$$

積分時會用到雙曲正切函數 (hyperbolic tangent function)，其定義如下：

$$\tanh(x) = \frac{e^{2x} - 1}{e^{2x} + 1}$$

圖 1.3 顯示此函數的部分圖形，其性質為

$$|\tanh x| \leq 1,\ \lim_{x \to \infty} \tanh(x) = 1 \text{ 且 } \lim_{x \to -\infty} \tanh(x) = -1$$

反雙曲正切函數 $\tanh^{-1}(x)$ 可表示為

$$\tanh^{-1}(x) = \frac{1}{2} \ln\left(\frac{1+x}{1-x}\right)$$

其中 $-1 < x < 1$。圖 1.4 顯示此函數的部分圖形。

針對目前的問題，這個函數很有趣，因為

$$\frac{d}{dx} \tanh^{-1}(x) = \frac{1}{1 - x^2}$$

將此性質應用到可分離的微分方程式，令

$$\xi = \sqrt{\frac{\alpha}{mg}}\, v$$

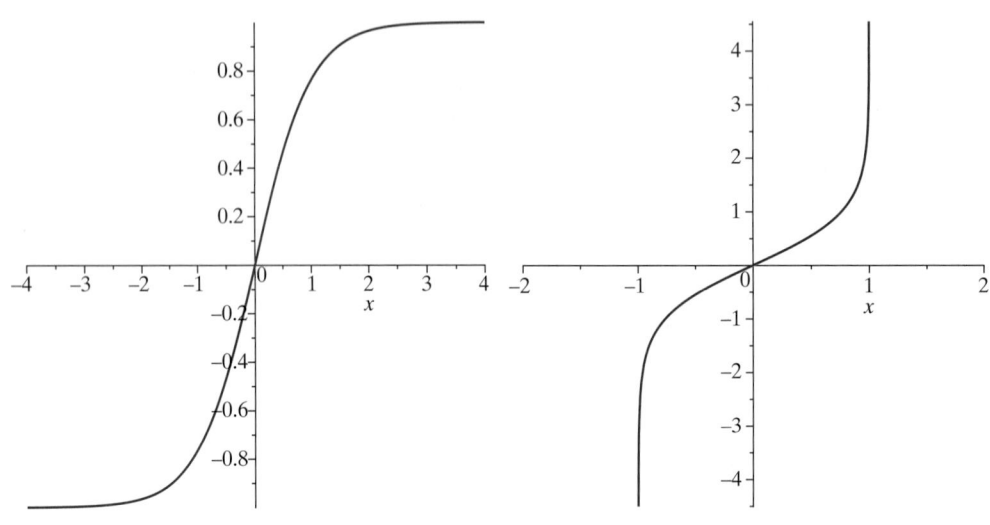

圖 1.3 $y = \tanh(x)$ 的圖形　　　**圖 1.4** 反雙曲正切函數的圖形

可得

$$\frac{1}{1-\xi^2}\sqrt{\frac{mg}{\alpha}}\,d\xi = g\,dt$$

積分後，得到

$$\sqrt{\frac{mg}{\alpha}}\tanh^{-1}(\xi) = gt + c$$

為了方便起見，將上式寫成

$$\sqrt{\frac{mg}{\alpha}}\tanh^{-1}(\xi) = g(t+k)$$

其中 $c = gk$ 仍為任意的積分常數。如今

$$\tanh^{-1}\left(\sqrt{\frac{\alpha}{mg}}\,v\right) = \sqrt{\frac{\alpha}{mg}}\,g(t+k)$$

或

$$\tanh^{-1}\left(\sqrt{\frac{\alpha}{mg}}\,v\right) = \sqrt{\frac{\alpha g}{m}}(t+k)$$

欲解出 $v(t)$，利用上式寫出

$$\sqrt{\frac{\alpha}{mg}}\,v = \tanh\left(\sqrt{\frac{\alpha g}{m}}(t+k)\right)$$

因此

$$v(t) = \sqrt{\frac{mg}{\alpha}} \tanh\left(\sqrt{\frac{\alpha g}{m}}(t+k)\right)$$

假設物體由靜止中釋放，因此其初速度為零，則

$$v(0) = 0 = \sqrt{\frac{mg}{\alpha}} \tanh\left(\sqrt{\frac{\alpha g}{m}}k\right)$$

故 $k = 0$，速度的解為

$$v(t) = \sqrt{\frac{mg}{\alpha}} \tanh\left(\sqrt{\frac{\alpha g}{m}}t\right)$$

若 $t \to \infty$，結果為

$$\lim_{t \to \infty} v(t) = \sqrt{\frac{mg}{\alpha}}$$

這表示，經過長時間，物體將以恆定的速度下降，其速度為 $\sqrt{mg/\alpha}$。這是物體的終端速度。正如我們所預期的，此終端速度取決於 g、物體的質量，以及介質影響的比例常數。

這種分析通常適用於物體在具有減緩降落的介質中落下，例如，船隻沉沒在海洋深處或顆粒沉澱在相當長的油管中。

1.1 習題

習題 1–5，判斷微分方程式是否為可分離。若為可分離，則求其通解（可能是隱式解），以及由分離變數產生的奇異解；若方程式為不可分離，則不需求解。

1. $3y' = 4x/y^2$
2. $\cos(y)y' = \sin(x+y)$
3. $xy' + y = y^2$
4. $x\sin(y)y' = \cos(y)$
5. $y + y' = e^x - \sin(y)$

習題 6–8，解初值問題。

6. $xy^2 y' = y + 1$; $y(3e^2) = 2$
7. $\ln(y^x)y' = 3x^2 y$; $y(2) = e^3$
8. $yy' = 2x\sec(3y)$; $y(2/3) = \pi/3$
9. 將溫度為 32.2°C 的物體置於溫度保持在 15.5°C 的環境中。10 分鐘後物體冷卻至 31.1°C。若將此物體置於此環境 20 分鐘，則其溫度為何？物體冷卻到 18°C 需要多久？
10. 溫度計由溫度為 21.1°C 的室內移至室外。5 分鐘後，溫度計的讀數為 15.5°C，15 分鐘後，則為 10.2°C，室外溫度為何（假設為常數）？

11. 放射性元素的半衰期為 $\ln(2)$ 週。若在特定時間有 e^3 公噸，3 週後剩下多少？

12. 鈾 238 的半衰期均為 $4.5(10^9)$ 年，則 10 公斤鈾 238 在 10 億年後會剩下多少？

13. 12 克放射性元素在 4 分鐘內衰減至 9.1 克，這個元素的半衰期是多少？

14. 求

$$\int_0^\infty e^{-t^2-(9/t)^2}\,dt$$

提示：設

$$I(x) = \int_0^\infty e^{-t^2-(x/t)^2}\,dt$$

計算 $I'(x)$，並求 $I(x)$ 的一階微分方程式，利用

$$\int_0^\infty e^{-t^2}\,dt = \frac{1}{2}\sqrt{\pi}$$

求初始條件 $I(0)$，並解出 $I(x)$。

15. 這個問題探討人口成長的物流模式。1837 年，荷蘭生物學家 Pierre François Verhulst 研發一個微分方程式來模擬人口的變化（他正在研究亞得里亞海的魚類總數）。Verhulst 認為，人口 $P(t)$ 相對於時間的變化率應受成長因素（如目前人口）和傾向於阻止成長的因素（如對食物和空間的限制）的影響。他假設成長因素可以被納入 $aP(t)$ 項，並將阻滯因素納入 $-bP(t)^2$，其中選擇正數 a 和 b 以適合特定人口，形成一個模型。這導致他的**物流方程式** (logistic equation)：

$$P'(t) = aP(t) - bP(t)^2$$

當 $b=0$ 時，這是一個指數模型，這對大多數人口來說是不切實際的。解物流方程式，其中 $P(0) = p_0$，得到

$$P(t) = \frac{ap_0}{a - bp_0 + bp_0 e^{at}} e^{at}$$

這是**人口成長的物流模式** (logistic model of population growth)。證明 $P(t)$ 是上方有界 (bounded above) 且當 $t \to \infty$ 時，漸近地趨近於極限 a/b。這與指數模型截然不同，指數模型隨著時間的增加，人口無限制的成長。

16. 延續習題 15，1920 年，由 Pearl 和 Reed 在 Proceedings of the National Academy of Sciences 中，針對美國提出下列的值

$$a = 0.03134, b = (1.5887)(10^{-10})$$

表 1.1 提供 1790 年至 1980 年每隔 10 年的美國人口普查數據，以 1790 年為零年，以確定 p_0，證明美國人口成長的物流模式為

$$P(t) = \frac{123,141.5668}{0.03072 + 0.00062 e^{0.03134t}} e^{0.03134t}$$

利用上式求出的數據填寫表的 $P(t)$ 行，計算填寫此行的百分比誤差。讀者應該注意到，物流模型預測的人口數在長時間內相當準確，然後越來越偏離實際人口數。證明這個模式的人口極限為 197,300,000，此值已被 1970 年的美國人口數超越。

其次，嘗試一個指數模型 $Q'(t) = kQ(t)$，使用 1790 年的人口數來確定 k。讀者將發現這個模式發散得很快，其所求得的人口數與人口普查數據有很大的偏離。指數模型並不複雜，但它無法模擬人類人口的複雜性。

表 1.1 習題 16 的人口普查數據

年	人口數	$P(t)$	百分比誤差	$Q(t)$	百分比誤差
1790	3,929,213				
1800	5,308,483				
1810	7,239,881				
1820	9,638,453				
1830	12,886,020				
1840	17,169,453				
1850	23,191,876				
1860	31,443,321				
1870	38,558,371				
1880	50,189,209				
1890	62,979,766				
1900	76,212,168				
1910	92,228,496				
1920	106,021,537				
1930	123,202,624				
1940	132,164,569				
1950	151,325,798				
1960	179,323,175				
1970	203,302,031				
1980	226,547,042				

1.2 線性一階方程式

線性 (linear) 一階微分方程式為具有下列形式的方程式：

$$y' + p(x)y = q(x)$$

函數

$$e^{\int p(x)\,dx}$$

稱為線性微分方程式的**積分因子** (integrating factor)。將此因子乘以方程式可得

$$y'e^{\int p(x)\,dx} + p(x)ye^{\int p(x)\,dx} = q(x)e^{\int p(x)\,dx}$$

因左邊為乘積的導數，所以上式可寫成

$$\frac{d}{dx}\left(ye^{\int p(x)\,dx}\right) = q(x)e^{\int p(x)\,dx}$$

由積分上式後所得的方程式求解 y。

這個方法的缺點是，我們可能無法解出所有的積分。

例 1.7

方程式
$$y' + y = x$$
為線性，其中 $p(x) = 1$，$q(x) = x$。積分因子為
$$e^{\int p(x)\,dx} = e^x$$
將 e^x 乘以微分方程式：
$$y'e^x + ye^x = xe^x$$
左邊為乘積 ye^x 的導數，因此
$$(ye^x)' = xe^x$$
對兩邊積分，可得
$$\int (ye^x)'\,dx = ye^x = \int xe^x\,dx = xe^x - e^x + c$$
最後，以 e^{-x} 乘以上式解出 y：
$$y = x - 1 + ce^{-x}$$
此為具有一個任意常數 c 的通解。像往常一樣，如果我們指定一值 $y(x_0) = y_0$，則可求出 c，所得結果為唯一的特解。例如，若我們要滿足 $y(0) = 7$，則必須
$$y(0) = -1 + c = 7$$
可得 $c = 8$，滿足 $y(0) = 7$ 的解為
$$y = x - 1 + 8e^{-x}$$
這是圖形通過 $(0, 7)$ 的解。

例 1.8

解初值問題
$$y' = 3x^2 - \frac{y}{x};\ y(1) = 5$$
策略是求出微分方程式的通解，然後解出滿足 $y(1) = 5$ 的特解。將原式寫成
$$y' + \frac{1}{x}y = 3x^2$$
這是線性方程式，其積分因子為
$$e^{\int (1/x)\,dx} = e^{\ln(x)} = x$$

為了取對數，我們假設 $x > 0$。將微分方程式乘以 x：
$$xy' + y = 3x^3$$
亦即
$$(xy)' = 3x^3$$
積分後可得
$$xy = \frac{3}{4}x^4 + c$$
因此
$$y = \frac{3}{4}x^3 + \frac{c}{x}$$
此為通解。為了滿足初始條件，我們需要
$$y(1) = \frac{3}{4} + c = 5$$
解出 $c = 17/4$，因此初值問題的解為
$$y = \frac{3}{4}x^3 + \frac{17}{4}\frac{1}{x}$$

舉一個不易積分的例子，考慮
$$y' + xy = 2$$
積分因子為
$$e^{\int x\,dx} = e^{x^2/2}$$
將此函數乘以微分方程式可得
$$y'e^{x^2/2} + xye^{x^2/2} = 2e^{x^2/2}$$
亦即
$$(ye^{x^2/2})' = 2e^{x^2/2}$$
積分後可得
$$ye^{x^2/2} = 2\int e^{x^2/2}\,dx$$
這是正確的解，但是我們無法算出右邊的積分，而將它寫成基本函數的有限代數組合。或許我們可以嘗試用無窮級數解此微分方程式。

例 1.9　混合問題

一個含有 800 公升鹽水的圓柱形槽，其中溶有 50 公斤的鹽，今將每公升含有 1/64 公斤鹽的鹽水，以 12 公升／分的速率泵入槽內，並將混合物連續攪拌。鹽水混合物通過底部的孔，以相同的速率從槽中排出（圖 1.5）。我們想隨時知道槽中有多少鹽。

這是**混合問題** (mixing problem) 的一個例子，它們發生在化學、工業程序、海洋和其他環境中。

令 $Q(t)$ 為在時間 t 槽中鹽的量。$Q(t)$ 對時間的變化率必須等於鹽被泵入的速率減去其被泵出的速率：

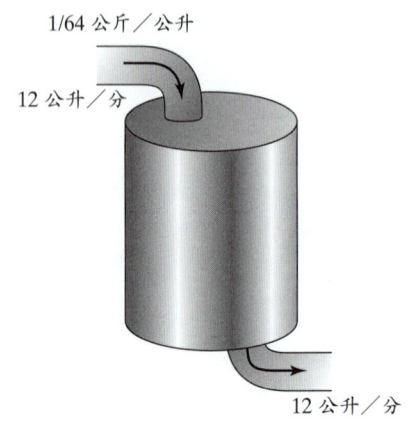

圖 1.5　例題 1.9 的槽

$$\frac{dQ}{dt} = 輸入率 - 輸出率$$

$$= \left(\frac{1}{64}\frac{\text{kg}}{\text{L}}\right)\left(12\frac{\text{L}}{\text{min}}\right) - \left(\frac{Q(t)}{800}\frac{\text{kg}}{\text{L}}\right)\left(12\frac{\text{L}}{\text{min}}\right)$$

$$= \frac{3}{16} - \frac{3}{200}Q(t)$$

此為線性方程式

$$Q' + \frac{3}{200}Q = \frac{3}{16}$$

上式乘以積分因子 $e^{\int (3/200)\,dt} = e^{3t/200}$ 可得

$$(Qe^{3t/200})' = \frac{3}{16}e^{3t/200}$$

積分後可得

$$Qe^{3t/200} = \frac{3}{16}\frac{200}{3}e^{3t/200} + c$$

因此

$$Q(t) = 12.5 + ce^{-3t/200}$$

為了方便，假設在時間 $t = 0$ 開始混合，故

$$Q(0) = 50 = 12.5 + c$$

則 $c = 75$ 且

$$Q(t) = 12.5 + 37.5e^{-3t/200}$$

注意：當 $t \to \infty$ 時，$Q(t) \to 12.5$。這是 $Q(t)$ 的**穩態** (steady-state) 值。$37.5e^{-3t/200}$ 為解的**暫態部分** (transient part)，它會隨著 t 的增加，而衰減至零。其解可自然分解成穩態部分與暫態部分的和，這種形式的分解在物理問題的解中常常遇見，例如，解 RLC 電路的電流。

1.2 習題

習題 1–3，求通解。

1. $y' - \frac{3}{x}y = 2x^2$
2. $y' + 2y = x$
3. $y' - 2y = -8x^2$

習題 4–5，解初值問題。

4. $y' + \frac{1}{x-2}y = 3x; \; y(3) = 4$
5. $y' + \frac{2}{x+1}y = 3; \; y(0) = 5$

6. 求所有函數其圖形在 (x, y) 之切線的 y 軸截距為 $2x^2$。

7. 一個 2000 公升的圓柱形槽，起初含有 200 公升的鹽水，其中溶有 12.5 公斤的鹽。起初 ($t = 0$)，將每公升含有 0.25 公斤鹽的鹽水，以 12 公升／分的速率注入槽內，而混合物以 8 公升／分的速率排放。當槽內含有 400 公升的鹽水時，槽內鹽的量為何？

8. 兩個槽連接如圖 1.6 所示。槽 1 最初含有 400 公升鹽水，其中溶有 10 公斤的鹽；槽 2 最初含有 600 公升鹽水，其中溶有 45 公斤的鹽。當 $t = 0$ 時，將每公升含有 1/16 公斤鹽的鹽水以 20 公升／分的速率注入槽 1 中。槽 1 以 20 公升／分將鹽水排放到槽 2，而槽 2 以 20 公升／分排出鹽水。求在任何時間 $t > 0$ 各槽的鹽量，並求槽 2 中的鹽濃度何時最小，以及此時該槽中的鹽量。**提示**：在時間 t，求槽 1 中的鹽量，並使用該溶液來求槽 2 中的量。

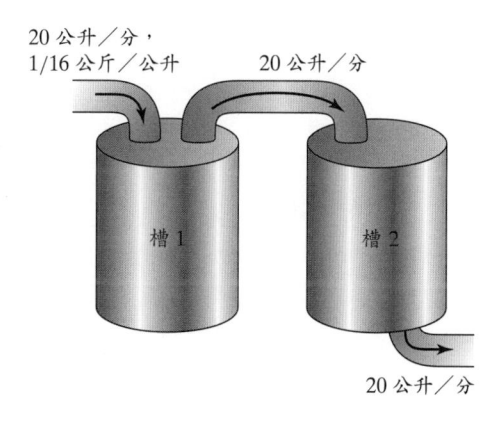

圖 1.6 習題 8 的槽

1.3　正合方程式

假設我們有一個微分方程式：
$$M(x,y) + N(x,y)y' = 0$$

我們可以將上式寫成微分式如下：
$$M(x,y)\,dx + N(x,y)\,dy = 0$$

左邊的式子讓人聯想到兩個變數的函數 $\varphi(x,y)$ 的微分：
$$d\varphi = \frac{\partial \varphi}{\partial x}\,dx + \frac{\partial \varphi}{\partial y}\,dy$$

如果我們能找到 $\varphi(x,y)$ 滿足微分方程式，亦即 $\varphi(x,y)$ 滿足
$$\frac{\partial \varphi}{\partial x} = M(x,y) \quad \text{且} \quad \frac{\partial \varphi}{\partial y} = N(x,y)$$

則微分方程式變為
$$d\varphi(x,y) = 0$$

而方程式
$$\varphi(x,y) = c$$

隱含定義一個函數 $y(x)$ 滿足微分方程式。隱式的通解為 $\varphi(x,y) = c$。

例 1.10

利用上述的觀念，解
$$\frac{dy}{dx} = \frac{2x - e^x \sin(y)}{e^x \cos(y) + 1}$$

此方程式不可分離，也不是線性。將上式寫成微分的形式：
$$(e^x \sin(y) - 2x)\,dx + (e^x \cos(y) + 1)\,dy = 0$$

令
$$\varphi(x,y) = e^x \sin(y) + y - x^2$$

則
$$\frac{\partial \varphi}{\partial x} = e^x \sin(y) - 2x \quad \text{且} \quad \frac{\partial \varphi}{\partial y} = e^x \cos(y) + 1$$

故微分方程式為 $d\varphi(x,y) = 0$。微分方程式的隱式通解為
$$e^x \sin(y) + y - x^2 = c$$
欲驗證上式是否為通解，可將 y 視為 $y(x)$，並將此隱式解對 x 微分，得到
$$e^x \sin(y) + e^x \cos(y) y' + y' - 2x = 0$$
解出 y'，可得
$$y' = \frac{2x - e^x \sin(y)}{e^x \cos(y) + 1}$$
此即原微分方程式。

仔細檢查例 1.10 求出的 $\varphi(x,y)$。這裡是一種有系統的方法來求 $\varphi(x,y)$，使得微分方程式為 $d\varphi = 0$。我們需要
$$\begin{aligned} d\varphi &= \frac{\partial \varphi}{\partial x} dx + \frac{\partial \varphi}{\partial y} dy \\ &= (e^x \sin(y) - 2x)\, dx + (e^x \cos(y) + 1)\, dy \end{aligned}$$
亦即
$$\frac{\partial \varphi}{\partial x} = e^x \sin(y) - 2x \quad \text{且} \quad \frac{\partial \varphi}{\partial y} = e^x \cos(y) + 1$$
由這兩個方程式中的一個開始，若選
$$\frac{\partial \varphi}{\partial y} = e^x \cos(y) + 1$$
欲去除偏微分，可對此方程式的 y 積分，在積分過程中，視 x 為常數，可得
$$\varphi(x,y) = \int (e^x \cos(y) + 1)\, dy = e^x \sin(y) + y + g(x)$$
其中積分「常數」g 可以含有 x，因為 $g(x)$ 對 y 的偏導數為零。若能求出 $g(x)$，則 $\varphi(x,y)$ 可知。欲求適當的 $g(x)$ 滿足此問題，可將 $\varphi(x,y)$ 對 x 微分，而所得的偏微分必須等於 $e^x \sin(y) - 2x$：
$$\frac{\partial \varphi}{\partial x} = e^x \sin(y) + g'(x) = e^x \sin(y) - 2x$$
因此 $g'(x) = -2x$。求出 $g(x) = -x^2$，得到
$$\varphi(x,y) = e^x \sin(y) + y - x^2$$
此即例 1.10 中的 $\varphi(x,y)$。

若
$$d\varphi = M\,dx + N\,dy$$
則 $\varphi(x, y)$ 為微分方程式 $M(x, y) + N(x, y)y' = 0$ 的**位勢函數** (potential function)。一旦我們有了位勢函數，隱式通解可定義為 $\varphi(x, y) = c$。當 $M + Ny' = 0$ 有位勢函數，則此微分方程式稱為**正合** (exact)。

並非每一個一階微分方程式均為正合。

數往知來 ── 蒸汽

在工程中使用蒸汽已具有悠久的歷史，從 19 世紀的蒸汽機到現代電廠的渦輪機，蒸汽可用於系統周圍傳遞能量，因此必須能夠將蒸汽的能量含量與可量測的性質（如溫度和壓力）相關聯，這對熱流體工程師而言是至關重要的。

焓函數 H 是熱力學位勢函數，它代表流體的能量。對於許多實際情況，它可以寫成正合微分的形式，形成一個正合微分方程式。例如，有一種形式是：
$$dH = S(T, P)dT + V(T, P)dP$$
其中，熵 S 和體積 V 為溫度與壓力的函數。對於各種流體，可以用實驗來確定熵和體積的相關性，然後可以藉由求解上述微分方程式來確定流體的焓變化。

由於蒸汽被廣泛使用，已經開發了「蒸汽表」，列出上述方程式及其他相關方程式的解，為工程師和工廠作業員提供方便、省時的參考。

例 1.11

方程式 $y' + y = 0$ 為可分離且為線性，通解為 $y(x) = ce^{-x}$。但此方程式並非正合，因此不能以尋找位勢函數的方法求解。$y' + y = 0$ 的微分式為
$$y\,dx + dy = 0$$
若 $\varphi(x, y)$ 為此方程式的位勢函數，則需滿足
$$\frac{\partial \varphi}{\partial x} = y \text{ 且 } \frac{\partial \varphi}{\partial y} = 1$$
將上式中的第一個方程式對 x 積分，並將 y 視為常數，可得
$$\varphi(x, y) = \int y\,dx = xy + h(y)$$

其中 $h(y)$ 為欲求的函數,然而我們仍需要

$$\frac{\partial \varphi}{\partial y} = 1 = x + h'(y)$$

得到 $h'(y) = 1 - x$,此為不可能,因為 $h(y)$ 假設僅為 y 的函數。因此,對於 $y' + y = 0$ 並無位勢函數存在。

由此例可知,有一個簡單的測試方法可判斷 $M(x, y) + N(x, y)y' = 0$ 是否為正合。定理 1.1 提供這種測試法。

定理 1.1 正合的測試

假設對於平面上的矩形 R 內的所有點 (x, y) 而言,M、N、$\partial N/\partial x$ 與 $\partial M/\partial y$ 均為連續,而矩形 R 的邊平行於座標軸,則 $M + Ny' = 0$ 在 R 為正合若且唯若

$$\frac{\partial N}{\partial x} = \frac{\partial M}{\partial y}$$

其中 $(x, y) \in R$。

在例 1.11 中,$M = y$ 且 $N = 1$,故對所有的 (x, y) 而言,$\partial N/\partial x = 0$ 且 $\partial M/\partial y = 1$,由定理 1.1 可知,$y' + y = 0$ 並非正合。

例 1.12

考慮初值問題:

$$M + Ny' = (\cos(x) - 2xy) + (e^y - x^2)y' = 0; \; y(0) = 1$$

此微分方程式不可分離,也不是線性。寫成微分式:

$$(\cos(x) - 2xy)\, dx + (e^y - x^2)\, dy = 0$$

因為對所有的 (x, y),

$$\frac{\partial}{\partial y}(\cos(x) - 2xy) = -2x = \frac{\partial}{\partial x}(e^y - x^2)$$

微分方程式在任意矩形為正合,因此在整個平面為正合,這表示微分方程式有位勢函數。現在我們要找位勢函數。

若 $\varphi(x, y)$ 為位勢函數,則

$$\frac{\partial \varphi}{\partial x} = \cos(x) - 2xy \; \text{且} \; \frac{\partial \varphi}{\partial y} = e^y - x^2$$

選擇其中的一個進行積分，

$$\int \frac{\partial \varphi}{\partial y} dy = \varphi(x,y) = \int (e^y - x^2) dy = e^y - x^2 y + g(x)$$

現在需滿足

$$\frac{\partial \varphi}{\partial x} = \cos(x) - 2xy = -2xy + g'(x)$$

則 $g'(x) = \cos(x)$，故 $g(x) = \sin(x)$，可得

$$\varphi(x,y) = e^y - x^2 y + \sin(x)$$

微分方程式的隱式通解為

$$e^y - x^2 y + \sin(x) = c$$

欲解初值問題，由 $y(0) = 1$ 求 c。將 $x = 0$ 與 $y = 1$ 代入通解，可得

$$e = c$$

初值問題的隱式解為

$$e^y - x^2 y + \sin(x) = e$$

圖 1.7 顯示此特解的部分圖形。

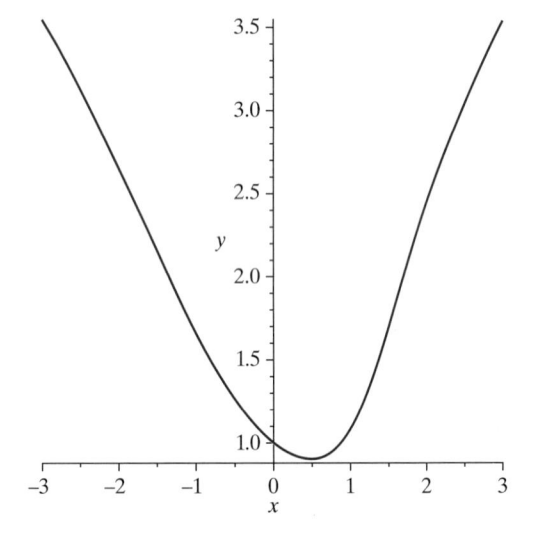

圖 1.7 例 1.12 中特解的圖形

1.3 習題

習題 1–3，判斷微分方程式是否為正合。若微分方程式在平面的某個區域 R 為正合，求位勢函數及通解，此通解在該區域可能是隱式定義；若微分方程式在任意區域都不是正合，則不需求解。

1. $2y^2 + ye^{xy} + (4xy + xe^{xy} + 2y)y' = 0$
2. $4xy + 2x^2y + (2x^2 + 3y^2)y' = 0$
3. $\frac{1}{x} + y + (3y^2 + x)y' = 0$

習題 4，求常數 α 使得方程式為正合，並求正合方程式的通解。

4. $2xy^3 - 3y - (3x + \alpha x^2 y^2 - 2\alpha y)y' = 0$

習題 5–6，判斷在包含所予初始條件的點的某個矩形上微分方程式是否為正合。若微分方程式為正合，則解此初值問題，否則不需求解。

5. $3y^4 - 1 + 12y^3 y' = 0; \ y(1) = 2$
6. $x\cos(2y - x) - \sin(2y - x) - 2x\cos(2y - x)y' = 0; \ y(\pi/12) = \pi/8$

7. 令 $\varphi(x, y)$ 為 $M(x, y) + N(x, y)y' = 0$ 的位勢函數。證明對任意數 c 而言，$\varphi(x, y) + c$ 亦為位勢函數。利用 $\varphi(x, y)$ 求得的通解與利用 $\varphi(x, y) + c$ 求得的通解有何不同？

若 $M + Ny' = 0$ 不是正合，則有可能找到一個非零的函數 $\mu(x, y)$，使得 $\mu M + \mu N y' = 0$ 為正合。這樣做的好處是 $M + Ny' = 0$ 與 $\mu M + \mu Ny' = 0$ 具有相同的解。這種函數 $\mu(x, y)$ 稱為 $M + Ny' = 0$ 的**積分因子** (integrating factor)。

8. (a) 證明 $y - xy' = 0$ 在平面上的任意矩形不是正合。

(b) 證明 $\mu(x, y) = x^{-2}$ 在 $x \neq 0$ 的任意矩形中為一個積分因子。利用此積分因子求 $y - xy' = 0$ 的通解。

(c) 證明若 $y \neq 0$，$\nu(x, y) = y^{-2}$ 亦為積分因子。利用此積分因子，解 $y - xy' = 0$。

(d) 證明若 $x \neq 0$ 且 $y \neq 0$，$\delta(x, y) = xy^{-3}$ 為另一個積分因子，利用此積分因子，解 $y - xy' = 0$。

(e) 將微分方程式寫成線性微分方程式
$$y' - \frac{1}{x}y = 0$$
並使用積分因子求出一個通解。

(f) 以 (b) 至 (e) 的方法是否可產生相同的解？

9. 證明
$$x^2 y' + xy = -y^{-3/2}$$
不是正合。找出形如 $\mu(x, y) = x^a y^b$ 的積分因子，並利用此積分因子解此方程式。**提示：** 將 $x^a y^b$ 乘以微分方程式使得此方程式為正合，並解出 a、b。

10. 嘗試以習題 9 的策略，解下列方程式：
$$2y^2 - 9xy + (3xy - 6x^2)y' = 0$$

11. 用以下論述來證明定理 1.1。若有一個位勢函數 $\varphi(x, y)$，利用
$$\frac{\partial \varphi}{\partial x} = M(x, y) \text{ 與 } \frac{\partial \varphi}{\partial y} = N(x, y)$$
證明 $\partial M/\partial y = \partial N/\partial x$。

反之，假設 $\partial M/\partial y = \partial N/\partial x$。在 R 中選擇任意 (x_0, y_0) 且令
$$\varphi(x, y) = \int_{x_0}^{x} M(\xi, y_0)\, d\xi + \int_{y_0}^{y} N(x, \eta)\, d\eta$$
利用微積分的基本定理得到結論 $\partial \varphi/\partial y = N$。對於 $\partial \varphi/\partial x$，使用定義 $\varphi(x, y)$ 的表達式中 $\partial M/\partial y = \partial N/\partial x$ 的條件。

1.4 積分因子

「大部分」微分方程式在任何矩形上均不是正合，但有時將微分方程式乘以一非零之函數 $\mu(x, y)$ 可得一正合方程式，下列指出為何積分因子會如此有用。

例 1.13

方程式
$$y^2 - 6xy + (3xy - 6x^2)y' = 0 \tag{1.1}$$

在任意矩形上並非正合，以 $\mu(x, y) = y$ 乘以上式，得
$$y^3 - 6xy^2 + (3xy^2 - 6x^2y)y' = 0 \tag{1.2}$$

$y \neq 0$ 時，式 (1.1) 和式 (1.2) 有相同解。理由是式 (1.2) 為
$$y[y^2 - 6xy + (3xy - 6x^2)y'] = 0$$

且若 $y \neq 0$，則 $y^2 - 6xy + (3xy - 6x^2)y' = 0$。

式 (1.2) 為正合（整個平面），其位勢函數為
$$\varphi(x, y) = xy^3 - 3x^2y^2$$

故式 (1.2) 之隱式通解為
$$xy^3 - 3x^2y^2 = C$$

只要 $y \neq 0$，上式亦為式 (1.1) 之通解。

為了檢視上述式子，我們從非正合微分方程式開始。將它乘以一函數 μ 使新方程式為正合，解此正合方程式，發現此解亦為原非正合方程式之通解。函數 μ 可用來解正合方程式，進而求出非正合方程式之解。這個觀念值得探討，我們先給 μ 一個定義。

定義 1.1

令 $M(x, y)$ 和 $N(x, y)$ 定義在平面上之區域 R，對所有 R 中之 $\mu(x, y)$，若 $\mu M + \mu N y' = 0$ 為正合，其中 $\mu(x, y) \neq 0$，則稱 $\mu(x, y)$ 為 $M + Ny' = 0$ 的一個積分因子。

如何求 $M + Ny' = 0$ 之積分因子？若 μ 為積分因子，則 $\mu M + \mu N y' = 0$ 必須是正合（在平面上某區域），故
$$\frac{\partial}{\partial x}(\mu N) = \frac{\partial}{\partial y}(\mu M) \tag{1.3}$$

此為求 μ 的起始點。

若 μ 僅為 x 或僅為 y 之函數，則式 (1.3) 會變得比較容易解。

例 1.14

微分方程式 $x - xy - y' = 0$ 非正合。其中 $M = x - xy$ 且 $N = -1$，由式 (1.3) 知
$$\frac{\partial}{\partial x}(-\mu) = \frac{\partial}{\partial y}(\mu(x - xy))$$

寫成

$$-\frac{\partial \mu}{\partial x} = (x - xy)\frac{\partial \mu}{\partial y} - x\mu$$

若 μ 僅為 x 之函數，則 $\partial \mu / \partial y = 0$，上式可化為

$$\frac{\partial \mu}{\partial x} = x\mu$$

此為可分離，

$$\frac{1}{\mu} d\mu = x\, dx$$

積分，得

$$\ln|\mu| = \frac{1}{2}x^2$$

因僅需積分因子，故令積分常數為零，由上式，得

$$\mu(x) = e^{x^2/2}$$

以 $e^{x^2/2}$ 乘以原微分方程式，得

$$(x - xy)e^{x^2/2} - e^{x^2/2}y' = 0$$

此方程式為正合，求出位勢函數 $\varphi(x, y) = (1 - y)e^{x^2/2}$。正合方程式之通解（隱式解）為

$$(1 - y)e^{x^2/2} = C$$

顯式解為

$$y(x) = 1 - Ce^{-x^2/2}$$

此即為原方程式 $x - xy - y' = 0$ 之通解。

若不能找到僅為 x 或僅為 y 之函數，則必須另外嘗試。通常無脈絡可循，仍必須以式 (1.3) 開始，小心地運算。

例 1.15

考慮 $2y^2 - 9xy + (3xy - 6x^2)y' = 0$，此方程式並非正合，其中 $M = 2y^2 - 9xy$ 且 $N = 3xy - 6x^2$，利用式 (1.3) 求積分因子

$$\frac{\partial}{\partial x}\left[\mu(3xy - 6x^2)\right] = \frac{\partial}{\partial y}\left[\mu(2y^2 - 9xy)\right]$$

即

$$(3xy - 6x^2)\frac{\partial \mu}{\partial x} + \mu(3y - 12x) = (2y^2 - 9xy)\frac{\partial \mu}{\partial y} + \mu(4y - 9x) \tag{1.4}$$

若設 $\mu = \mu(x)$，則 $\partial \mu/\partial y = 0$，得

$$(3xy - 6x^2)\frac{\partial \mu}{\partial x} + \mu(3y - 12x) = \mu(4y - 9x)$$

無法解出 $\mu(x)$。同理，令 $\mu = \mu(y)$，則 $\partial \mu/\partial x = 0$，亦是無法解出 $\mu(y)$，必須嘗試其他方法。式 (1.4) 僅含 x 與 y 之整數次方，故設 $\mu(x, y) = x^a y^b$。代入式 (1.4) 解 a、b：

$$3ax^a y^{b+1} - 6ax^{a+1}y^b + 3x^a y^{b+1} - 12x^{a+1}y^b = 2bx^a y^{b+1} - 9bx^{a+1}y^b + 4x^a y^{b+1} - 9x^{a+1}y^b$$

假設 $x \neq 0$ 且 $y \neq 0$，上式除以 $x^a y^b$ 得

$$3ay - 6ax + 3y - 12x = 2by - 9bx + 4y - 9x$$

移項整理

$$(1 + 2b - 3a)y = (-3 + 9b - 6a)x$$

因 x、y 為獨立，因此上式僅在

$$1 + 2b - 3a = 0 \text{ 和 } -3 + 9b - 6a = 0$$

時，對所有 x 和 y 值皆成立。求解上兩式可得 $a = b = 1$。積分因子為 $\mu(x, y) = xy$，以 xy 乘以微分方程式，得

$$2xy^3 - 9x^2 y^2 + (3x^2 y^2 - 6x^3 y)y' = 0$$

此為正合，位勢函數為 $\varphi(x, y) = x^2 y^3 - 3x^3 y^2$，$x \neq 0$ 且 $y \neq 0$，原微分方程式之解為

$$x^2 y^3 - 3x^3 y^2 = C$$

以積分因子求解，有時會遺漏某些解，正如在可分離方程式中遺漏了奇異解之情形一樣。由以下兩例可知。

例 1.16

考慮

$$\frac{2xy}{y-1} - y' = 0 \tag{1.5}$$

可用分離變數解之，但此時用積分因子求解。式 (1.5) 為非正合，但當 $y \neq 0$ 時，令 $\mu(x, y) = (y - 1)/y$ 為積分因子，方程式本身並沒有要求 $y \neq 0$，將 $\mu(x, y)$ 乘以微分

方程式，得正合方程式
$$2x - \frac{y-1}{y}y' = 0$$
位勢函數 $\varphi(x, y) = x^2 - y + \ln|y|$，通解為
$$x^2 - y + \ln|y| = C, y \neq 0$$
上式為當 $y \neq 0$ 時，式 (1.5) 之解，事實上 $y = 0$ 亦為式 (1.5) 之解，此奇異解不包含在以積分因子求解所得之通解中。

例 1.17

方程式
$$y - 3 - xy' = 0 \tag{1.6}$$
非正合，當 $x \neq 0$ 且 $y \neq 3$ 時，$\mu(x, y) = 1/x(y-3)$ 為積分因子，原方程式並沒有要求 $x \neq 0$ 且 $y \neq 3$，以 $\mu(x, y)$ 乘以式 (1.6) 得正合方程式
$$\frac{1}{x} - \frac{1}{y-3}y' = 0$$
通解為
$$\ln|x| + C = \ln|y - 3|$$
上式為式 (1.6) 不含直線 $x = 0$ 或 $y = 3$ 之通解。

通解 y 可以 x 明顯表示，首先令 $C = \ln(k)$，其中 k 為任意正數，通解變成
$$\ln|x| + \ln(k) = \ln|y - 3|$$
或
$$\ln|kx| = \ln|y - 3|$$
但 $y - 3 = \pm kx$，令 $\pm k = K$，此時 K 為非零實數，得
$$y = 3 + Kx$$
上式為式 (1.6) 之通解。由觀察知 $y = 3$ 為式 (1.6) 之解，此解在使用積分因子過程中是「遺漏」的解，但 $y = 3$ 並非奇異解，它可由 $y = 3 + Kx$ 中，令 $K = 0$ 而得，故式 (1.6) 之通解為 $y = 3 + Kx$，其中 K 為任意實數。

1.4.1 可分離方程式與積分因子

指出可分離方程式與積分因子之關係。

可分離方程式 $y' = A(x)B(y)$ 一般非正合，由下可知：

$$A(x)B(y) - y' = 0$$

所以 $M(x, y) = A(x)B(y)$ 且 $N(x, y) = -1$。又

$$\frac{\partial}{\partial x}(-1) = 0 \text{ 且 } \frac{\partial}{\partial y}[A(x)B(y)] = A(x)B'(y)$$

一般而言，$A(x)B'(y) \neq 0$。

$\mu(y) = 1/B(y)$ 為積分因子，以 $1/B(y)$ 乘以微分方程式，得

$$A(x) - \frac{1}{B(y)} y' = 0$$

上式為正合方程式，因

$$\frac{\partial}{\partial x}\left[-\frac{1}{B(y)}\right] = \frac{\partial}{\partial y}[A(x)] = 0$$

分離變數的作用等於乘上積分因子 $1/B(y)$。

1.4.2 線性方程式與積分因子

線性方程式 $y' + p(x)y = q(x)$，寫成 $[p(x)y - q(x)] + y' = 0$，令 $M(x, y) = p(x)y - q(x)$ 且 $N(x, y) = 1$，則

$$\frac{\partial}{\partial x}[1] = 0 \text{ 且 } \frac{\partial}{\partial y}[p(x)y - q(x)] = p(x)$$

線性方程式非正合，除非 $p(x)$ 等於零。但 $\mu(x, y) = e^{\int p(x)dx}$ 為一積分因子，以 μ 乘以線性方程式，得

$$[p(x)y - q(x)]e^{\int p(x)dx} + e^{\int p(x)dx} y' = 0$$

上式為正合，因

$$\frac{\partial}{\partial x} e^{\int p(x)dx} = p(x)e^{\int p(x)dx} = \frac{\partial}{\partial y}\left[[p(x)y - q(x)]e^{\int p(x)dx}\right]$$

1.4 習題

1. 當 $M + Ny' = 0$ 的積分因子僅是 y 的函數，則 M、N 應滿足何種條件？

2. 考慮 $y - xy' = 0$。
   (a) 證明此方程式在任何矩形上均不為正合。
   (b) 求僅為 x 函數的積分因子 $\mu(x)$。
   (c) 求僅為 y 函數的積分因子 $v(y)$。
   (d) 證明 $\eta(x, y) = x^a y^b$ 亦為積分因子。a、b 為常數。求所有此種積分因子。

習題 3–5，(a) 證明微分方程式不是正合；(b) 求積分因子；(c) 求通解（可能是隱式解）；(d) 求微分方程式可能具有的任何奇異解。

3. $1 + (3x - e^{-2y})y' = 0$
4. $2xy^2 + 2xy + (x^2y + x^2)y' = 0$
5. $y' + y = y^4$。提示：嘗試 $\mu(x, y) = e^{ax}y^b$。

習題 6–7，求微分方程式之積分因子，利用此積分因子求微分方程式之通解，因而得初值問題之解。

6. $1 + xy' = 0$；$y(e^4) = 0$
7. $2xy + 3y' = 0$；$y(0) = 4$。提示：嘗試 $\mu = y^a e^{bx^2}$。

8. 證明 $M + Ny' = 0$ 積分因子之非零常數倍數亦為積分因子。

1.5 齊次、伯努利與李卡地方程式

有許多特殊類型的一階微分方程式具有一些特定的特徵，因此可以求出方程式的解。我們將討論三個例子。

1.5.1 齊次微分方程式

齊次微分方程式 (homogeneous differential equation) 具有如下的特殊形式：

$$y' = f(y/x)$$

其中 y' 等於 y/x 的函數。例如，

$$y' = \sin(y/x) - x/y \text{ 且 } y' = \frac{x^2}{y^2}$$

在某些情況下，微分方程式可改寫成齊次方程式。例如，

$$y' = \frac{y}{x+y}$$

若 $x \neq 0$,則上式可寫成

$$y' = \frac{y/x}{1+y/x}$$

令 $u = y/x$,則齊次微分方程式轉換為以 x 與 u 表示的可分離方程式,亦即令

$$y = ux$$

可將微分方程式 $y' = f(y/x)$ 轉換為

$$y' = (ux)' = u'x + u = f(u)$$

則

$$x\frac{du}{dx} = f(u) - u$$

此為可分離方程式(變數 u 與 x 分離),因為

$$\frac{1}{f(u)-u}du = \frac{1}{x}dx$$

解出此方程式中的 u,然後由 $y = xu(x)$ 得到原方程式之解。

例 1.18

解

$$xy' = \frac{y^2}{x} + y$$

首先觀察可將此式改寫為

$$y' = \left(\frac{y}{x}\right)^2 + \frac{y}{x}$$

以 $y = ux$ 代入,得

$$xu' + u = u^2 + u$$

亦即

$$x\frac{du}{dx} = u^2$$

上式可分離：

$$\frac{1}{u^2} du = \frac{1}{x} dx$$

積分後，可得

$$-\frac{1}{u} = \ln|x| + c$$

其中 c 為任意常數，亦即

$$u = \frac{y}{x} = -\frac{1}{\ln|x| + c}$$

故原齊次方程式的通解為

$$y = -\frac{x}{\ln|x| + c}$$

例 1.19　追逐問題

追逐問題 (pursuit problem) 是求一軌線，使一物截獲另一物。例如，飛彈擊中飛機、太空梭降落至太空站。

這裡介紹一個簡單的追逐問題的例子，這個問題可以用目前研發的工具來解決。假設運河的寬度為 w，水以恆定速度 s 流動。在圖 1.8 中的運河，其水流為向上流動。

一人跳入運河中，入水點為點 A，朝著目的地點 B 游去，方向始終保持朝向點 B 的方向。我們欲求游泳者所經的軌線。

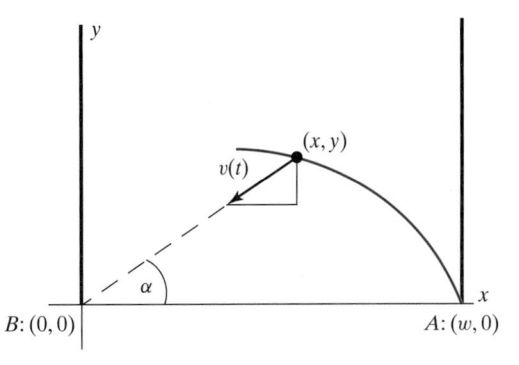

圖 1.8　例 1.19 追逐問題的設定

設定一座標系如圖所示，點 A 為 $(w, 0)$，目的地為原點 $(0, 0)$。游泳者從右向左移動穿過運河。假設在時間 t，游泳者的速率為 $v(t)$，且假設游泳者的位置為點 $(x(t), y(t))$。

圖中顯示朝向原點（目標點 B）的速度 $v(t)$。α 是從游泳者到點 B 的視線的恆定角度，游泳者速度的水平與垂直分量分別為

$$x'(t) = -v\cos(\alpha) \quad \text{與} \quad y'(t) = s - v\sin(\alpha)$$

則

$$\frac{dy}{dx} = \frac{y'(t)}{x'(t)} = \frac{s - v\sin(\alpha)}{-v\cos(\alpha)} = \tan(\alpha) - \frac{s}{v}\sec(\alpha)$$

由圖形可知

$$\tan(\alpha) = \frac{y}{x},\ \sec(\alpha) = \frac{1}{x}\sqrt{x^2 + y^2}$$

以 x 和 y 表示,

$$\frac{dy}{dx} = \frac{y}{x} - \frac{s}{v}\frac{1}{x}\sqrt{x^2 + y^2}$$

此為齊次微分方程式

$$\frac{dy}{dx} = \frac{y}{x} - \frac{s}{v}\sqrt{1 + \left(\frac{y}{x}\right)^2}$$

令 $y = ux$,得到

$$x\frac{du}{dx} + u = u - \frac{s}{v}\sqrt{1 + u^2}$$

此為可分離方程式,亦即

$$\frac{1}{\sqrt{1 + u^2}}\,du = -\frac{s}{v}\frac{1}{x}\,dx$$

將此方程式積分,得到

$$\ln\left|u + \sqrt{1 + u^2}\right| = -\frac{s}{v}\ln|x| + c$$

欲解此方程式中的 u,方程式兩邊取指數:

$$\left|u + \sqrt{1 + u^2}\right| = e^c e^{-(s\ln|x|)/v}$$

因為 c 是任意的,e^c 可以是任意正數。令 $K = \pm e^c$(可以是任意非零數),並使用 $x > 0$ 的事實,令 $\ln|x| = \ln x$。

$$e^{-(s\ln|x|)/v} = e^{-s\ln(x)/v} = e^{\ln(x^{-s/v})} = x^{-s/v}$$

則

$$u + \sqrt{1 + u^2} = Kx^{-s/v}$$

為了求解這個方程式中的 u,首先將它寫成

$$\sqrt{1 + u^2} = Kx^{-s/v} - u$$

兩邊平方，得到

$$1 + u^2 = K^2 x^{-2s/v} + u^2 - 2uKx^{-s/v}$$

由此可得

$$u(x) = \frac{1}{2}Kx^{-s/v} - \frac{1}{2}\frac{1}{K}x^{s/v}$$

最後，方程式的解 y 為

$$y(x) = xu(x) = \frac{1}{2}Kx^{1-s/v} - \frac{1}{2}\frac{1}{K}x^{1+s/v}$$

欲求 K，記得我們把點 A 設在 $(w, 0)$，所以 $y(w) = 0$。這表示

$$\frac{1}{2}Kw^{1-s/v} - \frac{1}{2}\frac{1}{K}w^{1+s/v} = 0$$

則

$$K = w^{s/v}$$

方程式的解 $y(x)$ 為

$$y(x) = \frac{w}{2}\left[\left(\frac{x}{w}\right)^{1-s/v} - \left(\frac{x}{w}\right)^{1+s/v}\right]$$

如預期的那樣，軌線取決於游泳者的速率、運河的寬度和水流的強度。圖 1.9 顯示 $w = 1$ 且 $s/v = 1/3$、$1/2$、$3/4$ 的游泳者路徑圖。

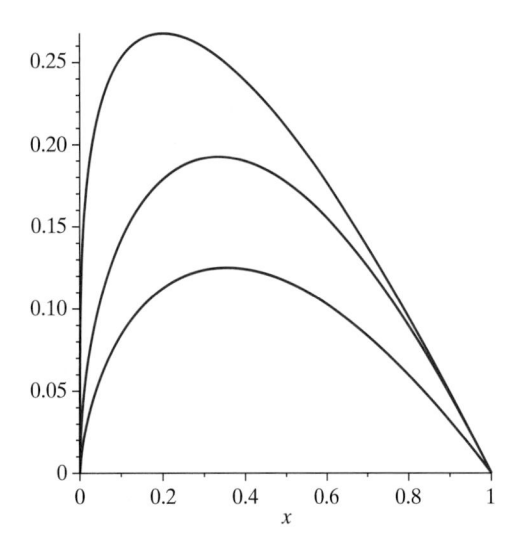

圖 1.9 游泳者的軌線 $s/v = 1/3$（下曲線）、$s/v = 1/2$（中間曲線）、$s/v = 3/4$（上曲線）

1.5.2 伯努利方程式

伯努利方程式 (Bernoulli equation) 具有下列形式：

$$y' + P(x)y = R(x)y^\alpha$$

其中 α 為常數。若 $\alpha = 0$，則此伯努利方程式為線性；若 $\alpha = 1$，則為可分離。

大約於 1696 年，萊伯尼茲 (Leibniz) 證明了若 $\alpha \neq 1$，則下列的變換式：

$$v = y^{1-\alpha}$$

可將 x 與 y 為變數的伯努利方程式轉換為 v 與 x 為變數的線性微分方程式。

例 1.20

解伯努利方程式

$$y' + \frac{1}{x}y = 3x^2 y^3$$

此題 $P(x) = 1/x$，$R(x) = 3x^2$，且 $\alpha = 3$。令

$$v = y^{1-\alpha} = y^{-2}$$

則 $y = v^{-1/2}$。對 x 微分，由連鎖律 (chain rule) 可得

$$y' = -\frac{1}{2} v^{-3/2} v'$$

以 x 和 y 為變數的微分方程式變成

$$-\frac{1}{2} v^{-3/2} v' + \frac{1}{x} v^{-1/2} = 3x^2 v^{-3/2}$$

上式乘以 $-2v^{3/2}$，得到

$$v' - \frac{2}{x} v = -6x^2$$

這是一個以 x 與 v 為變數的線性微分方程式。此方程式有積分因子

$$e^{\int (-2/x)\,dx} = e^{\ln(x^{-2})} = x^{-2}$$

將 x^{-2} 乘以微分方程式，得到

$$x^{-2} v' - 2x^{-3} v = -6$$

或

$$(x^{-2} v)' = -6$$

積分後，得

$$x^{-2} v = -6x + c$$

即

$$v = -6x^3 + cx^2$$

以 y 表示，原伯努利方程式的解為

$$y(x) = \frac{1}{\sqrt{v(x)}} = \frac{1}{\sqrt{cx^2 - 6x^3}}$$

1.5.3 李卡地方程式

微分方程式

$$y' = P(x)y^2 + Q(x)y + R(x)$$

稱為**李卡地方程式** (Riccati equation)。當 $P(x)$ 等於零，上式為線性。若我們可以求出李卡地方程式中的一解 $S(x)$，則下列變數的改變：

$$y = S(x) + \frac{1}{z}$$

將李卡地方程式轉換為 x 與 z 的線性方程式。該策略是解這個線性方程式，並利用它寫出李卡地方程式的通解。

例 1.21

解李卡地方程式

$$y' = \frac{1}{x}y^2 + \frac{1}{x}y - \frac{2}{x}$$

由觀察知 $y = S(x) = 1$ 為一解。定義一新變數如下：

$$y = S(x) + \frac{1}{z} = 1 + \frac{1}{z}$$

則

$$y' = -\frac{1}{z^2}z'$$

將李卡地方程式轉換為

$$-\frac{1}{z^2}z' = \frac{1}{x}\left(1 + \frac{1}{z}\right)^2 + \frac{1}{x}\left(1 + \frac{1}{z}\right) - \frac{2}{x}$$

經過一些代數運算，可得線性方程式：

$$z' + \frac{3}{x}z = -\frac{1}{x}$$

積分因子為

$$e^{\int (3/x)\,dx} = e^{\ln(x^3)} = x^3$$

將 x^3 乘以微分方程式，產生

$$x^3 z' + 3x^2 z = (x^3 z)' = -x^2$$

積分後，得到

$$x^3 z = -\frac{1}{3}x^3 + c$$

即

$$z(x) = -\frac{1}{3} + \frac{c}{x^3}$$

李卡地方程式的通解為

$$y(x) = 1 + \frac{1}{z} = 1 + \frac{1}{cx^{-3} - 1/3}$$

亦可寫成

$$y(x) = \frac{k + 2x^3}{k - x^3}$$

其中 $k = 3c$ 為任意常數。

1.5 習題

習題 1–7，求通解。這些微分方程式包括本節中討論的所有類型。

1. $y' = \frac{1}{x^2}y^2 - \frac{1}{x}y + 1$
2. $y' + xy = xy^2$
3. $y' = \frac{y}{x+y}$
4. $(x - 2y)y' = 2x - y$
5. $y' + \frac{1}{x}y = \frac{1}{x^4}y^{-3/4}$
6. $y' = -\frac{1}{x}y^2 + \frac{2}{x}y$
7. $y' = -e^{-x}y^2 + y + e^x$
8. 考慮微分方程式

$$y' = F\left(\frac{ax + by + c}{dx + py + r}\right)$$

其中 a、b、c、d、p、r 為常數。證明若且唯若 $c = r = 0$，則此方程式為齊次；若 c 與 r 至少有一不為零，此方程式稱為**近齊次** (nearly homogeneous)。證明若 $ap - bd \neq 0$，則可以選擇常數 h 與 k 利用下列變換：

$$x = X + h, y = Y + k$$

將原微分方程式改為齊次微分方程式。

習題 9–10，利用習題 8 的觀念來求解微分方程式。

9. $y' = \dfrac{3x - y - 9}{x + y + 1}$

10. $y' = \dfrac{2x - 5y - 9}{-4x + y + 9}$

11. 某人站在兩條垂直道路的交會處，一隻狗站在距離其中一條道路 A 米處。此人開始沿著另一條路以恆定的速度 v 行走，而在此刻狗以 $2v$ 的速度開始追向此人，求狗行走的路徑，假設牠總是面對此人。還要確定最終狗是否會追到這個人，如果會的話，是什麼時候。**提示**：假設在時間 $t=0$，狗是在原點 $(0,0)$，而人在 $(A, 0)$。在時間 t，狗在 (x, y)，而人在 (A, vt)。證明 $dy/dx = (vt - y)/(A - x)$。將狗的路徑寫成一個積分，並用它將此方程式中的 vt 消去。

12. 驅逐艦正在狩獵潛艇。由雷達檢測，潛艇表面與驅逐艦相距 9 公里。潛艇沉入海中並以恆定速率 v 公里／小時在直線上移動，其方向對驅逐艦艦長而言是未知的。然而，驅逐艦船員確實知道此直線策略是潛艇的標準迴避行為。如果驅逐艦以 $2v$ 公里／小時移動，求驅逐艦的路線，以確保它在某個時刻將在潛艇上方通過。這個問題的解是否有助於艦長摧毀潛艇？**提示**：使用極座標，潛艇在原點，驅逐艦在極軸上為 $(9, 0)$。令驅逐艦沿著這條線移動到 $(3, 0)$，然後繼續以 $r = f(\theta)$ 的搜尋模式進行。求 $f(\theta)$ 使得兩艘船最終到達相同的點 $(f(\varphi), \varphi)$，考慮驅逐艦從目視時間到這個攔截時間所行駛的距離。

13. 邊長為 L 的正方形桌子在每個角落都有一隻蟲，在同一時刻，這些蟲各以等速率 v 開始朝其右方的蟲所在的位置移動。

    (a) 試求各蟲的追逐曲線。**提示**：使用極座標，其原點位於桌子中央，而極軸則包含一桌角。當某隻蟲位於點 $(f(\theta), \theta)$ 時，其目標位於 $(f(\theta), \theta + \pi/2)$。利用連鎖律寫出

    $$\frac{dy}{dx} = \frac{dy/d\theta}{dx/d\theta}$$

    其中

    $$y(\theta) = f(\theta) \sin(\theta)$$

    且

    $$x(\theta) = f(\theta) \cos(\theta)$$

    (b) 試求各蟲移動的距離。

    (c) 是否有任何蟲追到其目標？

CHAPTER 2

二階微分方程式

2.1 線性二階方程式

二階微分方程式是涉及二階導數並且可能含有一階導數，但不包括三階或更高階導數的方程式。本節的重點是**線性** (linear) 二階方程式

$$y'' + p(x)y' + q(x)y = f(x) \tag{2.1}$$

為了得到一些期待的感覺，看一下簡單的方程式

$$y'' = 12x$$

當然這只是一個積分問題。積分一次得到

$$\int y''(x)\,dx = y'(x) = \int 12x\,dx = 6x^2 + c_1$$

再積分一次，可得

$$y(x) = \int (6x^2 + c_1)\,dx = 2x^3 + c_1 x + c_2$$

因為需要積分兩次，所以有兩個積分常數。任意選取這些常數，我們得到一特解，且這些解構成平面曲線的兩參數系統（參數為 c_1 和 c_2）。圖 2.1 顯示這些曲線中的一些，這些曲線亦稱為微分方程式的**積分曲線** (integral curve)。

有兩個任意常數的事實對初值問值的解的唯一性有影響。假設有一初始條件，$y(0) = -3$。這表示我們想要的是圖形通過 $(0, -3)$ 的解。雖然 $c_2 = -3$，但 c_1 仍為任意值。圖 2.2 顯示不同 c_1 值的 $y = 2x^3 + c_1 x - 3$ 的圖。這些曲線都代表通過 $(0, -3)$ 的解。若改變 c_1，則有無限多的這種曲線。

然而，這些曲線中的每一個在 $(0, -3)$ 具有不同的斜率。如果我們在 $(0, -3)$ 指定斜率，例如 $y'(0) = -1$，則

$$y'(0) = c_1 = -1$$

只有一個解通過 $(0, -3)$ 且在 $(0, -3)$ 之斜率為 -1，此解為

$$y(x) = 2x^3 - x - 3$$

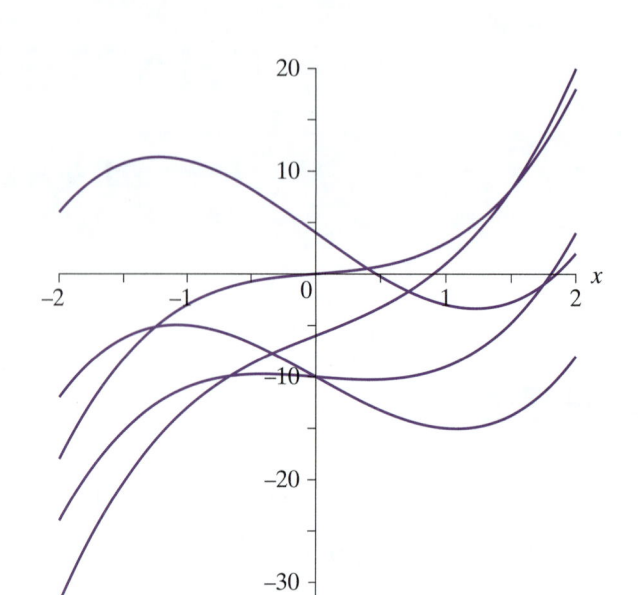

圖 2.1 $y'' = 12x$ 的一些積分曲線

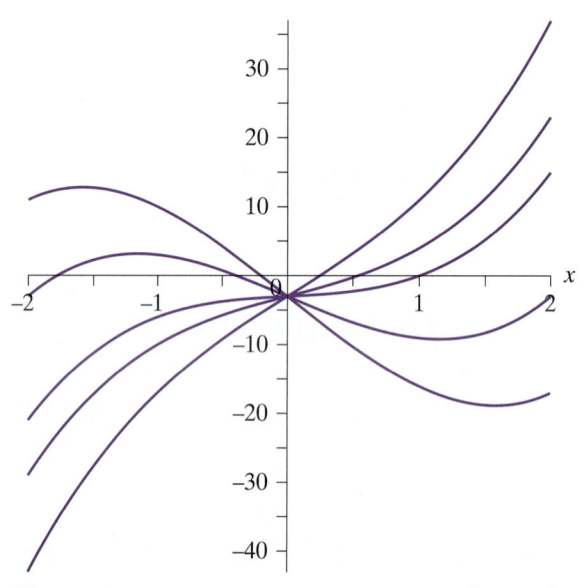

圖 2.2 通過 $(0, -3)$ 的 $y'' = 12x$ 的一些積分曲線

這個例子的概念一般適用於線性二階方程式。

定理 2.1　初值問題的解之存在和唯一性

假設 $p(x)$、$q(x)$ 與 $f(x)$ 在包含 x_0 的開區間 I 為連續。令 A 與 B 為數值，則
$$y'' + p(x)y' + q(x)y = f(x); y(x_0) = A, y'(x_0) = B$$
在區間 I 有唯一解。

現在探索如何尋找線性二階方程式的所有解。從齊次的情況開始。
方程式
$$y'' + p(x)y' + q(x)y = 0 \tag{2.2}$$
稱為**齊次** (homogeneous) 方程式，此即式 (2.1) 中的函數 $f(x) = 0$ 之情形。這個術語不要與 1.5.1 節中的齊次一階微分方程式的「齊次」一詞混淆。

式 (2.2) 的解有兩個重要性質：

1. 方程式中的兩個解的總和是方程式的解。
2. 方程式中的解的恆定倍數是方程式的解。

這些性質可以用組合的方式來說，即對於任意兩個解 y_1 和 y_2，以及任意數 c_1 與 c_2，**線性組合** (linear combination)
$$c_1 y_1 + c_2 y_2$$
亦為一解。例如，$\sin(x)$ 與 $\cos(x)$ 為 $y'' + y = 0$ 的解，則任何線性組合
$$c_1 \sin(x) + c_2 \cos(x)$$
亦為一解。

若一解，例如 y_2，為另一解的恆定倍數，即對於某一區間 I 的所有 x 而言，
$$y_2(x) = k y_1(x)$$
則任何線性組合 $c_1 y_1 + c_2 y_2$ 變成僅為 y_1 的倍數，不知道 y_1 就不知道 y_2 的資訊。

對於 I 中的所有 x 而言，若彼此間的一個解是另一解的恆定倍數，則稱這兩個解在 I 中為**線性相依** (linearly dependent)，或**相依** (dependent)。對於 I 中的所有 x 而言，若彼此間的一個解非另一解的恆定倍數，則稱式 (2.2) 的兩個解在 I 中為**線性獨立** (linearly independent)，或**獨立** (independent)。

例如，對所有 x 而言，$\sin(x)$ 與 $\cos(x)$ 為 $y'' + y = 0$ 的線性獨立解。

通常兩個解在區間是否為相依或獨立是很明顯的。然而，還有一個有用的測試。兩函數 $f(x)$ 與 $g(x)$ 的**朗士基** (Wronskian) 為
$$W[f, g](x) = \begin{vmatrix} f(x) & g(x) \\ f'(x) & g'(x) \end{vmatrix}$$

若已知 f 與 g，則可採用 $W(x)$ 作為朗士基的符號。

定理 2.2 朗士基獨立測試

設 y_1 與 y_2 為式 (2.2) 在開區間 I 的解，則

1. 對 I 中的所有 x 而言，$W[y_1, y_2](x) = 0$ 或 $W[y_1, y_2](x) \neq 0$ 兩者之一成立。
2. 對於 I 中的每一個 x_0 而言，若且唯若 $W[y_1, y_2](x_0) \neq 0$，則 $y_1(x)$ 與 $y_2(x)$ 在 I 中為線性獨立。

在測試獨立時，我們只需要在區間的一個（任何）點檢查兩個解的朗士基的值。例如，$y_1(x) = e^{-x}$ 與 $y_2(x) = xe^{-x}$ 為 $y'' + 2y' + y = 0$ 在整個實數線上的獨立解，其朗士基為

$$W(x) = \begin{vmatrix} e^{-x} & xe^{-x} \\ -e^{-x} & e^{-x} - xe^{-x} \end{vmatrix} = e^{-2x}$$

對所有的 x 而言，此值不等於零，故 e^{-x} 與 xe^{-x} 為線性獨立的解。

獨立的概念是寫出 $y'' + p(x)y' + q(x)y = 0$ 的所有解的關鍵。

定理 2.3 方程式 (2.2) 的通解

設 $p(x)$ 與 $q(x)$ 在開區間 I 為連續。設 y_1 與 y_2 為式 (2.2) 在開區間 I 的獨立解，則線性組合

$$y(x) = c_1 y_1(x) + c_2 y_2(x)$$

包含式 (2.2) 在 I 中的所有解，其中 c_1 與 c_2 為任意常數。

由於這個原因，當 y_1 和 y_2 為獨立解時，$c_1 y_1(x) + c_2 y_2(x)$ 稱為式 (2.2) 的**通解** (general solution)。可以調整常數從線性組合中獲得每一個解。

定理 2.3 遵循唯一性定理 2.1。假設 $\varphi(x)$ 為式 (2.2) 在開區間 I 的任意解，選擇 I 中的任意數 x_0，且令 $\varphi(x_0) = A$, $\varphi'(x_0) = B$，則 $\varphi(x)$ 為初值問題

$$y'' + p(x)y' + q(x)y = 0; y(x_0) = A, y'(x_0) = B$$

的唯一解。現在考慮方程式

$$c_1 y_1(x_0) + c_2 y_2(x_0) = A$$
$$c_1 y_1'(x_0) + c_2 y_2'(x_0) = B$$

因為 y_1 與 y_2 為線性獨立，$W[y_1, y_2](x_0) \neq 0$。這表示我們可以解這兩個方程式中的 c_1 與 c_2，得到

$$c_1 = \frac{Ay_2'(x_0) - By_2(x_0)}{W(x_0)}, c_2 = \frac{By_1(x_0) - Ay_1'(x_0)}{W(x_0)}$$

選擇這些常數，$c_1 y_1(x) + c_2 y_2(x)$ 亦為初值問題的解。由解的唯一性知，這兩個解必須相同：

$$\varphi(x) = c_1 y_1(x) + c_2 y_2(x)$$

數往知來──彈簧模型

運動的研究是一個經典的工程領域，使用由牛頓第二定律 $\sum F = ma$ 控制的二階微分方程式。這些方程式會出現在流體和固體的運動中，儘管它們在每種情況下，因為使用不同的參考框架，而會有不同的描述。

彈簧質量模型是用於各種固體運動情況的設計模擬中普遍存在的模型，例如，材料變形、摩天大樓穩定性的質量阻尼器和車輛減震器。我們將在本章中探討這個例子。

自行車和汽車通常在車身與車輪之間設計有阻尼懸掛系統，以保護乘客免受路障產生的不適。系統可以被建立模式成為介於固定點（車輪）和可移動質量（車輛的框架）之間的阻尼彈簧。

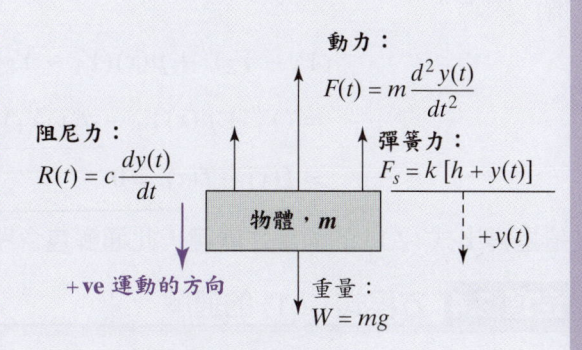

動力：
$$F(t) = m\frac{d^2 y(t)}{dt^2}$$

阻尼力：
$$R(t) = c\frac{dy(t)}{dt}$$

彈簧力：
$$F_s = k\,[h + y(t)]$$

物體，m

+ve 運動的方向

重量：$W = mg$

$+y(t)$

微分方程式推導原理圖。

根據 Hsu, Tai-Ran. "Applications of Second Order Differential Equations in Mechanical Engineering Analysis." Lecture, Class Notes from San Jose State University. San Jose, CA, USA.

例 2.1

e^x 與 e^{2x} 為

$$y'' - 3y' + 2y = 0$$

的線性獨立解。因此這個微分方程式的通解具有下列的形式：

$$y(x) = c_1 e^x + c_2 e^{2x}$$

欲解初值問題

$$y'' - 3y' + 2y = 0;\ y(0) = -2, y'(0) = 3$$

為了要解出滿足這些條件的常數，我們需要

$$y(0) = c_1 + c_2 = -2,\ y'(0) = c_1 + 2c_2 = 3$$

可得 $c_1 = -7$，$c_2 = 5$，因此初值問題的解為

$$y(x) = -7e^x + 5e^{2x}$$

我們現在準備看**非齊次**(nonhomogeneous)方程式 (2.1)，其中對於區間中至少一些 x 而言，$f(x) \neq 0$。不像齊次的情形，對於非齊次方程式，解的和與解的恆定倍數未必是解。

然而，若 Y_1 與 Y_2 為式 (2.1) 的兩個解，它們的**差** (difference) 是齊次方程式 (2.2) 的解，因為

$$(Y_1 - Y_2)'' + p(x)(Y_1 - Y_2)' + q(x)(Y_1 - Y_2)$$
$$= (Y_1'' + p(x)Y_1' + q(x)Y_1) - (Y_2'' + p(x)Y_2' + q(x)Y_2)$$
$$= f(x) - f(x) = 0$$

這是寫出式 (2.1) 的通解之關鍵，此通解包含所有可能的解。

定理 2.4 方程式 (2.1) 的通解

設 y_1 與 y_2 為**對應齊次方程式** (associated homogeneous equation)

$$y'' + p(x)y' + q(x)y = 0$$

的獨立解。設 y_p 為非齊次方程式

$$y'' + p(x)y' + q(x)y = f(x)$$

的任意解，則非齊次方程式的每一解都包含在下列的式子中，

$$y(x) = c_1 y_1(x) + c_2 y_2(x) + y_p(x)$$

假設 $Y(x)$ 為式 (2.1) 的一解，則 $Y(x) - y_p(x)$ 為對應齊次方程式 (2.2) 的解，亦即有常數 c_1 和 c_2 使得

$$Y(x) - y_p(x) = c_1 y_1(x) + c_2 y_2(x)$$

因此

$$Y(x) = c_1 y_1(x) + c_2 y_2(x) + y_p(x)$$

定理 2.4 告訴我們，式 (2.1) 的通解等於式 (2.2) 的通解加上式 (2.1) 的任意特解。寫出式 (2.1) 的所有解的問題可化為兩個步驟：

1. 求相關齊次方程式 (2.2) 的通解。亦即求出此方程式的兩個線性獨立解。
2. 求式 (2.1) 的一個（任意一個）解。

例 2.2

求

$$y'' + 4y = 8x$$

的通解。我們可以驗證 $y_1(x) = \sin(2x)$ 與 $y_2(x) = \cos(2x)$ 為對應齊次方程式 $y'' + 4y = 0$ 的獨立解。

可直接驗證 $Y_p(x) = 2x$ 為非齊次方程式的一解，因此這個方程式的通解為
$$y(x) = c_1 \sin(2x) + c_2 \cos(2x) + 2x$$
假設現在我們有一個初值問題，
$$y'' + 4y = 8x;\, y(\pi) = 1,\, y'(\pi) = -6$$
將 $x = \pi$ 代入通解：
$$y(\pi) = c_1 \sin(2\pi) + c_2 \cos(2\pi) + 2\pi = c_2 + 2\pi = 1$$
可得 $c_2 = 1 - 2\pi$。其次，
$$y'(\pi) = 2c_1 \cos(2\pi) - 2c_2 \sin(2\pi) + 2 = 2c_1 + 2 = -6$$
可得 $c_1 = -4$。初值問題的唯一解為
$$y(x) = -4\sin(2x) + (1 - 2\pi)\cos(2x) + 2x$$

2.1 習題

習題 1–3 中，已知初值問題。驗證 $y_1(x)$ 與 $y_2(x)$ 為相關齊次方程式的解，且利用朗士基證明這些解為線性獨立。寫出相關齊次方程式的通解。

其次，證明 $y_p(x)$ 為非齊次方程式的解，且寫出方程式的通解。

最後，求初值問題的值。

1. $y'' + 36y = x - 1;\, y(0) = -5,\, y'(0) = 2$
   $y_1(x) = \sin(6x),\, y_2(x) = \cos(6x)$,
   $y_p(x) = \frac{1}{36}(x - 1)$

2. $y'' + 3y' + 2y = 15;\, y(0) = -3,\, y'(0) = -1$
   $y_1(x) = e^{-2x},\, y_2(x) = e^{-x},\, y_p(x) = \frac{15}{2}$

3. $y''(x) - 2y' + 2y = -5x^2;\, y(0) = 6,\, y'(0) = 1$
   $y_1(x) = e^x \cos(x),\, y_2(x) = e^x \sin(x)$,
   $y_p(x) = -\frac{5}{2}x^2 - 5x - \frac{5}{2}$

4. 以下面的論述證明式 (2.2) 的兩個獨立解的朗士基不為零。假設 $y_1(x)$ 與 $y_2(x)$ 為式 (2.2) 的解，則
   $$y_1'' + p(x)y_1' + q(x)y_1 = 0$$
   $$y_2'' + p(x)y_2' + q(x)y_2 = 0$$
   將第一式乘以 y_2，第二式乘以 $-y_1$，然後二式相加，利用產生的方程式證明
   $$W' + p(x)W = 0$$
   其中 $W = W[y_1, y_2]$。解此線性一階方程式中的 $W(x)$，證明此朗士基。

5. 設 $y_1(x) = x^2$ 且 $y_2(x) = x^3$，證明 $W(x) = x^4$。如今 $W(0) = 0$，但對於 $x \neq 0$，$W(x) > 0$。為何此與定理 (2.2) 不互相矛盾？

6. 證明 $y_1(x) = x$ 與 $y_2(x) = x^2$ 為 $x^2 y'' - 2xy' + 2y = 0$ 在 $-1 < x < 1$ 的線性獨立解，但 $W(0) = 0$。為何此與定理 2.2(1) 不互相矛盾？

7. 假設 y_1 與 y_2 為式 (2.2) 在區間 (a, b) 的解，且 p 與 q 在此區間為連續。假設在 (a, b) 中有一點 x_0，其中 y_1 與 y_2 在 x_0 有相對極值（極大或極小）。證明 y_1 與 y_2 為線性相依。這意味著線性獨立的解不具有相對極值。

8. 令 $\varphi(x)$ 為式 (2.2) 在開區間 I 的解。假設 $\varphi(x)$ 不為零，但在此區間的某一點 x_0，有 $\varphi(x_0) = 0$。證明 $\varphi'(x_0) \neq 0$。

9. 假設 y_1 與 y_2 為式 (2.2) 在開區間 I 的相異解。假設 I 中有一點 x_0，使得 $y_1(x_0) = y_2(x_0) = 0$。證明 y_1 與 y_2 必為線性相依。這意味著線性獨立的解不為零。

2.2 降階法

我們欲求 $y'' + p(x)y' + q(x)y = 0$ 的兩線性獨立之解，若已知其中一解，由降階法可求得另一解。

設已知一非零解 y_1，欲求另一解 $y_2(x) = u(x)y_1(x)$，計算

$$y_2' = u'y_1 + uy_1',\ y_2'' = u''y_1 + 2u'y_1' + uy_1''$$

因 y_2 為一解，故

$$u''y_1 + 2u'y_1' + uy_1'' + p[u'y_1 + uy_1'] + quy_1 = 0$$

重組各項後可得到

$$u''y_1 + u'[2y_1' + py_1] + u[y_1'' + py_1' + qy_1] = 0$$

因 y_1 為一解，所以 u 之係數為零，故

$$u''y_1 + u'[2y_1' + py_1] = 0$$

在 $y_1(x) \neq 0$ 之任意區間上，同除 y_1

$$u'' + \frac{2y_1' + py_1}{y_1} u' = 0$$

欲求解 u，我們可令

$$g(x) = \frac{2y_1'(x) + p(x)y_1(x)}{y_1(x)}$$

因 $y_1(x)$ 與 $p(x)$ 皆為已知，故上式為已知函數。

$$u'' + g(x)u' = 0$$

接著令 $v = u'$ 代入方式中，得到
$$v' + g(x)v = 0$$
上式為 v 的一階線性微分方程式，其通解的形式為
$$v(x) = Ce^{-\int g(x)\,dx}$$
因為我們只需解出另一解 y_2，所以取 $C = 1$，
$$v(x) = e^{-\int g(x)\,dx}$$
又 $v = u'$，積分後可得
$$u(x) = \int e^{-\int g(x)\,dx}\,dx$$
執行上式之積分可得 $u(x)$，則 $y_2 = uy_1$，為 $u'' + py' + qy = 0$ 之另一解。此外，
$$W(x) = y_1 y_2' - y_1' y_2 = y_1(uy_1' + u'y_1) - y_1' u y_1 = u' y_1^2 = v y_1^2$$
因 $v(x)$ 為指數函數，所以 $v(x) \neq 0$。上述之推導是在 $y_1(x) \neq 0$ 之區間內進行，故 $W(x) \neq 0$ 且 y_1 與 y_2 形成此區間內的解之基本集合。$y'' + py' + qy = 0$ 之通解為 $c_1 y_1 + c_2 y_2$。

不需強記 g、v 和 u 之公式。已知一解 y_1 將 $y_2 = uy_1$ 代入微分方程式，再利用 y_1 為一解之條件，即可解出 $u(x)$。

例 2.3

設 $y_1(x) = e^{-2x}$ 為 $y'' + 4y' + 4y = 0$ 之一解。我們欲求另一解，首先令 $y_2(x) = u(x)e^{-2x}$，則
$$y_2' = u'e^{-2x} - 2e^{-2x}u \quad \text{且} \quad y_2'' = u''e^{-2x} + 4e^{-2x}u - 4u'e^{-2x}$$
將上式代入微分方程式，得到
$$u''e^{-2x} + 4e^{-2x}u - 4u'e^{-2x} + 4(u'e^{-2x} - 2e^{-2x}u) + 4ue^{-2x} = 0$$
又因 e^{-2x} 為其中一解，故
$$u''e^{-2x} = 0$$
或
$$u'' = 0$$
透過兩次積分可得到 $u(x) = cx + d$。因為我們僅需另一解 y_2，即僅需一個 u，故取 $c = 1$，$d = 0$。得 $u(x) = x$ 且
$$y_2(x) = xe^{-2x}$$
對所有 x，其朗士基

$$W(x) = \begin{vmatrix} e^{-2x} & xe^{-2x} \\ -2e^{-2x} & e^{-2x} - 2xe^{-2x} \end{vmatrix} = e^{-4x} \neq 0$$

因此對於所有 x，y_1 與 y_2 形成解之基本集合，$y'' + 4y' + 4y = 0$ 之通解為

$$y(x) = c_1 e^{-2x} + c_2 x e^{-2x}$$

例 2.4

當 $x > 0$，我們欲求 $y'' - (3/x)y' + (4/x^2)y = 0$ 之通解，若已知其中一解 $y_1(x) = x^2$，令 $y_2(x) = x^2 u(x)$，則

$$y_2' = 2xu + x^2 u' \quad \text{且} \quad y_2'' = 2u + 4xu' + x^2 u''$$

上式代入微分方程式，得到

$$2u + 4xu' + x^2 u'' - \frac{3}{x}(2xu + x^2 u') + \frac{4}{x^2}(x^2 u) = 0$$

故

$$x^2 u'' + xu' = 0$$

因 $x > 0$，故

$$xu'' + u' = 0$$

令 $v = u'$，求得

$$xv' + v = (xv)' = 0$$

故 $xv = c$，取 $c = 1$。則

$$v = u' = \frac{1}{x}$$

故

$$u = \ln(x) + d$$

因僅需一適當之 u，故取 $d = 0$，則 $y_2(x) = x^2 \ln(x)$ 為另一解。此外，對 $x > 0$，

$$W(x) = \begin{vmatrix} x^2 & x^2 \ln(x) \\ 2x & 2x \ln(x) + x \end{vmatrix} = x^3 \neq 0$$

對 $x > 0$，x^2 與 $x^2 \ln(x)$ 兩函數形成解之基本集合。在 $x > 0$ 時的通解為

$$y(x) = c_1 x^2 + c_2 x^2 \ln(x)$$

2.2 習題

習題 1–5，證明所給予之函數為微分方程式的一解，以降階法求另一解，並寫出其通解形式。

1. $y'' + 4y = 0$; $y_1(x) = \cos(2x)$
2. $y'' - 10y' + 25y = 0$; $y_1(x) = e^{5x}$
3. $x^2 y'' - 3xy' + 4y = 0$; $y_1(x) = x^2, x > 0$
4. $y'' - \dfrac{1}{x}y' - \dfrac{8}{x^2}y = 0$; $y_1(x) = x^4, x > 0$
5. $y'' - \dfrac{1}{x}y' + \left(1 - \dfrac{1}{4x^2}\right)y = 0$;

   $y_1(x) = \dfrac{1}{\sqrt{x}}\cos(x), x > 0$

6. 證明在任意非零常數 a 下，$y_1(x) = e^{-ax}$ 為 $y'' + 2ay' + a^2 y = 0$ 之一解，並求其通解。

7. 當二階方程式中的 x 並非顯性地表露出來，有些時候我們可令 $u = y'$ 且視 y 為自變數，u 為 y 之函數，故

$$y'' = \frac{d}{dx}\left[\frac{dy}{dx}\right] = \frac{du}{dx} = \frac{du}{dy}\frac{dy}{dx} = u\frac{du}{dy}$$

接下來將 $F(y, y', y'') = 0$ 轉變成一階方程式 $F(y, u, u(du/dy)) = 0$，求解 $u(y)$，然後令 $u = y'$，求解 y，其中 y 為 x 之函數，以此方法求下列之解。

(a) $yy'' + 3(y')^2 = 0$
(b) $yy'' + (y+1)(y')^2 = 0$
(c) $yy'' = y^2 y' + (y')^2$
(d) $y'' = 1 + (y')^2$
(e) $y'' + (y')^2 = 0$

8. 考慮 $y'' + (A/x)y' + (B/x^2)y = 0$，$x > 0$，其中 A 與 B 為常數，使得 $(A-1)^2 - 4B = 0$。證明 $y_1(x) = x^{(1-A)/2}$ 為一解且用降階法求另一解 $y_2(x) = x^{(1-A)/2}\ln(x)$。

2.3 常係數齊次方程式

我們現在知道在寫出

$$y'' + p(x)y' + q(x)y = 0$$

以及

$$y'' + p(x)y' + q(x)y = f(x)$$

的解時要尋找什麼。下一個重點是實際找到求解的方法，集中在 $p(x)$ 與 $q(x)$ 為常數的情形。從本節中的齊次情況開始，然後轉到下一節中的非齊次情況。

考慮常係數齊次線性方程式

$$y'' + ay' + by = 0 \tag{2.3}$$

其中 a 與 b 為已知。因為 e^{rx} 的導數為 e^{rx} 的常數倍數，嘗試求 r 的值使得 e^{rx} 為一解。將 e^{rx} 代入微分方程式，可得

$$r^2 e^{rx} + are^{rx} + be^{rx} = 0$$

除以非零因數 e^{rx}，得到 r 的二次方程式

$$r^2 + ar + b = 0 \tag{2.4}$$

這是微分方程式 (2.3) 的**特徵方程式** (characteristic equation)。我們可直接由微分方程式的係數得到此二次方程式，不需實際將 e^{rx} 代入。

特徵方程式的根為

$$r = \frac{1}{2}\left(-a \pm \sqrt{a^2 - 4b}\right)$$

此為 e^{rx} 是式 (2.3) 之解的 r 值。根據這些根，解可以有三種不同的形式。

情況 1——相異實根

當 $a^2 - 4b > 0$ 時，特徵方程式有相異實根。若這些根為 r_1 與 r_2，則 $e^{r_1 x}$ 與 $e^{r_2 x}$ 為獨立，且

$$y = c_1 e^{r_1 x} + c_2 e^{r_2 x}$$

為式 (2.3) 的通解。

例 2.5

$$y'' - y' - 6y = 0$$

的特徵方程式為

$$r^2 - r - 6 = (r-3)(r+2) = 0$$

其根為 3、−2，因此

$$y(x) = c_1 e^{3x} + c_2 e^{-2x}$$

為通解。

情況 2——重根

當 $a^2 - 4b = 0$ 時，特徵方程式有重根（實根）。此根為 $r = -a/2$，因此

$$y_1(x) = e^{-ax/2}$$

為一解。將 $y_2(x) = xe^{-ax/2}$ 代入微分方程式。由驗證得知 $y_2(x)$ 亦為一解，且 y_2 與 y_1 為獨立。在此情況下，我們有通解

$$y(x) = c_1 e^{-ax/2} + c_2 x e^{-ax/2}$$

或

$$y(x) = (c_1 + c_2 x)e^{-ax/2}$$

習題 12 中概述了在這種等根的情況下，推導第二解的細節。

例 2.6

考慮

$$y'' + 8y' + 16y = 0$$

特徵方程式為

$$r^2 + 8r + 16 = (r+4)^2 = 0$$

根 $r = -4$、-4。通解為

$$y(x) = (c_1 + c_2 x)e^{-4x}$$

情況 3——複數根

假設特徵方程式具有複數根 $\alpha \pm i\beta$。因為特徵方程式為實係數，所以複數根為共軛複數。

如今 $e^{(\alpha + i\beta)x}$ 與 $e^{(\alpha - i\beta)x}$ 為獨立解，我們可將通解寫成

$$y(x) = c_1 e^{(\alpha + i\beta)x} + c_2 e^{(\alpha - i\beta)x}$$

這是正確的，但是有時（如繪圖）我們需要僅涉及實數的通解。利用任意兩個獨立解可作為通解的事實來產生實數通解，由歐勒公式 (Euler's formula)

$$e^{ikx} = \cos(kx) + i\sin(kx)$$

其中 k 為實數。所以

$$\begin{aligned} y_1(x) &= e^{(\alpha + i\beta)x} \\ &= e^{\alpha x} e^{i\beta x} = e^{\alpha x}\cos(\beta x) + ie^{\alpha x}\sin(\beta x) \end{aligned}$$

為一解。以 $-\beta$ 取代 β，可得

$$y_2(x) = e^{\alpha x}\cos(\beta x) - ie^{\alpha x}\sin(\beta x)$$

此為第二個獨立解。因此，$y_1(x)$ 與 $y_2(x)$ 的任意線性組合亦為方程式的解，又因

$$\frac{1}{2}(y_1(x) + y_2(x)) = e^{\alpha x}\cos(\beta x)$$

且
$$\frac{1}{2i}(y_1(x) - y_2(x)) = e^{\alpha x}\sin(\beta x)$$

因此 $e^{\alpha x}\cos(\beta x)$ 與 $e^{\alpha x}\sin(\beta x)$ 亦為線性獨立解。我們可將此情況的通解寫成
$$y(x) = c_1 e^{\alpha x}\cos(\beta x) + c_2 e^{\alpha x}\sin(\beta x)$$

數往知來——對固定點和可移動物體之間的阻尼彈簧進行建模

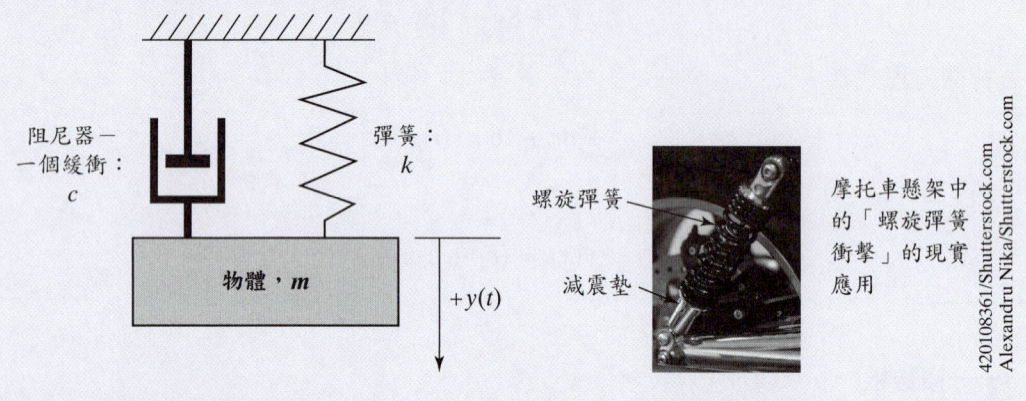

減震器原理圖模型和圖片。
根據 Hsu, Tai-Ran. "Applications of Second Order Differential Equations in Mechanical Engineering Analysis." Lecture, Class Notes from San Jose State University. San Jose, CA, USA.

彈簧運動可由虎克定理 (Hooke's law) 描述，其中指出彈簧具有恢復力 (restoring force)，使其回到原來的位置。該力被描述為 $F = -kx$，其中 k 是與材料有關的彈簧常數，x 是彈簧末端的位置。利用添加減震器及有阻尼力，可抑制系統中的振動，以保持物體（車架和乘客）不受路面碰撞。阻尼力被建模為 $F = -c\frac{dx}{dt}$，其中 c 是設計的減震器之阻尼常數。將這些代入牛頓第二定律，可得

$$ma = m\frac{d^2x}{dt^2} = -c\frac{dx}{dt} - kx = \sum F$$
$$\Rightarrow m\frac{d^2x}{dt^2} + c\frac{dx}{dt} + kx = 0$$

使用本章的方法，我們可以根據 $c^2 - 4mk$ 的值找到三種解。在這種情況下，不希望產生震盪解，因為減震器的目的是快速消除震盪。因此，工程師應選擇彈簧材料和減震器，以 k 與 c 的值來設計使得就算有較高的 m 值（車輛中有許多乘客），$c^2 - 4mk \geq 0$，來自路面顛簸的震盪也會被快速消除。

例 2.7

解 $y'' + 2y' + 3y = 0$。特徵方程式

$$r^2 + 2r + 3 = 0$$

的根為 $-1 \pm \sqrt{2}i$。我們可以寫出實值通解

$$y(x) = c_1 e^{-x}\cos(\sqrt{2}x) + c_2 e^{-x}\sin(\sqrt{2}x)$$

2.3 習題

習題 1–5，寫出微分方程式的實值通解。

1. $y'' - y' - 6y = 0$
2. $y'' + 6y' + 9y = 0$
3. $y'' + 10y' + 26y = 0$
4. $y'' + 3y' + 18y = 0$
5. $y'' - 14y' + 49y = 0$

習題 6–10，解初值問題。

6. $y'' + 3y' = 0$; $y(0) = 3, y'(0) = 6$
7. $y'' - 2y' + y = 0$; $y(1) = y'(1) = 0$
8. $y'' + y' - 12y = 0$; $y(2) = 2, y''(2) = -1$
9. $y'' - 2y' + y = 0$; $y(1) = 12, y'(1) = -5$
10. $y'' - y' + 4y = 0$; $y(-2) = 1, y'(-2) = 3$
11. (a) 求

$$y'' - 2\alpha y' + \alpha^2 y = 0$$

的通解 $\varphi(x)$。

(b) 求

$$y'' - 2\alpha y' + (\alpha^2 - \epsilon^2)y = 0$$

的通解 $\varphi_\epsilon(x)$，其中 ϵ 為正的常數。

(c) 證明當 $\epsilon \to 0$，(b) 中的解不會趨近於 (a) 中的解，即使 (b) 中的微分方程式似乎趨近於 (a) 中的方程式。這顯示微分方程式係數的微小變化可造成解的重大改變。

12. 假設 $a^2 = 4b$，$a \neq 0$，則 $y_1(x) = e^{-ax/2}$ 為 $y'' + ay' + by = 0$ 的一解。導出第二個解 $y_2(x) = xe^{-ax/2}$ 如下。令第二個解為 $y_2(x) = u(x)e^{-ax/2}$，將此式代入微分方程式，並解 $u(x)$ 的微分方程式。

13. 設 $\varphi(x)$ 為

$$y'' + ay' + by = 0$$

的一解，其中 a、b 為正數。證明 $\lim_{x \to \infty} \varphi(x) = 0$。若 a、b 均非正數，則此結論是否成立？

2.4 非齊次方程式的特解

對於非齊次方程式

$$y'' + p(x)y' + q(x)y = f(x)$$

的通解。我們需要相關齊次方程式的兩個解 y_1 與 y_2，以及非齊次方程式的特解 y_p。本節開發了求特解 y_p 的兩種方法。

在說明此方法之前，觀察以下的觀念有時是有用的，若 $f(x)$ 為函數的和，例如：

$$f(x) = f_1(x) + \cdots + f_n(x)$$

且 Y_j 為

$$y'' + p(x)y' + q(x)y = f_j(x)$$

的任意解，則

$$y_p = Y_1 + \cdots + Y_n$$

為非齊次方程式

$$y'' + p(x)y' + q(x)y = f(x) = f_1(x) + \cdots + f_n(x)$$

的一解。此觀念稱為**重疊原理** (principle of superposition)，有時可將一個問題分解成 n 個容易個別求解的問題。

2.4.1 參數變換法

一種求式 (2.1) 特解的方法稱為**參數變換法** (method of variation of parameters)。假設 y_1 與 y_2 為相關齊次方程式 (2.2) 的獨立解。此法的概念是尋找函數 $u_1(x)$ 與 $u_2(x)$，使得

$$y_p(x) = u_1(x)y_1(x) + u_2(x)y_2(x)$$

為非齊次方程式的特解。

y_p 的一階導數為

$$y_p' = u_1'y_1 + u_1y_1' + u_2'y_2 + u_2y_2'$$

若繼續微分，y_p'' 有八項。為了化簡二階導數，迫使我們強行加入條件

$$u_1'y_1 + u_2'y_2 = 0 \tag{2.5}$$

則

$$y_p' = u_1y_1' + u_2y_2'$$

這使得

$$y_p'' = u_1'y_1' + u_2'y_2' + u_1y_1'' + u_2y_2''$$

將 y_p、y_p'、y_p'' 代入微分方程式，可得

$$u_1'y_1' + u_2'y_2' + u_1y_1'' + u_2y_2''$$
$$+ p(x)(u_1y_1' + u_2y_2')$$
$$+ q(x)(u_1y_1 + u_2y_2) = f(x)$$

整理各項，將上式寫成

$$u_1[y_1'' + p(x)y_1' + q(x)y_1]$$
$$+ u_2[y_2'' + p(x)y_2' + q(x)y_2]$$
$$+ u_1'y_1' + u_2'y_2' = f(x)$$

因為 y_1 與 y_2 是齊次方程式的解，所以兩個中括號內的項等於零，剩下

$$u_1'y_1' + u_2'y_2' = f(x) \tag{2.6}$$

解式 (2.5) 與式 (2.6) 中的 u_1' 與 u_2'，得到

$$u_1'(x) = -\frac{y_2(x)f(x)}{W(x)}, u_2'(x) = \frac{y_1(x)f(x)}{W(x)} \tag{2.7}$$

其中 $W(x)$ 為 y_1 與 y_2 的朗士基。因為 y_1 與 y_2 為獨立，所以此朗士基不為零。將這些方程式積分，可得 $u_1(x)$ 和 $u_2(x)$：

$$u_1(x) = -\int \frac{y_2(x)f(x)}{W(x)} dx, u_2(x) = \int \frac{y_1(x)f(x)}{W(x)} dx \tag{2.8}$$

> **數往知來──考慮設計需求**
>
> 考慮一輛汽車經過一個非常粗糙的路面，造成許多顛簸。當車輛經過坑洞時，可能會以不同的頻率經歷不同深度的顛簸。如果該頻率高於減震器阻尼先前碰撞所需的時間，則將額外的強制項加到微分方程式中，把模型修改為
>
> $$m\frac{d^2x}{dt^2} + c\frac{dx}{dt} + kx = f(x)$$
>
> 對於設計減震器的初步模式，工程師可以將顛簸路「震盪」模式化，成為 $f(x) = A\cos(\omega t)$ 的函數，其中 A 和 ω 是粗糙路面中顛簸的平均（或最壞情況）振幅與頻率。求解這個方程式可以幫助工程師確定減震器需要設計的平均（或最壞情況）性能模型。

例 2.8

求
$$y'' + 4y = \sec(x)$$
的通解，其中 $-\pi/4 \leq x \leq \pi/4$。

$y'' + 4y = 0$ 的特徵方程式為 $r^2 + 4 = 0$，其根為 $\pm 2i$。$y'' + 4y = 0$ 的兩個獨立解為
$$y_1(x) = \cos(2x), y_2(x) = \sin(2x)$$

這些函數的朗士基為
$$W(x) = \begin{vmatrix} \cos(2x) & \sin(2x) \\ -2\sin(2x) & 2\cos(2x) \end{vmatrix} = 2$$

由式 (2.8)，可得
$$u_1(x) = -\int \frac{1}{2} \sin(2x) \sec(x)\, dx, u_2(x) = \int \frac{1}{2} \cos(2x) \sec(x)\, dx$$

有幾種求這些積分的方法，包括利用積分表、軟體或利用下列的恆等式：
$$\sin(2x) = 2\sin(x)\cos(x), \cos(2x) = 2\cos^2(x) - 1$$

結果為
$$u_1(x) = -\int \frac{1}{2} \sin(2x) \sec(x)\, dx = -\int \frac{2\sin(x)\cos(x)}{2} \sec(x)\, dx$$
$$= -\int \frac{\sin(x)\cos(x)}{\cos(x)}\, dx = -\int \sin(x)\, dx = \cos(x)$$

且
$$u_2(x) = \int \frac{1}{2} \cos(2x) \sec(x)\, dx = \int \frac{(2\cos^2(x) - 1)}{2\cos(x)}\, dx$$
$$= \int \left(\cos(x) - \frac{1}{2}\sec(x)\right) dx$$
$$= \sin(x) - \frac{1}{2} \ln|\sec(x) + \tan(x)|$$

這裡省略了積分常數，因為我們僅需適當的選取 u_1 與 u_2，即可得到特解

$$y_p(x) = u_1(x)y_1(x) + u_2(x)y_2(x)$$
$$= \cos(x)\cos(2x) + \sin(x)\sin(2x) - \frac{1}{2}\sin(2x)\ln|\sec(x)+\tan(x)|$$

因此通解為
$$y(x) = c_1\cos(2x) + c_2\sin(2x) + y_p(x)$$

使用參數變換法，我們在執行生成 $u_1(x)$ 與 $u_2(x)$ 時要有能力積分，否則這種方法就會受到限制。它的優點是不需要係數 $p(x)$ 與 $q(x)$ 是常數，雖然常係數齊次方程式是我們最容易解的情況。

2.4.2　未定係數法

不同於參數變換法，**未定係數法** (method of undetermined coefficients) 僅適用於常係數線性微分方程式
$$y'' + ay' + by = f(x)$$
這個想法是基於 $f(x)$ 會提供 $y_p(x)$ 可以採用的形式。

例 2.9

求
$$y'' + 4y = 7e^{3x}$$
的通解。對應齊次方程式 $y'' + 4y = 0$ 具有獨立解 $y_1(x) = \cos(2x)$ 與 $y_2(x) = \sin(2x)$。

對於所予非齊次方程式的特解，嘗試
$$y_p(x) = Ae^{3x}$$
這是由於 e^{3x} 的導數為 e^{3x} 的恆定倍數之事實。將 y_p、y_p'' 代入微分方程式
$$9Ae^{3x} + 4Ae^{3x} = 7e^{3x}$$
得到
$$13A = 7$$
因此 $A = 7/13$ 且
$$y_p(x) = \frac{7}{13}e^{3x}$$

為特解，通解為
$$y(x) = c_1 \cos(2x) + c_2 \sin(2x) + \frac{7}{13}e^{3x}$$

例 2.10

求
$$y'' + 3y' + 2y = -2x^2 + 3$$
的通解。對應齊次方程式有獨立解 $y_1(x) = e^{-x}$ 與 $y_2(x) = e^{-2x}$。對於非齊次方程式的特解，利用多項式的導數為多項式的事實，嘗試特解的形式為
$$y_p(x) = Ax^2 + Bx + C$$
注意：我們不需要嘗試次數高於 2（$f(x)$ 的次數）的多項式，因為 $y'' + 3y' + 2y$ 的次數不會高於 $y(x)$。注意：$y_p(x)$ 含有一次項 Bx，即使 $f(x)$ 沒有一次項，因為我們並不知道 $y_p(x)$ 的真正形式。

計算
$$y'_p(x) = 2Ax + B,\ y''_p(x) = 2A$$
且將 y_p、y'_p、y''_p 代入微分方程式，得到
$$2A + 3(2Ax + B) + 2(Ax^2 + Bx + C) = -2x^2 + 3$$
合併同類項，
$$2Ax^2 + (6A + 2B)x + (2A + 3B + 2C) = -2x^2 + 3$$
方程式的兩邊，比較係數：
$$2A = -2$$
$$6A + 2B = 0$$
$$2A + 3B + 2C = 3$$
解這些方程式得到
$$A = -1, B = 3, C = -2$$
因此
$$y_p(x) = -x^2 + 3x - 2$$

為特解，而通解為
$$y(x) = c_1 e^{-x} + c_2 e^{-2x} - x^2 + 3x - 2$$

注意：在此例中，$y_p(x)$ 具有一次項 $3x$，即使微分方程式中的 $f(x)$ 沒有這樣的項。

例 2.11

求
$$y'' + y' + 3y = 5\sin(2x)$$
的通解。對應齊次方程式有獨立解
$$y_1(x) = e^{-x/2} \cos\left(\frac{\sqrt{11}}{2} x\right), y_2(x) = e^{-x/2} \sin\left(\frac{\sqrt{11}}{2} x\right)$$

對於非齊次方程式的特解，嘗試
$$y_p(x) = A\cos(2x) + B\sin(2x)$$

因為正弦和餘弦的導數為正餘和餘弦的恆定倍數。雖然 $f(x)$ 僅有 $\sin(2x)$ 項，但在 $y_p(x)$ 中包含有 $\cos(2x)$ 項，因為正弦的導數可能是正弦或餘弦，取決於它被微分的次數。

現在
$$y_p'(x) = -2A\sin(2x) + 2B\cos(2x)$$
且
$$y_p''(x) = -4A\cos(2x) - 4B\sin(2x)$$

將 y_p、y_p'、y_p'' 代入微分方程式，可得
$$-4A\cos(2x) - 4B\sin(2x) - 2A\sin(2x) + 2B\cos(2x) + 3A\cos(2x) + 3B\sin(2x)$$
$$= 5\sin(2x)$$

整理後
$$(-A + 2B)\cos(2x) + (-2A - B)\sin(2x) = 5\sin(2x)$$

因此
$$-A + 2B = 0$$
$$-2A - B = 5$$

得 $A = -2$，$B = -1$。特解為
$$y_p(x) = -2\cos(2x) - \sin(2x)$$

原微分方程式具有通解
$$y(x) = c_1 e^{-x/2} \cos\left(\frac{\sqrt{11}}{2}x\right) + c_2 e^{-x/2} \sin\left(\frac{\sqrt{11}}{2}x\right) - 2\cos(2x) - \sin(2x)$$

如果 $f(x)$ 是不同類型函數的和，則嘗試將 $f(x)$ 寫成適用於未定係數法的函數，並使用重疊原理。

例 2.12

求
$$y'' + 2y' - 3y = 4x^2 - x + 11e^{2x}$$
的通解，對應齊次方程式 $y'' + 2y' - 3y = 0$ 具有通解
$$y_h(x) = c_1 e^x + c_2 e^{-3x}$$

我們需要非齊次方程式的特解 $y_p(x)$。這裡 $f(x)$ 有兩種項——多項式和指數，所以考慮兩個問題：
$$\text{問題 } 1: y'' + 2y' - 3y = 11e^{2x}$$
$$\text{問題 } 2: y'' + 2y' - 3y = 4x^2 - x$$

若 $y_{p_1}(x)$ 為問題 1 的特解，而 $y_{p_2}(x)$ 為問題 2 的特解，則
$$y_p(x) = y_{p_1}(x) + y_{p_2}(x)$$

為原問題的特解。

針對問題 1，嘗試 $y_{p_1} = Ae^{2x}$，將此代入問題 1，得到
$$4Ae^{2x} + 4Ae^{2x} - 3Ae^{2x} = 11e^{2x}$$
或
$$5Ae^{2x} = 11e^{2x}$$

故 $5A = 11$，$A = 11/5$，因此
$$y_{p_1}(x) = \frac{11}{5}e^{2x}$$

為問題 1 的解。

針對問題 2，嘗許多項式 $y_{p_2}(x) = Bx^2 + Cx + D$。將此代入問題 2，得到

$$2B + 2(2Bx + C) - 3(Bx^2 + Cx + D) = 4x^2 - x$$

或

$$-3Bx^2 + (4B - 3C)x + (2B + 2C - 3D) = 4x^2 - x$$

左、右兩邊比較係數，可得

$$-3B = 4, 4B - 3C = -1, 2B + 2C - 3D = 0$$

因此

$$B = -\frac{4}{3}, C = -\frac{13}{9}, D = -\frac{50}{27}$$

於是

$$y_{p_2}(x) = -\frac{4}{3}x^2 - \frac{13}{9}x - \frac{50}{27}$$

為問題 2 的特解。由重疊原理，

$$y_p(x) = y_{p_1}(x) + y_{p_2}(x) = \frac{11}{5}e^{2x} - \frac{4}{3}x^2 - \frac{13}{9}x - \frac{50}{27}$$

原問題的通解為

$$y(x) = y_h(x) + y_p(x)$$
$$= c_1 e^x + c_2 e^{-3x} + \frac{11}{5}e^{2x} - \frac{4}{3}x^2 - \frac{13}{9}x - \frac{50}{27}$$

未定係數法並不是一定適用。例如，微分方程式

$$y'' + 8y' - 2y = -6e^{-x^3}$$

沒有基本函數可嘗試作為特解。問題的原因是 e^{-x^3} 的導數，隨著多項式因數的增加而變得越來越複雜，尤其是採用更高階數時。

在使用這種方法時，也可能會遇到一個微妙之處。

例 2.13

求

$$y'' + 5y' + 4y = 11e^{-x}$$

的通解。嘗試一個特解 $y_p(x) = Ae^{-x}$ 似乎是很自然的。然而，若我們將它代入微分方程式，可得

$$Ae^{-x} - 5Ae^{-x} + 4Ae^{-x} = 11e^{-x}$$

或
$$0 = 11e^{-x}$$

這是不可能的。發生困難是因為 $11e^{-x}$ 是對應齊次方程式的解，因此當我們將 Ae^{-x} 代入 $y'' + 5y' + 4y$ 時，會產生零。

當遇到這種情況時，首先是將 x 乘以特解。例如，在例 2.13 中，令
$$y_p(x) = Axe^{-x}$$

將上式代入（非齊次）微分方程式，可得
$$-2Ae^{-x} + Axe^{-x} + 5(Ae^{-x} - Axe^{-x}) + 4Axe^{-x} = 11e^{-x}$$

除以 e^{-x}，即
$$-2A + Ax + 5A - 5Ax + 4Ax = 11$$

消去含有 x 的項，得到 $3A = 11$，$A = 11/3$，產生的特解為
$$y_p(x) = \frac{11}{3}xe^{-x}$$

對應齊次方程式有獨立解 e^{-x} 與 e^{-4x}，因此例 2.13 的通解為
$$y(x) = c_1 e^{-x} + c_2 e^{-4x} + \frac{11}{3}xe^{-x}$$

若特解 $y_p(x)$ 中有一項是對應齊次方程式的解，則以 x 乘以此項，若乘以 x 後所得之結果仍是齊次方程式的解，則將此項再乘以 x。

例 2.14

求
$$y'' - 4y' + 4y = 3e^{2x}$$

的通解。齊次方程式 $y'' - 4y' + 4y = 0$ 有獨立解 e^{2x} 與 xe^{2x}。

欲求非齊次方程式的特解，嘗試 $y_p(x) = Ae^{2x}$ 似乎是很自然的。不過，這是不行的，因為 e^{2x} 是齊次方程式的解。其次，嘗試 xe^{2x}，但這也是齊次方程式的解。因此，嘗試
$$y_p(x) = Ax^2 e^{2x}$$

將上式代入非齊次微分方程式，並除以共同因數 e^{2x}，可得
$$(2A + 8Ax + 4Ax^2) - 4(2Ax + 2Ax^2) + 4Ax^2 = 3$$

消去左邊涉及 x 和 x^2 的項，剩下 $2A = 3$，故 $A = 3/2$，我們有特解
$$y_p(x) = \frac{3}{2}x^2 e^{2x}$$

微分方程式的通解為
$$y(x) = c_1 e^{2x} + c_2 x e^{2x} + \frac{3}{2}x^2 e^{2x}$$

例 2.15

想像一個懸掛在樑上的彈簧，如果彈簧單獨置於該處，它會伸展到**自然長度** (natural length) 並保持靜止。質量為 m 的球體連接到彈簧上，將彈簧拉伸超過自然長度。最終，球以超過自然長度 d 單位而靜止，系統處於**靜態平衡** (static equilibrium)。最後，將球往下拉一點，然後釋放，會造成上下振盪，最後再次靜止。

將 y 軸沿著彈簧的線放置，令 $y = 0$ 為靜態平衡位置，而 $y(t)$ 是指在任何時間 t，量測從 $y = 0$ 到球的距離（向下為正，向上為負）。

考慮作用在球的力。大小為 mg 的重力將球向下拉。由虎克定律，彈簧作用於球的力為 ky，其中 k 為彈簧常數，它是彈簧「剛性」的一種量度。在平衡位置，彈簧作用力的大小為 $-kd$，負號表示作用力向上。

若物體由平衡位置向下拉 y 單位，則物體受額外的力 $-ky$，彈簧作用於物體的總力為 $-kd - ky$。由重力和彈簧所施的總力為 $mg - kd - ky$。

在點 $y = 0$，此力為零，故 $mg = kd$，因此作用於球的淨力為 $-ky$。

假設彈簧在介質中移動的阻力，亦即阻尼力與速度 y' 成正比，因此作用於球的阻尼力為 cy'，其中 c 為正數。具有阻尼，作用在球上的總力為 $-ky - cy'$，由牛頓運動定律：
$$my'' = -ky - cy'$$

最後，如果存在影響運動的外力 $f(t)$，則
$$my'' = -ky - cy' + f(t)$$

這個方程式通常會寫成
$$y'' + \frac{c}{m}y' + \frac{k}{m}y = \frac{1}{m}f(t)$$

這是阻尼，強制彈簧方程式。其解可以在彈簧運動的網模組中分析。這裡描述 $c = 0$，亦即在無阻尼的理想情況下可能會發生共振現象。此時運動方程式為

$$y'' + \frac{k}{m}y = \frac{1}{m}f(t)$$

所對應的齊次方程式具有通解

$$y_h(t) = c_1 \cos(\omega_0 t) + c_2 \sin(\omega_0 t)$$

其中 $\omega_0 = \sqrt{k/m}$ 稱為彈簧的**自然頻率** (natural frequency)。在無驅動力 $f(t)$ 的情況下，彈簧經歷頻率 ω_0 的振盪運動。

現在假設有一個驅動力

$$f(t) = A\cos(\omega t)$$

其中 A 與 ω 為正的常數。ω 稱為**輸入頻率** (input frequency)。對於方程式的解而言，具有兩種可能性。

情況 1——若輸入頻率與自然頻率不同，$\omega \neq \omega_0$，則通解為

$$y(t) = c_1 \cos(\omega_0 t) + c_2 \sin(\omega_0 t) + \frac{A}{m(\omega_0^2 - \omega^2)}\cos(\omega t)$$

情況 2——若輸入頻率與自然頻率相等，$\omega = \omega_0$，則非齊次方程式的特解為

$$y_p(t) = at\cos(\omega_0 t) + bt\sin(\omega_0 t)$$

將上式代入強制彈簧方程式，並利用 $\omega_0^2 = k/m$ 的事實，得到

$$-2a\omega_0 \sin(\omega_0 t) + 2b\omega_0 \cos(\omega_0 t) = \frac{A}{m}\cos(\omega_0 t)$$

因此

$$a = 0,\ 2b\omega_0 = \frac{A}{m}$$

在此情況下，強制彈簧方程式的通解為

$$y(t) = c_1 \cos(\omega_0 t) + c_2 \sin(\omega_0 t) + \frac{A}{2m\omega_0}t\sin(\omega_0 t)$$

情況 1 和 2 之間的差異在於情況 2 的特解 $y_p(t)$ 中具有 t 的因數。這會導致隨著 t 增加，系統的振盪振幅規律地增加，這種現象稱為**共振** (resonance)。圖 2.3 顯示情況為

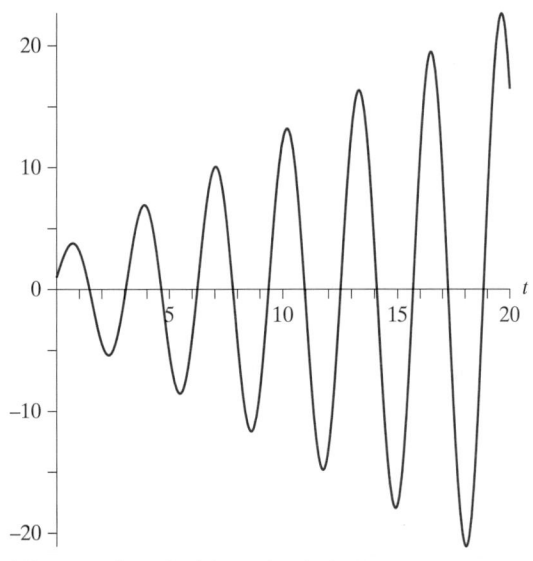

圖 2.3 表現出共振的解的圖形

$$c_1 = 1, c_2 = 3, \omega_0 = 2, \frac{A}{2m\omega_0} = 1$$

的共振。

　　共振不僅是數學的好奇心，它可能發生在基本上沒有阻尼的系統中，包括電氣系統和橋樑。1831 年，有部隊沿著英國 Broughton 橋行軍，導致橋樑開始振動，振幅越來越大，終至倒塌。發生這樣的情形是因為行軍造成的振動輸入頻率與橋樑材料的自然頻率很接近。現在部隊的一般做法是打破陣列，跨過橋樑。

　　另一個更複雜的例子是 Tacoma Narrows 橋的倒塌，這座橋是在 1940 年完成的，它連接華盛頓州的 Tacoma 與 Kitsap Peninsula。當時該橋樑被認為是橋樑設計的最前線。1940 年 11 月 7 日，由極強的風提供的能量，以及在橋樑支柱和支撐件中設置振動的共振效應，導致路基開始振盪。在某一點上，因為橋樑被扭曲，一邊的橋墩高過另一邊有 9 米之多。混凝土開始脫離道路，懸掛的一部分完全旋轉並被撕毀。不久之後，整座橋樑經歷了駭人聽聞的坍塌聲後掉入 Puget 灣。雖然隨後的分析將橋樑倒塌歸因於比簡單彈簧中共振更複雜的力之組合，但最終的原因是由於加強振盪所引起的力的累積。倒塌的影片可以在網路上看到。

　　今天有許多橋樑，包括幾年前建造而成的橋樑，已經配備額外的支撐，以避免這種阻尼效應造成的損壞。

2.4 習題

習題 1–3，利用參數變換法求非齊次方程式的特解，並求通解。

1. $y'' + y = \tan(x)$
2. $y'' + 9y = 12\sec(3x)$
3. $y'' - 3y' + 2y = \cos(e^{-x})$

習題 4–8，利用未定係數法求非齊次方程式的特解，並求通解。

4. $y'' - y' - 2y = 2x^2 + 5$
5. $y'' - 2y' + 10y = 20x^2 + 2x - 8$
6. $y'' - 6y' + 8y = 3e^x$
7. $y'' - 3y' + 2y = 10\sin(x)$
8. $y'' - 4y' + 13y = 3e^{2x} - 5e^{3x}$

習題 9–12，解初值問題。

9. $y'' - 4y = -7e^{2x} + x;\ y(0) = 1,\ y'(0) = 3$
10. $y'' + 8y' + 12y = e^{-x} + 7;\ y(0) = 1,\ y'(0) = 0$
11. $y'' - 2y' - 8y = 10e^{-x} + 8e^{2x};\ y(0) = 1,\ y'(0) = 4$
12. $y'' - y = 5\sin^2(x);\ y(0) = 2,\ y'(0) = -4$

2.5 歐勒方程式

歐勒微分方程式（Euler differential equation）具有下列形式：

$$x^2 y'' + Axy' + By = 0 \tag{2.9}$$

其中 A 與 B 為實數。它也稱為**柯西－歐勒微分方程式**（Cauchy-Euler differential equation）。

我們求解當 $x > 0$ 時的歐勒方程式，可以從這些獲得當 $x < 0$ 時的解（參見習題 10）。

注意：在歐勒方程式中，每個導數乘以 x 的若干次方，而次方等於該導數的階數。如果我們令 $y = x^r$，則

$$x^2 y'' = x^2 r(r-1)x^{r-2} = r(r-1)x^r$$

且

$$xy' = xrx^{r-1} = rx^r$$

將這些代入歐勒方程式，可得

$$r(r-1)x^r + Arx^r + Bx^r = 0$$

上式除以 x^r，得到 r 的二次方程式：

$$r(r-1) + Ar + B = 0$$

或

$$r^2 + (A-1)r + B = 0 \tag{2.10}$$

式 (2.10) 是歐勒微分方程式 (2.9) 的**特徵方程式** (characteristic equation)，它可以立即由歐勒方程式讀取。此二次方程式的根是 r 的值，其中 x^r 是歐勒方程式的解。正如我們在齊次常係數線性方程式中所看到的，這會導致三種情況。

情況 1——相異實根

假設 r_1 與 r_2 為相異實根，則 x^{r_1} 與 x^{r_2} 為歐勒方程式的獨立解，且對於 $x > 0$，通解為

$$y(x) = c_x x^{r_1} + c_2 x^{r_2}$$

例 2.16

解

$$x^2 y'' + 2xy' - 6y = 0$$

特徵方程式為

$$r^2 + r - 6 = 0$$

根為 2、-3。通解為

$$y(x) = c_1 x^2 + c_2 x^{-3} = c_1 x^2 + c_2 \frac{1}{x^3}$$

其中 $x > 0$。

情況 2——重根

假設特徵方程式有實重根 r_1。如今 $y_1(x) = x^{r_1}$ 為一解，我們需要第二個線性獨立解。在這種情況下，可以證明

$$y_2(x) = \ln(x) x^{r_1}$$

也是一個解。這可以將 $y_2(x)$ 代入歐勒方程式來驗證，而上式的推導也可以嘗試將

$$y_2(x) = u(x) x^{r_1}$$

視為歐勒方程式的第二個解，代入歐勒方程式得到 $u(x)$ 的微分方程式，解出 $u(x)$。

在此情況下，通解為

$$y(x) = c_1 x^{r_1} + c_2 \ln(x) x^{r_1}$$

或

$$y(x) = (c_1 + c_2 \ln(x)) x^{r_1}$$

例 2.17

解
$$x^2y'' - 5xy' + 9y = 0$$

特徵方程式為
$$\lambda^2 - 6\lambda + 9 = 0$$

或
$$(\lambda - 3)^2 = 0$$

重根為 $\lambda = 3$、3，因此
$$y(x) = c_1 x^3 + c_2 \ln(x) x^3$$

為通解，其中 $x > 0$。

情況 3——複數根

假設特徵方程式有複數根，則它們是以共軛對出現：
$$r_1 = a + ib, r_2 = a - ib$$

兩個獨立解為
$$y_1(x) = x^{(a+ib)}, y_2(x) = x^{(a-ib)}$$

通解可寫成
$$y(x) = c_1 x^{(a+ib)} + c_2 x^{(a-ib)}$$

這是可以的，但是如果我們願意，也可以將通解用實函數表示。利用歐勒方程式及下列的事實：
$$x^\alpha = e^{\alpha \ln(x)}, x > 0$$

可得
$$y_1(x) = x^{(a+ib)} = x^a x^{ib} = x^a e^{ib \ln(x)}$$
$$= x^a [\cos(b \ln(x)) + i \sin(b \ln(x))]$$

以 $-ib$ 取代 ib，
$$y_2(x) = x^a [\cos(b \ln(x)) - i \sin(b \ln(x))]$$

這些解的線性組合仍然是解，所以令

$$y_3(x) = \frac{1}{2}(y_1(x) + y_2(x)) = x^a \cos(b \ln(x))$$

且

$$y_4(x) = \frac{1}{2i}(y_1(x) - y_2(x)) = x^a \sin(b \ln(x))$$

這也是兩個獨立解，在這種情況下，通解也可以寫成

$$y(x) = c_1 x^a \cos(b \ln(x)) + c_2 x^a \sin(b \ln(x))$$

例 2.18

解

$$x^2 y'' + 3xy' + 10y = 0$$

特徵方程式為

$$r^2 + 2r + 10 = 0$$

具有複數根 $-1 \pm 3i$。通解可立即寫出如下：

$$y(x) = c_1 x^{-1} \cos(3 \ln(x)) + c_2 x^{-1} \sin(3 \ln(x))$$

像往常一樣，解初值問題，可先求微分方程式的通解，然後再求出滿足初始條件的常數。

例 2.19

解

$$x^2 y'' - 5xy' + 10y = 0; \quad y(1) = 4, y'(1) = -6$$

此為歐勒方程式，特徵方程式為

$$r^2 - 6r + 10 = 0$$

具有複數根 $3 \pm i$。微分方程式的通解為

$$y(x) = x^3 [c_1 \cos(\ln(x)) + c_2 \sin(\ln(x))]$$

如今

$$y(1) = c_1 = 4$$

此外，
$$y'(x) = 3x^2 [c_1 \cos(\ln(x)) + c_2 \sin(\ln(x))]$$
$$+ x^2 [-c_1 \sin(\ln(x)) + c_2 \cos(\ln(x))]$$

故
$$y'(1) = 3c_1 + c_2 = -6$$

因此 $c_2 = -6 - 3c_1 = -18$，初值問題的解為
$$y(x) = x^3 [4\cos(\ln(x)) - 18\sin(\ln(x))]$$

2.5 習題

習題 1–5，求通解。

1. $x^2 y'' + 2xy' - 6y = 0$
2. $x^2 y'' + xy' + 4y = 0$
3. $x^2 y'' + xy' - 16y = 0$
4. $x^2 y'' + 6xy' + 6y = 0$
5. $x^2 y'' + 25xy' + 144y = 0$

習題 6–8，解初值問題。

6. $x^2 y'' + 5xy' - 21y = 0$, $y(2) = 1$, $y'(2) = 0$
7. $x^2 y'' - 3xy' + 4y = 0$, $y(1) = 4$, $y'(1) = 5$
8. $x^2 y'' - 9xy' + 24y = 0$, $y(1) = 1$, $y'(1) = 10$

9. 這裡有另一種方法解歐勒方程式。令
$$x = e^t, Y(t) = y(x) = y(e^t)$$
可將歐勒方程式變成 $Y(t)$ 的齊次常係數二階微分方程式。對於 $x > 0$, $t = \ln(x)$。**提示**：利用連鎖律計算，可得
$$Y'(t) = xy'(x)$$
且
$$x^2 y''(x) = Y''(t) - Y'(t)$$

10. 對於 $x < 0$，解歐勒方程式。**提示**：有一種方法是使用變換 $t = \ln|x|$。

11. 解例 2.19 的問題如下。利用 $t = \ln(x)$ 將 $y(x)$ 的微分方程式變換為 $Y(t)$ 的微分方程式，然後變換初始條件（$x = 1$ 對應 $t = 0$）。解 $Y(t)$ 的初值問題，然後將解出的 $Y(t)$ 變換為 $y(x)$。將所得的解與例題中的解作一比較。

12. 當歐勒方程式有重根時，若有一解為 $y_1(x) = x^{(1-A)/2}$，則第二解為 $y_2(x) = \ln(x) x^{(1-A)/2}$。將 $y_2(x) = u(x) y_1(x)$ 代入歐勒方程式，解 $u(x)$ 的微分方程式，以導出此第二解。

CHAPTER 3

拉氏變換

3.1 定義與符號

拉氏變換（Laplace transform）對於解某些類型的初值問題有其重要性，特別是涉及不連續驅動函數，這些函數經常出現在各領域裡，例如電機工程。它也用於解涉及偏微分方程式模擬波動和擴散現象的邊界值問題。

拉氏變換將某些初值問題轉換為代數問題，導引我們嘗試以下的方法：

$$初值問題 \Rightarrow 代數問題$$
$$\Rightarrow 代數問題的解$$
$$\Rightarrow 初值問題的解$$

這可能是一種有效的策略，因為求解代數問題比求解初值問題更容易。本節從拉氏變換的定義和基本性質開始。

函數 f 的**拉氏變換**（Laplace transform）為函數 $\mathcal{L}[f]$，其定義為

$$\mathcal{L}[f](s) = \int_0^\infty e^{-st} f(t)\, dt$$

此變換是利用瑕積分將變數 t 的函數 $f(t)$ 轉換成變數 s 的新函數 $\mathcal{L}[f](s)$。因為 $\mathcal{L}[f](s)$ 在計算時不易書寫，我們使用小寫 $f(t)$ 表示放入拉氏變換內的函數，使用大寫 $F(s)$ 表示變換後出來的函數。我們通常將 t 作為輸入函數 f 的變數，將 s 作為輸出函數 F 的變數，但是這可以隨著上下文而變。以這種方式，

$$\mathcal{L}[f](s) = F(s), \mathcal{L}[h](s) = H(s)$$

等等。

有可用於計算某些函數之變換的套裝軟體，表 3.1 是函數及其變換的簡短表。在簡單的情況下，我們可以將 $f(t)$ 直接積分來求 $F(s)$。

表 3.1　函數的拉氏變換

$f(t)$	$F(s)$
1	$\dfrac{1}{s}$
t	$\dfrac{1}{s^2}$
t^n	$\dfrac{1}{s^{n+1}}$
$\dfrac{1}{\sqrt{t}}$	$\sqrt{\dfrac{\pi}{s}}$
e^{at}	$\dfrac{1}{s-a}$
te^{at}	$\dfrac{1}{(s-a)^2}$
$t^n e^{at}$	$\dfrac{n!}{(s-a)^{n+1}}$
$\dfrac{1}{a-b}(e^{at}-e^{bt})$	$\dfrac{1}{(s-a)(s-b)}$
$\sin(at)$	$\dfrac{a}{s^2+a^2}$
$\cos(at)$	$\dfrac{s}{s^2+a^2}$
$t\sin(at)$	$\dfrac{2as}{(s^2+a^2)^2}$
$t\cos(at)$	$\dfrac{s^2-a^2}{(s^2+a^2)^2}$
$e^{at}\sin(bt)$	$\dfrac{b}{(s-a)^2+b^2}$
$e^{at}\cos(bt)$	$\dfrac{s-a}{(s-a)^2+b^2}$
$\sinh(at)$	$\dfrac{a}{s^2-a^2}$
$\cosh(at)$	$\dfrac{s}{s^2-a^2}$
$\dfrac{1}{t}\sin(at)$	$\arctan\left(\dfrac{a}{s}\right)$
$\dfrac{2}{t}[1-\cos(at)]$	$\ln\left(\dfrac{s^2+a^2}{s^2}\right)$
$\operatorname{erfc}\left(\dfrac{a}{2\sqrt{t}}\right)$	$\dfrac{1}{s}e^{-a\sqrt{s}}$

數往知來——控制與儀表工程

拉氏變換可用於解各種工程領域中的時域 (time-domain) 微分方程式，此工程領域包括輸送現象（質量、動量、熱量）、核物理學，以及電子學等。

控制和儀表工程領域的中心是控制器，它是將系統保持在所需狀態的設備，拉氏變換是控制器設計中的基本工具。例如，考慮將汽車或控制系統中的巡航控制，設計為可以將化學反應器保持在某一溫度。

例 3.1

假設 $f(t) = e^{at}$，a 為非零常數，則 f 的拉氏變換為

$$\mathcal{L}[f](s) = \int_0^\infty e^{-st} e^{at}\, dt$$

$$= \int_0^\infty e^{(a-s)t}\, dt = \lim_{k \to \infty} \int_0^k e^{(a-s)t}\, dt$$

$$= \lim_{k \to \infty} \left[\frac{1}{a-s} e^{(a-s)t} \right]_0^k$$

$$= \frac{-1}{a-s} = \frac{1}{s-a}$$

其中 $s > a$，因此 $a - s < 0$。我們亦可使用下列的符號：

$$F(s) = \frac{1}{s-a}$$

拉氏變換為**線性** (linear)，亦即滿足

$$\mathcal{L}[f+g](s) = F(s) + G(s)$$

以及對於任意數 c，

$$\mathcal{L}[cf](s) = cF(s)$$

函數和的變換為經變換後的函數的和。這不需要驚訝，因為變換的定義是一種積分，而積分享有這些性質。

解問題時，我們不僅要將函數作變換，而且還要將變換後的函數作反變換至原函數。反變換的符號為 $\mathcal{L}^{-1}$，稱為**反拉氏變換** (inverse Laplace transform)，其中當 $\mathcal{L}[f] = F$ 時，$\mathcal{L}^{-1}[F] = f$。例如，由例 3.1

$$\mathcal{L}^{-1}\left[\frac{1}{s-a}\right](t) = e^{at}$$

在表 3.1 中，由左至右是 $f(t)$ 的變換，由右至左是 $F(s)$ 的反變換；n 為非負整數，a 與 b 為相異實常數。

3.1 習題

習題 1–3，求函數的拉氏變換。

1. $f(t) = 3t\cos(2t)$
2. $h(t) = 14t - \sin(7t)$
3. $k(t) = -5t^2 e^{-4t} + \sin(3t)$

習題 4–5，求函數的反拉氏變換。

4. $Q(s) = \dfrac{s}{s^2+64}$
5. $P(s) = \dfrac{1}{s+42} - \dfrac{1}{(s+3)^4}$

6. 這個問題是處理週期函數的拉氏變換。
   假設 $f(t)$ 的週期為 T，表示對所有 t 而言，$f(t+T) = f(t)$。
   (a) 證明
   $$\mathcal{L}[f](s) = \sum_{n=0}^{\infty} \int_{nT}^{(n+1)T} e^{-st} f(t)\, dt$$
   (b) 證明
   $$\int_{nT}^{(n+1)T} e^{-st} f(t)\, dt = e^{-nsT} \int_0^T e^{-st} f(t)\, dt$$
   (c) 證明
   $$\mathcal{L}[f](s) = \left[\sum_{n=0}^{\infty} e^{-nsT}\right] \int_0^T e^{-st} f(t)\, dt$$
   (d) 利用幾何級數
   $$\sum_{n=0}^{\infty} r^n = \frac{1}{1-r}, \quad |r| < 1$$
   以及 (c) 部分的結果，證明
   $$\mathcal{L}[f](s) = \frac{1}{1-e^{-sT}} \int_0^T e^{-st} f(t)\, dt$$

習題 7–13，利用習題 6 的結果，求週期函數的拉氏變換。

7. $f(t)$ 的週期為 6 且
$$f(t) = \begin{cases} 5, & 0 < t \leq 3 \\ 0, & 3 < t \leq 6 \end{cases}$$

8. $f(t) = E|\sin(\omega t)|$，其中 E 和 ω 為正的常數

9. $f(t)$ 具有如圖 3.1 的圖形。

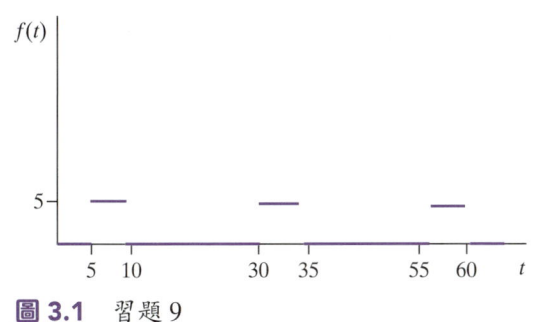

圖 3.1　習題 9

10. $f(t)$ 具有如圖 3.2 的圖形。

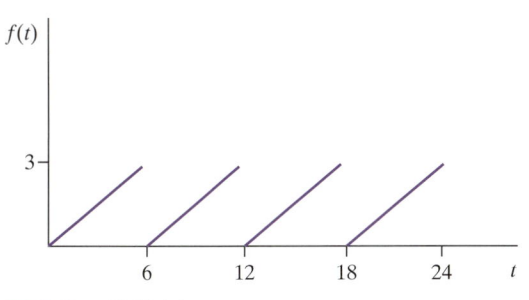

圖 3.2　習題 10

11. $f(t)$ 具有如圖 3.3 的圖形。

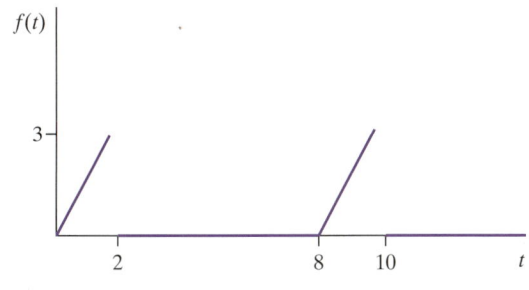

圖 3.3　習題 11

12. $f(t)$ 具有如圖 3.4 的圖形。

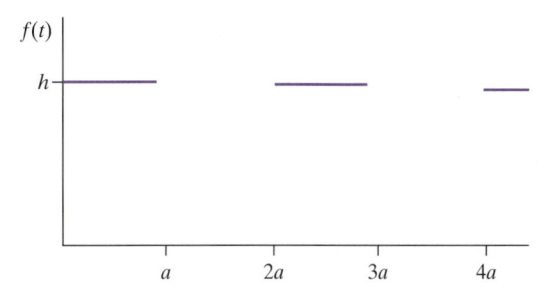

圖 3.4　習題 12

13. $f(t)$ 具有如圖 3.5 的圖形。

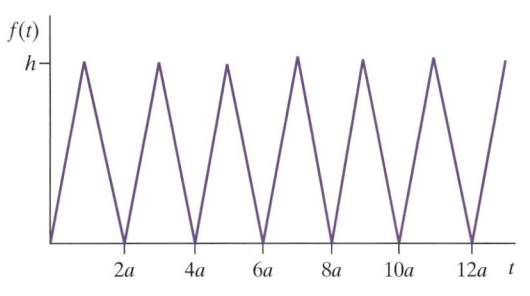

圖 3.5　習題 13

3.2　初值問題的解

　　拉氏變換對於求解常係數微分方程式的初值問題是一重要工具。它有能力處理微分方程式中有不連續函數的情況，而這種情況是先前的方法無法處理的。

　　首先我們需要片段連續函數的概念。一函數 $f(t)$ 定義於 $a \leq t \leq b$，若 $f(t)$ 滿足下列條件，則稱 $f(t)$ 在 $[a, b]$ 為**片段連續** (piecewise continuous)：

1. 除了有限點外，f 在 $[a, b]$ 為連續。
2. 若 f 在 (a, b) 中的某個點 t_0 不連續；則 $f(t)$ 在 t_0 兩側的極限值為有限（若 f 在 t_0 不連續，則兩側的極限值相異）。
3. 當 t 由右趨近於 a 與當 t 由左趨近於 b，$f(t)$ 的極限值為有限。

圖 3.6 顯示片段連續函數的圖形，其中函數在 t_0 與 t_1 為不連續。這些不連續顯示於圖形中的間隙，稱為**跳躍不連續** (jump discontinuity)。

若導數 f' 為片段連續，則除了有限點外，函數的圖形有連續的切線，而這些有限點可能是跳躍不連續點或圖形沒有切線的尖銳點。

我們現在要敘述導數取拉氏變換的結果。

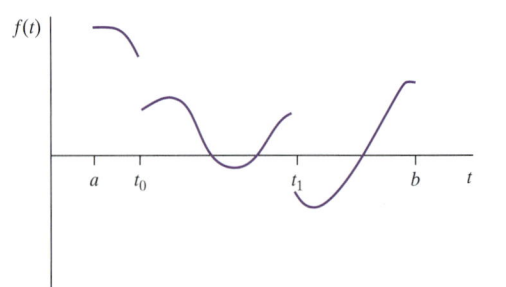

圖 3.6 在 t_0 與 t_1 有跳躍不連續

定理 3.1　導數的變換

假設 f 於 $t \geq 0$ 為連續，且設對於每一個 $k > 0$，f' 在 $[0, k]$ 為片段連續。又假設

$$\lim_{t \to \infty} e^{-sk} f(k) = 0, \; s > 0$$

則

$$\mathcal{L}[f'](s) = sF(s) - f(0) \tag{3.1}$$

$f'(t)$ 的拉氏變換等於 s 乘以 $f(t)$ 的拉氏變換 $F(s)$ 減去原函數 $f(t)$ 在 $t = 0$ 的值。

定理的證明是對 $f'(t)$ 使用拉氏變換的定義，並使用分部積分。

以 $f(0+)$ 取代 $f(0)$ 可將式 (3.1) 推廣到 f 在 $t = 0$ 有跳躍不連續的情形，$f(0+)$ 為當 t 由右側趨近於零，$f(t)$ 的極限：

$$f(0+) = \lim_{t \to 0+} f(t)$$

對於導數之變換的表達式 (3.1) 很容易推廣至高階導數，將 $f(t)$ 的高階導數記做 $f^{(n)}(t)$，則

$$\mathcal{L}[f^{(n)}](s) = s^n F(s) - s^{n-1} f(0) - s^{n-2} f'(0) - \cdots - s f^{(n-2)}(0) - f^{(n-1)}(0) \tag{3.2}$$

其中假設對於 $t \geq 0$，$f, f', \cdots, f^{(n-1)}$ 為連續，而對於 $k > 0$，$f^{(n)}$ 在 $[0, k]$ 為片段連續，且假設對於 $s > 0$，$j = 0, 1, 2, \cdots, n-1$，

$$\lim_{t \to \infty} e^{-sk} f^{(j)}(k) = 0$$

二階導數的情形：

$$\mathcal{L}[f''](s) = s^2 F(s) - sf(0) - f'(0) \tag{3.3}$$

注意：$f'(t)$、$f''(t)$ 或更高階導數的變換均不含 $F(s)$ 的導數。這就是為什麼常係數微分方程式變換到代數式，僅包含常數、s 的冪次及未知函數的變換。如果我們可以解出未知函數的變換，並將它取反變換，即可得初值問題的解。

數往知來──建立液體儲存系統的模式

對於截面積為 A 的圓柱形液體儲存槽，觀察其液位（高度）h 的變化，以及液體流入率 q_i 的變化。流出率 q_o 的變化取決於閥，可以建模為 $q_o = \frac{h}{R_v}$，其中常數 R_v 為閥的阻力。對於液位（高度）的變化，在系統上執行質量均衡可產生以下的模型：

$$A\frac{dh}{dt} = q_i - \frac{h}{R_v}$$

對此方程式取拉氏變換，可得

$$\frac{H(s)}{Q_i(s)} = \frac{R_v}{AR_v s + 1} = \frac{K_p}{\tau_p s + 1}$$

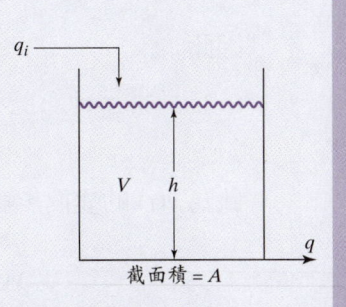

其中左邊（在控制工程中稱為轉移函數）為輸出 $H(s)$ 與輸入 $Q_i(s)$ 的比值。K_p 為程序的**增益** (gain)，而 τ_p 為程序的**時間常數** (time constant)。這兩項對於設計這個程序的控制器很重要。

液位系統示意圖。
根據 Dale E. Seborg, Thomas F. Edgar, and Duncan A. Mellichamp. *Process Dynamics and Control* (USA: John Wiley & Sons, 2004).

例 3.2

解

$$y' - 4y = 1;\ y(0) = 1$$

我們知道如何求解此問題，但是利用拉氏變換來說明概念。將微分方程式取拉氏變換，利用式 (3.1) 求 y' 的拉氏變換：

$$\mathcal{L}[y' - 4y](s) = \mathcal{L}[y'](s) - 4\mathcal{L}[y](s)$$
$$= (sY(s) - y(0)) - 4Y(s)$$
$$= \mathcal{L}[1](s) = \frac{1}{s}$$

$Y(s)$ 是 $y(t)$ 的變換且 $1/s$ 是 1 的變換。將 $y(0) = 1$ 代入此方程式可得

$$sY(s) - 1 - 4Y(s) = \frac{1}{s}$$

或

$$(s - 4)Y(s) = 1 + \frac{1}{s}$$

因此

$$Y(s) = \frac{1}{s-4} + \frac{1}{s(s-4)}$$

此為 $y(t)$ 的變換。解為

$$y(t) = \mathcal{L}^{-1}[Y(s)] = \mathcal{L}^{-1}\left[\frac{1}{s-4}\right] + \mathcal{L}^{-1}\left[\frac{1}{s(s-4)}\right]$$

由表 3.1，可知

$$\mathcal{L}^{-1}\left[\frac{1}{s-4}\right] = e^{4t} \text{ 且 } \mathcal{L}^{-1}\left[\frac{1}{s(s-4)}\right] = \frac{1}{4}(e^{4t} - 1)$$

方程式的解為

$$y(t) = e^{4t} + \frac{1}{4}(e^{4t} - 1) = \frac{5}{4}e^{4t} - \frac{1}{4}$$

例 3.3

解

$$y'' + 4y' + 3y = e^t;\ y(0) = 0, y'(0) = 2$$

利用式 (3.1) 和式 (3.3) 對微分方程式取拉氏變換，並且將初值代入：

$$\begin{aligned}
\mathcal{L}[y''] &+ 4\mathcal{L}[y'] + 3\mathcal{L}[y] \\
&= [s^2 Y - sy(0) - y'(0)] + 4[sY - y(0)] + 3Y \\
&= s^2 Y - 2 + 4sY + 3Y \\
&= (s^2 + 4s + 3)Y - 2 \\
&= (s + 3)(s + 1)Y - 2 \\
&= \mathcal{L}[e^t] = \frac{1}{s-1}
\end{aligned}$$

因此
$$(s+3)(s+1)Y = 2 + \frac{1}{s-1} = \frac{2s-1}{s-1}$$

故
$$Y(s) = \frac{2s-1}{(s-1)(s+3)(s+1)}$$

方程式的解為 $Y(s)$ 的反變換。可由表求出 $Y(s)$ 的反變換，利用部分分式將 $Y(s)$ 分解成簡單分數的和。令

$$Y(s) = \frac{2s-1}{(s-1)(s+1)(s+3)} = \frac{A}{s-1} + \frac{B}{s+1} + \frac{C}{s+3}$$

如果右側的分數相加，則所得分數的分子必須等於左側的分子 $2s-1$：

$$A(s+1)(s+3) + B(s-1)(s+3) + C(s-1)(s+1) = 2s-1$$

有幾種求解 A、B、C 的方法。一種是代入選擇的 s 值以簡化方程式。令 $s=1$，得 $8A=1$，$A=1/8$。令 $s=-1$，得 $-4B=-3$，$B=3/4$。令 $s=-3$，得 $8C=-7$，$C=-7/8$。因此

$$Y(s) = \frac{1}{8}\frac{1}{s-1} + \frac{3}{4}\frac{1}{s+1} - \frac{7}{8}\frac{1}{s+3}$$

由表得知
$$y(t) = \frac{1}{8}e^t + \frac{3}{4}e^{-t} - \frac{7}{8}e^{-3t}$$

在接下來的兩節中，我們將開發不同於前兩章解初值問題的方法。

3.2 習題

習題 1–5，利用拉氏變換解初值問題。

1. $y' + 4y = 1;\ y(0) = -3$
2. $y' + 4y = \cos(t);\ y(0) = 0$
3. $y' - 2y = 1 - t;\ y(0) = 4$
4. $y'' - 4y' + 4y = \cos(t);\ y(0) = 1,$ $y'(0) = -1$
5. $y'' + 16y = 1 + t;\ y(0) = -2,\ y'(0) = 1$
6. 利用分部積分法導出式 (3.1)。
7. 利用分部積分法及式 (3.1) 導出式 (3.3)。

3.3 Heaviside 函數與移位定理

3.3.1 第一移位定理

令 a 為一正數且 $f(t)$ 為一函數，若我們以 $t-a$ 取代 t，所得結果 $f(t-a)$ 稱為**移位函數 (shifted function)**，如此命名是因為 $f(t-a)$ 的圖形是 $f(t)$ 的圖形向右移 a 單位。圖 3.7 顯示 $f(t) = t^2$ 與 $f(t-3) = (t-3)^2$ 的圖形，而圖 3.8 顯示 $f(t) = t\sin(t)$ 和 $f(t-2) = (t-2)\sin(t-2)$ 的圖形。

第一移位定理 (first shifting theorem) 是指 $e^{at}f(t)$ 的變換為 $F(s-a)$，此即將 $f(t)$ 的變換 $F(s)$ 向右移 a 單位。

定理 3.2 第一移位定理

對於任意數 a，

$$\mathcal{L}[e^{at}f(t)](s) = F(s-a) \tag{3.4}$$

式 (3.4) 稱為 **s 變數的移位 (shifting in the s variable)**，而在 $f(t)$ 的變換之定理中，以 $e^{at}f(t)$ 取代 $f(t)$，即可證得式 (3.4)：

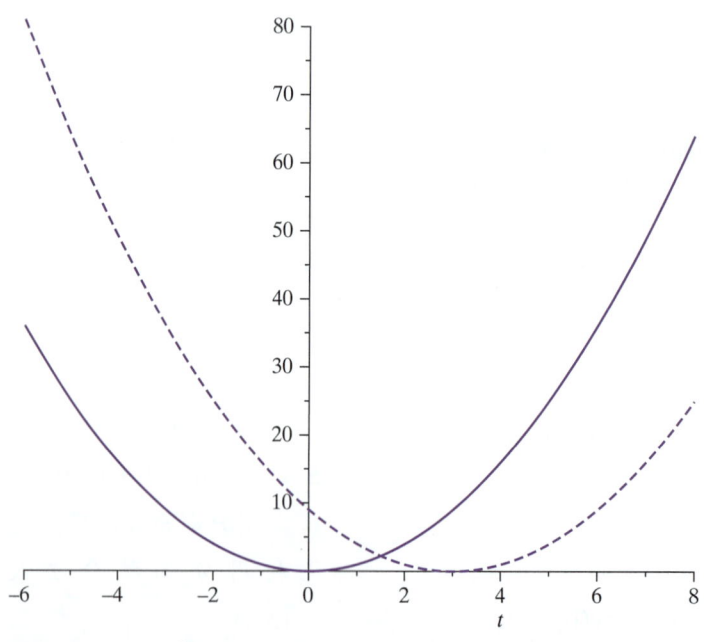

圖 3.7 $f(t) = t^2$（實線）與 $f(t-3)$ 的圖形（虛線）

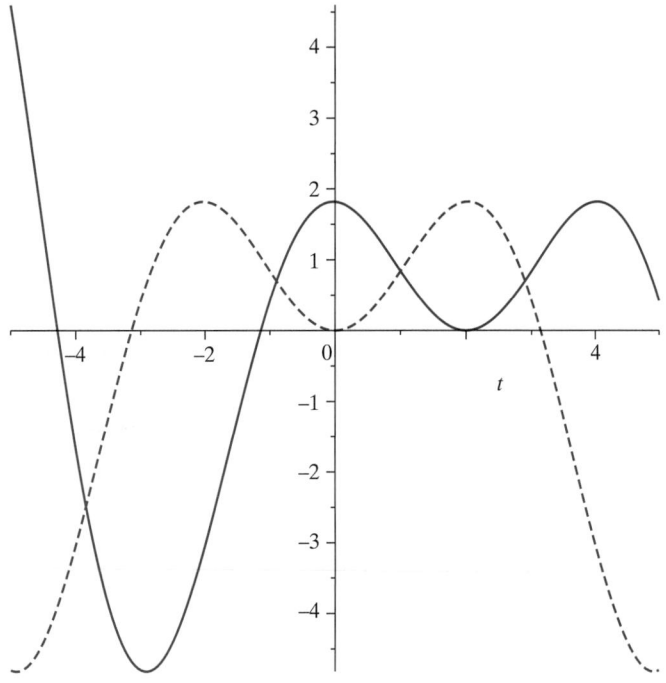

圖 3.8 $f(t) = t\sin(t)$（虛線）與 $f(t-2)$（實線）的圖形

$$\mathcal{L}[e^{at}f(t)](s) = \int_0^\infty e^{-st}e^{at}f(t)\,dt$$
$$= \int_0^\infty e^{-((s-a)t)}f(t)\,dt$$
$$= F(s-a)$$

例 3.4

求 $e^{6t}\cos(2t)$ 的變換，亦即求 $\mathcal{L}[e^{6t}f(t)]$，其中 $f(t) = \cos(2t)$。由第一移位定理，式 (3.4)，此變換為 $F(s-6)$，其中

$$F(s) = \mathcal{L}[\cos(2t)](s) = \frac{s}{s^2+4}$$

因此

$$\mathcal{L}[e^{6t}\cos(2t)](s) = F(s-6) = \frac{s-6}{(s-6)^2+4}$$

對於函數變換的每一個公式，亦為反變換的公式。第一移位定理的逆定理為 $F(s-a)$ 的反變換，亦即 e^{at} 乘以 $f(t)$：

$$\mathcal{L}^{-1}[F(s-a)](t) = e^{at}f(t) \tag{3.5}$$

例 3.5

求

$$\mathcal{L}^{-1}\left[\frac{4}{s^2+4s+20}\right]$$

觀念在於將 s 的所予函數改為 $F(s-a)$ 的形式，然後應用式 (3.5)。

將分母配成平方項：

$$\frac{4}{s^2+4s+20} = \frac{4}{(s+2)^2+16} = F(s+2)$$

其中

$$F(s) = \frac{4}{s^2+16}$$

$F(s)$ 的反拉氏變換為 $f(t) = \sin(4t)$。由式 (3.5)，

$$\mathcal{L}^{-1}\left[\frac{4}{s^2+4s+20}\right]$$
$$= \mathcal{L}^{-1}[F(s+2)] = e^{-2t}f(t)$$
$$= e^{-2t}\sin(4t)$$

例 3.6

計算

$$\mathcal{L}^{-1}\left[\frac{3s-1}{s^2-6s+2}\right]$$

首先將

$$\frac{3s-1}{s^2-6s+2}$$

寫成 $s-a$ 的形式，其中 a 為某一數：

$$\frac{3s-1}{s^2-6s+2} = \frac{3s-1}{(s-3)^2-7}$$
$$= \frac{3(s-3)+8}{(s-3)^2-7}$$
$$= \frac{3(s-3)}{(s-3)^2-7} + \frac{8}{(s-3)^2-7}$$
$$= G(s-3) + Q(s-3)$$

在此例中，由代數得到 $s-3$ 的兩個函數的和，其中

$$G(s) = \frac{3s}{s^2-7}, Q(s) = \frac{8}{s^2-7}$$

由表可知這些函數的反變換：

$$g(t) = 3\cosh(\sqrt{7}t), q(t) = \frac{8}{\sqrt{7}}\sinh(\sqrt{7}t)$$

因此

$$\begin{aligned}\mathcal{L}^{-1}\left[\frac{3s-1}{s^2-6s+2}\right] &= \mathcal{L}^{-1}[G(s-3)] + \mathcal{L}^{-1}[Q(s-3)] \\ &= e^{3t}\mathcal{L}^{-1}[G(s)] + e^{3t}\mathcal{L}^{-1}[Q(s)] \\ &= 3e^{3t}\cosh(\sqrt{7}t) + \frac{8}{\sqrt{7}}e^{3t}\sinh(\sqrt{7}t)\end{aligned}$$

3.3.2　Heaviside 函數、脈動與第二移位定理

單位階梯函數 (unit step function)，或 **Heaviside 函數** (Heaviside function)，定義為

$$H(t) = \begin{cases} 0, & t < 0 \\ 1, & t \geq 0 \end{cases}$$

圖 3.9 為 $H(t)$ 的圖形。**移位 Heaviside 函數** (shifted Heaviside function) $H(t-a)$ 是將 Heaviside 函數向右移正 a 單位，其定義如下：

$$H(t-a) = \begin{cases} 0, & t < a \\ 1, & t \geq a \end{cases}$$

圖 3.10 為 $H(t-3)$ 的圖形。

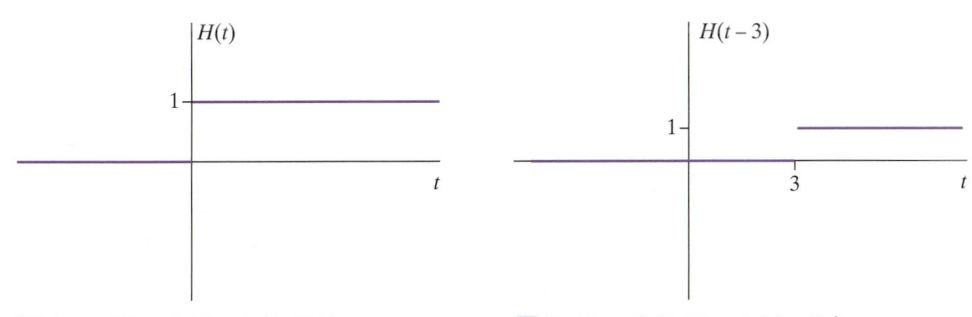

圖 3.9　Heaviside 函數 $H(t)$　　　**圖 3.10**　移位 Heaviside 函數

可以使用移位 Heaviside 函數 $H(t-a)$ 將時間 $t=a$ 之前的信號（函數）$f(t)$ 關閉，直到時間 $t=a$ 再將信號打開。這可以用 $f(t)$ 乘以 $H(t-a)$ 來完成：

$$H(t-a)f(t) = \begin{cases} 0, & t < a \\ f(t), & t \geq a \end{cases}$$

圖 3.11 顯示 $H(t-\pi)\cos(t)$ 的圖形。當 $t \geq \pi$，此圖形與 $\cos(t)$ 相同；當 $t < \pi$，圖形為零。注意：$H(t-\pi)\cos(t)$ 不可視為移位函數，因為 $\cos(t)$ 並未移位，它只是「刪去」$\cos t$ 圖形中 $t < \pi$ 的部分。

將此觀念推廣，我們可以定義脈動 (pulse) 為兩個移位 Heaviside 函數的差。若 $0 < a < b$，則

$$H(t-a) - H(t-b) = \begin{cases} 0, & t < a \\ 1, & a \leq t < b \\ 0, & t \geq b \end{cases}$$

圖 3.12 為此脈動的圖形。

當 $f(t)$ 乘以 $H(t-a) - H(t-b)$，其效果為在時間 t 之前將信號 $f(t)$ 關掉。在時間 $a \leq t < b$ 打開信號 $f(t)$，然後在時間 $t \geq b$ 再將信號 $f(t)$ 關掉。這使得我們可將任何函數除去（以零替換）區間之外的部分，同時保留區間內的部分。圖 3.13 顯示 $f(t) = t\sin(t)$ 的圖形，而圖 3.14 顯示

$$(H(t-\pi) - H(t-5\pi))t\sin(t)$$

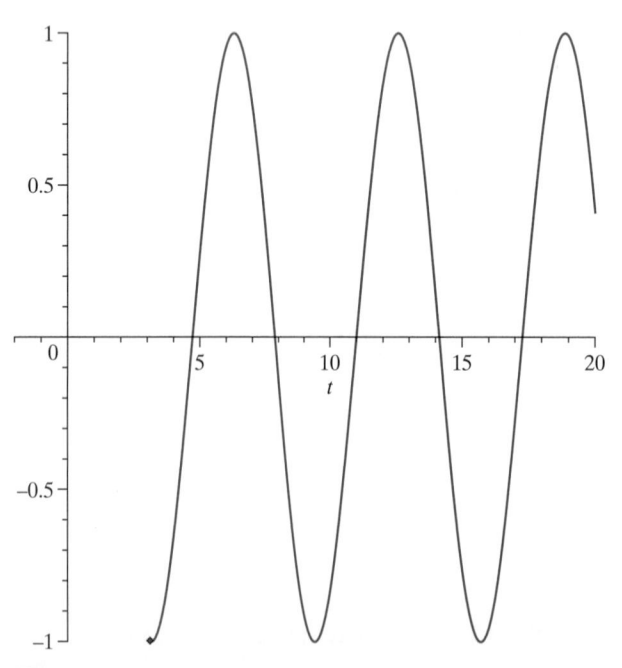

圖 3.11　$H(t-\pi)\cos(t)$

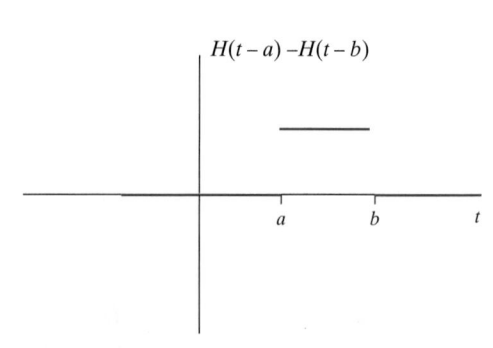

圖 3.12　脈動 $H(t-a) - H(t-b)$

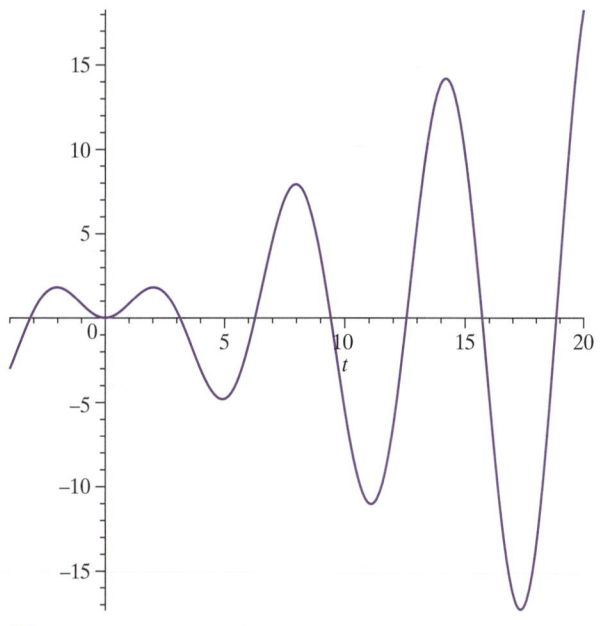

圖 3.13 $t\sin(t)$ 的圖形

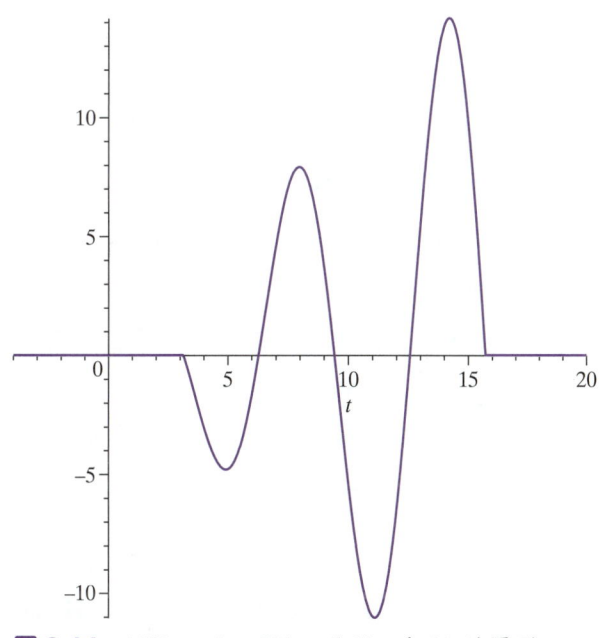

圖 3.14 $(H(t-\pi)-H(t-5\pi))\,t\sin(t)$ 的圖形

的圖形，其意義為：當時間在 $t<\pi$ 與 $t\geq 5\pi$ 時，圖形為零，時間在 $\pi\leq t<5\pi$，圖形為 $t\sin(t)$。

最後，我們用移位 Heaviside 函數乘以移位函數，所得之函數為 $H(t-a)f(t-a)$，當 $t<a$ 時，其值為零；當 $t\geq a$ 時，其值為 $f(t-a)$。$H(t-3)\cos(t-3)$ 表示將 $\cos t$ 的圖形向右移 3 單位，然後將 $t=3$ 左邊的圖形刪去。這稱為 *t* **變數的移位** (shifting in the *t*-variable)。

定理 3.3　第二移位定理

$$\mathcal{L}[H(t-a)f(t-a)](s) = e^{-as}F(s) \tag{3.6}$$

這表示 $H(t-a)f(t-a)$ 的拉氏變換等於 $f(t)$ 的拉氏變換乘以 e^{-as}。

數往知來——建模輸入變化

控制器的目的是在輸入（如 q_i）變化的情況下控制系統。一種常見的變化是，在輸入過程中突然持續的增加或減少，例如，由操作員轉動閥門，引起流量的增加。這可以用 Heaviside 函數來建模。例如，下列方程式是當時間為 t_0 時，系統的流率突然增加 200% 的模型：

$$q_i(t) = H(t - t_0) \times 2$$

將這個新的 q_i 代入前面建模的液體儲存系統的方程式中，並進行反拉氏變換，系統以下列方式對此變化作出響應：

$$h(t) = 2K_p(1 - e^{-(t-t_0)/\tau_p})$$

其他類型的輸入變化也可以建模。脈衝或 dirac delta 函數可以對變數（如電壓浪湧／波動）中的突然瞬時尖峰進行建模，而脈動輸入可以建模操作員轉動閥門的場景，將其維持一段時間，然後恢復到原始設置。

程序建模通常可以在 Laplace s 域中完成。拉氏變換通常用於建模在化學和製造工廠中常見的 SISO 控制系統（單輸入、單輸出）監督容器的溫度、流量或壓力控制等變數。

一旦有一個程序被建模，工程師就可以使用某些啟發式來確定何種控制器可用來設計和安裝。例如，在某些應用中，一個經驗法則是控制器時間常數 τ_c 應該大約是程序時間常數 τ_p 的 1/4。一旦從拉氏模型確定了程序增益 K_p，就使用類似的導引來找到適當的控制器增益 K_c。

許多控制器供應商設計的控制器，對於時間常數 τ_c 和控制器增益 K_c 具有建議操作範圍。為了使工程師根據這個供應商資訊選擇正確的控制器，他們必須了解對於條件的任何變化，哪些物理因素（在前面例子中的橫截面 A 和閥阻力 R_v）有助於程序的響應時間。這個見解可以經由拉氏變換分析 s 域中的轉移函數來獲得。因此，拉氏變換是控制迴路初始建模的有用工具，以及了解物理參數如何影響受控程序的響應時間和振幅。

例 3.7

計算移位 Heaviside 函數 $H(t-a)$ 的拉氏變換，令
$$H(t-a) = H(t-a)f(t-a)$$
其中對所有 t，$f(t)=1$，由第二移位定理，
$$\mathcal{L}[H(t-a)](s) = \mathcal{L}[H(t-a)f(t-a)](s) = e^{-as}F(s) = \frac{1}{s}e^{-as}$$
因為 1 的拉氏變換為 $1/s$。

例 3.8

求
$$g(t) = \begin{cases} 0, & t < 2 \\ t^2+1, & t \geq 2 \end{cases}$$
的拉氏變換。為了應用第二移位定理，必須將 $g(t)$ 寫成形式如 $H(t-2)f(t-2)$ 的函數和。首先將 t^2+1 寫成 $t-2$ 的函數：
$$t^2+1 = (t-2+2)^2+1 = (t-2)^2 + 4(t-2) + 5$$
因此
$$g(t) = H(t-2)(t^2+1)$$
$$= H(t-2)(t-2)^2 + 4H(t-2)(t-2) + 5H(t-2)$$
現在對於每一項應用第二移位定理，得到
$$\mathcal{L}[g] = \mathcal{L}[H(t-2)(t-2)^2] + 4\mathcal{L}[H(t-2)(t-2)] + 5\mathcal{L}[H(t-2)]$$
$$= e^{-2s}\mathcal{L}[t^2] + 4e^{-2s}\mathcal{L}[t] + 5e^{-2s}\mathcal{L}[1]$$
$$= e^{-2s}\left[\frac{2}{s^3} + \frac{4}{s^2} + \frac{5}{s}\right]$$

像往常一樣，由拉氏變換的任何公式均可寫成反拉氏變換的公式。第二移位定理的反拉氏變換為
$$\mathcal{L}^{-1}[e^{-as}F(s)](t) = H(t-a)f(t-a) \tag{3.7}$$

例 3.9

欲求
$$\mathcal{L}^{-1}\left[\frac{s}{s^2+4}e^{-3s}\right]$$

因出現 e^{-3s}，故用式 (3.7)。由表得知，
$$\mathcal{L}^{-1}\left[\frac{s}{s^2+4}\right]=\cos(2t)$$

因此
$$\mathcal{L}^{-1}\left[\frac{s}{s^2+4}e^{-3s}\right]=H(t-3)\cos(2(t-3))$$

以此為背景，我們準備解含有不連續函數的初值問題。

例 3.10

考慮
$$y''+4y=f(t); y(0)=y'(0)=0$$

其中
$$f(t)=\begin{cases}0, & t<3\\ t, & t\geq 3\end{cases}$$

令 $f(t)=H(t-3)t$，將微分方程式取拉氏變換：
$$\mathcal{L}[y''+4y]=s^2Y(s)-sy(0)-y'(0)+4Y(s)$$
$$=s^2Y(s)+4Y(s)=(s^2+4)Y(s)=\mathcal{L}[f]$$

欲求 $\mathcal{L}[f]$，將 $f(t)$ 分解成可應用第二移位定理的形式，則應用式 (3.6)。在此例中，所產生的項為
$$\mathcal{L}[f]=\mathcal{L}[H(t-3)t]$$
$$=\mathcal{L}[H(t-3)(t-3+3)]$$
$$=\mathcal{L}[H(t-3)(t-3)]+3\mathcal{L}[H(t-3)]$$
$$=\frac{1}{s^2}e^{-3s}+\frac{3}{s}e^{-3s}$$
$$=\frac{3s+1}{s^2}e^{-3s}$$

因此
$$(s^2+4)Y(s) = \frac{3s+1}{s^2}e^{-3s}$$

解的變換為
$$Y(s) = \frac{3s+1}{s^2(s^2+4)}e^{-3s}$$

利用式 (3.7)，求 $Y(s)$ 的反變換，將上式右側寫成更適當的形式。首先利用部分分式分解寫成
$$\frac{3s+1}{s^2(s^2+4)} = \frac{A}{s} + \frac{B}{s^2} + \frac{Cs+D}{s^2+4}$$

解出 A、B、C、D 得到
$$Y(s) = \frac{3}{4}\frac{1}{s}e^{-3s} - \frac{3}{4}\frac{s}{s^2+4}e^{-3s} + \frac{1}{4}\frac{1}{s^2}e^{-3s} - \frac{1}{4}\frac{1}{s^2+4}e^{-3s}$$

現在逐項應用式 (3.7)，將解寫成
$$y(t) = \frac{3}{4}H(t-3) - \frac{3}{4}H(t-3)\cos(2(t-3))$$
$$+ \frac{1}{4}H(t-3)(t-3) - \frac{1}{8}H(t-3)\sin(2(t-3))$$

在時間 $t = 3$ 之前，此解為 0；當 $t \geq 3$，
$$y(t) = \frac{3}{4} - \frac{3}{4}\cos(2(t-3)) + \frac{1}{4}(t-3)$$
$$- \frac{1}{8}\sin(2(t-3))$$

合併各項，
$$y(t) = \begin{cases} 0, & t < 3 \\ \frac{1}{8}[2t - 6\cos(2(t-3)) - \sin(2(t-3))], & t \geq 3 \end{cases}$$

圖 3.15 顯示此解的部分圖形。

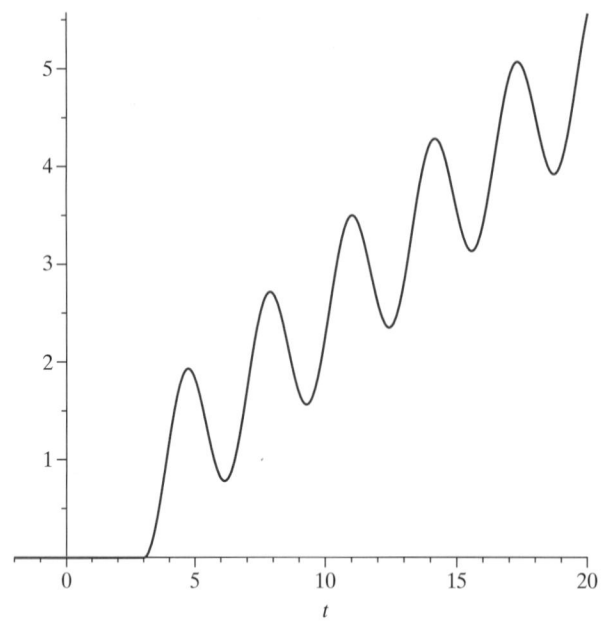

圖 3.15 例 3.10 解的圖形

例 3.11

有時我們必須處理具有幾個跳躍不連續的函數。此處有一個例子是將這種函數寫成移位 Heaviside 函數的和。令

$$f(t) = \begin{cases} 0, & t < 2 \\ t-1, & 2 \leq t < 3 \\ -4, & t \geq 3 \end{cases}$$

圖 3.16 是這個函數的圖形，它在 $t = 2$ 與 $t = 3$ 有跳躍不連續。

將 $f(t)$ 視為兩個非零部分組成，在 $2 \leq t < 3$ 的部分為 $t-1$，在 $t \geq 3$ 的部分則為 -4。我們在時間 $t = 2$ 打開，其值為 $t-1$，至 $t = 3$ 關閉，然後在 $t = 3$ 打開，其值為 -4，且維持不變。

第一部分是將 $t-1$ 乘以脈動函數 $H(t-2) - H(t-3)$，此脈動函數在 $t < 2$ 時為 0，在 $2 \leq t < 3$ 時為 1，在 $t \leq 3$ 時為 0。第二部分是將 -4 乘以 $H(t-3)$，此 $H(t-3)$ 在 $t < 3$ 時為 0，在 $t \geq 3$ 時為 1。因此

$$f(t) = [H(t-2) - H(t-3)](t-1) - 4H(t-3)$$

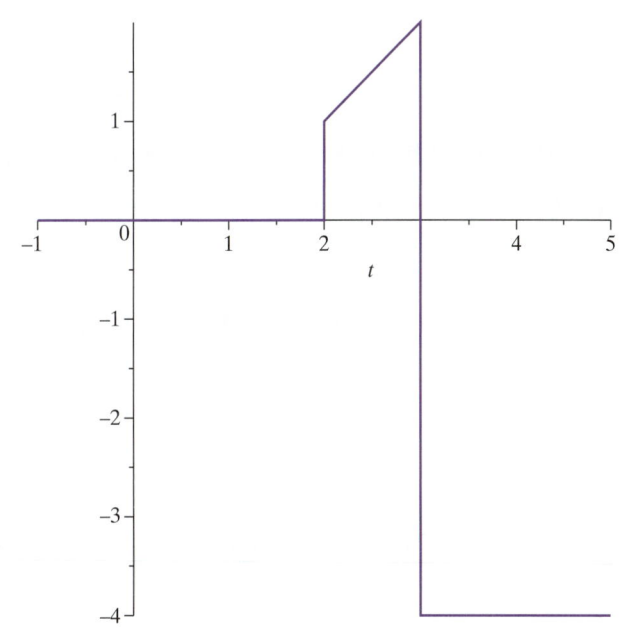

圖 3.16 例 3.11 中 $f(t)$ 的圖形

例 3.12　電路分析

假設圖 3.17 的電路最初無電荷且無初始電流。於時間 $t = 2$ 秒，將開關從位置 B 移至 A，且維持 1 秒，然後切換回 B。求電容器上的輸出電壓 E_{out}。

圖 3.18 顯示輸入電壓函數 $E(t)$，此電壓為零，直到 $t = 2$，然後為 10 伏特，直到 $t = 3$，然後在以後的時間為零。將此函數寫為脈動

$$E(t) = 10[H(t-2) - H(t-3)]$$

由柯西荷夫 (Kirchhoff) 電壓定律，

$$Ri(t) + \frac{1}{C}q(t) = E(t)$$

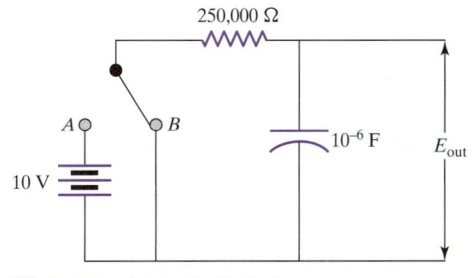

圖 3.17 例 3.12 的電路

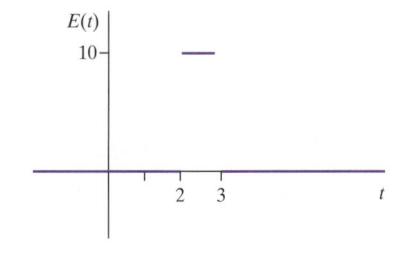

圖 3.18 例 3.12 的輸入電壓

因此
$$250,000 q'(t) + 10^6 q(t) = E(t)$$

根據初始條件 $q(0) = 0$，求解 $q(t)$。將拉氏變換應用於 q 的電路方程式，可得
$$250,000[sQ(s) - q(0)] + 10^6 Q(t) = 250,000 sQ + 10^6 Q = \mathcal{L}[E(t)]$$

如今
$$\mathcal{L}[E(t)](s) = 10\mathcal{L}[H(t-2)](s) - 10\mathcal{L}[H(t-3)](s)$$
$$= \frac{10}{s} e^{-2s} - \frac{10}{s} e^{-3s}$$

因此
$$2.5(10^5)sQ(s) + 10^6 Q(s) = \frac{10}{s} e^{-2s} - \frac{10}{s} e^{-3s}$$

解 $Q(s)$：
$$Q(s) = 4(10^{-5}) \frac{1}{s(s+4)} e^{-2s} - 4(10^{-5}) \frac{1}{s(s+4)} e^{-3s}$$

利用部分分式分解，將上式寫成
$$Q(s) = 10^{-5} \left[\frac{1}{s} e^{-2s} - \frac{1}{s+4} e^{-2s} \right] - 10^{-5} \left[\frac{1}{s} e^{-3s} - \frac{1}{s+4} e^{-3s} \right]$$

由第二移位定理，
$$\mathcal{L}^{-1}\left[\frac{1}{s} e^{-2s} \right](t) = H(t-2)$$

且
$$\mathcal{L}^{-1}\left[\frac{1}{s+4} e^{-2s} \right](t) = H(t-2)f(t-2)$$

其中
$$f(t) = \mathcal{L}^{-1}\left[\frac{1}{s+4} \right](t) = e^{-4t}$$

以類似的方法處理 $Q(s)$ 中含有 e^{-3s} 的項，得到
$$q(t) = 10^{-5} \left[H(t-2)(1 - e^{-4(t-2)}) \right]$$
$$- 10^{-5} \left[H(t-3)(1 - e^{-4(t-3)}) \right]$$

最後，輸出電壓為
$$E_{\text{out}}(t) = 10^6 q(t)$$
故
$$\begin{aligned}E_{\text{out}}(t) = &\, 10\left[H(t-2)(1-e^{-4(t-2)})\right]\\ &- 10\left[H(t-3)(1-e^{-4(t-3)})\right]\end{aligned}$$

圖 3.19 為此輸出電壓的圖。

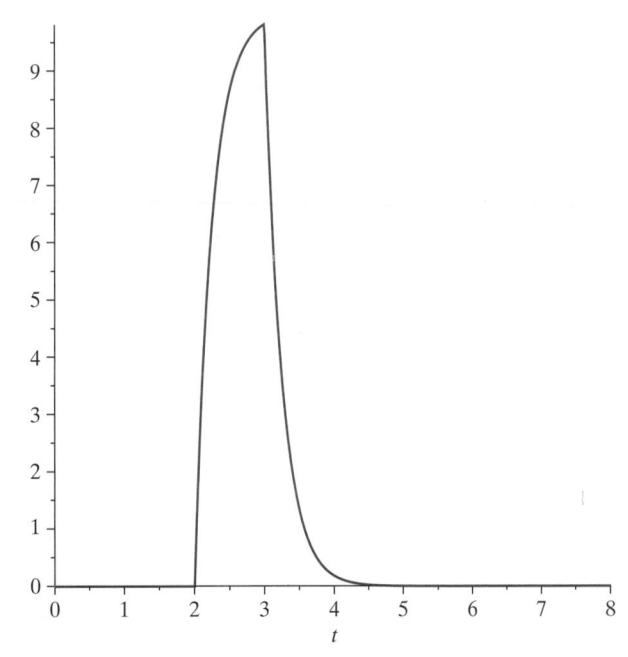

圖 3.19　例 3.12 中電路的輸出電壓

3.3.3　Heaviside 公式

此公式來自 Heaviside，可用來求多項式的商的反拉氏變換。

假設
$$F(s) = \frac{p(s)}{q(s)}$$

其中 $p(s)$ 與 $q(s)$ 為多項式，且 $q(s)$ 的次數高於 $p(s)$。假設 $q(s)$ 可分解為一次因式的乘積，
$$q(s) = c(s-a_1)(s-a_2)\cdots(s-a_n)$$

其中 c 為非零實數且每個 a_j 是 $q(s)$ 的簡單零點。並且假設 a_j 不是 $p(s)$ 的零點。a_j 可為實數

或複數。

令
$$q_j(s) = \frac{q(s)}{s - a_j}$$

是由 $q(s)$ 刪去 $s - a_j$ 所得的 $n - 1$ 次多項式。例如，
$$q_1(s) = c(s - a_2) \cdots (s - a_n)$$

則
$$\mathcal{L}^{-1}[F](t) = \sum_{j=1}^{n} \frac{p(a_j)}{q_j(a_j)} e^{a_j t} \tag{3.8}$$

此為 Heaviside 公式 (Heaviside formula)。應用此公式，先由 a_1 開始，求 $p(a_1)$，然後將 a_1 代入不含 $(s - a_1)$ 項的分母 $q(s)$，此時可得 $e^{a_1 t}$ 的係數，仿 a_1 的做法繼續操作其他的零點 a_j，最後將每項加起來可得 $F(s)$ 的反拉氏變換。

舉例來說，令
$$F(s) = \frac{s}{(s^2 + 4)(s - 1)} = \frac{s}{(s - 2i)(s + 2i)(s - 1)}$$

令 $a_1 = 2i$、$a_2 = -2i$ 且 $a_3 = 1$，則
$$\begin{aligned}
\mathcal{L}^{-1}[F](t) &= \frac{2i}{4i(2i - 1)} e^{2it} + \frac{-2i}{-4i(-2i - 1)} e^{-2it} + \frac{1}{(1 - 2i)(1 + 2i)} e^t \\
&= \frac{-1 - 2i}{10} e^{2it} + \frac{-1 + 2i}{10} e^{-2it} + \frac{1}{5} e^t \\
&= -\frac{1}{10}(e^{2it} + e^{-2it}) - \frac{2i}{10}(e^{2it} - e^{-2it}) + \frac{1}{5} e^t \\
&= -\frac{1}{5} \cos(2t) + \frac{2}{5} \sin(2t) + \frac{1}{5} e^t
\end{aligned}$$

化簡過程中，利用了歐勒公式
$$e^{i\theta} = \cos(\theta) + i \sin(\theta)$$

其中
$$\cos(\theta) = \frac{1}{2}(e^{i\theta} + e^{-i\theta}), \sin(\theta) = \frac{1}{2i}(e^{i\theta} - e^{-i\theta})$$

習題 22 中概述了 Heaviside 公式的推導。

3.3 習題

習題 1–8，求 $f(t)$ 的拉氏變換。

1. $f(t) = (t^3 - 3t + 2)e^{-2t}$

2. $f(t) = \begin{cases} 1, & 0 \le t < 7 \\ \cos(t), & t \ge 7 \end{cases}$

3. $f(t) = \begin{cases} t, & 0 \le t < 3 \\ 1 - 3t, & t \ge 3 \end{cases}$

4. $f(t) = e^{-t}(1 - t^2 + \sin(t))$

5. $f(t) = \begin{cases} \cos(t), & 0 \le t < 2\pi \\ 2 - \sin(t), & t \ge 2\pi \end{cases}$

6. $f(t) = te^{-t}\cos(3t)$

7. $f(t) = \begin{cases} t - 2, & 0 \le t < 16 \\ -1, & t \ge 16 \end{cases}$

8. $f(t) = e^{-5t}(t^4 + 2t^2 + t)$

習題 9–13，求函數的反拉氏變換。

9. $\dfrac{1}{s^2 - 4s + 5}$

10. $\dfrac{e^{-2s}}{s^2 + 9}$

11. $\dfrac{1}{s^2 + 6s + 7}$

12. $\dfrac{s + 2}{s^2 + 6s + 1}$

13. $\dfrac{1}{s(s^2 + 16)}e^{-21s}$

14. 利用第一移位定理，求
$$\mathcal{L}\left[e^{-2t}\int_0^t e^{2\xi}\cos(3\xi)\,d\xi\right]$$

習題 15–17，解初值問題。

15. $y'' + 4y = f(t)$；$y(0) = 1$，$y'(0) = 0$，其中
$f(t) = \begin{cases} 0, & 0 \le t < 4 \\ 3, & t \ge 4 \end{cases}$

16. $y''' - 8y = g(t)$；$y(0) = y'(0) = y''(0) = 0$，其中
$g(t) = \begin{cases} 0, & 0 \le t < 6 \\ 2, & t \ge 6 \end{cases}$

17. $y''' - y'' + 4y' - 4y = f(t)$；$y(0) = y'(0) = 0$，$y''(0) = 1$，其中
$f(t) = \begin{cases} 1, & 0 \le t < 5 \\ 2, & t \ge 5 \end{cases}$

18. 求具有一個電阻 R 和一個電感 L 的 RL 電路的電流 $i(t)$，如果電流最初為零，且電動勢為
$E(t) = \begin{cases} k, & 0 \le t < 5 \\ 0, & t \ge 5 \end{cases}$

習題 19–20，利用 Heaviside 公式求 $F(s)$ 的反拉氏變換。

19. $F(s) = \dfrac{s^2}{(s-1)(s-2)(s+5)}$

20. $F(s) = \dfrac{s^2 + 2s - 1}{(s-3)(s-5)(s+8)}$

21. 證明 Heaviside 公式可寫成
$$\mathcal{L}[F](s) = \sum_{j=1}^n \dfrac{p(a_j)}{q'(a_j)}e^{a_j t}$$

提示：令
$$(s - a_j)\dfrac{p(s)}{q(s)} = \dfrac{p(s)}{(q(s) - q(a_j))/(s - a_j)}$$

22. 寫出以下 Heaviside 公式的推導細節。

由部分分式分解，令
$$F(s) = \frac{p(s)}{q(s)}$$
$$= \frac{A_1}{s - a_1} + \frac{A_2}{s - a_2} + \cdots + \frac{A_n}{s - a_n}$$

則
$$\mathcal{L}^{-1}[F](t) = A_1 e^{a_1 t} + A_2 e^{a_2 t} + \cdots + A_n e^{a_n t}$$

我們需要的是 $A_1, \cdots, A_n$。證明
$$A_j = \lim_{s \to a_j} (s - a_j) \frac{p(s)}{q(s)}$$

3.4 卷積

假設 $f(t)$ 和 $g(t)$ 定義於 $t \geq 0$。f 與 g 的**卷積** (convolution) $f * g$ 定義為

$$(f * g)(t) = \int_0^t f(t - \tau) g(\tau) \, d\tau$$

一般來說，函數乘積 $f(t)g(t)$ 的拉氏變換不等於各函數的拉氏變換的乘積。但是，f 與 g 的卷積之拉氏變換等於各函數的拉氏變換之乘積：

$$\mathcal{L}[f * g](s) = F(s)G(s) \tag{3.9}$$

這個方程式稱為**卷積定理** (convolution theorem)。

式 (3.9) 的反拉氏變換為

$$\mathcal{L}^{-1}[FG] = f * g \tag{3.10}$$

這表明兩函數 $F(s)$ 與 $G(s)$ 乘積的反拉氏變換等於卷積 $f * g$。

例 3.13

假設欲求

$$\mathcal{L}^{-1}\left[\frac{1}{s(s-4)^2}\right]$$

我們可以使用部分分式分解，將 $1/s(s-4)^2$ 寫成更簡單的分數和來完成。然而，我們也可以用卷積定理。令

$$F(s) = \frac{1}{s}, \; G(s) = \frac{1}{(s-4)^2}$$

由卷積定理，

$$\mathcal{L}^{-1}\left[\frac{1}{s(s-4)^2}\right] = f * g$$

其中
$$f(t) = \mathcal{L}^{-1}\left[\frac{1}{s}\right] = 1$$

且
$$g(t) = \mathcal{L}^{-1}\left[\frac{1}{(s-4)^2}\right] = te^{4t}$$

因此
$$\mathcal{L}^{-1}\left[\frac{1}{s(s-4)^2}\right] = f(t) * g(t)$$
$$= 1 * te^{4t} = \int_0^t \tau e^{4\tau}\, d\tau$$
$$= \frac{1}{4}te^{4t} - \frac{1}{16}e^{4t} + \frac{1}{16}$$

我們將使用卷積寫出一個一般初值問題的解。

例 3.14

解
$$y'' - 2y' - 8y = f(t); y(0) = 1, y'(0) = 0$$

利用式 (3.1) 與式 (3.3) 以及初始條件，對微分方程式取拉氏變換，可得
$$s^2 Y(s) - s - 2(sY(s) - 1) - 8Y(s) = F(s)$$

解此方程式中的 $Y(s)$：
$$Y(s) = \frac{s-2}{s^2 - 2s - 8} + \frac{1}{s^2 - 2s - 8}F(s)$$

分解成部分分式
$$Y(s) = \frac{1}{3}\frac{1}{s-4} + \frac{2}{3}\frac{1}{s+2}$$
$$+ \frac{1}{6}\frac{1}{s-4}F(s) - \frac{1}{6}\frac{1}{s+2}F(s)$$

應用反拉氏變換獲得解
$$y(t) = \frac{1}{3}e^{4t} + \frac{2}{3}e^{-2t} + \frac{1}{6}e^{4t} * f(t) - \frac{1}{6}e^{-2t} * f(t)$$

上式成立的條件，必須假設對任意函數 f 而言，卷積存在。

卷積也用於求解積分方程式 (integral equation)，其中欲求的未知函數是在積分內。

例 3.15

求 $f(t)$ 滿足

$$f(t) = 2t^2 + \int_0^t f(t-\tau)e^{-\tau}\,d\tau$$

上式等號右邊積分項為 $f(t)$ 與 e^{-t} 的卷積，因此積分方程式為

$$f(t) = 2t^2 + f(t) * e^{-t}$$

取拉氏變換，得

$$F(s) = \frac{4}{s^3} + \frac{1}{s+1}F(s)$$

解 $F(s)$：

$$F(s) = \frac{4}{s^3} + \frac{4}{s^4}$$

反拉氏變換，得

$$f(t) = 2t^2 + \frac{2}{3}t^3$$

在卷積的定義中，利用變數的改變可證明卷積運算是可交換的：

$$f * g = g * f$$

此性質具有實際重要性，因為若 $f * g$ 較 $g * f$ 容易積分，則採用 $f * g$，反之亦然。

3.4 習題

習題 1–4，利用卷積定理求函數的反拉氏變換，其中 a、b 為正的常數。

1. $\dfrac{1}{(s^2+4)(s^2-4)}$

2. $\dfrac{s}{(s^2+a^2)(s^2+b^2)}$

3. $\dfrac{1}{s(s^2+a^2)^2}$

4. $\dfrac{1}{s(s+2)}e^{-4s}$

習題 5–8，使用卷積定理寫出解初值問題的公式。$y^{(n)}$ 表示 y 對 t 的 n 階導數。

5. $y'' - 5y' + 6y = f(t); y(0) = y'(0) = 0$
6. $y'' - 8y + 12y = f(t); y(0) = -3, y'(0) = 2$
7. $y'' + 9y = f(t); y(0) = -1, y''(0) = 1$
8. $y^{(3)} - y'' - 4y' + 4y = f(t); y(0) = y'(0) = 1, y''(0) = 0$

習題 9–11，求解未知函數 $f(t)$ 的積分方程式。

9. $f(t) = -1 + \int_0^t f(t-\tau) e^{-3\tau} \, d\tau$
10. $f(t) = e^{-t} + \int_0^t f(t-\tau) \, d\tau$
11. $f(t) = 3 + \int_0^t f(\tau) \cos(2(t-\tau)) \, d\tau$
12. 寫出式 (3.9) 的推導細節。首先
$$F(s)G(s) = \int_0^\infty F(s) e^{-s\tau} g(\tau) \, d\tau$$
用這個證明
$$F(s)G(s) = \int_0^\infty \mathcal{L}[H(t-\tau)f(t-\tau)](s) g(\tau) \, d\tau$$
由此證明
$$F(s)G(s) = \int_0^\infty \int_0^\infty e^{-st} g(\tau) H(t-\tau) f(t-\tau) \, dt \, d\tau$$
由此證明
$$F(s)G(s) = \int_0^\infty \int_\tau^\infty e^{-st} g(\tau) f(t-\tau) \, dt \, d\tau$$
將積分順序反轉，證明
$$F(s)G(s) = \int_0^\infty \int_0^t e^{-st} g(\tau) f(t-\tau) \, d\tau \, dt$$
$$= \int_0^\infty e^{-st} (f * g)(t) \, dt$$
由此可得式 (3.9)。

3.5 脈衝與 Dirac delta 函數

脈衝 (impulse) 是在很短的時間內施加極大的力（如用鐵錘敲打拇指）。為了要應用脈衝，我們需要一個捕捉這個想法的數學模型。首先定義一個脈動

$$\delta_\epsilon(t) = \frac{1}{\epsilon}[H(t) - H(t-\epsilon)]$$

其中 ϵ 為任意正數。圖 3.20 顯示此脈動，它具有持續時間 ϵ 和高度 $1/\epsilon$。delta「函數」定義為 $\epsilon \to 0$ 時脈動的極限，因為持續時間縮短到零的時候，高度達到無窮大：

$$\delta(t) = \lim_{\epsilon \to 0} \delta_\epsilon(t)$$

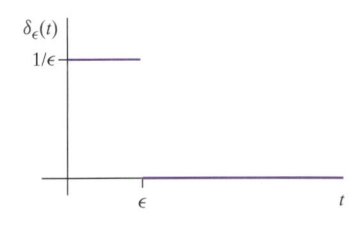

以傳統意義而言，上式並非函數，而是一種稱為**分布** (distribution) 的函數。然而，這個定義使我們能夠在非正式的基礎上應用 $\delta(t)$。

欲求 $\delta(t)$ 的拉氏變換，首先對移位脈動

圖 3.20 脈動 $\delta_\epsilon(t)$

$$\delta_\epsilon(t-a) = \frac{1}{\epsilon}[H(t-a) - H(t-a-\epsilon)]$$
$$= \begin{cases} 0, & t < a \\ 1/\epsilon, & a \leq t < a+\epsilon \\ 0, & t \geq a+\epsilon \end{cases}$$

取拉氏變換，結果為

$$\mathcal{L}[\delta_\epsilon(t-a)](s) = \frac{1}{\epsilon}\left[\frac{1}{s}e^{-as} - \frac{1}{s}e^{-(a+\epsilon)s}\right]$$
$$= \frac{e^{-as}(1-e^{-\epsilon s})}{\epsilon s}$$

我們定義

$$\mathcal{L}[\delta(t-a)](s) = \lim_{\epsilon \to 0+} \frac{e^{-as}(1-e^{-\epsilon s})}{\epsilon s} = e^{-as}$$

特殊情形，當 $a = 0$ 時，我們有

$$\mathcal{L}[\delta(t)](s) = 1$$

δ 函數的拉氏變換為 1。

例 3.16

這是涉及移位 delta 函數的初值問題的一個例子。解
$$y'' + 2y' + 2y = \delta(t-3); \; y(0) = y'(0) = 0$$
對微分方程式取拉氏變換，可得
$$s^2 Y(s) + 2sY(s) + 2Y(s) = \mathcal{L}[\delta(t-3)](s) = e^{-3s}$$
因此
$$Y(s) = \frac{1}{s^2 + 2s + 2} e^{-3s}$$
$Y(s)$ 的反拉氏變換是 $y(t)$。計算此反拉氏變換，首先令
$$Y(s) = \frac{1}{(s+1)^2 + 1} e^{-3s}$$
因此
$$y(t) = \mathcal{L}^{-1}\left[\frac{1}{(s+1)^2 + 1} e^{-3s}\right](t) = \mathcal{L}^{-1}[e^{-3s} F(s)](t)$$

其中
$$F(s) = \frac{1}{(s+1)^2 + 1}$$

由第一移位定理的反拉氏變換，其中 $a = -1$，
$$f(t) = \mathcal{L}^{-1}[F(s)](t) = e^{-t}\sin(t)$$

因為 $1/(s^2+1)$ 的反拉氏變換為 $\sin(t)$。現在利用第二移位定理的反拉氏變換，其中 $a = 3$，可得
$$y(t) = \mathcal{L}^{-1}[e^{-3s}F(s)](t) = H(t-3)e^{-(t-3)}\sin(t-3)$$

解的圖形如圖 3.21 所示。

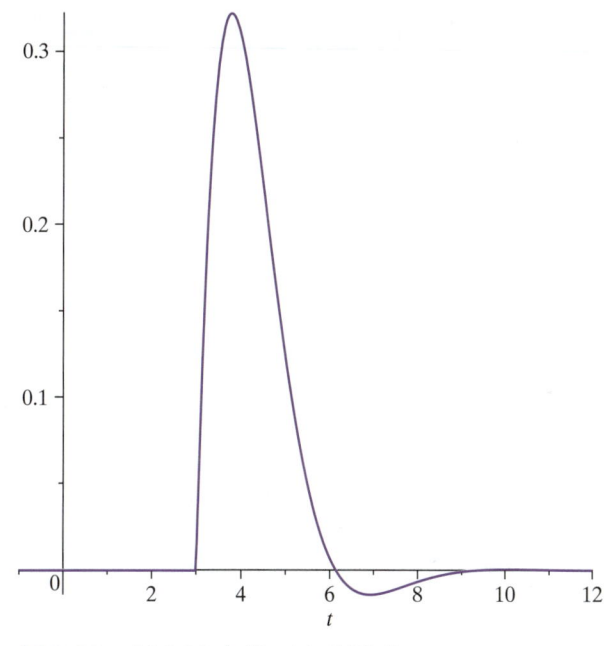

圖 3.21 例 3.16 中解 $y(t)$ 的圖形

例 3.17

圖 3.22 顯示一個 RLC 電路，假設在時間 $t = 0$，電容器上的電流和電荷為零，並且假設引入電動勢 $E(t) = \delta(t)$。由柯西荷夫電壓定律，對於電流 $i(t)$，
$$i' + 10i + 100q = \delta(t)$$
且電荷為 $q(t) = i'(t)$，我們得到二階微分方程式
$$q'' + 10q' + 100q = \delta(t)$$

初始條件為 $q(0) = q'(0) = 0$。欲求解 $q(t)$，對微分方程式取拉氏變換，可得

$$s^2 Q(s) + 10sQ(s) + 100Q(s) = \mathcal{L}[\delta(t)](s) = 1$$

因此

$$Q(s) = \frac{1}{s^2 + 10s + 100} = \frac{1}{(s+5)^2 + 75}$$

上式可視為 s 變數的移位。因為

$$\mathcal{L}^{-1}\left[\frac{1}{s^2 + 75}\right](t) = \frac{1}{5\sqrt{3}} \sin(5\sqrt{3}t)$$

所以

$$q(t) = \mathcal{L}^{-1}\left[\frac{1}{(s+5)^2 + 75}\right](t) = \frac{1}{5\sqrt{3}} e^{-5t} \sin(5\sqrt{3}t)$$

圖 3.23 是此函數的圖形。輸出電壓為 $100q(t)$。

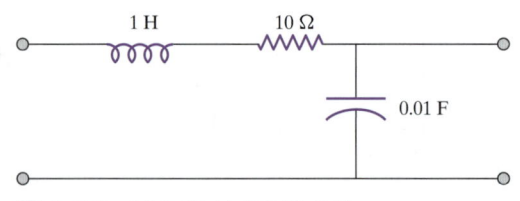

圖 3.22 例 3.17 的 RLC 電路

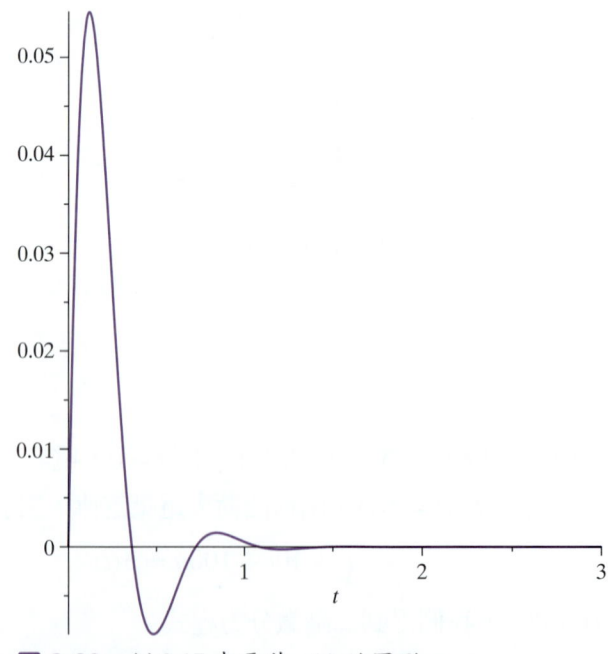

圖 3.23 例 3.17 中電荷 $q(t)$ 的圖形

3.5 習題

習題 1–5，解初值問題並繪出解的圖形。

1. $y'' + 5y' + 6y = 3\delta(t-2) - 4\delta(t-5)$;
   $y(0) = y'(0) = 0$
2. $y'' - 4y' + 13y = 4\delta(t-3)$; $y(0) = y'(0) = 0$
3. $y''' + 4y'' + 5y' + 2y = 6\delta(t)$; $y(0) = y'(0) = y''(0) = 0$
4. $y'' + 6y' = 12\delta(t - 5\pi/8)$; $y(0) = 3$, $y'(0) = 0$
5. $y'' + 5y' + 6y = B\delta(t)$; $y(0) = 3$, $y'(0) = 0$
6. 本題處理 delta 函數的一個重要性質。假設在時間 $t=a$，一個連續的訊號 $f(t)$ 受到脈衝的影響，亦即 $f(t)$ 與 $\delta(t-a)$ 相乘，然後對時間 t 由 0 積分到 ∞。此時產生在時間 a 處的訊號 $f(a)$：

$$\int_0^\infty f(t)\delta(t-a)\,dt = f(a)$$

這稱為 delta 函數的**過濾性質** (filtering property)。將積分內的 $\delta(t-a)$ 以

$$\lim_{\epsilon \to 0} \frac{1}{\epsilon}[H(t-a) - H(t-a-\epsilon)]$$

取代，然後將極限移到積分外。

3.6 線性微分方程組

具有多個組件的電路和機械系統，其行為可以由常微分方程組予以模式化。在以下的例子中，使用拉氏變換求方程組的解。

例 3.18

解初值問題

$$x'' - 2x' + 3y' + 2y = 4$$
$$2y' - x' + 3y = 0$$
$$x(0) = x'(0) = y(0) = 0$$

將拉氏變換應用於每一個微分方程式，插入初始條件以獲得

$$s^2 X - 2sX + 3sY + 2Y = \frac{4}{s}$$
$$2sY - sX + 3Y = 0$$

解出 $X(s)$ 與 $Y(s)$：

$$X(s) = \frac{4s+6}{s^2(s+2)(s-1)}, Y(s) = \frac{2}{s(s+2)(s-1)}$$

利用部分分式分解得到

$$X(s) = -\frac{7}{2}\frac{1}{s} - \frac{3}{s^2} + \frac{1}{6}\frac{1}{s+2} + \frac{10}{3}\frac{1}{s-1}$$

且

$$Y(s) = -\frac{1}{s} + \frac{1}{3}\frac{1}{s+2} + \frac{2}{3}\frac{1}{s-1}$$

取反拉氏變換可得

$$x(t) = -\frac{7}{2} - 3t + \frac{1}{6}e^{-2t} + \frac{10}{3}e^t$$

$$y(t) = -1 + \frac{1}{3}e^{-2t} + \frac{2}{3}e^t$$

例 3.19

假設圖 3.24 電路中的開關在時間 $t=0$ 時閉合，此時電流和電荷為零。求解每個迴路中的電流，假設 $E(t) = 2H(t-4) - H(t-5)$。

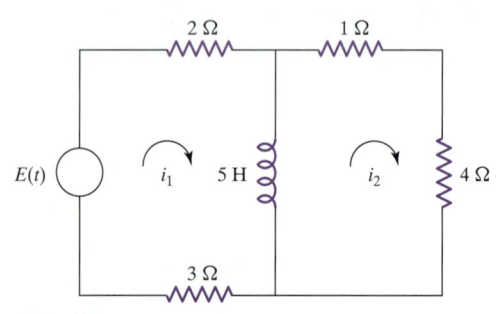

圖 3.24 例 3.19 的電路

應用柯西荷夫定律寫出迴路電流 i_1 和 i_2 的方程式：

$$2i_1 + 5(i_1 - i_2)' + 3i_1 = E(t) = 2H(t-4) - H(t-5)$$

$$i_2 + 4i_2 + 5(i_2 - i_1)' = 0$$

對這些方程式取拉氏變換，並且將各項重新排列，可得

$$5(s+1)I_1 - 5sI_2 = \frac{2}{s}e^{-4s} - \frac{1}{s}e^{-5s}$$

$$-5sI_1 + 5(s+1)I_2 = 0$$

解 I_1 和 I_2：

$$I_1(s) = \frac{2}{5}\left[\frac{1}{s} - \frac{2}{2s+1}\right]e^{-4s} - \frac{1}{5}\left[\frac{1}{s} - \frac{2}{2s+1}\right]e^{-5s}$$

$$I_2(s) = \frac{2}{5(2s+1)}e^{-4s} + \frac{1}{5(2s+1)}e^{-5s}$$

現在應用反拉氏變換獲得迴路電流：

$$i_1(t) = \frac{2}{5}(1 - e^{-(t-4)})H(t-4) - \frac{1}{5}(1 - e^{-(t-5)})H(t-5)$$

$$i_2(t) = -\frac{2}{5}e^{-(t-4)}H(t-4) + \frac{1}{5}e^{-(t-5)}H(t-5)$$

3.6 習題

習題 1–6，解初值問題。

1. $x' - 2y' = 1$, $x' + y - x = 0$; $x(0) = y(0) = 0$
2. $x' + 2y' - y = 1$, $2x' + y = 0$; $x(0) = y(0) = 0$
3. $3x' - y = 2t$, $x' + y' - y = 0$; $x(0) = y(0) = 0$
4. $x' + 2x - y' = 0$, $x' + y + x = t^2$; $x(0) = y(0) = 0$
5. $x' + y' + x - y = 0$, $x' + 2y' + x = 1$; $x(0) = y(0) = 0$
6. $x' - 2y' + 3x = 0$, $x - 4y' + 3z' = t$, $x - 2y' + 3z' = -1$; $x(0) = y(0) = z(0) = 0$
7. 解圖 3.25 電路之電流，設電流初值為零，且 $E(t) = 5H(t-2)$。

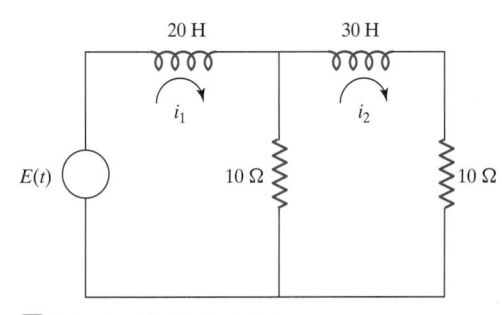

圖 3.25　習題 7 的電路

8. 兩槽以管子連接，如圖 3.26 所示。槽 1 最初含有 60 公升的鹽水，其中溶有 11 公斤的鹽；槽 2 最初含有 18 公升的鹽水，其中溶有 7 公斤的鹽。從 $t = 0$ 開始，每公升水含有 1/6 公斤鹽的混合物以 2 公升／分的流率注入槽中，而鹽水溶液在兩槽之間交換，其流率與由槽 2 流出的速率，如圖 3.26 所示。4 分鐘後，將鹽以 11 公斤／分的速率倒入槽 2 中 2 分鐘。求在任何時間 t，每一個槽中鹽的量。

2 公升／分
1/6 公斤／公升
3 公升／分

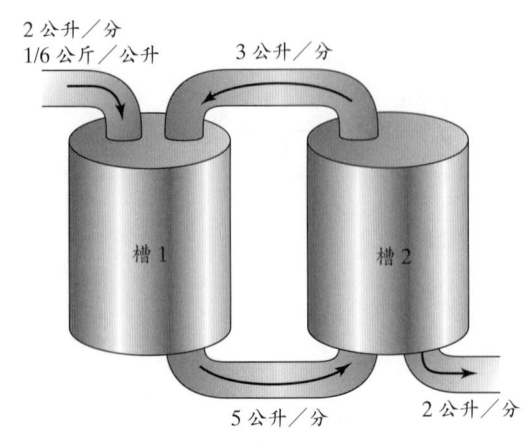

槽 1 槽 2

5 公升／分　2 公升／分

圖 3.26 習題 8 的槽

9. 兩槽以管子連接，如圖 3.27 所示。槽 1 最初含有 200 公升的鹽水，其中溶有 10 公斤的鹽；槽 2 最初含有 100 公升的鹽水，其中溶有 5 公斤的鹽。從 $t=0$ 開始，以 3 公升／分的流率將純水注入槽 1 中，而鹽水溶液在兩槽之間交換，且以圖中所示的流率流出兩槽。3 分鐘後，將 5 公斤的鹽倒入槽 2。求在任何時間 t，每一個槽中鹽的量。

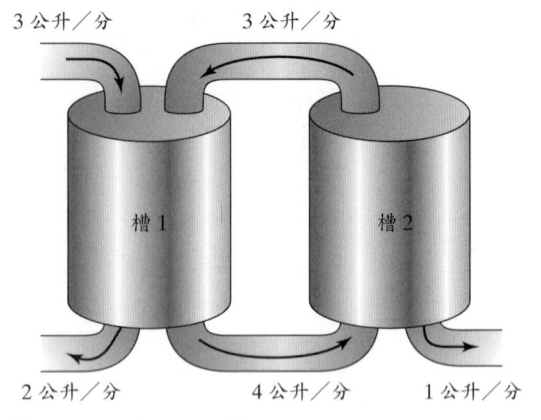

3 公升／分　3 公升／分

槽 1　槽 2

2 公升／分　4 公升／分　1 公升／分

圖 3.27 習題 9 的槽

CHAPTER 4

級數解

有時我們可求出初值問題之顯解,如
$$y' + 2y = 1; y(0) = 3$$
有唯一解
$$y(x) = \frac{1}{2}\left(1 + 5e^{-2x}\right)$$
此時稱此解具有**閉合形式**(closed form),因其可寫成基本函數的有限代數組合,而基本函數是指形如多項式、指數函數、正弦與餘弦函數。

有時我們無法求得閉合形式之解。例如,
$$y'' + e^x y = x^2; y(0) = 4$$
有唯一解
$$y(x) = e^{-e^x}\int_0^x \xi^2 e^{e^\xi}\, d\xi + 4e^{-e^x}$$
此解為顯解,但不是閉合形式。

此時可嘗試數值近似法,也可寫成級數解,級數解可指出解之重要訊息。本章討論兩種級數解:冪級數(4.1 節)與 Frobenius 級數(4.2 節)。

4.1 冪級數解

若 $f(x)$ 在關於 x_0 之某區間 $(x_0 - h, x_0 + h)$ 有冪級數表示式
$$f(x) = \sum_{n=0}^{\infty} a_n (x - x_0)^n$$
則稱函數 f 在 x_0 處**可解析**(analytic),其中 a_n 為 $f(x)$ 在 x_0 之泰勒係數:
$$a_n = \frac{1}{n!} f^{(n)}(x_0)$$

此處 $n!$（n 階乘）表示由 1 乘到 n 之正整數積，且定義 $0! = 1$。符號 $f^{(n)}(x_0)$ 表示 f 在 x_0 之第 n 次導數。例如，對所有 x，$\sin(x)$ 對 0 展開之冪級數表示式為

$$\sin(x) = \sum_{n=0}^{\infty} \frac{1}{(2n+1)!} x^{2n+1}$$

且當 $-1 < x < 1$，幾何級數為

$$\frac{1}{1-x} = \sum_{n=0}^{\infty} x^n$$

有解析係數之初值問題具有解析解。我們將討論具有解析解之線性一階、二階微分方程式。

定理 4.1

1. 若 p 與 q 在 x_0 為可解析，則

$$y' + p(x)y = q(x); \, y(x_0) = y_0$$

在 x_0 有唯一可解析之解。

2. 若 p、q、f 在 x_0 可解析，則

$$y'' + p(x)y' + q(x)y = f(x); \, y(x_0) = A, \, y'(x_0) = B$$

在 x_0 有唯一可解析之解。

因此欲求具有解析係數之線性方程式的冪級數解，其方法是將 $y = \sum_{n=0}^{\infty} a_n(x - x_0)^n$ 代入微分方程式，解出 a_n。

例 4.1

解

$$y' + 2xy = \frac{1}{1-x}$$

以積分因子求解，得

$$y(x) = e^{-x} \int_0^x \frac{1}{1-\xi} e^{-\xi^2} \, d\xi + ce^{-x^2}$$

我們無法求出上式積分，而得閉合形式。關於級數解，令

$$y = \sum_{n=0}^{\infty} a_n x^n$$

則

$$y' = \sum_{n=1}^{\infty} n a_n x^{n-1}$$

由 1 開始加是因為 y 的冪級數首項是 a_0，而 a_0 的導數為零。將級數代入微分方程式得

$$\sum_{n=1}^{\infty} n a_n x^{n-1} + \sum_{n=0}^{\infty} 2 a_n x^{n+1} = \frac{1}{1-x} \tag{4.1}$$

將級數合併並提出 x 的共同次方以解 a_n。因此將 $1/(1-x)$ 在 0 之冪級數寫出如下：

$$\frac{1}{1-x} = \sum_{n=0}^{\infty} x^n$$

其中 $-1 < x < 1$，代入式 (4.1) 得

$$\sum_{n=1}^{\infty} n a_n x^{n-1} + \sum_{n=0}^{\infty} 2 a_n x^{n+1} = \sum_{n=0}^{\infty} x^n \tag{4.2}$$

欲使級數均具有同冪次 x^n，需將加法指標作變數變換。首先，

$$\sum_{n=1}^{\infty} n a_n x^{n-1} = a_1 + 2a_2 x + 3a_3 x^2 + \cdots = \sum_{n=0}^{\infty} (n+1) a_{n+1} x^n$$

其次

$$\sum_{n=0}^{\infty} 2 a_n x^{n+1} = 2a_0 x + 2a_1 x^2 + 2a_2 x^3 + \cdots = \sum_{n=1}^{\infty} 2 a_{n-1} x^n$$

式 (4.2) 可寫成

$$\sum_{n=0}^{\infty} (n+1) a_{n+1} x^n + \sum_{n=1}^{\infty} 2 a_{n-1} x^n - \sum_{n=0}^{\infty} x^n = 0 \tag{4.3}$$

將 $n = 0$ 項單獨寫出，而將 $n = 1, 2, \cdots$ 之各項合併，得

$$\sum_{n=1}^{\infty} ((n+1) a_{n+1} + 2 a_{n-1} - 1) x^n + a_1 - 1 = 0 \tag{4.4}$$

對在區間 $(-1, 1)$ 內之所有 x 而言，因式 (4.4) 等號右邊為零，故對於方程式等號左邊 x 之每一冪次的係數以及常數項 $a_1 - 1$ 均必須等於零，即

$$(n+1) a_{n+1} + 2 a_{n-1} - 1 = 0, \, n = 1, 2, \cdots$$

且

$$a_1 - 1 = 0$$

故 $a_1 = 1$，且

$$a_{n+1} = \frac{1}{n+1}(1 - 2a_{n-1}), n = 1, 2, \cdots$$

此為係數之**遞迴關係式** (recurrence relation)，a_{n+1} 是以前面的係數 a_{n-1} 表示，因此遞迴關係解出係數：

$$(n = 1) \; a_2 = \frac{1}{2}(1 - 2a_0)$$

$$(n = 2) \; a_3 = \frac{1}{3}(1 - 2a_1) = -\frac{1}{3}$$

$$(n = 3) \; a_4 = \frac{1}{4}(1 - 2a_2)$$

$$= \frac{1}{4}(1 - 1 + 2a_0) = \frac{1}{2}a_0$$

$$(n = 4) \; a_5 = \frac{1}{5}(1 - 2a_3)$$

$$= \frac{1}{5}\left(1 + \frac{2}{3}\right) = \frac{1}{3}$$

$$(n = 5) \; a_6 = \frac{1}{6}(1 - 2a_4) = \frac{1 - a_0}{6}$$

$$(n = 6) \; a_7 = \frac{1}{7}(1 - 2a_5) = \frac{1}{21}$$

等等。用算出來的係數，將解寫成

$$y(x) = a_0 + x + \frac{1}{2}(1 - 2a_0)x^2 - \frac{1}{3}x^3$$

$$+ \frac{1}{2}a_0 x^4 + \frac{1}{3}x^5$$

$$+ \frac{1}{6}(1 - a_0)x^6 + \frac{1}{21}x^7 + \cdots$$

如我們所預期的，$y(x)$ 含有一任意常數 a_0，只要繼續應用遞迴關係，就可得到我們所希望得到的級數。

例 4.2

考慮

$$y'' + x^2 y = 0$$

欲求在 $x_0 = 0$,冪級數解之展開式。

將 $y = \sum_{n=0}^{\infty} a_n x^n$ 代入微分方程式,同時需計算

$$y' = \sum_{n=1}^{\infty} n a_n x^{n-1}, \quad y'' = \sum_{n=2}^{\infty} (n-1) n a_n x^{n-2}$$

將冪級數代入微分方程式,得

$$\sum_{n=2}^{\infty} (n-1) n a_n x^{n-2} + x^2 \sum_{n=0}^{\infty} a_n x^n = 0$$

或

$$\sum_{n=2}^{\infty} n(n-1) a_n x^{n-2} + \sum_{n=0}^{\infty} a_n x^{n+2} = 0 \tag{4.5}$$

欲將級數合併,則需將指標移位,使每一級數中 x 之冪次相同,其方法是改寫

$$\sum_{n=2}^{\infty} n(n-1) a_n x^{n-2} = \sum_{n=0}^{\infty} (n+2)(n+1) a_{n+2} x^n$$

且

$$\sum_{n=0}^{\infty} a_n x^{n+2} = \sum_{n=2}^{\infty} a_{n-2} x^n$$

用這些級數,可將式 (4.5) 寫成

$$\sum_{n=0}^{\infty} (n+2)(n+1) a_{n+2} x^n + \sum_{n=2}^{\infty} a_{n-2} x^n = 0$$

合併 $n \geq 2$ 的項,提出共同的 x^n,列出第一個級數中,$n=0$,$n=1$ 之項,得

$$2 a_2 x^0 + 2(3) a_3 x + \sum_{n=2}^{\infty} [(n+2)(n+1) a_{n+2} + a_{n-2}] x^n = 0$$

對在區間 $(-h, h)$ 內之所有 x 而言,等號左邊為零就是 x 之每一冪次的係數為零:

$$a_2 = a_3 = 0$$

且

$$(n+2)(n+1)a_{n+2} + a_{n-2} = 0, n \geq 2$$

上式即

$$a_{n+2} = -\frac{1}{(n+2)(n+1)}a_{n-2}, n = 2, 3, \cdots \tag{4.6}$$

此為級數解之係數的遞迴關係，以 a_0 表示出 a_4、以 a_1 表示出 a_5 等等。遞迴關係通常是以前一個或前數個係數來表示出係數。我們要多少項數，用遞迴關係就可以產生多少項數，以滿足我們所要的級數解。在式 (4.6) 中，令 $n=2$，得

$$a_4 = -\frac{1}{(4)(3)}a_0 = -\frac{1}{12}a_0$$

令 $n=3$，

$$a_5 = -\frac{1}{(5)(4)}a_1 = -\frac{1}{20}a_1$$

依次，得

$$a_6 = -\frac{1}{(6)(5)}a_2 = 0 \quad (因為 a_2 = 0)$$

$$a_7 = -\frac{1}{(7)(6)}a_3 = 0 \quad (因為 a_3 = 0)$$

$$a_8 = -\frac{1}{(8)(7)}a_4 = \frac{1}{(56)(12)}a_0 = \frac{1}{672}a_0$$

$$a_9 = -\frac{1}{(9)(8)}a_5 = \frac{1}{(72)(20)}a_1 = \frac{1}{1440}a_1$$

等等。解對零之級數展開式前幾項為

$$y(x) = a_0 + a_1 x + 0x^2 + 0x^3 - \frac{1}{12}a_0 x^4 - \frac{1}{20}a_1 x^5$$

$$+ 0x^6 - 0x^7 + \frac{1}{672}a_0 x^8 + \frac{1}{1440}a_1 x^9 + \cdots$$

$$= a_0 \left(1 - \frac{1}{12}x^4 + \frac{1}{672}x^8 + \cdots\right)$$

$$+ a_1 \left(x - \frac{1}{20}x^5 + \frac{1}{1440}x^9 + \cdots\right)$$

此為通解，其中 a_0 與 a_1 為任意常數。因 $a_0 = y(0)$ 且 $a_1 = y'(0)$，故唯一解由此兩常數決定。

4.1 習題

習題 1–5，求遞迴關係，並以遞迴關係求對 0 展開之冪級數解的前五項。

1. $y'' - xy' + y = 3$
2. $y'' + (1-x)y' + 2y = 1 - x^2$
3. $y'' - x^2 y' + 2y = x$
4. $y' - xy = 1 - x$
5. $y' + (1 - x^2)y = x$

4.2 Frobenius 解

考慮微分方程式
$$P(x)y'' + Q(x)y' + R(x)y = F(x) \tag{4.7}$$
若 $P \neq 0$，則將上式除以 $P(x)$ 得標準式
$$y'' + p(x)y' + q(x)y = f(x) \tag{4.8}$$
若 $P(x_0) = 0$，則稱 x_0 為式 (4.7) 之**奇異點** (singular point)。若 x_0 為奇異點，且函數
$$(x - x_0)\frac{Q(x)}{P(x)} \ \text{與} \ (x - x_0)^2 \frac{R(x)}{P(x)}$$
在 x_0 為可解析，則稱 x_0 為**正則** (regular) 奇異點。不是正則奇異點者，即稱為**非正則奇異點** (irregular singular point)。

例 4.3

$$x^3(x-2)^2 y'' + 5(x+2)(x-2)y' + 3x^2 y = 0$$

在 0 與 2 有奇異點，今
$$(x - 0) = \frac{Q(x)}{P(x)} = \frac{5x(x+2)(x-2)}{x^3(x-2)^2} = \frac{5}{x^2}\left(\frac{x+2}{x-2}\right)$$

在 0 不可解析，故 0 為非正則奇異點，但
$$(x - 2) = \frac{Q(x)}{P(x)} = \frac{5(x+2)}{x^3}$$

與

$$(x-2)^2 = \frac{R(x)}{P(x)} = \frac{3}{x}$$

兩者均在 2 為可解析，故 2 為微分方程式之正則奇異點。

我們不討論非正則奇異點。若式 (4.7) 在 x_0 有正則奇異點，則在 x_0 可能無冪級數解，但具有下列形式之 Frobenius 級數 (Frobenius series) 解，

$$y(x) = \sum_{n=0}^{\infty} c_n (x-x_0)^{n+r}$$

其中 $c_0 \neq 0$。我們必須解出係數 c_n 與 r 使此級數成為一解，由觀察例題可獲得一些靈感，並且知道如何運算及檢視如何有效使用此方法。

例 4.4

解

$$x^2 y'' + 5xy' + (x+4)y = 0$$

其中零為正則奇異點。將 $y = \sum_{n=0}^{\infty} c_n x^{n+r}$ 代入微分方程式，得

$$\sum_{n=0}^{\infty}(n+r)(n+r-1)c_n x^{n+r} + \sum_{n=0}^{\infty} 5(n+r)c_n x^{n+r}$$

$$+ \sum_{n=0}^{\infty} c_n x^{n+r+1} + \sum_{n=0}^{\infty} 4c_n x^{n+r} = 0$$

將第三級數指標移位，上式改寫成

$$\sum_{n=0}^{\infty}(n+r)(n+r-1)c_n x^{n+r} + \sum_{n=0}^{\infty} 5(n+r)c_n x^{n+r}$$

$$+ \sum_{n=1}^{\infty} c_{n-1} x^{n+r} + \sum_{n=0}^{\infty} 4c_n x^{n+r} = 0$$

合併各項

$$[r(r-1) + 5r + 4]c_0 x^r$$

$$+ \sum_{n=1}^{\infty}[(n+r)(n+r-1)c_n + 5(n+r)c_n + c_{n-1} + 4c_n]x^{n+r} = 0$$

令 x^r 之係數為零（因 $c_0 \neq 0$），得**指標方程式** (indicial equation)

$$r(r-1) + 5r + 4 = 0$$

$r = -2$ 為重根。令 x^{n+r} 之係數為零，得

$$(n+r)(n+r-1)c_n + 5(n+r)c_n + c_{n-1} + 4c_n = 0$$

以 $r = -2$ 代入上式

$$(n-2)(n-3)c_n + 5(n-2)c_n + c_{n-1} + 4c_n = 0$$

得遞迴關係式

$$c_n = -\frac{1}{(n-2)(n-3) + 5(n-2) + 4}c_{n-1}, n = 1, 2, \cdots$$

化簡為

$$c_n = -\frac{1}{n^2}c_{n-1}, n = 1, 2, \cdots$$

寫出係數的一部分：

$$c_1 = -c_0$$

$$c_2 = -\frac{1}{4}c_1 = \frac{1}{4}c_0 = \frac{1}{2^2}c_0$$

$$c_3 = -\frac{1}{9}c_2 = -\frac{1}{(2 \cdot 3)^2}c_0$$

$$c_4 = -\frac{1}{16}c_0 = \frac{1}{(2 \cdot 3 \cdot 4)^2}c_0$$

等等。一般式為

$$c_n = (-1)^n \frac{1}{(n!)^2}c_0$$

其中 $n = 1, 2, 3, \cdots$。Frobenius 解為

$$y(x) = c_0\left[x^{-2} - x^{-1} + \frac{1}{4} - \frac{1}{36}x + \frac{1}{576}x^2 + \cdots\right]$$

$$= c_0 \sum_{n=0}^{\infty}(-1)^n \frac{1}{(n!)^2}x^{n-2}$$

其中 $x \neq 0$。對所有非零 x 而言，此級數收斂。

通常，我們無法期望 c_n 之遞迴關係具有如此簡單之形式。

例 4.4 證明有正則奇異點之方程式可能僅有一 Frobenius 解，有必要求出第二個線性獨立解。下列定理告訴我們如何求出兩個線性獨立解，為方便起見，敘述中，令 $x_0 = 0$。

定理 4.2

設 0 為

$$P(x)y'' + Q(x)y' + R(x)y = 0$$

之正則奇異點，則

(1) 微分方程式有 Frobenius 解

$$y(x) = \sum_{n=0}^{\infty} c_n x^{n+r}$$

其中 $c_0 \neq 0$。此級數在某區間 $(0, h)$ 或 $(-h, 0)$ 收斂。

設指標方程式有實根 r_1 與 r_2，$r_1 \geq r_2$，則下列結論成立。

(2) 若 $r_1 - r_2$ 非正整數，則有兩線性獨立 Frobenius 解

$$y_1(x) = \sum_{n=0}^{\infty} c_n x^{n+r_1} \text{ 和 } y_2(x) = \sum_{n=0}^{\infty} c_n^* x^{n+r_2}$$

其中 $c_0 \neq 0$ 且 $c_0^* \neq 0$。此解至少在區間 $(0, h)$ 或 $(-h, 0)$ 成立。

(3) 若 $r_1 - r_2 = 0$，則有一 Frobenius 解

$$y_1(x) = \sum_{n=0}^{\infty} c_n x^{n+r_1}$$

其中 $c_0 \neq 0$，且有第二解

$$y_2(x) = y_1 \ln(x) + \sum_{n=1}^{\infty} c_n^* x^{n+r_1}$$

y_1 與 y_2 在某區間 $(0, h)$ 為線性獨立。

(4) 若 $r_1 - r_2$ 為正整數，則有一 Frobenius 解

$$y_1(x) = \sum_{n=0}^{\infty} c_n x^{n+r_1}$$

其中 $c_0 \neq 0$，且有第二解

$$y_2(x) = k y_1(x) \ln(x) + \sum_{n=0}^{\infty} c_n^* x^{n+r_2}$$

其中 $c_0^* \neq 0$。y_1 與 y_2 在某區間 $(0, h)$ 為線性獨立。

Frobenius 之方法是由 Frobenius 級數與定理 4.2 所組成，在某區間 $(-h, h)$、$(0, h)$ 或 $(-h, 0)$ 內解式 (4.7)，並假設 0 為正則奇異點，步驟如下：

步驟 1. 將 $y(x) = \sum_{n=0}^{\infty} c_n x^{n+r}$ 代入微分方程式，解出**指標方程式** (indicial equation) 之根 r_1 與 r_2，此時產生 Frobenius 解（可能是冪級數，也可能不是）。

步驟 2. 依定理 4.2 之情形 (2)、(3)、(4) 而定，定理提供與第一解線性獨立之第二解，一旦確定第二解之形式，就將其通式代入微分方程式，解出係數及常數 k（情形 (4)）。

我們將說明 Frobenius 定理的情形 (2)、(3)、(4)。關於情形 (2)，例 4.5 會提供詳細說明。在情形 (3) 與 (4)（例 4.6、例 4.7 與例 4.8），我們省略了一些計算而僅對這些情況做重點說明。

例 4.5　　Frobenius 定理之情形 (2)

解

$$x^2 y'' + x\left(\frac{1}{2} + 2x\right) y' + \left(x - \frac{1}{2}\right) y = 0$$

確定 0 為正則奇異點。令 $y = \sum_{n=0}^{\infty} c_n x^{n+r}$ 代入微分方程式，得

$$\sum_{n=0}^{\infty} (n+r)(n+r-1) c_n x^{n+r-2} + \sum_{n=0}^{\infty} \frac{1}{2}(n+r) c_n x^{n+r} + \sum_{n=0}^{\infty} 2(n+r) x^{n+r+1}$$

$$+ \sum_{n=0}^{\infty} c_n x^{n+r+1} - \sum_{n=0}^{\infty} \frac{1}{2} c_n x^{n+r} = 0$$

為了由各項提出 x^{n+r}，將第三與第四指標移位，寫成

$$\sum_{n=1}^{\infty} \left[(n+r)(n+r-1) c_n + \frac{1}{2}(n+r) c_n + 2(n+r-1) c_{n-1} + c_{n-1} - \frac{1}{2} c_n \right] x^{n+r}$$

$$+ \left[r(r-1) c_0 + \frac{1}{2} c_0 r - \frac{1}{2} c_0 \right] x^r = 0$$

方程式係數等於零：

$$\left[r(r-1) + \frac{1}{2} r - \frac{1}{2} \right] c_0 = 0 \tag{4.9}$$

其中 $n = 1, 2, 3, \ldots$，

$$(n+r)(n+r-1) c_n + \frac{1}{2}(n+r) c_n + 2(n+r-1) c_{n-1} + c_{n-1} - \frac{1}{2} c_n = 0 \tag{4.10}$$

假設 $c_0 \neq 0$，由式 (4.9) 知

$$r(r-1) + \frac{1}{2}r - \frac{1}{2} = 0 \tag{4.11}$$

此為微分方程式之指標方程式，指標方程式之根為 $r_1 = 1$ 與 $r_2 = -1/2$，滿足 Frobenius 定理之情形 (2)，由式 (4.10) 得遞迴關係式

$$c_n = -\frac{1 + 2(n+r-1)}{(n+r)(n+r-1) + \frac{1}{2}(n+r) - \frac{1}{2}} c_{n-1}$$

其中 $n = 1, 2, 3, \cdots$。

首先將 $r_1 = 1$ 代入遞迴關係式，得

$$c_n = -\frac{2n+1}{n(n+\frac{3}{2})} c_{n-1}$$

其中 $n = 1, 2, 3, \cdots$。

求出係數

$$c_1 = \frac{3}{5/2} c_0 = -\frac{6}{5} c_0$$

$$c_2 = -\frac{5}{7} c_1 = -\frac{5}{7}\left(-\frac{6}{5} c_0\right) = \frac{6}{7} c_0$$

$$c_3 = -\frac{7}{27/2} c_2 = -\frac{14}{27}\left(\frac{6}{7} c_0\right) = -\frac{4}{9} c_0$$

等等。其中一個 Frobenius 解為

$$y_1(x) = c_0 \left(x - \frac{6}{5}x^2 + \frac{6}{7}x^3 - \frac{4}{9}x^4 + \cdots \right)$$

因 r_1 為非負整數，此 Frobenius 級數確實是對 0 展開之冪級數。

將 $r = r_2 = -1/2$ 代入遞迴關係以求出第二 Frobenius 解。為了避免與第一解混淆，以 c_n^* 取代 c_n，得

$$c_n^* = -\frac{1 + 2(n-\frac{3}{2})}{(n-\frac{1}{2})(n-\frac{3}{2}) + \frac{1}{2}(n-\frac{1}{2}) - \frac{1}{2}} c_{n-1}^*$$

其中 $n = 1, 2, 3, \cdots$。化簡為

$$c_n^* = -\frac{2n-2}{n(n-\frac{3}{2})} c_{n-1}^*$$

其中 $n = 1, 2, 3, \cdots$。因 $c_1^* = 0$，故 $c_n^* = 0$，$n = 1, 2, 3, \cdots$，第二 Frobenius 解為

$$y_2(x) = \sum_{n=0}^{\infty} c_n^* x^{n-1/2} = c_0^* x^{-1/2}$$

其中 $x > 0$。

例 4.6 Frobenius 定理之情形 (3)

解
$$x^2 y'' + 5xy' + (x+4)y = 0$$

在例 4.4 求出指標方程式

$$r(r-1) + 5r + 4 = 0$$

重根為 $r_1 = r_2 = -2$ 且遞迴關係為

$$c_n = \frac{1}{n^2} c_{n-1}$$

其中 $n = 1, 2, \cdots$。產生第一 Frobenius 解

$$y_1(x) = c_0 \sum_{n=0}^{\infty} (-1)^n \frac{1}{(n!)^2} x^{n-2}$$

$$= c_0 \left[x^{-2} - x^{-1} + \frac{1}{4} - \frac{1}{36} x + \frac{1}{576} x^2 + \cdots \right]$$

與 $y_1(x)$ 線性獨立之第二解其標準式可由定理 4.2 結論 (3) 得知。令

$$y_2(x) = y_1(x) \ln(x) + \sum_{n=1}^{\infty} c_n^* x^{n-2}$$

將此級數代入微分方程式，並整理各項得

$$4y_1 + 2xy_1' + \sum_{n=1}^{\infty} (n-2)(n-3) c_n^* x^{n-2} + \sum_{n=1}^{\infty} 5(n-2) c_n^* x^{n-2}$$

$$+ \sum_{n=1}^{\infty} c_n^* x^{n-1} + \sum_{n=1}^{\infty} 4 c_n^* x^{n-2} + \ln(x) \left[x^2 y_1'' + 5x y_1' + (x+4) y_1 \right] = 0$$

因 y_1 為微分方程式之解，故 $\ln(x)$ 之括弧係數為零。取 $c_0^* = 1$（我們僅需一個第二解），指標移位，寫成 $\sum_{n=1}^{\infty} c_n^* x^{n-1} = \sum_{n=2}^{\infty} c_n^* x^{n-2}$，將 $y_1(x)$ 代入上式，得

$$-2x^{-1} + c_1^* x^{-1} +$$

$$\sum_{n=2}^{\infty} \left[\left(\frac{4(-1)^n}{(n!)^2} + \frac{2(-1)^n}{(n!)^2}(n-2) \right) \right.$$

$$\left. + (n-2)(n-3)c_n^* + 5(n-2)c_n^* + c_{n-1}^* + 4c_n^* \right] x^{n-2}$$

$$= 0$$

令 x 的各冪次係數為零。由 x^{-1} 之係數得 $c_1^* = 2$，由 x^{n-2} 之係數，經一般代數運算，得

$$\frac{2(-1)^n}{(n!)^2} n + n^2 c_n^* + c_{n-1}^* = 0$$

或

$$c_n^* = -\frac{1}{n^2} c_{n-1}^* - \frac{2(-1)^n}{n(n!)^2}$$

其中 $n = 2, 3, 4, \cdots$。由上式可求得我們要的係數，得

$$y_2(x) = y_1(x) \ln(x) + \frac{2}{x} - \frac{3}{4} + \frac{11}{108}x$$

$$- \frac{25}{3456}x^2 + \frac{137}{432,000}x^3 + \cdots$$

下面兩個例子敘述定理之情形 (4)，首先討論 $k = 0$ 之情形，其次討論 $k \neq 0$ 之情形。

例 4.7 定理 4.2 之情形 (4)，$k = 0$

方程式 $x^2 y'' + x^2 y' - 2y = 0$ 在 0 有正則奇異點，以 $y = \sum_{n=0}^{\infty} c_n x^{n+r}$ 代入，得

$$[r(r-1) - 2]c_0 x^r$$

$$+ \sum_{n=1}^{\infty} [(n+r)(n+r-1)c_n + (n+r-1)c_{n-1} - 2c_n] x^{n+r} = 0$$

指標方程式為 $r^2 - r - 2 = 0$，其根為 $r_1 = 2$ 與 $r_2 = -1$。此時 $r_1 - r_2 = 3$，應用定理之情形 (4)，由 x^{n+r} 之係數，得遞迴關係一般式

$$(n+r)(n+r-1)c_n + (n+r-1)c_{n-1} - 2c_n = 0$$

其中 $n = 1, 2, 3, \cdots$。

令 $r = 2$ 代入上式得遞迴關係

$$c_n = -\frac{n+1}{n(n+3)}c_{n-1}$$

其中 $n = 1, 2, \cdots$,以此遞迴關係得第一解

$$y_1(x) = c_0 x^2 \left[1 - \frac{1}{2}x + \frac{3}{20}x^2 - \frac{1}{30}x^3 + \frac{1}{168}x^4 - \frac{1}{1120}x^5 + \cdots\right]$$

令 $r = -1$ 代入遞迴關係一般式,得

$$(n-1)(n-2)c_n^* + (n-2)c_{n-1}^* - 2c_n^* = 0$$

其中 $n = 1, 2, \cdots$。當 $n = 3$,得 $c_2^* = 0$,則對 $n \geq 2$,$c_n^* = 0$,故

$$y_2(x) = c_0^* \frac{1}{x} + c_1^*$$

將上式代入微分方程式,得

$$x^2(2c_0^* x^{-3}) + x^2(-c_0^* x^{-2}) - 2\left(c_1^* + c_0^* \frac{1}{x}\right) = -c_0^* - 2c_1^* = 0$$

故 $c_1^* = -c_0^*/2$,得第二解為

$$y_2(x) = c_0^* \left(\frac{1}{x} - \frac{1}{2}\right)$$

其中 c_0^* 為不等於 0 之任意數。函數 y_1 與 y_2 形成解之基本集合,解中並無 $y_1(x)\ln(x)$ 項。

例 4.8 定理 4.2 之情形 (4),$k \neq 0$

考慮微分方程式

$$xy'' - y = 0$$

在 0 處有正則奇異點。將 $y = \sum_{n=0}^{\infty} c_n x^{n+r}$ 代入,且整理各項,得

$$(r^2 - r)c_0 x^{r-1} + \sum_{n=1}^{\infty}[(n+r)(n+r-1)c_n - c_{n-1}]x^{n+r-1} = 0$$

指標方程式為 $r^2 - r = 0$,其根為 $r_1 = 1$,$r_2 = 0$,此時 $r_1 - r_2 = 1$ 為正整數,適用定理之情形 (4),遞迴關係一般式為

$$(n+r)(n+r-1)c_n - c_{n-1} = 0$$

其中 $n = 1, 2, \cdots$。令 $r = 1$，得

$$c_n = \frac{1}{n(n+1)}c_{n-1}$$

寫出係數之一部分

$$c_1 = \frac{1}{2}c_0, c_2 = \frac{1}{2(3)}c_1 = \frac{1}{2(2)(3)}c_0, c_3 = \frac{1}{3(4)}c_2 = \frac{1}{2(3)(2)(3)(4)}c_0$$

等等。通式為

$$c_n = \frac{1}{n!(n+1)!}c_0$$

其中 $n = 1, 2, \cdots$，Frobenius 級數解為

$$y_1(x) = c_0 \sum_{n=0}^{\infty} \frac{1}{n!(n+1)!}x^{n+1}$$

$$= c_0 \left[x + \frac{1}{2}x^2 + \frac{1}{12}x^3 + \frac{1}{144}x^4 + \cdots \right]$$

將 $r = 0$ 代入遞迴關係一般式，得

$$n(n-1)c_n - c_{n-1} = 0$$

其中 $n = 1, 2, \cdots$。將 $n = 1$ 代入上式，得 $c_0 = 0$，與假設 $c_0 \neq 0$ 矛盾，此時無法得到第二 Frobenius 級數解。由定理 4.2 情形 (4) 知，第二解之形式為

$$y_2(x) = ky_1 \ln(x) + \sum_{n=0}^{\infty} c_n^* x^n$$

將上式代入微分方程式，得

$$x\left[ky_1'' \ln(x) + 2ky_1' \frac{1}{x} - ky_1 \frac{1}{x^2} + \sum_{n=2}^{\infty} n(n-1)c_n^* x^{n-2} \right]$$

$$- ky_1 \ln(x) - \sum_{n=0} c_n^* x^n = 0$$

上式中，因 y_1 為微分方程式之一解，故

$$k \ln(x)[xy_1'' - y_1] = 0$$

其餘各項以 $y_1(x)$（為了方便，取 $c_0 = 1$）級數代入，得

$$2k \sum_{n=0}^{\infty} \frac{1}{(n!)^2}x^n - k \sum_{n=0}^{\infty} \frac{1}{n!(n+1)!}x^n + \sum_{n=2}^{\infty} c_n^* n(n-1)x^{n-1} - \sum_{n=0}^{\infty} c_n^* x^n = 0$$

將第三級數移位，寫成

$$2k\sum_{n=0}^{\infty}\frac{1}{(n!)^2}x^n - k\sum_{n=0}^{\infty}\frac{1}{n!(n+1)!}x^n$$
$$+\sum_{n=1}^{\infty}c_{n+1}^*n(n+1)x^n - \sum_{n=0}^{\infty}c_n^*x^n = 0$$

故

$$(2k-k-c_0^*)x^n + \sum_{n=1}^{\infty}\left[\frac{2k}{(n!)^2} - \frac{k}{n!(n+1)!} + n(n+1)c_{n+1}^* - c_n^*\right]x^n = 0$$

因此 $k - c_0^* = 0$，故

$$k = c_0^*$$

遞迴關係為

$$c_{n+1}^* = \frac{1}{n(n+1)}\left[c_n^* - \frac{(2n+1)k}{n!(n+1)!}\right]$$

其中 $n = 1, 2, \cdots$。因 c_0^* 可為任意非零實數，為了方便起見，取 $c_0^* = 1$。關於第二特解，令 $c_1^* = 0$，得

$$y_2(x) = y_1\ln(x) + 1 - \frac{3}{4}x^2 - \frac{7}{36}x^3 - \frac{35}{1728}x^4 - \cdots$$

4.2 習題

習題 1–10，求兩線性獨立解之前五項。

1. $x^2y'' - 2xy' - (x^2 - 2)y = 0$
2. $x^2y'' + x(x^3 + 1)y' - y = 0$
3. $4xy'' + 2y' + 2y = 0$
4. $xy'' - y' + 2y = 0$
5. $x(2-x)y'' - 2(x-1)y' + 2y = 0$
6. $4x^2y'' + 4xy' + (4x^2 - 9)y = 0$
7. $x(x-1)y'' + 3y' - 2y = 0$
8. $xy'' - 2xy' + 2y = 0$
9. $xy'' + (1-x)y' + y = 0$
10. $4x^2y'' + 4xy' - y = 0$

PART 2

矩陣、線性代數與線性微分方程組

第 5 章 向量與向量空間 R^n

第 6 章 矩陣、行列式與線性方程組

第 7 章 特徵值、對角化與特殊矩陣

第 8 章 線性微分方程組

CHAPTER 5

向量與向量空間 R^n

5.1 平面與三維空間的向量

一些數量，如質量和體積，完全由數字指定。這些量稱為**純量** (scalar)。

向量 (vector) 具有大小和方向，並用於描述如力之類的東西。力對物體的影響不僅與力的大小且與施加的方向有關。速度是具有大小（距離相對於時間的變化率），以及運動方向的向量。加速度也是一個向量，具有大小（速度變化有多快）和方向。

我們可以將三維向量的方向和大小，寫成實數的三元組 $<a, b, c>$。這個三元組指定一點 $P：(a, b, c)$，而向量 $<a, b, c>$ 由原點到 P 的箭號表示（圖 5.1）。相同的向量是由具有相同長度和方向的任何其他箭號表示。圖 5.2 中的所有箭號具有相同的長度和方向，並且表示相同的向量。

a、b、c 分別為 $<a, b, c>$ 的**第一、第二與第三分量** (first, second, and third components)。

兩向量 $<x_1, x_2, x_3>$ 與 $<y_1, y_2, y_3>$ 相等，就是它們各自的分量相等：

$$x_1 = y_1, x_2 = y_2, x_3 = y_3$$

向量以粗體表示（例如 **F** 或 **G**），而純量則以一般形式表示。

$\mathbf{F} = <a, b, c>$ 的**大小** (magnitude) 或**範數** (norm) 為純量

$$\|\mathbf{F}\| = \sqrt{a^2 + b^2 + c^2}$$

這是由原點到點 (a, b, c) 的距離，也是圖 5.1 中的箭號的長度。

所有這些觀念可立即應用到平面上的向量 $<a, b>$，此向量僅有兩分量。平面上的向量 $<a, b>$ 是以原點至 (a, b) 的箭號表示，且其範數為

$$\|<a, b>\| = \sqrt{a^2 + b^2}$$

此範數為箭號的長度。這個向量亦可用平面上與此向量有相同長度和方向的任何箭號表示。

有時三維空間的向量稱為三維向量，而平面上的向量稱為二維向量。

以純量 α 乘以向量 $\mathbf{F} = <a, b, c>$ 就是將 α 乘以 $\mathbf{F}$ 的每一個分量：

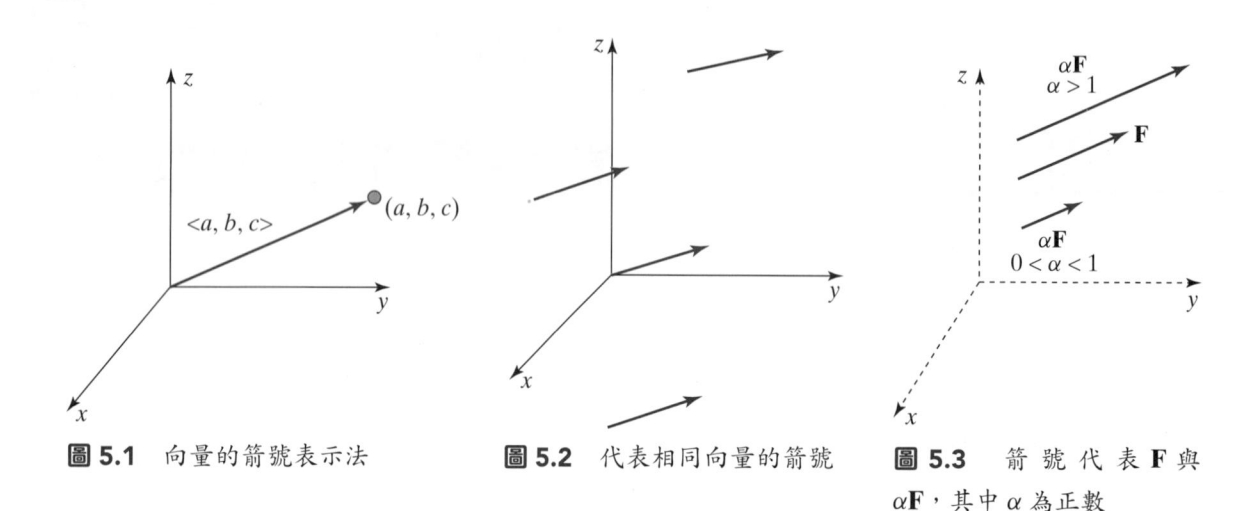

圖 5.1 向量的箭號表示法

圖 5.2 代表相同向量的箭號

圖 5.3 箭號代表 $\mathbf{F}$ 與 $\alpha\mathbf{F}$，其中 α 為正數

$$\alpha\mathbf{F} = <\alpha a, \alpha b, \alpha c>$$

這個運算稱為**純量乘法** (scalar multiplication)，它產生由原點至 $(\alpha a, \alpha b, \alpha c)$ 的向量。

比較 $\mathbf{F}$ 與 $\alpha\mathbf{F}$ 的長度：

$$\|\alpha\mathbf{F}\| = \sqrt{(\alpha a)^2 + (\alpha b)^2 + (\alpha c)^2}$$
$$= \sqrt{(\alpha^2)(a^2 + b^2 + c^2)}$$
$$= |\alpha|\,\|\mathbf{F}\|$$

這證明了

$$\|\alpha\mathbf{F}\| = |\alpha|\,\|\mathbf{F}\| \tag{5.1}$$

$\alpha\mathbf{F}$ 的長度是 $|\alpha|$ 乘以 $\mathbf{F}$ 的長度。

若 $\alpha > 0$，$\alpha\mathbf{F}$ 與 $\mathbf{F}$ 的方向相同；若 $\alpha > 1$，則 $\alpha\mathbf{F}$ 比 $\mathbf{F}$ 長；若 $0 < \alpha < 1$，則 $\alpha\mathbf{F}$ 比 $\mathbf{F}$ 短（圖 5.3）。

若 $\alpha < 0$，則 $\alpha\mathbf{F}$ 在 $\mathbf{F}$ 相反的方向上；若 $\alpha < -1$，則 $\alpha\mathbf{F}$ 比 $\mathbf{F}$ 長；若 $-1 < \alpha < 0$，則 $\alpha\mathbf{F}$ 比 $\mathbf{F}$ 短（圖 5.4）。

若 $\alpha = 0$，則 $\alpha\mathbf{F} = <0, 0, 0>$，為**零向量** (zero vector)，這是長度為零且無方向的唯一向量，因為它不能用箭號表示，記做 $\mathbf{O} = <0, 0, 0>$。

與純量乘法的解釋一致，如果每個向量都是另一個的非零純量倍數，則將 $\mathbf{F}$ 和 $\mathbf{G}$ 定義為**平行** (parallel)。平行向量的長度可能不同，甚至是相反的方向，但是通過以箭號表示的平行向量的直線是平行線。

$\mathbf{F} = <a_1, a_2, a_3>$ 與 $\mathbf{G} = <b_1, b_2, b_3>$ 的**向量和** (vector sum) 為

$$\mathbf{F} + \mathbf{G} = <a_1 + b_1, a_2 + b_2, a_3 + b_3>$$

是將對應的個別分量相加形成的。

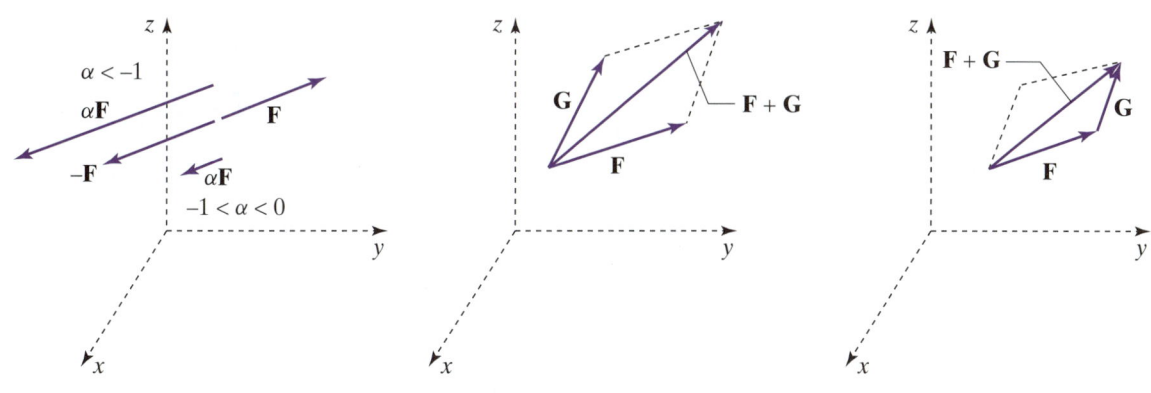

圖 5.4 箭號代表 **F** 與 α**F**，其中 α 為負數

圖 5.5 向量加法的平行四邊形定律

圖 5.6 向量加法的平行四邊形定律的不同觀點

　　向量加法滿足**平行四邊形定律** (parallelogram law)，如圖 5.5 所示。若 **F** 與 **G** 表示來自相同點 P 的向量，則 **F** + **G** 是從 P 到以 **F** 和 **G** 為邊的平行四邊形的相反頂點的向量。

　　如圖 5.6 所示，有時可以方便地表示平行四邊形定律，**G** 從 **F** 尖端繪製，結果可得以 **F** 和 **G** 為邊的相同的平行四邊形。

　　向量加法和純量乘法具有下列性質：

1. **F** + **G** = **G** + **F**（交換律）
2. **F** + (**G** + **H**) = (**F** + **G**) + **H**（結合律）
3. **F** + **O** = **F**
4. α(**F** + **G**) = α**F** + α**G**
5. (αβ)**F** = α(β**F**)
6. (α + β)**F** = α**F** + β**F**
7. 三角不等式

$$\| \mathbf{F} + \mathbf{G} \| \leq \| \mathbf{F} \| + \| \mathbf{G} \| \tag{5.2}$$

　　這可以在圖 5.7 中看到，其中三角形以向量 **F**、**G** 和 **F** + **G** 為邊。三角不等式遵循以下事實；三角形任何兩邊的長度總和必須至少與第三邊的長度一樣大。

　　長度為 1 的向量稱為**單位向量** (unit vector)。

　　向量

$$\mathbf{i} = <1,0,0>, \mathbf{j} = <0,1,0> \text{ 及 } \mathbf{k} = <0,0,1>$$

是沿三維空間中的軸的單位向量（圖 5.8）。任何向量都可以用這些單位向量來表示，亦即

$$\mathbf{F} = <a,b,c> = a<1,0,0> + b<0,1,0> + c<0,0,1> = a\mathbf{i} + b\mathbf{j} + c\mathbf{k}$$

這稱為 **F 的標準表示** (standard representation of **F**)。當分量為零時，通常就將這項省略。例如：

圖 5.7 向量的三角不等式

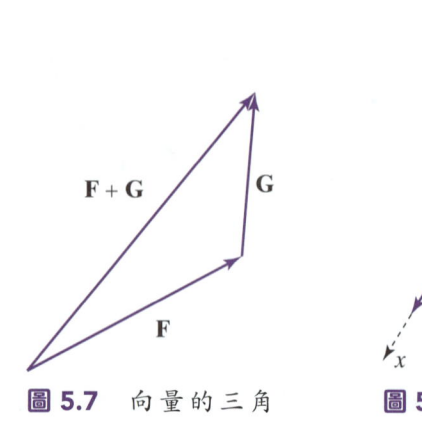

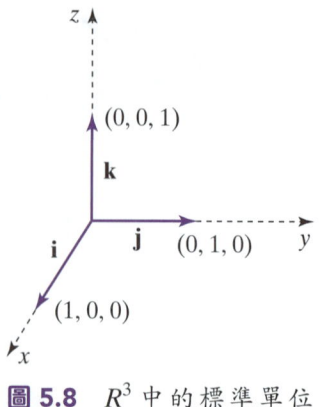

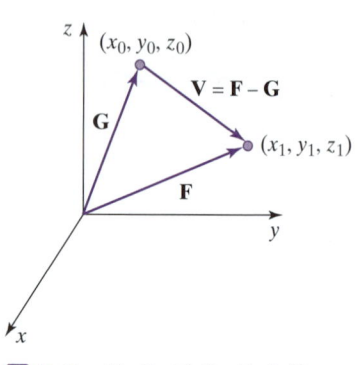

圖 5.8 R^3 中的標準單位向量

圖 5.9 從 P_0 到 P_1 的向量

$$<-7,0,4> = -7\mathbf{i} + 4\mathbf{k}$$

對平面上的向量，有類似的標準表示法，亦即使用單位向量 $\mathbf{i} = <1,0>$ 和 $\mathbf{j} = <0,1>$。

已知任意非零向量 $\mathbf{F}$，向量

$$\frac{1}{\|\mathbf{F}\|}\mathbf{F}$$

的方向與 $\mathbf{F}$ 相同（因為是 $\mathbf{F}$ 的正純量倍數）且長度為 1。

使用這個想法在已知方向上寫出一向量且具有已知的長度。例如，假設我們想要一個方向與 $\mathbf{F} = \mathbf{i} - 2\mathbf{j} + 4\mathbf{k}$ 相同，且長度為 10 的向量 $\mathbf{V}$。首先將 $\mathbf{F}$ 除以其長度，得到 $\mathbf{F}$ 方向的單位向量 $\mathbf{u}$：

$$\mathbf{u} = \frac{1}{\sqrt{21}}(\mathbf{i} - 2\mathbf{j} + 4\mathbf{k})$$

我們想要的向量是

$$\mathbf{V} = 10\mathbf{u} = \frac{10}{\sqrt{21}}(\mathbf{i} - 2\mathbf{j} + 4\mathbf{k})$$

單位向量 $\mathbf{u}$ 提供方向（與 $\mathbf{F}$ 相同），並將該單位向量乘以 10，產生具有該方向和我們想要的長度的向量。

知道由一點 P_0 到另一點 P_1 的箭號所表示的向量 $\mathbf{V}$ 的分量通常是有用的。令 $\mathbf{G}$ 是從原點到 $P_0 : (x_0, y_0, z_0)$ 的向量，$\mathbf{F}$ 是從原點到 $P_1 : (x_1, y_1, z_1)$ 的向量，如圖 5.9 所示。由平行四邊形定律，

$$\mathbf{V} = \mathbf{F} - \mathbf{G} = (x_1 - x_0)\mathbf{i} + (y_1 - y_0)\mathbf{j} + (z_1 - z_0)\mathbf{k}$$

例如，由 $(-1, 5, -2)$ 到 $(7, -4, 5)$ 的向量為

$$(7 - (-1))\mathbf{i} + (-4 - 5)\mathbf{j} + (5 - (-2))\mathbf{k}$$

或
$$8\mathbf{i} - 9\mathbf{j} + 7\mathbf{k}$$

5.1.1 三維空間的直線方程式

兩個相異點 $P_0:(x_0, y_0, z_0)$ 和 $P_1:(x_1, y_1, z_1)$ 決定一條包含兩點的唯一直線 L。在平面上，我們可以使用點斜式來決定包含兩點的直線方程式。

我們可以得到 L 的參數方程式如下，令

$$\mathbf{L} = (x_1 - x_0)\mathbf{i} + (y_1 - y_0)\mathbf{j} + (z_1 - z_0)\mathbf{k}$$

從 L 的一點 (x_0, y_0, z_0) 到 L 的另一點 (x_1, y_1, z_1) 的向量 $\mathbf{L}$ 開始。$\mathbf{L}$ 是沿著我們想要的線。令 $P:(x, y, z)$ 為 L 的任意點，則向量

$$(x - x_0)\mathbf{i} + (y - y_0)\mathbf{j} + (z - z_0)\mathbf{k}$$

也沿著 L（圖 5.10），所以必須是 $\mathbf{L}$ 的純量倍數：

$$(x - x_0)\mathbf{i} + (y - y_0)\mathbf{j} + (z - z_0)\mathbf{k}$$
$$= t[(x_1 - x_0)\mathbf{i} + (y_1 - y_0)\mathbf{j} + (z_1 - z_0)\mathbf{k}]$$

其中 t 為實數。因此，

$$x - x_0 = t(x_1 - x_0), y - y_0 = t(y_1 - y_0), z - z_0 = t(z_1 - z_0)$$

上式常寫成

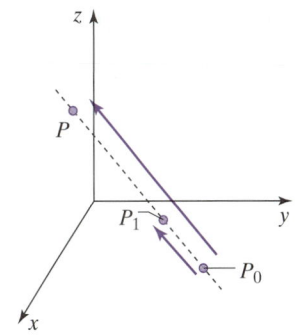

圖 5.10 求直線的參數方程式

$$x = x_0 + t(x_1 - x_0), y = y_0 + t(y_1 - y_0), z = z_0 + t(z_1 - z_0) \tag{5.3}$$

由於從 P_0 和 P_1 可知 $x_1 - x_0$、$y_1 - y_0$ 及 $z_1 - z_0$，所以式 (5.3) 根據參數 t 給出在 L 上的點 (x, y, z) 的座標，其中 t 在實數上變化。當 $t = 0$ 我們得到 P_0 且當 $t = 1$ 得到 P_1。式 (5.3) 稱為 L 的參數方程式 (parametric equations of L)。

> **數往知來——懸臂樑**
>
> 本章中的向量方法可以應用於標準工程靜力學問題。我們的例子將集中在一個懸臂樑上，此樑一端固定，另一端為自由端。圖中顯示懸臂樑的端固定以及兩個點力。W 表示樑本身的重量，而 F 表示外部負載，方向如圖所示。對於這個例子，假設樑的厚度可以忽略，而僅考慮樑的長度。

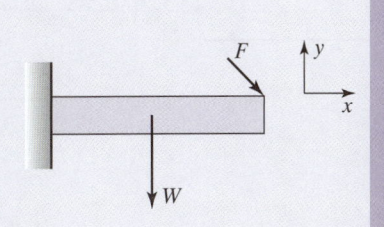

檢查懸臂樑時要考慮三種類型的力：軸向力、剪切力和彎矩。作用在樑的軸向力，其方向為樑長度的方向，即 x 方向；剪切力作用於垂直於樑的方向，即 y 方向；彎矩則是從樑的底部偏移的力。

你可以看到 W 也是一個有助於彎矩的剪切力。為了計算 F，必須將其分解為 x 和 y 分量，F_x 和 F_y。F_x 僅是一個軸向力，並且在穿過基座時不會影響彎矩。另一方向，F_y 是有助於彎矩的剪切力。

例 5.1

求通過 (−1, −1, 7) 和 (7, −1, 4) 的線的參數方程式。

選擇其中一個點為 P_0，另一個為 P_1，次序無關緊要。假設我們令

$$P_0 = (-1, -1, 7) \text{ 且 } P_1 = (7, -1, 4)$$

通過這些點的線，其參數方程式為

$$x = -1 + (7 - (-1))t, y = -1 + (-1 - (-1))t, z = 7 + (4 - 7)t$$

或

$$x = -1 + 8t, y = -1, z = 7 - 3t$$

其中 t 為實數。此線由所有點

$$(-1 + 8t, -1, 7 - 3t), -\infty < t < \infty$$

組成。作為驗證，當 t = 0，這些參數方程式回到 P_0；而當 t = 1，可得 P_1。在這個例子中，y 是常數 −1，所以這條線在平面 y = −1 上。

5.1 習題

習題 1–3，計算 $\mathbf{F}+\mathbf{G}$、$\mathbf{F}-\mathbf{G}$、$2\mathbf{F}$、$3\mathbf{G}$ 與 $\|\mathbf{F}\|$。

1. $\mathbf{F} = 2\mathbf{i} - 3\mathbf{j} + 5\mathbf{k}, \mathbf{G} = \sqrt{2}\mathbf{i} + 6\mathbf{j} - 5\mathbf{k}$
2. $\mathbf{F} = 2\mathbf{i} - 5\mathbf{j}, \mathbf{G} = \mathbf{i} + 5\mathbf{j} - \mathbf{k}$
3. $\mathbf{F} = \mathbf{i} + \mathbf{j} + \mathbf{k}, \mathbf{G} = 2\mathbf{i} - 2\mathbf{j} + 2\mathbf{k}$

習題 4 和 5，求具有給定長度且方向是從第一點到第二點的向量。

4. $9, (1, 2, 1,), (-4, -2, 3)$
5. $4, (0, 0, 1), (-4, 7, 5)$

習題 6–8，求包含所予點的線的參數方程式。

6. $(3, 0, 0), (-3, 1, 0)$
7. $(0, 1, 3), (0, 0, 1)$
8. $(2, -3, 6), (-1, 6, 4)$

5.2 點積

假設
$$\mathbf{F} = a_1\mathbf{i} + b_1\mathbf{j} + c_1\mathbf{k} \text{ 且 } \mathbf{G} = a_2\mathbf{i} + b_2\mathbf{j} + c_2\mathbf{k}$$

$\mathbf{F}$ 與 $\mathbf{G}$ 的**點積** (dot product) 為純量

$$\mathbf{F} \cdot \mathbf{G} = a_1a_2 + b_1b_2 + c_1c_2$$

例如，

$$(\sqrt{3}\mathbf{i} + 4\mathbf{j} - \pi\mathbf{k}) \cdot (-2\mathbf{i} + 6\mathbf{j} + 3\mathbf{k}) = -2\sqrt{3} + 24 - 3\pi$$

點積具有下列性質：

1. $\mathbf{F} \cdot \mathbf{G} = \mathbf{G} \cdot \mathbf{F}$（交換律）
2. $(\mathbf{F} + \mathbf{G}) \cdot \mathbf{H} = \mathbf{F} \cdot \mathbf{H} + \mathbf{G} \cdot \mathbf{H}$（分配律）
3. $\alpha(\mathbf{F} \cdot \mathbf{G}) = (\alpha\mathbf{F}) \cdot \mathbf{G} = \mathbf{F} \cdot (\alpha\mathbf{G})$
4. $\mathbf{F} \cdot \mathbf{F} = \|\mathbf{F}\|^2$
5. $\mathbf{F} \cdot \mathbf{F} = 0$ 若且唯若 $\mathbf{F} = \mathbf{O}$
6. $\|\alpha\mathbf{F} + \beta\mathbf{G}\|^2 = \alpha^2\|\mathbf{F}\|^2 + 2\alpha\beta\mathbf{F} \cdot \mathbf{G} + \beta^2\|\mathbf{G}\|^2$

前三個性質是實數的算術性質的直接結果。性質 4 經常用於計算。若

$$\mathbf{F} = a\mathbf{i} + b\mathbf{j} + c\mathbf{k}$$

則

$$\mathbf{F} \cdot \mathbf{F} = a^2 + b^2 + c^2 = \|\mathbf{F}\|^2$$

性質 5 很容易由性質 4 導出，因為 $a^2 + b^2 + c^2 = 0$ 若且唯若 $a = b = c = 0$。

對於性質 6，使用性質 1 到 4 如下：

$$\begin{aligned}\|\alpha\mathbf{F} + \beta\mathbf{G}\|^2 &= (\alpha\mathbf{F} + \beta\mathbf{G}) \cdot (\alpha\mathbf{F} + \beta\mathbf{G}) \\ &= \alpha^2\mathbf{F}\cdot\mathbf{F} + \alpha\beta\mathbf{F}\cdot\mathbf{G} + \alpha\beta\mathbf{G}\cdot\mathbf{F} + \beta^2\mathbf{G}\cdot\mathbf{G} \\ &= \alpha^2\|\mathbf{F}\|^2 + 2\alpha\beta\mathbf{F}\cdot\mathbf{G} + \beta^2\|\mathbf{G}\|^2\end{aligned}$$

點積的一個用途是決定表示這些向量的箭號之間的角度（或沿著這些向量的線）。要知道這一點，回想起餘弦定律。對於圖 5.11 的上三角形，餘弦定律是說

$$a^2 + b^2 - 2ab\cos(\theta) = c^2$$

將其應用於圖 5.11 的下三角形，此三角形以向量為邊。θ 為 $\mathbf{F}$ 和 $\mathbf{G}$ 之間的夾角，且邊長為

$$a = \|\mathbf{G}\|, b = \|\mathbf{F}\| \text{ 且 } c = \|\mathbf{G} - \mathbf{F}\|$$

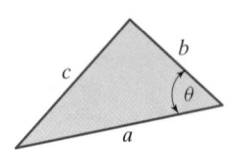

餘弦定律告訴我們

$$\|\mathbf{G}\|^2 + \|\mathbf{F}\|^2 - 2\|\mathbf{F}\|\|\mathbf{G}\|\cos(\theta) = \|\mathbf{G} - \mathbf{F}\|^2$$

將 $\beta = 1$ 和 $\alpha = -1$ 代入點積的性質 6，可得

$$\|\mathbf{G} - \mathbf{F}\|^2 = \|\mathbf{G}\|^2 + \|\mathbf{F}\|^2 - 2\mathbf{F}\cdot\mathbf{G}$$

比較最後兩個方程式，我們得到結論

$$\|\mathbf{F}\|\|\mathbf{G}\|\cos(\theta) = \mathbf{F}\cdot\mathbf{G}$$

假設 $\mathbf{F}$ 和 $\mathbf{G}$ 都不是零向量，這給了我們

$$\cos(\theta) = \frac{\mathbf{F}\cdot\mathbf{G}}{\|\mathbf{F}\|\|\mathbf{G}\|} \tag{5.4}$$

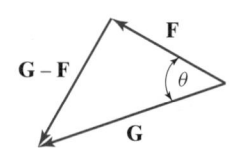

圖 5.11 餘弦定律和向量之間的夾角

由式 (5.4) 決定的角度 θ 稱為 $\mathbf{F}$ 和 $\mathbf{G}$ 之間的**角度** (angle between $\mathbf{F}$ and $\mathbf{G}$)。在說明這個概念之前，我們藉由回顧對於所有的 θ，$|\cos(\theta)| \leq 1$，導出式 (5.4) 的另一個好處。因此，式 (5.4) 意味著

$$|\mathbf{F}\cdot\mathbf{G}| \leq \|\mathbf{F}\|\|\mathbf{G}\| \tag{5.5}$$

這是柯西－舒瓦茲不等式 (Cauchy-Schwarz inequality)。

數往知來——方向餘弦

方向餘弦是兩個向量之間的角度的餘弦。你可以由本節中的下列分式來求解方向餘弦。

$$\cos \alpha = \frac{v_1 \cdot v_2}{\| v_1 \| \| v_2 \|}$$

若 v_1 是主要討論的向量時，v_2 是物理座標系的軸之一，則方向餘弦最有用，如下所示：

$$\cos \theta = \frac{v_1 \cdot i}{\| v_1 \|}, \ \cos \varphi = \frac{v_1 \cdot j}{\| v_1 \|}, \ \cos \gamma = \frac{v_1 \cdot k}{\| v_1 \|}$$

你將看到如何將這個想法進一步應用於將向量從一個座標系轉換到另一個座標系，這在動態應用中是有用的。

例 5.2

$$\mathbf{F} = -\mathbf{i} + 3\mathbf{j} + \mathbf{k} \text{ 和 } \mathbf{G} = 2\mathbf{j} - 4\mathbf{k}$$

之間的角度 θ 的餘弦為

$$\cos(\theta) = \frac{(-\mathbf{i} + 3\mathbf{j} + \mathbf{k}) \cdot (2\mathbf{j} - 4\mathbf{k})}{\| -\mathbf{i} + 3\mathbf{j} + \mathbf{k} \| \| 2\mathbf{j} - 4\mathbf{k} \|}$$

$$= \frac{(-1)(0) + (3)(2) + (1)(-4)}{\sqrt{(-1)^2 + 3^2 + (1)^2} \sqrt{2^2 + 4^2}}$$

$$= \frac{2}{\sqrt{220}}$$

這個角度是

$$\theta = \arccos(2/\sqrt{220}) \approx 1.436 \text{ 弳}$$

或 82.2767 度。

例 5.3

已知線 L_1 和 L_2，其參數方程式分別為

$$L_1 : x = 1 + 6t, y = 2 - 4t, z = -1 + 3t$$

和
$$L_2 : x = 4 - 3p, y = 2p, z = -5 + 4p$$

其中參數 t 與 p 為任意實數。欲求兩直線之間的夾角。當然，兩條非平行直線之間有兩個夾角，如圖 5.12 所示，這兩個夾角的和為 π。

求 θ 的策略是先確定每條線上的向量，那麼這些向量之間的夾角就是線之間的夾角。

為了在 L_1 上找到向量 $\mathbf{V}_1$，在 L_1 上找到兩點，如 $t = 0$ 的 $(1, 2, -1)$ 和 $t = 1$ 的 $(7, -2, 2)$。沿著 L_1 由第一點到第二點的向量 $\mathbf{V}_1$ 為

$$\mathbf{V}_1 = (7-1)\mathbf{i} + (-2-2)\mathbf{j} + (2-(-1))\mathbf{k} = 6\mathbf{i} - 4\mathbf{j} + 3\mathbf{k}$$

在 L_2，取 $p = 0$ 的 $(4, 0, -5)$ 和 $p = 1$ 的 $(1, 2, -1)$，形成沿著 L_2 的向量

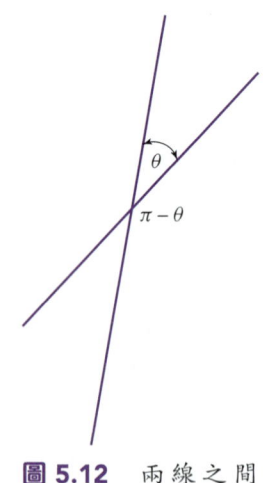

$$\mathbf{V}_2 = -3\mathbf{i} + 2\mathbf{j} + 4\mathbf{k}$$

現在計算

$$\cos(\theta) = \frac{\mathbf{V}_1 \cdot \mathbf{V}_2}{\|\mathbf{V}_1\| \|\mathbf{V}_2\|}$$
$$= \frac{-14}{\sqrt{1769}}, \theta \approx 1.910 \text{ 弳}$$

圖 **5.12** 兩線之間的夾角

如果我們從第二個點到第一個點（將這個向量反向）形成 $\mathbf{V}_2$，則由式 (5.4) 可得 $\cos(\theta) = 14/\sqrt{1769}$，$\theta$ 大約為 1.23 弳，這是 $\theta \approx 1.910$ 弳的補角。

兩個非零向量 $\mathbf{F}$ 和 $\mathbf{G}$，如果它們之間的夾角是 $\pi/2$ 弳（90 度），則 $\mathbf{F}$ 和 $\mathbf{G}$ 是**正交 (orthogonal)** 或**垂直 (perpendicular)**。由式 (5.4) 可知，當 $\mathbf{F} \cdot \mathbf{G} = 0$ 時，會發生這種情況。因為任何向量與 $\mathbf{O}$ 向量的點積為零，所以零向量被認為與每個向量正交。

例如，令

$$\mathbf{F} = -4\mathbf{i} + \mathbf{j} + 2\mathbf{k}, \mathbf{G} = 2\mathbf{i} + 4\mathbf{k} \text{ 且 } \mathbf{H} = 6\mathbf{i} - \mathbf{j} - 2\mathbf{k}$$

則 $\mathbf{F}$ 和 $\mathbf{G}$ 正交，因為它們的點積為零，但是 $\mathbf{F} \cdot \mathbf{H} = -29$，所以這兩個向量不是正交，且 $\mathbf{G} \cdot \mathbf{H} = 4$，因此這兩個向量也不是正交。

若 $\mathbf{F}$ 和 $\mathbf{G}$ 為非零正交向量，則 $\alpha = \beta = 1$ 的點積的性質 6 變為

$$\|\mathbf{F} + \mathbf{G}\|^2 = \|\mathbf{F}\|^2 + \|\mathbf{G}\|^2$$

這是熟悉的畢氏定理，其應用於具有垂直邊 **F** 和 **G**，以及斜邊 **F** + **G** 的三角形（圖 5.13）。

5.2.1 平面的方程式

在三維空間中確定平面 Π 的一種方式是給予平面上的點 P_0，以及與 Π 中的每個向量均垂直的向量 **N**，這樣的向量稱為平面的**法** (normal) 向量（圖 5.14）。

假定

$$\mathbf{N} = a\mathbf{i} + b\mathbf{j} + c\mathbf{k}$$

且令 P_0 的座標為 (x_0, y_0, z_0)。當從 P_0 到 (x, y, z) 的向量在平面上時，則點 (x, y, z) 在平面上，因此 P_0 到 (x, y, z) 的向量與 **N** 正交。這意味著

$$((x - x_0)\mathbf{i} + (y - y_0)\mathbf{j} + (z - z_0)\mathbf{k}) \cdot \mathbf{N} = 0$$

這個方程式完全描述了平面上的點 (x, y, z)。為了使平面的方程式更加透明，執行該點積並寫出方程式如下：

$$a(x - x_0) + b(y - y_0) + c(z - z_0) = 0 \tag{5.6}$$

式 (5.6) 稱為平面 Π **的方程式** (equation of the plane Π)。

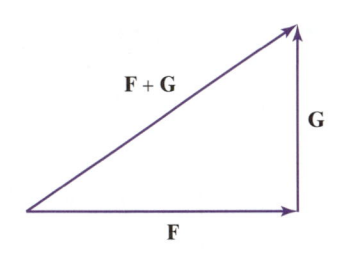

圖 5.13 以平行四邊形定律而論的畢氏定理

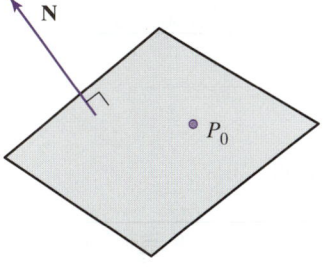

圖 5.14 平面的法向量

例 5.4

令 $P_0 = (-6, 1, 1)$ 為平面上的一點，且設 $\mathbf{N} = -2\mathbf{i} + 4\mathbf{j} + \mathbf{k}$ 為法向量，則平面方程式為

$$-2(x - (-6)) + 4(y - 1) + (z - 1) = 0$$

上式也可以寫成

$$-2x + 4y + z = 17$$

具有方程式

$$ax + by + cz = d$$

的任何平面，其法向量為 $\mathbf{N} = a\mathbf{i} + b\mathbf{j} + c\mathbf{k}$。以這種方式，我們可以從平面方程式中輕鬆讀取法向量。選擇不同的 d 值，將導致該平面平行移位（與通過原點的平面 $ax + by + cz = 0$ 平行）。當然，任何一個平面都有無窮多個不同的法向量，這些法向量全部平行。

5.2.2 一向量投影到另一向量

假設 **u** 和 **v** 為非零向量,由共同點畫出以箭號表示。**v** 映射到 **u** 的 **投影** (projection) 是在 **u** 方向上的向量 $\text{proj}_\mathbf{u}\mathbf{v}$,其大小等於 **v** 映射到 **u** 的投影的長度。

這個投影是從 **v** 的尖端映射到通過 **u** 的直線建構一垂直線段來完成的(圖 5.15)。以 **v** 為斜邊的直角三角形,其底為 $\text{proj}_\mathbf{u}\mathbf{v}$ 的長度 d。

我們想要一種計算這個投影的方法。若 θ 為 **u** 與 **v** 之間的夾角,則由圖可知

$$\cos(\theta) = \frac{d}{\|\mathbf{v}\|}$$

因此

$$d = \|\mathbf{v}\|\cos(\theta) = \|\mathbf{v}\|\frac{\mathbf{u}\cdot\mathbf{v}}{\|\mathbf{u}\|\|\mathbf{v}\|} = \frac{\mathbf{u}\cdot\mathbf{v}}{\|\mathbf{u}\|}$$

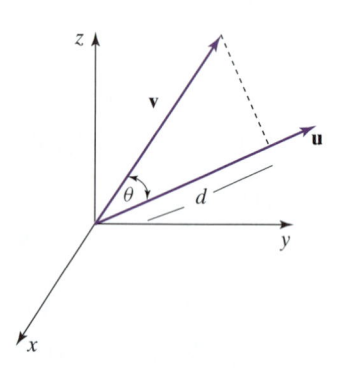

圖 5.15 **v** 映射到 **u** 的正交投影

我們要的投影是在 **u** 方向上,長度為 d 的向量。我們知道如何得到這樣一個向量——將 **u** 除以它的長度得到一個單位向量,然後將 d 乘以這個單位向量得到正確的方向和大小:

$$\text{proj}_\mathbf{u}\mathbf{v} = d\left(\frac{\mathbf{u}}{\|\mathbf{u}\|}\right) = \frac{\mathbf{u}\cdot\mathbf{v}}{\|\mathbf{u}\|^2}\mathbf{u} \tag{5.7}$$

數往知來——開始對懸臂樑進行靜力分析

靜力分析用於確定使系統不移動所需的內力。在懸臂樑的系統,讀者可以在底座上切割樑,以曝露內部的軸向力、剪切力和彎矩,如右圖所示。

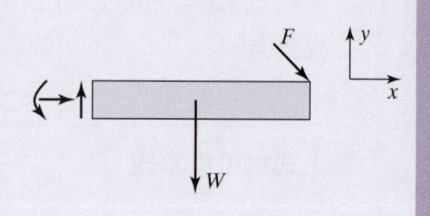

使用向量投影的概念,可以將 F 投影到 x 到 y 單位向量上以計算相對的分量。已知 $F = <2, -2> N$,則有

$$proj_x F = \frac{F \cdot x}{\|x\|^2}x = \frac{2}{1^2}<1,0> = <2,0> N$$

$$proj_y F = \frac{F \cdot y}{\|y\|^2}y = \frac{-2}{1^2}<0,1> = <0,-2> N$$

例 5.5

求 $\mathbf{v} = 4\mathbf{i} - \mathbf{j} + 2\mathbf{k}$ 映射至 $\mathbf{u} = \mathbf{i} - \mathbf{j} + 2\mathbf{k}$ 的投影。

利用式 (5.7)，計算

$$\mathbf{u} \cdot \mathbf{v} = 9 \text{ 且 } \|\mathbf{u}\|^2 = 6$$

因此

$$\text{proj}_{\mathbf{u}}\mathbf{v} = \frac{9}{6}\mathbf{u} = \frac{3}{2}(\mathbf{i} - \mathbf{j} + 2\mathbf{k})$$

5.2 習題

習題 1–3，計算向量的點積和它們之間夾角的餘弦，並判斷向量是否正交。

1. $\mathbf{i}, 2\mathbf{i} - 3\mathbf{j} + \mathbf{k}$
2. $-4\mathbf{i} - 2\mathbf{j} + 3\mathbf{k}, 6\mathbf{i} - 2\mathbf{j} - \mathbf{k}$
3. $\mathbf{i} - 3\mathbf{k}, 2\mathbf{j} + 6\mathbf{k}$

習題 4–6，求包含已知點且以已知向量為法向量的平面方程式。

4. $(-1, 1, 2), 3\mathbf{i} - \mathbf{j} + 4\mathbf{k}$
5. $(2, -3, 4), 8\mathbf{i} - 6\mathbf{j} + 4\mathbf{k}$
6. $(0, -1, 4), 7\mathbf{i} + 6\mathbf{j} - 5\mathbf{k}$

習題 7–9，求 $\mathbf{v}$ 映射到 $\mathbf{u}$ 的投影。

7. $\mathbf{v} = \mathbf{i} - \mathbf{j} + 4\mathbf{k}, \mathbf{u} = -3\mathbf{i} + 2\mathbf{j} - \mathbf{k}$
8. $\mathbf{v} = -\mathbf{i} + 3\mathbf{j} + 6\mathbf{k}, \mathbf{u} = 2\mathbf{i} + 7\mathbf{j} - 3\mathbf{k}$
9. $\mathbf{v} = -6\mathbf{i} - 12\mathbf{j} + 3\mathbf{k}, \mathbf{u} = -9\mathbf{i} + 3\mathbf{j} + 4\mathbf{k}$

5.3 叉積

假定我們有已知的向量

$$\mathbf{F} = a_1\mathbf{i} + b_1\mathbf{j} + c_1\mathbf{k} \text{ 和 } \mathbf{G} = a_2\mathbf{i} + b_2\mathbf{j} + c_2\mathbf{k}$$

F 與 G 的叉積 (cross product of **F** with **G**) 是向量

$$\mathbf{F} \times \mathbf{G} = (b_1c_2 - b_2c_1)\mathbf{i} + (a_2c_1 - a_1c_2)\mathbf{j} + (a_1b_2 - a_2b_1)\mathbf{k}$$

有一個簡單的方法來記住和計算這些分量。形成一行列式

$$\begin{vmatrix} \mathbf{i} & \mathbf{j} & \mathbf{k} \\ a_1 & b_1 & c_1 \\ a_2 & b_2 & c_2 \end{vmatrix}$$

第一列是標準單位向量，第二列是 **F** 的分量，第三列是 **G** 的分量。如果這個行列式以第一列展開，我們得到

$$\begin{vmatrix} \mathbf{i} & \mathbf{j} & \mathbf{k} \\ a_1 & b_1 & c_1 \\ a_2 & b_2 & c_2 \end{vmatrix} = \begin{vmatrix} b_1 & c_1 \\ b_2 & c_2 \end{vmatrix} \mathbf{i} - \begin{vmatrix} a_1 & c_1 \\ a_2 & c_2 \end{vmatrix} \mathbf{j} + \begin{vmatrix} a_1 & b_1 \\ a_2 & b_2 \end{vmatrix} \mathbf{k}$$

$$= (b_1 c_2 - b_2 c_1)\mathbf{i} + (a_2 c_1 - a_1 c_2)\mathbf{j} + (a_1 b_2 - a_2 b_1)\mathbf{k}$$

$$= \mathbf{F} \times \mathbf{G}$$

以下是叉積的一些性質。

1. 反交換律

$$\mathbf{F} \times \mathbf{G} = -\mathbf{G} \times \mathbf{F}$$

2. **F** × **G** 同時與 **F** 和 **G** 正交。

3.
$$\| \mathbf{F} \times \mathbf{G} \| = \| \mathbf{F} \| \| \mathbf{G} \| \sin(\theta)$$

其中 θ 為 **F** 與 **G** 的夾角。

4. 若 **F** 與 **G** 為非零向量，若且唯若 **F** 與 **G** 平行（因此每一個向量都是另一個向量的純量倍數），則 **F** × **G** = **O**。

5. 分配律

$$\mathbf{F} \times (\mathbf{G} + \mathbf{H}) = \mathbf{F} \times \mathbf{G} + \mathbf{F} \times \mathbf{H}$$

6. 若 α 為一純量，則

$$\alpha(\mathbf{F} \times \mathbf{G}) = (\alpha \mathbf{F}) \times \mathbf{G} = \mathbf{F} \times (\alpha \mathbf{G})$$

性質 1 遵循行列式的兩列互換，則其值變號。當計算 **G** × **F** 時，可將 **F** × **G** 的行列式的第二列與第三列互換。

關於性質 2，由 **F** 與 **F** × **G** 的點積，我們可以證明 **F** 與 **F** × **G** 為正交：

F · (**F** × **G**)

$$= a_1[b_1 c_2 - b_2 c_1] + b_1[a_2 c_1 - a_1 c_2] + c_1[a_1 b_2 - a_2 b_1] = 0$$

同理，**G** · (**F** × **G**) = 0。

圖 5.16 說明了這個正交性。非平行向量 **F** 和 **G** 決定一平面，並且 **F** × **G** 與該平面垂直，同時與 **F** 和 **G** 正交。該圖還說明了**右手規則** (right-hand rule)。若右手手指指向 **F**，然後捲向 **G**，則大拇指會指向（約略）**F** × **G** 的方向。如果手轉過來，手指由 **G** 捲向 **F**，則大拇指指向相反的方向，說明了叉積的反交換律。

圖 5.16 $\mathbf{F} \times \mathbf{G}$ 同時與 $\mathbf{F}$ 和 $\mathbf{G}$ 正交

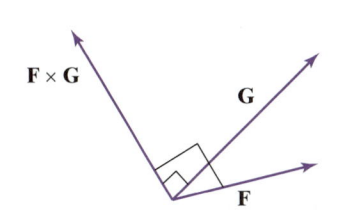

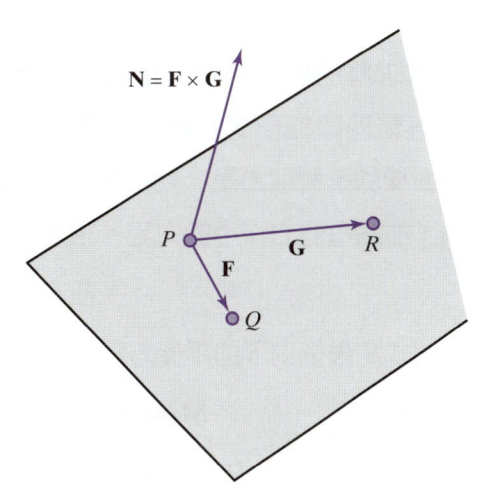

圖 5.17 由非共線的三點求一平面

性質 4 提供一個便利的**三點共線** (collinear)（位於一條直線上）的測試。當從 P 到 Q 的向量 $\mathbf{F}$ 平行於從 P 到 R 的向量 $\mathbf{G}$ 時，點 P、Q、R 為共線。由性質 4 知，當 $\mathbf{F} \times \mathbf{G} = \mathbf{O}$ 時，會發生這種情況。

平面上已知非共線的三點（而不是一個點和法向量），兩向量的叉積正交於兩向量的事實提供一個尋找平面方程式的策略。對於 P、Q 和 R 的點，選擇任意一點，即 P，並形成從 P 到 Q 和 P 到 R 的向量 $\mathbf{F} = \mathbf{PQ}$ 和 $\mathbf{G} = \mathbf{PR}$，如圖 5.17 所示。因此 $\mathbf{N} = \mathbf{F} \times \mathbf{G}$ 與平面正交，並且非零，因為 $\mathbf{F}$ 和 $\mathbf{G}$ 不平行。這給我們一個平面的法向量。我們可以使用這個法向量和三個已知點中的任何一個來確定平面的方程式。

數往知來——完成懸臂樑的靜力分析

讀者可以使用以下平衡方程式完成上述懸臂樑的靜力分析：

$$\sum F_{\text{net},x} = 0, \quad \sum F_{\text{net},y} = 0, \quad \sum M_{\text{net}} = 0$$

對於這個例子，使用 $F = <2, -2, 0>$ N，$W = <0, 2, 0>$ N，$d_1 = <1, 0, 0>$ m，$d_2 = <2, 0, 0>$ m。

先前，我們求得 $F_x = <2, 0, 0>$ N 與 $F_y = <0, -2, 0>$ N。W 只作用在 y 方向，所以讀者可使用這些來解前兩個平衡方程式如下：

$$F_{R,\text{軸向}} + F_x = 0 \quad F_{R,\text{剪切}} + W + F_y = 0$$

$$F_{R,\text{軸向}} = <-2, 0, 0> \text{ N} \quad F_{R,\text{剪切}} = <0, 4, 0> \text{ N}$$

因此，最後欲求解的內部作用力是內部彎矩，為了求解由力引起的力矩，必須使用叉積。力矩以其最簡單的形式定義為力乘以力臂（力至力矩中心點的垂直距離）。在這裡，你可以對樑的左側取力矩，使用叉積並以向量形式運算，可以節省將力分解為 x 和 y 分量的麻煩，並解每個力作用的力矩。求力矩的方程式是

$$M = r \times F$$

使用這個方程式和最後剩下的平衡方程式，可以求解樑中的作用力矩。

$$M_R + W \times d_1 + F \times d_2 = 0$$

$$M_R = <0,0,2> + <0,0,4> = <0,0,6> \text{ N} \cdot \text{m}$$

請注意：力矩的方向是旋轉發生的軸。這就是為什麼力矩出現在離開頁面的軸上，即使這是一個平面問題。這個解還要滿足所得到的叉積向量必須垂直於兩個原始向量的條件。

例 5.6

求過點 P：$(-1, 4, 2)$、Q：$(6, -2, 8)$ 和 R：$(5, -1, -1)$ 的平面方程式。

使用這些點在平面上形成兩個向量：

$$\mathbf{F} = \mathbf{PQ} = 7\mathbf{i} - 6\mathbf{j} + 6\mathbf{k} \quad \text{且} \quad \mathbf{G} = \mathbf{PR} = 6\mathbf{i} - 5\mathbf{j} - 3\mathbf{k}$$

形成兩向量的叉積：

$$\mathbf{N} = \mathbf{F} \times \mathbf{G} = 48\mathbf{i} + 57\mathbf{j} + \mathbf{k}$$

$\mathbf{N}$ 垂直於由 F 與 G 所形成的平面。我們要用平面上的一點（選擇 P、Q 或 R 的任何一個）。若選擇 P，則平面方程式為

$$48(x+1) + 57(y-4) + (z-2) = 0$$

或

$$48x + 57y + z = 182$$

我們可使用 Q 或 R 代替 P，而獲得相同的平面。

5.3 習題

習題 1 和 2，計算 $\mathbf{F} \times \mathbf{G}$ 和 $\mathbf{G} \times \mathbf{F}$。

1. $\mathbf{F} = -3\mathbf{i} + 6\mathbf{j} + \mathbf{k}$, $\mathbf{G} = -\mathbf{i} - 2\mathbf{j} + \mathbf{k}$
2. $\mathbf{F} = 2\mathbf{i} - 3\mathbf{j} + 4\mathbf{k}$, $\mathbf{G} = -3\mathbf{i} + 2\mathbf{j}$

習題 3–5，確定點是否共線，如果不共線，求包含這些點的平面方程式。

3. $(-1, 1, 6), (2, 0, 1), (3, 0, 0)$
4. $(1, 0, -2), (0, 0, 0), (5, 1, 1)$
5. $(-4, 2, -6), (1, 1, 3), (-2, 4, 5)$

在習題 6 中，求與平面垂直的向量。每個平面有無窮多個法向量（全部相互平行）。

6. $x - y + 2z = 0$

7. 令 $\mathbf{F}$ 和 $\mathbf{G}$ 為非平行向量，且令 R 為以 $\mathbf{F}$ 和 $\mathbf{G}$ 為兩邊的平行四邊形，其中 $\mathbf{F}$ 和 $\mathbf{G}$ 具有共同的起點。證明平行四邊形的面積為

$$\| \mathbf{F} \times \mathbf{G} \|$$

8. 一平行六面體（傾斜矩形盒）以具有共同起點的向量 $\mathbf{F}$、$\mathbf{G}$、$\mathbf{H}$ 為其邊。證明此平行六面體的體積為

$$| \mathbf{F} \cdot (\mathbf{G} \times \mathbf{H}) |$$

這個量稱為 $\mathbf{F}$、$\mathbf{G}$ 和 $\mathbf{H}$ 的 **純量三重積 (scalar triple product)**。

5.4 n-向量和 R^n 的代數結構

我們關於三維向量的大部分內容可以推廣到具有 n 個分量的向量，或 n-向量，其具有外觀

$$< x_1, x_2, \cdots, x_n >$$

第 j 個分量 x_j 為一實數。

具有 n 個分量的向量用於研究具有 n 個變數的方程組。以 R^n 表示所有 n-向量的集合，想像 R^2 為平面，R^3 為日常體驗的三維空間。

如果 $n > 3$，我們無法用 n 個相互垂直的軸來想像 n 維空間。儘管如此，我們可以用非常自然的方式來推廣向量的加法。純量乘以向量及 n-向量的點積。

$$< x_1, x_2, \cdots, x_n > + < y_1, y_2, \cdots, y_n > = < x_1 + y_1, x_2 + y_2, \cdots, x_n + y_n >$$

$$\alpha < x_1, x_2, \cdots, x_n > = < \alpha x_1, \alpha x_2, \cdots, \alpha x_n >$$

且

$$< x_1, x_2, \cdots, x_n > \cdot < y_1, y_2, \cdots, y_n > = x_1 y_1 + x_2 y_2 + \cdots + x_n y_n$$

這些運算具有與三維向量相同的性質。

n-向量

$$\mathbf{F} = <x_1, x_2, \cdots, x_n>$$

的**範數** (norm) 或**大小** (magnitude) 為

$$\|\mathbf{F}\| = \sqrt{x_1^2 + x_2^2 + \cdots + x_n^2}$$

這是 n-空間中，由原點 $(0, 0, \cdots, 0)$ 至 $(x_1, x_2, \cdots, x_n)$ 的距離。此外，若

$$\mathbf{G} = <y_1, y_2, \cdots, y_n>$$

則非負的數

$$\|\mathbf{F} - \mathbf{G}\| = \sqrt{(x_1 - y_1)^2 + \cdots + (x_n - y_n)^2}$$

為 R^n 中介於 $(x_1, \cdots, x_n)$ 與 $(y_1, \cdots, y_n)$ 之間的距離。

從平面中得到提示，若 $\mathbf{F}$ 和 $\mathbf{G}$ 為非零的兩個 n-向量，我們定義

$$\cos(\theta) = \frac{\mathbf{F} \cdot \mathbf{G}}{\|\mathbf{F}\|\|\mathbf{G}\|}$$

為兩個 n-向量 $\mathbf{F}$ 和 $\mathbf{G}$ 之間的角度 θ。這導致我們說，當 $\mathbf{F}$ 與 $\mathbf{G}$ 的點積為零時，兩個非零 n-向量 $\mathbf{F}$ 與 $\mathbf{G}$ **正交** (orthogonal)，所以 $\theta = \pi/2$。零 n-向量

$$<0, 0, \cdots, 0>$$

與每個 n-向量正交。

$\mathbf{i}$、$\mathbf{j}$、$\mathbf{k}$ 的 n 維**標準單位向量** (standard unit vectors) 為

$$\mathbf{e}_1 = <1, 0, 0, \cdots, 0, 0>$$
$$\mathbf{e}_2 = <0, 1, 0, \cdots, 0, 0>$$
$$\vdots$$
$$\mathbf{e}_n = <0, 0, 0, \cdots, 0, 1>$$

利用這些向量，我們可以將任何 n-向量寫成**標準式** (standard form)：

$$<x_1, x_2, \cdots, x_{n-1}, x_n> = x_1\mathbf{e}_1 + x_2\mathbf{e}_2 + \cdots + x_{n-1}\mathbf{e}_{n-1} + x_n\mathbf{e}_n$$

例如，

$$<-3, 1, 7, 0, 2> = -3\mathbf{e}_1 + \mathbf{e}_2 + 7\mathbf{e}_3 + 2\mathbf{e}_5$$

與點積不同，叉積只是對三維的向量而言。一般來說，我們無法定義具有 R^3 中的叉積性質的 n-向量叉積。

R^n 加上向量加法和純量乘法的運算，具有豐富的結構，可用於數學及其應用的許多領

域。我們將開發這個結構的一部分。

若 n-向量的集合 S 具有下列性質，則稱為 R^n 的**子空間** (subspace)：

1. $\mathbf{O}$ 屬於 S。
2. S 中的每個向量的和都屬於 S。
3. 以任意純量乘以 S 中的任意向量所得的乘積屬於 S。

對於任意實數 α、β 及 S 中的任意向量 $\mathbf{F}$、$\mathbf{G}$，我們可以要求 $\alpha\mathbf{F} + \beta\mathbf{G}$ 屬於 S，而將性質 2 和 3 合併。

R^n 本身就是 R^n 的子空間。在另一個極端，若 S 只有零 n、向量 O，則 S 也是 R^n 的子空間，稱為**當然子空間** (trivial subspace)。這是一個子空間，因為它包含零向量，且零向量的和及純量倍數都等於零向量。

數往知來——靜力分析的應用

天橋的建設與創新。

懸臂樑問題從結構工程到航空工程的各個領域都有真實的應用。例如，結構工程師將計算內部作用力，以確保結構能夠處理其自身重量的負載及其可能承受的任何附加負載。另一方向，航空工程師可以將飛機的機翼作為懸臂樑進行模擬。這個關鍵分析變得很複雜，因為必須考慮空氣動力，但是基本概念保持不變。工程師選擇的材料和設計必須能夠支持內部的作用力；否則會發生故障。

例 5.7

令 S 由 R^2 中的所有向量 $<x, 5x>$ 組成。

首先，$\mathbf{O} = <0, 0>$ 屬於 S（令 $x = 0$）。此外，S 中的兩個向量的和屬於 S，因為對於任意數 a、b 而言，

$$<a, 5a> + <b, 5b> = <a+b, 5a+5b> = <a+b, 5(a+b)>$$

屬於 S。且對於任意實數 α，

$$\alpha <x, 5x> = <\alpha x, 5(\alpha x)>$$

屬於 S。

S 可視為由原點沿著線 $y = 5x$ 以箭號表示的平面 R^2 中的點集合。

例 5.8

令 T 為 R^3 中形如 $<x, y, 2y - 6x>$ 的所有向量組成，其中 x、y 為獨立的任意實數。直接驗證 T 是 R^3 的子空間。

我們可以將 T 中的向量設想為三維空間中的點 (x, y, z)，其中 $z = -6x + 2y$，這些都是通過原點的平面 $6x - 2y + z = 0$ 上的點。

例 5.9

令 W 由 R^n 中滿足 $\|\mathbf{F}\| > 0$ 的所有向量 $\mathbf{F}$ 組成，則 W 不是 R^n 的子空間，因為零 n-向量不屬於 W。

另一個不是子空間的例子。令 H 由長度為 1 的所有 n-向量與零向量組成，雖然 H 包含零向量，但是長度為 1 的向量和其長度不為 1，且若 $\alpha \neq \pm 1$，將 α 乘以 H 中的向量所得的向量不具有長度 1，因此不屬於 H。H 不是 R^n 的子空間。

R^n 中的向量 $\mathbf{F}_1, \cdots, \mathbf{F}_k$ 的**線性組合** (linear combination) 為這些向量的純量倍數的和：

$$\alpha_1 \mathbf{F}_1 + \alpha_2 \mathbf{F}_2 + \cdots + \alpha_k \mathbf{F}_k$$

或以更簡潔的形式，

$$\sum_{j=1}^{k} \alpha_j \mathbf{F}_j$$

$\mathbf{F}_1, \cdots, \mathbf{F}_k$（所有的純量為 $\alpha_1, \cdots, \alpha_k$）的所有線性組合的集合，稱為這些向量的**織成** (span)。

例 5.10

令

$$\mathbf{F}_1 = <2, 1, -1, 0>, \mathbf{F}_2 = <4, 5, -3, -4>, \mathbf{F}_3 = <1, -1, 0, 2>$$

這些向量的織成由形式為

$$\alpha_1 \mathbf{F}_1 + \alpha_2 \mathbf{F}_2 + \alpha_3 \mathbf{F}_3$$

的 R^4 中的所有向量組成。

這種形式的向量和以及純量倍數仍然是這種形式（只有係數可能改變），零向量在這個織成內（選擇每個係數等於零）。

由定義的直接結果可知，R^n 中向量集合的織成是 R^n 的子空間。

R^n 的子空間可以有許多不同的織成集合。例如，令 S 為 R^2 中所有向量 $\alpha <1, 1>$ 的集合。因為 α 可以是包括零的任何實數，取 $<2, 2>$ 或 $<\pi, \pi>$，或一般來說，$<k, k>$，$k \neq 0$ 的所有純量倍數可獲得相同的織成。在此例中，S 由平面上沿直線 $y = x$ 的所有向量組成。

例 5.11

向量 **i**、**j** 和 **k** 織成所有 R^3，但是 3**i**、2**j**、−**k** 也是如此。

實際上，織成 R^3 的三個三維向量的集合有無限多個。例如，令

$$\mathbf{F}_1 = \mathbf{i} + \mathbf{k}, \mathbf{F}_2 = \mathbf{i} + \mathbf{j}, \mathbf{F}_3 = \mathbf{j} + \mathbf{k}$$

則這些向量也織成 R^3，雖然這可能不是很明顯。為了驗證這種情況，我們可以將任何三維向量 $\mathbf{V} = a\mathbf{i} + b\mathbf{j} + c\mathbf{k}$ 寫成

$$\mathbf{V} = \frac{a+c-b}{2}\mathbf{F}_1 + \frac{b+a-c}{2}\mathbf{F}_2 + \frac{b+c-a}{2}\mathbf{F}_3$$

如果沒有一個向量是其他向量的線性組合，則 R^n 中的一組 k 個向量為**線性獨立** (linearly independent)；否則，向量為**線性相依** (linearly dependent)。

在例 5.10 中，三個所予向量為線性相依，因為

$$\mathbf{F}_2 = 3\mathbf{F}_1 - 2\mathbf{F}_3$$

而在例 5.11 中，三個織成集合的每一個都是線性獨立。

在資訊冗餘方面考慮獨立和相依。在例 5.10 中，三個向量織成 R^4 的子空間 W，這些向量完全描述了這個子空間，但是它們實際上提供比需要的更多資訊，因為 $\mathbf{F}_1$ 和 $\mathbf{F}_3$ 本身織成相同的子空間——$\mathbf{F}_1$、$\mathbf{F}_2$ 和 $\mathbf{F}_3$ 的任何線性組合都可以寫成只有 $\mathbf{F}_1$ 和 $\mathbf{F}_3$ 的線性組合：

$$a\mathbf{F}_1 + b\mathbf{F}_2 + c\mathbf{F}_3$$
$$= a\mathbf{F}_1 + b(3\mathbf{F}_1 - 2\mathbf{F}_3) + c\mathbf{F}_3$$
$$= (a + 3b)\mathbf{F}_1 + (c - 2b)\mathbf{F}_3$$

通常，如果一組向量是線性相依，則可以省略這些向量中的一個或多個，而不改變向

量的織成。若集合中的任何向量是其他向量的線性組合，則在描述這個織成時，不需要這個向量。

有一個線性獨立和相依的重要敘述常常被使用。

定理 5.1

令 $\mathbf{F}_1, \cdots, \mathbf{F}_k$ 為 R^n 中的向量，則

1. $\mathbf{F}_1, \cdots, \mathbf{F}_k$ 為線性相依，若且唯若存在不全為零的實數 $\alpha_1, \cdots, \alpha_k$，使得

$$\alpha_1 \mathbf{F}_1 + \cdots + \alpha_k \mathbf{F}_k = \mathbf{O}$$

2. $\mathbf{F}_1, \cdots, \mathbf{F}_k$ 為線性獨立，若且唯若方程式

$$\alpha_1 \mathbf{F}_1 + \cdots + \alpha_k \mathbf{F}_k = \mathbf{O}$$

能成立唯若所有係數均為零：$\alpha_1 = \cdots = \alpha_k = 0$。

(1) 的證明：首先假設

$$\alpha_1 \mathbf{F}_1 + \cdots + \alpha_k \mathbf{F}_k = \mathbf{O}$$

且係數中至少一個不為零。如果有必要利用重新標註向量，可以方便地假設 $\alpha_1 \neq 0$，然後以其他向量解出 $\mathbf{F}_1$：

$$\mathbf{F}_1 = -\frac{\alpha_2}{\alpha_1} \mathbf{F}_2 + \cdots - \frac{\alpha_k}{\alpha_1} \mathbf{F}_k$$

因此向量為線性相依。

反之，假設向量為線性相依，則其中一個向量可以寫成其他向量的線性組合。假設 $\mathbf{F}_1$ 是其他向量的線性組合

$$\mathbf{F}_1 = c_2 \mathbf{F}_2 + \cdots + c_k \mathbf{F}_k$$

則

$$\mathbf{F}_1 - c_2 \mathbf{F}_2 - \cdots - c_k \mathbf{F}_k = \mathbf{O}$$

是等於零向量的 $\mathbf{F}_1, \cdots, \mathbf{F}_k$ 的線性組合，並且具有至少一個非零係數（$\mathbf{F}_1$ 的係數為 1）。

(2) 的概略證明：結論 (2) 的論證類似於用於 (1) 的推理。首先假定向量是線性獨立，並且考慮線性組合

$$\alpha_1 \mathbf{F}_1 + \cdots + \alpha_k \mathbf{F}_k = \mathbf{O}$$

如果任何 $\alpha_j \neq 0$，解出上式的 $\mathbf{F}_j$，將其寫成其他向量的線性組合（如 (1) 的證明）。如果向量是線性獨立，這是不可能的。因此，所有係數都必須為零。

反之，假設等於零向量的向量的唯一線性組合，其所有係數必須等於零。若向量為線

性相依，則其中一個是其他的線性組合，因此我們可以寫出係數不為零的向量的線性組合等於零向量。這與假設矛盾，所以向量必須是線性獨立。

例 5.12

因為
$$\mathbf{F}_2 = 3\mathbf{F}_1 - 2\mathbf{F}_3$$
所以，例 5.10 的向量 $\mathbf{F}_1$、$\mathbf{F}_2$ 和 $\mathbf{F}_3$ 為線性相依。這使我們可以寫出線性組合
$$3\mathbf{F}_1 - \mathbf{F}_2 - 2\mathbf{F}_3 = \mathbf{O}$$
這是等於零向量的三個向量的線性組合，並且具有至少一個非零係數。

R^n 的子空間 S 的**基底** (basis) 為織成 S 的 S 中的線性獨立向量。

因此，基底向量有兩個性質。若
$$\mathbf{V}_1, \cdots, \mathbf{V}_k$$
形成 S 的基底，則

(1) S 中的每個向量是基底向量的線性組合
$$c_1\mathbf{V}_1 + \cdots + c_k\mathbf{V}_k$$

(2) 沒有一個 $\mathbf{V}_j$ 是基底中其他向量的線性組合。

這表示，如果省略了向量 $\mathbf{V}_1, \cdots, \mathbf{V}_k$ 中的一個，則剩餘的向量不能織成 S。假設 $\mathbf{V}_2, \cdots, \mathbf{V}_k$ 織成 S，但 $\mathbf{V}_1$ 在 S 中，這表示對某些 $c_2, \cdots, c_k$，
$$\mathbf{V}_1 = c_2\mathbf{V}_2 + \cdots + c_k\mathbf{V}_k$$
這使得向量 $\mathbf{V}_1, \cdots, \mathbf{V}_k$ 為線性相依，而它們不能成為基底。

在這個意義上，子空間的基底是該子空間的最小（數量）織成集合，省略任何基底向量將產生不能織成 S 的一組向量。

例 5.13

令 S 是由形如 $<x, 0, z, 0>$ 的所有向量組成的 R^4 的子空間。

S 中的每個向量可以表示為
$$<x, 0, z, 0> = x<1, 0, 0, 0> + z<0, 0, 1, 0>$$
這意味著 $<1, 0, 0, 0>$ 和 $<0, 0, 1, 0>$ 織成 S。

此外，$<1, 0, 0, 0>$ 和 $<0, 0, 1, 0>$ 為線性獨立，因為其中一個不是另一個的純量倍數。這兩個向量形成了 S 的基底。

例 5.14

標準向量 **i**、**j** 和 **k** 形成 R^3 的基底,但是還有無數個其他基底。例如,對於任意非零的數 a、b、c,向量

$$a\mathbf{i}, b\mathbf{j}, c\mathbf{k}$$

也是 R^3 的基底。

向量

$$\mathbf{i}+\mathbf{k}, \mathbf{i}+\mathbf{j}, \mathbf{j}+\mathbf{k}$$

織成 R^3 且為線性獨立,因此形成 R^3 的另一個基底。

例 5.15

求 R^3 的子空間 M 的基底,其中 M 是由平面 $x+y+z=0$ 上的所有三維向量組成。

當點具有 $(x, y, -x-y)$ 的形式時,這個點正好在這個平面上,所以 M 中的每個向量都是

$$<x, y, -x-y>$$

的形式。現在每一個這樣的向量都可以寫成

$$<x, y, -x-y> = x<1, 0, -1> + y<0, 1, -1>$$

向量 $<1, 0, -1>$ 和 $<0, 1, -1>$ 因此織成 M。這些向量也是線性獨立,因此它們形成 M 的基底。

雖然 R^n 的子空間 S 可以有許多不同的基底,但是可以證明所予子空間的每個基底均具有相同數目的向量,這個數目稱為子空間的**維數** (dimension)。例如,R^n 的維數為 n,例 5.13 的子空間有維數 2。

5.4 習題

習題 1–3,判斷 S 是否為 R^n 的子空間。

1. S 由 R^4 中 $<-2, 1, -1, 4>$ 的所有純量倍數組成。

2. S 由 R^5 中第四分量等於 1 的所有向量組

3. S 由 R^4 中至少一個分量等於 0 的所有向量組成。

習題 4–8，判斷向量在適當的 R^n 中是線性獨立或相依。

4. $3\mathbf{i} + 2\mathbf{j}$、$\mathbf{i} - \mathbf{j}$ 在 R^3 中
5. $<8, 0, 2, 0, 0, 0, 0>$、$<0, 0, 0, 0, 1, -1, 0>$ 在 R^7 中
6. $<1, 2, -3, 1>$、$<4, 0, 0, 2>$、$<6, 4, -6, 4>$ 在 R^4 中
7. $<1, -2>$、$<4, 1>$、$<6, 6>$ 在 R^2 中
8. $<-2, 0, 0, 1, 1>$、$<1, 0, 0, 0, 0>$、$<0, 0, 0, 0, 2>$、$<1, -1, 3, 3, 1>$ 在 R^5 中

習題 9–11，證明集合 S 是適當的 R^n 中的子空間，並求該子空間的基底和維數。

9. S 由 R^4 中的所有向量 $<x, y, -y, -x>$ 組成。
10. S 由 R^n 中的第二分量為零的所有向量組成。
11. S 由 R^7 中的所有向量 $<0, x, 0, 2x, 0, 3x, 0>$ 組成。

習題 12 和 13，驗證所予向量構成它們織成的 R^n 的子空間 S 的基底。將所予向量 $\mathbf{X}$ 寫成這些基底向量的線性組合來證明所予向量 $\mathbf{X}$ 在 S 中。

12. $\mathbf{X} = <-5, -3, -3>$，基底向量 $<1, 1, 1>$、$<0, 1, 1>$
13. $\mathbf{X} = <-4, 0, 10, -7>$，基底向量 $<1, 0, -3, 2>$、$<1, 0, -1, 1>$
14. 假設 $\mathbf{V}_1, \cdots, \mathbf{V}_k$ 形成 R^n 的子空間 S 的基底。令 $\mathbf{U}$ 在 S 中，證明向量 $\mathbf{V}_1, \cdots, \mathbf{V}_k, \mathbf{U}$ 為線性相依。
15. 令 $\mathbf{X}$ 和 $\mathbf{Y}$ 為 n-向量且假設 $\|\mathbf{X}\| = \|\mathbf{Y}\|$。證明

$$\mathbf{X} + \mathbf{Y} \text{ 和 } \mathbf{X} - \mathbf{Y}$$

為正交。對於 $n = 2$ 的情況，用向量加法的平行四邊形定律，以圖示說明。

16. 假設 S 是向量 $\mathbf{U}_1, \cdots, \mathbf{U}_k$ 織成的 R^n 的非當然 (nontrivial) 子空間，證明 S 的基底可以使用這個織成集合的一些或全部向量來形成。這表示子空間的每個織成集合都包含一個基底。**提示**：如果所予向量為獨立，則它們形成一基底，如果不是獨立，則一向量是其他向量的線性組合。從集合中刪除該向量，剩下的 $k - 1$ 個向量也能織成 S。如果這些向量是獨立，則這些向量形成一基底，如果不是獨立，可以刪除一個向量，剩下 $k - 2$ 個向量成為織成集合。證明這個過程最終形成了 S 的基底。
17. 假設在 R^n 中給予一有限的向量集合，其中一向量為零向量。證明這個向量集合是線性相依。

5.5 正交集合和正交化

R^n 中的非零向量的有限集合是正交，如果集合的每個向量與其他每個向量正交。正交向量的一個很好的特徵是，它們自動線性獨立。

定理 5.2

R^n 中的一組正交非零向量是線性獨立。

證明：利用定理 5.1。令 $\mathbf{F}_1, \cdots, \mathbf{F}_k$ 為相互正交的非零向量，假設

$$\alpha_1 \mathbf{F}_1 + \cdots + \alpha_k \mathbf{F}_k = \mathbf{O}$$

將上式與 $\mathbf{F}_1$ 作點積，得到

$$\alpha_1 \mathbf{F}_1 \cdot \mathbf{F}_1 = 0$$

因為 $\mathbf{F}_1 \cdot \mathbf{F}_j = 0$，$j = 2, \cdots, k$。因此

$$\alpha_1 \parallel \mathbf{F}_1 \parallel^2 = 0$$

但 $\mathbf{F}_1 \neq \mathbf{O}$，故 $\parallel \mathbf{F}_1 \parallel > 0$，因此 $\alpha_1 = 0$。

以類似的推理，在點積中使用 $\mathbf{F}_j$ 代替 $\mathbf{F}_1$，得到 $\alpha_j = 0$。因此，等於零向量的向量的唯一線性組合，其所有係數必須等於零。由定理 5.1(2) 可知向量為線性獨立。

當我們以指定的基底描述 R^n 的子空間時，經常嘗試使用**正交基底** (orthogonal basis)。這是由正交向量組成的基底。有一個使用正交基底的原因。假設 $\mathbf{V}_1, \cdots, \mathbf{V}_m$ 為 S 的一個正交基底。若 $\mathbf{F}$ 在 S 中，則 $\mathbf{F}$ 是這些基底向量的線性組合：

$$\mathbf{F} = \sum_{j=1}^{m} c_j \mathbf{V}_j$$

$c_1, \cdots, c_m$ 為**相對於這個基底的 F 的座標** (coordinates of F with respect to this basis)。如今

$$\mathbf{F} \cdot \mathbf{V}_k = \sum_{j=1}^{m} c_j \mathbf{V}_j \cdot \mathbf{V}_k = c_k \mathbf{V}_k \cdot \mathbf{V}_k$$

因為 $\mathbf{V}_j \cdot \mathbf{V}_k = 0$，$j \neq k$。因此，

$$c_k = \frac{\mathbf{F} \cdot \mathbf{V}_k}{\mathbf{V}_k \cdot \mathbf{V}_k}$$

通常寫成

$$c_k = \frac{\mathbf{F} \cdot \mathbf{V}_k}{\parallel \mathbf{V}_k \parallel^2} \tag{5.8}$$

關鍵在於，當基底是正交的時候，對於這個基底，任何向量 $\mathbf{F}$ 的座標都有一個簡單的公式。

如果每一個基底向量的長度為 1，則正交基底是**單範正交** (orthonormal)。在此情況

下，式 (5.8) 的分母為 1，而 **F** 相對於單範正交基底的第 k 個座標為

$$c_k = \mathbf{F} \cdot \mathbf{V}_k$$

例如，**i**、**j** 和 **k** 形成 R^3 的單範正交基底，且任何向量 $\mathbf{F} = <a, b, c>$ 為

$$\mathbf{F} = a\mathbf{i} + b\mathbf{j} + c\mathbf{k}$$

其中，

$$a = \mathbf{F} \cdot \mathbf{i}, b = \mathbf{F} \cdot \mathbf{j} \text{ 和 } c = \mathbf{F} \cdot \mathbf{k}$$

有時我們知道 R^n 的子空間 S 的基底 $\mathbf{X}_1, \cdots, \mathbf{X}_m$，但是這個基底不是正交。Gram-Schmidt 正交化過程 (Gram-Schmidt orthogonalization process) 使我們能夠用正交基底 $\mathbf{V}_1, \cdots, \mathbf{V}_m$ 替代這個基底，進而可以容易地產生單範正交基底。

製造正交基底向量 $\mathbf{V}_j$，一次一個向量。

開始令

$$\mathbf{V}_1 = \mathbf{X}_1$$

其次，尋找 S 中與 $\mathbf{V}_1$ 正交的 $\mathbf{V}_2$。這樣做的一種方法是嘗試找到 $\mathbf{V}_2$ 的形式

$$\mathbf{V}_2 = \mathbf{X}_2 - c\mathbf{V}_1$$

為了與 $\mathbf{V}_1$ 正交，我們需要

$$\mathbf{V}_2 \cdot \mathbf{V}_1 = \mathbf{X}_2 \cdot \mathbf{V}_1 - c\mathbf{V}_1 \cdot \mathbf{V}_1 = 0$$

故

$$c = \frac{\mathbf{X}_2 \cdot \mathbf{V}_1}{\parallel \mathbf{V}_1 \parallel^2}$$

因此選擇

$$\mathbf{V}_2 = \mathbf{X}_2 - \frac{\mathbf{X}_2 \cdot \mathbf{V}_1}{\parallel \mathbf{V}_1 \parallel^2}\mathbf{V}_1$$

這是 $\mathbf{X}_2$ 減去 $\mathbf{X}_2$ 映射到 $\mathbf{V}_1$ 的投影。

如果 $m = 2$，我們已完成，而 $\mathbf{V}_1$、$\mathbf{V}_2$ 形成 S 的正交基底。如果 $m > 2$，則需要 S 中的另一個向量與 $\mathbf{V}_1$ 和 $\mathbf{V}_2$ 正交。嘗試

$$\mathbf{V}_3 = \mathbf{X}_3 - d\mathbf{V}_1 - h\mathbf{V}_2$$

我們需要

$$\mathbf{V}_3 \cdot \mathbf{V}_2 = \mathbf{X}_3 \cdot \mathbf{V}_2 - d\mathbf{V}_1 \cdot \mathbf{V}_2 - h\mathbf{V}_2 \cdot \mathbf{V}_2 = 0$$

因為 $\mathbf{V}_1$ 與 $\mathbf{V}_2$ 正交，所以 $\mathbf{V}_1 \cdot \mathbf{V}_2 = 0$。由這個方程式可得

$$h = \frac{\mathbf{X}_3 \cdot \mathbf{V}_2}{\|\mathbf{V}_2\|^2}$$

我們也需要

$$\mathbf{V}_3 \cdot \mathbf{V}_1 = \mathbf{X}_3 \cdot \mathbf{V}_1 - d\mathbf{V}_1 \cdot \mathbf{V}_1 = 0$$

故

$$d = \frac{\mathbf{X}_3 \cdot \mathbf{V}_1}{\mathbf{V}_1 \cdot \mathbf{V}_1} = \frac{\mathbf{X}_3 \cdot \mathbf{V}_1}{\|\mathbf{V}_1\|^2}$$

因此選擇

$$\mathbf{V}_3 = \mathbf{X}_3 - \frac{\mathbf{X}_3 \cdot \mathbf{V}_1}{\|\mathbf{V}_1\|^2}\mathbf{V}_1 - \frac{\mathbf{X}_3 \cdot \mathbf{V}_2}{\|\mathbf{V}_2\|^2}$$

這是 $\mathbf{X}_3$ 減去 $\mathbf{X}_3$ 映射到 $\mathbf{V}_1$ 和 $\mathbf{V}_2$ 的投影。

一種模式變得很明顯，一般的過程可以概括如下：

1. 令 $\mathbf{V}_1 = \mathbf{X}_1$。
2. 對於 $j = 2, \cdots, m$，令

$$\mathbf{V}_j = \mathbf{X}_j - \frac{\mathbf{X}_j \cdot \mathbf{V}_1}{\|\mathbf{V}_1\|^2} - \frac{\mathbf{X}_j \cdot \mathbf{V}_2}{\|\mathbf{V}_2\|^2}\mathbf{V}_2 - \cdots - \frac{\mathbf{X}_j \cdot \mathbf{V}_{j-1}}{\|\mathbf{V}_{j-1}\|^2}\mathbf{V}_{j-1} \tag{5.9}$$

例 5.16

令 S 為具有基底

$$\mathbf{X}_1 = <1,2,0,0,2,0,0>, \mathbf{X}_2 = <0,1,0,0,3,0,0>, \mathbf{X}_3 = <1,0,0,0,-5,0,0>$$

的 R^7 的子空間，這個基底不是正交。欲產生 S 的正交基底，令

$$\mathbf{V}_1 = \mathbf{X}_1 = <1,2,0,0,2,0,0>$$

其次，令

$$\mathbf{V}_2 = \mathbf{X}_2 - \frac{\mathbf{X}_2 \cdot \mathbf{V}_1}{\|\mathbf{V}_1\|^2}\mathbf{V}_1$$

$$= <0,1,0,0,3,0,0> - \frac{8}{9}<1,2,0,0,2,0,0>$$

$$= \frac{1}{9}<-8,-7,0,0,11,0,0>$$

最後，令

$$\mathbf{V}_3 = \mathbf{X}_3 - \frac{\mathbf{X}_3 \cdot \mathbf{V}_1}{\|\mathbf{V}_1\|^2}\mathbf{V}_1 - \frac{\mathbf{X}_3 \cdot \mathbf{V}_2}{\|\mathbf{V}_2\|^2}\mathbf{V}_2$$

$$= <1,0,0,0,-5,0,0> - \frac{-9}{9}<1,2,0,0,2,0,0>$$

$$- \left(-\frac{8}{9} - \frac{55}{9}\right)\frac{9}{26}\frac{1}{9}<-8,-7,0,0,11,0,0>$$

$$= \frac{1}{26}<-4,3,0,0,-1,0,0>$$

因此，$\mathbf{V}_1$、$\mathbf{V}_2$、$\mathbf{V}_3$ 形成 S 的正交基底。將這個向量除以其長度，我們可以產生單範正交基底 (orthonormal basis)。

5.5 習題

1. 令 $\mathbf{V}_1, \mathbf{V}_2, \cdots, \mathbf{V}_k$ 是 R^n 中的相互正交的向量。證明

$$\|\mathbf{V}_1 + \cdots + \mathbf{V}_k\|^2 = \|\mathbf{V}_1\|^2 + \cdots + \|\mathbf{V}_k\|^2$$

提示：利用這個事實

$$\|\mathbf{V}_1 + \cdots + \mathbf{V}_k\|^2 = (\mathbf{V}_1 + \cdots + \mathbf{V}_k) \cdot (\mathbf{V}_1 + \cdots + \mathbf{V}_k)$$

2. 令 $\mathbf{V}_1, \cdots, \mathbf{V}_k$ 為 R^n 中的單範正交向量。證明對於 R^n 中的任何 $\mathbf{X}$，

$$\sum_{j=1}^{k}(\mathbf{X} \cdot \mathbf{V}_j)^2 \leq \|\mathbf{X}\|^2$$

這是向量的**貝索不等式** (Bessel's inequality)。提示：令

$$\mathbf{Y} = \mathbf{X} - \sum_{j=1}^{k}(\mathbf{X} \cdot \mathbf{V}_j)\mathbf{V}_j$$

計算 $\|\mathbf{Y}\|^2$。

3. 假設 $\mathbf{V}_1, \cdots, \mathbf{V}_n$ 形成 R^n 的單範正交基底。令 $\mathbf{X}$ 為任意 n-向量，證明

$$\sum_{j=1}^{k}(\mathbf{X} \cdot \mathbf{V}_j)^2 = \|\mathbf{X}\|^2$$

這是向量的 Parseval 等式。

習題 4–7，使用 Gram-Schmidt 過程求一正交基底使其與所予的基底向量集合織成的 R^n 的子空間相同。

4. $<0,-1,2,0>, <0,3,-4,0>$

5. $<-1,0,3,0,4>, <4,0,-1,0,3>, <0,0,-1,0,5>$

6. $<1,2,0,-1,2,0>, <3,1,-3,-4,0,0>, <0,-1,0,-5,0,0>, <1,-6,4,-2,-3,0>$

7. $<0,-2,0,-2,0,-2>, <0,1,0,-1,0,0>, <0,-4,0,0,0,6>$

5.6 正交補餘和投影

設 S 是 R^n 的子空間。令 $S^\perp$ 表示與 S 中的每個向量正交的所有 n-向量的集合，$S^\perp$ 稱為 R^n 中的 S 的正交補餘 (orthogonal complement of S)。

這表示，如果 **u** 在 S 中，**v** 在 $S^\perp$ 中，則 $\mathbf{u} \cdot \mathbf{v} = 0$。

若 $S = R^n$，則 $S^\perp$ 僅由零向量組成；若 S 僅由零向量（零子空間）組成，則 $S^\perp$ 為 R^n 的全部。這裡有一個更有趣的例子，我們可以在熟悉的環境中觀察 $S^\perp$。

例 5.17

假設 S 由 R^3 中的所有向量 $<x, y, 0>$ 組成。將 S 視為嵌入三維空間的 x、y 平面。垂直於 x、y 平面的向量正好是與 z 軸平行的向量，而它們具有 $<0, 0, z>$ 的形式。這些向量構成 $S^\perp$。

在此例中，$S^\perp$ 為 R^3 的子空間。這在 R^n 一般是正確。此外，**O** 是 S 和 $S^\perp$ 共有的唯一向量。

定理 5.3

令 S 為 R^n 的子空間，則

1. $S^\perp$ 為 R^n 的子空間。
2. **O** 是 S 和 $S^\perp$ 中唯一的向量。

證明：對於 (1)，假設 **u** 和 **v** 在 $S^\perp$ 中，c、d 為實數。若 **w** 在 S 中，則

$$\mathbf{w} \cdot (c\mathbf{u} + d\mathbf{v}) = c\mathbf{w} \cdot \mathbf{u} + d\mathbf{w} \cdot \mathbf{v} = 0$$

因此 $c\mathbf{u} + d\mathbf{v}$ 在 $S^\perp$ 中。此外，**O** 在 $S^\perp$ 中，因為 **O** 與 S 中的每一向量正交。因此 $S^\perp$ 為 R^n 的子空間。

證明 (2)，假設 **u** 在 S 和 $S^\perp$ 中，則

$$\mathbf{u} \cdot \mathbf{u} = \|\mathbf{u}\|^2 = 0$$

故 $\mathbf{u} = \mathbf{O}$。

以此作為背景，我們來到重點。再看一下例 5.17。任何向量 $<x, y, z>$ 可以寫成 S 中的向量與 $S^\perp$ 中的向量之和：

$$<x, y, z> = <x, y, 0> + <0, 0, z>$$

這個觀察可以推廣：若 S 是 R^n 的任何子空間，則每個 n-向量可以寫成 S 中的向量與 $S^\perp$ 中的向量之和。

定理 5.4

令 S 為 R^n 的子空間。令 $\mathbf{u}$ 為任意 n-向量，則 S 中存在唯一向量 $\mathbf{u}_S$，$S^\perp$ 中存在唯一向量 $\mathbf{u}^\perp$，使得

$$\mathbf{u} = \mathbf{u}_S + \mathbf{u}^\perp$$

我們將藉由產生 $\mathbf{u}_S$ 和 $\mathbf{u}^\perp$ 的方法來證明定理。

定理 5.4 的證明：首先產生 S 的正交基底 $\mathbf{V}_1, \cdots, \mathbf{V}_m$。令 $\mathbf{u}_S$ 為 $\mathbf{u}$ 在每個 $\mathbf{V}_j$ 上的正交投影的和：

$$\mathbf{u}_S = \frac{\mathbf{u} \cdot \mathbf{V}_1}{\|\mathbf{V}_1\|^2} \mathbf{V}_1 + \frac{\mathbf{u} \cdot \mathbf{V}_2}{\|\mathbf{V}_2\|^2} \mathbf{V}_2 + \cdots + \frac{\mathbf{u} \cdot \mathbf{V}_m}{\|\mathbf{V}_m\|^2} \mathbf{V}_m$$

$$= \sum_{j=1}^{m} \frac{\mathbf{u} \cdot \mathbf{V}_j}{\|\mathbf{V}_j\|^2} \mathbf{V}_j$$

$\mathbf{u}_S$ 在 S 中，因為它是 S 的基底向量的線性組合。定義

$$\mathbf{u}^\perp = \mathbf{u} - \mathbf{u}_S$$

則 $\mathbf{u} = \mathbf{u}_S + \mathbf{u}^\perp$。

這表示 $\mathbf{u}^\perp$ 在 $S^\perp$ 中。為此，足以證明 $\mathbf{u}^\perp$ 與每個 $\mathbf{V}_j$ 正交，因為 $\mathbf{u}^\perp$ 與這些基本向量的每個線性組合正交。以 $j=1$ 開始，因為我們選擇了 S 的正交基底，$\mathbf{V}_1 \cdot \mathbf{V}_j = 0$，$j \neq 1$。因此，

$$\mathbf{u}^\perp \cdot \mathbf{V}_1 = (\mathbf{u} - \mathbf{u}_S) \cdot \mathbf{V}_1$$

$$= \mathbf{u} \cdot \mathbf{V}_1 - \left(\sum_{j=1}^{m} \frac{\mathbf{u} \cdot \mathbf{V}_j}{\|\mathbf{V}_j\|^2} \mathbf{V}_j \right) \cdot \mathbf{V}_1$$

$$= \mathbf{u} \cdot \mathbf{V}_1 - \frac{\mathbf{u} \cdot \mathbf{V}_1}{\mathbf{V}_1 \cdot \mathbf{V}_1} (\mathbf{V}_1 \cdot \mathbf{V}_1) = 0$$

同理，$\mathbf{u}^\perp \cdot \mathbf{V}_j = 0$，$j = 2, \cdots, m$。因此 $\mathbf{u}^\perp$ 在 $S^\perp$ 中。

最後，證明 $\mathbf{u}$ 可寫成 S 中的向量與 $S^\perp$ 中的向量和。假設

$$\mathbf{u} = \mathbf{u}_S + \mathbf{u}^\perp = \mathbf{U}_S + \mathbf{U}^\perp$$

其中 $\mathbf{U}_S$ 在 S 中且 $\mathbf{U}^\perp$ 在 $S^\perp$ 中，則

$$\mathbf{u}_S - \mathbf{U}_S = \mathbf{U}^\perp - \mathbf{u}^\perp$$

左側的向量在 S 中，右側的向量在 $S^\perp$ 中，因此兩個向量必須等於零向量。因此，
$$\mathbf{u}_S = \mathbf{U}_S \text{ 且 } \mathbf{u}^\perp = \mathbf{U}^\perp$$
這完成了定理的證明。

如果我們從 S 中的向量 $\mathbf{u}$ 開始，則 $\mathbf{u}_S = \mathbf{u}$ 且 $\mathbf{u}^\perp = \mathbf{O}$。

定理中產生的向量 $\mathbf{u}_S$ 稱為 $\mathbf{u}$ 映射到 S 的正交投影 (orthogonal projection of $\mathbf{u}$ onto S)，它是 $\mathbf{u}$ 映射到 S 的正交基底的投影總和。

由 $\mathbf{u}_S$ 的形成可知，這種正交投影與用於 S 的正交基底有關，因此 $\mathbf{u}_S$ 只與 $\mathbf{u}$ 和 S 有關，如定理所說。此外，$\mathbf{u} - \mathbf{u}_S$ 在 $S^\perp$ 中，因此與 S 中的每個向量正交。

例 5.18

令 S 是由所有向量
$$<x, 0, y, 0, z>$$
組成的 R^5 的子空間，且令 $\mathbf{u} = <1, 4, 1, -1, 3>$。使用幾個 S 的不同的正交基底來計算 $\mathbf{u}_S$ 和 $\mathbf{u}^\perp$。

第一個基底：用正交基底
$$\mathbf{V}_1 = <1, 0, 0, 0, 0>, \mathbf{V}_2 = <0, 0, 1, 0, 0>, \mathbf{V}_3 = <0, 0, 0, 0, 1>$$
計算
$$\mathbf{u}_S = \frac{\mathbf{u} \cdot \mathbf{V}_1}{\|\mathbf{V}_1\|^2} \mathbf{V}_1 + \frac{\mathbf{u} \cdot \mathbf{V}_2}{\|\mathbf{V}_2\|^2} \mathbf{V}_2 + \frac{\mathbf{u} \cdot \mathbf{V}_3}{\|\mathbf{V}_3\|^2} \mathbf{V}_3$$
$$= \mathbf{V}_1 + \mathbf{V}_2 + 3\mathbf{V}_3$$
$$= <1, 0, 1, 0, 3>$$

第二個基底：現在用正交基底
$$\mathbf{V}_1^* = <1, 0, 0, 0, 0>, \mathbf{V}_2^* = <0, 0, 1, 0, 2>, \mathbf{V}_3^* = <0, 0, 2, 0, -1>$$
則
$$\mathbf{u}_S = \frac{\mathbf{u} \cdot \mathbf{V}_1^*}{\|\mathbf{V}_1^*\|^2} \mathbf{V}_1^* + \frac{\mathbf{u} \cdot \mathbf{V}_2^*}{\|\mathbf{V}_2^*\|^2} \mathbf{V}_2^* + \frac{\mathbf{u} \cdot \mathbf{V}_3^*}{\|\mathbf{V}_3^*\|^2} \mathbf{V}_3^*$$
$$= \frac{1}{1} \mathbf{V}_1^* + \frac{7}{5} \mathbf{V}_2^* - \frac{1}{5} \mathbf{V}_3^*$$
$$= <1, 0, 1, 0, 3>$$

第三個基底：用正交基底
$$\mathbf{V}_1^{**} = <1, 0, 1, 0, 0>, \mathbf{V}_2^{**} = <-3, 0, 3, 0, 0>, \mathbf{V}_3^{**} = <0, 0, 0, 0, 6>$$

現在計算

$$\mathbf{u}_S = \frac{\mathbf{u} \cdot \mathbf{V}_1^{**}}{\|\mathbf{V}_1^{**}\|^2}\mathbf{V}_1^{**} + \frac{\mathbf{u} \cdot \mathbf{V}_2^{**}}{\|\mathbf{V}_2^{**}\|^2}\mathbf{V}_2^{**} + \frac{\mathbf{u} \cdot \mathbf{V}_3^{**}}{\|\mathbf{V}_3^{**}\|^2}\mathbf{V}_3^{**}$$

$$= \frac{2}{2}\mathbf{V}_1^{**} + 0\mathbf{V}_2^{**} + \frac{18}{36}\mathbf{V}_3^{**}$$

$$= <1,0,1,0,3>$$

使用 S 中的不同正交基底，我們獲得相同的 $\mathbf{u}_S$，這是因為 $\mathbf{u}_S$ 由 $\mathbf{u}$ 和 S 唯一確定。最後

$$\mathbf{u}^\perp = \mathbf{u} - \mathbf{u}_S = <0,4,0,-1,0>$$

$\mathbf{u}_S$ 有另一個非常特殊的性質——它是在 S 中最接近 $\mathbf{u}$ 的向量。也就是說，如果 $\mathbf{v}$ 也在 S 中，則

$$\|\mathbf{u} - \mathbf{u}_S\| < \|\mathbf{u} - \mathbf{v}\|$$

$\mathbf{u}$ 和 S 中的任何向量 $\mathbf{v}$（不同於 $\mathbf{u}_S$）之間的距離大於 $\mathbf{u}$ 和 $\mathbf{u}_S$ 之間的距離。

定理 5.5

令 S 為 R^n 的真子空間 (proper subspace) 且 $\mathbf{u}$ 為 R^n 的任意向量，則對於 S 中異於 $\mathbf{u}_S$ 的所有向量 $\mathbf{v}$，

$$\|\mathbf{u} - \mathbf{u}_S\| < \|\mathbf{u} - \mathbf{v}\|$$

證明：考慮兩種情形。若 $\mathbf{u}$ 在 S 中，則 $\mathbf{u} = \mathbf{u}_S$ 且 $\|\mathbf{u}-\mathbf{u}_S\|=0$，顯然 $\mathbf{u}$ 是 S 中最接近 $\mathbf{u}$ 的唯一向量。

假設 $\mathbf{u}$ 不在 S 中，令 $\mathbf{v}$ 為 S 中不同於 $\mathbf{u}_S$ 的任何向量，我們可以寫成

$$\mathbf{u} - \mathbf{v} = (\mathbf{u} - \mathbf{u}_S) + (\mathbf{u}_S - \mathbf{v})$$

現在 $\mathbf{u}_S - \mathbf{v}$ 為 S 中向量的差，因此也是在 S 中。此外，我們知道 $\mathbf{u} - \mathbf{u}_S$ 在 $S^\perp$ 中，因此 $\mathbf{u} - \mathbf{u}_S$ 和 $\mathbf{u}_S - \mathbf{v}$ 為正交，我們應用畢氏定理寫出

$$\|\mathbf{u} - \mathbf{v}\|^2 = \|\mathbf{u} - \mathbf{u}_S\|^2 + \|\mathbf{u}_S - \mathbf{v}\|^2$$

因為我們假定 $\mathbf{v} \neq \mathbf{u}_S$。

$$\|\mathbf{v} - \mathbf{u}_S\| > 0$$

因此，

$$\|\mathbf{u}_S - \mathbf{u}\|^2 < \|\mathbf{u} - \mathbf{v}\|^2$$

這相當於定理的結論。

例 5.19

令 S 為具有正交基底

$$\mathbf{v}_1 = <1,0,0,0,0,0>, \mathbf{v}_2 = <0,1,0,0,0,1>, \mathbf{v}_3 = <0,1,0,0,0,-1>$$

的 R^6 的子空間，令 $\mathbf{u} = <1,-1,4,1,2,-5>$，求 S 中最接近 $\mathbf{u}$ 的向量。該向量和 $\mathbf{u}$ 之間的距離可以解釋為 $\mathbf{u}$ 和 S 之間的距離。

$\mathbf{u}$ 映射到 S 的正交投影是

$$\mathbf{u}_S = (\mathbf{u} \cdot \mathbf{v}_1)\mathbf{v}_1 + \frac{1}{2}(\mathbf{u} \cdot \mathbf{v}_2)\mathbf{v}_2 + \frac{1}{2}(\mathbf{u} \cdot \mathbf{v}_3)\mathbf{v}_3$$

$$= \mathbf{v}_1 - 3\mathbf{v}_2 + 2\mathbf{v}_3$$

$$= <1,-1,0,0,0,-5>$$

這是在 S 中最接近 $\mathbf{u}$ 的向量。S 和 $\mathbf{u}$ 之間的距離是這兩個向量之間的距離：

$$\|\mathbf{u} - \mathbf{u}_S\| = \sqrt{21}$$

由於兩個向量之間的距離是平方和的平方根，因此使用定理 5.5 從已知的向量集合中找到距離最小的向量稱為**最小平方法** (method of least squares)。

5.6 習題

習題 1–3，將 $\mathbf{u}$ 寫成 S 中的向量與 $S^\perp$ 中的向量的和，並求 $\mathbf{u}$ 與 S 之間的距離。

1. $\mathbf{u} = <-2,6,1,7>$ 且 S 有正交基底

   $<1,-1,0,0>, <1,1,0,0>$

2. $\mathbf{u} = <4,-1,3,2,-7>$ 且 S 有正交基底

   $<1,-1,0,1,-1>, <1,0,0,-1,0>,$
   $<0,-1,0,0,1>$

3. $\mathbf{u} = <8,1,1,0,0,-3,4>$ 且 S 有正交基底

   $<1,0,1,0,1,0,0>, <0,1,0,1,0,0,0>$

4. 令 S 為 R^n 的子空間，求 $(S^\perp)^\perp$。

5. 假設 S 為 R^n 的子空間，求 S 和 $S^\perp$ 的維數之間的關係。

6. 令 S 是由 $<1,0,1,0>$ 與 $<-2,0,2,1>$ 織成的 R^4 的子空間，求 S 中最接近 $<1,-1,3,-3>$ 的向量。

7. 令 S 是由 $<2,1,-1,0,0>$、$<-1,2,0,1,0>$ 與 $<0,1,1,-2,0>$ 織成的 R^5 的子空間，求 S 中最接近 $<4,3,-3,4,7>$ 的向量。

8. 令 S 是由 $<0,1,1,0,0,1>$、$<0,0,3,0,0,-3>$ 與 $<6,0,0,-2,0,0>$ 織成的 R^6 的子空間，求 S 中最接近 $<0,1,1,-2,-2,6>$ 的向量。

CHAPTER 6

矩陣、行列式與線性方程組

6.1 矩陣與矩陣代數

$n \times m$ 矩陣是將物件以 n 列和 m 行的長方形格子排列。對於我們而言，這些物件是數或函數。

我們使用粗體字來表示矩陣，例如，

$$\mathbf{A} = \begin{pmatrix} 2 & 1 & \pi \\ 1 & \sqrt{2} & e^{-x} \end{pmatrix}$$

為 2×3 矩陣（2 列，3 行）。

矩陣 $\mathbf{A}$ 的第 i 列和第 j 行物件稱為它的 i、j **元素** (element)，以 $\mathbf{A}_{ij}$ 表示。若 i、j 元素為 a_{ij}，我們也常寫成 $\mathbf{A} = [a_{ij}]$。在此例中，$a_{11} = 2$，$a_{22} = \sqrt{2}$，$a_{23} = e^{-x}$。

因為 a_{ij} 是在第 i 列和第 j 行，如果我們固定第 i 列，則橫過第 i 列的元素為

$$a_{i1}, a_{i2}, \cdots, a_{im}$$

我們可以將第 i 列視為一個 m-向量

$$< a_{i1}, a_{i2}, \cdots, a_{im} >$$

若每一分量為實數，則此列向量在 R^m 中。

如果我們固定第 j 行，則第 j 行，

$$\begin{pmatrix} a_{1j} \\ a_{2j} \\ \vdots \\ a_{nj} \end{pmatrix}$$

可視為具有 n 分量

$$< a_{1j}, a_{2j}, \cdots, a_{nj} >$$

的向量。若所有分量均為實數，則此行向量在 R^n 中。

以數字和函數為元素的矩陣 $\mathbf{A}$，其列向量可表示為

$$< 2, 1, \pi >, < 1, \sqrt{2}, e^{-x} >$$

出現在矩陣垂直方向上的行向量為

$$<2,1>, <1,\sqrt{2}>, <\pi, e^{-x}>$$

在此情況下，**A** 的所有元素為數字，**A** 的列向量織成 (span) R^m 的子空間稱為 **A** 的**列空間** (row space)，而行向量織成 R^n 的子空間稱為 **A** 的**行空間** (column space)。

對於 $i = 1, \cdots, n$ 和 $j = 1, \cdots, m$。若

$$a_{ij} = b_{ij}$$

則兩個 $n \times m$ 矩陣 **A** $= [a_{ij}]$ 和 **B** $= [b_{ij}]$ **相等** (equal)。

相等矩陣必須有相同的列數與相同的行數，且在矩陣的相同位置上有相同的元素。

矩陣的加法 若 **A** 和 **B** 有相同的列數和行數，則

$$\mathbf{A} + \mathbf{B} = [a_{ij} + b_{ij}]$$

兩個矩陣相加是將其對應元素相加。

例 6.1

$$\begin{pmatrix} 1 & 2 & -3 \\ 4 & \sin(x) & 2 \end{pmatrix} + \begin{pmatrix} -1 & 6 & e^{-5x} \\ 8 & 12 & 14 \end{pmatrix} = \begin{pmatrix} 0 & 8 & -3 + e^{-5x} \\ 12 & 12 + \sin(x) & 16 \end{pmatrix}$$

純量乘法 以數字或函數 α 乘以矩陣 **A** 就是以 α 乘以 **A** 的每一個元素：

$$\alpha \mathbf{A} = [\alpha a_{ij}]$$

例 6.2

$$4 \begin{pmatrix} -3 & 6 \\ 1 & 1 \\ 2x & 3 \\ \sin(x) & -6 \end{pmatrix} = \begin{pmatrix} -12 & 24 \\ 4 & 4 \\ 8x & 12 \\ 4\sin(x) & -24 \end{pmatrix}$$

而且

$$\sin(x) \begin{pmatrix} 4 \\ e^{-x} \\ -\pi \\ x^2 \end{pmatrix} = \begin{pmatrix} 4\sin(x) \\ e^{-x}\sin(x) \\ -\pi \sin(x) \\ x^2 \sin(x) \end{pmatrix}$$

矩陣的乘法 矩陣 **A** 與 **B** 的乘積 **AB** 僅當 **A** 的行數等於 **B** 的列數才有定義。若 **A** 為 $n \times k$ 矩陣，**B** 為 $k \times m$ 矩陣，則 **AB** 為 $n \times m$ 矩陣，且

$$AB \text{ 的 } i \cdot j \text{ 元素} = \sum_{s=1}^{k} a_{is}b_{sj}$$

上式可視為 **A** 的第 i 列向量與 **B** 的第 j 行向量的點積：

$$\mathbf{AB}_{ij} = (\mathbf{A} \text{ 的第 } i \text{ 列}) \cdot (\mathbf{B} \text{ 的第 } j \text{ 行})$$

例 6.3

令

$$\mathbf{A} = \begin{pmatrix} 1 & 3 \\ 2 & 5 \end{pmatrix} \text{ 且 } \mathbf{B} = \begin{pmatrix} 1 & 1 & 3 \\ 2 & 1 & 4 \end{pmatrix}$$

A 為 2×2 矩陣，**B** 為 2×3 矩陣。因為 **A** 的行數等於 **B** 的列數，所以乘積 **AB** 有定義且為 2×3 矩陣（**A** 的列數 $\times$ **B** 的行數）：

$$\mathbf{AB} = \begin{pmatrix} 1 & 3 \\ 2 & 5 \end{pmatrix} \begin{pmatrix} 1 & 1 & 3 \\ 2 & 1 & 4 \end{pmatrix}$$

$$= \begin{pmatrix} <1,3> \cdot <1,2> & <1,3> \cdot <1,1> & <1,3> \cdot <3,4> \\ <2,5> \cdot <1,2> & <2,5> \cdot <1,1> & <2,5> \cdot <3,4> \end{pmatrix}$$

$$= \begin{pmatrix} 7 & 4 & 15 \\ 12 & 7 & 26 \end{pmatrix}$$

在此例中，**BA** 無定義，因為 **B** 的行數不等於 **A** 的列數。

例 6.4

令

$$\mathbf{A} = \begin{pmatrix} 1 & 1 & 2 & 1 \\ 4 & 1 & 6 & 2 \end{pmatrix} \text{ 且 } \mathbf{B} = \begin{pmatrix} -1 & 8 \\ 2 & 1 \\ 1 & 1 \\ 12 & 6 \end{pmatrix}$$

因為 **A** 為 2×4 矩陣且 **B** 為 4×2 矩陣，**AB** 有定義且為 2×2 矩陣：

$$\mathbf{AB} = \begin{pmatrix} <1,1,2,1> \cdot <-1,2,1,12> & <1,1,2,1> \cdot <8,1,1,6> \\ <4,1,6,2> \cdot <-1,2,1,12> & <4,1,6,2> \cdot <8,1,1,6> \end{pmatrix}$$

$$= \begin{pmatrix} 15 & 17 \\ 28 & 51 \end{pmatrix}$$

在此例中，**BA** 亦有定義且為 4×4 矩陣：

$$\mathbf{BA} = \begin{pmatrix} -1 & 8 \\ 2 & 1 \\ 1 & 1 \\ 12 & 6 \end{pmatrix} \begin{pmatrix} 1 & 1 & 2 & 1 \\ 4 & 1 & 6 & 2 \end{pmatrix} = \begin{pmatrix} 31 & 7 & 46 & 15 \\ 6 & 3 & 10 & 4 \\ 5 & 2 & 8 & 3 \\ 36 & 18 & 60 & 24 \end{pmatrix}$$

如例 6.4 所示，即使 **AB** 與 **BA** 有定義，這些矩陣未必相等，甚至未必有相同的維數。這些矩陣運算的一些性質與數的運算類似。

定理 6.1

令 **A**、**B**、**C** 為矩陣，且當指定的運算有定義，則

1. $\mathbf{A} + \mathbf{B} = \mathbf{B} + \mathbf{A}$
2. $\mathbf{A}(\mathbf{B} + \mathbf{C}) = \mathbf{AB} + \mathbf{AC}$
3. $(\mathbf{A} + \mathbf{B})\mathbf{C} = \mathbf{AC} + \mathbf{BC}$
4. $\mathbf{A}(\mathbf{BC}) = (\mathbf{AB})\mathbf{C}$
5. $\alpha(\mathbf{AB}) = (\alpha\mathbf{A})\mathbf{B} = \mathbf{A}(\alpha\mathbf{B})$

應用這些規則而涉及乘積時，不可改變因數的順序，因為矩陣乘法不可交換。

例 6.5

即使 **AB** 與 **BA** 兩者均有定義且有相同的維數，也可能 $\mathbf{AB} \neq \mathbf{BA}$：

$$\begin{pmatrix} 1 & 0 \\ 2 & -4 \end{pmatrix} \begin{pmatrix} -2 & 6 \\ 1 & 3 \end{pmatrix} = \begin{pmatrix} -2 & 6 \\ -8 & 0 \end{pmatrix}$$

但

$$\begin{pmatrix} -2 & 6 \\ 1 & 3 \end{pmatrix} \begin{pmatrix} 1 & 0 \\ 2 & -4 \end{pmatrix} = \begin{pmatrix} 10 & -24 \\ 7 & -12 \end{pmatrix}$$

以下兩個例子顯示矩陣乘法的其他性質，它與實數的算術不同。

例 6.6

$\mathbf{AB} = \mathbf{AC}$，但 $\mathbf{B} \neq \mathbf{C}$ 是可能發生的，即使這些矩陣為非零矩陣。矩陣乘法不可以消去相同的因數。例如，

$$\begin{pmatrix} 1 & 1 \\ 3 & 3 \end{pmatrix} \begin{pmatrix} 4 & 2 \\ 3 & 16 \end{pmatrix} = \begin{pmatrix} 1 & 1 \\ 3 & 3 \end{pmatrix} \begin{pmatrix} 2 & 7 \\ 5 & 11 \end{pmatrix} = \begin{pmatrix} 7 & 18 \\ 21 & 54 \end{pmatrix}$$

但是

$$\begin{pmatrix} 4 & 2 \\ 3 & 16 \end{pmatrix} \neq \begin{pmatrix} 2 & 7 \\ 5 & 11 \end{pmatrix}$$

例 6.7

兩個非零矩陣的乘積可能是零矩陣（所有元素為零）：

$$\begin{pmatrix} 1 & 2 \\ 3 & 6 \end{pmatrix} \begin{pmatrix} 6 & 4 \\ -3 & -2 \end{pmatrix} = \begin{pmatrix} 0 & 0 \\ 0 & 0 \end{pmatrix}$$

6.1.1 術語與特殊矩陣

$n \times m$ **零矩陣** (zero matrix) $\mathbf{O}_{nm}$ 為所有元素均等於零的 $n \times m$ 矩陣。例如：

$$\mathbf{O}_{24} = \begin{pmatrix} 0 & 0 & 0 & 0 \\ 0 & 0 & 0 & 0 \end{pmatrix}$$

對於任意 $n \times m$ 矩陣 $\mathbf{A}$，

$$\mathbf{A} + \mathbf{O}_{nm} = \mathbf{O}_{nm} + \mathbf{A} = \mathbf{A}$$

矩陣為**方陣** (square)，如果它的列數與行數相同。若 $\mathbf{A}$ 為 $n \times m$ 矩陣，$\mathbf{A}$ 的**主對角** (main diagonal) 元素為 $a_{11}, a_{22}, \cdots, a_{nn}$，亦即由矩陣的左上至右下的元素。

$n \times n$ **單位矩陣** (identity matrix) $\mathbf{I}_n$ 為每一個 $a_{ii} = 1$，而其他所有元素均等於零。例如：

$$\mathbf{I}_3 = \begin{pmatrix} 1 & 0 & 0 \\ 0 & 1 & 0 \\ 0 & 0 & 1 \end{pmatrix}$$

單位矩陣的主對角元素為 1（左上至右下），而所有其他元素為零。

當 $\mathbf{AI}_n$ 與 $\mathbf{I}_n\mathbf{B}$ 這些乘積有定義時，則 $\mathbf{AI}_n = \mathbf{A}$ 且 $\mathbf{I}_n\mathbf{B} = \mathbf{B}$。

例 6.8

$$\begin{pmatrix} 1 & 0 & 0 \\ 0 & 1 & 0 \\ 0 & 0 & 1 \end{pmatrix} \begin{pmatrix} 1 & 0 \\ 2 & 1 \\ -1 & 8 \end{pmatrix} = \begin{pmatrix} 1 & 0 \\ 2 & 1 \\ -1 & 8 \end{pmatrix}$$

且

$$\begin{pmatrix} 1 & 0 \\ 2 & 1 \\ -1 & 8 \end{pmatrix} \begin{pmatrix} 1 & 0 \\ 0 & 1 \end{pmatrix} = \begin{pmatrix} 1 & 0 \\ 2 & 1 \\ -1 & 8 \end{pmatrix}$$

若 $\mathbf{A} = [a_{ij}]$ 為 $n \times m$ 矩陣，則 $\mathbf{A}$ 的**轉置** (transpose) 為 $m \times n$ 矩陣 $\mathbf{A}^t$，是將 $\mathbf{A}$ 的列與行互換形成的 $m \times n$ 矩陣。例如：

$$\mathbf{A} = \begin{pmatrix} -1 & 6 & 3 & -4 \\ 0 & \pi & 12 & -5 \end{pmatrix}$$

轉置為

$$\mathbf{A}^t = \begin{pmatrix} -1 & 0 \\ 6 & \pi \\ 3 & 12 \\ -4 & -5 \end{pmatrix}$$

其中 $\mathbf{A}$ 為 2×4 矩陣，而 $\mathbf{A}^t$ 為 4×2 矩陣。

轉置矩陣有下列性質：

1. $(\mathbf{I}_n)^t = \mathbf{I}_n$
2. 對任意矩陣 $\mathbf{A}$，

$$(\mathbf{A}^t)^t = \mathbf{A}$$

3. 若 $\mathbf{AB}$ 有定義，則

$$(\mathbf{AB})^t = \mathbf{B}^t \mathbf{A}^t$$

為何性質 3 為真，首先觀察若 $\mathbf{AB}$ 有定義，則 $\mathbf{B}^t\mathbf{A}^t$ 有定義。假設 $\mathbf{A}$ 為 $n \times k$ 且 $\mathbf{B}$ 為 $k \times m$，則 $\mathbf{AB}$ 為 $n \times m$。現在 $\mathbf{B}^t$ 為 $m \times k$ 且 $\mathbf{A}^t$ 為 $k \times n$，則 $\mathbf{B}^t\mathbf{A}^t$ 有定義，且為 $m \times n$ 與 $(\mathbf{AB})^t$ 為 $m \times n$ 相同。

其次，要證明 $\mathbf{B}^t\mathbf{A}^t$ 的 i、j 元素與 $(\mathbf{AB})^t$ 相同，這是因為矩陣的第 i 列，第 j 行元素為其轉置矩陣的第 j 列，第 i 行元素，

$$(\mathbf{B}^t\mathbf{A}^t)_{ij} = (\mathbf{B}^t \text{ 的第 } i \text{ 列}) \cdot (\mathbf{A}^t \text{ 的第 } j \text{ 行})$$
$$= (\mathbf{B} \text{ 的第 } i \text{ 行}) \cdot (\mathbf{A} \text{ 的第 } j \text{ 列})$$
$$= (\mathbf{A} \text{ 的第 } j \text{ 列}) \cdot (\mathbf{B} \text{ 的第 } i \text{ 行})$$
$$= (\mathbf{AB})_{ji}$$
$$= ((\mathbf{AB})^t)_{ij}$$

性質 3 成立。

矩陣乘積可視為矩陣的列向量與行向量的點積。在某些類型的計算上，常將兩向量的點積寫成矩陣乘積。做法如下。假設 $\mathbf{X}$ 和 $\mathbf{Y}$ 為 n-向量：

$$\mathbf{X} = <x_1, x_2, \cdots, x_n> \text{ 且 } \mathbf{Y} = <y_1, y_2, \cdots, y_n>$$

將每一向量寫成 $n \times 1$ 行矩陣，並且保持相同的名稱：

$$\mathbf{X} = \begin{pmatrix} x_1 \\ x_2 \\ \vdots \\ x_n \end{pmatrix} \text{ 且 } \mathbf{Y} = \begin{pmatrix} y_1 \\ y_2 \\ \vdots \\ y_n \end{pmatrix}$$

現在形成 $1 \times n$ 矩陣 $\mathbf{X}^t$ 與 $n \times 1$ 矩陣 $\mathbf{Y}$ 的矩陣乘積：

$$\mathbf{X}^t\mathbf{Y} = \begin{pmatrix} x_1 & x_2 & \cdots & x_n \end{pmatrix} \begin{pmatrix} y_1 \\ y_2 \\ \vdots \\ y_n \end{pmatrix} = (x_1y_1 + x_2y_2 + \cdots + x_ny_n)$$

乘積為 1×1 矩陣，它的唯一元素為 $\mathbf{X} \cdot \mathbf{Y}$。如果我們確認 1×1 矩陣為單一元素，則可以將點積表示成矩陣乘積

$$\mathbf{X} \cdot \mathbf{Y} = \mathbf{X}^t\mathbf{Y}$$

這個符號常用於矩陣方程式的計算。

6.1.2 矩陣乘法的不同觀點

令 $\mathbf{A}$ 為 $n \times k$ 且 $\mathbf{B}$ 為 $k \times m$，則 $\mathbf{AB}$ 有定義且為 $n \times m$。為了方便起見，有時可將乘積 $\mathbf{AB}$ 以一次一行來計算，以 $\mathbf{A}$ 與 $\mathbf{B}$ 的每一行的乘積形成 $\mathbf{AB}$ 的行，亦即

$$\mathbf{AB} \text{ 的第 } j \text{ 行} = \mathbf{A}(\mathbf{B} \text{ 的第 } j \text{ 行})$$

這在維數上是有意義的，因為 $\mathbf{B}$ 的每一行是 $k \times 1$ 矩陣，因此 $\mathbf{A}$ 乘以 $\mathbf{B}$ 的行是有意義的，結果為 $n \times 1$ 矩陣，即 n 列單行。

這裡是這個過程的概略描述，將 $\mathbf{B}$ 的行寫成 $\mathbf{C}_1, \cdots, \mathbf{C}_m$，則

$$\mathbf{B} = \begin{pmatrix} \| & \| & \cdots & \| \\ \mathbf{C}_1 & \mathbf{C}_2 & \cdots & \mathbf{C}_m \\ \| & \| & \cdots & \| \end{pmatrix}$$

如今

$$\mathbf{AB} = \mathbf{A} \begin{pmatrix} \| & \| & \cdots & \| \\ \mathbf{C}_1 & \mathbf{C}_2 & \cdots & \mathbf{C}_m \\ \| & \| & \cdots & \| \end{pmatrix}$$

$$= \begin{pmatrix} \| & \| & \cdots & \| \\ \mathbf{AC}_1 & \mathbf{AC}_2 & \cdots & \mathbf{AC}_m \\ \| & \| & \cdots & \| \end{pmatrix} \tag{6.1}$$

為了說明，令

$$\mathbf{A} = \begin{pmatrix} 2 & -4 \\ 1 & 7 \end{pmatrix} \text{ 且 } \mathbf{B} = \begin{pmatrix} -3 & 6 & 7 \\ -5 & 1 & 2 \end{pmatrix}$$

以下是 **B** 的行：

$$\mathbf{C}_1 = \begin{pmatrix} -3 \\ -5 \end{pmatrix}, \mathbf{C}_2 = \begin{pmatrix} 6 \\ 1 \end{pmatrix}, \mathbf{C}_3 = \begin{pmatrix} 7 \\ 2 \end{pmatrix}$$

A 乘以 **B** 的每一行：

$$\mathbf{AC}_1 = \begin{pmatrix} 2 & -4 \\ 1 & 7 \end{pmatrix} \begin{pmatrix} -3 \\ -5 \end{pmatrix} = \begin{pmatrix} 14 \\ -38 \end{pmatrix}, \mathbf{AC}_2 = \begin{pmatrix} 2 & -4 \\ 1 & 7 \end{pmatrix} \begin{pmatrix} 6 \\ 1 \end{pmatrix} = \begin{pmatrix} 8 \\ 13 \end{pmatrix}$$

且

$$\mathbf{AC}_3 = \begin{pmatrix} 2 & -4 \\ 1 & 7 \end{pmatrix} \begin{pmatrix} 7 \\ 2 \end{pmatrix} = \begin{pmatrix} 6 \\ 21 \end{pmatrix}$$

這些是 **AB** 的行：

$$\mathbf{AB} = \begin{pmatrix} 2 & -4 \\ 1 & 7 \end{pmatrix} \begin{pmatrix} -3 & 6 & 7 \\ -5 & 1 & 2 \end{pmatrix} = \begin{pmatrix} 14 & 8 & 6 \\ -38 & 13 & 21 \end{pmatrix} = \begin{pmatrix} \| & \| & \| \\ \mathbf{AC}_1 & \mathbf{AC}_2 & \mathbf{AC}_3 \\ \| & \| & \| \end{pmatrix}$$

另一種矩陣乘積的形成有時也是有用的。假設 $\mathbf{A} = [a_{ij}]$ 為 $n \times m$ 矩陣，令 **A** 的第 j 行為 $n \times 1$ 矩陣

$$\mathbf{A}_j = \begin{pmatrix} a_{1j} \\ a_{2j} \\ \vdots \\ a_{nj} \end{pmatrix}$$

且令 **X** 為 $m \times 1$ 行矩陣

$$\mathbf{X} = \begin{pmatrix} x_1 \\ x_2 \\ \vdots \\ x_m \end{pmatrix}$$

則 **AX** 可寫成 **A** 的行向量的線性組合：

$$\mathbf{AX} = x_1 \mathbf{A}_1 + x_2 \mathbf{A}_2 + \cdots + x_m \mathbf{A}_m \tag{6.2}$$

要知道這為什麼是真，可計算乘積：

$$\mathbf{AX} = \begin{pmatrix} a_{11} & a_{12} & \cdots & a_{1m} \\ a_{21} & a_{22} & \cdots & a_{2m} \\ \vdots & \vdots & \vdots & \vdots \\ a_{n1} & a_{n2} & \cdots & a_{nm} \end{pmatrix} \begin{pmatrix} x_1 \\ x_2 \\ \vdots \\ x_m \end{pmatrix}$$

$$= \begin{pmatrix} a_{11}x_1 + a_{12}x_2 + \cdots + a_{1m}x_m \\ a_{21}x_1 + a_{22}x_2 + \cdots + a_{2m}x_m \\ \vdots \\ a_{n1}x_1 + a_{n2}x_2 + \cdots + a_{nm}x_m \end{pmatrix}$$

$$= x_1 \begin{pmatrix} a_{11} \\ a_{21} \\ \vdots \\ a_{n1} \end{pmatrix} + x_2 \begin{pmatrix} a_{12} \\ a_{22} \\ \vdots \\ a_{2m} \end{pmatrix} + \cdots + x_m \begin{pmatrix} a_{1m} \\ a_{2m} \\ \vdots \\ a_{nm} \end{pmatrix}$$

$$= x_1 \mathbf{A}_1 + x_2 \mathbf{A}_2 + \cdots + x_m \mathbf{A}_m$$

例如，令

$$\mathbf{A} = \begin{pmatrix} 4 & 1 & 3 \\ 8 & 6 & 2 \end{pmatrix} \text{ 且 } \mathbf{X} = \begin{pmatrix} x_1 \\ x_2 \\ x_3 \end{pmatrix}$$

則

$$\mathbf{AX} = \begin{pmatrix} 4 & 1 & 3 \\ 8 & 6 & 2 \end{pmatrix} \begin{pmatrix} x_1 \\ x_2 \\ x_3 \end{pmatrix}$$

$$= \begin{pmatrix} 4x_1 + x_2 + 3x_3 \\ 8x_1 + 6x_2 + 2x_3 \end{pmatrix} = x_1 \begin{pmatrix} 4 \\ 8 \end{pmatrix} + x_2 \begin{pmatrix} 1 \\ 6 \end{pmatrix} + x_3 \begin{pmatrix} 3 \\ 2 \end{pmatrix}$$

6.1 習題

習題 1–3，執行指定的運算。

1. $\mathbf{A} = \begin{pmatrix} 1 & -1 & 3 \\ 2 & -4 & 6 \\ -1 & 1 & 2 \end{pmatrix}$,

   $\mathbf{B} = \begin{pmatrix} -4 & 0 & 0 \\ -2 & -1 & 6 \\ 8 & 15 & 4 \end{pmatrix}$; $2\mathbf{A} - 3\mathbf{B}$

2. $\mathbf{A} = \begin{pmatrix} x & 1-x \\ 2 & e^x \end{pmatrix}, \mathbf{B} = \begin{pmatrix} 1 & -6 \\ x & \cos(x) \end{pmatrix}$;

   $\mathbf{A}^2 + 2\mathbf{AB}$

3. $\mathbf{A} = \begin{pmatrix} 1 & -2 & 1 & 7 & -9 \\ 8 & 2 & -5 & 0 & 0 \end{pmatrix}$,

   $\mathbf{B} = \begin{pmatrix} -5 & 1 & 8 & 21 & 7 \\ 12 & -6 & -2 & -1 & 9 \end{pmatrix}$; $4\mathbf{A} + 5\mathbf{B}$

習題 4–8，判斷 **AB**、**BA** 或兩者是否有定義。計算所有具有定義的乘積。

4. $\mathbf{A} = \begin{pmatrix} -4 & 6 & 2 \\ -2 & -2 & 3 \\ 1 & 1 & 8 \end{pmatrix}$,

   $\mathbf{B} = \begin{pmatrix} -2 & 4 & 6 & 12 & 5 \\ -3 & -3 & 1 & 1 & 4 \\ 0 & 0 & 1 & 6 & -9 \end{pmatrix}$

5. $\mathbf{A} = \begin{pmatrix} -1 & 6 & 2 & 14 & -22 \end{pmatrix}, \mathbf{B} = \begin{pmatrix} -3 \\ 2 \\ 6 \\ 0 \\ -4 \end{pmatrix}$

6. $\mathbf{A} = \begin{pmatrix} -21 & 4 & 8 & -3 \\ 12 & 1 & 0 & 14 \\ 1 & 16 & 0 & -8 \\ 13 & 4 & 8 & 0 \end{pmatrix}$,

   $\mathbf{B} = \begin{pmatrix} -9 & 16 & 3 & 2 \\ 5 & 9 & 14 & 0 \end{pmatrix}$

7. $\mathbf{A} = \begin{pmatrix} -4 & -2 & 0 \\ 0 & 5 & 3 \\ -3 & 1 & 1 \end{pmatrix}, \mathbf{B} = \begin{pmatrix} 1 & -3 & 4 \end{pmatrix}$

8. $\mathbf{A} = \begin{pmatrix} 7 & -8 \\ 1 & 6 \end{pmatrix}, \mathbf{B} = \begin{pmatrix} 1 & -4 & 3 \\ -4 & 7 & 0 \end{pmatrix}$

習題 9–11，判斷 **AB** 且／或 **BA** 是否有定義。當乘積有定義時，求矩陣乘積的維數。

9. **A** 為 14×21，**B** 為 21×14
10. **A** 為 6×2，**B** 為 4×6
11. **A** 為 7×6，**B** 為 7×7
12. 求非零 2×2 矩陣 **A**、**B**、**C** 使得 $\mathbf{BA} = \mathbf{CA}$ 但 $\mathbf{B} \neq \mathbf{C}$。

6.2 列運算與簡化矩陣

在使用矩陣時，通常使用三個**基本列運算** (elementary row operations)。給予一個 $n \times m$ 矩陣 **A**，這些是

1. 第 I 類型運算：**A** 的兩列互換。

2. 第 II 類型運算：以非零常數乘以 **A** 的某一列。
3. 第 III 類型運算：將 **A** 的某一列的純量倍數加到另一列。

對於所予的 **A**，我們可以直接對 **A** 的列執行任何列運算。但是，也可以將對應的列運算應用於 $\mathbf{I}_n$ 後，再將所形成的矩陣左乘 **A** 來執行每個列運算。

例 6.9

令 **A** 為 4×3 矩陣

$$\mathbf{A} = \begin{pmatrix} -2 & 1 & 6 \\ 1 & 1 & 2 \\ 0 & 9 & 3 \\ 2 & -3 & 4 \end{pmatrix}$$

第 I 類型運算的例子，將 **A** 的第 2 列和第 3 列交換，可得

$$\begin{pmatrix} -2 & 1 & 6 \\ 0 & 9 & 3 \\ 1 & 1 & 2 \\ 2 & -3 & 4 \end{pmatrix}$$

此運算亦可由 $\mathbf{I}_4$ 的第 2 列和第 3 列交換後的矩陣左乘 **A**：

$$\begin{pmatrix} 1 & 0 & 0 & 0 \\ 0 & 0 & 1 & 0 \\ 0 & 1 & 0 & 0 \\ 0 & 0 & 0 & 1 \end{pmatrix} \begin{pmatrix} -2 & 1 & 6 \\ 1 & 1 & 2 \\ 0 & 9 & 3 \\ 2 & -3 & 4 \end{pmatrix} = \begin{pmatrix} -2 & 1 & 6 \\ 0 & 9 & 3 \\ 1 & 1 & 2 \\ 2 & -3 & 4 \end{pmatrix}$$

對於第 II 類型運算，以 π 乘以 **A** 的第 3 列，可得

$$\begin{pmatrix} -2 & 1 & 6 \\ 1 & 1 & 2 \\ 0 & 9\pi & 3\pi \\ 2 & -3 & 4 \end{pmatrix}$$

我們執行這個運算可將 $\mathbf{I}_4$ 的第 3 列乘以 π 所得的矩陣左乘 **A**：

$$\begin{pmatrix} 1 & 0 & 0 & 0 \\ 0 & 1 & 0 & 0 \\ 0 & 0 & \pi & 0 \\ 0 & 0 & 0 & 1 \end{pmatrix} \begin{pmatrix} -2 & 1 & 6 \\ 1 & 1 & 2 \\ 0 & 9 & 3 \\ 2 & -3 & 4 \end{pmatrix} = \begin{pmatrix} -2 & 1 & 6 \\ 1 & 1 & 2 \\ 0 & 9\pi & 3\pi \\ 2 & -3 & 4 \end{pmatrix}$$

第 III 類型運算的例子，將 **A** 的第 1 列乘以 -6 加到第 3 列，可得

$$\begin{pmatrix} -2 & 1 & 6 \\ 1 & 1 & 2 \\ 12 & 3 & -33 \\ 2 & -3 & 4 \end{pmatrix}$$

此結果可將 $\mathbf{I}_4$ 的第 1 列乘以 -6 加到第 3 列所得的矩陣左乘 $\mathbf{A}$ 而得

$$\begin{pmatrix} 1 & 0 & 0 & 0 \\ 0 & 1 & 0 & 0 \\ -6 & 0 & 1 & 0 \\ 0 & 0 & 0 & 1 \end{pmatrix} \begin{pmatrix} -2 & 1 & 6 \\ 1 & 1 & 2 \\ 0 & 9 & 3 \\ 2 & -3 & 4 \end{pmatrix} = \begin{pmatrix} -2 & 1 & 6 \\ 1 & 1 & 2 \\ 12 & 3 & -33 \\ 2 & -3 & 4 \end{pmatrix}$$

$\mathbf{I}_n$ 經基本列運算後所得的矩陣稱為**基本矩陣** (elementary matrix)。例 6.10 說明了如何對矩陣 $\mathbf{A}$ 執行每一個基本列運算，亦即對單位矩陣執行對應的基本列運算後，將所得的矩陣左乘 $\mathbf{A}$。

我們可以用基本矩陣的乘積來執行一系列的基本列運算，假設我們對矩陣 $\mathbf{A}$ 依序執行基本列運算 $\mathcal{O}_1, \cdots, \mathcal{O}_k$ 而形成矩陣 $\mathbf{B}$，令 $\mathbf{E}_j$ 為對單位矩陣執行基本列運算 $\mathcal{O}_j$ 後得到的基本矩陣，則有

$$\mathbf{B} = \mathbf{E}_k \mathbf{E}_{k-1} \cdots \mathbf{E}_2 \mathbf{E}_1 \mathbf{A}$$

因為 $\mathbf{E}_1\mathbf{A}$ 為對 $\mathbf{A}$ 執行基本列運算 $\mathcal{O}_1$ 得到的結果，$\mathbf{E}_2(\mathbf{E}_1\mathbf{A})$ 為對 $(\mathbf{E}_1\mathbf{A})$ 執行基本列運算 $\mathcal{O}_2$ 所得的結果等。

例 6.10

令 $\mathbf{A}$ 為例 6.9 的矩陣，以三種運算由 $\mathbf{A}$ 形成 $\mathbf{B}$：首先將第 1 列與第 4 列交換（運算 $\mathcal{O}_1$）；其次將第 3 列乘以 2（運算 $\mathcal{O}_2$）；最後以 -5 乘以第 4 列加到第 1 列（運算 $\mathcal{O}_3$）。亦即：

$$\mathbf{A} = \begin{pmatrix} -2 & 1 & 6 \\ 1 & 1 & 2 \\ 0 & 9 & 3 \\ 2 & -3 & 4 \end{pmatrix} \xrightarrow{\mathcal{O}_1} \begin{pmatrix} 2 & -3 & 4 \\ 1 & 1 & 2 \\ 0 & 9 & 3 \\ -2 & 1 & 6 \end{pmatrix}$$

$$\xrightarrow{\mathcal{O}_2} \begin{pmatrix} 2 & -3 & 4 \\ 1 & 1 & 2 \\ 0 & 18 & 6 \\ -2 & 1 & 6 \end{pmatrix} \xrightarrow{\mathcal{O}_3} \begin{pmatrix} 12 & -8 & -26 \\ 1 & 1 & 2 \\ 0 & 18 & 6 \\ -2 & 1 & 6 \end{pmatrix} = \mathbf{B}$$

令 $\mathbf{E}_j$ 為對單位矩陣執行基本列運算 $\mathcal{O}_j$ 所得的基本矩陣，則

$$\mathbf{E}_1 = \begin{pmatrix} 0 & 0 & 0 & 1 \\ 0 & 1 & 0 & 0 \\ 0 & 0 & 1 & 0 \\ 1 & 0 & 0 & 0 \end{pmatrix}, \mathbf{E}_2 = \begin{pmatrix} 1 & 0 & 0 & 0 \\ 0 & 1 & 0 & 0 \\ 0 & 0 & 2 & 0 \\ 0 & 0 & 0 & 1 \end{pmatrix} \text{且 } \mathbf{E}_3 = \begin{pmatrix} 1 & 0 & 0 & -5 \\ 0 & 1 & 0 & 0 \\ 0 & 0 & 1 & 0 \\ 0 & 0 & 0 & 1 \end{pmatrix}$$

因此

$$\mathbf{E}_3\mathbf{E}_2\mathbf{E}_1 = \begin{pmatrix} -5 & 0 & 0 & 1 \\ 0 & 1 & 0 & 0 \\ 0 & 0 & 2 & 0 \\ 1 & 0 & 0 & 0 \end{pmatrix}$$

且

$$\mathbf{E}_3\mathbf{E}_2\mathbf{E}_1\mathbf{A} = \mathbf{B}$$

執行運算時，保持矩陣乘積的順序至關重要，以不同順序執行基本運算通常會導致不同的矩陣。

若可以用有限序列的基本列運算從 $\mathbf{A}$ 獲得 $\mathbf{B}$，則 $\mathbf{B}$ **列等價** (row equivalent) 於 $\mathbf{A}$。在最後一個例子中，$\mathbf{B}$ 列等價於 $\mathbf{A}$。

每個基本列運算可以用相同類型的列運算來反轉。如果我們交換 $\mathbf{A}$ 的第 i 列和第 j 列而獲得 $\mathbf{B}$，則交換 $\mathbf{B}$ 的這些列將返回 $\mathbf{A}$。

如果我們以非零數 α 乘以 $\mathbf{A}$ 的一列得到 $\mathbf{C}$，則以 $1/\alpha$ 乘以 $\mathbf{C}$ 的該列可得 $\mathbf{A}$。

如果將 $\mathbf{A}$ 的第 i 列乘以 α 加到第 j 列來獲得 $\mathbf{D}$，則將 $\mathbf{D}$ 的第 i 列乘以 $-\alpha$ 加到第 j 列可得 $\mathbf{A}$。

基本列運算有很多用途。首先將它們應用於求解代數方程式的線性方程組。這個想法是使用列運算將方程組的係數矩陣轉換為特殊形式，使我們能夠非常有效地求解方程組。

要定義這個特殊形式，首先定義矩陣列的**領導元素** (leading entry)，由左到右讀取該列，領導元素為該列的第一個非零元素。零列沒有領導元素。

現在將矩陣 $\mathbf{A}$ 定義為**簡化列梯形式** (reduced row echelon form) 或**簡化式** (reduced form)，如果它滿足以下條件：

1. 每一非零列的領導元素為 1。
2. 若任意列的領導元素在第 j 行，則第 j 行的所有其他元素均為 0。
3. 若第 i 列為非零列，第 k 列為零列，則 $i < k$。
4. 若第 r_1 列的領導元素在第 c_1 行，而第 r_2 列的領導元素在第 c_2 行，且 $r_1 < r_2$，則 $c_1 < c_2$。

條件 1 表示，任一非零列由左到右看過來，第一個元素為 1。

根據條件 2，如果我們站在一些列的領導元素的位置，並且直視這行的上下，我們只看到零。

條件 3 表示，矩陣的每個零列位於每個非零列的下方，零列（如果有的話）位於矩陣的底部。

條件 4 表示，當我們看矩陣時，**簡化矩陣** (reduced matrix) 的領導元素位置是由左上至右下排列。

例 6.11

這些矩陣都是簡化的形式：

$$\begin{pmatrix} 1 & -4 & 1 & 0 \\ 0 & 0 & 0 & 1 \end{pmatrix}, \begin{pmatrix} 0 & 1 & 3 & 0 \\ 0 & 0 & 0 & 1 \\ 0 & 0 & 0 & 0 \end{pmatrix},$$

$$\begin{pmatrix} 0 & 1 & 2 & 0 & 0 \\ 0 & 0 & 0 & 1 & 0 \\ 0 & 0 & 0 & 0 & 0 \\ 0 & 0 & 0 & 0 & 0 \end{pmatrix}, \begin{pmatrix} 1 & 0 & 0 & 2 & 1 \\ 0 & 1 & 0 & -2 & 4 \\ 0 & 0 & 1 & 0 & 1 \end{pmatrix}$$

每個矩陣可以用列運算轉換為簡化矩陣。

定理 6.2

令 $\mathbf{A}$ 為 $n \times m$ 矩陣，則 $\mathbf{A}$ 列等價於簡化矩陣 $\mathbf{A}_R$。此外，存在 $n \times n$ 矩陣 $\mathbf{\Omega}_R$，它是基本矩陣的乘積，使得

$$\mathbf{\Omega}_R \mathbf{A} = \mathbf{A}_R$$

我們將概述一種簡化任何矩陣的演算法，從此將出現矩陣 $\mathbf{\Omega}_R$。

首先，藉由列交換，將矩陣的任何零列（如果有的話）移到矩陣的底部，這是處理定義的條件 3。

其次，每個非零列都有一個領導元素，選擇領導元素在最左邊的一列，例如第 r 列的領導元素為 r，如有必要，可進行列交換以使該列移至矩陣的頂部。然後將該列乘以 $1/r$，使新矩陣的第 1 列最左側的領導元素為 1。將此列的倍數加到其他列，使第一個領導元素所在的行的下方元素為零。

現在，將下一個領導元素在最左側的列移到第 2 列，重複此過程以獲得 1 為領導元素，而此第二個領導元素所在的行的上下方元素為零。

繼續此步驟，向下和向右移動，選擇領導元素在最左側的列，使領導元素為 1，領導元

素所在的行的上下方元素為零。

因為非零列數最多是 n，所以這個過程最終可得一個簡化矩陣。

現在產生 Ω_R 如下，執行所描述的簡化過程中使用的所有基本列運算，令這些運算按順序是 $\mathcal{O}_1$，然後是 $\mathcal{O}_2$，……，最後 $\mathcal{O}_r$。令 $\mathbf{E}_j$ 是執行運算 $\mathcal{O}_j$ 的基本矩陣，運算時用左乘，令

$$\Omega_R = \mathbf{E}_r\mathbf{E}_{r-1}\cdots\mathbf{E}_1$$

則 $\Omega_R\mathbf{A} = \mathbf{A}_R$，$\mathbf{A}$ 的簡化形式。

以基本列運算從 $\mathbf{A}$ 生成簡化矩陣的過程稱為**簡化** (reducing) $\mathbf{A}$。可以使用許多不同序列的列運算來簡化矩陣，儘管如此，可以證明每個矩陣 $\mathbf{A}$ 具有唯一的簡化形式——任何簡化 $\mathbf{A}$ 的序列都得到這個簡化矩陣。這證明了無論使用什麼序列，$\mathbf{A}_R$ 是 $\mathbf{A}$ 的簡化形式的符號。

例 6.12

令

$$\mathbf{A} = \begin{pmatrix} -3 & 1 & 0 \\ 4 & -2 & 1 \end{pmatrix}$$

這個矩陣沒有零列，將它化簡如下：

$$\mathbf{A} \rightarrow$$

$$(\text{第 1 列乘以 } -1/3) \rightarrow \begin{pmatrix} 1 & -1/3 & 0 \\ 4 & -2 & 1 \end{pmatrix}$$

$$(\text{第 1 列乘以 } -4 \text{ 加到第 2 列}) \rightarrow \begin{pmatrix} 1 & -1/3 & 0 \\ 0 & -2/3 & 1 \end{pmatrix}$$

$$(\text{第 2 列乘以 } -3/2) \rightarrow \begin{pmatrix} 1 & -1/3 & 0 \\ 0 & 1 & -3/2 \end{pmatrix}$$

$$(\text{第 2 列乘以 } 1/3 \text{ 加到第 1 列}) \rightarrow \begin{pmatrix} 1 & 0 & -1/2 \\ 0 & 1 & -3/2 \end{pmatrix}$$

$$= \mathbf{A}_R$$

產生 Ω_R 使得 $\Omega_R\mathbf{A} = \mathbf{A}_R$，亦即寫出基本矩陣執行每一個簡化運算。按照它們執行的順序進行：

對於 $\mathcal{O}_1$，將 $\mathbf{I}_2$ 的第 1 列乘以 $-1/3$：

$$\mathbf{E}_1 = \begin{pmatrix} -1/3 & 0 \\ 0 & 1 \end{pmatrix}$$

對於 $\mathcal{O}_2$，將 $\mathbf{I}_2$ 的第 1 列乘以 -4 加到第 2 列：

$$\mathbf{E}_2 = \begin{pmatrix} 1 & 0 \\ -4 & 1 \end{pmatrix}$$

對於 $\mathcal{O}_3$，將 $\mathbf{I}_2$ 的第 2 列乘以 $-3/2$：

$$\mathbf{E}_3 = \begin{pmatrix} 1 & 0 \\ 0 & -3/2 \end{pmatrix}$$

對於 $\mathcal{O}_4$，將 $\mathbf{I}_2$ 的第 2 列乘以 $1/3$ 加到第 1 列：

$$\mathbf{E}_4 = \begin{pmatrix} 1 & 1/3 \\ 0 & 1 \end{pmatrix}$$

令

$$\mathbf{\Omega}_R = \mathbf{E}_4 \mathbf{E}_3 \mathbf{E}_2 \mathbf{E}_1$$

由例行的計算，

$$\mathbf{\Omega}_R = \begin{pmatrix} -1 & -1/2 \\ -2 & -3/2 \end{pmatrix}$$

因此

$$\mathbf{\Omega}_R \mathbf{A} = \begin{pmatrix} -1 & -1/2 \\ -2 & -3/2 \end{pmatrix} \begin{pmatrix} -3 & 1 & 0 \\ 4 & -2 & 1 \end{pmatrix} = \begin{pmatrix} 1 & 0 & -1/2 \\ 0 & 1 & -3/2 \end{pmatrix} = \mathbf{A}_R$$

當矩陣簡化時，只是用一個符號過程產生的 $\mathbf{\Omega}_R$ 來簡化矩陣，而沒有實際寫出每個運算後產生的基本矩陣 $\mathbf{E}_j$。

我們將用例 6.12 的矩陣來說明這個概念。這裡 $\mathbf{A}$ 是 2×3 矩陣，所以將 $\mathbf{I}_2$ 附加到 $\mathbf{A}$ 的右邊以形成 2×5 矩陣

$$[\mathbf{A} \vdots \mathbf{I}_2] = \begin{pmatrix} -3 & 1 & 0 & \vdots & 1 & 0 \\ 4 & -2 & 1 & \vdots & 0 & 1 \end{pmatrix}$$

垂直點將原始矩陣與附加矩陣分開，只是作為提醒，也可以將垂直點省略。$[\mathbf{A} \vdots \mathbf{I}_2]$ 稱為**增廣矩陣** (augmented matrix)，因為將額外的矩陣附加在右邊。

現在簡化 $\mathbf{A}$，但對增廣矩陣的整個列執行列運算：

$[\mathbf{A} \vdots \mathbf{I}_2] \rightarrow$

（第 1 列乘以 $-1/3$）$\rightarrow \begin{pmatrix} 1 & -1/3 & 0 & \vdots & -1/3 & 0 \\ 4 & -2 & 1 & \vdots & 0 & 1 \end{pmatrix}$

（第 1 列乘以 -4 加到第 2 列）$\rightarrow \begin{pmatrix} 1 & -1/3 & 0 & \vdots & -1/3 & 0 \\ 0 & -2/3 & 1 & \vdots & 4/3 & 1 \end{pmatrix}$

（第 2 列乘以 $-3/2$）$\rightarrow \begin{pmatrix} 1 & -1/3 & 0 & \vdots & -1/3 & 0 \\ 0 & 1 & -3/2 & \vdots & -2 & -3/2 \end{pmatrix}$

（第 2 列乘以 $1/3$ 加到第 1 列）$\rightarrow \begin{pmatrix} 1 & 0 & -1/2 & \vdots & -1 & -1/2 \\ 0 & 1 & -3/2 & \vdots & -2 & -3/2 \end{pmatrix} = [\mathbf{A}_R \vdots \mathbf{\Omega}_R]$

當簡化矩陣 $\mathbf{A}_R$ 呈現在左側時，形成在右側（增廣部分）的矩陣為 $\mathbf{\Omega}_R$。這是從放置在 $\mathbf{A}$ 右側的 $\mathbf{I}_2$ 開始，執行列運算後產生的矩陣。

例 6.13

化簡

$$\mathbf{A} = \begin{pmatrix} 0 & 0 & 0 & 0 & 0 \\ 0 & 0 & 2 & 0 & 0 \\ 0 & 1 & 0 & 1 & 1 \\ 0 & 0 & 3 & 0 & -4 \end{pmatrix}$$

產生矩陣 $\mathbf{\Omega}_R$ 使得 $\mathbf{\Omega}_R \mathbf{A} = \mathbf{A}_R$。

要立即做這兩件事情，使用增廣矩陣 $[\mathbf{A} \vdots \mathbf{I}_4]$ 並且化簡 $\mathbf{A}$，同時對於 $\mathbf{I}_4$ 執行相同的運算：

$$[\mathbf{A} \vdots \mathbf{I}_4] = \begin{pmatrix} 0 & 0 & 0 & 0 & 0 & \vdots & 1 & 0 & 0 & 0 \\ 0 & 0 & 2 & 0 & 0 & \vdots & 0 & 1 & 0 & 0 \\ 0 & 1 & 0 & 1 & 1 & \vdots & 0 & 0 & 1 & 0 \\ 0 & 0 & 3 & 0 & -4 & \vdots & 0 & 0 & 0 & 1 \end{pmatrix}$$

將 $\mathbf{A}$ 的零列移到矩陣的底部：

$$\begin{pmatrix} 0 & 0 & 2 & 0 & 0 & \vdots & 0 & 1 & 0 & 0 \\ 0 & 1 & 0 & 1 & 1 & \vdots & 0 & 0 & 1 & 0 \\ 0 & 0 & 3 & 0 & -4 & \vdots & 0 & 0 & 0 & 1 \\ 0 & 0 & 0 & 0 & 0 & \vdots & 1 & 0 & 0 & 0 \end{pmatrix}$$

交換第 1 列與第 2 列使得領導元素 1 在最上列：

$$\begin{pmatrix} 0 & 1 & 0 & 1 & 1 & \vdots & 0 & 0 & 1 & 0 \\ 0 & 0 & 2 & 0 & 0 & \vdots & 0 & 1 & 0 & 0 \\ 0 & 0 & 3 & 0 & -4 & \vdots & 0 & 0 & 0 & 1 \\ 0 & 0 & 0 & 0 & 0 & \vdots & 1 & 0 & 0 & 0 \end{pmatrix}$$

第 2 列乘以 1/2：

$$\begin{pmatrix} 0 & 1 & 0 & 1 & 1 & \vdots & 0 & 0 & 1 & 0 \\ 0 & 0 & 1 & 0 & 0 & \vdots & 0 & 1/2 & 0 & 0 \\ 0 & 0 & 3 & 0 & -4 & \vdots & 0 & 0 & 0 & 1 \\ 0 & 0 & 0 & 0 & 0 & \vdots & 1 & 0 & 0 & 0 \end{pmatrix}$$

第 2 列乘以 −3 加到第 3 列：

$$\begin{pmatrix} 0 & 1 & 0 & 1 & 1 & \vdots & 0 & 0 & 1 & 0 \\ 0 & 0 & 1 & 0 & 0 & \vdots & 0 & 1/2 & 0 & 0 \\ 0 & 0 & 0 & 0 & -4 & \vdots & 0 & -3/2 & 0 & 1 \\ 0 & 0 & 0 & 0 & 0 & \vdots & 1 & 0 & 0 & 0 \end{pmatrix}$$

第 3 列乘以 −1/4：

$$\begin{pmatrix} 0 & 1 & 0 & 1 & 1 & \vdots & 0 & 0 & 1 & 0 \\ 0 & 0 & 1 & 0 & 0 & \vdots & 0 & 1/2 & 0 & 0 \\ 0 & 0 & 0 & 0 & 1 & \vdots & 0 & 3/8 & 0 & -1/4 \\ 0 & 0 & 0 & 0 & 0 & \vdots & 1 & 0 & 0 & 0 \end{pmatrix}$$

第 3 列乘以 −1 加到第 1 列：

$$\begin{pmatrix} 0 & 1 & 0 & 1 & 0 & \vdots & 0 & -3/8 & 1 & 1/4 \\ 0 & 0 & 1 & 0 & 0 & \vdots & 0 & 1/2 & 0 & 0 \\ 0 & 0 & 0 & 0 & 1 & \vdots & 0 & 3/8 & 0 & -1/4 \\ 0 & 0 & 0 & 0 & 0 & \vdots & 1 & 0 & 0 & 0 \end{pmatrix}$$

左邊五行是 $\mathbf{A}$ 的簡化式。增廣矩陣中剩下的是 $\mathbf{\Omega}_R$。結果為

$$\mathbf{\Omega}_R \mathbf{A} = \begin{pmatrix} 0 & -3/8 & 1 & 1/4 \\ 0 & 1/2 & 0 & 0 \\ 0 & 3/8 & 0 & -1/4 \\ 1 & 0 & 0 & 0 \end{pmatrix} \begin{pmatrix} 0 & 0 & 0 & 0 & 0 \\ 0 & 0 & 2 & 0 & 0 \\ 0 & 1 & 0 & 1 & 1 \\ 0 & 0 & 3 & 0 & -4 \end{pmatrix}$$

$$= \begin{pmatrix} 0 & 1 & 0 & 1 & 0 \\ 0 & 0 & 1 & 0 & 0 \\ 0 & 0 & 0 & 0 & 1 \\ 0 & 0 & 0 & 0 & 0 \end{pmatrix} = \mathbf{A}_R$$

接下來的兩節將這些觀念應用於求解線性方程組。

6.2 習題

習題 1–4，對 $\mathbf{A}$ 執行基本列運算形成 $\mathbf{B}$，然後產生矩陣 $\mathbf{\Omega}$，使得 $\mathbf{\Omega A} = \mathbf{B}$。

1. $\mathbf{A} = \begin{pmatrix} -2 & 1 & 4 & 2 \\ 0 & 1 & 16 & 3 \\ 1 & -2 & 4 & 8 \end{pmatrix}$。

    第 2 列乘以 $\sqrt{3}$。

2. $\mathbf{A} = \begin{pmatrix} -2 & 14 & 6 \\ 8 & 1 & -3 \\ 2 & 9 & 5 \end{pmatrix}$。

    第 3 列乘以 $\sqrt{13}$ 加到第 1 列，然後第 2 列與第 1 列交換，第 1 列乘以 5。

3. $\mathbf{A} = \begin{pmatrix} -3 & 15 \\ 2 & 8 \end{pmatrix}$。

    第 2 列乘以 $\sqrt{3}$ 加到第 1 列，然後第 2 列乘以 15，第 1 列與第 2 列交換。

4. $\mathbf{A} = \begin{pmatrix} -1 & 0 & 3 & 0 \\ 1 & 3 & 2 & 9 \\ -9 & 7 & -5 & 7 \end{pmatrix}$。

    第 3 列乘以 4，然後第 1 列乘以 14 加到第 2 列，第 3 列與第 2 列交換。

習題 5 和 6，$\mathbf{A}$ 為 $n \times m$ 矩陣。

5. 令 $\mathbf{B}$ 是由 $\mathbf{A}$ 以交換第 s 列與第 t 列形成，$\mathbf{E}$ 是由 $\mathbf{I}_n$ 以相同的運算形成。證明

$\mathbf{B} = \mathbf{EA}$。

6. 令 $\mathbf{B}$ 是由 $\mathbf{A}$ 的第 s 列乘以 α 加到第 t 列形成，$\mathbf{E}$ 是由 $\mathbf{I}_n$ 以相同的運算形成，證明 $\mathbf{B} = \mathbf{EA}$。

習題 7–12，求 $\mathbf{A}_R$ 且產生矩陣 $\mathbf{\Omega}_R$ 使得 $\mathbf{\Omega}_R \mathbf{A} = \mathbf{A}_R$。

7. $\mathbf{A} = \begin{pmatrix} 3 & 1 & 1 & 4 \\ 0 & 1 & 0 & 0 \end{pmatrix}$

8. $\mathbf{A} = \begin{pmatrix} 1 & 0 & 1 & 1 & -1 \\ 0 & 1 & 0 & 0 & 2 \end{pmatrix}$

9. $\mathbf{A} = \begin{pmatrix} 2 & 2 \\ 1 & 1 \end{pmatrix}$

10. $\mathbf{A} = \begin{pmatrix} -3 & 4 & 4 \\ 0 & 0 & 0 \end{pmatrix}$

11. $\mathbf{A} = \begin{pmatrix} 8 & 2 & 1 & 0 \\ 0 & 1 & 1 & 3 \\ 4 & 0 & 0 & -3 \end{pmatrix}$

12. $\mathbf{A} = \begin{pmatrix} 0 \\ -3 \\ 1 \\ 1 \end{pmatrix}$

6.3 齊次線性方程組的解

$n \times m$ 齊次線性方程組（n 個方程式，m 個未知數）具有下列的形式：

$$a_{11}x_1 + a_{12}x_2 + \cdots + a_{1m}x_m = 0$$
$$a_{21}x_1 + a_{22}x_2 + \cdots + a_{2m}x_m = 0$$
$$\vdots$$
$$a_{n1}x_1 + a_{n2}x_2 + \cdots + a_{nm}x_m = 0$$

其中 a_{ij} 為方程式 i 的 x_j 的係數且為一實數（雖然複數也適合討論）。

攜帶有關方程組所有資訊的係數，儲存在 $n \times m$ 矩陣 $\mathbf{A} = [a_{ij}]$ 中。令

$$\mathbf{X} = \begin{pmatrix} x_1 \\ x_2 \\ \vdots \\ x_m \end{pmatrix}$$

且

$$\mathbf{O} = \begin{pmatrix} 0 \\ 0 \\ \vdots \\ 0 \end{pmatrix}$$

為 $n \times 1$ 零矩陣，則方程組可用矩陣方程式

$$\mathbf{AX} = \mathbf{O}$$

表示，允許我們使用矩陣代數來解方程組。

首先，做一些約定和觀察，這個矩陣方程式的解為 $m \times 1$ 矩陣

$$\mathbf{S} = \begin{pmatrix} c_1 \\ c_2 \\ \vdots \\ c_m \end{pmatrix}$$

使得 $\mathbf{AS} = \mathbf{O}$，我們也可以將 $\mathbf{S}$ 視為 R^m 中的向量。解的和以及純量積仍然是解且 $m \times 1$ 零矩陣是一解，這表示解形成 R^m 的子空間，稱為方程組的**解空間** (solution space)。

考慮對 $\mathbf{A}$ 的基本列運算可作為方程組中方程式的運算。第 I 類型的運算對應於交換兩個方程式，第 II 類型的運算是以非零的實數乘以方程式，第 III 類型的運算是將一個方程式的非零倍數加到方程組的另一個方程式中。

檢查這些運算不會改變方程組的解，這表示我們可以對 $\mathbf{A}$ 執行基本列運算來獲得具有與原方程組相同的解的新方程組 $\mathbf{A}^*\mathbf{X} = \mathbf{O}$。特別地，我們可以藉由解簡化方程組

$$\mathbf{A}_R\mathbf{X} = \mathbf{O}$$

來解原方程組。處理簡化後的方程組的優點是可以立即從其中讀取通解及解空間的基底，這些也是原方程組的通解及解空間的基底。

例 6.14

從一個簡單的方程組開始

$$x_1 - 3x_2 + 2x_3 = 0$$
$$-2x_1 + x_2 - 3x_3 = 0$$

以矩陣表示，$\mathbf{AX} = \mathbf{O}$，其中

$$\mathbf{A} = \begin{pmatrix} 1 & -3 & 2 \\ -2 & 1 & -3 \end{pmatrix}, \mathbf{X} = \begin{pmatrix} x_1 \\ x_2 \\ x_3 \end{pmatrix} \text{ 且 } \mathbf{O} = \begin{pmatrix} 0 \\ 0 \end{pmatrix}$$

直接將 $\mathbf{A}$ 化簡，得到

$$\mathbf{A}_R = \begin{pmatrix} 1 & 0 & 7/5 \\ 0 & 1 & -1/5 \end{pmatrix}$$

簡化的方程組 (reduced system) $\mathbf{A}_R\mathbf{X} = \mathbf{O}$ 為

$$x_1 + \frac{7}{5}x_3 = 0$$
$$x_2 - \frac{1}{5}x_3 = 0$$

此方程組具有解

$$x_1 = -\frac{7}{5}x_3, x_2 = \frac{1}{5}x_3, x_3 \text{ 為任意數}$$

這是**通解** (general solution)，包含所有化簡後的方程組的解，因為 x_3 可以在所有實數上改變。以矩陣形式，這個通解為

$$\mathbf{X} = \alpha \begin{pmatrix} -7/5 \\ 1/5 \\ 1 \end{pmatrix}$$

其中 α（對於 x_3）為任意實數。這也是原方程組的通解，因為用於簡化係數矩陣的運算，當應用於方程組時，不會改變解。

因為 α 可以是任意數，所以我們可將矩陣解中的 1/5 提出，並將其納入 α 寫成

$$\mathbf{X} = \alpha \begin{pmatrix} -7 \\ 1 \\ 5 \end{pmatrix}$$

我們也可以將方程組的解空間描述成具有基底向量 $<-7, 1, 5>$ 的 R^3 的子空間。這個解空間具有維數 1，這是可以指定任意值的未知數的數目（在此情況下，僅為 x_3）。

$\mathbf{A}_R$ 的每一非零列可產生簡化方程組的一個方程式，其中未知數可以用假設為任意值的其他未知數來表示。因此，我們觀察到，至少在這個例子中，

解空間的維數
= 可以任意指定的未知數的數目
= 未知數的數目減去 $\mathbf{A}_R$ 的非零列數
= $m - \mathbf{A}_R$ 的非零列數

$\mathbf{A}_R$ 的非零列數稱為 $\mathbf{A}$ 的**秩** (rank)，以 rank($\mathbf{A}$) 表示。一般來說，對於齊次線性方程組而言，剛才的觀察是正確的。

例 6.15

考慮 3×5 方程組
$$x_1 - 3x_2 + x_3 - 7x_4 + 4x_5 = 0$$
$$x_1 + 2x_2 - 3x_3 = 0$$
$$x_2 - 4x_3 + x_5 = 0$$

這是 $\mathbf{AX} = \mathbf{O}$，其中

$$\mathbf{A} = \begin{pmatrix} 1 & -3 & 1 & -7 & 4 \\ 1 & 2 & -3 & 0 & 0 \\ 0 & 1 & -4 & 0 & 1 \end{pmatrix}$$

$\mathbf{A}$ 為 3×5 矩陣，$\mathbf{X}$ 為 5×1 矩陣，$\mathbf{O}$ 為 3×1 矩陣。將 $\mathbf{A}$ 化簡，得到

$$\mathbf{A}_R = \begin{pmatrix} 1 & 0 & 0 & -35/16 & 13/16 \\ 0 & 1 & 0 & 28/16 & -20/16 \\ 0 & 0 & 1 & 7/16 & -9/16 \end{pmatrix}$$

此處
$$m - \mathbf{A}_R \text{ 的非零列數} = 5 - 3 = 2$$

所以解空間是 2 維，這表示有兩個未知數其值為任意數，而另外三個未知數可以用這兩個未知數表示。這可以用簡化後的方程組來證明：

$$x_1 - \frac{35}{16}x_4 + \frac{13}{16}x_5 = 0$$
$$x_2 + \frac{28}{16}x_4 - \frac{20}{16}x_5 = 0$$
$$x_3 + \frac{7}{16}x_4 - \frac{9}{16}x_5 = 0$$

上式可以很容易解出：

$$x_1 = \frac{35}{16}x_4 - \frac{13}{16}x_5$$
$$x_2 = -\frac{28}{16}x_4 + \frac{20}{16}x_5$$
$$x_3 = -\frac{7}{16}x_4 + \frac{9}{16}x_5$$

其中 x_4 和 x_5 為任意數。為了使這個解看起來更簡潔，令 $x_4 = 16\alpha$ 且 $x_5 = 16\beta$。這些仍然是任意數，因為 α 和 β 為任意數。如今

$$\mathbf{X} = \begin{pmatrix} 35\alpha - 13\beta \\ -28\alpha + 20\beta \\ -7\alpha + 9\beta \\ 16\alpha \\ 16\beta \end{pmatrix} = \alpha \begin{pmatrix} 35 \\ -28 \\ -7 \\ 16 \\ 0 \end{pmatrix} + \beta \begin{pmatrix} -13 \\ 20 \\ 9 \\ 0 \\ 16 \end{pmatrix}$$

這是方程組的通解,且解空間只有維數 2,因為 x_4 和 x_5 為任意數。我們還可以讀取解空間的基底向量:

$$< 35, -28, -7, 16, 0 >, < -13, 20, 9, 0, 16 >$$

這是求解方程組 $\mathbf{AX} = \mathbf{O}$ 的方法的概要。

1. 簡化 $\mathbf{A}$ 得到 $\mathbf{A}_R$。
2. 解簡化後的方程組 $\mathbf{A}_R\mathbf{X} = \mathbf{O}$。
3. 根據可以指定任意值的未知數寫出通解,此未知數個數等於 m 減去 $\mathbf{A}_R$ 的非零列數。
4. 步驟 3 也可以產生解空間的基底向量。

例 6.16

求

$$2x_1 - 4x_2 + x_3 + x_4 + 6x_5 + 4x_6 - 2x_7 = 0$$
$$-4x_1 + x_2 + 6x_3 + 3x_4 + 10x_5 - 3x_6 + 6x_7 = 0$$
$$3x_1 + x_2 - 4x_3 + 2x_4 + 5x_5 + x_6 + 3x_7 = 0$$

的通解。

係數矩陣為

$$\mathbf{A} = \begin{pmatrix} 2 & -4 & 1 & 1 & 6 & 4 & -2 \\ -4 & 1 & 6 & 3 & 10 & -3 & 6 \\ 3 & 1 & -4 & 2 & 5 & 1 & 3 \end{pmatrix}$$

求出簡化後的矩陣

$$\mathbf{A}_R = \begin{pmatrix} 1 & 0 & 0 & 3 & 67/7 & 4/7 & 29/7 \\ 0 & 1 & 0 & 9/5 & 178/35 & -5/7 & 118/35 \\ 0 & 0 & 1 & 11/5 & 36/5 & 0 & 16/5 \end{pmatrix}$$

此處 $m = 7$ 且 $\mathbf{A}_R$ 有三個非零列,所以解空間具有維數 4。有四個未知數(x_4、x_5、x_6 和 x_7)可以指定任意值,三個未知數(x_1、x_2 和 x_3)是根據 x_4、x_5、x_6 和 x_7 給出的。通解為

$$\mathbf{X} = \alpha \begin{pmatrix} -3 \\ -9/5 \\ -11/5 \\ 1 \\ 0 \\ 0 \\ 0 \end{pmatrix} + \beta \begin{pmatrix} -67/7 \\ -178/35 \\ -36/5 \\ 0 \\ 1 \\ 0 \\ 0 \end{pmatrix} + \gamma \begin{pmatrix} -4/7 \\ 5/7 \\ 0 \\ 0 \\ 0 \\ 1 \\ 0 \end{pmatrix} + \delta \begin{pmatrix} -29/7 \\ -118/35 \\ -16/5 \\ 0 \\ 0 \\ 0 \\ 1 \end{pmatrix}$$

齊次線性方程組總是有一解（零解），這可能是唯一的解。

例 6.17

方程組

$$-4x_1 + x_2 - 7x_3 = 0$$
$$2x_1 + 9x_2 - 13x_3 = 0$$
$$x_1 + x_2 + 10x_3 = 0$$

的係數矩陣為

$$\mathbf{A} = \begin{pmatrix} -4 & 1 & -7 \\ 2 & 9 & -13 \\ 1 & 1 & 10 \end{pmatrix}$$

求出 $\mathbf{A}_R = \mathbf{I}_3$。在此例中，$\mathbf{A}$ 的行數減去簡化後的矩陣的非零列個數等於零，因此解空間的維數為零，僅含有零向量。簡化後的方程組為

$$\begin{pmatrix} 1 & 0 & 0 \\ 0 & 1 & 0 \\ 0 & 0 & 1 \end{pmatrix} \mathbf{X} = \begin{pmatrix} 0 \\ 0 \\ 0 \end{pmatrix}$$

它只有零解。因此，原方程組僅有零解

$$\mathbf{X} = \begin{pmatrix} 0 \\ 0 \\ 0 \end{pmatrix}$$

6.3 習題

習題 1–6，利用簡化係數矩陣根據一個或多個行矩陣寫出通解，並求解空間的維數及基底。

1. $x_1 + 2x_2 - x_3 + x_4 = 0$
$x_2 - x_3 + x_4 = 0$

2. $-2x_1 + x_2 + 2x_3 = 0$
$x_1 - x_2 = 0$
$x_1 + x_2 = 0$

3. $x_1 - x_2 + 3x_3 - x_4 + 4x_5 = 0$
$2x_1 - 2x_2 + x_3 + x_4 = 0$
$x_1 - 2x_3 + x_5 = 0$
$x_3 + x_4 - x_5 = 0$

4. $-10x_1 - x_2 + 4x_3 - x_4 + x_5 - x_6 = 0$
$x_2 - x_3 + 3x_4 = 0$
$2x_1 - x_2 + x_5 = 0$
$x_2 - x_4 + x_6 = 0$

5. $x_2 - 3x_4 + x_5 = 0$
$2x_1 - x_2 + x_4 = 0$
$2x_1 - 3x_2 + 4x_5 = 0$

6. $x_1 - 2x_2 + x_5 - x_6 + x_7 = 0$
$x_3 - x_4 + x_5 - 2x_6 + 3x_7 = 0$
$x_1 - x_5 + 2x_6 = 0$
$2x_1 - 3x_4 + x_5 = 0$

7. 方程式至少與未知數一樣多的方程組 $\mathbf{AX} = \mathbf{O}$ 是否可以具有非零解。

8. 證明方程組 $\mathbf{AX} = \mathbf{O}$ 具有非零解若且唯若 $\mathbf{A}$ 的行在 R^n 為線性相依。

9. 令 $\mathbf{A}$ 為 $n \times m$ 實矩陣。令 $S(\mathbf{A})$ 為方程組 $\mathbf{AX} = \mathbf{O}$ 的解空間。令 R 為 $\mathbf{A}$ 的列向量空間，作為 R^m 的子空間，而 C 為行向量空間，作為 R^n 的子空間。
(1) 證明 $R^\perp = S(\mathbf{A})$。
(2) 證明 $C^\perp = S(\mathbf{A}^t)$。

6.4 非齊次線性方程組的解

考慮 m 個未知數的 n 個方程式的方程組

$$a_{11}x_1 + a_{12}x_2 + \cdots + a_{1m}x_m = b_1$$
$$a_{21}x_1 + a_{22}x_2 + \cdots + a_{2m}x_m = b_2$$
$$\vdots$$
$$a_{n1}x_1 + a_{n2}x_2 + \cdots + a_{nm}x_m = b_n$$

以矩陣形式，這是

$$\mathbf{AX} = \mathbf{B}$$

其中 **A** 為未知數的係數矩陣，

$$\mathbf{X} = \begin{pmatrix} x_1 \\ x_2 \\ \vdots \\ x_m \end{pmatrix} \text{ 且 } \mathbf{B} = \begin{pmatrix} b_1 \\ b_2 \\ \vdots \\ b_n \end{pmatrix}$$

若至少有一個 $b_j \neq 0$ 則此方程組為**非齊次** (nonhomogeneous)。

非齊次方程組與齊次方程組有顯著差異。由於解的線性組合不是一個解且零向量不是一個解，因此對於非齊次方程組並沒有解空間。此外，非齊次方程組可能根本沒有任何解。例如，

$$2x_1 - 3x_2 = 6$$
$$4x_1 - 6x_2 = 8$$

無解。若 $2x_1 - 3x_2 = 6$，則 $2(2x_1 - 3x_2) = 4x_1 - 6x_2 = 12$，不等於 8。具有解的非齊次方程組稱為**相容** (consistent)；若無解，則方程組為**不相容** (inconsistent)。

因此，我們可以確定兩個目標。給予一非齊次方程組 **AX = B**：

1. 判斷這個方程組是否為相容。
2. 如果是相容，求出所有解。

執行這個程式的策略，可以在齊次方程組之後進行模擬。然而，現在有常數 $b_1, \cdots, b_n$ 以及係數 a_{ij}，我們可以使用增廣矩陣 $[\mathbf{A} \vdots \mathbf{B}]$ 將所有這些資訊放入一個組件中，$[\mathbf{A} \vdots \mathbf{B}]$ 是將行 **B** 附加到 **A** 而形成的 $n \times (m+1)$ 矩陣。

例如，對於方程組

$$2x_1 - x_2 + 7x_3 = 4$$
$$8x_1 + 3x_2 - 4x_3 = 17$$

增廣矩陣為

$$[\mathbf{A} \vdots \mathbf{B}] = \begin{pmatrix} 2 & -1 & 7 & \vdots & 4 \\ 8 & 3 & -4 & \vdots & 17 \end{pmatrix}$$

如果我們對這個矩陣執行基本列運算後，形成一個新的增廣矩陣 $[\mathbf{A}^* \vdots \mathbf{B}^*]$，則方程組 **AX = B** 與 **A*X = B*** 有相同的解。這很容易檢查每個運算，其中 b_j 項包括在所執行的運算中。例如，如果我們將方程組的第二個方程式乘以 3，則新方程組為

$$2x_1 - x_2 + 7x_3 = 4$$
$$24x_1 + 9x_2 - 12x_3 = 51$$

與原方程組具有相同的解。

現在的想法是簡化 $[\mathbf{A}\vdots\mathbf{B}]$，產生一個 $n \times (m+1)$ 的矩陣 $[\mathbf{A}_R\vdots\mathbf{C}]$。

方程組 $\mathbf{AX} = \mathbf{B}$ 和 $\mathbf{A}_R\mathbf{X} = \mathbf{C}$ 有相同的解。

現在有兩種可能。

(1) $\mathbf{A}_R$ 有零列。例如第 k 列，但 $c_k \neq 0$。現在簡化後的方程組的第 k 個方程式為

$$0x_1 + 0x_2 + \cdots + 0x_m = c_k$$

如果 $c_k \neq 0$，則上式不成立。這個簡化方程組為不相容，因此原方程組為不相容。

(2) 如果不發生情況 (1)，則 $\mathbf{A}_R\mathbf{X} = \mathbf{C}$ 為相容，並且所有解都可以從這個簡化方程組中讀取。這產生了 $\mathbf{AX} = \mathbf{B}$ 的通解。

這些結論可概括如下。請記住，簡化增廣矩陣的前 m 行是 $\mathbf{A}$ 的簡化形式：

$$[\mathbf{A}\vdots\mathbf{B}]_R = [\mathbf{A}_R\vdots\mathbf{C}]$$

若 $\mathbf{A}_R$ 的非零列數等於 $[\mathbf{A}_R\vdots\mathbf{C}]$ 的非零列數，則非齊次方程組 $\mathbf{AX} = \mathbf{B}$ 為相容（有解）。這兩個數都可以從簡化的增廣矩陣中讀出，首先只計算左邊 $n \times m$ 區塊中的非零列數，然後計算整個簡化增廣矩陣中的非零列數。

當這些數不相等時，方程組為不相容。

以下是這些想法的一些例子。

例 6.18

我們已經觀察到方程組

$$2x_1 - 3x_2 = 6$$
$$4x_1 - 6x_2 = 8$$

無解。嘗試剛才概述的程序。係數矩陣為

$$\mathbf{A} = \begin{pmatrix} 2 & -3 \\ 4 & -6 \end{pmatrix}$$

而增廣矩陣為

$$[\mathbf{A}\vdots\mathbf{B}] = \begin{pmatrix} 2 & -3 & \vdots & 6 \\ 4 & -6 & \vdots & 8 \end{pmatrix}$$

將此矩陣簡化為

$$[\mathbf{A}\vdots\mathbf{B}]_R = \begin{pmatrix} 1 & -3/2 & \vdots & 2 \\ 0 & 0 & \vdots & -4 \end{pmatrix}$$

前兩行為 $\mathbf{A}_R$，這個簡化後的方程組的第二個方程式為
$$0x_1 + 0x_2 = -4$$
這是無解。簡化的方程組與原方程組均為不相容。注意，$\mathbf{A}_R$ 的非零列數為 1，而簡化增廣矩陣的非零列數為 2。

例 6.19

解方程組

$$\begin{pmatrix} -3 & 2 & 2 \\ 1 & 4 & -6 \\ 0 & -2 & 2 \end{pmatrix} \mathbf{X} = \begin{pmatrix} 8 \\ 1 \\ -2 \end{pmatrix}$$

或證明它不相容。

將 $\mathbf{B}$ 加到 $\mathbf{A}$ 的右側形成增廣矩陣

$$[\mathbf{A} \vdots \mathbf{B}] = \begin{pmatrix} -3 & 2 & 2 & \vdots & 8 \\ 1 & 4 & -6 & \vdots & 1 \\ 0 & -2 & 2 & \vdots & -2 \end{pmatrix}$$

簡化這個矩陣，得到

$$[\mathbf{A} \vdots \mathbf{B}]_R = \begin{pmatrix} 1 & 0 & 0 & \vdots & 0 \\ 0 & 1 & 0 & \vdots & 5/3 \\ 0 & 0 & 1 & \vdots & 3/2 \end{pmatrix} = [\mathbf{A}_R \vdots \mathbf{C}]$$

$\mathbf{C}$ 是當我們簡化 A，亦即簡化 $[\mathbf{A} \vdots \mathbf{B}]$ 的前三列和前三行得到的。因為 $\mathbf{A}_R$（簡化增廣矩陣的前三行）有三個非零列，與簡化增廣矩陣的列數相同，此方程組為相容。

簡化增廣矩陣 $[\mathbf{A}_R \vdots \mathbf{C}]$ 代表簡化方程組

$$x_1 = 0$$
$$x_2 = \frac{5}{3}$$
$$x_3 = \frac{3}{2}$$

以矩陣的符號，

$$\mathbf{X} = \begin{pmatrix} 0 \\ 5/2 \\ 3/2 \end{pmatrix}$$

這個方程組有唯一解，因此原方程組有唯一解。

例 6.20

解方程組

$$x_1 - x_2 + 2x_4 + x_5 = -3$$
$$x_2 + x_3 + 3x_4 + 2x_5 = 1$$
$$x_1 - 4x_2 + 3x_3 + x_4 - 7x_5 = 0$$

或證明此方程組無解。

係數矩陣為

$$\mathbf{A} = \begin{pmatrix} 1 & -1 & 0 & 2 & 1 \\ 0 & 1 & 1 & 3 & 2 \\ 1 & -4 & 3 & 1 & -7 \end{pmatrix}$$

增廣矩陣（將 $\mathbf{B}$ 附加到 $\mathbf{A}$ 的右側）為

$$[\mathbf{A} \vdots \mathbf{B}] = \begin{pmatrix} 1 & -1 & 0 & 2 & 1 & \vdots & -3 \\ 0 & 1 & 1 & 3 & 2 & \vdots & 1 \\ 1 & -4 & 3 & 1 & -7 & \vdots & 0 \end{pmatrix}$$

簡化這個矩陣。簡化前五行（包括 $\mathbf{A}$），同時對第 6 行執行相同的運算，得到

$$[\mathbf{A} \vdots \mathbf{B}]_R = \begin{pmatrix} 1 & 0 & 0 & 11/3 & 10/3 & \vdots & -3 \\ 0 & 1 & 0 & 5/3 & 7/3 & \vdots & 0 \\ 0 & 0 & 1 & 4/3 & -1/3 & \vdots & 1 \end{pmatrix} = [\mathbf{A}_R \vdots \mathbf{C}]$$

$\mathbf{A}_R$（這個矩陣的前五行）有三個非零列，與簡化增廣矩陣的列數相同，因此這個方程組為相容。

簡化的方程組為

$$x_1 + \frac{11}{3}x_4 + \frac{10}{3}x_5 = -3$$

$$x_2 + \frac{5}{3}x_4 + \frac{7}{3}x_5 = 0$$

$$x_3 + \frac{4}{3}x_4 - \frac{1}{3}x_5 = 1$$

因此

$$x_1 = -3 - \frac{11}{3}x_4 - \frac{10}{3}x_5$$

$$x_2 = 0 - \frac{5}{3}x_4 - \frac{7}{3}x_5$$

$$x_3 = 1 - \frac{4}{3}x_4 + \frac{1}{3}x_5$$

這是通解，其中 x_4 和 x_5 為任意數，而 x_1、x_2 和 x_3 是以 x_4 和 x_5 表示。

以矩陣的形式表示，通解為

$$\mathbf{X} = \begin{pmatrix} x_1 \\ x_2 \\ x_3 \\ x_4 \\ x_5 \end{pmatrix} = \begin{pmatrix} -3 \\ 0 \\ 1 \\ 0 \\ 0 \end{pmatrix} + x_4 \begin{pmatrix} -11/3 \\ -5/3 \\ -4/3 \\ 1 \\ 0 \end{pmatrix} + x_5 \begin{pmatrix} -10/3 \\ -7/3 \\ 1/3 \\ 0 \\ 1 \end{pmatrix}$$

其中 x_4 和 x_5 為任意數。

在這個例子中，問題的通解的形式是有啟發性的。假設 $\mathbf{U}_p$ 是方程組 $\mathbf{AX} = \mathbf{B}$ 的任意解。若 $\mathbf{U}$ 也是非齊次方程組的一解，則 $\mathbf{U} - \mathbf{U}_p$ 為齊次方程組 $\mathbf{AX} = \mathbf{O}$ 的一解。這是因為

$$\mathbf{A}(\mathbf{U} - \mathbf{U}_p) = \mathbf{AU} - \mathbf{AU}_p = \mathbf{B} - \mathbf{B} = \mathbf{O}$$

但 $\mathbf{U} - \mathbf{U}_p$ 包含於齊次方程組 $\mathbf{AX} = \mathbf{O}$ 的通解，故

$$\mathbf{U} = \mathbf{U}_p + \mathbf{AX} = \mathbf{O} \text{ 的某一解}$$

這表示

$\mathbf{AX} = \mathbf{B}$ 的通解 =

$\mathbf{AX} = \mathbf{B}$ 的任意特解 $\mathbf{U}_p$ + 齊次方程式 $\mathbf{AX} = \mathbf{O}$ 的通解

例 6.20 中，

$$\mathbf{U}_p = \begin{pmatrix} -3 \\ 0 \\ 1 \\ 0 \\ 0 \end{pmatrix}$$

為 $\mathbf{AX} = \mathbf{B}$ 的一解,而

$$\mathbf{H} = x_4 \begin{pmatrix} -11/3 \\ -5/3 \\ -4/3 \\ 1 \\ 0 \end{pmatrix} + x_5 \begin{pmatrix} -10/3 \\ -7/3 \\ 1/3 \\ 0 \\ 1 \end{pmatrix}$$

為 $\mathbf{AX} = \mathbf{O}$ 的通解。非齊次方程組 $\mathbf{AX} = \mathbf{B}$ 的通解為

$$\mathbf{X} = \mathbf{U}_p + \mathbf{H}$$

這個形式的通解讓人聯想到二階微分方程式

$$y'' + p(x)y' + q(x)y = f(x)$$

通解的形式,亦即

通解 =

任意特解 y_p + 齊次方程式 $y'' + p(x)y' + q(x)y = 0$ 的通解

例 6.21

解非齊次線性方程組

$$2x_1 + x_2 + x_3 - 3x_4 = 8$$

$$4x_1 + 2x_2 - 3x_3 + x_4 = 6$$

係數矩陣與增廣矩陣分別為

$$\mathbf{A} = \begin{pmatrix} 2 & 1 & 1 & -3 \\ 4 & 2 & -3 & 1 \end{pmatrix}$$

和

$$[\mathbf{A} \vdots \mathbf{B}] = \begin{pmatrix} 2 & 1 & 1 & -3 & \vdots & 8 \\ 4 & 2 & -3 & 1 & \vdots & 6 \end{pmatrix}$$

簡化後的增廣矩陣為

$$[\mathbf{A} \vdots \mathbf{B}]_R = \begin{pmatrix} 1 & 1/2 & 0 & -4/5 & \vdots & 3 \\ 0 & 0 & 1 & -7/5 & \vdots & 2 \end{pmatrix}$$

簡化的方程組為

$$x_1 + \frac{1}{2}x_2 - \frac{4}{5}x_4 = 3$$

$$x_3 - \frac{7}{5}x_4 = 2$$

亦可寫成

$$x_1 = -\frac{1}{2}x_2 + \frac{4}{5}x_4 + 3$$

$$x_3 = \frac{7}{5}x_4 + 2$$

由此，通解為

$$\mathbf{X} = \begin{pmatrix} x_1 \\ x_2 \\ x_3 \\ x_4 \end{pmatrix} = x_2 \begin{pmatrix} -1/2 \\ 1 \\ 0 \\ 0 \end{pmatrix} + x_4 \begin{pmatrix} 4/5 \\ 0 \\ 7/5 \\ 1 \end{pmatrix} + \begin{pmatrix} 3 \\ 0 \\ 2 \\ 0 \end{pmatrix}$$

其中 x_2 和 x_4 為任意常數，注意：這個通解的形式為齊次方程組 $\mathbf{AX} = \mathbf{O}$ 的通解加上非齊次方程組的特解。

6.4 習題

習題 1–7，求方程組的通解或證明它是不相容。

1. $3x_1 - 2x_2 + x_3 = 6$
$x_1 + 10x_2 - x_3 = 2$
$-3x_1 - 2x_2 + x_3 = 0$

2. $2x_1 - 3x_2 + x_4 - x_6 = 0$
$3x_1 - 2x_2 + x_5 = 1$
$x_1 - x_4 + 6x_6 = 3$

3. $3x_2 - 4x_4 = 10$
$x_1 - 3x_2 + 4x_3 - x_6 = 8$
$x_2 + x_3 - 6x_4 + x_6 = -9$
$x_1 - x_2 + x_6 = 0$

4. $8x_1 - 4x_2 + 10x_5 = 1$
$x_2 + x_4 - x_5 = 2$
$x_3 - 3x_4 + 2x_5 = 0$

5. $14x_3 - 3x_5 + x_7 = 2$
   $x_1 + x_2 + x_3 - x_4 + x_6 = -4$
6. $7x_1 - 3x_2 + 4x_3 = -7$
   $2x_1 + x_2 - x_3 + 4x_4 = 6$
   $x_2 - 3x_4 = -5$

7. $4x_1 - x_2 + 4x_3 = 1$
   $x_1 + x_2 - 5x_3 = 0$
   $-2x_1 + x_2 + 7x_3 = 4$

8. 證明非齊次方程組 $\mathbf{AX} = \mathbf{B}$ 是相容若且唯若 $\mathbf{B}$ 是 $\mathbf{A}$ 的行的線性組合。

6.5 反矩陣

$\mathbf{A}$ 為 $n \times n$ 矩陣，若

$$\mathbf{AB} = \mathbf{BA} = \mathbf{I}_n$$

則 $n \times n$ 矩陣 $\mathbf{B}$ 為 $\mathbf{A}$ 的反 (inverse) 矩陣。若 $\mathbf{A}$ 有反矩陣，則它只能有一個反矩陣。假設

$$\mathbf{AB} = \mathbf{BA} = \mathbf{I}_n \text{ 且 } \mathbf{AC} = \mathbf{CA} = \mathbf{I}_n$$

則

$$\mathbf{C} = \mathbf{CI}_n = \mathbf{C(AB)}$$
$$= \mathbf{(CA)B} = \mathbf{I}_n\mathbf{B} = \mathbf{B}$$

由此可知，若 $\mathbf{A}$ 有反矩陣，則反矩陣為唯一，且以 $\mathbf{A}^{-1}$ 表示。

很容易找到無反矩陣的方陣的例子。

例 6.22

令

$$\mathbf{A} = \begin{pmatrix} 1 & 3 \\ 2 & 6 \end{pmatrix}$$

如果這個矩陣有反矩陣，

$$\mathbf{A}^{-1} = \begin{pmatrix} a & b \\ c & d \end{pmatrix}$$

我們就會有

$$\mathbf{AA}^{-1} = \begin{pmatrix} 1 & 3 \\ 2 & 6 \end{pmatrix} \begin{pmatrix} a & b \\ c & d \end{pmatrix} = \begin{pmatrix} a+3c & b+3d \\ 2a+6c & 2b+6d \end{pmatrix} = \begin{pmatrix} 1 & 0 \\ 0 & 1 \end{pmatrix}$$

因此 $a + 3c = 1$ 但 $2a + 6c = 2$，這是一個矛盾。這個矩陣無反矩陣。

因此,有兩個問題:給予一方陣,矩陣是否有反矩陣?如果有的話,我們如何找到它?

如果 $\mathbf{A}$ 是 $n \times n$ 矩陣,則簡化的形式 $\mathbf{A}_R$ 將會解決這兩個問題。這個想法是產生矩陣 $\mathbf{\Omega}_R$ 使得

$$\mathbf{\Omega}_R \mathbf{A} = \mathbf{A}_R$$

若 $\mathbf{A}_R = \mathbf{I}_n$,則

$$\mathbf{\Omega}_R \mathbf{A} = \mathbf{I}_n$$

且 $\mathbf{\Omega}_R = \mathbf{A}^{-1}$,這是我們尋求的反矩陣。

但若 $\mathbf{A}_R \neq \mathbf{I}_n$,則 $\mathbf{A}$ 無反矩陣。

例 6.23

令

$$\mathbf{A} = \begin{pmatrix} 5 & -1 \\ 6 & 8 \end{pmatrix}$$

將 $\mathbf{I}_2$ 附加到 $\mathbf{A}$ 的右側形成 2×4 增廣矩陣

$$[\mathbf{A} \vdots \mathbf{I}_2] = \begin{pmatrix} 5 & -1 & \vdots & 1 & 0 \\ 6 & 8 & \vdots & 0 & 1 \end{pmatrix}$$

利用列運算將 $\mathbf{A}$ 簡化,對 $\mathbf{I}_2$ 執行與簡化 $\mathbf{A}$ 相同的運算。首先,第 1 列乘以 1/5:

$$\begin{pmatrix} 1 & -1/5 & \vdots & 1/5 & 0 \\ 6 & 8 & \vdots & 0 & 1 \end{pmatrix}$$

第 1 列乘以 −6 加到第 2 列:

$$\begin{pmatrix} 1 & -1/5 & \vdots & 1/5 & 0 \\ 0 & 46/5 & \vdots & -6/5 & 1 \end{pmatrix}$$

第 2 列乘以 5/46:

$$\begin{pmatrix} 1 & -1/5 & \vdots & 1/5 & 0 \\ 0 & 1 & \vdots & -6/46 & 5/46 \end{pmatrix}$$

第 2 列乘以 1/5 加到第 1 列:

$$\begin{pmatrix} 1 & 0 & \vdots & 8/46 & 1/46 \\ 0 & 1 & \vdots & -6/46 & 5/46 \end{pmatrix}$$

左側為 **A** 的簡化式，即 $\mathbf{I}_2$；右側為矩陣 $\mathbf{\Omega}_R$ 使得

$$\mathbf{\Omega}_R \mathbf{A} = \mathbf{A}_R = \mathbf{I}_2$$

因此

$$\mathbf{A}^{-1} = \mathbf{\Omega}_R = \begin{pmatrix} 8/46 & 1/46 \\ -6/46 & 5/46 \end{pmatrix}$$

如果我們對例 6.22 中的矩陣 **A** 使用這種方法，則簡化增廣矩陣

$$\begin{pmatrix} 1 & 3 & \vdots & 1 & 0 \\ 2 & 6 & \vdots & 0 & 1 \end{pmatrix}$$

可得

$$\begin{pmatrix} 1 & 3 & \vdots & 1 & 0 \\ 0 & 0 & \vdots & -2 & 1 \end{pmatrix}$$

因此

$$\mathbf{A}_R = \begin{pmatrix} 1 & 3 \\ 0 & 0 \end{pmatrix} \neq \mathbf{I}_2$$

A 沒有反矩陣。

有反矩陣的方陣稱為**非奇異** (nonsingular)；若矩陣無反矩陣，則為**奇異** (singular)。例 6.22 的矩陣為奇異。

以下是有關反矩陣的一些事實。

定理 6.3

1. $(\mathbf{I}_n)^{-1} = \mathbf{I}_n$。
2. 若 **A**、**B** 為 $n \times n$ 非奇異矩陣，則 **AB** 也是如此。此外，

$$(\mathbf{AB})^{-1} = \mathbf{B}^{-1} \mathbf{A}^{-1}$$

矩陣乘積的反矩陣為次序相反的反矩陣的乘積。

3. 若 **A** 為非奇異，則 $\mathbf{A}^{-1}$ 也是如此，且

$$(\mathbf{A}^{-1})^{-1} = \mathbf{A}$$

反矩陣的反矩陣為原矩陣。

4. 若 $\mathbf{A}$ 為非奇異,則 $\mathbf{A}^t$ 也是如此,且

$$(\mathbf{A}^t)^{-1} = (\mathbf{A}^{-1})^t$$

轉置矩陣的反矩陣為反矩陣的轉置。

5. $\mathbf{A}$ 為非奇異若且唯若 $\mathbf{A}_R = \mathbf{I}_n$。

6. 若 $\mathbf{AB}$ 為非奇異,則 $\mathbf{A}$ 與 $\mathbf{B}$ 也是如此。

若兩矩陣的乘積為非奇異,則每一矩陣必須為非奇異。一個非奇異矩陣不可能是含有奇異矩陣的乘積。

7. 若 $\mathbf{A}$ 和 $\mathbf{B}$ 為 $n \times n$ 矩陣,並且是奇異,則 $\mathbf{AB}$ 也是。

8. 每一個基本矩陣都是非奇異的,其反矩陣是相同類型的基本矩陣。

這些敘述有許多可以用直接計算導出。例如,對於 (2)。

$$(\mathbf{AB})(\mathbf{B}^{-1}\mathbf{A}^{-1}) = \mathbf{A}(\mathbf{BB}^{-1})\mathbf{A}^{-1}$$
$$= \mathbf{AA}^{-1} = \mathbf{I}_n$$

故 $\mathbf{AB}$ 的反矩陣為 $\mathbf{B}^{-1}\mathbf{A}^{-1}$,其中因數的順序相反。

對於 (4),

$$\mathbf{I}_n = (\mathbf{I}_n)^t = (\mathbf{AA}^{-1})^t = (\mathbf{A}^{-1})^t \mathbf{A}^t$$

這表示 $\mathbf{A}^t$ 的反矩陣為 $(\mathbf{A}^{-1})^t$。

存在 $\mathbf{A}$ 的反矩陣對於 n 個未知數和係數矩陣 $\mathbf{A}$ 的 n 個方程式的線性方程組有重要結果。

定理 6.4

令 $\mathbf{A}$ 為 $n \times n$ 矩陣,則

1. 齊次方程組 $\mathbf{AX} = \mathbf{O}$ 有非零解若且唯若 $\mathbf{A}$ 為奇異。
2. 非齊次方程組 $\mathbf{AX} = \mathbf{B}$ 有唯一解若且唯若 $\mathbf{A}$ 為非奇異。

要了解為何 (1) 為真,齊次方程組 $\mathbf{AX} = \mathbf{O}$ 有非零解若且唯若 n 減去 $\mathbf{A}$ 的非零列數為正(因此解空間具有正維數並且具有非零向量)。在這種情況下,$\mathbf{A}_R$ 具有零列,所以 $\mathbf{A}$ 無反矩陣。

若 $\mathbf{A}$ 為奇異,則 $\mathbf{A}_R$ 具有零列,因此解空間具有正維數並且存在非零解。

對於 (2),若 $\mathbf{A}$ 為非奇異,則我們可以將 $\mathbf{A}^{-1}$ 左乘 $\mathbf{AX} = \mathbf{B}$ 以獲得唯一解

$$\mathbf{X} = \mathbf{A}^{-1}\mathbf{B}$$

例 6.24

解方程組

$$2x_1 - x_2 + x_3 = 4$$
$$x_1 - 5x_2 - 2x_3 = 6$$
$$5x_1 - 2x_2 + x_3 = 1$$

係數矩陣為

$$\mathbf{A} = \begin{pmatrix} 2 & -1 & 1 \\ 1 & -5 & -2 \\ 5 & -2 & 1 \end{pmatrix}$$

簡化增廣矩陣 $[\mathbf{A} \vdots \mathbf{I}_3]$，我們發現 $\mathbf{A}$ 為非奇異且

$$\mathbf{A}^{-1} = \frac{1}{16} \begin{pmatrix} -9 & -1 & 7 \\ -11 & -3 & 5 \\ 23 & -1 & -9 \end{pmatrix}$$

方程組恰有一解，即

$$\mathbf{X} = \mathbf{A}^{-1}\mathbf{B} = \frac{1}{16} \begin{pmatrix} -9 & -1 & 7 \\ -11 & -3 & 5 \\ 23 & -1 & -9 \end{pmatrix} \begin{pmatrix} 4 \\ 6 \\ 1 \end{pmatrix} = \frac{1}{16} \begin{pmatrix} -35 \\ -57 \\ 77 \end{pmatrix}$$

在此例中，齊次方程組 $\mathbf{AX} = \mathbf{O}$ 僅有零解，因為 $\mathbf{A}$ 為非奇異。另外觀察到 $\mathbf{A}$ 為 3×3 矩陣，$\mathbf{A}_R$ 的非零列數為 3，因此 $\mathbf{AX} = \mathbf{O}$ 的解空間的維數為 $3 - 3$，為零，因此解空間僅由零向量組成。

6.5 習題

習題 1–5，求反矩陣或證明矩陣為奇異。

1. $\begin{pmatrix} -1 & 2 \\ 2 & 1 \end{pmatrix}$

2. $\begin{pmatrix} -5 & 2 \\ 1 & 2 \end{pmatrix}$

3. $\begin{pmatrix} 6 & 2 \\ 3 & 3 \end{pmatrix}$

4. $\begin{pmatrix} -3 & 4 & 1 \\ 1 & 2 & 0 \\ 1 & 1 & 3 \end{pmatrix}$

5. $\begin{pmatrix} -2 & 1 & 1 \\ 0 & 1 & 1 \\ -3 & 0 & 6 \end{pmatrix}$

習題 6–8，利用反矩陣求方程組的唯一解。

6. $x_1 - x_2 + 3x_3 - x_4 = 1$
$x_2 - 3x_3 + 5x_4 = 2$
$x_1 - x_3 + x_4 = 0$
$x_1 + 2x_3 - x_4 = -5$

7. $2x_1 - 6x_2 + 3x_3 = -4$
$-x_1 + x_2 + x_3 = 5$
$2x_1 + 6x_2 - 5x_3 = 8$

8. $4x_1 + 6x_2 - 3x_3 = 0$
$2x_1 + 3x_2 - 4x_3 = 0$
$x_1 - x_2 + 3x_3 = -7$

6.6 行列式

令 $\mathbf{A}$ 為 $n \times n$ 矩陣，元素可以是數字或函數。$\mathbf{A}$ 的**行列式** (determinant)，以 $\det(\mathbf{A})$ 或 $|\mathbf{A}|$ 表示，是 $\mathbf{A}$ 的列和行元素的乘積的和，這是根據非正式描述的規則。

對於 1×1 矩陣 $\mathbf{A} = [a_{11}]$，行列式定義為

$$|\mathbf{A}| = a_{11}$$

單獨的矩陣元素。

若 $n = 2$ 且

$$\mathbf{A} = \begin{pmatrix} a_{11} & a_{12} \\ a_{21} & a_{22} \end{pmatrix}$$

則

$$|\mathbf{A}| = a_{11}a_{22} - a_{12}a_{21}$$

現在進行歸納。假設 $n \geq 3$，已經定義了 $n-1 \times n-1$ 矩陣的行列式。

若 $\mathbf{A}$ 為 $n \times n$ 矩陣，令 M_{ij} 為刪除 $\mathbf{A}$ 的第 i 列和第 j 行所形成的 $n-1 \times n-1$ 矩陣的行列式，$(-1)^{i+j}M_{ij}$ 稱為 $\mathbf{A}$ 的 i、j **餘因子** (cofactor)。

選擇 $\mathbf{A}$ 的任意列 i。$|\mathbf{A}|$ **以第 i 列的餘因子展開** (cofactor expansion of $|\mathbf{A}|$ by row i) 是以第 i 列元素 a_{ij} 乘以其 i、j 餘因子之和。

$$\begin{aligned}|\mathbf{A}| &= (-1)^{i+1}a_{i1}M_{i1} + (-1)^{i+2}a_{i2}M_{i2} + \cdots + (-1)^{i+n}a_{in}M_{in} \\ &= \sum_{j=1}^{n}(-1)^{i+j}a_{ij}M_{ij}\end{aligned} \qquad (6.3)$$

我們可以證明這個和對於每一列 i 都是相同的。式 (6.3) 的和是 $\mathbf{A}$ 的行列式，它給出 $n \times n$ 行列式為列元素乘以 $n-1 \times n-1$ 行列式的和。

我們也可以固定特定的第 j 行，沿著此行由上而下。對 i 求 $(-1)^{i+j}a_{ij}M_{ij}$ 的和，這是 $|\mathbf{A}|$ 以第 j 行的餘因子展開 (cofactor expansion of $|\mathbf{A}|$ by column j)：

$$|\mathbf{A}| = (-1)^{1+j}a_{1j}M_{1j} + (-1)^{2+j}a_{2j}M_{2j} + \cdots + (-1)^{n+j}a_{nj}M_{nj}$$
$$= \sum_{i=1}^{n}(-1)^{i+j}a_{ij}M_{ij} \tag{6.4}$$

我們也可以證明以矩陣的任一行所作的餘因子展開都是相等的，且它們等於以列的餘因子展開。

例 6.25

計算幾個 3×3 矩陣的餘因子展開

$$\mathbf{A} = \begin{pmatrix} -6 & 3 & 7 \\ 12 & -5 & -9 \\ 2 & 4 & -6 \end{pmatrix}$$

如果我們沿著第 1 列以餘因子展開，可得

$$|\mathbf{A}| = \sum_{j=1}^{3}(-1)^{1+j}a_{1j}M_{1j}$$
$$= (-1)^{1+1}a_{11}M_{11} + (-1)^{1+2}a_{12}M_{12} + (-1)^{1+3}a_{13}M_{13}$$
$$= (-1)^{2}(-6)\begin{vmatrix} -5 & -9 \\ 4 & -6 \end{vmatrix} + (-1)^{3}(3)\begin{vmatrix} 12 & -9 \\ 2 & -6 \end{vmatrix} + (-1)^{4}(7)\begin{vmatrix} 12 & -5 \\ 2 & 4 \end{vmatrix}$$
$$= (-6)(30+36) - 3(-72+18) + 7(-48+10) = 172$$

沿著第 3 列以餘因子展開，可得

$$|\mathbf{A}| = \sum_{j=1}^{3}(-1)^{3+j}a_{3j}M_{3j}$$
$$= (-1)^{3+1}a_{31}M_{31} + (-1)^{3+2}a_{32}M_{32} + (-1)^{3+3}a_{33}M_{33}$$
$$= (2)\begin{vmatrix} 3 & 7 \\ -5 & -9 \end{vmatrix} + (-1)(4)\begin{vmatrix} -6 & 7 \\ 12 & -9 \end{vmatrix} + (-6)\begin{vmatrix} -6 & 3 \\ 12 & -5 \end{vmatrix}$$
$$= (2)(-27+35) - 4(54-84) - 6(30-36) = 172$$

以第 1 行作餘因子展開：

$$|\mathbf{A}| = \sum_{i=1}^{3}(-1)^{i+1}a_{i1}M_{i1}$$
$$= (-1)^{1+1}a_{11}M_{11} + (-1)^{2+1}a_{21}M_{21} + (-1)^{3+1}a_{31}M_{31}$$
$$= (-1)^2(-6)\begin{vmatrix} -5 & -9 \\ 4 & -6 \end{vmatrix} + (-1)^3(12)\begin{vmatrix} 3 & 7 \\ 4 & -6 \end{vmatrix} + (-1)^4(2)\begin{vmatrix} 3 & 7 \\ -5 & -9 \end{vmatrix}$$
$$= (-6)(30+36) - 12(-18-28) + 2(-27+35) = 172$$

以 第 2 行作餘因子展開：

$$|\mathbf{A}| = \sum_{i=1}^{3}(-1)^{i+2}a_{i2}M_{i2}$$
$$= (-1)^3(3)\begin{vmatrix} 12 & -9 \\ 2 & -6 \end{vmatrix} + (-1)^4(-5)\begin{vmatrix} -6 & 7 \\ 2 & -6 \end{vmatrix} + (-1)^5(4)\begin{vmatrix} -6 & 7 \\ 12 & -9 \end{vmatrix}$$
$$= (-3)(-72+18) - 5(36-14) - 4(54-84) = 172$$

以任何列或行作餘因子展開所得 $|\mathbf{A}|$ 均相等的事實，使我們可以選擇特殊的列或行來計算 $\mathbf{A}$ 的行列式。6.6.1 節給予一些這方面的例子。

行列式的性質，聯合基本列和行運算，可以幫助計算行列式。

定理 6.5

令 $\mathbf{A}$ 為 $n \times n$ 矩陣，則

1. $|\mathbf{A}| = |\mathbf{A}^t|$。
2. 若 $\mathbf{A}$ 有零列或零行，則 $|\mathbf{A}| = 0$。
3. 若 $\mathbf{B}$ 是由 $\mathbf{A}$ 交換兩列或兩行而得，則

$$|\mathbf{B}| = -|\mathbf{A}|$$

4. 若 $\mathbf{A}$ 有一列（或行）與另一列（或行）相等，則 $|\mathbf{A}| = 0$。
5. 若 $\mathbf{B}$ 是以 α 乘以 $\mathbf{A}$ 的一列或一行而得，則

$$|\mathbf{B}| = \alpha|\mathbf{A}|$$

以 α 乘以 $\mathbf{A}$ 的一列或一行所得的矩陣其行列式是以 α 乘以 $\mathbf{A}$ 的行列式。

6. 若 $\mathbf{B}$ 是將 $\mathbf{A}$ 的某一列（或行）的常數倍數加到另一列（或行）而得，則行列式不變：

$$|\mathbf{B}| = |\mathbf{A}|$$

7. $\mathbf{A}$ 為非奇異矩陣若且唯若 $|\mathbf{A}| \neq 0$。

8. 若 **A** 與 **B** 均為 $n \times n$ 矩陣,則

$$|\mathbf{AB}| = |\mathbf{A}||\mathbf{B}|$$

結論 1,矩陣的行列式等於其轉置的行列式,這是因為 $|\mathbf{A}|$ 沿著任一列的餘因子展開與 $|\mathbf{A}^t|$ 沿著該行的餘因子展開相同。

結論 2,行列式沿著任意零列或零行以餘因子展開,這個展開的每一項是以列(或行)的零元素相乘。

結論 3、5、6 描述基本列運算對行列式的效應,因為矩陣的行列式等於其轉置的行列式,我們也可以用行運算來計算行列式。

結論 4,將 **A** 的兩個相等的列(或行)交換形成 **B**,則 $|\mathbf{A}| = |\mathbf{B}|$,因為 **A** = **B**。但由 (3),

$$|\mathbf{A}| = -|\mathbf{B}|$$

所以 $|\mathbf{A}| = -|\mathbf{A}|$,這個行列式等於零。

結論 7,矩陣為非奇異,當其簡化式為單位矩陣。若矩陣為奇異,則其簡化式有零列,因此行列式等於零。但是簡化矩陣的列運算只是以非零常數乘以行列式,或使行列式不變,所以原矩陣的行列式也必須等於零。

作為餘因子展開的替代法,我們可以用列或行運算來計算行列式。

6.6.1 以列或行運算計算

A 的列或行中的每一個零,可使得 $|\mathbf{A}|$ 沿著該列或行的餘因子展開產生較少的項數。因此我們可以用簡化的方法來求行列式,亦即使用列或行運算使某列或某行盡可能產生很多零,然後沿著該列或行展開。在此過程中,我們必須保持由這些運算所引入的常數因數。

例 6.26

計算

$$\mathbf{A} = \begin{pmatrix} 4 & 2 & -3 \\ 3 & 4 & 6 \\ 2 & -6 & 8 \end{pmatrix}$$

的行列式。

以第 1 列乘以 −2 加到第 2 列,然後以第 1 列乘以 3 加到第 3 列,使第 2 行產生零,形成

$$\mathbf{B} = \begin{pmatrix} 4 & 2 & -2 \\ -5 & 0 & 12 \\ 14 & 0 & -1 \end{pmatrix}$$

這些列運算不會改變行列式的值。|**B**| 以第 2 行展開可得

$$|\mathbf{A}| = |\mathbf{B}|$$

$$= (-1)^{1+2}(2)\begin{vmatrix} -5 & 12 \\ 14 & -1 \end{vmatrix}$$

$$= -2(5 - 168) = 326$$

例 6.27

令

$$\mathbf{A} = \begin{pmatrix} -6 & 0 & 1 & 3 & 2 \\ -1 & 5 & 0 & 1 & 7 \\ 8 & 3 & 2 & 1 & 7 \\ 0 & 1 & 5 & -3 & 2 \\ 1 & 15 & -3 & 9 & 4 \end{pmatrix}$$

計算 |**A**|。有許多種求法，這裡只是其中的一種。首先使第 3 行的 1, 3 位置為 1，其他位置的元素為 0：第 1 列乘以 −2 加到第 3 列，第 1 列乘以 −5 加到第 4 列，第 1 列乘以 3 加到第 5 列：

$$\mathbf{B} = \begin{pmatrix} -6 & 0 & 1 & 3 & 2 \\ -1 & 5 & 0 & 1 & 7 \\ 20 & 3 & 0 & -5 & 3 \\ 30 & 1 & 0 & -18 & -8 \\ -17 & 15 & 0 & 18 & 10 \end{pmatrix}$$

這些運算不會改變行列式的值，所以

$$|\mathbf{A}| = |\mathbf{B}|$$

沿著第 3 行以餘因子展開，

$$|\mathbf{B}| = (-1)^{1+3}(1)|\mathbf{C}| = |\mathbf{C}|$$

其中 **C** 是刪去 **B** 的第 1 列和第 3 行形成的：

$$\mathbf{C} = \begin{pmatrix} -1 & 5 & 1 & 7 \\ 20 & 3 & -5 & 3 \\ 30 & 1 & -18 & -8 \\ -17 & 15 & 18 & 10 \end{pmatrix}$$

現在對 **C** 執行運算。一種方法是利用第 1 列的 1, 1 位置的 −1 產生零。第 1 行乘以 5 加到第 2 行，第 1 行加到第 3 行，第 1 行乘以 7 加到第 4 行，得到

$$\mathbf{D} = \begin{pmatrix} -1 & 0 & 0 & 0 \\ 30 & 103 & 15 & 143 \\ 30 & 151 & 12 & 202 \\ -17 & 70 & 1 & -109 \end{pmatrix}$$

因此 |**C**| = |**D**|，沿著第 1 列展開 |**D**|，獲得

$$|\mathbf{D}| = (-1)^{1+1}(-1)|\mathbf{E}| = -|\mathbf{E}|$$

其中 **E** 是刪去 **D** 的第 1 列和第 1 行形成的：

$$\mathbf{E} = \begin{pmatrix} 103 & 15 & 143 \\ 151 & 12 & 202 \\ -70 & 1 & -109 \end{pmatrix}$$

將 **E** 的第 3 列乘以 −15 加到第 1 列，且將第 3 列乘以 −12 加到第 2 列，可得

$$\mathbf{F} = \begin{pmatrix} 1153 & 0 & 1778 \\ 991 & 0 & 1510 \\ -70 & 1 & -109 \end{pmatrix}$$

因此

$$|\mathbf{E}| = |\mathbf{F}| = (-1)^{3+2}(1)|\mathbf{G}| = -|\mathbf{G}|$$

其中

$$\mathbf{G} = \begin{pmatrix} 1153 & 1778 \\ 991 & 1510 \end{pmatrix}$$

|**G**| 為 2 × 2 行列式，很容易計算：

$$|\mathbf{G}| = (1153)(1510) - (1778)(991) = -20,968$$

綜上所述可知，

$$|\mathbf{A}| = |\mathbf{B}| = |\mathbf{C}| = |\mathbf{D}|$$
$$= -|\mathbf{E}| = -|\mathbf{F}| = |\mathbf{G}| = -20,968$$

6.6 習題

習題 1–7，計算行列式，可使用列與行運算且／或使用列或行餘因子展開。

1. $\begin{vmatrix} -2 & 4 & 1 \\ 1 & 6 & 3 \\ 7 & 0 & 4 \end{vmatrix}$

2. $\begin{vmatrix} -4 & 5 & 6 \\ -2 & 3 & 5 \\ 2 & -2 & 6 \end{vmatrix}$

3. $\begin{vmatrix} 17 & -2 & 5 \\ 1 & 12 & 0 \\ 14 & 7 & -7 \end{vmatrix}$

4. $\begin{vmatrix} 0 & 1 & 1 & -4 \\ 6 & -3 & 2 & 2 \\ 1 & -5 & 1 & -2 \\ 4 & 8 & 2 & 2 \end{vmatrix}$

5. $\begin{vmatrix} 10 & 1 & -6 & 2 \\ 0 & -3 & 3 & 9 \\ 0 & 1 & 1 & 7 \\ -2 & 6 & 8 & 8 \end{vmatrix}$

6. $\begin{vmatrix} 14 & 13 & -2 & 5 \\ 7 & 1 & 1 & 7 \\ 0 & 2 & 12 & 3 \\ 1 & -6 & 5 & 23 \end{vmatrix}$

7. $\begin{vmatrix} -8 & 5 & 1 & 7 & 2 \\ 0 & 1 & 3 & 5 & -6 \\ 2 & 2 & 1 & 5 & 3 \\ 0 & 4 & 3 & 7 & 2 \\ 1 & 1 & -7 & -6 & 5 \end{vmatrix}$

8. 證明

$$\begin{vmatrix} 1 & a & a^2 \\ 1 & b & b^2 \\ 1 & c & c^2 \end{vmatrix} = (a-b)(c-a)(b-c)$$

這個行列式稱為**凡得蒙得行列式** (Vandermonde determinant)。

9. 證明

$$\begin{vmatrix} a & b & c & d \\ b & c & d & a \\ c & d & a & b \\ d & a & b & c \end{vmatrix}$$

$$= (a+b+c+d)(b-a+d-c) \begin{vmatrix} 0 & 1 & -1 & 1 \\ 1 & c & d & a \\ 1 & d & a & b \\ 1 & a & b & c \end{vmatrix}$$

10. 證明平面上的點 (x_1, y_1)、(x_2, y_2) 與 (x_3, y_3) 共線（位於一條直線上）若且唯若

$$\begin{vmatrix} 1 & x_1 & y_1 \\ 1 & x_2 & y_2 \\ 1 & x_3 & y_3 \end{vmatrix} = 0$$

提示：這個行列式等於零是當矩陣為奇異。奇異矩陣的一列是其他列的線性組合（因此簡化的形式有零列）。

11. $n \times n$ 矩陣 $\mathbf{A} = [a_{ij}]$ 為**上三角** (upper triangular) 若 $i > j$，則 $a_{ij} = 0$。這表示主對角以下的每一元素為零。證明若 $\mathbf{A}$ 為上三角，則

$$|\mathbf{A}| = a_{11}a_{22}\cdots a_{nn}$$

亦即 $|\mathbf{A}|$ 為主對角元素的乘積。

6.7 克蘭姆法則

若 **A** 為實數，非奇異 $n \times n$ 矩陣，則非齊次方程組 **AX** = **B** 有唯一解 **X** = **A**$^{-1}$**B**。

克蘭姆法則是解這個方程組的另一種方法。它對於解的每一個分量 x_k 給出一個行列式公式：

$$x_k = \frac{1}{|\mathbf{A}|} |\mathbf{A}(k; \mathbf{B})| \tag{6.5}$$

$k = 1, 2, \cdots, n$，其中 $\mathbf{A}(k; \mathbf{B})$ 為 **A** 的第 k 行被行矩陣 **B** 取代而形成的 $n \times n$ 矩陣。

這裡是簡短非正式的討論，說明為何此為真。令

$$\mathbf{B} = \begin{pmatrix} b_1 \\ b_2 \\ \vdots \\ b_n \end{pmatrix}$$

以 x_k 乘以 **A** 的第 k 行。其行列式等於以 x_k 乘以 **A** 的行列式：

$$x_k |\mathbf{A}| = \begin{vmatrix} a_{11} & a_{12} & \cdots & a_{1k}x_k & \cdots & a_{1n} \\ a_{21} & a_{22} & \cdots & a_{2k}x_k & \cdots & a_{2n} \\ \vdots & \vdots & & \vdots & & \vdots \\ a_{n1} & a_{n2} & \cdots & a_{nk}x_k & \cdots & a_{nn} \end{vmatrix}$$

對於每一個 $j \neq k$，在此行列式中，將第 j 行乘以 x_j 加到第 k 行，這個運算不會改變行列式的值，因此

$$x_k |\mathbf{A}| = \begin{vmatrix} a_{11} & a_{12} & \cdots & a_{11}x_1 + \cdots + a_{1n}x_n & \cdots & a_{1n} \\ a_{21} & a_{22} & \cdots & a_{21}x_1 + \cdots + a_{2n}x_n & \cdots & a_{2n} \\ \vdots & \vdots & & \vdots & & \vdots \\ a_{n1} & a_{n2} & \cdots & a_{n1}x_1 + \cdots + a_{nn}x_n & \cdots & a_{nn} \end{vmatrix}$$

$$= \begin{vmatrix} a_{11} & a_{12} & \cdots & b_1 & \cdots & a_{1n} \\ a_{21} & a_{22} & \cdots & b_2 & \cdots & a_{2n} \\ \vdots & \vdots & \vdots & \vdots & \vdots & \vdots \\ a_{n1} & a_{n2} & \cdots & b_n & \cdots & a_{nn} \end{vmatrix}$$

$$= |\mathbf{A}(k; \mathbf{B})|$$

由此式可求出式 (6.5) 的 x_k，在這裡 $\mathbf{A}$ 為非奇異，而 $|\mathbf{A}| \neq 0$ 是很重要的。

例 6.28

解方程組

$$x_1 - 3x_2 - 4x_3 = 1$$
$$-x_1 + x_2 - 3x_3 = 14$$
$$x_2 - 3x_3 = 5$$

係數矩陣為

$$\mathbf{A} = \begin{pmatrix} 1 & -3 & -4 \\ -1 & 1 & -3 \\ 0 & 1 & -3 \end{pmatrix}$$

且 $|\mathbf{A}| = 13$，因此這個方程組有唯一解。由克蘭姆法則，

$$x_1 = \frac{1}{13} \begin{vmatrix} 1 & -3 & -4 \\ 14 & 1 & -3 \\ 5 & 1 & -3 \end{vmatrix} = -\frac{117}{13} = -9$$

$$x_2 = \frac{1}{13} \begin{vmatrix} 1 & 1 & -4 \\ -1 & 14 & -3 \\ 0 & 5 & -3 \end{vmatrix} = -\frac{10}{13}$$

且

$$x_3 = \frac{1}{13} \begin{vmatrix} 1 & -3 & 1 \\ -1 & 1 & 14 \\ 0 & 1 & 5 \end{vmatrix} = -\frac{25}{13}$$

6.7 習題

習題 1–5，使用克蘭姆法則解方程組，或證明因為係數矩陣為奇異，所以無法使用克蘭姆法則。

1. $15x_1 - 4x_2 = 5$
   $8x_1 + x_2 = -4$

2. $8x_1 - 4x_2 + 3x_3 = 0$
$x_1 + 5x_2 - x_3 = -5$
$-2x_1 + 6x_2 + x_3 = -4$

3. $x_1 + x_2 - 3x_3 = 0$
$x_2 - 4x_3 = 0$
$x_1 - x_2 - x_3 = 5$

4. $2x_1 - 4x_2 + x_3 - x_4 = 6$
$x_1 - 3x_3 = 10$
$x_1 - 4x_3 = 0$
$x_2 - x_3 + 2x_4 = 4$

5. $14x_1 - 3x_3 = 5$
$2x_1 - 4x_3 + x_4 = 2$
$x_1 - x_2 + x_3 - 3x_4 = 1$
$x_3 - 4x_4 = -5$

CHAPTER 7

特徵值、對角化與特殊矩陣

7.1 特徵值與特徵向量

本章主要討論具有實數或複數單元的方陣。

令 $\mathbf{A}$ 為 $n \times n$ 矩陣，若有一個非零的 $n \times 1$ 矩陣 $\mathbf{E}$ 使得

$$\mathbf{AE} = \lambda \mathbf{E}$$

則 λ 稱為 $\mathbf{A}$ 的**特徵值** (eigenvalue)，$\mathbf{E}$ 稱為 $\mathbf{A}$ 的**特徵向量** (eigenvector)，有時我們稱 $\mathbf{E}$ 為**對應於** (corresponding to) 特徵值 λ 的特徵向量，或與特徵值 λ **相關聯** (associated with) 的特徵向量。

特徵向量的任何非零純量倍數也是相同特徵值的特徵向量。這是因為若 $\mathbf{AE} = \lambda \mathbf{E}$，$\alpha$ 為任意數，則

$$\mathbf{A}(\alpha \mathbf{E}) = \alpha \mathbf{AE} = \alpha (\lambda \mathbf{E}) = \lambda (\alpha \mathbf{E})$$

我們經常令一個特徵向量

$$\mathbf{E} = \begin{pmatrix} e_1 \\ e_2 \\ \vdots \\ e_n \end{pmatrix}$$

恆等於 n-向量

$$< e_1, e_2, \cdots, e_n >$$

例 7.1

令

$$\mathbf{A} = \begin{pmatrix} 1 & -1 & 0 \\ 0 & 1 & 1 \\ 0 & 0 & -1 \end{pmatrix}$$

$$\mathbf{E} = \begin{pmatrix} 6 \\ 0 \\ 0 \end{pmatrix}$$

因為

$$\mathbf{AE} = \begin{pmatrix} 1 & -1 & 0 \\ 0 & 1 & 1 \\ 0 & 0 & -1 \end{pmatrix} \begin{pmatrix} 6 \\ 0 \\ 0 \end{pmatrix} = \begin{pmatrix} 6 \\ 0 \\ 0 \end{pmatrix} = \mathbf{E}$$

若 $\alpha \neq 0$，則

$$\begin{pmatrix} \alpha \\ 0 \\ 0 \end{pmatrix}$$

也是對應於特徵值 1 的 **A** 的特徵向量。

A 的另一個特徵值為 -1，特徵向量為

$$\begin{pmatrix} 1 \\ 2 \\ -4 \end{pmatrix}$$

因為

$$\begin{pmatrix} 1 & -1 & 0 \\ 0 & 1 & 1 \\ 0 & 0 & -1 \end{pmatrix} \begin{pmatrix} 1 \\ 2 \\ -4 \end{pmatrix} = \begin{pmatrix} -1 \\ -2 \\ 4 \end{pmatrix} = (-1) \begin{pmatrix} 1 \\ 2 \\ -4 \end{pmatrix}$$

例 7.2

令

$$\mathbf{B} = \begin{pmatrix} 1 & 0 \\ 0 & 0 \end{pmatrix}$$

則

$$\mathbf{B} \begin{pmatrix} 0 \\ 4 \end{pmatrix} = \begin{pmatrix} 0 \\ 0 \end{pmatrix} = 0 \begin{pmatrix} 0 \\ 4 \end{pmatrix}$$

因此 0 為 **B** 的特徵值，特徵向量為

$$\begin{pmatrix} 0 \\ 4 \end{pmatrix}$$

0 可以為特徵值，但零向量不可以為特徵向量。

特徵值與特徵向量具有重要的用途，例如，作為發生在機械系統的振動模式，以及指出流體流動的穩定性或不穩定性。下列說明如何求矩陣的所有特徵值與特徵向量。

若 λ 為特徵值，$\mathbf{E}$ 為特徵向量，則 $\mathbf{AE} = \lambda \mathbf{E}$，故

$$\lambda \mathbf{E} - \mathbf{AE} = \mathbf{O}$$

$n \times 1$ 零矩陣。從這個方程式左側提出因數 $\mathbf{E}$，結果剩下純量 λ 減去一個矩陣，這沒有任何意義。然而，要提出因數，我們可以先將上式改寫成

$$\lambda \mathbf{I}_n \mathbf{E} - \mathbf{AE} = \mathbf{O}$$

亦即

$$(\lambda \mathbf{I}_n - \mathbf{A})\mathbf{E} = \mathbf{O}$$

這表示特徵向量 $\mathbf{E}$ 為 $n \times n$ 齊次線性方程組

$$(\lambda \mathbf{I}_n - \mathbf{A})\mathbf{X} = \mathbf{O}$$

的**非當然** (nontrivial) 解。當係數矩陣為奇異 (singular)，亦即其行列式為零：

$$|\lambda \mathbf{I}_n - \mathbf{A}| = 0$$

則此 $n \times n$ 方程組有非當然解。將此行列式展開可得 λ 的 n 次多項式，稱為 $\mathbf{A}$ 的**特徵多項式** (characteristic polynomial)，以 $p_{\mathbf{A}}(\lambda)$ 表示：

$$p_{\mathbf{A}}(\lambda) = |\lambda \mathbf{I}_n - \mathbf{A}|$$

λ 是 $\mathbf{A}$ 的特徵值的條件為

$$p_{\mathbf{A}}(\lambda) = |\lambda \mathbf{I}_n - \mathbf{A}| = 0 \tag{7.1}$$

$\mathbf{A}$ 的特徵值是這個特徵方程式的根，這表示有 n 個特徵值，雖然某些特徵值可能重複。

當列出矩陣的特徵值時，每個特徵值為特徵方程式的根且依其重數列出，如果根具有重數 k，則特徵值出現 k 次。

一旦我們有了特徵值 λ，對應的特徵向量可由解下列的 $n \times n$ 方程組

$$\mathbf{AX} = \lambda \mathbf{X}$$

求得。亦即，λ 的特徵向量為齊次方程組

$$(\lambda \mathbf{I}_n - \mathbf{A})\mathbf{X} = \mathbf{O} \tag{7.2}$$

的解。

例 7.3

令

$$\mathbf{A} = \begin{pmatrix} 1 & -1 & 0 \\ 0 & 1 & 1 \\ 0 & 0 & -1 \end{pmatrix}$$

求 $\mathbf{A}$ 的特徵值和特徵向量。

$\mathbf{A}$ 的特徵多項式為

$$p_{\mathbf{A}}(\lambda) = |\lambda \mathbf{I}_3 - \mathbf{A}| = \begin{vmatrix} \lambda - 1 & 1 & 0 \\ 0 & \lambda - 1 & -1 \\ 0 & 0 & \lambda + 1 \end{vmatrix}$$

$$= (\lambda - 1)^2 (\lambda + 1)$$

根為 1、1、-1，其中 1 的重數為 2，因此特徵值為

$$1, 1, -1$$

順序並不重要，對於 3×3 矩陣必須列出三個特徵值。

現在我們要找這些特徵值所對應的特徵向量。首先將 $\lambda = 1$ 代入式 (7.2)，得到方程組 $(\mathbf{I}_3 - \mathbf{A})\mathbf{X} = \mathbf{O}$，亦即

$$\begin{pmatrix} 0 & 1 & 0 \\ 0 & 0 & -1 \\ 0 & 0 & 2 \end{pmatrix} \begin{pmatrix} x_1 \\ x_2 \\ x_3 \end{pmatrix} = \begin{pmatrix} 0 \\ 0 \\ 0 \end{pmatrix}$$

這是方程組

$$x_2 = 0, x_3 = 0, 2x_3 = 0$$

其通解為 $x_1 = \alpha$（任意數），$x_2 = x_3 = 0$。對應於特徵值 1 的特徵向量為

$$\mathbf{E}_1 = \begin{pmatrix} 1 \\ 0 \\ 0 \end{pmatrix}$$

的所有非零常數倍數。

對於特徵值 $\lambda = -1$，式 (7.2) 為方程組 $(-\mathbf{I}_3 - \mathbf{A})\mathbf{X} = \mathbf{O}$，亦即

$$\begin{pmatrix} -2 & 1 & 0 \\ 0 & -2 & -1 \\ 0 & 0 & 0 \end{pmatrix} \begin{pmatrix} x_1 \\ x_2 \\ x_3 \end{pmatrix} = \begin{pmatrix} 0 \\ 0 \\ 0 \end{pmatrix}$$

這是方程組

$$-2x_1 + x_2 = 0$$
$$-2x_2 - x_3 = 0$$

通解為
$$x_2 = 2x_1, x_3 = -2x_2 = -4x_1, x_1 \text{ 為任意數}$$

特徵值 -1 對應的特徵向量為
$$\mathbf{E}_2 = \begin{pmatrix} 1 \\ 2 \\ -4 \end{pmatrix}$$

的所有非零常數倍數。

例 7.4

令
$$\mathbf{B} = \begin{pmatrix} 1 & -2 \\ 2 & 0 \end{pmatrix}$$

$\mathbf{B}$ 的特徵多項式為
$$p_\mathbf{B}(\lambda) = |\lambda \mathbf{I}_2 - \mathbf{B}| = \left| \begin{pmatrix} \lambda & 0 \\ 0 & \lambda \end{pmatrix} - \begin{pmatrix} 1 & -2 \\ 2 & 0 \end{pmatrix} \right| = \begin{vmatrix} \lambda - 1 & 2 \\ -2 & \lambda \end{vmatrix} = \lambda^2 - \lambda + 4$$

特徵方程式為
$$\lambda^2 - \lambda + 4 = 0$$

$\mathbf{B}$ 的特徵值為特徵方程式的根：
$$\lambda_1 = \frac{1 + \sqrt{15}i}{2}, \lambda_2 = \frac{1 - \sqrt{15}i}{2}$$

欲求對應於 λ_1 的特徵向量，解方程組
$$(\lambda_1 \mathbf{I}_2 - \mathbf{B})\mathbf{X} = \mathbf{O}$$

這是方程組
$$(\lambda_1 \mathbf{I}_2 - \mathbf{B})\mathbf{X} = \begin{pmatrix} (-1 + \sqrt{15}i)/2 & 2 \\ -2 & (1 + \sqrt{15}i)/2 \end{pmatrix} \mathbf{X} = \begin{pmatrix} 0 \\ 0 \end{pmatrix}$$

亦即

$$\frac{-1+\sqrt{15}i}{2}x_1 + 2x_2 = 0$$

$$-2x_1 + \frac{1+\sqrt{15}i}{2}x_2 = 0$$

這個方程組有解

$$\mathbf{E}_1 = \alpha \begin{pmatrix} 1 \\ (1-\sqrt{15}i)/4 \end{pmatrix}$$

若 $\alpha \neq 0$，則 $\mathbf{E}_1$ 為對應於 λ_1 的特徵向量。

對應於 λ_2 的特徵向量，解

$$(\lambda_2 \mathbf{I}_2 - \mathbf{B})\mathbf{X} = \mathbf{O}$$

得到

$$\mathbf{E}_2 = \beta \begin{pmatrix} 1 \\ (1+\sqrt{15}i)/4 \end{pmatrix}$$

若 $\beta \neq 0$，則 $\mathbf{E}_2$ 為特徵向量。

在此例中，特徵值為共軛複數，特徵向量也是。若 $\mathbf{A}$ 的元素為實數，則 $p_\mathbf{A}(\lambda)$ 為實係數，故若 $a+ib$ 為一根，則其共軛 $a-ib$ 也是一根。實矩陣的複數特徵值以共軛對出現。

此外，如果 λ 是具有特徵向量 $\mathbf{E}$ 的複特徵值，則 $\mathbf{E}$ 的每個元素的共軛形成共軛 $\overline{\mathbf{E}}$，而 $\overline{\mathbf{E}}$ 是與 $\overline{\lambda}$ 相關聯的特徵向量。這是因為若 $\mathbf{AE} = \lambda\mathbf{E}$，則

$$\overline{\mathbf{AE}} = \overline{\mathbf{A}}\,\overline{\mathbf{E}} = \overline{\lambda}\,\overline{\mathbf{E}} = \overline{\lambda}\,\overline{\mathbf{E}}$$

但 $\overline{\mathbf{A}} = \mathbf{A}$，若 $\mathbf{A}$ 的所有元素均為實數，故

$$\mathbf{A}\overline{\mathbf{E}} = \overline{\lambda}\,\overline{\mathbf{E}}$$

當矩陣為實數時，可以省掉一些計算，因為若 λ 為複特徵值其所對應的特徵向量為 $\mathbf{E}$，則 $\overline{\lambda}$ 為另一特徵值其所對應的特徵向量為 $\overline{\mathbf{E}}$，這可由例 7.4 得知。

因為矩陣的特徵向量有複元素，因此將 R^n（所有分量為實數）的 n-向量的概念推廣，使具有 n 個分量的向量，一部分或全部分量可為複數。我們將複 n-向量相加，以常數乘複 n-向量，如同我們對實 n-向量的運算一樣，而且要了解這些常數可以是複數。線性獨立和相依的概念直接來自 5.4 節。具體而言，定理 7.1 適用於具有複分量的 n-向量。

7.1.1 特徵向量的線性獨立

在迄今為止的所有例子中，對應於矩陣的不同特徵值的特徵向量是線性獨立的。以下是另一個例子。

例 7.5

令

$$\mathbf{K} = \begin{pmatrix} 2 & 1 & 0 & 0 \\ 1 & -4 & 0 & 0 \\ 0 & 2 & 0 & 2 \\ 0 & -1 & 1 & 0 \end{pmatrix}$$

$\mathbf{K}$ 有特徵多項式

$$p_{\mathbf{K}}(\lambda) = (\lambda^2 - 2)(\lambda^2 + 2\lambda - 9)$$

$p_{\mathbf{K}}(\lambda) = 0$ 的根（$\mathbf{K}$ 的特徵值）為

$$\sqrt{2}, -\sqrt{2}, -1 + \sqrt{10}, -1 - \sqrt{10}$$

對應於這些特徵值（依序）的特徵向量為

$$\begin{pmatrix} 0 \\ 0 \\ \sqrt{2} \\ 1 \end{pmatrix}, \begin{pmatrix} 0 \\ 1 \\ -\sqrt{2} \\ 1 \end{pmatrix}, \begin{pmatrix} \frac{11}{3} + \frac{13}{12}\sqrt{10} \\ -\frac{1}{6} + \frac{5}{12}\sqrt{10} \\ 1 \\ -\frac{1}{3} + \frac{1}{12}\sqrt{10} \end{pmatrix}, \begin{pmatrix} \frac{11}{3} - \frac{13}{12}\sqrt{10} \\ -\frac{1}{6} - \frac{5}{12}\sqrt{10} \\ 1 \\ -\frac{1}{3} - \frac{1}{12}\sqrt{10} \end{pmatrix}$$

對應於相異特徵值，這些特徵向量在 R^4 為線性獨立。一種驗證線性獨立的方法是計算矩陣（以這些特徵向量為行）的行列式得到 $-41\sqrt{20}/6$，此值非零，意味著行列式的行（特徵向量）為線性獨立。

我們在這些例子中所看到的一般而言是真實的，即使分量是複數，矩陣相異特徵值對應的特徵向量為線性獨立。

定理 7.1　相異特徵值的特徵向量之獨立性

令 $\mathbf{V}_1, \cdots, \mathbf{V}_k$ 為 $\mathbf{A}$ 的特徵向量，分別對應於 k 個相異的特徵值 $\lambda_1, \cdots, \lambda_k$，則 $\mathbf{V}_1, \cdots, \mathbf{V}_k$ 為線性獨立。

證明：可以用歸納法來證明這個定理。若 $k = 1$，則無須證明。假設這個結果對於對應於 $k - 1$ 個相異特徵值的任意 $k - 1$ 個特徵向量成立，且假設我們有對應於 k 個相異特徵值的 k 個特徵向量。

若這些特徵向量為線性相依，則有不全為 0 的數 $c_1, c_2, \cdots, c_k$，使得

$$c_1 \mathbf{V}_1 + c_2 \mathbf{V}_2 + \cdots + c_k \mathbf{V}_k = \mathbf{O} \tag{7.3}$$

若有必要可重新標示，為了便利，假設 $c_1 \neq 0$，將 $\lambda_1 \mathbf{I}_n - \mathbf{A}$ 乘以式 (7.3)，可得

$$\begin{aligned}\mathbf{O} &= (\lambda_1\mathbf{I}_n - \mathbf{A})(c_1\mathbf{V}_1 + c_2\mathbf{V}_2 + \cdots + c_k\mathbf{V}_k) \\ &= c_1(\lambda_1\mathbf{I}_n - \mathbf{A})\mathbf{V}_1 + c_2(\lambda_1\mathbf{I}_n - \mathbf{A})\mathbf{V}_2 + \cdots + c_k(\lambda_1\mathbf{I}_n - \mathbf{A})\mathbf{V}_k \\ &= c_1(\lambda_1\mathbf{V}_1 - \lambda_1\mathbf{V}_1) + c_2(\lambda_1\mathbf{V}_2 - \lambda_2\mathbf{V}_2) + \cdots + c_k(\lambda_1\mathbf{V}_k - \lambda_k\mathbf{V}_k) \\ &= c_2(\lambda_1 - \lambda_2)\mathbf{V}_2 + \cdots + c_k(\lambda_1 - \lambda_k)\mathbf{V}_k\end{aligned}$$

現在 $\mathbf{V}_2,\cdots,\mathbf{V}_k$ 為線性獨立，所以上式的所有係數必須為零：

$$c_2(\lambda_1 - \lambda_2) = c_3(\lambda_1 - \lambda_3) = \cdots = c_k(\lambda_1 - \lambda_k) = 0$$

但是，假設 $\lambda_1 \neq \lambda_j$，$j = 2,\cdots,k$，因此

$$c_2 = c_3 = \cdots = c_k = 0$$

式 (7.3) 簡化為 $c_1\mathbf{V}_1 = \mathbf{O}$。因為特徵向量不為零向量，所以 $c_1 = 0$。因此，式 (7.3) 的所有係數 c_j 必須為零，故 $\mathbf{V}_1,\cdots,\mathbf{V}_k$ 為線性獨立。

由定理 7.1 可知，若 $\mathbf{A}$ 為 $n \times n$ 矩陣且有 n 個相異特徵值，則 $\mathbf{A}$ 有 n 個獨立特徵向量。當特徵值的**重數** (multiplicity) 大於 1 時，會有什麼現象發生？在例 7.3 中，矩陣有特徵值 1、1、−1，其中 1 的重數為 2。對於該例中的矩陣，所有對應 1 的特徵向量為

$$\begin{pmatrix} 1 \\ 0 \\ 0 \end{pmatrix}$$

的常數倍數。這個 3 × 3 矩陣僅有兩個獨立特徵向量，一個對應於 −1，而另一個對應於重數為 2 的特徵值 1。

但是，有可能發生重複的特徵值產生多於一個的線性獨立向量。

例 7.6

3 × 3 矩陣

$$\mathbf{C} = \begin{pmatrix} 5 & -4 & 4 \\ 12 & -11 & 12 \\ 4 & -4 & 5 \end{pmatrix}$$

有特徵值 −3、1、1。對於特徵值 −3 的特徵向量為

$$\begin{pmatrix} 1 \\ 3 \\ 1 \end{pmatrix}$$

對於重複特徵值 1 對應的特徵向量，解

$$(\mathbf{I}_2 - \mathbf{C})\mathbf{X} = \begin{pmatrix} -4 & 4 & -4 \\ -12 & 12 & -12 \\ -4 & 4 & -4 \end{pmatrix} \begin{pmatrix} x_1 \\ x_2 \\ x_3 \end{pmatrix} = \begin{pmatrix} 0 \\ 0 \\ 0 \end{pmatrix}$$

這個方程組有通解

$$\alpha \begin{pmatrix} 1 \\ 0 \\ -1 \end{pmatrix} + \beta \begin{pmatrix} 0 \\ 1 \\ 1 \end{pmatrix}$$

取 $\alpha = 1$，$\beta = 0$ 可得特徵向量

$$\begin{pmatrix} 1 \\ 0 \\ -1 \end{pmatrix}$$

取 $\alpha = 0$，$\beta = 1$ 可得第二個線性獨立特徵向量

$$\begin{pmatrix} 0 \\ 1 \\ 1 \end{pmatrix}$$

在此例中，即使有重複的特徵值，仍然可能找到 $n = 3$ 個線性獨立特徵向量（兩個獨立特徵向量對應一個特徵值）。

我們可以對這些例子作一個總結。令 $\mathbf{A}$ 為一個 $n \times n$ 數字（實數或複數）矩陣。

1. 若 $\mathbf{A}$ 有 n 個相異特徵值，則 $\mathbf{A}$ 有 n 個獨立特徵向量。
2. 重數為 $m > 1$ 的特徵值具有 1 至 m 個獨立特徵向量。若 $\mathbf{A}$ 有 n 個獨立特徵向量，我們必能夠由每一個特徵值得到與該特徵值的重數相同個數的獨立特徵向量。
3. 若重數為 m 的任何特徵值，僅有 $r < m$ 個獨立特徵向量，則 $\mathbf{A}$ 不具有 n 個獨立特徵向量。

7.1.2　喬斯哥林圓

有一個結果是由於喬斯哥林圓 (Gerschgorin circle)，這使得我們能夠將一個矩陣的特徵值定位在圓內，此圓的中心和半徑取決於矩陣的元素。

定理 7.2 喬斯哥林

令 $\mathbf{A}$ 為 $n \times n$ 矩陣。對於 $k = 1, 2, \cdots, n$，令

$$r_k = \sum_{j=1, j \neq k}^{n} |a_{kj}|$$

令 C_k 為圓心為 a_{kk}，半徑為 r_k 的圓，則 $\mathbf{A}$ 的每一個特徵值位於圓 $C_1, \cdots, C_n$ 中的一個圓上或圓內。

圓 C_k 的半徑等於第 k 列元素的和，主對角元素 a_{kk} 除外。C_k 的中心為主對角元素，在平面上畫成一點。

數往知來──離散動力系統

離散動力系統是線性系統的特例，它描述了隨時間變化的數量，其中每個時間階段代表所討論數量的快照。例如，考慮與捕食者／獵物之間的關係的相關數量變化。時間階段可以是任何長度，一天甚至一年，但必須明確離散。為了求解這些系統，讀者需要使用特徵值和特徵向量來找到一個方程式，以便能夠在已知一些初始條件，以及在任何時間階段求解數量。

假設兩個函數 $L(t)$ 和 $Z(t)$ 分別代表獅子和斑馬的數量，其中這兩個物種之間的關係可以建立模式如下：

$$L(t+1) = L(t) + Z(t)$$
$$Z(t+1) = -0.75L(t) + 3Z(t)$$

解此方程組，在任何時間階段，對於三組不同初始條件，求數量的通解。

令 $\begin{bmatrix} L(0) \\ Z(0) \end{bmatrix} = \begin{bmatrix} 1000 \\ 500 \end{bmatrix}$ 是我們的第一組初始條件。用矩陣形式描述方程組，$A = \begin{bmatrix} 1 & 1 \\ -0.75 & 3 \end{bmatrix}$。欲求通解，首先用疊代法。

$$\begin{bmatrix} L(1) \\ Z(1) \end{bmatrix} = \begin{bmatrix} 1 & 1 \\ -0.75 & 3 \end{bmatrix} \begin{bmatrix} 1000 \\ 500 \end{bmatrix} = \begin{bmatrix} 1500 \\ 750 \end{bmatrix} = 1.5 \begin{bmatrix} 1000 \\ 500 \end{bmatrix}$$

$$\begin{bmatrix} L(2) \\ Z(2) \end{bmatrix} = \begin{bmatrix} 1 & 1 \\ -0.75 & 3 \end{bmatrix} \left(1.5 \begin{bmatrix} 1000 \\ 500 \end{bmatrix} \right) = 1.5 \left(\begin{bmatrix} 1 & 1 \\ -0.75 & 3 \end{bmatrix} \begin{bmatrix} 1000 \\ 500 \end{bmatrix} \right) = 1.5^2 \begin{bmatrix} 1000 \\ 500 \end{bmatrix}$$

由上式可知，方程式的通式為

$$\begin{bmatrix} L(t) \\ Z(t) \end{bmatrix} = 1.5^t \begin{bmatrix} 1000 \\ 500 \end{bmatrix}$$

令 $\begin{bmatrix} L(0) \\ Z(0) \end{bmatrix} = \begin{bmatrix} 600 \\ 900 \end{bmatrix}$ 為第二組初始條件，再用疊代法。

$$\begin{bmatrix} L(1) \\ Z(1) \end{bmatrix} = \begin{bmatrix} 1 & 1 \\ -0.75 & 3 \end{bmatrix} \begin{bmatrix} 600 \\ 900 \end{bmatrix} = \begin{bmatrix} 1500 \\ 2250 \end{bmatrix} = 2.5 \begin{bmatrix} 600 \\ 900 \end{bmatrix}$$

$$\begin{bmatrix} L(2) \\ Z(2) \end{bmatrix} = \begin{bmatrix} 1 & 1 \\ -0.75 & 3 \end{bmatrix} \left(2.5 \begin{bmatrix} 600 \\ 900 \end{bmatrix} \right) = 2.5 \left(\begin{bmatrix} 1 & 1 \\ -0.75 & 3 \end{bmatrix} \begin{bmatrix} 600 \\ 900 \end{bmatrix} \right) = 2.5^2 \begin{bmatrix} 600 \\ 900 \end{bmatrix}$$

由上式可知，方程式的通式為

$$\begin{bmatrix} L(t) \\ Z(t) \end{bmatrix} = 2.5^t \begin{bmatrix} 600 \\ 900 \end{bmatrix}$$

對於前兩個情況，讀者可以很容易地產生描述數量成長的方程式。現在，令 $\begin{bmatrix} L(0) \\ Z(0) \end{bmatrix} = \begin{bmatrix} 1400 \\ 1600 \end{bmatrix}$ 為最後一組初始條件。

$$\begin{bmatrix} L(1) \\ Z(1) \end{bmatrix} = \begin{bmatrix} 1 & 1 \\ -0.75 & 3 \end{bmatrix} \begin{bmatrix} 1400 \\ 1600 \end{bmatrix} = \begin{bmatrix} 3000 \\ 3750 \end{bmatrix}$$

從這裡，沒有一個明顯的遞迴模式，而要使用矩陣乘法的分配性質來將初始條件分解為前兩個的線性組合，亦即 $\begin{bmatrix} 1400 \\ 1600 \end{bmatrix} = 0.5 \begin{bmatrix} 1000 \\ 500 \end{bmatrix} + 1.5 \begin{bmatrix} 600 \\ 900 \end{bmatrix}$。現在，如前兩個例子，使用遞迴模式，重複上述的方法。

$$\begin{bmatrix} L(1) \\ Z(1) \end{bmatrix} = \begin{bmatrix} 1 & 1 \\ -0.75 & 3 \end{bmatrix} \left(0.5 \begin{bmatrix} 1000 \\ 500 \end{bmatrix} + 1.5 \begin{bmatrix} 600 \\ 900 \end{bmatrix} \right)$$

$$= (0.5)(1.5) \begin{bmatrix} 1000 \\ 500 \end{bmatrix} + (1.5)(2.5) \begin{bmatrix} 600 \\ 900 \end{bmatrix}$$

通過這個巧妙的技巧來重寫初始條件，就先前具有遞迴模式的初始條件而言，讀者可以將問題分解成另一種遞迴模式。則對於第二個時間階段：

$$\begin{bmatrix} L(2) \\ Z(2) \end{bmatrix} = \begin{bmatrix} 1 & 1 \\ -0.75 & 3 \end{bmatrix} \left((0.5)(1.5) \begin{bmatrix} 1000 \\ 500 \end{bmatrix} + (1.5)(2.5) \begin{bmatrix} 600 \\ 900 \end{bmatrix} \right)$$

$$\begin{bmatrix} L(2) \\ Z(2) \end{bmatrix} = (0.5)(1.5)^2 \begin{bmatrix} 1000 \\ 500 \end{bmatrix} + (1.5)(2.5)^2 \begin{bmatrix} 600 \\ 900 \end{bmatrix}$$

由此可知，通式為

$$\begin{bmatrix} L(t) \\ Z(t) \end{bmatrix} = (0.5)(1.5)^t \begin{bmatrix} 1000 \\ 500 \end{bmatrix} + (1.5)(2.5)^t \begin{bmatrix} 600 \\ 900 \end{bmatrix}$$

請注意：這個問題中的前兩個初始條件如何清楚地被選取，使得它們能夠立刻產生遞迴模式，從而設置第三組初始條件，寫成前兩個的線性組合。如果讀者沒有完成前兩組初始條件，則如何求解這個問題？在本章之後，讀者將會知道答案在於 **A** 的特徵值和特徵向量。

例 7.7

令

$$\mathbf{A} = \begin{pmatrix} 12i & 1 & 3 \\ 2 & -6 & 2+i \\ 3 & 1 & 5 \end{pmatrix}$$

A 的特徵多項式為

$$p_{\mathbf{A}}(\lambda) = \lambda^3 + (1 - 12i)\lambda^2 - (43 + 13i)\lambda + 381i$$

喬斯哥林圓的圓心和半徑為

$$C_1 : (0, 12), r_1 = 1 + 3 = 4$$

$$C_2 : (-6, 0), r_2 = 2 + \sqrt{5}$$

$$C_3 : (5, 0), r_3 = 3 + 1 = 4$$

圖 7.1 顯示了這些圓其包圍矩陣的特徵值。這些特徵值的表達式是難處理的，但它們大約是

$$5.5161 + 0.81581i, -0.31758 + 11.19300i, -6.19848 - 0.008981i$$

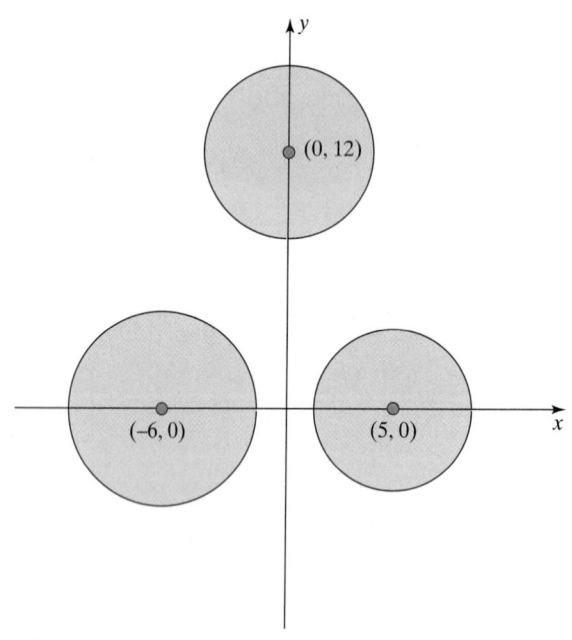

圖 7.1 例 7.7 的喬斯哥林圓

喬斯哥林定理不是用於近似特徵值的技術，但是它可以提供特徵值如何在複數平面中分配的一些想法。

7.1 習題

習題 1–8，求矩陣的特徵值。對於每一個特徵值，求特徵向量。畫出喬斯哥林圓，然後在這些圓標示出特徵值。

1. $\begin{pmatrix} 1 & 3 \\ 2 & 1 \end{pmatrix}$

2. $\begin{pmatrix} -5 & 0 \\ 1 & 2 \end{pmatrix}$

3. $\begin{pmatrix} 1 & -6 \\ 2 & 2 \end{pmatrix}$

4. $\begin{pmatrix} 2 & 0 & 0 \\ 1 & 0 & 2 \\ 0 & 0 & 3 \end{pmatrix}$

5. $\begin{pmatrix} -3 & 1 & 1 \\ 0 & 0 & 0 \\ 0 & 1 & 0 \end{pmatrix}$

6. $\begin{pmatrix} -14 & 1 & 0 \\ 0 & 2 & 0 \\ 1 & 0 & 2 \end{pmatrix}$

7. $\begin{pmatrix} 1 & -2 & 0 \\ 0 & 0 & 0 \\ -5 & 0 & 7 \end{pmatrix}$

8. $\begin{pmatrix} -4 & 1 & 0 & 1 \\ 0 & 1 & 0 & 0 \\ 0 & 0 & 2 & 0 \\ 1 & 0 & 0 & 3 \end{pmatrix}$

9. 令 λ 為 $\mathbf{A}$ 的特徵值，$\mathbf{E}$ 為特徵向量。令 k 為正整數，證明 λ^k 為 $\mathbf{A}^k$ 的特徵值，$\mathbf{E}$ 為特徵向量。

10. 令 $\mathbf{A}$ 為 $n \times n$ 矩陣。證明 $\mathbf{A}$ 的特徵多項式中的常數項等於 $(-1)^n|\mathbf{A}|$。利用這點，證明奇異矩陣必有零為其特徵值。

7.2 對角化

設 $\mathbf{A}$ 為 $n \times n$ 矩陣，a_{jj} 構成 $\mathbf{A}$ 的**主對角** (main diagonal) 元素，所有其他元素 a_{ij}，$j \neq j$ 稱為**非對角元素**（off-diagonal element）。

方陣 $\mathbf{D} = [d_{ij}]$ 稱為**對角矩陣** (diagonal matrix)，若 $\mathbf{D}$ 中每一個非對角元素為零：

$$\mathbf{D} = \begin{pmatrix} d_1 & 0 & 0 & \cdots & 0 & 0 \\ 0 & d_2 & 0 & \cdots & 0 & 0 \\ 0 & 0 & d_3 & \cdots & 0 & 0 \\ \vdots & \vdots & \vdots & \vdots & \vdots & \vdots \\ 0 & 0 & 0 & \cdots & 0 & d_n \end{pmatrix}$$

對角矩陣有非常令人愉快的計算性質。若 $\mathbf{A} = [a_{ij}]$ 與 $\mathbf{B} = [b_{ij}]$ 為 $n \times n$ 對角矩陣，則：

1. $\mathbf{A} + \mathbf{B}$ 為對角，其對角元素為 $a_{jj} + b_{jj}$。
2. $\mathbf{AB}$ 為對角，其對角元素為 $a_{jj}b_{jj}$。
3. $|\mathbf{A}| = a_{11}a_{22} \cdots a_{nn}$
   對角矩陣的行列式等於其主對角元素的積。
4. $\mathbf{A}$ 為非奇異，當每一個對角元素均不為零。在此情況下，$\mathbf{A}^{-1}$ 為以 $1/a_{jj}$ 為對角元素的對角矩陣。
5. $\mathbf{A}$ 的特徵值為其對角元素。
6. 與特徵值 a_{jj} 相關聯的特徵向量為 $n \times 1$ 矩陣

$$\begin{pmatrix} 0 \\ 0 \\ \vdots \\ 1 \\ 0 \\ \vdots \\ 0 \end{pmatrix}$$

其中 j、1 位置為 1，所有其他元素為零。

大多數矩陣不是對角矩陣。然而，有時可以如下將方陣 $\mathbf{A}$ 變換成對角矩陣。若存在 $n \times n$ 矩陣 $\mathbf{P}$ 使得

$$\mathbf{P}^{-1}\mathbf{AP}$$

是對角矩陣，則稱 $\mathbf{A}$ 可對角化 (diagonalizable)。在此情況下，我們稱 $\mathbf{P}$ **對角化 (diagonalize)** $\mathbf{A}$。

不是每個矩陣都是可對角化。以下定理不僅能夠準確地告訴我們哪些矩陣是可對角化的，而且給予一可對角化的矩陣 $\mathbf{A}$，如何找到一個可將 $\mathbf{A}$ 對角化的矩陣。

定理 7.3　矩陣的對角化

令 $\mathbf{A}$ 為 $n \times n$ 矩陣，則 $\mathbf{A}$ 可對角化若且唯若 $\mathbf{A}$ 有 n 個線性獨立特徵向量。

此外，若 $\mathbf{P}$ 是以 n 個獨立特徵向量為行的矩陣，則 $\mathbf{P}$ 對角化 $\mathbf{A}$。$\mathbf{P}^{-1}\mathbf{AP}$ 是以 $\mathbf{A}$ 的特徵值沿主對角線排列而成的對角矩陣，特徵值的排列順序依其所對應的特徵向量在 $\mathbf{P}$ 中的行的排列順序而定。

這是一個非常強大的結果，但還有更多要說明。由 $\mathbf{A}$ 的特徵向量形成的矩陣可對角化 $\mathbf{A}$。這表示，若

$$\mathbf{Q}^{-1}\mathbf{AQ}$$

為對角矩陣，則 $\mathbf{Q}$ 以 $\mathbf{A}$ 的特徵向量為其行，$\mathbf{Q}^{-1}\mathbf{A}\mathbf{Q}$ 的主對角線是由 $\mathbf{A}$ 的特徵值組成，其順序依形成 $\mathbf{Q}$ 的特徵向量在 $\mathbf{Q}$ 中的行的排列順序而定。

數往知來——在離散動力系統中使用特徵值和特徵向量

重新討論本章前述的離散動力系統，首先解 $\mathbf{A}$ 的特徵值並且與之前的解作一比較。

$$A = \begin{bmatrix} 1 & 1 \\ -0.75 & 3 \end{bmatrix}$$

$$A - I\lambda = \begin{bmatrix} 1-\lambda & 1 \\ -0.75 & 3-\lambda \end{bmatrix}$$

$$\det(A - I\lambda) = (1-\lambda)(3-\lambda) + 0.75 = 0$$

$$\lambda^2 - 4\lambda + 3.75 = 0$$

$$\lambda_1 = 1.5 \quad \lambda_2 = 2.5$$

讀者可以看到這些特徵值出現在通解。現在求對應的特徵向量 v_1 和 v_2。

$$A - I(1.5) = \begin{bmatrix} 1-1.5 & 1 \\ -0.75 & 3-1.5 \end{bmatrix} = \begin{bmatrix} -0.5 & 1 \\ -0.75 & 1.5 \end{bmatrix}$$

$$v_1 = \begin{bmatrix} 2 \\ 1 \end{bmatrix}$$

$$A - I(2.5) = \begin{bmatrix} 1-2.5 & 1 \\ -0.75 & 3-2.5 \end{bmatrix} = \begin{bmatrix} -1.5 & 1 \\ -0.75 & 0.5 \end{bmatrix}$$

$$v_2 = \begin{bmatrix} 2 \\ 3 \end{bmatrix}$$

特徵值 1.5 所對應的特徵向量為 $\begin{bmatrix} 2 \\ 1 \end{bmatrix}$，特徵值 2.5 對應 $\begin{bmatrix} 2 \\ 3 \end{bmatrix}$。注意：這些特徵向量織成 $\mathbb{R}^2$，因此形成一基底。現在讀者可以看到前兩組初始條件為特徵向量的純量倍數。這就是為什麼它們可以很容易地轉換成遞迴模式，因為 $Av = \lambda v$，其中 λ 為它們各自的特徵值。

例 7.8

令

$$\mathbf{A} = \begin{pmatrix} -1 & 4 \\ 0 & 3 \end{pmatrix}$$

$\mathbf{A}$ 有特徵值 -1、3 且對應特徵向量為

$$\begin{pmatrix} 1 \\ 0 \end{pmatrix} \text{和} \begin{pmatrix} 1 \\ 1 \end{pmatrix}$$

由

$$\mathbf{P} = \begin{pmatrix} 1 & 1 \\ 0 & 1 \end{pmatrix}$$

其中以特徵向量為其行。我們求得

$$\mathbf{P}^{-1} = \begin{pmatrix} 1 & -1 \\ 0 & 1 \end{pmatrix}$$

由計算可知

$$\mathbf{P}^{-1}\mathbf{A}\mathbf{P} = \begin{pmatrix} -1 & 0 \\ 0 & 3 \end{pmatrix}$$

欲求此值不需要將這些矩陣相乘，因為定理告訴我們特徵值會出現在 $\mathbf{P}^{-1}\mathbf{A}\mathbf{P}$ 的主對角線上，其順序依形成 $\mathbf{P}$ 的特徵向量在 $\mathbf{P}$ 中的行的排列順序而定。

如果特徵向量以其他順序排列，亦即

$$\mathbf{Q} = \begin{pmatrix} 1 & 1 \\ 1 & 0 \end{pmatrix}$$

則

$$\mathbf{Q}^{-1}\mathbf{A}\mathbf{Q} = \begin{pmatrix} 3 & 0 \\ 0 & -1 \end{pmatrix}$$

例 7.9

令

$$\mathbf{M} = \begin{pmatrix} -5 & 0 & 1 \\ 0 & 1 & 2 \\ 1 & 0 & -3 \end{pmatrix}$$

特徵值為 1、$1+\sqrt{17}$ 與 $1-\sqrt{17}$。對應特徵向量分別為

$$\begin{pmatrix} 0 \\ 1 \\ 0 \end{pmatrix}, \begin{pmatrix} 17+4\sqrt{17} \\ 2 \\ \sqrt{17} \end{pmatrix} \text{與} \begin{pmatrix} 17-4\sqrt{17} \\ 2 \\ -\sqrt{17} \end{pmatrix}$$

令
$$\mathbf{P} = \begin{pmatrix} 0 & 17+4\sqrt{17} & 17-4\sqrt{17} \\ 1 & 2 & 2 \\ 0 & \sqrt{17} & -\sqrt{17} \end{pmatrix}$$

不需要計算 $\mathbf{P}^{-1}$，因為定理告訴我們，利用獨立特徵向量形成 $\mathbf{P}$ 的行，因此

$$\mathbf{P}^{-1}\mathbf{AP} = \begin{pmatrix} 1 & 0 & 0 \\ 0 & 1+\sqrt{17} & 0 \\ 0 & 0 & 1-\sqrt{17} \end{pmatrix}$$

例 7.10

例 7.3 的矩陣不可對角化，該矩陣為 3 × 3 矩陣，但不具有三個線性獨立的特徵向量。

例 7.11

矩陣可對角化並不需要相異特徵值。所需要的是矩陣必須有 n 個獨立特徵向量，即使特徵值是特徵方程式的重根也可能產生線性獨立特徵向量。例如，令

$$\mathbf{C} = \begin{pmatrix} 5 & -4 & 4 \\ 12 & -11 & 12 \\ 4 & -4 & 5 \end{pmatrix}$$

如例 7.6 所示，$\mathbf{C}$ 有特徵值 -3、1、1，具有重複的特徵值。然而，我們發現有三個獨立的特徵向量 $\mathbf{V}$，不管重複的特徵值如何，因為重數為 2 的特徵值產生兩個獨立特徵向量。利用這些特徵向量使其成為 $\mathbf{P}$ 的行：

$$\mathbf{P} = \begin{pmatrix} 1 & 1 & 0 \\ 3 & 0 & 1 \\ 1 & -1 & 1 \end{pmatrix}$$

則

$$\mathbf{P}^{-1}\mathbf{CP} = \begin{pmatrix} -3 & 0 & 0 \\ 0 & 1 & 0 \\ 0 & 0 & 1 \end{pmatrix}$$

定理 7.3 的結論可以用直接計算予以部分證明。假設 $\lambda_1, \cdots, \lambda_n$ 為 $\mathbf{A}$ 的特徵值（不需相異）且有對應獨立特徵向量 $\mathbf{V}_1, \cdots, \mathbf{V}_n$。以這些特徵向量形成 $\mathbf{P}$ 的行：

$$\mathbf{P} = \begin{pmatrix} | & | & \cdots & | \\ \mathbf{V}_1 & \mathbf{V}_2 & \cdots & \mathbf{V}_n \\ | & | & \cdots & | \end{pmatrix}$$

$\mathbf{P}$ 為非奇異，因為 $\mathbf{P}$ 的行是獨立。我們聲稱 $\mathbf{P}^{-1}\mathbf{AP} = \mathbf{D}$，其中

$$\mathbf{D} = \begin{pmatrix} \lambda_1 & 0 & \cdots & 0 \\ 0 & \lambda_2 & \cdots & 0 \\ \vdots & \vdots & \vdots & \vdots \\ 0 & 0 & \cdots & \lambda_n \end{pmatrix}$$

證明 $\mathbf{AP} = \mathbf{PD}$ 就足夠了。我們可以將矩陣 $\mathbf{AP}$ 的行視為 n 個 $\mathbf{AV}_j$ 行。利用 $\mathbf{AV}_j = \lambda_j \mathbf{V}_j$ 的事實，計算 $\mathbf{AP}$ 如下：

$$\mathbf{AP} = \begin{pmatrix} | & | & \cdots & | \\ \mathbf{AV}_1 & \mathbf{AV}_2 & \cdots & \mathbf{AV}_n \\ | & | & \cdots & | \end{pmatrix} = \begin{pmatrix} | & | & \cdots & \vdots \\ \lambda_1\mathbf{V}_1 & \lambda_2\mathbf{V}_2 & \cdots & \lambda_n\mathbf{V}_n \\ | & | & \cdots & | \end{pmatrix}$$

對於 $\mathbf{PD}$，對所予 j，將 $\mathbf{V}_j$ 以 $\mathbf{V}_j = [v_{ij}]$ 表示，故

$$\mathbf{V}_j = \begin{pmatrix} v_{1j} \\ v_{2j} \\ \vdots \\ v_{nj} \end{pmatrix}$$

因此

$$\begin{aligned}
\mathbf{PD} &= \begin{pmatrix} v_{11} & v_{12} & \cdots & v_{1n} \\ v_{21} & v_{22} & \cdots & v_{2n} \\ \vdots & \vdots & \cdots & \vdots \\ v_{n1} & v_{n2} & \cdots & v_{nn} \end{pmatrix} \begin{pmatrix} \lambda_1 & 0 & \cdots & 0 \\ 0 & \lambda_2 & \cdots & 0 \\ \vdots & \vdots & \vdots & \vdots \\ 0 & 0 & \cdots & \lambda_n \end{pmatrix} \\
&= \begin{pmatrix} \lambda_1 v_{11} & \lambda_2 v_{12} & \cdots & \lambda_n v_{1n} \\ \lambda_1 v_{21} & \lambda_2 v_{22} & \cdots & \lambda_n v_{2n} \\ \vdots & \vdots & \cdots & \vdots \\ \lambda_1 v_{n1} & \lambda_2 v_{n2} & \cdots & \lambda_n v_{nn} \end{pmatrix} = \begin{pmatrix} | & | & \cdots & \vdots \\ \lambda_1 \mathbf{V}_1 & \lambda_2 \mathbf{V}_2 & \cdots & \lambda_n \mathbf{V}_n \\ | & | & \cdots & | \end{pmatrix} \\
&= \mathbf{AP}
\end{aligned}$$

以類似的計算可以證明。若 $\mathbf{Q}$ 為可將 $\mathbf{A}$ 對角化的任意矩陣，則 $\mathbf{Q}$ 的行是 $\mathbf{A}$ 的特徵向量，且 $\mathbf{Q}^{-1}\mathbf{A}\mathbf{Q}$ 以 $\mathbf{A}$ 的特徵值為其主對角線元素。

有時我們不需要計算出特徵向量來對角化一矩陣。

例 7.12

令

$$\mathbf{A} = \begin{pmatrix} -2 & 0 & 0 & 5 \\ 1 & 3 & 0 & 0 \\ 0 & 4 & 4 & 0 \\ 2 & 0 & 0 & -3 \end{pmatrix}$$

特徵值為

$$3, 4, \frac{-5+\sqrt{41}}{2}, \frac{-5-\sqrt{41}}{2}$$

因為特徵值相異，所以 $\mathbf{A}$ 有四個線性獨立特徵向量。若用這些特徵向量作為 $\mathbf{P}$ 的行，則

$$\mathbf{P}^{-1}\mathbf{A}\mathbf{P} = \begin{pmatrix} 3 & 0 & 0 & 0 \\ 0 & 4 & 0 & 0 \\ 0 & 0 & (-5+\sqrt{41})/2 & 0 \\ 0 & 0 & 0 & (-5-\sqrt{41})/2 \end{pmatrix}$$

不需要算出 $\mathbf{P}$ 或 $\mathbf{P}^{-1}$，即可知道 $\mathbf{P}^{-1}\mathbf{A}\mathbf{P}$。

7.2 習題

習題 1–5，求一矩陣 $\mathbf{P}$ 將所予矩陣對角化，或證明此矩陣不可對角化。

1. $\begin{pmatrix} 0 & -1 \\ 4 & 3 \end{pmatrix}$

2. $\begin{pmatrix} 1 & 0 \\ -4 & 1 \end{pmatrix}$

3. $\begin{pmatrix} 5 & 0 & 0 \\ 1 & 0 & 3 \\ 0 & 0 & -2 \end{pmatrix}$

4. $\begin{pmatrix} -2 & 0 & 1 \\ 1 & 1 & 0 \\ 0 & 0 & -2 \end{pmatrix}$

5. $\begin{pmatrix} 1 & 0 & 0 & 0 \\ 0 & 4 & 1 & 0 \\ 0 & 0 & -3 & 1 \\ 0 & 0 & 1 & -2 \end{pmatrix}$

6. 設 $\mathbf{A}$ 有特徵值 $\lambda_1, \cdots, \lambda_n$ 且假設 $\mathbf{P}$ 對角化 $\mathbf{A}$。證明對任意正整數 k，$\mathbf{P}$ 對角化 $\mathbf{A}^k$ 並求 $\mathbf{P}^{-1}\mathbf{A}^k\mathbf{P}$。

習題 7 和 8，利用習題 6 的觀念，計算矩陣的指定冪次。

7. $\mathbf{A} = \begin{pmatrix} -1 & 0 \\ 1 & -5 \end{pmatrix}, \mathbf{A}^6$

8. $\mathbf{A} = \begin{pmatrix} 0 & 2 \\ 1 & 0 \end{pmatrix}, \mathbf{A}^6$

9. 證明若 $\mathbf{A}^2$ 可對角化，則 $\mathbf{A}$ 可對角化。

7.3　特殊矩陣及其特徵值和特徵向量

我們將研究在各種應用中出現的一些特殊類型的矩陣的性質。首先，我們將在矩陣的特徵值和特徵向量之間形成一個重要的關係。

定理 7.4

令 $\mathbf{A}$ 為 $n \times n$ 矩陣。令 λ 為特徵值，其相關聯的特徵向量為 $\mathbf{E}$，則

$$\lambda = \frac{\overline{\mathbf{E}}^t \mathbf{A} \mathbf{E}}{\overline{\mathbf{E}}^t \mathbf{E}} \tag{7.4}$$

在此方程式中，矩陣的共軛複數是取其每一個元素的共軛而得。取共軛再取轉置（列與行互換）與取轉置再取共軛，兩種運算均可得相同的結果：

$$\overline{\mathbf{A}^t} = (\overline{\mathbf{A}})^t$$

檢視式 (7.4) 中的商的分子與分母。若 $\mathbf{A} = [a_{ij}]$ 且

$$\mathbf{E} = \begin{pmatrix} e_1 \\ e_2 \\ \vdots \\ e_n \end{pmatrix}$$

則

$$\overline{\mathbf{E}}^t \mathbf{A} \mathbf{E} = \begin{pmatrix} \overline{e_1} & \overline{e_2} & \cdots & \overline{e_n} \end{pmatrix} \begin{pmatrix} a_{11} & a_{12} & \cdots & a_{1n} \\ a_{21} & a_{22} & \cdots & a_{2n} \\ \vdots & \vdots & & \vdots \\ a_{n1} & a_{n2} & \cdots & a_{nn} \end{pmatrix} \begin{pmatrix} e_1 \\ e_2 \\ \vdots \\ e_n \end{pmatrix}$$

這是一個 1×1 矩陣可視為單一數字：

$$\overline{\mathbf{E}}^t \mathbf{A} \mathbf{E} = \sum_{j=1}^{n} \sum_{k=1}^{n} a_{jk} \overline{e_j} e_k$$

式 (7.4) 的分母也是 1×1 矩陣，其單一元素為

$$\overline{\mathbf{E}}^t \mathbf{E} = \begin{pmatrix} \overline{e_1} & \overline{e_2} & \cdots & \overline{e_n} \end{pmatrix} \begin{pmatrix} e_1 \\ e_2 \\ \vdots \\ e_n \end{pmatrix} = \sum_{j=1}^{n} \overline{e_j} e_j = \sum_{j=1}^{n} |e_j|^2$$

因此式 (7.4) 可以用矩陣元素明確地表示成

$$\lambda = \frac{\sum_{j=1}^{n} \sum_{k=1}^{n} a_{jk} \overline{e_j} e_k}{\sum_{j=1}^{n} |e_j|^2} \tag{7.5}$$

式 (7.4) 可以用一行驗證。將 $\overline{\mathbf{E}}^t$ 左乘方程式 $\mathbf{A}\mathbf{E} = \lambda \mathbf{E}$，得到

$$\overline{\mathbf{E}}^t \mathbf{A} \mathbf{E} = \lambda \overline{\mathbf{E}}^t \mathbf{E}$$

7.3.1 對稱矩陣

若 $a_{ij} = a_{ji}$，$i \neq j$，則 $n \times n$ 矩陣 $\mathbf{A} = [a_{ij}]$ 為**對稱** (symmetric)。這表示主對角線以上的元素與主對角線以下的元素對於主對角線為鏡射，因此

$$\mathbf{A} = \mathbf{A}^t$$

我們已經見過實矩陣可以有複數特徵值，將證明實對稱矩陣只有實數特徵值。

定理 7.5

實對稱矩陣的特徵值為實數。

證明：設 λ 為對稱矩陣 $\mathbf{A}$ 的特徵值，$\mathbf{E}$ 為對應特徵向量，觀察

$$\lambda = \frac{\overline{\mathbf{E}}^t \mathbf{A} \mathbf{E}}{\overline{\mathbf{E}}^t \mathbf{E}}$$

的右側。分母為 $\sum_{j=1}^{n} |e_j|^2$，這是實數。我們要證明的是分子為實數，證明 $\overline{\mathbf{E}}^t \mathbf{A} \mathbf{E}$ 等於其本身的共軛複數。

因為 $\mathbf{A}$ 為實數且為對稱，我們有 $\mathbf{A} = \mathbf{A}^t$ 且 $\overline{\mathbf{A}} = \mathbf{A}$。此外，對任意矩陣，共軛的共軛為原矩陣，因此

$$\overline{\overline{\mathbf{E}}^t \mathbf{A} \mathbf{E}} = \mathbf{E}^t \mathbf{A} \overline{\mathbf{E}}$$

右側的項為 1×1 矩陣，因此等於本身的轉置。繼續由上式，我們因此有

$$\mathbf{E}^t \mathbf{A} \overline{\mathbf{E}} = (\mathbf{E}^t \mathbf{A} \overline{\mathbf{E}})^t = \overline{(\mathbf{E}^t)} \mathbf{A} (\mathbf{E}^t)^t = \overline{\mathbf{E}}^t \mathbf{A} \mathbf{E}$$

由上兩式可知

$$\overline{\mathbf{E}^t \mathbf{A} \mathbf{E}} = \overline{\mathbf{E}}^t \mathbf{A} \mathbf{E}$$

因為這個量等於它的共軛，它必是實數，由式 (7.4)，$\mathbf{A}$ 的特徵值為實數。

實對稱矩陣的另一個性質是對應於相異特徵值的特徵向量為正交。

定理 7.6

具有相異特徵值的實對稱矩陣的特徵向量為正交。

證明：令 λ 與 μ 為實對稱矩陣 $\mathbf{A}$ 的相異特徵值，令對應特徵向量分別為

$$\mathbf{E} = \begin{pmatrix} e_1 \\ e_2 \\ \vdots \\ e_n \end{pmatrix} \text{ 和 } \mathbf{G} = \begin{pmatrix} g_1 \\ g_2 \\ \vdots \\ g_n \end{pmatrix}$$

這些特徵向量為實數，因為 $\mathbf{A}$ 的元素為實數，且實對稱矩陣有實特徵值。我們可以將這些特徵向量與 R^n 的向量相關聯：

$$\mathbf{E} = <e_1, \cdots, e_n> \text{ 且 } \mathbf{G} = <g_1, \cdots, g_n>$$

這些向量的點積可以用矩陣乘積表示：

$$\mathbf{E} \cdot \mathbf{G} = e_1 g_1 + \cdots + e_n g_n = \mathbf{E}^t \mathbf{G}$$

現在，$\mathbf{AE} = \lambda \mathbf{E}$、$\mathbf{AG} = \mu \mathbf{G}$ 且 $\mathbf{A}^t = \mathbf{A}$，故

$$\lambda \mathbf{E}^t \mathbf{G} = (\mathbf{AE})^t \mathbf{G} = (\mathbf{E}^t \mathbf{A}^t) \mathbf{G}$$

$$= (\mathbf{E}^t \mathbf{A}) \mathbf{G} = \mathbf{E}^t (\mathbf{AG}) = \mathbf{E}^t \mu \mathbf{G} = \mu \mathbf{E}^t \mathbf{G}$$

因此

$$(\lambda - \mu) \mathbf{E}^t \mathbf{G} = 0$$

但 $\lambda \neq \mu$，故 $\mathbf{E}^t \mathbf{G} = 0$。

例 7.13

令
$$\mathbf{A} = \begin{pmatrix} 1 & -1 & 4 \\ -1 & 0 & 2 \\ 4 & 2 & 1 \end{pmatrix}$$

特徵值為
$$1, \frac{1+\sqrt{85}}{2}, \frac{1-\sqrt{85}}{2}$$

對應特徵向量分別為
$$\begin{pmatrix} -2 \\ 4 \\ 1 \end{pmatrix}, \begin{pmatrix} \sqrt{85}/10 \\ (-5+\sqrt{85})/20 \\ 1 \end{pmatrix}, \begin{pmatrix} -\sqrt{85}/10 \\ (-5-\sqrt{85})/20 \\ 1 \end{pmatrix}$$

這些向量相互正交。

7.3.2 正交矩陣

實 $n \times n$ 矩陣 $\mathbf{A}$ 為**正交 (orthogonal)**，如果它的轉置矩陣等於它的反矩陣：
$$\mathbf{A}^t = \mathbf{A}^{-1}$$

例如，
$$\mathbf{A} = \begin{pmatrix} 0 & 1/\sqrt{5} & 2/\sqrt{5} \\ 1 & 0 & 0 \\ 0 & 2/\sqrt{5} & -1/\sqrt{5} \end{pmatrix}$$

為正交矩陣，我們可以利用檢查 $\mathbf{AA}^t = \mathbf{I}_3$ 來驗證。

因為 $(\mathbf{A}^t)^t = \mathbf{A}$，所以矩陣是正交，當其轉置為正交。

很容易證明正交矩陣的行列式等於 1 或 −1。

定理 7.7

若 $\mathbf{A}$ 為正交矩陣，則 $|\mathbf{A}| = \pm 1$。

證明：觀察
$$|\mathbf{I}_n| = 1 = |\mathbf{AA}^t| = |\mathbf{A}||\mathbf{A}^t| = |\mathbf{A}|^2$$

因為矩陣與其轉置具有相同的行列式。

定理 7.8

令 $\mathbf{A}$ 為實 $n \times n$ 矩陣，則

1. $\mathbf{A}$ 為正交若且唯若 $\mathbf{A}$ 的列向量為相互正交單位向量。
2. $\mathbf{A}$ 為正交若且唯若 $\mathbf{A}$ 的行向量為相互正交單位向量。

結論 1 可以證明如下：$\mathbf{I}_n = \mathbf{A}\mathbf{A}^t$ 的 i、j 元素為 $\mathbf{A}$ 的第 i 列與 $\mathbf{A}^t$ 的第 j 行的點積，亦即 $\mathbf{A}$ 的第 i 列和第 j 列的點積。

我們現在有許多關於正交矩陣的資訊。舉例而言，我們將確定所有 2×2 正交矩陣。假設

$$\mathbf{Q} = \begin{pmatrix} a & b \\ c & d \end{pmatrix}$$

為正交。因為列（行）向量為相互正交單位向量，我們有

$$ac + bd = 0$$
$$ab + cd = 0$$
$$a^2 + b^2 = 1$$
$$c^2 + d^2 = 1$$

此外，$|\mathbf{Q}| = \pm 1$，故

$$ad - bc = 1 \text{ 或 } ad - bc = -1$$

在所有情況下分析這些方程式，顯然必須有一些 θ 使得 $a = \cos(\theta)$、$b = \sin(\theta)$ 和 $\mathbf{Q}$ 必須具有形式

$$\begin{pmatrix} \cos(\theta) & \sin(\theta) \\ -\sin(\theta) & \cos(\theta) \end{pmatrix} \text{ 或 } \begin{pmatrix} \cos(\theta) & \sin(\theta) \\ \sin(\theta) & -\cos(\theta) \end{pmatrix}$$

這取決於行列式是 1 或 –1。

例如，若 $\theta = \pi/6$，我們得到正交矩陣

$$\begin{pmatrix} \sqrt{3}/2 & 1/2 \\ -1/2 & \sqrt{3}/2 \end{pmatrix} \text{ 和 } \begin{pmatrix} \sqrt{3}/2 & 1/2 \\ 1/2 & -\sqrt{3}/2 \end{pmatrix}$$

假設 $\mathbf{S}$ 為具有 n 個相異特徵值的實對稱 $n \times n$ 矩陣，我們知道相關聯的特徵向量為正交。此外，若有必要，將每個特徵向量除以其長度，我們可以使每一個特徵向量成為單位向量。這表示以這些單位特徵向量為行的矩陣 $\mathbf{Q}$ 不但可以將 $\mathbf{S}$ 對角化，並且是一個正交矩陣。這證明了下面的定理。

定理 7.9

具有 n 個相異特徵值的 $n \times n$ 實對稱矩陣可以用正交矩陣對角化。

例 7.14

對稱矩陣

$$S = \begin{pmatrix} 3 & 0 & -2 \\ 0 & 2 & 0 \\ -2 & 0 & 0 \end{pmatrix}$$

具有特徵值 2、-1、4，其所對應的單位特徵向量為

$$\begin{pmatrix} 0 \\ 1 \\ 0 \end{pmatrix}, \begin{pmatrix} 1/\sqrt{5} \\ 0 \\ 2/\sqrt{5} \end{pmatrix} \text{和} \begin{pmatrix} 2/\sqrt{5} \\ 0 \\ -1/\sqrt{5} \end{pmatrix}$$

因此

$$Q = \begin{pmatrix} 0 & 1/\sqrt{5} & 2/\sqrt{5} \\ 1 & 0 & 0 \\ 0 & 2/\sqrt{5} & -1/\sqrt{5} \end{pmatrix}$$

為可將 S 對角化的正交矩陣。

7.3.3 單式矩陣

複方陣 U 為**單式** (unitary)，若其反矩陣等於其轉置的共軛：

$$U^{-1} = \overline{U}^t$$

例如，

$$U = \begin{pmatrix} i/\sqrt{2} & 1/\sqrt{2} \\ -i/\sqrt{2} & 1/\sqrt{2} \end{pmatrix}$$

為單式矩陣。

若單式矩陣 U 的所有元素均為實數，則 $U = \overline{U}$ 且 U 為正交矩陣。這個意思是，單式矩陣將正交矩陣的概念推廣到複矩陣。正交矩陣具有相互正交的單位向量作為列（行）的特性，但是因為我們尚未定義複 n-向量的點積，所以無法將正交矩陣與單式矩陣作一類比。

定義複 n-向量的點積如下，若

$$\mathbf{Z} = \begin{pmatrix} z_1 \\ z_2 \\ \vdots \\ z_n \end{pmatrix} \text{ 且 } \mathbf{W} = \begin{pmatrix} w_1 \\ w_2 \\ \vdots \\ w_n \end{pmatrix}$$

為複 n-向量，我們可以定義它們的點積為

$$\mathbf{Z} \cdot \mathbf{W} = \overline{\mathbf{Z}}^t \mathbf{W}$$

亦即

$$\mathbf{Z} \cdot \mathbf{W} = \overline{z_1} w_1 + \cdots + \overline{z_n} w_n$$

以此定義，我們有

$$\mathbf{Z} \cdot \mathbf{Z} = \overline{z_1} z_1 + \cdots + \overline{z_n} z_n = \sum_{j=1}^{n} |z_j|^2$$

此為一實數，允許複向量與其本身的點積與長度相關聯。

現在定義複 n-向量（$n \times 1$ 複矩陣）的集合形成一個**單式系統** (unitary system)，如果這些向量的長度為 1 且相互正交（一向量與另一向量的複點積等於零）。我們可以證明一矩陣為單式，若且唯若其列（行）形成一單式系統。這是定理的複數類比，矩陣為正交若且唯若其列（行）形成相互正交的單位向量。

我們已經知道正交矩陣的行列式等於 1 或 −1，類似的結果對單式矩陣也成立。

定理 7.10

令 $\mathbf{U}$ 為單式矩陣，則 $|\mathbf{U}| = \pm 1$。

利用式 (7.4)，我們可以證明單式矩陣的特徵值為 1，這表示它們位於複數平面上關於原點的單位圓上。

7.3.4 賀米特與反賀米特矩陣

$n \times n$ 複矩陣 $\mathbf{H}$ 為**賀米特** (hermitian)。若其共軛等於其轉置：

$$\overline{\mathbf{H}} = \mathbf{H}^t$$

例如，

$$\mathbf{H} = \begin{pmatrix} 15 & 8i & 6-2i \\ -8i & 0 & -4+i \\ 6+2i & -4-i & -3 \end{pmatrix}$$

為賀米特。

$n \times n$ 複矩陣 S 為**反賀米特** (skew-hermitian)。若其共軛等於其轉置的負值：

$$\overline{S} = -S^t$$

矩陣

$$S = \begin{pmatrix} 0 & 8i & 2i \\ 8i & 0 & 4i \\ 2i & 4i & 0 \end{pmatrix}$$

為反賀米特。

下列結果告訴我們大量有關賀米特和反賀米特矩陣的特徵值。

定理 7.11

令

$$Z = \begin{pmatrix} z_1 \\ z_2 \\ \vdots \\ z_n \end{pmatrix}$$

為複 $n \times 1$ 矩陣，則

1. 若 H 為 $n \times n$ 賀米特，則 $\overline{Z}^t HZ$ 為實數。
2. 若 S 為 $n \times n$ 反賀米特矩陣，則 $\overline{Z}^t SZ$ 為純虛數。

這些結論遵循 $\overline{Z}^t HZ$ 和 $\overline{Z}^t SZ$ 的操作，並使用這些矩陣的定義。

利用這個定理及式 (7.4)，我們可以證明下列定理。

定理 7.12

1. 賀米特矩陣的特徵值為實數。
2. 反賀米特矩陣的特徵值為純虛數。

在複數平面，賀米特矩陣的特徵值在水平（實）軸，而反賀米特矩陣的特徵值在垂直（虛）軸。這在圖 7.2 中示出，圖中包括單式矩陣的特徵值的大小為 1 的事實。

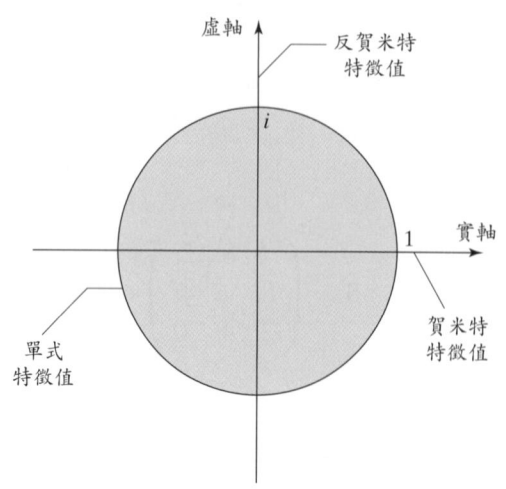

圖 7.2 複數平面上，特殊矩陣的特徵值的分布

7.3 習題

習題 1–4，求所予對稱矩陣的特徵值和對應特徵向量。證明對應於相異特徵值的特徵向量為正交。若所有特徵值為相異，求使矩陣對角化的正交矩陣。

1. $\begin{pmatrix} 4 & -2 \\ -2 & 1 \end{pmatrix}$

2. $\begin{pmatrix} 6 & 1 \\ 1 & 4 \end{pmatrix}$

3. $\begin{pmatrix} 0 & 1 & 0 \\ 1 & -2 & 0 \\ 0 & 0 & 3 \end{pmatrix}$

4. $\begin{pmatrix} 5 & 0 & 2 \\ 0 & 7 & 0 \\ 2 & 0 & 0 \end{pmatrix}$

習題 5–7，判斷矩陣為單式、賀米特、反賀米特或以上皆非。求特徵值。

5. $\begin{pmatrix} 0 & 2i \\ 2i & 4 \end{pmatrix}$

6. $\begin{pmatrix} 0 & 1 & 0 \\ -1 & 0 & 1-i \\ 0 & -1-i & 0 \end{pmatrix}$

7. $\begin{pmatrix} 2 & 0 & 0 \\ 2 & 0 & i \\ 0 & i & 0 \end{pmatrix}$

8. 假設 **H** 為賀米特。證明
$$\overline{(\mathbf{H}\mathbf{H}^t)} = \overline{\mathbf{H}}\mathbf{H}$$

9. 證明賀米特矩陣的主對角線元素必是實數。

10. 證明反賀米特矩陣的主對角線元素必是零或純虛數。

11. 證明兩個單式矩陣的乘積為單式矩陣。

7.4 二次式

二次式（quadratic form）的表達式為

$$\sum_{j=1}^{n}\sum_{k=1}^{n} a_{jk}\overline{z_j}z_k$$

其中 a_{jk} 和 z_j 為複數。若這些量均為實數，這個表達式是指**實二次式**（real quadratic form）。在此情況下，定義中的複共軛無作用。例如，當 $n=2$，實二次式的形式為

$$\sum_{j=1}^{2}\sum_{k=1}^{2} a_{jk}x_j x_k = a_{11}x_1^2 + (a_{12}+a_{21})x_1 x_2 + a_{22}x_2^2$$

將上式寫成如 $\mathbf{X}^t\mathbf{AX}$ 的 1×1 矩陣，其中

$$\mathbf{X}=\begin{pmatrix}x_1\\x_2\end{pmatrix}$$

且

$$\mathbf{X}^t\mathbf{AX}=\begin{pmatrix}x_1 & x_2\end{pmatrix}\begin{pmatrix}a_{11} & a_{12}\\a_{21} & a_{22}\end{pmatrix}\begin{pmatrix}x_1\\x_2\end{pmatrix}$$

如平常一樣，1×1 矩陣 $\mathbf{X}^t\mathbf{AX}$ 等於其單一元素。

這個符號可推廣到較高的 n 值，也適用於複數的情況，我們可以寫成

$$\sum_{j=1}^{n}\sum_{k=1}^{n} a_{jk}\overline{z_j}z_k = \overline{\mathbf{Z}}^t\mathbf{AZ}$$

其中

$$\mathbf{Z}=\begin{pmatrix}z_1\\z_2\\\vdots\\z_n\end{pmatrix}$$

數往知來——特徵值和特徵向量的應用

首先,特徵值和特徵向量似乎是非常抽象的數學方法。在現實中,它們在許多工程領域都非常有用。在控制理論中,特徵值可以揭示關於系統的穩定性和響應的資訊。例如,在我們前面關於獅子和斑馬的例子中,我們的特徵值大於 1,這意味隨著時間的推移,數量將接近無窮大。這是一個不穩定的系統,因為不會達到穩態值。

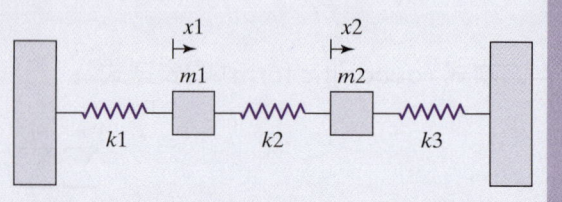

振動分析為特徵值和特徵向量提供了另一個實際應用。例如,考慮一個如圖所示的集總參數系統。雖然這個系統的求解不在本書的範圍,但可用以下方式來寫:

$$\begin{bmatrix} a & b \\ c & d \end{bmatrix} x = -\omega^2 x$$

這是一個特徵值問題,就像本章的其餘部分一樣。

這些例子只是表示特徵值和特徵向量可以是多麼有用。它們出現在金融、資料探勘、動力學和量子力學等領域。

例 7.15

考慮實 2×2 二次式

$$\begin{pmatrix} x_1 & x_2 \end{pmatrix} \begin{pmatrix} 1 & 4 \\ 3 & 2 \end{pmatrix} \begin{pmatrix} x_1 \\ x_2 \end{pmatrix} = x_1^2 + 3x_1x_2 + 4x_2x_1 + 2x_2^2$$

這是

$$\mathbf{X}^t \mathbf{A} \mathbf{X} = x_1^2 + 7x_1x_2 + 2x_2^2$$

其中

$$\mathbf{A} = \begin{pmatrix} 1 & 4 \\ 3 & 2 \end{pmatrix}$$

如果我們願意,也可以將此二次式表示成 $\mathbf{X}^t \mathbf{C} \mathbf{X}$,其中 $\mathbf{C}$ 為對稱矩陣:

$$\mathbf{C} = \begin{pmatrix} 1 & 7/2 \\ 7/2 & 2 \end{pmatrix}$$

這個觀念可以推廣到任意的 n。我們可以用一個對稱矩陣來寫出實二次式，因為當 x_j、x_k 為實數時，$\overline{x_j}x_k = \overline{x_k}x_j$。這不適用於複二次式，因為通常

$$\overline{z_j}z_k \neq \overline{z_k}z_j$$

x_jx_k 項，$j \neq k$，稱為實二次式 $\mathbf{X}^t\mathbf{A}\mathbf{X}$ 的**交叉乘積項** (cross product term)。在某些情況下，可以更改變數以將此二次式轉換為不具有交叉乘積項的形式。

定理 7.13　主軸定理

令 $\mathbf{A}$ 為具有相異特徵值 $\lambda_1, \cdots, \lambda_n$ 的實對稱 $n \times n$ 矩陣，則存在正交矩陣 $\mathbf{Q}$，使得變數的改變 $\mathbf{X} = \mathbf{Q}\mathbf{Y}$ 將 $\mathbf{X}^t\mathbf{A}\mathbf{X}$ 轉換為沒有交叉乘積項的

$$\sum_{j=1}^{n} \lambda_j y_j^2$$

證明：由定理 7.9，存在使 $\mathbf{A}$ 對角化的正交矩陣 $\mathbf{Q}$。因此

$$\sum_{j=1}^{n}\sum_{k=1}^{n} a_{jk}x_jx_k = \mathbf{X}^t\mathbf{A}\mathbf{X}$$

$$= (\mathbf{Q}\mathbf{Y})^t\mathbf{A}\mathbf{Q}\mathbf{Y} = (\mathbf{Y}^t\mathbf{Q}^t)\mathbf{A}\mathbf{Q}\mathbf{Y}$$

$$= \mathbf{Y}^t(\mathbf{Q}^{-1}\mathbf{A}\mathbf{Q})\mathbf{Y}$$

$$= \begin{pmatrix} y_1 & y_2 & \cdots & y_n \end{pmatrix} \begin{pmatrix} \lambda_1 & 0 & \cdots & 0 \\ 0 & \lambda_2 & \cdots & 0 \\ \vdots & \vdots & \vdots & \vdots \\ 0 & 0 & \cdots & \lambda_n \end{pmatrix} \begin{pmatrix} y_1 \\ y_2 \\ \vdots \\ y_n \end{pmatrix}$$

$$= \lambda_1 y_1^2 + \lambda_2 y_2^2 + \cdots + \lambda_n y_n^2$$

表達式 $\sum_{j=1}^{n} \lambda_j y_j^2$ 是 $\mathbf{X}^t\mathbf{A}\mathbf{X}$ 的**標準式** (standard form)。

例 7.16

求

$$x_1^2 - 7x_1x_2 + x_2^2$$

的標準式。首先將此式寫成 $\mathbf{X}^t\mathbf{A}\mathbf{X}$，其中 $\mathbf{A}$ 為實對稱矩陣

$$\mathbf{A} = \begin{pmatrix} 1 & -7/2 \\ -7/2 & 1 \end{pmatrix}$$

$\mathbf{A}$ 有特徵值 $\lambda_1 = -5/2$、$\lambda_2 = 9/2$。對應特徵向量分別為

$$\begin{pmatrix} 1 \\ 1 \end{pmatrix} \text{和} \begin{pmatrix} -1 \\ 1 \end{pmatrix}$$

將它們用作將 $\mathbf{A}$ 對角化的矩陣的行。然而，對於使 $\mathbf{A}$ 對角化的正交矩陣是將每個特徵向量除以其長度，並使用這些單位向量來形成

$$\mathbf{Q} = \begin{pmatrix} 1/\sqrt{2} & -1/\sqrt{2} \\ 1/\sqrt{2} & 1/\sqrt{2} \end{pmatrix}$$

$\mathbf{X} = \mathbf{QY}$ 等於下列變數的變化：

$$x_1 = \frac{1}{\sqrt{2}}(y_1 - y_2)$$

$$x_2 = \frac{1}{\sqrt{2}}(y_1 + y_2)$$

這將二次式轉換為 $\lambda_1 y_1^2 + \lambda_2 y_2^2$，或

$$-\frac{5}{2}y_1^2 + \frac{9}{2}y_2^2$$

7.4 習題

習題 1–4，求出矩陣 $\mathbf{A}$，將二次式寫成 $\mathbf{X}^t\mathbf{A}\mathbf{X}$，並求此二次式的標準式。

1. $-5x_1^2 + 4x_1x_2 + 3x_2^2$
2. $-3x_1^2 + 4x_1x_2 + 7x_2^2$
3. $-6x_1x_2 + x_2^2$
4. $-2x_1x_2 + 2x_2^2$

CHAPTER 8
線性微分方程組

常微分方程組用於分析具有多種成分（電機、機械、生物、化學、金融或其他）的系統。

本章使用矩陣法來求解線性方程組。

8.1 線性方程組

假設我們有 n 個未知數的 n 個線性微分方程式的方程組：

$$x'_1(t) = a_{11}(t)x_1(t) + a_{12}(t)x_2(t) + \cdots + a_{1n}(t)x_n(t) + g_1(t)$$
$$x'_2(t) = a_{21}(t)x_1(t) + a_{22}(t)x_2(t) + \cdots + a_{2n}(t)x_n(t) + g_2(t)$$
$$\vdots$$
$$x'_n(t) = a_{n1}(t)x_1(t) + a_{n2}(t)x_2(t) + \cdots + a_{nn}(t)x_n(t) + g_n(t)$$

其中係數 $a_{ij}(t)$ 與函數 $g_j(t)$ 為已知。

令 $\mathbf{A}(t) = [a_{ij}(t)]$ 為方程組的 $n \times n$ 係數矩陣，且

$$\mathbf{X} = \begin{pmatrix} x_1 \\ x_2 \\ \vdots \\ x_n \end{pmatrix}, \mathbf{G}(t) = \begin{pmatrix} g_1(t) \\ g_2(t) \\ \vdots \\ g_n(t) \end{pmatrix}$$

如今方程組為

$$\mathbf{X}'(t) = \mathbf{A}(t)\mathbf{X}(t) + \mathbf{G}(t) \tag{8.1}$$

在這個方程式中，矩陣的微分，就是微分矩陣的每一個元素。

如果每一個 $g_j(t)$ 等於零（或許在一區間），則方程組 (8.1) 為**齊次** (homogeneous)，否則為**非齊次** (nonhomogeneous)。齊次方程組為

$$\mathbf{X}' = \mathbf{A}\mathbf{X}$$

方程組 (8.1) 的**初始條件** (initial condition) 具有下列形式：

$$\mathbf{X}(t_0) = \mathbf{X}^0$$

其中 t_0 為已知數且 $\mathbf{X}^0$ 為指定的實數 $n \times 1$ 矩陣。在初始條件下，我們有一個**初值問題** (initial value problem)。

$$\mathbf{X}' = \mathbf{AX} + \mathbf{G};\ \mathbf{X}(t_0) = \mathbf{X}^0 \tag{8.2}$$

在某些情況下，這個初值問題有唯一解。

定理 8.1 初值問題的解的存在與唯一性

假設每一個 $a_{ij}(t)$ 和 $g_j(t)$ 在 $I = (a, b)$ 為連續。令 $\mathbf{X}^0$ 在 R^n 中，且令 t_0 為一數，$a < t_0 < b$，則初值問題 (8.2) 有定義於 (a, b) 的唯一解。

例 8.1

2×2 方程組

$$x_1' = 3x_1 + 3x_2 + 8$$
$$x_2' = x_1 + 5x_2 + 4e^{3t}$$

具有矩陣形式

$$\mathbf{X}' = \begin{pmatrix} x_1 \\ x_2 \end{pmatrix} = \begin{pmatrix} 3 & 3 \\ 1 & 5 \end{pmatrix} \begin{pmatrix} x_1 \\ x_2 \end{pmatrix} + \begin{pmatrix} 8 \\ 4e^{3t} \end{pmatrix} = \mathbf{AX} + \mathbf{G}$$

經由稍後討論的方法，我們得到

$$\mathbf{X} = c_1 \begin{pmatrix} 1 \\ 1 \end{pmatrix} e^{6t} + c_2 \begin{pmatrix} -3 \\ 1 \end{pmatrix} e^{2t} + \begin{pmatrix} -10/3 & -(1/2)e^{4t} & -3e^{3t} \\ 2/3 & -(1/2)e^{4t} & +e^{3t} \end{pmatrix}$$

為一解，其中常數 c_1 和 c_2 為任意選取的常數。

以分量表示，這個解為

$$x_1(t) = c_1 e^{6t} - 3c_2 e^{2t} - \frac{10}{3} - \frac{1}{2} e^{4t} - 3e^{3t}$$

$$x_2(t) = c_1 e^{6t} + c_2 e^{2t} + \frac{2}{3} - \frac{1}{2} e^{4t} + e^{3t}$$

這個方程組有無限多解。但是，假設我們指定初值，即

$$\mathbf{X}(0) = \begin{pmatrix} 1 \\ -2 \end{pmatrix} = \mathbf{X}^0$$

我們可以由解出滿足這個條件的常數來解初值問題。亦即

$$\mathbf{X}(0) = c_1 \begin{pmatrix} 1 \\ 1 \end{pmatrix} + c_2 \begin{pmatrix} -3 \\ 1 \end{pmatrix} + \begin{pmatrix} -10/3 - 1/2 - 3 \\ 2/3 - 1/2 + 1 \end{pmatrix} = \mathbf{X}^0 = \begin{pmatrix} 1 \\ -2 \end{pmatrix}$$

這是 2×2 方程組

$$\begin{pmatrix} 1 & -3 \\ 1 & 1 \end{pmatrix} \begin{pmatrix} c_1 \\ c_2 \end{pmatrix} = \begin{pmatrix} 1 + 10/3 + 1/2 + 3 \\ -2 - 2/3 + 1/2 - 1 \end{pmatrix} = \begin{pmatrix} 47/6 \\ -19/6 \end{pmatrix}$$

因此

$$\begin{pmatrix} c_1 \\ c_2 \end{pmatrix} = \begin{pmatrix} 1 & -3 \\ 1 & 1 \end{pmatrix}^{-1} \begin{pmatrix} 47/6 \\ -19/6 \end{pmatrix} = \begin{pmatrix} 1/4 & 3/4 \\ -1/4 & 1/4 \end{pmatrix} \begin{pmatrix} 47/6 \\ -19/6 \end{pmatrix} = \begin{pmatrix} -5/12 \\ -11/4 \end{pmatrix}$$

取 $c_1 = -5/12$，$c_2 = -11/4$ 可得初值問題的唯一解。

我們想在適當的條件下開發求解線性方程組的方法，但是首先要檢查在齊次和非齊次的情況下解的結構。這與我們現在正在作的 $n = 1$ 的單一線性微分方程式

$$y' + p(x)y = q(x)$$

的理論非常相似。

8.1.1　$\mathbf{X}' = \mathbf{AX}$ 的解的結構

假設 $\mathbf{\Phi}_1(t), \cdots, \mathbf{\Phi}_k(t)$ 為

$$\mathbf{X}' = \mathbf{AX} \tag{8.3}$$

的解，其中 t 在某開區間 $I = (a, b)$ 中，I 可以是整個實線。

這些解的**線性組合** (linear combination) 為解的常數倍數的和：

$$c_1 \mathbf{\Phi}_1 + c_2 \mathbf{\Phi}_2 + \cdots + c_k \mathbf{\Phi}_k$$

將上式代入式 (8.3) 可證明齊次方程組的解的線性組合仍然是一個解。

我們稱 $\mathbf{\Phi}_1(t), \cdots, \mathbf{\Phi}_k(t)$ 在 I 為**線性相依** (linearly dependent)，如果對於 I 中所有的 t，這些解的其中一個是其他解的線性組合。這相當於宣稱，對於 I 中所有的 t，存在不全為零的 $c_1, \cdots, c_k$，使得

$$c_1 \mathbf{\Phi}_1(t) + c_2 \mathbf{\Phi}_2(t) + \cdots + c_k \mathbf{\Phi}_k(t) = \mathbf{O}$$

若這些解不是線性相依，則它們是**線性獨立** (linearly independent)。這表示，對於 I 中所有的 t，沒有一個解是其他解的線性組合。這也表示，對於 I 中所有的 t，若

$$c_1\mathbf{\Phi}_1(t) + c_2\mathbf{\Phi}_2(t) + \cdots + c_k\mathbf{\Phi}_k(t) = \mathbf{O}$$

成立，則

$$c_1 = c_2 = \cdots = c_k = 0$$

例 8.2

方程組

$$\mathbf{X}' = \begin{pmatrix} 1 & -4 \\ 1 & 5 \end{pmatrix} \mathbf{X}$$

有很多解，其中三個解為

$$\mathbf{\Phi}_1(t) = \begin{pmatrix} -2e^{3t} \\ e^{3t} \end{pmatrix}, \mathbf{\Phi}_2(t) = \begin{pmatrix} (1-2t)e^{3t} \\ te^{3t} \end{pmatrix} \text{ 與 } \mathbf{\Phi}_3(t) = \begin{pmatrix} (11-6t)e^{3t} \\ (-4+3t)e^{3t} \end{pmatrix}$$

這些是線性相依。因為對於所有的 t，

$$\mathbf{\Phi}_3(t) = -4\mathbf{\Phi}_1(t) + 3\mathbf{\Phi}_2(t)$$

我們也可以將上式寫成

$$-4\mathbf{\Phi}_1(t) + 3\mathbf{\Phi}_2(t) - \mathbf{\Phi}_3(t) = \mathbf{O}$$

亦即對於所有的實數 t，令這些解的線性組合等於零函數，其中至少有一個係數不為零，這相當於這些解為線性相依。

我們可以用資訊組件的效率來思考線性相依和獨立。在這個例子中，由於 $\mathbf{\Phi}_3(t)$ 由 $\mathbf{\Phi}_1(t)$ 和 $\mathbf{\Phi}_2(t)$ 決定，所以 $\mathbf{\Phi}_1(t)$ 和 $\mathbf{\Phi}_2(t)$ 完全傳達所有三個解的資訊。

有一個行列式測試告訴我們，在何種情況下，$n \times n$ 齊次方程組 $\mathbf{X}' = \mathbf{AX}$ 的 n 個解在區間 I 為獨立。

定理 8.2　解的獨立

假設 $\mathbf{\Phi}_1, \mathbf{\Phi}_2, \cdots, \mathbf{\Phi}_n$ 為 $\mathbf{X}' = \mathbf{AX}$ 在開區間 I 的解，令 t_0 為 I 中的任意數，則 $\mathbf{\Phi}_1, \mathbf{\Phi}_2, \cdots, \mathbf{\Phi}_n$ 為 I 中的獨立解，若且唯若 R^n 中的 n-向量

$$\mathbf{\Phi}_1(t_0), \mathbf{\Phi}_2(t_0), \cdots \mathbf{\Phi}_n(t_0)$$

為線性獨立。以這些向量作為行的矩陣的行列式不等於零時，就會發生這種情況。

這使我們能夠以查看 n-向量的獨立性來測試解（矩陣函數）的獨立性，這可以用計算行列式來確定。

例 8.3

考慮例 8.2 的方程組，以及兩個解 $\boldsymbol{\Phi}_1(t)$ 與 $\boldsymbol{\Phi}_2(t)$。令 I 為整個實數線且令 $t_0 = 0$。現在

$$\boldsymbol{\Phi}_1(0) = \begin{pmatrix} -2 \\ 1 \end{pmatrix} \text{ 且 } \boldsymbol{\Phi}_2(0) = \begin{pmatrix} 1 \\ 0 \end{pmatrix}$$

以這 2-向量作為行形成矩陣：

$$\begin{pmatrix} -2 & 1 \\ 1 & 0 \end{pmatrix}$$

這個矩陣的行列式不等於零，因此這兩個解為線性獨立。

對任意 t_0，我們置 $\boldsymbol{\Phi}_1(t_0)$ 與 $\boldsymbol{\Phi}_2(t_0)$ 為 2×2 矩陣的行，則行列式將不為零。

以此作為背景，我們有辦法寫一個包含齊次方程組 $\mathbf{X}' = \mathbf{AX}$ 的所有解的表達式。

定理 8.3　$\mathbf{X}' = \mathbf{AX}$ 的解的結構

令 $\mathbf{A}(t) = [a_{ij}(t)]$ 且假設每一個 $a_{ij}(t)$ 在一個開區間 I 為連續，則存在 $\mathbf{X}' = \mathbf{AX}$ 定義於 I 的 n 個獨立解。

此外，若 $\boldsymbol{\Phi}_1(t), \cdots, \boldsymbol{\Phi}_n(t)$ 為定義於 I 的獨立解，則每一個解為這 n 個解的線性組合。

出於這樣的原因，線性組合

$$c_1\boldsymbol{\Phi}_1 + c_2\boldsymbol{\Phi}_2 + \cdots + c_n\boldsymbol{\Phi}_n$$

稱為 $\mathbf{X}' = \mathbf{AX}$ 在 I 的**通解** (general solution)，如果這 n 個解為線性獨立。選擇不同的係數，這個表達式包含定義在區間的方程組的所有可能的解。

定理的證明：令 $\mathbf{e}_j$ 為標準 n-向量，其中第 j 個分量等於 1，而所有其他分量為零。從 I 中選擇任何 t_0。我們知道初值問題

$$\mathbf{X}' = \mathbf{AX};\ \mathbf{X}(t_0) = \mathbf{e}_j$$

具有唯一解 $\boldsymbol{\Phi}_j$。當 $j = 1, \cdots, n$ 時，這給出了 n 個解。

由定理 8.2 可知，這些解為線性獨立。以在 $t = 0$ 計值的這些解作為行的 $n \times n$ 矩陣為 $\mathbf{I}_n$，其具有非零行列式 1。

另一項要求是方程組的任何解是這些 n 個解的線性組合。假設 $\Lambda(t_0)$ 為 R^n 中的向量，

因此是標準向量的線性組合：
$$\Lambda(t_0) = k_1\mathbf{e}_1 + \cdots + k_n\mathbf{e}_n$$

但是 $\Lambda(t)$ 和 $k_1\mathbf{\Phi}_1(t) + \cdots + k_n\mathbf{\Phi}_n(t)$ 都是初值問題的解
$$\mathbf{X}' = \mathbf{AX}; \mathbf{X}(t_0) = \Lambda(t_0)$$

因為這個初值問題有唯一解，這些解在區間必須一致，且對 I 中所有的 t 而言，
$$\Lambda(t) = k_1\mathbf{\Phi}_1(t) + \cdots + k_n\mathbf{\Phi}_n(t)$$

這證明了這個定理。

我們現在知道在解 $n \times n$ 齊次方程組 $\mathbf{X}' = \mathbf{AX}$ 時要尋找什麼。在該區間上尋找 n 個線性獨立解
$$\mathbf{\Phi}_1(t), \cdots, \mathbf{\Phi}_n(t)$$

通解由這些 n 個解的所有線性組合組成：
$$\mathbf{X}(t) = c_1\mathbf{\Phi}_1(t) + \cdots + c_n\mathbf{\Phi}_n(t)$$

其中 $c_1, \cdots, c_n$ 是任意常數。

解初值問題的一種方法是找到通解，然後使用初始條件選擇常數來滿足初始條件。

例 8.4

為了說明定理，寫出方程組
$$\mathbf{X}' = \begin{pmatrix} x_1 \\ x_2 \end{pmatrix}' = \begin{pmatrix} 2 & 1 \\ 1 & -2 \end{pmatrix}\mathbf{X}$$

的通解。兩個獨立解為
$$\mathbf{\Phi}_1(t) = \begin{pmatrix} 2+\sqrt{5} \\ 1 \end{pmatrix} e^{\sqrt{5}t} \quad \text{與} \quad \mathbf{\Phi}_2(t) = \begin{pmatrix} 2-\sqrt{5} \\ 1 \end{pmatrix} e^{-\sqrt{5}t}$$

這些解如何求得將於下一節描述。利用上式，我們可以寫出通解
$$\mathbf{X}(t) = c_1\mathbf{\Phi}_2(t) + c_2\mathbf{\Phi}_2(t)$$
$$= c_1 \begin{pmatrix} 2+\sqrt{5} \\ 1 \end{pmatrix} e^{\sqrt{5}t} + c_2 \begin{pmatrix} 2-\sqrt{5} \\ 1 \end{pmatrix} e^{-\sqrt{5}t}$$

這個式子包含方程組的所有解。

還有另一種方法可寫出經常使用的 $\mathbf{X}' = \mathbf{AX}$ 的通解。假設我們有 n 個獨立解。利用這些解作為 $n \times n$ 矩陣 $\mathbf{\Omega}(t)$ 的行，且令 $\mathbf{C}$ 為任意常數的 $n \times 1$ 矩陣：

$$\mathbf{\Omega}(t) = \begin{pmatrix} | & | & \cdots & | \\ \mathbf{\Phi}_1(t) & \mathbf{\Phi}_2(t) & \cdots & \mathbf{\Phi}_n(t) \\ | & | & \cdots & | \end{pmatrix}$$

且

$$\mathbf{C} = \begin{pmatrix} c_1 \\ c_2 \\ \vdots \\ c_n \end{pmatrix}$$

則

$$\mathbf{X}(t) = c_1 \mathbf{\Phi}_1(t) + c_2 \mathbf{\Phi}_2(t) + \cdots + c_n \mathbf{\Phi}_n(t)$$

因此我們可以非常簡明地寫出方程組的通解，如

$$\mathbf{X} = \mathbf{\Omega}(t)\mathbf{C}$$

用獨立解作為行形成的 $n \times n$ 矩陣 $\mathbf{\Omega}$，稱為方程組的**基本矩陣** (fundamental matrix)。當然，正如有許多不同的 n 個獨立解，有許多不同的基本矩陣可以用來寫出一個通解。

我們將用例 8.4 的方程組說明這些概念。有兩個獨立解

$$\mathbf{\Phi}_1(t) = \begin{pmatrix} 2 + \sqrt{5} \\ 1 \end{pmatrix} e^{\sqrt{5}t}$$

與

$$\mathbf{\Phi}_2(t) = \begin{pmatrix} 2 - \sqrt{5} \\ 1 \end{pmatrix} e^{-\sqrt{5}t}$$

使用它們作為 2×2 矩陣的行

$$\mathbf{\Omega}(t) = \begin{pmatrix} (2 + \sqrt{5})e^{\sqrt{5}t} & (2 - \sqrt{5})e^{-\sqrt{5}t} \\ e^{\sqrt{5}t} & e^{-\sqrt{5}t} \end{pmatrix}$$

而我們可以將通解寫成

$$\mathbf{X}(t) = \mathbf{\Omega}(t)\mathbf{C}$$

其中 $\mathbf{C}$ 為任意常數的 $n \times 1$ 矩陣。

僅在這個例子中，我們將進行計算，以證明 $\mathbf{\Omega}(t)\mathbf{C}$ 確實代表一個通解：

$$\Omega(t)\mathbf{C} = \begin{pmatrix} \left(2+\sqrt{5}\right)e^{\sqrt{5}t} & \left(2-\sqrt{5}\right)e^{-\sqrt{5}t} \\ e^{\sqrt{5}t} & e^{-\sqrt{5}t} \end{pmatrix}\begin{pmatrix} c_1 \\ c_2 \end{pmatrix}$$

$$= \begin{pmatrix} c_1\left(2-\sqrt{5}\right)e^{\sqrt{5}t} + c_2\left(2-\sqrt{5}\right)e^{-\sqrt{5}t} \\ c_1 e^{\sqrt{5}t} + c_2 e^{-\sqrt{5}t} \end{pmatrix}$$

$$= c_1\begin{pmatrix} \left(2+\sqrt{5}\right)e^{\sqrt{5}t} \\ e^{\sqrt{5}t} \end{pmatrix} + c_2\begin{pmatrix} \left(2-\sqrt{5}\right)e^{-\sqrt{5}t} \\ e^{\sqrt{5}t} \end{pmatrix}$$

$$= c_1\boldsymbol{\Phi}_1(t) + c_2\boldsymbol{\Phi}_2(t)$$

利用基本矩陣將齊次方程組的通解寫成

$$\mathbf{X} = \Omega\mathbf{C}$$

可以很容易找到滿足初始條件

$$\mathbf{X}(t_0) = \mathbf{X}^0$$

的特解，其中 $\mathbf{X}^0$ 為已知。我們需要選擇 $\mathbf{C}$ 使得

$$\mathbf{X}(t_0) = \Omega(t_0)\mathbf{C} = \mathbf{X}^0$$

由此產生 $\mathbf{C}$ 的公式：

$$\mathbf{C} = (\Omega(t_0))^{-1}\mathbf{X}^0$$

8.1.2 $\mathbf{X}' = \mathbf{AX} + \mathbf{G}$ 的解的結構

本節描述尋找非齊次方程組

$$\mathbf{X}' = \mathbf{AX} + \mathbf{G} \tag{8.4}$$

的所有解。

不同於齊次線性方程組 (8.3)，非齊次線性方程組 (8.4) 的解的線性組合不是解，要驗證這一點，可將 $c_1\mathbf{U}(t) + c_2\mathbf{V}(t)$ 代入方程組 (8.4)。

但是，我們可以做出以下關鍵性的觀察，其中方程組 $\mathbf{X}' = \mathbf{AX}$ 是指非齊次線性方程組 (8.4) 的相關聯的**齊次方程組** (associated homogeneous system)。

定理 8.4

令 $\mathbf{U}$ 和 $\mathbf{V}$ 為非齊次線性方程組 (8.4) 的解，則 $\mathbf{U} - \mathbf{V}$ 為相關聯的齊次方程組的解。

定理的證明：定理可用代入法證明，由假設知，

$$\mathbf{U}' = \mathbf{AU} + \mathbf{G} \text{ 且 } \mathbf{V}' = \mathbf{AV} + \mathbf{G}$$

因此
$$(\mathbf{U} - \mathbf{V})' = \mathbf{U}' - \mathbf{V}'$$
$$= (\mathbf{A}\mathbf{U} + \mathbf{G}) - (\mathbf{A}\mathbf{V} + \mathbf{G})$$
$$= \mathbf{A}(\mathbf{U} - \mathbf{V})$$

這有很重要的結果，假設我們知道齊次方程組的通解 $\mathbf{\Omega}(t)\mathbf{C}$，其中 $\mathbf{\Omega}(t)$ 為基本矩陣，假設我們也可以找到非齊次方程組 (8.4) 的任意一解 $\mathbf{U}_p$，則

$$\mathbf{X}(t) = \mathbf{\Omega}(t)\mathbf{C} + \mathbf{U}_p \tag{8.5}$$

為非齊次方程組 (8.4) 的通解，此通解包含所有的解，而 $\mathbf{C}$ 在所有 $n \times 1$ 常數矩陣中變化。

原因是這樣的，若 $\mathbf{V}$ 為式 (8.4) 的任意解，則 $\mathbf{V} - \mathbf{U}_p$ 為齊次方程組 (8.3) 的解，因此具有 $\mathbf{\Omega}(t)\mathbf{K}$ 的形式，其中 $\mathbf{K}$ 為 $n \times 1$ 常數矩陣，得到

$$\mathbf{V} = \mathbf{\Omega}\mathbf{K} + \mathbf{U}_p$$

$\mathbf{V}$ 這個解因此包含於式 (8.5)。

這個討論概述如下。

定理 8.5　$\mathbf{X}' = \mathbf{A}\mathbf{X} + \mathbf{G}$ 的通解

方程組 (8.4) 具有通解 (8.5)，其中 $\mathbf{\Omega}$ 為齊次方程組 (8.3) 的任意基本矩陣，而 $\mathbf{U}_p$ 為非齊次方程組 (8.4) 的任意特解。

這意味著要找到 $\mathbf{X}' = \mathbf{A}\mathbf{X} + \mathbf{G}$ 的通解，需要兩件事情：

1. 相關齊次方程組的基本矩陣 $\mathbf{\Omega}(t)$。
2. 非齊次方程組的一個特解 $\mathbf{U}_p$。

有了這些，式 (8.5) 為非齊次方程組的通解。

如果我們能夠找到齊次方程組的基本矩陣，以及非齊次方程組的一個特解，則我們現在有策略來寫出齊次和非齊次線性方程組的所有解。接下來的兩節專注於討論在常係數方程組的情況下產生這種解的方法。

例 8.5

說明定理 8.5，考慮方程組

$$\mathbf{X}' = \begin{pmatrix} -1 & 4 \\ 0 & 3 \end{pmatrix} \mathbf{X} + \begin{pmatrix} t \\ 1 \end{pmatrix}$$

矩陣

$$\mathbf{\Omega}(t) = \begin{pmatrix} e^{-t} & e^{3t} \\ 0 & e^{3t} \end{pmatrix}$$

為線性方程組 $\mathbf{X}' = \mathbf{A}\mathbf{X}$ 的基本矩陣。2×1 矩陣

$$\mathbf{U}_p(t) = \begin{pmatrix} t - 7/3 \\ -1/3 \end{pmatrix}$$

為所予非齊次方程組的特解。一旦有了這些，我們就知道這個方程組的通解：

$$\mathbf{X}(t) = \mathbf{\Omega}(t)\mathbf{C} + \mathbf{U}_p(t)$$
$$= \begin{pmatrix} e^{-t} & e^{3t} \\ 0 & e^{3t} \end{pmatrix} \begin{pmatrix} c_1 \\ c_2 \end{pmatrix} + \begin{pmatrix} t - 7/3 \\ -1/3 \end{pmatrix}$$
$$= \begin{pmatrix} c_1 e^{-t} + c_2 e^{3t} + t - 1/3 \\ c_2 e^{3t} - 1/3 \end{pmatrix}$$

8.1 習題

習題 1–3，已知齊次線性微分方程組的兩個解。證明這些解為線性獨立，且使用它們寫出基本矩陣及方程組的通解，然後求滿足初始條件的解。

1. $x_1' = 5x_1 + 3x_2, x_2' = x_1 + 3x_2$

$$\mathbf{\Phi}_1(t) = e^{2t} \begin{pmatrix} -1 \\ 1 \end{pmatrix}, \mathbf{\Phi}_2(t) = e^{6t} \begin{pmatrix} 3 \\ 1 \end{pmatrix}$$

$x_1(0) = 0, x_2(0) = 4$

2. $x_1' = 3x_1 + 8x_2, x_2' = x_1 - x_2$

$$\mathbf{\Phi}_1(t) = e^{(1+2\sqrt{3})t} \begin{pmatrix} 2 + 2\sqrt{3} \\ 1 \end{pmatrix} + \mathbf{\Phi}_2(t)$$
$$= e^{(1-2\sqrt{3})t} \begin{pmatrix} 2 - 2\sqrt{3} \\ 1 \end{pmatrix}$$

$x_1(0) = 2, x_2(0) = 2$

3. $x_1' = 5x_1 - 4x_2 + 4x_3$
$x_2' = 12x_1 - 11x_2 + 12x_3$
$x_3' = 4x_1 - 4x_2 + 5x_3$

$$\mathbf{\Phi}_1(t) = e^t \begin{pmatrix} -1 \\ 0 \\ 1 \end{pmatrix}, \mathbf{\Phi}_2(t) = e^t \begin{pmatrix} 1 \\ 1 \\ 0 \end{pmatrix},$$

$$\mathbf{\Phi}_3(t) = e^{-3t} \begin{pmatrix} 1 \\ 3 \\ 1 \end{pmatrix}$$

$x_1(0) = 1, x_2(0) = -3, x_3(0) = 5$

8.2 當 A 為常數的 X′ = AX 的解

A 為 $n \times n$ 實矩陣，利用 A 的特徵值和特徵向量得到

$$\mathbf{X}' = \mathbf{AX} \tag{8.6}$$

的通解。

回顧一階線性微分方程式 $y'(x) = ay(x)$ 具有指數解 $y = ce^{ax}$，類似的想法通用於式 (8.6)，嘗試一解

$$\mathbf{X}(t) = \mathbf{E}e^{\lambda t}$$

其中 E 為一個非零 $n \times 1$ 常數矩陣且 λ 為常數。為了滿足方程組，我們需要

$$\mathbf{X}' = \lambda \mathbf{E}e^{\lambda t} = \mathbf{AX} = \mathbf{AE}e^{\lambda t}$$

因為 $e^{\lambda t}$ 不等於零，上式成立，當

$$\mathbf{AE} = \lambda \mathbf{E}$$

這表示 λ 必須是 A 的特徵值，E 為特徵向量。

這個論點也可以從另一個方向來看——若 λ 為 A 的一個特徵值，E 為特徵向量，則任意的 $\mathbf{E}e^{\lambda t}$ 是一解。

定理 8.6

令 E 為數字的 $n \times 1$ 矩陣，λ 為一數，則 $\mathbf{E}e^{\lambda t}$ 為方程組 (8.6) 的一解，若且唯若 λ 為 A 的特徵值，E 為特徵向量。

A 具有 n 個獨立的特徵向量是有通解的關鍵。

定理 8.7

令 A 有特徵值 $\lambda_1, \cdots, \lambda_n$（不必相異），假設這些特徵值分別對應於 n 個獨立特徵向量 $\mathbf{E}_1, \mathbf{E}_2, \cdots, \mathbf{E}_n$，則

$$\mathbf{\Phi}_1(t) = \mathbf{E}_1 e^{\lambda_1 t}, \cdots, \mathbf{\Phi}_n(t) = \mathbf{E}_n e^{\lambda_n t}$$

為 n 個獨立解且對所有的 t，

$$\mathbf{X}(t) = c_1 \mathbf{\Phi}_1(t) + \cdots + c_n \mathbf{\Phi}_n(t)$$

為通解。

我們也可以將通解寫成

$$\mathbf{X}(t) = \mathbf{\Omega}(t)\mathbf{C}$$

其中 $\mathbf{\Omega}(t)$ 以 $\mathbf{\Phi}_j(t)$ 作為 j 行。

如果 **A** 有 n 個線性獨立向量，我們可以用特徵向量和特徵值寫出通解。我們看以下這個例子，然後處理 **A** 沒有 n 個獨立的特徵向量的情況。

例 8.6

方程組

$$\mathbf{X}' = \begin{pmatrix} 4 & 2 \\ 3 & 3 \end{pmatrix} \mathbf{X}$$

的係數矩陣有特徵值 1 和 6，對應的特徵向量為

$$\begin{pmatrix} 2 \\ -3 \end{pmatrix} \quad \text{和} \quad \begin{pmatrix} 1 \\ 1 \end{pmatrix}$$

我們立刻得到通解

$$\mathbf{X} = c_1 \begin{pmatrix} 2 \\ -3 \end{pmatrix} e^t + c_2 \begin{pmatrix} 1 \\ 1 \end{pmatrix} e^{6t}$$

我們也可以利用基本矩陣

$$\mathbf{\Omega}(t) = \begin{pmatrix} 2e^t & e^{6t} \\ -3e^t & e^{6t} \end{pmatrix}$$

將通解寫成 $\mathbf{X} = \mathbf{\Omega}\mathbf{C}$。

例 8.7

解方程組

$$\mathbf{X}' = \begin{pmatrix} 5 & -4 & 4 \\ 12 & -11 & 12 \\ 4 & -4 & 5 \end{pmatrix} \mathbf{X}$$

係數矩陣 **A** 有特徵值 -3、1、1，其中 1 為重數為 2 的特徵值。特徵向量

$$\begin{pmatrix} 1 \\ 3 \\ 1 \end{pmatrix}$$

對應特徵值 -3。在此例中，重複特徵值 1 對應兩個獨立特徵向量

$$\begin{pmatrix} 1 \\ 1 \\ 0 \end{pmatrix} \text{ 和 } \begin{pmatrix} -1 \\ 0 \\ 1 \end{pmatrix}$$

通解為

$$\mathbf{X}(t) = c_1 \begin{pmatrix} 1 \\ 3 \\ 1 \end{pmatrix} e^{-3t} + c_2 \begin{pmatrix} 1 \\ 1 \\ 0 \end{pmatrix} e^t + c_3 \begin{pmatrix} -1 \\ 0 \\ 1 \end{pmatrix} e^t$$

我們有 $\mathbf{X} = \mathbf{\Omega C}$，其中

$$\mathbf{\Omega} = \begin{pmatrix} e^{-3t} & e^t & -e^t \\ 3e^{-3t} & e^t & 0 \\ e^{-3t} & 0 & e^t \end{pmatrix}$$

例 8.8

　　兩槽以管子連接，如圖 8.1 所示。槽 1 最初含有 20 公升水，其中溶解了 150 克氯，槽 2 最初含有溶解在 10 公升水中的 50 克氯。在零時間，純水以 3 公升／分的恆定速率注入槽 1 中，而氯／水溶液在槽之間互換，並且以圖示的速率流出兩個槽，我們想知道在任何時間 $t > 0$ 時每個槽中的氯含量。

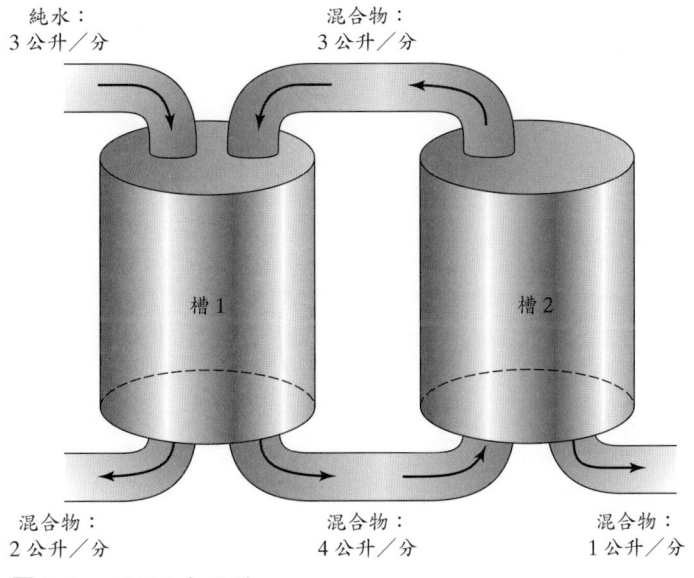

圖 8.1　例 8.8 中的槽

令 $x_j(t)$ 為 t 時刻槽 j 中氯的克數。從圖中，

$x_1(t)$ 的變化率 $= x_1'(t) =$ 輸入的速率減去輸出的速率

$$= 3\left(\frac{公升}{分}\right) \cdot 0\left(\frac{克}{公升}\right) + 3\left(\frac{公升}{分}\right) \cdot \frac{x_2}{10}\left(\frac{克}{公升}\right)$$
$$- 2\left(\frac{公升}{分}\right) \cdot \frac{x_1}{20}\left(\frac{克}{公升}\right) - 4\left(\frac{公升}{分}\right) \cdot \frac{x_1}{20}\left(\frac{克}{公升}\right)$$
$$= -\frac{6}{20}x_1 + \frac{3}{10}x_2$$
$$= -\frac{3}{10}x_1 + \frac{3}{10}x_2$$

同理，

$$x_2'(t) = 4\frac{x_1}{20} - 3\frac{x_2}{10} - \frac{x_2}{10} = \frac{4}{20}x_1 - \frac{4}{10}x_2$$
$$= \frac{1}{5}x_1 - \frac{2}{5}x_2$$

現在我們有齊次線性方程組 $\mathbf{X}' = \mathbf{AX}$，其中

$$\mathbf{A} = \begin{pmatrix} -3/10 & 3/10 \\ 1/5 & -2/5 \end{pmatrix}$$

初始條件為

$$x_1(0) = 150, x_2(0) = 50$$

因此

$$\mathbf{X}(0) = \begin{pmatrix} 150 \\ 50 \end{pmatrix}$$

$\mathbf{A}$ 的特徵值和對應的特徵向量為

$$-\frac{1}{10}, \begin{pmatrix} 3/2 \\ 1 \end{pmatrix} \text{ 和 } -\frac{3}{5}, \begin{pmatrix} -1 \\ 1 \end{pmatrix}$$

方程組有基本矩陣

$$\mathbf{\Omega}(t) = \begin{pmatrix} 3e^{-t/10}/2 & -e^{-3t/5} \\ e^{-t/10} & e^{-3t/5} \end{pmatrix}$$

方程組有通解 $\mathbf{X} = \mathbf{\Omega C}$，選擇 $\mathbf{C}$ 滿足初始條件：

$$\mathbf{X}(0) = \begin{pmatrix} 150 \\ 50 \end{pmatrix} = \mathbf{\Omega}(0)\mathbf{C} = \begin{pmatrix} 3/2 & -1 \\ 1 & 1 \end{pmatrix}\mathbf{C} = \begin{pmatrix} 150 \\ 50 \end{pmatrix}$$

因此

$$\mathbf{C} = \begin{pmatrix} 3/2 & -1 \\ 1 & 1 \end{pmatrix}^{-1} \begin{pmatrix} 150 \\ 50 \end{pmatrix} = \begin{pmatrix} 2/5 & 2/5 \\ -2/5 & 3/5 \end{pmatrix} \begin{pmatrix} 150 \\ 50 \end{pmatrix} = \begin{pmatrix} 80 \\ -30 \end{pmatrix}$$

初值問題的解為

$$\mathbf{X}(t) = \begin{pmatrix} 3e^{-t/10}/2 & -e^{-3t/5} \\ e^{-t/10} & e^{-3t/5} \end{pmatrix} \begin{pmatrix} 80 \\ -30 \end{pmatrix} = \begin{pmatrix} 120e^{-t/10} + 30e^{-3t/5} \\ 80e^{-t/10} - 30e^{-3t/5} \end{pmatrix}$$

注意：當 $t \to \infty$ 時，$x_1(t) \to 0$ 且 $x_2(t) \to 0$，這是有道理的，因為隨著給定的來自槽中溶液的輸入和排放的速率，每個槽中的溶液量將隨時間保持恆定。這意味著每個槽中氯與氯／水溶液的比應接近零，亦即接近輸入的純水（無氯）。

現在考慮 $\mathbf{A}$ 不具有 n 個獨立特徵向量的可能性。在這種情況下，下面兩個例子將提出產生 n 個獨立解的策略。

例 8.9

解 $\mathbf{X}' = \mathbf{AX}$，其中

$$\mathbf{A} = \begin{pmatrix} 1 & 3 \\ -3 & 7 \end{pmatrix}$$

$\mathbf{A}$ 有重數為 2 的特徵值 4，所有特徵向量為

$$\mathbf{E} = \begin{pmatrix} 1 \\ 1 \end{pmatrix}$$

的純量倍數。一解為

$$\mathbf{\Phi}_1(t) = \mathbf{E}e^{4t} = \begin{pmatrix} 1 \\ 1 \end{pmatrix} e^{4t}$$

我們需要第二個線性獨立解。嘗試第二個解其形式為

$$\mathbf{\Phi}_2(t) = \mathbf{E}te^{4t} + \mathbf{K}e^{4t} \tag{8.7}$$

為了選取 $\mathbf{K}$ 使得上式為一解，將上式代入方程組。我們需要滿足

$$\Phi_2'(t) = \mathbf{A}\Phi_2(t)$$

記住 **E** 和 **K** 為常數矩陣，上式變成

$$4\mathbf{E}te^{4t} + \mathbf{E}e^{4t} + 4\mathbf{K}e^{4t} = \mathbf{A}\mathbf{E}te^{4t} + \mathbf{A}\mathbf{K}e^{4t}$$

因為 e^{4t} 不等於零，所以

$$4t\mathbf{E} + \mathbf{E} + 4\mathbf{K} = \mathbf{A}\mathbf{E}t + \mathbf{A}\mathbf{K} \tag{8.8}$$

現在 $\mathbf{AE} = 4\mathbf{E}$，因為 **E** 為 **A** 的特徵向量，特徵值為 4，因此 $4t\mathbf{E} = \mathbf{A}\mathbf{E}t$，方程式 (8.8) 中含有 t 的項互相抵消，剩下

$$\mathbf{E} + 4\mathbf{K} = \mathbf{A}\mathbf{K}$$

引入 $\mathbf{I}_2$，將上式寫成

$$(\mathbf{A} - 4\mathbf{I}_2)\mathbf{K} = \mathbf{E}$$

因為 **E** 為已知，這是兩個未知數（**K** 的分量）的兩個方程式的非齊次線性方程組。令

$$\mathbf{K} = \begin{pmatrix} a \\ b \end{pmatrix}$$

則

$$\begin{pmatrix} -3 & 3 \\ -3 & 3 \end{pmatrix} \begin{pmatrix} a \\ b \end{pmatrix} = \begin{pmatrix} 1 \\ 1 \end{pmatrix}$$

這個方程組簡化為單一方程式 $-3a + 3b = 1$，因此

$$b = \frac{1 + 3a}{3}$$

a 為任意數，選擇 $a = 1$，得到

$$\mathbf{K} = \begin{pmatrix} 1 \\ 4/3 \end{pmatrix}$$

K 不是 **A** 的特徵向量。然而，它已被選擇產生第二個解

$$\Phi_2(t) = \mathbf{E}te^{4t} + \mathbf{K}e^{4t} = \begin{pmatrix} 1 \\ 1 \end{pmatrix} te^{4t} + \begin{pmatrix} 1 \\ 4/3 \end{pmatrix} e^{4t} = \begin{pmatrix} 1 + t \\ \frac{4}{3} + t \end{pmatrix} e^{4t}$$

這個解 Φ_2 因為含有 t 項，所以 Φ_2 與 Φ_1 為線性獨立。

使用這兩個解寫出基本矩陣

$$\mathbf{\Omega}(t) = \begin{pmatrix} 1 & t+1 \\ 1 & t+\frac{4}{3} \end{pmatrix} e^{4t}$$

$\mathbf{\Omega}(t)\mathbf{C}$ 為通解。

例 8.10

考慮 3×3 線性齊次方程組 $\mathbf{X}' = \mathbf{AX}$，其中

$$\mathbf{A} = \begin{pmatrix} -2 & -1 & -5 \\ 25 & -7 & 0 \\ 0 & 1 & 3 \end{pmatrix}$$

$\mathbf{A}$ 有重數為 3 的特徵值 -2。每一個特徵向量為

$$\mathbf{E} = \begin{pmatrix} -1 \\ -5 \\ 1 \end{pmatrix}$$

的純量倍數。方程組的一解為

$$\mathbf{\Phi}_1(t) = \mathbf{E}e^{-2t} = \begin{pmatrix} -1 \\ -5 \\ 1 \end{pmatrix} e^{-2t}$$

我們還需要兩個獨立的解。嘗試一個在前面的例子中有效的想法。令

$$\mathbf{\Phi}_2(t) = \mathbf{E}te^{-2t} + \mathbf{K}e^{-2t}$$

如例 8.9，將上式代入 $\mathbf{X}' = \mathbf{AX}$，利用 $\mathbf{AE} = -2\mathbf{E}$，得到

$$(\mathbf{A} + 2\mathbf{I}_3)\mathbf{K} = \mathbf{E}$$

這是方程組

$$\begin{pmatrix} 0 & -1 & -5 \\ 25 & -5 & 0 \\ 0 & 1 & 5 \end{pmatrix} \begin{pmatrix} a \\ b \\ c \end{pmatrix} = \begin{pmatrix} -1 \\ -5 \\ 1 \end{pmatrix}$$

其中

$$\mathbf{K} = \begin{pmatrix} a \\ b \\ c \end{pmatrix}$$

解此方程組可得

$$\mathbf{K} = \begin{pmatrix} -\alpha \\ 1 - 5\alpha \\ \alpha \end{pmatrix}$$

其中 α 為任意數。選擇 $\alpha = 1$，得到

$$\mathbf{K} = \begin{pmatrix} -1 \\ -4 \\ 1 \end{pmatrix}$$

第二個解為

$$\mathbf{\Phi}_2(t) = \mathbf{E}te^{-2t} + \mathbf{K}e^{-2t} = \begin{pmatrix} -1 - t \\ -4 - 5t \\ 1 + t \end{pmatrix} e^{-2t}$$

我們還需要一個解。引入 t^2 項且嘗試

$$\mathbf{\Phi}_3(t) = \frac{1}{2}\mathbf{E}t^2 e^{-2t} + \mathbf{K}te^{-2t} + \mathbf{M}e^{-2t}$$

欲求 $\mathbf{M}$ 使 $\mathbf{\Phi}_3(t)$ 成為一解，將 $\mathbf{\Phi}_3(t)$ 代入方程組 $\mathbf{X}' = \mathbf{AX}$，得到

$$\mathbf{E}\left(te^{-2t} - t^2 e^{-2t}\right) + \mathbf{K}\left(e^{-2t} - 2te^{-2t}\right) + \mathbf{M}\left(-2e^{-2t}\right)$$
$$= \frac{1}{2}\mathbf{AE}t^2 e^{-2t} + \mathbf{AK}te^{-2t} + \mathbf{AM}e^{-2t}$$

將共同因數 e^{-2t} 除去，並且利用 $\mathbf{AE} = -2\mathbf{E}$ 和

$$\mathbf{AK} = \begin{pmatrix} 1 \\ 3 \\ -1 \end{pmatrix}$$

的事實，獲得

$$\mathbf{E}t - \mathbf{E}t^2 + \mathbf{K} - 2\mathbf{K}t - 2\mathbf{M} = -\mathbf{E}t^2 + \begin{pmatrix} 1 \\ 3 \\ -1 \end{pmatrix} t + \mathbf{AM}$$

如今

$$\mathbf{E}t - 2\mathbf{K}t = \left[\begin{pmatrix} -1 \\ -5 \\ 1 \end{pmatrix} - 2\begin{pmatrix} -1 \\ -4 \\ 1 \end{pmatrix}\right]t$$

$$= \begin{pmatrix} 1 \\ 3 \\ -1 \end{pmatrix}t$$

因此這個方程式簡化為

$$\mathbf{K} - 2\mathbf{M} = \mathbf{AM}$$

將它寫成

$$(\mathbf{A} + 2\mathbf{I}_3)\mathbf{M} = \mathbf{K}$$

亦即方程組

$$\begin{pmatrix} 0 & -1 & -5 \\ 25 & -5 & 0 \\ 0 & 1 & 5 \end{pmatrix}\mathbf{M} = \begin{pmatrix} -1 \\ -4 \\ 1 \end{pmatrix}$$

$\mathbf{M}$ 的一個解為

$$\mathbf{M} = \begin{pmatrix} -24/25 \\ -4 \\ 1 \end{pmatrix}$$

這不是 $\mathbf{A}$ 的特徵向量。微分方程組的第三個解為

$$\mathbf{\Phi}_3(t) = \frac{1}{2}\begin{pmatrix} -1 \\ -5 \\ 1 \end{pmatrix}t^2 e^{-2t} + \begin{pmatrix} -1 \\ -4 \\ 1 \end{pmatrix}te^{-2t} + \begin{pmatrix} -24/25 \\ -4 \\ 1 \end{pmatrix}e^{-2t}$$

這個解 $\mathbf{\Phi}_3$ 因為有 t^2 項，所以 $\mathbf{\Phi}_3$ 與 $\mathbf{\Phi}_1$、$\mathbf{\Phi}_2$ 為線性獨立。用這三個解作為基本矩陣

$$\mathbf{\Omega}(t) = \begin{pmatrix} -e^{-2t} & (-1-t)e^{-2t} & \left(-\frac{24}{25} - t - \frac{1}{2}t^2\right)e^{-2t} \\ -5e^{-2t} & (-4-5t)e^{-2t} & \left(-4 - 4t - \frac{5}{2}t^2\right)e^{-2t} \\ e^{-2t} & (1+t)e^{-2t} & \left(1 + t + \frac{1}{2}t^2\right)e^{-2t} \end{pmatrix}$$

的行。

當 $\mathbf{A}$ 沒有 n 個獨立的特徵向量時，這兩個例子提供了一種方法。若 λ 為特徵值，其重數為 $m > 1$，但 λ 沒有相關聯的 m 個獨立特徵向量，則由 λ 可產生 m 個獨立解如下。

一解為
$$\Psi_1(t) = \mathbf{E}e^{\lambda t}$$

其中 $\mathbf{E}$ 為對應於 λ 的特徵向量。

令
$$\Psi_2(t) = \mathbf{E}te^{\lambda t} + \mathbf{K}e^{\lambda t}$$

為與 λ 相關聯的第二解且解出 $\mathbf{K}$ 產生一解。

若 $m > 2$，令
$$\Psi_3(t) = \frac{1}{2}\mathbf{E}t^2 e^{\lambda t} + \mathbf{K}te^{\lambda t} + \mathbf{M}e^{\lambda t}$$

將此式代入方程組，解出 $\mathbf{M}$ 使其成為一解。

若 $m > 3$，嘗試第四解
$$\Psi_4(t) = \frac{1}{3!}\mathbf{E}t^3 e^{\lambda t} + \frac{1}{2}\mathbf{K}t^2 e^{\lambda t} + \mathbf{M}te^{\lambda t} + \mathbf{W}e^{\lambda t}$$

將此式代入方程組，解出 $\mathbf{W}$。

持續這種方法，直至求得對應於重數為 m 的特徵值 λ 的 m 個獨立解。

對於重數大於 1 的每個特徵值，重複此過程，最後可以產生 n 個獨立解。

8.2.1 複數特徵值的情況

$\mathbf{A}$ 有複數特徵值。若 $\lambda = a + ib$ 為特徵值，$\mathbf{E}$ 為特徵向量，則共軛 $\overline{\lambda}$ 也是特徵值，$\overline{\mathbf{E}}$ 為特徵向量，$\overline{\mathbf{E}}$ 是 $\mathbf{E}$ 的每個元素取共軛複數形成的。

這樣的特徵值和特徵向量將生成 $\mathbf{X}' = \mathbf{A}\mathbf{X}$ 的兩個獨立解：
$$\mathbf{E}e^{(a+ib)t} \text{ 和 } \overline{\mathbf{E}}e^{(a-ib)t}$$

這是可作為通解的 n 個獨立解中的兩個。

但是，有時候我們希望用不含複數的實數解來寫出通解。這可以藉由任意 n 個獨立解可用來寫出一個通解的事實來實現。這種想法是將兩個複數解分解化簡為兩個實數解。請注意以下例子中的想法。

例 8.11

解 $\mathbf{X}' = \mathbf{A}\mathbf{X}$，其中

$$\mathbf{A} = \begin{pmatrix} 2 & 0 & 1 \\ 0 & -2 & -2 \\ 0 & 2 & 0 \end{pmatrix}$$

特徵值為 2、$-1+\sqrt{3}i$、$-1-\sqrt{3}i$，特徵向量分別為

$$\mathbf{E}_1 = \begin{pmatrix} 1 \\ 0 \\ 0 \end{pmatrix}, \mathbf{E}_2 = \begin{pmatrix} 1 \\ -2\sqrt{3}i \\ -3+\sqrt{3}i \end{pmatrix}, \mathbf{E}_3 = \begin{pmatrix} 1 \\ 2\sqrt{3}i \\ -3-\sqrt{3}i \end{pmatrix}$$

此處 $\mathbf{E}_3 = \overline{\mathbf{E}_2}$。

我們可以用

$$\mathbf{\Phi}_1(t) = \mathbf{E}_1 e^{2t}$$

$$\mathbf{\Phi}_2(t) = \mathbf{E}_2 e^{(-1+\sqrt{3}i)t}$$

$$\mathbf{\Phi}_3(t) = \mathbf{E}_3 e^{(-1-\sqrt{3}i)t}$$

作為三個獨立解，且用這些解作為形成基本矩陣的行。

然而，假設我們要一個僅含實數的基本矩陣，因為 $\mathbf{\Phi}_1(t)$ 已經是實數，所以焦點應集中在兩個複數解 $\mathbf{\Phi}_2(t)$ 與 $\mathbf{\Phi}_3(t)$。首先將特徵向量分成實部和虛部

$$\mathbf{E}_2 = \mathbf{U} + i\mathbf{V} = \begin{pmatrix} 1 \\ 0 \\ -3 \end{pmatrix} + i\begin{pmatrix} 0 \\ -2\sqrt{3} \\ \sqrt{3} \end{pmatrix}$$

且

$$\mathbf{E}_3 = \mathbf{U} - i\mathbf{V} = \begin{pmatrix} 1 \\ 0 \\ -3 \end{pmatrix} - i\begin{pmatrix} 0 \\ -2\sqrt{3} \\ \sqrt{3} \end{pmatrix}$$

現在

$$\mathbf{\Phi}_2(t) = (\mathbf{U}+i\mathbf{V})e^{(a+ib)t} \text{ 且 } \mathbf{\Phi}_3(t) = (\mathbf{U}-i\mathbf{V})e^{(a-ib)t}$$

利用歐勒公式

$$e^{(a+ib)t} = e^{at}(\cos(bt) + i\sin(bt))$$

將這些複數解表示成

$$\begin{aligned}\mathbf{\Phi}_2(t) &= (\mathbf{U}+i\mathbf{V})e^{(-1+\sqrt{3}i)t} \\ &= (\mathbf{U}+i\mathbf{V})e^{-t}[\cos(\sqrt{3}t) + i\sin(\sqrt{3}t)] \\ &= e^{-t}[\mathbf{U}\cos(\sqrt{3}t) - \mathbf{V}\sin(\sqrt{3}t)] \\ &\quad + ie^{-t}[\mathbf{V}\cos(\sqrt{3}t) + \mathbf{U}\sin(\sqrt{3}t)]\end{aligned}$$

且

$$\begin{aligned}\boldsymbol{\Phi}_3(t) &= (\mathbf{U} - i\mathbf{V})e^{(-1-\sqrt{3}i)t} \\ &= (\mathbf{U} - i\mathbf{V})e^{-t}[\cos(\sqrt{3}t) - i\sin(\sqrt{3}t)] \\ &= e^{-t}[\mathbf{U}\cos(\sqrt{3}t) - \mathbf{V}\sin(\sqrt{3}t)] \\ &\quad - ie^{-t}[\mathbf{V}\cos(\sqrt{3}t) + \mathbf{U}\sin(\sqrt{3}t)]\end{aligned}$$

這些解的任意線性組合仍是一解。若我們將 $\boldsymbol{\Phi}_2(t)$ 與 $\boldsymbol{\Phi}_3(t)$ 相加且乘以 $1/2$，得到實數解

$$\begin{aligned}\boldsymbol{\Phi}_4(t) &= \frac{1}{2}(\boldsymbol{\Phi}_2(t) + \boldsymbol{\Phi}_3(t)) \\ &= e^{-t}[\mathbf{U}\cos(\sqrt{3}t) - \mathbf{V}\sin(\sqrt{3}t)] \\ &= \begin{pmatrix} e^{-t}\cos(\sqrt{3}t) \\ 2\sqrt{3}e^{-t}\sin(\sqrt{3}t) \\ e^{-t}[-3\cos(\sqrt{3}t) - \sqrt{3}\sin(\sqrt{3}t)] \end{pmatrix}\end{aligned}$$

同理，若我們將 $\boldsymbol{\Phi}_2(t)$ 減去 $\boldsymbol{\Phi}_3(t)$ 再除以 $2i$，可得另一實數解

$$\begin{aligned}\boldsymbol{\Phi}_5(t) &= e^{-t}[\mathbf{V}\cos(\sqrt{3}t) + \mathbf{U}\sin(\sqrt{3}t)] \\ &= \begin{pmatrix} e^{-t}\sin(\sqrt{3}t) \\ -2\sqrt{3}e^{-t}\cos(\sqrt{3}t) \\ e^{t}[\sqrt{3}\cos(\sqrt{3}t) - 3\sin(\sqrt{3}t)] \end{pmatrix}\end{aligned}$$

我們現在有三個獨立實數解，$\boldsymbol{\Phi}_1(t)$、$\boldsymbol{\Phi}_4(t)$ 和 $\boldsymbol{\Phi}_5(t)$，我們可用這些作實基本矩陣

$$\boldsymbol{\Omega}(t) = \begin{pmatrix} e^{2t} & e^{-t}\cos(\sqrt{3}t) & e^{-t}\sin(\sqrt{3}t) \\ 0 & 2\sqrt{3}e^{-t}\sin(\sqrt{3}t) & -2\sqrt{3}e^{-t}\cos(\sqrt{3}t) \\ 0 & e^{-t}[-3\cos(\sqrt{3}t) - \sqrt{3}\sin(\sqrt{3}t)] & e^{-t}[\sqrt{3}\cos(\sqrt{3}t) - 3\sin(\sqrt{3}t)] \end{pmatrix}$$

不必重複本例中所示的所有推導階段。下面是獲得對應於每個複特徵值及其共軛的兩個實數解的過程的總結。

定理 8.8

令 $\mathbf{A}$ 為 $n \times n$ 實矩陣。令 $a + ib$ 為複特徵值，$\mathbf{U} + i\mathbf{V}$ 為特徵向量，其中 $\mathbf{U}$ 與 $\mathbf{V}$ 為實 $n \times 1$ 矩陣，則

$$e^{at}[\mathbf{U}\cos(bt) - \mathbf{V}\sin(bt)]$$

與

$$e^{at}[\mathbf{V}\cos(bt) + \mathbf{U}\sin(bt)]$$

為 $\mathbf{X}' = \mathbf{A}\mathbf{X}$ 的線性獨立實數解。

8.2 習題

習題 1–11，已知矩陣 $\mathbf{A}$，求方程組 $\mathbf{X}' = \mathbf{A}\mathbf{X}$ 的實基本矩陣。

1. $\mathbf{A} = \begin{pmatrix} 3 & 0 \\ 5 & -4 \end{pmatrix}$

2. $\mathbf{A} = \begin{pmatrix} 1 & 1 \\ 1 & 1 \end{pmatrix}$

3. $\mathbf{A} = \begin{pmatrix} 1 & 2 & 1 \\ 6 & -1 & 0 \\ -1 & -2 & -1 \end{pmatrix}$

4. $\mathbf{A} = \begin{pmatrix} 2 & -4 \\ 1 & 6 \end{pmatrix}$

5. $\mathbf{A} = \begin{pmatrix} 2 & 5 & 6 \\ 0 & 8 & 9 \\ 0 & -1 & 2 \end{pmatrix}$

6. $\mathbf{A} = \begin{pmatrix} 2 & -4 \\ 1 & 2 \end{pmatrix}$

7. $\mathbf{A} = \begin{pmatrix} 3 & -5 \\ 1 & -1 \end{pmatrix}$

8. $\mathbf{A} = \begin{pmatrix} -1 & 4 & -1 \\ 5 & 3 & -1 \\ -4 & -1 & 6 \end{pmatrix}$

9. $\mathbf{A} = \begin{pmatrix} 3 & 2 \\ 0 & 3 \end{pmatrix}$

10. $\mathbf{A} = \begin{pmatrix} 6 & 11 \\ -3 & 2 \end{pmatrix}$

11. $\mathbf{A} = \begin{pmatrix} 1 & 5 & -2 & 6 \\ 0 & 3 & 0 & 4 \\ 0 & 3 & 0 & 4 \\ 0 & 0 & 0 & 1 \end{pmatrix}$

8.3 指數矩陣解

對任意實數 a，

$$e^{at} = 1 + at + \frac{1}{2!}(at)^2 + \frac{1}{3!}(at)^3 + \cdots = \sum_{n=0}^{\infty} \frac{1}{n!}(at)^n$$

對於所有實數 t，此級數收斂。

與上式類似，我們可以嘗試定義數字的 $n \times n$ 矩陣的**指數矩陣** (exponential matrix)

$$e^{\mathbf{A}t} = \mathbf{I}_n + \mathbf{A}t + \frac{1}{2!}\mathbf{A}^2 t^2 + \frac{1}{3!}\mathbf{A}^3 t^3 + \cdots = \sum_{n=0}^{\infty} \frac{1}{n!}\mathbf{A}^n t^n \tag{8.9}$$

要做到這一點，我們必須給矩陣的無窮級數賦予意義，這可以如下完成。若 $\mathbf{A} = [a_{ij}]$，定義 $\mathbf{A}$ 的 **範數**（norm）為

$$\|\mathbf{A}\| = \max_{i,j}|a_{ij}|$$

矩陣的範數是其最大元素的絕對值。這個範數的行為非常像數字的絕對值和向量的範數，尤其是

1. $\|\mathbf{A}\| \geq 0$。
2. $\|\mathbf{A}\| = 0$ 若且唯若 $\mathbf{A}$ 為零矩陣（每一個 $a_{ij} = 0$）。
3. $\|c\mathbf{A}\| = |c|\|\mathbf{A}\|$，$c$ 為任意數。
4. $\|\mathbf{A} + \mathbf{B}\| \leq \|\mathbf{A}\| + \|\mathbf{B}\|$。

範數允許我們定義兩個 $n \times n$ 矩陣之間的 **距離**（distance）的概念：

$$\mathbf{A} \text{ 與 } \mathbf{B} \text{ 之間的距離} = \|\mathbf{A} - \mathbf{B}\|$$

這種方法直觀地吸引人，因為這個數是兩個矩陣中相同位置的元素之間的差 $|a_{ij} - b_{ij}|$ 的最大值。這個值越小，元素越接近相等，而且兩個矩陣之間的距離越小。

一旦我們有了矩陣之間的距離的概念，就可以定義對於矩陣的無窮級數收斂的意義，當 N 增加時，若 N 項部分和與 $\mathbf{B}$ 之間的距離趨近於零，則稱級數收斂於 $\mathbf{B}$。

若 $\mathbf{AB} = \mathbf{BA}$，則可證明

$$e^{(\mathbf{A}+\mathbf{B})t} = e^{\mathbf{A}t}e^{\mathbf{B}t}$$

此外，

$$\begin{aligned}
\frac{d}{dt}e^{\mathbf{A}t} &= \frac{d}{dt}\left[\mathbf{I}_n + \mathbf{A}t + \frac{1}{2!}\mathbf{A}^2 t^2 + \frac{1}{3!}\mathbf{A}^3 t^3 + \cdots\right] \\
&= \mathbf{A} + \mathbf{A}^2 t + \frac{1}{2!}\mathbf{A}^3 t^2 + \frac{1}{3!}\mathbf{A}^4 t^3 + \cdots \\
&= \mathbf{A}\left[\mathbf{I}_n + \mathbf{A}t + \frac{1}{2!}\mathbf{A}^2 t^2 + \frac{1}{3!}\mathbf{A}^3 t^3 + \cdots\right] \\
&= \mathbf{A}e^{\mathbf{A}t}
\end{aligned}$$

這具有下列重要結果。

定理 8.9

$\mathbf{\Omega}(t) = e^{\mathbf{A}t}$ 是 $\mathbf{X}' = \mathbf{AX}$ 的基本矩陣。

要知道這一點，對於任意 $n \times 1$ 常數矩陣，令 $\mathbf{X}(t) = \mathbf{\Omega}(t)\mathbf{C}$，則

$$\mathbf{X}'(t) = \frac{d}{dt}\mathbf{\Omega}(t)\mathbf{C} = \frac{d}{dt}e^{\mathbf{A}t}\mathbf{C}$$

$$= \mathbf{A}e^{\mathbf{A}t}\mathbf{C} = \mathbf{A}\mathbf{\Omega}(t)\mathbf{C} = \mathbf{A}\mathbf{X}(t)$$

此外，由定理 8.3 知，$\mathbf{\Omega}(t)$ 具有線性獨立的行，因為若我們令 $t=0$，可得

$$\mathbf{\Omega}(0) = e^{\mathbf{A}0} = \mathbf{I}_n$$

而這個矩陣具有非零的行列式。

基本矩陣 $\mathbf{\Omega}(t) = e^{\mathbf{A}t}$ 具有 $\mathbf{\Omega}(0) = \mathbf{I}_n$ 的特殊性質，並不是每一個基本矩陣都享有這個性質，而它在解初值問題上特別方便

$$\mathbf{X}' = \mathbf{A}\mathbf{X}; \mathbf{X}(0) = \mathbf{X}^0$$

若 $\mathbf{\Omega}(t)$ 為基本矩陣，解出 $\mathbf{C}$ 使得

$$\mathbf{X}(0) = \mathbf{\Omega}(0)\mathbf{C} = \mathbf{X}^0$$

故我們必須選擇

$$\mathbf{C} = (\mathbf{\Omega}(0))^{-1}\mathbf{X}^0$$

這需要計算反矩陣。然而，若我們使用 $\mathbf{\Omega}(t) = e^{\mathbf{A}t}$，則 $\mathbf{\Omega}(0) = \mathbf{I}_n$，故

$$\mathbf{C} = \mathbf{X}^0$$

在此情況下，初值問題的解為

$$\mathbf{X}(t) = e^{\mathbf{A}t}\mathbf{X}^0$$

因為當 $t = 0$ 時，$e^{\mathbf{A}t}$ 等於 $\mathbf{I}_n$，特殊基本矩陣 $e^{\mathbf{A}t}$ 稱為方程組 $\mathbf{X}' = \mathbf{A}\mathbf{X}$ 的**轉移矩陣** (transition matrix)。

一些軟體組件可以產生 $e^{\mathbf{A}t}$。對於「小的」n 值，我們也可以使用 Putzer 演算法 (Putzer algorithm)。

定理 8.10　指數矩陣的 Putzer 演算法

令 $\mathbf{A}$ 的特徵值為 $\lambda_1, \cdots, \lambda_n$。

令 $f_1(t), \cdots, f_n(t)$ 為初值問題

$$f_1'(t) = \lambda_1 f_1(t); f_1(0) = 1$$

與

$$f_j'(t) = f_{j-1}(t) + \lambda_j f_j(t); f_j(0) = 0, \ j = 2, \cdots, n$$

的唯一解。以

$$\mathbf{F}_0 = \mathbf{I}_n$$

與

$$\mathbf{F}_j = (\mathbf{A} - \lambda_1 \mathbf{I}_n) \cdots (\mathbf{A} - \lambda_j \mathbf{I}_n),\ j = 1, \cdots, n-1$$

定義 n 個矩陣 $\mathbf{F}_0, \cdots, \mathbf{F}_{n-1}$，則

$$e^{\mathbf{A}t} = \sum_{j=0}^{n-1} f_{j+1}(t) \mathbf{F}_j$$

在 Putzer 演算法中，特徵值不必相異，而且它們列出的順序並沒有什麼區別。但是，該列表必須包含所有 n 個特徵值，包括重數。$f_j(t)$ 的微分方程式均為線性一階方程式，可以用積分因子求解。

例 8.12

令

$$\mathbf{A} = \begin{pmatrix} 5 & -4 & 4 \\ 12 & -11 & 12 \\ 4 & -4 & 5 \end{pmatrix}$$

求 $e^{\mathbf{A}t}$，$\mathbf{A}$ 的特徵值為

$$\lambda_1 = -3, \lambda_2 = 1, \lambda_3 = 1$$

對於 $j = 1, 2, 3$，計算函數 $f_j(t)$。對於 $j = 1$，

$$f_1' = \lambda_1 f_1 = -3 f_1;\ f_1(0) = 1$$

具有解

$$f_1(t) = e^{-3t}$$

其次，

$$f_2' = f_1 + \lambda_2 f_2 = e^{-3t} + f_2;\ f_2(0) = 0$$

其解為

$$f_2(t) = -\frac{1}{4} e^{-3t} + \frac{1}{4} e^t$$

最後，

$$f_3' = f_2 + \lambda_3 f_3 = -\frac{1}{4} e^{-3t} + \frac{1}{4} e^t + f_3;\ f_3(0) = 0$$

解為
$$f_3(t) = \frac{1}{16}e^{-3t} + \frac{1}{4}te^t - \frac{1}{16}e^t$$

其次求矩陣 $\mathbf{F}_0$、$\mathbf{F}_1$ 與 $\mathbf{F}_2$。這些是
$$\mathbf{F}_0 = \mathbf{I}_3$$
$$\mathbf{F}_1 = \mathbf{A} - (-3)\mathbf{I}_3 = \begin{pmatrix} 8 & -4 & 4 \\ 12 & -8 & 12 \\ 4 & -4 & 8 \end{pmatrix}$$

與
$$\mathbf{F}_2 = (\mathbf{A} - (-3)\mathbf{I}_3)(\mathbf{A} - \mathbf{I}_3)$$
$$= \begin{pmatrix} 8 & -4 & 4 \\ 12 & -8 & 12 \\ 4 & -4 & 8 \end{pmatrix} \begin{pmatrix} 4 & -4 & 4 \\ 12 & -12 & 12 \\ 4 & -4 & 4 \end{pmatrix}$$
$$= \begin{pmatrix} 0 & 0 & 0 \\ 0 & 0 & 0 \\ 0 & 0 & 0 \end{pmatrix}$$

$\mathbf{A}$ 的指數矩陣為
$$e^{\mathbf{A}t} = f_1(t)\mathbf{F}_0 + f_2(t)\mathbf{F}_1$$
$$= e^{-3t}\begin{pmatrix} 1 & 0 & 0 \\ 0 & 1 & 0 \\ 0 & 0 & 1 \end{pmatrix} + \frac{1}{4}\left(e^t - e^{-3t}\right)\begin{pmatrix} 8 & -4 & 4 \\ 12 & -8 & 12 \\ 4 & -4 & 8 \end{pmatrix}$$
$$= \begin{pmatrix} 2e^t - e^{-3t} & e^{-3t} - e^t & e^t - e^{-3t} \\ 3e^t - 3e^{-3t} & -2e^t + 3e^{-3t} & 3e^t - 3e^{-3t} \\ e^t - e^{-3t} & e^{-3t} - e^t & -e^{-3t} + 2e^t \end{pmatrix}$$

因此
$$\mathbf{X}(t) = e^{\mathbf{A}t}\mathbf{C}$$

為 $\mathbf{X}' = \mathbf{A}\mathbf{X}$ 的通解。

滿足初始條件
$$\mathbf{X}(0) = \begin{pmatrix} -5 \\ 2 \\ 15 \end{pmatrix}$$

的解為

$$\mathbf{X}(t) = e^{\mathbf{A}t} \begin{pmatrix} -5 \\ 2 \\ 15 \end{pmatrix}$$

當一個或多個特徵值為複數時，Putzer 演算法也適用。在這種情況下，執行演算法，然後使用歐勒公式：

$$e^{(a+bi)t} = e^{at}(\cos(bt) + i\sin(bt))$$

例 8.13

令

$$\mathbf{A} = \begin{pmatrix} 2 & -5 \\ 1 & 4 \end{pmatrix}$$

特徵值為 $\lambda_1 = 3 + 2i$，$\lambda_2 = 3 - 2i$。如今

$$f_1' = (3+2i)f_1; f_1(0) = 1$$

具有解

$$f_1(t) = e^{(3+2i)t} = e^{3t}(\cos(2t) + i\sin(2t))$$

且

$$f_2'(t) = e^{(3+2i)t} + (3-3i)f_2; f_2(0) = 0$$

具有解

$$f_2(t) = \frac{1}{4i}e^{(3+2i)t} - \frac{1}{4i}e^{(3-2i)t}$$

因此

$$f_2(t) = \frac{1}{4i}[\cos(2t) + i\sin(2t) - \cos(2t) + i\sin(2t)]$$
$$= \frac{1}{2}e^{3t}\sin(2t)$$

其次，

$$\mathbf{F}_0 = \mathbf{I}_2$$

且

$$\mathbf{F}_1 = \mathbf{A} - (3+2i)\mathbf{I}_2$$
$$= \begin{pmatrix} 2 & -5 \\ 1 & 4 \end{pmatrix} - (3-2i)\begin{pmatrix} 1 & 0 \\ 0 & 1 \end{pmatrix}$$
$$= \begin{pmatrix} -1-2i & -5 \\ 1 & 1-2i \end{pmatrix}$$

因此

$$e^{\mathbf{A}t} = f_1(t)\mathbf{F}_0 + f_2(t)\mathbf{F}_1$$
$$= e^{3t}(\cos(2t) + i\sin(2t))\begin{pmatrix} 1 & 0 \\ 0 & 1 \end{pmatrix} + \frac{1}{2}e^{3t}\sin(2t)\begin{pmatrix} -1-2i & -5 \\ 1 & 1-2i \end{pmatrix}$$

經過一些計算,結果為

$$e^{\mathbf{A}t} = e^{3t}\begin{pmatrix} \cos(2t) - \frac{1}{2}\sin(2t) & -\frac{5}{2}\sin(2t) \\ \frac{1}{2}\sin(2t) & \cos(2t) - \frac{1}{2}\sin(2t) \end{pmatrix}$$

8.3 習題

習題 1–4,求 $e^{\mathbf{A}t}$。

1. $\mathbf{A} = \begin{pmatrix} -1 & 1 \\ -5 & 1 \end{pmatrix}$

2. $\mathbf{A} = \begin{pmatrix} 5 & -2 \\ 4 & 8 \end{pmatrix}$

3. $\mathbf{A} = \begin{pmatrix} 1 & 4 \\ -1 & 1 \end{pmatrix}$

4. $\mathbf{A} = \begin{pmatrix} 1 & -3 \\ 3 & -2 \end{pmatrix}$

5. 令 $\mathbf{D}$ 為 $n \times n$ 對角矩陣,第 j 個對角元素為 d_j。證明 $e^{\mathbf{D}t}$ 為 $n \times n$ 對角矩陣,$e^{d_j t}$ 為第 j 個對角元素。

6. 令 $\mathbf{A}$ 與 $\mathbf{P}$ 為 $n \times n$ 矩陣。令 $\mathbf{B} = \mathbf{P}^{-1}\mathbf{A}\mathbf{P}$,證明

$$e^{\mathbf{B}t} = \mathbf{P}^{-1}e^{\mathbf{A}t}\mathbf{P}$$

7. 假設 $\mathbf{P}$ 對角化 $\mathbf{A}$,故 $\mathbf{P}^{-1}\mathbf{A}\mathbf{P} = \mathbf{D}$,對角矩陣 $\mathbf{D}$ 的第 j 個對角元素為 d_j。利用習題 5 和 6 的結果,證明

$$e^{\mathbf{A}t} = \mathbf{P}e^{\mathbf{D}t}\mathbf{P}^{-1}$$

其中 $e^{\mathbf{D}t}$ 為對角矩陣,$e^{d_j t}$ 為其第 j 個對角元素。

PART 3

向量分析

第 9 章 向量的微分

第 10 章 向量的積分

CHAPTER 9

向量的微分

9.1 單變數的向量函數

單變數的**向量函數** (vector function) 為一個向量

$$\mathbf{F}(t) = x(t)\mathbf{i} + y(t)\mathbf{j} + z(t)\mathbf{k}$$

其中每一分量為單變數的函數。在向量函數的背景下，實值函數 $f(t)$ 通常是指**純量函數** (scalar function)。

若 $\mathbf{F}(t)$ 的每一個分量在 t_0 為**連續** (continuous)，則 $\mathbf{F}(t)$ 在 t_0 為連續，且若 $\mathbf{F}(t)$ 的每一個分量在 t_0 為**可微分** (differentiable)，則 $\mathbf{F}(t)$ 在 t_0 為可微分。微分一向量函數就是微分其每一分量：

$$\mathbf{F}'(t) = \frac{d}{dt}\mathbf{F}(t) = x'(t)\mathbf{i} + y'(t)\mathbf{j} + z'(t)\mathbf{k}$$

向量函數的各種組合的微分規則與對應的純量函數的規則具有相同的形式：

1. $$(\mathbf{F}(t) + \mathbf{G}(t))' = \mathbf{F}'(t) + \mathbf{G}'(t)$$

2. 若 α 為一實數，則

$$(\alpha \mathbf{F}(t))' = \alpha \mathbf{F}'(t)$$

3. $$[f(t)\mathbf{F}(t)]' = f'(t)\mathbf{F}(t) + f(t)\mathbf{F}'(t)$$

   其中 $f(t)$ 為一純量函數。

4. $$[\mathbf{F}(t) \cdot \mathbf{G}(t)]' = \mathbf{F}'(t) \cdot \mathbf{G}(t) + \mathbf{F}(t) \cdot \mathbf{G}'(t)$$

5. $$[\mathbf{F}(t) \times \mathbf{G}(t)]' = \mathbf{F}'(t) \times \mathbf{G}(t) + \mathbf{F}(t) \times \mathbf{G}'(t)$$

6. $$\frac{d}{dt}[\mathbf{F}(f(t))] = f'(t)\mathbf{F}'(f(t))$$

規則 3、4 及 5 與純量函數的乘積規則類似，而規則 6 是用純量函數組成的向量函數的連鎖律。

考慮曲線 C 的**位置向量** (position vector) $\mathbf{F}(t) = x(t)\mathbf{i} + y(t)\mathbf{j} + z(t)\mathbf{k}$，其座標函數的參數式為

$$x = x(t), y = y(t), z = z(t)$$

例如，

$$\mathbf{F}(t) = \cos(4t)\mathbf{i} + t\mathbf{j} + \sin(4t)\mathbf{k}, \ -\frac{3}{2} \leq t \leq \frac{3}{2}$$

為三維空間中的曲線的位置向量，其參數式為

$$x = \cos(4t), y = t, z = \sin(4t), \ -\frac{3}{2} \leq t \leq \frac{3}{2}$$

圖 9.1 為這條曲線的圖形。

在沒有明確陳述的情況下，適當假定 t 是所有的實數，使得向量的分量函數有定義，否則 t 必須指定，例如，屬於一特定區間。

對於一純量函數，在一點的導數是圖形在該點的切線斜率。對於曲線的位置向量，$\mathbf{F}'(t_0)$ 是曲線的切線向量，此曲線以向量的分量為其參數函數。

欲了解為何此為真，我們可以寫出

$$\begin{aligned}\mathbf{F}'(t_0) &= x'(t_0)\mathbf{i} + y'(t_0)\mathbf{j} + z'(t_0)\mathbf{k} \\ &= \lim_{h \to 0}\left(\frac{x(t_0+h) - x(t_0)}{h}\right)\mathbf{i} + \lim_{h \to 0}\left(\frac{y(t_0+h) - y(t_0)}{h}\right)\mathbf{j} \\ &\quad + \lim_{h \to 0}\left(\frac{z(t_0+h) - z(t_0)}{h}\right)\mathbf{k} \\ &= \lim_{h \to 0}\frac{\mathbf{F}(t_0+h) - \mathbf{F}(t_0)}{h}\end{aligned}$$

圖 9.2 顯示一典型的曲線，以及向量 $\mathbf{F}(t_0)$、$\mathbf{F}(t_0 + h)$ 與由平行四邊形定律得到的 $\mathbf{F}(t_0 + h) - \mathbf{F}(t_0)$。當 $h \to 0$，$\mathbf{F}(t_0 + h)$ 沿著 C 滑向 $\mathbf{F}(t_0)$，且 $\mathbf{F}(t_0 + h) - \mathbf{F}(t_0)$ 移向曲線在 $(x(t_0), y(t_0), z(t_0))$ 的切線的位置。

對於任意 t，$\mathbf{F}(t) = t\cos(t)\mathbf{i} + \sin(t)\mathbf{j} + t\sin(2t)\mathbf{k}$ 的切線向量為

$$\mathbf{F}'(t) = (\cos(t) - t\sin(t))\mathbf{i} + \cos(t)\mathbf{j} + (\sin(2t) + 2t\cos(2t))\mathbf{k}$$

當 $t = 0$，則

$$\mathbf{F}'(0) = \mathbf{i} + \mathbf{j}$$

這是曲線在 $(0, 0, 0)$ 的切線。

若 C 由位置向量 $\mathbf{F}(t)$ 指定，我們由微積分可知，對於 $a \leq t \leq b$，C 的線段長度為

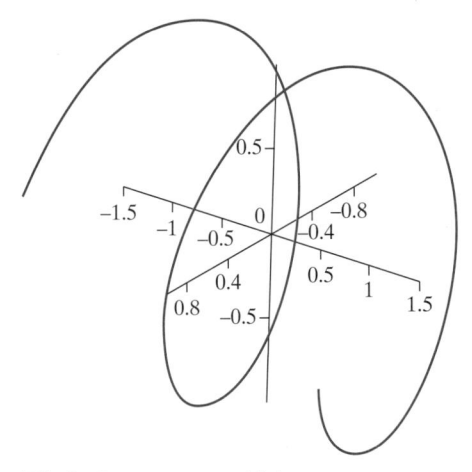

圖 9.1 $x = \cos(4t)$，$y = t$，$z = \sin(4t)$ 的圖形，$-3/2 \leq t \leq 3/2$

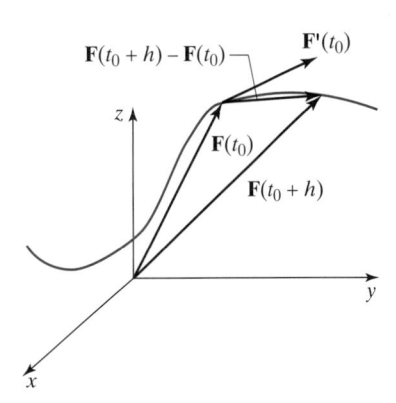

圖 9.2 $\mathbf{F}'(t_0)$ 為曲線的切線向量

$$\text{長度} = \int_a^b \sqrt{(x'(t))^2 + (y'(t))^2 + (z'(t))^2}\, dt$$

我們認為這是

$$\text{長度} = \int_a^b \|\mathbf{F}'(t)\|\, dt$$

這是在這條曲線的線段上，切線向量的長度的積分。

現在假設 $\mathbf{F}(t)$ 定義於 $a \leq t \leq b$，且當 t 由 a 增加至 b 時，點 P 由起始點 $(x(a), y(a), z(a))$ 沿著 C 移向終點 $(x(b), y(b), z(b))$。P 在時間 t 在 $(x(t), y(t), z(t))$（圖 9.3），且沿著曲線移動一距離

$$s(t) = \int_a^t \|\mathbf{F}'(\xi)\|\, d\xi$$

這給了沿 C 移動的距離，它是從初始點量測，且為時間的函數。

由微積分的基本定理，

$$s'(t) = \|\mathbf{F}'(t)\|$$

若 $\mathbf{F}'(t) \neq 0$（故曲線在該點有切線），上式為正，因此 $s(t)$ 為遞增函數。理論上我們可以用 s 解出 $s = s(t)$ 中的 t，寫成 $t = t(s)$。將此式代入位置函數得到

$$\mathbf{G}(s) = \mathbf{F}(t(s))$$

$\mathbf{G}(s)$ 也是 C 的位置函數，只是現在的變數為 s，它由 0（起點）變化到 C 的長度（終點）。

曲線的任意位置向量的導數為該曲線的切線向量，因此特別的 $\mathbf{G}'(s)$ 是切線向量，但是

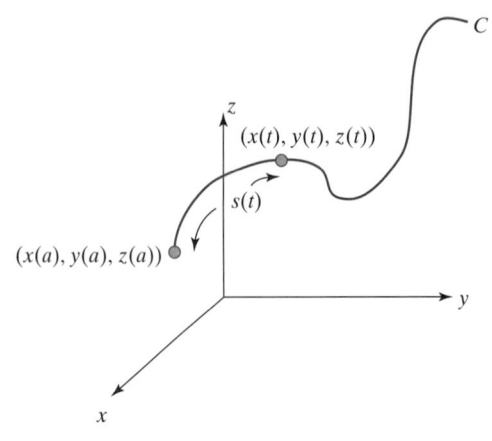

圖 9.3 沿一曲線的距離函數

這個切線向量（以弧長為參數）有一個特別性質。使用連鎖律進行計算：

$$\mathbf{G}'(s) = \frac{d}{ds}\mathbf{F}(t(s)) = \frac{d}{dt}\mathbf{F}(t)\frac{dt}{ds}$$
$$= \frac{1}{ds/dt}\mathbf{F}'(t) = \frac{1}{\|\mathbf{F}'(t)\|}\mathbf{F}'(t)$$

因此 $\mathbf{G}'(s)$ 的長度為 1。以沿著曲線的弧長作為參數，我們得到一個位置向量，此向量在可微分的每一點處具有單位切線。

例 9.1

令 C 的參數方程式為

$$x(t) = \cos(t),\, y(t) = \sin(t),\, z(t) = \frac{1}{3}t,\, -2\pi \leq t \leq 2\pi$$

則

$$\mathbf{F}(t) = \cos(t)\mathbf{i} + \sin(t)\mathbf{j} + \frac{1}{3}t\mathbf{k}$$

為位置向量，且

$$\mathbf{F}'(t) = -\sin(t)\mathbf{i} + \cos(t)\mathbf{j} + \frac{1}{3}\mathbf{k}$$

為切線向量。在此例中，

$$\|\mathbf{F}'(t)\| = \frac{\sqrt{10}}{3}$$

沿著曲線的距離為

$$s(t) = \int_{-2\pi}^{t} \|\mathbf{F}'(\xi)\| d\xi = \int_{-2\pi}^{t} \frac{\sqrt{10}}{3} d\xi = \frac{1}{3}\sqrt{10}(t+2\pi)$$

用 s 來求解 t 的這個方程式：

$$t = t(s) = \frac{3}{\sqrt{10}}s - 2\pi$$

將上式代入 $\mathbf{F}(t)$：

$$\mathbf{G}(s) = \mathbf{F}(t(s)) = \mathbf{F}\left(\frac{3}{\sqrt{10}}s - 2\pi\right)$$
$$= \cos\left(\frac{3}{\sqrt{10}}s - 2\pi\right)\mathbf{i} + \sin\left(\frac{3}{\sqrt{10}}s - 2\pi\right)\mathbf{j} + \frac{1}{3}\left(\frac{3}{\sqrt{10}}s - 2\pi\right)\mathbf{k}$$
$$= \cos\left(\frac{3}{\sqrt{10}}s\right)\mathbf{i} + \sin\left(\frac{3}{\sqrt{10}}s\right)\mathbf{j} + \left(\frac{1}{\sqrt{10}}s - \frac{2\pi}{3}\right)\mathbf{k}$$

這也是 C 的位置向量，但以沿 C 的弧長作為其參數。切線向量為

$$\mathbf{G}'(s) = -\frac{3}{\sqrt{10}}\sin\left(\frac{3}{\sqrt{10}}s\right)\mathbf{i} + \frac{3}{\sqrt{10}}\cos\left(\frac{3}{\sqrt{10}}s\right)\mathbf{j} + \frac{1}{\sqrt{10}}\mathbf{k}$$

這是單位切線。

對弧長積分是相當複雜的，對於許多曲線，不可能以 s 明確地求解 t。儘管如此，在通常的討論和推導中選擇 s 作為位置向量的變數是有用的，以便沿著曲線具有單位切線向量。

9.1 習題

習題 1–4，使用微分公式計算所要求的微分。

1. $\mathbf{F}(t) = \mathbf{i} + 3t^2\mathbf{j} + 2t\mathbf{k}$

    $f(t) = 4\cos(3t), \dfrac{d}{dt}[f(t)\mathbf{F}(t)]$

2. $\mathbf{F}(t) = t\mathbf{i} + \mathbf{j} + 4\mathbf{k}$,

    $\mathbf{G}(r) = \mathbf{i} - \cos(t)\mathbf{j} + t\mathbf{k}, \dfrac{d}{dt}[\mathbf{F}(t) \times \mathbf{G}(t)]$

3. $\mathbf{F}(t) = t\mathbf{i} - \cosh(t)\mathbf{j} + e^t\mathbf{k}$,

    $f(t) = 1 - 2t^3, \dfrac{d}{dt}[f(t)\mathbf{F}(t)]$

4. $\mathbf{F}(t) = -9\mathbf{i} + t^2\mathbf{j} + t^2\mathbf{k}$

    $\mathbf{G}(t) = e^t\mathbf{i}, \dfrac{d}{dt}[\mathbf{F}(t) \times \mathbf{G}(t)]$

習題 5 和 6，(a) 已知曲線的參數方程式，寫出曲線的位置與切線向量；(b) 求沿著曲線

的長度函數 $s(t)$；(c) 將曲線的位置向量寫成 s 的函數；(d) 驗證這個 s 的位置函數，產生一條曲線的單位切線。

5. $x = \sin(t), y = \cos(t), z = 45t; 0 \leq t \leq 2\pi$
6. $x = 2t^2, y = 3t^2, z = 4t^2; 1 \leq t \leq 3$

7. 假設 $\mathbf{F}(t) = x(t)\mathbf{i} + y(t)\mathbf{j} + z(t)\mathbf{k}$ 是三維空間中沿著曲線移動的粒子的位置向量。假設 $\mathbf{F} \times \mathbf{F}' = \mathbf{O}$，證明粒子是沿著相同的方向移動。

9.2 速度、加速度與曲率

假設粒子沿著路徑 C 移動，並且在時間 t 處於由 $\mathbf{F}(t) = x(t)\mathbf{i} + y(t)\mathbf{j} + z(t)\mathbf{k}$ 指定的點，其中 t 從 a 變化到 b。我們想將 $\mathbf{F}$ 與粒子的運動聯繫起來。

在時間 t 沿著路徑的粒子的**速度** (velocity) 為

$$\mathbf{v}(t) = \mathbf{F}'(t)$$

速率 (speed) 為速度的大小：

$$v(t) = \|\mathbf{v}(t)\| = \|\mathbf{F}'(t)\|$$

速度是向量，具有大小和方向；而速率為純量，僅具有大小。曲線上任意點的速度沿著其上的路徑的切線定向，且

$$v(t) = \|\mathbf{F}'(t)\| = \frac{ds}{dt}$$

沿著曲線的距離相對於 t 的變化率。

粒子的**加速度** (acceleration) 為

$$\mathbf{a}(t) = \mathbf{v}'(t) = \mathbf{F}''(t)$$

若 $\mathbf{F}'(t) \neq \mathbf{O}$，則 $\mathbf{F}'(t)$ 為 C 的切線向量。將這個切線向量除以其長度來獲得單位切線 $\mathbf{T}(t)$。我們可以用 t 將此向量寫成

$$\mathbf{T}(t) = \frac{1}{\|\mathbf{F}'(t)\|}\mathbf{F}'(t) = \frac{1}{v(t)}\mathbf{v}(t)$$

這是速度向量除以速率。

我們想要一些曲率的度量，就是曲線彎曲多少。圖 9.4 表明，曲線在某一點彎曲越多，切線向量改變方向越快。這導致在 C 上的一點的**曲率** (curvature) $\kappa(s)$ 可定義為單位切線向量相對於沿著 C 的弧長的變化率大小

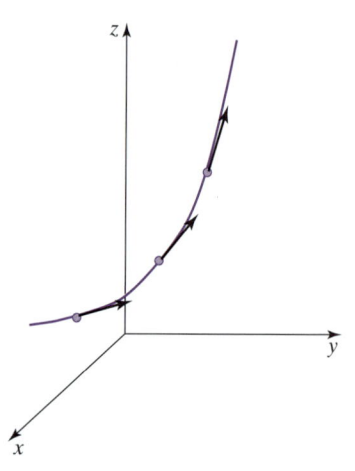

圖 9.4 曲率作為單位切向量的變化率

$$\kappa(s) = \| \frac{d\mathbf{T}}{ds} \|$$

這個定義具有直觀的吸引力,但是很難使用,因為我們通常以參數 t 來表示單位切向量,並且以弧長來寫曲率並不實用。因此,使用**連鎖律 (chain rule)**,並以與 $\mathbf{F}(t)$ 一起使用的參數 t 來計算曲率:

$$\kappa(t) = \| \frac{d\mathbf{T}}{ds} \| = \| \frac{d\mathbf{T}}{dt}\frac{dt}{ds} \|$$
$$= \frac{1}{ds/dt} \| \mathbf{T}'(t) \| = \frac{1}{\| \mathbf{F}'(t) \|} \| \mathbf{T}'(t) \| \tag{9.1}$$

數往知來──Navier-Stokes (NS) 方程式

向量微積分是連體力學研究和設計的基礎工具,連體力學包括流體力學和固態力學。在流體力學領域,其中包括空氣動力學和流體動力學的子領域,最重要的方程式是 Navier-Stokes (NS) 方程式,它們是微分算子對向量變數運算形成的,用於描述流體速度。只有最簡單的 NS 方程式可以用解析法求解。事實上,NS 方程式的完整解析解有一個 100 萬美元的獎金。

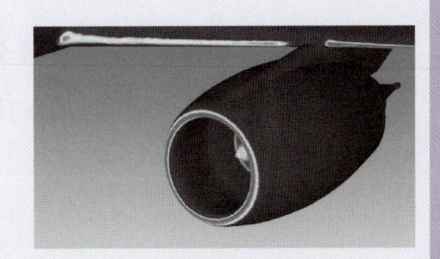

使用 Navier-Stokes 方程式對機翼進行 CFD 建模。
Copyright ANSYS, Inc. Reprinted with permission.

設計工程師通常使用計算流體力學(Computational Fluid Dynamics, CFD) 軟體,以近似法求解 NS 方程式。在航空工程中發現了一個現實世界的應用,其中機翼設計傳統上以高昂的費用在風洞實驗中進行測試。現在,工程師可以使用 NS 方程式模擬對風洞環境建模,來評估機翼設計的初步可行性,然後可以對有希望的設計執行實際的風洞測試。

例 9.2

令 C 的位置向量為
$$\mathbf{F}(t) = [\cos(t) + t\sin(t)]\mathbf{i} + [\sin(t) - t\cos(t)]\mathbf{j} + t^2\mathbf{k}$$

其中 $t \geq 0$。圖 9.5 為 C 的部分圖形。

計算切線向量
$$\mathbf{F}'(t) = t\cos(t)\mathbf{i} + t\sin(t)\mathbf{j} + 2t\mathbf{k}$$

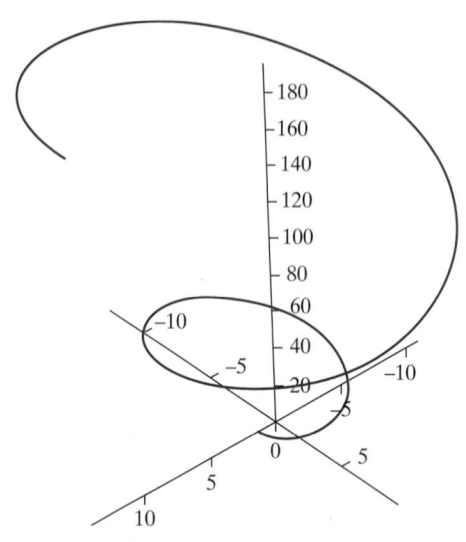

圖 9.5 例 9.2 中，C 的部分圖形

這是速度 $\mathbf{v}(t)$。這個切線向量具有長度

$$v(t) = \| \mathbf{F}(t) \| = \sqrt{5}t$$

這是速率。

以 t 為變數的單位切線向量為

$$\mathbf{T}(t) = \frac{1}{\| \mathbf{F}'(t) \|} \mathbf{F}'(t) = \frac{1}{\sqrt{5}}[\cos(t)\mathbf{i} + \sin(t)\mathbf{j} + 2\mathbf{k}]$$

其次計算曲率。首先我們需要

$$\mathbf{T}'(t) = \frac{1}{\sqrt{5}}[-\sin(t)\mathbf{i} + \cos(t)\mathbf{j}]$$

由式 (9.1)，曲率為

$$\kappa(t) = \frac{1}{\| \mathbf{F}'(t) \|} \| \mathbf{T}'(t) \|$$

$$= \frac{1}{\sqrt{5}t}\sqrt{\frac{1}{5}[\sin^2(t) + \cos^2(t)]} = \frac{1}{5t}$$

其中 $t > 0$。

對於 C 的任何點，其中 $\mathbf{F}'(t) \neq \mathbf{O}$，我們都有一個切線向量和一個單位切線向量。其次考慮向量

$$\mathbf{N}(s) = \frac{1}{\kappa(s)} \mathbf{T}'(s)$$

$\mathbf{N}(s)$ 是與 C 的單位切線 $\mathbf{T}(s)$ 正交的單位向量。

首先，很明顯 $\mathbf{N}(s)$ 是單位向量，因為 $\kappa(s) = \|\mathbf{T}'(s)\|$。為了證明 $\mathbf{N}(s)$ 與 $\mathbf{T}(s)$ 正交，使用這個切線是單位向量的事實，亦即

$$\|\mathbf{T}(s)\|^2 = \mathbf{T}(s) \cdot \mathbf{T}(s) = 1$$

相對於 s，微分這個方程式，可得

$$\mathbf{T}'(s) \cdot \mathbf{T}(s) + \mathbf{T}(s) \cdot \mathbf{T}'(s) = 2\mathbf{T}'(s) \cdot \mathbf{T}(s) = 0$$

$\mathbf{T}(s)$ 與 $\mathbf{T}'(s)$ 正交，因為它們的點積為零。但 $\mathbf{N}(s)$ 是 $\mathbf{T}'(s)$ 的正純量倍數，故 $\mathbf{N}(s)$ 與 $\mathbf{T}'(s)$ 在相同的方向。因此 $\mathbf{T}(s)$ 與 $\mathbf{N}(s)$ 正交。

$\mathbf{N}(s)$ 稱為 C 的單位法向量 (normal)。

在 $\mathbf{F}'(t) \neq \mathbf{O}$ 的任何點，我們現在可以放置單位正切和單位法向量。考慮到這些，加速度可以用切向量分量和法向量分量表示：

$$\mathbf{a}(t) = a_T \mathbf{T}(t) + a_N \mathbf{N}(t) \tag{9.2}$$

其中

$$a_T = \text{加速度的切線分量} = \frac{dv}{dt} \tag{9.3}$$

且

$$a_N = \text{加速度的法線分量} = v(t)^2 \kappa(t) \tag{9.4}$$

欲驗證這些，可由下式開始：

$$\mathbf{T}(t) = \frac{1}{\|\mathbf{F}'(t)\|}\mathbf{F}'(t) = \frac{1}{v(t)}\mathbf{v}(t)$$

則

$$\mathbf{v} = v\mathbf{T}$$

故

$$\mathbf{a} = \frac{d}{dt}\mathbf{v} = \frac{d}{dt}(v\mathbf{T}) = \frac{dv}{dt}\mathbf{T} + v\mathbf{T}'$$

$$= \frac{dv}{dt}\mathbf{T} + v\frac{ds}{dt}\frac{d\mathbf{T}}{ds}$$

$$= \frac{dv}{dt}\mathbf{T} + v^2\mathbf{T}'$$

$$= \frac{dv}{dt}\mathbf{T} + v^2\kappa\mathbf{N}$$

現在使用 $\mathbf{T}$ 與 $\mathbf{N}$ 為正交單位向量的事實，寫出

$$\| \mathbf{a} \|^2 = \mathbf{a} \cdot \mathbf{a} = (a_T \mathbf{T} + a_N \mathbf{N}) \cdot (a_T \mathbf{T} + a_N \mathbf{N})$$

$$= a_T^2 \mathbf{T} \cdot \mathbf{T} + 2a_T a_N \mathbf{T} \cdot \mathbf{N} + a_N^2 \mathbf{N} \cdot \mathbf{N}$$

$$= a_T^2 + a_N^2$$

這樣做的價值在於，如果我們知道 $\| \mathbf{a} \|$，a_T 和 a_N 中的任何兩個，則我們可以知道第三個。特別地，用下式計算曲率有時很方便，

$$\kappa = \frac{a_N}{v^2} \tag{9.5}$$

對於例 9.2 中的 $\mathbf{F}(t)$，我們計算 $v(t) = \sqrt{5}t$，故

$$a_T = \frac{dv}{dt} = \sqrt{5}$$

加速度為

$$\mathbf{a} = \mathbf{F}''(t) = [\cos(t) - t\sin(t)]\mathbf{i} + [\sin(t) + t\cos(t)]\mathbf{j} + 2\mathbf{k}$$

因此

$$\| \mathbf{a} \| = \sqrt{5 + t^2}$$

且

$$a_N^2 = \| \mathbf{a} \|^2 - a_T^2 = t^2$$

因為 $t > 0$

$$a_N = t$$

因此加速度可表示成線性組合

$$\mathbf{a} = \sqrt{5}\mathbf{T} + t\mathbf{N}$$

使用式 (9.4) 來確定曲率：

$$\kappa = \frac{a_N}{v^2} = \frac{t}{5t^2} = \frac{1}{5t}$$

此值與先前以其他方式所求出的相同。

9.2 習題

習題 1–5，已知曲線的位置向量。求速度、速率、加速度、曲率及加速度的切線和法線分量。

1. $\mathbf{F}(t) = 3t\mathbf{i} - 2\mathbf{j} + t^2\mathbf{k}$

2. $\mathbf{F}(t) = 2t\mathbf{i} - 2t\mathbf{j} + t\mathbf{k}$
3. $\mathbf{F}(t) = 3e^{-t}(\mathbf{i} + \mathbf{j} - 2\mathbf{k})$
4. $\mathbf{F}(t) = 2\sinh(t)\mathbf{i} - 2\cosh(t)\mathbf{k}$
5. $\mathbf{F}(t) = \alpha t^2\mathbf{i} + \beta t^2\mathbf{j} + \gamma t^2\mathbf{k}$
6. 證明每一條直線的曲率為零；反之，假設平滑曲線在每一點的曲率為零，證明該曲線必是直線。提示：任何直線都具有形式
$$\mathbf{F}(t) = (a + bt)\mathbf{i} + (c + dt)\mathbf{j} + (h + pt)\mathbf{k}$$
的位置向量。反之，若 $\kappa = 0$ 則 $\mathbf{T}'(t) = \mathbf{O}$。
7. 證明圓的曲率為常數。（事實上，若圓的半徑為 r，證明曲率為 $1/r$。）
8. 證明
$$\kappa(t) = \frac{\|\mathbf{F}'(t) \times \mathbf{F}''(t)\|}{\|\mathbf{F}'(t)\|^3}$$

9.3 梯度場

令 $\varphi(x, y, z)$ 是三個變數的實值函數，它定義在三維空間中的某些點上。$\varphi(x, y, z)$ 稱為**純量場** (scalar field)，在空間某個區域的每個點附上數字 $\varphi(x, y, z)$。

φ 的梯度 (gradient) 為向量
$$\nabla\varphi = \frac{\partial\varphi}{\partial x}\mathbf{i} + \frac{\partial\varphi}{\partial y}\mathbf{j} + \frac{\partial\varphi}{\partial z}\mathbf{k}$$

符號 ∇ 稱為「del」或「nabla」（取自古代希伯來豎琴的符號），$\nabla\varphi$ 稱為「del phi」。$\nabla\varphi(x, y, z)$ 有時稱為**向量場** (vector field)，因為如果我們由點 (x, y, z) 畫一箭號表示向量 $\nabla\varphi(x, y, z)$，則 $\nabla\varphi(x, y, z)$ 可視為從三維空間中的點生長的箭號場。

∇ 也用於偏微分方程式中的 Dirichlet 問題。

在平面上，
$$\nabla\psi(x, y) = \frac{\partial\psi}{\partial x}\mathbf{i} + \frac{\partial\psi}{\partial y}\mathbf{j}$$

以三維為例，若 $\varphi(x, y, z) = x^2 y \cos(yz)$，則
$$\nabla\varphi(x, y, z) = 2xy\cos(yz)\mathbf{i} + [x^2\cos(yz) - x^2 yz\sin(yz)]\mathbf{j} - x^2 y^2 \sin(yz)\mathbf{k}$$

取函數的梯度其運算是線性的，這意味著
$$\nabla(\varphi + \psi) = \nabla\varphi + \nabla\psi$$

且對於任意數 c，
$$\nabla(c\varphi) = c\nabla\varphi$$

φ 的梯度與 φ 的方向導數有關。令 $P_0 : (x_0, y_0, z_0)$ 為一點且 $\mathbf{u} = a\mathbf{i} + b\mathbf{j} + c\mathbf{k}$ 為單位向

量。方向導數 $D_\mathbf{u}\varphi(P_0)$ 是 $\varphi(x,y,z)$ 在 P_0 點沿著 $\mathbf{u}$ 方向的變化率。為了計算這個變化率，想像站在 P_0，面向從 P_0 出發的半線，方向為 $\mathbf{u}$。這個半線包含點

$$x = x_0 + at, y = y_0 + bt, z = z_0 + ct$$

其中 $t \geq 0$（圖 9.6）。沿著這條線，

$$\varphi(x,y,z) = \varphi(x_0 + at, y_0 + bt, z_0 + ct)$$

在這個方向，$\varphi(x,y,z)$ 在 P_0 的變化率為

$$D_\mathbf{u}\varphi(P_0) = \left[\frac{d}{dt}\varphi(x_0 + at, y_0 + bt, z_0 + ct)\right]_{t=0}$$
$$= a\frac{\partial \varphi}{\partial x}(P_0) + b\frac{\partial \varphi}{\partial y}(P_0) + c\frac{\partial \varphi}{\partial z}(P_0)$$

方向導數可視為點積：

$$D_\mathbf{u}\varphi(P_0) = \nabla\varphi(P_0) \cdot \mathbf{u} \tag{9.6}$$

這是 φ 在 P_0 的梯度沿著 $\mathbf{u}$ 方向的分量。

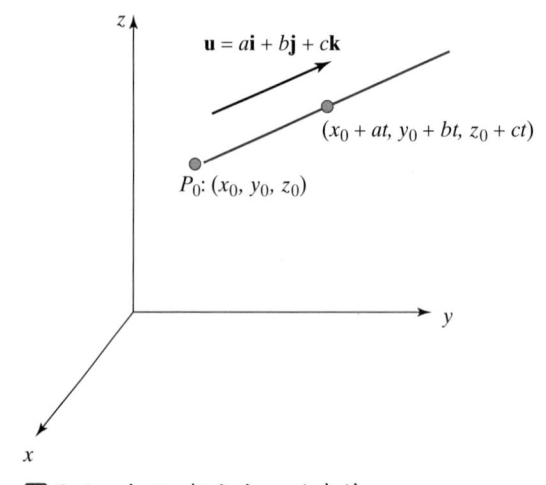

圖 9.6 由 P_0 朝方向 $\mathbf{u}$ 的半線

例 9.3

令 $\varphi(x,y,z) = x^2y - xe^z$ 且 $P_0 = (2, -1, \pi)$，方向為

$$\mathbf{u} = \frac{1}{\sqrt{6}}(\mathbf{i} - 2\mathbf{j} + \mathbf{k})$$

求 φ 在 P_0 的方向導數。

φ 的梯度為
$$\nabla\varphi(x,y,z) = (2xy - e^z)\mathbf{i} + x^2\mathbf{j} - xe^z\mathbf{k}$$

φ 在 P_0 的梯度為
$$\nabla\varphi(P_0) = \nabla\varphi(2,-1,\pi) = (-4 - e^\pi)\mathbf{i} + 4\mathbf{j} - 2e^\pi\mathbf{k}$$

方向導數為 φ 在 P_0 點的梯度與方向向量 $\mathbf{u}$ 的點積：
$$D_\mathbf{u}\varphi(P_0) = \nabla\varphi(2,-1,\pi) \cdot \mathbf{u} = ((-4 - e^\pi)\mathbf{i} + 4\mathbf{j} - 2e^\pi\mathbf{k}) \cdot \frac{1}{\sqrt{6}}(\mathbf{i} - 2\mathbf{j} + \mathbf{k})$$
$$= \frac{1}{\sqrt{6}}(-4 - e^\pi - 8 - 2e^\pi)$$
$$= \frac{-3}{\sqrt{6}}(4 + e^\pi)$$

如果方向由不具有長度 1 的向量指定，則在應用方程式 (9.6) 時，將該向量除以其長度。

$\nabla\varphi$ 顯示關於曲面 $\varphi(x,y,z) = c$ 的重要訊息，c 為常數。如果我們站在這個曲面上的點 P_0 處，則我們看到 $\varphi(x,y,z)$ 中變化率最大的方向是梯度向量的方向。

定理 9.1

令 $\varphi(x,y,z)$ 及其第一偏導數在關於 P_0 的球體內是連續的，並假設 $\nabla\varphi(P_0) \neq \mathbf{O}$，則

1. 在 P_0，$\varphi(x,y,z)$ 在 $\nabla\varphi(P_0)$ 的方向上具有最大的變化率，此最大變化率為 $\|\nabla\varphi(P_0)\|$。
2. 在 P_0，$\varphi(x,y,z)$ 在 $-\nabla\varphi(P_0)$ 的方向上具有最小的變化率，此最小變化率為 $-\|\nabla\varphi(P_0)\|$。

證明：令 $\mathbf{u}$ 為單位向量且考慮
$$D_\mathbf{u}\varphi(P_0) = \nabla\varphi(P_0) \cdot \mathbf{u}$$
$$= \|\varphi(P_0)\| \|\mathbf{u}\| \cos(\theta)$$
$$= \|\varphi(P_0)\| \cos(\theta)$$

其中 θ 為 $\mathbf{u}$ 與 $\nabla\varphi(P_0)$ 之間的夾角。當 $\cos(\theta) = 1$ 時，這個方向導數有最大值，故 $\theta = 0$，且 $\mathbf{u}$ 與 $\nabla\varphi(P_0)$ 的方向相同。

當 $\cos(\theta) = -1$ 時，這個方向導數有最小值，故 $\theta = \pi$，且 $\mathbf{u}$ 與 $\nabla\varphi(P_0)$ 的方向相反，因此沿著 $-\nabla\varphi(P_0)$。

例 9.4

令 $\varphi(x, y, z) = xyz$ 且 $P_0 = (2, 1, 4)$。現在

$$\nabla \varphi(x, y, z) = yz\mathbf{i} + xz\mathbf{j} + xy\mathbf{k}$$

且

$$\nabla \varphi(P_0) = 4\mathbf{i} + 8\mathbf{j} + 2\mathbf{k}$$

$\varphi(x, y, z)$ 在 P_0 的最大變化率為梯度的方向,且其大小為

$$\| \nabla \varphi(2, 1, 4) \| = \sqrt{16 + 64 + 4} = \sqrt{84}$$

9.3.1 等位面、切平面與法線

方程式 $\varphi(x, y, z) = k$,k 為常數的圖形稱為 φ 的**等位面** (level surface)。

例如,若 $\varphi(x, y, z) = x^2 + y^2 + z^2$,則 $\varphi(x, y, z) = 4$ 所定義的等位面是中心為原點,半徑為 2 的球。$\varphi(x, y, z) = 0$ 為退化的等位面,由唯一的原點組成。等位面 $\varphi(x, y, z) = -4$ 為空集合(沒有點滿足這個方程式)。

等位面 $\varphi(x, y, z) = z - \sin(xy) = 0$ 的部分圖形顯示於圖 9.7。

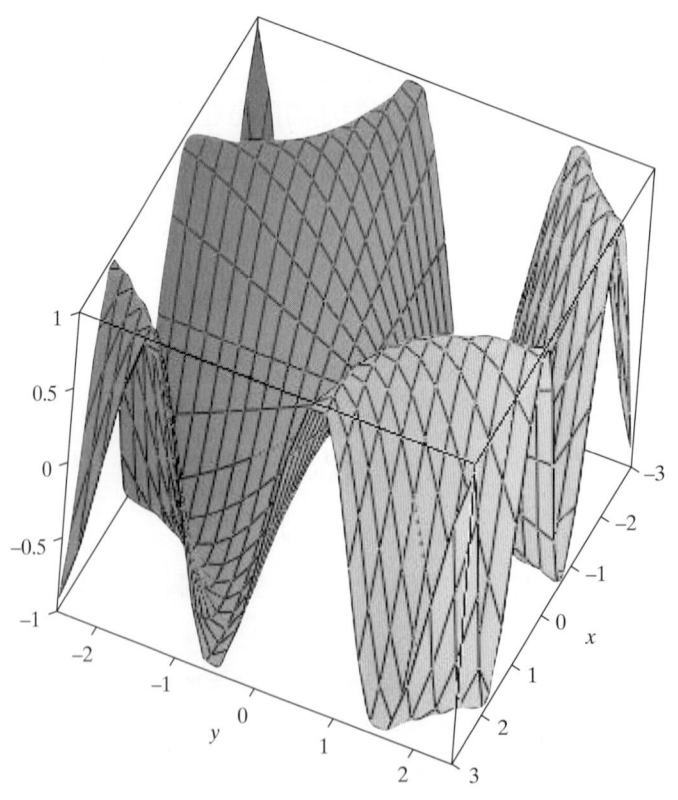

圖 9.7 曲面 $\varphi(x, y, z) = z - \sin(xy) = 0$ 的部分圖形

假設 $P_0:(x_0, y_0, z_0)$ 為曲面 $S:\varphi(x, y, z) = k$ 的一點。假設在 S 上有通過 P_0 的平滑曲線（有連續的切線向量），包含這些切線的平面，稱為 S 在 P_0 的**切平面** (tangent plane)。與 S 在 P_0 的切平面垂直的向量，稱為**法向量** (normal vector)，或垂直於 S 於 P_0。沿著此法向量通過 P_0 的直線，稱為 S 在 P_0 的**法線** (normal line)。

我們希望能夠在曲面 S 上的點 P_0 處確定切平面和法線，其中 $\nabla\varphi(P_0) \neq \mathbf{O}$。關鍵是梯度的以下性質。

定理 9.2 等位面的法向量

令 $\varphi(x, y, z)$ 為連續且具有連續的第一偏導數，則當 $\nabla\varphi(P) \neq \mathbf{O}$ 時，$\nabla\varphi(P)$ 是在該曲面上的任何點 P 處的等位面 $\varphi(x, y, z) = k$ 的法向量。

這意味著在 P_0 點的梯度向量指向與等位面上 P_0 點的切平面垂直的方向，如圖 9.8 所示。

欲了解這個說法，令 P_0 為等位面 S 上的一點，且假設 C 為曲面上通過 P_0 的平滑曲線，如圖 9.9 所示。假設 C 的參數式為

$$x = x(t), y = y(t), z = z(t), \; a < t < b$$

因為 P_0 在 C 上，則有一些 t_0 使得

$$x(t_0) = x_0, y(t_0) = y_0, z(t_0) = z_0$$

此外，因為 C 在曲面上，C 上的所有點均滿足曲面方程式，

$$\varphi(x(t), y(t), z(t)) = k$$

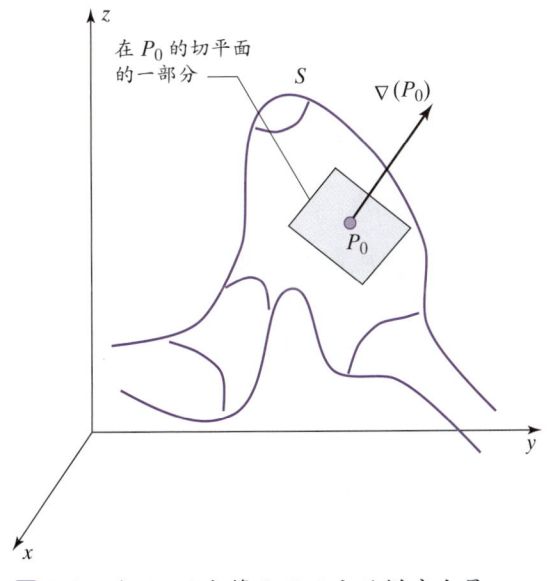

圖 9.8 在 P_0 點與等位面正交的梯度向量

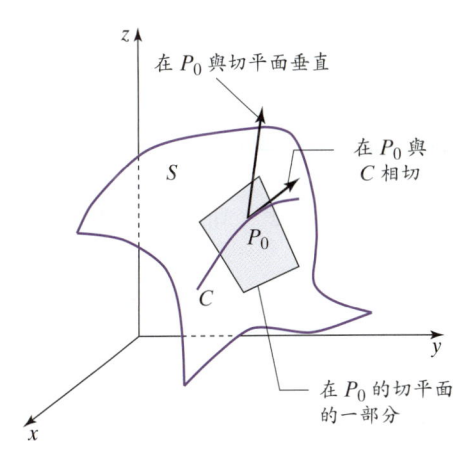

圖 9.9 過一點而與一曲面垂直

其中 $a < t < b$。由連鎖律

$$\frac{d}{dt}\varphi(x(t), y(t), z(t)) = 0 = \frac{\partial \varphi}{\partial x}x'(t) + \frac{\partial \varphi}{\partial y}y'(t) + \frac{\partial \varphi}{\partial z}z'(t)$$

$$= \nabla \varphi \cdot [x'(t)\mathbf{i} + y'(t)\mathbf{j} + z'(t)\mathbf{k}] \quad (9.7)$$

如今

$$\mathbf{T}(t) = x'(t)\mathbf{i} + y'(t)\mathbf{j} + z'(t)\mathbf{k}$$

為 C 的切線向量。特別地，$\mathbf{T}(t_0)$ 是在 P_0 的切線向量，故式 (9.7) 告訴我們：

$$\nabla \varphi(P_0) \cdot \mathbf{T}(t_0) = 0$$

因此，φ 在 P_0 的梯度與 C 在 P_0 的切線正交。但是，C 是通過 P_0 的曲面上的任意曲線，所以 $\nabla \varphi(P_0)$ 與 S 上經過 P_0 的每一條曲線的切線正交。這使得 $\nabla \varphi(P_0)$ 與包含這些切線向量的平面正交，因此 $\nabla \varphi(P_0)$ 與 S 正交。

我們現在要寫出 S 在 P_0：(x_0, y_0, z_0) 的切平面方程式 Π，一個平面完全由它上面的任意點和一個法向量決定。我們需要兩個：Π 上的 P_0 點，以及法向量 $\nabla \varphi(P_0)$。若 (x, y, z) 為 Π 上的任意其他點，則向量

$$(x - x_0)\mathbf{i} + (y - y_0)\mathbf{j} + (z - z_0)\mathbf{k} \quad (9.8)$$

位於 Π 且因此與法向量正交：

$$\nabla(\varphi) \cdot [(x - x_0)\mathbf{i} + (y - y_0)\mathbf{j} + (z - z_0)\mathbf{k}] = 0$$

這個方程式完全描述了那些位於 Π 上點 (x, y, z)，並且可以寫成

$$\frac{\partial \varphi}{\partial x}(P_0)(x - x_0) + \frac{\partial \varphi}{\partial y}(P_0)(y - y_0) + \frac{\partial \varphi}{\partial z}(P_0)(z - z_0) = 0 \quad (9.9)$$

這是在 P_0 的曲面的切平面方程式。

在 P_0 的 S 的法線是通過 P_0 點，並平行於法向量 $\nabla \varphi(P_0)$ 的直線。當向量

$$(x - x_0)\mathbf{i} + (y - y_0)\mathbf{j} + (z - z_0)\mathbf{k}$$

平行於法向量時，點 (x, y, z) 正好在該直線上，因此是 $\nabla \varphi(P_0)$ 的 t（純量）倍，所以

$$x - x_0 = t\frac{\partial \varphi}{\partial x}(P_0), y - y_0 = t\frac{\partial \varphi}{\partial y}(P_0) \text{ 和 } z - z_0 = t\frac{\partial \varphi}{\partial z}(P_0)$$

由此可得 P_0 的法線參數方程式：

$$x = x_0 + \frac{\partial \varphi}{\partial x}(P_0)t, y = y_0 + \frac{\partial \varphi}{\partial y}(P_0)t, z = z_0 + \frac{\partial \varphi}{\partial z}(P_0)t \quad (9.10)$$

例 9.5

等位面 $\varphi(x,y,z) = z - \sqrt{x^2+y^2} = 0$ 是以原點為頂點的錐體（圖 9.10）。這不是平滑曲面，因為它在原點沒有切平面，而在其他各點都有切平面。

令 $P_0 = (1,1,\sqrt{2})$，計算

$$\nabla\varphi(1,1,\sqrt{2}) = -\frac{1}{\sqrt{2}}\mathbf{i} - \frac{1}{\sqrt{2}}\mathbf{j} + \mathbf{k}$$

錐體在 $(1,1,\sqrt{2})$ 的切平面方程式為

$$-\frac{1}{\sqrt{2}}(x-1) - \frac{1}{\sqrt{2}}(y-1) + z - \sqrt{2} = 0$$

或

$$x + y - \sqrt{2}z = 0$$

錐體在 $(1,1,\sqrt{2})$ 的法線具有參數方程式

$$x = 1 - \frac{1}{\sqrt{2}}t,\ y = 1 - \frac{1}{\sqrt{2}}t,\ z = \sqrt{2} + t$$

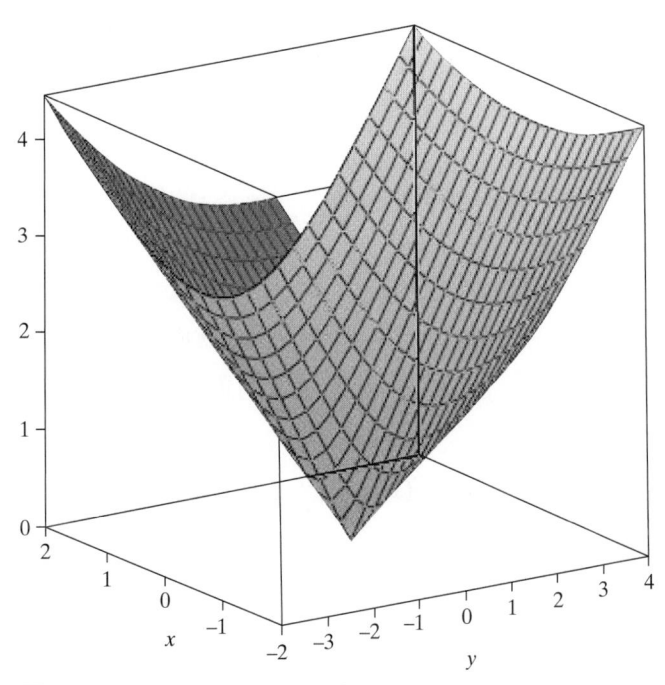

圖 9.10 例 9.5 的曲面的一部分

對於兩個變數的函數，梯度

$$\nabla\varphi(P_0) = \frac{\partial \varphi}{\partial x}(P_0)\mathbf{i} + \frac{\partial \varphi}{\partial y}(P_0)\mathbf{j}$$

與在 P_0 點的等位線 $\varphi(x, y) = k$ 正交（垂直於切線）。

9.3 習題

習題 1–3，計算函數的梯度和已知點的梯度值，求函數在此點的最大和最小變化率。

1. $\varphi(x, y, z) = xyz, (1, 1, 1)$
2. $\varphi(x, y, z) = 2xy + xe^z, (-2, 1, 6)$
3. $\varphi(x, y, z) = \cosh(2xy) - \sinh(z), (0, 1, 1)$

習題 4 和 5，在向量指定的方向上，計算函數的方向導數。

4. $\varphi(x, y, z) = 8xy^2 - xz, \frac{1}{\sqrt{3}}(\mathbf{i} + \mathbf{j} + \mathbf{k})$
5. $\varphi(x, y, z) = x^2yz^3, 2\mathbf{j} + \mathbf{k}$

習題 6–8，求在已知點的等位面的切平面和法線方程式。

6. $x^2 + y^2 + z^2 = 4, (1, 1, \sqrt{2})$
7. $z^2 = x^2 - y^2, (1, 1, 0)$
8. $2x - \cos(xyz) = 3, (1, \pi, 1)$
9. 假設 $\nabla\varphi(x, y, z) = \mathbf{i} + \mathbf{k}$，對於 φ 的等位面可以說什麼？

9.4 散度與旋度

梯度從純量函數產生一個向量場，還有另外兩個向量運算在向量分析中扮演重要的角色。散度從向量產生純量場，旋度從向量場產生向量。

令

$$\mathbf{F}(x, y, z) = f(x, y, z)\mathbf{i} + g(x, y, z)\mathbf{j} + h(x, y, z)\mathbf{k}$$

F 的 **散度** (divergence) 為純量

$$\text{div } \mathbf{F} = \frac{\partial f}{\partial x} + \frac{\partial g}{\partial y} + \frac{\partial h}{\partial z}$$

F 的 **旋度** (curl) 為向量場

$$\text{curl } \mathbf{F} = \left(\frac{\partial h}{\partial y} - \frac{\partial g}{\partial z}\right)\mathbf{i} + \left(\frac{\partial f}{\partial z} - \frac{\partial h}{\partial x}\right)\mathbf{j} + \left(\frac{\partial g}{\partial x} - \frac{\partial f}{\partial y}\right)\mathbf{k}$$

9.4.1 節和 9.4.2 節，在流體流動的背景下，描述這些數量如何提供關於 **F** 在物理環境的資

訊。首先我們將開發一些散度和旋度的性質。

散度、旋度和梯度可以使用 **del 算子** (del operator) 來進行向量運算：

$$\nabla = \frac{\partial}{\partial x}\mathbf{i} + \frac{\partial}{\partial y}\mathbf{j} + \frac{\partial}{\partial z}\mathbf{k}$$

這個算子在執行計算時被視為一個向量。例如，$\partial/\partial y$ 與 φ 的「乘積」被解釋為 $\partial \varphi/\partial y$。

現在觀察這個符號如何與我們定義的三個向量運算相互作用：

1. ∇ 與純量函數 $\varphi(x, y, z)$ 的乘積為 φ 的梯度：

$$\nabla \varphi = \left(\frac{\partial}{\partial x}\mathbf{i} + \frac{\partial}{\partial y}\mathbf{j} + \frac{\partial}{\partial z}\mathbf{k}\right)\varphi$$

$$= \frac{\partial \varphi}{\partial x}\mathbf{i} + \frac{\partial \varphi}{\partial y}\mathbf{j} + \frac{\partial \varphi}{\partial z}\mathbf{k} = \varphi \text{ 的梯度}$$

2. ∇ 與向量 $\mathbf{F}$ 的點積為 $\mathbf{F}$ 的散度：

$$\nabla \cdot \mathbf{F} = \left(\frac{\partial}{\partial x}\mathbf{i} + \frac{\partial}{\partial y}\mathbf{j} + \frac{\partial}{\partial z}\mathbf{k}\right) \cdot (f\mathbf{i} + g\mathbf{j} + h\mathbf{k})$$

$$= \frac{\partial f}{\partial x} + \frac{\partial g}{\partial y} + \frac{\partial h}{\partial z} = \mathbf{F} \text{ 的散度}$$

3. ∇ 與 $\mathbf{F}$ 的叉積為 $\mathbf{F}$ 的旋度：

$$\nabla \times \mathbf{F} = \left(\frac{\partial}{\partial x}\mathbf{i} + \frac{\partial}{\partial y}\mathbf{j} + \frac{\partial}{\partial z}\mathbf{k}\right) \times (f\mathbf{i} + g\mathbf{j} + h\mathbf{k})$$

$$= \begin{vmatrix} \mathbf{i} & \mathbf{j} & \mathbf{k} \\ \partial/\partial x & \partial/\partial y & \partial/\partial z \\ f & g & h \end{vmatrix}$$

$$= \left(\frac{\partial h}{\partial y} - \frac{\partial g}{\partial z}\right)\mathbf{i} + \left(\frac{\partial f}{\partial z} - \frac{\partial h}{\partial x}\right)\mathbf{j} + \left(\frac{\partial g}{\partial x} - \frac{\partial f}{\partial y}\right)\mathbf{k} = \mathbf{F} \text{ 的旋度}$$

梯度、散度和旋度之間有兩個關係，它們是向量分析的基礎：旋度的散度為零（數字零），以及梯度的旋度為零（零向量）。

定理 9.3

1. 若 $\mathbf{F}$ 為向量場，其分量為連續且具有連續的第一和第二偏導數，則

$$\nabla \cdot (\nabla \times \mathbf{F}) = 0$$

2. 若 φ 是具有連續的第一和第二偏導數的連續純量場，則

$$\nabla \times (\nabla \varphi) = \mathbf{O}$$

在這個敘述中，$\nabla \cdot (\nabla \times \mathbf{F})$ 是 $\mathbf{F}$ 的旋度的散度其值為純量零，而 $\nabla \times (\nabla \varphi)$ 是 φ 的梯度的旋度其值為零向量。

這些恆等式可由直接計算來驗證，例如，對於定理中的 (2)，

$$\nabla \times (\nabla \varphi) = \nabla \times \left(\frac{\partial \varphi}{\partial x}\mathbf{i} + \frac{\partial \varphi}{\partial y}\mathbf{j} + \frac{\partial \varphi}{\partial z}\mathbf{k} \right)$$

$$= \begin{vmatrix} \mathbf{i} & \mathbf{j} & \mathbf{k} \\ \partial/\partial x & \partial/\partial y & \partial/\partial z \\ \partial \varphi/\partial x & \partial \varphi/\partial y & \partial \varphi/\partial z \end{vmatrix}$$

$$= \left(\frac{\partial}{\partial y}\frac{\partial \varphi}{\partial z} - \frac{\partial}{\partial z}\frac{\partial \varphi}{\partial y} \right)\mathbf{i} + \left(\frac{\partial}{\partial z}\frac{\partial \varphi}{\partial x} - \frac{\partial}{\partial x}\frac{\partial \varphi}{\partial z} \right)\mathbf{j} + \left(\frac{\partial}{\partial x}\frac{\partial \varphi}{\partial y} - \frac{\partial}{\partial y}\frac{\partial \varphi}{\partial x} \right)\mathbf{k}$$

$$= \mathbf{O}$$

大括號中的混合偏導數相等，並在 $\nabla \times (\nabla \varphi)$ 的分量中成對消去。

使用 ∇ 的運算子符號提供了一種簡化向量計算的方法。例如，可立即得到 $\nabla \times (\nabla \varphi) = \mathbf{O}$，因為 $\nabla \times \nabla$ 是「向量」與其自身的叉積，這是零向量。

同理，$\nabla \times \mathbf{F}$ 與 ∇ 正交，故點積 $\nabla \cdot (\nabla \times \mathbf{F}) = 0$ 為正交「向量」的點積。

9.4.1　散度的物理解釋

將 $\mathbf{F}(x, y, z, t)$ 視為在點 (x, y, z) 和時間 t 的流體速度。時間在計算散度上沒有任何作用，但由於在一般情況下，流動與時間有關，因此將時間包含在內。我們將證明這個速度場在一點的散度是流體從該點向外流動的量測。

想像流體中的一個小矩形盒，如圖 9.11 所示。穿過盒的面 II 流出的通量是速度的垂直分量（$\mathbf{F}$ 與 $\mathbf{i}$ 的點積）乘以該面的面積：

$$\text{穿過面 II 的向外通量} = \mathbf{F}(x + \Delta x, y, z, t) \cdot \mathbf{i} \Delta y \Delta z$$

$$= f(x + \Delta x, y, z, t) \Delta y \Delta z$$

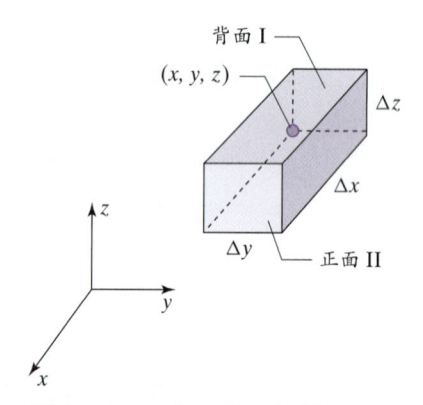

圖 9.11　散度的物理解釋

在面 I，單位向外法向量為 $-\mathbf{i}$，所以穿過面 I 的向外通量為 $-f(x, y, z, t)\Delta y \Delta z$。穿過面 I 和 II 的淨向外通量為

$$[f(x + \Delta x, y, z, t) - f(x, y, z, t)]\Delta y \Delta z$$

類似的計算適用於盒子的其他兩對平行面。流出盒子的流體總通量為

$$總通量 = (f(x+\Delta x,y,z,t) - f(x,y,z,t))\Delta y\Delta z$$
$$+ (g(x,y+\Delta y,z,t) - g(x,y,z,t))\Delta x\Delta z$$
$$+ (h(x,y,z+\Delta z,t) - h(x,y,z,t))\Delta x\Delta y$$

將上式除以盒子的體積

$$\Delta x\Delta y\Delta z$$

並取 Δx、Δy、Δz 趨近於零的極限來獲得在 (x,y,z) 從盒子流出的每單位體積的通量：

在 (x,y,z) 的每單位體積的通量

$$= \lim_{(\Delta x,\Delta y,\Delta z)\to(0,0,0)}\left[\frac{f(x+\Delta x,y,z,t) - f(x,y,z,t)}{\Delta x}\right.$$
$$\left. + \frac{g(x,y+\Delta y,z,t) - g(x,y,z,t)}{\Delta y} + \frac{h(x,y,z+\Delta z,t) - h(x,y,z,t)}{\Delta z}\right]$$
$$= \frac{\partial f}{\partial x} + \frac{\partial g}{\partial y} + \frac{\partial h}{\partial z}$$

數往知來──牛頓流體的不可壓縮流動

針對牛頓流體（例如，水、薄機油）的不可壓縮流動情況，而建構的 Navier-Stokes 方程式是

$$\rho\left(\frac{\partial \vec{v}}{\partial t} + \vec{v}\cdot\nabla\vec{v}\right) = -\nabla P + \mu\nabla^2\vec{v} + \rho\vec{g}$$

其中 ρ 為流體密度，$\vec{v}$ 為流體速度向量，P 為壓力，μ 為流體黏度，g 為重力加速度。

∇P 項是壓力場上的梯度算子。壓力是純量，因為它是等向性的（即微量體積單元的所有方向相同）。

$\nabla\vec{v}$ 項是速度向量的散度，而 $\nabla^2\vec{v}$ 是應用於速度向量的拉氏算子（參閱第 16 章）。

注意：上述方程式實際上是將三個單獨的方程式以緊緻向量符號表示（對於 x、y 和 z 座標各一個）。x 座標的個別方程式可以寫成如下的形式，下標表示向量的 x、y 或 z 分量：

$$\rho\left(\frac{\partial v_x}{\partial t} + v_x\frac{\partial v_x}{\partial x} + v_y\frac{\partial v_x}{\partial y} + v_z\frac{\partial v_x}{\partial z}\right) = -\frac{\partial P}{\partial x} + \mu\left(\frac{\partial^2 v_x}{\partial x^2} + \frac{\partial^2 v_x}{\partial y^2} + \frac{\partial^2 v_x}{\partial z^2}\right) + \rho g_x$$

9.4.2 旋度的物理解釋

若向量場代表流體的速度，則旋度可以解釋為流體圍繞一個點的旋轉或漩渦的量度。因此，特別是在英國文學中，旋度通常稱為「rot」（旋轉）。

假設物體對通過原點的線 L 以均勻角速度 ω 旋轉（圖 9.12）。角速度向量 $\mathbf{\Omega}$ 的大小為 ω，方向為沿著 L 的指向，因為如果給定與物體相同的旋轉，則是以右手螺旋進行。

對於旋轉物體的任何點 (x, y, z)，令 $\mathbf{R} = x\mathbf{i} + y\mathbf{j} + z\mathbf{k}$。令 $\mathbf{T}(x, y, z)$ 為切線速度且 $R = \|\mathbf{R}\|$，則

$$\|\mathbf{T}\| = \omega R \sin(\theta) = \|\mathbf{\Omega} \times \mathbf{R}\|$$

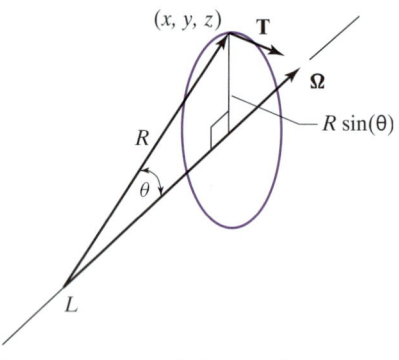

圖 9.12 旋度的物理解釋

其中 θ 為 $\mathbf{R}$ 與 $\mathbf{\Omega}$ 之間的夾角。令

$$\mathbf{\Omega} = a\mathbf{i} + b\mathbf{j} + c\mathbf{k}$$

則

$$\mathbf{T} = \mathbf{\Omega} \times \mathbf{R} = (bz - cy)\mathbf{i} + (cx - az)\mathbf{j} + (ay - bx)\mathbf{k}$$

$\mathbf{T}$ 的旋度為

$$\nabla \times \mathbf{T} = \begin{vmatrix} \mathbf{i} & \mathbf{j} & \mathbf{k} \\ \partial/\partial x & \partial/\partial y & \partial/\partial z \\ bz - cy & cx - az & ay - bx \end{vmatrix} = 2a\mathbf{i} + 2b\mathbf{j} + 2c\mathbf{k} = 2\mathbf{\Omega}$$

故

$$\mathbf{\Omega} = \frac{1}{2} \nabla \times \mathbf{T}$$

均勻旋轉體的角動量為線性速度的旋度的一半。

在具有速度向量 $\mathbf{V}$ 的流體運動，如果 $\mathbf{V}$ 的旋度為零，則稱為**非旋轉** (irrotational) 的流動。我們將在下一章中看到，非旋轉向量場是守恆的（可從位勢推導出來）。

> **數往知來——簡化 NS 方程式**
>
> 儘管對於大多數實際的工程問題，NS 方程式不能用徒手求解，但是為了適當地利用 CFD 軟體，工程師仍然需要向量微積分演算法提供的洞察力。下面提到了 NS 方程式的一些常見的工程簡化。然而，工程師可能經常遇到新的情況，他們需要熟悉微分算子來重新建構特定問題的 NS 方程式。
>
> 對於不可壓縮流體，$\nabla \vec{v} = 0$。這相當於說微分單元的體積／質量是守恆的。
>
> 對於穩態流動，$\frac{\partial \vec{v}}{\partial t} = 0$，例如，管中的流體，流入等於流出。
>
> $\rho\left(\frac{\partial \vec{v}}{\partial t} + \vec{v} \cdot \nabla \vec{v}\right) \gg \mu \nabla^2 \vec{v}$ 意味著黏稠效應可以忽略不計。這通常表示 NS 方程式可以簡化為工程伯努利方程式（不要與第 1 章中的伯努利 ODE 混淆）。工程伯努利方程式是用於計算安裝在設施中的泵浦和管子的尺寸。

9.4 習題

習題 1–3，計算 $\nabla \cdot \mathbf{F}$ 與 $\nabla \times \mathbf{F}$。證明 $\nabla \cdot (\nabla \times \mathbf{F}) = 0$。

1. $\mathbf{F} = x\mathbf{i} + y\mathbf{j} + 2z\mathbf{k}$
2. $\mathbf{F} = 2xy\mathbf{i} + xe^y\mathbf{j} + 2z\mathbf{k}$
3. $\mathbf{F} = \sinh(x)\mathbf{i} + \cosh(xyz)\mathbf{j} - (x+y+z)\mathbf{k}$

習題 4–6，計算 $\nabla \varphi$ 且證明 $\nabla \times (\nabla \varphi) = \mathbf{O}$。

4. $\varphi(x, y, z) = x - y + 2z^2$
5. $\varphi(x, y, z) = -2x^3yz^2$
6. $\varphi(x, y, z) = x\cos(x+y+z)$
7. 令 $\varphi(x, y, z)$ 為純量場，而 $\mathbf{F}(x, y, z)$ 為向量場。以運算應用於 φ 與 $\mathbf{F}$ 導出 $\nabla \cdot (\varphi \mathbf{F})$ 與 $\nabla \times (\varphi \mathbf{F})$ 的表達式。

9.5 向量場的流線

令 $\mathbf{F}(x, y, z)$ 為向量場。$\mathbf{F}$ 的**流線** (stremline) 是三維空間中的曲線 C，其具有以下性質：在每個點 (x, y, z) 處，$\mathbf{F}(x, y, z)$ 是 C 的切線向量。

流線在許多情況下發生。如果 $\mathbf{F}$ 是磁場，則流線被稱為**力線** (lines of force)。放置在磁鐵上的平板紙上的鐵屑將沿著力線對齊。如果 $\mathbf{F}$ 是在一些空間區域流動的流體的速度

場，則流線被稱為**流動線** (flow lines)，並且它們描述了與流體一起運動的假想粒子的軌跡。

給定 **F**，我們想找到 **F** 的流線。給予每個點上的曲線的切線，這是通過空間區域的每個點建構曲線的問題。

為了求解這個問題，假設 C 是

$$\mathbf{F}(x,y,z) = f(x,y,z)\mathbf{i} + g(x,y,z)\mathbf{j} + h(x,y,z)\mathbf{k}$$

的流線。

假設 C 的參數方程式為

$$x = x(\xi), y = y(\xi), z = z(\xi)$$

因此

$$\mathbf{R}(\xi) = x(\xi)\mathbf{i} + y(\xi)\mathbf{j} + z(\xi)\mathbf{k}$$

為 C 的位置向量。如今

$$\mathbf{R}'(\xi) = \frac{dx}{d\xi}\mathbf{i} + \frac{dy}{d\xi}\mathbf{j} + \frac{dz}{d\xi}\mathbf{k}$$

在每一點與 C 相切，所以在每一點（亦即，對每一個 ξ）平行於切線向量 $\mathbf{F}(x(\xi), y(\xi), z(\xi))$，因此這些向量彼此為純量倍數，即

$$\mathbf{R}'(\xi) = t\mathbf{F}(x(\xi), y(\xi), z(\xi))$$

寫出這個方程式的分量，得到

$$\frac{dx}{d\xi}\mathbf{i} + \frac{dy}{d\xi}\mathbf{j} + \frac{dz}{d\xi}\mathbf{k} = tf(x(\xi),y(\xi),z(\xi))\mathbf{i} + tg(x(\xi),y(\xi),z(\xi))\mathbf{j} + th(x(\xi),y(\xi),z(\xi))\mathbf{k}$$

左側向量的各個分量必須等於右側向量的各個分量，所以

$$\frac{dx}{d\xi} = tf, \frac{dy}{d\xi} = tg, \frac{dz}{d\xi} = th \tag{9.11}$$

這是流線的微分方程組。若 f、g、h 不等於零，此方程組可寫成

$$\frac{dx}{f} = \frac{dy}{g} = \frac{dz}{h} \tag{9.12}$$

數往知來——流線函數

流線圖幫助工程師觀察流體流經管道的移動。需要流線函數 φ 來產生流線圖。對於不可壓縮二維流動的特殊情況，可以取 NS 方程式的旋度來找到流線函數。這導致以下的方程式：

$$v_x = \frac{\partial \varphi}{\partial y}, v_y = \frac{\partial \varphi}{\partial x}$$

它可以用於求解流線函數 φ。該推導使用第 1 章中提到的正合微分方程式。正合微分條件源於不可壓縮限制 $\nabla \vec{v} = 0$。

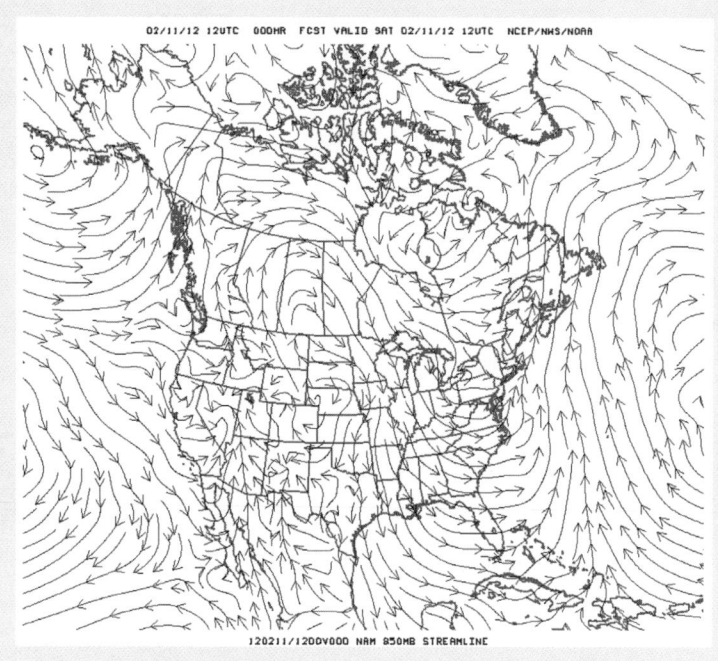

A streamline plot indicating wind directions over North America NCEP/NWS/NOAA

一般而言，對於大多數三維的流動，或甚至大多數有趣的流動（其表現出亂流的行為）均無法找到流線函數。然而，二維流線函數在諸如成型和擠出等高分子加工方法的應用中是有用的。

例 9.6

求

$$\mathbf{F}(x,y,z) = x^2\mathbf{i} + 2y\mathbf{j} - \mathbf{k}$$

的流線。若 x 與 y 不等於零，則流線滿足

$$\frac{dx}{x^2} = \frac{dy}{2y} = \frac{dz}{-1}$$

這些微分方程式可以用配對的方式求解。首先觀察

$$\frac{dx}{x^2} = -dz$$

這是可分離的方程式。積分後，可得

$$-\frac{1}{x} = -z + c$$

其中 c 為任意常數。其次積分

$$\frac{dy}{2y} = -dz$$

得到

$$\frac{1}{2}\ln|y| = -z + k$$

其中 k 為常數。將 x 與 y 以 z 表示

$$x = \frac{1}{z-c}, y = ae^{-2z}$$

其中 a 與 c 為常數。這些是流線的參數方程式，z 為參數。

假設我們要流線通過 $(-1, 6, 2)$。我們需要 a、c 使得

$$-1 = \frac{1}{2-c}, 6 = ae^{-4}$$

因此 $c = 3$，$a = 6e^4$，故通過 $(-1, 6, 2)$ 的流線，其參數式為

$$x = \frac{1}{z-3}, y = 6e^{4-2z}$$

其中 z 為參數。

9.5 習題

習題 1–3，求向量場的流線及經過已知點的流線。

1. $\mathbf{F} = \mathbf{i} - y^2\mathbf{j} + z\mathbf{k}$; $(2, 1, 1)$
2. $\mathbf{F} = \frac{1}{x}\mathbf{i} + e^x\mathbf{j} - \mathbf{k}$; $(2, 0, 4)$
3. $\mathbf{F} = 2e^z\mathbf{i} - \cos(y)\mathbf{k}$; $(3, \pi/4, 0)$
4. 建構一向量場，其流線為以原點為中心的圓。

CHAPTER 10

向量的積分

我們想將實值函數的積分推廣到平面或三維空間中的曲線,或曲面上的向量場積分。本章從曲線上的線積分開始。

10.1 線積分

線積分是曲線上的積分,因此首先回顧一下關於平面和三維空間曲線的一些事實和術語。

通常,R^3 中的曲線 C 由**參數方程式** (parametric equations)

$$x = \alpha(t), y = \beta(t), z = \gamma(t), \ a \leq t \leq b$$

指定。這些函數是 C 的**座標函數** (coordinate functions)。雖然任何符號均可以用於參數,但通常使用 t,並將其視為時間。$(\alpha(a), \beta(a), \gamma(a))$ 稱為 C 的**初始點** (initial point),而 $(\alpha(b), \beta(b), \gamma(b))$ 稱為**終點** (terminal point)。隨著 t 從 a 增加到 b,點 $(\alpha(t), \beta(t), \gamma(t))$ 沿著圖形從初始點移動到終點。以這種方式,曲線不僅是幾何物體,而且具有方向感。我們可以在圖形上用箭號指向從初始點到終點的方向。

將

$$\mathbf{R}(t) = \alpha(t)\mathbf{i} + \beta(t)\mathbf{j} + \gamma(t)\mathbf{k}$$

寫為 C 的位置向量。對於任何 t,向量 $\mathbf{R}(t)$ 是從原點到 C 上的點 $(x(t), y(t), z(t))$ 的箭號。

曲線 C 是:

連續 (continuous),如果座標函數是連續;
可微分 (differentiable),如果每一座標函數可微分;
封閉 (closed),如果初始點和終點相同;
簡單 (simple),如果 $a < t_1 < t_2 < b$ 表示

$$(\alpha(t_1), \beta(t_1), \gamma(t_1)) \neq (\alpha(t_2), \beta(t_2), \gamma(t_2))$$

這些術語涉及一些細微之處。在視覺上,如果圖形沒有中斷,C 是連續的。若每一個

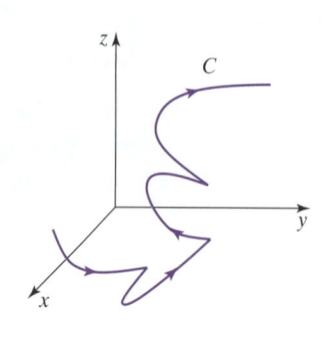

圖 10.1 典型的片段平滑曲線

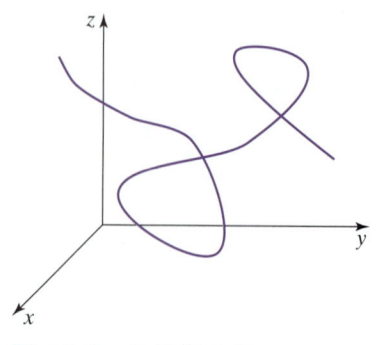

圖 10.2 非簡單曲線

座標函數可微分，則我們可以微分位置向量：

$$\mathbf{R}'(t) = \alpha'(t)\mathbf{i} + \beta'(t)\mathbf{j} + \gamma'(t)\mathbf{k}$$

其中 $a < t < b$。在任何 t，若 $\mathbf{R}'(t)$ 不是零向量，則 $\mathbf{R}'(t)$ 是 C 的切線向量。

我們允許具有有限多個「尖點」的曲線，其中曲線是連續的，但沒有切線。圖 10.1 的圖形具有三個尖點且為片段平滑。我們還允許有限個跳躍不連續，其中曲線是不連續且圖形具有有限個間隙或跳躍。

本身無交叉的曲線稱為簡單曲線。圖 10.2 所示的圖形非簡單曲線，因為它在不同時間（t 值）通過相同的點。簡單封閉曲線其初始點和終點相等，並且不會跨越或回溯其路徑。

這些概念適用於僅含有兩個座標函數的平面上的曲線和圖形。

如下例所示，儘管在非正式討論中，**曲線 (curve)** 和**圖形 (graph)**，通常可互換使用。但是曲線與其圖形之間仍存在重大差異。

例 10.1

令 C 的座標函數為

$$x = \cos(t), y = \sin(t), z = 9, \ 0 \leq t \leq 2\pi$$

此處 $x^2 + y^2 = 1$，且 C 的圖形在平面 $z = 9$ 上，圓心為原點，半徑為 1 的圓。這條曲線是連續、平滑、簡單且封閉，初始點與終點為 $(1, 0, 9)$。

然而，令 K 為具有座標函數

$$x = \cos(t), y = \sin(t), z = 9, \ 0 \leq t \leq 4\pi$$

的曲線，K 的圖形也是在平面 $z = 9$ 上，圓心為原點，半徑為 1 的圓，但 K 非簡單曲線，因為當 t 由 0 增加到 4π，點 $(x(t), y(t), z(t))$ 通過圓兩次。

這類似於循環跑道，無論跑步者跑多少次，它都是一樣的。點的軌跡對於 C 和 K 是相同的，但是物體沿 C 和 K 移動所消耗的能量是不同的。

但 K 是封閉，因為 $(1, 0, 9)$ 是它的初始點和終點。

最後，令 Q 為具有

$$x(t) = \cos(t), y(t) = \sin(t), z = 9,\ 0 \le t \le 3\pi$$

的曲線，Q 的圖形與 C 和 K 相同，但 Q 非封閉，因為它的初始點為 $(x(0), y(0), z(0)) = (1, 0, 9)$，而終點為 $(x(3\pi), y(3\pi), z(3\pi)) = (-1, 0, 9)$。$Q$ 點從 $(1, 0, 9)$ 開始繞整個圓，然後繼續繞另一個半圓，因為 t 從 0 增加到 3π。Q 的終點不是它的初始點。C 是簡單封閉曲線，K 是封閉但非簡單曲線，Q 非簡單且非封閉曲線。

如上一個例子所示，曲線圖可能會產生曲線為封閉的錯誤印象。我們現在可以定義函數在曲線上的線積分。

令 C 為一平滑曲線，其座標函數為 $x = x(t)$，$y = y(t)$，$z = z(t)$，$a \le t \le b$。令 f、g、h 為定義於圖 C 上的點的連續函數，則**線積分** (line integral) $\int_C f\,dx + g\,dy + h\,dz$ 定義為

$$\int_C f\,dx + g\,dy + h\,dz$$
$$= \int_a^b \left[f(x(t), y(t), z(t)) \frac{dx}{dt} + g(x(t), y(t), z(t)) \frac{dy}{dt} + h(x(t), y(t), z(t)) \frac{dz}{dt} \right] dt$$

欲求得 $\int_C f\,dx + g\,dy + h\,dz$ 可將 $f(x, y, z)$、$g(x, y, z)$ 和 $h(x, y, z)$ 中的 x、y、z 以定義曲線的座標函數取代，亦即

$$dx = x'(t)\,dt, dy = y'(t)\,dt, dz = z'(t)\,dt$$

然後將形成的 t 的函數由 a 到 b 積分。

例 10.2

在曲線上計算

$$\int_C x\,dx - yz\,dy + e^z\,dz$$

其中曲線的定義為

$$x = t^3, y = -t, z = t^2,\ 1 \le t \le 2$$

首先，

$$dx = 3t^2\,dt, dy = -dt, dz = 2t\,dt$$

將 C 的座標函數代入線積分中的 x、y、z，可得

$$\int_C x\,dx - yz\,dy + e^z\,dz$$
$$= \int_1^2 \left[t^3(3t^2) - (-t)(t^2)(-1) + e^{t^2}(2t)\right] dt$$
$$= \int_1^2 [3t^5 - t^3 + 2te^{t^2}]\,dt$$
$$= \frac{111}{4} + e^4 - e$$

例 10.3

在 $(1, 1, 1)$ 到 $(-2, 1, 3)$ 的線段上計算

$$\int_C xyz\,dx - \cos(yz)\,dy + xz\,dz$$

通過這兩點的直線，其參數式為

$$x = 1 - 3t, y = 1, z = 1 + 2t$$

對於 $(1, 1, 1)$ 至 $(-2, 1, 3)$ 的線段，可令 t 由 0 變化到 1。

線積分為

$$\int_C xyz\,dx - \cos(yz)\,dy + xz\,dz$$
$$= \int_0^1 [(1-3t)(1+2t)(-3) - \cos(1+2t)(0) + (1-3t)(1+2t)(2)]\,dt$$
$$= \int_0^1 (-1 + t + 6t^2)\,dt = \frac{3}{2}$$

例 10.4

計算平面上的線積分

$$\int_C xy\,dx - y\sin(x)\,dy$$

其中 C 的定義為

$$x(t) = t^2, y(t) = t,\ -1 \leq t \leq 2$$

積分為

$$\int_C xy\,dx - y\sin(x)\,dy$$
$$= \int_{-1}^{2} [t^2 t(2t) - t\sin(t^2)(1)]\,dt$$
$$= \int_{-1}^{2} [2t^4 - t\sin(t^2)]\,dt$$
$$= \frac{66}{5} + \frac{1}{2}[\cos(4) - \cos(1)]$$

線積分具有預期的積分性質。

1. 和的積分等於積分的和：

$$\int_C (f+f^*)\,dx + (g+g^*)\,dy + (h+h^*)\,dz$$
$$= \int_C f\,dx + g\,dy + h\,dz + \int_C f^*\,dx + g^*\,dy + h^*\,dz$$

2. 常數可提出到線積分之外：

$$\int_C (kf)\,dx + (kg)\,dy + (kh)\,dz = k\int_C f\,dx + g\,dy + h\,dz$$

3. 對於微積分的黎曼積分 (Riemann integral)，切換積分的極限改變了積分符號

$$\int_a^b F(\xi)\,d\xi = -\int_b^a F(\xi)\,d\xi$$

線積分具有類似的性質——改變曲線的方向（位向）而反轉積分符號。

假設 C 的參數式為

$$x = x(t), y = y(t), z = z(t),\ a \le t \le b$$

當 t 由 a 變化到 b，曲線上的一點由 $(x(a), y(a), z(a))$ 變化到 $(x(b), y(b), z(b))$。

定義一新曲線 K，其參數式為

$$\tilde{x}(t) = x(a+b-t), \tilde{y}(t) = y(a+b-t), \tilde{z}(t) = z(a+b-t),\ a \le t \le b$$

K 有初始點

$$(\tilde{x}(a), \tilde{y}(a), \tilde{z}(a)) = (x(b), y(b), z(b))$$

及終點

$$(\tilde{x}(b), \tilde{y}(b), \tilde{z}(b)) = (x(a), y(a), z(a))$$

C 和 K 具有相同的圖形，但是方向相反，初始點和終點相反。K 稱為 C 的負值，以 $K = -C$ 表示，則

$$\int_{-C} f\,dx + g\,dy + h\,dz = -\int_{C} f\,dx + g\,dy + h\,dz$$

因此，如果我們希望在線積分上取反向，只需在原方向更改積分的符號，不需要以新的參數式代入曲線 $-C$。

4. 對於黎曼積分，

$$\int_a^b F(\xi)\,d\xi = \int_a^c F(\xi)\,d\xi + \int_c^b F(\xi)\,d\xi$$

對於線積分有一個類似的性質，它可以用圖形非正式地表示。圖 10.3 顯示一由 P 至 Q 的曲線 C，以及 C 上的一中間點 W。令 C_1 為 C 的一部分，由 P 至 W，而 C_2 為由 W 至 Q 的一部分，則

$$\int_C f\,dx + g\,dy + h\,dz$$
$$= \int_{C_1} f\,dx + g\,dy + h\,dz + \int_{C_2} f\,dx + g\,dy + h\,dz$$

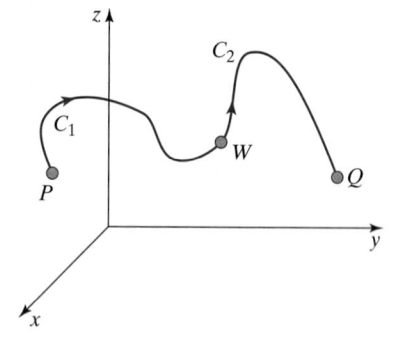

圖 10.3　$\int_C = \int_{C_1} + \int_{C_2}$

若我們將 C 寫成 $C_1 \oplus C_2$，則

$$\int_{C_1 \oplus C_2} f\,dx + g\,dy + h\,dz$$
$$= \int_{C_1} f\,dx + g\,dy + h\,dz + \int_{C_2} f\,dx + g\,dy + h\,dz$$

將 n 條曲線 $C_1, C_2, \cdots, C_n$ 串接在一起，如圖 10.4 所示，則

$$\int_{C_1 \oplus C_2 \oplus \cdots \oplus C_n} f\,dx + g\,dy + h\,dz = \sum_{j=1}^{n} \int_{C_j} f\,dx + g\,dy + h\,dz$$

保持一致的方向至關重要。對於 $j = 2, \cdots, n$ 而言，C_{j-1} 的終點是 C_j 的起始點。

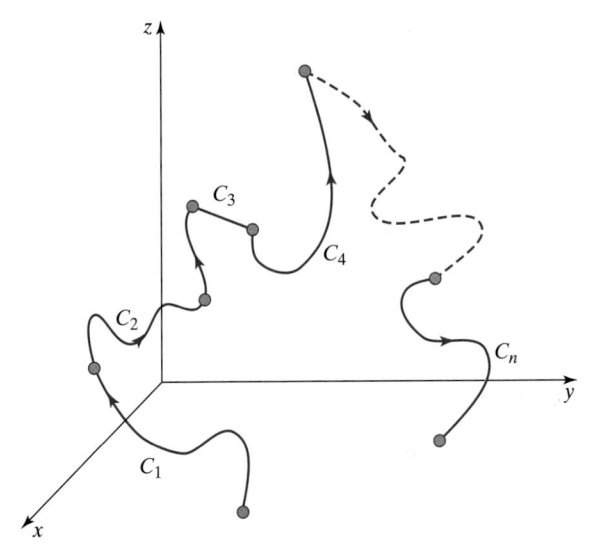

圖 10.4 $C_1 \oplus C_2 + \cdots \oplus C_n$

例 10.5

令 C 是 x、y 平面上由 $(1, 0)$ 至 $(0, 1)$ 的 1/4 圓 $x^2 + y^2 = 1$ 以及由 $(0, 1)$ 至 $(2, 1)$ 的水平線段組成的曲線。計算

$$\int_C dx + y^2\, dy$$

令 $C = C_1 \oplus C_2$，其中 C_1 為四分之一圓，而 C_2 為線段。參數化

$$C_1 : x = \cos(t), y = \sin(t),\ 0 \leq t \leq \pi/2$$

且以 P 為 C_2 的參數，

$$C_2 : x = p, y = 1,\ 0 \leq p \leq 2$$

在 C_1 上，

$$dx = -\sin(t)\, dt\ \text{且}\ dy = \cos(t)\, dt$$

故

$$\int_{C_1} dx + y^2\, dy = \int_0^{\pi/2} [-\sin(t) + \sin^2(t)\cos(t)]\, dt = -\frac{2}{3}$$

在 C_2 上，

$$dx = dp\ \text{且}\ dy = 0$$

故

$$\int_{C_2} dx + y^2\,dy = \int_0^2 dp = 2$$

因此

$$\int_C dx + y^2\,dy = -\frac{2}{3} + 2 = \frac{4}{3}$$

特別是在應用中，將線積分以向量符號表示有時是有用的。令 $\mathbf{F} = f\mathbf{i} + g\mathbf{j} + h\mathbf{k}$ 且令 $\mathbf{R}(t) = x(t)\mathbf{i} + y(t)\mathbf{j} + z(t)\mathbf{k}$ 為 C 的位置向量，則

$$d\mathbf{R} = dx\mathbf{i} + dy\mathbf{j} + dz\mathbf{k}$$

且

$$\mathbf{F} \cdot d\mathbf{R} = f\,dx + g\,dy + h\,dz$$

促成符號

$$\int_C f\,dx + g\,dy + h\,dz = \int_C \mathbf{F} \cdot d\mathbf{R}$$

例 10.6

力 $\mathbf{F}(x, y, z) = x^2\mathbf{i} - zy\mathbf{j} + x\cos(z)\mathbf{k}$ 沿著具有參數式 $x = t^2$，$y = t$，$z = \pi t$，$0 \leq t \leq 3$ 的路徑 C 移動一粒子。計算此力所作的功。

在 C 上的任何點，粒子將沿著曲線的切線方向移動，從 (x, y, z) 開始，以 $\mathbf{F}(x, y, z) \cdot d\mathbf{R}$ 來近似沿著曲線的一小段所作的功，此 $\mathbf{F}(x, y, z) \cdot d\mathbf{R}$ 具有力乘以距離的因次。沿著整個路徑移動粒子所作的功是沿著線段的這些近似值的總和。當線段長度趨近於零的極限時，我們得到

$$功 = \int_C \mathbf{F} \cdot d\mathbf{R} = \int_C x^2\,dx - zy\,dy + x\cos(z)\,dz$$

$$= \int_0^3 [t^4(2t) - (\pi t)(t) + t^2\cos(\pi t)(\pi)]\,dt$$

$$= \int_0^3 [2t^5 - \pi t^2 + \pi t^2\cos(\pi t)]\,dt$$

$$= 243 - 9\pi - \frac{6}{\pi}$$

10.1.1 相對於弧長的線積分

在一些情況下,沿著曲線具有相對於弧長的純量函數的線積分是有用的。若 $\varphi(x, y, z)$ 為實值函數且 C 為平滑曲線,其座標函數為 $x = x(t)$, $y = y(t)$, $z = z(t)$, $a \leq t \leq b$,定義

$$\int_C \varphi(x, y, z)\, ds = \int_a^b \varphi(x(t), y(t), z(t)) \sqrt{x'(t)^2 + y'(t)^2 + z'(t)^2}\, dt$$

這個定義背後的理由是

$$ds = \sqrt{x'(t)^2 + y'(t)^2 + z'(t)^2}\, dt$$

為沿著曲線的弧長的微分單元。

要了解這種線積分是如何產生的,令 C 是一條在 (x, y, z),密度為 $\delta(x, y, z)$ 的線,假設 δ 是一個連續函數,我們要計算線的質量。

該策略是將線細分成幾部分,以密度乘以其長度作為每一部分的近似質量,將這些相加,然後取片段的長度趨近於零的極限。

為了實現這一點,藉由插入點

$$a = t_0 < t_1 < t_2 < \cdots < t_{n-1} < t_n = b$$

將 $[a, b]$ 分割成長度為 $(b - a)/n$ 的 n 個子空間,其中

$$t_j = t_{j-1} + \frac{b - a}{n}$$

$j = 1, 2, \cdots, n$(圖 10.5)。$[a, b]$ 的這些分割點給出了線上的點 $P_j = (x(t_j), y(t_j), z(t_j))$,$P_j$ 將線細分成多段。當 n 足夠大時,我們可以用線的第 j 段的密度 $\delta(P_j)$ 來近似 $\delta(x, y, z)$。

P_{j-1} 與 P_j 之間的線的長度為

$$\Delta s = s(P_j) - s(P_{j-1}) \approx ds_j$$

其中 $s(t)$ 測量沿線的弧長。這段線的質量約為 $\delta(P_j) ds_j$,故線的質量約為

$$\sum_{j=1}^n \delta(P_j)\, ds_j$$

令 $n \to \infty$,可得

$$\text{線的質量} = \int_C \delta(x, y, z)\, ds$$

相似的論述證明線的質心座標 $(\bar{x}, \bar{y}, \bar{z})$ 為

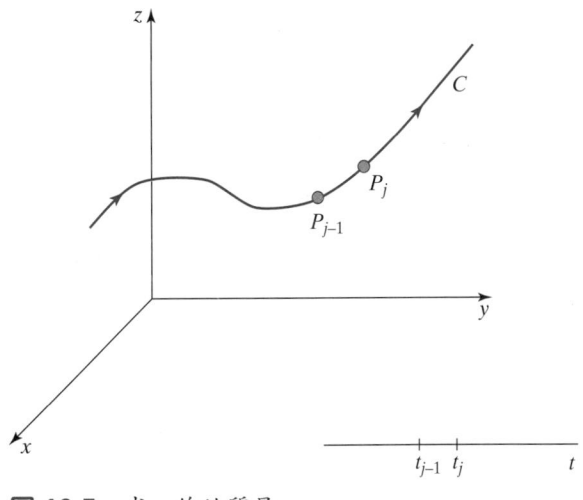

圖 10.5 求一線的質量

$$\overline{x} = \frac{1}{m}\int_C x\delta(x,y,z)\,ds,\; \overline{y} = \frac{1}{m}\int_C y\delta(x,y,z)\,ds,\; \overline{z} = \frac{1}{m}\int_C z\delta(x,y,z)\,ds$$

其中 m 為線的質量。

數往知來——天線

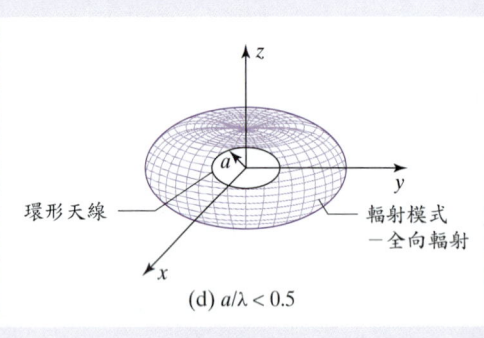

（左圖）環形天線的輻射傳播場。
根據 Sisir K. Das and Annapurna Das. Antenna and Wave Propagation (New Delhi: Tata McGraw Hill, 2013).
（右圖）阿雷西博天文台，地球上最大的彎曲聚焦天線。

　　天線設計是現代電機工程的重要子集。發射和接收電磁波的天線是使衛星、無線網路、電視廣播和手機成為可能的設備。可以使用本章提到的向量積分法來分析簡單或理想的天線配置。

　　更複雜地，現代年代的天線設計是經由數值方法和電腦軟體進行的。重大研究還在進行，以開發演算法來準確地求解電磁學中產生的積分方程式。

例 10.7

線被彎曲成四分之一圓 C 的形狀，亦即

$$x = 2\cos(t), y = 2\sin(t), z = 3,\; 0 \le t \le \pi/2$$

密度為 $\delta(x,y,z) = xy^2$，求線的質量與質心。因為

$$ds = \sqrt{x'(t)^2 + y'(t)^2}\,dt = \sqrt{4\sin^2(t) + 4\cos^2(t)}\,dt = 2\,dt$$

質量為

$$m = \int_C xy^2\,ds = \int_0^{\pi/2} 2\cos(t)[2\sin(t)]^2(2)\,dt$$
$$= \int_0^{\pi/2} 16\sin^2(t)\cos(t)\,dt = \frac{16}{3}$$

現在計算質心的座標：

$$\bar{x} = \frac{3}{16}\int_C x\delta(x,y,z)\,ds$$
$$= \frac{3}{16}\int_0^{\pi/2}[2\cos(t)]^2[2\sin(t)]^2(2)\,dt$$
$$= 6\int_0^{\pi/2}\cos^2(t)\sin^2(t)\,dt = \frac{3\pi}{8}$$
$$\bar{y} = \frac{3}{16}\int_C y\delta(x,y,z)\,ds$$
$$= \frac{3}{16}\int_0^{\pi/2}[2\cos(t)][2\sin(t)]^3(2)\,dt$$
$$= 6\int_0^{\pi/2}\sin^3(t)\cos(t)\,dt = \frac{3}{2}$$

且

$$\bar{z} = \frac{3}{16}\int_C z\delta(x,y,z)\,ds$$
$$= \frac{3}{16}\int_0^{\pi/2} 3[2\cos(t)][2\sin(t)]^2 2\,dt$$
$$= 9\int_0^{\pi/2}\sin^2(t)\cos(t)\,dt = 3$$

$\bar{z} = 3$ 並不奇怪，因為線在 $z = 3$ 的平面上。

10.1 習題

習題 1–5，計算線積分。

1. $\int_C x\,dx - dy + z\,dz$，其中 $C: x = y = t$，$z = t^3$，$0 \leq t \leq 1$。

2. $\int_C (x+y)\,ds$，其中 $C: x = y = t$，$z = t^2$，$0 \leq t \leq 2$。

3. $\int_C \mathbf{F} \cdot d\mathbf{R}$，其中 $\mathbf{F} = \cos(x)\mathbf{i} + y\mathbf{j} + xz\mathbf{k}$

且 $\mathbf{R} = t\mathbf{i} - t^2\mathbf{j} + \mathbf{k}$，$0 \leq t \leq 3$。

4. $\int_C \mathbf{F} \cdot d\mathbf{R}$，其中 $\mathbf{F} = x\mathbf{i} + y\mathbf{j} - z\mathbf{k}$ 且 C 為圓 $x^2 + y^2 = 4$，$z = 0$，逆時針繞一周。

5. $\int_C -xyz\, dz$，其中 $C: x = 1$，$y = \sqrt{z}$，$4 \leq z \leq 9$。

6. 求力 $\mathbf{F} = x^2\mathbf{i} - 2yz\mathbf{j} + z\mathbf{k}$ 沿著 $(1, 1, 1)$ 至 $(4, 4, 4)$ 的線段移動一物體所作的功。

7. 求從原點延伸到 $(3, 3, 3)$ 的細直線的質量和質量中心，若 $\delta(x, y, z) = x + y + z$ (g/cm)。

8. 證明每個黎曼積分 $\int_a^b f(x)\, dx$ 是適當選擇 $\mathbf{F}$ 和 C 的線積分 $\int_C \mathbf{F} \cdot d\mathbf{R}$。

10.2 格林定理

格林定理 (Green's theorem) 是 x、y 平面上的封閉曲線的線積分，與由曲線包圍的區域上的雙重積分之間的關係。由自學英國自然哲學家格林 (George Green, 1793–1841) 和烏克蘭數學家 Michel Ostrogradsky (1801–1862) 獨立發現。

如果曲線上的點隨著描述 C 的參數的增加而逆時針移動，則 x、y 平面上的封閉曲線 C 是**正向的** (positively oriented)（圖 10.6）。順時針方向稱為**負向** (negative orientation)。通常將封閉曲線 C 上的線積分以 $\oint_C$ 表示，其中在積分符號上有一個小圓。

平面上連續簡單封閉曲線 C 所包圍的區域，稱為 C 的**內部** (interior)。如果曲線及其內部從平面上切除，剩餘的無界區域是 C 的**外部** (exterior)（圖 10.7）。一個人沿著 C 的正向走，將看到 C 的內部在其左側。

對於片段平滑曲線，我們使用**路徑** (path) 一詞。這意味著除了有限個尖銳點或跳躍不連續點之外，曲線具有連續的切線。

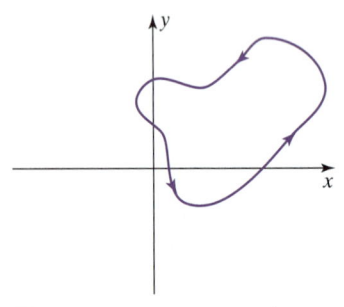

圖 10.6 平面上的曲線的正方向

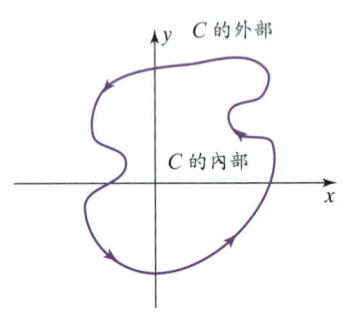

圖 10.7 由簡單封閉曲線所決定的內部和外部區域

定理 10.1 格林定理

令 C 為平面上連續簡單封閉正向路徑。令 D 為 C 及其內部所有點組成。令 $f(x, y)$、$g(x, y)$、$\partial f/\partial y$ 與 $\partial g/\partial x$ 在 D 為連續，則

$$\oint_C f(x, y)\, dx + g(x, y)\, dy = \iint_D \left(\frac{\partial g}{\partial x} - \frac{\partial f}{\partial y} \right) dA \tag{10.1}$$

習題 9 中概述了特殊情況的證明。

格林定理用於位勢理論和偏微分方程式,並且有時也用於進行計算。

例 10.8

有時格林定理可以簡化積分。假設我們欲求 $\mathbf{F} = (y - x^2 e^x)\mathbf{i} + (\cos(2y^2) - x)\mathbf{j}$ 在具有頂點 (0, 1)、(1, 1)、(1, 3)、(0, 3) 的矩形路徑 C 的逆時針方向上移動一個粒子所作的功。

嘗試直接計算 $\int_C \mathbf{F} \cdot d\mathbf{R}$ 會產生不能用基本項計算的積分。然而,利用格林定理,其中 D 是由 C 包圍的實心矩形,

$$功 = \oint_C \mathbf{F} \cdot d\mathbf{R} = \iint_D \left(\frac{\partial}{\partial x}(\cos(2y^2) - x) - \frac{\partial}{\partial y}(y - x^2 e^x) \right) dA$$

$$= \iint_D -2\, dA = -2(D 的面積) = -4$$

例 10.9

假設我們要計算

$$\oint_C 2x \cos(2y)\, dx - 2x^2 \sin(2y)\, dy$$

其中 C 為平面上的連續封閉路徑。這裡有無數的路徑。然而,注意

$$\frac{\partial}{\partial x}(-2x^2 \sin(2y)) - \frac{\partial}{\partial y}(2x \cos(2y))$$

$$= -4x \sin(2y) + 4x \sin(2y) = 0$$

由格林定理,

$$\oint_C 2x \cos(2y)\, dx - 2x^2 \sin(2y)\, dy = \iint_D 0\, dA = 0$$

10.2.1 格林定理的推廣

格林定理的推廣是有限個點 $P_1, \cdots, P_n$ 被 C 包圍的情況,在此有限點上 $f(x, y)$、$g(x, y)$、$\partial f/\partial y$ 且/或 $\partial g/\partial x$ 不連續,或者甚至沒有定義。

在 C 的內部,以一個足夠小的半徑的圓 K_j 圍繞中心 P_j,這些圓沒有兩個相交或包圍任何共同區域,也沒有 K_j 與 C 相交。圖 10.8 顯示了 $n = 3$ 的典型配置。

剪切一個由 C 到 K_1 的兩個平行線段組成的通道,然後從 K_1 到 K_2,再從 K_2 到 K_3,依

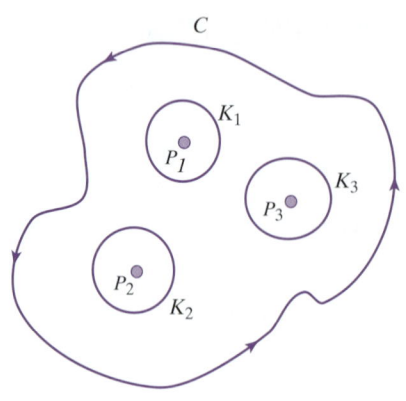

圖 10.8 以 C 內部的不相交的圓將點圍繞

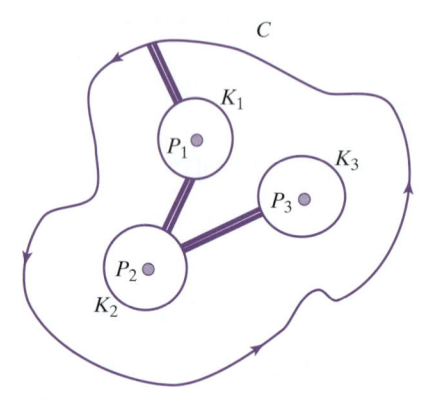

圖 10.9 連接 C 和內圓的通道

此類推，直到最後一個通道連接 K_{n-1} 到 K_n（圖 10.9 是 $n = 3$ 的情形）。

使用「大部分」的 C 和圓 K_j 以及這些通道，形成一簡單封閉路徑 C^*（圖 10.10，$n = 3$），「大部分」是指在形成通道時，已經從 C 和圓 K_j 中切出小弧，但這些可以是任意小的長度。

由於這些結構的執行方式，每個 P_j 在 C^* 的**外部** (external)。此外，f、g、$\partial f/\partial y$ 與 $\partial g/\partial x$ 在 C^* 及其內部為連續。

圖 10.10 簡單封閉路徑 C^*，其中每一個 P_j 位於 C^* 的外部

還要注意方向。就在切換到 K_1 的通道（右側）之前的 C 上的一點開始。沿著 C 逆時針方向走到這個通道，然後沿著切換到 K_1，接著順時針繞圓 K_1 的一部分，再經通道到 K_2，順時針繞圓 K_2 的一部分，經通道到 K_3，依此類推，直到最後到達 K_n，順時針繞 K_n 後，我們走出 K_n 到達通道的一部分，然後到 K_{n-1}，再順時針繞著 K_{n-1} 的其餘部分，到通道到達 K_{n-2}，然後回到 K_{n-3} 等，直到到達 K_1，最後順時針繞著其餘的 K_1，回到 C，逆時針繞 C 的其餘部分，到這個步行的起點（圖 10.10，$n = 3$）。

若 D^* 為 C^* 的內部，由格林定理

$$\oint_{C^*} f\,dx + g\,dy = \iint_{D^*} \left(\frac{\partial g}{\partial x} - \frac{\partial f}{\partial y} \right) dA$$

取通道變窄（邊靠在一起）的極限。當這種情況發生時，小弧從 C 中切出，內圓的長度減小，在 C 和圓 K_j 上的線積分趨近於線積分，亦即

$$\oint_C f\,dx + g\,dy - \sum_{j=1}^n \oint_{K_j} f\,dx + g\,dy = \iint_{D^*} \left(\frac{\partial g}{\partial x} - \frac{\partial f}{\partial y} \right) dA$$

在這個方程式中，環繞 C 和每一個 K_j 的線積分是逆時針方向，負號的產生是環繞路徑為 C^* 的時候，環繞每個內圓 K_j 為順時針方向。

這是廣義的格林公式：

$$\oint_{C^*} f\,dx + g\,dy = \sum_{j=1}^{n} \oint_{K_j} f\,dx + g\,dy + \iint_{D^*} \left(\frac{\partial g}{\partial x} - \frac{\partial f}{\partial y} \right) dA \tag{10.2}$$

數往知來──對接收天線進行模擬

考慮將半徑為 r 的環形線放置在時變磁場 **B** 中，其中 $\mathbf{B} = \mathbf{B}_0 \cos(\omega t)\mathbf{k}$。環路端不連接（開路），它以 **i** − **j** 平面的原點為中心，且與 **B** 垂直，因為 **B** 只與 **k** 分量有關，隨時間的變化，**B** 將感應環形線中的電壓（電動勢，EMF）。在時變磁場的開迴路中 EMF 的正式定義是

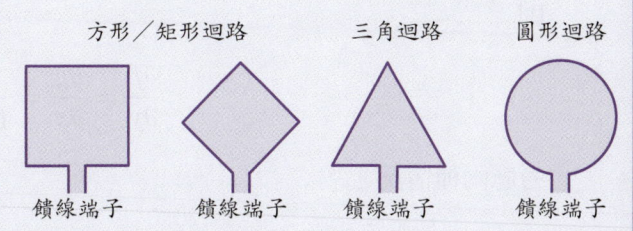

不同形狀的環形天線。
根據 Sisir K. Das and Annapurna Das. *Antenna and Wave Propagation* (New Delhi: Tata McGraw Hill, 2013).

$$-V = \oint_C \mathbf{E} \cdot d\mathbf{l}$$

其中 **l** 為線迴路。

然而，這裡你只知道 **B**。使用史托克定理（在 10.7 節進一步討論），可寫出

$$\oint_C \mathbf{E} \cdot d\mathbf{l} = \iint_S \nabla \times \mathbf{E} \cdot d\mathbf{S}$$

然後用 Maxwell-Faraday 定律 $\nabla \times \mathbf{E} = -\frac{\partial \mathbf{B}}{\partial t}$ 來得到關係式 $V = \iint_S \frac{\partial \mathbf{B}}{\partial t} \cdot d\mathbf{S}$。對曲面 **S**（由迴路包圍的區域）積分，得到

$$V = B_0 \pi r^2 \omega \sin(\omega t)$$

這個計算說明了接收天線的基本原理。時變磁場可以感應導體迴路中的電壓。如果這個電路閉合，感應電動勢將引起小電流流動，這是接收到的信號。環形天線通常用作輻射的接收器天線和方向傳感器。

例 10.10

對於平面上不通過原點的所有簡單連續封閉路徑，計算

$$\oint_C \frac{-y}{x^2+y^2}\,dx + \frac{x}{x^2+y^2}\,dy$$

令

$$f(x,y) = \frac{-y}{x^2+y^2} \text{ 且 } g(x,y) = \frac{x}{x^2+y^2}$$

則

$$\frac{\partial f}{\partial y} = \frac{\partial g}{\partial x} = \frac{y^2-x^2}{(x^2+y^2)^2}$$

考慮兩種情況。

情況 1——假設 C 不包圍原點。現在格林定理適用，

$$\oint_C f(x,y)\,dx + g(x,y)\,dy = \iint_D \left(\frac{\partial g}{\partial x} - \frac{\partial f}{\partial y}\right) dA = 0$$

情況 2——假設 C 包圍了原點。現在 C 包圍一個使 $f(x,y)$ 和 $g(x,y)$ 無定義的點。令 K 是以圓心為原點半徑足夠小的圓，K 與 C 不相交（圖 10.11）。

由廣義的格林定理，且為 $n=1$ 的情形，

$$\oint_C f(x,y)\,dx + g(x,y)\,dy$$
$$= \oint_K f(x,y)\,dx + g(x,y)\,dy + \iint_{D^*}\left(\frac{\partial g}{\partial x} - \frac{\partial f}{\partial y}\right) dA$$
$$= \oint_K f(x,y)\,dx + g(x,y)\,dy$$

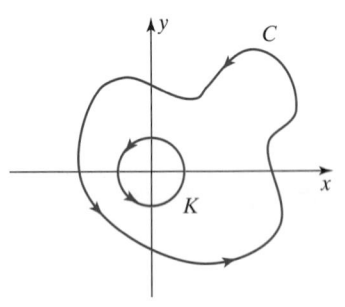

圖 10.11 例 10.10 的情況 2

其中 D^* 為 C 與 K 之間的區域（想像將平面上的 K 的內部切除）。這兩個積分在曲線上都是取逆時針方向。

用 K 替換 C 所獲得的優點是，K 為一條非常簡單的特定曲線，我們可以用極座標參數化來直接計算最後的線積分。令 K 的半徑為 r 且令

$$x = r\cos(\theta), y = r\sin(\theta), 0 \leq \theta \leq 2\pi$$

則

$$\oint_K f\,dx + g\,dy$$
$$= \int_0^{2\pi} \left(\frac{-r\sin(\theta)}{r^2}[-r\sin(\theta)] + \frac{r\cos(\theta)}{r^2}[r\cos(\theta)] \right) d\theta$$
$$= \int_0^{2\pi} d\theta = 2\pi$$

綜上所述，

$$\oint_C f\,dx + g\,dy = \begin{cases} 0\,\text{，若 } c \text{ 不包圍原點} \\ 2\pi\,\text{，若 } c \text{ 包圍原點} \end{cases}$$

10.2 習題

1. 在力 $\mathbf{F} = xy\mathbf{i} + x\mathbf{j}$ 的影響下，粒子沿著頂點為 $(0,0)$、$(4,0)$、$(1,6)$ 的三角形，逆時針移動一次。計算由此力所作的功。

2. 在
$$\mathbf{F} = (-\cosh(4x^4) + xy)\mathbf{i} + (e^{-y} + x)\mathbf{j}$$
的影響下，粒子沿著頂點為 $(1,1)$、$(1,7)$、$(3,1)$、$(3,7)$ 的矩形，逆時針移動一次。計算所作的功。

習題 3–6，利用格林定理計算 $\oint_C \mathbf{F} \cdot d\mathbf{R}$。所有封閉曲線均為正向。

3. $\mathbf{F} = x^2\mathbf{i} - 2xy\mathbf{j}$，$C$ 為頂點為 $(1,1)$、$(4,1)$、$(2,6)$ 的三角形。

4. $\mathbf{F} = 8xy^2\mathbf{j}$，$C$ 為圓心為原點，半徑為 4 的圓。

5. $\mathbf{F} = e^x \cos(y)\mathbf{i} - e^x \sin(y)\mathbf{j}$，$C$ 為平面上任意封閉路徑。

6. $\mathbf{F} = xy\mathbf{i} + (xy^2 - e^{\cos(y)})\mathbf{j}$，$C$ 為頂點為 $(0,0)$、$(3,0)$、$(0,5)$ 的三角形。

7. 令 D 為正向簡單封閉路徑 C 的內部。

(a) 證明
$$D \text{ 的面積} = \oint_C -y\,dx$$

(b) 證明
$$D \text{ 的面積} = \oint_C x\,dy$$

(c) 證明
$$D \text{ 的面積} = \frac{1}{2}\oint_C -y\,dx + x\,dy$$

8. 令 $u(x,y)$ 在簡單封閉路徑 C 及 C 的內部 D 為連續且具有連續的第一和第二偏導數。證明
$$\oint_C -\frac{\partial u}{\partial y}dx + \frac{\partial u}{\partial y}dy$$
$$= \iint_D \left(\frac{\partial^2 u}{\partial x^2} + \frac{\partial^2 u}{\partial y^2} \right) dA$$

9. 對於格林定理的特例，填寫以下證明的細節。假設 D 可以用兩種方式描述。首先，D 由所有 (x, y) 組成，使得

$$q(x) \leq y \leq p(x), a \leq x \leq b$$

並且由所有 (x, y) 組成，使得

$$\alpha(y) \leq x \leq \beta(y), c \leq y \leq d$$

使用第一種描述證明

$$\oint_C g(x, y)\, dy$$
$$= \int_c^d (g(\beta(y), y) - g(\alpha(y), y))\, dy$$

且

$$\iint_D \frac{\partial g}{\partial x}\, dA$$
$$= \int_c^d \int_{\alpha(y)}^{\beta(y)} \frac{\partial g}{\partial x}\, dA$$
$$= \int_c^d (g(\beta(y), y) - g(\alpha(y), y))\, dy$$

因此得出結論

$$\oint_C g(x, y)\, dy = \iint_D \frac{\partial g}{\partial x}\, dA$$

現在用 D 的其他描述來證明

$$\oint_C f(x, y)\, dx = -\iint_D \frac{\partial f}{\partial y}\, dA$$

習題 10–12，對於 x、y 平面上不通過原點的任意簡單封閉曲線，求 $\oint_C \mathbf{F} \cdot d\mathbf{R}$。

10. $\mathbf{F} = \left(\dfrac{-y}{x^2 + y^2} + x^2 \right) \mathbf{i}$
    $+ \left(\dfrac{x}{x^2 + y^2} - 2y \right) \mathbf{j}$

11. $\mathbf{F} = \left(\dfrac{x}{\sqrt{x^2 + y^2}} + 2x \right) \mathbf{i}$
    $+ \left(\dfrac{y}{\sqrt{x^2 + y^2}} - 3y^2 \right) \mathbf{j}$

12. $\mathbf{F} = \dfrac{x}{x^2 + y^2} \mathbf{i} + \dfrac{y}{x^2 + y^2} \mathbf{j}$

10.3　與路徑無關以及位勢理論

如果一個向量線是從**位勢函數** (potential function) 導出，則它是**保守** (conservative) 向量場。這意味著有一個實值函數 $\varphi(x, y, z)$，稱為 $\mathbf{F}$ 的位勢函數，使得 $\mathbf{F} = \nabla \varphi$。

因此保守向量場是一個梯度。

若 φ 是 $\mathbf{F}$ 的位勢函數，則對於任何常數 c，$\varphi + c$ 也是。

向量場位勢函數的存在，對於計算該向量場在曲線上的線積分具有顯著的影響。

定理 10.2

令 $\mathbf{F}$ 為區域 D 中的保守場，且令 C 為 D 中由 P_0 至 P_1 的路徑。令 φ 為 $\mathbf{F}$ 的位勢函數，則

$$\int_C \mathbf{F} \cdot d\mathbf{R} = \varphi(P_1) - \varphi(P_0) \tag{10.3}$$

保守向量場在曲線上的線積分等於曲線終點和初始點的位勢函數的差值。這個數值與曲線本身無關——只與初始點和終點有關——並且可以被認為是微積分基本定理的線積分版本，即若 $G'(x) = g(x)$，則

$$\int_a^b g(x)\,dx = G(b) - G(a)$$

定理的證明：假設 C 為片段平滑曲線，其座標函數為 $x = x(t)$，$y = y(t)$，$z = z(t)$，$a \le t \le b$，則

$$\begin{aligned}
\int_C \mathbf{F} \cdot d\mathbf{R} &= \int_C \nabla \varphi \cdot d\mathbf{R} \\
&= \int_C \frac{\partial \varphi}{\partial x}\,dx + \frac{\partial \varphi}{\partial y}\,dy + \frac{\partial \varphi}{\partial z}\,dz \\
&= \int_a^b \left(\frac{\partial \varphi}{\partial x}\frac{dx}{dt} + \frac{\partial \varphi}{\partial y}\frac{dy}{dt} + \frac{\partial \varphi}{\partial z}\frac{dz}{dt} \right) dt \\
&= \int_a^b \frac{d}{dt}\varphi(x(t), y(t), z(t))\,dt \\
&= \varphi(x(b), y(b), z(b)) - \varphi(x(a), y(a), z(a))
\end{aligned}$$

當位勢函數存在，有時可以用積分來找到它。

例 10.11

考慮向量場

$$\mathbf{F}(x, y, z) = 3x^2yz^2\mathbf{i} + (x^3z^2 + e^z)\mathbf{j} + (2x^3yz + ye^z)\mathbf{k}$$

若有一個位勢函數 $\varphi(x, y, z)$，則 $\mathbf{F} = \nabla\varphi$，且我們必須有

$$\frac{\partial \varphi}{\partial x} = 3x^2yz^2 \tag{10.4}$$

$$\frac{\partial \varphi}{\partial y} = x^3z^2 + e^z \tag{10.5}$$

以及

$$\frac{\partial \varphi}{\partial z} = 2x^3yz + ye^z \tag{10.6}$$

選擇其中之一。若我們從式 (10.4) 開始，將 y 和 z 視為常數，對 x 積分，可得

$$\varphi(x,y,z) = \int (3x^2yz^2)\,dx = x^3yz^2 + k(y,z)$$

「積分常數」可能涉及 y 和 z。

現在我們知道 $\varphi(x,y,z)$ 在 y 和 z 的函數內。選擇其他方程式 (10.5)，可得

$$\frac{\partial \varphi}{\partial y} = x^3z^2 + e^z$$

$$= \frac{\partial}{\partial y}(x^3yz^2 + k(y,z)) = x^3z^2 + \frac{\partial k}{\partial y}$$

因此

$$\frac{\partial k(y,z)}{\partial y} = e^z$$

上式對 y 積分，可得

$$k(y,z) = ye^z + c(z)$$

其中 $c(z)$ 是對 y 積分產生的常數，注意：$c(z)$ 與 z 有關，而與 x 或 y 無關。

到目前為止，

$$\varphi(x,y,z) = x^3yz^2 + k(y,z) = x^3yz^2 + ye^z + c(z)$$

最後，由式 (10.6)，

$$\frac{\partial \varphi}{\partial z} = 2x^3yz + ye^z$$

$$= \frac{\partial}{\partial z}(x^3yz^2 + ye^z + c(z))$$

$$= 2x^3yz + ye^z + c'(z)$$

這迫使 $c'(z) = 0$，所以本例中的 $c(z)$ 是常數，亦即 $c(z) = \alpha$。因此，對於任意數 α 而言，

$$\varphi(x,y,z) = x^3yz^2 + ye^z + \alpha$$

是 **F** 的位勢函數。因為我們只需要一個位勢函數，我們可以選擇 $\alpha = 0$ 而使用

$$\varphi(x,y,z) = x^3yz^2 + ye^z$$

若 C 為由 $(0, 0, 0)$ 至 $(-1, 3, -2)$ 的任意路徑，則

$$\int_C \mathbf{F} \cdot d\mathbf{R} = \varphi(-1, 3, -2) - \varphi(0, 0, 0) = -12 + 3e^{-2}$$

例 10.12

令 $\mathbf{F} = y\mathbf{i} + e^x\mathbf{j}$ 為平面上的向量場，嘗試以上述例子的方法來求位勢函數。

我們需要一個函數 $\varphi(x, y)$ 使得

$$\frac{\partial \varphi}{\partial x} = y \text{ 且 } \frac{\partial \varphi}{\partial y} = e^x$$

固定 y，將第一個方程式對 x 積分：

$$\varphi(x, y) = \int y \, dx = xy + k(y)$$

由第二個方程式，我們必須有

$$\frac{\partial \varphi}{\partial y} = e^x = \frac{\partial}{\partial y}(xy + k(y)) = x + k'(y)$$

因此

$$k'(y) = e^x - x$$

如果 $k(y)$ 只是 y 的函數，這是沒有意義的。這種矛盾證明了 $\mathbf{F}(x, y)$ 沒有位勢函數，因此不是保守場。

以下是保守向量場的一些進一步的結果。

推論 10.1

若 $\mathbf{F}$ 在區域 D 為保守，則對 D 中的每一封閉路徑，

$$\oint_C \mathbf{F} \cdot d\mathbf{R} = 0$$

因為起始點和終點相同，路徑為封閉，定理 10.2 中的 $P_0 = P_1$，則由定理 10.2 立即得知此結果。

定理 10.2 也提出了與路徑無關的概念。我們說 $\int_C \mathbf{F} \cdot d\mathbf{R}$ 在區域 D **與路徑無關** (independent of path)，如果對於 D 中的任何路徑，這個線積分的值僅與路徑的端點有關。這意味著，對於 D 中的任何路徑 C 和 K，

$$\int_C \mathbf{F} \cdot d\mathbf{R} = \int_K \mathbf{F} \cdot d\mathbf{R}$$

C 和 K 具有相同的起始點和相同的終點。這些點之間的曲線不影響積分的值。

保守向量場的線積分與路徑無關，因為由定理 10.2，積分值僅與路徑的端點有關。

定理 10.3

令 **F** 在 D 中為保守，則 $\int_C \mathbf{F} \cdot d\mathbf{R}$ 在 D 中與路徑無關。

與路徑無關實際上等於在封閉路徑上的線積分等於零。

定理 10.4

$\int_C \mathbf{F} \cdot d\mathbf{R}$ 在 D 中與路徑無關，若且唯若對於 D 中的每一封閉路徑

$$\int_C \mathbf{F} \cdot d\mathbf{R} = 0$$

證明：定理背後的概念可以由圖中看出。首先假設 D 中的每一封閉路徑的 $\oint_C \mathbf{F} \cdot d\mathbf{R} = 0$，若 C 和 K 為 D 中由 P_0 至 P_1 的兩條路徑，則反轉 K 的方向，並且將 C 與 K 的反向路徑組合，來形成封閉路徑 $C \oplus (-K)$（圖10.12），則

$$\oint_{C \oplus -K} \mathbf{F} \cdot d\mathbf{R} = 0 = \int_C \mathbf{F} \cdot d\mathbf{R} + \int_{-K} \mathbf{F} \cdot d\mathbf{R}$$

因此

$$\int_C \mathbf{F} \cdot d\mathbf{R} = -\int_{-K} \mathbf{F} \cdot d\mathbf{R} = \int_K \mathbf{F} \cdot d\mathbf{R}$$

表示與路徑無關。

反之，假設 $\int_C \mathbf{F} \cdot d\mathbf{R}$ 在 D 中與路徑無關，令 K 為 D 中的任意封閉路徑，在 K 上選擇任意兩點 P_0 和 P_1 將 K 分成兩路徑，$K = K_1 \oplus K_2$，如圖10.13所示。

現在 K_1 與 $-K_2$ 均為由 P_0 至 P_1 的路徑，因此與路徑無關的假設意味著

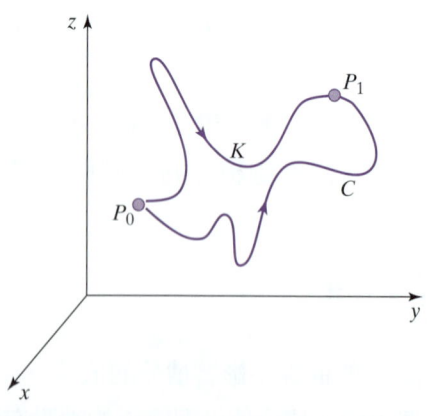

圖 10.12 $C \oplus (-K)$ 為 D 中的封閉路徑

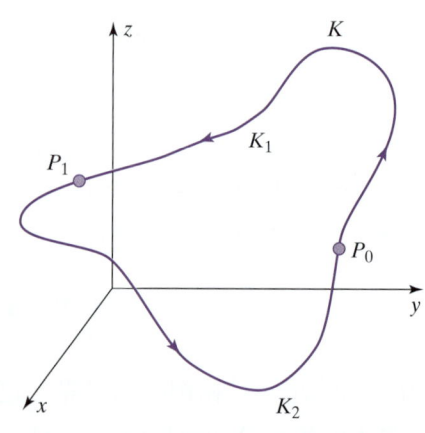

圖 10.13 K_1 與 $-K_2$ 均為由 P_0 至 P_1 的路徑

$$\int_{K_1} \mathbf{F} \cdot d\mathbf{R} = \int_{-K_2} \mathbf{F} \cdot d\mathbf{R}$$
$$= -\int_{K_2} \mathbf{F} \cdot d\mathbf{R}$$

因此
$$\int_{K_1} \mathbf{F} \cdot d\mathbf{R} + \int_{K_2} \mathbf{F} \cdot d\mathbf{R}$$
$$= \int_{K} \mathbf{F} \cdot d\mathbf{R} = 0$$

當線積分在平面或三維空間的區域 D 與路徑無關，D 中由 P 至 Q 的任意路徑上的線積分通常表示為

$$\int_{P}^{Q} \mathbf{F} \cdot d\mathbf{R}$$

如果我們想知道向量場是否為保守的，那麼如例 10.11 所示，積分通常是效率低的。有更好的方法，首先專注於平面上的向量場，當我們有面積分時，再轉移到三維空間。

$\mathbf{F}$ 在區域 D 是否為保守的問題不僅與 $\mathbf{F}$ 有關，而且與該區域有關。開始的情況是矩形區域 D，其邊與軸平行，這種區域稱為**正則矩形** (regular rectangular)。

定理 10.5

令 $\mathbf{F}(x, y) = f(x, y)\mathbf{i} + g(x, y)\mathbf{j}$，其中 $f(x, y)$、$g(x, y)$、$\partial f/\partial y$、$\partial g/\partial x$ 在平面（或在整個平面）的正則矩形區域 D 為連續，則 $\mathbf{F}(x, y)$ 在 D 為保守若且唯若

$$\frac{\partial g}{\partial x} = \frac{\partial f}{\partial y} \tag{10.7}$$

當然，若 $\mathbf{F} = \nabla \varphi$，則

$$f(x, y) = \frac{\partial \varphi}{\partial x} \quad \text{且} \quad g(x, y) = \frac{\partial \varphi}{\partial y}$$

因此

$$\frac{\partial g}{\partial x} = \frac{\partial^2 \varphi}{\partial x \partial y} = \frac{\partial^2 \varphi}{\partial y \partial x} = \frac{\partial f}{\partial y}$$

故 f 與 g 滿足方程式 (10.7)。

相反的證明，方程式 (10.7) 意味著 $\mathbf{F}$ 是保守的，在習題 12 中概述，並且利用該區域是正則矩形的事實。

例 10.12 的延續

對於例 10.12 的向量場，$f(x, y) = y$ 且 $g(x, y) = e^x$，如今

$$\frac{\partial g}{\partial x} = e^x \text{ 且 } \frac{\partial f}{\partial y} = 1$$

因此在任意矩形區域，方程式 (10.7) 不成立，所以 **F** 不是保守場。

向量場位勢的存在不僅與向量場有關，而且與向量場所定義的區域（平面或三維空間）有關。鑑於定理 10.3 和 10.4，這也對與路徑無關的線積分和封閉路徑上的線積分具有影響。以下的例子顯示其中的一些問題。

例 10.13

令

$$\mathbf{F}(x, y) = \frac{-y}{x^2 + y^2}\mathbf{i} + \frac{x}{x^2 + y^2}\mathbf{j}$$

其中 $(x, y) \neq (0, 0)$。如今

$$f(x, y) = -\frac{y}{x^2 + y^2} \text{ 且 } g(x, y) = \frac{x}{x^2 + y^2}$$

且

$$\frac{\partial f}{\partial y} = \frac{\partial g}{\partial x} = \frac{y^2 - x^2}{(x^2 + y^2)^2}$$

故 **F** 在不包含原點的任意正則矩形區域為保守。例如，在右 1/4 平面 $x > 0$，$y > 0$，

$$\varphi(x, y) = \arctan\left(\frac{y}{x}\right)$$

為位勢函數。對於此向量場，該區域對於 **F** 是否保守是至關重要的。

這會影響線積分，以及與路徑無關的評估。考慮平面上由 (1, 0) 至 (−1, 0) 的兩路徑：

$$C_1 : x = \cos(\theta), y = \sin(\theta), 0 \leq \theta \leq \pi$$

與

$$C_2 : x = \cos(\theta), y = -\sin(\theta), 0 \leq \theta \leq \pi$$

這些路徑如圖 10.14 所示。C_1 是單位圓的上半部，C_2 是下半部，具有指示的方向。

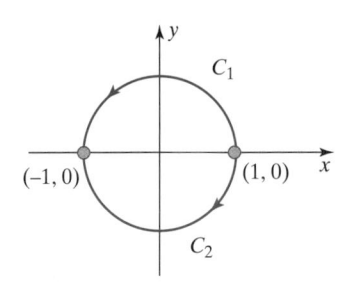

圖 10.14 例 10.13 中的積分路徑

計算

$$\int_{C_1} \mathbf{F} \cdot d\mathbf{R} = \int_0^\pi [(-\sin(\theta))(-\sin(\theta)) + \cos(\theta)(\cos(\theta))] \, d\theta$$

$$= \int_0^\pi d\theta = \pi$$

且

$$\int_{C_2} \mathbf{F} \cdot d\mathbf{R} = \int_0^\pi [\sin(\theta)(-\sin(\theta)) + \cos(\theta)(-\cos(\theta))] \, d\theta$$

$$= -\int_0^\pi d\theta = -\pi$$

在此例中，$\int_C \mathbf{F} \cdot d\mathbf{R}$ 並非與路徑無關。

現在觀察單位圓為 $C_1 \oplus (-C_2)$，從 $(1, 0)$ 到 $(-1, 0)$ 沿著 C_1 逆時針行走，然後從 $(-1, 0)$ 到 $(1, 0)$ 沿著 C_2 的反向繼續行走。環繞單位圓的積分為

$$\int_{C_1 \oplus (-C_2)} \mathbf{F} \cdot d\mathbf{R} = \int_{C_1} \mathbf{F} \cdot d\mathbf{R} - \int_{C_2} \mathbf{F} \cdot d\mathbf{R}$$

$$= \pi - (-\pi) = 2\pi$$

這個線積分 $\int_C \mathbf{F} \cdot d\mathbf{R}$ 在封閉路徑上不為零。

這個例子證明，至少對於平面，即使式 (10.7) 成立，與路徑無關的線積分和封閉路徑上的線積分等於零都可能失效。這個問題在於定義向量場的區域。

為了解決這個問題，我們需要兩個定義，將我們的注意力侷限在平面上。

平面上的點集合 D 是一個域 (domain)，如果：

1. 對於 D 中的每一個點 P，存在以 P 為中心的圓，其僅包含 D 中的點。
2. 在 D 的任意兩點之間，有一條完全位於 D 中的路徑。

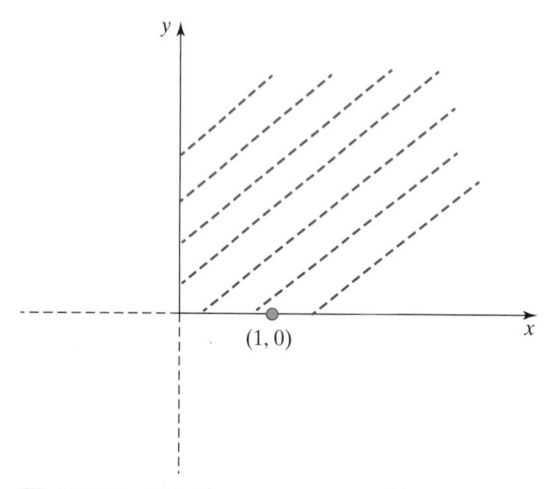

圖 10.15 1/4 平面 $x \geq 0$，$y \geq 0$ 不是一個域（不符合條件 (1)）

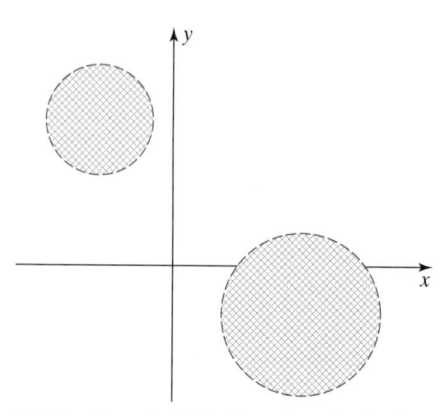

圖 10.16 陰影區域不是一個域（不符合條件 (2)）

例如，右 1/4 平面 $x > 0$，$y > 0$ 是一個域。然而，如果我們包括軸並考慮點 (x, y)，$x \geq 0$，$y \geq 0$，則此集合不是域。不可能繪製一個以 $(1, 0)$ 為圓心的圓，而此圓僅包含非負座標的點（圖 10.15）。此外，圖 10.16 的區域（其由兩個不相交的圓的內部組成）不是域，因為連接一個圓內的點和另一個圓內的點的路徑不完全位於兩個圓內。違反定義中的條件 (2)。

其次，如果 D 中的每條簡單封閉路徑 C 都可以連續收縮到 D 中的一點，則將 D 定義為**單連通** (simply connected)，其中收縮曲線僅通過 D 中的點。這意味著我們必須能夠在不撕裂 C（連續變形）的情況下，將 C 變形為單一點且不經過不在 D 中的任何點。這要求 D 在其中沒有孔，因為孔周圍的封閉曲線在其收縮時，會圍繞這個孔的邊界，防止其收縮到單一點。

圖 10.17 顯示兩個封閉曲線 K_1 和 K_2 之間的區域 D。這個區域不是單連通，因為所示的封閉曲線 C 包圍不在 D 中的點，亦即包圍 K_2 內的點。如果我們嘗試將 C 收縮到一點，那麼它會掛在內部曲線 K_2 上，而不能進一步收縮到一個點。

類似地，除去原點的平面（穿孔平面）不是單連通。任何不包圍原點的曲線都可以連續縮小到穿孔平面內的一個點。但是，如果 C 包圍原點或孔（原點已被去除），則 C 不能縮小到穿孔平面中的單一點。

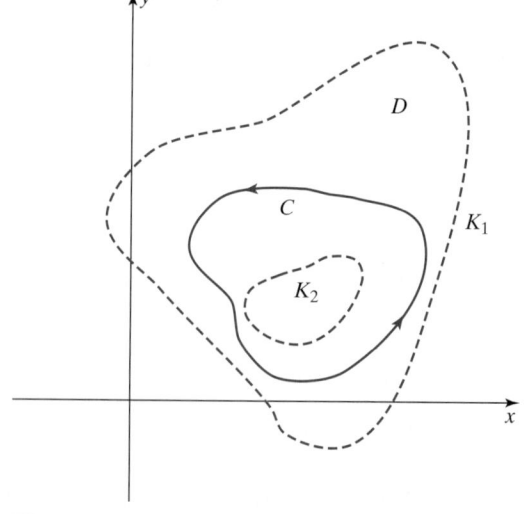

圖 10.17 兩個封閉曲線之間的區域不是單連通

利用這些定義，方程式 (10.7) 是平面上的向量場為保守的必要和充分條件。

定理 10.6

令 $\mathbf{F}(x, y) = f(x, y)\mathbf{i} + g(x, y)\mathbf{j}$ 為定義於平面單連通域 D 的向量場，則 $\mathbf{F}$ 在 D 為保守若且唯若

$$\frac{\partial g}{\partial x} = \frac{\partial f}{\partial y}$$

在 D 成立。

回到例 10.13，在右 1/4 平面，$\varphi(x, y) = \arctan(y/x)$ 為 $\mathbf{F}$ 的位勢函數，此右 1/4 平面為單連通域，然而，如例中所顯示的，若 D 為去除原點的整個平面，則 $\mathbf{F}$ 在 D 為非保守，即使 $\partial g/\partial x = \partial f/\partial y$。在這個例子中，區域 D 不是單連通，因為包圍原點的封閉曲線包圍了一個不在 D 中的一點，因此不能收縮到完全位於 D 內的一點。

在三維空間中，有一組類似於定理 10.6 的條件，但適用於三維空間中的向量場為保守的情況。

若 (1) 關於 S 的每一點 P，存在一個以 P 為中心，並且僅包含 S 的點的球點，並且 (2) 在 S 的任意兩點之間，有一條從一點到另一點的路徑，完全位於 S 中，則 R^3 中的點集合是一個**域** (domain)。

如在平面上，若 S 中的每個簡單封閉路徑可以連續收縮到一點，每個收縮階段都保持在 S，則 S 為**單連通** (simply connected)。

額外的維度使得這種方式比在平面上的集合的單連通更複雜。當然，例如，球體的內部是單連通。兩個同心球之間的區域也是單連通（不同於平面，兩個同心圓之間的區域不是單連通），因為在平面上不可用向上或向下的移動。在這個三維區域中的簡單封閉曲線可以在內球體的上方或下方被操縱，同時將其收縮到該區域內的點。對於三維空間中非單連通區域的例子，請觀察 $x^2 + y^2 > 1$ 的所有 (x, y, z) 的集合，這是圍繞 z 軸半徑為 1 的實心圓柱體被移除的三維空間。在該區域內圍繞該圓柱體的簡單封閉路徑不能縮小到該區域內的一點。圓柱的邊界用作防止這種收縮到一點的一個障礙物。

有了這些想法，我們可以陳述定理 10.6 的三維版本。

定理 10.7

令 $\mathbf{F}$ 定義於 R^3 中的單連通域 S，則 $\mathbf{F}$ 在 S 為保守若且唯若

$$\nabla \times \mathbf{F} = \mathbf{O}$$

三維空間的保守向量場其旋度為零。這是不旋轉的向量場。

二維測試是三維測試的特殊情況。若 $\mathbf{F}(x, y) = f(x, y)\mathbf{i} + g(x, y)\mathbf{j}$，定義

$$\mathbf{G}(x,y,z) = f(x,y)\mathbf{i} + g(x,y)\mathbf{j} + 0\mathbf{k}$$

我們可以將 **F** 視為三維空間的向量且計算

$$\nabla \times \mathbf{G} = \begin{vmatrix} \mathbf{i} & \mathbf{j} & \mathbf{k} \\ \partial/\partial x & \partial/\partial y & \partial/\partial z \\ f(x,y) & g(x,y) & 0 \end{vmatrix} = \left(\frac{\partial g}{\partial x} - \frac{\partial f}{\partial y} \right) \mathbf{k}$$

若向量場是二維的，則三維的結論可簡化為平面的條件。

當我們可以使用 10.7 節的史托克定理時，定理 10.7 有一個有效的證明。

數往知來——向量積分在靜電中

在這裡，我們將使用向量積分來檢查靜電問題。靜電領域可用於設計電容器、複印機和除煙、除塵單元。

在磁場不隨時間變化的特殊情況下產生純量位勢場。在此情況下，

$$\frac{\partial \mathbf{B}}{\partial t} = 0 \Rightarrow \nabla \times \mathbf{E} = 0$$

依據定理 10.7，因為 $\nabla \times \mathbf{E} = 0$，電場 **E** 是保守的，這意味著

$$\int_a^b \mathbf{E} \cdot d\mathbf{l} = V(b) - V(a) = \Delta V$$

晶片電容器和電阻器安裝在印刷電路板上。

這是跨越長度的電位差或電壓。

如果由求解拉氏方程式（第 16 章）得知電位函數 V，則這個計算也可以反向運算以確定 **E**。因為 **E** 是保守場，讀者可以選擇任何方便的路徑進行上述的積分，即使是一個非物理的，仍然會得到相同的答案。

10.3 習題

習題 1–5，判斷 **F** 在所予區域 D 是否為保守。若未明確指定 D，則 D 是由向量場有定義的所有點組成。

1. $\mathbf{F} = y^3\mathbf{i} + (3xy^2 - 4)\mathbf{j}$
2. $\mathbf{F} = 16x\mathbf{i} + (2 - y^2)\mathbf{j}$
3. $\mathbf{F} = \left(\dfrac{2x}{x^2 + y^2}\right)\mathbf{i} + \left(\dfrac{2y}{x^2 + y^2}\right)\mathbf{j}$

   D 是去除原點的平面。
4. $\mathbf{F} = \mathbf{i} - 2\mathbf{j} + \mathbf{k}$
5. $\mathbf{F} = (x^2 - 2)\mathbf{i} + xyz\mathbf{j} - yz^2\mathbf{k}$

習題 6–10，求 **F** 的位勢函數，並利用它來求 $\int_Q^P \mathbf{F} \cdot d\mathbf{R}$，其中點 Q 和 P（以此順序給出）為已知。

6. $\mathbf{F} = 3x^2(y^2 - 4y)\mathbf{i} + (2x^3y - 4x^3)\mathbf{j}$; $(-1, 1)$, $(2, 3)$
7. $\mathbf{F} = 2xy\mathbf{i} + (x^2 - 1/y)\mathbf{j}$; $(1, 3)$, $(2, 2)$
8. $\mathbf{F} = (3x^2y^2 - 6y^3)\mathbf{i} + (2x^3y - 18xy^2)\mathbf{j}$; $(0, 0)$, $(1, 1)$
9. $\mathbf{F} = \mathbf{i} - 9y^2z\mathbf{j} - 3y^3\mathbf{k}$; $(1, 1, 1)$, $(0, 3, 5)$
10. $\mathbf{F} = 6x^2e^{yz}\mathbf{i} + 2x^3ze^{yz}\mathbf{j} + 2x^3ye^{yz}\mathbf{k}$; $(0, 0, 0)$, $(1, 2, -1)$

11. 導出能量守恆定律，亦即保守力作用下物體的動能與位能的總和是一個常數。

    提示：動能為
    $$\frac{m}{2}\|\mathbf{R}'(t)\|^2$$
    其中 m 為質量，$\mathbf{R}(t)$ 為軌跡的位置向量。位能為 $-\varphi(x, y, z)$，其中 $\mathbf{F} = \nabla\varphi$。

12. 完成定理 10.5 的證明如下：我們知道，若 **F** 為保守，則

$$\frac{\partial g}{\partial x} = \frac{\partial f}{\partial y}$$

反之，假設 f 和 g 滿足這個方程式，使用格林定理來證明，對於 D 中的任何封閉路徑，$\oint_C \mathbf{F} \cdot d\mathbf{R} = 0$，因此得出結論 $\int_C \mathbf{F} \cdot d\mathbf{R}$ 與 D 上的路徑無關。現在產生位勢函數如下。選擇 D 中的任意點 $P_0 = (x_0, y_0)$，對於 D 中的任意點 (x, y)，定義

$$\varphi(x, y) = \int_{(x_0, y_0)}^{(x, y)} \mathbf{F} \cdot d\mathbf{R}$$

這是一個函數，因為積分與路徑無關，僅與 (x, y) 有關。為了證明 $\partial\varphi/\partial x = f(x, y)$，首先證明

$$\varphi(x + \Delta x, y) - \varphi(x, y)$$
$$= \int_{(x, y)}^{(x + \Delta x, y)} f(\xi, \eta)\, d\xi + g(\xi, \eta)\, d\eta$$

以 $\xi = x + t\Delta x$，$\eta = y$，$0 \leq t \leq 1$ 將 (x, y) 到 $(x + \Delta x, y)$ 的水平線段參數化，以證明

$$\varphi(x + \Delta x, y) - \varphi(x, y)$$
$$= \Delta x \int_0^1 f(x + t\Delta x, y)\, dt$$

以此證明，對於 $(0, 1)$ 中的一些 t_0，
$$\frac{\varphi(x + \Delta x, y) - \varphi(x, y)}{\Delta x} = f(x + t_0\Delta x, y)$$

取 $\Delta x \to 0$ 的極限，證明 $\partial\varphi/\partial x = f(x, y)$。使用類似的論點，證明 $\partial\varphi/\partial y = g(x, y)$。這證明 $\varphi(x, y)$ 是 **F** 的位勢函數，因此 **F** 是保守的。

10.4 面積分

當曲線是單變數或單參數的函數時，其意義是指曲線是一維的。若曲面是二維的，則是兩個變數的函數。我們將定義曲面上的函數的積分。

與曲線一樣，三維空間中的曲面可以用各種方式指定。我們可以有已知的函數 $\psi(x, y)$，並且看到滿足 $z = \psi(x, y)$ 的點的軌跡。圖 10.18 是

$$z = \psi(x,y) = \frac{6\sin(x-y)}{\sqrt{1+x^2+y^2}}$$

的圖的一部分。

我們也可以有一個等位面，它是滿足 $\varphi(x, y, z) = c$ 的點 (x, y, z) 的軌跡，其中 φ 為所予的函數，而 c 為常數。

曲面也可以用兩參數的座標函數表示，

$$x = x(u,v), y = y(u,v), z = z(u,v)$$

其中參數對 (u, v) 定義於 u、v 平面的某一區域。在此情況下，我們可以將位置向量寫成

$$\mathbf{R}(u,v) = x(u,v)\mathbf{i} + y(u,v)\mathbf{j} + z(u,v)\mathbf{k}$$

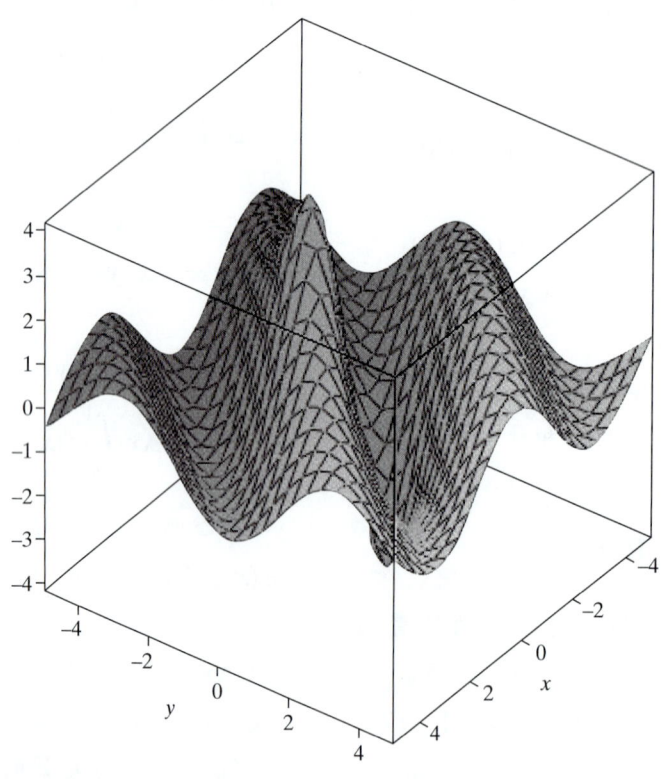

圖 10.18 $z = 6\sin(x-y)/\sqrt{1+x^2+y^2}$ 的部分圖形

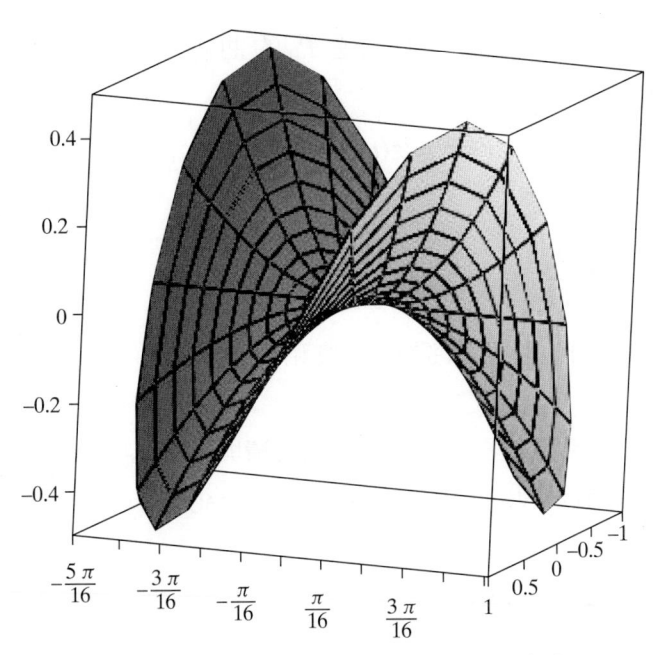

圖 10.19 $x = u\cos(v)$，$y = u\sin(v)$，$z = \frac{1}{2}u^2\sin(2v)$ 的部分圖形

圖 10.19 是具有座標函數

$$x = u\cos(v), y = u\sin(v), z = \frac{1}{2}u^2\sin(2v)$$

的曲面的部分圖形。

10.4.1　曲面的法向量

現在是定義曲面的法向量的時候了。以前對於等位面 $\varphi(x, y, z) = c$，我們發現 $\nabla\varphi$ 與曲面正交。

假設曲面 Σ 以座標函數

$$x = x(u, v), y = y(u, v), z = z(u, v)$$

定義。令 $P_0 = (x(u_0, v_0), y(u_0, v_0), z(u_0, v_0))$ 為 Σ 上的一點。若我們固定 $v = v_0$，則座標函數

$$x = x(u, v_0), y = y(u, v_0), z = z(u, v_0)$$

在 Σ 上定義一曲線 Σ_{v_0}，此曲線當 $u = u_0$ 時通過 P_0。向量

$$\mathbf{T}_{v_0} = \frac{\partial x}{\partial u}(u_0, v_0)\mathbf{i} + \frac{\partial y}{\partial u}(u_0, v_0)\mathbf{j} + \frac{\partial z}{\partial u}(u_0, v_0)\mathbf{k}$$

是 Σ_{v_0} 在 P_0 的切線。

同理，固定 $u = u_0$，定義曲面上通過 P_0 的曲線 Σ_{u_0}，其具有座標函數

$$x = x(u_0, v), y = y(u_0, v), z = z(u_0, v)$$

向量

$$\mathbf{T}_{u_0} = \frac{\partial x}{\partial v}(u_0, v_0)\mathbf{i} + \frac{\partial y}{\partial v}(u_0, v_0)\mathbf{j} + \frac{\partial z}{\partial v}(u_0, v_0)\mathbf{k}$$

是 Σ_{u_0} 在 P_0 的切線。圖 10.20 顯示這些曲線和切線向量。

假設這兩條切線向量都不是零向量，它們的叉積與該切平面垂直，此時叉積向量稱為在 P_0 的 Σ 的**法** (normal) 向量：

$$\mathbf{N}(P_0) = \mathbf{T}_{v_0} \times \mathbf{T}_{u_0}$$

$$= \begin{vmatrix} \mathbf{i} & \mathbf{j} & \mathbf{k} \\ \frac{\partial x}{\partial u}(u_0, v_0) & \frac{\partial y}{\partial u}(u_0, v_0) & \frac{\partial z}{\partial u}(u_0, v_0) \\ \frac{\partial x}{\partial v}(u_0, v_0) & \frac{\partial y}{\partial v}(u_0, v_0) & \frac{\partial z}{\partial v}(u_0, v_0) \end{vmatrix}$$

$$= \left(\frac{\partial y}{\partial u}\frac{\partial z}{\partial v} - \frac{\partial z}{\partial u}\frac{\partial y}{\partial v}\right)\mathbf{i} + \left(\frac{\partial z}{\partial u}\frac{\partial x}{\partial v} - \frac{\partial x}{\partial u}\frac{\partial z}{\partial v}\right)\mathbf{j} + \left(\frac{\partial x}{\partial u}\frac{\partial y}{\partial v} - \frac{\partial y}{\partial u}\frac{\partial x}{\partial v}\right)\mathbf{k}$$

其中這些偏導數均在 (u_0, v_0) 計值。

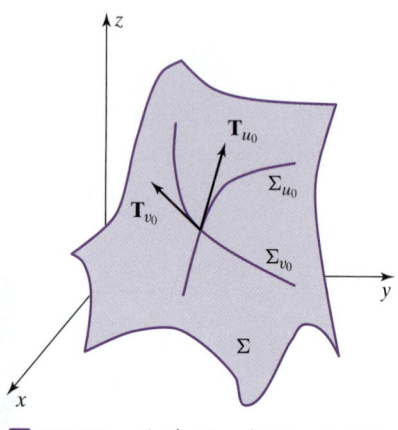

圖 10.20　曲線 Σ_{u_0} 與 Σ_{v_0} 以及切線 $\mathbf{T}_{u_0}$ 與 $\mathbf{T}_{v_0}$

法向量通常以 Jacobian 的符號表示。兩函數 $f(u, v)$ 與 $g(u, v)$ 的 Jacobian 為

$$\frac{\partial(f, g)}{\partial(u, v)} = \begin{vmatrix} \partial f/\partial u & \partial f/\partial v \\ \partial g/\partial u & \partial g/\partial v \end{vmatrix} = \frac{\partial f}{\partial u}\frac{\partial g}{\partial v} - \frac{\partial g}{\partial u}\frac{\partial f}{\partial v}$$

使用這個符號，在 P_0 的法向量為

$$\mathbf{N}(P_0) = \frac{\partial(y, z)}{\partial(u, v)}\bigg|_{P_0}\mathbf{i} + \frac{\partial(z, x)}{\partial(u, v)}\bigg|_{P_0}\mathbf{j} + \frac{\partial(x, y)}{\partial(u, v)}\bigg|_{P_0}\mathbf{k} \tag{10.8}$$

要使這些分量容易記住，請按順序寫入

$$x \cdot y \cdot z$$

對於 N 的第一個分量，省略這個三元組中的第一個字母 x，依序將 y、z 置入 Jacobian 的符號中。對於第二個分量，從 x、y、z 中省略 y，並從 z 開始，依序將 z、x 置入 Jacobian 的符號中。最後，對於第三個分量，省略 z，在 Jacobian 的符號中依序置入 x、y。

例 10.14

橢圓錐具有座標函數

$$x = au\cos(v),\ y = bu\sin(v),\ z = u$$

其中 a、b 為正的常數。我們有

$$z^2 = \left(\frac{x}{a}\right)^2 + \left(\frac{y}{b}\right)^2$$

這個曲面的部分圖形顯示於圖 10.21 中。

我們要找在 $P_0 = (a\sqrt{3}/4, b/4, 1/2)$ 的法向量 **N**，此 P_0 是當 $u = u_0 = 1/2$ 且 $v = v_0 = \pi/6$ 求得的。分量為

$$\frac{\partial(y,z)}{\partial(u,v)} = \left[\frac{\partial y}{\partial u}\frac{\partial z}{\partial v} - \frac{\partial z}{\partial u}\frac{\partial y}{\partial v}\right]_{(1/2,\pi/6)}$$

$$= [b\sin(v)(0) - bu\cos(v)]_{(1/2,\pi/6)} = -\frac{b}{4}\sqrt{3}$$

同理，

$$\frac{\partial(z,x)}{\partial(u,v)} = \left[\frac{\partial z}{\partial u}\frac{\partial x}{\partial v} - \frac{\partial x}{\partial u}\frac{\partial z}{\partial v}\right]_{(1/2,\pi/6)}$$

$$= [-au\sin(v) - a\cos(v)(0)]_{(1/2,\pi/6)} = -\frac{a}{4}$$

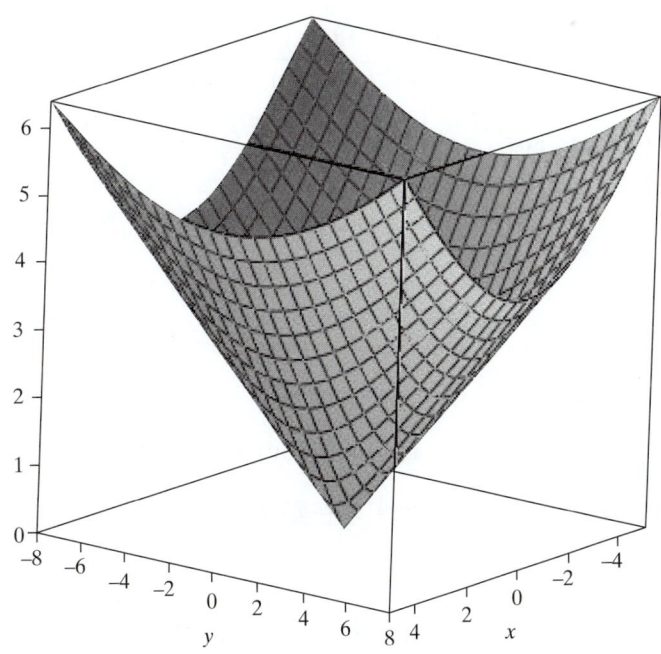

圖 10.21　$z^2 = (x/a)^2 + (y/b)^2,\ a = 1,\ b = 2$

且

$$\frac{\partial(x,y)}{\partial(u,v)} = \left[\frac{\partial x}{\partial u}\frac{\partial y}{\partial v} - \frac{\partial y}{\partial u}\frac{\partial x}{\partial v}\right]_{(1/2,\pi/6)}$$

$$= [a\cos(v)bu\cos(v) - b\sin(v)(-au\sin(v))]_{(1/2,\pi/6)} = \frac{1}{2}ab$$

因此

$$\mathbf{N}(P_0) = -\frac{b}{4}\sqrt{3}\mathbf{i} - \frac{a}{4}\mathbf{j} + \frac{1}{2}ab\mathbf{k}$$

若曲面為 $z = S(x, y)$，我們可以用座標函數

$$x = u, y = v, z = S(u, v) = S(x, y)$$

尋找法向量。法向量在點 $(x_0, y_0, S(x_0, y_0))$ 的分量為

$$\frac{\partial(y,z)}{\partial(u,v)} = \frac{\partial(y,z)}{\partial(x,y)} = \begin{vmatrix} 0 & 1 \\ \partial S/\partial x & \partial S/\partial y \end{vmatrix} = -\frac{\partial S}{\partial x}$$

$$\frac{\partial(z,x)}{\partial(u,v)} = \frac{\partial(z,x)}{\partial(x,y)} = \begin{vmatrix} \partial S/\partial x & \partial S/\partial y \\ 1 & 0 \end{vmatrix} = -\frac{\partial S}{\partial y}$$

且

$$\frac{\partial(x,y)}{\partial(u,v)} = \frac{\partial(x,y)}{\partial(x,y)} = \begin{vmatrix} 1 & 0 \\ 0 & 1 \end{vmatrix} = 1$$

所有偏導數均在 (x_0, y_0) 計值。在這個表述中，

$$\mathbf{N}(P_0) = -\frac{\partial S}{\partial x}(x_0, y_0)\mathbf{i} - \frac{\partial S}{\partial y}(x_0, y_0)\mathbf{j} + \mathbf{k}$$

例 10.15

令 Σ 定義為

$$z = S(x, y) = x^2 \cos(y)$$

的圖形，$0 \leq x \leq 2$，$0 \leq y \leq 3\pi$。求在點 P_0：$(1, \pi/4, \sqrt{2}/2)$ 的法向量。

計算

$$\frac{\partial S}{\partial x}(1, \pi/4) = [2x\cos(y)]_{(1,\pi/4)} = \sqrt{2}$$

且
$$\frac{\partial S}{\partial y}(1, \pi/4) = \left[-x^2 \sin(y)\right]_{(1,\pi/4)} = -\frac{1}{2}\sqrt{2}$$

法向量為
$$\mathbf{N}(1, \pi/4, \sqrt{2}/2) = -\sqrt{2}\mathbf{i} + \frac{1}{2}\sqrt{2}\mathbf{j} + \mathbf{k}$$

一旦我們在點 P_0 有 Σ 的法向量 $\mathbf{N}$，則在 P_0 的切平面方程式為
$$\mathbf{N} \cdot [(x - x_0)\mathbf{i} + (y - y_0)\mathbf{j} + (z - z_0)\mathbf{k}] = 0$$

於例 10.15 中，在點 $(1, \pi/4, \sqrt{2}/2)$，Σ 的切平面具有方程式
$$-\sqrt{2}(x - 1) + \frac{1}{2}\sqrt{2}(y - \pi/4) + (z - \sqrt{2}/2) = 0$$

上式可化簡為
$$x - \frac{1}{2}y - \frac{1}{\sqrt{2}}z = \frac{1}{2} - \left(\frac{\pi}{8} - \frac{1}{2}\right)\sqrt{2}$$

如果在所有點都具有連續的法向量，曲面是**平滑** (smooth) 的。如果由有限個平滑片組成，則 Σ 是**片段平滑** (piecewise smooth) 的。例如，立方體是片段平滑，由六個平面組成，每個平面具有連續（實際上是恆定的）法向量，但立方體在面之間的邊緣處沒有法向量。

在微積分，顯示對於 D 中的 (x, y)，由 $z = S(x, y)$ 給出的平滑曲面 Σ 的表面積為
$$面積 = \iint_D \sqrt{1 + \left(\frac{\partial S}{\partial x}\right)^2 + \left(\frac{\partial S}{\partial y}\right)^2} \, dA$$

這是法向量長度的積分
$$面積 = \iint_D \|\mathbf{N}(x, y)\| \, dA$$

一般來說，對於 u、v 平面的一些集合 D 中的 (u, v)，當曲面是以座標函數 $x = x(u, v)$，$y = y(u, v)$，$z = z(u, v)$ 表示時，這個公式可寫成
$$面積 = \iint_D \|\mathbf{N}(u, v)\| \, dA$$

10.4.2 純量場的面積分

對於 u、v 平面的一些區域 D 中的 (u, v) 而言,假設 Σ 為具有座標函數

$$x = x(u,v), y = y(u,v), z = z(u,v)$$

的平滑曲面。令 $f(x, y, z)$ 為定義於 Σ 上的點的實值函數,f 在 Σ 的**面積分** (surface integral) 以 $\iint_\Sigma f(x,y,z)\, d\sigma$ 表示,且定義為

$$\iint_\Sigma f(x,y,z)\, d\sigma = \iint_D f(x(u,v), y(u,v), z(u,v))\, \| \mathbf{N}(u,v) \|\, du\, dv$$

其中 $\mathbf{N}(u, v)$ 是由式 (10.8) 指定的法向量。

對於 D 中的 (x, y),Σ 由 $z = S(x, y)$ 指定的情況下,亦即

$$\iint_D f(x,y,z)\, d\sigma = \iint_D f(x,y,S(x,y)) \sqrt{1 + \left(\frac{\partial S}{\partial x}\right)^2 + \left(\frac{\partial S}{\partial y}\right)^2}\, dA$$

若 Σ 為片段平滑,則 $\iint_\Sigma f(x,y,z)\, d\sigma$ 為組成 Σ 的平滑片上的面積分之和。
這個面積分類似於曲線上的純量函數相對於弧長的線積分。

例 10.16

計算

$$\iint_\Sigma (x^2 + y^2 - z)\, d\sigma$$

Σ 為曲面

$$x = u\cos(v), y = u\sin(v), z = \frac{1}{2}u^2 \sin(2v)$$

的一部分,其中 (u, v) 在矩形

$$D: 1 \leq u \leq 2, 0 \leq v \leq \pi$$

上變化。

首先我們需要法向量 $\mathbf{N}(u, v)$。分量為

$$\frac{\partial(y,z)}{\partial(u,v)} = \begin{vmatrix} \sin(v) & u\cos(v) \\ u\sin(2v) & u^2\cos(2v) \end{vmatrix} = u^2[\sin(v)\cos(2v) - \cos(v)\sin(2v)]$$

$$\frac{\partial(z,x)}{\partial(u,v)} = \begin{vmatrix} u\sin(2v) & u^2\cos(2v) \\ \cos(v) & -u\sin(v) \end{vmatrix} = -u^2[\sin(v)\sin(2v) + \cos(v)\cos(2v)]$$

且

$$\frac{\partial(x,y)}{\partial(u,v)} = \begin{vmatrix} \cos(v) & -u\sin(v) \\ \sin(v) & u\cos(v) \end{vmatrix} = u$$

因此

$$\begin{aligned} \|\mathbf{N}\|^2 &= u^4[\sin(v)\cos(2v) - \cos(v)\sin(2v)]^2 \\ &\quad + u^4[\sin(v)\sin(2v) + \cos(v)\cos(2v)]^2 + u^2 \\ &= u^2(1+u^2) \end{aligned}$$

故

$$\|\mathbf{N}\| = u\sqrt{1+u^2}$$

面積分為

$$\begin{aligned} \iint_\Sigma (x^2+y^2-z)\,d\sigma &= \iint_D \left(u^2\cos^2(v) + u^2\sin^2(v) - \frac{1}{2}u^2\sin(2v)\right) u\sqrt{1+u^2}\,dA \\ &= \int_0^\pi \int_1^2 \left(1 - \frac{1}{2}\sin(2v)\right) u^3\sqrt{1+u^2}\,du\,dv \\ &= \left(\int_0^\pi \left(1 - \frac{1}{2}\sin(2v)\right) dv\right)\left(\int_1^2 u^3\sqrt{1+u^2}\,du\right) \end{aligned}$$

在這個例子中，矩形 D 上的重積分是相對於 u 的積分與相對於 v 的積分的乘積。這些積分是

$$\int_0^\pi \left(1 - \frac{1}{2}\sin(2v)\right) dv = v + \frac{1}{4}\cos(2v)\bigg|_0^\pi = \pi$$

且

$$\begin{aligned} \int_1^2 u^3\sqrt{1+u^2}\,du &= \frac{1}{15}(1+u^2)^{3/2}(3u^2-2)\bigg|_1^2 \\ &= \frac{10}{3}\sqrt{5} - \frac{2\sqrt{2}}{15} \end{aligned}$$

因此

$$\int_\Sigma (x^2+y^2-z)\,d\sigma = \left(\frac{10}{3}\sqrt{5} - \frac{2\sqrt{2}}{15}\right)\pi$$

例 10.17

計算 $\iint_\Sigma z\, d\sigma$，Σ 為位於矩形

$$D: 0 \leq x \leq 2,\, 0 \leq y \leq 1$$

上方的平面 $x + y + z = 4$ 的部分。Σ 的圖形如圖 10.22 所示。

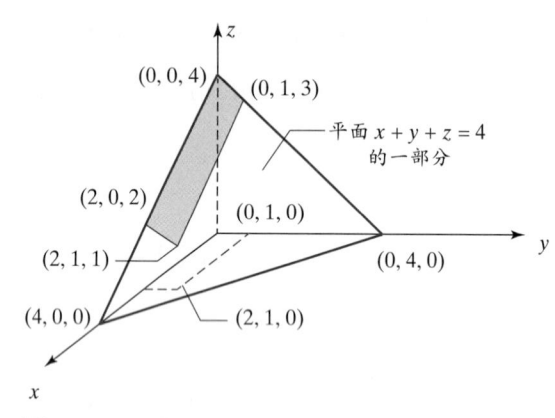

圖 10.22 平面 $x + y + z = 4$ 的一部分

由平面的方程式，將 Σ 寫為

$$z = S(x, y) = 4 - x - y,\ 0 \leq x \leq 2,\, 0 \leq y \leq 1$$

因此

$$\iint_\Sigma z\, d\sigma = \iint_D z\sqrt{1 + \left(\frac{\partial z}{\partial x}\right)^2 + \left(\frac{\partial z}{\partial y}\right)^2}\, dA$$

$$= \iint_D z\sqrt{1 + (-1)^2 + (-1)^2}\, dA$$

$$= \sqrt{3} \iint_D z\, dA = \sqrt{3} \int_0^2 \int_0^1 (4 - x - y)\, dy\, dx$$

首先計算

$$\int_0^1 (4 - x - y)\, dy = (4 - x)y - \frac{1}{2}y^2 \Big]_0^1$$

$$= 4 - x - \frac{1}{2} = \frac{7}{2} - x$$

因此

$$\iint_\Sigma z\, d\sigma = \sqrt{3} \int_0^2 \left(\frac{7}{2} - x\right) dx = 5\sqrt{3}$$

10.4 習題

習題 1–5，計算 $\iint_\Sigma f(x,y,z)\,d\sigma$。

1. $f(x,y,z) = x$，Σ 為平面 $x + 4y + z = 10$ 在第一卦限 $x \geq 0$，$y \geq 0$，$z \geq 0$ 的部分。

2. $f(x,y,z) = 1$，Σ 為拋物體 $z = x^2 + y^2$ 位於平面 $z = 2$ 與 $z = 7$ 之間的部分。

3. $f(x,y,z) = z$，Σ 為錐體 $\sqrt{x^2 + y^2}$ 在第一卦限介於平面 $z = 2$ 與 $z = 4$ 之間的部分。

4. $f(x,y,z) = y$，Σ 為曲面 $z = x^2$ 在 $0 \leq x \leq 2$，$0 \leq y \leq 3$ 的部分。

5. $f(x,y,z) = z$，Σ 為平面 $z = x - y$ 在 $0 \leq x \leq 1$，$0 \leq y \leq 5$ 的部分。

10.5 面積分的應用

本節首先觀察面積分如何適用於測量某些事物的整體框架（測量問題）。

10.5.1 曲面的面積

若 Σ 為片段平滑曲面，則

$$\iint_\Sigma d\sigma = \iint_D \|\mathbf{N}(u,v)\|\, du\, dv = \Sigma \text{ 的面積}$$

這假設有界曲面具有有限面積。我們列出下列結果，因為它與其他熟悉的測量積分公式一樣：

$$\int_C ds = C \text{ 的長度}$$

$$\iint_D dA = D \text{ 的面積}$$

$$\iiint_M dV = M \text{ 的體積}$$

10.5.2 殼的質量和質心

想像在片段平滑曲面 Σ 的形狀上可以忽略厚度的殼。令 $\delta(x,y,z)$ 為殼材料在 (x,y,z) 的密度。計算殼的質量。

對於 D 中的 (u,v)，假設 Σ 具有座標函數

$$x = x(u,v), y = y(u,v), z = z(u,v)$$

在 D 上形成矩形網格，如圖 10.23 所示，垂直線之間的距離為 Δu，水平線之間的距離為 Δv。繪製足夠的線以矩形 $R_1, \cdots, R_n$ 覆蓋 D。當 R_j 中的點 (u, v) 代入座標函數中時，在 Σ 的圖形上定義一微小曲面 Σ_j，如圖 10.24 所示。若 (u_j, v_j) 是位於 D 內 R_j 中的一點，則

$$P_j = (x(u_j, v_j), y(u_j, v_j), z(u_j, v_j))$$

是該微小曲面中的一點。以在 P_j 的密度乘以 Σ_j 的面積來近似 Σ_j 的質量。殼體的質量是以這些微小曲面的質量的總和近似：

$$\text{質量} \approx \sum_{j=1}^{n} \delta(P_j)\,(\Sigma_j \text{的面積})$$

但是 Σ_j 的面積是由在 P_j 法向量的長度乘以 R_j 的面積近似：

$$\Sigma_j \text{的面積} \approx \|\mathbf{N}(u_j, v_j)\|\,\Delta u\,\Delta v$$

且

$$\Sigma \text{ 的質量} \approx \sum_{j=1}^{n} \delta(P_j)\,\|\mathbf{N}(u_j, v_j)\|\,\Delta u\,\Delta v$$

當 $\Delta u \to 0$，$\Delta v \to 0$，我們得到

$$\Sigma \text{ 的質量} = \iint_{\Sigma} \delta(x, y, z)\,d\sigma$$

以類似的觀點，使用 n 個點 $P_1, \cdots, P_n$ 的質心，殼的質心具有座標

$$\overline{x} = \frac{1}{m} \iint_{\Sigma} x\delta(x, y, z)\,d\sigma$$

$$\overline{y} = \frac{1}{m} \iint_{\Sigma} y\delta(x, y, z)\,d\sigma$$

$$\overline{z} = \frac{1}{m} \iint_{\Sigma} z\delta(x, y, z)\,d\sigma$$

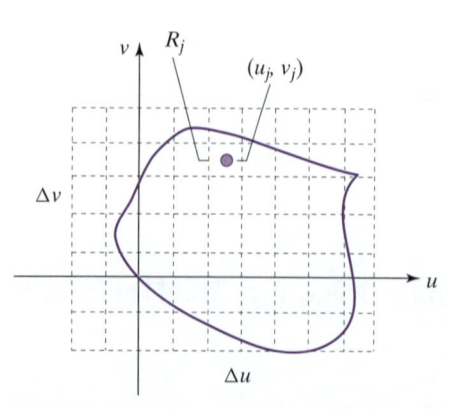

圖 10.23 在 D 上形成矩形網格

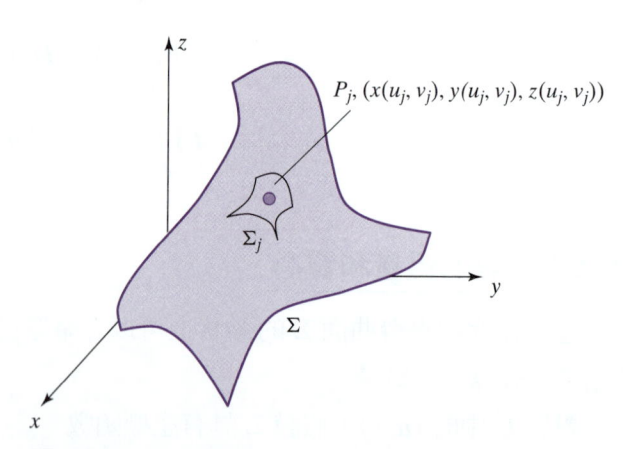

圖 10.24 矩形網格 R_j 映射至曲面上的微小面 Σ_j

其中 m 為殼的質量。

對於 D 中的 (x, y)，如果曲面為 $z = S(x, y)$，則

$$\text{質量} = \iint_D \delta(x, y, S(x, y)) \sqrt{1 + \left(\frac{\partial S}{\partial x}\right)^2 + \left(\frac{\partial S}{\partial y}\right)^2} \, dA$$

例 10.18

若密度函數為 $\delta(x, y, z) = x^2 + y^2$，計算錐體 $z = \sqrt{x^2 + y^2}$，$x^2 + y^2 \leq 4$ 的質量和質心。

令 D 為 x、y 平面上，以原點為圓心，半徑為 2 的圓盤 $x^2 + y^2 \leq 4$。對於法向量，我們需要

$$\frac{\partial z}{\partial x} = \frac{x}{\sqrt{x^2 + y^2}} = \frac{x}{z}$$

且由對稱，

$$\frac{\partial z}{\partial y} = \frac{y}{z}$$

使用極座標，錐體的質量為

$$m = \iint_\Sigma (x^2 + y^2) \, d\sigma = \iint_D (x^2 + y^2) \sqrt{1 + \frac{x^2}{z^2} + \frac{y^2}{z^2}} \, dA$$

$$= \iint_D (x^2 + y^2) \sqrt{\frac{x^2 + y^2 + z^2}{z^2}} \, dA$$

$$= \int_D (x^2 + y^2) \sqrt{\frac{2(x^2 + y^2)}{x^2 + y^2}} \, dA$$

$$= \int_D (x^2 + y^2) \sqrt{2} \, dA$$

$$= \int_0^{2\pi} \int_0^2 r^2 \sqrt{2} \, r \, dr \, d\theta$$

$$= 2\sqrt{2}\pi \left[\frac{r^4}{4}\right]_0^2 = 8\sqrt{2}\pi$$

由於錐體和密度函數的對稱性，質心在 z 軸上，所以我們只需要計算

$$\bar{z} = \frac{1}{8\sqrt{2\pi}} \iint_\Sigma z(x^2+y^2)\,d\sigma$$
$$= \frac{1}{8\sqrt{2\pi}} \iint_D \sqrt{x^2+y^2}(x^2+y^2)\sqrt{1+\frac{x^2}{z^2}+\frac{y^2}{z^2}}\,dA$$
$$= \frac{1}{8\pi} \int_0^{2\pi} \int_0^2 r(r^2)r\,dr\,d\theta$$
$$= \frac{1}{8\pi}(2\pi)\left[\frac{1}{5}r^5\right]_0^2 = \frac{8}{5}$$

質心為 $(0, 0, 8/5)$。

10.5.3 流體通過曲面的通量

假設流體以 $\mathbf{V}(x\,y,z,t)$ 的速度在三維空間的一些區域流動。分析流量的一種方法是想像流體中有一個曲面 Σ，並檢查每單位時間內流過 Σ 的流體體積。這是流體穿過曲面的**通量** (flux)。

令 $\mathbf{n}(u,v,t)$ 為 Σ 在時間 t 的單位外法向量，使用外法向量（遠離曲面）穿過 Σ 由曲面所包圍的區域流出。

在時間間隔 Δt 中，流過微小曲面 Σ_j 的流體體積約等於以 Σ_j 為底，高為 $V_n\Delta t$ 的柱體的體積，其中 V_n 是 $\mathbf{V}$ 在 $\mathbf{n}$ 方向的分量，在 Σ_j 的某點計值（圖 10.25）。這個體積為 $(V_n\Delta t)A_j$，其中 A_j 為 Σ_j 的面積。因為 $\mathbf{n}$ 為單位向量，$V_n = \mathbf{V} \cdot \mathbf{n}$。因此，每單位時間流體穿過 Σ_j 的體積為

$$\frac{(V_n\Delta t)A_j}{\Delta t} = V_n A_j = \mathbf{V} \cdot \mathbf{n} A_j$$

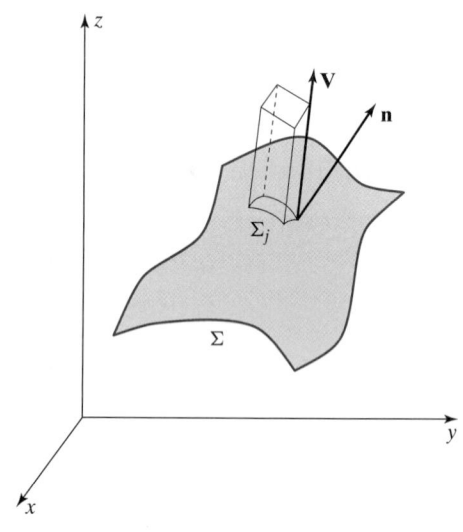

圖 10.25 以 Σ_j 為底，高為 $V_n\Delta t$ 的柱體

將覆蓋 Σ 的所有微小曲面 Σ_j 相加，並且取微小曲面的數量達到無窮大，每個微小曲面的面積趨近於零的極限，以獲得

$$\text{穿過 } \Sigma \text{ 且方向為 } \mathbf{n} \text{ 的 } \mathbf{V} \text{ 的通量} = \iint_\Sigma \mathbf{V} \cdot \mathbf{n}\,d\sigma$$

因此，通量為速度場在曲面法線方向上的分量的面積分。

數往知來——尋找向量場

回到輻射或接收天線的情況下，磁場 **B** 必須隨時間變化，因此不存在純量電位差函數。然而，可以定義向量位勢函數 **A**，並且常用於計算未知的場 **E** 和 **B**。一般來說，可由下列的表達式找到 **A**：

$$\mathbf{A}(\mathbf{r}, t) = \frac{\mu}{4\pi} \int_V \frac{\mathbf{J}(\mathbf{r}', t')}{|\mathbf{r} - \mathbf{r}'|} dV$$

其中 **J** 是源點 (source) 中的電流密度向量，t' 是在源點的時間，$\mathbf{r}'$ 是到源點的位置向量，$\mathbf{r}$ 是到觀察點的位置向量。

衛星接收數據進行通訊。

這個體積分通常可以簡化為具有顯著輻射的一維或二維積分，其解與第 14 章中討論的波動方程式概念有關。

即使簡化，這種積分是相當複雜的，並且通常以數值積分執行運算。一旦求解，則可經由 $\mathbf{B} = \nabla \times \mathbf{A}$ 計算場 **B**，而由 **B**，可求得 **E**。這些計算對於天線設計是必須的，並且這些向量場的知識允許工程師計算發射／接收信號的強度和方向性。

例 10.19

計算 $\mathbf{X} = x\mathbf{i} + y\mathbf{j} + z\mathbf{k}$ 穿過 Σ 的通量，其中 Σ 為介於平面 $z = 1$ 和 $z = 2$ 的球體

$$x^2 + y^2 + z^2 = 4$$

的部分（圖 10.26）。

平面 $z = 1$ 與球的交集為圓 $x^2 + y^2 = 3$，$z = 1$。這個圓在 x、y 平面上的投影為 $x^2 + y^2 = 3$。平面 $z = 2$ 僅在 $(0, 0, 2)$ 處碰到圓球，因此對於 D 中的 (x, y)，Σ 由

$$z = S(x, y) = \sqrt{4 - x^2 - y^2}$$

指定，其中 D 為圓盤 $0 \leq x^2 + y^2 \leq 3$。

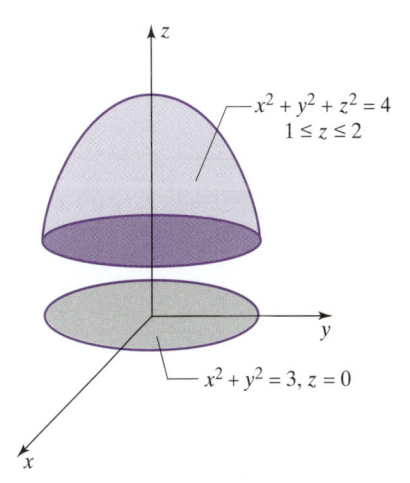

圖 10.26 例 10.19 的球形曲面

為了計算 $\partial z/\partial x$ 與 $\partial z/\partial y$，隱式微分球的方程式可得

$$2x + 2z \frac{\partial z}{\partial x} = 0$$

因此

$$\frac{\partial z}{\partial x} = -\frac{x}{z}$$

同理，$\partial z/\partial y = -y/z$，向量

$$\frac{x}{z}\mathbf{i} + \frac{y}{z}\mathbf{j} + \mathbf{k}$$

為球的向外法向量。這個向量的大小為 $2/z$，因此單位向外法向量為

$$\mathbf{n} = \frac{z}{2}\left(\frac{x}{z}\mathbf{i} + \frac{y}{z}\mathbf{j} + \mathbf{k}\right) = \frac{1}{2}(x\mathbf{i} + y\mathbf{j} + z\mathbf{k})$$

如今

$$\mathbf{F} \cdot \mathbf{n} = \frac{1}{2}(x^2 + y^2 + z^2)$$

$\mathbf{F}$ 穿過曲面的通量為

$$\text{通量} = \iint_\Sigma \frac{1}{2}(x^2 + y^2 + z^2)\, d\sigma$$

$$= \frac{1}{2} \iint_D (x^2 + y^2 + z^2)\sqrt{1 + \frac{x^2}{z^2} + \frac{y^2}{z^2}}\, dA$$

$$= \frac{1}{2} \iint_D (x^2 + y^2 + z^2)\sqrt{\frac{x^2 + y^2 + z^2}{z^2}}\, dA$$

$$= \frac{1}{2} \iint_D (x^2 + y^2 + z^2)^{3/2} \frac{1}{\sqrt{4 - x^2 - y^2}}\, dA$$

$$= 4 \iint_D \frac{1}{\sqrt{4 - x^2 - y^2}}\, dA$$

上式使用了 Σ 上的 $x^2 + y^2 + z^2 = 4$ 的事實。將最後一個積分轉換為極座標，以獲得

$$\text{通量} = 4 \int_0^{2\pi} \int_0^{\sqrt{3}} \frac{1}{\sqrt{4 - r^2}} r\, dr\, d\theta$$

$$= 8\pi [-(4 - r^2)^{1/2}]_0^{\sqrt{3}} = 8\pi$$

10.5 習題

習題 1–3，求殼體 Σ 的質量與質心。

1. Σ 是具有頂點 $(1,0,0)$、$(0,3,0)$、$(0,0,2)$ 的三角形，其中 $\delta(x,y,z) = xz+1$。
2. Σ 為錐體 $z = \sqrt{x^2+y^2}$，$x^2+y^2 \le 9$ 且 $\delta = K$，K 為常數。
3. Σ 為拋物面 $z = 6-x^2-y^2$，$z \ge 0$，其中 $\delta(x,y,z) = \sqrt{1+4x^2+4y^2}$。
4. 求 $\mathbf{F} = x\mathbf{i} + y\mathbf{j} - z\mathbf{k}$ 穿過平面 $x+2y+z = 8$ 在第一卦限的部分的通量。
5. 求 $\mathbf{F} = xz\mathbf{i} - y\mathbf{k}$ 穿過平面 $z = 1$ 上方的圓球 $x^2+y^2+z^2 = 4$ 的部分的通量。

10.6 高斯散度定理

高斯散度定理（Gauss's divergence theorem）是格林定理的三維推廣，將向量場的面積分與封閉面所圍區域上的向量場的散度的三重積分相關聯。

封閉（closed）面包圍一體積。球體是封閉的，而錐體不封閉，除非包括圓形帽以封閉錐體的開口端。類似地，半球 $x^2+y^2+z^2 = 4$，$z \ge 0$ 不是封閉，若這個半球與形成底蓋的圓盤

$$x^2 + y^2 \le 4, z = 0$$

一起，則為封閉。

定理 10.8　高斯散度定理

令 Σ 為界定三維空間區域 M 的片段平滑封閉面，Σ 具有單位向外法向量 $\mathbf{n}$，而 $\mathbf{F}$ 為連續向量場其在 Σ 及整個 M 具有連續的第一和第二偏導數，則

$$\iint_\Sigma \mathbf{F} \cdot \mathbf{n}\, d\sigma = \iiint_M \nabla \cdot \mathbf{F}\, dV \tag{10.9}$$

這個定理以德國數學家和科學家高斯（Carl Fredrich Gauss, 1777–1855）命名，可以視為質量方程式的守恆。向量場在一點的散度為遠離一點的場流動的度量。式 (10.9) 表明，向量場從 M 通過邊界面 Σ 向外的通量，必須與場由 M 的每一點離開的流動平衡。所有跨越 M 的表面的流動必須由 M 流出來（在 M 中沒有源點或匯點）。

例 10.20

令 Σ 為由 Σ_1 和 Σ_2 組成的片段平滑曲面,其中 Σ_1 為錐體曲面 $\sqrt{x^2 + y^2}$,$x^2 + y^2 \leq 1$,Σ_2 為平面 $z = 1$ 上的圓盤 $x^2 + y^2 \leq 1$(圖 10.27)。令 $\mathbf{F} = x\mathbf{i} + y\mathbf{j} + z\mathbf{k}$,計算式 (10.9) 兩邊的值。

Σ_1 的單位向外法向量為

$$\mathbf{n}_1 = \frac{1}{\sqrt{2}} \left(\frac{x}{z}\mathbf{i} + \frac{y}{z}\mathbf{j} - \mathbf{k} \right)$$

因此

$$\mathbf{F} \cdot \mathbf{n}_1 = \frac{1}{\sqrt{2}} \left(\frac{x^2}{z} + \frac{y^2}{z} - z \right) = 0$$

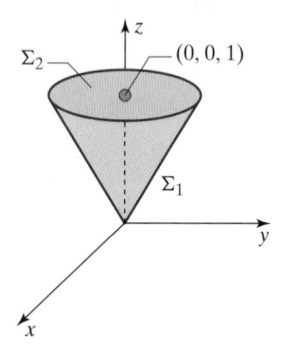

圖 10.27 例 10.20 的曲面

因為,在 Σ_1 上,$z^2 = x^2 + y^2$,所以

$$\iint_{\Sigma_1} \mathbf{F} \cdot \mathbf{n}_1 \, d\sigma = 0$$

Σ_2 的單位向外法向量為 $\mathbf{n}_2 = \mathbf{k}$。因為在 Σ_2 上 $z = 1$,

$$\iint_{\Sigma_2} \mathbf{F} \cdot \mathbf{n}_2 \, d\sigma = \iint_{\Sigma_2} z \, d\sigma = \iint_{\Sigma_2} d\sigma$$
$$= \Sigma_2 \text{ 的面積} = \pi$$

因此

$$\iint_{\Sigma} \mathbf{F} \cdot \mathbf{n} \, d\sigma = \iint_{\Sigma_1} \mathbf{F} \cdot \mathbf{n}_1 \, d\sigma + \iint_{\Sigma_2} \mathbf{F} \cdot \mathbf{n}_2 \, d\sigma = \pi$$

現在考慮 $\mathbf{F}$ 的散度的三重積分。首先,

$$\nabla \cdot \mathbf{F} = \frac{\partial}{\partial x}x + \frac{\partial}{\partial y}y + \frac{\partial}{\partial z}z = 3$$

故

$$\iiint_M \nabla \cdot \mathbf{F} \, dV = \iiint_M 3 \, dV$$
$$= 3 \text{(高度與半徑均為 1 的錐體的體積)}$$
$$= 3 \left(\frac{1}{3} \right) \pi = \pi$$

例 10.21

令 Σ 為立方體的片段平滑曲面，此立方體的頂點為

$$(0,0,0), (1,0,0), (0,1,0), (0,0,1), (1,1,0), (0,1,1), (1,0,1), (1,1,1)$$

令 $\mathbf{F} = x^2\mathbf{i} + y^2\mathbf{j} + z^2\mathbf{k}$，計算 $\mathbf{F}$ 穿過 Σ 的通量。

這個通量為 $\iint_\Sigma \mathbf{F} \cdot \mathbf{n}\, d\sigma$。如果用面積分來計算，這個積分是繁瑣的，因為我們必須在六個面上積分，然後相加。使用高斯定理較容易，首先，

$$\nabla \cdot \mathbf{F} = 2x + 2y + 2z$$

故

$$\begin{aligned}
\text{通量} &= \iint_\Sigma \mathbf{F} \cdot \mathbf{n}\, d\sigma = \iiint_M (2x + 2y + 2z)\, dV \\
&= \int_0^1 \int_0^1 \int_0^1 (2x + 2y + 2z)\, dz\, dy\, dx \\
&= \int_0^1 \int_0^1 (2x + 2y + 1)\, dy\, dx \\
&= \int_0^1 (2x + 2)\, dx = 3
\end{aligned}$$

10.6.1 阿基米德原理

阿基米德原理 (Archimedes's principle) 是，流體對浸在其中的固體物體施加的浮力等於排開的流體的重量。航空母艦漂浮在海洋中與肥皂漂浮在水桶裡是相同的原理。

想像一固體物 M，在流體內由片段平滑曲面 Σ 所界定。令 δ 為流體的恆定密度，繪製座標系如圖 10.28，M 在曲面的下方。使用壓力等於深度乘以密度的事實，Σ 上的點 (x, y, z) 處的壓力 $p(x, y, z)$ 為 $p(x, y, z) = -\delta z$，帶負號是因為 z 在向下方向為負，我們希望壓力為正。

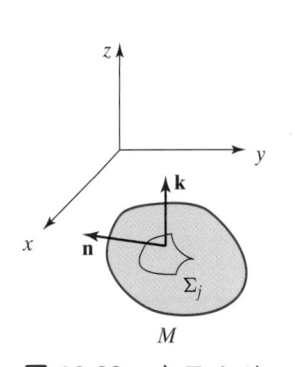

現在考慮 Σ 的一小塊 Σ_j。Σ_j 上的力約為 $-\delta z$ 乘以 Σ_j 的面積 A_j。若 $\mathbf{n}$ 是 Σ_j 的單位向外法向量，則 Σ_j 上由壓力引起的力約為 $\delta z \mathbf{n} A_j$。這個力的垂直分量 $\delta z \mathbf{n} \cdot \mathbf{k} A_j$ 是向上作用於 Σ_j 的浮力的大小，將整個表面上的這些垂直分量相加，以大致獲得對物體的浮力；然後取表面單元趨近於零的極限，得到

圖 10.28 在 Σ 上的 Σ_j 推導阿基米德原理

$$\text{在 } \Sigma \text{ 上的淨浮力} = \iint_\Sigma \delta z \mathbf{k} \cdot \mathbf{n}\, d\sigma$$

應用散度定理可得

$$\text{在 } \Sigma \text{ 上的淨浮力} = \iiint_M \nabla(\delta z \mathbf{k})\, dV$$

$$= \iiint_M \delta\, dV = \delta\,(M\text{ 的體積})$$

δ 乘以 M 的體積是物體的重量。

10.6.2　熱方程式

如熱傳導，我們用散度定理推導模擬擴散過程的偏微分方程式。

假設某一介質（如金屬棒或池中的水）具有密度 $\rho(x, y, z)$、比熱 $\mu(x, y, z)$ 與導熱係數 $K(x, y, z)$。令 $u(x, y, z, t)$ 為介質在 (x, y, z) 與時間 t 的溫度，我們要找 u 的方程式。

利用介質內的假想平滑封閉曲面 Σ 的概念，界定一個區域。在時間間隔 Δt 內，穿過 Σ 離開 M 的熱能是 $K\nabla u$ 穿過 Σ 的通量乘以時間間隔的長度：

$$\left(\iint_\Sigma (K\nabla u)\cdot \mathbf{n}\, d\sigma\right)\Delta t$$

但是溫度在時間 Δt 的變化大約是 $(\partial u/\partial t)\Delta t$，所以 M 中的熱損失為

$$\left(\iiint_M \mu\rho \frac{\partial u}{\partial t}\, dV\right)\Delta t$$

假設在 M 內沒有能量的源點或匯點（例如，由於化學反應或放射性），在 Δt，M 內的熱能變化必須等於穿過 Σ 的熱交換：

$$\left(\iint_\Sigma (K\nabla u)\cdot \mathbf{n}\, d\sigma\right)\Delta t = \left(\iiint_M \mu\rho \frac{\partial u}{\partial t}\, dV\right)\Delta t$$

除以 Δt，我們有

$$\iint_\Sigma (K\nabla u)\cdot \mathbf{n}\, d\sigma = \iiint_M \mu\rho \frac{\partial u}{\partial t}\, dV$$

使用散度定理將左邊的面積分轉換成三重積分：

$$\iint_\Sigma (K\nabla u)\cdot \mathbf{n}\, d\sigma = \iiint_M \nabla\cdot (K\nabla u)\, dV$$

因此

$$\iiint_M (\nabla\cdot (K\nabla u))\, dV = \iiint_M \mu\rho \frac{\partial u}{\partial t}\, dV$$

故
$$\iiint_M \left(\mu\rho\frac{\partial u}{\partial t} - \nabla\cdot(K\nabla u)\right)dV = 0$$

現在 Σ 是介質內的任意封閉曲面。

我們得出結論，被積函數必須等於零：
$$\mu\rho\frac{\partial u}{\partial t} - \nabla\cdot(K\nabla u) = 0$$

故
$$\mu\rho\frac{\partial u}{\partial t} = \nabla\cdot(K\nabla u)$$

這個偏微分方程式稱為**熱方程式** (heat equation)。我們可以展開

$$\nabla\cdot(K\nabla u) = \nabla\cdot\left(K\frac{\partial u}{\partial x}\mathbf{i} + K\frac{\partial u}{\partial y}\mathbf{j} + K\frac{\partial u}{\partial z}\mathbf{k}\right)$$
$$= \frac{\partial}{\partial x}\left(K\frac{\partial u}{\partial x}\right) + \frac{\partial}{\partial y}\left(K\frac{\partial u}{\partial y}\right) + \frac{\partial}{\partial z}\left(K\frac{\partial u}{\partial z}\right)$$
$$= \frac{\partial K}{\partial x}\frac{\partial u}{\partial x} + \frac{\partial K}{\partial y}\frac{\partial u}{\partial y} + \frac{\partial K}{\partial z}\frac{\partial u}{\partial z} + K\left(\frac{\partial^2 u}{\partial x^2} + \frac{\partial^2 u}{\partial y^2} + \frac{\partial^2 u}{\partial z^2}\right)$$
$$= \nabla K\cdot\nabla u + K\nabla^2 u$$

其中
$$\nabla^2 u = \frac{\partial^2 u}{\partial x^2} + \frac{\partial^2 u}{\partial y^2} + \frac{\partial^2 u}{\partial z^2}$$

為 u 的 Laplacian。現在熱方程式的形式為
$$\mu\rho\frac{\partial u}{\partial t} = \nabla K\cdot\nabla u + K\nabla^2 u$$

若 K 為常數，則此方程式變為
$$\frac{\partial u}{\partial t} = \frac{K}{\mu\rho}\nabla^2 u$$

在一維空間的情況下，$u = u(x, t)$ 且這個方程式為
$$\frac{\partial u}{\partial t} = k\frac{\partial^2 u}{\partial x^2}$$

其中 $k = K/\mu\rho$。

10.6 習題

習題 1–4，計算 $\iint_\Sigma \mathbf{F} \cdot \mathbf{n}\, d\sigma$ 或 $\iiint_M \nabla \cdot \mathbf{F}\, dV$。

1. $\mathbf{F} = x\mathbf{i} + y\mathbf{j} - z\mathbf{k}$，$\Sigma$ 為球心為 $(1, 1, 1)$，半徑為 4 的球。
2. $\mathbf{F} = 2yz\mathbf{i} - 4xz\mathbf{j} + xy\mathbf{k}$，$\Sigma$ 為球心為 $(-1, 3, 1)$，半徑為 5 的球。
3. $\mathbf{F} = 4x\mathbf{i} - z\mathbf{j} + x\mathbf{k}$，$\Sigma$ 為半球 $x^2 + y^2 + z^2 = 1$，$z \geq 0$，並且包括由點 $(x, y, 0)$，$x^2 + y^2 \leq 1$ 組成的底。
4. $\mathbf{F} = x^2\mathbf{i} + y^2\mathbf{j} + z^2\mathbf{k}$，$\Sigma$ 為圓錐 $z = \sqrt{x^2 + y^2}$，$x^2 + y^2 \leq 2$，並且包括由點 $(x, y, \sqrt{2})$，$x^2 + y^2 \leq 2$ 組成的頂蓋。

5. 令 Σ 為平滑封閉曲面，向量場 $\mathbf{F}$ 在整個 Σ 及其界定的區域為連續且具有連續的第一和第二偏導數。計算
$$\iiint_\Sigma (\nabla \times \mathbf{F}) \cdot \mathbf{n}\, d\sigma$$

6. 令 Σ 為界定一區域 M 的片段平滑封閉曲面。證明

$$M \text{ 的體積} = \frac{1}{3} \iiint_M \mathbf{R} \cdot \mathbf{n}\, dV$$

其中 $\mathbf{R} = x\mathbf{i} + y\mathbf{j} + z\mathbf{k}$。

10.7 史托克定理

散度定理是格林定理的推廣。史托克定理 (Stokes's theorem) 是格林定理的不同推廣。作為預備，我們必須檢視曲面的邊界曲線的概念。假設 Σ 為具有座標函數

$$x = x(u,v), y = y(u,v), z = z(u,v)$$

的曲面，其中 (u, v) 在 D 中，而 D 為由片段平滑封閉曲線 K 界定的 u、v 平面中的區域。

當 (u, v) 在 D 上移動時，則 $\Sigma(u, v)$ 掃描出曲面 Σ 的圖形。但是當 (u, v) 只是掃描曲線 K，則圖像點

$$(x(u,v), y(u,v), z(u,v))$$

掃描出 Σ 上的曲線 C。這條曲線稱為 Σ 的**邊界** (boundary)。圖 10.29 說明這個概念。

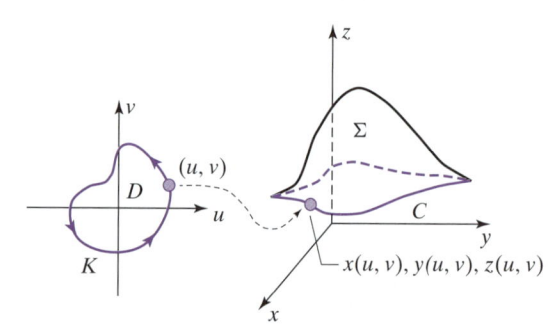

圖 10.29 曲面 Σ 的邊界（曲線）C

例 10.22

令 Σ 為 $z = x^2 + y^2$，其中 (x, y) 為 $D: x^2 + y^2 \leq 4$ 內的一點。圖 10.30 顯示 Σ 為三維空間中的拋物曲面，以及 x、y 平面上的參數定義域 D。D 的邊界為圓 $K: x^2 + y^2 = 4$。若 (x, y) 在 K 上，則

$$z = \Sigma(x, y) = x^2 + y^2 = 4$$

故 $\Sigma(x, y)$ 為在平面 $z = 4$ 上，以原點為圓心，半徑為 2 的圓。C 是拋物曲面的圓形邊緣（或頂部），這個圓是 Σ 的邊界。

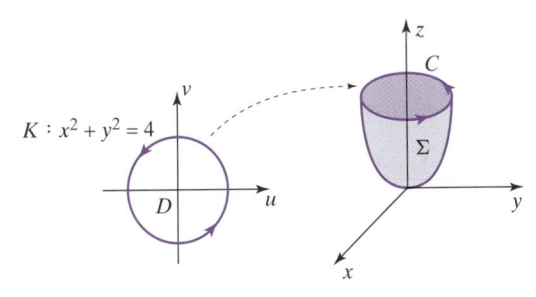

圖 10.30 例 10.22 的曲面的邊界

在定義面積分時，使用標準法向量 (10.8)：

$$\mathbf{N}(u, v) = \frac{\partial(y, z)}{\partial(u, v)}\mathbf{i} + \frac{\partial(z, x)}{\partial(u, v)}\mathbf{j} + \frac{\partial(x, y)}{\partial(u, v)}\mathbf{k}$$

$\mathbf{N}$ 決定 Σ 的邊界曲線 C 上的方向，其非正式地描述如下：如果你站在 C 上，你的身體在該點沿著 $\mathbf{N}$ 的方向，C 上的正方向是你沿著 C 走的時候，曲面在你的左側（相同的非正式測試適用於平面上曲線的逆時針方向，如同格林定理中所使用的）。根據這種在 C 上選擇正方向的慣例，可以說 C 的方向隨 $\mathbf{N}$ 而定。

我們現在準備說明史托克定理，我們將 $\mathbf{N}$ 除以其長度，以獲得單位法向量 $\mathbf{n}$：

$$\mathbf{n} = \frac{1}{\|\mathbf{N}\|}\mathbf{N}$$

定理 10.9 史托克定理

令 Σ 為以片段平滑封閉曲線 C 為邊界的片段平滑曲面，C 的方向依 Σ 的單位向外法向量 $\mathbf{n}$ 而定。令 $\mathbf{F}(x, y, z)$ 為定義在 Σ 上的連續向量場且具有連續的第一和第二偏導數，則

$$\oint_C \mathbf{F} \cdot d\mathbf{R} = \iint_\Sigma (\nabla \times \mathbf{F}) \cdot \mathbf{n}\, d\sigma$$

正如散度定理一樣，史托克定理具有物理解釋。將 **F** 看作流體的速度場，**F** 的旋度在 **n** 方向的分量為 $(\nabla \times \mathbf{F}) \cdot \mathbf{n}$，是流體在垂直於曲面方向上的渦流量度，而 $\mathbf{F} \cdot d\mathbf{R}$ 是沿著曲面邊界的速度的切線分量。曲面邊界上的這種切線分量的總和是流體在邊界的環流量。史托克定理說，圍繞邊界曲線的流體環流量必等於渦流在曲面上的垂直分量的效應。

以下是一個計算範例來說明史托克定理所涉及的概念。

例 10.23

令
$$\mathbf{F}(x, y, z) = -y\mathbf{i} + xy\mathbf{j} - xyz\mathbf{k}$$

且令 Σ 為圓錐 $\sqrt{x^2 + y^2}$ 的一部分，其中 $0 \le x^2 + y^2 \le 9$。對於這個向量場和曲面，計算史托克定理。

與例 10.22 類似，Σ 的邊界為圓 $x^2 + y^2 = 9$，$z = 3$ 在圓錐的頂部（圖 10.31）。

由計算可得

$$\mathbf{N}(x, y) = -\frac{x}{z}\mathbf{i} - \frac{y}{z}\mathbf{j} + \mathbf{k} = \frac{1}{z}(-x\mathbf{i} - y\mathbf{j} + z\mathbf{k})$$

圓錐在原點沒有切平面和法向量。對於史托克定理，我們需要一個單位法向量。由計算得知 $\|\mathbf{N}\| = \sqrt{2}$，故

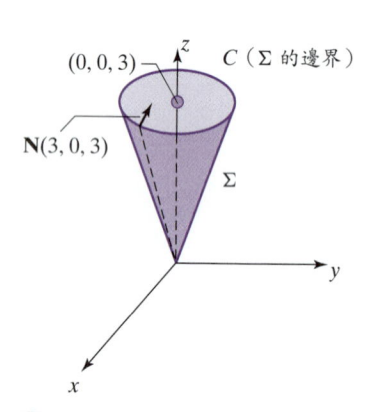

$$\mathbf{n} = \frac{1}{\sqrt{2}z}(-x\mathbf{i} - y\mathbf{j} + z\mathbf{k})$$

圖 10.31 例 10.23 中的邊界曲線 C 及其方向

這個向量若以箭號來表示，是由 Σ 上的一點指向由圓錐所界定的區域內。圖 10.31 亦顯示 C 的方向依這個法向量而定。

欲求史托克定理中的線積分，將 C 以下列參數式表示：
$$x = 3\cos(t), y = 3\sin(t), z = 3, \quad 0 \le t \le 2\pi$$

則

$$\oint_C \mathbf{F} \cdot d\mathbf{R} = \oint_C -y\,dx + xy\,dy - xyz\,dz$$

$$= \int_0^{2\pi} [-3\sin(t)(-3\sin(t)) + 3\cos(t)3\sin(t)(3\cos(t))]\,dt$$

$$= \int_0^{2\pi} (9\sin^2(t) + 27\cos^2(t)\sin(t))\,dt$$

$$= 9\pi$$

對於面積分，首先計算

$$\nabla \times \mathbf{F} = -xz\mathbf{i} + yz\mathbf{j} + (y+1)\mathbf{k}$$

與

$$(\nabla \times \mathbf{F}) \cdot \mathbf{n} = \frac{1}{\sqrt{2}}(x^2 - y^2 + y + 1)$$

然後轉換成極座標，計算

$$\begin{aligned}
\iint_\Sigma (\nabla \times \mathbf{F}) \cdot \mathbf{n}\, d\sigma &= \iint_D ((\nabla \times \mathbf{F}) \cdot \mathbf{n}) \, \|\mathbf{N}\| \, dA \\
&= \iint_D (x^2 - y^2 + y + 1) \, dA \\
&= \int_0^{2\pi} (r^2 \cos^2(\theta) - r^2 \sin^2(\theta) + r\cos(\theta) + 1) r \, dr\, d\theta \\
&= \int_0^{2\pi} \int_0^3 (r^3 \cos(2\theta) + r^2 \cos(\theta) + r\cos(\theta)) \, dr\, d\theta \\
&= \int_0^{2\pi} \left(\frac{81}{4}\cos(2\theta) + 9\cos(\theta) + \frac{9}{2}\right) d\theta \\
&= 9\pi
\end{aligned}$$

10.7.1 三維空間的位勢理論

先前我們提出三維向量場是保守的條件。這個條件遵循史托克定理。

定理 10.10 保守向量場的測試

令 Ω 為 R^3 中的單連通區域。令 $\mathbf{F}$ 與 $\nabla \times \mathbf{F}$ 在 Ω 上連續，則 $\mathbf{F}$ 在 Ω 上為保守若且唯若在 Ω 上

$$\nabla \times \mathbf{F} = \mathbf{O}$$

這意味著在三維空間中，保守向量場為非旋轉向量場。

證明：若 $\mathbf{F} = \nabla\varphi$，則 $\mathbf{F}$ 為保守且任何保守場的旋度為零。

反之則為較困難的部分。假設 $\mathbf{F}$ 的旋度為零，我們要證明 $\mathbf{F}$ 是保守場。這足以證明 $\oint_C \mathbf{F} \cdot d\mathbf{R}$ 與 Ω 中的路徑無關，因為我們可以在 Ω 中選擇一個點 P_0，且對於 Ω 中的任意點 P，令

$$\varphi(P) = \int_{P_0}^{P} \mathbf{F} \cdot d\mathbf{R}$$

這定義了 $\mathbf{F}$ 的一個位勢函數。

為了證明這與路徑無關，令 C 和 K 為 Ω 中由 P_0 到 P_1 的任意路徑，形成封閉路徑

$$L = C \oplus (-K)$$

沿著 C 從 P_0 到 P_1，然後沿 K 返回 P_0，其方向反轉。如今，Ω 為單連通，所以 L 可以連續收縮到 Ω 內的一點。由史托克定理，

$$\oint_L \mathbf{F} \cdot d\mathbf{R} = \int_C \mathbf{F} \cdot d\mathbf{R} - \int_K \mathbf{F} \cdot d\mathbf{R}$$
$$= \iint_\Sigma (\nabla \times \mathbf{F}) \cdot \mathbf{n}\, d\sigma = 0$$

因此

$$\int_C \mathbf{F} \cdot d\mathbf{R} = \int_K \mathbf{F} \cdot d\mathbf{R}$$

正是我們想證明的。

10.7 習題

1. 考慮以原點為球心，半徑為 R 的球 Σ，其球座標為

$$x = R\cos(\theta)\cos(\varphi)$$
$$y = R\sin(\theta)\cos(\varphi)$$
$$z = R\sin(\varphi)$$

其中 $0 \leq \theta \leq 2\pi$ 且 $0 \leq \varphi \leq \pi$，求 Σ 的邊界。**提示**：參數域的邊界 D 是一個矩形。考慮這個矩形的每一邊如何映射到球體上的曲線。

習題 2 和 3，使用史托克定理計算 $\oint_C \mathbf{F} \cdot d\mathbf{R}$ 或 $\iint_\Sigma (\nabla \times \mathbf{F}) \cdot \mathbf{n}\, d\sigma$。

2. $\mathbf{F} = xy\mathbf{i} + yz\mathbf{j} + xz\mathbf{k}$，$\Sigma$ 為拋物面 $z = x^2 + y^2$，$x^2 + y^2 \leq 9$。

3. $\mathbf{F} = z^2\mathbf{i} + x^2\mathbf{j} + y^2\mathbf{k}$，$\Sigma$ 為 x、y 平面上方的拋物面 $z = 6 - x^2 - y^2$。

4. 計算

$$\mathbf{F} = (x-y)\mathbf{i} + x^2 y\mathbf{j} + axz\mathbf{k}$$

逆時針繞圓 $x^2 + y^2 = 1$ 的環流量。**提示**：使用史托克定理，其中 Σ 為以此圓為邊界的任意平滑面。

5. 使用史托克定理計算 $\int_C \mathbf{F} \cdot \mathbf{T}\, ds$，其中 C 為平面 $x + 4y + z = 12$ 位於第一卦限的部分的邊界且

$$\mathbf{F} = (x-z)\mathbf{i} + (y-x)\mathbf{j} + (z-y)\mathbf{k}$$

PART 4

史特姆－李歐維里問題、傅立葉分析與特徵函數展開

第 11 章 史特姆－李歐維里問題與特徵函數展開

第 12 章 傅立葉級數

第 13 章 傅立葉變換

CHAPTER 11
史特姆－李歐維里問題與特徵函數展開

11.1 特徵值、特徵函數與史特姆－李歐維里問題

求解**史特姆－李歐維里微分方程式** (Sturm-Liouville differential equation)

$$y'' + R(x)y' + (Q(x) + \lambda P(x))y = 0 \tag{11.1}$$

在模擬波動和擴散過程、訊號和數據分析，以及許多其他應用中具有重要作用。

為了方便，通常會將式 (11.1) 改寫成不同的形式。將式 (11.1) 乘以

$$r(x) = e^{\int R(x)\,dx}$$

可得

$$y'' e^{\int R(x)\,dx} + R(x)y' e^{\int R(x)\,dx} + (Q(x) + \lambda P(x))e^{\int R(x)\,dx} y = 0$$

亦即

$$\left(y' e^{\int R(x)\,dx}\right)' + \left(Q(x)e^{\int R(x)\,dx} + \lambda P(x)e^{\int R(x)\,dx}\right)y = 0$$

此即

$$(ry')' + (q + \lambda p)y = 0 \tag{11.2}$$

這是**史特姆－李歐維里方程式的標準式** (Standard form of the Sturm-Liouville equation)。

假設 p、q、r 在開區間 (a, b) 或閉區間 $[a, b]$ 為連續，且對於 $a < x < b$，$r(x) > 0$，$p(x) > 0$。

我們將簡單描述尋找受到 a 和 b 處的邊界條件限制的解，並且定義一個**史特姆－李歐維里問題** (Sturm-Liouville problem)，欲求 λ 的值使得在區間內存在非零解 $y(x)$。使史特姆－李歐維里方程式有解的常數 λ 稱為**特徵值** (eigenvalue)，方程式的解 $y(x)$ 稱為對應於 λ 的**特徵函數** (eigenfunction)。

依照不同的邊界條件可將史特姆－李歐維里邊界值問題分為三種。

正則史特姆－李歐維里問題

我們要求 λ（特徵值）使得非零解 $y(x)$（特徵函數）滿足式 (11.2) 及**正則邊界條件** (regular boundary conditions)：

$$A_1 y(a) + A_2 y'(a) = 0, \quad B_1 y(b) + B_2 y'(b) = 0$$

其中 A_1 與 A_2 不全為零，且 B_1 與 B_2 不全為零。

週期性的史特姆－李歐維里問題

如今 $r(a) = r(b)$，欲求特徵值 λ 使得對應的特徵函數 $y(x)$ 滿足式 (11.2) 及**週期性邊界條件** (periodic boundary conditions)：

$$y(a) = y(b), \quad y'(a) = y'(b)$$

奇異史特姆－李歐維里問題

在此情況，$r(a) = 0$ 或 $r(b) = 0$，但非兩者均為零。欲求特徵值 λ 使得特徵函數 $y(x)$ 滿足式 (11.2) 及如下的單一邊界條件：

若 $r(a) = 0$，則在 b 僅有一個邊界條件：

$$B_1 y(b) + B_2 y'(b) = 0$$

其中 B_1 與 B_2 不全為零。

若 $r(b) = 0$，則在 a 僅有一個邊界條件：

$$A_1 y(a) + A_2 y'(a) = 0$$

其中 A_1 與 A_2 不全為零。

我們可以得到關於史特姆－李歐維里問題的特徵值和特徵函數的一般結論。

定理 11.1

(1) 每一個正則及每一個週期性的史特姆－李歐維里問題具有無限個相異特徵值 $\lambda_1, \lambda_2, \cdots$。若將這些排列成遞增序列，則

$$\lim_{n \to \infty} \lambda_n = \infty$$

(2) 每一個史特姆－李歐維里問題的特徵值為實數。

(3) 對於任意史特姆－李歐維里問題，對應於相同特徵值，特徵函數的任意非零恆定倍數仍為特徵函數。

(4) 對於正則史特姆－李歐維里問題，對應於相同特徵值的任何兩個特徵函數必須是彼此的非零恆定倍數。

我們將說明正則和週期性問題，而留下奇異問題，當它們在以後的應用中出現時（例如，分析來自圓柱形槽的熱輻射）再予以說明。

例 11.1

問題
$$y'' + \lambda y = 0; y(0) = y(L) = 0$$

在 $[0, L]$ 為正則。在 λ 為實數的情況下，求特徵值和特徵函數。

情況 1：$\lambda = 0$

此時微分方程式為 $y'' = 0$，通解為 $y(x) = cx + d$。但 $y(0) = d = 0$，且 $y(L) = cL = 0$，表示 $c = 0$。在此情況下，僅有**零解** (trivial solution)。不能為特徵函數，因此 $\lambda = 0$ 不是特徵值。

情況 2：$\lambda < 0$

令 $\lambda = -k^2$，其中 $k > 0$。$y'' - k^2 y = 0$ 的通解為
$$y(x) = c_1 e^{kx} + c_2 e^{-kx}$$

如今 $y(0) = c_1 + c_2 = 0$，故 $c_2 = -c_1$，
$$y(x) = c_1(e^{kx} - e^{-kx})$$

因此
$$y(L) = c_1(e^{kL} - e^{-kL}) = 0$$

但若 $k > 0$，則 $e^{kL} - e^{-kL} > 0$，故 $c_1 = 0$，在此情況下也是只有零解。此問題沒有負的特徵值。

情況 3：$\lambda > 0$

令 $\lambda = k^2$，$k > 0$。$y'' + k^2 y = 0$ 的通解為
$$y(x) = c_1 \cos(kx) + c_2 \sin(kx)$$

因 $y(0) = c_1 = 0$，所以 $y(x) = c_2 \sin(kx)$。其次，
$$y(kL) = c_2 \sin(kL) = 0$$

欲有非零解，必須 $c_2 \neq 0$。因此
$$\sin(kL) = 0$$

欲滿足此方程式，則 kL 為 π 的整數倍數，即 $kL = n\pi$，故
$$k = \frac{n\pi}{L}, n = 1, 2, 3, \cdots$$

使用 n 為指標，此問題有特徵值

$$\lambda_n = k^2 = \left(\frac{n\pi}{L}\right)^2$$

對應特徵函數為

$$\varphi_n(x) = \sin\left(\frac{n\pi x}{L}\right)$$

或這些函數的任意非零恆定倍數。

例 11.2

問題

$$y'' + \lambda y = 0;\ y(-L) = y(L), y'(-L) = y'(L)$$

在 $[-L, L]$ 具有週期性。將此方程式與式 (11.2) 比較。$r(x) = 1$，故 $r(-L) = r(L)$，此為週期性問題所要求的。

考慮 λ 的各種情況。

情況 1：$\lambda = 0$

則 $y(x) = cx + d$，因此

$$y(-L) = -cL + d = y(L) = cL + d$$

表示 $c = 0$。若 $d \neq 0$，則常數函數 $y(x) = d$ 為非零解，故 $\lambda = 0$ 為特徵值，而特徵函數為常數。

情況 2：$\lambda < 0$

令 $\lambda = -k^2$，$k > 0$，如今 $y(x) = c_1 e^{kx} + c_2 e^{-kx}$，由 $y(-L) = y(L)$ 可得

$$c_1 e^{-kL} + c_2 e^{kL} = c_1 e^{kL} + c_2 e^{-kL}$$

將上式寫成

$$c_1\left(e^{-kL} - e^{kL}\right) = c_2\left(e^{-kL} - e^{kL}\right)$$

這表示 $c_1 = c_2$，因為 $e^{-kL} - e^{kL} \neq 0$。因此

$$y(x) = c_1\left(e^{kx} + e^{-kx}\right)$$

$y'(-L) = y'(L)$ 表示

$$kc_1\left(e^{-kL} - e^{kL}\right) = kc_1\left(e^{kL} - e^{-kL}\right)$$

因此 $c_1 = -c_1$，故 $c_1 = 0$，在此情況下僅有零解。此問題沒有負特徵值。

情況 3：$\lambda > 0$

令 $\lambda = k^2$，$k > 0$。如今
$$y(x) = c_1 \cos(kx) + c_2 \sin(kx)$$

因此
$$y(-L) = c_1 \cos(kL) - c_2 \sin(kL) = y(L) = c_1 \cos(kL) + c_2 \sin(kL)$$

這表示 $c_2 \sin(kL) = 0$。其次，
$$y'(-L) = kc_1 \sin(kL) + kc_2 \cos(kL) = y'(L) = -kc_1 \sin(kL) + kc_2 \cos(kL)$$

因此 $kc_1 \sin(kL) = 0$。若 $\sin(kL) \neq 0$，則 $c_1 = c_2 = 0$，且我們僅有零解。若為非零解，則 $\sin(kL) = 0$，因此選擇 k，使得 $kL = n\pi$，其中 n 為任意正整數。

這個問題有特徵值
$$\lambda_n = \left(\frac{n\pi}{L}\right)^2, n = 1, 2, 3, \cdots$$

以及對應特徵函數
$$\varphi_n(x) = c_1 \cos\left(\frac{n\pi x}{L}\right) + c_2 \sin\left(\frac{n\pi x}{L}\right)$$

其中 c_1 與 c_2 不全為零。

注意：在這個週期性的情況，對於一個特徵值 $n^2\pi^2/L^2$ 有兩個獨立的特徵函數——$\cos(n\pi x/L)$（令 $c_1 = 1$，$c_2 = 0$）與 $\sin(n\pi x/L)$（令 $c_1 = 0$，$c_2 = 1$）。

在情況 3 中，若令 $n = 0$，則特徵值為 0 和常數特徵函數 $\varphi_0(x) = 1$，可合併情況 1 和 3。

例 11.3

史特姆－李歐維里問題
$$y'' + \lambda y = 0;\; y'(0) = y'(L) = 0$$

在 $[0, L]$ 為正則。和其他例子一樣，看一下 λ 的情況。

若 $\lambda = 0$，則 $y = cx + d$。由於 $y'(0) = c = 0$，故 $y(x) = d$，為常數函數。因此 $\lambda = 0$ 為特徵值，而特徵函數為常數。

若 λ 為負，令 $\lambda = -k^2$，$k > 0$，則
$$y(x) = c_1 e^{kx} + c_2 e^{-kx}$$

因此
$$y'(0) = kc_1 - kc_2 = 0$$
故 $c_1 = c_2$ 且
$$y(x) = c_1 \left(e^{kx} + e^{-kx} \right)$$
此外，
$$y'(L) = kc_1 \left(e^{kL} - e^{-kL} \right) = 0$$
但 $k \neq 0$ 且 $e^{kL} - e^{-kL} \neq 0$，故 $c_1 = 0$，$y(x) = 0$ 不能是特徵函數，此題無負特徵值。

若 λ 為正，令 $\lambda = k^2$，$k > 0$，則
$$y(x) = c_1 \cos(kx) + c_2 \sin(kx)$$
由於 $y'(0) = kc_2 = 0$，故 $c_2 = 0$，且 $y(x) = c_1 \cos(kx)$。其次，
$$y'(L) = -kc_1 \sin(kL) = 0$$
欲有非零解，必須 $c_1 \neq 0$，因此 kL 必須是 π 的正整數倍數，即 $kL = n\pi$。因 $\lambda = k^2$，在此情況下，特徵值為
$$\lambda_n = \frac{n^2 \pi^2}{L^2}, n = 1, 2, \cdots$$
特徵函數為
$$\varphi_n(x) = \cos\left(\frac{n\pi x}{L}\right), n = 1, 2, \cdots$$
的非零恆定倍數。

如例 11.2 所示，在情況 3 中，若令 $n = 0$ 可以合併情況 1 和情況 3。

特徵值和特徵函數並不是像前三個例子所暗示的那麼容易找到。

例 11.4

問題
$$y'' + \lambda y = 0; y(0) = 0, y'(L) + Ay(L) = 0$$
在 $[0, L]$ 為正則，其中 A 為正的常數。從均勻棒中的一端向周圍介質輻射能量時，求解均勻棒中的溫度分布，會出現這個問題。常數 A 與這種輻射的能量損失率有關。

我們可以證明此題沒有負特徵值，且 0 不是特徵值。
若令 $\lambda = k^2$，$k > 0$，則
$$y(x) = c_1 \cos(kx) + c_2 \sin(kx)$$
由於 $y(0) = c_1 = 0$，故 $y(x) = c_2 \sin(kx)$。由其他邊界條件，可得
$$kc_2 \cos(kL) + Ac_2 \sin(kL) = 0$$
若 $c_2 \neq 0$，則
$$k \cos(kL) = -A \sin(kL)$$
這要求選擇 k，使得
$$\tan(kL) = -\frac{k}{A}$$

這個方程式不能用代數法求 k。然而，我們可以用圖解法觀察方程式，進而深入了解方程式的解。若令 $z = kL$，則
$$\tan(z) = -\frac{z}{AL}$$

直線 $w = -z/AL$ 與 $w = \tan(z)$ 的圖形在半平面 $z > 0$ 中有無限多個交點（圖 11.1）。特徵值是這些交點的 z 座標。我們必須使用數值方法來求這些特徵值的近似值。

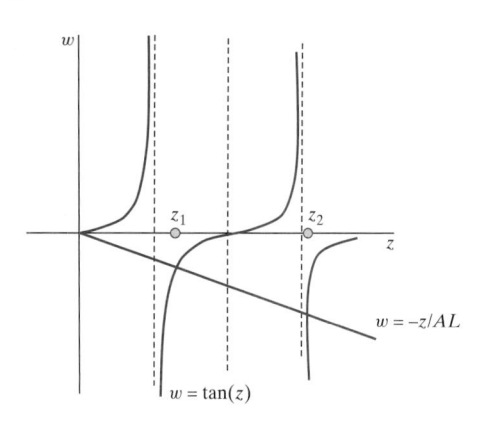

圖 11.1 例 11.4 問題的特徵值

給予一史特姆－李歐維里問題，如果任何其他特徵函數是集合中的特徵函數之線性組合（或可能是集合中的特徵函數之一的恆定倍數），則此特徵函數的集合是**完全** (complete) 的。因此，完全性意味著我們已經找到一個問題的所有特徵函數。

不完全特徵函數的集合忽略了無法從集合中的特徵函數中獲取的資訊。

為了說明。在例 11.1 中，我們明確求出史特姆－李歐維里問題的所有特徵函數。這些是函數
$$\sin(\pi x/L), \sin(2\pi x/L), \sin(3\pi x/L), \cdots$$
這個特徵函數的集合是完全的。若任何其他函數有資格成為特徵函數，則它是該集合中的特徵函數的恆定倍數。

11.1 習題

習題 1–5，求正則或週期性史特姆－李歐維里問題的特徵值和特徵函數，且列出特徵函數的完全集合。

1. $y'' + \lambda y = 0;\ y(0) = y'(L) = 0$
2. $y'' + \lambda y = 0;\ y'(0) = y(4) = 0$
3. $y'' + \lambda y = 0;\ y(-3\pi) = y(3\pi),\ y'(-3\pi) = y'(3\pi)$
4. $y'' + \lambda y = 0;\ y(0) - 2y'(0) = 0,\ y'(1) = 0$
5. $(e^{2x}y')' + \lambda e^{2x}y = 0;\ y(0) = y(\pi) = 0$
6. 令 $\lambda_n = 1 - 1/n$, $n = 1, 2, \cdots$。證明沒有正則或週期性史特姆－李歐維里問題以 λ_n 為特徵值。

11.2 特徵函數展開

當我們求解波動運動和擴散過程的偏微分方程式時，經常會遇到具有完全特徵函數集合 $\varphi_1(x), \varphi_2(x), \cdots$ 的史特姆－李歐維里問題。我們將有一個函數 $f(x)$，它指定了有關問題的一些資訊（初始位置、速度、溫度等），我們要將 $f(x)$ 寫成常數乘以這些特徵函數的無窮級數：

$$f(x) = \sum_{n=1}^{\infty} c_n \varphi_n(x) \tag{11.3}$$

若選取的係數可使得此級數收斂於 $f(x)$，則 $\sum_{n=1}^{\infty} c_n \varphi_n(x)$ 稱為 $f(x)$ 在區間的**特徵函數展開** [eigenfunction expansion of $f(x)$]。問題是欲求係數 c_n。

這樣做的關鍵是特徵函數的加權正交性。若 $\varphi(x)$ 與 $\psi(x)$ 定義於 $[a, b]$，且 $p(x) > 0$，$a < x < b$，且若

$$\int_a^b p(x)\varphi(x)\psi(x)\,dx = 0 \tag{11.4}$$

則 φ 與 ψ 在區間正交，其中 $p(x)$ 為**加權函數** (weight function)。

我們將證明史特姆－李歐維里的特徵函數享有加權的正交性質，然後證明如何求得函數的特徵函數展開式 (11.3) 中的係數。

定理 11.2　特徵函數的正交性

給予在 $[a, b]$ 的一個史特姆－李歐維里問題，對應於相異特徵值的特徵函數在 $[a, b]$ 為正交，其中加權函數 $p(x)$ 為標準史特姆－李歐維里方程式 (11.2) 中 λ 的係數。

這表示，若 λ 為一特徵值，其對應的特徵函數為 $\varphi(x)$，且 μ 為一特徵值，其對應的特徵函數為 $\psi(x)$，其中 $\lambda \neq \mu$，則

$$\int_a^b p(x)\varphi(x)\psi(x)\,dx = 0$$

定理的證明：已知

$$(r\varphi')' + (q + \lambda p)\varphi = 0$$

且

$$(r\psi')' + (q + \mu p)\psi = 0$$

將第一個方程式乘以 $-\psi$ 與第二個方程式乘以 φ 相加，可得

$$(r\psi')'\varphi - (r\varphi')'\psi + (\lambda - \mu)p\varphi\psi = 0$$

φ 與 ψ 的朗士基為

$$W = \begin{vmatrix} \varphi & \psi \\ \varphi' & \psi' \end{vmatrix} = \varphi\psi' - \psi\varphi'$$

如今，

$$\begin{aligned}
\frac{d}{dx}(rW) &= (r\varphi\psi' - r\psi\varphi')' \\
&= r'\varphi\psi' + r\varphi'\psi' + r\varphi\psi'' \\
&\quad - r'\psi\varphi' - r\psi'\varphi' - r\psi\varphi'' \\
&= r\varphi\psi'' - r\psi\varphi'' + r'\varphi\psi' - r'\psi\varphi' \\
&= (\lambda - \mu)p\varphi\psi
\end{aligned}$$

因此

$$\int_a^b (r(x)W(x))'\,dx = (\lambda - \mu)\int_a^b p(x)\varphi(x)\psi(x)\,dx$$

故

$$(\lambda - \mu)\int_a^b p(x)\varphi(x)\psi(x)\,dx = r(b)W(b) - r(a)W(a) \tag{11.5}$$

因為 $\lambda \neq \mu$，所以如果我們要證明

$$\int_a^b p\varphi\psi\,dx = 0$$

就必須證明
$$r(b)W(b) - r(a)W(a) = 0$$
這需要使用到目前為止還沒有發揮作用的邊界條件。

首先假設為正則史特姆－李歐維里問題，則在 a 的邊界條件其形式為
$$A_1\varphi(a) + A_2\varphi'(a) = 0$$
$$A_1\psi(a) + A_2\psi'(a) = 0$$
其中 A_1 與 A_2 不全為零。

若 $A_2 \neq 0$，將第一個方程式乘以 $-\psi(a)$，而第二個方程式乘以 $\varphi(a)$，可得
$$-A_1\varphi(a)\psi(a) - A_2\varphi'(a)\psi(a) = 0$$
$$A_1\varphi(a)\psi(a) + A_2\varphi(a)\psi'(a) = 0$$
將這些方程式相加，得到
$$A_2\left[\varphi(a)\psi'(a) - \varphi'(a)\psi(a)\right] = A_2 W(a) = 0, \ W(a) = 0$$
類似的運算可證明若 $A_1 \neq 0$，則 $W(a) = 0$。因此，用相同的論述對於其他端點 b，我們發現，若 $B_1 \neq 0$ 或 $B_2 \neq 0$，則 $W(b) = 0$。這證明了正則史特姆－李歐維里問題的相異特徵函數的加權正交性。類似的推理可確定其他類型邊界條件的結果。

由於特徵函數具有加權正交性，我們可以進行特徵函數展開，亦即已提出的式 (11.3)。暫時忽略收斂問題且假設
$$f(x) = \sum_{k=1}^{\infty} c_k \varphi_k(x)$$
一個非正式的論證表明如何求出係數。令 n 為正整數，將上式乘以 $p(x)\varphi_n(x)$：
$$p(x)f(x)\varphi_n(x) = \sum_{k=1}^{\infty} c_k p(x)\varphi_k(x)\varphi_n(x)$$
對這個方程式的兩邊進行積分，可得
$$\int_a^b p(x)f(x)\varphi_n(x)\,dx = \sum_{k=1}^{\infty} c_k \int_a^b p(x)\varphi_k(x)\varphi_n(x)\,dx$$
由於特徵函數的加權正交性，除了 $k = n$ 項以外，右邊的每一個積分都是零。因此這個方程式可化為
$$\int_a^b p(x)f(x)\varphi_n(x)\,dx = c_n \int_a^b p(x)\varphi_n(x)^2\,dx$$

因此
$$c_n = \frac{\int_a^b p(x)f(x)\varphi_n(x)\,dx}{\int_a^b p(x)\varphi_n^2(x)\,dx} \tag{11.6}$$

當使用這些係數時，級數
$$\sum_{n=1}^{\infty} c_n \varphi_n(x)$$

稱為 f(x) 的特徵函數展開 [eigenfunction expansion of f(x)]，其中 $\varphi_n(x)$ 為史特姆－李歐維里問題的特徵函數。c_n 是這個展開式中 f(x) 的特徵函數係數 [eigenfunction coefficients of f(x)]。

係數的推導不是正式的，而它確實可以導出正確的係數，如以下收斂定理所述。

定理 11.3 特徵函數展開的收斂

假設 $\varphi_n(x)$，$n = 1, 2, \cdots$ 在 [a, b] 形成一個史特姆－李歐維里問題的完全特徵函數集合，且令 c_n 由式 (11.6) 求得。令 f(x) 在 [a, b] 為片段平滑，則對於 $a < x < b$，f(x) 的特徵函數展開

$$\sum_{n=1}^{\infty} c_n \varphi_n(x)$$

收斂於

$$\frac{1}{2}[f(x-) + f(x+)]$$

這裡我們使用第 3 章的符號和術語。一個函數在 [a, b] 上是片段連續的，如果它是連續或具有最多有限個不連續，所有這些不連續都是跳躍不連續（圖中的有限間隙）。片段平滑表示導數為片段連續，因此函數的圖形除了跳躍不連續點或尖點外，圖形有連續的切線。最後，f(x−) 和 f(x+) 分別為函數在 x 的左極限與右極限：

$$f(x-) = \lim_{h \to 0+} f(x-h),\ f(x+) = \lim_{h \to 0+} f(x+h)$$

若函數在 x 為連續，則 $f(x-) = f(x+) = f(x)$ 且特徵函數展開收斂於 f(x)。在跳躍不連續點 x，特徵函數展開收斂於 f(x) 的圖形端點間的中點。

例 11.5

由例 11.3，若 $L = 2\pi$，則正則史特姆－李歐維里問題

$$y'' + \lambda y = 0;\ y'(0) = y'(2\pi) = 0$$

有特徵值與對應特徵函數

$$\lambda_n = \frac{n^2}{4}, \varphi_n(x) = \cos\left(\frac{nx}{2}\right), n = 0, 1, 2, \cdots$$

在此例中，特徵函數的指標由 $n = 0$ 開始，因為 0 為特徵值（對應常數特徵函數 $\varphi_0(x) = 1$）。

將微分方程式 $y'' + \lambda y = 0$ 與標準史特姆－李歐維里方程式 (11.2) 比較。可知此問題的加權函數為 $p(x) = 1$。

令

$$f(x) = \begin{cases} x, & 0 \leq x < 2 \\ 6, & 2 \leq x \leq 2\pi \end{cases}$$

利用這個史特姆－李歐維里問題的特徵函數，將 $f(x)$ 的特徵函數展開寫成

$$c_0 + \sum_{n=1}^{\infty} c_n \cos\left(\frac{nx}{2}\right)$$

係數為

$$c_0 = \frac{\int_0^{2\pi} f(x)\varphi_0(x)\,dx}{\int_0^{2\pi} \varphi_0^2(x)\,dx}$$

$$= \frac{\int_0^{2\pi} f(x)\,dx}{\int_0^{2\pi} dx}$$

$$= 6 - \frac{5}{\pi}$$

而對於 $n = 1, 2, \cdots$，

$$c_n = \frac{\int_0^{2\pi} f(x)\varphi_n(x)\,dx}{\int_0^{2\pi} \varphi_n^2(x)\,dx}$$

$$= \frac{\int_0^{2\pi} f(x)\cos(nx/2)\,dx}{\int_0^{2\pi} \cos^2(nx/2)\,dx}$$

$$= \frac{4(\cos(n) - 1 + n\sin(n))}{n^2\pi} + \frac{12\sin(n)}{n\pi}$$

由收斂定理可知，此級數在 $0 < x < 2$ 與 $2 < x < 2\pi$ 收斂於 $f(x)$。$x = 2$ 是函數的跳躍不連續點，在 $x = 2$ 級數收斂於

$$\frac{1}{2}(f(2-)+f(2+)) = \frac{1}{2}(2+6) = 4$$

　　由圖 11.2 至圖 11.4 可知收斂的情形，圖中顯示級數的項越多，部分和越接近函數。圖形亦顯示級數在跳躍不連續點的行為。

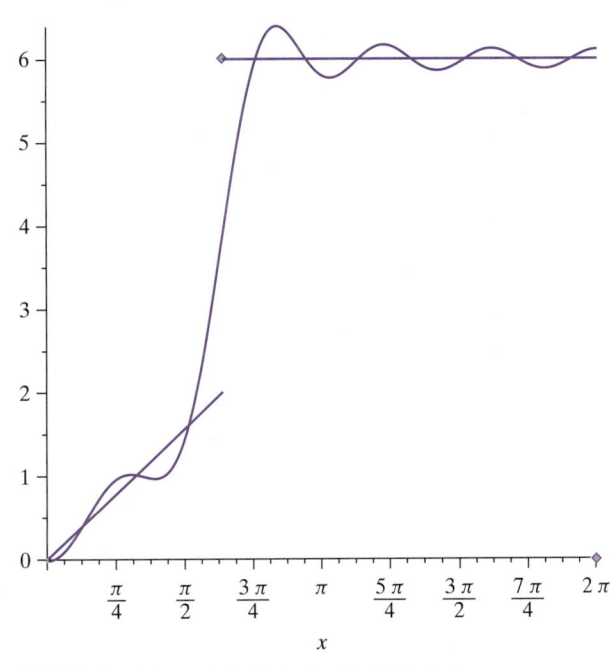

圖 11.2　例 11.5 的 $f(x)$ 與 10 項部分和

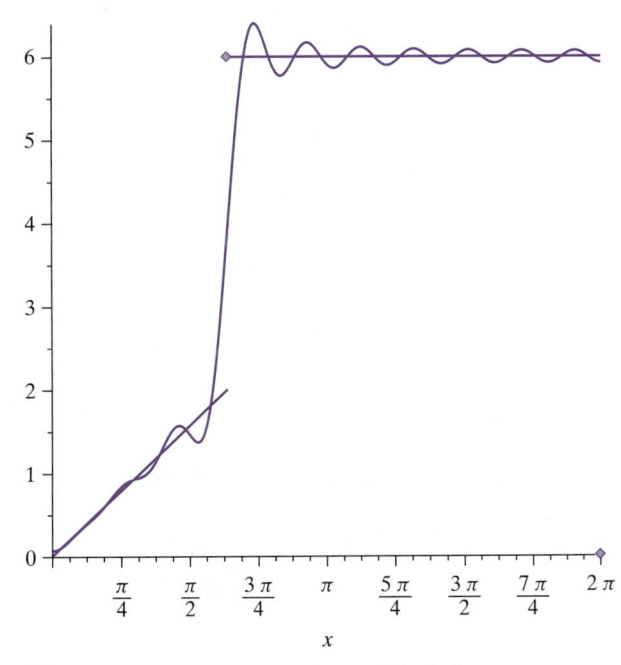

圖 11.3　例 11.5 的 $f(x)$ 與 20 項部分和

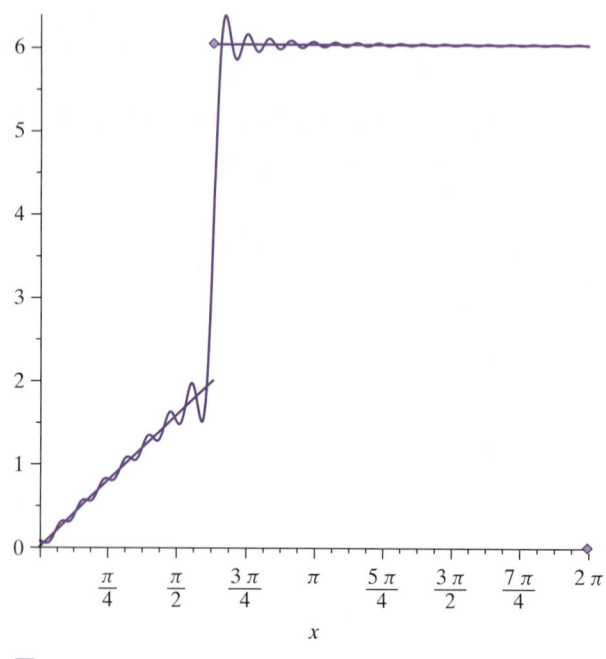

圖 11.4 例 11.5 的 $f(x)$ 與 50 項部分和

例 11.6

將 $f(x) = x$ 展開成正則史特姆－李歐維里問題

$$y'' + 4y' + (3 + \lambda)y = 0; \quad y(0) = y(1) = 0$$

的特徵函數之級數。

首先求特徵值與特徵函數。令 $y = e^{rx}$ 代入微分方程式，可得

$$r^2 + 4r + (3 + \lambda) = 0$$

上式的根為

$$r = -2 \pm \sqrt{1 - \lambda}$$

討論 $1 - \lambda$ 的情形。

若 $1 - \lambda = 0$，則特徵方程式有重根 -2，而微分方程式的通解為

$$y(x) = c_1 e^{-2x} + c_2 x e^{-2x}$$

利用邊界條件可得 $c_1 = c_2 = 0$，故 1 不是特徵值。

若 $1 - \lambda > 0$，令 $1 - \lambda = k^2$，$k > 0$。特徵方程式的根為 $r = -2 \pm k$ 且

$$y(x) = c_1 e^{(-2+k)x} + c_2 e^{(-2-k)x}$$

由邊界條件可得 $c_1 = c_2 = 0$，因此無特徵值。

若 $1-\lambda < 0$，令 $1-\lambda = -k^2$，$k > 0$ 特徵方程式的根為 $-2 \pm ki$，而微分方程式的解為

$$y(x) = c_1 e^{-2x} \cos(kx) + c_2 e^{-2x} \sin(kx)$$

$y(0) = c_1 = 0$，故 $y = c_2 e^{-2x} \sin(kx)$。此外，

$$y(1) = c_2 e^{-2} \sin(k) = 0$$

欲得非零解，選取 $k = n\pi$，其中 n 為任意正整數，特徵值與對應特徵函數分別為

$$\lambda_n = 1 + n^2\pi^2, \varphi_n(x) = e^{-2x} \sin(n\pi x), n = 1, 2, 3, \cdots$$

特徵函數展開具有如下的形式

$$\sum_{n=1}^{\infty} c_n e^{-2x} \sin(n\pi x)$$

欲求係數，我們需要知道此問題的加權函數。微分方程式不是標準式。因為 y' 的係數為 4，所以將方程式乘以

$$e^{\int 4\,dx} = e^{4x}$$

可得

$$(e^{4x} y')' + \left(3e^{4x} + \lambda e^{4x}\right) y = 0$$

上式為標準式 (11.2)，而 λ 的係數為 $p(x) = e^{4x}$，這是加權函數，它可用於求係數：

$$c_n = \frac{\int_0^1 p(x) f(x) \varphi_n(x)\,dx}{\int_0^1 p(x) \varphi_n^2(x)\,dx}$$

$$= \frac{\int_0^1 e^{4x} f(x) e^{-2x} \sin(n\pi x)\,dx}{\int_0^1 e^{4x} (e^{-2x} \sin(n\pi x))^2\,dx}$$

$$= \frac{\int_0^1 e^{2x} x \sin(n\pi x)\,dx}{\int_0^1 \sin^2(n\pi x)\,dx}$$

$$= \frac{-8n\pi - 2e^2 n^3 \pi^3 (-1)^n}{(4 + n^2\pi^2)^2}$$

因為 $f(x) = x$ 在 $[0, 1]$ 連續，所以當 $0 < x < 1$，此級數收斂於 x。圖 11.5 至圖 11.7 顯示，當項數越多，部分和的圖形越接近函數的圖形。

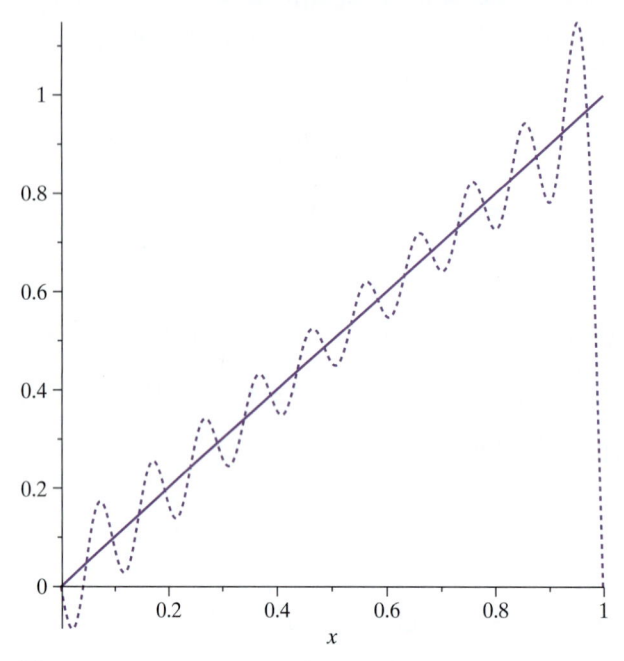

圖 11.5　例 11.6 的 $f(x)$ 與 20 項部分和

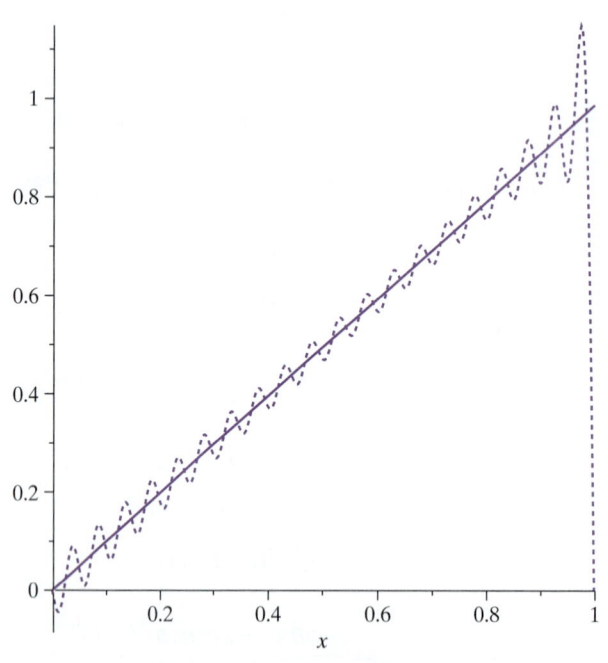

圖 11.6　例 11.6 的 $f(x)$ 與 40 項部分和

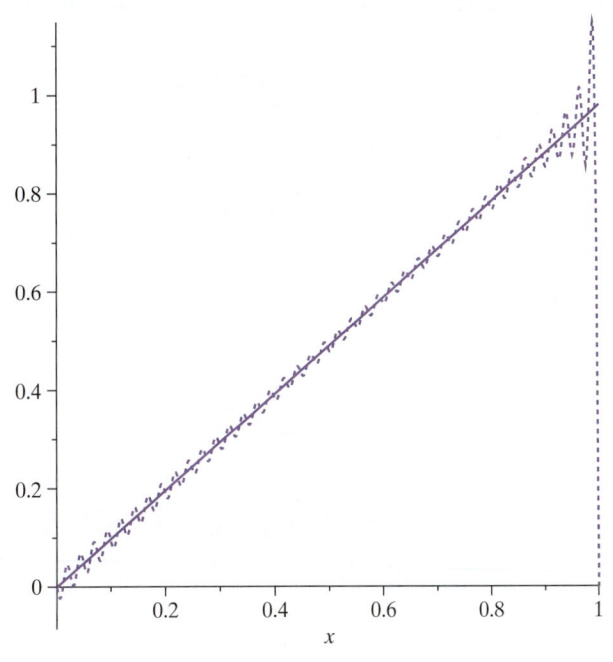

圖 11.7 例 11.6 的 $f(x)$ 與 80 項部分和

11.2.1 係數的性質

我們將探索特徵函數展開式中係數的一些特質。

假設 $\varphi_1(x), \varphi_2(x), \cdots$ 在 $[a, b]$ 形成一個史特姆－李歐維里問題的完全特徵函數集合。令 $p(x)$ 為此問題的加權函數。

任何特徵函數的非零恆定倍數也是特徵函數。將每一個 $\varphi_n(x)$ 除以正數

$$\sqrt{\int_a^b p(x)(\varphi_n(x))^2 \, dx}$$

可得新的特徵函數

$$\Phi_n(x) = \frac{\varphi_n(x)}{\sqrt{\int_a^b p(x)\varphi_n^2(x) \, dx}}$$

當這樣做時，特徵函數 $\Phi_1, \Phi_2, \cdots$ 稱為**歸一化特徵函數** (normalized eigenfunctions)。它們有很好的特性，亦即

$$\int_a^b p(x)(\Phi_n(x))^2 \, dx = \frac{\int_a^b p(x)(\varphi_n(x))^2 \, dx}{\int_a^b p(x)(\varphi_n(x))^2 \, dx} = 1 \tag{11.7}$$

因此，使用這些歸一化特徵函數，$f(x)$ 的特徵函數展開式中的第 n 項係數為

$$c_n = \frac{\int_a^b p(x)f(x)\Phi_n(x)\,dx}{\int_a^b p(x)(\Phi_n(x))^2\,dx}$$
$$= \int_a^b p(x)f(x)\Phi_n(x)\,dx \tag{11.8}$$

以此為背景，請考慮下列問題。令 N 為正整數。選擇 $d_1, \cdots, d_N$ 將下列積分

$$\int_a^b p(x)\left(f(x) - \sum_{n=1}^{N} d_n\Phi_n(x)\right)^2 dx \tag{11.9}$$

最小化。若 $d_1, \cdots, d_n$ 最小化這個積分，則 $\sum_{n=1}^{N} d_n\Phi_n(x)$ 稱為 $f(x)$ 在 $[a, b]$ 的最佳最小平方近似 (best least-squares approximation to $f(x)$ on $[a, b]$)，這是使用前 N 項歸一化特徵函數的線性組合。

欲知如何選擇 $d_1, \cdots, d_N$ 來最小化此積分，可執行下列的計算，其中 c_n 是在這些歸一化特徵函數的級數中，$f(x)$ 的特徵函數展開式的第 n 項係數：

$$0 \leq \int_a^b p(x)\left(f(x) - \sum_{n=1}^{N} d_n\Phi_n(x)\right)^2 dx$$
$$= \int_a^b p(x)(f(x))^2\,dx - 2\sum_{n=1}^{N} d_n \int_a^b p(x)f(x)\Phi_n(x)\,dx$$
$$+ \sum_{n=1}^{N}\sum_{m=1}^{N} d_n d_m \int_a^b p(x)\Phi_n(x)\Phi_m(x)\,dx$$
$$= \int_a^b p(x)(f(x))^2\,dx - 2\sum_{n=1}^{N} c_n d_n + \sum_{n=1}^{N} d_n^2 \int_a^b p(x)(\Phi_n(x))^2\,dx$$
$$= \int_a^b p(x)(f(x))^2\,dx - 2\sum_{n=1}^{N} c_n d_n + \sum_{n=1}^{N} d_n^2$$

這裡使用了式 (11.7) 和式 (11.8) 及歸一化特徵函數的正交性，其中 $p(x)$ 為加權函數。經計算得知

$$0 \leq \int_a^b p(x)(f(x))^2\,dx - 2\sum_{n=1}^{N} c_n d_n + \sum_{n=1}^{N} d_n^2 \tag{11.10}$$

我們要選擇 $d_1, \cdots, d_N$ 來最小化不等式 (11.10) 的右邊。欲知如何做到這一點，可將上式右邊配方，得到

$$0 \leq \int_a^b p(x)(f(x))^2 \, dx - \sum_{n=1}^N c_n^2 + \sum_{n=1}^N (c_n - d_n)^2 \tag{11.11}$$

因為 $\sum_{n=1}^N (c_n - d_n)^2 \geq 0$，所以當

$$\sum_{n=1}^N (c_n - d_n)^2 = 0$$

不等式右邊為最小，選擇

$$d_n = c_n, n = 1, \cdots, N$$

可得最小值。使用歸一化特徵函數，將每個 d_n 選擇為 $f(x)$ 的特徵函數展開式中的第 n 個係數來獲得 $f(x)$ 在 $[a, b]$ 上的最佳最小平方近似 $\sum_{n=1}^N d_n \Phi_n(x)$。

將 $d_n = c_n$ 代入不等式 (11.11)，可得

$$\sum_{n=1}^N c_n^2 \leq \int_a^b p(x)(f(x))^2 \, dx$$

因為上式對每一個正整數 N 成立，所以這些係數的平方的級數

$$\sum_{n=1}^\infty c_n^2$$

必收斂，其和以 $\int_a^b p(x)(f(x))^2 \, dx$ 為上界。不等式

$$\sum_{n=1}^\infty c_n^2 \leq \int_a^b p(x)(f(x))^2 \, dx \tag{11.12}$$

稱為**貝索不等式** (Bessel's inequality)。

若 $f(x)$ 在 $[a, b]$ 為連續，且 $f'(x)$ 為片段連續，則貝索不等式變成 **Parseval 等式** (Parseval's equality)

$$\sum_{n=1}^\infty c_n^2 = \int_a^b p(x)(f(x))^2 \, dx$$

11.2 習題

習題 1–6，在所予的史特姆－李歐維里問題，求 $f(x)$ 的特徵函數展開。對於已知的 N，比較函數與級數的 N 項部分和之圖形，並且利用收斂定理來確定該特徵函數展開在相關開區間是否收斂。

1. $y'' + \lambda y = 0; y(0) = y(2) = 0$
   $f(x) = 1 - x, 0 \leq x \leq 2, N = 40$

2. $y'' + \lambda y = 0; y(0) = y'(\pi) = 0$
   $f(x) = x, 0 \leq x \leq \pi, N = 5$

3. $y'' + \lambda y = 0; y'(0) = y(4) = 0$
   $f(x) = \begin{cases} -1, & 0 \leq x \leq 2 \\ 1, & 2 < x \leq 4 \end{cases}$
   $N = 60$

4. $y'' + \lambda y = 0; y'(0) = y'(\pi) = 0$
   $f(x) = \sin(2x), 0 \leq x \leq \pi, N = 10$

5. $y'' + \lambda y = 0; y(-3\pi) = y(3\pi), y'(-3\pi) = y'(3\pi)$
   $f(x) = x^2, -3\pi \leq x \leq 3\pi, N = 5$

6. $y'' + 2y' + (1 + \lambda)y = 0; y(0) = y(1) = 0$,
   $f(x) = \begin{cases} 0, & 0 \leq x \leq 1/2 \\ 1, & 1/2 < x \leq 1 \end{cases}$

   在展開式的部分和中，使用 $N = 80$。

7. 利用特徵函數的加權正交性證明史特姆－李歐維里問題的特徵值為實數（定理 11.1(2)）。**提示**：假設 λ 為特徵函數 $\varphi(x)$ 對應的複數特徵值，證明 $\overline{\lambda}$ 為特徵函數 $\overline{\varphi(x)}$ 對應的特徵值。現在考慮

$$\int_a^b p(x)\varphi(x)\overline{\varphi(x)}\,dx$$

11.3 傅立葉級數

傅立葉級數 (Fourier series) 是特殊的特徵函數展開，具有特別廣泛的應用。傅立葉級數有三種經常使用的形式。

11.3.1 在 [0, L] 的傅立葉餘弦級數

由例 11.3，史特姆－李歐維里問題

$$y'' + \lambda y = 0; y'(0) = y'(L) = 0$$

在 [0, L] 有完全特徵函數集合

$$1, \cos(\pi x/L), \cos(2\pi x/L), \cdots, \cos(n\pi x/L), \cdots$$

假設 $g(x)$ 定義於 $0 \leq x \leq L$，如果我們將 $g(x)$ 的展開式以這些特徵函數表示如下：

$$\frac{1}{2}a_0 + \sum_{n=1}^{\infty} a_n \cos(n\pi x/L) \tag{11.13}$$

則係數為

$$a_n = \frac{2}{L}\int_0^L g(x)\cos(n\pi x/L)\,dx, \ n = 0, 1, 2, \cdots \tag{11.14}$$

式 (11.13) 的級數稱為 $g(x)$ 在 [0, L] 的傅立葉餘弦級數 (Fourier cosine series for $g(x)$ on [0, L])，而式 (11.14) 的 a_n 稱為 $g(x)$ 在 [0, L] 的傅立葉餘弦係數 (Fourier cosine coefficient of $g(x)$ on [0, L])。

定理 11.4 傅立葉餘弦級數的收斂

假設 $g(x)$ 在 [0, L] 為片段平滑，則對於 $0 < x < L$，$g(x)$ 在 [0, L] 的傅立葉餘弦級數收斂於

$$\frac{1}{2}(g(x-) + g(x+))$$

此外，在 $x = 0$，級數收斂於 $g(0+)$ 且在 $x = L$，級數收斂於 $g(L-)$。

例 11.7 傅立葉餘弦展開

假設在 [0, 1]，$g(x) = e^x$。$g(x)$ 在 [0, 1] 的傅立葉餘弦係數為

$$a_0 = 2\int_0^1 e^x\,dx = 2(e - 1)$$

且對於 $n = 1, 2, \cdots$，

$$a_n = 2\int_0^1 e^x \cos(n\pi x)\,dx = \frac{2}{1 + n^2\pi^2}(e(-1)^n - 1)$$

e^x 在 [0, 1] 的餘弦展開為

$$e - 1 + \sum_{n=1}^{\infty} \frac{2}{1 + n^2\pi^2}(e(-1)^n - 1)\cos(n\pi x)$$

此級數在 [0, 1] 收斂於 e^x。圖 11.8 是將 $g(x)$ 與 $g(x)$ 在 [0, 1] 的餘弦展開的 5 項部分和作一比較。在這個例子中，餘弦級數收斂到 e^x 是非常快的，在圖形解析度內，即使是 5 項部分和其圖形與函數的圖形似乎是無法區分。

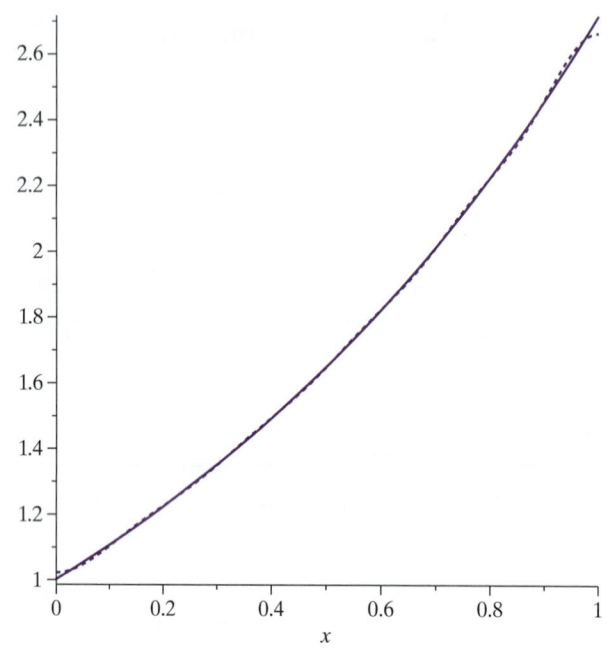

圖 11.8 e^x 與 e^x 在 $[0, 1]$ 的餘弦展開的 5 項部分和

11.3.2 在 $[0, L]$ 的傅立葉正弦級數

以類似的方式，例 11.1 的史特姆－李歐維里問題，

$$y'' + \lambda y = 0; \; y(0) = y(L) = 0$$

有完全特徵函數集合

$$\sin(\pi x/L), \sin(2\pi x/L), \cdots, \sin(n\pi x/L), \cdots$$

若 $g(x)$ 定義於 $[0, L]$，則 $g(x)$ 的特徵函數展開式為

$$\sum_{n=1}^{\infty} b_n \sin(n\pi x/L) \tag{11.15}$$

其中

$$b_n = \frac{2}{L} \int_0^L g(x) \sin(n\pi x/L) \, dx, \; n = 1, 2, 3, \cdots \tag{11.16}$$

式 (11.15) 的級數為 *g(x)* 在 *[0, L]* 的傅立葉正弦級數 (Fourier sine series for *g(x)* on *[0, L]*)，而由式 (11.16) 計算的數則為 *g(x)* 在 *[0, L]* 的傅立葉正弦係數 (Fourier sine coefficients of *g(x)* on *[0, L]*)。

定理 11.5　傅立葉正弦級數的收斂

若 $g(x)$ 在 $[0, L]$ 為片段平滑，$g(x)$ 在 $[0, L]$ 的傅立葉正弦展開收斂於

$$\frac{1}{2}(f(x-) + f(x+))$$

其中 $0 < x < L$。在 $x = 0$ 與 $x = L$，此級數收斂於 0。

例 11.8　傅立葉正弦展開

如同例 11.7，令 $g(x) = e^x$，$0 \leq x \leq 1$。e^x 在 $[0, 1]$ 的傅立葉正弦係數為

$$b_n = 2\int_0^1 e^x \sin(n\pi x)\,dx = \frac{2n\pi}{1+n^2\pi^2}(1 - e(-1)^n)$$

e^x 在 $[0, 1]$ 的正弦級數為

$$\sum_{n=1}^{\infty} \frac{2n\pi(1-(-1)^n e)}{1+n^2\pi^2}\sin(n\pi x)$$

圖 11.9 是 e^x 與此正弦展開的 60 項部分和比較。在此例中，e^x 在 $[0, 1]$ 的正弦級數的收斂比 e^x 在 $[0, 1]$ 的餘弦級數的收斂慢很多。

此級數收斂於

$$\begin{cases} e^x, & 0 < x < 1 \\ 0, & x = 0 \text{ 與 } x = 1 \end{cases}$$

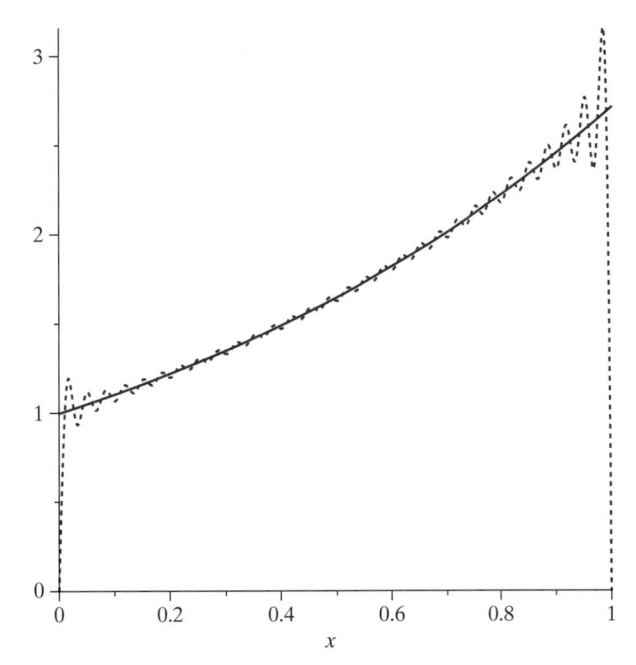

圖 11.9　e^x 與 e^x 在 $[0, 1]$ 的正弦展開的第 60 項部分和

關於傅立葉級數和係數的更多技術細節，將在第 12 章中研究。

11.3 習題

習題 1–6，寫出函數在區間的傅立葉級數，並利用收斂定理求級數的和。

1. $f(x) = 4, \; -3 \leq x \leq 3$
2. $f(x) = \cosh(\pi x), \; -1 \leq x \leq 1$
3. $f(x) = \begin{cases} -4, & -\pi \leq x \leq 0 \\ 4, & 0 < x \leq \pi \end{cases}$
4. $f(x) = x^2 - x + 3, \; -2 \leq x \leq 2$
5. $f(x) = \begin{cases} 1, & -\pi \leq x < 0 \\ 2, & 0 \leq x \leq \pi \end{cases}$
6. $f(x) = \cos(x), \; -3 \leq x \leq 3$

習題 7 和 8，求函數在區間的傅立葉級數的和。不需要求級數。

7. $f(x) = \begin{cases} 2x, & -3 \leq x < -2 \\ 0, & -2 \leq x < 1 \\ x^2, & 1 \leq x \leq 3 \end{cases}$

8. $f(x) = \begin{cases} -2, & -4 \leq x \leq -2 \\ 1 + x^2, & -2 < x \leq 2 \\ 0, & 2 < x \leq 4 \end{cases}$

9. 假設 $f(x)$ 在 $[-L, L]$ 為**偶函數** (even function)。這表示 $f(-x) = f(x)$，因此在 $[-L, 0]$ 的圖形與在 $[0, L]$ 的圖形對於 y 軸為對稱（例如，$f(x) = x^2$ 或 $f(x) = \cos(6x)$）。證明 $f(x)$ 在 $[-L, L]$ 的傅立葉級數不含正弦項，且餘弦項的係數為

$$a_n = \frac{2}{L} \int_0^L f(x) \cos(n\pi x / L) \, dx$$

10. 假設 $f(x)$ 在 $[-L, L]$ 為**奇函數** (odd function)，因此 $f(-x) = -f(x)$。在 $[-L, 0]$ 的圖形與在 $[0, L]$ 的圖形對於原點為對稱（例如，$f(x) = x^3$ 或 $f(x) = \sin(8x)$）。證明 $f(x)$ 在 $[-L, L]$ 的傅立葉級數不含餘弦項，且正弦係數為

$$b_n = \frac{2}{L} \int_0^L f(x) \sin(n\pi x / L) \, dx$$

11. 設 $f(x)$ 定義於 $[-L, L]$。證明 $f(x)$ 可寫成偶函數與奇函數的和。

12. 求定義於 $[-L, L]$ 上，同時為偶數與奇數之所有函數。

習題 13–17，求函數在區間的傅立葉正弦級數與傅立葉餘弦級數，以及每一個級數的和。

13. $f(x) = \begin{cases} 1, & 0 \leq x \leq 1 \\ -1, & 1 < x \leq 2 \end{cases}$

14. $f(x) = 2x, \; 0 \leq x \leq 1$

15. $f(x) = e^{-x}, \; 0 \leq x \leq 1$

16. $f(x) = \begin{cases} 1, & 0 \leq x < 1 \\ 0, & 1 \leq x \leq 3 \\ -1, & 3 < x \leq 5 \end{cases}$

17. $f(x) = 1 - x^3, \; 0 \leq x \leq 2$

18. 利用 $\sin(x)$ 在 $[0, \pi]$ 的傅立葉餘弦級數展開式且選取適當的 x 值，求級數

$$\sum_{n=1}^{\infty} \frac{(-1)^n}{4n^2 - 1}$$

的和。

CHAPTER 12
傅立葉級數

12.1 在 $[-L, L]$ 的傅立葉級數

在第 11 章中,引入傅立葉級數作為特徵函數展開。本章擴展傅立葉級數,包括不同形式的傅立葉級數、傅立葉係數的性質,以及它們的收斂性的一些細微差別。

假設 $f(x)$ 定義於 $[-L, L]$,其中 L 為正數,本節探討在此區間將 $f(x)$ 寫成正弦和餘弦級數的可能性:

$$f(x) = \frac{1}{2}a_0 + \sum_{n=1}^{\infty}\left[a_n \cos\left(\frac{n\pi x}{L}\right) + b_n \sin\left(\frac{n\pi x}{L}\right)\right] \tag{12.1}$$

假設這是可能的,應該如何選擇係數 a_n 和 b_n?我們將用一個非正式的論證來深入了解這個問題。

首先將式 (12.1) 積分,得到

$$\int_{-L}^{L} f(x)\, dx = \frac{1}{2}\int_{-L}^{L} a_0\, dx$$
$$+ \sum_{n=1}^{\infty}\left[a_n \int_{-L}^{L} \cos\left(\frac{n\pi x}{L}\right) dx + b_n \int_{-L}^{L} \sin\left(\frac{n\pi x}{L}\right) dx\right]$$

右側級數和中的所有積分均為零,此方程式可化簡為

$$\int_{-L}^{L} f(x)\, dx = La_0$$

因此

$$a_0 = \frac{1}{L}\int_{-L}^{L} f(x)\, dx \tag{12.2}$$

我們已解出式 (12.1) 中的 a_0。

如今設 k 為任意正整數。以 $\cos(k\pi x/L)$ 乘以式 (12.1),然後對所產生的級數逐項積分,可得

$$\int_{-L}^{L} f(x) \cos\left(\frac{k\pi x}{L}\right) dx = \frac{1}{2} \int_{-L}^{L} a_0 \cos\left(\frac{k\pi x}{L}\right) dx$$
$$+ \sum_{n=1}^{\infty} \left[a_n \int_{-L}^{L} \cos\left(\frac{n\pi x}{L}\right) \cos\left(\frac{k\pi x}{L}\right) dx + b_n \int_{-L}^{L} \sin\left(\frac{n\pi x}{L}\right) \cos\left(\frac{k\pi x}{L}\right) dx \right] \quad (12.3)$$

但對所有正整數 n 和 k 而言，

$$\int_{-L}^{L} \cos\left(\frac{n\pi x}{L}\right) \sin\left(\frac{k\pi x}{L}\right) dx = 0$$

且

$$\int_{-L}^{L} \cos\left(\frac{n\pi x}{L}\right) \cos\left(\frac{k\pi x}{L}\right) dx = \begin{cases} 0, & n \neq k \\ L, & n = k \end{cases}$$

因此，式 (12.3) 可化簡為

$$\int_{-L}^{L} f(x) \cos\left(\frac{k\pi x}{L}\right) dx = a_k \int_{-L}^{L} \cos^2\left(\frac{k\pi x}{L}\right) dx = L a_k$$

故對於 $k = 1, 2, \cdots$，

$$a_k = \frac{1}{L} \int_{-L}^{L} f(x) \cos\left(\frac{k\pi x}{L}\right) dx \quad (12.4)$$

注意：若 $k = 0$，由上式可求得 a_0，因此式 (12.2) 和式 (12.4) 可以合併。

最後，以 $\sin(k\pi x/L)$ 乘以式 (12.1) 且積分：

$$\int_{-L}^{L} f(x) \sin\left(\frac{k\pi x}{L}\right) dx = \frac{1}{2} a_0 \int_{-L}^{L} \sin\left(\frac{k\pi x}{L}\right) dx$$
$$+ \sum_{n=1}^{\infty} \left[a_n \int_{-L}^{L} \cos\left(\frac{n\pi x}{L}\right) \sin\left(\frac{k\pi x}{L}\right) dx + b_n \int_{-L}^{L} \sin\left(\frac{n\pi x}{L}\right) \sin\left(\frac{k\pi x}{L}\right) dx \right]$$

除了當 $n = k$ 的係數 b_n，所有右側積分均等於零，故右側可化簡為一項，剩下

$$\int_{-L}^{L} f(x) \sin\left(\frac{k\pi x}{L}\right) dx = b_k \int_{-L}^{L} \sin^2\left(\frac{k\pi x}{L}\right) dx = L b_k$$

因此對於 $k = 1, 2, \cdots$，

$$b_k = \frac{1}{L} \int_{-L}^{L} f(x) \sin\left(\frac{k\pi x}{L}\right) dx \quad (12.5)$$

由這些計算可知，如果我們將 $f(x)$ 以下列級數表示：

$$\frac{1}{2}a_0 + \sum_{n=1}^{\infty}\left[a_n \cos\left(\frac{n\pi x}{L}\right) + b_n \sin\left(\frac{n\pi x}{L}\right)\right] \tag{12.6}$$

則應有

$$a_n = \frac{1}{L}\int_{-L}^{L} f(x)\cos\left(\frac{n\pi x}{L}\right) dx, \; n = 0, 1, 2, \cdots \tag{12.7}$$

且

$$b_n = \frac{1}{L}\int_{-L}^{L} f(x)\sin\left(\frac{n\pi x}{L}\right) dx, \; n = 1, 2, \cdots \tag{12.8}$$

式 (12.7) 和式 (12.8) 為 $f(x)$ 在 $[-L, L]$ 的**傅立葉係數** (Fourier coefficients)。當使用這些係數，則式 (12.6) 的級數稱為**傅立葉級數** (Fourier series)，或 $f(x)$ 在 $[-L, L]$ 的**傅立葉展開** (Fourier expansion)。

傅立葉級數中的這些係數的公式，在 18 世紀，傅立葉、歐勒等人都知道。然而，並不保證級數式 (12.6) 收斂於 $f(x)$。許多數學家花了一個多世紀的密集和有爭議的工作，來理解函數與其在區間的傅立葉展開之間的關係。

若 $-L < c < L$，則

$$f(c-) = \lim_{x \to c-} f(x) \text{ 且 } f(c+) = \lim_{x \to c+} f(x)$$

$f(c-)$ 為 $f(x)$ 在 c 的左極限，且 $f(c+)$ 為 $f(x)$ 在 c 的右極限。若函數在 c 為連續，則 $f(c-) = f(c+) = f(c)$。若 $f(c-) \neq f(c+)$，則函數在 c 有**跳躍不連續** (jump discontinuity)。這表示函數的圖形在 $x = c$ 有間隙。圖 12.1 顯示一個典型的跳躍不連續。

在左端點，當 $x \to -L$，我們只能從右邊取右極限，因為 $f(x)$ 在 $-L$ 的左邊，可能沒有定義：

$$f(-L+) = \lim_{x \to -L+} f(x)$$

同理，在右端點，我們僅能令 x 由左趨近於 L，因為 $f(x)$ 在 L 的右邊可能沒有定義：

$$f(L-) = \lim_{x \to L-} f(x)$$

除了在有限個點，函數有跳躍不連續外，若 $f(x)$ 在區間 $[-L, L]$ 為連續，則 $f(x)$ 在 $[-L, L]$ 為**片段連續** (piecewise continuous)。片段連續函數的圖形在 $-L$ 和 L 之間的有限點處具有間隙。

若導數 $f'(x)$ 在區間 $[-L, L]$ 為片段連續，則 $f(x)$ 在 $[-L, L]$ 為**片段平滑** (piecewise smooth)。這表示除了有限點外，圖形有連續的切線，在有限點其圖形可能具有間隙（不連續點）或沒有切線的尖點（圖 12.2）。

我們現在可以敘述傅立葉級數的收斂定理。

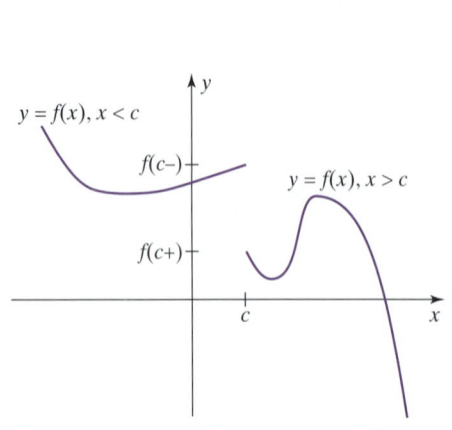

圖 12.1 函數在典型跳躍不連續點的圖形

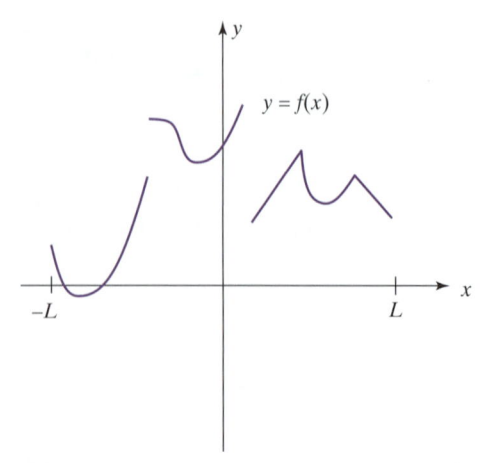

圖 12.2 除了間隙和尖點外，圖形具有切線

定理 12.1　傅立葉級數的收斂

設 $f(x)$ 在 $[-L, L]$ 為片段平滑，則

1. 若 $-L < c < L$，則在 $x = c$，$f(x)$ 在 $[-L, L]$ 的傅立葉級數收斂於

$$\frac{1}{2}(f(c-) + f(c+))$$

2. 在 $-L$ 和 L，傅立葉級數收斂於

$$\frac{1}{2}(f(-L+) + f(L-))$$

在內點 c，傅立葉級數收斂於 $f(x)$ 在 c 點的左右極限的平均值（圖 12.3）。若 $f(x)$ 在 c 為連續，則這些單邊極限均等於 $f(c)$，且在 c 點，傅立葉級數收斂於 $f(c)$。

在端點，傅立葉級數收斂於 $-L$ 的右極限與 L 的左極限的平均。

在觀察例子之前，重要的是要在術語上清楚一點。當我們指「$f(x)$ 在 $[-L, L]$ 的傅立葉級數」，區間包含在內，因為係數與區間有關。e^x 在 $[-1, 1]$ 的展開的係數與 e^x 在 $[-\pi, \pi]$ 的展開的係數不同。這個術語並沒有談到級數在區間的收斂。為了這個，我們必須使用收斂定理，此定理告訴我們（對於片段平滑函數）：(1) 函數收斂於 $-L < x < L$ 中的連續點；(2) 在 $-L < x < L$

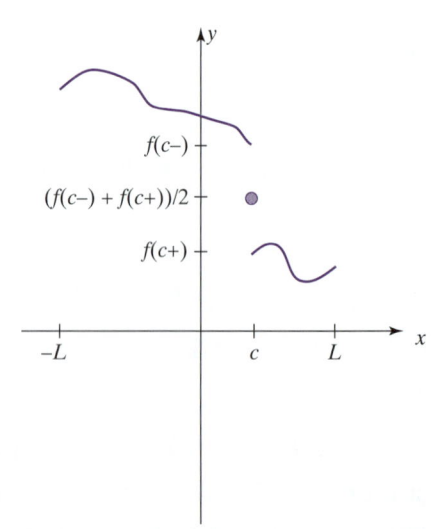

圖 12.3 傅立葉級數在跳躍不連續點的收斂

中的不連續點 c，函數收斂於 $(f(c-) + f(c+))/2$；(3) 在 $-L$ 與 L，函數收斂於 $(f(-L+) + f(L-))/2$。

例 12.1

令

$$f(x) = \begin{cases} x+1, & 0 \leq x \leq 2 \\ x-1, & -2 \leq x < 0 \end{cases}$$

圖 12.4 是 $f(x)$ 的圖形。除了在 $x = 0$ 有跳躍不連續外，此函數為連續。在端點和不連續點的單邊極限為

$$f(0+) = \lim_{x \to 0+} f(x) = \lim_{x \to 0+} (x+1) = 1$$

$$f(0-) = \lim_{x \to 0-} f(x) = \lim_{x \to 0-} (x-1) = -1$$

$$f(-2+) = \lim_{x \to -2+} (x-1) = -3$$

$$f(2-) = \lim_{x \to 2-} (x+1) = 3$$

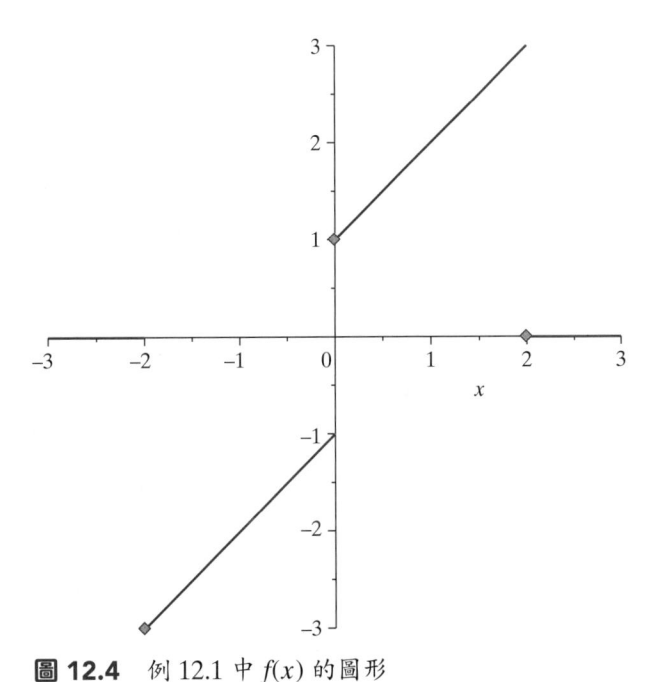

圖 12.4 例 12.1 中 $f(x)$ 的圖形

因為

$$\frac{1}{2}(f(0-) + f(0+)) = 1 - 1 = 0$$

在 $x = 0$，傅立葉級數收斂於 0，且

$$\frac{1}{2}(f(-2+) + f(2-)) = -3 + 3 = 0$$

因此在兩端點與在 $x = 0$，傅立葉級數收斂於 0。在 $(-2, 0)$ 與 $(0, 2)$ 的所有點，函數為連續，且傅立葉級數收斂於 $f(x)$。總的來說，$f(x)$ 在 $[-2, 2]$ 的傅立葉級數收斂於

$$\begin{cases} x + 1, & 0 < x < 2 \\ x - 1, & -2 < x < 0 \\ 0, & \text{在 } x = -2 \text{、} 0 \text{ 在 } 2 \end{cases}$$

有關這個傅立葉級數收斂的資訊可由函數本身求得，無須確實求出傅立葉係數。然而，利用求出的傅立葉係數以部分和的圖形來觀察收斂情形：

$$a_0 = \frac{1}{2} \int_{-2}^{2} f(x)\, dx = 0$$

$$a_n = \frac{1}{2} \int_{-2}^{2} f(x) \cos(n\pi x/2)\, dx = 0, \ n = 1, 2, \cdots$$

$$b_n = \frac{1}{2} \int_{-2}^{2} f(x) \sin(n\pi x/2)\, dx = \frac{2 + 6(-1)^{n+1}}{n\pi}, \ n = 1, 2, \cdots$$

$f(x)$ 在 $[-2, 2]$ 的傅立葉級數為

$$\sum_{n=1}^{\infty} \frac{2 + 6(-1)^{n+1}}{n\pi} \sin\left(\frac{n\pi x}{2}\right)$$

圖 12.5、圖 12.6 和圖 12.7 分別顯示這個級數的 10 項、25 項與 50 項的部分和。除了在點 0、2 與 −2 外，當所包含的項數越多，這些部分和的圖形看起來越趨近於函數。

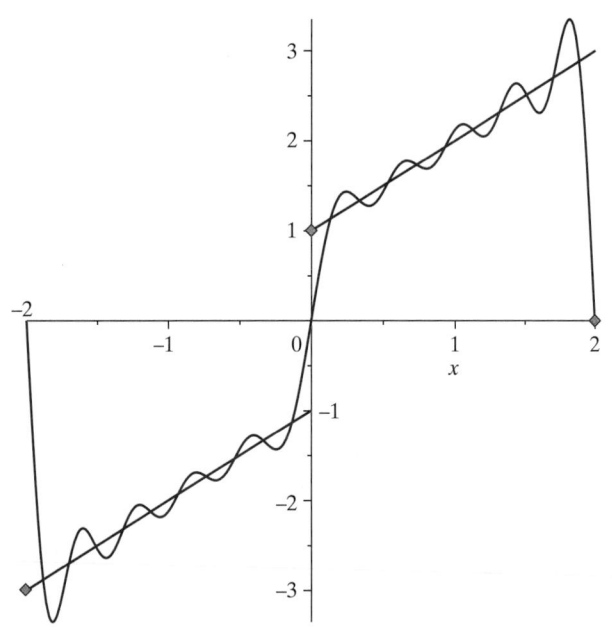

圖 12.5 例 12.1 中，$f(x)$ 與傅立葉級數的 10 項部分和

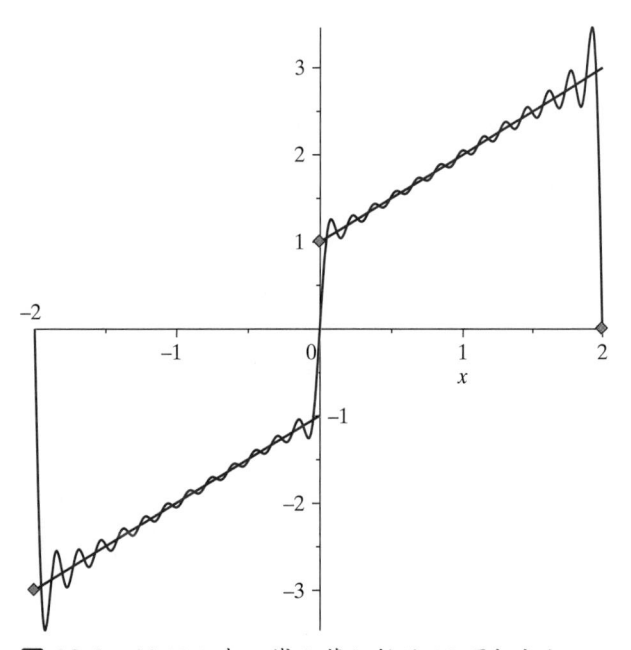

圖 12.6 例 12.1 中，傅立葉級數的 25 項部分和

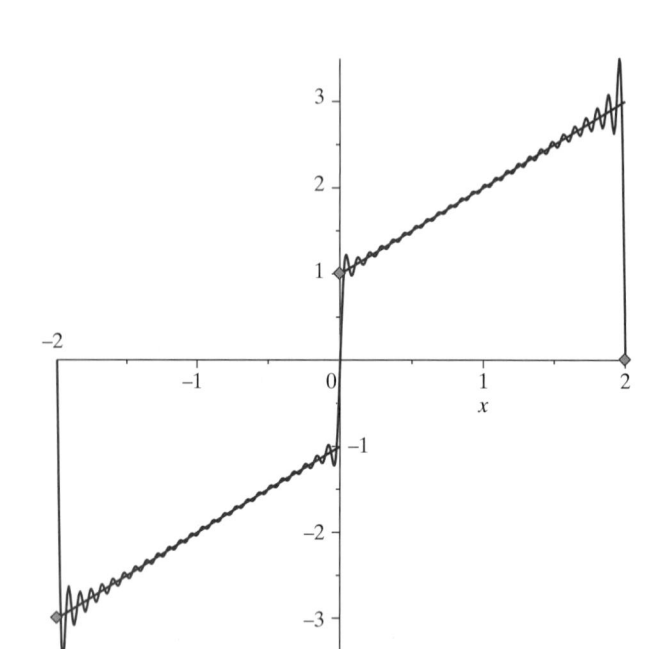

圖 12.7 例 12.1 中，傅立葉級數的 50 項部分和

例 12.2

寫出 $w(x) = e^{-x}$ 在 $[-1, 1]$ 的傅立葉展開。首先，

$$a_0 = \int_{-1}^{1} e^{-x}\, dx = e - \frac{1}{e}$$

其次，對於 $n = 1, 2, \cdots$，

$$a_n = \int_{-1}^{1} e^{-x} \cos(n\pi x)\, dx = \frac{(-1)^n}{1 + n^2\pi^2}\left(e - \frac{1}{e}\right)$$

且對於 $n = 1, 2, \cdots$，

$$b_n = \int_{-1}^{1} e^{-x} \sin(n\pi x)\, dx = \frac{(-1)^n n\pi}{1 + n^2\pi^2}\left(e - \frac{1}{e}\right)$$

e^{-x} 在 $[-1, 1]$ 的傅立葉級數為

$$\frac{1}{2}\left(e - \frac{1}{e}\right) + \left(e - \frac{1}{e}\right)\sum_{n=1}^{\infty} \frac{(-1)^n}{1 + n^2\pi^2}\left[\cos(n\pi x) + n\pi \sin(n\pi x)\right]$$

在 $(-1, 1)$，此級數收斂於 e^{-x}。在 1 和 -1，此級數收斂於

$$\frac{1}{2}(w(-1+) + w(1-)) = \frac{1}{2}\left(\frac{1}{e} - e\right)$$

圖 12.8 顯示此級數的 30 項部分和，

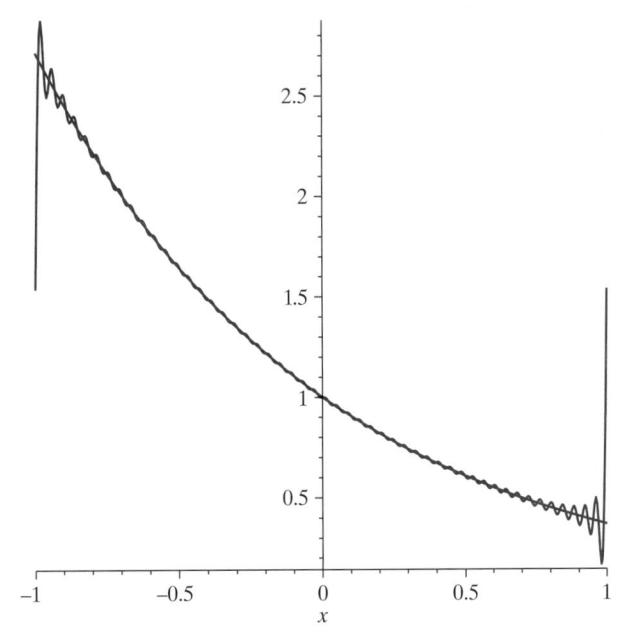

圖 12.8 e^x 在 $[-1, 1]$ 的傅立葉級數的 30 項部分和

12.1.1 偶函數與奇函數的傅立葉級數

有時，函數的性質可以簡化一個區間上的傅立葉係數的計算。

若 $g(-x) = g(x)$，則函數 $g(x)$ 在 $[-L, L]$ 為**偶** (even) 函數。這表示對於 $-L < x < 0$ 的圖形與 $0 < x < L$ 的圖形對於垂直軸為鏡射。如果讀者在 $0 < x < L$ 繪製圖形，將紙張沿垂直軸摺疊並繪出該圖，可獲得 $-L < x < 0$ 的圖形。偶函數的例子是任意區間 $[-L, L]$ 上的 x^2、x^4、$\cos(n\pi x/L)$。

若 $g(-x) = -g(x)$，則 $g(x)$ 在 $[-L, L]$ 為**奇** (odd) 函數。這表示 $-L < x < 0$ 的圖形是將 $0 < x < L$ 的圖形對垂直軸鏡射，然後再對水平軸鏡射而得。奇函數的例子是任意區間 $[-L, L]$ 上的 x^3、x^7 和 $\sin(n\pi x/L)$。

兩個偶函數的乘積或兩個奇函數的乘積為偶函數，而一個偶函數與一個奇函數的乘積為奇函數。例如，$x^3 x^5 = x^8$ 為偶函數，而 $x^2 \sin(x)$ 為奇函數。

由微積分可知

若 $g(x)$ 在 $[-L, L]$ 為奇函數，則 $\int_{-L}^{L} g(x)\, dx = 0$

且

若 $g(x)$ 在 $[-L, L]$ 為偶函數，則 $\int_{-L}^{L} g(x)\, dx = 2\int_{0}^{L} g(x)\, dx$

若 $g(x)$ 為偶函數，則 $g(x)\sin(n\pi x/L)$ 為奇函數（偶函數與奇函數的乘積），因此每一個 $b_n = 0$，而 $g(x)$ 在 $[-L, L]$ 的傅立葉展開僅含餘弦項。若 $g(x)$ 為奇函數，則 $g(x)\cos(n\pi x/L)$ 為奇函數（奇函數與偶函數的乘積），因此每一個 $a_n = 0$，而 $g(x)$ 在 $[-L, L]$ 的傅立葉展開僅含正弦項。

我們在例 12.1 中看到的是奇函數，以下是偶函數的例子。

例 12.3

對於 $[-3, 3]$，令 $g(x) = x^2$，傅立葉係數為

$$a_0 = \frac{2}{3}\int_{0}^{3} x^2\, dx = 6$$

且對 $n = 1, 2, \ldots$，

$$a_n = \frac{2}{3}\int_{0}^{3} x^2 \cos(n\pi x/3)\, dx = \frac{36(-1)^n}{n^2\pi^2}$$

因為 x^2 為偶函數，所以每一個 $b_n = 0$。x^2 在 $[-3, 3]$ 的傅立葉級數為

$$3 + \sum_{n=1}^{\infty} \frac{36(-1)^n}{n^2\pi^2} \cos\left(\frac{n\pi x}{3}\right)$$

上式僅包含餘弦項和常數。

若 $-3 < x < 3$，此級數收斂於 x^2，因為 $g(x)$ 在 x 為連續。在端點，級數收斂於

$$\frac{1}{2}(f(-3+) + f(3-)) = \frac{1}{2}(9 + 9) = 9$$

這個傅立葉級數在整個區間收斂於 $g(x)$，圖 12.9 顯示這個傅立葉級數的 5 項部分和，在此例中，部分和在 $[-3, 3]$ 非常迅速地收斂於函數。一般來說這是不可預期的。

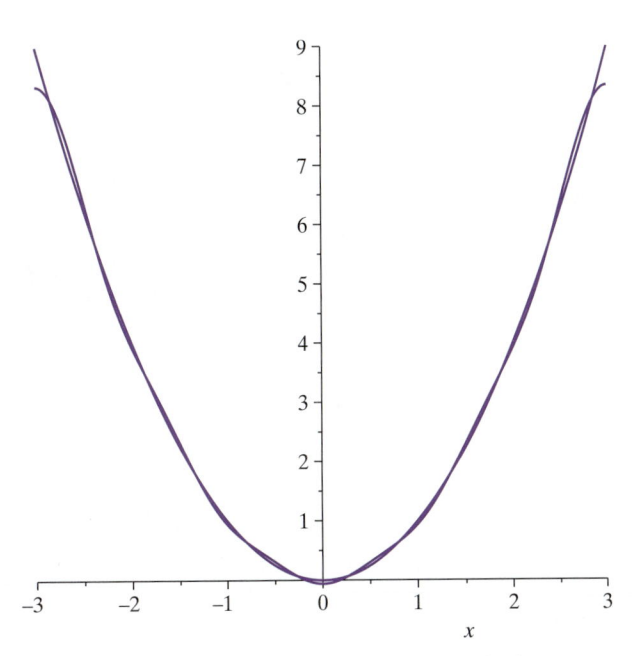

圖 12.9 例 12.3 中，傅立葉級數的 5 項部分和

12.1.2 吉布斯現象

Albert A. Michelson (1852–1931) 是普魯士出生的物理學家，他可能最喜歡與 Edward W. Morley 在實驗中測量光線的速度，他們進行的實驗證明，空間並沒有被一種明顯不可檢測的「發光的以太」作為電磁波的載體所滲透，正如當時的理論。

Michelson 在製作儀器方面具有特殊的才能，而在 20 世紀末，在芝加哥大學，他生產了 Michelson 傅立葉分析儀，這台機器可以產生函數的傅立葉展開的圖形。但有些事情是錯誤的。在函數的不連續點附近，Michelson 分析儀產生了具有幾乎恆定振幅顛簸的圖形，當使用級數的更多項似乎更接近點，這違反了函數的級數收斂時所知道的事情，並導致 Michelson 懷疑他的機器有問題。

Michelson 不知道，他並不是第一個觀察到函數在不連續點附近的傅立葉級數收斂的奇特性。早在 1848 年，英國數學家 Henry Wilbraham (1825–1883) 就注意到了這個問題的研究，當時他的工作大部分被忽略了。

在 20 世紀初，耶魯數學家吉布斯 (Josiah Willard Gibbs) 提供了一個解釋這種行為的數學分析，從而被稱為吉布斯 (Gibbs) 現象。

為了說明吉布斯現象，在 $[-\pi, \pi]$ 以傅立葉級數展開以下函數：

$$f(x) = \begin{cases} -\pi/4, & -\pi \leq x < 0 \\ 0, & x = 0 \\ \pi/4, & 0 < x \leq \pi \end{cases}$$

$f(x)$ 在 0 有跳躍不連續。傅立葉級數收斂於 0，因為

$$\frac{1}{2}(f(0-) + f(0+)) = \frac{1}{2}\left(-\frac{\pi}{4} + \frac{\pi}{4}\right) = 0 = f(0)$$

因此傅立葉級數在 $(-\pi, \pi)$ 收斂於 $f(x)$。這個傅立葉級數是

$$\sum_{n=1}^{\infty} \frac{1}{2n-1} \sin((2n-1)x)$$

　　圖 12.10 顯示這個展開的 5 項與 25 項部分和，我們可以將它們與函數進行比較。5 項部分和表現出具有相當高的振盪波，因為該部分和並不完全接近函數。但是請注意：接近 $x = 0$，波在左右兩邊都是最高的。25 項部分和仍然有點波浪，但是除了零的左邊和右邊之外，它更接近圖形，在零的左右兩邊，它還具有與 5 項部分和大約相同振幅的高點。但是，25 項部分和的這個高點比 5 項部分和的高點更接近於 $x = 0$。

　　因為當 $N \to \infty$，部分和 $S_N(x)$ 趨近於 $f(x)$，當包含更多的項，我們可能會期望這些高峰變平坦，但它們沒有，相反地，它們保持大致相同的高度，但是隨著 N 的增加，它們的移動更靠近垂直軸。這是這個函數的吉布斯現象，它通常在函數不連續點的傅立葉展開中發生，吉布斯對這種行為的分析導致了對函數的級數的收斂新的理解。

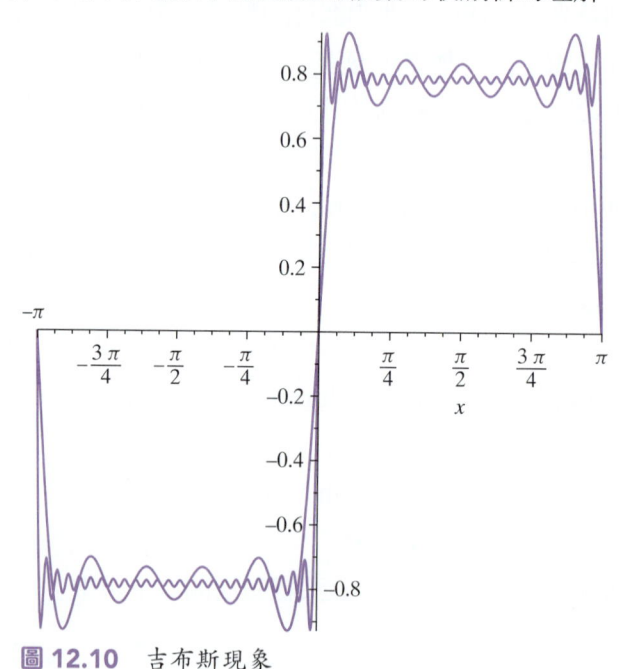

圖 12.10 吉布斯現象

數往知來──快速傅立葉變換演算法

傅立葉級數是大多數現代成像、信號處理和分析元件，以及演算法的基礎。因此，它們是設計醫療用的 MRI 和超聲波機器，以及設計化學分析用的 NMR 與 IR 光譜儀的電機工程師的基本工具。為了將這些機器的輸出信號轉化為醫生和化學家的有用資訊，電腦程式人員基於快速傅立葉變換 (FFT) 演算法編寫程式，該演算法將本章的傅立葉方法與前幾章的矩陣方法相結合。廣播和音頻工程師甚至使用基於傅立葉分析的頻率濾波器來放大聲音，或從其傳輸中切除噪音。

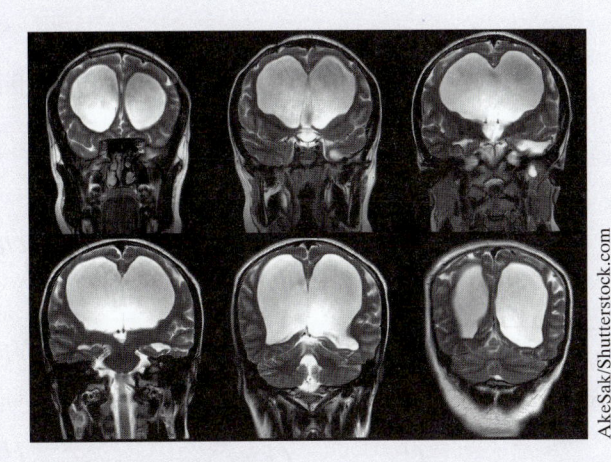

大腦的 MRI 掃描。

12.1 習題

習題 1–6，寫出函數在區間的傅立葉級數，並求級數的和。如果有軟體可用，畫出傅立葉級數的一些部分和。

1. $f(x) = 4, -3 \leq x \leq 3$
2. $f(x) = \cosh(\pi x), -1 \leq x \leq 1$
3. $f(x) = \begin{cases} -4, & -\pi \leq x \leq 0 \\ 4, & 0 < x \leq \pi \end{cases}$
4. $f(x) = x^2 - x + 3, -2 \leq x \leq 2$
5. $f(x) = \begin{cases} 1, & -\pi \leq x < 0 \\ 2, & 0 \leq x \leq \pi \end{cases}$
6. $f(x) = \cos(x), -3 \leq x \leq 3$

習題 7–10，求傅立葉級數在區間的和，不需要寫出這個級數。

7. $f(x) = \begin{cases} 2x, & -3 \leq x < -2 \\ 0, & -2 \leq x < 1 \\ x^2, & 1 \leq x \leq 3 \end{cases}$

8. $f(x) = \begin{cases} x^2, & -\pi \leq x \leq 0 \\ 2, & 0 < x \leq \pi \end{cases}$

9. $f(x) = \begin{cases} -1, & -4 \leq x < 0 \\ 1, & 0 \leq x \leq 4 \end{cases}$

10. $f(x) = \begin{cases} -2, & -4 \leq x \leq -2 \\ 1 + x^2, & -2 < x \leq 2 \\ 0, & 2 < x \leq 4 \end{cases}$

12.2 正弦和餘弦級數

在「半區間」[0, L]，我們可以將一函數展開成僅含正弦項的級數或僅含餘弦項的級數。

對於正弦級數，嘗試一個展開式

$$f(x) = \sum_{n=1}^{\infty} B_n \sin\left(\frac{n\pi x}{L}\right) \tag{12.9}$$

正如我們對 [−L, L] 上的傅立葉級數所進行的，我們將追求一個非正式的論證，提出如何選擇係數。以 $\sin(k\pi x/L)$ 乘以式 (12.9)，並將所得到的級數逐項積分，來獲得

$$\int_0^L f(x) \sin\left(\frac{k\pi x}{L}\right) dx = \sum_{n=1}^{\infty} B_n \int_0^L \sin\left(\frac{n\pi x}{L}\right) \sin\left(\frac{k\pi x}{L}\right) dx$$

除了 $n = k$ 外，右側所有的積分均為零，所以方程式化簡為

$$\int_0^L f(x) \sin\left(\frac{k\pi x}{L}\right) dx = \int_0^L B_k \sin^2\left(\frac{k\pi x}{L}\right) dx = \frac{L}{2} B_k$$

因此對於 $k = 1, 2, \cdots$，

$$B_k = \frac{2}{L} \int_0^L f(x) \sin\left(\frac{k\pi x}{L}\right) dx$$

有鑑於此，定義一級數

$$\sum_{n=1}^{\infty} B_n \sin\left(\frac{n\pi x}{L}\right) \tag{12.10}$$

為 $f(x)$ 在 [0, L] 的**傅立葉正弦級數** (Fourier sine series) 或**傅立葉正弦展開** (Fourier sine expansion)，其中係數為

$$B_n = \frac{2}{L} \int_0^L f(x) \sin\left(\frac{n\pi x}{L}\right) dx \tag{12.11}$$

這些是 $f(x)$ 在 [0, L] 的**傅立葉正弦係數** (Fourier sine coefficients)。

以下收斂定理給出了區間上函數與其傅立葉正弦展開之間的連接。

定理 12.2　傅立葉正弦級數的收斂

令 $f(x)$ 在 [0, L] 為片段平滑，若 $0 < x < L$，則 $f(x)$ 在 [0, L] 的傅立葉正弦級數收斂於

$$\frac{1}{2}(f(x-) + f(x+))$$

在函數為連續的 (0, L) 中的每一個點 x 處，傅立葉正弦級數收斂到 f(x)。

最後，在 x = 0 與 x = L，正弦級數收斂於 0。

正弦級數在 [0, L] 的端點處其收斂是立即的，因為所有項在 x = 0 與 x = L 等於零。

數往知來──傅立葉插值應用

傅立葉正弦和餘弦級數的一個應用是近似於複雜幾何中的 PDE 的解函數。使用傅立葉級數插值作為中間的計算節省了比其他方法更多的計算能力。使用多項式插值需要 n^2 個計算，而傅立葉插值需要 $n \log(n)$ 個計算。因此，對於需要非常大數量的 n 個網格點的高精度或大規模模擬，基於傅立葉級數的演算法可以比其他方法快幾個數量級。

海上的石油鑽機平台。

傅立葉插值本身也適用於礦物或油庫的建模技術。岩土工程師經常需要估算礦藏和氣藏的容量與分布情況。這些是基於大面積地區採集的少量物理樣本。世界領先的油田服務公司之一 Schlumberger，是一家工程公司的例子，該公司已經開發了一種基於傅立葉級數插值法的地球物理特性專有軟體套件。

例 12.4

令 $f(x) = e^{2x}$，$0 \leq x \leq 1$。$f(x)$ 在 [0, 1] 的傅立葉正弦係數為

$$B_n = 2\int_0^1 e^{2x} \sin(n\pi x)\,dx$$

$$= \left[\frac{-2n\pi e^{2x}\cos(n\pi x) + 4e^{2x}\sin(n\pi x)}{4 + n^2\pi^2}\right]_0^1$$

$$= \frac{2n\pi(1 - (-1)^n e^2)}{4 + n^2\pi^2}$$

e^{2x} 在 [0, 1] 的傅立葉正弦展開為

$$\sum_{n=1}^{\infty} \frac{2n\pi(1 - (-1)^n e^2)}{4 + n^2\pi^2} \sin(n\pi x)$$

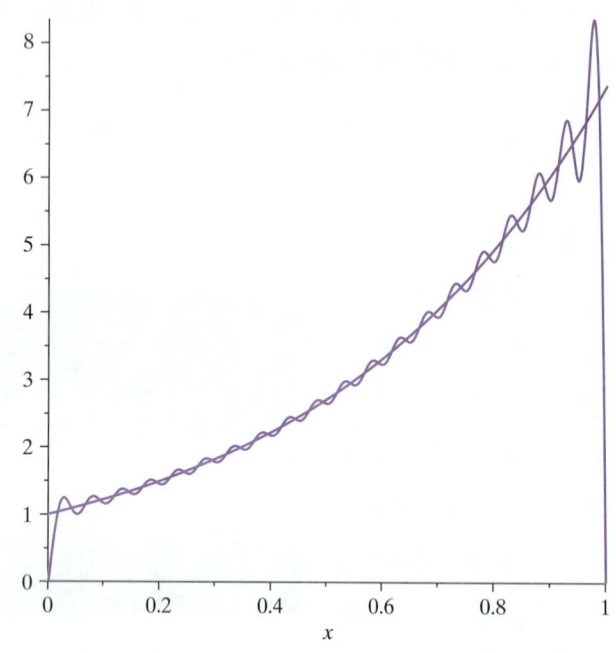

圖 12.11 例 12.4 中，$f(x)$ 與正弦級數的 40 項部分和

收斂於

$$\begin{cases} e^{2x}, & 0 < x < 1 \\ 0, & x = 0 \text{ 與 } x = 1 \end{cases}$$

圖 12.11 是比較 e^{2x} 與其傅立葉正弦級數的 40 項部分和的圖形。

對於餘弦級數在 $[0, L]$，嘗試將 $f(x)$ 寫成級數

$$f(x) = \frac{1}{2}A_0 + \sum_{n=1}^{\infty} A_n \cos\left(\frac{n\pi x}{L}\right)$$

欲求 A_0，將上式由 0 積分到 L，所有級數項的積分等於 0，剩下

$$\int_0^L f(x)\,dx = \frac{1}{2}\int_0^L A_0\,dx = \frac{1}{2}LA_0$$

因此

$$A_0 = \frac{2}{L}\int_0^L f(x)\,dx$$

其次，以 $\cos(k\pi x/L)$ 乘以展開式的兩邊，其中 k 為任意正整數，將得到的方程式由 0 積分到 L，右邊除了一項外均為零，我們得到

$$\int_0^L f(x)\cos(k\pi x/L)\,dx = \frac{L}{2}A_k$$

因此

$$A_k = \frac{2}{L}\int_0^L f(x)\cos(k\pi x/L)\,dx$$

其中 $k = 1, 2, \cdots$。注意：如果我們令 $k = 0$，由這個積分公式可得 A_0。

這個非正式的論述，導致我們定義級數

$$\frac{1}{2}A_0 + \sum_{n=1}^{\infty} A_n \cos\left(\frac{n\pi x}{L}\right) \tag{12.12}$$

為 $f(x)$ 在 $[0, L]$ 的**傅立葉餘弦級數** (Fourier cosine series)，或**傅立葉餘弦展開** (Fourier cosine expansion)，其中 $f(x)$ 在 $[0, L]$ 的**傅立葉餘弦係數** (Fourier cosine coefficients) 為

$$A_n = \frac{2}{L}\int_0^L f(x)\cos\left(\frac{n\pi x}{L}\right)dx,\ n = 0, 1, 2, \cdots \tag{12.13}$$

與正弦級數一樣，有一個收斂定理。

定理 12.3 傅立葉餘弦級數的收斂

令 $f(x)$ 在 $[0, L]$ 為片段平滑，則對於 $0 < x < L$，$f(x)$ 在 $[0, L]$ 的傅立葉餘弦級數收斂於

$$\frac{1}{2}(f(x-) + f(x+))$$

在函數為連續的 $(0, L)$ 中的每一個點 x 處，傅立葉餘弦級數收斂到 $f(x)$。最後，在 $x = 0$，餘弦級數收斂於 $f(0+)$，且在 $x = L$，餘弦級數收斂於 $f(L-)$。

例 12.5

令 $f(x) = e^{2x}$，$0 \leq x \leq 1$。$f(x)$ 在 $[0, 1]$ 的傅立葉餘弦係數為

$$A_0 = 2\int_0^2 e^{2x}\,dx = e^2 - 1$$

且對於 $n = 1, 2, \cdots$，

$$A_n = 2\int_0^1 e^{2x}\cos(n\pi x)\,dx$$
$$= \left[\frac{4e^{2x}\cos(n\pi x) + 2n\pi e^{2x}\sin(n\pi x)}{4 + n^2\pi^2}\right]_0^1$$

$$= \frac{4(e^2(-1)^n - 1)}{4 + n^2\pi^2}$$

e^{2x} 在 [0, 1] 的餘弦展開式為

$$\frac{1}{2}(e^2 - 1) + \sum_{n=1}^{\infty} \frac{4(e^2(-1)^n - 1)}{4 + n^2\pi^2} \cos(n\pi x)$$

這個級數收斂於

$$\begin{cases} e^{2x}, & 0 < x < 1 \\ 1, & x = 0 \\ e^2, & x = 1 \end{cases}$$

餘弦展開在整個區間收斂到 e^{2x}，我們可以寫

$$e^{2x} = \frac{1}{2}(e^2 - 1) + \sum_{n=1}^{\infty} \frac{4(e^2(-1)^n - 1)}{4 + n^2\pi^2} \cos(n\pi x)$$

其中 $0 \leq x \leq 1$。圖 12.12 是比較 $f(x)$ 和餘弦級數的 5 項部分和的圖。對於 $f(x) = e^{2x}$，[0, 1] 上的餘弦展開似乎收斂到 e^{2x}，至少對於 $0 < x < 1$，餘弦展開收斂速度比正弦展開快。

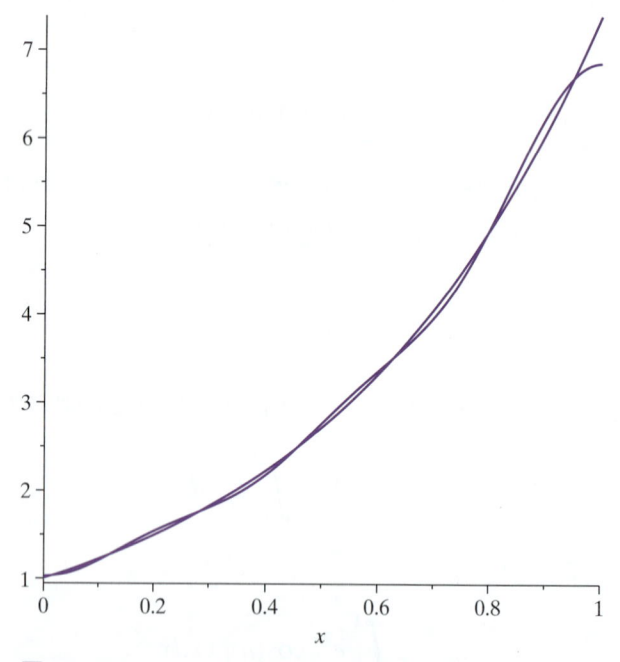

圖 12.12 在 [0, 1]，$f(x)$ 與餘弦級數的 5 項部分和

12.2 習題

習題 1–5，寫出函數的傅立葉餘弦級數和傅立葉正弦級數，並求每一展開式收斂到何處。繪製這些級數的一些部分和。

1. $f(x) = 4, 0 \leq x \leq 3$

2. $f(x) = \begin{cases} 0, & 0 \leq x \leq \pi \\ \cos(x), & \pi < x \leq 2\pi \end{cases}$

3. $f(x) = x^2, 0 \leq x \leq 2$

4. $f(x) = \begin{cases} x, & 0 \leq x \leq 2 \\ 2-x, & 2 < x \leq 3 \end{cases}$

5. $f(x) = \begin{cases} x^2, & 0 \leq x < 1 \\ 1, & 1 \leq x \leq 4 \end{cases}$

6. 求下列級數的和：

$$\sum_{n=1}^{\infty} \frac{(-1)^n}{4n^2 - 1}$$

提示：在 $[0, \pi]$ 上，將 $\sin(x)$ 展開成餘弦級數，並選擇適當的 x 值。

7. 這是函數 $g(x)$ 在 $[0, L]$ 的正弦展開的另一種方法。將 $g(x)$ 延拓到定義於 $[-L, L]$ 上的奇函數 $G_o(x)$，其中

$$G_o(x) = \begin{cases} g(x), & 0 \leq x \leq L \\ -g(-x), & -L \leq x < 0 \end{cases}$$

在 $[-L, L]$ 上，將 $G_o(x)$ 展開成傅立葉級數。證明此級數僅含正弦項，且 $G_o(x)$ 的傅立葉係數可寫成

$$\frac{2}{L} \int_0^L g(x) \sin(n\pi x/L) \, dx$$

現在使用在 $[0, L]$ 上，$G_o(x) = g(x)$ 的事實，來獲得 $g(x)$ 在此區間上的正弦展開。

8. 使用習題 7 的概念，導出定義在 $[0, L]$ 的函數 $g(x)$ 的傅立葉餘弦展開，此時將 $g(x)$ 延拓到定義於 $[-L, L]$ 的偶函數 $G_e(x)$，其中

$$G_e(x) = \begin{cases} g(x), & 0 \leq x \leq L \\ g(-x), & -L \leq x < 0 \end{cases}$$

12.3 傅立葉級數的積分與微分

即使對於看來簡單的函數，傅立葉級數的逐項微分經常有意外的結果。

例 12.6

令 $f(x) = x$，$-\pi \leq x \leq \pi$，$f(x)$ 在 $[-\pi, \pi]$ 的傅立葉展開為

$$f(x) = x = \sum_{n=1}^{\infty} \frac{2}{n} (-1)^{n+1} \sin(nx), \quad -\pi < x < \pi$$

對於 $-\pi < x < \pi$，展開式收斂於 x，而在 $x = \pm\pi$，收斂於 0。將此級數逐項微分可得

$$\sum_{n=1}^{\infty} 2(-1)^{n+1} \cos(nx)$$

這個級數不僅不會收斂於 $f'(x) = 1$，且不會收斂於 $(-\pi, \pi)$ 上的任何點。

這個例子不可將傅立葉展開逐項微分，因為微分後的級數並不收斂。稍後我們將繪出允許這樣逐項微分的條件，但首先回到傅立葉級數逐項積分的問題，事實證明有更好的前景。

定理 12.4　傅立葉級數的逐項積分

令 f 在 $[-L, L]$ 為片段連續，其傅立葉級數為

$$\frac{1}{2}a_0 + \sum_{n=1}^{\infty} [a_n \cos(n\pi x/L) + b_n \sin(n\pi x/L)]$$

則對於在 $[-L, L]$ 的任意 x，

$$\int_{-L}^{x} f(t)\,dt = \frac{1}{2}a_0(x + L)$$

$$+ \frac{L}{\pi} \sum_{n=1}^{\infty} \frac{1}{n}[a_n \sin(n\pi x/L) - b_n(\cos(n\pi x/L) - (-1)^n)]$$

這個方程式的右邊，正是我們將 $f(x)$ 的傅立葉級數由 $-L$ 到 x 逐項積分而得。即使在跳躍不連續傅立葉級數不會收斂到 $f(x)$，此積分對於片段連續函數是成立的。

例 12.7

由前例，

$$f(x) = x = \sum_{n=1}^{\infty} \frac{2}{n}(-1)^{n+1} \sin(nx), \quad -\pi < x < \pi$$

$f(x)$ 為片段連續，具有連續的導數 $f'(x) = 1$，我們可以在 $[-\pi, \pi]$ 將此傅立葉級數逐項積分

$$\int_{-\pi}^{x} t\,dt = \frac{1}{2}(x^2 - \pi^2)$$

$$= \sum_{n=1}^{\infty} \frac{2}{n}(-1)^{n+1} \int_{-\pi}^{x} \sin(nt)\,dt$$

$$= \sum_{n=1}^{\infty} \frac{2}{n}(-1)^{n+1}\left[-\frac{1}{n}\cos(nx) + \frac{1}{n}\cos(n\pi)\right]$$

$$= \sum_{n=1}^{\infty} \frac{2}{n^2}(-1)^n(\cos(nx) - (-1)^n)$$

定理的證明：對於 $-L \leq x \leq L$，定義

$$F(x) = \int_{-L}^{x} f(t)\,dt - \frac{1}{2}a_0 x$$

則 $F(x)$ 在 $[-L, L]$ 為連續且

$$F(-L) = F(L) = \frac{1}{2}a_0 L$$

此外，

$$F'(x) = f(x) - \frac{1}{2}a_0$$

在 $(-L, L)$ 的每一個點，f 是連續的，因此 $F(x)$ 在 $[-L, L]$ 為片段平滑，且其傅立葉級數在 $[-L, L]$ 收斂於 $F(x)$：

$$F(x) = \frac{1}{2}\alpha_0 + \sum_{n=1}^{\infty}\left(\alpha_n \cos\left(\frac{n\pi x}{L}\right) + \beta_n \sin\left(\frac{n\pi x}{L}\right)\right)$$

以分部積分將 $F(x)$ 的傅立葉係數 α_n 和 β_n 與 $f(x)$ 的係數 a_n、b_n 相關聯。首先，

$$\alpha_n = \frac{1}{L}\int_{-L}^{L} F(t)\cos\left(\frac{n\pi t}{L}\right) dt$$

$$= \frac{1}{L}\left[F(t)\frac{L}{n\pi}\sin\left(\frac{n\pi t}{L}\right)\right]_{-L}^{L} - \frac{1}{L}\int_{-L}^{L}\frac{L}{n\pi}\sin\left(\frac{n\pi t}{L}\right) F'(t)\,dt$$

$$= -\frac{1}{n\pi}\int_{-L}^{L}\left(f(t) - \frac{1}{2}a_0\right)\sin\left(\frac{n\pi t}{L}\right) dt$$

$$= -\frac{1}{n\pi}\int_{-L}^{L} f(t)\sin\left(\frac{n\pi t}{L}\right) dt + \frac{1}{2n\pi}a_0\int_{-L}^{L}\sin\left(\frac{n\pi t}{L}\right) dt$$

$$= -\frac{1}{n\pi}\int_{-L}^{L} f(t)\sin\left(\frac{n\pi t}{L}\right) dt$$

$$= -\frac{L}{n\pi}b_n$$

類似的計算可證明

$$\beta_n = \frac{1}{L}\int_{-L}^{L} F(t)\sin\left(\frac{n\pi t}{L}\right)dt = \frac{L}{n\pi}a_n$$

因此 $F(x)$ 在 $[-L, L]$ 的傅立葉級數為

$$F(x) = \frac{1}{2}\alpha_0 + \frac{L}{\pi}\sum_{n=1}^{\infty}\left(\frac{1}{n}\right)\left(-b_n\cos\left(\frac{n\pi x}{L}\right) + a_n\sin\left(\frac{n\pi x}{L}\right)\right)$$

其中 $-L \leq x \leq L$。欲求 α_0，由

$$F(L) = \frac{L}{2}\alpha_0 - \frac{L}{\pi}\sum_{n=1}^{\infty}\frac{1}{n}b_n\cos(n\pi)$$

$$= \frac{L}{2}\alpha_0 - \frac{L}{\pi}\sum_{n=1}^{\infty}\left(\frac{1}{n}\right)b_n(-1)^n$$

可得

$$\alpha_0 = La_0 + \frac{2L}{\pi}\sum_{n=1}^{\infty}\left(\frac{1}{n}\right)b_n(-1)^n$$

將 α_0、α_n 與 β_n 代入 $F(x)$ 的傅立葉級數，我們得到定理的結論。

有條件允許傅立葉級數逐項微分。這裡有一個這樣的定理。

定理 12.5

令 f 在 $[-L, L]$ 為連續且假設 $f(-L) = f(L)$。令 $f'(x)$ 在 $[-L, L]$ 為連續，則對於 $-L \leq x \leq L$，$f(x)$ 在 $[-L, L]$ 的傅立葉級數收斂於 $f(x)$：

$$f(x) = \frac{1}{2}a_0 + \sum_{n=1}^{\infty}\left[a_n\cos\left(\frac{n\pi x}{L}\right) + b_n\sin\left(\frac{n\pi x}{L}\right)\right]$$

此外，在 $(-L, L)$ 的每一點，$f''(x)$ 存在，$f(x)$ 的傅立葉級數的逐項導數收斂於 $f'(x)$：

$$f'(x) = \sum_{n=1}^{\infty}\frac{n\pi}{L}\left[-a_n\sin\left(\frac{n\pi x}{L}\right) + b_n\cos\left(\frac{n\pi x}{L}\right)\right]$$

定理可以用 $f'(x)$ 在 $[-L, L]$ 上的傅立葉級數展開來證明。此級數在 $f''(x)$ 存在的每一點收斂於 $f'(x)$。使用分部積分法將 $f'(x)$ 傅立葉係數與 $f(x)$ 的傅立葉係數相關聯，類似於傅立葉級數逐項積分的定理證明所使用的策略。

例 12.8

令 $f(x) = x^2$ 在 $[-2, 2]$。由傅立葉收斂定理，

$$f(x) = \frac{4}{3} + \frac{16}{\pi^2} \sum_{n=1}^{\infty} \frac{(-1)^n}{n^2} \cos(n\pi x/2)$$

在 $[-2, 2]$。在這個展開式中只出現餘弦項，因為 $f(x)$ 是偶函數，所有定理的條件均符合，且對於 $-2 < x < 2$，

$$f'(x) = 2x = \frac{8}{\pi} \sum_{n=1}^{\infty} \frac{(-1)^{n+1}}{n} \sin(n\pi x/2)$$

本節以傅立葉級數絕對且均勻收斂的充分條件作為總結。

定理 12.6 絕對且均勻收斂

令 f 在 $[-L, L]$ 為連續且假設 f' 為片段連續。假設 $f(-L) = f(L)$，則在 $[-L, L]$，$f(x)$ 的傅立葉級數絕對且均勻收斂於 $f(x)$。

習題 5 中概述了定理的證明。

數往知來──NMR 光譜

紅外 (infrared, IR)、質量和核磁共振 (NMR) 光譜可用於確定化合物的結構。這種機器通常用於法醫、醫療，甚至環境工程實驗室，它們大多數是利用快速傅立葉變換 (FFT) 來分析化合物。

在 NMR 系統中，將包含寬範圍頻率的等能量無線電波的脈衝信號引入到保持在環境磁場中的化學樣品。這導致場的磁化的變化，因為一些原子由信號中吸收輻射。當吸收的輻射最終被發射時，在附近的接收器線圈中感應出電流，經由 FFT 演算法分離電流中的頻率顯示信號中的主要頻率和振幅。頻率對於特定的官能團（醇、醚等）和原子的排列通常是獨特的，每個頻率與其他頻率的相對振幅可以確定存在於官能團中的原子的量，經過培訓的化學家可以非常準確地解釋這些數據來鑑別化合物。

顯示使用傅立葉分析來分析原始 NMR 數據的方案。
根據 Danish Kurien, nmr-9645019, http://image.slidesharecdn.com/lecture8-111011090608-phpapp01/95/nmr-6-728.jpg?cb=1318342068

12.3 習題

1. 令
$$f(x) = \begin{cases} 0, & -\pi \leq x \leq 0 \\ x, & 0 < x \leq \pi \end{cases}$$

   (a) 寫出 $f(x)$ 在 $[-\pi, \pi]$ 的傅立葉展開且證明此級數在 $(-\pi, \pi)$ 收斂於 $f(x)$。
   (b) 證明 $f(x)$ 的積分可由傅立葉級數逐項積分而得，並使用它來獲得 $\int_{-L}^{x} f(t)\, dt$ 的傅立葉展開。
   (c) 以計算 $\int_{-L}^{x} f(t)\, dt$ 來檢查 (b) 的結果，並在 $[-\pi, \pi]$ 將此函數展開成傅立葉級數。

2. 在 $[-1, 1]$，令 $f(x) = |x|$。
   (a) 寫出 $f(x)$ 在 $[-1, 1]$ 的傅立葉級數。
   (b) 證明此傅立葉級數可逐項微分產生 $f'(x)$ 在 $[-1, 1]$ 的傅立葉級數。
   (c) 在 $[-1, 1]$，將 $f'(x)$ 展開成傅立葉級數來驗證此結果。

3. 在 $[-\pi, \pi]$，令 $f(x) = x \sin(x)$。
   (a) 寫出 $f(x)$ 在此區間的傅立葉級數。
   (b) 將此傅立葉級數逐項微分可得 $\sin(x) + x \cos(x)$ 在 $[-\pi, \pi]$ 的傅立葉級數。證明此逐項微分是合理的。
   (c) 在 $[-\pi, \pi]$，將 $\sin(x) + x \cos(x)$ 展開成傅立葉級數，並將此結果與 (b) 中獲得的級數進行比較。

4. 在 $[-3, 3]$，令 $f(x) = x^2$。
   (a) 寫出 $f(x)$ 在 $[-3, 3]$ 的傅立葉級數。
   (b) 證明此傅立葉級數可逐項微分產生 $2x$ 在此區間的傅立葉級數。
   (c) 在 $[-3, 3]$，將 $f'(x)$ 展開成傅立葉級數來驗證 (b) 的結果。

5. 填寫以下論點的細節來證明定理 12.6。將 $f(x)$ 的傅立葉係數表示為 a_0、a_n 和 b_n，且將 $f'(x)$ 的傅立葉係數表示為 α_0、α_n 和 β_n。

   證明
   $$\alpha_0 = 0, \alpha_n = \frac{n\pi}{L} b_0, \beta_n = -\frac{n\pi}{L} b_n$$
   且
   $$0 \leq \alpha_n^2 - \frac{2}{n}|\alpha_n| + \frac{1}{n^2}$$
   對於 β_n 有類似的不等式。將這些不等式相加，證明
   $$\frac{1}{n}(|\alpha_n| + |\beta_n|) \leq \frac{1}{2}(\alpha_n^2 + \beta_n^2) + \frac{1}{n^2}$$
   用這個來證明
   $$|a_n| + |b_n| \leq \frac{L}{2\pi}(\alpha_n^2 + \beta_n^2) + \frac{L}{n^2\pi}$$
   以比較審斂法證明
   $$\sum_{n=1}^{\infty}(|a_n| + |b_n|)$$
   收斂。
   最後，證明
   $$|a_n \cos(n\pi x/L) + b_n \sin(n\pi x/L)|$$
   $$\leq |a_n| + |b_n|$$
   且應用 Weierstrass 定理，證明 $f(x)$ 的傅立葉級數在區間均勻收斂。

12.4 傅立葉係數的性質

傅立葉係數以及正弦與餘弦係數具有有趣和重要的性質。本節研究其中的一些。

定理 12.7 貝索不等式 (Bessel's inequalities)

假設 $\int_0^L g(x)\,dx$ 存在，則

1. $g(x)$ 在 $[0, L]$ 的傅立葉正弦係數 B_n 滿足

$$\sum_{n=1}^{\infty} B_n^2 \leq \frac{2}{L} \int_0^L (g(x))^2\,dx$$

2. $g(x)$ 在 $[0, L]$ 的傅立葉餘弦係數 A_n 滿足

$$\frac{1}{2}A_0^2 + \sum_{n=1}^{\infty} A_n^2 \leq \frac{2}{L} \int_0^L (g(x))^2\,dx$$

3. 若 $\int_{-L}^{L} f(x)\,dx$ 存在，則 $f(x)$ 在 $[-L, L]$ 的傅立葉係數 a_n、b_n 滿足

$$\frac{1}{2}a_0^2 + \sum_{n=1}^{\infty}(a_n^2 + b_n^2) \leq \frac{1}{L} \int_{-L}^{L} (f(x))^2\,dx$$

證明：這裡給出 (1) 的證明。結論 (2) 和 (3) 遵循類似的論點。

$g(x)$ 的傅立葉正弦展開的 N 項部分和 $S_N(x)$ 為

$$S_N(x) = \sum_{n=1}^{N} B_n \sin\left(\frac{n\pi x}{L}\right)$$

其中

$$B_n = \frac{2}{L} \int_0^L g(x) \sin\left(\frac{n\pi x}{L}\right) dx$$

因此

$$0 \leq \int_0^L (g(x) - S_N(x))^2\,dx$$
$$\leq \int_0^L (g(x))^2\,dx - 2\int_0^L g(x)S_N(x)\,dx + \int_0^L (S_N(x))^2\,dx$$

$$= \int_0^L (g(x))^2 \, dx - 2 \int_0^L g(x) \left(\sum_{n=1}^N B_n \sin\left(\frac{n\pi x}{L}\right) \right) dx$$

$$+ \int_0^L \left(\sum_{n=1}^\infty B_n \sin\left(\frac{n\pi x}{L}\right) dx \right) \left(\sum_{k=1}^\infty B_k \sin\left(\frac{k\pi x}{L}\right) \right)$$

$$= \int_0^L (g(x))^2 \, dx - 2 \sum_{n=1}^N B_n \int_0^L g(x) \sin\left(\frac{n\pi x}{L}\right) dx$$

$$+ \sum_{n=1}^N \sum_{k=1}^N B_n B_k \int_0^L \sin\left(\frac{n\pi x}{L}\right) \sin\left(\frac{k\pi x}{L}\right) dx$$

$$= \int_0^L (g(x))^2 \, dx - \sum_{n=1}^N B_n(LB_n) + \frac{L}{2} \sum_{n=1}^N B_n B_n$$

在最後一列，我們使用了這個事實：

$$\int_0^L \sin\left(\frac{n\pi x}{L}\right) \sin\left(\frac{k\pi x}{L}\right) dx = \begin{cases} 0, & n \neq k \\ L/2, & n = k \end{cases}$$

總而言之，我們有

$$0 \leq \int_0^L (g(x))^2 \, dx - L \sum_{n=1}^N B_n^2 + \frac{L}{2} \sum_{n=1}^N B_n^2$$

$$= \int_0^L (g(x))^2 \, dx - \frac{L}{2} \sum_{n=1}^N B_n^2$$

則

$$\sum_{n=1}^N B_n^2 \leq \frac{2}{L} \int_0^L (g(x))^2 \, dx$$

對於每一個正整數 N，此為真。令 $N \to \infty$，可得

$$\sum_{n=1}^\infty B_n^2 \leq \frac{2}{L} \int_0^L (g(x))^2 \, dx$$

例 12.9

在 $[-\pi, \pi]$，令 $f(x) = x^2$，$f(x)$ 在此區間的傅立葉展開為

$$x^2 = \frac{1}{3}\pi^2 + \sum_{n=1}^{\infty} \frac{4(-1)^n}{n^2} \cos(nx)$$

從這個展開式讀取係數，

$$a_0 = \frac{2\pi^2}{3} \text{ 且 } a_n = \frac{4(-1)^n}{n^2}$$

現在由貝索不等式，我們得到結論

$$\frac{1}{2}\left(\frac{2\pi^2}{3}\right)^2 + \sum_{n=1}^{\infty}\left(\frac{4(-1)^n}{n^2}\right)^2$$

$$= \frac{2\pi^4}{9} + 16\sum_{n=1}^{\infty} \frac{1}{n^4}$$

$$\leq \frac{1}{\pi}\int_{-\pi}^{\pi} x^4\, dx = \frac{2}{5}\pi^4$$

因此

$$16\sum_{n=1}^{\infty} \frac{1}{n^4} \leq \left(\frac{2}{5} - \frac{2}{9}\right)\pi^4 = \frac{8\pi^4}{45}$$

故

$$\sum_{n=1}^{\infty} \frac{1}{n^4} \leq \frac{\pi^4}{90}$$

大約為 1.0823。這給出了這個級數的總和的界限（而不是近似）。

有了一些額外的條件後，貝索不等式就成為一個等式。

定理 12.8 Parseval

令 f 在 $[-L, L]$ 為連續且 f' 在 $[-L, L]$ 為片段連續。假設 $f(-L) = f(L)$，則在 $[-L, L]$ 上的傅立葉係數滿足

$$\frac{1}{2}a_0^2 + \sum_{n=1}^{\infty}(a_n^2 + b_n^2) = \frac{1}{L}\int_{-L}^{L} (f(x))^2\, dx$$

證明：由傅立葉收斂定理，

$$f(x) = \frac{1}{2}a_0 + \sum_{n=1}^{\infty}\left[a_n \cos\left(\frac{n\pi x}{L}\right) + b_n \sin\left(\frac{n\pi x}{L}\right)\right]$$

其中係數為 $f(x)$ 在 $[-L, L]$ 的傅立葉係數。將此級數乘以 $f(x)$：

$$(f(x))^2$$
$$= \frac{1}{2}a_0 f(x) + \sum_{n=1}^{\infty}\left[a_n f(x) \cos\left(\frac{n\pi x}{L}\right) + b_n f(x) \sin\left(\frac{n\pi x}{L}\right)\right]$$

定理 12.4 使我們能夠對這個方程式逐項積分。這給了我們

$$\frac{1}{L}\int_{-L}^{L}(f(x))^2\,dx$$
$$= \frac{1}{2}a_0 \frac{1}{L}\int_{-L}^{L} f(x)\,dx + \sum_{n=1}^{\infty}\left[a_n \frac{1}{L}\int_{-L}^{L} f(x) \cos\left(\frac{n\pi x}{L}\right)dx + b_n \frac{1}{L}\int_{-L}^{L} f(x) \sin\left(\frac{n\pi x}{L}\right)dx\right]$$
$$= \frac{1}{2}a_0^2 + \sum_{n=1}^{\infty}(a_n^2 + b_n^2)$$

這是 Parseval 定理的結論。

例 12.10

有時候 Parseval 定理可以用來求級數的和。在 $[\pi, \pi]$，令 $f(x) = \cos(x/2)$。例行的積分可得 $f(x)$ 在此區間的傅立葉係數

$$a_0 = \frac{1}{\pi}\int_{-\pi}^{\pi}\cos(x/2)\,dx = \frac{4}{\pi}$$

且

$$a_n = \frac{1}{\pi}\int_{-\pi}^{\pi} f(x)\cos(x/2)\cos(nx)\,dx = -\frac{4}{\pi}\frac{(-1)^n}{4n^2-1}$$

每一個 $b_n = 0$，因為 $f(x)$ 為偶函數。由 Parseval 定理，

$$\frac{1}{2}\left(\frac{4}{\pi}\right)^2 + \sum_{n=1}^{\infty}\left(\frac{4}{\pi}\frac{(-1)^n}{4n^2-1}\right)^2 = \frac{1}{\pi}\int_{-\pi}^{\pi}\cos^2(x/2)\,dx = 1$$

經過一些運算，我們可以將上式寫成

$$\sum_{n=1}^{\infty}\frac{1}{(4n^2-1)^2} = \frac{\pi^2-8}{16}$$

此值大約為 0.1169。

12.4.1 最小平方最適化

本節討論傅立葉正弦係數的最適化性質,其結果也適用於傅立葉係數和傅立葉餘弦係數,但是推導的符號對於正弦級數來說較為簡單,所以我們以正弦級數為例。

首先,對於求解的問題,我們需要一個運算和制定問題的環境。

令 $PS[0, L]$ 為定義於 $[0, L]$ 的所有片段平滑函數的集合。$PS[0, L]$ 具有像 R^n 的代數結構:片段連續函數的線性組合為片段連續,且零函數的行為就像 n-向量中的零向量。

定義 $PS[0, L]$ 中的距離如下:若 f 在 $PS[0, L]$ 中,定義 f 的**範數** (norm) 為

$$\|f\| = \sqrt{\int_0^L (f(x))^2 \, dx}$$

這個範數具體地分享了 n-向量範數的一些性質,

1. $\|f\| \geq 0$。
2. $\|cf\| = |c| \, \|f\|$,其中 c 為任意實數 c。
3. $\|f + g\| \leq \|f\| + \|g\|$(三角不等式)。

如同向量一樣,將 $PS[0, L]$ 中的 f 和 g 之間的**距離** (distance) 定義為它們的差的範數

$$\|f - g\|$$

現在,以方便求解問題的方式重新形成函數在 $[0, L]$ 的傅立葉正弦級數,我們將立即說明。若 $f(x)$ 在 $PS[0, L]$ 中,則 $f(x)$ 有正弦展開

$$f(x) = \sum_{n=1}^{\infty} B_n \sin\left(\frac{n\pi x}{L}\right)$$

其中

$$B_n = \frac{2}{L} \int_0^L f(\xi) \sin\left(\frac{n\pi \xi}{L}\right) d\xi$$

定義

$$\varphi_n(x) = \sqrt{\frac{2}{L}} \sin\left(\frac{n\pi x}{L}\right)$$

上式中基本正弦函數的恆定倍數其範數為 1,因為

$$\|\varphi_n(x)\|^2 = \int_0^L (\varphi_n(x))^2 \, dx$$

$$= \frac{2}{L} \int_0^L \sin^2\left(\frac{n\pi x}{L}\right) dx = 1$$

此外，我們可將 $f(x)$ 在 $[0, L]$ 的傅立葉正弦級數以函數 $\varphi_n(x)$ 表示如下：

$$\sum_{n=1}^{\infty} B_n \sin(n\pi x/L)$$

$$= \sum_{n=1}^{\infty} \left(\frac{2}{L} \int_0^L f(\xi) \sin(n\pi \xi/L) \, d\xi \right) \sin(n\pi x/L)$$

$$= \sum_{n=1}^{\infty} \left(\int_0^L \sqrt{\frac{2}{L}} \sin(n\pi \xi/L) \, d\xi \right) \sqrt{\frac{2}{L}} \sin(n\pi x/L)$$

$$= \sum_{n=1}^{\infty} c_n \varphi_n(n\pi x/L)$$

其中

$$c_n = \int_0^L f(\xi) \varphi_n(\xi) \, d\xi$$

函數 $\varphi_n(x)$ 稱為**被正規化** (normalized)，因為它們都具有範數 1。在正弦展開式中使用它們，類似於在 R^n 中使用單位基底向量來寫出一向量。

現在將制定一個我們承諾要討論的最適化問題。

假設 f 是在 $PS[0, L]$ 中，如何選擇實數 $k_1, \cdots, k_N$ 來最小化 f 與 N 項部分和 $\sum_{n=1}^{N} k_n \varphi_n$ 在 $PS[0, L]$ 之間的距離？

以向量空間的語言，給予 f，我們要找最接近 f 的 $\varphi_1(x), \cdots, \varphi_n(x)$ 織成 (span) 的函數 (使用範數量測距離)。

使用範數，這個問題是選擇 $k_1, \cdots, k_N$ 以使

$$\| f - \sum_{n=1}^{N} k_n \varphi_n \|$$

最小化，這與最小化

$$\| f - \sum_{n=1}^{N} k_n \varphi_n \|^2$$

相同。更明確地說，我們要選擇係數 $k_1, \cdots, k_n$ 來最小化

$$\int_0^L \left(f(x) - \sum_{n=1}^{N} k_n \varphi_n(x) \right)^2 dx$$

為了求解這個問題，從如同用於導出貝索不等式的計算開始：

$$0 \leq \int_0^L \left(f(x) - \sum_{n=1}^N k_n \varphi_n(x)\right)^2 dx$$

$$= \int_0^L (f(x))^2 dx - 2\sum_{n=1}^N k_n \int_0^L f(x)\varphi_n(x)\, dx + \sum_{n=1}^N \sum_{m=1}^N k_n k_m \int_0^L \varphi_n(x)\varphi_m(x)\, dx$$

$$= \int_0^L (f(x))^2 dx - 2\sum_{n=1}^N k_n c_n + \sum_{n=1}^N k_n^2$$

在這裡，我們使用了這個事實

$$\int_0^L \varphi_n(x)\varphi_m(x)\, dx = \begin{cases} 1, & n = m \\ 0, & n \neq m \end{cases}$$

到目前為止，我們已經證明

$$0 \leq \int_0^L (f(x))^2 dx - 2\sum_{n=1}^N k_n c_n + \sum_{n=1}^N k_n^2$$

將涉及 c_n 與 k_n 的項配方，則不等式可寫成

$$0 \leq \int_0^L (f(x))^2 dx + \sum_{n=1}^N (k_n - c_n)^2 - \sum_{n=1}^N c_n^2$$

我們要將右側最小化。但是，當以這種方式寫出問題時，答案是顯而易見的。當非負項

$$\sum_{n=1}^N (k_n - c_n)^2$$

盡可能小時，右側是最小值，當 $k_n = c_n$ 時，該項為零。應該選擇 k_n 作為 $f(x)$ 在區間的正弦係數。

使用距離，$PS[0, L]$ 中最接近 $f(x)$ 的線性組合 $\sum_{n=1}^N k_n \varphi_n(x)$ 是 $f(x)$ 在 $[0, L]$ 的傅立葉正弦展開的 N 項部分和，使用傅立葉正弦係數作為常數。

12.4 習題

1. 寫出傅立葉餘弦級數的貝索不等式的推導細節。

2. 假設 f 在 $[-L, L]$ 為片段平滑。證明

$$\lim_{n \to \infty} \int_{-L}^L f(x) \cos\left(\frac{n\pi x}{L}\right) dx = 0$$

且

$$\lim_{n\to\infty}\int_{-L}^{L}f(x)\sin\left(\frac{n\pi x}{L}\right)dx=0$$

這些結論稱為 **黎曼引理** (Riemann's lemma)。

3. 將 12.4.1 節 的 討 論，用 函 數 $\sqrt{2/L}\cos(n\pi x/L), n=0,\cdots,N$ 的線性組合作為 $[0, L]$ 上的近似。

4. 將 12.4.1 節 的 討 論，用 函 數 $\sqrt{2/L}\cos(n\pi x/L)$, $n = 0$，$\cdots$，N 與 $\sqrt{2/L}\sin(n\pi x/L), n=1,\cdots,N$ 的線性組合作為 $[-L, L]$ 上的近似。

12.5 複數傅立葉級數

在 $[-L, L]$ 的區間，存在函數的複數傅立葉級數。回顧歐勒公式

$$e^{i\theta}=\cos(\theta)+i\sin(\theta)$$

用 $-\theta$ 替換 θ，上式成為

$$e^{-i\theta}=\cos(\theta)-i\sin(\theta)$$

解出 $\cos(\theta)$ 和 $\sin(\theta)$，得到三角函數的複指數形式：

$$\cos(\theta)=\frac{1}{2}\left(e^{i\theta}+e^{-i\theta}\right),\sin(\theta)=\frac{1}{2i}\left(e^{i\theta}-e^{-i\theta}\right)$$

我們還將使用這樣的事實：如果 x 是實數，則 e^{ix} 的共軛複數是

$$\overline{e^{ix}}=e^{-ix}$$

這可由歐勒公式得知

$$\overline{e^{ix}}=\overline{\cos(x)+i\sin(x)}=\cos(x)-i\sin(x)=e^{-ix}$$

現在令 f 為基本週期 $2L$ 的片段平滑週期函數。為了導出 $f(x)$ 在 $[-L, L]$ 的複數傅立葉展開，從 $f(x)$ 的傅立葉級數開始。使用 $\omega_0=\pi/L$，這個級數是

$$\frac{1}{2}a_0+\sum_{n=1}^{\infty}(a_n\cos(n\omega_0 x)+b_n\sin(n\omega_0 x))$$

其中常數是 $f(x)$ 在區間上的傅立葉係數。

將 $\cos(n\omega_0 x)$ 和 $\sin(n\omega_0 x)$ 的複數式代入此展開式中：

$$\frac{1}{2}a_0+\sum_{n=1}^{\infty}\left[a_n\frac{1}{2}\left(e^{in\omega_0 x}+e^{-in\omega_0 x}\right)+b_n\frac{1}{2i}\left(e^{in\omega_0 x}-e^{-in\omega_0 x}\right)\right]$$

$$=\frac{1}{2}a_0+\sum_{n=1}^{\infty}\left[\frac{1}{2}(a_n-ib_n)e^{in\omega_0 x}+\frac{1}{2}(a_n+ib_n)e^{-in\omega_0 x}\right]$$

其中我們使用了 $1/i = -i$ 的事實。令

$$d_0 = \frac{1}{2}a_0$$

且對於 $n = 1, 2, \cdots$,

$$d_n = \frac{1}{2}(a_n - ib_n)$$

$f(x)$ 在 $[-L, L]$ 的傅立葉級數變成

$$d_0 + \sum_{n=1}^{\infty} d_n e^{in\omega_0 x} + \sum_{n=1}^{\infty} \overline{d_n} e^{-in\omega_0 x} \tag{12.14}$$

如今

$$d_0 = \frac{1}{2}a_0 = \frac{1}{2L}\int_{-L}^{L} f(x)\,dx$$

且對於 $n = 1, 2, \cdots$,

$$\begin{aligned}d_n &= \frac{1}{2}(a_n - ib_n) \\ &= \frac{1}{2L}\int_{-L}^{L} f(x)\cos(n\omega_0 x)\,dx - \frac{i}{2L}\int_{-L}^{L} f(x)\sin(n\omega_0 x)\,dx \\ &= \frac{1}{2L}\int_{-L}^{L} f(x)[\cos(n\omega_0 x) - i\sin(n\omega_0 x)]\,dx \\ &= \frac{1}{2L}\int_{-L}^{L} f(x)e^{-in\omega_0 x}\,dx\end{aligned}$$

因此

$$\overline{d_n} = \frac{1}{2L}\int_{-L}^{L} f(x)\overline{e^{-in\omega_0 x}}\,dx = \frac{1}{2L}\int_{-L}^{L} f(x)e^{in\omega_0 x}\,dx = d_{-n}$$

利用上式,式 (12.14) 變成

$$\begin{aligned}&d_0 + \sum_{n=1}^{\infty} d_n e^{in\omega_0 x} + \sum_{n=1}^{\infty} d_{-n} e^{-in\omega_0 x} \\ &= \sum_{n=-\infty}^{\infty} d_n e^{in\omega_0 x}\end{aligned}$$

這導致我們將 f 在 $[-L, L]$ 的複數傅立葉級數 (complex Fourier series of f on $[-L, L]$) 定義為

$$\sum_{n=-\infty}^{\infty} d_n e^{in\omega_0 x}$$

其中係數為

$$d_n = \frac{1}{2L} \int_{-L}^{L} f(x) e^{-in\omega_0 x} \, dx$$

$n = 0, \pm 1, \pm 2, \cdots$。

由於 $f(x)$ 的週期性，定義係數的積分可以在長度為 $2L$ 的任何區間 $[\alpha, \alpha + 2L]$ 上進行。傅立葉收斂定理適用於這個複數傅立葉展開，因為這是函數的傅立葉級數的另一種形式。

例 12.12

令 $f(x) = x$，$-1 \leq x \leq 1$，假設 f 具有基本週期 2，所以對於所有 x，$f(x+2) = f(x)$。如今 $L = 1$ 且 $\omega_0 = \pi$。

$d_0 = 0$，因為 f 是奇函數。對於 $n \neq 0$，

$$d_n = \frac{1}{2} \int_{-1}^{1} x e^{-in\pi x} \, dx$$

$$= \frac{1}{2n^2\pi^2} \left[in\pi e^{in\pi} - e^{in\pi} + in\pi e^{-in\pi} + e^{-in\pi} \right]$$

$$= \frac{1}{2n^2\pi^2} \left[in\pi \left(e^{in\pi} + e^{-in\pi} \right) - \left(e^{in\pi} - e^{-in\pi} \right) \right]$$

$f(x)$ 的複數傅立葉級數為

$$\sum_{n=-\infty, n \neq 0}^{\infty} \frac{1}{2n^2\pi^2} \left[in\pi \left(e^{in\pi} + e^{-in\pi} \right) - \left(e^{in\pi} - e^{-in\pi} \right) \right] e^{in\pi x}$$

上式收斂於 x，$-1 < x < 1$。在這個例子中，我們可以化簡級數。對於 $n \neq 0$，

$$d_n = \frac{1}{2n^2\pi^2} [2in\pi \cos(n\pi) - 2i \sin(n\pi)]$$

$$= \frac{i}{n\pi} (-1)^n$$

因為 $\sin(n\pi) = 0$。在 $\sum_{n=-\infty}^{-1}$ 中，以 $-n$ 取代 n，並從 $n = 1$ 加到 ∞，然後結合從 1 到 ∞ 的兩個求和來獲得

$$\sum_{n=-\infty, n \neq 0}^{\infty} \frac{i}{n\pi} (-1)^n e^{in\pi x}$$

$$= \sum_{n=1}^{\infty} \left(\frac{i}{n\pi} (-1)^n e^{in\pi x} + \frac{i}{-n\pi} (-1)^{-n} e^{-in\pi x} \right)$$

$$= \sum_{n=1}^{\infty} \frac{i}{n\pi} (-1)^n \left(e^{in\pi x} - e^{-in\pi x} \right)$$

$$= \sum_{n=1}^{\infty} \frac{2}{n\pi} (-1)^{n+1} \sin(n\pi x)$$

這是 $f(x) = x$ 在 $[-1, 1]$ 的傅立葉級數。

週期函數的複數傅立葉級數的**振幅譜** (amplitude spectrum) 是點 $(n\omega_0, |d_n|)$ 的圖形，有時該圖也稱為**頻譜** (frequency spectrum)。

12.5 習題

習題 1–4，寫出 f 的複數傅立葉級數、求級數的和，並畫出頻譜的某些點。

1. $f(x) = 2x$，$0 \leq x \leq 3$，週期 3

2. $f(x) = \begin{cases} 0, & 0 \leq x < 1 \\ 1, & 1 \leq x < 4 \end{cases}$

　　f 具有週期 4

3. $f(x) = \begin{cases} -1, & 0 \leq x < 2 \\ 2, & 2 \leq x < 4 \end{cases}$

　　f 具有週期 4

4. $f(x) = \begin{cases} x, & 0 \leq x < 1 \\ 2-x, & 1 \leq x < 2 \end{cases}$

　　f 具有週期 2

CHAPTER 13

傅立葉變換

13.1 傅立葉變換

傅立葉積分和變換先前用於求解偏微分方程式。在這裡，我們將焦點集中在傅立葉變換的性質，包括反傅立葉變換的積分公式，以及開發傅立葉餘弦和正弦變換。

假設 $f(x)$ 在區間 $[-L, L]$ 為片段平滑，並且假設 f 是**絕對可積** (absolutely integrable)，亦即 $\int_{-\infty}^{\infty}|f(x)|\,dx$ 收斂，則在 f 為連續的每一點 x，$f(x)$ 有傅立葉積分表達式

$$f(x) = \int_0^\infty [A_\omega \cos(\omega x) + B_\omega \sin(\omega x)]\,d\omega \tag{13.1}$$

其中傅立葉積分係數為

$$A_\omega = \frac{1}{\pi}\int_{-\infty}^\infty f(\xi)\cos(\omega\xi)\,d\xi \text{ 且 } B_\omega = \frac{1}{\pi}\int_{-\infty}^\infty f(\xi)\sin(\omega\xi)\,d\xi \tag{13.2}$$

若函數在 x 有跳躍不連續，則傅立葉積分在 x 收斂於

$$\frac{1}{2}(f(x-) + f(x+))$$

然而，在下列的討論中，我們將繼續用式 (13.1) 中的 $f(x)$ 以使敘述更流暢。

若我們將積分係數 (13.2) 代入式 (13.1)，則有

$$f(x) = \int_0^\infty \left[\left(\frac{1}{\pi}\int_{-\infty}^\infty f(\xi)\cos(\omega\xi)\,d\xi\right)\cos(\omega x)\right.$$
$$\left. + \left(\frac{1}{\pi}\int_{-\infty}^\infty f(\xi)\sin(\omega\xi)\,d\xi\right)\sin(\omega\xi)\right] d\omega$$
$$= \frac{1}{\pi}\int_0^\infty \int_{-\infty}^\infty f(\xi)[\cos(\omega\xi)\cos(\omega x) + \sin(\omega\xi)\sin(\omega x)]\,d\xi\,d\omega$$
$$= \frac{1}{\pi}\int_0^\infty \int_{-\infty}^\infty f(\xi)\cos(\omega(\xi - x))\,d\xi\,d\omega \tag{13.3}$$

我們在第 12 章看到

$$\cos(x) = \frac{1}{2}\left(e^{ix} + e^{-ix}\right)$$

將上式代入式 (13.3)：

$$f(x) = \frac{1}{\pi}\int_0^\infty \int_{-\infty}^\infty f(\xi)\frac{1}{2}\left(e^{i\omega(\xi-x)} + e^{-i\omega(\xi-x)}\right) d\xi\, d\omega$$

$$= \frac{1}{2\pi}\int_0^\infty \int_{-\infty}^\infty f(\xi)e^{i\omega(\xi-x)} d\xi\, d\omega + \frac{1}{2\pi}\int_0^\infty \int_{-\infty}^\infty f(\xi)e^{-i\omega(\xi-x)} d\xi\, d\omega$$

在最後一列的第一個積分中，以 $-\omega$ 取代 ω，並用 $\int_{-\infty}^0 \cdots d\omega$ 取代 $\int_0^\infty \cdots d\omega$ 來補償此變化：

$$f(x) = \frac{1}{2\pi}\int_{-\infty}^0 \int_{-\infty}^\infty f(\xi)e^{-i\omega(\xi-x)} d\xi\, d\omega$$

$$+ \frac{1}{2\pi}\int_0^\infty \int_{-\infty}^\infty f(\xi)e^{-i\omega(\xi-x)} d\xi\, d\omega$$

合併這些積分得到

$$f(x) = \frac{1}{2\pi}\int_{-\infty}^\infty \int_{-\infty}^\infty f(\xi)e^{-i\omega\xi} e^{i\omega x} d\xi\, d\omega \tag{13.4}$$

這是 $f(x)$ 在實線的複數傅立葉積分表達式 [complex Fourier integral representation of $f(x)$ on the real line]。若

$$C_\omega = \int_{-\infty}^\infty f(\xi)e^{-i\omega\xi} d\xi$$

則這個複數積分表達式為

$$f(x) = \frac{1}{2\pi}\int_{-\infty}^\infty C_\omega e^{i\omega x} d\omega$$

C_ω 為 f 的**複數傅立葉積分係數** (complex Fourier integral coefficient of f)。

使用這個複數傅立葉積分作為傅立葉變換的跳板，其概念包含在式 (13.4) 中。為了強調我們如何想到這個方程式，把它寫成

$$f(x) = \frac{1}{2\pi}\int_{-\infty}^\infty \left(\int_{-\infty}^\infty f(\xi)e^{-i\omega\xi} d\xi\right) e^{i\omega x} d\omega \tag{13.5}$$

括號內的積分是 f 的傅立葉變換 $\mathcal{F}[f](\omega)$：

$$\mathcal{F}[f](\omega) = \int_{-\infty}^\infty f(x)e^{-i\omega x} dx \tag{13.6}$$

工程師常指變換函數的變數 ω 為信號 f 的**頻率** (frequency)。

$\mathcal{F}[f]$ 也寫成
$$\mathcal{F}[f](\omega) = \widehat{f}(\omega)$$

例 13.1

求 $e^{-c|x|}$ 的變換，其中 c 為正數。首先，將 $f(x)$ 寫成
$$f(x) = e^{-c|x|} = \begin{cases} e^{-cx}, & x \geq 0 \\ e^{cx}, & x < 0 \end{cases}$$

則
$$\begin{aligned}
\mathcal{F}[f](\omega) &= \int_{-\infty}^{\infty} e^{-c|x|} e^{-i\omega x} \, dx \\
&= \int_{-\infty}^{0} e^{cx} e^{-i\omega x} \, dx + \int_{0}^{\infty} e^{-cx} e^{-i\omega x} \, dx \\
&= \int_{-\infty}^{0} e^{(c-i\omega)x} \, dx + \int_{0}^{\infty} e^{-(c+i\omega)x} \, dx \\
&= \left[\frac{1}{c-i\omega} e^{(c-i\omega)x} \right]_{-\infty}^{0} + \left[\frac{-1}{c+i\omega} e^{-(c+i\omega)x} \right]_{0}^{\infty} \\
&= \left(\frac{1}{c+i\omega} + \frac{1}{c-i\omega} \right) = \frac{2c}{c^2 + \omega^2}
\end{aligned}$$

我們也可以寫成
$$\widehat{f}(\omega) = \frac{2c}{c^2 + \omega^2}$$

例 13.2

令 $H(x)$ 為 Heaviside 函數，其定義為
$$H(x) = \begin{cases} 1, & x \geq 0 \\ 0, & x < 0 \end{cases}$$

計算
$$f(x) = H(x)e^{-5x} = \begin{cases} e^{-5x}, & x \geq 0 \\ 0, & x < 0 \end{cases}$$

的傅立葉變換。由變換的定義，

$$\widehat{f}(\omega) = \int_{-\infty}^{\infty} H(x)e^{-5x}e^{-i\omega x}dx$$

$$= \int_{0}^{\infty} e^{-5x}e^{-i\omega x}dx = \int_{0}^{\infty} e^{-(5+i\omega)x}dx$$

$$= -\frac{1}{5+i\omega}\left[e^{-(5+i\omega)x}\right]_{0}^{\infty} = \frac{1}{5+i\omega}$$

例 13.3

令 a 與 k 為正數，求 $\widehat{f}(\omega)$，其中

$$f(x) = \begin{cases} k, & -a \leq x < a \\ 0, & x < -a \text{ 且 } x \geq a \end{cases}$$

這是脈動

$$f(x) = k\left[H(x+a) - H(x-a)\right]$$

因此

$$\widehat{f}(\omega) = \int_{-\infty}^{\infty} f(x)e^{-i\omega x}\,dx$$

$$= \int_{-a}^{a} ke^{-i\omega x}\,dx = \left[\frac{-k}{i\omega}e^{-i\omega x}\right]_{-a}^{a}$$

$$= -\frac{k}{i\omega}[e^{-i\omega a} - e^{i\omega a}] = \frac{2k}{\omega}\sin(a\omega)$$

這些例子以積分來作非常簡單。通常尋找函數的傅立葉變換是使用表或軟體程式。

現在假設在每一區間 $[-L, L]$，f 為連續且 f' 為片段平滑，因為 $\widehat{f}(\omega)$ 為 f 的複數傅立葉積分表達式中的係數，

$$f(x) = \frac{1}{2\pi}\int_{-\infty}^{\infty} \widehat{f}(\omega)e^{i\omega x}\,d\omega \tag{13.7}$$

式 (13.7) 定義**反傅立葉變換** (inverse Fourier transform)。已知滿足某些條件的 f，我們可以使用式 (13.6) 計算其傅立葉變換 $\widehat{f}$；反之，已知 $\widehat{f}$，我們可以使用式 (13.7) 求 f。由於這個原因，式 (13.6) 和式 (13.7)，

$$\widehat{f}(\omega) = \int_{-\infty}^{\infty} f(x)e^{-i\omega x}\,dx \quad \text{和} \quad f(x) = \frac{1}{2\pi} \int_{-\infty}^{\infty} \widehat{f}(\omega)e^{i\omega x}\,d\omega$$

稱為形成一個**變換對** (transform pair)。

我們將反傅立葉變換以 $\mathcal{F}^{-1}$ 表示：

$$\text{若 } \mathcal{F}[f] = \widehat{f} \text{，則 } \mathcal{F}^{-1}[\widehat{f}] = f$$

例 13.4

令

$$f(x) = \begin{cases} 1 - |x|, & -1 \leq x \leq 1 \\ 0, & |x| > 1 \end{cases}$$

則 f 為連續且絕對可積，而 f' 為片段連續。由直接積分可得 f 的傅立葉變換：

$$\widehat{f}(\omega) = \int_{-\infty}^{\infty} f(x)e^{-i\omega x}\,dx$$
$$= \int_{-1}^{1} (1-|x|)e^{-i\omega x} = \frac{2(1-\cos(\omega))}{\omega^2}$$

為了說明式 (13.7)，計算這個傅立葉變換的反變換，

$$\mathcal{F}^{-1}[\widehat{f}](x) = \frac{1}{2\pi} \int_{-\infty}^{\infty} \widehat{f}(\omega)e^{i\omega x}\,d\omega$$
$$= \frac{1}{\pi} \int_{-\infty}^{\infty} \frac{1-\cos(\omega)}{\omega^2} e^{i\omega x}\,d\omega$$
$$= \pi(x+1)\text{sgn}(x+1) + \pi(x-1)\text{sgn}(x-1) - 2\text{sgn}(x)$$

這個積分可以使用軟體程式計算，其中

$$\text{sgn}(x) = \begin{cases} 1, & x > 0 \\ -1, & x < 0 \\ 0, & x = 0 \end{cases}$$

考慮 $x < -1$、$-1 < x < 1$ 和 $x > 1$ 的情形，在此例中可驗證 $\mathcal{F}^{-1}[\widehat{f}](x) = f(x)$。

信號 $f(x)$ 的**振幅譜** (amplitude spectrum) 為 $|\widehat{f}(\omega)|$ 的圖形。

例 13.5

令 a 與 k 為正數且令

$$f(x) = \begin{cases} k, & -a \le x \le a \\ 0, & x < -a \text{ 且 } x > a \end{cases}$$

則

$$\widehat{f}(\omega) = \int_{-\infty}^{\infty} f(x) e^{-i\omega x} \, dx$$

$$= \int_{-a}^{a} k e^{-i\omega x} \, dx = -\frac{k}{i\omega}(e^{-i\omega x} - e^{i\omega x})\Big|_{-a}^{a}$$

$$= \frac{2k}{\omega} \sin(a\omega)$$

f 的振幅譜為

$$|\widehat{f}(\omega)| = 2k \left| \frac{\sin(a\omega)}{\omega} \right|$$

的圖形，如圖 13.1 所示，其中 $k = 1$ 且 $a = 2$。

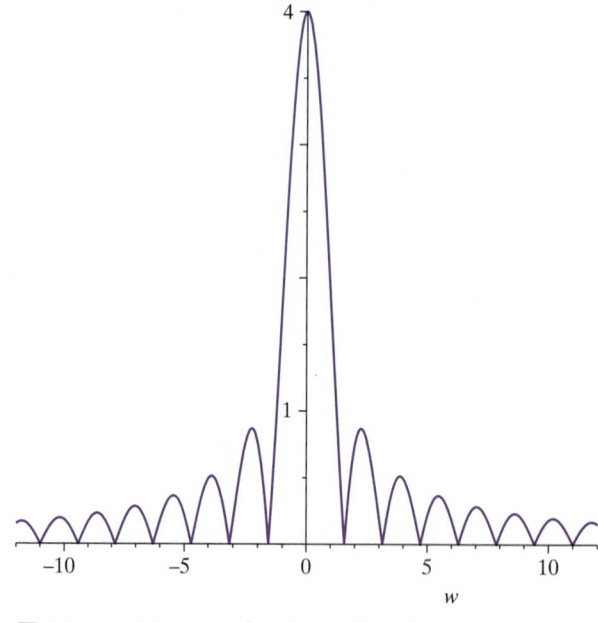

圖 13.1 在例 13.5 中的振幅譜的圖形

傅立葉變換的一些性質和計算公式包括：

1. **線性**

$$\mathcal{F}[f+g] = \mathcal{F}[f] + \mathcal{F}[g]$$

且對於任意數 k，

$$\mathcal{F}[kf] = k\mathcal{F}[f]$$

2. 移位 若 x_0 為一實數，則

$$\mathcal{F}[f(x-x_0)](\omega) = e^{-i\omega x_0}\widehat{f}(\omega) \tag{13.8}$$

移位函數 $f(x-x_0)$ 的傅立葉變換為 f 的傅立葉變換乘以 $e^{-i\omega x_0}$。這類似於拉氏變換的第二移位定理。

證明：由傅立葉變換的定義，

$$\mathcal{F}[f(x-x_0)](\omega) = \int_{-\infty}^{\infty} f(x-x_0)e^{-i\omega x}\,dx$$
$$= e^{-i\omega x_0}\int_{-\infty}^{\infty} f(x-x_0)e^{-i\omega(x-x_0)}\,dx$$

令 $u = x - x_0$，我們有

$$\mathcal{F}[f(x-x_0)](\omega) = e^{-i\omega x_0}\int_{-\infty}^{\infty} f(u)e^{-i\omega u}\,du = e^{-i\omega x_0}\widehat{f}(\omega)$$

完成證明。

移位定理的反變換為

$$\mathcal{F}^{-1}[e^{-i\omega x_0}\widehat{f}(\omega)](x) = f(x-x_0) \tag{13.9}$$

例 13.6

計算

$$\mathcal{F}^{-1}\left[\frac{e^{2i\omega}}{5+i\omega}\right]$$

指數因數 $e^{2i\omega}$ 的存在建議使用移位定理的反變換。將 $x_0 = -2$ 與

$$\widehat{f}(\omega) = \frac{1}{5+i\omega}$$

代入式 (13.9) 可得

$$\mathcal{F}^{-1}[e^{2i\omega}\widehat{f}(\omega)](x) = f(x-(-2)) = f(x+2)$$

其中

$$f(x) = \mathcal{F}^{-1}\left[\frac{1}{5+i\omega}\right] = H(x)e^{-5x}$$

由移位定理，

$$\mathcal{F}^{-1}\left[\frac{e^{2i\omega}}{5+i\omega}\right] = f(x+2) = H(x+2)e^{-5(x+2)}$$

3. **頻移** 若 ω_0 為任意實數，則

$$\mathcal{F}[e^{i\omega_0 x}f(x)](\omega) = \widehat{f}(\omega - \omega_0)$$

以 $e^{i\omega_0 x}$ 乘以函數的傅立葉變換為 f 的傅立葉變換右移 ω_0。
為了證明這個結果，計算

$$\mathcal{F}[e^{i\omega_0 x}f(x)](\omega) = \int_{-\infty}^{\infty} e^{i\omega_0 x}f(x)e^{-i\omega x}\,dx$$
$$= \int_{-\infty}^{\infty} e^{-i(\omega-\omega_0)x}f(x)\,dx = \widehat{f}(\omega - \omega_0)$$

頻移的反變換為

$$\mathcal{F}^{-1}[\widehat{f}(\omega-\omega_0)](x) = e^{i\omega_0 x}f(x)$$

4. **縮放** 若 c 為任意非零實數，則

$$\mathcal{F}[f(cx)](\omega) = \frac{1}{|c|}\widehat{f}(\omega/c)$$

在 $f(cx)$ 的傅立葉變換的積分中，縮放可以用變數 $u = cx$ 進行驗證。縮放定理的反變換為

$$\mathcal{F}^{-1}[\widehat{f}(\omega/c)] = |c|f(cx)$$

5. **反轉**

$$\mathcal{F}[f(-x)](\omega) = \widehat{f}(-\omega)$$

在縮放定理中，令 $c = -1$ 即得反轉。

6. **對稱**

$$\mathcal{F}[\widehat{f}(x)](\omega) = 2\pi f(-\omega)$$

若我們在變換函數 $\widehat{f}$ 中以 x 代替 ω，然後對 x 的這個函數進行變換，則得到原函數 $f(-\omega)$ 的 2π 倍。

7. **調變**　若 ω_0 為一實數，則

$$\mathcal{F}[f(x)\cos(\omega_0 x)](\omega) = \frac{1}{2}\left(\widehat{f}(\omega + \omega_0) + \widehat{f}(\omega - \omega_0)\right)$$

且

$$\mathcal{F}[f(x)\sin(\omega_0 x)](\omega) = \frac{i}{2}\left(\widehat{f}(\omega + \omega_0) - \widehat{f}(\omega - \omega_0)\right)$$

欲證明第一個表達式，令

$$\cos(\omega x) = \frac{1}{2}\left(e^{i\omega x} + e^{-i\omega x}\right)$$

然後使用 $\mathcal{F}$ 的線性和頻移定理，寫成

$$\mathcal{F}[f(x)\cos(\omega_0 x)](\omega) = \mathcal{F}\left[\frac{1}{2}e^{i\omega_0 x}f(x) + \frac{1}{2}e^{-i\omega_0 x}f(x)\right](\omega)$$

$$= \frac{1}{2}\mathcal{F}[e^{i\omega_0 x}f(x)](\omega) + \frac{1}{2}\mathcal{F}[e^{-i\omega_0 x}f(x)](\omega)$$

$$= \frac{1}{2}\widehat{f}(\omega - \omega_0) + \frac{1}{2}\widehat{f}(\omega + \omega_0)$$

第二個結論可用類似的計算證明。

8. **運算公式**　為了將傅立葉變換應用於微分方程式，我們必須能夠變換導數，這稱為**運算規則** (operational rule)。記住 f 的第 k 階導數表示為 $f^{(k)}$，其中令 $f^{(0)} = f$。

令 n 為任意正整數且假設在每一區間 $[-L, L]$，$f^{(n-1)}$ 為連續且 $f^{(n)}$ 為片段連續。又假設 $\int_{-\infty}^{\infty} |f^{(n-1)}(x)|\, dx$ 收斂且對於 $k = 0, 1, 2, \cdots, n-1$，

$$\lim_{x\to\infty} f^{(k)}(x) = \lim_{x\to -\infty} f^{(k)}(x) = 0$$

則

$$\mathcal{F}[f^{(n)}(x)](\omega) = (i\omega)^n \widehat{f}(\omega)$$

在這些條件下，f 的第 n 階導數的傅立葉變換為 $i\omega$ 的 n 次方乘以 f 的傅立葉變換。

證明：因為

$$f^{(n)}(x) = \frac{d}{dx}f^{(n-1)}(x)$$

當 $n = 1$ 時，證明運算公式成立，然後以歸納法完成證明。

對於 $n = 1$ 的情況，以分部積分法：

$$\mathcal{F}[f'(x)](\omega) = \int_{-\infty}^{\infty} f'(x)e^{-i\omega x}\,dx$$
$$= f(x)e^{-i\omega x}\Big|_{-\infty}^{\infty} - \int_{-\infty}^{\infty} f(x)(-i\omega)e^{-i\omega x}\,dx$$
$$= i\omega \int_{-\infty}^{\infty} e^{-i\omega x}f(x)\,dx$$
$$= i\omega \widehat{f}(\omega)$$

其中,我們使用 $f(x)$ 在 ∞ 和 $-\infty$ 的極限為零的事實來得出結論:

$$f(x)e^{-i\omega x}\Big|_{-\infty}^{\infty} = 0$$

現在使用歸納論證可導出第 n 階導數的結論。

例 13.7

解微分方程式

$$y' - 4y = H(x)e^{-4x}$$

應用傅立葉變換於微分方程式,可得

$$\mathcal{F}[y'(x)](\omega) - 4\widehat{y}(\omega) = \mathcal{F}[H(x)e^{-4x}](\omega)$$

由運算規則,當 $n = 1$ 時,

$$\mathcal{F}[y'](\omega) = i\omega\widehat{y}(\omega)$$

此外,在例 13.2 中,以 4 取代 5,

$$\mathcal{F}[H(x)e^{-4x}](\omega) = \frac{1}{4+i\omega}$$

因此

$$i\omega\widehat{y} - 4\widehat{y} = \frac{1}{4+i\omega}$$

解出 $\widehat{y}$,得到

$$\widehat{y}(\omega) = \frac{-1}{16+\omega^2}$$

由例 13.1,$c = 4$,

$$y(x) = \mathcal{F}^{-1}\left[\frac{-1}{16+\omega^2}\right] = -\frac{1}{8}e^{-4|x|}$$

可以調整運算公式以適應有限個 f 的跳躍不連續。若這些發生在 $x_1,\cdots,x_M$ 且若
$$\lim_{x\to-\infty}f(x)=\lim_{x\to\infty}f(x)=0$$
則
$$\mathcal{F}[f'(x)](\omega)=i\omega\widehat{f}(\omega)-\sum_{j=1}^{M}(f(x_j+)-f(x_j-))e^{-ix_j\omega}$$

每一項 $f(x_j+)-f(x_j-)$ 是在 x_j 的跳躍不連續的大小。

9. **頻率微分** $\widehat{f}(\omega)$ 中使用的變數 ω 是 $f(x)$ 的頻率，因為它出現在複指數 $e^{i\omega x}$ 中，而 $e^{i\omega x}=\cos(\omega x)+i\sin(\omega x)$。在這種情況下，計算
$$\frac{d}{d\omega}\widehat{f}(\omega)$$
的過程稱為**頻率微分** (frequency differentiation)。$\widehat{f}(\omega)$ 的導數和 $f(x)$ 之間有重要的關係。

令 n 為正整數，對於每一正數 L，令 f 在 $[-L,L]$ 為片段連續且假設 $\int_{-\infty}^{\infty}|x^nf(x)|\,dx$ 收斂，則
$$\frac{d^n}{d\omega^n}\widehat{f}(\omega)=i^{-n}\mathcal{F}[x^nf(x)](\omega)$$

這表示 $f(x)$ 的傅立葉變換的 n 階導數等於 i^{-n} 乘以 $x^nf(x)$ 的變換。

我們將為 $n=1$ 的情況提供證明，亦即
$$\frac{d}{d\omega}\widehat{f}(\omega)=\frac{d}{d\omega}\int_{-\infty}^{\infty}f(x)e^{-i\omega x}\,dx=\int_{-\infty}^{\infty}\frac{\partial}{\partial\omega}[f(x)e^{-i\omega x}]\,dx$$
$$=\int_{-\infty}^{\infty}f(x)(-ix)e^{-i\omega x}\,dx=-i\int_{-\infty}^{\infty}[xf(x)]e^{-i\omega x}\,dx$$
$$=-i\mathcal{F}[xf(x)](\omega)$$

例如，使用例 13.1 的結果。
$$\mathcal{F}[x^2e^{-5|x|}](\omega)=i^2\frac{d^2}{d\omega^2}\left(\frac{10}{25+\omega^2}\right)=20\left(\frac{25-3\omega^2}{(25+\omega^2)^2}\right)$$

10. **積分的傅立葉變換** 令 f 在每一區間 $[-L,L]$ 為片段連續。假設 $\int_{-\infty}^{\infty}|f(x)|\,dx$ 收斂且 $\widehat{f}(0)=0$，則
$$\mathcal{F}\left[\int_{-\infty}^{x}f(\xi)d\xi\right](\omega)=\frac{1}{i\omega}\widehat{f}(\omega)$$

要驗證這一點，定義 $g(x) = \int_{-\infty}^{x} f(\xi)\,d\xi$，然後在 f 為連續的每一點處有 $g'(x) = f(x)$。此外，當 $x \to \infty$ 時，$g(x) \to 0$，且由假設

$$\lim_{x \to \infty} g(x) = \int_{-\infty}^{\infty} f(\xi)\,d\xi = \widehat{f}(0) = 0$$

因此，應用運算公式，我們有

$$\widehat{f}(\omega) = \mathcal{F}[g'(x)](\omega)$$
$$= i\omega \mathcal{F}[g(x)](\omega) = i\omega \mathcal{F}\left[\int_{-\infty}^{x} f(\xi)\,d\xi\right](\omega)$$

11. **卷積**

積分變換通常具有卷積運算，我們已經看到了拉氏變換的卷積。對於傅立葉變換，f 與 g 的卷積 (convolution) 是函數 $f * g$，定義為

$$(f * g)(x) = \int_{-\infty}^{\infty} f(x - \xi) g(\xi)\,d\xi$$

在做出這個定義時，假設對於每一區間 $[a, b]$，$\int_a^b f(x)\,dx$ 與 $\int_a^b g(x)\,dx$ 存在且對於每一實數 x，$\int_{-\infty}^{\infty} |f(x-\xi)g(\xi)|\,d\xi$ 收斂。

卷積有下列性質：

(11-1) **交換性** 若 $f * g$ 有定義，則 $g * f$ 也有定義且

$$f * g = g * f$$

這可以用變數的改變 $\tau = x - \xi$ 來驗證。

(11-2) 對於常數 α 和 β 以及函數 f、g、h，

$$(\alpha f + \beta g) * h = \alpha(f * h) + \beta(g * h)$$

條件是所有這些卷積都有定義。

對於卷積的後三個性質，假設 f 和 g 在實線上是有界和連續，並且 f 和 g 都是絕對可積，則

(11-3)

$$\int_{-\infty}^{\infty} (f * g)(x)\,dx = \int_{-\infty}^{\infty} f(x)\,dx \int_{-\infty}^{\infty} g(x)\,dx$$

(11-4) **卷積定理**

$$\mathcal{F}[f * g] = \widehat{f}\,\widehat{g}$$

兩個函數的卷積的傅立葉變換為經傅立葉變換後的兩函數的乘積。這稱為**卷積定理** (convolution theorem)，並且類似的結果適用於拉氏變換。卷積定理的反傅立葉變換為

$$\mathcal{F}^{-1}[\widehat{f}(\omega)\widehat{g}(\omega)](x) = (f*g)(x)$$

兩個變換函數的乘積的反傅立葉變換等於兩函數的卷積。

(11−5) **頻率卷積**

$$\mathcal{F}[fg](\omega) = \frac{1}{2\pi}(\widehat{f}*\widehat{g})(\omega)$$

例 13.8

計算

$$\mathcal{F}^{-1}\left[\frac{1}{(4+\omega^2)(9+\omega^2)}\right]$$

我們要找乘積的反變換，必須要知道每個因數的反變換。

$$\mathcal{F}^{-1}\left(\frac{1}{4+\omega^2}\right) = f(x) = \frac{1}{4}e^{-2|x|}$$

且

$$\mathcal{F}^{-1}\left(\frac{1}{9+\omega^2}\right) = g(x) = \frac{1}{6}e^{-3|x|}$$

卷積定理的反變換，告訴我們

$$\mathcal{F}^{-1}\left[\frac{1}{(4+\omega^2)(9+\omega^2)}\right](x) = (f*g)(x) = \frac{1}{24}\int_{-\infty}^{\infty}e^{-2|x-\xi|}e^{-3|\xi|}d\xi$$

為了計算這個積分，我們必須考慮三種情況。若 $x > 0$，則

$$24(f*g)(x) = \int_{-\infty}^{0} e^{-2|x-\xi|}e^{-3|\xi|}d\xi + \int_{0}^{x} e^{-2|x-\xi|}e^{-3|\xi|}d\xi + \int_{x}^{\infty} e^{-2|x-\xi|}e^{-3|\xi|}d\xi$$

$$= \int_{-\infty}^{0} e^{-2(x-\xi)}e^{3\xi}d\xi + \int_{0}^{x} e^{-2(x-\xi)}e^{-3\xi}d\xi + \int_{x}^{\infty} e^{-2(x-\xi)}e^{-3\xi}d\xi$$

$$= \frac{6}{5}e^{-2x} - \frac{4}{5}e^{-3x}$$

若 $x < 0$，則

$$24(f*g)(x) = \int_{-\infty}^{x} e^{-2|x-\xi|}e^{-3|\xi|}d\xi + \int_{x}^{0} e^{-2|x-\xi|}e^{-3|\xi|}d\xi + \int_{0}^{\infty} e^{-2|x-\xi|}e^{-3|\xi|}d\xi$$

$$= \int_{-\infty}^{x} e^{-2(x-\xi)}e^{3\xi}d\xi + \int_{x}^{0} e^{2(x-\xi)}e^{3\xi}d\xi + \int_{0}^{\infty} e^{2(x-\xi)}e^{-3\xi}d\xi$$

$$= -\frac{4}{5}e^{3x} + \frac{6}{5}e^{2x}$$

最後，若 $x = 0$，

$$24(f*g)(0) = \int_{-\infty}^{\infty} e^{-2|\xi|}e^{-3|\xi|}d\xi = \frac{2}{5}$$

因此

$$\mathcal{F}^{-1}\left[\frac{1}{(4+\omega^2)(9+\omega^2)}\right](x) = \frac{1}{24}\left(\frac{6}{5}e^{-2|x|} - \frac{4}{5}e^{-3|x|}\right)$$

$$= \frac{1}{20}e^{-2|x|} - \frac{1}{30}e^{-3|x|}$$

表 13.1 是傅立葉變換的簡短表，a 為任意正數，H 為 Heaviside 函數，sgn 函數定義為

$$\text{sgn}(x) = \begin{cases} 1, & x > 0 \\ 0, & x = 0 \\ -1, & x < 0 \end{cases}$$

表 13.1 傅立葉變換

$f(x)$	$\mathcal{F}(\omega)$
1	$2\pi\delta(\omega)$
$\frac{1}{x}$	$i\,\text{sgn}(\omega)$
$e^{-a|x|}$	$\frac{2a}{a^2+\omega^2}$
$xe^{-a|x|}$	$\frac{-4ai\omega}{(a^2+\omega^2)^2}$
$|x|e^{-ax}$	$\frac{2(a^2-\omega^2)}{(a^2+\omega^2)^2}$
$e^{-a^2x^2}$	$\frac{\sqrt{\pi}}{a}e^{-\omega^2/4a^2}$
$\frac{1}{a^2+x^2}$	$\frac{\pi}{a}e^{-a|\omega|}$
$\frac{x}{a^2+x^2}$	$-\frac{i}{2}\frac{\pi}{a}\omega e^{-a|\omega|}$
$H(t+a) - H(t-a)$	$\frac{2}{i\omega}(1-\cos(a\omega))$

13.1.1 濾波和 Dirac delta 函數

Dirac delta 函數 $\delta(x)$ 在 3.5 節中討論過。當高度趨於無窮大且持續時間為零，我們可以將 $\delta(x)$ 視為脈動的極限，採用 Heaviside 函數 $H(x)$，

$$\delta(x) = \lim_{a \to 0+} \frac{1}{2a}[H(x+a) - H(x-a)]$$

在這個定義中，脈動以零為中心，從 $x-a$ 延伸到 $x+a$。

通常我們處理**移位的** delta 函數 (shifted delta function) $\delta(x-x_0)$，其中脈衝是以 x_0 為中心。

delta 函數的濾波性質，使我們能夠將函數值與移位的 delta 函數相乘後，再積分來求函數值 $f(x_0)$。

定理 13.1 用 delta 函數進行濾波

若 $f(x)$ 有傅立葉變換且在 x_0 連續，則

$$\int_{-\infty}^{\infty} f(x)\delta(x-x_0)\, dx = f(x_0)$$

為了證明這一點，首先要注意

$$H(x-x_0+a) - H(x-x_0-a) = \begin{cases} 0, & x \leq x_0 - a \text{ 或 } x > x_0 + a \\ 1, & x_0 - a < x \leq x_0 + a \end{cases}$$

現在使用 $\delta(x)$ 的定義來寫

$$\int_{-\infty}^{\infty} f(x)\delta(x-x_0)\, dx$$

$$= \int_{-\infty}^{\infty} f(x)\left[\lim_{a \to 0+} \frac{1}{2a}[H(x-x_0+a) - H(x-x_0-a)]\right] dx$$

$$= \lim_{a \to 0+} \frac{1}{2a} \int_{-\infty}^{\infty} f(x)[H(x-x_0+a) - H(x-x_0-a)]\, dx$$

$$= \lim_{a \to 0+} \frac{1}{2a} \int_{x_0-a}^{x_0+a} f(x)\, dx$$

以積分的均值定理，對於某些 ξ_a，

$$\int_{x_0-a}^{x_0+a} f(x)\, dx = 2af(\xi_a)$$

其中 $x_0 - a < \xi_a < x_0 + a$。當 $a \to 0+$，$\xi_a \to x_0$，故 $f(\xi_a) \to f(x_0)$ 且

$$\int_{-\infty}^{\infty} f(x)\delta(x-x_0)\,dx = \lim_{a\to 0} \frac{1}{2a}(2af(\xi_a)) = f(x_0)$$

如果在 x_0 有跳躍不連續，則可修改此論點，以產生

$$\int_{-\infty}^{\infty} f(x)\delta(x-x_0)\,dx = \frac{1}{2}[f(x_0+) + f(x_0-)]$$

這完成了定理 13.1 的證明。

我們將推導出 delta 函數的傅立葉變換。首先

$$\mathcal{F}[H(x+a) - H(x-a)] = \int_{-a}^{a} e^{-i\omega x}\,dx = -\frac{1}{i\omega}e^{-i\omega x}\Big]_{-a}^{a}$$

$$= \frac{1}{i\omega}\left(e^{ia\omega} - e^{-ia\omega}\right) = 2\frac{\sin(a\omega)}{\omega}$$

將極限與傅立葉變換的運算交換，我們有

$$\mathcal{F}[\delta(x)](\omega) = \mathcal{F}\left[\lim_{a\to 0+}\frac{1}{2a}[H(x+a) - H(x-a)]\right](\omega)$$

$$= \lim_{a\to 0+}\frac{1}{2a}\mathcal{F}[H(x+a) - H(x-a)](\omega)$$

$$= \lim_{a\to 0+}\frac{\sin(a\omega)}{a\omega} = 1$$

經過這種運算導致

$$\mathcal{F}[\delta(t)](\omega) = 1$$

delta 函數的傅立葉變換是取值為 1 的常數函數。現在使用這個結果與卷積，可得

$$\mathcal{F}[\delta * f] = \mathcal{F}[\delta]\mathcal{F}[f] = \mathcal{F}[f]$$

且

$$\mathcal{F}[f * \delta] = \mathcal{F}[f]\mathcal{F}[\delta] = \mathcal{F}[f]$$

表示

$$\delta * f = f * \delta = f$$

在傅立葉卷積之下，delta 函數的行為如同單位函數。

13.1 習題

習題 1–5，求函數的傅立葉變換並繪製振幅譜，無論 k 在哪裡出現，都是正的常數。可使用以下的變換公式：

$$\mathcal{F}[e^{-kx^2}](\omega) = \sqrt{\frac{\pi}{k}} e^{-\omega^2/4k}$$

且

$$\mathcal{F}\left[\frac{1}{k^2+x^2}\right](\omega) = \frac{\pi}{k} e^{-k|\omega|}$$

1. $f(x) = \begin{cases} 1, & 0 \leq x \leq 1 \\ -1, & -1 \leq x < 0 \\ 0, & |x| > 1 \end{cases}$

2. $f(x) = 5[H(x-3) - H(x-11)]$
3. $f(x) = H(x-K)e^{-x/4}$
4. $f(x) = 1/(1+x^2)$
5. $f(x) = 3e^{-4|x+2|}$

習題 6–8，求函數的反傅立葉變換。

6. $9e^{-(\omega+4)^2/32}$
7. $e^{(2\omega-6)i}/(5-(3-\omega)i)$
8. $(1+i\omega)/(6-\omega^2+5i\omega)$ 提示：將分母分解因式，並使用部分分式。

習題 9–11，使用卷積，求函數的反傅立葉變換。

9. $1/((1+i\omega)(2+i\omega))$
10. $1/(1+i\omega)^2$
11. $\sin(3\omega)/\omega(2+i\omega)$
12. 證明以下版本的 Parseval 定理：

$$\int_{-\infty}^{\infty} |f(x)|^2 \, dx = \frac{1}{2\pi} \int_{-\infty}^{\infty} |\widehat{f}(\omega)|^2 \, d\omega$$

13.2 傅立葉餘弦和正弦變換

若 f 在每一區間 $[0, L]$ 為片段平滑且 $\int_0^\infty |f(x)| \, dx$ 收斂，則在每一個 x，f 是連續的，f 的傅立葉餘弦積分為

$$f(x) = \int_0^\infty a_\omega \cos(\omega x) \, d\omega$$

其中

$$a_\omega = \frac{2}{\pi} \int_0^\infty f(x) \cos(\omega x) \, dx$$

這些建議我們定義 f 的**傅立葉餘弦變換** (Fourier cosine transform of f) 為

$$\mathcal{F}_C[f](\omega) = \int_0^\infty f(x) \cos(\omega x) \, dx \tag{13.10}$$

我們經常以 $\mathcal{F}_C[f](\omega) = \widehat{f}_C(\omega)$ 表示。

請注意：

$$\widehat{f}_C(\omega) = \frac{\pi}{2} a_\omega$$

且

$$f(t) = \frac{2}{\pi} \int_0^\infty \widehat{f}_c(\omega) \cos(\omega t) d\omega \tag{13.11}$$

式 (13.10) 和式 (13.11) 形成傅立葉餘弦變換的**變換對** (transform pair)。式 (13.11) 是反傅立葉餘弦變換，由 $\widehat{f}_c$ 反求 f。這個反變換以 $\widehat{f}_C^{-1}$ 表示。

例 13.9

令 k 為正數且令

$$f(x) = \begin{cases} 1, & 0 \le x \le K \\ 0, & x > K \end{cases}$$

則

$$\widehat{f}_C(\omega) = \int_0^\infty f(x) \cos(\omega x)\, dx = \int_0^K \cos(\omega x)\, dx = \frac{\sin(K\omega)}{\omega}$$

使用傅立葉正弦積分代替餘弦積分，將 f 的**傅立葉正弦變換** (Fourier sine transform of f) 定義為

$$\mathcal{F}_S[f](\omega) = \int_0^\infty f(x) \sin(\omega x)\, dx$$

我們也將其表示為 $\widehat{f}_S(\omega)$。

若 f 在 $x > 0$ 為連續，則傅立葉正弦積分為

$$f(x) = \int_0^\infty b_\omega \sin(\omega x)\, d\omega$$

其中

$$b_\omega = \frac{2}{\pi} \int_0^\infty f(x) \sin(\omega x)\, dx = \frac{2}{\pi} \widehat{f}_S(\omega)$$

這意味著

$$f(x) = \frac{2}{\pi} \int_0^\infty \widehat{f}_S(\omega) \sin(\omega x)\, d\omega$$

這提供了一種從 $\widehat{f}_S$ 反求 f 的方法。這個積分是反傅立葉正弦變換 $\widehat{f}_S^{-1}$。

例 13.10

使用如例 13.9 中的 f，

$$\widehat{f}_S(\omega) = \int_0^\infty f(x) \sin(\omega x) dx = \int_0^K \sin(\omega x) dx = \frac{1}{\omega}[1 - \cos(K\omega)]$$

當使用這些變換來求解微分方程式時，需要運算公式。

運算公式 令 f 與 f' 在每一區間 $[0, L]$ 為連續且令 $\int_0^\infty |f(x)| dx$ 收斂。假設當 $x \to \infty$ 時，$f(x) \to 0$ 且 $f'(x) \to \infty$。假設 f'' 在每一個 $[0, L]$ 為片段連續，則

1. $$\mathcal{F}_C[f''(x)](\omega) = -\omega^2 \widehat{f}_C(\omega) - f'(0)$$
2. $$\mathcal{F}_S[f''(x)](\omega) = -\omega^2 \widehat{f}_S(\omega) + \omega f(0)$$

第 18 章包括傅立葉（和其他）變換在求解偏微分方程式中的應用。

表 13.2 和表 13.3 給出一些常見函數的傅立葉餘弦與正弦變換。

表 13.2　傅立葉餘弦變換

$f(x)$	$\mathcal{F}_C(\omega)$
$x^{r-1}, 0 < r < 1$	$\omega^{-r}\Gamma(r)\cos(\pi r/2)$
e^{-ax}	$\dfrac{a}{a^2 + \omega^2}$
xe^{-ax}	$\dfrac{a^2 - \omega^2}{(a^2 + \omega^2)^2}$
$e^{-a^2 x^2}$	$\dfrac{\sqrt{\pi}}{2a} e^{-\omega^2/4a^2}$
$\dfrac{1}{a^2 + x^2}$	$\dfrac{\pi}{2a} e^{-a\omega}$
$\dfrac{1}{(a^2 + x^2)^2}$	$\dfrac{\pi}{4a^3}(1 + a\omega)e^{-a\omega}$
$\cos(x^2/2)$	$\dfrac{\sqrt{\pi}}{2}[\cos(\omega^2/2) + \sin(\omega^2/2)]$
$\sin(x^2/2)$	$\dfrac{\sqrt{\pi}}{2}[\cos(\omega^2/2) - \sin(\omega^2/2)]$
$\dfrac{1}{2}(1+x)e^{-x}$	$\dfrac{1}{(1 + \omega^2)^2}$
$\sqrt{\dfrac{2}{\pi x}}$	$\dfrac{1}{\sqrt{\omega}}$
$e^{-x/\sqrt{2}} \sin\left(\dfrac{\pi}{4} + \dfrac{x}{\sqrt{2}}\right)$	$\dfrac{1}{1 + \omega^2}$
$e^{-x/\sqrt{2}} \cos\left(\dfrac{\pi}{4} + \dfrac{x}{\sqrt{2}}\right)$	$\dfrac{\omega^2}{1 + \omega^4}$
$\dfrac{2}{x} e^{-x} \sin(x)$	$\arctan(2/\omega^2)$
$H(t) - H(t - a)$	$\dfrac{1}{\omega}$

表 13.3　傅立葉正弦變換

$f(x)$	$\mathcal{F}_S(\omega)$
$\dfrac{1}{x}$	$-\pi/2$ 若 $\omega < 0$, $\pi/2$ 若 $\omega > 0$
$x^{r-1}, 0 < r < 1$	$\omega^{-r}\Gamma(r)\sin(\pi r/2)$
$\dfrac{1}{\sqrt{x}}$	$\sqrt{\pi/2\omega}$
e^{-ax}	$\dfrac{\omega}{a^2+\omega^2}$
xe^{-ax}	$\dfrac{2a\omega}{(a^2+\omega^2)^2}$
$xe^{-a^2x^2}$	$\dfrac{\sqrt{\pi}}{4a^3}\omega e^{-\omega^2/4a^2}$
$\dfrac{1}{x}e^{-ax}$	$\arctan\left(\dfrac{\omega}{a}\right)$
$\dfrac{x}{a^2+x^2}$	$\dfrac{\pi}{2}e^{-a\omega}$
$\dfrac{x}{(a^2+x^2)^2}$	$\dfrac{4}{\pi a}\omega e^{-a\omega}$
$\dfrac{1}{x(a^2+x^2)}$	$\dfrac{\pi}{2a^2}(1-e^{-a\omega})$
$e^{-x/\sqrt{2}}\sin\left(\dfrac{x}{\sqrt{2}}\right)$	$\dfrac{\omega}{1+\omega^4}$
$\dfrac{2}{\pi}\dfrac{x}{a^2+x^2}$	$e^{-a\omega}$
$\dfrac{2}{\pi}\arctan(a/x)$	$\dfrac{1}{\omega}(1-e^{-a\omega})$
$\operatorname{erf}\left(\dfrac{x}{2\sqrt{a}}\right)$	$\dfrac{1}{\omega}(1-e^{-a\omega^2})$
$\dfrac{4}{\pi}\dfrac{x}{4+x^4}$	$e^{-\omega}\sin(\omega)$
$\sqrt{\dfrac{2}{\pi x}}$	$\dfrac{1}{\sqrt{\omega}}$

13.2 習題

習題 1–6，求函數的傅立葉餘弦變換與傅立葉正弦變換。

1. $f(x) = e^{-x}$

2. $f(x) = xe^{-ax}$，a 為任意正數

3. $f(x) = \begin{cases} \cos(x), & 0 \leq x \leq K \\ 0, & x > K \end{cases}$

K 為任意正數

4. $f(x) = \begin{cases} 1, & 0 \leq x < K \\ -1, & K \leq x < 2K \\ 0, & x \geq 2K \end{cases}$

5. $f(x) = e^{-x}\cos(x)$

6. $f(x) = \begin{cases} \sinh(x), & K \leq x < 2K \\ 0, & 0 \leq x < K \text{ 且 } x \geq 2K \end{cases}$

7. 證明 f 及其導數在適當條件下，
$$\mathcal{F}_S[f^{(4)}(x)](\omega) = \omega^4 \widehat{f_S}(\omega) - \omega^3 f(0) + \omega f''(0)$$

8. 證明 f 及其導數在適當條件下，
$$\mathcal{F}_C[f^{(4)}(x)](\omega) = \omega^4 \widehat{f_C}(\omega) + \omega^2 f'(0) - f^{(3)}(0)$$

PART 5

偏微分方程式

第 14 章 波動方程式

第 15 章 熱方程式

第 16 章 拉氏方程式

第 17 章 特殊函數

第 18 章 以變換法求解

CHAPTER 14

波動方程式

14.1 在有界區間的波動

使用波動方程式模擬薄膜或鋼板中的振動、沿著吉他弦的振盪和海洋中的波浪。本章開發在各種環境求解波動方程式的方法,主要集中在一維空間的情況。一維波動方程式為

$$y_{tt} = c^2 y_{xx} \tag{14.1}$$

這個方程式描述在垂直平面中振動弦的運動。在時間 t,$y = y(x, t)$ 的圖形是弦的形狀。數字 c 取決於運動中的物體的材料——原聲吉他聽起來不像電吉他。

與熱方程式一樣,需要初始和邊界條件將解完全確定。在本節中,假設端點是固定的,不要移動(想到一個釘在一起的吉他弦或橋上的支柱)。以下是**邊界條件** (boundary condition):

$$y(0, t) = y(L, t) = 0$$

假設弦被提升到初始位置

$$y(x, 0) = f(x)$$

並且它以初始速度

$$y_t(x, 0) = g(x)$$

釋放。這些是**初始條件** (initial condition)。若 $g(x)$ 等於零,則弦被移位,然後從靜止釋放。

波動方程式與邊界和初始條件構成初始 − 邊界值問題:

$$y_{tt} = c^2 y_{xx},\ 0 < x < L, t > 0$$
$$y(0, t) = y(L, t) = 0$$
$$y(x, 0) = f(x), y_t(x, 0) = g(x)$$

這與相對於時間的二次導數和具有兩個初始條件(位置與速度)的標準擴散問題不同。

使用分離變數,將 $y(x,t) = X(x)T(t)$ 代入波動方程式,可得

$$T''X = c^2 X''T$$

因此

$$\frac{X''}{X} = \frac{T''}{c^2 T}$$

因為左邊僅隨 x 而變,右邊僅隨 t 而變,而 x 與 t 可以獨立選擇,所以這個等式表示兩邊必須等於相同的常數:

$$\frac{X''}{X} = \frac{T''}{c^2 T} = -\lambda$$

因此

$$X'' + \lambda X = 0 \text{ 且 } T'' + \lambda c^2 T = 0$$

由邊界條件,

$$y(0,t) = X(0)T(t) = 0$$

其中 $t > 0$。假設 $T(t)$ 不等於零,則 $X(0) = 0$。同理,$X(L) = 0$,形成 X 的正則史特姆－李歐維里問題:

$$X'' + \lambda X = 0; X(0) = X(L) = 0$$

X 的這個問題與熱方程式中所遭遇的相同。特徵值與特徵函數分別為

$$\lambda_n = \frac{n^2 \pi^2}{L^2} \text{ 且 } X_n(x) = \sin\left(\frac{n\pi x}{L}\right), n = 1, 2, 3, \cdots$$

T 的方程式為

$$T'' + \frac{n^2 \pi^2 c^2}{L^2} T = 0$$

其解為

$$T_n(t) = a_n \cos\left(\frac{n\pi ct}{L}\right) + b_n \sin\left(\frac{n\pi ct}{L}\right)$$

對於每一正整數 n,函數

$$\begin{aligned} y_n(x,t) &= X_n(x)T_n(t) \\ &= \left[a_n \cos\left(\frac{n\pi ct}{L}\right) + b_n \sin\left(\frac{n\pi ct}{L}\right)\right] \sin\left(\frac{n\pi x}{L}\right) \end{aligned}$$

滿足波動方程式與邊界條件。

通常，取決於 $f(x)$ 與 $g(x)$，我們不能滿足任何特定選擇的 n 的初始條件，甚至不能滿足函數 $y_n(x,t)$ 的有限和的初始條件。因此，我們嘗試一個解

$$y(x,t) = \sum_{n=1}^{\infty} y_n(x,t)$$
$$= \sum_{n=1}^{\infty} \left[a_n \cos\left(\frac{n\pi ct}{L}\right) + b_n \sin\left(\frac{n\pi ct}{L}\right) \right] \sin\left(\frac{n\pi x}{L}\right) \tag{14.2}$$

並嘗試選擇係數以滿足初始條件。

對於條件 $y(x,0) = f(x)$，將 $t=0$ 代入式 (14.2)，得到

$$y(x,0) = f(x) = \sum_{n=1}^{\infty} a_n \sin\left(\frac{n\pi x}{L}\right)$$

這是初始位置函數 $f(x)$ 在 $[0, L]$ 的傅立葉正弦展開，因此

$$a_n = \frac{2}{L} \int_0^L f(\xi) \sin(n\pi \xi/L)\, d\xi \tag{14.3}$$

對於初始速度條件，將式 (14.2) 對 t 微分且令 $t=0$，

$$y_t(x,0) = g(x) = \sum_{n=1}^{\infty} \frac{n\pi c}{L} b_n \sin\left(\frac{n\pi x}{L}\right)$$

這是 $g(x)$ 在 $[0, L]$ 的傅立葉正弦展開，係數為

$$\frac{n\pi c}{L} b_n = \frac{2}{L} \int_0^L g(\xi) \sin(n\pi \xi/L)\, d\xi$$

由此方程式

$$b_n = \frac{2}{n\pi c} \int_0^L g(\xi) \sin(n\pi \xi/L)\, d\xi \tag{14.4}$$

式 (14.2) 及係數式 (14.3) 與式 (14.4) 為問題的解。

例 14.1

假設端點固定在 0 和 π 的弦，最初在弦的中點將弦拾起到位置

$$f(x) = \begin{cases} x, & 0 \leq x \leq \pi/2 \\ \pi - x, & \pi/2 \leq x \leq \pi \end{cases}$$

並以初始速度 $g(x) = x(1 + \cos(x))$ 釋放。若 $c = 2$，描述弦的運動。

由式 (14.2)，解為

$$y(x,t) = \sum_{n=1}^{\infty} [a_n \cos(2nt) + b_n \sin(2nt)] \sin(nx)$$

其中，由式 (14.3) 與式 (14.4)，

$$a_n = \frac{2}{L} \int_0^L f(\xi) \sin(n\pi\xi/L) \, d\xi$$

且

$$b_n = \frac{2}{n\pi c} \int_0^L g(\xi) \sin(n\pi\xi/L) \, d\xi$$

係數為

$$a_n = \frac{2}{\pi} \int_0^\pi f(\xi) \sin(n\xi) \, d\xi = \frac{4 \sin(n\pi/2)}{n^2 \pi}$$

且

$$b_n = \frac{1}{n\pi} \int_0^\pi \xi(1 + \cos(\xi)) \sin(n\xi) \, d\xi$$

$$= \begin{cases} 3/4, & n = 1 \\ \dfrac{(-1)^n}{n^2(n^2-1)}, & n = 2, 3, \cdots \end{cases}$$

解為

$$y(x,t) = \left[\frac{4}{\pi} \cos(2t) + \frac{3}{4} \sin(2t) \right] \sin(x)$$

$$+ \sum_{n=2}^{\infty} \left[\frac{4 \sin(n\pi/2)}{\pi n^2} \cos(2nt) + \frac{(-1)^n}{n^2(n^2-1)} \sin(2nt) \right] \sin(nx)$$

其中 $n = 1$ 項單獨書寫，因為 b_1 必須與 b_n，$n = 2, 3, \cdots$ 分開計算。

圖 14.1 顯示在不同 t 值的波形分布 $y(x, t)$。在這個時間框架內，波從最初的位置向下移動。圖 14.2 是 x、t、y 空間中解的曲面圖。

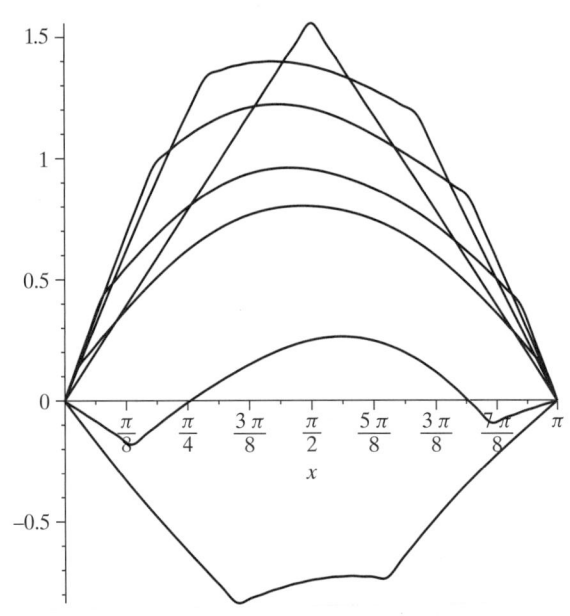

圖 14.1 例 14.1 中 $y(x, t)$ 在 $t = 0, 1/3, 2/3, 3/4, 1, 4/3$ 的圖形

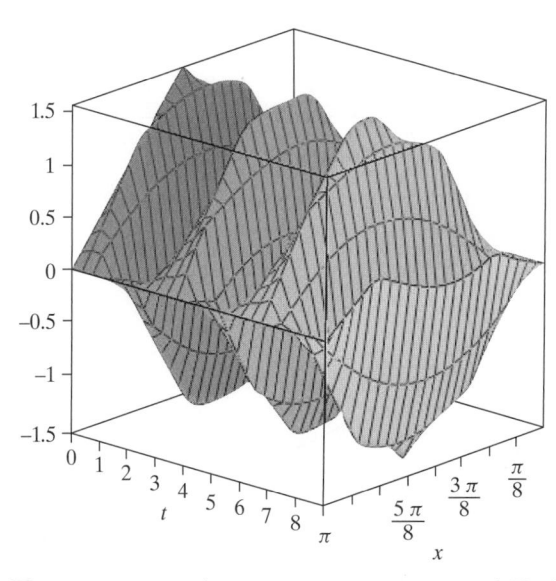

圖 14.2 $y(x, t)$ 在 $0 \leq x \leq \pi$，$t = 0, \cdots, 9$ 的圖形

有時將具有固定端的有界區間上的波動問題分為兩個更簡單的問題是有用的。

問題 1——有一個已知的初始位置，但初始速度為零。

問題 2——沒有初始位移，但是有已知的初始速度。

若 $y_1(x, t)$ 為問題 1 的解，$y_2(x, t)$ 為問題 2 的解，則具有初始位移和初始速度的所予問題，其解為

$$y(x,t) = y_1(x,t) + y_2(x,t)$$

對於例 14.1，

$$y_1(x,t) = \frac{4}{\pi}\cos(2t)\sin(x) + \sum_{n=2}^{\infty} \frac{4\sin(n\pi/2)}{n^2\pi}\cos(2nt)\sin(nx)$$

且

$$y_2(x,t) = \frac{3}{4}\sin(2t)\sin(x) + \sum_{n=2}^{\infty} \frac{(-1)^n}{n^2(n^2-1)}\sin(2nt)\sin(nx)$$

圖 14.3 為 $y_1(x,t)$ 的圖形，而圖 14.4 則為 $y_2(x,t)$ 的圖形，其中 $t = 0, \cdots, 9$。$y_1(x,t)$ 與 $y_2(x,t)$ 的總和是 $y(x,t)$，圖 14.2 顯示 $y(x,t)$ 的曲面圖。

14.1.1　c 對運動的影響

若在例 14.1 中，c 為任意數，則解為

$$y(x,t) = \left[\frac{4}{\pi}\cos(ct) + \frac{3}{2c}\sin(ct)\right]\sin(x)$$
$$+ \sum_{n=2}^{\infty}\left[\frac{4\sin(n\pi/2)}{n^2\pi}\cos(nct) + \frac{2(-1)^n}{n^2c(n^2-1)}\sin(nct)\right]\sin(nx)$$

我們可以固定 $t = t_0$，並將不同的 c 值代入這個解來看 c 對波動的影響。圖 14.5 顯示 $c = 1, 3, 5$ 的 $y(x, 3/4)$ 圖。上方曲線對應於 $c = 1$，中間對應於 $c = 3$，下方對應於 $c = 5$。圖

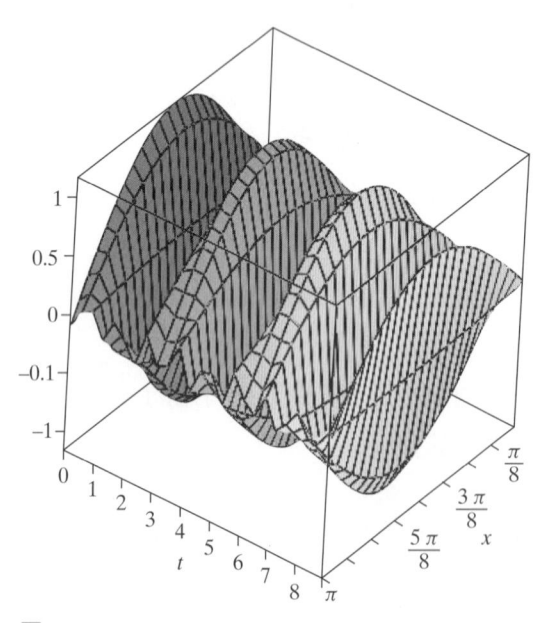

圖 14.3　例 14.1 的 $y_1(x,t)$

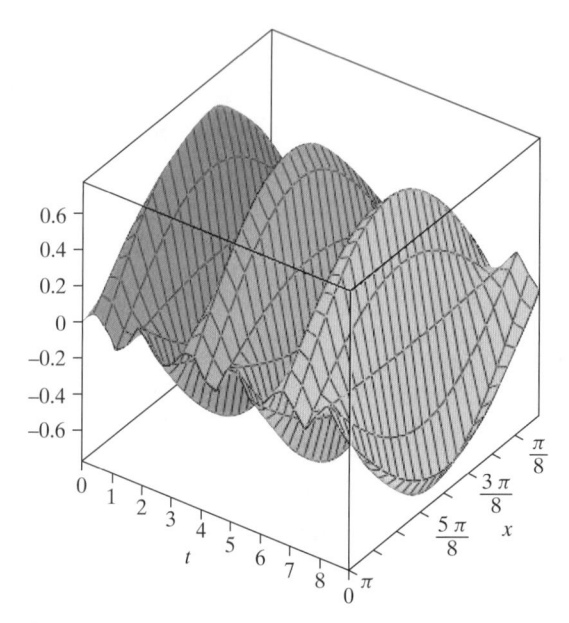

圖 14.4　例 14.1 的 $y_2(x,t)$

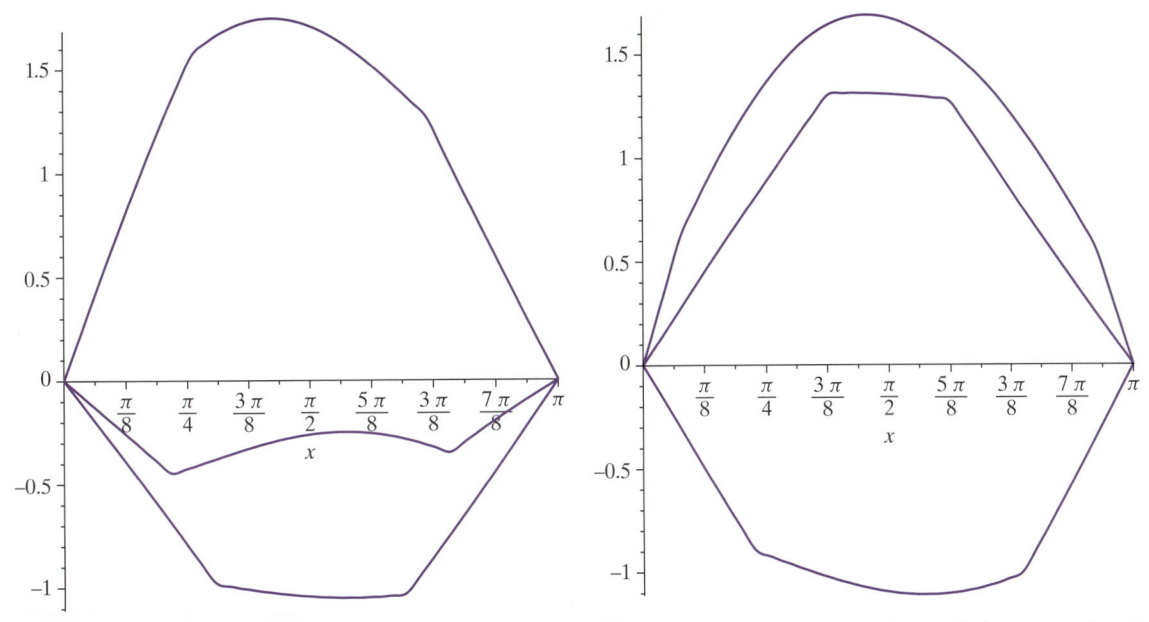

圖 14.5 例 14.1 的 $y(x, 3/4)$，其中 $c = 1$、3、5　　**圖 14.6** 例 14.1 的 $y(x, 4/3)$，其中 $c = 1$、3、5

14.6 是當 $t = 4/3$ 時重複此實驗。此時 $c = 1$ 對應於上方曲線，$c = 3$ 對應於下方，而 $c = 5$ 則對應於中間曲線。

數往知來——打樁

打樁機與樁：土木、大地工程及機械工程師可能熟悉為橋樑和其他結構建造基礎的打樁方法。一樁（混凝土、鋼、木等）被稱為打樁機的機器重複地錘擊到地下。此系統顯然具有振盪面（如週期性的錘擊），因此打樁的一些問題是用波動方程式來模擬。此外，在樁的測試期間使用波動分析，以確保應力控制，並估計樁的極限承載能力。

在馬來西亞的一個施工現場的鑽孔機。這種重型機器在建築基礎工作階段中使用。

14.1.2　有強制項 $F(x)$ 的波動

當在波動方程式中加入僅與 x 有關的項 $F(x)$ 時，考慮在有界區間上的波動。這可以

解釋為影響運動的一些額外的驅動力。為了求解這個問題，嘗試使用像熱方程式一樣的策略，將問題轉化為一個我們知道如何求解的問題，如下例所示：

$$y_{tt} = c^2 y_{xx} + x, \ 0 < x < L, t > 0$$

$$y(0,t) = y(L,t) = 0$$

$$y(x,0) = x(L-x) = f(x), y_t(x,0) = x(1+\cos(\pi x/L)) = g(x)$$

令

$$y(x,t) = Y(x,t) + \psi(x)$$

選擇 $\psi(x)$ 以找到一個熟悉的問題。將 $y(x,t)$ 代入波動方程式

$$y_{tt} = Y_{tt} = c^2 y_{xx} = c^2(Y_{xx} + \psi''(x)) + x$$

如果我們選擇 $\psi(x)$，使得

$$c^2 \psi''(x) = -x$$

則可得 Y 的標準波動方程式 $Y_{tt} = c^2 Y_{xx}$。將上式積分兩次，可得

$$\psi(x) = -\frac{x^3}{6c^2} + \alpha x + \beta$$

其中 α 與 β 為未知常數。

現在看邊界條件：

$$y(0,t) = 0 = c^2(Y(0,t) + \psi(0)) = c^2 Y(0,t) + c^2 \beta$$

若選擇 $\beta = 0$，則 $Y(0,t) = 0$，故

$$\psi(x) = -\frac{x^3}{6c^2} + \alpha x$$

其次，

$$y(L,t) = 0 = c^2(Y(L,t) + \psi(L))$$

若 $\psi(L) = 0$，則 $Y(L,t) = 0$，此時

$$-\frac{L^3}{6c^2} + \alpha L = 0$$

因此

$$\alpha = \frac{L^2}{6c^2}$$

且

$$\psi(x) = -\frac{x^3}{6c^2} + \frac{L^2}{6c^2}x = \frac{x}{6c^2}(L^2 - x^2)$$

選擇這些 α 與 β，則 Y 的問題為

$$Y_{tt} = c^2 Y_{xx}$$

$$Y(0,t) = Y(L,t) = 0$$

$$Y(x,0) = f(x) - \psi(x) = x(L-x) - \frac{x}{6c^2}(L^2 - x^2)$$

$$Y_t(x,0) = g(x) = x(1 + \cos(\pi x/L))$$

我們知道如何解此問題：

$$Y(x,t) = \sum_{n=1}^{\infty}[a_n \cos(n\pi ct/L) + b_n \sin(n\pi ct/L)]\sin(n\pi x/L)$$

其中

$$a_n = \frac{2}{L}\int_0^L (f(\xi) - \psi(\xi))\sin(n\pi\xi/L)\,d\xi$$

$$= \frac{2L^2}{n^3\pi^3 c^2}\left(2c^2(1-(-1)^n) + L(-1)^n\right)$$

且

$$b_n = \frac{2}{n\pi c}\int_0^L g(\xi)\sin(n\pi\xi/L)\,d\xi$$

$$= \begin{cases} 2L^2(-1)^n/n^2\pi^2 c(n^2-1),\ n=2,3,\cdots \\ 3L^2/2\pi^2 c,\ n=1 \end{cases}$$

特殊情況下，令 $L = \pi$，$c = 1$。係數為

$$a_n = \frac{2}{n^3\pi}(2(1-(-1)^n) + \pi(-1)^n)$$

且

$$b_n = \begin{cases} 2(-1)^n/n^2(n^2-1),\ n=2,3,\cdots \\ 3/2,\ n=1 \end{cases}$$

$Y(x,t)$ 的解為

$$Y(x,t) = \left[\frac{8-2\pi}{\pi}\cos(t) + \frac{3}{2}\sin(t)\right]\sin(x)$$
$$+ \sum_{n=2}^{\infty}[a_n\cos(nt) + b_n\sin(nt)]\sin(nx)$$

因此
$$y(x,t) = Y(x,t) + \frac{x}{6}(\pi^2 - x^2)$$

圖 14.7 是這個曲面的部分圖形。

為了弄清楚強制項 x 在波動方程式中對剛考慮的問題中的運動的影響，在波動方程式中省略強制項，並且令 $L = \pi$ 且 $c = 1$。則 y 的問題變成一個標準問題。將此標準問題的解以 y_0 表示，使其與強制問題的解作區別。則

$$y_0(x,t) = \sum_{n=1}^{\infty}[A_n\cos(nt) + B_n\sin(nt)]\sin(nx)$$

其中
$$A_n = \frac{2}{\pi}\int_0^{\pi}\xi(\pi - \xi)\sin(n\xi)\,d\xi$$
$$= \frac{4}{n^3\pi}(1 - (-1)^n)$$

且
$$B_n = \frac{2}{n\pi}\int_0^{\pi}\xi(1 + \cos(\xi))\sin(n\xi)\,d\xi$$
$$= \begin{cases} \frac{2(-1)^n}{n^2(n^2-1)}, & n = 2, 3, \cdots \\ 3/2, & n = 1 \end{cases}$$

解為
$$y_0(x,t) = \left[\frac{8}{\pi}\cos(t) + \frac{3}{2}\sin(t)\right]\sin(x)$$
$$+ \sum_{n=2}^{\infty}\left[\frac{4}{n^3\pi}(1 - (-1)^n)\cos(nt) + \frac{2(-1)^n}{n^2(n^2-1)}\sin(nt)\right]\sin(nx)$$

圖 14.8 是當 $0 \leq t \leq 20$ 無強制項的曲面 $y_0(x, t)$ 的部分圖形，可將此圖與具有強制項的問題的解進行比較。

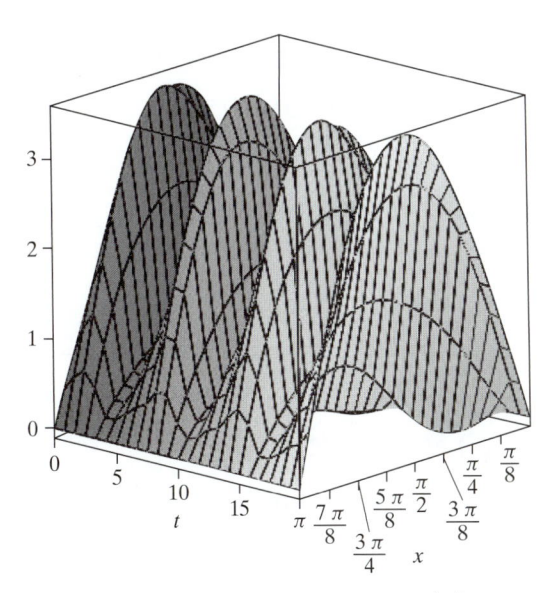

圖 14.7 $y(x,t) = Y(x,t) + \psi(x)$，其中 $0 \leq t \leq 20$

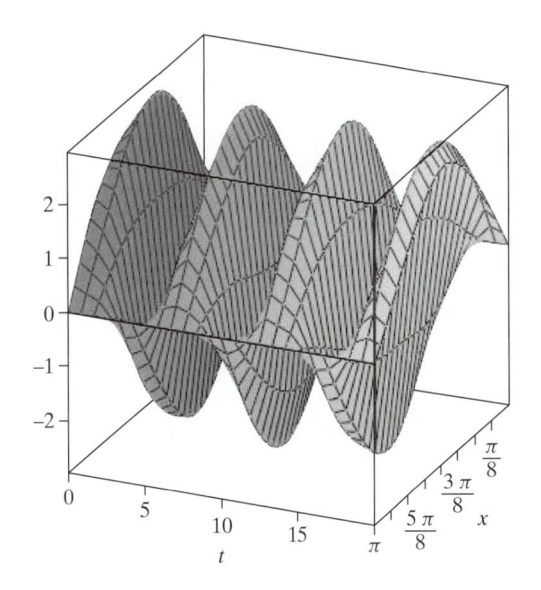

圖 14.8 $y_0(x,t)$ 的圖形，其中 $0 \leq x \leq \pi$，$0 \leq t \leq 20$

數往知來——有限樁中的波位移

在打樁中模擬的應力和張力波是重要的，因為樁被打入地下時，樁材料可能對樁的應力和張力產生敏感。因此，提前進行模擬以避免因為樁中的應力而引起爆裂，最終將成為一些結構的基礎。因為長度與截面積之比非常高，所以大多數樁的模擬是使用一維近似來完成的。

從分離變數和計算出傅立葉係數 b_n 而導出的有限樁波位移的一般解析解為

$$y(x,t) = \sum_{n=1}^{\infty} b_n \sin(\lambda_n x) \sin(\lambda_n ct)，其中 \lambda_n = n\pi/L 為特徵值$$

請注意：此式與本章中所強調的通解相似。每個問題的獨特物理特徵將導致在通解上會有不同的變化。

14.1 習題

習題 1–4，解下列問題：

$$y_{tt} = c^2 y_{xx}, 0 < x < L, t > 0$$
$$y(0,t) = y(L,t) = 0$$
$$y(x,0) = f(x), y_t(x,0) = g(x)$$

其中 c、L、$f(x)$ 與 $g(x)$ 為已知。

1. $c=1$，$L=2$，$f(x)=0$ 且
$$g(x) = \begin{cases} 2x, & 0 \leq x \leq 1 \\ 0, & 1 < x \leq 2 \end{cases}$$

2. $c=2$, $L=3$, $f(x)=0$, $g(x)=x(3-x)$

3. $c=2\sqrt{2}$，$L=2\pi$，$g(x)=0$ 且
$$f(x) = \begin{cases} 3x, & 0 \leq x \leq \pi \\ 6\pi - 3x, & \pi < x \leq 2\pi \end{cases}$$

4. $c=3$，$L=2$，$f(x)=x(x-2)$ 且
$$g(x) = \begin{cases} 0, & 0 \leq x < 1/2 \text{ 且 } 1 < x \leq 2 \\ 3, & 1/2 \leq x \leq 1 \end{cases}$$

習題 5 和 6，解初始－邊界值問題，其中波動方程式具有強制項。

5. $y_{tt} = 3y_{xx} + 2x, 0 < x < 2, t > 0$
$y(0,t) = y(2,t) = 0$
$y(x,0) = 0, y_t(x,0) = 0$

6. $y_{tt} = y_{xx} - \cos(x), 0 < x < 2\pi, t > 0$
$y(0,t) = y(2\pi, t) = 0,$
$y(x,0) = 0, y_t(x,0) = x$

7. (a) 解下列問題：
$$y_{tt} = 4y_{xx} + 5x^3, 0 < x < 4, t > 0$$
$y(0,t) = y(4,t) = 0$
$y(x,0) = 1 - \cos(\pi x), y_t(x,0) = 0$

(b) 若刪除 $5x^3$ 項，求解此問題。

(c) 為了量測 $5x^3$ 對波動的影響，當 $t=0.4$ 秒，繪出 (a) 與 (b) 的級數解的 40 項部分和之圖形。在時間 $t=0.8$、1.4、2、2.5、3 和 4 秒，重做此題。

8. (a) 解下列問題：
$$y_{tt} = 7y_{xx} + e^{-x}, 0 < x < 2, t > 0$$
$y(0,t) = y(2,t) = 0$
$y(x,0) = 0, y_t(x,0) = 5x$

(b) 若刪除 e^{-x} 項，求解此問題。

(c) 為了量測 e^{-x} 對波動的影響，當 $t=0.4$ 秒，繪出 (a) 與 (b) 的級數解的 40 項部分和之圖形。在時間 $t=0.8$、1.4、2、2.5、3 和 4 秒，重做此題。

9. (a) 解下列問題：
$$y_{tt} = 4y_{xx} + \cos(\pi x), 0 < x < 4, t > 0$$
$y(0,t) = y(4,t) = 0$
$y(x,0) = x(4-x), y_t(x,0) = x^2$

(b) 若刪除 $\cos(\pi x)$ 項，求解此問題。

(c) 為了量測 $\cos(\pi x)$ 對波動的影響，當 $t=0.4$ 秒，繪出 (a) 與 (b) 的級數解的 40 項部分和之圖形。在時間 $t=0.8$、1.4、2、2.5、3 和 4 秒，重做此題。

10. 長度為 π 的均勻棒中的橫向振動可由四階偏微分方程式模擬。
$$a^4 \frac{\partial^4 y}{\partial x^4} + \frac{\partial^2 y}{\partial t^2} = 0, 0 < x < \pi, t > 0$$

其中 $y(x,t)$ 為在 x 處垂直於 x 軸的橫截面於時間 t 的位移，而 $a^2 = EI/\rho A$，其中 E 為**楊氏係數** (Young's modulus)，I 為截面的慣性距，ρ 為恆定密度，A 為恆定截面積。

(a) 令 $y(x,t) = X(x)T(t)$ 分離微分方程式中的變數。

(b) 在自由端的情況下，求解分離常數的值，以及 $X(x)$ 與 $T(t)$，其中對於 $t > 0$，
$$y_{xx}(0,t) = y_{xx}(\pi, t) = y_{xxx}(0,t) = y_{xxx}(\pi, t) = 0$$

(c) 在支持端的情況下，求解分離常數，以及 X 與 T，其中對於 $t > 0$，
$$y(0,t) = y(\pi,t) = y_{xx}(0,t) = y_{xx}(\pi,t) = 0$$

11. 解**電報方程式** (telegraph equation)：
$$y_{tt} + Ay_t + By = c^2 y_{xx}$$
$$0 < x < L, t > 0$$

其中 A、B 為正的常數，
$$y(0,t) = y(L,t) = 0$$
且
$$y(x,0) = f(x)$$
假設
$$A^2 L^2 < 4(BL^2 + c^2 \pi^2)$$

14.2 在無界介質中的波動

考慮波動方程式在實線上，以及半線 $[0, \infty]$ 上的解。所用的方法與用於熱方程式的方法相同，其中傅立葉積分替代在有界區間上使用的傅立葉級數。

14.2.1 實線上的波動方程式

考慮下列問題：
$$y_{tt} = c^2 y_{xx} \text{ 對於所有 } x \text{ 和 } t > 0$$
$$y(x,0) = f(x), y_t(x,0) = 0$$

沒有邊界條件，但是已知初始位置和速度。簡化討論是假設弦由靜止（零初速度）中釋放。正如處理熱方程式的情形一樣，我們尋求有界解。

用分離變數法，令 $y(x,t) = X(x)T(t)$ 可得
$$X'' + \lambda X = 0, T'' + \lambda c^2 T = 0$$

其中 λ 為分離常數。由 $T(t)$ 的方程式中可以看出，熱和波動方程式之間的差異，波動方程式為二階。然而，在這兩種情況下的 X 的微分方程式是相同的，我們可以使用與熱方程式相同的分析法，寫出特徵值和特徵函數：
$$\lambda = \omega^2, X_\omega = a_\omega \cos(\omega x) + b_\omega \sin(\omega x)$$

其中 $\omega \geq 0$。

考慮初始速度為零的條件，我們有 $y_t(x,0) = X(x)T'(0) = 0$，因此 $T'(0) = 0$ 且 T 的問題為
$$T'' + \omega^2 c^2 T = 0; T'(0) = 0$$

這個方程式的解為

$$T_\omega(t) = \cos(\omega c t)$$

的恆定倍數。

對於每一個 $\omega \geq 0$，

$$y_\omega(x,t) = [a_\omega \cos(\omega x) + b_\omega \sin(\omega x)]\cos(\omega c t)$$

滿足波動方程式與初始條件 $y_t(x, 0) = 0$。為了滿足初始位置條件，對於所有 $\omega > 0$，嘗試重疊法，亦即使用下列的積分：

$$y(x,t) = \int_0^\infty [a_\omega \cos(\omega x) + b_\omega \sin(\omega x)]\cos(\omega c t)\, d\omega \tag{14.5}$$

必須滿足

$$y(x,0) = f(x) = \int_0^\infty [a_\omega \cos(\omega x) + b_\omega \sin(\omega x)]\, d\omega$$

這是 $f(x)$ 在實數線上的傅立葉積分表達式，而係數為傅立葉積分係數：

$$a_\omega = \frac{1}{\pi}\int_{-\infty}^\infty f(\xi)\cos(\omega\xi)\, d\xi,\ b_\omega = \frac{1}{\pi}\int_{-\infty}^\infty f(\xi)\sin(\omega\xi)\, d\xi \tag{14.6}$$

例 14.2

解實線上的波動問題，其中初始速度為零，而初始位置函數為

$$y(x,0) = f(x) = e^{-|x|}$$

我們所要做的就是計算 $f(x)$ 的傅立葉積分係數，亦即

$$a_\omega = \frac{1}{\pi}\int_{-\infty}^\infty e^{-|\xi|}\cos(\omega\xi)\, d\xi = \frac{2}{\pi(1+\omega^2)}$$

因為 $e^{-|x|}\sin(\omega x)$ 是一個奇函數，所以不需要任何計算，即可得知 $b_\omega = 0$。解為

$$y(x,t) = \frac{2}{\pi}\int_0^\infty \frac{1}{1+\omega^2}\cos(\omega x)\cos(\omega c t)\, d\omega$$

可以得到曲面 $y(x, t)$ 的近似圖，以及在特定時間 t_0 的波形近似圖，亦即 $y(x, t_0)$ 的圖形。這是將 ω 的積分由 0 到 ∞ 改為 0 到 K，K 為正數，並且進行數值積分。圖 14.9 和圖 14.10 顯示的是 $c = 1/8$ 與 $K = 30$ 的例子。

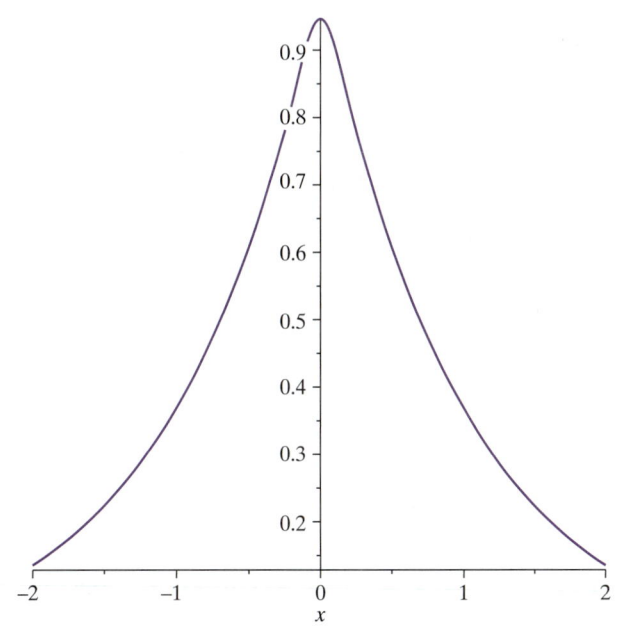

圖 14.9 例 14.2 的 $y(x, 1/2)$，其中 $-2 \leq x \leq 2$

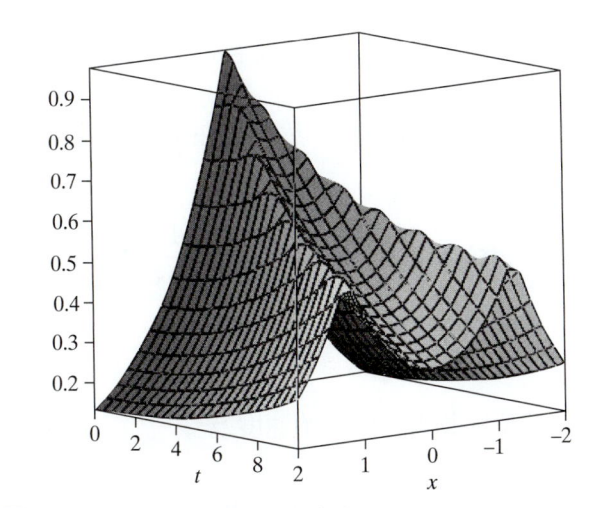

圖 14.10 $y(x, t)$ 的圖形，其中 $-2 \leq x \leq 2$，$0 \leq t \leq 10$

我們還可以解初始位置為零，並具有指定初始速度的問題：

$$y_{tt} = c^2 y_{xx} \text{ 對於所有 } x \text{ 和 } t > 0$$
$$y(x, 0) = 0, y_t(x, 0) = g(x)$$

像以前一樣進行，使用分離變數 $y(x, t) = X(x)T(t)$。產生的 X 方程式是相同的，亦即

$$\lambda = \omega^2 \text{ 且 } X_\omega(x) = \alpha_\omega \cos(\omega x) + \beta_\omega \sin(\omega x)$$

其中 $\omega > 0$。這裡用 α_ω 與 β_ω 來表示係數將零初始速度的情況和零初始位移的情況分開。

然而，$T(t)$ 的問題為
$$T''(t) + \omega^2 c^2 T = 0;\ T(0) = 0$$

因為 $y(x, 0) = X(x)T(0) = 0$ 表示 $T(0) = 0$。因此
$$T_\omega(t) = \sin(\omega c t)$$

且對於每一個 $\omega > 0$，我們有滿足波動方程式和初始條件 $y(x, 0) = 0$ 的函數
$$y_\omega(x, t) = [\alpha_\omega \cos(\omega x) + \beta_\omega \sin(\omega x)] \sin(\omega c t)$$

為了滿足初始速度條件，使用重疊法，
$$y(x, t) = \int_0^\infty [\alpha_\omega \cos(\omega x) + \beta_\omega \sin(\omega x)] \sin(\omega c t)\, d\omega$$

而
$$y_t(x, t) = \int_0^\infty [\alpha_\omega \cos(\omega x) + \beta_\omega \sin(\omega x)] \omega c \cos(\omega c t)\, d\omega \tag{14.7}$$

因此
$$y_t(x, 0) = \int_0^\infty [\omega c \alpha_\omega \cos(\omega x) + \omega c \beta_\omega \sin(\omega x)]\, d\omega = g(x)$$

這是 $g(x)$ 在實數線上的傅立葉積分展開。然而，在這個展開式中的係數為 $\omega c \alpha_\omega$ 和 $\omega c \beta_\omega$，因此
$$\alpha_\omega = \frac{1}{\pi \omega c} \int_{-\infty}^\infty g(\xi) \cos(\omega \xi)\, d\xi \ \text{且}\ \beta_\omega = \frac{1}{\pi \omega c} \int_{-\infty}^\infty g(\xi) \sin(\omega \xi)\, d\xi \tag{14.8}$$

例 14.3

假設弦的初始位移為零，而初始速度為
$$g(x) = \begin{cases} e^x, & 0 \leq x \leq 1 \\ 0, & x < 0 \ \text{且}\ x > 1 \end{cases}$$

為了解這種情況下的波函數，利用式 (14.8) 計算係數
$$\alpha_\omega = \frac{1}{\pi \omega c} \int_0^1 e^\xi \cos(\omega \xi)\, d\xi$$
$$= \frac{1}{\pi \omega c} \frac{e \cos(\omega) + e \omega \sin(\omega) - 1}{1 + \omega^2}$$

且

$$\beta_\omega = \frac{1}{\pi\omega c}\int_0^1 e^\xi \sin(\omega\xi)\,d\xi$$

$$= -\frac{1}{\pi\omega c}\frac{e\omega\cos(\omega) - e\sin(\omega) - \omega}{1+\omega^2}$$

解為

$$y(x,t) = \int_0^\infty \left(\frac{1}{\pi\omega c}\frac{e\cos(\omega) + e\omega\sin(\omega) - 1}{1+\omega^2}\right)\cos(\omega x)\sin(\omega ct)\,d\omega$$

$$+ \int_0^\infty \left(-\frac{1}{\pi\omega c}\frac{e\omega\cos(\omega) - e\sin(\omega) - \omega}{1+\omega^2}\right)\sin(\omega x)\sin(\omega ct)\,d\omega$$

ω 由 0 積分到 ∞ 可用由 0 積分到 K 作為其近似值，由此可以了解該解的外觀。圖 14.11 是 $c = 1$ 且顯示從時間 $t = 1/4$、$1/2$、$3/4$ 和 1 開始的波形，在積分中使用 $K = 30$。

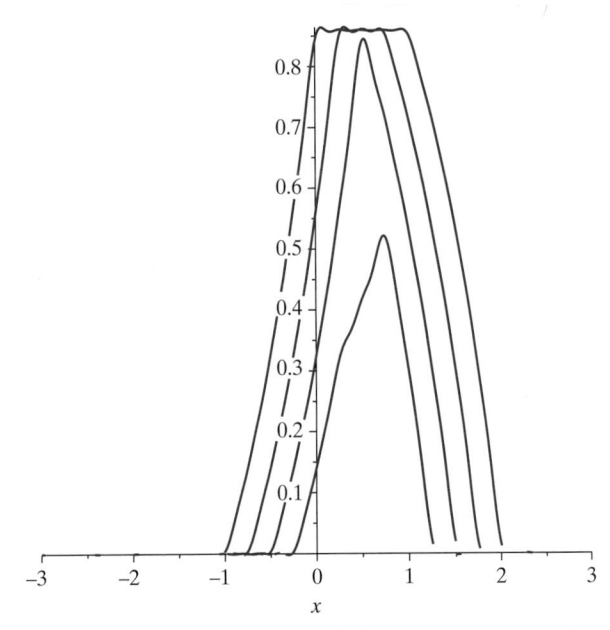

圖 14.11 例 14.3 的 $y(x,t)$，其中 $t = 1/4$、$1/2$、$3/4$、1

如果波動方程式在實數線上具有非零初始條件

$$y(x,0) = f(x), y_t(x,0) = g(x)$$

我們可以令問題 1 為具有

$$y(x,0) = f(x), y_t(x,0) = 0$$

的初始－邊界值問題，且問題 2 為具有

$$y(x,0)=0, y_t(x,0)=g(x)$$

的初始-邊界值問題。因此原題的解 $y(x,t)$ 為問題 1 與問題 2 的解之和。

14.2.2 半線上的波動方程式

考慮在半線上的問題：

$$y_{tt} = c^2 y_{xx}, \; x>0, t>0$$

$$y(0,t)=0$$

$$y(x,0)=f(x), y_t(x,0)=g(x)$$

邊界條件 $y(0,t)=0$ 表示左端固定。就像我們之前所做的一樣，以分離變數來解這個問題。令

$$y(x,t) = X(x)T(t)$$

得到

$$X'' + \lambda X = 0, T'' + \lambda c^2 T = 0$$

邊界條件 $y(0,t)=0$ 表示 $X(0)=0$，因此 X 的問題為

$$X'' + \lambda X = 0; X(0) = 0$$

對於 λ 的各種情形，要求解為有界，得到特徵值 $\lambda = \omega^2$，其中 $\omega > 0$，而特徵函數為

$$X_\omega(x) = \sin(\omega x)$$

的恆定倍數。如今 T 的方程式為

$$T'' + \omega^2 c^2 T = 0$$

解為

$$T_\omega(t) = A_\omega \cos(\omega ct) + B_\omega \sin(\omega ct)$$

對於 $\omega > 0$，函數

$$y_\omega(x,t) = [A_\omega \cos(\omega ct) + B_\omega \sin(\omega ct)] \sin(\omega x)$$

滿足波動方程式與在 $x=0$ 的邊界條件。為了滿足初始條件，嘗試重疊法：

$$y(x,t) = \int_0^\infty [A_\omega \cos(\omega ct) + B_\omega \sin(\omega ct)] \sin(\omega x) \, d\omega \tag{14.9}$$

如今

$$y(x,0) = f(x) = \int_0^\infty A_\omega \sin(\omega x) \, d\omega$$

為在半線的傅立葉正弦積分展開，其係數為 A_ω，因此

$$A_\omega = \frac{2}{\pi} \int_0^\infty f(\xi) \sin(\omega \xi)\, d\xi \tag{14.10}$$

且

$$y_t(x, 0) = g(x) = \int_0^\infty \omega c B_\omega \sin(\omega x)\, d\omega$$

為 $g(x)$ 在半線的傅立葉正弦積分展開，其係數為 $\omega c B_\omega$，因此

$$B_\omega = \frac{2}{\pi \omega c} \int_0^\infty g(\xi) \sin(\omega \xi)\, d\xi \tag{14.11}$$

有了這些係數，式 (14.9) 為半線上波動方程式的解。

數往知來——使用半無限模型

半實線模型對應於一端被錘擊到地下的無限樁。工程師可以在初步計算後選擇使用半無限模型，例如計算樁中波傳播週期 t_p，$t_p = L/c$，其中 L 是樁的長度，c 是波動方程式中的波速。

如果 t_p 很大，則半無限模型可以用作實際有限樁的極限情況。此外，該模型對於 $t \leq 2t_p$ 是成立的，這是從樁端反射的第一波被登記的點，而半無限模型不再適用。

例 14.4

下列是半線上的問題，假設初始位置為

$$f(x) = \begin{cases} \sin(\pi x), & 0 \leq x \leq 1 \\ 0, & x > 1 \end{cases}$$

而初始速度為 $g(x) = 0$，則 $B_\omega = 0$ 且

$$\begin{aligned}
A_\omega &= \frac{2}{\pi} \int_0^\infty f(\xi) \sin(\omega \xi)\, d\xi \\
&= \frac{2}{\pi} \int_0^1 \sin(\pi \xi) \sin(\omega \xi)\, d\xi \\
&= \frac{2 \sin(\omega)}{\pi^2 - \omega^2}
\end{aligned}$$

解為

$$y(x,t) = \int_0^\infty \frac{2\sin(\omega)}{\pi^2 - \omega^2} \cos(\omega c t) \sin(\omega x)\, d\omega$$

圖 14.12 顯示曲面 $y(x,t)$ 的部分近似圖，其中 $c=1$，$0 \le x \le 1$ 且 $0 \le t \le 1/2$。

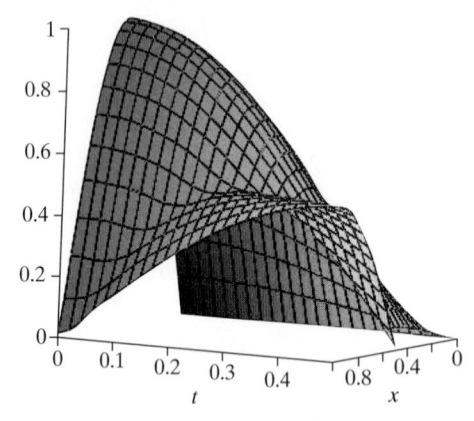

圖 14.12 例 14.4 的曲面 $y(x,t)$，其中 $0 \le x \le 1$，$0 \le t \le 1/2$

14.2 習題

習題 1–5，求實線上的波動方程式的解，其中 c 的值、初始位置 $f(x)$ 和初始速度 $g(x)$ 為已知。對於各種 t_0 值繪出一些波形分布 $y(x, t_0)$，並繪製曲面 $y(x,t)$ 的一部分圖形。

1. $c = 12$，$f(x) = e^{-5|x|}$，$g(x) = 0$

2. $c = 4$，$f(x) = 0$ 且

$$g(x) = \begin{cases} \sin(x), & -\pi \le x \le \pi \\ 0, & |x| > \pi \end{cases}$$

3. $c = 3$，$f(x) = 0$ 且

$$g(x) = \begin{cases} e^{-2x}, & x \ge 1 \\ 0, & x < 1 \end{cases}$$

4. $c = 7$

$$f(x) = \begin{cases} 1, & -1 \le x \le 2 \\ 3, & 2 < x \le 5 \\ 0, & x < -1 \text{ 且 } x > 5 \end{cases}$$

且

$$g(x) = \begin{cases} e^{-x}, & -1 \le x \le 1 \\ 0, & |x| > 1 \end{cases}$$

5. $c = 1/4$

$$f(x) = \begin{cases} x, & -2 \le x \le 2 \\ 0, & |x| > 2 \end{cases}$$

且

$$g(x) = \begin{cases} x^2, & -3 \leq x \leq 3 \\ 0, & |x| > 3 \end{cases}$$

習題 6–9，解半線上的波動方程式，其中 $y(0, t) = 0$ 且 c 的值、初始位置 $f(x)$ 和初始速度 $g(x)$ 為已知。

6. $c = 3$，$f(x) = 0$ 且

$$g(x) = \begin{cases} 0, & 0 \leq x \leq 4 \\ 2, & 4 < x \leq 11 \\ 0, & x > 11 \end{cases}$$

7. $c = 6$，$f(x) = -2e^{-x}$ 且 $g(x) = 0$

8. $c = \sqrt{13}$

$$f(x) = \begin{cases} \sin(\pi x), & 0 \leq x \leq 1 \\ 0, & x > 1 \end{cases}$$

且

$$g(x) = \begin{cases} 1, & 0 < x \leq 1 \\ -1, & 1 < x \leq 4 \\ 0, & x > 4 \end{cases}$$

9. $c = 5$，$f(x) = xe^{-3x}$ 且

$$g(x) = \begin{cases} \cos(x), & 0 < x \leq 2\pi \\ 0, & x > 2\pi \end{cases}$$

14.3　d'Alembert 的解和特徵線

實線上波動方程式的初始－邊界值問題，

$$y_{tt} = c^2 y_{xx} \text{ 對於所有實數 } x \text{ 和 } t > 0$$
$$y(x, 0) = f(x), y_t(x, 0) = g(x)$$

稱為**波動方程式的柯西問題** (Cauchy problem for the wave equation)。法國數學家 Jean le Rond d'Alembert (1717–1783) 根據初始位置和速度函數獲得解的直接表達式：

$$y(x, t) = \frac{1}{2}[f(x - ct) + f(x + ct)] + \frac{1}{2c} \int_{x-ct}^{x+ct} g(\xi) \, d\xi \tag{14.12}$$

這是 **d'Alembert 的解** (d'Alembet's solution)，可以直接代入微分方程式和初始條件來驗證它。

例 14.5

考慮問題：

$$y_{tt} = 4u_{xx} \text{ 對於所有 } x \text{ 和 } t > 0$$
$$y(x, 0) = e^{-|x|}, y_t(x, 0) = \cos(4x)$$

由波動方程式可知 $c = 2$，我們可以用傅立葉積分寫出其解。d'Alembert 解為

$$f(x) = \frac{1}{2}\left(e^{-|x-2t|} + e^{-|x+2t|}\right) + \frac{1}{4}\int_{x-2t}^{x+2t} \cos(4\xi)\,d\xi$$

$$= \frac{1}{2}\left(e^{-|x-2t|} + e^{-|x+2t|}\right) + \frac{1}{16}(\sin(4(x+2t)) - \sin(4(x-2t)))$$

$$= \frac{1}{2}\left(e^{-|x-2t|} + e^{-|x+2t|}\right) + \frac{1}{8}\cos(4x)\sin(8t)$$

d'Alembert 的解可以解釋成在實線上左右移動的波的疊加。

$$y(x,t) = \frac{1}{2}\left(f(x-ct) - \frac{1}{c}\int_0^{x-ct} g(\xi)\,d\xi\right)$$
$$+ \frac{1}{2}\left(f(x+ct) + \frac{1}{c}\int_0^{x+ct} g(\xi)\,d\xi\right)$$
$$= F(x-ct) + B(x+ct)$$

其中

$$F(w) = \frac{1}{2}f(w) - \frac{1}{2c}\int_0^w g(\xi)\,d\xi \tag{14.13}$$

且

$$B(w) = \frac{1}{2}f(w) + \frac{1}{2c}\int_0^w g(\xi)\,d\xi \tag{14.14}$$

$F(x - ct)$ 的圖形為 $F(x)$ 的圖形在時間 t 向右移 ct 單位。當 t 增加時，將 $F(x - ct)$ 視為沿著線以速度 c 向右移動的波。$F(x - ct)$ 稱為**正向波** (forward wave)。

$B(x + ct)$ 是 $B(x)$ 以速度 c 向左移動的圖形。$B(x + ct)$ 稱為這個運動的**反向波** (backward wave)。

任何時間 t 的波 $y(x, t)$ 是此時的正向波與反向波的和：

$$y(x,t) = F(x-ct) + B(x+ct) \tag{14.15}$$

在弦從靜止中釋放的情況下，亦即 $g(x) = 0$，可能很容易看到這個解的波形解釋。在這種情況下，$F(x) = B(x) = \frac{1}{2}f(x)$ 且

$$y(x,t) = F(x+ct) + B(x-ct) = \frac{1}{2}(f(x-ct) + f(x+ct))$$

例 14.6

假設 $g(x) = 0$，$c = 1$ 且

$$f(x) = \begin{cases} x\cos(3x), & -\pi \leq x \leq \pi \\ 0, & x < -\pi \text{ 或 } x > \pi \end{cases}$$

圖 14.13 為 $f(x)$ 的圖形，而圖 14.14、圖 14.15 和圖 14.16 分別顯示 $f(x-1)$、$f(x-5)$ 和 $f(x-9)$ 的圖形。這些分別是圖 14.13 在時間 1、5 和 9 向右移動的圖。

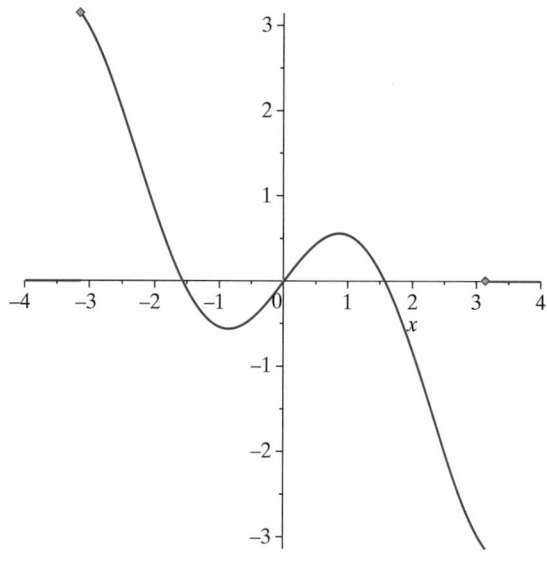

圖 14.13 例 14.6 中的 $f(x)$

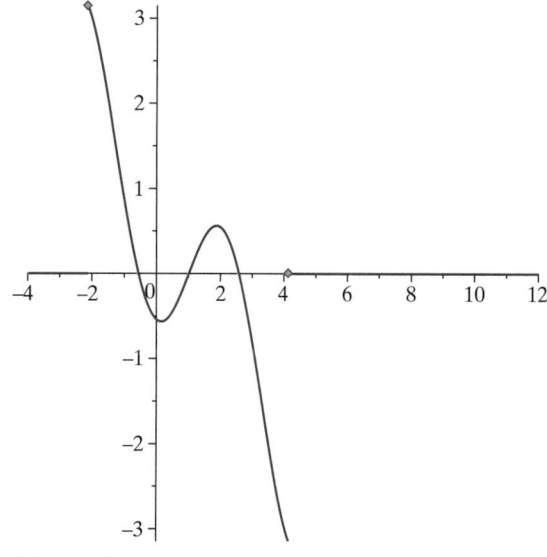

圖 14.14 $f(x-1)$

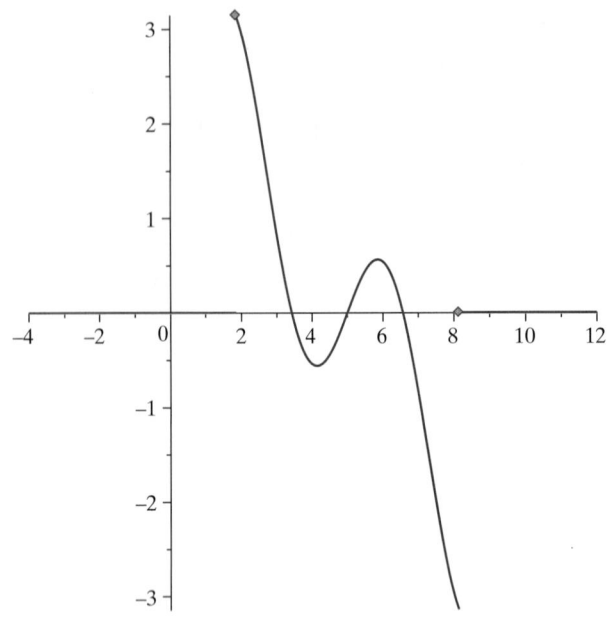

圖 14.15 $f(x-5)$

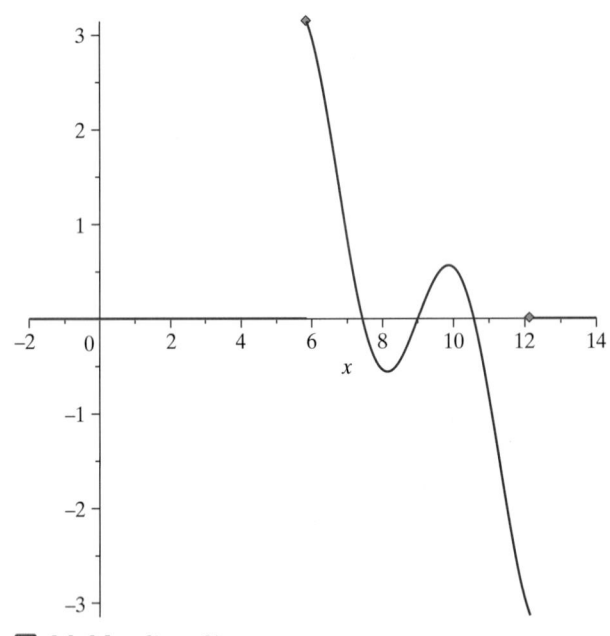

圖 14.16 $f(x-9)$

圖 14.17、圖 14.18 和圖 14.19 顯示 $f(x+1)$、$f(x+5)$ 及 $f(x+9)$ 的圖形，它們是在這些時間向左移動的初始位置的圖。圖 14.20、圖 14.21 和圖 14.22 顯示出下列的疊加圖形：

$$\frac{1}{2}(f(x+1)+f(x-1)), \frac{1}{2}(f(x+5)+f(x-5))$$

以及

$$\frac{1}{2}(f(x+9)+f(x-9))$$

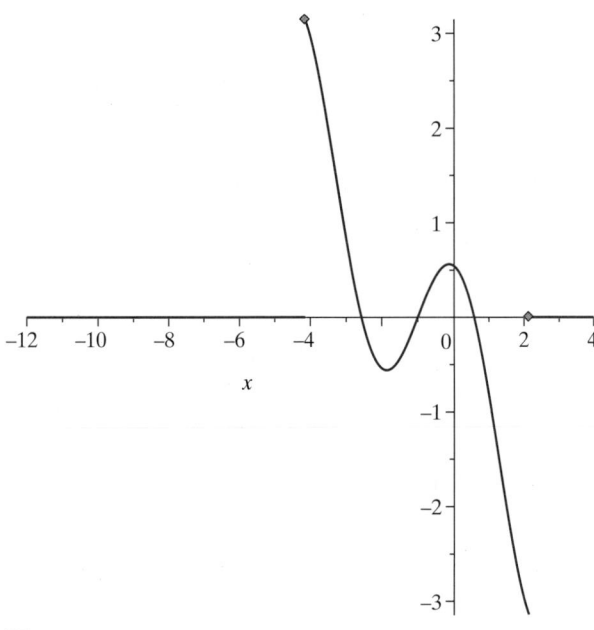

圖 14.17 例 14.6 的 $f(x+1)$

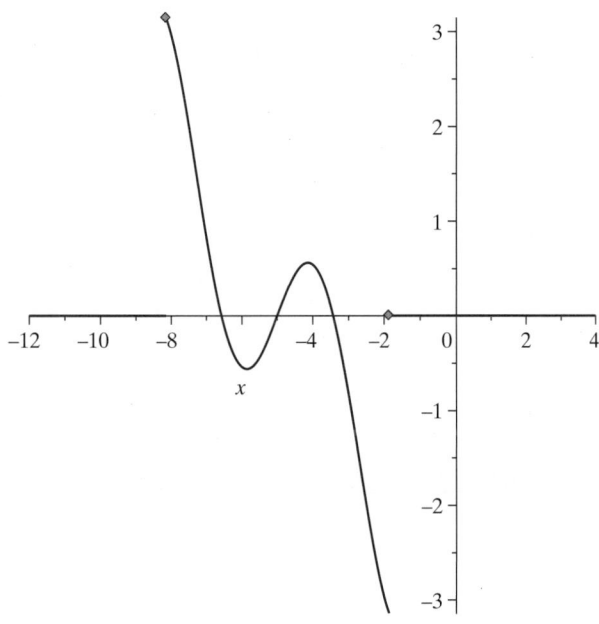

圖 14.18 $f(x+5)$

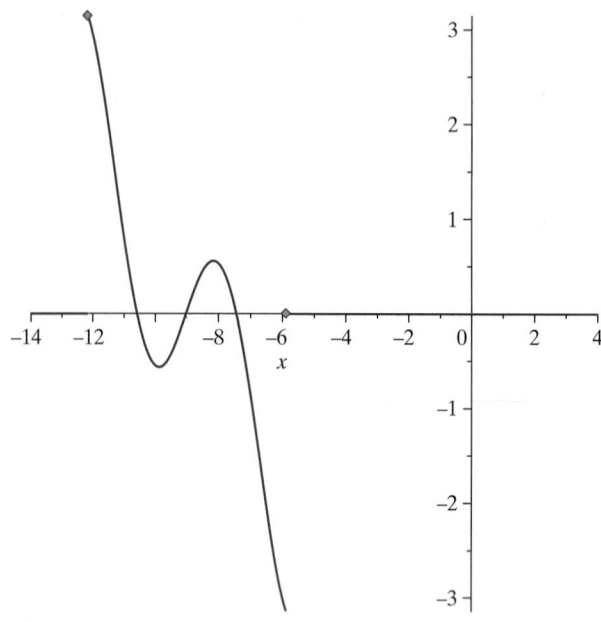

圖 14.19 $f(x+9)$

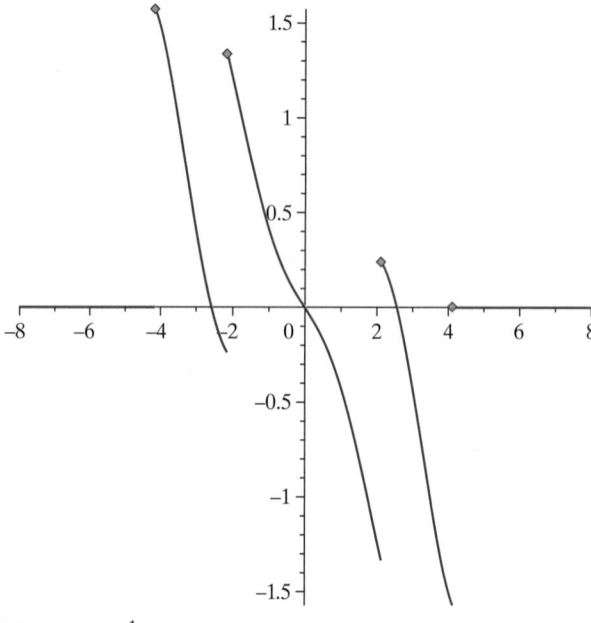

圖 14.20 $\frac{1}{2}(f(x-1)+f(x+1))$

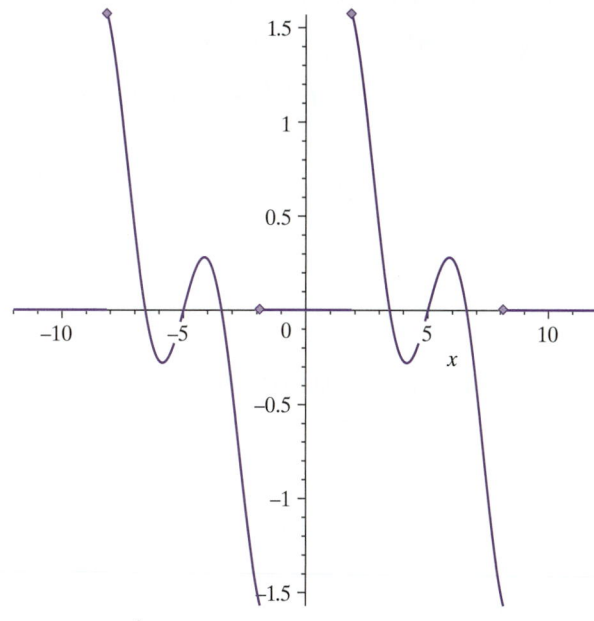

圖 14.21 $\frac{1}{2}(f(x-5)+f(x+5))$

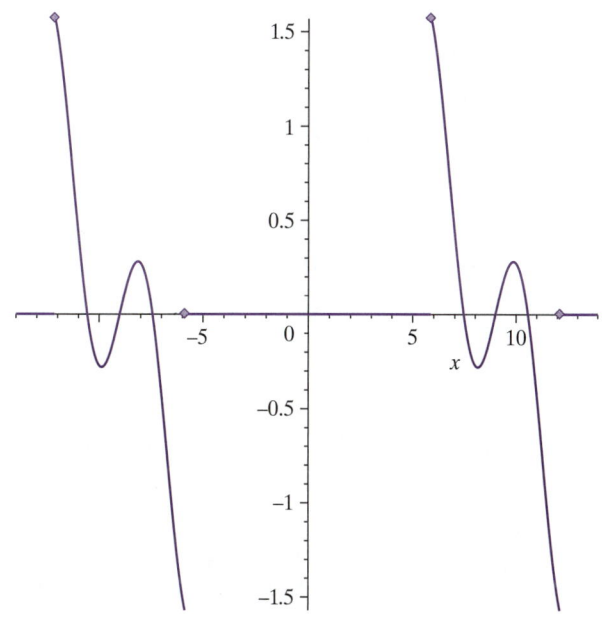

圖 14.22 $\frac{1}{2}(f(x-9)+f(x+9))$

在這個例子中，初始位置函數在有限區間 $[-\pi, \pi]$ 之外為零，所以隨著時間的增加，右移波和左移波彼此分離且獨立移動到右側與左側。

d'Alembert 的解可以用於證明實線上波動方程式的柯西問題不斷依賴其初始數據，這表示初始位置和速度函數的微小變化將導致相應運動的細微變動。習題 11 說明這個想法。

d'Alembert 的解也對 $x - ct$ 和 $x + ct$ 提供特殊的意義，在這裡還有更多的只是向右或向左的移動波。

直線 $x - ct = k_1$ 與 $x + ct = k_2$，其中 k_1 和 k_2 為任意實數，稱為波動方程式的**特徵線**（characteristics）。利用變數的改變，

$$\xi = x - ct, \eta = x + ct$$

將 x、t 平面變換到 ξ、η 平面。這種變換是可逆的。每一個點 (x, t) 恰與一個點 (ξ, η) 相關聯，反之亦然。利用 ξ 和 η，

$$x = \frac{1}{2}(\xi + \eta) = x(\xi, \eta) \text{ 且 } t = \frac{1}{2c}(\eta - \xi) = t(\xi, \eta)$$

將 y 的波動方程式變換到 Y 的偏微分方程式，其中

$$Y(\xi, \eta) = y((\xi + \eta)/2, (\eta - \xi)/2c)$$

為了做到這一點，我們首先需要一些偏導數，它們是使用連鎖律計算：

$$y_x = Y_\xi \xi_x + Y_\eta \eta_x = Y_\xi + Y_\eta$$

且

$$y_{xx} = Y_{\xi\xi}\xi_x + Y_{\xi\eta}\eta_x + Y_{\eta\xi}\xi_x + Y_{\eta\eta}\eta_x$$
$$= Y_{\xi\xi} + 2Y_{\xi\eta} + Y_{\eta\eta}$$

同理，

$$y_{tt} = c^2 Y_{\xi\xi} - 2c^2 Y_{\xi\eta} + c^2 Y_{\eta\eta}$$

因此

$$y_{tt} - c^2 y_{xx} = 0 = \left(c^2 Y_{\xi\xi} - 2c^2 Y_{\xi\eta} + c^2 Y_{\eta\eta}\right) - c^2 \left(Y_{\xi\xi} + 2Y_{\xi\eta} + Y_{\eta\eta}\right)$$

上式可化簡為非常簡單的偏微分方程式：

$$Y_{\xi\eta} = 0$$

交換微分次序，將上式寫成

$$(Y_\eta)_\xi = 0$$

這表示 Y_η 對 ξ 的偏導數等於零，亦即 Y_η 只是 η 的函數，而與 ξ 無關：

$$Y_\eta = h(\eta)$$

其中 h 為單變數的函數,將這個方程式的兩邊對 η 積分:

$$\int Y_\eta \, d\eta = Y(\xi, \eta) = \int h(\eta) \, d\eta + F(\xi)$$

其中對 η 積分時,積分常數僅涉及 ξ(因為任何 $F(\xi)$ 對 η 的偏導數為零)。這裡 $F(\xi)$ 可以是 ξ 的任意函數。但是,$\int h(\eta) \, d\eta$ 只是 η 的另一個函數 $G(\eta)$,因此

$$Y(\xi, \eta) = F(\xi) + G(\eta)$$

回想起 $\xi = x - ct$ 和 $\eta = x + ct$,我們發現

$$y(x, t) = F(x - ct) + G(x + ct) \tag{14.16}$$

結論是:波動方程式 $y_{tt} = c^2 y_{xx}$ 的每一個解都具有這種形式,其中 F 與 G 為單變數的兩次可微分函數。

反之,對任何函數 F 和 G 而言,$F(x - ct) + G(x + ct)$ 為一解。欲獲得具有 $y(x, 0) = f(x)$ 與 $y_t(x, 0) = g(x)$ 的初始-邊界值問題的 d'Alembert 解。可選擇 F 和 G 使得 $F(x - ct) + G(x + ct)$ 也滿足這些初始條件。這是 d'Alembert 的成就。習題 10 中概述了 d'Alembert 解的推導。

數往知來──d'Alembert

d'Alembert 解是 1930 年代第一批應用於打樁分析的模型,該模型負責開發諸如樁阻抗等理論概念,並提供對波行為的定性洞察。在其原始形式,當研究土壤阻抗時,d'Alembert 解是無阻尼的。現在,隨著計算機和數值方法的出現,該模型仍然可以應用於具有額外修正項的情況。

一種更為精確的模型現在正在使用中,此模型包含沿著樁軸的阻尼之物理特徵和波的反射。下面所示的是電報方程式:

$$c^2 y_{xx} = y_{tt} + A y_t + B y$$

它是波動方程式的版本。

14.3 習題

習題 1–4，已知 c、$f(x)$ 與 $g(x)$ 寫出問題的 d'Alembert 解。對於每一問題，寫出正向波和反向波，並且選擇在各個時間繪出這些波及 $y(x, t)$。

1. $c = 1, f(x) = x^2, g(x) = -x$
2. $c = 7, f(x) = \cos(\pi x), g(x) = 1 - x^2$
3. $c = 14, f(x) = e^x, g(x) = x$
4. $c = \sqrt{3}, f(x) = e^{-3|x|}, g(x) = \cos(x/2)$
5. 在 $c = 1$、$f(x) = \sin(x)$ 和 $g(x) = 0$ 的情況下，在實線上得到柯西問題的解，然後求當 $f(x) = \sin(x) + \epsilon$ 和 $g(x) = 0$ 的解。證明對於所有 x 和 $t \geq 0$，這些解在大小上相差 ϵ。
6. 令 $F(x) = e^{-3x}$ 且 $G(x) = \sin(4x)$。
   證明
   $$y(x, t) = F(x - ct) + G(x + ct)$$
   滿足波動方程式 $y_{tt} = c^2 y_{xx}$。

習題 7–9 是在 $c = 1$ 且初始速度為零的情況下，求實線上波動方程式的解。

$$y_{tt} = y_{xx} \text{ 對於所有實數 } x \text{ 和 } t > 0$$
$$y(x, 0) = f(x), y_t(x, 0) = 0 \text{ 對於所有 } x$$

對於所予的 $f(x)$，將解寫成正向波與反向波的和，並且選擇在各個時間繪出 $y(x, t)$ 的圖形。在這些問題中，$f(x)$ 在閉區間之外為零，因此這些波終將分離，如例 14.6 所示。

7. $$f(x) = \begin{cases} 1 - |x|, & -1 \leq x \leq 1 \\ 0, & |x| > 1 \end{cases}$$

8. $$f(x) = \begin{cases} e^x \cos(x), & |x| \leq 1 \\ 0, & |x| > 1 \end{cases}$$

9. $$f(x) = \begin{cases} x^3 - x^2 - 4x + 4, & -2 \leq x \leq 2 \\ 0, & |x| > 2 \end{cases}$$

10. 導出 d'Alembert 的解。**提示**：對於單變數的兩次可微函數 F 和 G 而言，實線上的波動方程式 $y_{tt} = c^2 y_{xx}$ 的任何解都必須是 $F(x - ct) + G(x + ct)$ 的形式。現在的想法是選擇 F 和 G 來獲得 d'Alembert 的解。由初始位置條件，
    $$y(x, 0) = f(x) = F(x) + G(x)$$
    由初始速度條件，
    $$y_t(x, 0) = -cF'(x) + cG'(x)$$
    將上式積分可得
    $$-F(x) + G(x)$$
    $$= \frac{1}{c}\int_0^x g(w)\, dw - F(0) + G(0)$$
    由這些方程式以獲得 F 和 G 的表達式。

11. 假設
    $$\tilde{f}(x) = f(x) + \epsilon_1 \text{ 且 } \tilde{g}(x) = g(x) + \epsilon_2$$
    令 $y(x, t)$ 為具有初始位置 $f(x)$ 和初始速度 $g(x)$ 的 d'Alembert 解。$\tilde{y}(x, t)$ 為具有初始位置 $\tilde{f}(x)$ 和初始速度 $\tilde{g}(x)$ 的解。導出
    $$|y(x, t) - \tilde{y}(x, t)|$$
    的界限值，以 ϵ_1 和 ϵ_2 表示。

12. 考慮在半線上的柯西問題：
$$y_{tt} = c^2 y_{xx}, x > 0, t > 0$$
$$y(0, t) = 0$$
$$y(x, 0) = f(x), y_t(x, 0) = g(x)$$

在半線上使用傅立葉積分來解這個問題。然而，也可以利用在整條線上的 d'Alembert 解來解這個問題。關鍵是將定義於 $x \geq 0$ 的 $f(x)$ 和 $g(x)$ 擴張成奇函數，亦即令

$$f_o(x) = \begin{cases} f(x), & x > 0 \\ -f(-x), & x < 0 \end{cases}$$

且

$$g_o(x) = \begin{cases} g(x), & x > 0 \\ -g(-x), & x < 0 \end{cases}$$

此時問題已轉變為整條線上的柯西問題，其中初始位置為 $f_o(x)$，初始速度為 $g_o(x)$。寫出這個問題的 d'Alembert 解，然後寫出 d'Alembert 在半線上的解的公式。

14.4 具有強制項 *K(x, t)* 的波動方程式

以前（14.1.2 節），我們在有界區間上對波動方程式添加一項 $F(x)$。在這裡，我們將在實線上添加 $K(x, t)$ 於波動方程式，其中新的項 $K(x, t)$ 與 x 和 t 有關。我們要解的問題是

$$y_{tt} = c^2 y_{xx} + K(x, t) \text{ 對於所有實數 } x \text{ 且 } t > 0$$
$$y(x, 0) = f(x), y_t(x, 0) = g(x) \text{ 對於所有 } x$$

假設欲求此問題在 x、t 平面上點 $P_0:(x_0, t_0)$ 的解，其中 x_0 為任意數且 $t_0 > 0$。

波動方程式的特徵線為 $x - ct = k_1$ 和 $x + ct = k_2$。恰有兩條特徵線通過 P_0，亦即直線

$$x - ct = x_0 - ct_0 \text{ 和 } x + ct = x_0 + ct_0$$

這些線交 x 軸於 $(x_0 - ct_0, 0)$ 與 $(x_0 + ct_0, 0)$，這些點和 P_0 形成**特徵三角形** (characteristic triangle) 的頂點。

這個三角形的邊以 M、L 與 I 表示，如圖 14.23 所示。令 Δ 表示由邊界上的點和三角形內部組成的實心三角形。進行計算得到一個 d'Alembert 式的公式，用於解有附加項 $K(x, t)$ 的初值問題。

由波動方程式，我們有

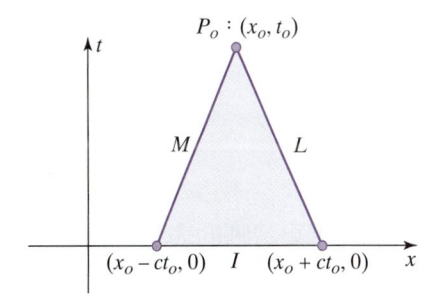

圖 14.23 在 P_0 的特徵三角形

$$-\iint_\Delta K(x, t) \, dA = \iint_\Delta (c^2 y_{xx} - y_{tt}) \, dA$$
$$= \iint_\Delta \left(\frac{\partial}{\partial x}(c^2 y_x) - \frac{\partial}{\partial t}(y_t) \right) dA$$

應用格林定理將上式的重積分轉換成線積分，其中 c 為 Δ 的邊界，逆時針方向，得到

$$-\iint_\Delta K(x,t)\,dA = \oint_C y_t\,dx + c^2 y_x\,dt$$

這樣做的價值在於 c 由三條線段組成，而且可以很容易算出每一線段上的線積分。

在邊 I，$t = 0$，x 由 $x_0 - ct_0$ 變化到 $x_0 + ct_0$，所以我們可利用初始條件 $y_t(x, 0) = g(x)$ 寫出

$$\int_I y_t\,dx + c^2 y_x\,dt = \int_{x_0-ct_0}^{x_0+ct_0} y_t(x,0)\,dx = \int_{x_0-ct_0}^{x_0+ct_0} g(w)\,dw$$

在邊 L，$x + ct = x_0 + ct_0$，因此 $dx = -c\,dt$。進一步回顧，y 的微分 dy 為 $y_x dx + y_t dt$，所以

$$\int_L y_t\,dx + c^2 y_x\,dt = \int_L y_t(-c)\,dt + c^2 y_x\left(-\frac{1}{c}\right)dx$$

$$= -c\int_L dy = -c[y(x_0,t_0) - y(x_0+ct_0,0)]$$

在邊 M，$x - ct = x_0 - ct_0$，故 $dx = c\,dt$，記住 c 為逆時針方向，

$$\int_M y_t\,dx + c^2 y_x\,dt = \int_M y_t c\,dt + c^2 y_x\left(\frac{1}{c}\right)dx = c\int_M dy$$

$$= c[y(x_0-ct_0,t_0) - y(x_0,t_0)]$$

將 Δ 的邊上的這些線積分相加，結果為

$$-\iint K(x,t)\,dA = \int_{x_0-ct_0}^{x_0+ct_0} g(w)\,dw$$

$$- c[y(x_0,t_0) - y(x_0+ct_0,0)] + c[y(x_0-ct_0,0) - y(x_0,t_0)]$$

最後，利用初始條件 $y(x,0) = f(x)$，由上式解出 $y(x_0, t_0)$：

$$y(x_0,t_0) = \frac{1}{2}[f(x_0-ct_0) + f(x_0+ct_0)]$$

$$+ \frac{1}{2c}\int_{x_0-ct_0}^{x_0+ct_0} g(w)\,dw + \frac{1}{2c}\iint K(\xi,\eta)\,dA$$

為了更清晰的表達，刪除下標並將解 $y(x, t)$ 寫成

$$y(x,t) = \frac{1}{2}[f(x-ct) + f(x+ct)] + \frac{1}{2c}\int_{x-ct}^{x+ct} g(w)\,dw$$

$$+ \frac{1}{2c}\iint_\Delta K(X,T)\,dX\,dT \qquad (14.17)$$

其中 x 為任意數,而 t 為任意正數。這裡 X 和 T 是積分的變數,以避免與所予解的點 (x, t) 混淆。有強制項的波動問題的解為無強制項問題的 d'Alembert 解加上對波動有影響的 $K(x, t)$ 的二重積分項。

例 14.7

解下列問題:

$$y_{tt} = 4y_{xx} + x^2 t^2 \text{ 對於所有實數 } x \text{ 和 } t > 0$$

$$y(x, 0) = f(x) = \begin{cases} 1 + x, & -1 \leq x < 0 \\ 1 - x, & 0 \leq x \leq 1 \\ 0, & |x| > 1 \end{cases}$$

$$y_t(x, 0) = 0$$

在式 (14.17) 中,令 $c = 2$ 可得

$$y(x, t) = \frac{1}{2}[f(x - 2t) + f(x + 2t)]$$

$$+ \frac{1}{4} \iint_\Delta X^2 T^2 \, dX \, dT$$

這個問題的特徵三角形 Δ,如圖 14.24 所示。

為了計算這個重積分,可使用圖中所示的積分極限來寫出下列的式子:

$$\frac{1}{4} \iint_\Delta X^2 T^2 \, dX \, dT$$

$$= \frac{1}{4} \int_0^t \left(\int_{x-2t+2T}^{x+2t-2T} X^2 \, dX \right) T^2 \, dT$$

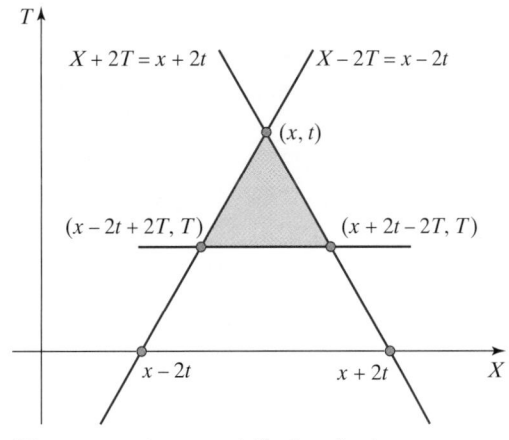

圖 14.24 例 14.7 的特徵三角形

對 X 的積分,省略了例行的細節,得到

$$\frac{1}{4}\int_{x+2t-2T}^{x-2t+2T} X^2\, dX$$
$$= x^2(t-T) + \frac{4}{3}(t^3 - T^3) + 4tT^2 - 4t^2T$$

因此

$$\frac{1}{4}\iint_\Delta X^2 T^2\, dX\, dT = \int_0^t \left[x^2(t-T) + \frac{4}{3}(t^3 - T^3) + 4tT^2 - 4t^2T\right] T^2\, dT$$
$$= \frac{1}{45}t^6 + \frac{1}{12}x^2 t^4$$

解為

$$y(x,t) = \frac{1}{2}[f(x-2t) + f(x+2t)] + \frac{1}{45}t^6 + \frac{1}{12}x^2 t^4$$

最後一項解釋了波動方程式中的 $x^2 t^2$ 項對波動的影響。為了比較,圖 14.25 顯示當 $x^2 t^2$ 項被省略的波浪表面的一部分,而圖 14.26 則顯示當該項包括在波動方程式中的波浪表面的一部分。

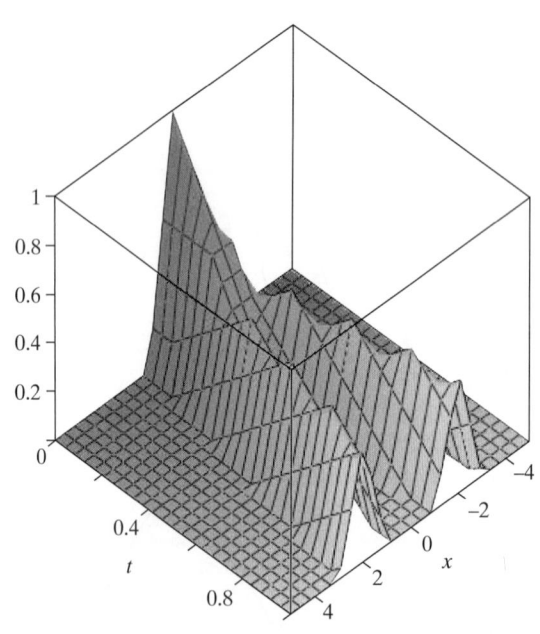

圖 14.25 例 14.7 中,無強制項的波面的一部分

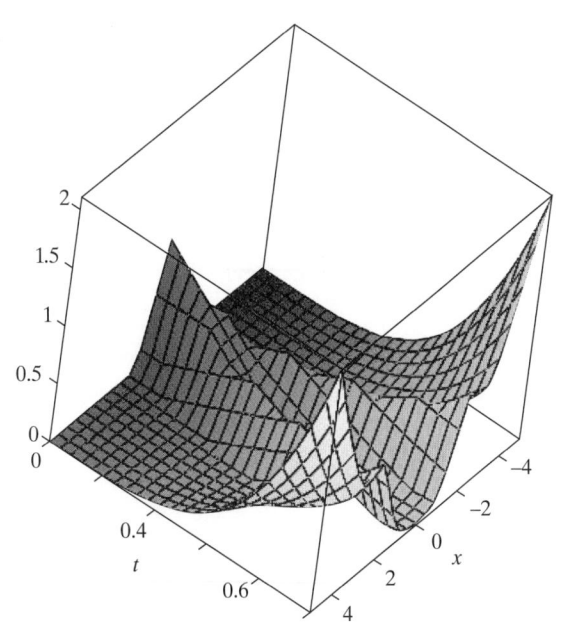

圖 14.26　有強制項的波面

14.4　習題

習題 1–6，已知 c、$f(x)$、$g(x)$ 和強制函數 $K(x, t)$，求解有強制項的波動問題。

1. $c = 4$, $f(x) = x$, $g(x) = e^{-x}$, $K(x, t) = x + t$
2. $c = 2$, $f(x) = \sin(x)$, $g(x) = 2x$, $K(x, t) = 2xt$
3. $c = 8$, $f(x) = x^2 - x$, $g(x) = \cos(2x)$, $K(x, t) = xt^2$
4. $c = 4$, $f(x) = x^2$, $g(x) = xe^{-x}$, $K(x, t) = x\sin(t)$
5. $c = 3$ $f(x) = \cosh(x)$, $g(x) = 1$, $K(x, t) = 3xt^3$
6. $c = 7$, $f(x) = 1 + x$, $g(x) = 0$, $K(x, t) = x - \cos(t)$

CHAPTER 15
熱方程式

15.1 在有界介質中的擴散問題

偏微分方程式

$$u_t = ku_{xx} \tag{15.1}$$

稱為**熱方程式** (heat equation)，或**擴散方程式** (diffusion equation)。

熱方程式也可以寫成

$$\frac{\partial u}{\partial t} = k\frac{\partial^2 u}{\partial x^2}$$

但是通常偏導數採用下標符號。

本節涉及求解 $u(x, t)$，其中 $0 \leq x \leq L$，$t \geq 0$。在這種情況下，空間變數是有界的，我們可以將方程式解釋為對長度為 L 的均勻棒中的溫度函數進行模擬 (modeling)，其中 $u(x, t)$ 為棒在 x 橫截面且在時間 t 的溫度，棒的材料決定 k，而 k 稱為**棒的熱擴散率** (thermal diffusivity of the bar)。這是一個熟悉的狀況，我們可以從經驗相關聯，但該方程式適用於許多擴散過程，其可能涉及如某些類型的群體。

為了準確地模擬一個擴散過程，式 (15.1) 的解，必須滿足初始和邊界條件，亦即指定棒的初始條件（例如，零時的溫度），以及擴散過程與周圍環境的交互作用。這些條件可以採取各種形式來模擬不同的狀況。這裡有一些比較常見的條件。

條件

$$u(0,t) = T_1, u(L,t) = T_2,\ t \geq 0$$
$$u(x,0) = f(x),\ 0 \leq x \leq L$$

表示棒的端點始終保持在恆定溫度 T_1 和 T_2，並且整個棒中的初始溫度為 $f(x)$。

邊界條件與初始條件

$$u_x(0,t) = u_x(L,t) = 0, \ t \geq 0$$

$$u(x,0) = f(x), \ 0 \leq x \leq L$$

適用於具有絕熱端點（端點沒有熱損失）的棒且初始溫度為 $f(x)$。

若棒的初始溫度為 $f(x)$ 且左端保持在溫度 T，而右端為絕熱，則為

$$u(0,t) = T, u_x(L,t) = 0, \ t \geq 0$$

$$u(x,0) = f(x), \ 0 \leq x \leq L$$

自由輻射或對流的發生是棒由兩端將能量輻射到周圍介質而損失能量，而周圍介質假設維持在恆溫 T。此時邊界與初始條件為

$$u_x(0,t) = A[u(0,t) - T], u_x(L,t) = -A[u(L,t) - T], \ t \geq 0$$

$$u(x,0) = f(x), \ 0 \leq x \leq L$$

其中 A 為正的常數（稱為**傳遞常數** (transfer constant)）。熱能從較高溫度端流向較低溫度端，其速率與梯度（端點溫度差）成正比。這是**牛頓的冷卻定律** (Newton's law of cooling)。

下列混合邊界條件：

$$u(0,t) = T_1, u_x(L,t) = -A[u(L,t) - T_2], \ t \geq 0$$

$$u(x,0) = f(x), \ 0 \leq x \leq L$$

表示左端溫度保持在 T_1，而能量從右端輻射到溫度為 T_2 的周圍介質。

偏微分方程式與區間上的初始和邊界條件，構成該區間的**初始－邊界值問題** (initial-boundary value problem)。

我們將開發求解熱方程式的方法，以及受制於幾種初始－邊界條件的熱方程式之變化。

15.1.1　末端溫度保持在零度

首先考慮問題

$$u_t = ku_{xx}, \ 0 < x < L, t > 0$$

$$u(0,t) = u(L,t) = 0$$

$$u(x,0) = f(x)$$

其中兩端的溫度保持在零度。

分離變數 (separation of variables)，或**傅立葉方法** (Fourier method) 包括嘗試

$$u(x,t) = X(x)T(t)$$

形式的解。亦即,解為 x 的函數與 t 的函數之乘積。將此式代入熱方程式,可得

$$XT' = kX''T$$

因此

$$\frac{X''}{X} = \frac{T'}{kT}$$

其中 $0 < x < L$,$t \geq 0$。左邊僅與 x 有關,而右邊僅與 t 有關,x 與 t 獨立變化。在右邊固定 $t = t_0$,則對區間內的所有 x 而言,X''/X 為常數;同理,固定 x,則對所有 $t > 0$ 而言,T'/kT 為常數。因此,

$$\frac{X''}{X} = \frac{T'}{kT} = -\lambda$$

其中 λ 為欲求的某個常數(稱為**分離常數**(separation constant))。將兩個商設為等於 $-\lambda$ 而不是 λ 是常見的做法,但是任何一種方式最終都會導致相同的解。

X 與 T 的微分方程式為

$$X'' + \lambda X = 0,\ T' + \lambda kT = 0$$

此外,

$$u(0,t) = X(0)T(t) = 0$$

故 $X(0) = 0$,且

$$u(L,t) = X(L)T(t) = 0$$

因此 $X(L) = 0$。這裡假設 $T(t)$ 至少有一段時間不為零,否則 u 等於零。

在這些邊界條件下,我們對 $X(x)$ 在 $[0, L]$ 有一個正則史特姆－李歐維里問題:

$$X'' + \lambda X = 0;\ X(0) = X(L) = 0$$

由例 11.1,特徵值(λ 的解)與對應特徵函數(X 的解)分別為 $\lambda_n = n^2\pi^2/L^2$ 和

$$X_n(x) = \sin\left(\frac{n\pi x}{L}\right),\ n = 1, 2, \cdots$$

如今

$$T' + \lambda kT = T' + \frac{n^2\pi^2 k}{L^2}T = 0$$

其解為 $e^{-n^2\pi^2 kt/L^2}$ 的恆定倍數。

對於每一個正整數 n,函數

$$u_n(x,t) = X_n(x)T_n(t) = b_n \sin\left(\frac{n\pi x}{L}\right)e^{-n^2\pi^2 kt/L^2}$$

其中 b_n 為待定的常數，滿足熱方程式和兩個邊界條件，但尚未滿足初始條件 $u(x, 0) = f(x)$。為此，嘗試一個總和

$$u(x,t) = \sum_{n=1}^{\infty} b_n \sin(n\pi x/L) e^{-n^2\pi^2 kt/L^2}$$

此總和滿足熱方程式和兩個邊界條件 $u(0, t) = u(L, t) = 0$。為了滿足初始條件，我們需要

$$u(x,0) = \sum_{n=1}^{\infty} b_n \sin(n\pi x/L) = f(x)$$

這是 $f(x)$ 在 $[0, L]$ 的傅立葉正弦展開，所以選擇

$$b_n = \frac{2}{L} \int_0^L f(x) \sin(n\pi x/L)\, dx \tag{15.2}$$

端點溫度保持在零度的情況下，問題之解為

$$u(x,t) = \sum_{n=1}^{\infty} \left(\frac{2}{L} \int_0^L f(\xi) \sin(n\pi \xi/L)\, d\xi \right) \sin\left(\frac{n\pi x}{L}\right) e^{-n^2\pi^2 kt/L^2} \tag{15.3}$$

例 15.1

當 $L = 1$，$k = 1/4$，且初始溫度分布為

$$u(x, 0) = f(x) = x\cos(\pi x/2)$$

時，解此邊界值問題。首先利用式 (15.2) 求係數：

$$b_n = 2\int_0^1 \xi \cos(\pi\xi/2)\sin(n\pi\xi)\, d\xi = \frac{32(-1)^{n+1}}{\pi^2(4n^2-1)^2}$$

其中 $n = 1, 2, \cdots$。由式 (15.3) 可知，解為

$$u(x,t) = \sum_{n=1}^{\infty} \frac{32(-1)^{n+1}}{\pi^2(4n^2-1)^2} \sin(n\pi x) e^{-n^2\pi^2 t/4}$$

圖 15.1 顯示當時間 $t = 0$、0.2、0.4、0.6 和 0.8 時，此解的 20 項部分和的圖形。由於指數因素，這些近似解隨著時間的增加而迅速衰減。頂部曲線是初始溫度分布，其為 $f(x) = x\cos(\pi x/2)$ 的圖，最低曲線為 $t = 0.8$ 時的溫度分布。圖 15.2 顯示 x、t、u 空間中，$u(x, t)$ 的曲面圖。

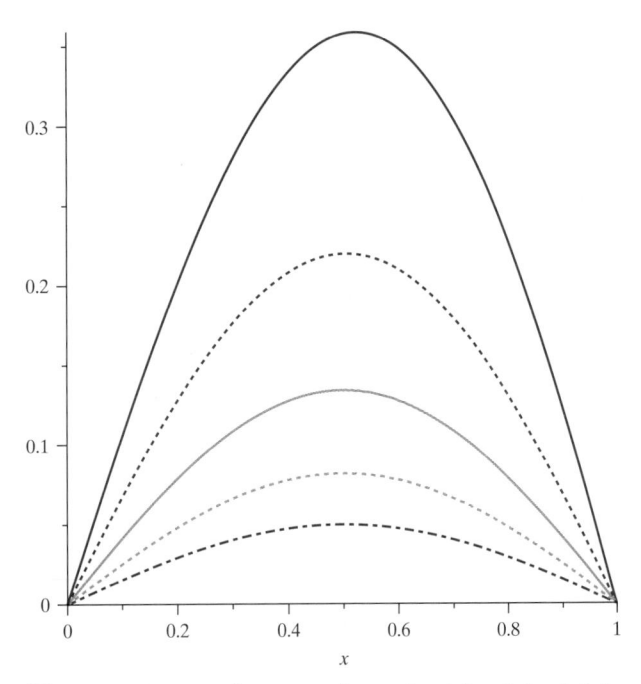

圖 15.1 例 15.1 中 $u(x,t)$ 在 $t=0$、0.2、0.4、0.6 和 0.8 的圖形

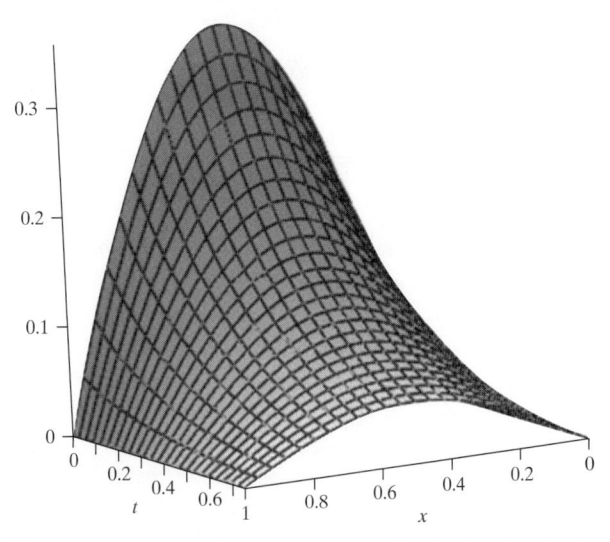

圖 15.2 例 15.1 中 $0 \leq x \leq 1$，$0 \leq t \leq 3/4$ 的 $u(x,t)$

15.1.2 絕熱端

當棒的端點絕熱時，邊界條件為
$$u_x(0,t) = u_x(L,t) = 0, \; t > 0$$

應用分離變數 $u(x,t) = X(x)T(t)$ 可得

$$X'' + \lambda X = 0, T' + \lambda kT = 0$$

如前所述。這種情況與端點溫度保持在零度之間的差異只是在邊界條件。如今

$$u_x(0) = X'(0)T(t) = 0 \text{ 且 } u_x(L,t) = X'(L)T(t) = 0$$

其中 $t \geq 0$，因此

$$X'(0) = X'(L) = 0$$

X 的問題為

$$X'' + \lambda X = 0; X'(0) = X'(L) = 0$$

由例 11.3，此問題有特徵值與特徵函數

$$\lambda_n = n^2\pi^2/L^2 \text{ 且 } X_n(x) = \cos(n\pi x/L), \; n = 0, 1, 2, \cdots$$

T 的問題為

$$T' + \frac{n^2\pi^2 k}{L^2}T = 0$$

其中 $n = 1, 2, \cdots$ 且對於 $n = 0$，$T_0(t) = $ 常數。函數

$$u_0(x,t) = \frac{1}{2}a_0 \text{ 且 } u_n(x,t) = a_n \cos(n\pi x/L)e^{-n^2\pi^2 kt/L^2}, \; n = 1, 2, \cdots$$

滿足熱方程式和邊界條件。在傅立葉展開式中的常數項為 $a_0/2$，展開式通常（取決於 $f(x)$）需要滿足初始條件 $u(x,0) = f(x)$。為此，令

$$u(x,t) = \frac{1}{2}a_0 + \sum_{n=1}^{\infty} a_n \cos\left(\frac{n\pi x}{L}\right) e^{-n^2\pi^2 kt/L^2} \tag{15.4}$$

我們需要

$$u(x,0) = f(x) = \frac{1}{2}a_0 + \sum_{n=1}^{\infty} a_n \cos(n\pi x/L)$$

這是區間上初始溫度函數的傅立葉餘弦展開。式 (15.4) 為方程式的解，其中係數為

$$a_n = \frac{2}{L}\int_0^L f(\xi)\cos(n\pi\xi/L)\,d\xi, \; n = 0, 1, 2, \cdots \tag{15.5}$$

例 15.2

假設棒的兩端為絕熱，且左半部分最初處於恆定溫度 T，而右半部分最初處於零溫度：

$$f(x) = \begin{cases} T, & 0 \leq x \leq L/2 \\ 0, & L/2 < x \leq L \end{cases}$$

解為式 (15.4)，我們所要做的就是利用式 (15.5) 計算係數。首先，

$$a_0 = \frac{2}{L} \int_0^{L/2} T \, dx = T$$

且對於 $n = 1, 2, \cdots$，

$$a_n = \frac{2}{L} \int_0^{L/2} T \cos(n\pi \xi/L) \, d\xi = \frac{2T}{n\pi} \sin(n\pi/2)$$

解為

$$u(x,t) = \frac{T}{2} + \frac{2T}{\pi} \sum_{n=1}^{\infty} \frac{1}{n} \sin\left(\frac{n\pi}{2}\right) \cos\left(\frac{n\pi x}{L}\right) e^{-n^2 \pi^2 kt/L^2}$$

在級數中，我們可以用 $2n - 1$ 取代 n，因為若 n 為偶數，則 $\sin(n\pi/2)$ 為零。

圖 15.3 是當 $T = 4$，$k = 1/4$，$L = 1$ 且在時間 0、0.2、0.4、0.6、0.8 與 1.2 利用解的前 250 項部分和獲得的解之近似圖。我們可以使用更多的項獲得更好的準確

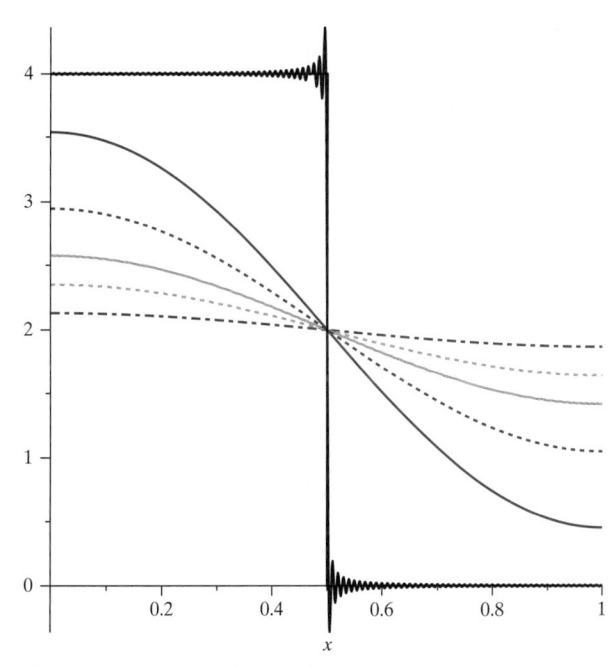

圖 15.3 例 15.2 中選定時間的溫度函數曲線圖

性。由於邊界條件，隨著 t 的增加，$u(x, t)$ 的圖形變成水平且趨近於常數值 2（亦即 $T/2$）。觀察到隨著時間的流逝，熱能從棒的熱區（左半部分）流向冷區（右半部分），最後左半部分的初始溫度 4 均勻地分布在棒上。圖 15.4 為 $u(x, t)$ 的曲面圖。

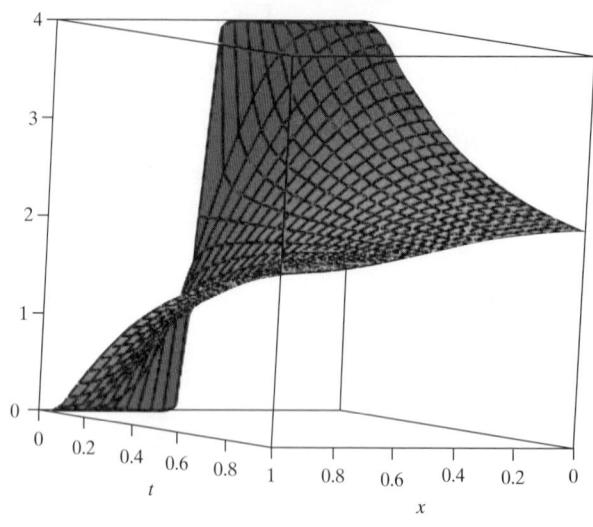

圖 15.4 例 15.2 中 $u(x, t)$ 的曲面圖

在目前處理的問題中，k 只出現在解的指數因子 $e^{-n^2\pi^2kt/L^2}$ 中。選擇較大的 k，使得該因子隨著時間流逝而更快地下降，因此當時間增加，溫度分布會更快速地衰減。要在例子中看到這一點，請選擇各種其他常數的值，如 L 和 T，然後選擇時間 t_0，並在同一組 x、u 軸上，對不同 k 值繪出解 $u(x, t_0)$。這個實驗可以重複選擇不同的 t_0，以觀察 k 對解的影響。

15.1.3　一個輻射端

假設棒的左端保持在零度，而右端將能量輻射到周圍介質中，此周圍介質的溫度保持在零度。這個問題可由下列的初始－邊界值問題描述

$$u_t = ku_{xx}, 0 < x < L, t > 0$$

$$u(x,0) = 0, u_x(L,t) = -Au(L,t)$$

$$u(x,0) = f(x)$$

A 為正傳遞係數。令 $u(x, t) = X(x)T(t)$，和其他問題一樣，將變數分離，可得

$$X'' + \lambda X = 0, T' + \lambda kT = 0$$

首先，對所有 $t \geq 0$，$u(0, t) = X(0)T(t) = 0$，故 $X(0) = 0$。然而，在另一端，

$$X'(L)T(t) = -AX(L)T(t)$$

故

$$X'(L) + AX(L) = 0$$

因此 $X(x)$ 的史特姆－李歐維里問題為

$$X'' + \lambda X = 0;\ X(0) = 0, X'(L) + AX(L) = 0$$

這是在 $[0, L]$ 中的一個正則問題，其解已在例 11.4 中求出。我們發現特徵值是超越方程式

$$\tan(z) = -\frac{z}{AL}$$

的解。這些解在 z、w 平面中顯示為 $w = \tan(z)$ 和 $w = -z/AL$ 交點的 z 座標（圖 11.1）。以遞增的順序標記這些 z 值如下：

$$z_1 < z_2 < z_3 < \cdots$$

特徵函數為

$$X_n(x) = \sin(z_n x/L)$$

或這些正弦函數的恆定倍數。我們也發現

$$T_n(t) = e^{-z_n^2 kt/L^2}$$

令

$$u_n(x,t) = \sin\left(\frac{z_n x}{L}\right) e^{-z_n^2 kt/L^2}$$

其中 $n = 1, 2, \cdots$。

這些函數滿足熱方程式和邊界條件。為了滿足條件 $u(x, 0) = f(x)$，我們必須嘗試一個解

$$u(x,t) = \sum_{n=1}^{\infty} c_n \sin\left(\frac{z_n x}{L}\right) e^{-z_n^2 kt/L^2}$$

欲求係數，我們需要

$$u(x,0) = f(x) = \sum_{n=1}^{\infty} c_n \sin\left(\frac{z_n x}{L}\right)$$

這需要第 11 章特徵函數展開的概念，此展開式的係數為

$$c_n = \frac{\int_0^L f(\xi) \sin(z_n \xi/L)\, d\xi}{\int_0^L \sin^2(z_n \xi/L)\, d\xi}$$

因為我們無法求得 z_n 的正確值，最好的方法就是求近似值。以 $L = k = A = 1$ 為例，經計算得到的近似值為

$$z_1 \approx 2.0288, z_2 \approx 4.9132, z_3 \approx 7.9787, z_4 \approx 11.0855$$

假設

$$f(x) = \begin{cases} x, & 0 \leq x \leq 1/2 \\ 1 - x, & 1/2 \leq x \leq 1 \end{cases}$$

以數值積分計算

$$c_1 \approx 1.9207, c_2 \approx 2.6593, c_3 \approx 4.1457, c_4 \approx 5.6329$$

得到的近似解為

$$u_{\text{approx}}(x, t) \approx 1.9027 \sin(2.0288x)e^{-4.1160kt} + 2.6593 \sin(4.9132x)e^{-24.1395kt}$$

$$+ 4.1457 \sin(7.9787x)e^{-63.6597kt} + 5.6329 \sin(11.0855x)e^{-1228.883kt}$$

圖 15.5 顯示 $t = 0, 0.2, 0.4, 0.6$ 和 0.8 的 $f(x)$ 和 $u_{\text{approx}}(x, t)$ 的曲線圖。當 x 接近 1 時，近似的準確度下降。圖 15.6 是 x、t、u 空間中，近似解的曲面圖。

15.1.4 非齊次邊界條件

迄今為止看到的所有例子中，邊界條件都是**齊次** (homogeneous) 的。這表示它們涉及一些等於零的數量，例如，$u(0, t) = 0$ 或 $u_x(L, t) = 0$。當邊界條件為非齊次

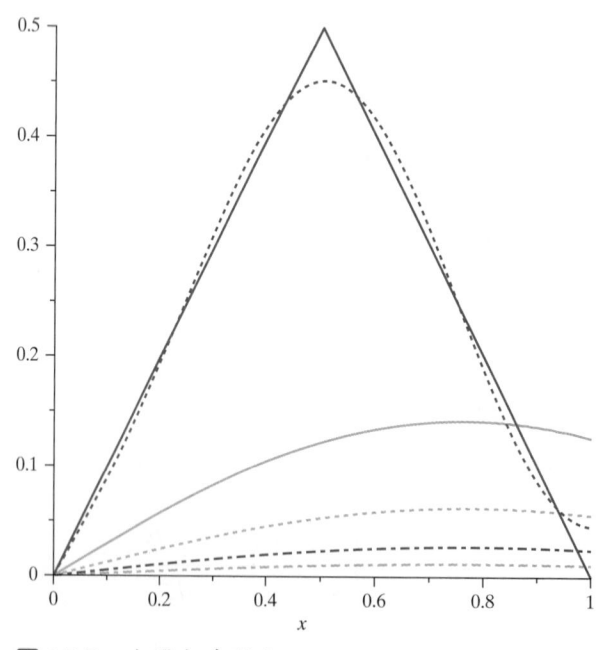

圖 15.5 在選定時間的 $u_{\text{approx}}(x, t)$

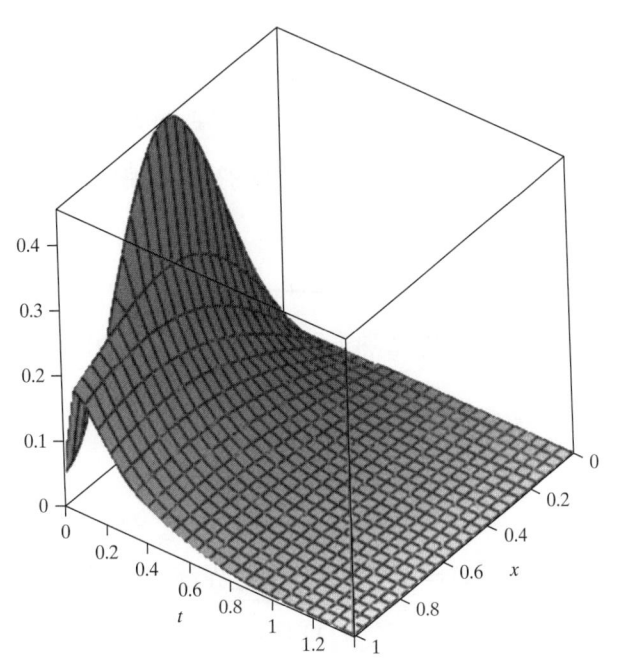

圖 15.6 $u_{\text{approx}}(x, t)$ 的曲面圖

(nonhomogeneous) 時，分離變數就無法使用。

在這種情況下，我們可以將問題轉化為具有齊次邊界條件的問題，而我們知道如何求解。

例 15.3

解初始−邊界值問題

$$u_t = ku_{xx}, \ 0 < x < L, t > 0$$

$$u(0,t) = T_1, u(L,t) = T_2$$

$$u(x,0) = f(x)$$

假設 T_1 和 T_2 中至少有一個非零，而具有非齊次問題。

嘗試用 $u(x,t) = X(x)T(t)$ 分離變數。首先，

$$u(0,t) = X(0)T(t) = T_1$$

除非 $X(0) = T_1 = 0$，否則 $T(t) = T_1/X(0) =$ 常數，此為不合理，因為 $T(t)$ 不是常數。同理，

$$u(L,t) = X(L)T(t) = T_2$$

除非 $X(L) = T_2 = 0$，否則 $T(t) = T_2/X(L) =$ 常數，這也是不合理。如果 T_1 或 T_2 不為零，則分離變數是不可行的。

將問題轉換為具有齊次邊界條件的問題。令
$$u(x,t) = v(x,t) + \psi(x)$$
這個想法是選擇 $\psi(x)$ 使得所產生的 $v(x,t)$ 的初始－邊界值問題是我們知道如何求解的問題。將 $u(x,t)$ 代入熱方程式，可得
$$v_t = k(v_{xx} + \psi''(x))$$
若 $\psi''(x) = 0$，則上式為 v 的標準熱方程式，而 $\psi''(x) = 0$ 意味著我們應該令
$$\psi(x) = cx + d$$
其中 c、d 為常數。如今
$$u(0,t) = T_1 = v(0,t) + \psi(0)$$
若 $\psi(0) = d = T_1$，則 $v(0,t) = 0$，此為齊次邊界條件。因此
$$\psi(x) = cx + T_1$$
其次，要滿足 $v(L,t) = 0$，我們需要
$$u(L,t) = T_2 = v(L,t) + \psi(L) = cL + T_1$$
因此
$$c = \frac{1}{L}(T_2 - T_1)$$
這完全決定了 $\psi(x)$：
$$\psi(x) = \frac{1}{L}(T_2 - T_1)x + T_1$$
選擇這個 $\psi(x)$，則有
$$v(0,t) = v(L,t) = 0, \ t \geq 0$$
此外
$$v(x,0) = u(x,0) - \psi(x) = f(x) - \psi(x)$$
$v(x,t)$ 的初始－邊界值問題為
$$v_t = kv_{xx}$$
$$v(0,t) = v(L,t) = 0$$
$$v(x,0) = f(x) - \psi(x)$$
這是一個我們知道如何求解的問題。

例 15.4

解初始 − 邊界值問題

$$u_t = 7u_{xx}, 0 < x < 1$$

$$u(0,t) = 1, u(1,t) = 5$$

$$u(x,0) = f(x) = x^2 + 3x + 1$$

令 $u(x,t) = v(x,t) + \psi(x)$，設 $T_1 = 1$，$T_2 = 5$，$L = 1$，則

$$\psi(x) = 4x + 1$$

$v(x,t)$ 的問題為

$$v_t = 7v_{xx}, 0 < x < 1, t > 0$$

$$v(0,t) = v(1,t) = 0$$

$$v(x,0) = f(x) - \psi(x) = x^2 - x = x(x-1)$$

由式 (15.3) 可得此問題的解，其中係數可由式 (15.2) 求出。係數為

$$b_n = 2 \int_0^1 (f(\xi) - \psi(\xi)) \sin(n\pi\xi) \, d\xi$$

$$= 2 \int_0^1 \xi(\xi - 1) \sin(n\pi\xi) \, d\xi$$

$$= \frac{4}{n^3\pi^3} \left((-1)^n - 1\right)$$

$v(x,t)$ 的解為

$$v(x,t) = \sum_{n=1}^{\infty} \frac{4}{n^3\pi^3} \left((-1)^n - 1\right) \sin(n\pi x) e^{-7n^2\pi^2 t}$$

原題的解為

$$u(x,t) = v(x,t) + 4x + 1$$

如果我們有絕熱條件

$$u_x(0,t) = T_1, u_x(L,t) = T_2$$

這種用於非均勻邊界條件的方法並不適用。要了解為什麼會這樣，嘗試

$$u(x,t) = v(x,t) + \psi(x)$$

可得

$$u_t = v_t = ku_{xx} = k(v_{xx} + \psi''(x)) = kv_{xx} + k\psi''(x)$$

欲得到 v 的標準熱方程式 $v_t = kv_{xx}$，我們需要 $\psi''(x) = 0$，所以 $\psi(x) = cx + d$，如前所述。然後由絕熱條件，可知

$$u_x(0,t) = v_x(0,t) + \psi'(0) = v_x(0,t) + c = T_1$$

所以 $v_x(0,t) = 0$ 要求

$$c = T_1$$

這使得 $\psi(x) = T_1 x + d$。但是，

$$u_x(L,t) = T_2 = v_x(L,t) + \psi'(L)$$

要滿足 $v_x(L,t) = 0$，我們需要

$$\psi'(L) = c = T_2$$

這要求 $T_1 = T_2$，而卻不一定是這種情況。

若 $T_1 = T_2 = T$ 且絕熱條件為

$$u_x(0,t) = u_x(L,t) = T$$

則令 $u(x,t) = v(x,t) + \psi(x)$，而與 $\psi(x) = Tx$ 一起使用。

15.1.5　包含對流與其他效應

我們剛剛解非齊次邊界條件的問題時，是將非齊次邊界條件轉換為齊次邊界條件。將問題轉化為更簡單的想法也適用於邊界條件是齊次的情形，但是擴散方程式具有考慮對流（Au_x 項）和其他效應（Bu 項）的附加項。這導致我們考慮下列的初始－邊界值問題：

$$u_t = k(u_{xx} + Au_x + Bu), \ 0 < x < L, t > 0$$

$$u(0,t) = u(L,t) = 0$$

$$u(x,0) = f(x)$$

對於這個問題，令

$$u(x,t) = e^{\alpha x + \beta t} v(x,t)$$

並選擇常數 α 和 β，使得 v 為下列問題的解：

$$v_t = kv_{xx}$$

$$v(0,t) = v(L,t) = 0$$

$$v(x,0) = F(x)$$

其中 $F(x)$ 為待定的函數。若能解出 $v(x,t)$，則原問題的解為 $u(x,t) = e^{\alpha x + \beta t} v(x,t)$。

將 $e^{\alpha x+\beta t}v(x,t)$ 代入 u 的偏微分方程式，由計算可得

$$u_x = \alpha e^{\alpha x+\beta t}v + e^{\alpha x+\beta t}v_x$$
$$u_{xx} = \alpha^2 e^{\alpha x+\beta t}v + 2\alpha e^{\alpha x+\beta t}v_x + e^{\alpha x+\beta t}v_{xx}$$
$$u_t = \beta e^{\alpha x+\beta t}v + e^{\alpha x+\beta t}v_t$$

將這些代入 $u(x,t)$ 的偏微分方程式，除以非零共同指數因子 $e^{\alpha x+\beta t}$，可得

$$\beta v + v_t = k[\alpha^2 v + 2\alpha v_x + v_{xx} + \alpha A v + A v_x + Bv]$$

重新整理各項得到

$$v_t = (k\alpha^2 + kA\alpha - \beta + kB)v + (2k\alpha + kA)v_x + kv_{xx}$$

這將是 v 的標準熱方程式 $v_t = kv_{xx}$，如果我們選擇 α 和 β 使得

$$k\alpha^2 + kA\alpha - \beta + kB = 0$$
$$2k\alpha + kA = 0$$

求解 α 和 β 的這兩個方程式，得到

$$\alpha = -\frac{A}{2},\ \beta = k\left(B - \frac{A^2}{4}\right)$$

選擇這些 α 和 β，v 滿足標準熱方程式 $v_t = kv_{xx}$。現在看邊界和初始條件。首先，

$$u(0,t) = e^{\beta t}v(0,t) = 0$$

表示 $v(0,t) = 0$。同理，$v(L,t) = 0$，最後

$$u(x,0) = f(x) = e^{\alpha x}v(x,0) = e^{-Ax/2}v(x,0)$$

因此

$$v(x,0) = e^{Ax/2}u(x,0) = e^{Ax/2}f(x)$$

因此，v 為下列初始－邊界值問題的解，

$$v_t = kv_{xx},\ 0 < x < L, t > 0$$
$$v(0,t) = v(L,t) = 0$$
$$v(x,0) = e^{Ax/2}f(x)$$

利用式 (15.2) 和式 (15.3) 求出 $v(x,t)$，然後由 $u(x,t) = e^{\alpha x+\beta t}v(x,t)$ 求出 $u(x,t)$。

數往知來── 一維熱方程式

由於物體是三維的，求解一維熱方程式可能看起來像純粹解數學習題，幾乎沒有物理相關性。然而，工程師常常使用一維熱方程式來模擬和設計其中一個長度明顯大於另一個長度的元件。一些例子是：

- 用於爐或放熱反應容器的壁／絕熱設計。
- 用於散熱器或輻射器的翅片設計。
- 承載熱傳流體，如冷卻劑或蒸汽的圓柱形管。

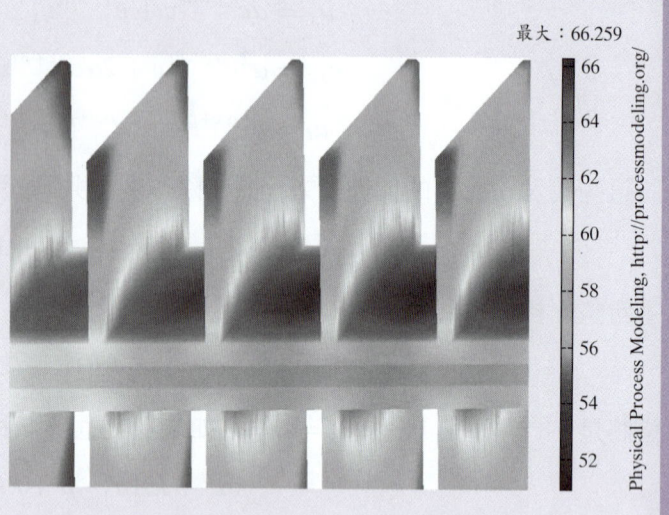

散熱翅片的溫度分布模式。

儘管使用這種方法的門檻因應用和期望的準確度而異，但一維模型可以為 h/D（高度／直徑）的比值低於 5 的某些圓柱形系統，提供合理的工程近似。

例 15.5

解下列問題：

$$u_t = 4(u_{xx} + 2u_x + 2u),\ 0 < x < \pi, t > 0$$

$$u(0,t) = u(\pi,t) = 0$$

$$u(x,0) = \sin(3x)$$

將本題與上述的討論相匹配，我們有

$$L = \pi, k = 4, A = B = 2$$

選擇 $\alpha = -A/2 = -1$，$\beta = k(B - A^2/4) = 4$，且令

$$u(x,t) = e^{-x+4t}v(x,t)$$

則 v 滿足初始－邊界值問題，

$$v_t = 4v_{xx},\ 0 < x < \pi, t > 0$$
$$v(0,t) = v(\pi,t) = 0,\ t > 0$$
$$v(x,0) = e^x u(x,0) = e^x \sin(3x),\ 0 < x < \pi$$

這個問題的解為

$$v(x,t) = \sum_{n=1}^{\infty} b_n \sin(nx) e^{-4n^2 t}$$

其中

$$b_n = \frac{2}{\pi} \int_0^\pi e^\xi \sin(3\xi) \sin(n\xi)\, d\xi$$
$$= -\frac{12n}{\pi(n^4 + 16n^2 + 100)}(1 + e^\pi (-1)^n)$$

原題的解為

$$u(x,t) = e^{-x+4t} v(x,t)$$

圖 15.7 顯示 $0 \leq x \leq \pi$ 且 $0 \leq t \leq 1$ 的 $u(x,t)$ 的圖。

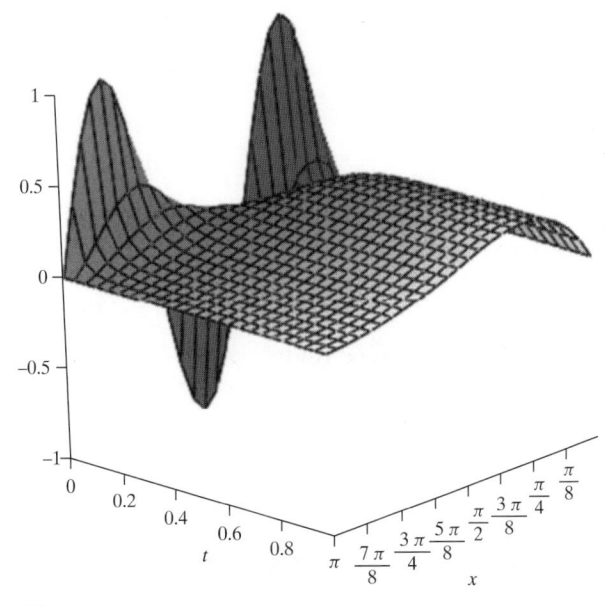

圖 15.7　例 15.5 的 $u(x,t)$

15.1 習題

習題 1–4，求初始－邊界值問題的解。

1.
$$u_t = ku_{xx}, 0 < x < L, t > 0$$
$$u(0,t) = u(L,t) = 0$$
$$u(x,0) = x(L-x)$$

2.
$$u_t = 3u_{xx}, 0 < x < L, t > 0$$
$$u(0,t) = u(L,t) = 0$$
$$u(x,0) = L(1 - \cos(2\pi x/L))$$

3.
$$u_t = 4ku_{xx}, 0 < x < 2\pi, t > 0$$
$$u(0,t) = u_x(2\pi,t) = 0$$
$$u(x,0) = x(2\pi - x)^2$$

4.
$$u_t = 2u_{xx}, 0 < x < 6, t > 0$$
$$u_x(0,t) = u_x(6,t) = 0$$
$$u(x,0) = x\cos(\pi x/4)$$

5. 長度為 L 的薄均勻棒具有絕熱端和初始溫度 B，其中 B 為正的常數。求棒的溫度分布。

6. 長度為 L 為薄均勻棒具有初始溫度 $f(x) = Bx/L$，其中 B 為正的常數。左端溫度保持在零度，右端為絕熱，求棒的溫度分布。

7. 熱擴散係數為 9 和長度為 2 公分的薄均勻棒具有絕熱側面，其左端溫度保持在零度，右端完全絕熱，求溫度分布 $u(x,t)$ 及 $\lim_{t \to \infty} u(x,t)$。

8. 解
$$u_t = u_{xx} + 4u_x + 2u, 0 < x < \pi, t > 0$$
$$u(0,t) = u(\pi,t) = 0$$
$$u(x,0) = x(\pi - x)$$

9. 解
$$u_t = u_{xx} - 6u_x, 0 < x < \pi, t > 0$$
$$u(0,t) = u(\pi,t) = 0$$
$$u(x,0) = x(\pi - x)$$

10. 解
$$u_t = ku_{xx}, 0 < x < L, t \geq 0$$
$$u(0,t) = T, u(L,t) = 0$$
$$u(x,0) = x(L-x)^2$$

11. 解
$$u_t = 9u_{xx}, 0 < x < L, t > 0$$
$$u(0,t) = T, u(L,t) = 0$$
$$u(x,0) = 0$$

15.2 具有強制項 $F(x, t)$ 的熱方程式

我們將解初始－邊界值問題：
$$u_t = ku_{xx} + F(x,t), \ 0 < x < L, t > 0$$
$$u(0,t) = u(L,t) = 0$$
$$u(x,0) = f(x)$$

$F(x, t)$ 可能是介質內能量的源點或匯點（損失），或作用於擴散過程的一些其他外部影響。例如，化學反應可能在內部產生熱量，如同放射性一樣。

很容易驗證分離變數不適用於這個問題。然而，如果沒有 $F(x, t)$ 項，則解為

$$u(x,t) = \sum_{n=1}^{\infty} b_n \sin\left(\frac{n\pi x}{L}\right) e^{-n^2\pi^2 kt/L^2}$$

其中 b_n 為 $f(x)$ 在 $[0, L]$ 的傅立葉正弦係數。我們嘗試以下列的形式作為有 $F(x, t)$ 項問題的解

$$u(x,t) = \sum_{n=1}^{\infty} T_n(t) \sin\left(\frac{n\pi x}{L}\right) \tag{15.6}$$

欲求此解，必須求出 $T_n(t)$，我們以導出並求解 $T_n(t)$ 的微分方程式來做到這一點。

如果我們暫時認為 t 是固定的，則式 (15.6) 的右邊是函數 $u(x, t)$ 的傅立葉正弦展開，故 $T_n(t)$ 為傅立葉正弦係數

$$T_n(t) = \frac{2}{L} \int_0^L u(\xi,t) \sin\left(\frac{n\pi \xi}{L}\right) d\xi \tag{15.7}$$

對於固定 t，將 $F(x, t)$ 視為 x 的函數。將 $F(x, t)$ 在 $[0, L]$ 展開成傅立葉正弦級數：

$$F(x,t) = \sum_{n=1}^{\infty} B_n(t) \sin\left(\frac{n\pi x}{L}\right) \tag{15.8}$$

這裡的 $B_n(t)$ 可能隨著選擇的 t 而變化。然而，從傅立葉正弦係數的公式，

$$B_n(t) = \frac{2}{L} \int_0^L F(\xi,t) \sin\left(\frac{n\pi \xi}{L}\right) d\xi \tag{15.9}$$

將式 (15.7) 對 t 微分：

$$T_n'(t) = \frac{2}{L} \int_0^L u_t(\xi,t) \sin\left(\frac{n\pi \xi}{L}\right) d\xi \tag{15.10}$$

將熱方程式中的 u_t 代入，然後利用式 (15.9) 得到

$$T_n'(t) = \frac{2k}{L} \int_0^L u_{xx}(\xi,t) \sin\left(\frac{n\pi \xi}{L}\right) d\xi + \frac{2}{L} \int_0^L F(\xi,t) \sin\left(\frac{n\pi \xi}{L}\right) d\xi$$

$$= \frac{2k}{L} \int_0^L u_{xx}(\xi,t) \sin\left(\frac{n\pi \xi}{L}\right) d\xi + B_n(t) \tag{15.11}$$

上式右邊用兩次分部積分法且應用邊界條件：

$$\int_0^L u_{xx}(\xi,t)\sin\left(\frac{n\pi\xi}{L}\right)d\xi$$

$$=\left[u_x(\xi,t)\sin\left(\frac{n\pi\xi}{L}\right)\right]_0^L - \int_0^L \frac{n\pi}{L}u_x(\xi,t)\cos\left(\frac{n\pi\xi}{L}\right)d\xi$$

$$=-\frac{n\pi}{L}\left[u(\xi,t)\cos\left(\frac{n\pi\xi}{L}\right)\right]_0^L + \frac{n\pi}{L}\int_0^L -\frac{n\pi}{L}u(\xi,t)\sin\left(\frac{n\pi\xi}{L}\right)d\xi$$

$$=-\frac{n^2\pi^2}{L^2}\int_0^L u(\xi,t)\sin\left(\frac{n\pi\xi}{L}\right)d\xi$$

$$=-\frac{n^2\pi^2}{L^2}\frac{L}{2}T_n(t)$$

$$=-\frac{n^2\pi^2}{2L}T_n(t)$$

將此結果代入式 (15.11)，可得

$$T_n'(t) = -\frac{n^2\pi^2 k}{L^2}T_n(t) + B_n(t)$$

這是 $T_n(t)$ 的線性一階微分方程式：

$$T_n'(t) + \frac{n^2\pi^2 k}{L^2}T_n(t) = B_n(t)$$

欲得這個微分方程式的初始條件，可利用式 (15.7)：

$$T_n(0) = \frac{2}{L}\int_0^L u(\xi,0)\sin\left(\frac{n\pi\xi}{L}\right)d\xi = \frac{2}{L}\int_0^L f(\xi)\sin\left(\frac{n\pi\xi}{L}\right)d\xi = b_n$$

此為 $f(x)$ 在 $[0, L]$ 的傅立葉正弦展開式的第 n 個係數。現在我們有一個 $T_n(t)$ 的初始值問題：

$$T_n'(t) + \frac{n^2\pi^2 k}{L^2}T_n(t) = B_n(t); \; T_n(0) = b_n$$

$T_n(t)$ 的微分方程式具有積分因子

$$e^{n^2\pi^2 kt/L^2}$$

我們得到下列的解：

$$T_n(t) = \int_0^t e^{-n^2\pi^2 k(t-\tau)/L^2}B_n(\tau)\,d\tau + b_n e^{-n^2\pi^2 kt/L^2}$$

最後，將此式代入式 (15.6) 得到解

$$u(x,t) = \sum_{n=1}^{\infty} \left(\int_0^t e^{-n^2\pi^2 k(t-\tau)/L^2} B_n(\tau) \, d\tau \right) \sin\left(\frac{n\pi x}{L}\right)$$
$$+ \sum_{n=1}^{\infty} b_n \sin\left(\frac{n\pi x}{L}\right) e^{-n^2\pi^2 kt/L^2} \tag{15.12}$$

其中

$$b_n = \frac{2}{L} \int_0^L f(\xi) \sin\left(\frac{n\pi\xi}{L}\right) d\xi$$

這個 $u(x, t)$ 的解是兩項的和，第一項是 $F(x, t)$ 對解的影響，而第二項是在 $F(x, t) = 0$ 的情況下的解。

數往知來——模擬溫度分布

通常強制項是模擬物體內的熱源。一些熱源的例子是：
- 電阻加熱器的加熱元件。
- 核電廠的放射性燃料／廢物。

在設計這種系統時，模擬溫度曲線可能很重要。例如，工程師可以使用由兩層不同材料組合的複合物來設計圓柱形加熱元件的絕熱。經由熱方程式的溫度分布模擬可以確保絕熱層中的任何一點不超過材料的熔點，或者具有夠高的溫度可以將材料的晶體結構改變，例如，改變為較脆的相。

例 15.6

解下列問題：

$$u_t = 4u_{xx} + xt, \ 0 < x < \pi, t > 0$$
$$u(0,t) = u(\pi,t) = 0$$
$$u(x,0) = f(x) = x(\pi - x)$$

我們只需將已知的值代入式 (15.12) 計算積分即可求得解。首先，由式 (15.9)，

$$B_n(t) = \frac{2}{\pi} \int_0^\pi \xi t \sin(n\xi)\, d\xi = \frac{2(-1)^{n+1}}{n} t$$

這使我們能夠確定

$$\int_0^t e^{-4n^2(t-\tau)} B_n(\tau)\, d\tau = \int_0^t \frac{2(-1)^{n+1}}{n} \tau e^{-4n^2(t-\tau)}\, d\tau$$

$$= \frac{1}{8}(-1)^{n+1} \left(\frac{-1 + 4n^2 t + e^{-4n^2 t}}{n^5} \right)$$

其次，我們需要 $f(x)$ 在 $[0, \pi]$ 的傅立葉正弦係數：

$$b_n = \frac{2}{\pi} \int_0^\pi f(\xi) \sin(n\xi)\, d\xi$$

$$= \frac{2}{\pi} \int_0^\pi \xi(\pi - \xi) \sin(n\xi)\, d\xi$$

$$= \frac{4}{\pi n^3} (1 - (-1))^n$$

從熱方程式中去除強制項 $F(x,t) = xt$ 的問題的解為

$$u_0(x,t) = \sum_{n=1}^\infty \frac{4}{\pi n^3}(1 - (-1)^n) \sin(nx) e^{-4n^2 t}$$

而包含強制項的解是

$$u(x,t) = u_0(x,t)$$
$$+ \sum_{n=1}^\infty \left(\frac{1}{8}(-1)^{n+1} \frac{-1 + 4n^2 t + e^{-4n^2 t}}{n^5} \right) \sin(nx)$$

圖 15.8 和圖 15.9 是 $u_0(x,t)$ 與 $u(x,t)$ 的曲面圖，使我們能夠想像 $F(x,t)$ 對解的影響。正如我們從強制項的形式所預期的那樣，隨著 x 和 t 的增加，強制項的影響更加明顯，它將溫度曲面提升到較高的層面。

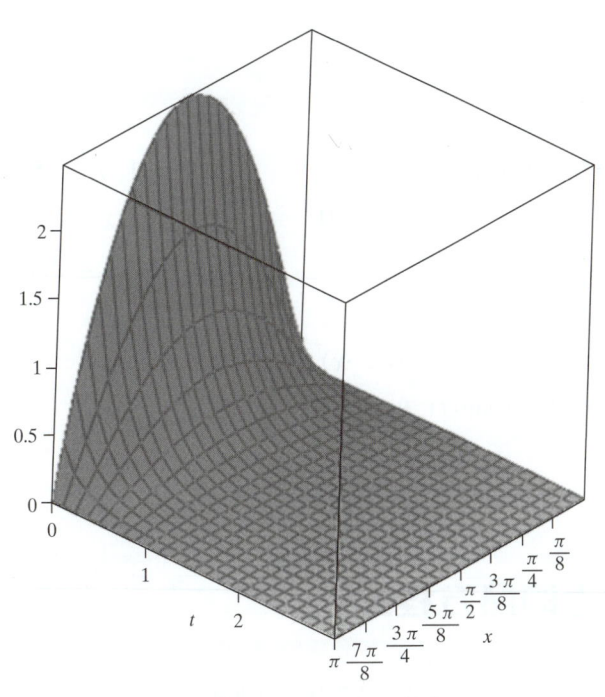

圖 15.8 例 15.6 中無強制項的溫度曲面

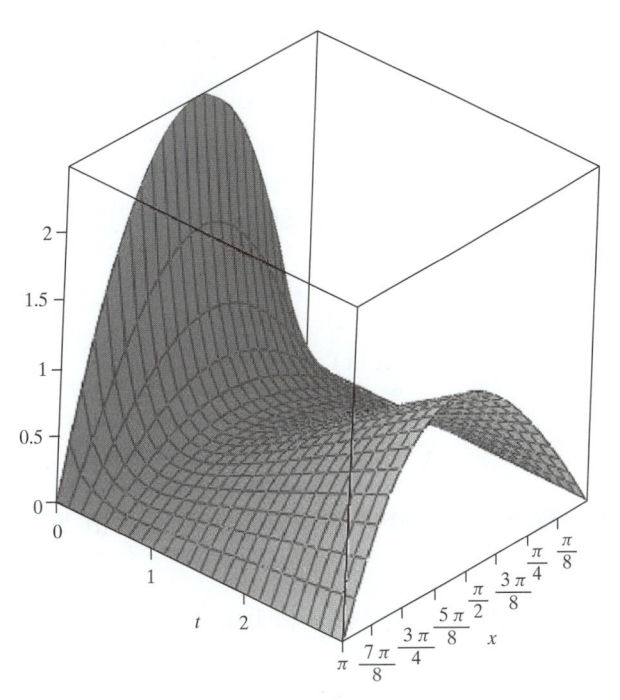

圖 15.9 有強制項的溫度曲面

15.2 習題

習題 1–5，使用所給的資訊來求解問題：
$$u_t = ku_{xx} + F(x,t), 0 < x < L, t > 0$$
$$u(0,t) = u(L,t) = 0$$
$$u(x,0) = f(x)$$

1. $k = 4, L = \pi, F(x,t) = t, f(x) = x(\pi-x)$
2. $k = 1, L = 4, F(x,t) = x\sin(t), f(x) = 1$
3. $k = 1, L = 5, F(x,t) = t\cos(x), f(x) = x^2(5-x)$
4. $k = 4, L = 2, f(x) = \sin(\pi x/2)$
$$F(x,t) = \begin{cases} K, & 0 \le x \le 1 \\ 0, & 1 < x \le 2 \end{cases}$$
5. $k = 16, L = 3, F(x,t) = xt, f(x) = K$

15.3 實線上的熱方程式

在某些情況下，我們要解無界介質中的擴散問題。例如，對於潛艇指揮官或天文學家來說，海洋或宇宙似乎是無界的。

這是一個在實線上的典型問題，此實線是由所有實數組成：
$$u_t = ku_{xx}, \ -\infty < x < \infty, t > 0$$
$$u(x,0) = f(x)$$

因為實線沒有邊界點，所以沒有邊界條件。因為熱方程式與有界區間的相同，所以由分離變數可得
$$\frac{X''(x)}{X(x)} = \frac{T'(t)}{kT(t)} = -\lambda$$

或
$$X'' + \lambda X = 0, T' + \lambda kT = 0$$

在 X 的問題中，在沒有任何邊界條件的情況下，尋找 λ 和 X 的解。對所有 x，解是有界的。

若 $\lambda = 0$，則 $X(x) =$ 常數，是有界解，因此 0 是特徵值。

若 $\lambda = -\omega^2$，$\omega > 0$，則
$$X(x) = ae^{\omega x} + be^{-\omega x}$$

但除非 $a = 0$，否則對於 $x > 0$，$ae^{\omega x}$ 是無界的；除非 $b = 0$，否則對於 $x < 0$，$be^{-\omega x}$ 是無界的，所以有界特徵函數沒有負特徵值。

若 $\lambda = \omega^2$，$\omega > 0$，則對於每一個正數 ω，

$$X(x) = a\cos(\omega x) + b\sin(\omega x)$$

為 X 的有界解。因此,每一個正數 $\lambda = \omega^2$ 為特徵函數所對應的特徵值,此特徵函數是 $\cos(\omega x)$ 和 $\sin(\omega x)$ 的線性組合。

若允許 $\omega = 0$,則此情況包括特徵值 0,而獲得常數特徵函數。

總而言之,對於每一個 $\omega \geq 0$,我們在實線上有 X 的有界解:

$$X_\omega(x) = a_\omega \cos(\omega x) + b_\omega \sin(\omega x)$$

此外,$T' + \omega^2 kT = 0$ 的解為

$$T_\omega(t) = e^{-\omega^2 kt}$$

的恆定倍數,因此對於所有 x 和 $t \geq 0$,

$$u_\omega(x,t) = X_\omega(x)T_\omega(t) = [a_\omega \cos(\omega x) + b_\omega \sin(\omega x)]e^{-\omega^2 kt}$$

為熱方程式的有界解。

剩下選擇 a_ω 和 b_ω 以獲得滿足初始條件的解。在有界區間的情況下,特徵值為 $n^2\pi^2/L^2$,且對每一個正整數 n 都有一個特徵函數。將函數 $u_n(x,t)$ 相加以形成無窮級數,此級數於 $t = 0$ 可簡化為初始溫度函數 $f(x)$ 的傅立葉級數。

對所以 $\omega \geq 0$ 求和,用積分

$$\int_0^\infty \cdots d\omega$$

取代

$$\frac{1}{2}a_0 + \sum_{n=1}^\infty$$

其中 n 為正整數。這導致我們嘗試

$$\begin{aligned} u(x,t) &= \int_0^\infty u_\omega(x,t)\,d\omega \\ &= \int_0^\infty [a_\omega \cos(\omega x) + b_\omega \sin(\omega x)]e^{-\omega^2 kt}\,d\omega \end{aligned} \tag{15.13}$$

若上式為一解,則需滿足

$$u(x,0) = \int_0^\infty [a_\omega \cos(\omega x) + b_\omega \sin(\omega x)]\,d\omega = f(x) \tag{15.14}$$

積分是對 ω 而言,由 0 積分到 ∞,因為 $\omega \geq 0$。然而,x 可以是任意實數。

與傅立葉級數一樣,問題是如何選擇係數 a_ω 和 b_ω,使得積分收斂到 $f(x)$。可以證明我們必須選擇

$$a_\omega = \frac{1}{\pi}\int_{-\infty}^{\infty} f(\xi)\cos(\omega\xi)\,d\xi \text{ 且 } b_\omega = \frac{1}{\pi}\int_{-\infty}^{\infty} f(\xi)\sin(\omega\xi)\,d\xi \tag{15.15}$$

這些是**實線上 f(x) 的傅立葉積分係數** [Fourier integral coefficients of f(x) on the real line]。當選擇這些係數時，式 (15.14) 是**實線上 f(x) 的傅立葉積分表達式** [Fourier integral representation of f(x) on the real line]。

若 $\int_{-\infty}^{\infty} |f(\xi)|\,d\xi$ 收斂，則 $f(x)$ 為**絕對收斂** (absolutely convergent)。另外，如果 $f(x)$ 在 $L > 0$ 的每一個區間 $[-L, L]$ 是片段平滑，則在每一個實數 x，$f(x)$ 的傅立葉積分，如式 (15.14) 所示，收斂到

$$\frac{1}{2}(f(x-) + f(x+))$$

此問題的解為式 (15.13)，其中傅立葉積分係數為式 (15.15)。

例 15.7

解

$$u_t = ku_{xx}, \; -\infty < x < \infty, t > 0$$
$$u(x,0) = f(x) = e^{-|x|}$$

首先觀察

$$\int_{-\infty}^{\infty} e^{-|x|}\,d\xi = 2$$

因此 $f(x)$ 為絕對收斂。計算 $e^{-|x|}$ 的傅立葉積分係數：

$$a_\omega = \frac{1}{\pi}\int_{-\infty}^{\infty} e^{-|\xi|}\cos(\omega\xi)\,d\xi = \frac{2}{\pi}\frac{1}{1+\omega^2}$$

且

$$b_\omega = \frac{1}{\pi}\int_{-\infty}^{\infty} e^{-|\xi|}\sin(\omega\xi)\,d\xi = 0$$

上式不需要進行積分即可立即求得其值，此乃因 $e^{-|\xi|}\sin(\omega\xi)$ 是實線上的奇函數。

問題的解為

$$u(x,t) = \frac{2}{\pi}\int_{0}^{\infty} \frac{1}{1+\omega^2}\cos(\omega x)e^{-\omega^2 kt}\,d\omega$$

圖 15.10 是 x、t、u 空間中，$u(x, t)$ 曲面的近似圖。當 $k = 1$ 時，進行數值積分，將 ω 由 -10 積分到 10，即可得此近似圖。

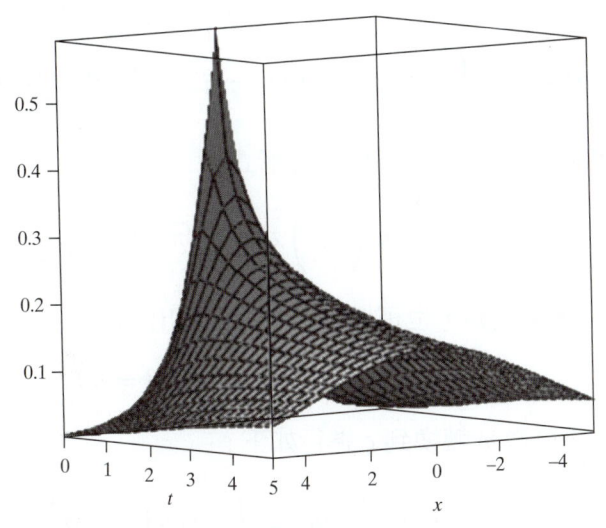

圖 15.10 例 15.7 的部分溫度曲面

15.3.1 重新闡述實線上的解

初始條件為 $u(x, 0) = f(x)$ 的實線上熱方程式的解 (15.13)，通常可以用不同的形式表示。從下列的解開始，

$$u(x,t) = \int_0^\infty [a_\omega \cos(\omega x) + b_\omega \sin(\omega x)]e^{-\omega^2 kt} d\omega$$

將傅立葉積分係數式 (15.15) 代入：

$$u(x,t) = \int_0^\infty \left[\left(\frac{1}{\pi} \int_{-\infty}^\infty f(\xi) \cos(\omega \xi) \, d\xi \right) \cos(\omega x) \right.$$
$$\left. + \frac{1}{\pi} \int_{-\infty}^\infty f(\xi) \sin(\omega \xi) \, d\xi \right) \sin(\omega x) \right] e^{-\omega^2 kt} \, d\omega$$
$$= \frac{1}{\pi} \int_0^\infty \int_{-\infty}^\infty [\cos(\omega \xi) \cos(\omega x) + \sin(\omega \xi) \sin(\omega x)] f(\xi) e^{-\omega^2 kt} \, d\xi \, d\omega$$
$$= \frac{1}{\pi} \int_{-\infty}^\infty \int_0^\infty \cos(\omega(x - \xi)) f(\xi) e^{-\omega^2 kt} \, d\xi \, d\omega$$

注意：就 ω 而言，被積分的函數是偶函數；也就是說，如果以 $-\omega$ 取代 ω，其值不變。這表示 ω 由 0 到 ∞ 的積分等於 1/2 的 ω 由 $-\infty$ 到 ∞ 的積分。改變積分的極限，除以 2 來維持相等，並且顛倒積分順序，得到

$$u(x,t) = \frac{1}{2\pi} \int_{-\infty}^\infty \int_{-\infty}^\infty \cos(\omega(x - \xi)) f(\xi) e^{-\omega^2 kt} \, d\omega \, d\xi$$

亦即

$$u(x,t) = \frac{1}{2\pi} \int_{-\infty}^{\infty} \left[\int_{-\infty}^{\infty} \cos(\omega(x-\xi)) e^{-\omega^2 kt} \, d\omega \right] f(\xi) \, d\xi \tag{15.16}$$

對於 ω 的方括號中的積分，具有如下的積分形式：

$$\int_{-\infty}^{\infty} e^{-\zeta^2} \cos\left(\frac{\alpha \zeta}{\beta}\right) d\zeta = \sqrt{\pi} e^{-\alpha^2/4\beta^2} \tag{15.17}$$

這個積分可以在積分表中找到，也可以在習題 9 中導出。令

$$\zeta = \sqrt{kt}\omega, \alpha = x - \xi \text{ 且 } \beta = \sqrt{kt}$$

則 $d\zeta = \sqrt{kt}d\omega$，將積分從 ω 轉換到 ζ 進行如下：

$$\int_{-\infty}^{\infty} \cos(\omega(x-\xi)) e^{-\omega^2 kt} \, d\omega = \int_{-\infty}^{\infty} \cos\left(\frac{\zeta}{\sqrt{kt}}\alpha\right) e^{-\zeta^2} \frac{1}{\sqrt{kt}} \, d\zeta$$

$$= \frac{1}{\sqrt{kt}} \int_{-\infty}^{\infty} \cos\left(\frac{\alpha \zeta}{\beta}\right) e^{-\zeta^2} \, d\zeta$$

$$= \frac{\sqrt{\pi}}{\sqrt{kt}} e^{-(x-\xi)^2/4kt}$$

此即式 (15.16) 的中括弧的積分，這個解可以用更簡潔的方式寫成

$$u(x,t) = \frac{1}{2\sqrt{\pi kt}} \int_{-\infty}^{\infty} f(\xi) e^{-(x-\xi)^2/4kt} \, d\xi \tag{15.18}$$

使用式 (15.18)，例 15.7 中問題的解為

$$u(x,t) = \frac{1}{2\sqrt{\pi kt}} \int_{-\infty}^{\infty} e^{-|\xi|} e^{-(x-\xi)^2/4kt} \, d\xi$$

$$= \frac{1}{2\sqrt{\pi kt}} \int_{-\infty}^{\infty} e^{-|\xi|-(x-\xi)^2/4kt} \, d\xi$$

15.3 習題

習題 1–8，利用式 (15.13) 和 $f(x)$ 的傅立葉積分表達式寫出實線上問題的解：

$$u_t = ku_{xx}, -\infty < x < \infty, t > 0$$
$$u(x, 0) = f(x)$$

並將解重新改寫成式 (15.18) 的形式。

1. $f(x) = e^{-4|x|}$

2.
$$f(x) = \begin{cases} \sin(x), & |x| \leq \pi \\ 0, & |x| > \pi \end{cases}$$

3.
$$f(x) = \begin{cases} x, & 0 \leq x \leq 4 \\ 0, & x < 0 \text{ 且 } x > 4 \end{cases}$$

4.
$$f(x) = \begin{cases} e^{-x}, & |x| \leq 1 \\ 0, & |x| > 1 \end{cases}$$

5.
$$f(x) = \begin{cases} -1, & -1 \leq x < 0 \\ 1, & 0 \leq x \leq 1 \end{cases}$$

6.
$$f(x) = \begin{cases} 2, & 0 \leq x < 1 \\ 4, & 1 \leq x < 3 \\ 7, & 3 \leq x \leq 9 \\ 0, & x < 0 \text{ 且 } x > 9 \end{cases}$$

7.
$$f(x) = \begin{cases} \cos(x), & |x| \leq \pi/2 \\ 0, & |x| > \pi/2 \end{cases}$$

8.
$$f(x) = \begin{cases} 1-x, & -1 \leq x \leq 0 \\ 1+x, & 1 \leq x \leq 2 \\ 0, & x < -1, 0 < x < 1 \text{ 且 } x > 2 \end{cases}$$

9. 導出式 (15.17)。**提示**：令
$$F(x) = \int_0^\infty e^{-\zeta^2} \cos(x\zeta)\, d\zeta$$

將積分式微分，證明
$$F'(x) = -\frac{1}{2} x F(x)$$

求此線性一階微分方程式的通解。欲求 $F(x)$ 的唯一解，可使用初始條件
$$F(0) = \int_0^\infty e^{-\zeta^2}\, d\zeta = \frac{1}{2}\sqrt{\pi}$$

這是統計中經常會使用到的結果。最後，令 $x = \alpha/\beta$。

15.4 半線上的熱方程式

考慮半線 $x \geq 0$ 的熱方程式的問題：
$$u_t = k u_{xx}, \quad x \geq 0, t \geq 0$$
$$u(0, t) = 0$$
$$u(x, 0) = f(x)$$

此問題具有邊界點 $x = 0$，而與實線上的問題不同，因此有邊界條件 $u(0, t) = 0$。也可以考慮其他邊界條件。

採用 $u(x, t) = X(x)T(t)$ 來分離變數，可得
$$X'' + \lambda X = 0, \quad T' + \lambda k T = 0$$

若 $\lambda = 0$，則 $X(x) = cx + d$，邊界條件要求 $X(0) = d = 0$，故 $X(x) = cx$。如果對於 $x \geq 0$，X 為有界函數，則 $c = 0$，產生零解，因此 0 不是特徵值。

若 $\lambda = -\omega^2 < 0$，其中 $\omega > 0$，則

$$X(x) = ae^{\omega x} + be^{-\omega x}$$

除非 $a = 0$，否則對於 $x \geq 0$，X 為無界，因此 $X(x) = be^{-\omega x}$，但 $X(0) = b = 0$，所以這種情況也不會產生任何的特徵函數。

若 $\lambda = \omega^2 > 0$，其中 $\omega > 0$，則

$$X(x) = a\cos(\omega x) + b\sin(\omega x)$$

此函數為有界，且 $X(0) = a = 0$。對每一正數 ω，$\lambda = \omega^2$ 為特徵值，其對應的特徵函數是 $\sin(\omega x)$ 的恆定倍數。

現在 T 的方程式為

$$T' + \omega^2 kT = 0$$

其解為 $e^{-\omega^2 kt}$ 的恆定倍數。

對於每一正數 ω，函數

$$u_\omega(x,t) = b_\omega \sin(\omega x) e^{-\omega^2 kt}$$

滿足熱方程式和邊界條件。對於初始條件 $u(x, 0) = f(x)$，通常需要函數 $u_\omega(x, t)$ 的總和。這需要對所有正數 ω 進行相加，亦即對 ω 積分。因此，嘗試

$$u(x,t) = \int_0^\infty b_\omega \sin(\omega x) e^{-\omega^2 kt}\, d\omega \tag{15.19}$$

並且要滿足

$$u(x,0) = \int_0^\infty b_\omega \sin(\omega x)\, d\omega = f(x) \tag{15.20}$$

此積分類似於函數在 $[0, L]$ 的傅立葉正弦展開，由分析得知

$$b_\omega = \frac{2}{\pi} \int_0^\infty f(\xi) \sin(\omega \xi)\, d\xi \tag{15.21}$$

這些數是 $f(x)$ 在半線 $x \geq 0$ 的傅立葉正弦積分係數 [Fourier sine integral coefficients of $f(x)$ on the half-line]。當使用這些係數時，式 (15.20) 就成為 $f(x)$ 在半線的傅立葉正弦積分表達式 [Fourier sine integral representation of $f(x)$ on the half-line]。若 $f(x)$ 在半線為絕對可積 (absolutely integrable)，使得

$$\int_0^\infty |f(x)|\, dx$$

收斂，且若在每一區間 $[0, L]$，$f(x)$ 為片段平滑，則這個傅立葉積分在 $x > 0$ 收斂到

$$\frac{1}{2}(f(x-) + f(x+))$$

使用這些傅立葉正弦積分係數，式 (15.21) 與式 (15.19) 為問題的解。

數往知來──擴散問題

熱方程式也可以模擬擴散問題。例如，考慮物質 A 從物質 B 的表面擴散到 B 的本體。這可以被模擬為半線上的一維問題，因為本體的長度尺度比表面大很多數量級。這個模型的現實應用包括將液體蒸發到密封容器的頂部空間中，並將化學污染物由湖面擴散到湖底。

通常這些問題的解是以互補誤差函數表示，它與 15.3 節中的積分非常類似。互補誤差函數定義如下：

$$\text{erfc}(x) = \frac{2}{\sqrt{\pi}} \int_x^\infty e^{-z^2} dz$$

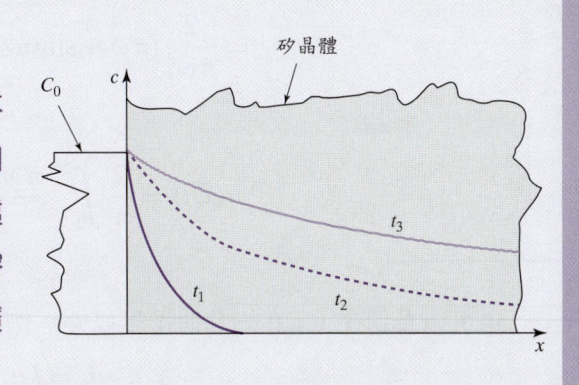

隨著時間的推移，半無限介質中的擴散原理圖。這是在半導體製造期間，摻雜劑由矽晶體表面擴散到矽晶體的本體之簡化模型。

根據 Prof. Dr. Helmut Föll, Semiconductors I, 3.1.2 Diffusion, http://www.tf.uni-kiel.de/matwis/amat/semi_en/kap_3/illustr/infinite_source.gif

這種擴散問題的解通常是下列形式：

$$c_i(x, t) = c_{i,0} \text{erfc}\left(\frac{x}{2\sqrt{D_{i,j}t}}\right)$$

，其中 $c_{i,0}$ 為初始表面濃度，而 $D_{i,j}$ 為物種 i 在物種 j 中的擴散係數。

例 15.8

解

$$u_t = ku_{xx}, \ x > 0, t > 0$$
$$u(0, t) = 0$$
$$u(x, 0) = f(x)$$

其中

$$f(x) = \begin{cases} \pi - x, & 0 \leq x \leq \pi \\ 0, & x > \pi \end{cases}$$

我們所要做的就是計算傅立葉正弦積分係數，式 (15.21)，亦即

$$b_\omega = \frac{2}{\pi} \int_0^\infty f(\xi) \sin(\omega\xi)\, d\xi = \frac{2}{\pi} \int_0^\pi (\pi - \xi) \sin(\omega\xi)\, d\xi$$

$$= \frac{2}{\pi\omega^2}(\pi\omega - \sin(\pi\omega))$$

解為

$$u(x,t) = \frac{2}{\pi} \int_0^\infty \frac{\pi\omega - \sin(\pi\omega)}{\omega^2} \sin(\omega x) e^{-\omega^2 kt}\, d\omega$$

也可以看到在 $x = 0$ 的其他邊界條件。例如，如果我們在左端使用絕熱條件，則問題為

$$u_t = k u_{xx},\ x > 0, t < 0$$

$$u_x(0, t) = 0$$

$$u_x(x, 0) = f(x)$$

由分離變數可得

$$X'' + \lambda X = 0,\ T' + \lambda k t = 0$$

但是，現在邊界條件要求

$$X'(0)T(t) = 0,\ t > 0$$

表示 $X'(0) = 0$。現在每個非負數 $\lambda = \omega^2$ 是特徵值，而特徵函數為非零常數乘以 $\cos(\omega x)$。由此可得函數

$$u_\omega(x, t) = a_\omega \cos(\omega x) e^{-\omega^2 kt}$$

滿足熱方程式和邊界條件。設解為

$$u(x, t) = \int_0^\infty a_\omega \cos(\omega x) e^{-\omega^2 kt}\, d\omega \tag{15.22}$$

初始條件要求

$$u(x, 0) = \int_0^\infty a_\omega \cos(\omega x)\, d\omega = f(x) \tag{15.23}$$

此積分類似於函數在半線上的傅立葉餘弦展開。現在選擇**傅立葉餘弦積分係數** (Fourier cosine integral coefficients)

$$a_\omega = \frac{2}{\pi} \int_0^\infty f(\xi) \cos(\omega\xi)\, d\xi \tag{15.24}$$

當使用這些係數時,式 (15.23) 就成為 $f(x)$ 在 $[0, \infty]$ 的傅立葉餘弦積分表達式 (Fourier cosine integral representation of $f(x)$ on $[0, \infty]$)。此問題的解為式 (15.22),其中係數 a_ω 可由式 (15.24) 求出。

例 15.9

解

$$u_t = ku_{xx},\ x > 0, t > 0$$
$$u_x(0, t) = 0$$
$$u_x(x, 0) = f(x)$$

其中

$$f(x) = \begin{cases} 1, & 0 \le x \le 2 \\ 3, & 2 < x \le 9 \\ 0, & x > 9 \end{cases}$$

所需要的是計算 $f(x)$ 的傅立葉餘弦積分係數:

$$\begin{aligned}
a_\omega &= \frac{2}{\pi} \int_0^\infty f(\xi) \cos(\omega\xi)\, d\xi \\
&= \frac{2}{\pi} \int_0^2 \cos(\omega\xi)\, d\xi + \frac{2}{\pi} \int_2^9 3\cos(\omega\xi)\, d\xi \\
&= \frac{2}{\pi\omega} [3\sin(9\omega) - 2\sin(2\omega)]
\end{aligned}$$

解為

$$u(x, t) = \frac{2}{\pi} \int_0^\infty \frac{3\sin(9\omega) - 2\sin(2\omega)}{\omega} \cos(\omega x) e^{-\omega^2 kt}\, d\omega$$

15.4 習題

習題 1–4，解初始－邊界值問題：
$$u_t = k u_{xx}, x > 0, t > 0$$
$$u(0, t) = 0$$
$$u(x, 0) = f(x)$$

1. $f(x) = e^{-\alpha x}$，其中 α 為任意正數。
2. $f(x) = x e^{-\alpha x}$，其中 α 為任意正數。
3.
$$f(x) = \begin{cases} 1, & 0 \leq x \leq h \\ 0, & x > h \end{cases}$$

其中 h 為任意正數。

4.
$$f(x) = \begin{cases} x, & 0 \leq x \leq 2 \\ 0, & x > 2 \end{cases}$$

習題 5–8，解初始－邊界值問題：
$$u_t = u_{xx}, x > 0, t > 0$$
$$u(0, t) = 0$$
$$u(x, 0) = f(x)$$

5.
$$f(x) = \begin{cases} x(x+1), & 0 \leq x \leq 4 \\ 0, & x > 4 \end{cases}$$

6.
$$f(x) = \begin{cases} x^2, & 0 \leq x \leq \pi \\ 0, & x > \pi \end{cases}$$

7.
$$f(x) = \begin{cases} 0, & 0 \leq x < 5 \\ 4, & 5 \leq x \leq 9 \\ 0, & x > 9 \end{cases}$$

8. $f(x) = e^{-x} \sin(x)$

CHAPTER 16

拉氏方程式

二維**拉氏方程式** (Laplace's equation) 為

$$u_{xx} + u_{yy} = 0 \tag{16.1}$$

以法國數學家 Pierre Simon de Laplace (1749–1827) 命名,也稱為**位勢方程式** (potential equation)。

三維拉氏方程式為

$$u_{xx} + u_{yy} + u_{zz} = 0$$

然而,在本章中,我們主要討論平面上的拉氏方程式。

通常使用 del 算子 ∇(讀作「del」)來寫拉氏方程式。在二維,定義 ∇^2,或 del 平方,為

$$\nabla^2 = \frac{\partial^2}{\partial x^2} + \frac{\partial^2}{\partial y^2}$$

以 ∇^2 乘以 u 而形成 $\nabla^2 u$,是將 u 插入偏導數符號 ∇^2 而獲得

$$\nabla^2 u(x,y) = \frac{\partial^2 u}{\partial x^2} + \frac{\partial^2 u}{\partial y^2}$$

採用這個符號,拉氏方程式 (16.1) 為

$$\nabla^2 u = 0$$

一函數在平面的某個區域 Ω 中的所有 (x, y) 滿足拉氏方程式,則稱此函數在 Ω 為**調和** (harmonic)。例如,$x^2 - y^2$、xy 與 $e^x \cos(y)$ 在整個平面為調和,而 $\ln(x^2 + y^2)$ 是在去除原點的平面上的調和函數。

假設 C 為平面上的一曲線,C 為界定區域 Ω 的邊界。例如,若 Ω 是由 $x^2 + y^2 < 1$ 的點 (x, y) 組成的單位圓盤,則邊界曲線 C 為單位圓 $x^2 + y^2 = 1$,且若 Ω 是由 $y > 0$ 的點 (x, y) 組成的上半平面,則邊界是 x 軸。

一區域 Ω 的 **Dirichlet 問題** (Dirichlet problem) 是在 Ω 上求調和函數 $u(x, y)$,並且在 Ω 的邊界 C 上有確定值,亦即 $u(x, y) = f(x, y)$,其中 (x, y) 為 C 上的點。

區域 Ω 的邊界通常以 $\partial \Omega$ 表示。使用這個符號,Ω 的 Dirichlet 問題是解下列邊界值問題:

$$\nabla^2 u = 0 \text{ 在 } \Omega$$
$$u(x, y) = f(x, y),\ (x, y) \text{ 在 } \partial\Omega$$

圖 16.1 說明此問題。

Dirichlet 問題是否有解，取決於區域 Ω 和指定的邊界函數 $f(x, y)$。我們將看一些特殊情況，其中該區域有一些性質使我們能夠使用分離變數。

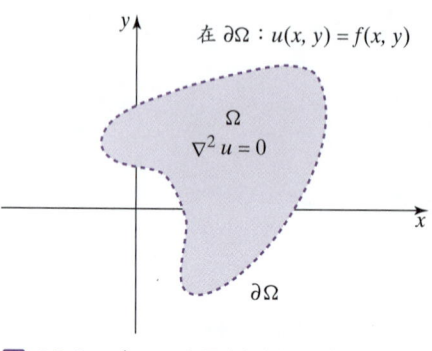

圖 16.1 在 Ω 的 Dirichlet 問題

16.1 矩形的 Dirichlet 問題

假設 Ω 是如圖 16.2 所示的矩形，由所有 (x, y) 組成，其中 $0 < x < L$，$0 < y < K$。這個矩形的一角在原點，兩邊在軸上。邊界 $\partial\Omega$ 由四個線段組成，每個線段均與軸平行。對於 Ω 的 Dirichlet 問題包括找到一個在 Ω 上為調和的函數，並且在各邊給出已知的值。

若矩形僅有一邊的邊界數據不為零，則可用分離變數法求解。為了說明，考慮下列的問題：

$$\nabla^2 u = 0,\ 0 < x < L, 0 < y < K$$
$$u(x, 0) = 0,\ 0 \le x \le L$$
$$u(0, y) = u(L, y) = 0,\ 0 \le y \le K$$
$$u(x, K) = f(x),\ 0 \le x \le L$$

這個問題可用圖 16.3 來說明。在 Ω 上，我們欲求一個調和函數，在 Ω 的上方的邊，此函數等於 $f(x)$，在 Ω 的下方和兩個垂直邊，此函數為零。

將 $u(x, y) = X(x)Y(y)$ 代入 $u_{xx} + u_{yy} = 0$ 中，可得

$$X''Y + XY'' = 0$$

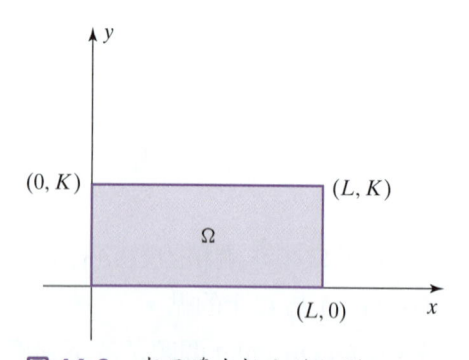

圖 16.2 有兩邊在軸上的矩形

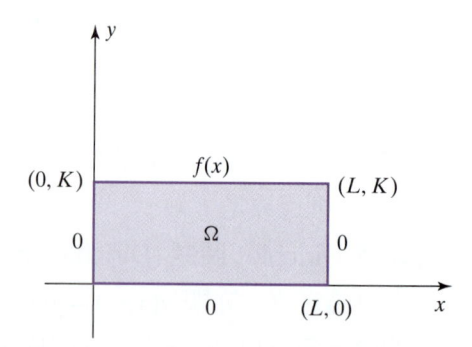

圖 16.3 矩形上的 Dirichlet 問題

因此
$$\frac{X''}{X} = -\frac{Y''}{Y}$$

因為左邊僅與 x 有關，而右邊僅與 y 有關，且 x 與 y 為獨立，所以兩邊必須等於常數：
$$\frac{X''}{X} = -\frac{Y''}{Y} = -\lambda$$

因此
$$X'' + \lambda X = 0 \text{ 且 } Y'' - \lambda Y = 0$$

如今
$$u(0, y) = X(0)Y(y) = 0$$

故 $X(0) = 0$。同理，
$$u(L, y) = X(L)Y(y) = 0$$

表示 $X(L) = 0$，且
$$u(x, 0) = X(x)Y(0) = 0$$

表示 $Y(0) = 0$。

因此，X 和 Y 的問題是
$$X'' + \lambda X = 0; X(0) = X(L) = 0$$

以及
$$Y'' - \lambda Y = 0; Y(0) = 0$$

X 是一個熟悉的問題，具有特徵值和特徵函數
$$\lambda_n = \frac{n^2 \pi^2}{L^2}, X_n(x) = \sin\left(\frac{n\pi x}{L}\right)$$

其中 $n = 1, 2, \cdots$。由此可知，Y 的問題是
$$Y'' - \frac{n^2 \pi^2}{L^2} Y = 0; Y(0) = 0$$

其解為
$$Y_n(y) = \sinh\left(\frac{n\pi y}{L}\right)$$

其中 $n = 1, 2, \cdots$。對於每一個正整數 n，函數
$$u_n(x, y) = c_n \sin\left(\frac{n\pi x}{L}\right) \sinh\left(\frac{n\pi y}{L}\right)$$

在 Ω 為調和，而在 Ω 的底邊與垂直邊為零。要找到也要滿足 $u(x, K) = f(x)$ 的函數，我們

通常必須使用與 $f(x)$ 有關的疊加法

$$u(x,y) = \sum_{n=1}^{\infty} c_n \sin\left(\frac{n\pi x}{L}\right) \sinh\left(\frac{n\pi y}{L}\right)$$

我們需要

$$u(x,K) = f(x) = \sum_{n=1}^{\infty} c_n \sin\left(\frac{n\pi x}{L}\right) \sinh\left(\frac{n\pi K}{L}\right)$$

這是 $f(x)$ 在 $[0, L]$ 的傅立葉正弦展開式，這個展開式的第 n 項係數為 $c_n \sinh(n\pi K/L)$，它必須等於 $f(x)$ 在 $[0, L]$ 的傅立葉正弦係數：

$$c_n \sinh(n\pi K/L) = \frac{2}{L} \int_0^L f(\xi) \sin(n\pi \xi/L)\, d\xi$$

因此

$$c_n = \frac{2}{L \sinh(n\pi K/L)} \int_0^L f(\xi) \sin(n\pi \xi/L)\, d\xi$$

解為

$$u(x,y) = \sum_{n=1}^{\infty} \frac{2}{L} \left(\int_0^L f(\xi) \sin(n\pi \xi/L)\, d\xi \right) \sin(n\pi x/L) \frac{\sinh(n\pi y/L)}{\sinh(n\pi K/L)}$$

例如，若 $L = K = \pi$ 且 $f(x) = x(\pi - x)$，計算

$$\frac{2}{\pi} \int_0^\pi \xi(\pi - \xi) \sin(n\xi)\, d\xi = \frac{4(1-(-1)^n)}{\pi n^3}$$

可得到解

$$u(x,y) = \sum_{n=1}^{\infty} \frac{4}{\pi n^3} (1-(-1)^n) \sin(nx) \frac{\sinh(ny)}{\sinh(n\pi)}$$

這個問題的解法適用於矩形三邊的邊界數據為零的情形。一般可以在多於一邊為指定非零值的情況下進行，如圖 16.4 所示。這個想法是形成四個 Dirichlet 問題，每一個都只有一邊有（可能）非零數據：

問題 1：$u(x,0) = f(x)$ 且 $u(x,y)$ 在左、右、上邊為零。
問題 2：$u(L,y) = g(y)$ 且 $u(x,y)$ 在左、上、下邊為零。
問題 3：$u(x,K) = h(x)$ 且 $u(x,y)$ 在左、右、下邊為零。
問題 4：$u(0,y) = w(y)$ 且 $u(x,y)$ 在右、上、下邊為零。

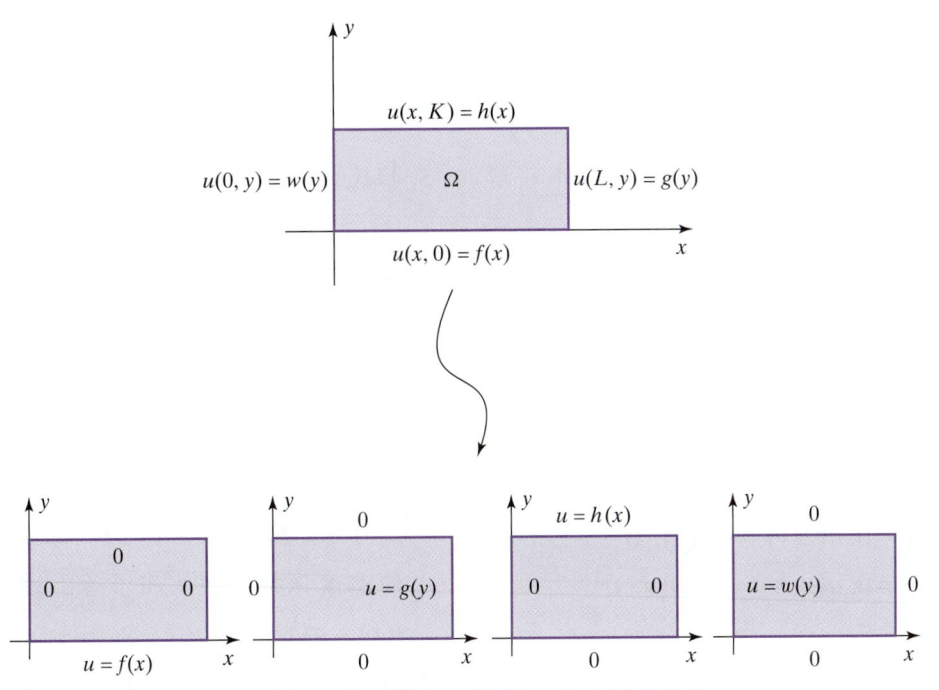

圖 16.4 將矩形的 Dirichlet 問題寫成四個 Dirichlet 問題的和

令 $u_k(x, y)$ 為問題 k 的解。很容易驗證

$$u(x,y) = \sum_{k=1}^{4} u_k(x,y)$$

為原 Dirichlet 問題的解。這些函數中的每一個都是調和，所以它們的和是調和（和的導數是導數的和）。在每一邊，有三個函數為零，而第四個等於該邊的所予值。例如：

$$u(x,0) = u_1(x,0) + u_2(x,0) + u_3(x,0) + u_4(x,0) = f(x)$$

因為 $u_2(x,0) = u_3(x,0) = u_4(x,0) = 0$，而 $u_1(x,0) = f(x)$。

數往知來——電容器

電容器是大多數現代電子產品的基本構件，它可以從供電到計算機主機板的電力中隨處可見。在許多其他應用中，它們用於儲存能量，並平穩供應電力時的波動。電容器的設計是基於靜電以及電位和場的量化。拉氏方程式（及其非齊次變量，Poisson 方程式）是靜電的基本工具之一。

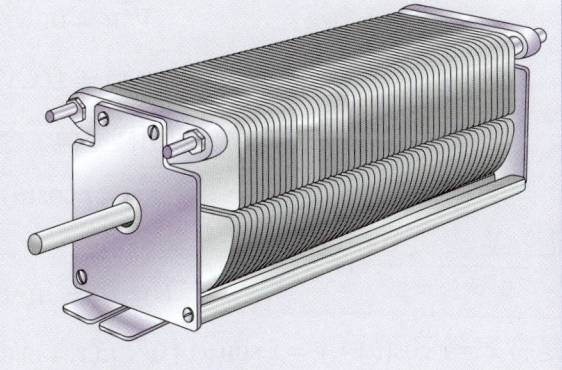

平行板電容器。

根據 Encyclopaedia Britannica, Capacitor, http://media-1.web.britannica.com/eb-media/35/235-004-661BC2CD.jpg

16.1 習題

習題 1–3，已知矩形和邊界條件，解 Dirichlet 問題。

1. $u(0, y) = u(1, y) = 0$, $0 \leq y \leq \pi$
   $u(x, \pi) = 0, u(x, 0) = \sin(\pi x)$, $0 \leq x \leq 1$

2. $u(0, y) = u(1, y) = 0$, $0 \leq y \leq 4$
   $u(x, 4) = x \cos(\pi x/2), u(x, 0) = 0$,
   $0 \leq x \leq 1$

3. $u(0, y) = 0, u(2, y) = \sin(y)$, $0 \leq y \leq \pi$
   $u(x, 0) = 0, u(x, \pi) = x \sin(\pi x)$,
   $0 \leq x \leq 2$

4. 解
   $$\nabla^2 u = 0, \ 0 < x < a, 0 < y < b$$
   $$u(x, 0) = 0, u(x, b) = f(x), \ 0 \leq x \leq a$$
   $$u(0, y) = u_x(a, y) = 0, \ 0 \leq y \leq b$$

5. 拉氏方程式 $\nabla^2 u = 0$ 亦稱為**穩態熱方程式 (steady-state heat equation)**，因為若 $u_t = 0$，則二維熱方程式
   $$u_t = k(u_{xx} + u_{yy})$$
   可化為拉氏方程式，此式在熱方程式中通常被認為是 $t \to \infty$ 的極限。解一矩形均勻薄平板的穩態溫度分布，板的範圍為 $0 \leq x \leq a$，$0 \leq y \leq b$，若垂直和下邊的溫度保持零度，而沿著上邊的溫度為 $f(x) = x(x - a)^2$。

6. 解一薄且平的矩形金屬板的穩態溫度分布，板的範圍為 $0 \leq x \leq 4$，$0 \leq y \leq 1$，若水平邊的溫度為零，而左邊的溫度為 $f(y) = \sin(\pi y)$，右邊的溫度為 $g(y) = y(1 - y)$。

16.2 圓盤的 Dirichlet 問題

若 Ω 為 $x^2 + y^2 < R^2$ 的圓盤，Ω 的 Dirichlet 問題具有下列形式：
$$\nabla^2 u = 0, \ x^2 + y^2 < R^2$$
$$u(x, y) = f(x, y), \ x^2 + y^2 = R^2$$

有幾種方法解這個問題。使用極座標，令
$$x = r\cos(\theta), y = r\sin(\theta)$$
而
$$U(r, \theta) = u(r\cos(\theta), r\sin(\theta))$$
是將 $x = r\cos(\theta)$，$y = r\sin(\theta)$ 代入 $u(x, y)$ 而得。由微分的連鎖律可證明極座標的拉氏方程式為

$$\nabla^2 U(r,\theta) = U_{rr} + \frac{1}{r}U_r + \frac{1}{r^2}U_{\theta\theta} = 0,\ 0 \le r < R, -\pi \le \theta \le \pi$$

邊界條件為

$$U(R,\theta) = f(\theta),\ -\pi \le \theta \le \pi$$

對於每一個正整數 n，函數

$$1, r^n \cos(n\theta), r^n \sin(n\theta)$$

滿足極座標的拉氏方程式。考慮一個滿足邊界條件的傅立葉級數，嘗試解為這些調和函數的恆定倍數的和：

$$U(r,\theta) = \frac{1}{2}a_0 + \sum_{n=1}^{\infty}(a_n r^n \cos(n\theta) + b_n r^n \sin(n\theta))$$

選擇係數以滿足邊界條件：

$$U(R,\theta) = f(\theta) = \frac{1}{2}a_0 + \sum_{n=1}^{\infty}(a_n R^n \cos(n\theta) + b_n R^n \sin(n\theta))$$

這是 $f(\theta)$ 在 $[-\pi, \pi]$ 的傅立葉展開式，其中 a_0、$a_n R^n$、$b_n R^n$ 為係數。因此，

$$a_0 = \frac{1}{\pi}\int_{-\pi}^{\pi} f(\xi)\,d\xi$$

且當 $n = 1, 2, \cdots$，

$$a_n = \frac{1}{\pi R^n}\int_{-\pi}^{\pi} f(\xi)\cos(n\xi)\,d\xi \text{ 且 } b_n = \frac{1}{\pi R^n}\int_{-\pi}^{\pi} f(\xi)\sin(n\xi)\,d\xi$$

將這些係數代入 $U(r,\theta)$，可得

$$\begin{aligned} U(r,\theta) &= \frac{1}{2\pi}\int_{-\pi}^{\pi} f(\xi)\,d\xi \\ &+ \frac{1}{\pi}\sum_{n=1}^{\infty}\left(\frac{r}{R}\right)^n \left(\int_{-\pi}^{\pi} f(\xi)[\cos(n\xi)\cos(n\theta) + \sin(n\xi)\sin(n\theta)]\,d\xi\right) \end{aligned} \qquad (16.2)$$

利用三角恆等式，可將上式寫成更簡潔的形式：

$$U(r,\theta) = \frac{1}{2\pi}\int_{-\pi}^{\pi} f(\xi)\,d\xi + \frac{1}{\pi}\sum_{n=1}^{\infty}\left(\frac{r}{R}\right)^n \int_{-\pi}^{\pi} f(\xi)\cos(n(\xi-\theta))\,d\xi \qquad (16.3)$$

例 16.1

若圓盤的半徑 $R = 4$ 且 $U(4,\theta) = \theta^2$，則由式 (16.2) 可得解為

$$U(r,\theta) = \frac{1}{2\pi}\int_{-\pi}^{\pi}\xi^2\,d\xi$$
$$+ \frac{1}{\pi}\sum_{n=1}^{\infty}\left(\frac{r}{4}\right)^n\left(\int_{-\pi}^{\pi}\xi^2\cos(n\xi)\,d\xi\cos(n\theta) + \int_{-\pi}^{\pi}\xi^2\sin(n\xi)\,d\xi\sin(n\theta)\right)$$
$$= \frac{1}{3}\pi^2 + \sum_{n=1}^{\infty}\frac{4(-1)^n}{n^2}\left(\frac{r}{4}\right)^n\cos(n\theta)$$

這裡使用的積分是

$$\frac{1}{\pi}\int_{-\pi}^{\pi}\xi^2\cos(n\xi)\,d\xi = \frac{4(-1)^n}{n^2}$$

以及

$$\frac{1}{\pi}\int_{-\pi}^{\pi}\xi^2\sin(n\xi)\,d\xi = 0$$

其中 $n = 1, 2, \cdots$。

例 16.2

解 Dirichlet 問題：

$$\nabla^2 u(x,y) = 0, \ x^2 + y^2 < 9$$
$$u(x,y) = x^2 y^2, \ x^2 + y^2 = 9$$

將此問題轉換成極座標，令

$$U(r,\theta) = u(r\cos(\theta), r\sin(\theta))$$

在邊界上，

$$x = 3\cos(\theta), y = 3\sin(\theta)$$

因此

$$U(3,\theta) = 9\cos^2(\theta)\cdot 9\sin^2(\theta) = 81\sin^2(\theta)\cos^2(\theta) = f(\theta)$$

解出此問題的極座標解 $U(r,\theta)$，然後將解轉換回直角座標以獲得 $u(x,y)$。由式 (16.2)，

$$U(r,\theta) = \frac{1}{2\pi} \int_{-\pi}^{\pi} f(\xi)\, d\xi$$
$$+ \frac{1}{\pi} \sum_{n=1}^{\infty} \left(\frac{r}{3}\right)^n \left[\left(\int_{-\pi}^{\pi} f(\xi) \cos(n\xi)\, d\xi \right) \cos(n\theta) + \left(\int_{-\pi}^{\pi} f(\xi) \sin(n\xi)\, d\xi \right) \sin(n\theta) \right]$$

我們需要做的就是計算這些積分：

$$\int_{-\pi}^{\pi} 81 \cos^2(\xi) \sin^2(\xi)\, d\xi = \frac{81\pi}{4}$$

$$\int_{-\pi}^{\pi} 81 \cos^2(\xi) \sin^2(\xi) \cos(n\xi)\, d\xi = \begin{cases} 0, & n \neq 4 \\ -81\pi/8, & n = 4 \end{cases}$$

且

$$\int_{-\pi}^{\pi} 81 \cos^2(\xi) \sin^2(\xi) \sin(n\xi)\, d\xi = 0$$

極座標的解是

$$U(r,\theta) = \frac{1}{2\pi} \frac{81\pi}{4} - \frac{1}{\pi} \frac{81\pi}{8} \left(\frac{r}{3}\right)^4 \cos(4\theta)$$
$$= \frac{81}{8} - \frac{1}{8} r^4 \cos(4\theta)$$

如果我們要直角座標的解，可利用下列恆等式：

$$\cos(2\theta) = \cos^2(\theta) - \sin^2(\theta)$$

得到

$$\cos(4\theta) = 8\cos^4(\theta) - 8\cos^2(\theta) + 1$$

因此

$$U(r,\theta) = \frac{81}{8} - \frac{1}{8}\left(8r^4 \cos^4(\theta) - 8r^4 \cos^2(\theta) + r^4\right)$$
$$= \frac{81}{8} - \frac{1}{8}\left(8(r\cos(\theta))^4 - 8r^2(r\cos(\theta))^2 + r^4\right)$$

可得

$$u(x,y) = \frac{81}{8} - \frac{1}{8}\left(8x^4 - 8(x^2+y^2)x^2 + (x^2+y^2)^2\right)$$
$$= \frac{81}{8} - \frac{1}{8}\left(x^4 + y^4 - 6x^2y^2\right)$$

利用圓盤邊界 $y^2 = 9 - x^2$ 的事實，可驗證在邊界點滿足 $u(x,y) = x^2y^2$。

16.2 習題

習題 1–4，已知圓盤關於原點的半徑 R，邊界函數 $f(\theta)$，求圓盤的 Dirichlet 問題的解，以極座標表示。

1. $R = 3, f(\theta) = 1$
2. $R = 2, f(\theta) = \theta^2 - \theta$
3. $R = 4, f(\theta) = e^{-\theta}$
4. $R = 8, f(\theta) = 1 - \theta^2$

習題 5 和 6，藉由轉換為極座標，求問題的解。

5. $\nabla^2 u(x,y) = 0, \; x^2 + y^2 < 16$
   $u(x,y) = x^2, \; x^2 + y^2 = 16$

6. $\nabla^2 u(x,y) = 0, \; x^2 + y^2 < 4$
   $u(x,y) = x^2 - y^2, \; x^2 + y^2 = 4$

16.3 Poisson 積分公式

在極座標中，我們知道如何求出圓盤的 Dirichlet 問題的無窮級數解。本節介紹如何將此解寫成積分的形式。

假設像往常一樣，圓盤以原點為中心，半徑 $R = 1$，且 $U(1,\theta) = f(\theta)$。由式 (16.3)，解為

$$U(r,\theta) = \frac{1}{2\pi} \int_{-\pi}^{\pi} \left[1 + 2\sum_{n=1}^{\infty} r^n \cos(n(\xi - \theta))\right] f(\xi)\, d\xi$$

定義 Poisson 核 (Poisson kernel)：

$$P(r,\xi) = \frac{1}{2\pi} \left[1 + 2\sum_{n=1}^{\infty} r^n \cos(n\xi)\right]$$

則
$$U(r,\theta) = \int_{-\pi}^{\pi} P(r,\xi-\theta)f(\xi)\,d\xi \tag{16.4}$$

這是一個有用的表達方式，原因是可以對出現在 Poisson 核中的級數進行求和。

將單位圓盤內的點 z 設為複數，其極座標為 (r,ξ)，並利用歐勒公式寫成

$$z = re^{i\xi} = r\cos(\xi) + ir\sin(\xi)$$

因此

$$z^n = r^n e^{in\xi} = r^n\cos(n\xi) + ir^n\sin(n\xi)$$

這使我們能夠將出現在 Poisson 核中的項 $r^n\cos(n\xi)$ 視為 z^n 的實部，寫成

$$1 + 2\sum_{n=1}^{\infty} r^n\cos(n\xi) = \mathrm{Re}\left(1 + 2\sum_{n=1}^{\infty} z^n\right)$$

我們要用 r 與 ξ 來求這個實部。

因為 z 在單位圓盤內 $|z|<1$，所以右邊的和是收斂的幾何級數：

$$\sum_{n=1}^{\infty} z^n = \frac{z}{1-z}$$

結合這些觀點，可得

$$1 + 2\sum_{n=1}^{\infty} r^n\cos(n\xi) = \mathrm{Re}\left(1 + 2\sum_{n=1}^{\infty} z^n\right) = \mathrm{Re}\left(1 + 2\frac{z}{1-z}\right)$$

$$= \mathrm{Re}\left(\frac{1+z}{1-z}\right)$$

$$= \mathrm{Re}\left(\frac{1+re^{i\xi}}{1-re^{i\xi}}\right)$$

代數運算有助於識別該商的實部：

$$\frac{1+re^{i\xi}}{1-re^{i\xi}} = \frac{1+re^{i\xi}}{1-re^{i\xi}}\left(\frac{1-re^{-i\xi}}{1-re^{-i\xi}}\right)$$

$$= \frac{1-r^2 + r(e^{i\xi}-e^{-i\xi})}{1+r^2 - r(e^{i\xi}+e^{-i\xi})}$$

$$= \frac{1-r^2 + r(\cos(\xi)+i\sin(\xi)-\cos(\xi)+i\sin(\xi))}{1+r^2 - r(\cos(\xi)+i\sin(\xi)+\cos(\xi)-i\sin(\xi))}$$

$$= \frac{1-r^2 + 2ir\sin(\xi)}{1+r^2 - 2r\cos(\xi)}$$

$$= \frac{1-r^2}{1+r^2 - 2r\cos(\xi)} + \left(\frac{2r\sin(\xi)}{1+r^2 - 2r\cos(\xi)}\right)i$$

上式的實部為

$$\frac{1-r^2}{1+r^2-2r\cos(\xi)}$$

我們終於得到

$$1 + 2\sum_{n=1}^{\infty} r^n \cos(n\xi) = \text{Re}\left(\frac{1+re^{i\xi}}{1-re^{i\xi}}\right)$$

$$= \frac{1-r^2}{1+r^2-2r\cos(\xi)}$$

由此可得單位圓盤的 Dirichlet 問題的極座標解：

$$U(r,\theta) = \frac{1}{2\pi}\int_{-\pi}^{\pi}\frac{1-r^2}{1+r^2-2r\cos(\xi-\theta)}f(\xi)\,d\xi \tag{16.5}$$

此為 Poisson 積分公式 (Poisson's integral formula)。

對於中心為原點，半徑為 R 的圓盤，由變數的改變產生 Poisson 解：

$$U(r,\theta) = \frac{1}{2\pi}\int_{-\pi}^{\pi}\frac{R^2-r^2}{R^2+r^2-2rR\cos(\xi-\theta)}f(\xi)\,d\xi \tag{16.6}$$

例 16.3

對於例 16.1 的問題，Poisson 積分解為

$$U(r,\theta) = \frac{1}{2\pi}\int_{-\pi}^{\pi}\frac{16-r^2}{16+r^2-8r\cos(\xi-\theta)}\xi^2\,d\xi$$

$$= \frac{16-r^2}{2\pi}\int_{-\pi}^{\pi}\frac{\xi^2}{16+r^2-8r\cos(\xi-\theta)}\,d\xi$$

為什麼我們要用積分解而不用無窮級數的原因之一是：以近似法求積分的值比求級數的值容易。

16.3 習題

下列各題中，已知圓盤半徑和邊界函數，求 Dirichlet 問題的解的積分式。利用數值積分求指定解的近似值。

1. $R=1, f(\theta)=\theta$; $U(1/2,\pi)$, $U(3/4,\pi/3)$, $U(1/5,\pi/4)$

2. $R=4, f(\theta)=\sin(4\theta)$; $U(1,\pi/6)$,

3. $R = 15, f(\theta) = \theta^3 - \theta, U(4, \pi),$
   $U(12, \pi/6), U(8, \pi/4), U(7, 0)$
   $U(3, 7\pi/2), U(1, \pi/4), U(5/2, \pi/12)$

4. $R = 6, f(\theta) = \theta^2, U(11/2, 3\pi/5),$
   $U(4, 2\pi/7), U(1, \pi), U(4, 9\pi/4)$

16.4 無界區域的 Dirichlet 問題

在無界域上涉及波動和擴散的問題時，傅立葉積分通常取代傅立葉級數來導出解。這種方法也適用於某些區域的 Dirichlet 問題。

本節將求解以水平軸作為其邊界的上半平面的 Dirichlet 問題來說明這種方法：

$$\nabla^2 u(x, y) = 0, \ -\infty < x < \infty, y > 0$$
$$u(x, 0) = f(x) \ 對於所有 \ x$$

若 $u(x, y) = X(x)Y(y)$，則從拉氏方程式得到

$$X'' + \lambda X = 0, Y'' - \lambda Y = 0$$

特徵值 $\lambda = \omega^2$，$\omega \geq 0$，特徵函數為

$$X_\omega = a_\omega \cos(\omega x) + b_\omega \sin(\omega x)$$

$Y'' - \omega^2 Y = 0$ 的解為

$$Y(y) = \alpha e^{\omega y} + \beta e^{-\omega y}$$

對於 $y > 0$，令 $\alpha = 0$ 可得有界解。對於 $\omega \geq 0$，函數

$$u_\omega(x, y) = [a_\omega \cos(\omega x) + b_\omega \sin(\omega x)]e^{-\omega y}$$

在上半平面為調和。欲求滿足邊界條件的解，嘗試對 $\omega \geq 0$ 進行疊加，這是以積分來重現的：

$$u(x, y) = \int_0^\infty [a_\omega \cos(\omega x) + b_\omega \sin(\omega x)]e^{-\omega y} \, d\omega$$

現在我們需要

$$u(x, 0) = \int_0^\infty [a_\omega \cos(\omega x) + b_\omega \sin(\omega x)] \, d\omega = f(x)$$

這是 $f(x)$ 在實線上的傅立葉積分表達式。傅立葉積分係數為

$$a_\omega = \frac{1}{\pi} \int_{-\infty}^\infty f(\xi) \cos(\omega \xi) \, d\xi, \ b_\omega = \frac{1}{\pi} \int_{-\infty}^\infty f(\xi) \sin(\omega \xi) \, d\xi$$

如果我們將傅立葉積分係數代入 $u(x, y)$ 的方程式中，可得

$$u(x,y) = \frac{1}{\pi} \int_0^\infty \int_{-\infty}^\infty [\cos(\omega\xi)\cos(\omega x) + \sin(\omega\xi)\sin(\omega x)]e^{-\omega y} f(\xi)\, d\xi\, d\omega$$

$$= \frac{1}{\pi} \int_{-\infty}^\infty \left[\int_0^\infty \cos(\omega(\xi-x))e^{-\omega y}\, d\omega\right] f(\xi)\, d\xi$$

中括弧內的積分為

$$\int_0^\infty \cos(\omega(\xi-x))e^{-\omega y}\, d\omega$$

$$= \left[\frac{e^{-\omega y}}{y^2 + (\xi-x)^2}[-y\cos(\omega(\xi-x)) + (\xi-x)\sin(\omega(\xi-x))]\right]_0^\infty$$

$$= \frac{y}{y^2 + (\xi-x)^2}$$

上半平面 Dirichlet 問題的解為

$$u(x,y) = \frac{y}{\pi} \int_{-\infty}^\infty \frac{f(\xi)}{y^2 + (\xi-x)^2}\, d\xi \tag{16.7}$$

例 16.4

解上半平面的 Dirichlet 問題，邊界條件為

$$f(x) = \begin{cases} -1, & -1 \le x < 0 \\ 1, & 0 \le x \le 1 \\ 0, & |x| > 1 \end{cases}$$

由式 (16.7)，解為

$$u(x,y) = \frac{y}{\pi} \int_{-\infty}^\infty \frac{f(\xi)}{y^2 + (\xi-x)^2}\, d\xi$$

$$= -\frac{y}{\pi}\int_{-1}^0 \frac{1}{y^2+(\xi-x)^2}\, d\xi + \frac{y}{\pi}\int_0^1 \frac{1}{y^2+(\xi-x)^2}\, d\xi$$

$$= -\frac{1}{\pi}\left[\arctan\left(\frac{x+1}{y}\right) - \arctan\left(\frac{x}{y}\right)\right] + \frac{1}{\pi}\left[\arctan\left(\frac{x}{y}\right) - \arctan\left(\frac{x-1}{y}\right)\right]$$

$$= \frac{1}{\pi}\left[2\arctan\left(\frac{x}{y}\right) - \arctan\left(\frac{x+1}{y}\right) - \arctan\left(\frac{x-1}{y}\right)\right]$$

此函數定義於 $y > 0$，但 $y = 0$ 無定義。以下是證明 $u(x, y)$ 滿足邊界條件 $\lim_{y \to 0+} u(x, y) = f(x)$。請記住：

$$\lim_{\alpha \to \infty} \arctan(\alpha) = \frac{\pi}{2} \text{ 且 } \lim_{\alpha \to -\infty} \arctan(\alpha) = -\frac{\pi}{2}$$

現在考慮各種情形。若 $0 < x < 1$ 且 $y > 0$，則 $x/y > 0$、$(x+1)/y > 0$ 且 $(x-1)/y < 0$，因此當 $y \to 0+$，

$$u(x,y) \to \frac{1}{\pi}\left(2\left(\frac{\pi}{2}\right) - \frac{\pi}{2} + \frac{\pi}{2}\right) = 1$$

若 $-1 < x < 0$ 且 $y > 0$，則 $x/y < 0$、$(x+1)/y > 0$ 且 $(x-1)/y > 0$，因此

$$u(x,y) \to \frac{1}{\pi}\left(-2\left(\frac{\pi}{2}\right) - \frac{\pi}{2} + \frac{\pi}{2}\right) = -1$$

若 $x > 1$ 或 $x < -1$，則當 $y \to 0+$，$u(x,y) \to 0$。

16.4 習題

1. 若 $u(x,0) = x$，解上半平面的 Dirichlet 問題。

2. 若 $u(x,0) = f(x)$，導出下半平面 $y < 0$ 的 Dirichlet 問題的積分解。

3. 若 $u(x,0) = f(x)$，$x > 0$ 且 $u(0,y) = 0$，$y > 0$，利用分離變數導出右 1/4 平面 $x > 0$，$y > 0$ 的 Dirichlet 問題的解。

4. 若 $u(x,0) = 0$，$x > 0$ 且 $u(0,y) = g(y)$，$y > 0$，解右 1/4 平面的 Dirichlet 問題。

5. 一薄且均勻的平面金屬板位於 1/4 平面，若其垂直邊的溫度為 e^{-y}，且水平邊的溫度保持在零度，求金屬板的穩態溫度分布。

6. 若 $u(x,0) = x$，$x > 0$ 且 $u(0,y) = y^2$，$y > 0$，解右 1/4 平面的 Dirichlet 問題。

數往知來——位勢差的空間分布

電容器由不導電介質（自由空間或介電材料）分開的兩個導電面（板）組成。這導致在每個板上累積相反的電荷，在板之間的空間中產生電場。在大多數實際設置中，板上的電荷是已知的或可以測量的，但是必須計算它們之間的電位分布。

這可以經由求解拉氏方程式 $\nabla^2 V = 0$ 來完成，其中 V 為介於電容器導電板之間電位差。此計算是求其他工程量（如電阻或電容）的途徑。

例如，一旦由拉氏方程式解出 V，則可由 $E = -\nabla V$ 算出電場 E。隨後確定電流 $I = \int_S \sigma E \cdot dS$，再以歐姆定律 $R = V/I$ 來確定電容器的電阻。

類似的計算也可以求電容器的電容。因此，經由拉氏方程式發現位勢差的空間分布是電機工程師有用的技能。

16.5 紐曼問題

令 D 為平面上的區域，由片段平滑的封閉曲線 C 界定。這表示 C 除了有限點外，具有連續的切線。

D 的 Dirichlet 問題是在 D 上尋找一調和函數，且令此函數在 C 上的點的值為給定值 $f(x, y)$。D 的**紐曼問題** (Neumann problem) 是在 D 上求一調和函數，並且在 C 上每一點，給出此函數的法向導數。

我們將回顧一下法向導數的概念，參考圖 16.5。假設 C 以弧長為參數，亦即對於 C 上的點，$x = x(s)$ 和 $y = y(s)$。在有切線的 C 的任何點，單位切線向量（長度為 1）為

$$\mathbf{T}(s) = \frac{dx}{ds}\mathbf{i} + \frac{dy}{ds}\mathbf{j}$$

在此點的單位向外法向量 C 是與此切線向量垂直的單位向量，其方向向外遠離 D。此向量為

$$\mathbf{n}(s) = \frac{dy}{ds}\mathbf{i} - \frac{dx}{ds}\mathbf{j}$$

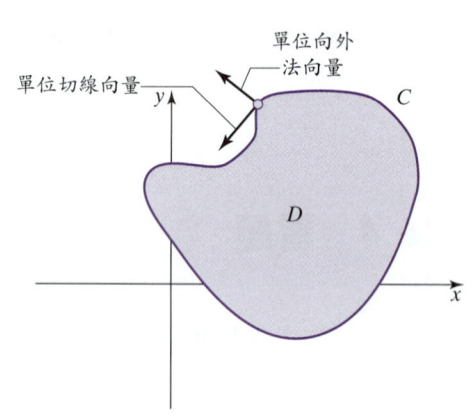

u 在 C 上的點的**法向導數** (normal derivative) 為

$$\frac{\partial u}{\partial n} = \frac{\partial u}{\partial x}\frac{dy}{ds} - \frac{\partial u}{\partial y}\frac{dx}{ds}$$

圖 16.5 D 的邊界點的切線向量和向外法向量

這可以表示為

$$u_n(x, y) = u_x y' - u_y x'$$

上式為 u 的梯度與單位向外法向量的點積。

以此為背景，我們可以將 D 的紐曼問題陳述為

$$\nabla^2 u = 0 \text{，} (x, y) \text{ 為 } D \text{ 內的點}$$

$$\frac{\partial u}{\partial n} = g(x, y) \text{，} (x, y) \text{ 為 } C \text{ 上的點}$$

這不同於 Dirichlet 問題，紐曼問題是在邊界上給予法向導數的值，而不是函數本身的值。

若紐曼問題有解，則 $g(x, y)$ 必須滿足一個簡單的條件。觀察環繞邊界曲線 C 的 $g(x, y)$ 的線積分，若 u 的法向導數在邊界上等於 g，則

$$\oint_C g(x,y)\,ds = \oint_C \frac{\partial u}{\partial n}\,ds$$
$$= \oint_C \left[\frac{\partial u}{\partial x}\frac{dy}{ds} - \frac{\partial u}{\partial y}\frac{dx}{ds}\right]ds$$
$$= \oint_C -u_y\,dx + u_x\,dy$$
$$= \iint_D (u_{xx} + u_{yy})\,dA \;(\text{由格林定理})$$

但若 u 在 D 為調和，則 $\nabla^2 u = 0$，而我們可以得到結論

$$\oint_C g(x,y)\,ds = 0$$

$g(x,y)$ 對於環繞邊界曲線 C 的弧長的積分必須等於零。

定理 16.1

若紐曼問題在平面區域 D 上有解，則必須滿足

$$\oint_C g(x,y)\,ds = 0$$

其中 C 為 D 的片段平滑封閉邊界曲線。

例 16.5

解正方形的紐曼問題：

$$\nabla^2 u = 0,\ 0 < x < 1, 0 < y < 1$$

$$u_n(x,y) = \begin{cases} 0 & \text{在下、上與左邊} \\ y^2 & \text{在正方形的右邊} \end{cases}$$

這表示

$$u_n(x,0) = u_n(x,1) = u_n(0,y) = 0$$

而

$$u_n(1,y) = y^2$$

因為 $u_n(x,y) = g(x,y)$ 在矩形的三邊為零，並且右邊的 $g(1,y) = y^2$，所以環繞邊界的 $g(x,y)$ 的線積分只是右邊的 y^2 的積分：

$$\oint_C g(x,y)\,ds = \int_0^1 y^2\,dy = \frac{1}{3} \neq 0$$

此問題無解。

16.5.1 矩形的紐曼問題

與 Dirichlet 問題一樣，如果在各邊的法向導數中，只有一邊的法向導數不為零，則可以使用分離變數來求解矩形的紐曼問題。

為了說明，考慮紐曼問題：

$$\nabla^2 u(x,y) = 0, \ 0 < x < a, 0 < y < b$$

$$\frac{\partial u}{\partial y}(x,0) = \frac{\partial u}{\partial y}(x,b) = 0, \ 0 \le x \le a$$

$$\frac{\partial u}{\partial x}(0,y) = 0, \ 0 \le y \le b$$

$$\frac{\partial u}{\partial x}(a,y) = g(y), \ 0 \le y \le b$$

對於這個矩形，其邊與軸平行，因為 x 軸垂直於垂直邊，y 軸垂直於水平邊，所以法向導數在垂直邊為 $\partial u/\partial x$，在水平邊為 $\partial u/\partial y$。解存在的必要（非充分）條件為

$$\int_0^b g(y)\,dy = 0$$

看看上式對於這個問題有解發揮了什麼作用是很有啟發意義的。

令 $u(x,y) = X(x)Y(y)$ 且利用拉氏方程式和邊界條件，可得

$$X'' + \lambda X = 0;\ X'(0) = 0$$

且

$$Y'' - \lambda Y = 0;\ Y'(0) = Y'(b) = 0$$

Y 的特徵值和特徵函數為

$$\lambda_n = -\frac{n^2\pi^2}{b^2},\ Y_n(y) = \cos\left(\frac{n\pi y}{b}\right)$$

其中 $n = 0, 1, 2, \cdots$。注意：$Y_0(y)$ 為常數。

X 的問題為

$$X'' - \frac{n^2\pi^2}{b^2}X = 0;\ X'(0) = 0$$

X 僅有一邊界條件在 $x = 0$。

若 $n = 0$，X 的微分方程式為 $X'' = 0$，故 $X(x) = cx + d$，因此 $X'(0) = c = 0$，在此情況下，$X(x)$ 為常數。

若 n 為正整數，則 X 的微分方程式有通解

$$X(x) = ce^{n\pi x/b} + de^{-n\pi x/b}$$

又
$$X'(0) = \frac{n\pi}{b}c - \frac{n\pi}{b}d = 0$$

故 $c = d$，這表示 $X(x)$ 必須是
$$X(x) = c\cosh\left(\frac{n\pi}{b}x\right)$$

的恆定倍數。

我們現在有函數
$$u_0(x, y) = 常數$$

且對每一正整數 n，
$$u_n(x, y) = X_n(x)Y_n(y) = c_n \cosh\left(\frac{n\pi}{b}x\right)\cos\left(\frac{n\pi}{b}y\right)$$

到目前為止，我們已經在矩形的上、下和左邊使用了零邊界條件。為了滿足右邊的邊界條件，使用重疊原理

$$u(x, y) = \sum_{n=0}^{\infty} u_n(x, y)$$
$$= c + \sum_{n=1}^{\infty} c_n \cosh\left(\frac{n\pi}{b}x\right)\cos\left(\frac{n\pi}{b}y\right)$$

選擇常數，使右邊的 $u(a, y)$ 的法向導數為 $g(y)$：
$$u_n(a, y) = u_x(a, y) = g(y) = \sum_{n=1}^{\infty} \frac{n\pi}{b} c_n \sinh\left(\frac{n\pi a}{b}\right)\cos\left(\frac{n\pi y}{b}\right)$$

此為 $g(y)$ 在 $[0, b]$ 的傅立葉餘弦展開式。我們將 $u(x, y)$ 對 x 微分得到上式的展開式，而這個展開式中的常數項為零。但此常數項為
$$\frac{1}{b}\int_0^b g(y)\,dy$$

因此，如果這個積分不為零，則得矛盾的結果，在此情況下此題將無解。這說明了定理 16.1。

對於此餘弦展開的其他係數，我們有
$$\frac{n\pi}{b} c_n \sinh\left(\frac{n\pi a}{b}\right) = \frac{2}{b}\int_0^b g(\xi)\cos\left(\frac{n\pi\xi}{b}\right)d\xi$$

故

$$c_n = \frac{2}{n\pi \sinh(n\pi a/b)} \int_0^b g(\xi) \cos\left(\frac{n\pi \xi}{b}\right) d\xi,\ n=1,2,\cdots$$

配合此係數,紐曼問題的解為

$$u(x,y) = c + \sum_{n=1}^{\infty} c_n \cosh\left(\frac{n\pi x}{b}\right) \cos\left(\frac{n\pi y}{b}\right)$$

其中 c 為任意常數,不是傅立葉係數,紐曼問題沒有唯一解,因為邊界條件是確立在導數上,因此,若 u 為一解,則對任意數 c 而言,$u+c$ 也是一解。

16.5.2　圓盤的紐曼問題

再次從 Dirichlet 問題的提示中,我們將對圓心為原點的圓盤之紐曼問題的解,寫出一個積分公式。

假設 D 是以原點為圓心,半徑為 R 的圓盤。D 的邊界是以原點為圓心,半徑為 R 的圓 C。在極座標,D 的紐曼問題為

$$\nabla^2 u(r,\theta) = 0,\ 0 \leq r < R, -\pi \leq \theta \leq \pi$$

$$\frac{\partial u}{\partial r}(R,\theta) = f(\theta),\ -\pi \leq \theta \leq \pi$$

C 的法向導數為 $\partial u/\partial r$,因為從原點到 C 上之點的直線在該點與 C 垂直。這使得解圓盤的紐曼問題成為可能(此處的偏導數就如同長方形的邊的法向導數,使得問題易於處理)。

解存在的必要條件是邊界上法向導數的積分必須等於零:

$$\int_{-\pi}^{\pi} f(\theta)\,d\theta = 0$$

這是我們對 $f(\theta)$ 所設的條件,

設解為

$$u(r,\theta) = \frac{1}{2}a_0 + \sum_{n=1}^{\infty}[a_n r^n \cos(n\theta) + b_n r^n \sin(n\theta)]$$

選擇係數滿足

$$\frac{\partial u}{\partial r}(R,\theta) = f(\theta)$$

$$= \sum_{n=1}^{\infty}[na_n R^{n-1}\cos(n\theta) + nb_n R^{n-1}\sin(n\theta)]$$

這是 $f(\theta)$ 在 $[-\pi, \pi]$ 的傅立葉展開式。在此展開式中的常數項為零,並且也等於

$$\frac{1}{\pi} \int_{-\pi}^{\pi} f(\theta)\, d\theta$$

其值為零。對於其他係數,我們需要

$$n a_n R^{n-1} = \frac{1}{\pi} \int_{-\pi}^{\pi} f(\xi) \cos(n\xi)\, d\xi$$

且

$$n b_n R^{n-1} = \frac{1}{\pi} \int_{-\pi}^{\pi} f(\xi) \sin(n\xi)\, d\xi$$

其中 $n = 1, 2, \cdots$,因此

$$a_n = \frac{1}{n \pi R^{n-1}} \int_{-\pi}^{\pi} f(\xi) \cos(n\xi)\, d\xi$$

且

$$b_n = \frac{1}{n \pi R^{n-1}} \int_{-\pi}^{\pi} f(\xi) \sin(n\xi)\, d\xi$$

將這些係數代入,解為

$$u(r,\theta) = c + \frac{R}{\pi} \sum_{n=1}^{\infty} \frac{1}{n} \left(\frac{r}{R}\right)^n \int_{-\pi}^{\pi} [\cos(n\xi)\cos(n\theta) + \sin(n\xi)\sin(n\theta)] f(\xi)\, d\xi$$

其中 c 為任意常數。我們也可以將這個解寫成

$$u(r,\theta) = c + \frac{R}{\pi} \sum_{n=1}^{\infty} \frac{1}{n} \left(\frac{r}{R}\right)^n \int_{-\pi}^{\pi} \cos(n(\xi - \theta)) f(\xi)\, d\xi \tag{16.8}$$

例 16.6

解圓心為原點的單位圓盤的紐曼問題:

$$\nabla^2 u(x,y) = 0,\ x^2 + y^2 < 1$$

$$\frac{\partial u}{\partial n}(x,y) = xy^2,\ x^2 + y^2 = 1$$

採用極座標，令 $U(r,0) = u(r\cos(\theta), r\sin(\theta))$，則問題變為

$$\nabla^2 U(r,\theta) = 0, \ 0 \leq r < 1, -\pi \leq \theta \leq \pi$$

$$\frac{\partial U}{\partial r}(1,\theta) = \cos(\theta)\sin^2(\theta)$$

首先，觀察

$$\int_{-\pi}^{\pi} \cos(\theta)\sin^2(\theta)\, d\theta = 0$$

上式為此問題有解的必要條件，由式 (16.8) 可知，解為

$$U(r,\theta) = c + \frac{1}{\pi}\sum_{n=1}^{\infty}\frac{1}{n}r^n \int_{-\pi}^{\pi} \cos(n(\xi-\theta))\cos(\xi)\sin^2(\xi)\, d\xi$$

其中 c 為任意常數。因為

$$\int_{-\pi}^{\pi} \cos(n(\xi-\theta))\cos(\xi)\sin^2(\xi)\, d\xi$$

$$= \begin{cases} 0, & n = 2, 4, 5, 6, 7, \cdots \\ \pi\cos(\theta)/4, & n = 1 \\ -\pi\cos^3(\theta) + 3\pi\cos(\theta)/4, & n = 3 \end{cases}$$

所以解為

$$U(r,\theta) = c + \frac{1}{4}r\cos(\theta) + \frac{1}{3}r^3\left(-\cos^3(\theta) + \frac{3}{4}\cos(\theta)\right)$$

$$= c + \frac{1}{4}r\cos(\theta) - \frac{1}{3}r^3\cos^3(\theta) + \frac{1}{4}r^3\cos(\theta)$$

將此解轉換成直角座標，令 $x = r\cos(\theta)$，$r^2 = x^2 + y^2$ 可得

$$u(x,y) = c + \frac{1}{4}x - \frac{1}{3}x^3 + \frac{1}{4}(x^2 + y^2)x$$

16.5.3 上半平面的紐曼問題

為了說明無界區域的紐曼問題，考慮下面問題：

$$\nabla^2 u(x,y) = 0, \ -\infty < x < \infty, y > 0$$

$$\frac{\partial u}{\partial y}(x,0) = f(x), \ -\infty < x < \infty$$

其中 $\partial u/\partial y$ 是與 x 軸垂直的 u 的導數，x 軸是上半平面的邊界。

我們可以證明，雖然上半平面的邊界不是封閉曲線，定理 16.1 也適用於目前的情況。因此，假設

$$\int_{-\infty}^{\infty} f(x)\, dx = 0$$

這個問題可以用分離變數求解。然而，有一種好的方法可將此問題化簡為我們已經解過的問題。令

$$v = \frac{\partial u}{\partial y}$$

則

$$\nabla^2 v = \frac{\partial^2}{\partial x^2}\left(\frac{\partial u}{\partial y}\right) + \frac{\partial^2}{\partial y^2}\left(\frac{\partial u}{\partial y}\right)$$
$$= \frac{\partial}{\partial y}\left(\frac{\partial^2 u}{\partial x^2} + \frac{\partial^2 u}{\partial y^2}\right) = \frac{\partial}{\partial y}(\nabla^2 u)$$

則無論 u 為何，v 為調和。此外，在 x 軸上

$$v(x, 0) = \frac{\partial u}{\partial y}(x, 0) = f(x)$$

因此 v 在上半平面滿足 Dirichlet 問題。此問題的解為

$$v(x, y) = \frac{y}{\pi}\int_{-\infty}^{\infty} \frac{f(\xi)}{y^2 + (\xi - x)^2}\, d\xi$$

將 v 積分求 u，

$$u(x, y) = \int \frac{\partial u}{\partial y}\, dy = \int \frac{y}{\pi}\int_{-\infty}^{\infty} \frac{f(\xi)}{y^2 + (\xi - x)^2}\, d\xi\, dy$$
$$= \frac{1}{\pi}\int_{-\infty}^{\infty}\left(\int \frac{y}{y^2 + (\xi - x)^2}\, dy\right) f(\xi)\, d\xi$$
$$= \frac{1}{2\pi}\int_{-\infty}^{\infty} \ln(y^2 + (\xi - x)^2) f(\xi)\, d\xi$$

數往知來──常見的電容設計

最常見的電容設計之一是，使用兩個（或更多個）平行板。這對應於本章討論的矩形上的 Dirichlet 和紐曼問題。另一個常見的配置是將兩個導電板與中間的介電質以同心圓柱體排列。無界介質的一維圓柱體情況可以用重積分求解，以產生對數位勢函數。然而，更高維度的解相當複雜，是以特殊貝索函數表示。

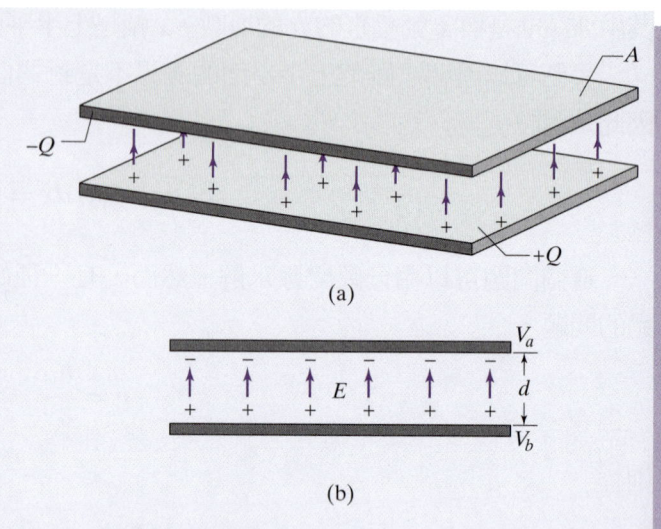

已經花費了許多努力，找到求電子組件中位勢函數的方法。工程師已經在超過二十幾個座標系中開發了拉氏方程式的通解，這些座標系包括矩形、球形、扁圓形和其他幾何形狀。對於更複雜的幾何形狀，不適合用精確的解析解，可用數值方法求解 V 的拉氏方程式。

平行板電容器示意圖。

16.5 習題

習題 1 和 2，解紐曼問題。

1. $\nabla^2 u(x, y) = 0$, $0 < x < 1$, $0 < y < 1$

   $\dfrac{\partial u}{\partial y}(x, 0) = 4\cos(\pi x)$, $\dfrac{\partial u}{\partial y}(x, 1) = 0$, $0 \leq x \leq 1$

   $\dfrac{\partial u}{\partial x}(0, y) = \dfrac{\partial u}{\partial x}(1, y) = 0$, $0 \leq y \leq 1$

2. $\nabla^2 u(x, y) = 0$, $0 < x < \pi$, $0 < y < \pi$

   $\dfrac{\partial u}{\partial y}(x, 0) = \cos(3x)$, $0 \leq x \leq \pi$

   $\dfrac{\partial u}{\partial y}(x, \pi) = 6x - 3\pi$, $0 \leq x \leq \pi$

   $\dfrac{\partial u}{\partial x}(0, y) = \dfrac{\partial u}{\partial x}(\pi, y) = 0$, $0 \leq y \leq \pi$

3. 嘗試以分離變數求解：
$$\nabla^2 u(x,y) = 0, \ 0 < x < 1, 0 < y < 1$$
$$u(x,0) = u(x,1) = 0, \ 0 \le x \le 1$$
$$\frac{\partial u}{\partial x}(0,y) = 3y^2 - 2y, \frac{\partial u}{\partial x}(1,y) = 0, \ 0 \le y \le 1$$

4. 求級數解：
$$\nabla^2 u(r,\theta) = 0, \ 0 \le r < R, -\pi \le \theta < \pi$$
$$\frac{\partial u}{\partial r}(R,\theta) = \cos(2\theta), \ -\pi \le \theta \le \pi$$

5. 解上半平面的紐曼問題：
$$\nabla^2 u(x,y) = 0, \ -\infty < x < \infty, y > 0$$
$$\frac{\partial u}{\partial y}(x,0) = e^{-|x|} \sin(x), \ -\infty < x < \infty$$

6. 解右 1/4 平面的紐曼問題：
$$\nabla^2 u(x,y) = 0, \ x > 0, y > 0$$
$$\frac{\partial u}{\partial x}(0,y) = 0, \ y \ge 0$$
$$\frac{\partial u}{\partial y}(x,0) = f(x), \ x \ge 0$$

16.6　Poisson 方程式

微分方程式

$$u_{xx} + u_{yy} = P(x,y)$$

稱為 Poisson 方程式 (Poisson equation)。Simeon Denis Poisson (1781−1840) 是一位數學家和物理學家，他在幾個領域做了重要的工作，人們至今仍記得他的反對光波理論。他的大部分職業生涯都在 École Polytechnigue 工作。

有更高維度的 Poisson 方程式，但是我們會把注意力侷限在平面上。

在二維空間，如果存在與時間無關的熱能來源或損失，我們可以將 Poisson 方程式視為對平板中的穩態溫度分布進行模擬。

令 Ω 是由一條或多條曲線界定的平面上的點集合，邊界 ∂Ω 上的點不包括在 Ω 中。

Ω 上的 Poisson 問題是對於已知的 $P(x,y)$，在 Ω 上找到滿足 Poisson 方程式的函數 $u(x,y)$，並且在 Ω 的邊界 ∂Ω 上，函數 $u(x,y)$ 滿足已知值 $f(x,y)$：

$$\nabla^2 u(x,y) = P(x,y), \ (x,y) \in \Omega$$
$$u(x,y) = f(x,y), \ (x,y) \in \partial\Omega$$

若 $P(x,y) = 0$，則為 Ω 上的 Dirichlet 問題。

與 Dirichlet 問題一樣，我們只能寫出特殊情況下的 Poisson 問題的解，此特殊情況通常取決於 Ω 及其邊界的性質。這裡將介紹如何解 Ω 上的 Poisson 問題，其中 Ω 是由 $0 < x < L$ 和 $0 < y < K$ 的點 (x,y) 組成的矩形。在此情況下，∂Ω 由四個線段組成且 Poisson 問題為

$$\nabla^2 u(x,y) = P(x,y),\ 0 < x < L, 0 < y < K$$
$$u(x,0) = f_1(x), u(x,K) = f_2(x),\ 0 < x < L$$
$$u(0,y) = g_1(y), u(L,y) = g_2(y),\ 0 < y < K$$

有一個將這個問題分解為兩個問題的策略：一個是矩形的 Dirichlet 問題（我們知道如何求解）；另一個則是簡化的 Poisson 問題，我們將顯示如何求解。分解如圖 16.6 所示。

以 $v(x,y)$ 表示的問題 1 是

$$\nabla^2 v(x,y) = 0, 0 < x < L, 0 < y < K$$
$$v(x,0) = f_1(x), v(x,K) = f_2(x),\ 0 < x < L$$
$$v(0,y) = g_1(y), v(L,y) = g_2(y),\ 0 < y < K$$

我們知道如何求解這個 Dirichlet 問題。

問題 2 為

$$\nabla^2 w(x,y) = P(x,y),\ 0 < x < L, 0 < y < K$$
$$w(x,y) = 0,\ (x,y) \in \partial\Omega$$

這是一個特殊的 Poisson 問題，要求 $w(x,y)$ 的拉氏算子在矩形內部等於 $P(x,y)$，而在邊界上等於零。

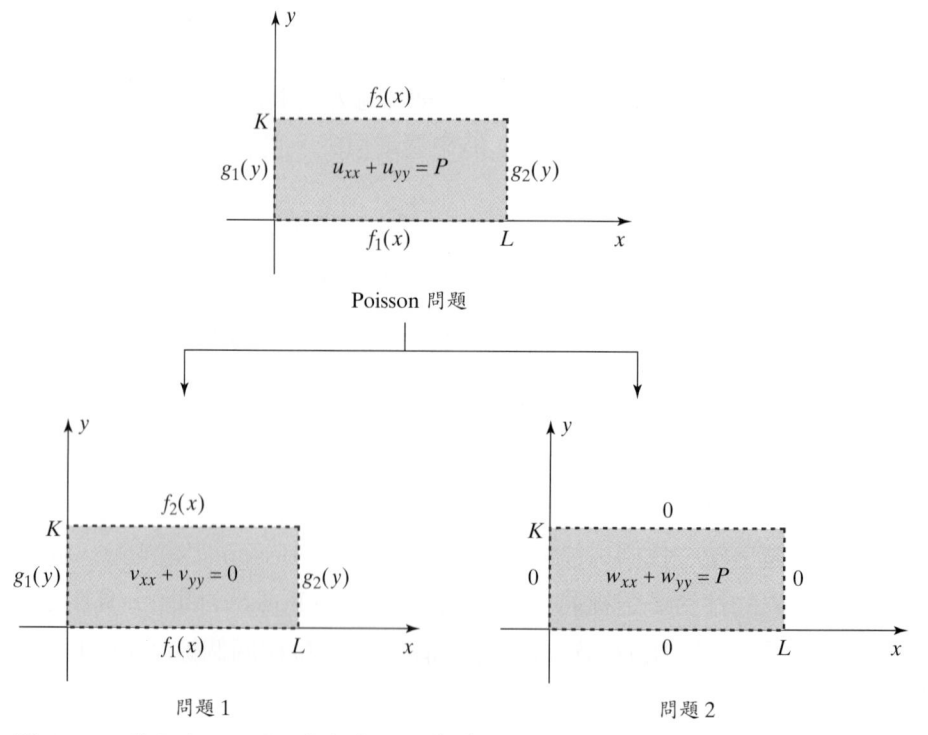

圖 16.6　將 Poisson 問題分解成兩個簡單的問題

若 v 是問題 1 的解，而 w 是問題 2 的解，則
$$u(x,y) = v(x,y) + w(x,y)$$
是矩形的 Poisson 問題的解。將 $u(x,y)$ 代入問題中即可得到驗證。首先，在 Ω，
$$\nabla^2 u = \nabla^2 v + \nabla^2 w = 0 + P(x,y) = P(x,y)$$
在矩形的下邊，
$$u(x,0) = v(x,0) + w(x,0) = f_1(x) + 0 = f_1(x)$$
對於其他三邊也是如此。

剩下的是解問題 2。回想一下，解矩形的 Dirichlet 問題時，若邊界條件在下邊或上邊非零，則特徵值和特徵函數為
$$\frac{n^2\pi^2}{L^2}, \sin(n\pi x/L)$$
其中 $n = 1, 2, \cdots$。若邊界條件在左邊或右邊非零，則特徵值和特徵函數為
$$\frac{m^2\pi^2}{K^2}, \sin(m\pi y/K)$$
其中 $m = 1, 2, \cdots$。嘗試將問題 2 的解寫成下列形式：
$$w(x,y) = \sum_{n=1}^{\infty} \sum_{m=1}^{\infty} k_{nm} \sin(n\pi x/L) \sin(m\pi y/K)$$
則
$$w_{xx} = \sum_{n=1}^{\infty} \sum_{m=1}^{\infty} -k_{nm} \left(\frac{n^2\pi^2}{L^2}\right) \sin(n\pi x/L) \sin(m\pi y/K)$$
且
$$w_{yy} = \sum_{n=1}^{\infty} \sum_{m=1}^{\infty} -k_{nm} \left(\frac{m^2\pi^2}{K^2}\right) \sin(n\pi x/L) \sin(m\pi y/K)$$
選擇係數，使得
$$w_{xx}(x,y) + w_{yy}(x,y) = P(x,y)$$
這要求
$$\sum_{n=1}^{\infty} \sum_{m=1}^{\infty} -k_{nm} \left(\frac{n^2\pi^2}{L^2} + \frac{m^2\pi^2}{K^2}\right) \sin(n\pi x/L) \sin(m\pi y/K) = P(x,y)$$
這是 $P(x,y)$ 在矩形的雙重傅立葉展開。必須選擇係數，使得

$$- k_{nm} \left(\frac{n^2\pi^2}{L^2} + \frac{m^2\pi^2}{K^2} \right)$$

$$= \frac{4}{LK} \int_0^L \int_0^K P(\xi, \eta) \sin(n\pi\xi/L) \sin(m\pi\eta/K)\, d\eta\, d\xi$$

因此，

$$k_{nm} = -\frac{4}{\pi^2} \frac{LK}{n^2K^2 + m^2L^2} \int_0^L \int_0^K P(\xi, \eta) \sin(n\pi\xi/L) \sin(m\pi\eta/K)\, d\eta\, d\xi$$

這求出了問題 2 的解 $w(x, y)$。矩形的 Poisson 問題的解為

$$u(x, y) = v(x, y) + w(x, y)$$

> **數往知來——其他應用**
>
> 拉氏方程式也顯示在其他工程領域。一旦達到穩定狀態（亦即，時間導數為零），則熱方程式化為拉氏方程式，並且達到穩定的溫度空間分布。求解拉氏方程式有助於確定成分中的溫度分布。這對於設計家用散熱器的翅片或用於冷卻電子元件的散熱器是有用的。
>
> 拉氏方程式也可用於模擬壩下或河流以下土壤中的壓力分布。了解最高壓力路徑有助於土木工程師設計防止滲水通過這些路徑的堤或壩，否則會破壞結構的完整性。
>
> 散熱器。

例 16.7

解 Poisson 問題：

$$\nabla^2 u(x, y) = xy^2,\ 0 < x < 2, 0 < y < 5$$

$$u(x, 0) = 0, u(x, 5) = e^{-x},\ 0 < x < 2$$

$$u(0, y) = u(2, y) = 0,\ 0 < y < 5$$

圖 16.6 說明了這個問題，並將其分解為問題 1 與問題 2，其中

$$P(x,y) = xy^2, f_1(x) = g_1(y) = g_2(y) = 0, f_2(x) = e^{-x}$$

Poisson 問題的解是問題 1 與問題 2 的解的和。

問題 1 是矩形的 Dirichlet 問題：

$$\nabla^2 v(x,y) = 0 \text{ 在 } \Omega$$
$$v(x,0) = 0, 0 < x < 2$$
$$v(0,y) = v(2,y) = 0, y = 0$$
$$v(x,5) = e^{-x}, 0 < x < 2$$

分離變數導出：

$$X'' + \lambda X = 0; X(0) = X(2) = 0$$

且

$$Y'' - \lambda Y = 0; Y(0) = 0$$

因此 $\lambda_n = n^2\pi^2/4$，$X_n(x) = \sin(n\pi x/2)$，$Y_n(y) = \sinh(n\pi y/2)$。所以

$$v(x,y) = \sum_{n=1}^{\infty} b_n \sin(n\pi x/2) \sinh(n\pi y/2)$$

我們需要

$$v(x,5) = e^{-x} = \sum_{n=1}^{\infty} b_n \sin(n\pi x/2) \sinh(5n\pi/2)$$

這是 e^{-x} 在 $[0,2]$ 的傅立葉正弦展開，故

$$b_n \sinh(5n\pi/2) = \int_0^2 e^{-\xi} \sin(n\pi\xi/2)\,d\xi$$
$$= \frac{2n\pi(1 - e^{-2}(-1)^n)}{4 + n^2\pi^2}$$

亦即

$$b_n = \frac{1}{\sinh(5n\pi/2)} \left(\frac{2n\pi(1 - e^{-2}(-1)^n)}{4 + n^2\pi^2} \right)$$

我們得到問題 1 的解 $v(x,y)$。

問題 2 為

$$\nabla^2 w(x,y) = xy^2,\ 0 < x < 2, 0 < x < 5$$
$$w(x,0) = w(x,5) = 0,\ 0 < x < 2$$
$$w(0,y) = w(2,y) = 0,\ 0 < y < 5$$

嘗試解的形式為

$$w(x,y) = \sum_{n=1}^{\infty} \sum_{m=1}^{\infty} k_{nm} \sin(n\pi x/2) \sin(m\pi y/5)$$

k_{nm} 的值為

$$k_{nm} = -\frac{40}{\pi^2} \frac{1}{25n^2 + 4m^2} \int_0^2 \int_0^5 \xi \sin(n\pi\xi/2) \eta^2 \sin(m\pi\eta/5)\, d\eta\, d\xi$$

$$= -\frac{40}{\pi^2} \frac{1}{25n^2 + 4m^2} \frac{4(-1)^{n+1}}{n\pi} \frac{-125}{m^3\pi^3}(2 - 2(-1)^m + m^2\pi^2(-1)^m)$$

$$= \frac{20,000}{nm^3\pi^6(25n^2 + 4m^2)}(-1)^{n+1}(2 - 2(-1)^m + m^2\pi^2(-1)^m)$$

這決定了 $w(x,y)$，而

$$u(x,y) = v(x,y) + w(x,y)$$

16.6 習題

解下面的 Poisson 問題。

1. $\nabla^2 u(x,y) = xy,\ 0 < x < 1, 0 < y < 1$
$u(x,0) = u(x,1) = 0,\ 0 < x < 1$
$u(1,y) = 0, u(0,y) = y,\ 0 < y < 1$

2. $\nabla^2 u(x,y) = x\sin(y),\ 0 < x < 1, 0 < y < 2$
$u(0,y) = u(1,y) = 0,\ 0 < y < 2$
$u(x,0) = x^2, u(x,2) = 0,\ 0 < x < 1$

3. $\nabla^2 u(x,y) = x^2 y^2,\ 0 < x < \pi, 0 < y < \pi$
$u(x,0) = u(x,\pi) = 0,\ 0 < x < \pi$
$u(0,y) = 1, u(\pi,y) = y,\ 0 < y < \pi$

CHAPTER 17

特殊函數

我們經常使用正弦和餘弦級數來解初始－邊界值問題。這些正、餘弦出現在微分方程式

$$X'' + \lambda X = 0$$

的解中,而上式可利用分離變數求解偏微分方程式獲得。

這個微分方程式是史特姆－李歐維里方程式的特例

$$(ry')' + (q + \lambda p)y = 0$$

它也發生在以分離變數解偏微分方程式中。第 11 章研究該微分方程式的解的性質（特徵值和特徵函數）。

有一些解在不同的環境中經常出現,值得注意,因此被稱為**特殊函數**(special functions)。許多特殊函數的性質得到廣泛的發展,本章主要介紹兩種特殊函數及其應用。

17.1 雷建德多項式

微分方程式

$$((1-x^2)y')' + \lambda y = 0 \tag{17.1}$$

稱為**雷建德方程式**(Legendre's equation),是以法國數學家 Adrien-Marie Legendre (1752–1833) 的姓氏命名,他的工作領域為熱力學、古典力學和天文學等。雷建德方程式是史特姆－李歐維里方程式,其中

$$r(x) = 1 - x^2, q(x) = 0 \text{ 且 } p(x) = 1$$

式 (17.1) 亦常寫成

$$(1-x^2)y'' - 2xy' + \lambda y = 0$$

我們要得到在 [−1, 1] 為有界的解。

解的形式看起來並不明確,因此嘗試冪級數解,將

$$y = \sum_{n=0}^{\infty} a_n x^n$$

$$y' = \sum_{n=1}^{\infty} n a_n x^{n-1} \text{ 和 } y'' = \sum_{n=2}^{\infty} n(n-1) a_n x^{n-2}$$

代入雷建德方程式，可得

$$\sum_{n=2}^{\infty} n(n-1)a_n x^{n-2} - \sum_{n=2}^{\infty} n(n-1)a_n x^n - \sum_{n=1}^{\infty} 2na_n x^n + \sum_{n=0}^{\infty} \lambda a_n x^n = 0 \tag{17.2}$$

將第一個級數改寫成

$$\sum_{n=2}^{\infty} n(n-1)a_n x^{n-2} = \sum_{n=0}^{\infty} (n+2)(n+1)a_{n+2} x^n$$

如今方程式 (17.2) 變成

$$\sum_{n=0}^{\infty} (n+2)(n+1)a_{n+2} x^n - \sum_{n=2}^{\infty} n(n-1)a_n x^n - \sum_{n=1}^{\infty} 2na_n x^n + \sum_{n=0}^{\infty} \lambda a_n x^n = 0$$

雖然兩個和由 $n=0$ 開始，一個由 $n=1$，而一個由 $n=2$ 開始，但是現在所有的和都具有相同的 x 冪次。合併從 $n=2$ 開始求和的部分，並且將 $n=0$ 和 $n=1$ 的項單獨寫出：

$$2a_2 + \lambda a_0 + 6a_3 x - 2a_1 x + \lambda a_1 x$$
$$+ \sum_{n=2}^{\infty} [(n+2)(n+1)a_{n+2} - (n^2 + n - \lambda)a_n] x^n = 0$$

對於關於 0 的某個區間內的所有 x 而言，此級數等於零的唯一方法是 x 冪次的每一個係數等於零。這表示常數項與 x 的每一個冪次的係數為零：

$$2a_2 + \lambda a_0 = 0$$
$$6a_3 - 2a_1 + \lambda a_1 = 0 \text{ 且}$$
$$(n+1)(n+2)a_{n+2} - [n(n+1) - \lambda]a_n = 0, \ n = 2, 3, \cdots$$

從這些方程式，我們得到

$$a_2 = -\frac{\lambda}{2} a_0 \tag{17.3}$$

$$a_3 = \frac{2-\lambda}{6} a_1 \tag{17.4}$$

且

$$a_{n+2} = \frac{n(n+1) - \lambda}{(n+1)(n+2)} a_n, \ n = 2, 3, \cdots \tag{17.5}$$

我們可以寫出這些係數中的一些，來獲得關於解的資訊。由式 (17.3) 知，a_2 是 a_0 的倍數。當 $n = 2$，由遞迴關係式 (17.5) 可知，

$$a_4 = \frac{6-\lambda}{(3)(4)}a_2 = \frac{-\lambda(6-\lambda)}{2(3)(4)}a_0 = -\frac{\lambda(6-\lambda)}{4!}a_0$$

也是 a_0 的倍數。當 $n = 4$，我們得到

$$a_6 = \frac{20-\lambda}{(5)(6)}a_4 = \frac{-\lambda(6-\lambda)(20-\lambda)}{6!}a_0$$

等。當 n 是偶數時，a_n 是涉及 λ、n、a_0 的項的倍數。

現在看一些下標是奇數的項。於式 (17.5) 中，令 $n = 3$，我們得到

$$a_5 = \frac{12-\lambda}{(4)(5)}a_3 = \frac{(2-\lambda)(12-\lambda)}{5!}a_1$$

令 $n = 5$，可得

$$a_7 = \frac{30-\lambda}{(6)(7)}a_5 = \frac{(2-\lambda)(12-\lambda)(30-\lambda)}{7!}a_1$$

等。當 n 為奇數時，a_n 為涉及 λ、n、a_1 的項的倍數。

$y(x)$ 的項自然分成 x 的偶次冪和奇次冪：

$$\begin{aligned}
y(x) &= \sum_{n=0}^{\infty} a_n x^n \\
&= a_0 \left(1 - \frac{\lambda}{2}x^2 - \frac{\lambda(6-\lambda)}{4!}x^4 - \frac{\lambda(6-\lambda)(20-\lambda)}{6!}x^6 - \cdots\right) \\
&\quad + a_1 \left(x + \frac{2-\lambda}{3!}x^3 + \frac{(2-\lambda)(12-\lambda)}{5!}x^5 + \frac{(2-\lambda)(12-\lambda)(30-\lambda)}{7!}x^7 + \cdots\right)
\end{aligned}$$

這是雷建德方程式的通解，其中 a_0 與 a_1 為任意常數。

如遞迴關係式 (17.5) 所示，若我們選擇 $\lambda = n(n+1)$，$n = 0, 1, 2, \cdots$，並將 a_0 或 a_1 中的一個設為零，則我們得到多項式解，如下列情況所示。

若 $n = 0$，$a_1 = 0$，則 $\lambda = 0$ 且

$$y(x) = a_0 = \text{常數}$$

若 $n = 1$，$a_0 = 0$，則 $\lambda = 2$ 且

$$y(x) = a_1 x$$

若 $n = 2$，$a_1 = 0$，則 $\lambda = 6$ 且
$$y(x) = a_0(1 - 3x^2)$$

若 $n = 3$，$a_0 = 0$，則 $\lambda = 12$ 且
$$y(x) = a_1 \left(x - \frac{5}{3}x^3 \right)$$

若 $n = 4$，$a_1 = 0$，則 $\lambda = 20$ 且
$$y(x) = a_0 \left(1 - 10x^2 + \frac{35}{3}x^4 \right)$$

等。當選擇這些 λ，這些多項式是雷建德方程式在任意區間的有界解。

通常選擇常數 a_0 或 a_1 使得這個多項式解的圖形通過 $(1, 1)$。當這樣做時，我們得到**雷建德多項式** (Legendre polynomial) $P_n(x)$，其中 n 為多項式的次數。前六個雷建德多項式為

$$P_0(x) = 1, P_1(x) = x, P_2(x) = \frac{1}{2}(3x^2 - 1)$$
$$P_3(x) = \frac{1}{2}(5x^3 - 3x), P_4(x) = \frac{1}{8}(35x^4 - 30x^2 + 3)$$
$$P_5(x) = \frac{1}{8}(63x^5 - 70x^3 + 15x)$$

圖 17.1 顯示這些函數在 $[-1, 1]$ 的圖形。若 n 為奇數，則 $P_n(x)$ 僅含有 x 的奇次方；若 n 為偶數，則 $P_n(x)$ 僅含有 x 的偶次方。

我們將非正式地開發雷建德多項式的一些性質，然後看它們在某些應用中如何使用。

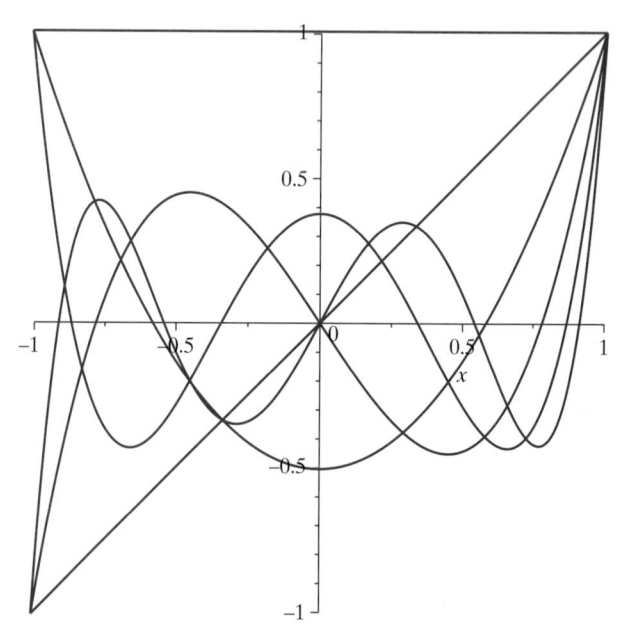

圖 17.1 $P_0(x)$ 到 $P_5(x)$ 在 $[-1, 1]$ 的圖形

數往知來——模擬點電荷的靜電位

雷建德方程式出現在各種工程問題中，通常是具有球形對稱性的問題。這個方程式的解稱為雷建德多項式，可以用來解球狀系統中由於點電荷引起的電位、熱傳和流體流動等問題，以及量子力學的某些方面的問題。

這裡顯示的是如何應用雷建德多項式來模擬點電荷的靜電位。在右圖中，在 z 軸上的 z = a 處放置電荷 q。

球座標中的靜電電位（亦稱為庫侖電位）為

$$\varphi = \frac{q}{4\pi e_0}\sqrt{r^2 + a^2 - 2ar\cos\theta}$$

其中 q 為電荷，e_0 為空間介電常數。

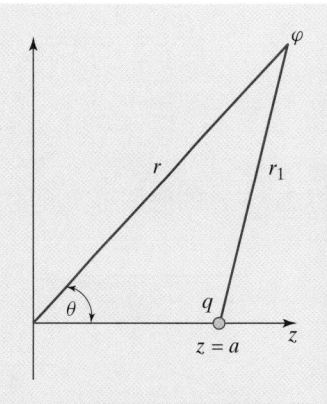

對於 $r^2 > a^2 - 2ar\cos\theta$，我們可以將根號展開，使得電位為正值，得到

$$\varphi = \frac{q}{4\pi e_0}\sum_{n=0}^{\infty} P_n(\cos\theta)\left(\frac{a}{r}\right)^n$$

係數 P_n 為雷建德多項式。

根據 Lee, Sung. "Legendre Functions I: A Physical Origin of Legendre Functions." MathPhys Archive. MathPhys Archive, 2 Oct. 2011.

17.1.1 生成函數

令

$$L(x,t) = \frac{1}{\sqrt{1 - 2xt + t^2}}$$

對於所予的 x，$L(x,t)$ 是 t 的函數，其可以對 t = 0 展開成冪級數。當這樣做時，t^n 的係數為 $P_n(x)$：

$$L(x,t) = \sum_{n=0}^{\infty} P_n(x)t^n \tag{17.6}$$

基於這個理由，我們稱 $L(x,t)$ 為雷建德多項式的**生成函數** (generating function)。

觀察 $(1-w)^{-1/2}$ 的麥克勞林 (Maclaurin) 級數的一些項，我們可以得到這個結果的一些感覺：

$$\frac{1}{\sqrt{1-w}} = 1 + \frac{1}{2}w + \frac{3}{8}w^2 + \frac{15}{48}w^3 + \frac{105}{384}w^4 + \frac{945}{3840}w^5 + \cdots$$

其中 $-1 < w < 1$。令 $w = 2xt - t^2$ 可得

$$\frac{1}{\sqrt{1-2xt+t^2}} = 1 + \frac{1}{2}(2xt-t^2) + \frac{3}{8}(2xt-t^2)^2$$
$$+ \frac{15}{48}(2xt-t^2)^3 + \frac{105}{384}(2xt-t^2)^4 + \frac{945}{3840}(2xt-t^2)^5 + \cdots$$

將 $2xt - t^2$ 的每個冪次展開，並且將 t 的相同冪次的係數合併：

$$\frac{1}{\sqrt{1-2xt+t^2}} = 1 + xt - \frac{1}{2}t^2 + \frac{3}{2}x^2t^2 - \frac{3}{2}xt^3 + \frac{3}{8}t^4 + \frac{5}{2}x^3t^3$$
$$- \frac{15}{4}x^2t^4 + \frac{15}{8}xt^5 - \frac{5}{16}t^6 + \frac{35}{8}x^4t^4 - \frac{35}{4}x^3t^5 + \frac{105}{16}x^2t^6$$
$$- \frac{35}{16}xt^7 + \frac{35}{128}t^8 + \frac{63}{8}x^5t^5 - \frac{315}{16}x^4t^6 + \frac{315}{16}x^3t^7$$
$$- \frac{315}{32}x^2t^8 + \frac{315}{128}xt^9 - \frac{69}{256}t^{10} + \cdots$$
$$= 1 + xt + \left(-\frac{1}{2} + \frac{3}{2}x^2\right)t^2 + \left(-\frac{3}{2}x + \frac{5}{2}x^3\right)t^3$$
$$+ \left(\frac{3}{8} - \frac{15}{4}x^2 + \frac{35}{8}x^4\right)t^4 + \left(\frac{15}{8}x - \frac{35}{4}x^3 + \frac{63}{8}x^5\right)t^5 + \cdots$$
$$= P_0(x) + P_1(x)t + P_2(x)t^2 + P_3(x)t^3 + P_4(x)t^4 + P_5(x)t^5 + \cdots$$

生成函數有時對於導出雷建德多項式的一般結果是有用的。為了說明，我們將證明

$$P_n(-1) = (-1)^n$$

欲導出此式，首先計算

$$L(-1,t) = \frac{1}{\sqrt{1+2t+t^2}} = \frac{1}{\sqrt{(1+t)^2}}$$
$$= \frac{1}{1+t} = \sum_{n=0}^{\infty} P_n(-1)t^n$$

其中 $-1 < t < 1$。但是，我們由幾何級數知

$$\frac{1}{1+t} = \sum_{n=0}^{\infty} (-1)^n t^n$$

因此

$$\sum_{n=0}^{\infty} P_n(-1)t^n = \sum_{n=0}^{\infty} (-1)^n t^n$$

比較這兩個級數中 t^n 的係數，得到 $P_n(-1) = (-1)^n$。

數往知來──電多極電位

可以將雷建德多項式的生成函數 $L(x, t)$ 應用於電位表達式,以進行多極展開。多極展開通常用於電磁場和重力場,以定義源自點電荷或質量的遠處的場。

在右圖中,電荷 q 置於 $z = a$,而電荷 $-q$ 置於 $z = -a$,其中 q 與 $-q$ 的大小相等。

球座標中的靜電偶極電位可表示如下:

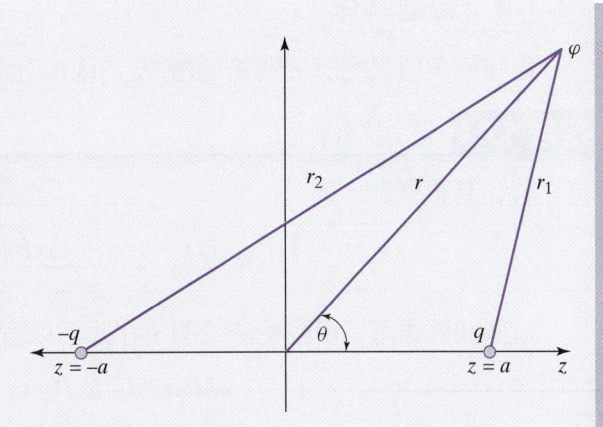

根據 Lee, Sung. "Legendre Functions I: A Physical Origin of Legendre Functions." MathPhys Archive. MathPhys Archive, 2 Oct. 2011.

$$\phi = \frac{q}{4\pi e_0} \left(\frac{1}{\sqrt{r^2 + a^2 - 2ar\cos\theta}} - \frac{1}{\sqrt{r^2 + a^2 + 2ar\cos\theta}} \right)$$

應用生成函數

$$L(x, t) = \frac{1}{\sqrt{1 - 2xt + t^2}}$$

且令 $x = \cos\theta$,$t = \frac{a}{r}$,靜電偶極電位可寫成

$$\phi = \frac{q}{4\pi e_0} \left\{ \left(1 - 2\left(\frac{a}{r}\right)\cos\theta + \left(\frac{a}{r}\right)^2\right)^{-\frac{1}{2}} - \left(1 - 2\left(\frac{a}{r}\right)\cos\theta + \left(\frac{a}{r}\right)^2\right)^{-\frac{1}{2}} \right\}$$

$$\phi = \frac{q}{4\pi e_0} \left[\sum_{n=0}^{\infty} P_n(\cos\theta)\left(\frac{a}{r}\right)^n - \sum_{n=0}^{\infty} P_n(\cos\theta)(-1)^n \left(\frac{a}{r}\right)^n \right]$$

$$\phi = \frac{2q}{4\pi e_0 r} \left[P_1(\cos\theta)\left(\frac{a}{r}\right) + P_{31}(\cos\theta)\left(\frac{a}{r}\right)^3 + \ldots \right]$$

取決於所需的精確度,可以進一步求和:

對於 $r \gg a$,

$$\phi = \frac{2aq}{4\pi e_0 r} \frac{\cos\theta}{r^2}$$

這是通常用於解電偶極電位問題的方程式。$2aq$ 稱為偶極矩。

17.1.2 遞迴關係

雷建德多項式的遞迴關係是指 $P_{n+1}(x)$ 可用 $P_n(x)$ 與 $P_{n-1}(x)$ 來表示。

定理 17.1　遞迴關係

若 n 為正整數，則

$$(n+1)P_{n+1}(x) - (2n+1)xP_n(x) + nP_{n-1}(x) = 0 \tag{17.7}$$

這個關係式可以用歸納法證明，在此予以省略。例如，令 $n = 2$，則

$$3P_3(x) - 5xP_2(x) + 2P_1(x) = 0$$

將 $P_2(x)$ 與 $P_1(x)$ 代入上式，

$$3P_3(x) = \frac{5x}{2}(3x^2 - 1) - 2x$$

解出 $P_3(x)$，可得

$$P_3(x) = \frac{1}{2}(5x^3 - 3x)$$

當我們使用雷建德多項式作為特徵函數展開時，必須知道 $P_n(x)$ 中的 x^n 的係數，以下可使用遞迴關係導出。

定理 17.2

對於每一正整數 n，

$$P_n(x) \text{ 中的 } x^n \text{ 的係數} = \frac{1 \cdot 3 \cdots (2n-1)}{n!} \tag{17.8}$$

這是由 1 至 $2n-1$ 的奇數乘積除以 1 至 n 的整數乘積。

證明：令 A_n 為 $P_n(x)$ 中的 x^n 的係數。在式 (17.7) 的遞迴關係中，x 的最高次冪為 x^{n+1}，此項僅出現在 $P_{n+1}(x)$ 與 $xP_n(x)$，因此在遞迴關係式的左邊，x^{n+1} 的係數為

$$(n+1)A_{n+1} - (2n+1)A_n$$

此係數必須等於零，因為遞迴關係式的右邊為零且無 x^{n+1} 項。因此，

$$A_{n+1} = \frac{2n+1}{n+1}A_n$$

$n = 0, 1, 2, \cdots$。因為 $P_0(x) = 1$，所以 $A_0 = 1$，我們可以連續使用 A_n 的遞迴關係，可得

$$A_{n+1} = \frac{2n+1}{n+1}A_n = \frac{2n+1}{n+1}\frac{2(n-1)+1}{(n-1)+1}A_{n-1}$$

$$= \frac{2n+1}{n+1}\frac{2n-1}{n}A_{n-1} = \frac{2n+1}{n+1}\frac{2n-1}{n}\frac{2(n-2)+1}{(n-2)+1}A_{n-2}$$

$$= \frac{2n+1}{n+1}\frac{2n-1}{n}\frac{2n-3}{n-1}A_{n-2} = \cdots = \frac{2n+1}{n+1}\frac{2n-1}{n}\frac{2n-3}{n-1}\cdots\frac{3}{2}A_0$$

$$= \frac{2n+1}{n+1}\frac{2n-1}{n}\frac{2n-3}{n-1}\cdots\frac{3}{2}$$

因此

$$A_{n+1} = \frac{1\cdot 3\cdot 5\cdots(2n-1)(2n+1)}{(n+1)!}$$

此時得到 P_{n+1} 中的 x^{n+1} 的係數，以 n 取代 $n+1$，$P_n(x)$ 中的 x^n 的係數為

$$A_n = \frac{1\cdot 3\cdots(2n-1)}{n!}$$

在 $P_n(x)$ 中的 x^n 的係數亦可寫成

$$\frac{(2n)!}{2^n(n!)^2}$$

這與定理中的值相同，其中 $n = 1, 2, \cdots$。

17.1.3 Rodrigues 公式

有一個雷建德多項式的導數公式，對於 $n = 1, 2, \cdots$，Rodrigues 公式為

$$P_n(x) = \frac{1}{2^n n!}\frac{d^n}{dx^n}((x^2-1)^n) \tag{17.9}$$

為了說明，令 $n = 3$ 且由計算可知

$$\frac{1}{2^3 3!}\frac{d^3}{dx^3}((x^2-1)^3) = \frac{1}{48}\frac{d^3}{dx^3}(x^6 - 3x^4 + 3x^2 - 1)$$

$$= \frac{1}{48}\frac{d^2}{dx^2}(6x^5 - 12x^3 + 6x)$$

$$= \frac{1}{48}\frac{d}{dx}(30x^4 - 36x^2 + 6)$$

$$= \frac{1}{48}(120x^3 - 72x)$$

$$= \frac{5}{2}x^3 - \frac{3}{2}x = P_3(x)$$

17.1.4　傅立葉-雷建德展開

史特姆-李歐維里方程式

$$(ry')' + (q + \lambda p)y = 0$$

當 $r(x) = 1-x^2$、$q(x) = 0$ 及 $p(x) = 1$ 時，為雷建德方程式 (17.1)。因為 $r(1) = r(-1) = 0$，若我們考慮區間 $[-1, 1]$ 的解，則在 1 和 -1 不滿足邊界條件。

在式 (17.5) 中，我們令 $\lambda = n(n + 1)$ 得到多項式解 $P_n(x)$。$\lambda = n(n + 1)$ 為雷建德方程式的特徵值，對應的特徵函數為 $P_n(x)$，其中 $n = 0, 1, 2, \cdots$。

由史特姆-李歐維里理論（第 11 章），這些特徵函數在 $[-1, 1]$ 正交，加權函數 $p(x) = 1$。這表示若 $n \neq m$，則

$$\int_{-1}^{1} P_n(x)P_m(x)\,dx = 0 \tag{17.10}$$

此外，若 $f(x)$ 在 $[-1, 1]$ 為片段平滑，則我們可將 $f(x)$ 寫成特徵函數展開

$$\sum_{n=1}^{\infty} c_n P_n(x) \tag{17.11}$$

其中

$$c_n = \frac{\int_{-1}^{1} f(\xi)P_n(\xi)\,d\xi}{\int_{-1}^{1} P_n(\xi)^2\,d\xi} \tag{17.12}$$

級數 (17.11) 是函數在 $[-1, 1]$ 的傅立葉-雷建德展開，而式 (17.12) 為 $f(x)$ 在 $[-1, 1]$ 的傅立葉-雷建德係數。對於 $-1 < x < 1$，此級數收斂於

$$\frac{1}{2}(f(x-) + f(x+))$$

特別地，在 $(-1, 1)$ 的每一點，級數收斂於 $f(x)$，而函數 $f(x)$ 在 $(-1, 1)$ 為連續。

利用遞迴關係可證明（習題 7）

$$\int_{-1}^{1} P_n^2(\xi)\,d\xi = \frac{2}{2n + 1},\ n = 0, 1, \cdots \tag{17.13}$$

因此 $f(x)$ 的傅立葉-雷建德係數為

$$c_n = \frac{2n + 1}{2}\int_{-1}^{1} f(\xi)P_n(\xi)\,d\xi \tag{17.14}$$

例 17.1

寫出 $f(x) = \cos(\pi x/2)$ 在 $[-1, 1]$ 的傅立葉－雷建德展開的一些項。

因為 $f(x)$ 在 $(-1, 1)$ 為連續且具有連續導數，我們有

$$\cos(\pi x/2) = \sum_{n=0}^{\infty} c_n P_n(x)$$

其中 $-1 < x < 1$。

展開式的係數為

$$c_n = \frac{2n+1}{2} \int_{-1}^{1} \cos(\pi \xi/2) P_n(\xi) \, d\xi$$

如許多特殊函數的情況，只有當 n 小的時候，可用手計算這些係數。如果可能的話，請使用具有雷建德多項式程式的套裝軟體。

在此例中，$c_1 = c_3 = c_5 = 0$，因為若 n 為奇數，則 $P_n(x)$ 為奇函數（僅含 x 的奇次方），所以 $P_n(x) \cos(\pi x/2)$ 為奇函數，其由 -1 至 1 的積分為零。我們求出

$$c_0 = \frac{2}{\pi} \approx 0.6366$$

$$c_2 = \frac{10(\pi^2 - 12)}{\pi^2} \approx -0.6871$$

$$c_4 = \frac{18}{\pi^5}(\pi^4 - 180\pi^2 - 1680) \approx 0.0518$$

利用這些係數，$\cos(\pi x/2)$ 在 $[-1, 1]$ 的特徵函數展開的前六項部分和為

$$\sum_{n=0}^{5} c_n P_n(x) \approx 0.6366 - 0.6871 P_2(x) + 0.0518 P_4(x)$$

圖 17.2 顯示這個部分和以及 $\cos(\pi x/2)$ 在 $[-2, 2]$ 的圖形。在 $[-1, 1]$ 之外，圖形發散。特徵函數展開與 $[-1, 1]$ 以外的函數無關。在此例中，部分和似乎非常接近於 $[-1, 1]$ 上的 $f(x)$。如果展開式中只有三個非零的項，則通常不會期待有這麼好的近似結果。

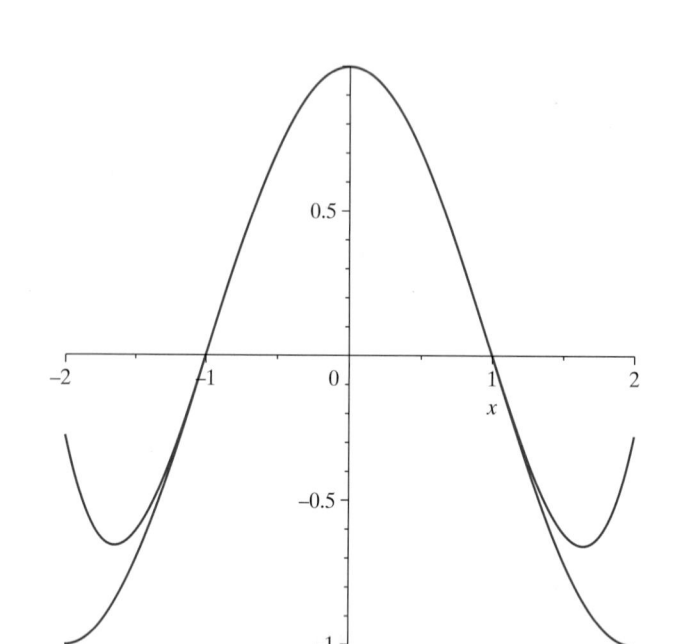

圖 17.2 例 17.1 中，$\cos(\pi x/2)$ 與 6 項部分和

將此例與以下的例子進行對比。

例 17.2

令

$$f(x) = \begin{cases} 2, & -1 \leq x < 0 \\ 7, & 0 \leq x \leq 1 \end{cases}$$

圖 17.3、圖 17.4、圖 17.5 及圖 17.6 是比較 $f(x)$ 與 $f(x)$ 的傅立葉－雷建德展開的部分和的圖形。此圖形表示當 $-1 < x < 1$ 時，級數收斂於 $(f(x-) + f(x+))/2$，但對於這個函數，其收斂比 $\cos(\pi x/2)$ 慢得多，並且逼近函數的部分和其項數需要很多。

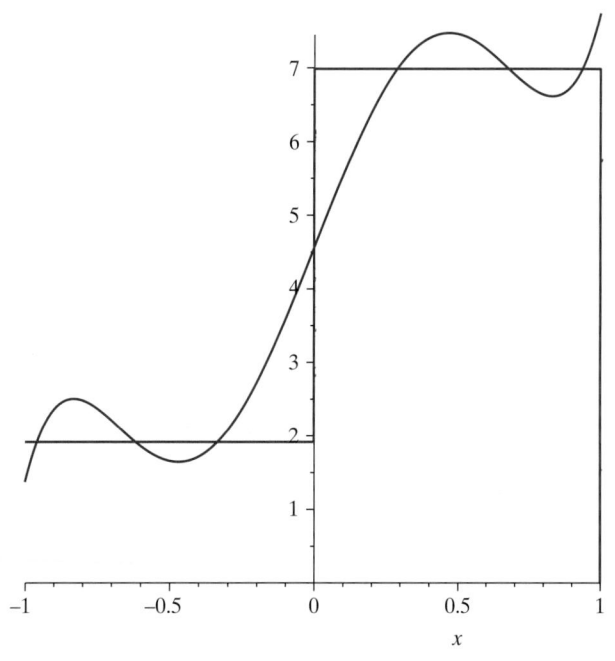

圖 17.3 例 17.2 中，$f(x)$ 與 6 項部分和

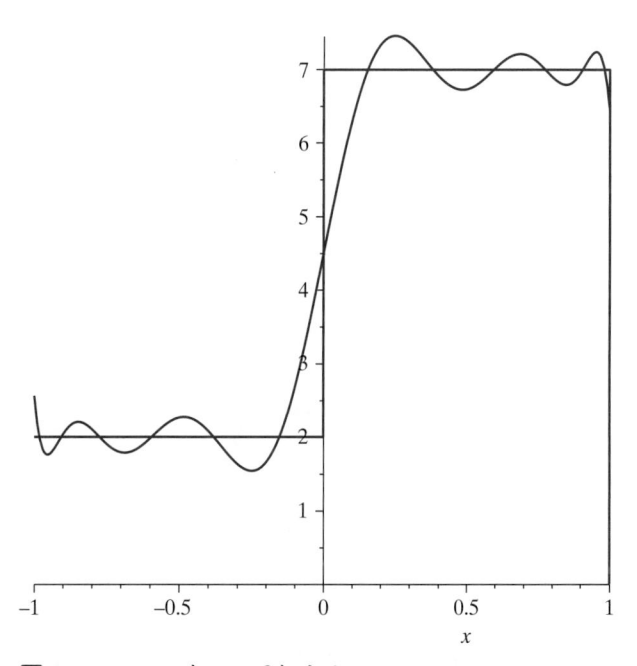

圖 17.4 $f(x)$ 與 12 項部分和

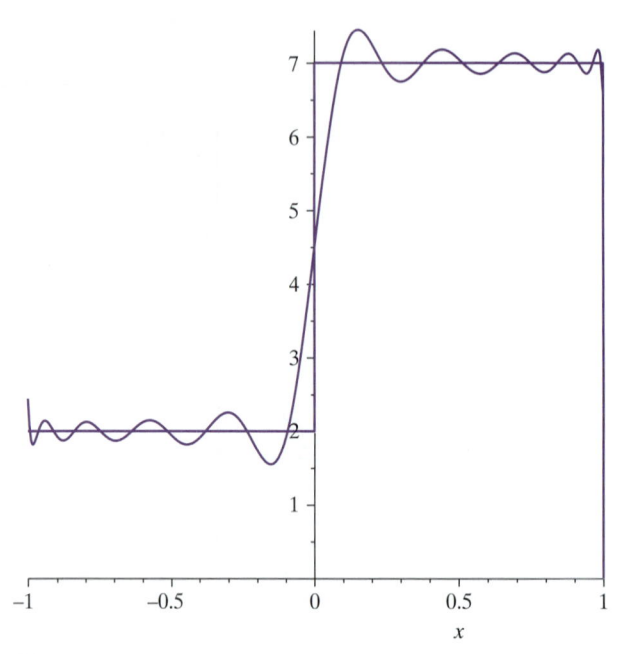

圖 17.5 $f(x)$ 與 30 項部分和

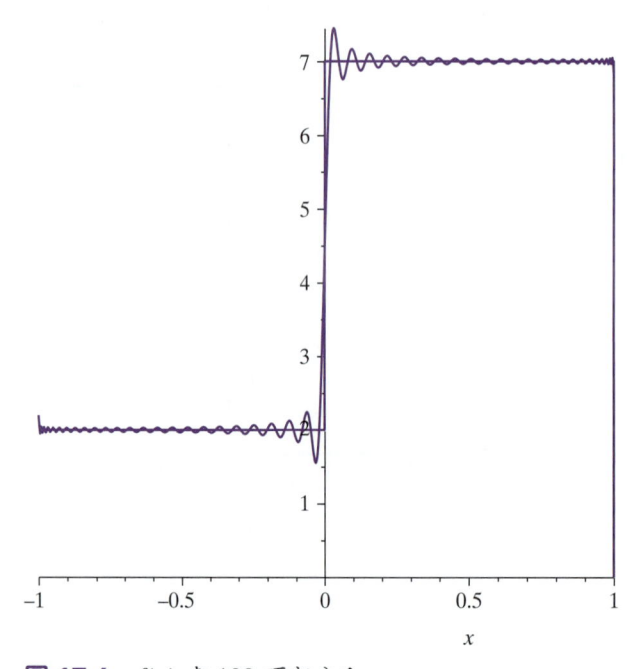

圖 17.6 $f(x)$ 與 100 項部分和

　　利用特徵函數展開，我們可以證明任何多項式乘以次數高於多項式的雷建德多項式在 $[-1, 1]$ 的積分必須等於零。

定理 17.3

令 m 為非負整數且令 $q(x)$ 為 m 次多項式。若 n 為正整數且 $n > m$，則

$$\int_{-1}^{1} q(x) P_n(x)\, dx = 0$$

證明：在 $[-1, 1]$ 將 $q(x)$ 展開成傅立葉－雷建德級數。因為 $q(x)$ 的次數為 m，所以這個展開式中各項的次數不會高於 m。因此，若 $n > m$，則

$$c_n = \frac{2n+1}{2} \int_{-1}^{1} q(x) P_n(x)\, dx = 0$$

定理得證。

特別地，令 $q(x) = 1$，我們可以得到

$$\int_{-1}^{1} P_n(x)\, dx = 0 \tag{17.15}$$

其中 $n = 1, 2, \cdots$。

17.1.5 雷建德多項式的零點

若 $f(c) = 0$，則稱 c 為 $f(x)$ 的**零點** (zero)；若 $f'(c) \neq 0$，則此零點為**單一** (simple) 零點。例如，π 為 $\sin(x)$ 的單一零點，而 1 是 $(x-1)^2$ 的零點，但不是單一零點。

正 n 次雷建德多項式恰有 n 個零點。這些零點均為位於 -1 與 1 之間的單一零點。我們由下面的定理可知，這些零點的位置也許有令人驚訝的物理解釋。

定理 17.4　$P_n(x)$ 的零點

若 n 為正整數，則 $P_n(x)$ 恰有 n 個單一零點位於 -1 與 1 之間。

這個結論可由圖 17.1 得知，對於 $n = 1, 2, \cdots, 5$，$P_n(x)$ 的圖形在 -1 與 1 之間跨過 x 軸恰好 n 次。

證明：以三個步驟進行

(1) 首先，若 n 為正整數，則 $P_n(x)$ 在 $(-1, 1)$ 有零點。

為了證明這點，由式 (17.15) 開始：

$$\int_{-1}^{1} P_n(x)\, dx = 0$$

若 $P_n(x)$ 在 $(-1, 1)$ 為嚴格正值或嚴格負值，則這個積分值將分別為正或負，因此 $P_n(x)$ 必

須在 $(-1, 1)$ 的某點變號，又由於 $P_n(x)$ 為連續，其圖形必須跨過 x 軸，在這樣的交叉點，$P_n(x)$ 有零點。

(2) $P_n(x)$ 的每一個零點為單一。

令 c 為 $P_n(x)$ 的零點，若 c 不是單一，則 $P'_n(c) = 0$，這表示 $P_n(x)$ 為初值問題

$$[(1 - x^2)y']' + n(n + 1)y = 0; \quad y(c) = y'(c) = 0$$

的解，但 $y(x) = 0$ 亦為此問題的解，故由解的唯一性，$P_n(x)$ 必須等於零，此為矛盾。

(3) $P_n(x)$ 在 $(-1, 1)$ 有 n 個零點。

令 $c_1, \cdots, c_m$ 為 $P_n(x)$ 在 $(-1, 1)$ 的所有零點，且假設 $m < n$。將這些零點以遞增次序排列

$$-1 < c_1 < c_2 < \cdots < c_m < 1$$

多項式

$$q(x) = (x - c_1)(x - c_2) \cdots (x - c_m)$$

的次數為 $m < n$，且在 $(-1, 1)$ 具有與 $P_n(x)$ 相同的零點。因此，$P_n(x)$ 與 $q(x)$ 在 $(-1, 1)$ 的相同點變號。這表示兩函數在每一區間

$$(-1, c_1), (c_1, c_2), \cdots, (c_{m-1}, c_m), (c_m, 1)$$

不是同號就是異號。因此，除了在 $c_1, \cdots, c_m$ 外，$q(x)P_n(x)$ 在 $(-1, 1)$ 為嚴格正值或嚴格負值。這會使得 $\int_{-1}^{1} q(x)P_n(x)\, dx$ 為正或負，產生矛盾。

因此，假設 $m < n$ 是不正確的，所以 $m = n$，而 P_n 在 $(-1, 1)$ 有 n 個零點。

17.1 習題

習題 1–3，寫出函數的傅立葉－雷建德展開的 6 項部分和（一些係數可以為零，因此該部分和可能少於 6 個非零項）。繪出部分和與函數的圖形。這些問題需要計算機輔助。

1. $f(x) = \sin(\pi x/2)$
2. $f(x) = \sin^2(x)$
3. $f(x) = \begin{cases} -1, & -1 \leq x \leq 0 \\ 1, & 0 < x \leq 1 \end{cases}$

4. 證明

$$P_n(x) = \sum_{k=0}^{[n/2]} (-1)^k \frac{(2n - 2k)!}{2^n k!(n - k)!(n - 2k)!} x^{n-2k}$$

其中，對於任意數 r，$[r]$ 為不大於 r 的最大整數。使用這個公式求出 $P_7(x)$ 到 $P_{10}(x)$。

5. 有一個雷建德多項式的積分公式：

$$P_n(x) = \frac{1}{\pi} \int_0^\pi \left(x + \sqrt{x^2-1}\cos(\theta)\right)^n d\theta$$

利用此公式求出 $P_0(x)$ 到 $P_3(x)$。

6. 導出習題 5 中的 $P_n(x)$ 的積分。**提示**：令 $Q_n(x)$ 表示積分。利用分部積分法證明 $Q_n(x)$ 滿足的遞迴關係與 $P_n(x)$ 相同。最後，證明 $Q_0(x) = P_0(x)$，$Q_1(x) = P_1(x)$，得出對所有非負的整數 n，$P_n(x) = Q_n(x)$。

7. 導出式 (17.13)。**提示**：令

$$p_n = \int_{-1}^1 P_n^2(x)\,dx$$

令 A_n 為 $P_n(x)$ 中的 x^n 的係數且證明多項式

$$q(x) = P_n(x) - \frac{A_n}{A_{n-1}} x P_{n-1}(x)$$

的次數最多為 $n-1$。用 $q(x)$ 和 $P_{n-1}(x)$ 來表示 $P_n(x)$ 且證明

$$p_n = \frac{A_n}{A_{n-1}} \int_{-1}^1 x P_n(x) P_{n-1}(x)\,dx$$

利用遞迴關係，由此證明

$$p_n = \frac{A_n}{A_{n-1}} \frac{n}{2n+1} p_{n-1}$$

將定理 17.2 的值代入上式中的 A_n，證明

$$p_n = \frac{2n-1}{2n+1} p_{n-1}$$

最後，用歸納法求 P_n。

8. 利用生成函數，證明

$$\sum_{n=0}^\infty \frac{1}{2^{n+1}} P_n(1/2) = \frac{1}{\sqrt{3}}$$

9. 令 n 為非負整數，證明

$$P_{2n+1}(0) = 0 \quad \text{且} \quad P_{2n}(0) = (-1)^n \frac{(2n)!}{2^{2n}(n!)^2}$$

10. 在 (x_0, y_0, z_0) 有一單位質量，此質量對點 $P: (x, y, z)$ 形成重力位勢為

$$\varphi(x, y, z) = \frac{1}{\sqrt{(x-x_0)^2 + (y-y_0)^2 + (z-z_0)^2}}$$

天文學家有時想用 r 或 $1/r$ 的冪次來表示 $\varphi(x, y, z)$，其中

$$r = \sqrt{x^2 + y^2 + z^2}$$

要做到這一點，引入圖 17.7 所示的角度 θ。令

$$d = \sqrt{x_0^2 + y_0^2 + z_0^2}$$

且

$$R = \sqrt{(x-x_0)^2 + (y-y_0)^2 + (z-z_0)^2}$$

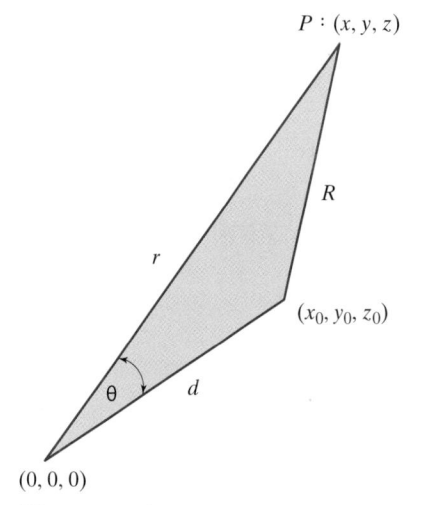

圖 17.7 習題 10

(a) 使用餘弦定律，證明

$$\varphi(x, y, z) = \frac{1}{d\sqrt{1 - 2(r/d)\cos(\theta) + (r/d)^2}} = \psi(r)$$

(b) 若 $r < d$，利用雷建德多項式的生成

函數證明

$$\psi(r) = \sum_{n=0}^{\infty} \frac{1}{d^{n+1}} P_n(\cos(\theta)) r^n$$

(c) 若 $r > d$,證明

$$\psi(r) = \frac{1}{r} \sum_{n=0}^{\infty} d^n P_n(\cos(\theta)) r^{-n}$$

17.2 貝索函數

微分方程式

$$(xy')' + \left(x - \frac{v^2}{x}\right) y = 0 \tag{17.16}$$

稱為 v 階貝索方程式 (Bessel's equation of order v),Friedrich Wilhelm Bessel (1784–1846) 為一數學家,曾擔任 Königsberg 天文觀測台的主任。貝索方程式是二階的,而「階數 v」是指參數 v,它可以是任何實數。

方程式 (17.16) 通常寫成

$$x^2 y'' + xy' + (x^2 - v^2)y = 0 \tag{17.17}$$

這也稱為貝索方程式。

欲求上式的 Frobenius 解,可將

$$y = \sum_{n=0}^{\infty} c_n x^{n+r}$$

代入貝索方程式,解出 r 與係數 c_n。首先,

$$y' = \sum_{n=0}^{\infty} c_n (n+r) x^{n+r-1}$$

且

$$y'' = \sum_{n=0}^{\infty} c_n (n+r)(n+r-1) x^{n+r-2}$$

將這些代入貝索方程式 (17.17),整理各項使得每一級數和含有 x^{n+r} 的冪次

$$\left[r(r-1) + r - v^2\right] c_0 x^r$$
$$+ \left[r(r+1) + r + 1 - v^2\right] c_1 x^{r+1}$$
$$+ \sum_{n=2}^{\infty} \left[\left[(n+r)(n+r-1) + (n+r-v^2)\right] c_n + c_{n-2}\right] x^{n+r} = 0$$

對於區間 $(0, L)$ 或 $(-L, L)$ 中所有 x，欲滿足此方程式，x 的每一冪次的係數必須為零。由 x^r 的係數，得到

$$r^2 - \nu^2 = 0$$

故 $r = \pm \nu$。令 $r = \nu$ 代入 x^{r+1} 的係數，得到

$$(2\nu + 1)c_1 = 0$$

由此可知 $c_1 = 0$。最後，由 x^{n+r} 的係數，

$$\left[(n+r)(n+r-1) + (n+r) - \nu^2\right]c_n + c_{n-2} = 0$$

其中 $n = 2, 3, \ldots$。用 c_{n-2} 求解 c_n，且 $r = \nu$ 求得

$$c_n = -\frac{1}{n(n+2\nu)}c_{n-2}$$

其中 $n = 2, 3, \ldots$。這是係數的遞迴關係式。

因為 $c_1 = 0$，由遞迴關係式可知對所有奇數 n，$c_n = 0$：

$$c_3 = c_5 = c_7 = \cdots = 0$$

對於指標為偶數的係數，以 c_0 表示 c_{2n}：

$$\begin{aligned}
c_{2n} &= -\frac{1}{2n(2n+2\nu)}c_{2n-2} = -\frac{1}{2^2 n(n+\nu)}c_{2n-2} \\
&= -\frac{1}{2^2 n(n+\nu)} \frac{-1}{2(n-1)[2(n-1)+2\nu]}c_{2n-4} \\
&= \frac{1}{2^4 n(n-1)(n+\nu)(n+\nu-1)}c_{2n-4} \\
&= \cdots = \frac{(-1)^n}{2^{2n} n(n-1)\cdots(2)(1)(n+\nu)(n-1+\nu)\cdots(2+\nu)(1+\nu)}c_0 \\
&= \frac{(-1)^n}{2^{2n} n!(1+\nu)(2+\nu)\cdots(n+\nu)}c_0
\end{aligned}$$

因此，ν 階貝索方程式的一個 Frobenius 解為

$$y_1(x) = c_0 \sum_{n=0}^{\infty} \frac{(-1)^n}{2^{2n} n!(1+\nu)(2+\nu)\cdots(n+\nu)} x^{2n+\nu} \tag{17.18}$$

對於任意非零常數 c_0，上式為 ν 階貝索方程式的非零解。此解通常以**伽瑪函數** (gamma function) 表示。伽瑪函數的定義為

$$\Gamma(x) = \int_0^{\infty} t^{x-1} e^{-t}\, dt$$

Γ 是希臘字母 gamma。定義 $\Gamma(x)$ 的積分是由 0 到 ∞ 的瑕積分，且對於 $x > 0$，此瑕積分為收斂。

在貝索函數的上下文中，若 $x > 0$，則伽瑪函數的重要性質為

$$\Gamma(x+1) = x\Gamma(x) \tag{17.19}$$

這可以用分部積分法證明。令 $u = t^x$ 且 $dv = e^{-t}\, dt$，則 $du = xt^{x-1}\, dt$ 且 $v = -e^{-t}$，因此

$$\Gamma(x+1) = \int_0^\infty t^x e^{-t}\, dt$$

$$= \left[t^x(-e^{-t})\right]_0^\infty - \int_0^\infty xt^{x-1}(-1)e^{-t}\, dt$$

$$= x\int_0^\infty t^{x-1} e^{-t}\, dt$$

$$= x\Gamma(x)$$

式 (17.19) 稱為伽瑪函數的**階乘性質** (factorial property)，原因是若 n 為正整數，則重複使用式 (17.19) 可得

$$\Gamma(n+1) = n\Gamma(n)$$

$$= n\Gamma((n-1)+1) = n(n-1)\Gamma(n-1)$$

$$= \cdots = n(n-1)(n-2)\cdots(1)\Gamma(1)$$

$$= n!\Gamma(1)$$

但是

$$\Gamma(1) = \int_0^\infty e^{-t}\, dt = 1$$

因此

$$\Gamma(n+1) = n(n-1)(n-2)\cdots 2\cdot 1 = n!$$

欲知此階乘性質與 $y_1(x)$ 的關係，可觀察

$$\Gamma(n+\nu+1) = (n+\nu)\Gamma(n+\nu)$$

$$= (n+\nu)(n+\nu-1)\Gamma(n+\nu-1)$$

$$= \cdots = (n+\nu)(n+\nu-1)\cdots(1+\nu)\Gamma(1+\nu)$$

利用上式，將 $y_1(x)$ 的分母重寫，得到

$$y_1(x) = c_0 \sum_{n=0}^\infty \frac{(-1)^n \Gamma(1+\nu)}{2^{2n} n! \Gamma(n+\nu+1)} x^{2n+\nu}$$

習慣上選擇

$$c_0 = \frac{1}{2^\nu \Gamma(1+\nu)}$$

來對 ν 階貝索方程式的特解進行標準化，得到解

$$J_\nu(x) = \sum_{n=0}^{\infty} \frac{(-1)^n}{2^{2n+\nu} n! \Gamma(n+\nu+1)} x^{2n+\nu} \tag{17.20}$$

這也可以寫成

$$J_\nu(x) = \sum_{n=0}^{\infty} \frac{(-1)^n}{n! \Gamma(n+\nu+1)} \left(\frac{x}{2}\right)^{2n+\nu}$$

此函數稱為 ν **階第一類貝索函數** (Bessel function of the first kind of order ν)。

利用級數式 (17.20) 可驗證，若 $\nu = n$，n 為正整數，則

$$J_{-n}(x) = (-1)^n J_n(x) \tag{17.21}$$

因為貝索方程式為二階，所以有第二個線性獨立解，亦即 ν **階第二類貝索函數** (Bessel function of the second kind of order ν)，以 $Y_\nu(x)$ 表示。$Y_\nu(x)$ 含有一個對數項，使得當 $x \to 0+$，$Y_\nu(x)$ 為無界。為了說明，對於每一個正整數 n，

$$Y_0(x) = \frac{2}{\pi}\left[J_0(x)\ln(x) + \sum_{n=1}^{\infty} \frac{(-1)^{n+1}}{2^{2n}(n!)^2} \phi(n) x^{2n}\right]$$
$$+ \frac{2}{\pi}(\gamma - \ln(2)) J_0(x)$$

其中

$$\phi(n) = 1 + \frac{1}{2} + \cdots + \frac{1}{n}$$

且

$$\gamma = \lim_{n \to \infty}(\phi(n) - \ln(n)) \approx 0.57721566\cdots$$

為**歐勒常數** (Euler's constant)，有時稱為 **Euler-Mascheroni 常數** (Euler-Mascheroni constant)。

對於某些 ν 值，圖 17.8 與圖 17.9 顯示 $J_\nu(x)$ 和 $Y_\nu(x)$ 的圖形。

就像我們對雷建德多項式一樣，我們將開發貝索函數的一些性質，以準備使用它們來對波動和擴散過程進行模擬，這些過程包括圓形膜的振動與來自圓柱形槽的熱輻射。

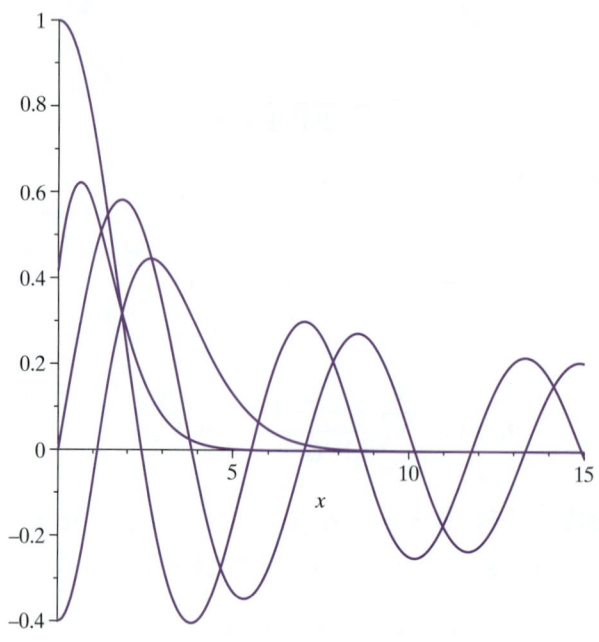

圖 17.8　$J_\nu(x)$，其中 $\nu = 0 \cdot 1 \cdot 5/3 \cdot 4$

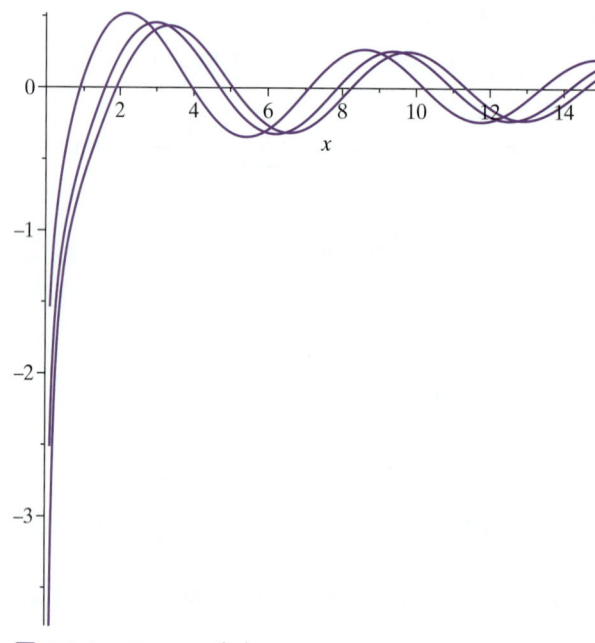

圖 17.9　$Y_\nu(x)$，其中 $\nu = 0 \cdot 1/2 \cdot 3/4$

17.2.1　$J_n(x)$ 的生成函數

若將

$$e^{x(t-1/t)/2}$$

展開成 t 的無窮級數，則 t^n 的係數為 $J_n(x)$：

$$e^{x(t-1/t)/2} = \sum_{n=-\infty}^{\infty} J_n(x) t^n$$

由於這樣的原因，$e^{x(t-1/t)/2}$ 稱為第一類整數階貝索函數的**生成函數** (generating function)。

介紹這種生成函數的非正式論點如下：

$$e^{x(t-1/t)/2} = e^{xt/2} e^{-x/2t}$$

$$= \left(\sum_{m=0}^{\infty} \frac{1}{m!} \left(\frac{xt}{2} \right)^m \right) \left(\sum_{k=0}^{\infty} \frac{1}{k!} (-1)^k \left(\frac{x}{2t} \right)^k \right)$$

$$= \left(1 + \frac{xt}{2} + \frac{1}{2!} \frac{x^2 t^2}{2^2} + \frac{1}{3!} \frac{x^3 t^3}{2^3} + \cdots \right) \left(1 - \frac{x}{2t} + \frac{1}{2!} \frac{x^2}{2^2 t^2} - \frac{1}{3!} \frac{x^3}{2^3 t^3} + \cdots \right)$$

對於每一個 n，求 t^n 的係數。為了說明，尋找這個乘積中 t^4 的係數。t^4 項是由左邊的 $x^4 t^4/2^4 4!$ 乘以右邊的 1，左邊的 $x^5 t^5/2^5 5!$ 乘以右邊的 $-x/2t$，以及左邊的 $x^6 t^6/2^6 6!$ 乘以右邊的 $x^2/2^2 2! t^2$ 等產生的。在兩個級數的乘積中，t^4 的係數為

$$\frac{1}{2^4 4!} x^4 - \frac{1}{2^6 5!} x^6 + \frac{1}{2^8 2! 6!} x^8 - \frac{1}{2^{10} 3! 7!} x^{10} + \cdots$$

$$= \sum_{n=0}^{\infty} \frac{(-1)^n}{2^{2n+4} n! (n+4)!} x^{2n+4} = J_4(x)$$

17.2.2 遞迴關係

連續貝索函數 $J_\nu(x)$、$J_{\nu-1}(x)$ 與 $J_{\nu+1}(x)$。

這裡有三個遞迴關係：

$$\frac{d}{dx}(x^\nu J_\nu(x)) = x^\nu J_{\nu-1}(x) \tag{17.22}$$

$$\frac{d}{dx}(x^{-\nu} J_\nu(x)) = -x^{-\nu} J_{\nu+1}(x) \tag{17.23}$$

且

$$\frac{2\nu}{x} J_\nu(x) = J_{\nu+1}(x) + J_{\nu-1}(x) \tag{17.24}$$

對於第一個，由 ν 不是負整數開始，且對 $x^\nu J_\nu(x)$ 的級數微分：

$$\frac{d}{dx}(x^{\nu}J_{\nu}(x)) = \frac{d}{dx}\left[x^{\nu}\sum_{k=0}^{\infty}\frac{(-1)^k}{2^{2k+\nu}k!\Gamma(k+\nu+1)}x^{2k+\nu}\right]$$

$$= \frac{d}{dx}\left[\sum_{k=0}^{\infty}\frac{(-1)^k}{2^{2k+\nu}k!\Gamma(k+\nu+1)}x^{2k+2\nu}\right]$$

$$= \sum_{k=0}^{\infty}\frac{(-1)^k 2(k+\nu)}{2^{2k+\nu}k!(k+\nu)\Gamma(k+\nu)}x^{2k+2\nu-1}$$

$$= x^{\nu}\sum_{k=0}^{\infty}\frac{(-1)^k}{2^{2k+\nu-1}k!\Gamma(k+\nu)}x^{2k+\nu-1}$$

$$= x^{\nu}J_{\nu-1}(x)$$

若 ν 為負整數，$\nu = -m$，$m > 0$ 則由式 (17.21) 知，式 (17.22) 仍成立。

第二個關係式，式 (17.23)，可由微分 $x^{-\nu}J_{\nu}(x)$ 來驗證。

關於式 (17.24)，將式 (17.22) 和式 (17.23) 的左邊進行微分，得到

$$x^{\nu}J_{\nu}'(x) + \nu x^{\nu-1}J_{\nu}(x) = x^{\nu}J_{\nu-1}(x)$$

且

$$x^{-\nu}J_{\nu}'(x) - \nu x^{-\nu-1}J_{\nu}(x) = -x^{-\nu}J_{\nu+1}(x) \tag{17.25}$$

第一個方程式乘以 $x^{-\nu}$ 減去第二個方程式乘以 x^{ν} 可得式 (17.24)。

17.2.3　$J_{\nu}(x)$ 的零點

圖 17.10 顯示三個連續整數階貝索函數，$J_7(x)$（左）、$J_8(x)$（中）、$J_9(x)$（右）的圖形。我們從圖 17.8 觀察到，第一類貝索函數的圖形似乎以有規律的間隔穿越水平軸，表明這些函數具有無窮多個正零點。此外，在圖 17.10 中，第一類的三個連續編號的貝索函數呈現交替或交織，其中一個零點出現在另一個零點之間，函數之間沒有共同零點。

定理 17.5

$J_{\nu}(x)$ 有無限多個單一正零點。此外，

(1) $J_{\nu}(x)$ 與 $J_{\nu+1}(x)$ 沒有共同的零點。
(2) $J_{\nu}(x)$ 與 $J_{\nu-1}(x)$ 沒有共同的零點。
(3) （交織引理，interlacing lemma）若 a、b 為 $J_{\nu}(x)$ 的相異正零點，則 $J_{\nu-1}(x)$ 與 $J_{\nu+1}(x)$ 有一零點介於 a、b 之間。

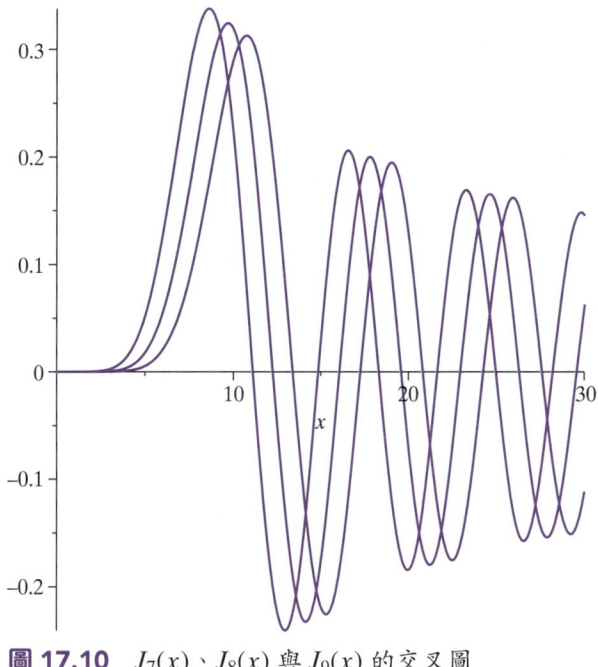

圖 17.10 $J_7(x)$、$J_8(x)$ 與 $J_9(x)$ 的交叉圖

17.2.4 傅立葉－貝索特徵函數展開

邊界值問題

$$(xy')' + \left(\lambda x - \frac{v^2}{x}\right)y = 0;\ y(1) = 0$$

為在 (0, 1) 的奇異史特姆－李歐維里問題，此乃因在 $x = 0$ 處，$(xy')'$ 中的 $r(x) = x$ 等於零，這是為何在 0 處無邊界條件。

對於 $\lambda > 0$，很容易驗證 $J_v(\sqrt{\lambda}x)$ 為此微分方程式的解。欲滿足 $y(1) = 0$，選擇 λ 使得

$$J_v(\sqrt{\lambda}) = 0$$

令 $j_1, j_2, \cdots$ 為 $J_v(x)$ 的正零點，以遞增次序排列，則這個問題的特徵值為

$$\lambda_n = j_n^2,\ n = 1, 2, \cdots$$

特徵函數為 $J_v(j_n x)$，此為在 (0, 1) 的有界函數。

這些特徵函數都含有相同階的貝索函數，而 v 來自微分方程式。改變 $J_v(j_n x)$ 中的因數 j_n，可產生不同的特徵函數 $J_v(j_n x)$。

比較微分方程式與標準史特姆－李歐維里方程式，特徵函數正交性的加權函數為 $p(x) = x$。因此，

$$\int_0^1 x J_v(j_n x) J_v(j_m x)\, dx = 0,\ 若\ n \neq m$$

若 $f(x)$ 在 $(0,1)$ 為片段平滑，則以這些貝索函數，$f(x)$ 的特徵函數展開為

$$\sum_{n=1}^{\infty} c_n J_\nu(j_n x) \tag{17.26}$$

其中

$$c_n = \frac{\int_0^1 \xi f(\xi) J_\nu(j_n \xi)\, d\xi}{\int_0^1 \xi (J_\nu(j_n \xi))^2\, d\xi} \tag{17.27}$$

注意加權函數包含在係數方程式的分子和分母中的積分內。

這個特徵函數展開收斂於

$$\frac{1}{2}(f(x-) + f(x+))$$

其中 $0 < x < 1$。

式 (17.27) 的分母可以用 $J_{\nu+1}(j_n)$ 來計算，以簡化該係數的表達式。

定理 17.6

$$\int_0^1 \xi (J_\nu(j_n \xi))^2\, d\xi = \frac{1}{2}(J_{\nu+1}(j_n))^2 \tag{17.28}$$

首先，以貝索方程式的解為 $J_\nu(j_n x)$ 開始。將微分方程式寫成

$$x^2 y'' + x y' + (j_n^2 x^2 - \nu^2) y = 0$$

以 $2y'$ 乘以上式，得到

$$2x^2 y' y'' + 2x (y')^2 + 2(j_n^2 x^2 - \nu^2) y y' = 0$$

亦即

$$\left[x^2 (y')^2 + (j_n^2 x^2 - \nu^2) y^2\right]' - 2j_n^2 x y^2 = 0$$

將上式由 0 到 1 積分，記住 $y(1) = J_\nu(j_n) = 0$：

$$0 = \left[x^2 (y'(x))^2 + (j_n^2 x^2 - \nu^2)(y(x))^2\right]_0^1 - 2j_n^2 \int_0^1 x(y(x))^2\, dx$$

$$= (y'(1))^2 - 2j_n^2 \int_0^1 x(y(x))^2\, dx$$

$$= j_n^2 (J'_\nu(j_n))^2 - 2j_n^2 \int_0^1 x(J_\nu(j_n x))^2\, dx$$

這證明了

$$\int_0^1 x(J_\nu(j_n x))^2 \, dx = \frac{1}{2}(J'_\nu(j_n))^2$$

計算式 (17.23) 的微分且令 $x = j_n$，因為 $J_\nu(j_n) = 0$，所以

$$J'_\nu(j_n) = -J_{\nu+1}(j_n)$$

因此

$$\int_0^1 x(J_\nu(j_n x))^2 \, dx = \frac{1}{2}J^2_{\nu+1}(j_n)$$

這就是我們要證明的。而 $f(x)$ 在 $(0, 1)$ 的傅立葉－貝索係數為

$$c_n = \frac{2}{J^2_{\nu+1}(j_n)} \int_0^1 \xi f(\xi) J_\nu(j_n \xi) \, d\xi \tag{17.29}$$

其中 j_n 為 $J_\nu(x)$ 的正零點。注意：$J_{\nu+1}(j_n) \neq 0$，因為 $J_\nu(x)$ 與 $J_{\nu+1}(x)$ 不可能有共同零點。

對於所予 ν 和 $f(x)$，試圖用手算這些係數是不切實際的，必須使用套裝軟體。

數往知來——在圓形散熱器中模擬熱傳遞

如同雷建德方程式，貝索方程式是史特姆－李歐維里微分方程式的一種形式。貝索方程式通常用於解圓柱形取向的熱傳遞。電磁波傳播、振動和擴散問題。這裡以圓形散熱器中的熱傳遞模擬顯示貝索函數的應用。

考慮由圓形翅片包圍的管，此翅片將管的熱量傳遞到恆溫 T_∞。

在翅片的微小單元上取能量均衡，我們得到一個微分方程式，其將翅片中的溫度與半徑 r 的函數相關聯：

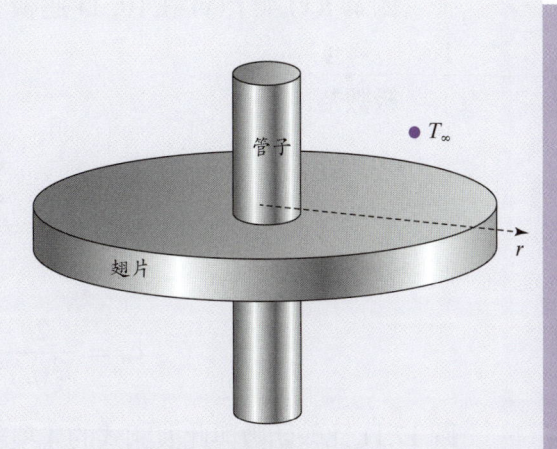

根據 Lee, Sung. "Legendre Functions I: A Physical Origin of Legendre Functions." MathPhys Archive. MathPhys Archive, 2 Oct. 2011.

$$r^2 \frac{d^2 T}{dr^2} + r \frac{dT}{dr} - \frac{2hr^2}{tk}(T - T_\infty) = 0$$

其中

　　h 為物質的對流熱傳係數。

　　k 為物質的導熱係數。

　　t 為翅片的厚度。

這個關係式是零階貝索微分方程式的修改形式，因為第三項為負數，而不是正數，所以是修改的形式。讀者可以藉由引入一對修改變數來重寫方程式，而得到問題的解：

$$T - T_\infty = C_1 J_0\left(ir\sqrt{2h/tk}\right) + C_2 Y_0\left(ir\sqrt{2h/tk}\right)$$

其中 C_1 與 C_2 為熱傳問題中常見的常數，可由兩個邊界條件決定。

例 17.3

假設我們要將 $f(x) = x(1-x)$ 展開成特徵函數 $J_1(j_n x)$（當 $\nu = 1$）的級數，而 j_n 為 $J_1(x)$ 的正零點。

因為 $f(x)$ 與 $f'(x)$ 在 $(0, 1)$ 連續，所以此展開式收斂於 $x(1-x)$，其中 $0 < x < 1$。

級數為

$$\sum_{n=1}^{\infty} c_n J_1(j_n x)$$

其中

$$c_n = \frac{2}{J_2^2(j_n)} \int_0^1 \xi^2(1-\xi) J_1(j_n \xi)\, d\xi$$

圖 17.11 比較函數與此展開式的 4 項部分和的圖形。僅考慮使用 4 項部分和，準確度似乎相當不錯。

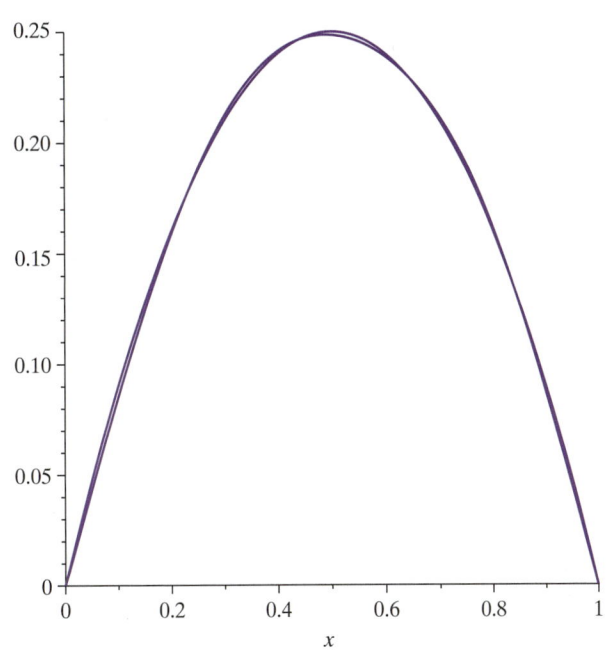

圖 17.11 例 17.3 中，$f(x)$ 與傅立葉－貝索展開式的 4 項部分和

例 17.4

令

$$f(x) = \begin{cases} -2, & 0 \leq x < 1/3 \\ 3, & 1/3 \leq x < 2/3 \\ 7, & 2/3 \leq x < 1 \end{cases}$$

使用 $\nu = 3$ 階的第一類貝索函數，$f(x)$ 的傅立葉－貝索展開式為

$$\sum_{n=1}^{\infty} c_n J_3(j_n x)$$

其中 j_n 為 $J_3(x)$ 的第 n 個正零點且

$$c_n = \frac{2}{J_4^2(j_n)} \int_0^1 \xi f(\xi) J_3(j_n \xi)\, d\xi$$

圖 17.12 和圖 17.13 分別為此展開式的 10 項與 30 項部分和與 $f(x)$ 的比較圖，而圖 17.14 具有 100 項部分和。這些指出這個特徵函數展開收斂於函數。不同於前例，於本例中需要至少 100 項部分和才能緊密接近函數。

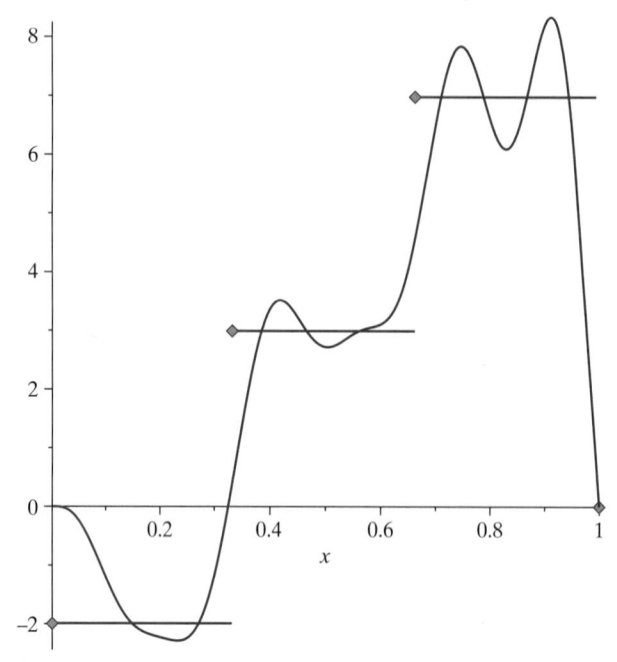

圖 17.12 例 17.4 中，$f(x)$ 與 10 項部分和

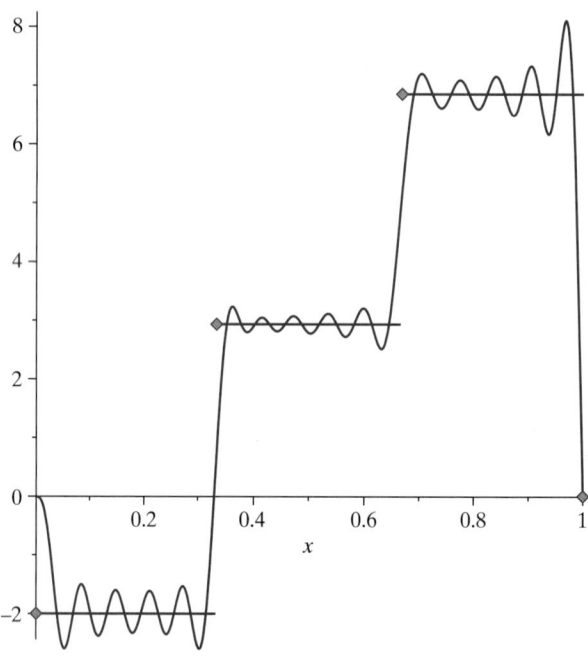

圖 17.13 $f(x)$ 與 30 項部分和

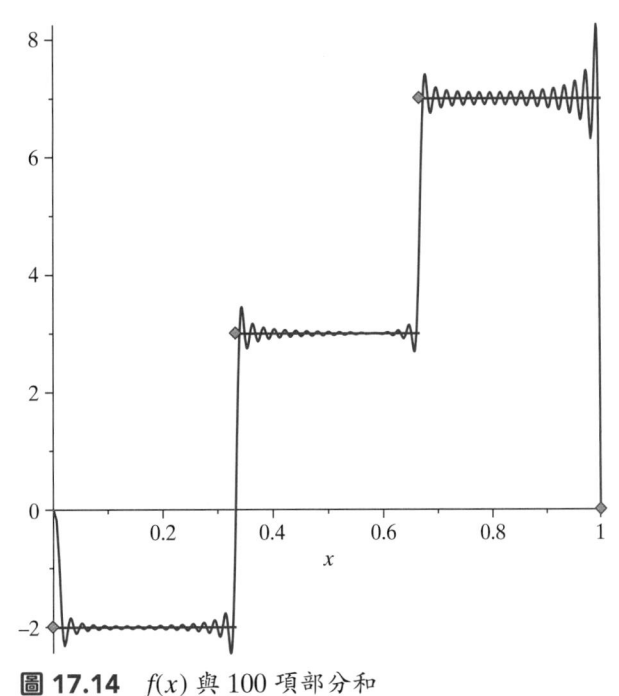

圖 17.14 $f(x)$ 與 100 項部分和

17.2 習題

習題 1–3，對於已知的 v 值，利用式 (17.29) 寫出函數的特徵函數展開式中的係數。如果有軟體可用，將函數圖形與傅立葉－貝索展開的部分和圖形進行比較。

1. $f(x) = e^{-x}, v = 0$
2. $f(x) = x^2 e^{-2x}, v = 1$
3. $f(x) = \sin(3x), v = 4$
4. 證明

$$J_{1/2}(x) = \sqrt{\frac{2}{\pi x}} \sin(x)$$

且

$$J_{-1/2}(x) = \sqrt{\frac{2}{\pi x}} \cos(x)$$

5. 證明

$$J_{3/2}(x) = \sqrt{\frac{2}{\pi x}} \left[\frac{\sin(x)}{x} - \cos(x) \right]$$

且

$$J_{-3/2}(x) = \sqrt{\frac{2}{\pi x}} \left[-\sin(x) - \frac{\cos(x)}{x} \right]$$

6. 令 α 為 $J_0(x)$ 的正零點，證明

$$\int_0^1 J_1(\alpha x)\, dx = \frac{1}{\alpha}$$

7. 設 α、β 為正數且設 $u(x) = J_0(\alpha x)$，$v(x) = J_0(\beta x)$。

(a) 證明

$$xu'' + u' + \alpha^2 xu = 0$$

並證明類似於上式的 v 的類似方程式。

(b) 以 v 乘以 u 的方程式及以 u 乘以 v 的方程式，然後相減，證明

$$[x(u'v - v'u)]' = (\beta^2 - \alpha^2)xuv$$

(c) 證明

$$(\beta^2 - \alpha^2)\int xJ_0(\alpha x)J_0(\beta x)\,dx$$
$$= x[\alpha J_0'(\alpha x)J_0(\beta x) - \beta J_0'(\beta x)J_0(\alpha x)]$$

這是積分的一種類型，稱為 Lommel 積分 (Lommel's integrals)。

8. 對於每一正整數 n，證明

$$\int x^n J_{n-1}(x)\,dx = x^n J_n(x)$$

且

$$\int x^{-n} J_{n+1}(x)\,dx = -x^{-n} J_n(x)$$

9. 對於每一正整數 n 和任意非零數 α，證明

$$\int x^n J_{n-1}(\alpha x)\,dx = \frac{1}{\alpha} x^n J_n(\alpha x)$$

且

$$\int x^{-n} J_{n+1}(\alpha x)\,dx = -\frac{1}{\alpha} x^{-n} J_n(\alpha x)$$

10. 對於任意非零數 α 與非負整數 n 和 k，令

$$I_{n,k} = \int_0^1 (1-x^2)^k x^{n+1} J_n(\alpha x)\,dx$$

(a) 證明

$$I_{n,0} = \frac{1}{\alpha} J_{n+1}(\alpha)$$

提示：利用習題 9 的第一個積分。

(b) 證明

$$I_{n,k} = \int_0^1 (1-x^2)^k \frac{d}{dx}\left(\frac{1}{\alpha}x^{n+1}J_{n+1}(\alpha x)\right) dx$$

提示：在 $I_{n,k}$ 的定義中，利用習題 9 的第一個積分。

(c) 證明

$$I_{n,k} = \frac{2k}{\alpha} I_{n+1,k-1}$$

提示：於 (b) 部分中，利用分部積分法。

(d) 證明

$$I_{n,k} = \frac{2^k k!}{\alpha^k} I_{n+k,0}$$

提示：重複應用 (c) 部分。

(e) 證明

$$\int_0^1 (1-x^2)^k x^{n+1} J_n(\alpha x)\,dx$$
$$= \frac{1}{\alpha^{k+1}} 2^k \Gamma(k+1) J_{n+k+1}(\alpha)$$

提示：利用 (d) 部分的結果。

(f) 證明

$$J_{n+k+1}(x)$$
$$= \frac{x^{k+1}}{2^k \Gamma(k+1)} \int_0^1 t^{n+1}(1-t^2)^k J_n(xt)\,dt$$

(g) 證明若 n 為非負整數，且 m 為正整數，$n < m$，則

$$J_n(x) = \frac{2x^{m-n}}{2^{m-n}\Gamma(m-n)}$$
$$\int_0^1 t^{n+1}(1-t^2)^{m-n-1} J_n(xt)\,dt$$

提示：在 (f) 部分，令 $m = n + k + 1$。

在 (e)–(g) 部分的積分稱為 Sonine 積分 (Sonine's integrals)。

11. 利用習題 10 的結果，證明若 m 為正整數，則
$$J_m(x) = \frac{x^m}{2^{m-1}\sqrt{\pi}\,\Gamma(m+1/2)} \int_0^1 (1-t^2)^{m-1/2} \cos(xt)\, dt$$

這稱為 Hankel 積分 (Hankel's integrals)。**提示**：利用習題 10(g) 部分中的 Sonine 積分。

12. 證明若 m 為正整數，則
$$J_m(x) = \frac{x^m}{2^{m-1}\sqrt{\pi}\,\Gamma(m+1/2)} \int_0^{\pi/2} \cos^{2m}(\theta) \cos(x\sin(\theta))\, d\theta$$

此式稱為 Poisson 積分 (Poisson's integrals)。**提示**：在 Hankel 積分，令 $t = \sin(\theta)$。

13. 證明 $y = x^a J_\nu(bx^c)$ 為
$$y'' - \frac{2a-1}{x}y' + \left(b^2c^2x^{2c-2} + \frac{a^2-\nu^2c^2}{x^2}\right)y = 0$$
的一解。

習題 14–17，利用習題 13 的結果，寫出微分方程式的解。

14. $y'' + \frac{1}{3x}y' + \left(1 + \frac{7}{144x^2}\right)y = 0$

15. $y'' - \frac{5}{x}y' + \left(64x^6 + \frac{5}{x^2}\right)y = 0$

16. $y'' - \frac{3}{x}y' + 9x^4 y = 0$

17. $y'' + \frac{1}{x}y' - \left(\frac{1}{16x^2}\right)y = 0$

CHAPTER 18

以變換法求解

在本章中,我們將開發使用積分變換來解初始－邊界值問題。這些變換包括拉氏變換(第 3 章)、傅立葉、傅立葉正弦和傅立葉餘弦變換,這些將在這裡逐一介紹。

對於這些變換,整體方法是一樣的:使用變換及其運算規則將問題轉換為易於求解的問題,然後應用逆變換獲得原問題的解。

18.1 拉氏變換法

我們將從使用拉氏變換求解問題的例子開始。

18.1.1 在半線上的強制波動

解初始－邊界值問題:

$$y_{tt} = c^2 y_{xx} - A, \ x > 0, t > 0$$

$$y(x, 0) = y_t(x, 0) = 0, \ x > 0$$

$$y(0, t) = 0, \ t > 0$$

$$\lim_{x \to \infty} y_x(x, t) = 0, \ t \geq 0$$

其中 A 為正的常數。這個問題模擬了從 0 到 ∞ 的無限長的弦的運動,其左端固定,並且以大小為 A 的力將弦向下拉。

在此問題中,對 t 取拉氏變換,將 $y(x, t)$ 的拉氏變換寫成 $Y(x, s)$。使用拉氏變換的運算公式來計算 y_{tt} 的變換:

$$\mathcal{L}[y_{tt}(x, t)](s) = s^2 Y(x, s) - sy(x, 0) - y_t(x, 0)$$

由初始條件 $y(x, 0) = y_t(x, 0) = 0$,上式可化簡為

$$\mathcal{L}[y_{tt}](s) = s^2 Y(x, s)$$

因為變換僅對變數 t 進行操作,並未對變數 x 操作,所以

$$\mathcal{L}[y_{xx}(x,t)](s) = Y''(x,s)$$

其中微分是指對 x 微分。

把這些放在一起,波動問題經變換後變成

$$s^2 Y = c^2 Y'' - \frac{A}{s}$$

或

$$Y'' - \frac{s^2}{c^2} Y = \frac{A}{c^2 s} \tag{18.1}$$

這是 Y 的二階非齊次微分方程式,Y 可視為 x 的函數。在這個方程式中將 s 視為「常數」。

由觀察知,式 (18.1) 有特解

$$Y_p(x,s) = -\frac{A}{s^3}$$

且其對應齊次方程式

$$Y'' - \frac{s^2}{c^2} Y = 0$$

有通解

$$Y_h(s) = k_1 e^{sx/c} + k_2 e^{-sx/c}$$

因此式 (18.1) 的通解為

$$Y(x,s) = k_1 e^{sx/c} + k_2 e^{-sx/c} - \frac{A}{s^3}$$

現在利用邊界條件求 k_1 和 k_2。因為 $y(0,t) = 0$ 的變換為 $Y(0,s) = 0$,所以

$$Y(0,s) = k_1 + k_2 - \frac{A}{s^3} = 0$$

故

$$k_2 = \frac{A}{s^3} - k_1$$

因此

$$Y(x,s) = k_1 e^{sx/c} + \left(\frac{A}{s^3} - k_1\right) e^{-sx/c} - \frac{A}{s^3}$$

其次,將變換應用於極限邊界條件,得到

$$\mathcal{L}[\lim_{x \to \infty} y_x(x,t)](s) = \lim_{x \to \infty} Y'(x,s) = 0$$

但
$$Y'(x,s) = \frac{s}{c}k_1 e^{sx/c} - \frac{s}{c}\left(\frac{A}{s^3} - k_1\right)e^{-sx/c}$$

因為當 $x \to \infty$ 時，則 $e^{sx/c} \to \infty$，所以選擇 $k_1 = 0$。因此
$$Y(x,s) = \frac{A}{s^3}e^{-sx/c} - \frac{A}{s^3}$$

這是問題經變換後的解。取 $Y(x,s)$ 的逆變換可得到原題的解。首先，
$$\mathcal{L}^{-1}\left[\frac{A}{s^3}\right](x,t) = \frac{A}{2}t^2$$

由第 3 章的移位定理，
$$\mathcal{L}^{-1}\left[\frac{A}{s^3}e^{-sx/c}\right](x,t) = \frac{A}{2}\left(t - \frac{x}{c}\right)^2 H\left(t - \frac{x}{c}\right)$$

其中 H 為 Heaviside 函數。因此解為
$$y(x,t) = \frac{A}{2}\left(t - \frac{x}{c}\right)^2 H\left(t - \frac{x}{c}\right) - \frac{A}{2}t^2$$

因為若 $t < x/c$，則 $H(t - x/c) = 0$，且若 $t \geq x/c$，則 $H(t - x/c) = 1$，所以這個解也可以寫成
$$y(x,t) = \begin{cases} -At^2/2, & \text{若 } x > ct \\ \frac{A}{2}\left(t - \frac{x}{c}\right)^2 - \frac{A}{2}t^2, & \text{若 } x \leq ct \end{cases}$$

將問題對 t 取拉氏變換可產生一個解。

現在嘗試將問題改為對 x 取拉氏變換。令 $Y(s,t)$ 為 $y(x,t)$ 對 x 拉氏變換，現在將運算公式應用於 y_{xx}，原問題的偏微分方程式變成
$$Y''(s,t) = c^2(s^2 Y(s,t) - sy(0,t) - y_t(0,t)) - \frac{A}{s}$$

其中微分是對 t 而言。現在有一個困難，我們從題目知道 $y(0,t) = 0$，但是卻沒有關於 $y_t(0,t)$ 的資訊。採用對 x 取拉氏變換的方法使我們無法繼續進行。

我們在這裡看到的使用拉氏變換來解初始－邊界值問題是相當典型的。採用何種變換，以及對哪一個變數取變換，是由偏微分方程式的形式、變數的範圍，以及所予的初始和邊界數據的種類決定。這樣才能夠應用運算公式將問題變換。

18.1.2　在半無限棒上的溫度分布

解下列問題：

$$u_t = ku_{xx}, \; x > 0, t > 0$$

$$u(x,0) = 0, \; x > 0$$

$$u(0,t) = f(t), \; t > 0$$

$$\lim_{x \to \infty} u(x,t) = 0, \; t > 0$$

其中 $f(t)$ 是片段平滑函數。

對熱方程式中的變數 t 取拉氏變換,得到

$$sU(x,s) = kU''(x,s)$$

其中左邊由導數變換的運算公式決定,而右邊的微分是指對 x 微分。

這是齊次二階微分方程式

$$U'' - \frac{s}{k}U = 0$$

通解為

$$U(x,s) = c_1 e^{\sqrt{s/k}\,x} + c_2 e^{-\sqrt{s/k}\,x}$$

當 $x \to \infty$ 時,$u(x,t) \to 0$,因此 $U(x,s) \to 0$,我們必須選擇 $c_1 = 0$。此外,$u(0,t) = f(t)$ 表示

$$U(0,s) = F(s) = c_2$$

因此

$$U(x,s) = F(s)e^{-\sqrt{s/k}\,x}$$

這是解的拉氏變換,解為

$$u(x,t) = \mathcal{L}^{-1}\left[F(s)e^{-\sqrt{s/k}\,x}\right](x,t)$$

由卷積定理,兩函數積的逆變換等於兩函數的逆變換的卷積。因此,解可以寫成

$$u(x,t) = f(t) * \mathcal{L}^{-1}\left[e^{-\sqrt{s/k}\,x}\right](x,t)$$

利用表或軟體程式,可知

$$\mathcal{L}^{-1}\left[e^{-\sqrt{s/k}\,x}\right](x,t) = \frac{x}{\sqrt{\pi k}\,t^{3/2}} e^{-x^2/4kt}$$

因此解為

$$u(x,t) = f(t) * \frac{x}{\sqrt{\pi k}\,t^{3/2}} e^{-x^2/4kt}$$

18.1.3 半無限棒的一端為不連續溫度

考慮初始−邊界值問題：
$$u_t = ku_{xx}, x > 0, t > 0$$
$$u(x,0) = A, x > 0$$
$$u(0,t) = \begin{cases} B, & 0 \leq t \leq t_0 \\ 0, & t > t_0 \end{cases}$$

在此問題中，A、B、t_0 為正數。

對 t 的拉氏變換很自然地可以解此問題，因為拉氏變換適合處理不連續函數。首先寫出
$$u(0,t) = B[1 - H(t - t_0)]$$

應用拉氏變換於熱方程式，可得
$$sU(x,s) - u(x,0) = kU''(x,s)$$

其中微分是指對 x 微分。因為 $u(x,0) = A$，上式為
$$sU - A = kU''$$

或
$$U'' - \frac{s}{k}U = -\frac{A}{k}$$

我們可以立即看出特解
$$U_p(x,s) = \frac{A}{s}$$

因此微分方程式有通解
$$U(x,s) = c_1 e^{\sqrt{s/k}\,x} + c_2 e^{-\sqrt{s/k}\,x} + \frac{A}{s}$$

因為當 $x \to \infty$ 時，$U(x,s) \to 0$，我們必須選擇 $c_1 = 0$，剩下
$$U(x,s) = c_2 e^{-\sqrt{s/k}\,x} + \frac{A}{s}$$

欲求 c_2，取 $u(0,t) = B[1 - H(t - t_0)]$ 的變換，亦即
$$U(0,s) = \mathcal{L}[B] - B\mathcal{L}[H(t - t_0)] = \frac{B}{s} - B\frac{e^{-t_0 s}}{s}$$

因此
$$U(0,s) = \frac{B}{s} - B\frac{e^{-t_0 s}}{s} = c_2 + \frac{A}{s}$$

解出 c_2：

$$c_2 = \frac{B-A}{s} - \frac{B}{s}e^{-t_0 s}$$

解的變換為

$$U(x,s) = \left[\frac{B-A}{s} - \frac{B}{s}e^{-t_0 s}\right]e^{-\sqrt{s/k}\,x} + \frac{A}{s} \tag{18.2}$$

注意：在此問題中，c_2 為 s 的函數。這並不令人驚訝，有可能發生，因為在求解 $U(x,s)$ 的微分方程式時，將 s 視為常數。

我們必須取 $U(x,s)$ 的反拉氏變換。這可以由一些表中獲得，但是它會用到我們熟知的**互補誤差函數** (complementary error function)：

$$\text{erfc}(t) = \frac{2}{\sqrt{\pi}}\int_t^\infty e^{-\xi^2}\,d\xi$$

對此問題，我們所需的變換為

$$\mathcal{L}\left[\text{erfc}\left(\frac{\alpha}{2\sqrt{t}}\right)\right](s) = \frac{1}{s}e^{-\alpha\sqrt{s}} \tag{18.3}$$

其中 $\alpha = x/\sqrt{k}$。利用上式及拉氏變換的第一移位定理，可由 $U(x,s)$ 得到 $u(x,t)$：

$$u(x,t) = (B-A)\,\text{erfc}\left(\frac{x}{2\sqrt{kt}}\right)$$
$$- B\,\text{erfc}\left(\frac{x}{2\sqrt{k(t-t_0)}}\right)H(t-t_0) + A$$

18.1.4　彈性棒的振動

到目前為止，討論過的例子所涉及的空間變數都是屬於無界區間，現在要討論的例子，其空間變數是在區間 $[0, L]$。

假設一彈性棒具有恆定的密度 ρ、楊氏模數 E、均勻橫截面，以及長度 L。該棒最初處於靜止狀態，且沿著區間 $[0, L]$ 平放。最初（時間為 0），以每單位長度的力 $f(t)$ 在棒的右端 $x = L$，對棒施予平行於棒的力。

彈性棒的波動方程式為

$$y_{tt} = c^2 y_{xx},\ 0 < x < L, t > 0$$

其中

$$c^2 = \frac{E}{\rho}$$

假設
$$y(x,0) = y_t(x,0) = 0,\ t > 0$$
以及
$$y(0,t) = 0 \text{ 且 } Ey_x(L,t) = f(t)$$

對 t 應用拉氏變換於波動方程式，得到
$$s^2 Y(x,s) - sy(x,0) - y_t(x,0) = c^2 Y''(x,s)$$

微分是指對 x 微分。因為 $y(x,0) = y_t(x,0) = 0$，所以
$$Y'' - \frac{s^2}{c^2} Y = 0$$

通解為
$$Y(x,s) = k_1 e^{sx/c} + k_2 e^{-sx/c}$$

條件 $y(0,t) = 0$ 變換成 $Y(0,s) = 0$，因此
$$Y(0,s) = k_1 + k_2 = 0$$

故 $k_2 = -k_1$ 且
$$Y(x,s) = k \sinh(sx/c)$$

其中 k 為任意常數，其次對條件 $Ey_x(L,t) = f(t)$ 取拉氏變換，得到
$$EY'(L,s) = F(s) = Ek\frac{s}{c}\cosh(sL/c)$$

因此
$$k = \frac{c}{E} F(s) \frac{1}{s \cosh(sL/c)}$$

故
$$Y(x,s) = \frac{c}{E} F(s) \frac{\sinh(sx/c)}{s \cosh(sL/c)}$$

若 $f(t)$ 為已知，我們可以取 $Y(x,s)$ 的反拉氏變換得到棒的波動分布 $y(x,t)$。

當 $f(t) = K$，K 為常數，是我們可以進行完整分析的情況。如今
$$F(s) = \mathcal{L}[K](s) = \frac{K}{s}$$

因此

$$Y(x,s) = \frac{cK}{E} \frac{\sinh(sx/c)}{s^2 \cosh(sL/c)}$$

為了將上式取反拉式變換，首先寫出

$$\frac{\sinh(sx/c)}{\cosh(sL/c)} = \frac{e^{sx/c} - e^{-sx/c}}{e^{sL/c} + e^{-sL/c}}$$

$$= \frac{e^{sx/c}e^{-sL/c} - e^{-sx/c}e^{-sL/c}}{1 + e^{-sL/c}e^{-sL/c}}$$

$$= \frac{e^{-(L-x)s/c} - e^{-(L+x)s/c}}{1 + e^{-2sL/c}} = \left(e^{-(L-x)s/c} - e^{-(L+x)s/c}\right) \frac{1}{1 + e^{-2sL/c}}$$

若 $|\xi| < 1$，則下列幾何級數

$$\frac{1}{1+\xi} = \sum_{n=0}^{\infty} (-1)^n \xi^n$$

成立。若

$$|e^{-2sL/c}| < 1$$

則

$$\frac{\sinh(sx/c)}{\cosh(sL/c)} = \left(e^{-(L-x)s/c} - e^{-(L+x)s/c}\right) \sum_{n=0}^{\infty} (-1)^n e^{-2nsL/c}$$

因此

$$Y(x,s) = \frac{cK}{E} e^{-(L-x)s/c} \sum_{n=0}^{\infty} (-1)^n \frac{1}{s^2} e^{-2nsL/c}$$

$$- \frac{cK}{E} e^{-(L+x)s/c} \sum_{n=0}^{\infty} (-1)^n \frac{1}{s^2} e^{-2nsL/c}$$

$$= \frac{cK}{E} \sum_{n=0}^{\infty} (-1)^n \frac{1}{s^2} e^{-(((2n+1)L-x)/c)s}$$

$$- \frac{cK}{E} \sum_{n=0}^{\infty} (-1)^n \frac{1}{s^2} e^{-(((2n+1)L+x)/c)s}$$

這個計算的要點是，對於任意非零的數 α，

$$\mathcal{L}^{-1}\left[\frac{1}{s^2} e^{-\alpha s}\right](t) = (t-\alpha)H(t-\alpha)$$

對 $Y(x,s)$ 的級數逐項取反拉氏變換：

$$y(x,t) = \mathcal{L}^{-1}\left[Y(x,s)\right](t)$$
$$= \frac{cK}{E}\sum_{n=0}^{\infty}\left(t - \frac{(2n+1)L - x}{c}\right)H\left(t - \frac{(2n+1)L - x}{c}\right)$$
$$- \frac{cK}{E}\sum_{n=0}^{\infty}\left(t - \frac{(2n+1)L + x}{c}\right)H\left(t - \frac{(2n+1)L + x}{c}\right)$$

雖然從這個無窮級數解很難提取關於彈性棒運動的資訊，但是有一個很容易理解的特徵，即棒右端的運動。回到

$$Y(x,s) = \frac{cK}{E}\frac{\sinh(sx/c)}{s^2\cosh(sL/c)}$$

且令 $x = L$ 可得

$$Y(L,s) = \frac{cK}{E}\frac{1}{s^2}\frac{\sinh(sL/c)}{\cosh(sL/c)} = \frac{cK}{E}\frac{1}{s^2}\tanh(sL/c)$$

$Y(L,s)$ 的反拉氏變換為鋸齒波 $y(L,t)$，其週期為 $4L/c$，且對於 $0 \le t \le 4L/c$，

$$y(L,t) = \begin{cases} t, & 0 \le t \le 2L/c \\ -t + 4L/c, & 2L/c \le t \le 4L/c \end{cases}$$

這告訴我們，當 $f(t) = K$ 時，棒的端點以 $4L/c$ 的週期上下振盪。

18.1 習題

利用拉氏變換，求下列每一初始－邊界值問題的解。

1. $y_{tt} = c^2 y_{xx} + K,\ x > 0, t > 0$

   $y(x,0) = y_t(x,0) = 0,\ x > 0$

   $y(0,t) = f(t), \lim_{x\to\infty} y(x,t) = 0,\ t > 0$

2. $y_{tt} = c^2 y_{xx} - At,\ x > 0, t > 0$

   $y(x,0) = y_t(x,0) = 0,\ x > 0$

   $y(0,t) = f(t), \lim_{x\to\infty} y(x,t) = 0,\ x > 0$

A 為正的常數。

3. $y_{tt} = c^2 y_{xx} - Axt,\ x > 0, t > 0$

   $y(x,0) = y_t(x,0) = 0,\ x > 0$

   $y(0,t) = e^{-t}, \lim_{x\to\infty} y(x,t) = 0,\ t > 0$

4. $u_t = k u_{xx},\ x > 0, t > 0$

   $u(x,0) = e^{-x},\ x > 0$

   $u(0,t) = \lim_{x\to\infty} u(x,t) = 0,\ t > 0$

18.2 傅立葉變換

傅立葉變換為一積分變換，其定義為

$$\mathcal{F}[f(x)](\omega) = \int_{-\infty}^{\infty} f(x)e^{-i\omega x}\, dx \tag{18.4}$$

其中 ω 為傅立葉變換的變數。將 $\mathcal{F}[f](\omega)$ 表示為 $\widehat{f}(\omega)$。

例 18.1

令 a 與 k 為正數且令

$$f(t) = \begin{cases} k, & -a \leq x \leq a \\ 0, & x < -a \text{ 或 } x > a \end{cases}$$

則

$$\begin{aligned}\widehat{f}(\omega) &= \int_{-\infty}^{\infty} f(x)e^{-i\omega x}\, dx \\ &= \int_{-a}^{a} ke^{-i\omega x}\, dx = \left[-\frac{k}{i\omega}e^{-i\omega x}\right]_{-a}^{a} \\ &= -\frac{k}{i\omega}\left[e^{-i\omega a} - e^{i\omega a}\right] \\ &= \frac{2k}{\omega}\sin(a\omega)\end{aligned}$$

實際上，我們很少用積分求傅立葉變換，而是使用表或軟體程式。

傅立葉變換起源於傅立葉積分，我們將看到這是如何發生的，因為它將產生反傅立葉變換的積分公式。

假設 $f(x)$ 對於所有 x 有定義，且

$$\int_{-\infty}^{\infty} |f(x)|\, dx$$

收斂（因此 f 為**絕對收斂**（absolutely convergent））。又假設在每一區間 $[a, b]$，$f(x)$ 為片段平滑。由 14.3.1 節可知，$f(x)$ 有傅立葉積分表達式

$$\frac{1}{2}(f(x-) + f(x+)) = \frac{1}{\pi}\int_{0}^{\infty}\int_{-\infty}^{\infty} \cos(\omega(\xi - x))f(\xi)\, d\xi\, d\omega$$

若函數在 x 為連續，則右側的積分收斂於 $f(x)$。

對於任意實數 α，由歐勒公式，

$$e^{i\alpha} = \cos(\alpha) + i\sin(\alpha)$$

則

$$e^{-i\alpha} = \cos(\alpha) - i\sin(\alpha)$$

由這兩個方程式解出 $\cos(\alpha)$，

$$\cos(\alpha) = \frac{1}{2}\left(e^{i\alpha} + e^{-i\alpha}\right)$$

將上式代入傅立葉積分：

$$\frac{1}{2}(f(x-) + f(x+))$$
$$= \frac{1}{\pi}\int_0^\infty \int_{-\infty}^\infty f(\xi)\frac{1}{2}\left(e^{i\omega(\xi-x)} + e^{-i\omega(\xi-x)}\right) d\xi\, d\omega$$
$$= \frac{1}{2\pi}\int_0^\infty \int_{-\infty}^\infty f(\xi)e^{i\omega(\xi-x)}\, d\xi\, d\omega$$
$$+ \frac{1}{2\pi}\int_0^\infty \int_{-\infty}^\infty f(\xi)e^{-i\omega(\xi-x)}\, d\xi\, d\omega$$

將倒數第二個積分中的 ω 以 $-\omega$ 取代，得到

$$\frac{1}{2}(f(x-) + f(x+))$$
$$= \frac{1}{2\pi}\int_0^{-\infty}\int_{-\infty}^\infty f(\xi)e^{-i\omega(\xi-x)}\, d\xi\,(-1)d\omega$$
$$+ \frac{1}{2\pi}\int_0^\infty \int_{-\infty}^\infty f(\xi)e^{-i\omega(\xi-x)}\, d\xi\, d\omega$$
$$= \frac{1}{2\pi}\int_{-\infty}^0 \int_{-\infty}^\infty f(\xi)e^{-i\omega(\xi-x)}\, d\xi\, d\omega$$
$$+ \frac{1}{2\pi}\int_0^\infty \int_{-\infty}^\infty f(\xi)e^{-i\omega(\xi-x)}\, d\xi\, d\omega$$
$$= \frac{1}{2\pi}\int_{-\infty}^\infty \left(\int_{-\infty}^\infty f(\xi)e^{-i\omega\xi}\, d\xi\right) e^{i\omega x}\, d\omega$$

注意：傅立葉變換出現在上式中的最後一列，使我們可以將上式寫成

$$\frac{1}{2}(f(x-) + f(x+)) = \frac{1}{2\pi}\int_{-\infty}^\infty \widehat{f}(\omega)e^{i\omega x}\, d\omega$$

在函數為連續的點，因為 $f(x-) = f(x+) = f(x)$，所以這個方程式變成

$$f(x) = \frac{1}{2\pi} \int_{-\infty}^{\infty} \widehat{f}(\omega)e^{i\omega x}\, d\omega \tag{18.5}$$

式 (18.5) 為**反傅立葉變換** (inverse Fourier transform)，利用此反變換可恢復到原始函數。因此式 (18.4) 和式 (18.5) 稱為形成傅立葉變換的**變換對** (transform pair)。具有這種積分公式 (18.5) 在某些類型的計算中是有價值的，但通常不是計算反傅立葉變換的實用方法，它與傅立葉變換一樣，通常使用表和軟體程式。

兩個不同的函數可以有相同的傅立葉變換。若除了在 x_0，$f(x) = g(x)$，定義變換的積分不會注意到這個差異，而會聲稱

$$\widehat{f}(\omega) = \widehat{g}(\omega)$$

在解工程或科學環境中的初始－邊界值問題時，這通常不是問題。

為了用於求解微分方程式，傅立葉變換具有計算導數變換的運算公式。若 n 為正整數，將 $f(x)$ 的 n 階導數記作 $f^{(n)}(x)$：

$$\frac{d^n}{dx^n}(f(x)) = f^{(n)}(x)$$

我們將 f 表示為 $f^{(0)}$。函數本身是它的「零階導數」。

最後，對於 $k = 0, 1, 2, \cdots$，假設

$$\lim_{x \to \infty} f^{(k)}(x) = \lim_{x \to -\infty} f^{(k)}(x)$$

則

$$\mathcal{F}[f^{(n)}(x)](\omega) = (i\omega)^n \widehat{f}(\omega) \tag{18.6}$$

$f(x)$ 的 n 階導數的傅立葉變換等於 $i\omega$ 的 n 次方乘以 $f(x)$ 的傅立葉變換。

$n = 1$ 和 $n = 2$ 的情形最常發生：

$$\mathcal{F}[f'(t)](\omega) = i\omega \widehat{f}(\omega) \text{ 且 } \mathcal{F}[f''(t)](\omega) = -\omega^2 \widehat{f}(\omega)$$

由式 (18.6) 可知，當 $n = 2$ 時，$-\omega^2$ 等於 $(i\omega)^2$。在一般的情況下，式 (18.6) 可重複使用分部積分法來建立。

如同許多積分變換，傅立葉變換有卷積運算：

$$(f * g)(x) = \int_{-\infty}^{\infty} f(x - \xi)g(\xi)\, d\xi$$

利用此定義，我們可以證明，卷積 $f * g$ 的傅立葉變換等於個別經傅立葉變換後的函數的乘積：

$$\widehat{f * g}(\omega) = \widehat{f}(\omega)\widehat{g}(\omega)$$

這與拉氏變換的卷積運算類似。

下面說明利用傅立葉變換求解初始－邊界值問題。

> **數往知來──離散餘弦變換**
>
> 傅立葉變換除了求解微分方程式之外，還有許多應用。本章中的各種傅立葉變換具有積分形式，因為它們用於求解半無限或無限域中的問題。使用有限和代替積分的傅立葉變換的有限域版本，**離散餘弦變換** (Discrete Cosine Transform, DCT) 是流行 JPEG 圖像壓縮技術的基礎。在網路上發現的大多數數字圖片和圖像均為 .jpg (JPEG) 格式。

18.2.1　實線上的熱方程式

考慮實線上的熱方程式的問題，這是先前使用傅立葉積分求解的問題：

$$u_t = ku_{xx}, \; -\infty < x < \infty, t > 0$$

$$u(x,0) = f(x), \; -\infty < x < \infty$$

傅立葉變換適用於定義在整個實數線的函數，因此我們對熱方程式中的 x 取傅立葉變換，而將 t 視為常數，對 x 取變換之後，t 將在涉及變換函數的常微分方程式中視為變數。

因為是對 x 作變換，且 x 與 t 為獨立，變換通過對 t 的導數，熱方程式變換為

$$\widehat{u_t}(\omega,t) = -k\omega^2 \widehat{u}(\omega,t)$$

右側來自運算公式 (18.6) 的 $n = 2$ 的情況，變換後的方程式為

$$\widehat{u_t}(\omega,t) + k\omega^2 \widehat{u}(\omega,t) = 0$$

此為 t 的一階常微分方程式，其解為

$$\widehat{u}(\omega,t) = a_\omega e^{-\omega^2 kt}$$

其中係數 a_ω 是 ω 的函數，其作為在 t 的微分方程式中，$\widehat{u}(\omega,t)$ 的常數。欲求 a_ω，對初始條件 $u(x,0) = f(x)$ 取傅立葉變換，得到

$$\widehat{u}(\omega,0) = \widehat{f}(\omega) = a_\omega$$

因此

$$\widehat{u}(\omega,t) = \widehat{f}(\omega) e^{-\omega^2 kt}$$

這是解的傅立葉變換，將上式取反傅立葉變換：

$$u(x,t) = \mathcal{F}^{-1}\left[\widehat{f}(\omega) e^{-\omega^2 kt}\right](x)$$

利用傅立葉變換的卷積定理，寫出解的積分表達式，以及可從表中獲得以下的結果：

$$\mathcal{F}^{-1}\left[e^{-k\omega^2 t}\right](x,t) = \frac{1}{2\sqrt{\pi kt}} e^{-x^2/4kt}$$

解為

$$u(x,t) = f(x) * \frac{1}{2\sqrt{\pi kt}} e^{-x^2/4kt}$$

$$= \frac{1}{2\sqrt{\pi kt}} \int_{-\infty}^{\infty} f(\xi) e^{-(x-\xi)^2/4kt} d\xi$$

如果我們使用反傅立葉變換的積分公式代替卷積，可以證明使用變換獲得的解與使用分離變數和傅立葉積分所獲得的解是相同的。首先

$$u(x,t) = \mathcal{F}^{-1}\left[\widehat{f}(\omega)e^{-\omega^2 kt}\right](x,t)$$

$$= \frac{1}{2\pi} \int_{-\infty}^{\infty} \widehat{f}(\omega) e^{-\omega^2 kt} e^{i\omega x} d\omega$$

將 $\widehat{f}(\omega)$ 的積分定義，式 (18.4)，代入這個表達式中，反轉積分的順序，並使用歐勒公式，則可寫出

$$u(x,t) = \frac{1}{2\pi} \int_{-\infty}^{\infty} \left(\int_{-\infty}^{\infty} f(\xi) e^{-i\omega\xi} d\xi\right) e^{i\omega x} e^{-\omega^2 kt} d\omega$$

$$= \frac{1}{2\pi} \int_{-\infty}^{\infty} \int_{-\infty}^{\infty} f(\xi) e^{-i\omega(\xi-x)} e^{-\omega^2 kt} d\xi\, d\omega$$

$$= \frac{1}{2\pi} \int_{-\infty}^{\infty} \int_{-\infty}^{\infty} f(\xi)[\cos(\omega(\xi-x)) - i\sin(\omega(\xi-x))] e^{-\omega^2 kt} d\xi\, d\omega$$

但是 $u(x,t)$ 是一個實值函數，所以 $u(x,t)$ 必須等於上式右邊的實部，沒有虛數項，這給了我們

$$u(x,t) = \frac{1}{2\pi} \int_{-\infty}^{\infty} \int_{-\infty}^{\infty} f(\xi) \cos(\omega(\xi-x)) e^{-\omega^2 kt} d\xi\, d\omega$$

這是使用分離變數和傅立葉積分獲得的解。

18.2.2　上半平面的 Dirichlet 問題

以前我們使用分離變數和傅立葉積分來求解 Dirichlet 問題：

$$\nabla^2 u(x,y) = 0,\ -\infty < x < \infty, y > 0$$

$$u(x,0) = f(x),\ -\infty < x < \infty$$

現在我們將使用傅立葉變換來求解此問題。

對拉氏方程式中的 x 變數取傅立葉變換：
$$u_{xx} + u_{yy} = 0$$

可得
$$\frac{\partial^2 \widehat{u}}{\partial y^2}(\omega, y) - \omega^2 \widehat{u}(\omega, y) = 0$$

第二項來自應用於 u_{xx} 的運算公式 (18.6)，其中 $n = 2$。這個以 y 為變數的微分方程式有通解
$$\widehat{u}(\omega, y) = a_\omega e^{\omega y} + b_\omega e^{-\omega y}$$

像往常一樣，我們要一個有界的解。在此式中，若 $\omega > 0$，當 $y \to \infty$ 則 $e^{\omega y} \to \infty$，所以我們必須選擇 $a_\omega = 0$；且若 $\omega < 0$，當 $y \to \infty$ 則 $e^{-\omega y} \to \infty$，所以我們必須選擇 $b_\omega = 0$。

解決這個困難的一種方法是整合 $\omega > 0$ 和 $\omega < 0$ 的情況，因此將 $\widehat{u}(\omega, y)$ 寫成
$$\widehat{u}(\omega, y) = c_\omega e^{-|\omega| y}$$

現在求解係數 c_ω。取邊界條件的傅立葉變換：
$$\widehat{u}(\omega, 0) = \widehat{f}(\omega) = c_\omega$$

因此
$$\widehat{u}(\omega, y) = \widehat{f}(\omega) e^{-|\omega| y}$$

利用式 (18.5)，應用反傅立葉變換，得到
$$u(x, y) = \mathcal{F}^{-1}\left[\widehat{f}(\omega) e^{-|\omega| y}\right](x)$$
$$= \frac{1}{2\pi} \int_{-\infty}^{\infty} \widehat{f}(\omega) e^{-|\omega| y} e^{i\omega x} \, d\omega$$
$$= \frac{1}{2\pi} \int_{-\infty}^{\infty} \left(\int_{-\infty}^{\infty} f(\xi) e^{-i\omega \xi} \, d\xi\right) e^{-|\omega| y} e^{i\omega x} \, d\omega$$
$$= \frac{1}{2\pi} \int_{-\infty}^{\infty} \left(\int_{-\infty}^{\infty} e^{-|\omega| y} e^{-i\omega(\xi - x)} \, d\omega\right) f(\xi) \, d\xi$$

括號內的積分可以明確地求出：
$$\int_{-\infty}^{\infty} e^{-|\omega| y} e^{-i\omega(\xi - x)} \, d\omega = \frac{2y}{y^2 + (\xi - x)^2}$$

因此

$$u(x, y) = \frac{1}{2\pi} \int_{-\infty}^{\infty} \left(\frac{2y}{y^2 + (\xi - x)^2} \right) f(\xi)\, d\xi$$

$$= \frac{y}{\pi} \int_{-\infty}^{\infty} \frac{f(\xi)}{y^2 + (\xi - x)^2}\, d\xi$$

上式與利用分離變數求得的解相同。

數往知來──用於灰階圖像的 JPEG 演算法

考慮灰階（非彩色）圖像的簡單情況。通常，灰階圖像被儲存在計算機記憶體中，作為表示從黑色到白色的像素「亮度」值的數字陣列。對於由 $N \times N$ 像素構成的圖像，JPEG 演算法將圖像分解成 8×8 像素的陣列，每個陣列元素包含對應像素的亮度值。還執行初始運算，例如，以常數減去所有的陣列值，將數字「中心」在 0 附近，然後應用離散餘弦變換。

$$F(u, v) = A(u, v) \sum_{x=0}^{7} \sum_{y=0}^{7} f(x, y) \cos\left[\frac{\pi u(2x + 1)}{16} \right] \cos\left[\frac{\pi v(2y + 1)}{16} \right]$$

座標 (x, y) 處的像素的亮度值 $f(x, y)$ 被轉換為頻率平面中的 (u, v) 座標的頻率值 $F(u, v)$。$A(u, v)$ 是正規化常數。

JPEG 圖像從左到右增加壓縮／提高品質。

Michael Gäbler, derivative work: AzaToth. This file is licensed under the Creative Commons Attribution 3.0 Unported license, https://creativecommons.org/licenses/by/3.0/deed.en

所得到的陣列通常在陣列的左上方（對應於低頻）顯示高 $F(u, v)$ 值，而在陣列的右下高頻部分中顯示低 $F(u, v)$ 值，表明大部分圖像資訊被儲存在較低頻率。

進一步的除法運算將幾個高頻 $F(u, v)$ 值降低到更小的數字或零。當執行逆 DCT 時，在損失或降低高頻的情況下恢復圖像。

因為保留資訊密集的低頻，所以大多數圖像的品質仍然被保留。包含關於圖像非常細微（通常不被注意）方面的資訊，且占用大量記憶空間的高頻被刪除，減少了文件大小。

18.2 習題

習題 1–2，利用傅立葉變換求解實線上的熱方程式 $u_t = ku_{xx}$，其中 $u(x, 0) = f(x)$，而 $f(x)$ 為已知函數。

1. $f(x) = e^{-4|x|}$

2.
$$f(x) = \begin{cases} x, & 0 \leq x \leq 4 \\ 0, & x < 0 \text{ 或 } x > 4 \end{cases}$$

習題 3–5，利用傅立葉變換求解實線上的波動方程式 $y_{tt} = c^2 y_{xx}$，其中初始位置 $f(x)$、初始速度 $g(x)$ 及 c 為已知。

3. $c = 12, f(x) = e^{-5|x|}, g(x) = 0$

4. $c = 4, f(x) = 0$,
$$g(x) = \begin{cases} \sin(x), & -\pi \leq x \leq \pi \\ 0, & |x| > \pi \end{cases}$$

5. $c = 3, f(x) = 0$,
$$g(x) = \begin{cases} e^{-2x}, & x \geq 1 \\ 0, & x < 1 \end{cases}$$

6. 利用傅立葉變換求解上半平面的 Dirichlet 問題，其中
$$u(x, 0) = \begin{cases} -1, & -4 \leq x < 0 \\ 1, & 0 \leq x < 4 \\ 0, & |x| > 4 \end{cases}$$

18.3 傅立葉正弦與餘弦變換

傅立葉餘弦變換的定義為

$$\mathcal{F}_C[f](\omega) = \int_0^\infty f(\xi) \cos(\omega \xi)\, d\xi \tag{18.7}$$

這個變換也用 $\widehat{f}_C(\omega)$ 表示。像傅立葉變換一樣，還有一個反餘弦變換的積分公式：

$$f(x) = \frac{2}{\pi} \int_0^\infty \widehat{f}_C(\omega) \cos(\omega x)\, d\omega \tag{18.8}$$

餘弦變換二階導數的運算公式為

$$\mathcal{F}_C[f''(x)](\omega) = -\omega^2 \widehat{f}_C(\omega) - f'(0) \tag{18.9}$$

這個方程式假定 f 和 f' 是連續，並且 f'' 在每個區間 $[0, L]$ 是片斷連續，且當 $x \to \infty$ 時，$f(x) \to 0$ 且 $f'(x) \to 0$。

式 (18.7) 和式 (18.8) 形成**傅立葉餘弦變換的變換對** (transform pair for the Fourier cosine transform)。

傅立葉正弦變換的定義為

$$\mathcal{F}_S(\omega) = \int_0^\infty f(\xi)\sin(\omega\xi)\,d\xi \tag{18.10}$$

這個變換也用 $\widehat{f}_S(\omega)$ 表示。

反正弦變換為

$$f(x) = \frac{2}{\pi}\int_0^\infty \widehat{f}_S(\omega)\sin(\omega x)\,d\omega \tag{18.11}$$

式 (18.10) 和式 (18.11) 形成**傅立葉正弦變換的變換對** (transform pair for the Fourier sine transform)。

正弦變換的運算公式為

$$\widehat{f''}_S(\omega) = -\omega^2 \widehat{f}_S(\omega) + \omega f(0) \tag{18.12}$$

對於半線上的問題，使用傅立葉餘弦或正弦變換可能是合適的。選擇使用何種變換通常由問題所給的資訊的形式決定，餘弦變換的運算公式要求我們知道 $f'(0)$，而傅立葉正弦變換的公式則需要 $f(0)$，其中 $f(x)$ 通常指定問題的一些初始條件。

18.3.1 半線上的波動問題

解下列問題：

$$y_{tt} = c^2 y_{xx},\ x > 0, t > 0$$
$$y(0,t) = 0,\ t > 0$$
$$y(x,0) = f(x), y_t(x,0) = g(x),\ x > 0$$

對波動方程式中的 x，取傅立葉正弦變換，並使用運算公式 (18.12) 得到

$$(\widehat{y}_S(\omega,t))_{tt} = c^2(-\omega^2 \widehat{y}_S(\omega,t) + \omega y(0,t))$$

因為 $y(0,t) = 0$，所以

$$(\widehat{y}_S(\omega,t))_{tt} = -\omega^2 c^2 \widehat{y}_S(\omega,t)$$

選擇正弦變換是由於邊界條件為 $y(0,t) = 0$，此邊界條件適合正弦變換運算公式的形式。沒

有給予可以使用運算公式 (18.9) 進行餘弦變換的導數資訊。

現在我們有一個以 t 為變數的二階微分方程式：

$$\widehat{y}_S'' + \omega^2 c^2 \widehat{y}_S = 0$$

通解為

$$\widehat{y}_S(\omega, t) = a_\omega \cos(\omega c t) + b_\omega \sin(\omega c t)$$

對初始條件取正弦變換，可得

$$a_\omega = \widehat{y}_S(\omega, 0) = \widehat{f}_S(\omega)$$

且

$$\frac{\partial \widehat{y}_S}{\partial t}(\omega, 0) = \omega c b_\omega = \widehat{g}_S$$

因此

$$b_\omega = \frac{1}{\omega c} \widehat{g}_S(\omega)$$

解的變換為

$$\widehat{y}_S(x, t) = \widehat{f}_S(\omega) \cos(\omega c t) + \frac{1}{\omega c} \widehat{g}_S(\omega) \sin(\omega c t)$$

使用積分公式 (18.11) 將上式取反正弦變換，得到解

$$y(x, t) = \frac{2}{\pi} \int_0^\infty \widehat{f}_S(\omega) \cos(\omega c t) \sin(\omega x) \, d\omega$$
$$+ \frac{2}{\pi c} \int_0^\infty \frac{1}{\omega} \widehat{g}_S(\omega) \sin(\omega c t) \sin(\omega x) \, d\omega$$

為了說明，假設

$$f(x) = \begin{cases} x, & 0 \leq x \leq 1/2 \\ 1 - x, & 1/2 \leq x \leq 1 \\ 0, & x > 1 \end{cases}$$

且 $g(x) = e^{-x}$。計算正弦變換

$$\widehat{f_S}(\omega) = \int_0^1 f(\xi) \sin(\omega\xi)\, d\xi$$
$$= \frac{1}{\omega^2}(2\sin(\omega/2) - \sin(\omega))$$

且

$$\widehat{g_S}(\omega) = \int_0^\infty e^{-\xi} \sin(\omega\xi)\, d\xi$$
$$= \frac{\omega}{1+\omega^2}$$

如今

$$y(x,t) = \frac{2}{\pi}\int_0^\infty \frac{1}{\omega^2}(2\sin(\omega/2) - \sin(\omega))\cos(\omega c t)\sin(\omega x)\, d\omega$$
$$+ \frac{2}{\pi c}\int_0^\infty \frac{1}{1+\omega^2}\sin(\omega c t)\sin(\omega x)\, d\omega$$

圖 18.1 顯示出 $0 \leq x \leq 3$ 與 $0 \leq t \leq 1/4$ 的曲面 $y(x,t)$。圖 18.2 顯示 $t = 1/4$、$1/2$、$3/4$ 的向右移動的波 $y(x,t)$。

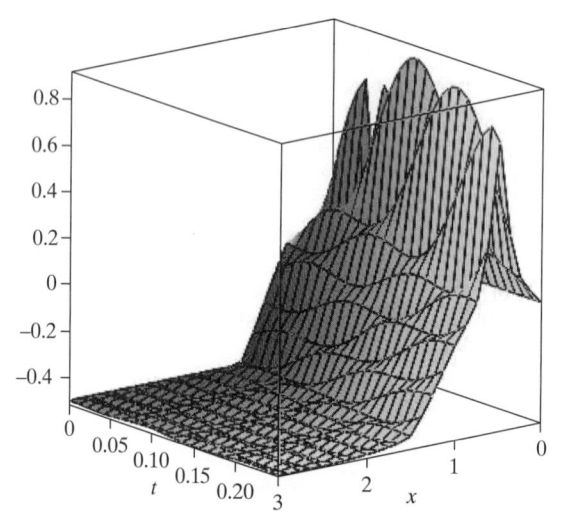

圖 18.1 $y(x,t)$，$x = 0 \sim 3$，$t = 0 \sim 1/4$

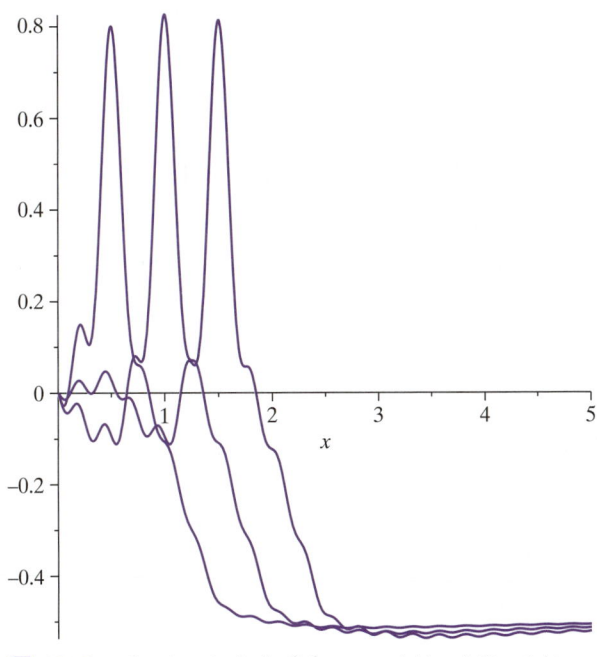

圖 18.2 波 $y(x, t)$ 向右移動，$t = 1/4$、$1/2$、$3/4$

數往知來──頻域分析的其他變換

DCT 與傅立葉變換相關，但不是直接類似。類似於本章傅立葉變換的直接有限域為以下所示的離散傅立葉變換 (Discrete Fourier Transform, DFT)，它也可用於圖像壓縮。

$$F(u, v) = \frac{1}{N^2} \sum_{x=0}^{N-1} \sum_{y=0}^{N-1} f(x, y) e^{-2\pi i \left(\frac{ux}{N} + \frac{vy}{N} \right)}$$

DCT 在實現更高壓縮比和低圖像品質損失方面比 DFT 更有效率；因此，在 JPEG 演算法中是優選的。DCT 還比其基於正弦的版本 DST 更有效。一般來說，頻域分析是一個強大的工具，特定的轉換使用（無論是拉氏、傅立葉、DFT 或 DCT 等）取決於應用程式。用於其他媒體的壓縮演算法，例如，用於音頻的 MP3 和用於影片的 MPEG，也依賴使用變換來操縱頻域中的媒體。

18.3 習題

習題 1–3，使用傅立葉餘弦或正弦變換解半線的波動問題 $y_{tt} = c^2 y_{xx}$，其中 c、初始位置函數 $f(x)$ 和初始速度函數 $g(x)$ 為已知。

1. $c = 3$，$g(x) = 0$ 且
$$f(x) = \begin{cases} x(1-x), & 0 \leq x \leq 1 \\ 0, & x > 1 \end{cases}$$

2. $c = 2$，$f(x) = 0$ 且
$$g(x) = \begin{cases} \cos(x), & \pi/2 \leq x \leq 5\pi/2 \\ 0, & 0 \leq x < \pi/2 \text{ 或 } x > 5\pi/2 \end{cases}$$

3. $c = 14$，$g(x) = 0$ 且
$$f(x) = \begin{cases} x^2(3-x), & 0 \leq x \leq 3 \\ 0, & x > 3 \end{cases}$$

4. 利用傅立葉正弦或餘弦變換，解：
$$u_t = u_{xx} - u, \quad x > 0, t > 0$$
$$u(0, t) = 0, \quad t > 0$$
$$u_x(x, 0) = f(t), \quad x > 0$$

PART 6

複變函數

第 19 章 複數與函數

第 20 章 積分

第 21 章 函數的級數表示

第 22 章 奇異點和留數定理

CHAPTER 19

複數與函數

19.1 複數的幾何和算術

19.1.1 複數

複數 (complex number) 的符號是 $x + iy$ 或 $x + yi$，其中 x 與 y 為實數且 $i^2 = -1$。複數的算術定義為

相等：當 $a = c$ 和 $b = d$ 時，則 $a + ib = c + id$

相加：$(a + ib) + (c + id) = (a + c) + i((b + d)$

相乘：$(a + ib)(c + id) = (ac - bd) + i(ad + bc)$

兩個複數相乘如同兩個多項式 $a + bx$ 與 $c + dx$ 相乘，其中以 i 替代 x 且 $i^2 = -1$。例如，

$$(6 - 4i)(8 + 13i) = (6)(8) + (-4)(13)i^2 + i[(6)(13) + (-4)(8)] = 100 + 46i$$

a 稱為 $a + bi$ 的**實部** (real part)，以 $\text{Re}(a + bi)$ 表示，而 b 為 $a + bi$ 的**虛部** (imaginary part)，以 $\text{Im}(a + bi)$ 表示。例如，

$$\text{Re}(-4 + 12i) = -4 \text{ 且 } \text{Im}(-4 + 12i) = 12$$

任何複數的實部和虛部本身都是實數。

可以將任何實數 a 視為複數 $a + 0i$。以這種方式，複數是實數的推廣。在複數集合中的一些或全部可能是實數。

將實數推廣為複數對代數和分析具有深遠的影響。若 x 限制為實數，則方程式 $x^2 + 1 = 0$ 無解，在複數中，它有兩個解，i 和 $-i$。代數的基本定理表明，複係數 n 次方程式在複數集合中具有 n 個根。一些係數可以是實數，並且一些根可以是實根且／或重根，但是複數多項式的所有根不會超越複數。

複數算術遵循我們習慣使用的實數的許多規則。若 z、w 和 u 為複數，則

(1) $z + w = w + z$（加法可交換）。

(2) $zw = wz$（乘法可交換）。
(3) $z + (w + u) = (z + w) + u$（加法結合律）。
(4) $z(wu) = (zw)u$（乘法結合律）。
(5) $z(w + u) = zw + zu$（分配律）。
(6) $z + 0 = 0 + z = z$。
(7) $z \cdot 1 = 1 \cdot z = z$。

19.1.2 複數平面、大小、共軛與極式

複數有兩種幾何解釋。

可以用平面上的點 (x, y) 來確定複數 $z = x + iy$（圖 19.1(a)）。在這種情況下，平面稱為**複數平面** (complex plane)，水平軸稱為**實軸** (real axis)，垂直軸稱為**虛軸** (imaginary axis)。在水平或實軸上的任何實數 x，其圖形為點 $(x, 0)$，且任何純虛數 yi，y 為實數，是虛軸上的點 $(0, y)$。

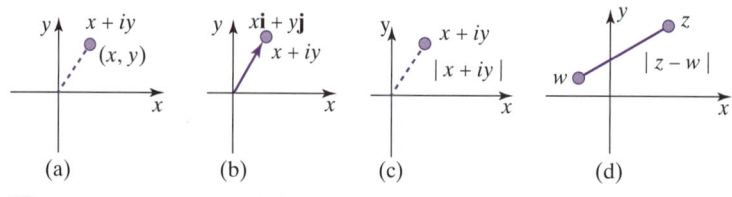

圖 19.1 用點 (x, y) 確定 $z = x + iy$

複數通常以點表示，因為可以用平面上的點來確定複數。複數 $x + iy$ 也可以用平面上的向量 $x\mathbf{i} + y\mathbf{j}$ 來確定（圖 19.1(b)），這與加法一致，因為我們將向量各自的分量相加作為兩個向量的相加，並且分別將複數的實部和虛部相加作為兩個複數的相加。

$x + iy$ 的**大小** (magnitude) 為實數

$$|x + iy| = \sqrt{x^2 + y^2}$$

這是複數平面上從原點到點 (x, y) 的距離，以及表示向量 $x\mathbf{i} + y\mathbf{j}$ 的箭號的長度（圖 19.1(c)）。$|z - w|$ 是複數 z 與 w 之間的距離，也就是平面上兩點之間的距離（圖 19.1(d)）。$x + iy$ 的**共軛複數** (complex conjugate)，或**共軛** (conjugate) 為複數 $x - iy$，虛部的符號相反。將 z 的共軛表示為 $\bar{z}$。在複數平面上，$\overline{x + iy} = x - iy$ 是將點 (x, y) 穿過實軸反射到點 $(x, -y)$（圖 19.2）。

我們有

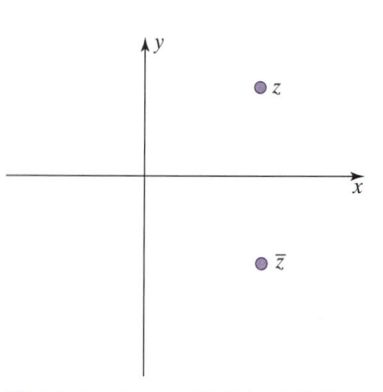

圖 19.2 $\bar{z}$ 為 z 對實軸的鏡射

$$\text{Re}(z) = \text{Re}(\overline{z}) \text{ 和 } \text{Im}(z) = -\text{Im}(\overline{z})$$

共軛（取共軛的運算）和大小具有下列性質。

(1) $\overline{\overline{z}} = z$。
(2) $\overline{z+w} = \overline{z} + \overline{w}$。
(3) $\overline{zw} = (\overline{z})(\overline{w})$。
(4) $\overline{z}/\overline{w} = \overline{z/w}$，$w \neq 0$。
(5) $|z| = |\overline{z}|$。
(6) $|zw| = |z||w|$。
(7) $\text{Re}(z) = \dfrac{1}{2}(z + \overline{z})$ 且 $\text{Im}(z) = \dfrac{1}{2i}(z - \overline{z})$。
(8) $|z| \geq 0$，且 $|z| = 0$ 若且唯若 $z = 0$。
(9) 若 $z = x + iy$，則 $|z|^2 = z\overline{z}$。

這些可由一般的計算建立。對於 (5)，如果 y 替換為 $-y$，則 $x^2 + y^2$ 保持不變，z 和 $\overline{z}$ 與原點的距離相同。對於 (9)，計算

$$|z|^2 = x^2 + y^2 = (x+iy)(x-iy) = z\overline{z}$$

共軛通常用於計算複數商 z/w。將該商的分子和分母乘以分母的共軛：

$$\frac{z}{w} = \frac{z}{w}\frac{\overline{w}}{\overline{w}} = \frac{z\overline{w}}{w\overline{w}} = \frac{1}{|w|^2}(z\overline{w})$$

這將分數 z/w 轉換為乘積 $z\overline{w}$ 除以實數 $|w|^2$。以這種方式進行除法的優點是，它立即產生商的實部和虛部。例如，

$$\frac{2-7i}{8+3i} = \frac{2-7i}{8+3i}\frac{\overline{8+3i}}{\overline{8+3i}} = \frac{(2-7i)(8-3i)}{64+9} = -\frac{5}{73} - \frac{62}{73}i$$

若 $z = a + ib$ 為非零複數，點 (a, b) 具有極座標 (r, θ)，其中 $r = |z|$（圖 19.3），θ 為 z 的**幅角** (argument)。給予任意幅角 θ，則對於任意整數 n，$\theta + 2n\pi$ 亦為一幅角。

使用歐勒公式，我們可以寫成

$$z = a + ib = r\cos(\theta) + ir\sin(\theta) = r(\cos(\theta) + i\sin(\theta)) = re^{i\theta}$$

$re^{i\theta}$ 稱為 z 的**極式** (polar form)。在這個表達式中，θ 可以是 z 的任意幅角，但是我們通常在 $[0, 2\pi]$ 或 $[-\pi, \pi]$ 中選擇 θ。

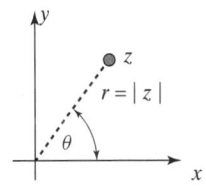

圖 19.3 $|z|$ 為由 0 到 z 的距離

> **例 19.1**
>
> 令 $z = 1+i$，用點 $(1, 1)$ 確定 z，對於任意整數 n，其極座標為 $(\sqrt{2}, \pi/4 + 2n\pi)$。任意數 $\pi/4 + 2n\pi$ 為 $1+i$ 的幅角。z 的極式為
> $$z = 1+i = \sqrt{2}e^{i\pi/4}$$

19.1.3 複數的排序

若 a、b 為相異實數，若 $b-a > 0$，則 $a < b$，或 $a-b > 0$，則 $b < a$。實數是**有序的** (ordered)。複數沒有大小順序，對於複數 z 和 w 而言，$z < w$ 是沒有意義的。

我們可以使用實數作為模型來看到這一點，實數排序的本質是將非零實數分為兩個不相交的類型：正數和負數。每一個非零實數不是正數，就是負數，但不能同時是正負數。此外，兩正數的積為正，兩負數的積為正，負數與正數的積為負。在此情況下，$a < b$ 表示 $b - a$ 為正。

現在假設我們可以將非零複數進行相同的分離成兩個不相交的集合：一個正數複數集合；另一個負數複數集合，此兩集合具有與正負實數相同的乘法性質。如果這是可能的話，那麼若 $w - z$ 為正，則我們可以用 $z < w$ 定義一個排序。

但是 i 可為正或負。若 i 為正，則 $i \cdot i = -1$ 將為正，$-1 \cdot i = -i$ 將為正，與 i 為正的假設相矛盾。

且若 i 為負，則 $i^2 = -1$ 將為正，$(-1)(i) = -i$ 將為負，再次是矛盾。

若在一些討論中，我們假設 $z < w$，則我們也假設 z 和 w 是實數。

19.1.4 不等式

複數沒有不等式。然而，有幾個涉及複數大小的不等式，而這些複數的大小為實數。令 z 和 w 為複數，則

(1) $|\text{Re}(z)| \le |z|$ 且 $|\text{Im}(z)| \le |z|$。
(2) $|z + w| \le |z| + |w|$。
(3) $||z| - |w|| \le |z - w|$。

(1) 遵循 $|x| \le \sqrt{x^2 + y^2}$ 與 $|y| \le \sqrt{x^2 + y^2}$ 的事實。
(2) 為**三角不等式** (triangle inequality)。由於我們已經知道向量的三角不等式，所以此式可立即從複數的向量解釋得到。

對於 (3)，使用三角不等式來寫

$$|z| = |(z+w) - w| \leq |z+w| + |w|$$

因此，

$$|z| - |w| \leq |z+w|$$

交換 z 和 w，

$$|w| - |z| \leq |z+w|$$

將上式乘以 -1，不等式反轉，我們有

$$-|z+w| \leq |z| - |w|$$

合併不等式得到

$$-|z+w| \leq |z| - |w| \leq |z+w|$$

這意味著 $||z| - |w|| \leq |z+w|$。

19.1.5 圓盤、開集合與閉集合

以點 (x_0, y_0) 為圓心，半徑為 r 的圓是與 (x_0, y_0) 距離為 r 的點 (x, y) 的軌跡。這個軌跡有熟悉的方程式

$$\sqrt{(x-x_0)^2 + (y-y_0)^2} = r$$

或

$$(x-x_0)^2 + (y-y_0)^2 = r^2$$

若 $z = x + iy$ 且 $z_0 = x_0 + iy_0$，則這個圓的方程式為

$$|z - z_0| = r$$

這是描述具有圓心 z_0 和半徑 r 的圓的習慣方式。

以 z_0 為圓心，半徑為 r 的**開圓盤** (open disk) 是由與 z_0 的距離小於 r 的所有 z 組成，可以用不等式

$$|z - z_0| < r$$

來描述。

以 z_0 為圓心，半徑為 r 的**閉圓盤** (closed disk) 由滿足

$$|z - z_0| \leq r$$

的所有 z 組成。這個閉圓盤由圓心為 z_0，半徑為 r 的開圓盤中的所有點以及圓的邊界點組成。閉圓盤與開圓盤不同之處，在於閉圓盤包括圓的邊界點。

在複變分析中，開圓盤扮演的角色如同微積分中的開區間 (a, b)，而閉圓盤扮演的角色

則類似於閉區間 $[a, b]$。

現在令 S 為複數集且令 ζ 為一複數（可能屬於 S，也可能不屬於 S）。

(1) 若有一些關於 ζ（亦即，以 ζ 為中心）的開圓盤，其所有的點都在 S 中，則 ζ 為 S 的**內點** (interior point)。

這意味著 ζ 在 S 中，並且由 S 的任何方向，S 中存在任意接近 ζ 的點。

(2) 若每一以 ζ 為中心的開圓盤，包含至少一個 S 中的點和至少一個不在 S 中的點，則 ζ 為 S 的**邊界點** (boundary point)。

S 的邊界點具有 S 中任意接近它的點，且具有不在 S 中任意接近它的點。在這個意義上，S 的邊界點在 S 的「邊緣」。然而，S 的邊界點不必屬於 S。此外，S 的邊界點不可能是內點，S 的內點不可能是邊界點。

(3) 若 S 的每個點都是 S 的內點，則 S 是**開集合** (open set)。
(4) 若 S 包含其所有邊界點，則 S 是**閉集合** (closed set)。

如以下例子所示，集合可以是開集合、閉集合、開集合和閉集合，或不是開集合也不是閉集合。「開集合」和「閉集合」的概念不是對立的——一個集合不一定是開集合或閉集合，不是開集合不等於是閉集合。

例 19.2

令 S 由所有複數 $z = x + iy$，$x \geq 0$，$y > 0$ 組成。若 x 和 y 均為正，則這些點 (x, y) 在右 1/4 平面，若 $x = 0$，則點 $(0, y)$ 在正虛軸上。正實軸上的點 $(x, 0)$ 不在 S 中。圖 19.4 顯示這個集合，使用虛線正實軸來表示該軸上的點不在 S 中，並且使用實線正虛軸來表示該軸上的點在 S 中。

$1 + i$ 為 S 的內點。我們可以放置一個以 $1 + i$ 為中心的圓（半徑為 1/10），其中只包含 S 中的點。

$2i$ 為 S 的邊界點，每一個以 $2i$ 為中心的圓包含 S 中的點以及包含不在 S 中的點。因為 $2i$ 在 S 中，並且不是 S 的內點，所以 S 不是開集合。

2 也是 S 的邊界點，因為每個以 2 為中心的圓包含 S 中的點以及包含不在 S 中的點。然而，2 不在 S 中，S 包含一些邊界點，但不是全部。S 不是閉集合，這個集合既不是開集合也不是閉集合。

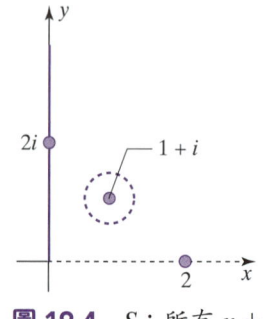

圖 19.4 S：所有 $x + iy$，其中 $x \geq 0$，$y > 0$

例 19.3

每一開圓盤是開集合，每一閉圓盤是閉集合。以 z_0 為中心半徑為 r 的開圓盤和閉圓盤具有相同的邊界點，即圓 $|z - z_0| = r$ 上的邊界點。但是這些邊界點屬於閉圓盤，而不在開圓盤。

例 19.4

令 M 由具有有理實部和虛部的所有複數組成（因此實部和虛部是整數的商）。M 的點不是內點，因為每一個圍繞 M 的點的圓盤必含有無理實部和／或無理虛部，因此必包含不在 M 中的點。這使用每個實數都有任意接近的無理數的事實，因此 M 不是開集合。每一複數（無論是否在 M 中）都是 M 的邊界點，這意味著 M 不包含其所有的邊界點，所以 M 不是閉集合。

例 19.5

令 K 包含所有實數和數 $5i$（圖 19.5）。$5i$ 在 K 中，但不是內點，因為圍繞 $5i$ 的任何開圓盤包含不在 K 中的點，因此 K 不是開集合。K 的每一點都是邊界點，這是它唯一的邊界點。因此，K 包含其所有的邊界點，並且是閉集合。

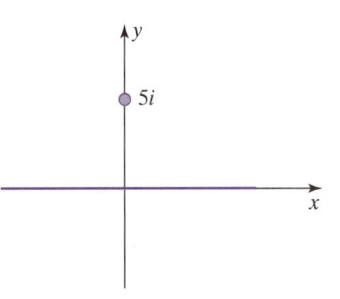

圖 19.5 K：所有 $x + iy$，其中 $y = 0$，以及點 $5i$

例 19.6

任何有限的複數集合是閉集合。假設 $S = \{z_1, ..., z_N\}$ 為 N 個數的集合，每一個 z_j 是 S 的邊界點，因為以 z_j 為中心的每個開圓盤包含不在 S 中的點和至少包含 S 中的一個點，即 z_j 本身。S 沒有其他的邊界點，因此 S 包含其所有的邊界點，並且是閉集合。

定理 19.1

令 S 為複數集合，若且唯若 S 不包含邊界點，則 S 為開集合。

證明：若 S 包含邊界點 ζ，則 ζ 在 S 中且不是內點，故 S 不是開集合。這證明若 S 為開集

合,它不能包含邊界點。

反之,假設 S 不包含邊界點,我們要證明 S 是開集合。

令 ζ 為 S 的一個點。若以 ζ 為中心的每個開圓盤包含不在 S 中的點,則因 ζ 本身在 S 中,所以 ζ 是 S 的邊界點,這與 S 不包含邊界點的假設相矛盾,因此以 ζ 為中心的一些開圓盤必須不包含 S 之外的任何點,因此只包含 S 的點,這使得 ζ 是 S 的內點,則 S 的每個點都是內點,所以 S 是開集合。

定理並不意味著開集合沒有邊界點,一個開集合可以有邊界點,但這些不能在集合中。我們已經看到開圓盤,界定圓上的每個點是開圓盤的邊界點,但這些邊界點都不在開圓盤中。

19.1 習題

習題 1–5,執行指定的計算。

1. $(3-4i)(6+2i)$
2. $(2+i)/(4-7i)$
3. $(17-6i)\overline{(-4-12i)}$
4. $i^3 - 4i^2 + 2$
5. $((-6+2i)/(1-8i))^2$

習題 6–8,求 z 的大小和所有幅角。

6. $3i$
7. $-3+2i$
8. -4

習題 9–11,寫出下列各數的極式。

9. $-2+2i$
10. $5-2i$
11. $8+i$
12. 對任意正整數 n,證明
$$i^{4n} = 1, i^{4n+1} = i, i^{4n+2} = -1, i^{4n+3} = -i$$
13. 證明複數 z、w 和 u 形成等邊三角形的頂點若且唯若
$$z^2 + w^2 + u^2 = zw + zu + wu$$
14. 證明 $z^2 = (\bar{z})^2$ 若且唯若 z 為實數或純虛數。
15. 令 z 與 w 為 $\bar{z}w \neq 1$ 的數,假設 z 或 w 的大小為 1,證明
$$\left|\frac{z-w}{1-\bar{z}w}\right| = 1$$

提示:回想一下,對於每個複數 u,$|u|^2 = u\bar{u}$。

16. 對任意數 z 與 w,證明
$$|z+w|^2 + |z-w|^2 = 2\left(|z|^2 + |w|^2\right)$$

提示:注意習題 15 的提示。

習題 17–22,指定複數的集合。確定所有的邊界點,以及該集合是開集合、閉集合、開集合且閉集合或非開集合且非閉集合。指定集合的所有邊界點(不管它們是否屬於集合)。

17. M 是滿足 $\text{Im}(z) < 7$ 的所有 z 的集合。

18. S 是 $|z| > 2$ 的全部 z 的集合。
19. U 是 $1 < \text{Re}(z) \leq 3$ 的所有 z 的集合。
20. V 是 $2 < \text{Re}(z) \leq 3$ 和 $-1 < \text{Im}(z) < 1$ 的所有 z 的集合。
21. W 由 $\text{Re}(z) > (\text{Im}(z))^2$ 的所有 z 組成。
22. R 是所有數 $1/m + (1/n)i$ 的集合，其中 m, n 為正整數。

19.2 複變函數

複變函數 (complex function) 是作用於複數的函數，並產生複數，應該理解，實數包含於複數集合中。我們經常會只說一個函數或數，而不加「複數」一詞。

例如，對於 $|z| < 1$，$f(z) = z^2$ 是將原點為圓心的開單位圓盤中的數進行平方的函數。

我們要開發複變函數的極限、連續性和可微分的概念。

19.2.1 極限、連續與可微分

若 f 為一函數，並且 L 是一個數，當 z 趨近於 z_0 時，$f(z)$ 有**極限** (limit) L，寫成

$$\lim_{z \to z_0} f(z) = L$$

表示若在圍繞 z_0 的足夠小的圓盤中選擇 z（不包括 z_0 本身），則 $f(z)$ 可以像我們喜歡的那樣靠近 L。

這意味著，給予以 L 為中心，半徑為 ϵ 的開圓盤 D_ϵ，我們可以找到以 z_0 為中心，半徑為 δ 的開圓盤 D_δ，使得對於除了 z_0 之外的 D_δ 中的所有 z，$f(z)$ 在 D_ϵ 中。

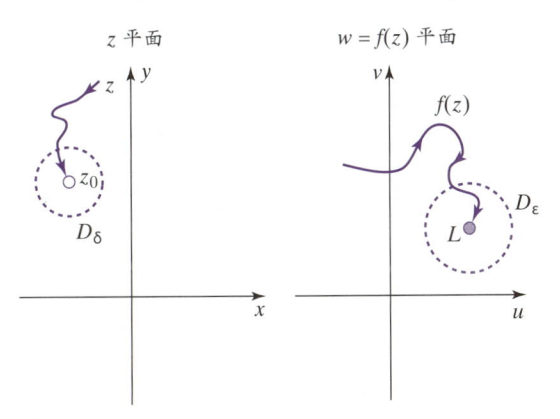

圖 19.6 當 $z \to z_0$，$f(z) \to L$

這個概念如圖 19.6 所示，其中繪製了兩個複數平面：一個是放在函數中的點 $z = x + iy$ 的 z 平面；另一個則是由 z 產生的函數 $w = f(z) = u + iv$ 的 w 平面。令 ϵ 為任意正數（通常

認為接近零），這定義在 w 平面上以 L 為中心的一個開圓盤 D_ϵ。$\lim_{z \to z_0} f(z) = L$，對於每一個 ϵ，我們必須能夠產生正數 δ（通常與 ϵ 有關），使得對於以 z_0 為中心的開圓盤 D_δ 中的所有點（除了 z_0 本身），都被 f 映射到以 L 為中心的圓盤 D_ϵ。

以不等式而言，給予 $\epsilon > 0$，我們必須能夠找到 $\delta > 0$，使得

$$\text{若 } 0 \neq |z - z_0| < \delta \text{，則 } |f(z) - L| < \epsilon$$

這個定義不包括對 $f(z_0)$ 本身的考慮，因為極限只關心當 z 任意趨近於 z_0 時 $f(z)$ 發生的變化。函數在 z_0 未必有定義，且 $f(z_0)$ 未必等於極限 L。我們也可以用實函數的極限來看這一點。

在微積分中，我們遇到的許多極限是相當直截了當的。ϵ、δ 定義主要用於技術論證和結果的推導。

例 19.7

令 $f(z) = z^2$，$z \neq i$。即使 $f(i)$ 沒有定義

$$\lim_{z \to i} f(z) = i^2 = -1$$

複變函數和實函數的極限之間的顯著差異在於：在實線上，x 只能從左側或右側接近 x_0；而在複數平面上，z 可以沿著無窮多個不同的路徑從任何方向接近 z_0。要求 $f(z)$ 沿著所有這樣的路徑接近 L 值是比要求函數僅從左側或右側接近相同的 L 值更強的條件。

極限與複變函數的算術運算相結合，正如它們對實函數所做的那樣。令

$$\lim_{z \to z_0} f(z) = L \text{ 且 } \lim_{z \to z_0} g(z) = K$$

則

(1) $$\lim_{z \to z_0} (f(z) + g(z)) = L + K$$

(2) $$\lim_{z \to z_0} f(z)g(z) = LK$$

且若 $K \neq 0$，

(3) $$\lim_{z \to z_0} \frac{f(z)}{g(z)} = \frac{L}{K}$$

此外，若 c 為一數，則

(4) $$\lim_{z \to z_0} cf(z) = cL$$

在特殊情況下，

$$\lim_{z \to z_0} f(z) = f(z_0)$$

我們稱 f 在 z_0 為**連續 (continuous)**。這要求 $f(z_0)$ 有定義且當 z 沿著所有路徑接近 z_0 時，$f(z)$ 接近 $f(z_0)$。例 19.7 的函數在 i 不連續，因為 $f(i)$ 無定義。

若 f 在集合 S 的每一點為連續，則 f 在 S 為連續。例 19.7 的函數在由移除 i 的複數平面所組成的集合 S 上為連續。

函數 f 在 S **有界 (bounded)**，若對於某個正數 M，以及對於 S 中的所有 z，

$$|f(z)| \leq M$$

這意味著有一個以原點為中心的圓盤包含所有 $f(z)$，其中 z 在 S 中，並且當 z 在 S 中變化時，$f(z)$ 不能任意遠離原點。

連續函數未必是有界。例如，$f(z) = 1/z$ 在原點被去除的平面上是連續，但是我們可以選擇足夠接近零的 z，使 $1/z$ 如我們想要的一樣大。

可以在 S 上放置條件，以確保 S 上的連續函數是有界的。若有一個正數 M 使得對於 S 中所有的 z，

$$|z| \leq M$$

則集合 S 為**有界集合 (bounded set)**。這意味著可以繪製一個足夠大的圓盤來包圍集合的所有點。

若 S 是閉集合且有界，則集合 S 是**緊緻 (compact)**。例如，閉集合的圓盤是緊緻。

緊緻足以確保連續函數為有界。

定理 19.2

若 f 在緊緻集合 S 為連續，則 f 在 S 為有界函數。

複導數模仿實導數。若對於一些數 L，

$$\lim_{z \to z_0} \frac{f(z) - f(z_0)}{z - z_0} = L$$

則 f 在 z_0 **可微 (differentiable)**。在此情況下，L 是 f 在 z_0 的導數，且我們寫

$$f'(z_0) = L$$

微分的定義可以重新表述

$$\lim_{h \to 0} \frac{f(z_0 + h) - f(z_0)}{h} = f'(z_0)$$

因為 h 是複數，必須允許沿任意路徑趨近於零。

對於在任意點的導數，我們也可以使用萊伯尼茲 (Leibniz) 符號

$$\frac{d}{dz}f(z)$$

且使用

$$\left.\frac{d}{dz}f(z)\right|_{z=z_0}$$

表示在 z_0 的導數。

如同實函數，我們很少用極限定義來計算複導數。用於計算複變函數的導數的規則與實函數的形式相同。當所有導數均有定義，

(1) $(f+g)'(z) = f'(z) + g'(z)$。
(2) $(f-g)'(z) = f'(z) - g'(z)$。
(3) $(cf)'(z) = cf'(z)$，c 為任意數。
(4) $(fg)'(z) = f(z)g'(z) + f'(z)g(z)$
且
(5)

$$\left(\frac{f}{g}\right)'(z) = \frac{g(z)f'(z) - f(z)g'(z)}{(g(z))^2}$$

(6) 還有一個連鎖律的複數版本，用於微分合成函數 $f \circ g$，其中 $(f \circ g)z = f(g(z))$。假設導數存在，則

$$(f \circ g)'(z) = f'(g(z))g'(z)$$

以萊伯尼茲符號表示，

$$\frac{d}{dz}(f(g(z))) = \frac{df}{dw}\frac{dw}{dz}$$

其中 $w = g(z)$。

在實數微積分，有一些不可微分的函數，對於複變函數也是如此。

例 19.8

令 $f(z) = \bar{z}$，觀察 $f(z)$ 在 z 是否可微分，考慮

$$f'(z) = \lim_{h \to 0}\frac{f(z+h) - f(z)}{h}$$

$$= \lim_{h \to 0}\frac{\bar{z} + \bar{h} - \bar{z}}{h} = \lim_{h \to 0}\frac{\bar{h}}{h}$$

若 $f'(z)$ 存在，則無論 h 如何接近零，我們需要 $\bar{h}/h$ 趨近於相同的值。若 h 沿著實軸趨近於 0，$\bar{h} = h$ 且 $\bar{h}/h = 1$，所以這個極限必須是 1，但若 h 沿著虛軸趨近於 0，則 $h = ik$，k 為實數，且

$$\frac{\bar{h}}{h} = \frac{\overline{ik}}{ik} = \frac{-ik}{ik} = -1$$

這個商在虛軸上始終為 -1，所以無論 k 如何趨近於 0，定義 $f'(z)$ 的極限必須是 -1。我們得到結論，定義這個導數的極限不存在，此函數在任何點均無導數。

可微分的複變函數是連續的。

定理 19.3

若 f 在 z_0 可微分，則 f 在 z_0 連續。

觀察為什麼這是真的，首先

$$f(z_0 + h) - f(z_0) = h\left(\frac{f(z_0 + h) - f(z_0)}{h}\right)$$

當 $h \to 0$，右邊括號內的差商趨近於 $f'(z_0)$，且括號外的 h 趨近於 0，故右邊趨近於 0。因此

$$\lim_{h \to 0}(f(z_0 + h) - f(z_0)) = 0$$

這相當於 $\lim_{z \to z_0} f(z) = f(z_0)$

19.2.2 柯西－黎曼方程式

有一對偏微分方程式與複變函數的可微性密切相關。這些方程式也在位勢理論和 Dirichlet 問題的處理上發揮作用。

若 f 為複變函數且 $z = x + iy$，則我們可以寫

$$f(z) = f(x + iy) = u(x,y) + iv(x,y)$$

其中 u 與 v 為兩實變數的實值函數：

$$u(x,y) = \text{Re}(f(z)) \text{ 且 } v(x,y) = \text{Im}(f(z))$$

例 19.9

令 $f(z) = z^2$，則

$$f(z) = (x + iy)^2 = x^2 - y^2 + 2ixy = u(x,y) + iv(x,y)$$

對於這個函數，$u(x, y) = x^2 - y^2$ 且 $v(x, y) = 2xy$，而不是 $2ixy$。

若 $g(z) = 1/z$，$z \neq 0$，則

$$g(z) = \frac{1}{x + iy} = \frac{1}{x + iy} \frac{x - iy}{x - iy}$$

$$= \frac{x}{x^2 + y^2} - i\frac{y}{x^2 + y^2} = u(x,y) + iv(x,y)$$

對於 $g(z)$，

$$u(x, y) = \frac{x}{x^2 + y^2} \text{ 且 } v(x, y) = -\frac{y}{x^2 + y^2}$$

對於 f 可微，u 與 v 的偏導數必須以特殊的方式相關。

定理 19.4　柯西－黎曼方程式

令 $f(x + iy) = u(x, y) + iv(x, y)$ 在 $z = x + iy$ 可微，則在 (x, y)，

$$\frac{\partial u}{\partial x} = \frac{\partial v}{\partial y} \text{ 且 } \frac{\partial v}{\partial x} = -\frac{\partial u}{\partial y}$$

這是對於 f 的實部和虛部的**柯西－黎曼方程式** (Cauchy-Riemann equations)。在推導這些方程式時，我們也會獲得 $f'(z)$ 的表達式。

若 $f(z)$ 在 z 可微，則

$$f'(z) = \lim_{h \to 0} \frac{f(z + h) - f(z)}{h}$$

不論 h 趨近於 0 的路徑，這個差商趨近於 $f'(z)$。專注於兩條特定的路徑。

路徑 1——沿著實軸。現在 h 為實數，向左或向右趨近於 0。因為 h 為實數，$z + h = x + h + iy$ 且

$$f'(z) = \lim_{h \to 0} \frac{f(z + h) - f(z)}{h}$$

$$= \lim_{h \to 0} \frac{u(x + h, y) + iv(x + h, y) - u(x, y) - iv(x, y)}{h}$$

$$= \lim_{h \to 0} \left(\frac{u(x + h, y) - u(x, y)}{h} + i\frac{v(x + h, y) - v(x, y)}{h} \right)$$

$$= \frac{\partial u}{\partial x} + i\frac{\partial v}{\partial x}$$

路徑 2——沿著虛軸。現在 $h = ik$，k 為實數且 $z + h = z + ik = x + i(y + k)$，因此

$$f'(z) = \lim_{k \to 0} \frac{u(x, y+k) + iv(x, y+k) - u(x, y) - iv(x, y)}{ik}$$
$$= \lim_{k \to 0} \left(\frac{1}{i} \frac{u(x, y+k) - u(x, y)}{k} + \frac{v(x, y+k) - v(x, y)}{k} \right)$$
$$= -i \frac{\partial u}{\partial y} + \frac{\partial v}{\partial y}$$

這裡我們使用 $1/i = -i$ 的事實。總結如下：

$$f'(z) = \frac{\partial u}{\partial x} + i \frac{\partial v}{\partial x} = -i \frac{\partial u}{\partial y} + \frac{\partial v}{\partial y} \tag{19.1}$$

將上式中的實部和虛部對應相等，可得

$$\frac{\partial u}{\partial x} = \frac{\partial v}{\partial y} \text{ 且 } \frac{\partial v}{\partial x} = -\frac{\partial u}{\partial y}$$

柯西－黎曼方程式是複變函數可微分的必要條件。給予 f、u 與 v 是唯一確定的，並且 f 在 u 和 v 不滿足柯西－黎曼方程式的任何點都不可微分。

例 19.10

我們知道 $f(z) = \bar{z}$ 不可微分。為了說明定理，我們使用柯西－黎曼方程式。寫出

$$f(z) = \bar{z} = x - iy = u(x, y) + iv(x, y)$$

故 $u(x, y) = x$ 且 $v(x, y) = -y$，則

$$\frac{\partial u}{\partial x} = 1 \text{ 且 } \frac{\partial v}{\partial y} = -1$$

故柯西－黎曼方程式不成立，而 f 在任何 z 都不可微分。

例 19.11

令 $f(z) = \text{Re}(z)$，則

$$f(z) = f(x + iy) = \text{Re}(x + iy) = x$$

故 $f(z) = u(x, y) + iv(x, y)$，其中 $u(x, y) = x$ 且 $v(x, y) = 0$，則

$$\frac{\partial u}{\partial x} = 1, \frac{\partial v}{\partial y} = 0$$

這個函數在任意 z 都是不可微分。

柯西－黎曼方程式為 $f = u + iv$ 在某一點可微分的必要條件。若 u、v 和它們的第一偏導數為連續（例如，在一些開圓盤上），則可以證明柯西－黎曼方程式也是 f 在這個圓盤上可微分的充分條件。

使用柯西－黎曼方程式，我們可以證明下列定理。

定理 19.5

令 f 在開圓盤 D 可微分，令 $f = u + iv$，假設 u 與 v 為連續且具有連續的第一和第二偏導數，u 和 v 在 D 滿足柯西－黎曼方程式，則

(1) 若在 D 上 $f'(z) = 0$，則 f 是 D 上的常數函數。
(2) 若 $|f(z)|$ 在 D 上是常數，則 $f(z)$ 也是。

(1) 很容易證明，對於 D 中的每個 z，使用式 (19.1) 可得

$$f'(z) = 0 = \frac{\partial u}{\partial x} + i\frac{\partial v}{\partial x}$$

這意味著 D 上的 $\partial u/\partial x = \partial v/\partial x = 0$。由柯西－黎曼方程式，在 D 上，

$$\frac{\partial v}{\partial y} = 0 \text{ 且 } \frac{\partial u}{\partial y} = 0$$

則 u 和 v 是常數函數，因此 f 也是。

(2) 涉及的較多。假設對於 D 中所有的 z，$|f(z)| = k$，則對 D 中的 (x, y)，

$$|f(z)|^2 = u(x,y)^2 + v(x,y)^2 = k^2 \tag{19.2}$$

若 $k = 0$，則對 D 中所有的 z，$f(z) = 0$。若 $k \neq 0$。將式 (19.2) 對 x 微分，可得

$$u\frac{\partial u}{\partial x} + v\frac{\partial v}{\partial x} = 0 \tag{19.3}$$

對 y 微分，可得

$$u\frac{\partial u}{\partial y} + v\frac{\partial v}{\partial y} = 0 \tag{19.4}$$

使用柯西－黎曼方程式將式 (19.3) 與式 (19.4) 寫成

$$u\frac{\partial u}{\partial x} - v\frac{\partial u}{\partial y} = 0 \tag{19.5}$$

和

$$u\frac{\partial u}{\partial y} + v\frac{\partial u}{\partial x} = 0 \tag{19.6}$$

將式 (19.5) 乘以 u，式 (19.6) 乘以 v，並將所得的兩式相加，得到

$$(u^2 + v^2)\frac{\partial u}{\partial x} = k^2 \frac{\partial u}{\partial x} = 0$$

因此 D 上的 $\partial u/\partial x = 0$，且由柯西 – 黎曼方程式，得知 $\partial v/\partial y = 0$。類似的運算可證明 $\partial u/\partial y = \partial v/\partial x = 0$，故 $u(x, y)$ 與 $v(x, y)$ 為常數；因此，$f(z)$ 在 D 為常數。

可微分複變函數與調和函數之間有一個緊密的連接。回想一下，若 φ 滿足拉氏方程式

$$\nabla^2 \varphi = \frac{\partial^2 \varphi}{\partial x^2} + \frac{\partial^2 \varphi}{\partial y^2} = 0$$

則兩個實變數的實值函數 $\varphi(x, y)$ 是 x、y 平面上的調和函數。

可微分複變函數的實部與虛部必是調和。

定理 19.6

令 G 為複數平面上的開集，且假設 $f(z) = u(x, y) + iv(x, y)$ 在 G 為可微分，則 u 與 v 在 G 上為調和。

證明 從 u 和 v 滿足柯西 – 黎曼方程式的事實開始：

$$\frac{\partial u}{\partial x} = \frac{\partial v}{\partial y} \text{ 且 } \frac{\partial v}{\partial x} = -\frac{\partial u}{\partial y}$$

將第一個方程式對 x 微分且將第二個方程式對 y 微分，得到

$$\frac{\partial^2 u}{\partial x^2} = \frac{\partial^2 v}{\partial y \partial x} = \frac{\partial^2 v}{\partial x \partial y} = -\frac{\partial^2 u}{\partial y^2}$$

這意味著

$$\frac{\partial^2 u}{\partial x^2} + \frac{\partial^2 u}{\partial y^2} = 0$$

同理，

$$\frac{\partial^2 v}{\partial x^2} + \frac{\partial^2 v}{\partial y^2} = 0$$

因此 u 與 v 在 G 為調和。

到目前為止，可微分複變函數的實部與虛部是調和。可以用另一種方式相連，其意義如下：給予域 D 上的一個調和函數 u，則 D 上有一個調和函數 v，而 $f = u + iv$ 在 D 上可微分。我們稱這個 v 為 u 的**調和共軛** (harmonic conjugate)。在這個意義上，可以從實調和函數建構可微分複變函數。

定理 19.7

在複數平面上,令 u 在開圓盤 D 為調和,則對於定義於 D 的 v,函數 $f(z) = u(x, y) + iv(x, y)$ 在 D 上可微分。

這個結論可用於連接實函數與複函數,並使用複變的方法來求解僅涉及實函數的問題。例如,偏微分方程式中的 Dirichlet 問題有時可以用複變的方法來求解。

19.2 習題

習題 1–6,求 u 和 v 使得 $f = u + iv$,求柯西-黎曼方程式成立的所有點 (x, y),並求 f 可微分的所有 z。假設兩個實變數的實值函數為連續。

1. $f(z) = z - i$
2. $f(z) = |z|$
3. $f(z) = i|z|^2$
4. $f(z) = z/\text{Re}(z)$
5. $f(z) = (\bar{z})^2$
6. $f(z) = -4z + 1/z$
7. 令 $z_n = a_n + ib_n$ 為複數數列。若實數列 a_n 與 b_n 收斂,

$$a_n \to c, b_n \to d$$

則此數列收斂於 $w = c + id$。證明若 $f(z)$ 在 z_0 為連續,並且 z_n 是收斂到 z_0 的數列,則 $f(z_n)$ 收斂到 $f(z_0)$。

19.3 指數與三角函數

19.3.1 指數函數

我們多次使用歐拉公式

$$e^{i\theta} = \cos(\theta) + i\sin(\theta)$$

若 $z = x + iy$,我們可以寫

$$e^z = e^{x+iy} = e^x e^{iy}$$
$$= e^x(\cos(y) + i\sin(y))$$

這導致我們以

$$e^z = e^x \cos(y) + ie^x \sin(y)$$

定義複指數函數。

函數 $u(x, y) = e^x \cos y$ 與 $v(x, y) = e^x \sin(y)$ 為連續，且具有滿足柯西－黎曼方程式的連續第一偏導數，因此 e^z 對於所有 z 都是可微分。此外，使用式 (19.1)，

$$f'(z) = \frac{\partial u}{\partial x} + i\frac{\partial v}{\partial x} = e^x \cos(y) + ie^x \sin(y) = e^z$$

與實指數函數一樣。

下列 e^z 的性質是定義的直接結果。

定理 19.8

令 z 與 w 為複數，則

(1) $e^0 = 1$。
(2) $e^{z+w} = e^z e^w$。
(3) 對於所有的 z，$e^z \neq 0$。
(4) 若 $z \neq 0$，$e^{-z} = 1/e^z$。
(5) 若 t 為實數，則 $\overline{e^{it}} = e^{-it}$。

證明 (2)，令 $z = x_1 + iy_1$ 且 $w = x_2 + iy_2$，則

$$\begin{aligned} e^z e^w &= e^{x_1}(\cos(y_1) + i\sin(y_1))e^{x_2}(\cos(y_2) + i\sin(y_2)) \\ &= e^{x_1} e^{x_2} [\cos(y_1)\cos(y_2) - \sin(y_1)\sin(y_2) + i(\cos(y_1)\sin(y_2) + \sin(y_1)\cos(y_2))] \\ &= e^{x_1+x_2} [\cos(y_1 + y_2) + i\sin(y_1 + y_2)] \\ &= e^{x_1+x_2+i(y_1+y_2)} \\ &= e^{z+w} \end{aligned}$$

對於 (3)，假設

$$e^z = e^x \cos(y) + ie^x \sin(y) = 0$$

則

$$e^x \cos(y) = e^x \sin(y) = 0$$

因為對於每一個實數 x，$e^x \neq 0$，我們有

$$\cos(y) = \sin(y) = 0$$

這是不可能的，因為實正弦和餘弦函數不可能同時為零。

對於 (4)，使用 (1) 與 (2) 寫出

$$e^0 = 1 = e^{z-z} = e^z e^{-z}$$

意味著 $1/e^z = e^{-z}$。

最後，為了證明 (5)，假設 t 為實數，由歐拉公式，

$$\overline{e^{it}} = \overline{\cos(t) + i\sin(t)}$$
$$= \cos(t) - i\sin(t) = e^{-it}$$

或許在複指數函數中發現的第一驚喜是 e^z 是週期性的，這個週期不出現在實指數函數中，因為週期是純虛數。

定理 19.9　e^z 的週期

(1) $e^z = 1$ 若且唯若 $z = 2n\pi i$，n 為整數。
(2) 對所有的複數 z，若 p 為使 $e^{z+p} = e^z$ 的數，則 $p = 2n\pi i$，n 為整數。
(3) 對於每個非零整數 n，e^z 是週期性的，週期為 $2n\pi i$。此外，這些是複指數函數的唯一週期。

要證明 (1)，首先觀察，若 $z = 2n\pi i$，n 為整數，則

$$e^z = e^{2n\pi i} = \cos(2n\pi) + i\sin(2n\pi) = 1$$

因為 $\cos(2n\pi) = 1$ 且 $\sin(2n\pi) = 0$。

反之，若 $e^z = e^{a+ib} = 1$，則

$$e^a \cos(b) + i e^a \sin(b) = 1$$

因此

$$e^a \cos(b) = 1 \text{ 且 } e^a \sin(b) = 0$$

因為 $e^a \neq 0$，所以 $\sin(b) = 0$，故 $b = k\pi$，k 為整數，但是

$$e^a \cos(b) = e^a \cos(k\pi) = (-1)^k e^a = 1$$

這要求 $(-1)^k$ 為正，故 $k = 2n$，n 為整數，但是 $e^a = 1$，這對於實數的 a 意味著 $a = 0$，因此 $z = a + bi = 2n\pi i$，n 為整數。

證明 (2)，假設對於所有的 z，$e^{z+p} = e^z$，則

$$e^{z+p} = e^z e^p = e^z$$

但 $e^p = 1$，故由 (1)，$p = 2n\pi i$，n 為整數。

證明 (3)，令 n 為非零整數。由 (1)，對所有的 z

$$e^{z+2n\pi i} = e^z e^{2n\pi i} = e^z$$

故 e^z 有週期 $2n\pi i$。對於 (3) 的其餘部分，我們需要證明 e^z 的任意週期是 2π 的整數倍。因此對於所有 z 和某些數 $p \neq 0$，假設 $e^{z+p} = e^z$，則由 (2)，$p = 2n\pi i$，n 為非零整數。

因此，e^z 的每個週期都是純虛數，解釋了為什麼實指數函數沒有週期。

實數和複數指數函數之間的另一個差異是 e^z 可以是負數。例如，對於某個整數 n，當 $z = (2n+1)\pi i$ 時，很容易驗證 $e^z = -1$。

例 19.12

解方程式
$$e^z = 1 + 2i$$

我們想要所有 z 使得
$$e^z = e^x \cos(y) + ie^x \sin(y) = 1 + 2i$$

這要求
$$e^x \cos(y) = 1 \text{ 且 } e^x \sin(y) = 2$$

如果我們將這些方程式平方並相加，得到
$$e^{2x}(\cos^2(y) + \sin^2(y)) = e^{2x} = 5$$

這意味著 $x = \ln(5)/2$。其次，
$$\frac{e^x \sin(y)}{e^x \cos(y)} = \tan(y) = 2$$

故 $y = \arctan(2)$。e^z 的所有解為
$$z = \frac{1}{2}\ln(5) + i\arctan(2)$$

19.3.2 餘弦與正弦函數

複數餘弦和正弦定義如下：
$$\cos(z) = \frac{1}{2}\left(e^{iz} + e^{-iz}\right) \text{ 且 } \sin(z) = \frac{1}{2i}\left(e^{iz} - e^{-iz}\right)$$

有時我們想要這些函數的實部和虛部。對於 $\cos(z)$，
$$\cos(z) = \frac{1}{2}\left(e^{iz} + e^{-iz}\right)$$
$$= \frac{1}{2}\left(e^{i(x+iy)} + e^{-i(x+iy)}\right)$$
$$= \frac{1}{2}\left(e^{ix}e^{-y} + e^{-ix}e^{y}\right)$$

$$= \frac{1}{2}\left(e^{-y}(\cos(x)+i\sin(x))+e^{y}(\cos(x)-i\sin(x))\right)$$

$$= \frac{1}{2}\cos(x)\left(e^{y}+e^{-y}\right)+\frac{i}{2}\sin(x)\left(e^{-y}-e^{y}\right)$$

$$= \cos(x)\cosh(y)-i\sin(x)\sinh(y)$$

同理,
$$\sin(z)=\sin(x)\cosh(y)+i\cos(x)\sinh(y)$$

$$=\frac{1}{2}\sin(x)\left(e^{y}+e^{-y}\right)+\frac{i}{2}\cos(x)\left(e^{-y}-e^{y}\right)$$

若 $z=x$ 為實數,則 $y=0$。在此情況下,複數正弦等於實數正弦,而複數餘弦等於實數餘弦。在這個意義上,$\sin(z)$ 與 $\cos(z)$ 為 $\sin(x)$ 與 $\cos(x)$ 在複數平面的推廣。

乘法證明,對於所有 z,
$$\cos^{2}(z)+\sin^{2}(z)=1$$

如預期。實正弦和實餘弦的其他等式很容易地推廣到複數的對應等式。因為指數函數易於計算,所以這些等式的推導在複數情況下十分簡化。

例如,假設我們要證明 $\sin(2z)=2\sin(z)\cos(z)$,立刻有

$$2\sin(z)\cos(z)=\frac{1}{2i}\left(e^{iz}-e^{-iz}\right)\left(e^{iz}+e^{-iz}\right)$$

$$=\frac{1}{2i}\left(e^{2iz}-e^{-2iz}\right)=\sin(2z)$$

由柯西−黎曼方程式,$\cos(z)$ 和 $\sin(z)$ 對於所有的 z 是可微分。此外,使用方程式 (19.1),

$$\frac{d}{dz}\cos(z)=\frac{\partial u}{\partial x}+i\frac{\partial v}{\partial x}$$

$$=-\sin(x)\cosh(y)-i\cos(x)\sinh(y)=-\sin(z)$$

且以類似的計算

$$\frac{d}{dz}\sin(z)=\cos(z)$$

複數正弦和複數餘弦函數表現出一些在實數情況下看不到的性質,例如,實數正弦和實數餘弦為有界:$|\cos(x)|\leq 1$ 且 $|\sin(x)|\leq 1$,x 為實數。但是複數正弦和餘弦在複數平面不是有界函數。對於實數 y,

$$\cos(iy)=\frac{1}{2}(e^{-y}+e^{y})$$

選取很大的 y,可使上式變得很大。同理,可以使 $\sin(iy)$ 變得很大。

鑑於這種行為，我們可能會問到複數正弦和餘弦的週期與零點。將這些函數推廣到複數平面不會帶來任何新的週期或零點。

定理 19.10 零點和週期

(1) $\sin(z) = 0$ 若且唯若 $z = n\pi$，n 為整數。
(2) $\cos(z) = 0$ 若且唯若 $z = (2n+1)\pi/2$，n 為整數。
(3) $\cos(z)$ 與 $\sin(z)$ 的週期為 $2n\pi$，n 為正整數。此外，這些是這些函數的唯一週期。

這些遵循有系統地使用 $\cos(z)$ 和 $\sin(z)$ 的實部與虛部。例如，為了求 $\sin(z)$ 的零點，解

$$\sin(z) = \sin(x)\cosh(y) + i\cos(x)\sinh(y) = 0$$

因此

$$\sin(x)\cosh(y) = 0 \text{ 且 } \cos(x)\sinh(y) = 0$$

由第一個方程式以及對於實數 y，$\cosh(y) \neq 0$ 的事實，可得 $\sin(x) = 0$，這表示 $x = n\pi$，其中 x 為實數，n 為整數。由第二個方程式，

$$\cos(x)\sinh(y) = \cos(n\pi)\sinh(y) = (-1)^n \sinh(y) = 0$$

所以 $\sinh(y) = 0$，故 $y = 0$，因此 $z = n\pi$，n 為整數，(1) 得證。同理可證 (2) 與 (3)。

其他三角函數是以正弦和餘弦的方式定義。例如，$\tan(z) = \sin(z)/\cos(z)$，其中 $\cos(z) \neq 0$。

19.3 習題

習題 1–5，以 $a + bi$ 的形式寫出函數值。

1. e^i
2. $\cos(3 + 2i)$
3. e^{5+2i}
4. $\sin^2(1 + i)$
5. $e^{\pi i/2}$
6. $e^{z^2} = u(x, y) + iv(x, y)$，求 u 與 v。證明對於所有的 (x, y)，u 與 v 滿足柯西－黎曼方程式。
7. 求 u 與 v，使得 $e^{1/z} = u(x, y) + iv(x, y)$。證明 u 與 v 滿足柯西－黎曼方程式，其中 $z \neq 0$。
8. 求 u 與 v，使得 $ze^z = u(x, y) + iv(x, y)$。對於所有的 z，證明 u 與 v 滿足柯西－黎曼方程式。
9. 求 u 與 v，使得 $\cos^2(z) = u(x, y) + iv(x, y)$。對於所有的 z，證明 u 與 v 滿足柯西－黎曼方程式。
10. 求 $e^z = 2i$ 的所有解。
11. 導出下列等式。
    (1) $\sin(z + w) = \sin(z)\cos(w) + \cos(z)\sin(w)$。

(2) $\cos(z+w) = \cos(z)\cos(w) - \sin(z)\sin(w)$。

12. 求 $e^z = -2$ 的所有解。

13. 求 $\sin(z) = i$ 的所有解。

19.4 複數對數

在實數微積分中，自然對數是指數函數的反函數：對於 $x > 0$，

$$y = \ln(x) \text{ 若且唯若 } x = e^y$$

以這種方式，實自然對數可以被認為是方程式 $x = e^y$ 的解。我們將使用這種方法來開發一個複數對數。給予 $z \neq 0$，求解方程式

$$e^w = z$$

中的 w。為了做到這一點，把 z 以極式 $z = re^{i\theta}$ 表示且令 $w = u + iv$，寫成

$$z = re^{i\theta} = e^w = e^u e^{iv} \tag{19.7}$$

因為 θ 與 v 為實數，$|e^{i\theta}| = |e^{iv}| = 1$。取式 (19.7) 中的大小，得到 $r = |z| = e^u$，因此

$$u = \ln(r)$$

正數 r 的實自然對數。但是現在式 (19.7) 意味著 $e^{i\theta} = e^{iv}$，因此 $e^{iv}/e^{i\theta} = e^{i(v-\theta)} = 1$，由定理 19.9(1)，

$$v = \theta + 2n\pi$$

其中 n 為整數。

總之，給予 $z = re^{i\theta}$，$r \neq 0$，有無限多複數 w 使得 $e^w = z$。所有這些數都是

$$w = \ln(r) + i\theta + 2n\pi i$$

其中 n 為任意整數。這導致我們定義，對於 $z \neq 0$，

$$\log(z) = \ln(|z|) + i\theta + 2n\pi i$$

其中 θ 為 z 的任意幅角且 n 可以是任何整數。

複數對數不是通常意義上的函數，因為每個非零 z 具有無窮多個不同的複數對數。

例 19.13

令 $z = 1 + i$，其極式為 $z = \sqrt{2} e^{i(\pi/4 + 2n\pi)}$，$1 + i$ 的對數值為

$$\log(1+i) = \ln\sqrt{2} + i\left[\frac{\pi}{4} + 2n\pi\right]$$

在複數平面中，我們可以取負數的對數。

例 19.14

令 $z=-3$，其極式為 $z = 3e^{(\pi+2n\pi)i} = 3e^{(2n+1)\pi i}$，$-3$ 的對數值為

$$\log(-3) = \ln(3) + (2n+1)\pi i$$

其中 n 可以是任何整數。

19.4 習題

習題 1–3，求 z 的複數對數的所有值
1. $-4i$
2. -5
3. $-9+2i$

4. 令 z 與 w 為非零複數，證明 $\log(zw)$ 的值等於 $\log(z)$ 的值加 $\log(w)$ 的值。
5. 令 z 與 w 為非零複數。證明 $\log(z/w)$ 的值等於 $\log(z)$ 的值減 $\log(w)$ 的值。

19.5 冪次

當 z 和 w 是複數且 $z \neq 0$ 時，我們想為 z^w 指定一個含義。若 $w = n$，為非零整數，則 z^n 的含義是清楚的。例如，$z^3 = z \cdot z \cdot z$，且 $z^{-3} = 1/z^3 = 1/(z \cdot z \cdot z)$，$z \neq 0$。對於其他冪次，分階段進行。

19.5.1 n 次方根

令 n 為正整數，z 的 n 次方根為一個數，以 $z^{1/n}$ 表示，其 n 次方為 z。我們想要找 $z^{1/n}$ 的所有值。要找到這些，從 z 的極式開始，

$$z = re^{i(\theta+2k\pi)}$$

z 的所有幅角 $\theta + 2k\pi$ 在指數中，則

$$z^{1/n} = r^{1/n} e^{i(\theta+2k\pi)/n}$$

其中 $r^{1/n}$ 為正數 r 的正 n 次方根。當 k 在整數上變化時，右邊的數給出了 z 的所有 n 次方根。

對於 $k = 0, 1, \cdots, n-1$，我們得到 n 個相異數

$$r^{1/n}e^{i\theta/n}, r^{1/n}e^{i(\theta+2\pi)/n}, r^{1/n}e^{i(\theta+4\pi)/n} \cdots, r^{1/n}e^{i(\theta+2(n-1)\pi)/n} \tag{19.8}$$

這些是 z 的所有 n 次方根,選擇其他 k 值所產生的數已經列於式 (19.8) 中。例如,當 $k = n$,我們得到

$$r^{1/n}e^{i(\theta+2n\pi)/n} = r^{1/n}e^{i\theta/n}e^{2\pi i} = r^{1/n}e^{i\theta/n}$$

因為 $e^{2\pi i} = 1$,因此 $k = n$ 對應於 $k = 0$,給出了 (19.8) 中的第一個數。

若 $k = n + 1$,我們得到

$$r^{1/n}e^{i(\theta+2(n+1)\pi)/n} = r^{1/n}e^{i(\theta+2\pi)/n}e^{2\pi i} = r^{1/n}e^{i(\theta+2\pi)/n}$$

此為 (19.8) 中的第二個數,對應於 $k = 1$。

總而言之,z 的 n 次方根是 n 個數,

$$r^{1/n}e^{i(\theta+2k\pi)/n}, \ k = 0, 1, \cdots, n-1$$

這些數是

$$r^{1/n}\left[\cos\left(\frac{\theta + 2k\pi}{n}\right) + i\sin\left(\frac{\theta + 2k\pi}{n}\right)\right], \ k = 0, 1, \cdots, n-1$$

例 19.15

求 $1+i$ 的 4 次方根。$1+i$ 的一個幅角為 $\pi/4$,而 $|1+i| = \sqrt{2}$,故 $1+i = 2^{1/2}e^{i(\pi/4+2k\pi)}$,其中 k 為任意整數。4 次方根為 4 個數

$$2^{1/8}e^{\pi i/16}, 2^{1/8}e^{i(\pi/4+2\pi)/4}, 2^{1/8}e^{i(\pi/4+4\pi)/4}, 2^{1/8}e^{i(\pi/4+6\pi)/4}$$

選擇其他的 k 值只是重複這些數。$1+i$ 的四次方根也可以寫成

$$2^{1/8}\left[\cos\left(\frac{\pi}{16}\right) + i\sin\left(\frac{\pi}{16}\right)\right]$$

$$2^{1/8}\left[\cos\left(\frac{9\pi}{16}\right) + i\sin\left(\frac{9\pi}{16}\right)\right]$$

$$2^{1/8}\left[\cos\left(\frac{17\pi}{16}\right) + i\sin\left(\frac{17\pi}{16}\right)\right]$$

$$2^{1/8}\left[\cos\left(\frac{25\pi}{16}\right) + i\sin\left(\frac{25\pi}{16}\right)\right]$$

例 19.16

1 的 n 次方根出現在許多上下文中,例如,在快速傅立葉變換的研究。因為 1 的大小為 1 且幅角為 0,1 的 n 次方根為 n 個數

$$e^{2\pi k i/n}, k = 0, 1, \cdots, n-1$$

例如，1 的 5 次方根為

$$1, e^{2\pi i/5}, e^{4\pi i/5}, e^{6\pi i/5}, e^{8\pi i/5}$$

這些數是

$$1, \cos\left(\frac{2\pi}{5}\right) + i\sin\left(\frac{2\pi}{5}\right), \cos\left(\frac{4\pi}{5}\right) + i\sin\left(\frac{4\pi}{5}\right),$$
$$\cos\left(\frac{6\pi}{5}\right) + i\sin\left(\frac{6\pi}{5}\right), \cos\left(\frac{8\pi}{5}\right) + i\sin\left(\frac{8\pi}{5}\right)$$

若繪製為平面上的點，則 1 的 n 次方根形成單位圓上的正多邊形的頂點，並且在 (1, 0) 處具有一個頂點。以這種方式，圖 19.7 顯示 1 的 5 次方根。

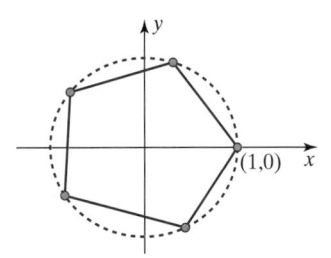

圖 19.7 1 的 5 次方根形成正五邊形的頂點，其中一個頂點位於 (1, 0)

19.5.2 有理冪次

有理數是整數的商。若 m 與 n 為沒有共同因數的正整數，則計算 $z^{m/n}$ 作為 z^m 的 n 次方根 $(z^m)^{1/n}$。

例 19.17

計算 $(2-2i)^{3/5}$ 的所有值。首先，計算 $(2-2i)^3 = -16-16i$，我們要找 $-16-16i$ 的 5 次方根。$-16-16i$ 的一個幅角為 $5\pi/4$ 且 $|-16-16i| = \sqrt{512}$，故以極式表示

$$-16 - 16i = (512)^{1/2} e^{i(5\pi/4 + 2k\pi)}$$

$-16-16i$ 的 5 次方根為

$$(-16 - 16i)^{1/5} = (512)^{1/10} e^{i(5\pi/4 + 2k\pi)/5}$$

這些數是

$$(512)^{1/10}e^{5\pi i/4}, (512)^{1/10}e^{13\pi i/20},$$
$$(512)^{1/10}e^{21\pi i/20}, (512)^{1/10}e^{29\pi i/20}, (512)^{1/10}e^{37\pi i/20}$$

19.5.3 冪次 z^w

若 $z \neq 0$，對任意數 w，定義

$$z^w = e^{w\log(z)}$$

這個定義是根據 $a^b = e^{b\ln(a)}$ 的事實提出的，其中 a、b 為實數，且 $a > 0$。

若 w 不是有理數，則 z^w 具有無限多值。

例 19.18

計算 $(1-i)^{1+i}$ 的所有值。這些數可以由 $e^{(1+i)\log(1-i)}$ 得到，首先求 $\log(1-i)$ 的所有值。我們有 $|1-i| = \sqrt{2}$，一個幅角為 $7\pi/4$，是由正實軸逆時針（正）旋轉至 $(1, -1)$ 而得。另一個幅角為 $-\pi/4$，是由正實軸順時針（負）旋轉至 $(1, -1)$ 而得。使用後者，我們有

$$1 - i = \sqrt{2}e^{i(-\pi/4+2n\pi)}$$

$\log(1-i)$ 的所有值為

$$\ln(\sqrt{2}) + i\left(-\frac{\pi}{4} + 2n\pi\right)$$

其中 n 為任意整數。$(1-i)^{1+i}$ 的每個值都包含在下列的表達式中

$$e^{(1+i)\log(1-i)} = e^{(1+i)[\ln(\sqrt{2})+i(-\pi/4+2n\pi)]}$$

這些數是

$$e^{\ln(\sqrt{2})+\pi/4-2n\pi}e^{i(\ln(\sqrt{2})-\pi/4+2n\pi)}$$
$$= \sqrt{2}e^{\pi/4-2n\pi}\left(\cos(\ln(\sqrt{2}) - \pi/4 + 2n\pi) + i\sin(\ln(\sqrt{2}) - \pi/4 + 2n\pi)\right)$$
$$= \sqrt{2}e^{\pi/4-2n\pi}\left(\cos(\ln(\sqrt{2}) - \pi/4) + i\sin(\ln(\sqrt{2}) - \pi/4)\right)$$

19.5 習題

習題 1–7，求 z^w 的所有值。

1. i^{1+i}
2. i^i
3. $(-1+i)^{-3i}$
4. $i^{1/4}$
5. $(-4)^{2-i}$
6. $(-16)^{1/4}$
7. $1^{1/6}$

8. 令 $u_1, \cdots, u_n$ 為 1 的 n 次方根，n 為正整數，且 $n \geq 2$。證明 $\sum_{j=1}^{n} u_j = 0$。**提示**：將 1 的 n 次方根寫成 $e^{2\pi i/n}$。向量論述也可以基於將 n 次方根繪製成多邊形的頂點。

9. 令 n 為正整數且令 $w = e^{2\pi i/n}$，計算 $\sum_{j=0}^{n-1} (-1)^j \omega^j$。

CHAPTER 20 積分

20.1 複變函數的積分

複變函數在平面的曲線上積分,這些積分具有許多與向量場的線積相同的性質。

關於曲線和線積分的背景可以溫習第 10 章。在目前的情況下,我們將使用複數符號,例如,在平面上寫點 (x, y) 作為複數 $x + iy$。這裡有兩個以複變符號表示的曲線的例子。

例 20.1

令 $\gamma(t) = e^{it}, 0 \leq t \leq 3\pi/2$。$\gamma$ 為初始點 $\gamma(0) = 1$ 和終點 $\gamma(3\pi/2) = -i$ 的簡單平滑曲線。

就參數或座標函數而言,

$$\gamma(t) = \cos(t) + i\sin(t) = x + iy$$

其中

$$x = \cos(t), y = \sin(t),\ 0 \leq t \leq 3\pi/2$$

我們認識到這些是圓心為原點,半徑為 1 的圓的一部分的參數方程式,從 $t = 0$ 處的 $(1, 0)$ 延伸到 $t = 3\pi/2$ 的 $(0, -1)$。圖 20.1 是這條曲線的圖。

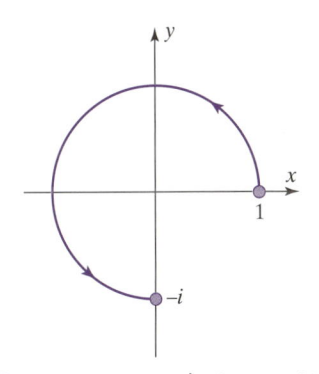

圖 **20.1** 例 20.1 中的 $\gamma(t)$ 的圖

例 20.2

令 C 由 $\delta(t) = t + it^2$, $-1 \leq t \leq 2$ 給出,則 C 為由 $-1 + i$ 到 $2 + 4i$ 的簡單平滑線,如圖 20.2 所示。座標函數為 $x = t$ 和 $y = t^2$,我們可以把 C 看作從 $(-1, 1)$ 到 $(2, 4)$ 的拋物線 $y = x^2$ 的一部分。

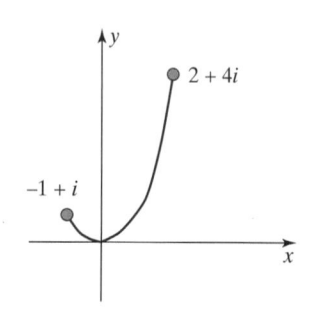

圖 20.2 例 20.2 中的 $y(t)$ 的圖

現在我們準備好定義曲線上複變函數的積分。令 f 是函數,γ 是曲線,其中 $\gamma(t)$ 定義於 $a \leq t \leq b$。假設 f 在曲線上的所有點都是連續的,則 **f 在 γ 的積分** (integral of f over γ) 為

$$\int_\gamma f(z)\,dz = \int_a^b f(\gamma(t))\gamma'(t)\,dt$$

若在 C 上 $z = \gamma(t)$,則上式可表示為:

$$\int_\gamma f(z)\,dz = \int_a^b f(z(t))z'(t)\,dt$$

例 20.3

計算 C 上的 $\int_\gamma \overline{z}\,dz$,其中 $C: \gamma(t) = e^{it}$, $0 \leq t \leq \pi$。

γ 的圖形是單位圓的上半部分,以逆時針方向從初始點 1 到終點 -1。此外,在曲線上

$$\overline{z(t)} = \overline{e^{it}} = \overline{\cos(t) + i\sin(t)}$$
$$= \cos(t) - i\sin(t) = e^{-it}$$

如今

$$f(z(t))\,dz = \overline{e^{it}}ie^{it}\,dt = ie^{-it}e^{it}\,dt = i\,dt$$

因此

$$\int_C f(z)\,dz = \int_0^\pi i\,dt = \pi i$$

例 20.4

計算曲線 K 上的 $\int_C z^2 dz$,其中 $K: \varphi(t) = t + it, 0 \leq t \leq 1$。

K 是從原點到 $1+i$ 的線段,亦即從原點到點 $(1, 1)$ 的線段。在 K,$z = (1+i)t$,故 $dz = (1+i)dt$ 且

$$\int_K z^2\, dz = \int_0^1 ((1+i)t)^2 (1+i)\, dt$$
$$= (1+i)^3 \int_0^1 t^2\, dt = \frac{1}{3}(1+i)^3$$
$$= -\frac{2}{3}(1-i)$$

例 20.5

計算 $\int_\gamma z \operatorname{Re}(z) dz$ 若 $C: \gamma(t) = t - it^2, 0 \leq t \leq 2$。

C 是從原點到 $2-4i$,即原點到點 $(2, -4)$ 的拋物線 $y = -x^2$ 圖的一部分。在 C,

$$dz = (1 - 2it)\, dt$$

故

$$f(z(t))\, dz = z(t) \operatorname{Re}(z(t))\, dz$$
$$= (t - it^2) \operatorname{Re}(t - it^2)(1 - 2it)\, dt$$
$$= (t - it^2)(t)(1 - 2it)\, dt$$
$$= (t^2 - 3it^3 - 2t^4)\, dt$$

因此

$$\int_C f(z)\, dz = \int_0^2 (t^2 - 3it^3 - 2t^4)\, dt = -\frac{152}{15} - 12i$$

到目前為止,我們只定義了函數在平滑曲線上的積分。現在假設 C 由片段平滑曲線組成,在片段平滑曲線的連接點沒有切線。正如我們對實函數的線積分做的那樣,

$$C = C_1 \oplus C_2 \oplus \cdots \oplus C_n$$

其中每一個 C_j 為平滑且 C_{j-1} 的終點是 C_j 的起點,$j = 1, 2, \cdots, n-1$。如圖 20.3 所示,並允許圖中具有無切線的尖點。定義

$$\int_{C_1\oplus C_2\oplus\cdots\oplus C_n} f(z)\,dz = \sum_{j=1}^{n} \int_{C_j} f(z)\,dz$$

為 $f(z)$ 在 C 的片段平滑曲線上的積分的和。

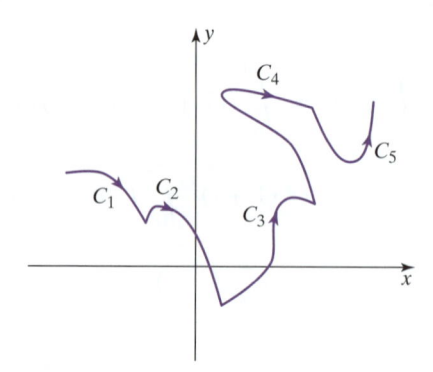

圖 20.3 $C = C_1 \oplus C_2 \oplus \cdots \oplus C_n$

例 20.6

令 $C = C_1 \oplus C_2$，其中

$$C_1 : z = 3e^{it}, 0 \le t \le \pi/2$$

且

$$C_2 : z = t^2 + 3(t+1)i, 0 \le t \le 1$$

計算 $\int_C \operatorname{Im}(z)\,dz$。

C_1 為圓心為原點，半徑為 3 的圓的一部分。3 到 $3i$（點 $(0,3)$）而 C_2 為拋物線

$$x = \frac{1}{9}(y-3)^2$$

的一部分，由 $3i$ 到 $1 + 6i$。C 如圖 20.4 所示。

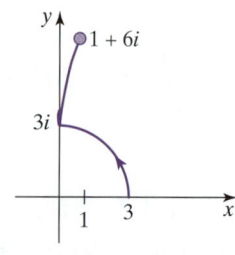

圖 20.4 例 20.6 中的 $C = C_1 \oplus C_2$

在 C_1, $z = 3e^{it} = 3\cos(t) + 3i\sin(t)$，故

$$\int_{C_1} \text{Im}(z)\,dz = \int_0^{\pi/2} 3\sin(t)[-3\sin(t)+3i\cos(t)]\,dt$$

$$= -9\int_0^{\pi/2} \sin^2(t)\,dt + 9i\int_0^{\pi/2} \sin(t)\cos(t)\,dt$$

$$= -\frac{9}{4}\pi + \frac{9}{2}i$$

在 C_2, $z = t^2 + 3(t+1)i$，故

$$\int_{C_2} \text{Im}(z)\,dz = \int_0^1 3(t+1)(2t+3i)\,dt$$

$$= \int_0^1 (6t^2 + 6t)\,dt + 9i\int_0^1 (t+1)\,dt$$

$$= 5 + \frac{27}{2}i$$

最後，

$$\int_\gamma \text{Im}(z)\,dz = \int_{C_1} \text{Im}(z)\,dz + \int_{C_2} \text{Im}(z)\,dz$$

$$= -\frac{9}{4}\pi + \frac{9}{2}i + 5 + \frac{27}{2}i = 5 - \frac{9}{4}\pi + 18i$$

我們將列出複數積分的一些性質，這些反映了第 10 章的線積分的特性。

1. $\int_\gamma (f(z) + g(z))\,dz = \int_\gamma f(z)\,dz + \int_\gamma g(z)\,dz$。

2. 若 c 為一數，則 $\int_\gamma cf(z)\,dz = c\int_\gamma f(z)\,dz$。

3. 反轉曲線的方向會改變積分的符號。若 γ 定義於 $[a,b]$，定義 $\varphi(t) = \gamma(a+b-t)$, $a \le t \le b$，則

$$\gamma(a) = \varphi(b) \text{ 且 } \gamma(b) = \varphi(a)$$

γ 的初始點為 φ 的終點，γ 的終點為 φ 的初始點。將這樣形成的曲線 φ 表示為 $-\gamma$，則

$$\int_{-\gamma} f(z)\,dz = -\int_\gamma f(z)\,dz$$

4. 有一個複數積分的微積分基本定理的版本。假設 f 在開集合 G 是連續，且 F 定義於 G，其定義為 $F'(z) = f(z)$。若 γ 是 G 中的平滑曲線，定義於區間 $[a,b]$，則

$$\int_\gamma f(z)\,dz = F(\gamma(b)) - F(\gamma(a))$$

為了證明這一點，令 $F(z) = U(x,y) + iV(x,y)$ 得到

$$\int_\gamma f(z)\, dz = \int_a^b f(z(t))z'(t)\, dt$$

$$= \int_a^b F'(z(t))z'(t)\, dt = \int_a^b \frac{d}{dt} F(z(t))\, dt$$

$$= \int_a^b \frac{d}{dt} U(x(t), y(t))\, dt + i \int_a^b \frac{d}{dt} V(x(t), y(t))\, dt$$

$$= U(x(b), y(b)) + iV(x(b), y(b)) - iU(x(a), y(a)) - iV(x(a), y(a))$$

$$= F(\gamma(b)) - F(\gamma(a))$$

其中一個結果是，在給予的條件下，$\int_\gamma f(z)\, dz$ 的值只與 γ 的初始點和終點有關而與 γ 本身無關。具有與 γ 相同的初始點和相同終點的另一路徑上的積分將具有相同的值。

這稱為**與路徑無關** (independence of path)。我們在第 10 章看到了一個帶有保守向量場的版本。

若 γ 為封閉曲線，則初始點和終點是相同的，所以 $\gamma(a) = \gamma(b)$ 且

$$\int_\gamma f(z)\, dz = 0$$

我們將在下一節更詳細地考慮這個概念。

例 20.7

計算 $\int_\gamma z^2\, dz$，γ 為由 i 到 $1-i$ 的任意平滑曲線。

令 $F'(z) = z^2$，這表明 $F(z) = z^3/3$，因此

$$\int_\gamma z^2\, dz = F(1-i) - F(i) = \frac{(1-i)^3}{3} - \frac{i^3}{3} = \frac{-2-i}{3}$$

此式與 γ 如何在平面上的點 i 與 $1-i$ 之間移動無關。

5. $\int_\gamma f(z)\, dz$ 可以表示為兩個實數線積分的和。為此，假設 γ 定義於 $[a, b]$，則

$$f(z) = f(x+iy) = u(x,y) + iv(x,y) \text{ 且 } dz = (x'(t) + iy'(t))dt$$

故

$$\int_\gamma f(z)\, dz = \int_a^b [u(x(t), y(t)) + iv(x(t), y(t))][x'(t) + iy'(t)]\, dt$$

$$= \int_\gamma u\, dx - v\, dy + i \int_\gamma v\, dx + u\, dy$$

(20.1)

6. 令 γ 為定義於 $[a, b]$ 的平滑曲線且令 f 在 γ 為連續。假設對於 γ 上的所有 z，$|f(z)| \leq M$，且令 L 為 γ 的長度，則

$$\left| \int_\gamma f(z)\, dz \right| \leq ML$$

假設對於 $a \leq x \leq b$，$|g(x)| \leq M$，上式為實數積分的不等式。

$$\left| \int_a^b g(x)\, dx \right| \leq M(b-a)$$

的複數形式。

20.1 習題

習題 1–8，計算 $\int_\gamma f(z)\,dz$。

1. $f(z) = 1$，$\gamma(t) = t^2 - it$，$1 \leq t \leq 3$。
2. $f(z) = \mathrm{Re}(z)$，γ 為從 1 到 $2+i$ 的線段。
3. $f(z) = z - 1$，γ 為從 $2i$ 到 $1 - 4i$ 的任何片段平滑曲線。
4. $f(z) = \sin(2z)$，γ 為從 $-i$ 到 $-4i$ 的線段。
5. $f(z) = -i\cos(z)$，γ 為從 0 到 $2+i$ 的任何平滑曲線。
6. $f(z) = (z-i)^3$，$\gamma(t) = t - it^2$，$0 \leq t \leq 2$。
7. $f(z) = i\overline{z}$，γ 為從 0 到 $-4+3i$ 的線段。
8. $f(z) = |z|^2$，γ 為從 $-i$ 到 1 的線段。
9. 若 γ 為從 $2+i$ 到 $4+2i$ 的線段，求 $|\int (1/(1+z))dz|$ 的界限。

20.2 柯西定理

柯西定理是複數積分理論的基石。對於敘述此定理我們需要一些術語和準備。

若 γ 是平面上連續的簡單封閉曲線，則 γ 將平面分成三部分：曲線圖、γ **內部** (interior) 的有界開集合和 γ **外部** (exterior) 的無界開集合（圖 20.5）。這是 **Jordan 曲線定理** (Jordan curve theorem)。

路徑 (path) 是指一條簡單片段平滑曲線。集合 S 中的路徑是其圖形位於 S 中的路徑。

若 S 中的每兩個點都是 S 中路徑的端點，則複數集合 S 是**連通** (connented)。這意味著我們可以沿著某條路徑移動從 S 的任何點到達任何其他點而不離開 S。一個開連通集合是一個**域** (domain)。任何開圓盤是一個域，右 1/4 平面 $x > 0, y > 0$ 是一個域。我們在第 10

章遇到了與位勢函數有關的域。

若 S 中的每個封閉路徑都可以收縮到 S 中的一個點,收縮的階段僅通過 S 中的點,則複數集合 S 為**單連通** (simply connected)。

開圓盤是單連通。令 S 為兩個同心圓之間的區域(圖 20.6),S 中的封閉路徑 K 可以收縮到 S 中的一點,然而,S 中的封閉路徑 C 圍繞 S 的內邊界圓,若我們試圖將 C 收縮到某一點,它將圍繞內圓而不是收縮到一點,這個區域不是單連通。

描述平面區域的單連通性的另一種方式是,如果 S 中的每條簡單封閉路徑僅圍住 S 的點,則 S 為單連通。這使得封閉路徑收縮成單一點,避免了在同心圓之間的非單連通域遇到的問題。現在我們可以敘述主要結果。

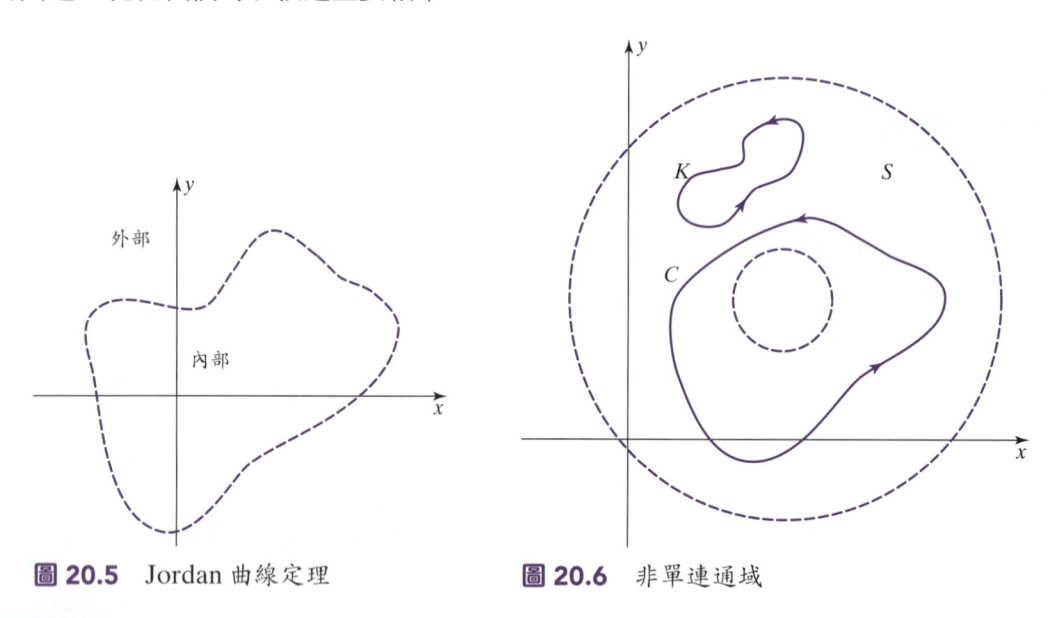

圖 20.5 Jordan 曲線定理

圖 20.6 非單連通域

定理 20.1 柯西

令 f 在單連通域 G 是可微的,則對於 G 中的每一條封閉路徑 γ,

$$\oint_\gamma f(z)\,dz = 0$$

柯西定理說如果 f 在簡單封閉路徑 γ 和所有由 γ 圍繞的點上是可微的,則 $\oint_\gamma f(z)\,dz = 0$。除非另有說明,否則我們以逆時針方向的封閉曲線為正向。

在定理中使用符號 $\oint_\gamma$。積分上的圓表示封閉路徑。

例 20.8

若 γ 為平面上的任何封閉路徑,則

$$\oint_\gamma e^{z^2}\, dz = 0$$

因為在整個平面上 e^{z^2} 是可微的,平面是單連通域。

例 20.9

計算

$$\oint_\gamma \frac{2z+1}{z^2+3iz}\, dz$$

其中 γ 為圓心為 $-3i$,半徑為 2 的圓 $|z+3i|=2$。

在這個例子中,除了分母為零的點 0 和 $-3i$ 外,$f(z)$ 在所有點都是可微的。使用部分分式分解

$$f(z) = \frac{1}{3i}\frac{1}{z} + \frac{6+i}{3}\frac{1}{z+3i}$$

則

$$\oint_\gamma \frac{2z+1}{z^2+3iz}\, dz = \frac{1}{3i}\oint_\gamma \frac{1}{z}\, dz + \frac{6+i}{3}\oint_\gamma \frac{1}{z+3i}\, dz$$

由於 γ 不圍繞 0,所以 $1/z$ 在 γ 及 γ 所圍繞的單連通域內部是可微的。由柯西定理,

$$\oint_\gamma \frac{1}{z}\, dz = 0$$

然而,在由 γ 圍繞的區域中,$1/(z+3i)$ 是不可微的,所以柯西定理不適用於這個函數,以參數式 $\gamma(t) = z(t) = -3i + 2e^{it}$(圓心在 $-3i$ 的極座標),$0 \le t \le 2\pi$,直接計算這個積分。如今

$$\oint_\gamma \frac{1}{z+3i}\, dz = \int_0^{2\pi} \frac{1}{z(t)+3i} z'(t)\, dt$$

$$= \int_0^{2\pi} \frac{1}{2e^{it}} 2ie^{it}\, dt = \int_0^{2\pi} i\, dt = 2\pi i$$

因此

$$\oint_\gamma \frac{2z+1}{z^2+3iz}\, dz = \frac{6+i}{3}(2\pi i) = \left(-\frac{2}{3}+4i\right)\pi$$

柯西定理的證明需要一個精緻的論證，在此不討論。不太廣義的版本可以很容易地建立。令 $f = u + iv$，並假設 u 與 v 在 G 上連續且具有連續的一階和二階偏導數，現在使用格林定理和柯西－黎曼方程式。若 D 是包含路徑 γ 及由 γ 圍繞的所有點的區域，則由柯西－黎曼方程式，

$$\frac{\partial u}{\partial x} = \frac{\partial v}{\partial y}, \frac{\partial u}{\partial y} = -\frac{\partial v}{\partial x}$$

可得

$$\int_\gamma f(z)\,dz = \oint_\gamma u\,dx - v\,dy + i\oint_\gamma v\,dx + u\,dy$$
$$= \iint_D \left(\frac{\partial(-v)}{\partial x} - \frac{\partial u}{\partial y}\right) dA + i\iint_D \left(\frac{\partial u}{\partial x} - \frac{\partial v}{\partial y}\right) dA = 0$$

柯西定理有幾個重要的結果，這是下一節的主題。

20.2　習題

習題 1–6，計算封閉路徑上的函數積分。所有曲線為逆時針方向。在某些情況下，柯西定理並不直接適用，但可能仍然有用，如例 20.9。

1. $f(z) = \sin(3z)$，γ 為圓 $|z| = 4$。
2. $f(z) = 1/(z - 2i)^3$，γ 為圓 $|z-2i| = 2$。
3. $f(z) = \bar{z}$，γ 是圓心為原點的單位圓。
4. $f(z) = ze^z$，γ 為圓 $|z - 3i| = 8$。
5. $f(z) = |z|^2$，γ 是圓心為原點，半徑為 7 的圓。
6. $f(z) = \mathrm{Re}(z)$，γ 為 $|z| = 2$。

20.3　柯西定理的結果

本節發展了柯西定理的一些結果。

20.3.1　與路徑無關

簡單提到當以 f 的反導數 F 計算 $\int_\gamma f(z)\,dz$ 時，積分與路徑的關係。與路徑無關也可以從柯西定理的角度來看待。

假設 f 在單連通域 G 是可微分，且 z_0 和 z_1 是 G 的點。令 γ_1 和 γ_2 是 G 中從 z_0 到 z_1 的路徑（圖 20.7）。

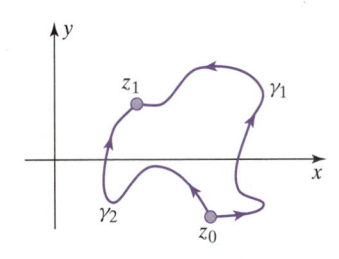

圖 20.7 $\gamma_1 \oplus -\gamma_2$ 是 G 中的封閉路徑

如果我們顛倒 γ_2 的方向，形成一條封閉的路徑 $\Gamma = \gamma_1 \oplus (-\gamma_2)$。由柯西定理，$\oint_\Gamma f(z)\,dz = 0$，故

$$\int_{\gamma_1} f(z)\,dz + \int_{-\gamma_2} f(z)\,dz = 0$$

但是

$$\int_{-\gamma_2} f(z)\,dz = -\int_{\gamma_2} f(z)\,dz$$

因此

$$\int_{\gamma_1} f(z)\,dz = \int_{\gamma_2} f(z)\,dz$$

這意味著 $\int_\gamma f(z)\,dz$ 與 G 上的路徑無關，因為 G 中任何路徑上的積分取決於路徑的端點。在這種情況下，我們有時會寫

$$\int_\gamma f(z)\,dz = \int_{z_0}^{z_1} f(z)\,dz$$

20.3.2 變形定理

變形定理使我們能夠在某種條件下將一封閉的積分路徑以更方便的另一條路徑取代。

定理 20.2 變形定理

令 Γ 與 γ 為平面上的封閉路徑，γ 在 Γ 的內部。假設 f 在包含路徑和它們之間的所有點的開集合上是可微的，則

$$\oint_\Gamma f(z)\,dz = \oint_\gamma f(z)\,dz$$

圖 20.8 給出了定理名稱的原因。把 γ 看成是由橡膠製成，不斷拉伸將 γ 變形成 Γ。在這個過程中，重要的是變形的中間階段只跨越 f 是可微分的點，因此假設 f 在兩條曲線之間的所有點都是可微分。

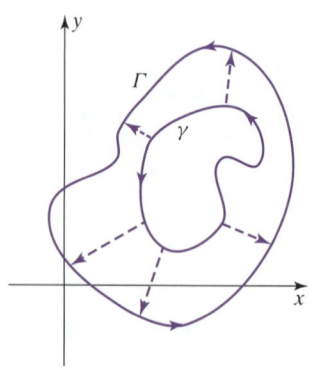

圖 20.8 變形定理

定理說，在已知條件下，f 的積分在兩條路徑上都有相同的值。這意味著我們可以用一條曲線上的積分代替另一條曲線上的積分，使我們在計算積分時可以靈活地選擇路徑。

例 20.10

計算

$$\oint_\Gamma \frac{1}{z-a}\,dz$$

Γ 為圍繞 a 的簡單路徑（圖 20.9(a)）。

我們不知道 Γ，所以看起來我們不能計算這個積分。因為 $f(z) = 1/(z-a)$ 在 Γ 的內部的 a 點不可微分，柯西定理不適用。然而，a 是 f 不可微分的唯一點。放置一個圍繞 a 的圓 γ，其半徑 r 足夠小，使得兩條曲線不相交（圖 20.9(b)）。現在 f 在兩條曲線和曲線之間的區域都是可微的，所以

$$\oint_\Gamma f(z)\,dz = \int_\gamma f(z)\,dz$$

重點是我們可以很容易地計算沿著路徑 γ 的積分。使用以 a 為圓心的極座標，令 $\gamma(t) = a + re^{it}, 0 \le t \le 2\pi$，則

(a)　　　　　(b)

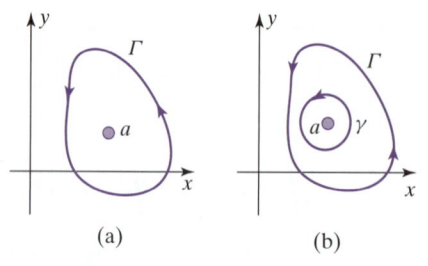

圖 20.9 在例 20.10 中使用變形定理

$$\oint_\Gamma f(z)\,dz = \oint_\gamma f(z)\,dz$$
$$= \int_0^{2\pi} \frac{1}{re^{it}} ire^{it}\,dt = i\int_0^{2\pi} dt = 2\pi i$$

變形定理的證明讓人回想起第 10 章中用於廣義格林定理的論證。圖 20.10(a) 顯示典型的曲線 Γ 和 γ。在這些路徑之間插入線段 L_1 和 L_2（圖 20.10(b)），並使用它們形成兩條封閉路徑 Φ 和 Ψ，如圖 20.11 所示。

Φ 和 Ψ 都是正向（逆時針），與 Γ 和 γ 的正向一致。因為 f 在 Γ 和 γ 以及其間的所有點都是可微，所以 f 在 Φ 和 Ψ 以及它們圍繞的所有點都是可微，故由柯西定理

$$\oint_\Phi f(z)\,dz = \oint_\Psi f(z)\,dz = 0$$

因此

$$\oint_\Phi f(z)\,dz + \oint_\Psi f(z)\,dz = 0 \tag{20.2}$$

在這個積分之和中，L_1 和 L_2 在一個方向上是 Φ 的一部分而在相反方向是 Ψ 的一部分。因此這些線段上的積分在總和 (20.2) 中彼此抵消。接下來觀察到，在積分相加的式 (20.2) 中，我們得到 Γ 上的積分為逆時針方向，以及 γ 上的積分為順時針方向（負）。式 (20.2) 變成

$$\oint_\Gamma f(z)\,dz - \oint_\gamma f(z)\,dz = 0$$

兩條曲線都是正向，因此

$$\oint_\Gamma f(z)\,dz = \oint_\gamma f(z)\,dz$$

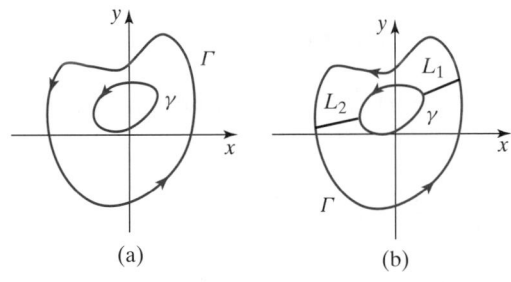

圖 20.10 建構變形定理的證明

圖 20.11 在變形定理的證明中建構曲線 Φ 和 Ψ

在 γ 內部的點，函數可能無定義或不可微分，但 f 在 Γ 和 γ 以及它們之間的區域是可微分。

20.3.3 柯西積分公式

定理 20.3 是一個了不起的結果，它給出了一個可微分函數值的積分公式。

定理 20.3 柯西積分公式

令 f 在開集合 G 上可微分，令 γ 是 G 中僅圍繞 G 的點的封閉路徑，則對於由 γ 圍繞的每個 z_0，

$$f(z_0) = \frac{1}{2\pi i} \oint_\gamma \frac{f(z)}{z - z_0} dz \qquad (20.3)$$

我們先觀察一些如何使用柯西積分公式的例子，然後再來推導柯西積分公式。一個應用是立即的，把柯西公式寫成

$$2\pi i f(z_0) = \oint_\gamma \frac{f(z)}{z - z_0} dz$$

根據 $f(z)$ 在 z_0 的值來計算右邊的積分，其中 z_0 由 γ 所圍繞。但是，請記住，這是計算

$$\oint_\gamma (f(z)/(z - z_0))\, dz$$

而不是 $\oint_\gamma f(z)\, dz$。

例 20.11

對於所有不通過 i 的封閉路徑 γ，計算

$$\oint_\gamma \frac{e^{z^2}}{z - i} dz$$

這裡 $f(z) = e^{z^2}$ 對於所有的 z 都是可微的。有兩種情況。

情況 1——若 γ 不圍繞 i，則 $e^{z^2}/(z - i)$ 在 γ 及其所圍繞的區域中是可微的，所以由柯西定理

$$\oint_\gamma \frac{e^{z^2}}{z - i} dz = 0$$

情況 2——若 γ 圍繞 i，則以 $z_0 = i$ 由柯西積分公式

$$\oint_\gamma \frac{e^{z^2}}{z-i} dz = 2\pi i f(i) = 2\pi i e^{-1}$$

例 20.12

計算

$$\oint_\gamma \frac{e^{2z}\sin(z^2)}{z-2} dz$$

γ 為任何不經過 2 的封閉路徑。

令 $f(z) = e^{2z}\sin(z^2)$，則對於所有的 z，f 是可微的。有兩種情況。

情況 1——若 γ 不圍繞 2，則 f 在 γ 上及 γ 內是可微的，故

$$\oint_\gamma \frac{e^{2z}\sin(z^2)}{z-2} dz = 0$$

情況 2——若 γ 圍繞 2，則由柯西積分公式，

$$\oint_\gamma \frac{e^{2z}\sin(z^2)}{z-2} dz = 2\pi i f(2) = 2\pi i e^4 \sin(4)$$

有一個高階導數的積分公式的版本。

定理 20.4　高階導數的柯西積分公式

用柯西積分公式中的 f、G、γ 和 z_0（定理 20.3）。

$$f^{(n)}(z_0) = \frac{n!}{2\pi i} \oint_\gamma \frac{f(z)}{(z-z_0)^{n+1}} dz \tag{20.4}$$

其中 n 為任意非負整數。

對於 $n = 0$，這是柯西積分公式，其中 $f^{(0)}(z)$。在方程式中，$n!$（n 階乘）是整數 1 到 n 的乘積，而 $f^{(n)}$ 為 f 的 n 階導數。這個對於 $f(z)$ 在 z_0 的 n 階導數的積分公式正是我們在柯西積分公式的積分符號下相對於 z_0 的 n 次微分。

例 20.13

計算

$$\oint_\gamma \frac{e^{z^3}}{(z-i)^3} dz$$

其中 γ 為任何不經過 i 的封閉路徑。

若 γ 不圍繞 i，由柯西定理可知這個積分為零，因此假設 γ 圍繞 i。因為 $z - i$ 出現在積分的分母是三次方，所以在高階導數的柯西公式，式 (20.4) 中，令 $n = 2$，$f(z) = e^{z^3}$，計算

$$f'(z) = 3z^2 e^{z^3} \text{ 且 } f''(z) = (6z + 9z^4)e^{z^3}$$

則

$$\oint_\gamma \frac{e^{z^3}}{(z-i)^3} dz = \frac{2\pi i}{2!} f''(i) = (-6 + 9i)\pi e^{-i}$$

柯西積分公式可以用變形定理推導出來，用圓心為 z_0，半徑為 r 的圓 C 來代替 γ，如圖 20.12 所示：

$$\oint_\gamma \frac{f(z)}{z - z_0} dz = \oint_C \frac{f(z)}{z - z_0} dz = \oint_C \frac{f(z) - f(z_0) + f(z_0)}{z - z_0} dz$$

$$= f(z_0) \oint_C \frac{1}{z - z_0} dz + \oint_C \frac{f(z) - f(z_0)}{z - z_0} dz$$

$$= 2\pi i f(z_0) + \oint_C \frac{f(z) - f(z_0)}{z - z_0} dz$$

其中我們使用了例 20.10 的結果。如果我們能證明上式中的最後一個積分是零，我們將得到柯西積分公式。在 C，令 $C(t) = z_0 + re^{it}$，$0 \le t \le 2\pi$，則

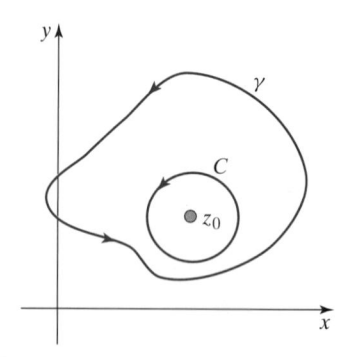

圖 20.12 用圓心為 z_0 的圓代替 γ

$$\Big|\oint_C \frac{f(z)-f(z_0)}{z-z_0}\,dz\Big| = \Big|\int_0^{2\pi} \frac{f(z_0+re^{it})-f(z_0)}{re^{it}} ire^{it}\,dt\Big|$$

$$= \Big|\int_0^{2\pi}(f(z_0+re^{it})-f(z_0))\,dt\Big| \le \int_0^{2\pi}|f(z_0+re^{it})-f(z_0)|\,dt$$

但是由於 f 的連續性，當 $r \to 0$ 時，$|f(z_0+re^{it})-f(z_0)| \to 0$。我們得出這樣的結論

$$\Big|\oint_C \frac{f(z)-f(z_0)}{z-z_0}\,dz\Big| = 0$$

因此

$$\oint_C \frac{f(z)-f(z_0)}{z-z_0}\,dz = 0$$

建立了柯西積分公式。

積分公式增加了對複變函數可微條件的認識。該公式給出了 $f(z)$ 在封閉路徑 γ 所圍繞的所有點的值，嚴格來說是根據 $f(z)$ 在 γ 上的點的值來計算，因為這些都是計算

$$\oint_\gamma \frac{f(z)}{z-z_0}\,dz$$

所需要的。反之，知道區間 $[a, b]$ 的端點處的可微實值函數 $g(x)$ 的值，對於 $a < x < b$ 的 $g(x)$ 的值卻一無所知。

高階導數的積分公式的另一個含義是一個開集合上可微分的複變函數在該集合上必具有所有階的導數。而實函數並不具有此性質，若 $g'(x)$ 存在，$g''(x)$ 可能不存在。

20.3.4 調和函數的性質

作為柯西積分公式的一個應用，我們將推導出調和函數的兩個重要性質。這說明了使用複變函數來推導關於實函數的事實。這是我們將再次看到的一個主題，並且以調和函數與可微複變函數的實部和虛部之間的聯繫使這個事實成為可能。

定理 20.5 均值性質

令 u 是域 D 上的調和函數。令 (x_0, y_0) 為 D 的任意點且令 C 為 D 中以 (x_0, y_0) 為圓心，半徑為 r 的圓，而 C 僅圍繞 D 的點，則

$$u(x_0, y_0) = \frac{1}{2\pi}\int_0^{2\pi} u(x_0 + r\cos(\theta), y_0 + r\sin(\theta))\,d\theta$$

C 上的點座標為 $(x_0 + r\cos(\theta), y_0 + r\sin(\theta))$（圓心在 (x_0, y_0) 的極座標），當 θ 從 0 變化到 2π 時，逆時針移動一圈。定理說，在圓心的 u 值是圓上 $u(x, y)$ 的平均值。

證明：對於 D 上的調和函數 v，$f = u + iv$ 在 D 上是可微的。令 $z_0 = x_0 + iy_0$，由柯西積分公式 (20.3)。

$$f(z_0) = u(x_0, y_0) + iv(x_0, y_0) = \frac{1}{2\pi i} \oint_C \frac{f(z)}{z - z_0} dz$$

$$= \frac{1}{2\pi i} \int_0^{2\pi} \frac{f(z_0 + re^{i\theta})}{re^{i\theta}} ire^{i\theta} d\theta$$

$$= \frac{1}{2\pi} \int_0^{2\pi} u(x_0 + r\cos(\theta), y_0 + r\sin(\theta)) d\theta$$

$$+ \frac{i}{2\pi} \int_0^{2\pi} v(x_0 + r\cos(\theta), y_0 + r\sin(\theta)) d\theta$$

比較這個方程式左右兩邊的實部，我們得到了這個定理的結論。

若 D 是一個有界域，則由 D 與 D 的所有邊界點組成的集合 $\overline{D}$，是 x、y 平面上的一個封閉和有界集合。若 $u(x, y)$ 在 $\overline{D}$ 上是連續的，則 $u(x, y)$ 必須在 $\overline{D}$ 上達到最大值。對於兩個變數的函數。這可能發生在 $\overline{D}$ 的任何點或數點。但是，若 u 在 D 上也是調和，則 $u(x, y)$ 必須在 D 的邊界點達到其最大值。

定理 20.6　最大原理

設 D 是平面上的一個有界域，假設 u 在 $\overline{D}$ 是實值且連續並且在 D 為調和，則 $u(x, y)$ 在 D 的邊界點達到 $\overline{D}$ 中的最大值。

證明：再次，使用一些調和函數 v 的策略，$f = u + iv$ 在 D 可微。定義

$$g(z) = e^{f(z)}$$

則 g 在 D 可微。現在 $|g(z)|$ 是封閉和有界集合 $\overline{D}$ 上的兩個實變數的連續函數，由微積分定理，$|g(z)|$ 在 D 的邊界點達到最大值，但是

$$|g(z)| = |e^{u(x,y) + iv(x,y)}| = |e^{u(x,y)} e^{iv(x,y)}| = e^{u(x,y)}$$

因為 $e^{u(x, y)}$ 為嚴格增函數，$e^{u(x, y)}$ 與 $u(x, y)$ 必項在同一點達到最大值，因此 $u(x, y)$ 必須在邊界點達到最大值。

20.3.5　導數的界限

根據函數的界定值可以界定複變函數的導數。

定理 20.7　導數的界限

假設 f 在開集合 G 可微，且 z_0 為 G 中的一點。令圓心為 z_0，半徑為 r 的封閉圓盤完全包含於 G 中，假設對於界定這個圓盤的圓上的 z，$|f(z)| \leq M$，則對於任何正整數 n，

$$|f^{(n)}(z_0)| \leq \frac{Mn!}{r^n}$$

這個定理的證明可以使用如 $f^{(n)}(z_0)$ 的柯西積分公式中的 $\gamma(t) = z_0 + re^{it}$，亦即將界定圓盤的圓予以參數化來證明。

關於高階導數的界限的一個重要結果是**李歐維里定理** (Liouville's theorem)，它指出對於所有 z，可微的有界函數必是常數。這意味著，若 f 不是常數且對於所有 z 而言，f 可微，則 f 不是有界函數。我們看到了 $\cos(z)$ 和 $\sin(z)$，它們對所有的 z 都是可微的，並且不是有界函數（在整個複數平面上）。

為了證明李歐維里定理，假設對所有的 z，$|f(z)| \leq M$，由定理 20.7，其中 $n = 1$，對於任意數 z_0，

$$|f'(z_0)| \leq \frac{M}{r}$$

其中 r 為圓心為 z_0 的圓的半徑。由於 r 可以如我們想要的那樣大，因此 M/r 可以任意小，所以 $|f'(z_0)|$ 必須為零。因此 $f'(z_0) = 0$。但 z_0 為任意數，故對所有 z，$f'(z) = 0$，由此可知，使用定理 19.5，$f(z)$ 必須是常數函數。李歐維里定理提供了一個關於代數基本定理的簡單證明，該定理指出，如果 p 是次數 $n > 1$ 的複數多項式，則存在一些 z_0，使得 $p(z_0) = 0$，這意味著每個不是常數的複數方程式都有一個複數根。

如果這不是真的，則對於所有的 z，我們有 $p(z) \neq 0$，因此 $1/p(z)$ 對所有的 z 都是可微，且在整個平面是有界的。根據李歐維里定理，$1/p(z)$ 是常數，所以 $p(z)$ 是常數，產生矛盾。因此，存在某些複數，使得 $p(z)$ 等於零。

20.3.6　廣義的變形定理

變形定理使我們能夠在某些條件下將一個封閉路徑 Γ 變形為另一個路徑 γ 而不改變 $\oint_\Gamma f(z)\,dz$ 的值。這要求一條路徑變形到另一條路徑不能通過 $f(z)$ 不可微分的任何點。若 γ 被 Γ 圍繞，這要求 $f(z)$ 在這些曲線之間的所有點都是可微的。

將這些結果推廣到 Γ 圍繞任何有限數量的不相交封閉路徑的情況。像往常一樣，除非另有說明，否則所有封閉路徑均為逆時針方向。

定理 20.8 廣義的變形定理

令 Γ 為一封閉路徑，且令 $\gamma_1, \cdots, \gamma_n$ 為 Γ 所圍繞的封閉路徑。假設 $\Gamma, \gamma_1, \cdots \gamma_n$ 中的任何兩個都不相交，並且任何 γ_j 的內部點都不在任何其他 γ_k 的內部。令 f 在包含 Γ 的開集合和每個 r_j 以及所有既是 Γ 內部也是每個 γ_j 外部的點是可微的，則

$$\oint_\Gamma f(z)\,dz = \sum_{j=1}^n \oint_{\gamma_j} f(z)\,dz$$

若 $n=1$，這是變形定理。下面是利用定理計算積分的例子，之後給出一個簡短的推導。

例 20.14

求

$$\oint_\Gamma \frac{z}{(z+2)(z-4i)}\,dz$$

其中 Γ 是圍繞 -2 和 $4i$ 的封閉路徑。

如圖 20.13 所示，圓 γ_1 和 γ_2 分別圍繞 -2 和 $4i$，這兩個圓的半徑足夠小，它們彼此不相交也與 Γ 不相交。

則

$$\oint_\Gamma \frac{z}{(z+2)(z-4i)}\,dz = \oint_{\gamma_1} \frac{z}{(z+2)(z-4i)}\,dz + \oint_{\gamma_2} \frac{z}{(z+2)(z-4i)}\,dz$$

使用部分分式分解

$$\frac{z}{(z+2)(z-4i)} = \frac{1-2i}{5}\frac{1}{z+2} + \frac{4+2i}{5}\frac{1}{z-4i}$$

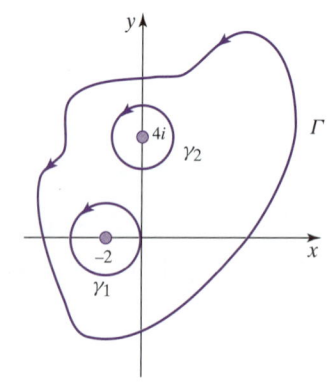

圖 20.13 例 20.14 中的 Γ、γ_1 和 γ_2

現在柯西定理和例 20.10 的結論應用於 γ_1 和 γ_2 上的積分，得到

$$\oint_\Gamma \frac{z}{(z+2)(z-4i)}\,dz = \frac{1-2i}{5}\oint_{\gamma_1}\frac{1}{z+2}\,dz + \frac{4+2i}{5}\oint_{\gamma_1}\frac{1}{z-4i}\,dz$$

$$+ \frac{1-2i}{5}\oint_{\gamma_2}\frac{1}{z+2}\,dz + \frac{4+2i}{5}\oint_{\gamma_2}\frac{1}{z-4i}\,dz$$

$$= \frac{1-2i}{5}\oint_{\gamma_1}\frac{1}{z+2}\,dz + \frac{4+2i}{5}\oint_{\gamma_2}\frac{1}{z-4i}\,dz$$

$$= \frac{1-2i}{5}(2\pi i) + \frac{4+2i}{5}(2\pi i)$$

$$= 2\pi i$$

廣義的變形定理其證明可以模擬變形定理，只是現在要畫從 Γ 到 γ_1 的線段 L_1，從 γ_1 到 γ_2 的線段 $L_2,\ldots$，最後從 γ_{n-1} 到 γ_n 的線段 L_n。圖 20.14 是 $n=3$ 的情形。

參照這個圖，設想一個點逆時針繞 Γ 到 L_1，沿著 L_1 到 γ_1，順時針沿著 γ_1 到 L_2 然後到 γ_2，順時針繞著 γ_2 到 L_3，順時針繞所有 γ_3 返回到 L_3，沿著 L_3 繼續順時針繞 γ_2 到 L_2，然後進入 γ_1，順時針繞 γ_1 的其餘部分到 L_1，然後沿著 L_1 返回 Γ。最後，逆時針繼續環繞 Γ 到該路徑的起點。在這個路徑中，經過每一個 L_j 兩次其方向是相反的，所以在這些線段上的線積分等於零。這產生

$$\oint_\Gamma f(z)\,dz = \sum_{j=1}^n \oint_{\gamma_j} f(z)\,dz$$

其中所有曲線都是逆時針方向（正向）。

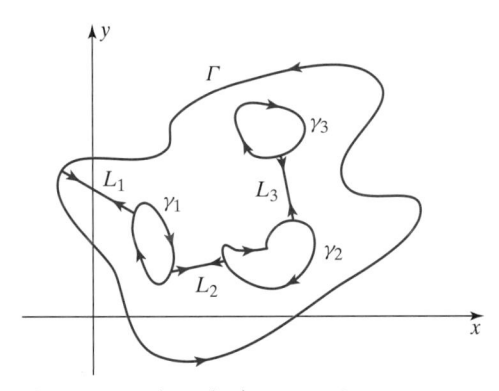

圖 20.14 有關廣義的變形定理的論證

20.3 習題

習題 1–6，計算 $\int_\gamma f(z)\, dz$，所有封閉曲線為正向。這些問題會涉及柯西定理、積分公式且／或變形定理。

1. $f(z) = z^4/(z - 2i)$，γ 為圍繞 $2i$ 的任何封閉路徑。
2. $f(z) = (z^2 - 5z + i)/(z - 1 + 2i)$，$\gamma$ 為圓 $|z| = 3$。
3. $f(z) = ie^z/(z - 2 + i)^2$，$\gamma$ 為圓 $|z - 1| = 4$。
4. $f(z) = z\sin(3z)/(z + 4)^3$，$\gamma$ 為圓 $|z - 2i| = 9$。
5. $f(z) = -(2 + i)\sin(z^4)/(z + 4)^2$，$\gamma$ 為圍繞 -4 的任何封閉路徑。
6. $f(z) = \text{Re}(z + 4)$。γ 為從 $3 + i$ 到 $2 - 5i$ 的線段。
7. 計算
$$\int_0^{2\pi} e^{\cos(\theta)} \cos(\sin(\theta))\, d\theta$$

   提示：考慮 $\int_\gamma (e^z/z) dz$，γ 是圓心為原點的單位圓。用柯西積分公式，然後直接用 γ 的座標函數求積分。

8. 使用廣義的變形定理計算
$$\oint_\gamma \frac{z - 4i}{z^3 + 4z}\, dz$$

   其中 γ 為圍繞原點、$-2i$ 和 $2i$ 的任何封閉路徑。

CHAPTER 21

函數的級數表示法

有兩種類型的級數展開對於處理複變函數很重要。它們都是冪級數，一種是實函數的泰勒級數的複數版本，另一種是沒有實數類比的**勞倫級數** (Laurent series)。

21.1 冪級數

作為複數冪級數的準備，我們將回顧有關複數數列和級數的一些事實，假定讀者已熟悉微積分程度的實數數列和級數。

假設 $\{z_n\}$ 為一個複數數列，因此對於每一個正整數 n，z_n 為一複數。若 $z_n = x_n + iy_n$，當

$$\lim_{n\to\infty} x_n = c \text{ 且 } \lim_{n\to\infty} y_n = d$$

則 $\{z_n\}$ 收斂於 $L = c + id$。

在此情況下，

$$\lim_{n\to\infty} z_n = L$$

因此，複數數列的收斂始終可以用實數數列來考慮。

這意味著複數級數可以用實數級數來處理，例如，$\sum_{n=1}^{\infty} a_n + ib_n$ 收斂於 $A + iB$ 若且唯若

$$\sum_{n=1}^{\infty} a_n = A \text{ 且 } \sum_{n=1}^{\infty} b_n = B$$

這將複數級數的問題轉換為實數級數的問題，因此可以應用標準審斂法（比較審斂法、積分審斂法、比值和根值審斂法等）。

若 $c_n = a_n + ib_n$ 且 $\sum_{n=1}^{\infty} c_n$ 收斂，則

$$\lim_{n\to\infty} a_n = \lim_{n\to\infty} b_n = 0$$

故 $\lim_{n\to\infty} c_n = 0$。如同實數級數，當 $n \to \infty$ 時，收斂複數級數的一般項 c_n 必有極限 0。

若實數級數 $\sum_{n=1}^{\infty} |c_n|$ 收斂，$\sum_{n=1}^{\infty} c_n$ 絕對收斂 (converges absolutely)。複數級數的絕對收斂意味著級數收斂，就像實數級數一樣。假設 $\sum_{n=1}^{\infty} |c_n|$ 收斂，因為 $|a_n| \leq |c_n|$，則由比較審斂法知 $\sum_{n=1}^{\infty} |a_n|$ 收斂，故 $\sum_{n=1}^{\infty} a_n$ 收斂。同理，$|b_n| \leq |c_n|$，故 $\sum_{n=1}^{\infty} b_n$ 收斂，因此 $\sum_{n=1}^{\infty} c_n$ 收斂。

現在定義一個冪級數其形成為

$$\sum_{n=0}^{\infty} c_n(z - z_0)^n = c_0 + c_1(z - z_0) + c_2(z - z_0)^2 + \cdots$$

c_n 為冪級數的**係數** (coefficient)，z_0 為**中心** (center)。任何冪級數的基本問題是確定使級數收斂的所有 z。我們可以用下面的結果來解決這個問題，即如果一個冪級數在異於 z_0 的點 z_1 上收斂，則它必須在所有比 z_1 更接近於 z_0 的點絕對收斂。

定理 21.1　冪級數的收斂

假設 $\sum_{n=0}^{\infty} c_n(z - z_0)^n$ 在異於 z_0 的點 z_1 收斂，則這個級數在所有滿足

$$|z - z_0| < |z_1 - z_0|$$

的 z 上絕對收斂。

證明：因為 $\sum_{n=0}^{\infty} c_n(z_1 - z_0)^n$ 收斂，所以

$$\lim_{n \to \infty} c_n(z_1 - z_0)^n = 0$$

這意味著我們可以選擇足夠大的 n 來使得級數的項的大小可以小到如我們所願。特別是對於某些 N，

$$\text{若 } n \geq N，|c_n(z_1 - z_0)^n| < 1$$

則，對於 $n \geq N$，

$$\left| c_n(z - z_0)^n \right| = \left| \frac{(z - z_0)^n}{(z_1 - z_0)^n} \right| \left| c_n(z_1 - z_0)^n \right|$$

$$\leq \left| \frac{(z - z_0)^n}{(z_1 - z_0)^n} \right|$$

$$= \left| \frac{z - z_0}{z_1 - z_0} \right|^n < 1$$

因為 $|z - z_0| < |z_1 - z_0|$。幾何級數

$$\sum_{n=0}^{\infty} \left| \frac{z - z_0}{z_1 - z_0} \right|^n$$

因此收斂。由比較審斂法，

$$\sum_{n=N}^{\infty} \left| c_n(z-z_0)^n \right|$$

收斂，亦即

$$\sum_{n=0}^{\infty} \left| c_n(z-z_0)^n \right|$$

收斂，故 $\sum_{n=0}^{\infty} c_n(z-z_0)^n$ 絕對收斂。

這個定理意味著任何複數冪級數的收斂都有三種可能性。

1. 除了 z_0 以外，級數沒有任何收斂點。在這種情況下，冪級數的收斂半徑為零，只有在中心 z_0 收斂。
2. 對所有 z，冪級數收斂。在此情況下，冪級數具有**無限的收斂半徑** (infinite radius of convergence)。
3. 冪級數可能會收斂於 z_0 以外的一些點，但也會在某些點發散（亦即，情況 (1) 和 (2) 不成立）。設 ζ 是最靠近 z_0。而使級數發散的點，且令 $R = |\zeta - z_0|$，亦即 ζ 與 z_0 之間的距離。

若 $|z - z_0| < R$，則冪級數必須收斂於 z，否則這個開圓盤會包含使級數發散的點，而這個點比 ζ 更接近 z_0，違反定理 21.1 以及 ζ 的選擇。

若 $|z - z_0| > R$，則冪級數必須在 z 發散，因為如果它收斂於這樣的 z，則它將會在所有比 z 更靠近 z_0 的點上收斂，因此在 ζ 上，矛盾。

因此，在情況 (3) 有一數 R 使得冪級數在圓盤 $|z - z_0| < R$ 內收斂，並且若 $|z - z_0| > R$ 則發散。開圓盤 $|z - z_0| < R$ 是冪級數**收斂的開圓盤** (open disk of convergence)，R 為**收斂半徑** (radius of convergence)。

在圓 $|z - z_0| = R$ 上的點，冪級數可能收斂也可能發散。

情況 1 是指 $R = 0$，情況 2 是指 $R = \infty$。

$$|z - z_0| < \infty$$

意味著整個複數平面，因為每個數 z 與 z_0 的距離是有限的。

有時可以使用比值審斂法來計算冪級數的收斂半徑。

例 21.1

冪級數

$$\sum_{n=0}^{\infty}(-1)^n \frac{2^n}{n+1}(z-1+2i)^n$$

具有中心 $1-2i$。要應用實數級數的比值審斂法，觀察這個級數的 $n+1$ 項除以 n 項的比值的大小：

$$\left|\left((-1)^{n+1}\frac{2^{n+1}}{n+2}(z-1+2i)^{n+1}\right)\left(\frac{n+1}{(-1)^n 2^n (z+1-2i)^n}\right)\right|$$

$$=\left|\frac{2(n+1)}{n+2}(z-1+2i)\right|$$

$$\to 2|z-1+2i|\ (\text{當 } n \to \infty)$$

由比值審斂法，若這個極限值小於 1，則冪級數項的絕對值級數收斂且若極限值大於 1，則冪級數發散。因此，若

$$2|z-1+2i|<1$$

或

$$|z-1+2i|<\frac{1}{2}$$

則冪級數絕對收斂。

這指定收斂的開圓盤為中心為 $1-2i$，半徑為 $1/2$ 的圓盤。收斂半徑為 $1/2$。若 $|z-1+2i|>1/2$ 則冪級數發散。

如果我們應用這種方法，若連續項的比值大小的極限是無限，則冪級數具有無限的收斂半徑，並且對所有的 z，冪級數收斂。

如同實數冪級數，複數冪級數可以在其收斂的開圓盤內逐項微分和積分。

定理 21.2 冪級數的微分和積分

令 f 是由

$$f(z)=\sum_{n=0}^{\infty}c_n(z-z_0)^n$$

定義的函數，其中 z 在 $D:|z-z_0|<R$ 內，則

1. 對於 D 中的 z，$f'(z)=\sum_{n=1}^{\infty}nc_n(z-z_0)^{n-1}$

此外，$f'(z)$ 的冪級數具有與 $f(z)$ 的冪級數相同的收斂半徑。

2. 若 γ 是 D 內的路徑，則

$$\int_\gamma f(z)\,dz = \sum_{n=0}^{\infty} c_n \int_\gamma (z-z_0)^n\,dz$$

若 $R = \infty$，這兩個結論都成立。

我們現在要以一個點為中心的冪級數。來表示函數。

定理 21.3　泰勒展開

假設 f 在開圓盤 D：$|z-z_0| < R$ 是可微分，則對於 D 中的 z，

$$f(z) = \sum_{n=0}^{\infty} c_n (z-z_0)^n$$

其中，對於 $n = 0, 1, 2, \cdots$，

$$c_n = \frac{f^{(n)}(z_0)}{n!}$$

此外，此冪級數在 D 中絕對收斂。

---

c_n 為 f 在 z_0 的第 n 個泰勒係數 (*n*th Taylor coefficient of *f* at z_0)，這個冪級數稱為 *f* 關於 z_0 的泰勒級數 (Taylor series *f* about z_0) 或 *f* 關於 z_0 的泰勒展開 (Taylor expansion of *f* about z_0)。在 $z_0 = 0$ 的情況下，泰勒級數也稱為**麥克勞林** (Maclaurin) 級數。

在這個定理中，R 可以是 ∞，在這種情況下，f 對所有的 z 都是可微的，並且對於所有的 z，f 的泰勒級數表達式都是成立的。

證明：令 z 在 D 中，並且選擇一個數 r，使得

$$|z-z_0| < r < R$$

令 γ 為以 z_0 為圓心，半徑為 r 的圓（圖 21.1），故 γ 以 z_0 為圓心並圍繞 z，由柯西積分公式

$$f(z) = \frac{1}{2\pi i} \oint_\gamma \frac{f(w)}{w-z}\,dw$$

代數運算允許我們寫

$$\frac{1}{w-z} = \frac{1}{w-z_0-(z-z_0)} = \frac{1}{w-z_0} \frac{1}{1-\frac{z-z_0}{w-z_0}}$$

如今

圖 21.1

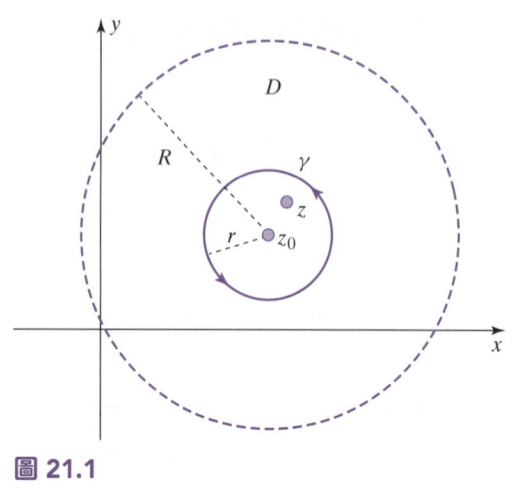

$$\left|\frac{z-z_0}{w-z_0}\right| < 1$$

所以我們可以寫出收斂的幾何級數

$$\frac{1}{w-z} = \sum_{n=0}^{\infty} \frac{1}{w-z_0}\left(\frac{z-z_0}{w-z_0}\right)^n$$

$$= \sum_{n=0}^{\infty} \frac{1}{(w-z_0)^{n+1}}(z-z_0)^n$$

因此

$$\frac{f(w)}{w-z} = \sum_{n=0}^{\infty} \frac{f(w)}{(w-z_0)^{n+1}}(z-z_0)^n$$

經由證明，這個級數可以逐項積分，所以

$$f(z) = \frac{1}{2\pi i}\oint_\gamma \frac{f(w)}{w-z}\,dw$$

$$= \frac{1}{2\pi i}\oint_\gamma \left(\sum_{n=0}^{\infty} \frac{f(w)}{(w-z_0)^{n+1}}(z-z_0)^n\right)dw$$

$$= \sum_{n=0}^{\infty}\left(\frac{1}{2\pi i}\oint_\gamma \frac{f(w)}{(w-z_0)^{n+1}}\,dw\right)(z-z_0)^n$$

$$= \sum_{n=0}^{\infty} \frac{f^{(n)}(z_0)}{n!}(z-z_0)^n$$

其中使用了有關導數的柯西積分公式。

我們已經看到推廣到複數平面的重要實值函數的例子。這些包括指數函數 e^z 和三角函數 $\sin(z)$ 和 $\cos(z)$，當 $z=x$ 是實數時，它們分別與 e^x、$\sin(x)$ 和 $\cos(x)$ 一致。

在這種情況下。我們可以直接從已知的實值函數的展開式中獲得複數函數的冪級數展開式。例如，使用 e^x、$\sin(x)$ 和 $\cos(x)$ 的熟悉的麥克勞林級數，我們可以立刻寫

$$e^z = \sum_{n=0}^{\infty} \frac{1}{n!} z^n$$

$$\sin(z) = \sum_{n=0}^{\infty} \frac{(-1)^n}{(2n+1)!} z^{2n+1} \text{ 和}$$

$$\cos(z) = \sum_{n=0}^{\infty} \frac{(-1)^n}{(2n)!} z^{2n}$$

泰勒係數很少用 $f(z)$ 對 z_0 的展開式中的係數 $f^n(z_0)/n!$ 來計算。如果可能的話，使用已知的級數以及代數與微積分運算。

例 21.2

$$e^{z^2} = \sum_{n=0}^{\infty} \frac{1}{n!} z^{2n}$$

在 e^z 的麥克勞林展開中用 z^2 代替 z。

例 21.3

從熟悉的幾何級數開始

$$\frac{1}{1-z} = \sum_{n=0}^{\infty} z^n = 1 + z + z^2 + z^3 + \cdots$$

其中 $|z| < 1$。由微分得到

$$\frac{1}{(1-z)^2} = \sum_{n=1}^{\infty} n z^{n-1} = 1 + 2z + 3z^2 + \cdots$$

其中 $|z| < 1$。再微分得到

$$\frac{2}{(1-z)^3} = \sum_{n=2}^{\infty} n(n-1) z^{n-2} = 2 + 6z + 12z^2 + \cdots$$

其中 $|z| < 1$。

以 $-z$ 替換 z 來獲得

$$\frac{1}{1+z} = \sum_{n=0}^{\infty}(-1)^n z^n$$

其中 $|z|<1$。這也稱為幾何級數。微分這個級數產生展開式

$$\frac{-1}{(1+z)^2} = \sum_{n=1}^{\infty} n(-1)^n z^{n-1}$$

其中 $|z|<1$。

例 21.4

用代數與幾何級數求 $2i/(4+iz)$ 關於 $-3i$ 的泰勒展開式。

因為這個關於 $-3i$ 的展開含有冪次 $(z+3i)^n$，所以試圖重新整理 $2i/(4+iz)$ 使其可以展開成含有 $z+3i$ 冪次的幾何級數：

$$\begin{aligned}
\frac{2i}{4+iz} &= \frac{2i}{4+i(z+3i)+3} \\
&= \frac{2i}{7+i(z+3i)} = \frac{2i}{7} \frac{1}{1+\frac{i(z+3i)}{7}} \\
&= \frac{2i}{7} \sum_{n=0}^{\infty} (-1)^n \left(\frac{i}{7}(z+3i)\right)^n \\
&= \sum_{n=0}^{\infty} \frac{2}{7^{n+1}} (-1)^n i^{n+1} (z+3i)^n
\end{aligned}$$

取這個級數的 $n+1$ 項與 n 項的比值的絕對值，我們得出結論：若

$$\left|\frac{1}{7}(z+3i)\right| < 1$$

或

$$|z+3i| < 7$$

則冪級數絕對收斂。這個展開的中心為 $-3i$，收斂半徑為 7。

我們可以預測這個冪級數展開的收斂半徑，而不用寫出這個級數。被展開的函數是 $f(z) = 2i/(4+iz)$，此函數除了 $z=4i$ 以外，對於所有 z 是可微分的。$f(z)$ 關於 $-3i$ 的展開的收斂半徑是中心 $-3i$ 與 $4i$ 之間的距離，這個距離是 7，而 $4i$ 是 $f(z)$ 不可微分的點之中最接近 $-3i$ 的點。

作為一個不太明顯的例子，考慮 $g(z) = 1/\sin(z)$，除了 π 的整數倍數之外，這是可微分的。我們可以（在理論上）用 $3+i$ 的冪級數展開 $g(z)$，這個級數的收斂半徑是 $3+i$ 和 $g(z)$ 不可微分的點之中最接近 $3+i$ 的點之間的距離。這一點是 π，因此收斂半徑是 $3+i$ 和 π 之間的距離，亦即 $\sqrt{(3-\pi)^2+1}$。$g(z)$ 關於 $3+i$ 的冪級數展開式是以 $3+i$ 為中心，$\sqrt{(3-\pi)^2+1}$ 為半徑的開圓盤作為其收斂的開圓盤（圖 21.2）。

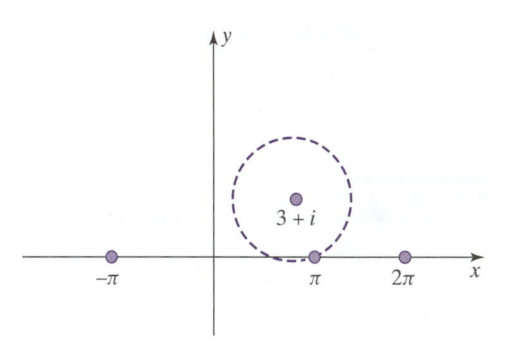

圖 21.2 $1/\sin(z)$ 關於 $3+i$ 的冪級數展開的收斂開圓盤

21.1.1 可微分函數的反導數

若 f 在關於 z_0 的開圓盤 D 是可微的，則必存在一可微函數 F，使得對於 D 中的所有 z，$F'(z) = f(z)$。F 稱為 f 的**反導數** (antiderivative)。

為了建構 $F(z)$，在 D 將 $f(z)$ 展開成關於 z_0 的冪級數：對於 D 中的 z，

$$f(z) = \sum_{n=0}^{\infty} c_n(z-z_0)^n$$

令

$$F(z) = \sum_{n=0}^{\infty} \frac{1}{n+1} c_n (z-z_0)^{n+1}$$

這個級數與 $f(z)$ 的級數具有相同的收斂半徑，且對於 D 中的 z，$F'(z) = f(z)$。

21.1.2 函數的零點

函數關於一點的泰勒展開給我們提供了關於函數的零點的重要資訊。若 $f(\zeta) = 0$，則數 ζ 是 f 的**零點** (zero)。若有一個關於 ζ 的開圓盤不包含 f 的其他零點，則零點 ζ 稱為**孤立** (isolated) 零點。

例如，$\sin(z)$ 在 π 的整數倍數有孤立零點。反之，令

$$g(z) = \begin{cases} \sin(1/z), & z \neq 0 \\ 0, & z = 0 \end{cases}$$

則對於每個非零整數 n，g 在 0 和 $1/n\pi$ 具有零點。0 不是孤立零點，因為以 0 為中心的每個圓盤包含其他的零點 $1/n\pi$，對於足夠大的 n，$1/n\pi$ 可任意接近 0。

這個例子的函數 $g(z)$ 在 0 不可微分。一個可微函數不能有零點的數列收斂到另一個零點，除非這個函數在以 z_0 為中心的某個圓盤上等於零（在這種情況下，這個圓盤的每個點都是零）。

定理 21.4

令 f 在域 G 可微且令 ζ 為 f 在 G 中的零點，則 ζ 是一個孤立零點，或有一個以 ζ 為中心的開圓盤，其中 $f(z)$ 等於零。

這意味著在一個域上一個不等於零的可微複變函數只能有孤立零點。

證明：在 G 中以 ζ 為中心的一些開圓盤 D 內，寫出 f 關於 ζ 的冪級數展開式：

$$f(z) = \sum_{n=0}^{\infty} c_n (z - \zeta)^n$$

有兩種情況。

若每個 $c_n = 0$，則在整個 D 中 $f(z) = 0$。

假設一些係數不是零，令 m 是使得 $c_m \neq 0$ 的最小整數，則 $c_0 = c_1 = \cdots = c_{m-1} = 0$ 且對於 D 中的 z，

$$f(z) = \sum_{n=m}^{\infty} c_n (z - \zeta)^n = (z - \zeta)^m \sum_{n=0}^{\infty} c_{n+m} (z - \zeta)^n$$

令 $g(z) = \sum_{n=0}^{\infty} c_{n+m} (z - \zeta)^n$，則 g 在 D 可微且 $g(\zeta) = c_m \neq 0$，此外，

$$f(z) = (z - \zeta)^m g(z)$$

因為 $g(\zeta) \neq 0$，所以有關於 ζ 的一些開圓盤 K，其中 $g(z) \neq 0$。但是，若 z 在 K 中並且與 ζ 不同，則 $f(z) \neq 0$，因此 ζ 是孤立零點。

若 ζ 是 f 的一個零點，則在 f 關於 ζ 的泰勒展開式中，使得 $c_m \neq 0$ 的最小 m 稱為零點 ζ 的**階數** (order)。因為在 c_m 之前的泰勒係數必須是零，則 $f^{(j)}(\zeta) = 0, j = 0, 1, \cdots, m - 1$ 而 $f^{(m)}(\zeta) \neq 0$。因此零點 ζ 的階數是使得這個階的導數在 ζ 不為零的最小正整數。

在定理的證明中，我們實際上已經證明，在關於 f 的 m 階孤立零點的某個圓盤中，我們可以寫出

$$f(z) = (z - z)^m g(z)$$

其中在這個圓盤上 $g(z) \neq 0$。這個事實本身就很重要。

例 21.5

令 $f(z) = z^2 \sin(z)$，則 f 在 0 有孤立零點，計算

$$f'(z) = 2z\sin(z) + z^2 \cos(z)$$
$$f''(z) = 2\sin(z) + 4z\cos(z) - z^2 \sin(z)$$
$$f'''(z) = 6\cos(z) - 6z\sin(z) - z^2 \cos(z)$$

現在 $f(0) = f'(0) = f''(0) = 0$ 而 $f'''(0) \neq 0$，因此 f 在 0 有 3 階零點。

令 $f(z) = z^3 g(z)$，其中 $g(z)$ 在關於 0 的某個圓盤是可微和非零。使用麥克勞林展開，

$$\sin(z) = z - \frac{1}{3!}z^3 + \frac{1}{5!}z^5 - \cdots$$

因此

$$f(z) = z^2 \sin(z) = z^3 - \frac{1}{3!}z^5 + \frac{1}{5!}z^7 + \cdots$$
$$= z^3 \left(1 - \frac{1}{3!}z^2 + \frac{1}{5!}z^4 - \cdots\right)$$
$$= z^3 g(z)$$

且在關於 0 的圓盤上 $g(z) \neq 0$。

可以寫出 $f(z) = (z-\zeta)^m g(z)$ 的一個直接結果，其中在關於 ζ 的某個圓盤中 $g(z) \neq 0$，亦即在某些條件下，乘積的零點的階數是相加而商的零點的階數是相減（讓人聯想到對數）。具體而言，假設 $h(z)$ 在 ζ 有 m 階零點，且 $k(z)$ 在 ζ 有 n 階零點，則

1. $h(z)k(z)$ 在 ζ 有 $m+n$ 階零點。
2. 若 $n < m$，則 $h(z)/k(z)$ 在 ζ 有 $m-n$ 階零點。

查看 (1) 為什麼是真，令 $h(z) = (z-\zeta)^m \alpha(z)$ 且 $k(z) = (z-\zeta)^n \beta(z)$，其中 $\alpha(z)$ 和 $\beta(z)$ 在關於 ζ 的一些開圓盤 D 為非零，則在 D 中

$$h(z)k(z) = (z-\zeta)^{m+n}\alpha(z)\beta(z)$$

$\alpha(z)\beta(z) \neq 0$，故 $h(z)k(z)$ 在 ζ 有 $m+n$ 階零點，同理可證敘述 (2)。

敘述 (1) 可以由例 21.5 得知，其中 z^2 在 0 有 2 階零點且 $sin(z)$ 在 0 有 1 階零點。

當我們在函數奇異點的背景下考慮極點的階數時，這些將是重要的事實。

例 21.6

$$\frac{\cos^3(z)}{(z-\pi/2)^2}$$

在 $\pi/2$ 有一階零點，因為分子在 $\pi/2$ 有 3 階零點，而分母在 $\pi/2$ 有 2 階零點。

21.1 習題

習題 1–3，求冪級數的收斂半徑以及收斂的開圓盤。

1. $\sum_{n=0}^{\infty} \frac{n+1}{2^n}(z+3i)^n$

2. $\sum_{n=0}^{\infty} \frac{n^n}{(n+1)^n}(z-1+3i)^n$

3. $\sum_{n=0}^{\infty} \frac{i^n}{2^{n+1}}(z+8i)^n$

4. $\sum_{n=0}^{\infty} c_n(z-2i)^n$ 是否可能在 0 收斂，而在 i 發散？

習題 5–7，求函數在所予點的泰勒展開式。

5. $\cos(2z), z=0$

6. $z^2 - 3z + i; z = 2-i$

7. $(z-9)^2; 1+i$

8. 假設在關於 0 的一個開圓盤內，f 是可微的且滿足 $f''(z) = 2f(z) + 1$。假設 $f(0) = 1$ 且 $f'(0) = i$，求 $f(z)$ 的麥克勞林展開的前 6 項。

9. 以下列四種方式求 $f(z) = \sin^2(z)$ 的麥克勞林展開的前 7 項。

   (a) 首先，計算在 0 的泰勒係數。

   (b) 求 $\sin(z)$ 的麥克勞林級數與其本身的乘積的前 7 項。

   (c) 用指數函數的形式寫出 $\sin^2(z)$，並使用這個函數的麥克勞林展開。

   (d) 令 $\sin^2(z) = (1 - \cos(2z))/2$，並使用 $\cos(z)$ 的麥克勞林展開。

10. 證明

$$\sum_{n=0}^{\infty} \frac{1}{(n!)^2} = \frac{1}{2\pi} \int_0^{2\pi} e^{2z\cos(\theta)} d\theta$$

提示：首先證明

$$\left(\frac{z^n}{n!}\right)^2 = \frac{1}{2\pi i} \oint_\gamma \frac{z^n}{n! w^{n+1}} e^{zw} dw$$

其中 $n = 0, 1, 2, \cdots$ 且 γ 為關於原點的單位圓。

習題 11–13，求函數零點的階數。

11. $f(z) = z^2 \sin^2(z), z = 0$

12. $f(z) = \cos^3(z), z = 3\pi/2$

13. $f(z) = \sin(z^4)/z^2, z = 0$

14. 假設在關於 z_0 的某個開圓盤 D，

$$f(z) = \sum_{n=0}^{\infty} a_n(z-z_0)^n = \sum_{n=0}^{\infty} b_n(z-z_0)^n$$

證明對於 $n = 0, 1, 2, \cdots$，$a_n = b_n$

21.2 勞倫展開

若 f 在關於 z_0 的某個圓盤可微分，則 f(z) 具有關於 z_0 的泰勒級數表達式。若 f 在 z_0 不可微分，則 f(z) 可能會有一個不同的關於 z_0 的級數展開，亦即勞倫展開。這將在計算積分方面有重要的應用。首先，我們需要一些術語。

兩個同心圓之間的開集合點稱為**環** (annulus)。典型地，具有中心為 z_0 的環可由不等式

$$r < |z - z_0| < R$$

描述，其中 r 為內圓的半徑而 R 為外圓的半徑。我們允許 $r = 0$，在這種情況下，環是 $0 < |z - z_0| < R$，這是關於 z_0，半徑為 R，中心被移除的開圓盤，這樣的環稱為**穿孔圓盤** (punctured disk)。我們也允許 $R = \infty$，在這種情況下，環 $r < |z - z_0| < \infty$ 由圓 $|z - z_0| = r$ 外部的所有點組成。環 $0 < |z - z_0| < \infty$ 是去除 z_0 的整個平面。

我們現在可以陳述勞倫級數的基本結果。

定理 21.5 勞倫展開

令 f 在環 $r < |z - z_0| < R$，$0 \le r < R \le \infty$ 可微分，則對於這個環中的每一個 z，

$$f(z) = \sum_{n=-\infty}^{\infty} c_n (z - z_0)^n$$

其中，對於每一個整數 n，

$$c_n = \frac{1}{2\pi i} \oint_\gamma \frac{f(w)}{(w - z_0)^{n+1}} \, dw$$

γ 為環中圍繞 z_0 的任何封閉路徑。

定理的證明請參考習題 6。

關於 z_0 的勞倫展開，我們能夠在關於 z_0 的某個環內寫出，

$$f(z) = \sum_{n=-\infty}^{-1} c_n (z - z_0)^n + \sum_{n=0}^{\infty} c_n (z - z_0)^n = h(z) + g(z)$$

其中

$$h(z) = \sum_{n=-\infty}^{-1} c_n (z - z_0)^n$$
$$= \cdots + \frac{c_{-3}}{(z - z_0)^3} + \frac{c_{-2}}{(z - z_0)^2} + \frac{c_{-1}}{(z - z_0)}$$

包含展開式中所有 $z - z_0$ 的負冪次項，且

$$g(z) = \sum_{n=0}^{\infty} c_n(z-z_0)^n$$
$$= c_0 + c_1(z-z_0) + c_2(z-z_0)^2 + \cdots$$

包含 $z - z_0$ 的所有非負冪次。定義 $g(z)$ 的級數是關於 z_0 的冪級數，所以在開圓盤 $|z - z_0| < R$ 中 $g(z)$ 是可微函數。任何在 z_0 附近使 $f(z)$ 產生不良的狀況都在 $h(z)$。

對於函數和點，勞倫係數是唯一的。這意味著，若在關於 z_0 的某個環，

$$f(z) = \sum_{n=-\infty}^{\infty} c_n(z-z_0)^n = \sum_{n=-\infty}^{\infty} d_n(z-z_0)^n$$

則對每一個整數 n，$c_n = d_n$。

有一個結果就是，無論勞倫展開怎樣產生，關於一點的勞倫展開都是相同的。這很重要，因為我們通常將已知的級數進行運算來獲得勞倫展開。勞倫係數的積分公式在實際使用上很少用於計算係數。

例 21.7

$e^{1/z}$ 關於 0 的勞倫展開為

$$\sum_{n=0}^{\infty} \frac{1}{n!}\left(\frac{1}{z}\right)^n = 1 + \frac{1}{z} + \frac{1}{2!}\frac{1}{z^2} + \cdots$$

這是將 e^z 的麥克勞林展開式中的 z 以 $1/z$ 取代而得。這個勞倫展開式對於 $0 < |z| < \infty$ 是成立的，因此在去除原點的整個平面是成立的。

例 21.8

$f(z) = \cos(z)/z^5$ 在環 $0 < |z| < \infty$ 可微分，此環是去除原點的整個平面。我們知道 $\cos(z)$ 關於 0 的泰勒展開，因此我們知道 $f(z)$ 在 $0 < |z| < \infty$ 的勞倫展開：

$$f(z) = \frac{1}{z^5}\cos(z) = \frac{1}{z^5}\sum_{n=0}^{\infty}\frac{(-1)^n}{(2n)!}z^{2n}$$

$$= \sum_{n=0}^{\infty}\frac{(-1)^n}{(2n)!}z^{2n-5}$$

$$= \frac{1}{z^5} - \frac{1}{2}\frac{1}{z^3} + \frac{1}{4!}\frac{1}{z} - \frac{1}{6!}z + \frac{1}{8!}z^3 - \cdots, \ z \neq 0$$

我們可以想到

$$\frac{\cos(z)}{z^5} = h(z) + g(z)$$

其中

$$h(z) = \frac{1}{z^5} - \frac{1}{2!}\frac{1}{z^3} + \frac{1}{4!}\frac{1}{z}$$

且

$$g(z) = -\frac{1}{6!}z + \frac{1}{8!}z^3 - \cdots.$$

$g(z)$ 對所有的 z 都是可微的，而 $h(z)$ 在去除原點的平面上可微，因此 $h(z) + g(z)$ 在去除原點的平面上可微。在原點附近的 $h(z)$ 的行為決定了 $\cos(z)/z^5$ 的行為。

例 21.9

令

$$f(z) = \frac{1}{(z+1)(z-3i)}$$

則除了 -1 和 $3i$ 以外，f 是可微分的，求 $f(z)$ 關於 -1 的勞倫展開。首先，使用部分分式分解

$$f(z) = \frac{-1+3i}{10}\frac{1}{z+1} + \frac{1-3i}{10}\frac{1}{z-3i}$$

在右邊，第一項本身就是一個關於 -1 的勞倫展開，因為它是 $z+1$ 的冪次的級數（只有一項）。因此重點在第二項，對第二項運算並使用幾何級數，請記住我們需要一個 $z+1$ 的冪次的級數：

$$\frac{1}{z-3i} = \frac{1}{-1-3i+(z+1)} = \frac{1}{-1-3i}\frac{1}{1-\frac{z+1}{1+3i}}$$

$$= -\frac{1}{1+3i}\sum_{n=0}^{\infty}\left(\frac{z+1}{1+3i}\right)^n = \sum_{n=0}^{\infty}\frac{-1}{(1+3i)^{n+1}}(z+1)^n$$

這個展開在

$$\left|\frac{z+1}{1+3i}\right| < 1$$

亦即 $|z+1| < \sqrt{10}$ 時成立。$f(z)$ 關於 -1 的勞倫展開為

$$f(z) = \frac{-1+3i}{10}\frac{1}{z+1} - \frac{1-3i}{10}\sum_{n=0}^{\infty}\frac{1}{(1+3i)^{n+1}}(z+1)^n$$

其中 $0 < |z+1| < \sqrt{10}$。當 z 接近 -1 時，$f(z)$ 的行為由這個展開式中的 $1/(z+1)$ 項決定。

下一章專門討論函數的勞倫展開式中的一項的應用，利用此項可以計算封閉路徑的積分。

21.2 習題

習題 1–5，寫出 $f(z)$ 在環 $0 < |z-z_0| < R$ 中，關於 z_0 的勞倫展開，確定每一個習題的 R。這些都需要藉由運算已知的級數來完成。

1. $2z/(1+z^2)$; i
2. $(1-\cos(2z))/z^2$; 0
3. $z^2/(1-z)$; 1
4. e^{z^2}/z^2; 0
5. $(z+i)/(z-i)$; i
6. 填寫以下勞倫展開定理證明的細節（定理 21.5）。令 z 在環中並選擇 r_1 和 r_2 使得

$$0 < r < r_1 < r_2 < R$$

並且使得圓 $\gamma_1 : |z-z_0| = r_1$ 不圍繞 z 而圓 $\gamma_2 : |z-z_0| = r_2$ 圍繞 z。圖 21.3 顯示了典型情況下的這些圖。在 γ_1 和 γ_2 之間插入線段 L_1 和 L_2，在環形成兩條封閉的路徑 Γ_1 和 Γ_2（如圖 21.4 所示）。證明

$$f(z) = \frac{1}{2\pi i}\oint_{\Gamma_1}\frac{f(w)}{w-z}dw$$

且

$$\frac{1}{2\pi i}\oint_{\Gamma_2}\frac{f(w)}{w-z}dw = 0$$

兩式相加得到

$$f(z) = \frac{1}{2\pi i}\oint_{\Gamma_1}\frac{f(w)}{w-z}dw + \frac{1}{2\pi i}\oint_{\Gamma_2}\frac{f(w)}{w-z}dw$$

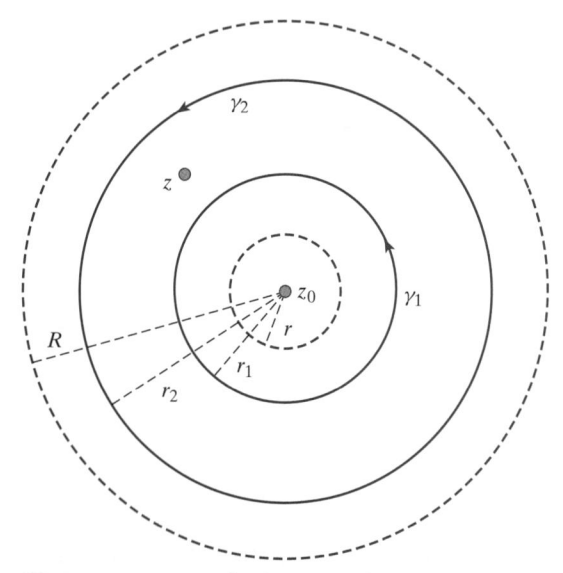

圖 21.3 習題 6 建構的圓用來說明定理 21.5 的證明

在兩條路徑上為逆時針方向。請注意在這些積分中，線段上積分的部分等於零。（這些線段在兩個方向都被穿過），證明

$$f(z) = \frac{1}{2\pi i} \oint_{\gamma_2} \frac{f(w)}{w-z} dw - \frac{1}{2\pi i} \oint_{\gamma_1} \frac{f(w)}{w-z} dw$$

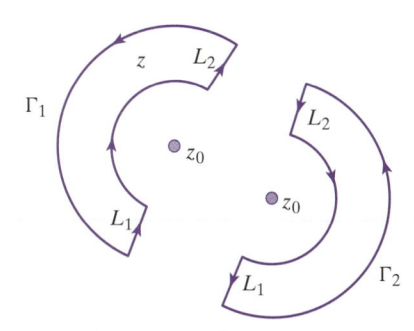

圖 21.4 習題 6 中的圓 Γ_1 和 Γ_2

兩者均在逆時針的封閉路徑上積分，在 γ_2，證明 $|(z-z_0)/(w-z_0)| < 1$ 且利用幾何級數寫出

$$\frac{1}{w-z} = \sum_{n=0}^{\infty} \frac{1}{(w-z_0)^{n+1}} (z-z_0)^n$$

在 γ_1，證明 $|(w-z_0)/(z-z_0)| < 1$ 以此證明

$$\frac{1}{w-z} = -\sum_{n=0}^{\infty} (w-z_0)^n \frac{1}{(z-z_0)^{n+1}}$$

使用這些證明

$$\begin{aligned} f(z) &= \sum_{n=0}^{\infty} \left(\frac{1}{2\pi i} \oint_{\gamma_2} \frac{f(w)}{(w-z_0)^{n+1}} dw \right) (z-z_0)^n \\ &+ \sum_{n=0}^{\infty} \left(\frac{1}{2\pi i} \oint_{\gamma_1} f(w)(w-z_0)^n dw \right) \frac{1}{(z-z_0)^{n+1}} \end{aligned}$$

最後，在最後的求和中，令 $n = -m-1$，然後用變形定理以關於 z_0 和環內的任何封閉路徑 Γ 代替 γ_1 和 γ_2。

7. 填寫以下勞倫展開的唯一性證明的細節。假設，在環

$$f(z) = \sum_{n=-\infty}^{\infty} c_n (z-z_0)^n = \sum_{n=-\infty}^{\infty} b_n (z-z_0)^n$$

其中 c_n 為勞倫係數，則

$$\begin{aligned} 2\pi i c_k &= \oint_{\gamma} \frac{f(w)}{(w-z_0)^{k+1}} dw \\ &= \oint_{\gamma} \left(\sum_{n=-\infty}^{\infty} b_n (w-z_0)^n \right) \frac{1}{(w-z_0)^{k+1}} dw \\ &= \sum_{n=-\infty}^{\infty} b_n \oint_{\gamma} \frac{1}{(w-z_0)^{k-n+1}} dw \end{aligned}$$

選擇 γ 作為一圓，並在最後的求和中求出積分以完成證明。

CHAPTER 22

奇點與留數定理

22.1 奇點的分類

假設,對於某個正數 R,除了 z_0 外,$f(z)$ 在圓盤 $|z - z_0| < R$ 的所有點都是可微分,則 f 在 z_0 有一個**孤立奇點** (isolated singularity)。

例如,$h(z) = 1/z$ 在 $z = 0$ 有孤立奇點,且 $w(z) = \sin(z)/(z - \pi)$ 在 $z = \pi$ 有孤立奇點。

「孤立」意味著 $f(z)$ 沒有其他任意接近 z_0 的點,而在這些點上 $f(z)$ 是不可微分的。例如,考慮

$$g(z) = \frac{1}{\sin\left(\frac{1}{z}\right)}$$

則除了 $z = 0$ 以及 $z = 1/n\pi$,n 為任意整數,$g(z)$ 在所有 z 都有定義且可微分。我們可以認為 0 是 $g(z)$ 的奇點,亦即函數在 0 不可微分,但是 0 不是孤立奇點,它與 $g(z)$ 不可微分的其他點彼此並不孤立,因為選擇大的 n 值,我們可以使點 $1/n\pi$ 盡可能接近 0。

孤立奇點在計算複變函數在封閉路徑上的積分扮演重要角色。作為這方面的準備工作,我們把函數的孤立奇點分為三類,這取決於函數關於奇點的勞倫展開式中的係數。

假設 f 在 z_0 有孤立奇點。令 $f(z)$ 在環 $0 < |z - z_0| < R$ 的勞倫展開為

$$f(z) = \sum_{n=-\infty}^{\infty} c_n (z - z_0)^n$$

1. 若對於每一個負整數 n,$c_n = 0$,則 z_0 為 $f(z)$ 的**可移除奇點** (removable singularity)。
2. 若 $c_{-m} \neq 0$,但

$$c_{-m-1} = c_{-m-2} = c_{-m-3} = \cdots = 0$$

其中 m 為正整數,則 z_0 為 $f(z)$ 的 **m 階極點** (pole of order of m)。
3. 若對於無限多正整數 n,$c_{-n} \neq 0$,則 z_0 為 $f(z)$ 的**本質奇點** (essential singularity)。

重申一下,z_0 是

- 可移除奇點，若 $f(z)$ 關於 z_0 的勞倫展開實際上是關於 z_0 的冪級數；
- $f(z)$ 的 m 階極點，若 $1/(z - z_0)^m$ 是出現在 $f(z)$ 關於 z_0 的勞倫展開式中的 $1/(z - z_0)$ 的最大冪次；
- 本質奇點，若 $f(z)$ 關於 z_0 的勞倫展開具有非零係數的 $1/(z - z_0)$ 的無窮多冪次。

例 22.1

令 $f(z) = (1 - \cos(z))/z$，$z \neq 0$，則對於所有的 $z \neq 0$，f 是可微的，並且在 0 無定義。

使用 $\cos(z)$ 的麥克勞林級數，$f(z)$ 在 0 附近的勞倫展開是

$$f(z) = \frac{1 - \cos(z)}{z} = \frac{1}{z}\left(1 - \sum_{n=0}^{\infty} \frac{(-1)^n}{(2n)!} z^{2n}\right)$$

$$= \frac{1}{z}\left(\frac{1}{2!}z^2 - \frac{1}{4!}z^4 + \frac{1}{6!}z^6 - \cdots\right)$$

$$= \frac{1}{2!}z - \frac{1}{4!}z^3 + \frac{1}{6!}z^5 - \cdots$$

這是關於 0 的冪級數，故 f 在 0 有可移除奇點。

注意 $f(z)$ 的冪級數展開在 0 有定義，其值等於 0。因此我們可以在 $z = 0$ 處給出值 0 來推廣 $f(z)$ 的定義。若我們令 $f(0) = 0$，則推廣的函數（為了方便仍然稱為 $f(z)$）在 0 處是可微的。

這個例子是典型的可移除的奇點。若函數 $f(z)$ 在 z_0 有可移除奇點，則其關於 z_0 的勞倫展開實際上是一個冪級數（無 $1/(z - z_0)$ 項），我們可以令這個冪級數在 $z = z_0$ 的值為函數在 z_0 的值，這個推廣的函數在 z_0 是可微的。

例 22.2

令 $f(z) = 1/(z + i)^2$，這個函數的本身就是關於 $-i$ 的勞倫展開，函數在 $-i$ 不可微分。因為在此展開式中 $1/(z + i)$ 的最大冪次是 $1/(z + i)^2$，f 在 $-i$ 有 2 階極點，無法定義 $f(-i)$ 使得推廣的函數在 $-i$ 是可微的。

例 22.3

令 $g(z) = \sin(z)/z^5$。這個函數除了 $z = 0$ 是可微的，函數在 $z = 0$ 無定義。使用 $\sin(z)$ 的麥克勞林展開，f 關於 0 的勞倫展開為

$$f(z) = \sum_{n=0}^{\infty} \frac{(-1)^n}{(2n+1)!} \frac{z^{2n+1}}{z^5} = \sum_{n=0}^{\infty} \frac{(-1)^n}{(2n+1)!} z^{2n-4}$$

$$= \frac{1}{z^4} - \frac{1}{3!}\frac{1}{z^2} + \cdots$$

其中 $z \neq 0$。出現在這個展開式的 $1/z$ 的最高冪次是 4，故 f 在 0 有 4 階極點。

例 22.4

$e^{1/z}$ 關於 0 的勞倫展開為

$$e^{1/z} = \sum_{n=0}^{\infty} \frac{1}{n!} \frac{1}{z^n}$$

其中 $z \neq 0$。f 在 0 有本質奇點，因為 $1/z$ 的無窮多個正冪出現在這個展開式中。

1 階極點稱為**單極點** (simple pole)，2 階極點稱為**雙極點** (double pole)。因為可能很難寫出函數關於一點的勞倫展開的項，所以我們不想訴諸勞倫展開來分類奇點。我們將探索其他方法來做到這一點。

定理 22.1　m 階極點的條件

令 f 在 $0 < |z - z_0| < R$ 是可微的，則 f 在 z_0 有 m 階極點，若且唯若

$$\lim_{z \to z_0} (z - z_0)^m f(z)$$

存在且為非零的有限值。

我們可以藉由 $f(z)$ 關於 z_0 的勞倫展開：

$$f(z) = \sum_{n=-\infty}^{\infty} c_n (z - z_0)^n$$

其中 $0 < |z - z_0| < R$，來理解這個條件是如何產生的。若 f 在 z_0 有 m 階極點，則 $c_{-m} \neq 0$ 且 $c_{-m-1} = c_{-m-2} = \cdots = 0$，故 $f(z)$ 關於 z_0 的勞倫展開為

$$f(z) = \frac{c_{-m}}{(z - z_0)^m} + \frac{c_{-m+1}}{(z - z_0)^{m-1}} + \cdots$$

因此

$$(z - z_0)^m f(z) = c_{-m} + c_{-m+1}(z - z_0) + c_{-m+2}(z - z_0)^2 + \cdots$$

故
$$\lim_{z \to z_0} (z - z_0)^m f(z) = c_{-m} \neq 0$$

我們省略了相反的證明。

為了說明這個概念，再看例 22.3，其中 $f(z) = \sin(z)/z^5$，且 $z_0 = 0$。計算
$$\lim_{z \to 0} z^4 f(z) = \lim_{z \to 0} z^4 \frac{\sin(z)}{z^5} = \lim_{z \to 0} \frac{\sin(z)}{z} = 1$$

此極限值可由 $\sin(z)$ 關於 0 的麥克勞林展開：
$$\frac{\sin(z)}{z} = 1 - \frac{z^2}{3!} + \frac{z^4}{5!} - \cdots$$

得到。這個定理告訴我們 $\sin(z)/z^5$ 在 0 有 4 階極點，正如我們在例 22.3 中檢查勞倫展開所發現的那樣。

若 $f(z)$ 是函數的商，則在分母為零的地方尋找極點是很自然的。謹慎一點，採用這個策略是有效的。

定理 22.2 商的極點 (1)

令 $f(z) = h(z)/g(z)$，其中 h 與 g 在關於 z_0 的某個開圓盤是可微的。假設 $h(z_0) \neq 0$ 但 $g(z)$ 在 z_0 有 m 階零點，則 f 在 z_0 有 m 階極點。

例 22.5

令
$$f(z) = \frac{1 + e^{z^2} + 4z^3}{\sin^6(z)}$$

則 f 在 0 有 6 階極點，因為分子在 $z = 0$ 可微分且不等於 0，而分母是可微分的且在 0 具有 6 階零點。

例 22.6

令
$$f(z) = \frac{1}{\cos^3(z)}$$

則 f 在 $\cos(z)$ 的每一個零點 $z = (2n+1)\pi/2$，n 為整數，都有一個 3 階極點。

若分子也在 z_0 等於零，則定理 22.2 不適用。例子 $f(z) = \sin(z)/z^5$ 是有啟發性的。分子在 0 有 1 階零點，並且分母在 0 有 5 階零點，但商在 0 有 4 階極點。看來，分子和分母的零點階數的差值給出極點的階數。也就是說，零點可以消去（回想第 21 章末關於商的零點階數的加減）。事實確實如此。

定理 22.3　商的極點 (2)

令 $f(z) = h(z)/g(z)$ 且假設 h 與 g 在關於 z_0 的某個開圓盤是可微的。令 h 在 z_0 有 k 階零點，且令 g 在 z_0 有 m 階零點，其中 $m > k$，則 f 在 z_0 有 $m - k$ 階極點。

在此定理中，若 $m = k$，則 f 在 z_0 有可移除奇點（回想一下例 22.1）。若 $m < k$，則 f 在 z_0 沒有極點。

例 22.7

令
$$f(z) = \frac{(z - 3\pi/2)^4}{\cos^7(z)}$$

其中 $h(z) = (z - 3\pi/2)^4$ 在 $3\pi/2$ 有 4 階零點，且 $g(z) = \cos^7(z)$ 在 $3\pi/2$ 有 7 階零點。因此 f 在 $3\pi/2$ 有 3 階極點。

例 22.8

$f(z) = \tan^3(z)/z^9$ 在 0 有 6 階極點，因為分子在 0 有 3 階零點而分母在 0 有 9 階零點。

例 22.9

令
$$f(z) = \frac{1}{\cos^4(z)(z - \pi/2)^3}$$

則 f 在 $\pi/2$ 有 7 階極點。f 在每一個 $(2n + 1)\pi/2$ 有 4 階極點，其中 n 為任意非零整數。

22.1 習題

習題 1–6，求函數的所有奇點並將每個奇點分類。如果是極點，給出極點的階數。

1. $\cos(z)/z^2$
2. $e^{1/z}(z+2i)$
3. $\dfrac{\cos(2z)}{(z-1)^2(z^2+1)}$
4. $(z-i)/(z^2+1)$
5. $z/(z^4-1)$
6. $\sec(z)$
7. 令 f 在 z_0 可微且 $f(z_0) \neq 0$。令 g 在 z_0 有 m 階極點。證明 fg 在 z_0 有 m 階極點。

22.2 留數定理

本節將探討勞倫展開的奇點和單一項，以開發一種計算積分的有效方法。

假設 f 在環 $0 < |z - z_0| < R$ 可微且在 z_0 有孤立奇點。令 γ 是圍繞 z_0 在這個環中的簡單封閉路徑。我們要計算 $\oint_\gamma f(z)\,dz$。

至少在理論上，我們可以寫出勞倫展開

$$f(z) = \sum_{n=-\infty}^{\infty} c_n (z - z_0)^n$$

係數為

$$c_n = \frac{1}{2\pi i} \oint_\gamma \frac{f(z)}{(z-z_0)^{n+1}}\,dz$$

其中 $n = \cdots, -1, -2, 0, 1, 2, \cdots$。在展開式中 $1/z - z_0$ 的係數為

$$c_{-1} = \frac{1}{2\pi i} \int_\gamma f(z)\,dz$$

這意味著

$$\oint_\gamma f(z)\,dz = 2\pi i c_{-1}$$

因此，如果我們只知道 c_{-1}，我們就知道這個積分。勞倫展開的這一項涵蓋了一切！

f 關於 z_0 的勞倫展開中，$1/(z - z_0)$ 的係數稱為 f 在 z_0 的**留數** (residue)，以 $\mathrm{Res}(f, z_0)$ 表示。

我們到目前為止有

$$\oint_\gamma f(z)\,dz = 2\pi i \text{Res}(f, z_0)$$

其中 z_0 是由 γ 圍繞的 f 的唯一奇點。這是有限值。留數定理強大之處在於它允許任意有限個 f 的奇點被 γ 圍繞。

定理 22.4 留數定理

設 γ 為一封閉路徑且假設除了 γ 所圍繞的 f 的孤立奇點 $z_1, \cdots z_n$ 外，f 在 γ 和 γ 所圍繞的所有點都是可微的，則

$$\oint_\gamma f(z)\,dz = 2\pi i \sum_{j=1}^{n} \text{Res}(f, z_j)$$

證明：這個定理直接遵循來自於推廣的變形定理。以半徑足夠小的圓 C_j 圍繞每個 z_j，而這些圓彼此不相交，不圍繞共有區域，且被 γ 所圍繞，則

$$\oint_\gamma f(z)\,dz = \sum_{j=1}^{n} \oint_{C_j} f(z)\,dz$$

但是我們知道

$$\oint_{C_j} f(z)\,dz = 2\pi i \text{Res}(f, z_j)$$

故

$$\oint_\gamma f(z)\,dz = 2\pi i \sum_{j=1}^{n} \text{Res}(f, z_j)$$

我們要有能力計算出留數，才會使留數定理有效。我們不必寫出關於每個奇點的勞倫級數然後來挑出每個 $1/(z-z_j)$ 項的係數。我們將開發有效的方法來計算在極點的留數。

定理 22.5 單極點的留數

若 f 在 z_0 有單極點，則

$$\text{Res}(f, z_0) = \lim_{z \to z_0} (z - z_0) f(z)$$

證明：在關於 z_0 的某個環中，關於單極點 z_0 的 $f(z)$ 的勞倫展開式具有下列形式：

$$f(z) = \frac{c_{-1}}{z - z_0} + \sum_{n=0}^{\infty} c_n (z - z_0)^n$$

因此

$$(z-z_0)f(z) = c_{-1} + \sum_{n=0}^{\infty} c_n(z-z_0)^{n+1}$$

故 $c_{-1} = \lim_{z \to z_0}(z-z_0)f(z)$。

例 22.10

$f(z) = \sin(z)/z^2$ 在 0 有單極點且

$$\text{Res}(f, 0) = \lim_{z \to 0} zf(z) = \lim_{z \to 0} \frac{\sin(z)}{z} = 1$$

因為 0 是 f 的唯一奇點，若 γ 為圍繞原點的任何封閉路徑，則

$$\oint_\gamma \frac{\sin(z)}{z^2} dz = 2\pi i \text{Res}(f, 0) = 2\pi i$$

下面是定理 22.5 的另一個版本，適合於經常遇到的情況。

推論 22.1

令 $f(z) = h(z)/g(z)$，其中 h 在 z_0 為連續且 $h(z_0) \neq 0$。假設 g 在 z_0 是可微的，並且在 z_0 有單零點，則 f 在 z_0 有單極點且

$$\text{Res}(f, z_0) = \frac{h(z_0)}{g'(z_0)}$$

f 在 z_0 有單極點的事實遵循定理 22.2。根據定理 22.5，且 $g(z_0) = 0$

$$\text{Res}(f, z_0) = \lim_{z \to z_0}(z-z_0)f(z)$$
$$= \lim_{z \to z_0}(z-z_0)\frac{h(z)}{g(z)}$$
$$= \lim_{z \to z_0}\frac{h(z)}{(g(z)-g(z_0))/(z-z_0)} = \frac{h(z_0)}{g'(z_0)}$$

例 22.11

令

$$f(z) = \frac{4iz - 1}{\sin(z)}$$

則 f 在 π 有單極點，由推論

$$\text{Res}(f,\pi) = \frac{4i\pi - 1}{\cos(\pi)} = 1 - 4\pi i$$

事實上，對於每一個整數 n，f 在 $n\pi$ 有單極點，且

$$\text{Res}(f, n\pi) = \frac{4in\pi - 1}{\cos(n\pi)} = (-1)^n(4in\pi - 1)$$

例 22.12

計算 $\oint_\gamma f(z)dz$，其中 $f(z)$ 為例 22.11 的函數，且 γ 為圖 22.1 所示的封閉路徑。

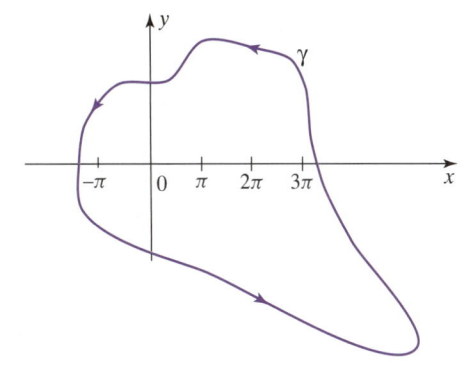

圖 22.1 γ 圍繞單極點 $-\pi, 0, \pi, 2\pi$ 和 3π

由 γ 圍繞的 f 的奇點是單極點 $0, \pi, 2\pi, 3\pi$ 和 $-\pi$。由留數定理和例 22.11 的結論，

$$\oint_\gamma \frac{4iz - 1}{\sin(z)} dz = 2\pi i \sum_{n=-1}^{3} \text{Res}(f, n\pi)$$

$$= 2\pi i[-(-1 - 4\pi i) - 1 - (-1 + 4\pi i) + (-1 + 8\pi i) - (-1 + 12\pi i)]$$

$$= 8\pi^2 + 2\pi i$$

其次考慮重數 (multiplicity) 大於 1 的極點。

定理 22.6　m 階極點的留數

令 f 在 z_0 有 m 階極點，則

$$\text{Res}(f, z_0) = \frac{1}{(m-1)!} \lim_{z \to z_0} \frac{d^{m-1}}{dz^{m-1}}[(z - z_0)^m f(z)]$$

這個定理可藉由 $f(z)$ 關於 z_0 的勞倫展開來證明，在 m 階極點的情況下

$$f(z) = \frac{c_{-m}}{(z-z_0)^m} + \frac{c_{-m+1}}{(z-z_0)^{m-1}} + \cdots$$

故

$$(z-z_0)^m f(z) = c_{-m} + c_{-m+1}(z-z_0) + \cdots + c_{-1}(z-z_0)^{m-1} + \cdots$$

微分這個方程式 $m-1$ 次，將 c_{-1} 分離出來，產生 f 在 z_0 的留數。

若 $m=1$，定理 22.6 簡化為推論 22.1，其中規定 $0!=1$ 且函數的零階導數是函數本身。

例 22.13

令

$$f(z) = \frac{\cos(z)}{(z+i)^3}$$

f 在 $-i$ 有 3 階極點且

$$\operatorname{Res}(f,-i) = \frac{1}{2!}\lim_{z\to -i}\frac{d^2}{dz^2}\left((z+i)^3\frac{\cos(z)}{(z+i)^3}\right)$$

$$= \frac{1}{2}\lim_{z\to -i}\frac{d^2}{dz^2}\cos(z) = -\frac{1}{2}\cos(-i) = -\frac{1}{2}\cos(i)$$

$\oint_\gamma f(z)\,dz$ 的值取決於 f 在 γ 所圍繞的奇點處的留數。不被 γ 圍繞的函數的任何奇點對於這個積分是不相關的。

例 22.14

計算 $\oint_\gamma f(z)\,dz$，其中

$$f(z) = \frac{2iz - \cos(z)}{z^3 + z}$$

γ 為任何不經過 $f(z)$ 的奇點的封閉路徑。

f 的奇點是在 $0, i, -i$ 的單極點。我們需要留數：

$$\operatorname{Res}(f,0) = \frac{-\cos(0)}{1} = -1$$

$$\operatorname{Res}(f,i) = \frac{2i^2 - \cos(i)}{3i^2 + 1} = \frac{-2-\cos(i)}{-2} = 1 + \frac{1}{2}\cos(i)$$

$$\operatorname{Res}(f,-i) = \frac{2i(-i) - \cos(-i)}{3(-i)^2 + 1} = -1 + \frac{1}{2}\cos(i)$$

出現以下情況。

情況 1——若 γ 不圍繞任何 f 的奇點，則由柯西定理知 $\oint_\gamma f(z)\,dz = 0$。

情況 2——若 γ 圍繞 0 但不圍繞 $\pm i$，

$$\oint_\gamma f(z)\,dz = 2\pi i \mathrm{Res}(f,0) = -2\pi i$$

情況 3——若 γ 圍繞 i 但不圍繞 0 或 $-i$，

$$\oint_\gamma f(z)\,dz = 2\pi i \left(1 + \frac{1}{2}\cos(i)\right)$$

情況 4——若 γ 圍繞 $-i$ 但不圍繞 0 或 i，

$$\oint_\gamma f(z)\,dz = 2\pi i \left(-1 + \frac{1}{2}\cos(i)\right)$$

情況 5——若 γ 圍繞 0 與 i 但不圍繞 $-i$，

$$\oint_\gamma f(z)\,dz = 2\pi i \left(-1 + 1 + \frac{1}{2}\cos(i)\right) = \pi i \cos(i)$$

情況 6——若 γ 圍繞 0 與 $-i$ 但不圍繞 i，

$$\oint_\gamma f(z)\,dz = 2\pi i \left(-1 - 1 + \frac{1}{2}\cos(i)\right) = 2\pi i \left(-2 + \frac{1}{2}\cos(i)\right)$$

情況 7——若 γ 圍繞 i 與 $-i$ 但不圍繞 0，

$$\oint_\gamma f(z)\,dz = 2\pi i \left(1 + \frac{1}{2}\cos(i) - 1 + \frac{1}{2}\cos(i)\right) = 2\pi i \cos(i)$$

情況 8——若 γ 圍繞所有三個奇點。

$$\oint_\gamma f(z)\,dz = 2\pi i \left(-1 + 1 + \frac{1}{2}\cos(i) - 1 + \frac{1}{2}\cos(i)\right) = 2\pi i(-1 + \cos(i))$$

例 22.15

令

$$f(z) = \frac{\sin(z)}{z^2(z^2+4)}$$

f 在 0、$2i$ 和 $-2i$ 有單極點。假設 γ 是圍繞 0 和 $2i$ 但不圍繞 $-2i$ 的封閉路徑。計算 f 在 0 和 $2i$ 的留數。這樣做時，推論 22.1 不適用於 f 在 0 的留數，因為 $\sin(0)=0$。對於在 $2i$ 的留數，我們可以使用推論。由 γ 圍繞的奇點的留數為

$$\operatorname{Res}(f,0) = \lim_{z \to 0} z f(z) = \lim_{z \to 0} \frac{\sin(z)}{z} \frac{1}{z^2+4} = \frac{1}{4}$$

與

$$\operatorname{Res}(f,2i) = \lim_{z \to 2i} \frac{\sin(z)}{z^2(z+2i)}$$

$$= \frac{\sin(2i)}{(-4)(4i)} = \frac{i}{16}\sin(2i)$$

因此

$$\oint_\gamma f(z)\,dz = 2\pi i\left(\frac{1}{4} + \frac{i}{16}\sin(2i)\right)$$

例 22.16

計算 $\oint_\gamma e^{1/z}\,dz$，其中 γ 為圍繞原點的封閉路徑。

$e^{1/z}$ 關於 0 的勞倫展開為

$$e^{1/z} = \sum_{n=0}^{\infty} \frac{1}{n!}\frac{1}{z^n}$$

故 0 為本質奇點。本質奇點的留數沒有簡單的公式。因為我們有 $e^{1/z}$ 關於 0 的勞倫展開，我們可以看出 $1/z$ 的係數是 1，所以 $\operatorname{Res}(f,0)=1$ 且

$$\oint_\gamma e^{1/z}\,dz = 2\pi i$$

22.2 習題

習題 1–8，使用留數定理計算積分。

1. $\oint_\gamma \dfrac{1+z^2}{(z-1)^2(z+2i)}\,dz$

γ 是關於 $-i$ 的半徑 7 的圓。

2. $\oint_\gamma \dfrac{e^z}{z}\,dz$

γ 是關於 $-3i$ 的半徑 2 的圓。

3. $\oint_\gamma \dfrac{z+i}{z^2+6} dz$

γ 是邊長 8 的正方形，邊平行於軸，以原點為中心。

4. $\oint_\gamma \dfrac{z}{\sinh^2(z)} dz$

γ 是關於 1/2 的半徑 1 的圓。

5. $\oint_\gamma \dfrac{iz}{(z^2+9)(z-i)} dz$

γ 是關於 $-3i$ 的半徑 2 的圓。

6. $\oint_\gamma \dfrac{8z-4i+1}{z+4i} dz$

γ 是關於 $-i$ 的半徑 2 的圓。

7. $\oint_\gamma \coth(z)\, dz$

γ 是關於 i 的半徑 2 的圓。

8. $\oint_\gamma \dfrac{e^{2z}}{z(z-4i)} dz$

γ 是圍繞 0 和 $4i$ 的任何封閉路徑。

9. 令 h 與 g 在 z_0 可微分且 $g(z_0) \neq 0$。假設 h 在 z_0 有 2 階零點。證明

$$\mathrm{Res}(g(z)/h(z), z_0)$$
$$= \dfrac{2g'(z_0)}{h''(z_0)} - \dfrac{2}{3}\dfrac{g(z_0)h^{(3)}(z_0)}{(h''(z_0))^2}$$

提示：使用定理 22.6。從寫 $h(z) = (z-z_0)^2 \varphi(z)$ 開始，其中 $\varphi(z_0) \neq 0$。

10. 假設 f 在封閉路徑 γ 上的點是可微的以及 f 在由 γ 圍繞的區域 G 中除了 f 的有限數量的極點外的所有點都是可微的，令 Z 為 f 在 G 的零點數目，且 P 為 f 在 G 的極點數目，每個零點和極點的數目和它的重數一樣多。證明

$$\dfrac{1}{2\pi i} \oint_\gamma \dfrac{f'(z)}{f(z)} dz = Z - P$$

這個公式稱為**論證原理**（argument principle）。**提示**：若 f 在 z_0 有 k 階零點，以觀察 $f(z)$ 關於 z_0 的泰勒展開，證明

$$\dfrac{f'(z)}{f(z)} = \dfrac{k}{z-z_0} + \dfrac{g'(z)}{g(z)}$$

其中 g 在 z_0 是可微且 $g(z_0) \neq 0$。利用上式計算 $\mathrm{Res}(f'/f, z_0)$。

若 f 在 z_1 有 m 階極點，以觀察 $f(z)$ 關於 z_1 的勞倫展開，證明

$$\dfrac{f'(z)}{f(z)} = -\dfrac{m}{z-z_1} + \dfrac{h'(z)}{h(z)}$$

其中 $h(z)$ 在 z_1 是可微且非零。

利用這些事實和留數定理導出原理。

11. 計算

$$\oint_\gamma \dfrac{z}{2+z^2} dz$$

γ 為圓 $|z|=2$，首先使用留數定理，然後使用論證原理。

12. 計算 $\oint_\gamma \tan(z)\, dz$，$\gamma$ 為圓 $|z|=\pi$，首先使用留數定理，然後使用論證原理。

13. 計算

$$\oint_\gamma \dfrac{z+1}{z^2+2z+4} dz$$

其中 γ 為圓 $|z|=2$，首先使用留數定理，然後使用論證原理。

14. 令

$$p(z) = (z-z_1)(z-z_2)\cdots(z-z_n)$$

其中 $z_1, \cdots, z_n$ 為相異複數。令 γ 為圍繞每一個 z_j 的正向封閉路徑，論證計算

$$\oint_\gamma \dfrac{p'(z)}{p(z)} dz$$

首先使用留數定理，然後使用論證原理。

22.3 實數積分的計算

複數積分可以用來計算一些難得到的實數積分。我們將用三種類型的積分來說明。

22.3.1 有理函數

假設我們要計算

$$\int_{-\infty}^{\infty} \frac{p(x)}{q(x)} dx$$

其中 p 與 q 為實係數多項式。

多項式的商稱為**有理函數** (rational function)。假設 q 的次數大於 p 的次數至少 2 次，p 與 q 無共同因式且 $q(x)$ 無實零點。這確保了瑕積分的收斂。

這個想法是產生一個複數積分，使其值等於這個實數積分，然後用留數定理來計算複數積分。

要做到這一點，首先假設我們可以找到 $q(z)$ 的所有零點。因為 $q(z)$ 具有實係數且無實零點，其零點以複數共軛對 $z_1, \overline{z_1}, z_2, \overline{z_2}, \cdots, z_m, \overline{z_m}$ 出現，其中每一個 z_j 在上半平面而其共軛 $\overline{z_j}$ 在下半平面。

令 Γ_R 是圖 22.2 中的曲線，由半徑為 R 的半圓 γ_R 和實軸上從 $-R$ 到 R 的線段 S_R 組成，其中 R 足夠大使得 Γ_R 圍繞所有的 $z_1, \cdots, z_m$，則

$$\oint_{\Gamma_R} \frac{p(z)}{q(z)} dz = 2\pi i \sum_{j=1}^{m} \text{Res}(f, z_j) = \int_{S_R} \frac{p(z)}{q(z)} dz + \int_{\gamma_R} \frac{p(z)}{q(z)} dz \tag{22.1}$$

在 S_R 上，$z = x$，因此在 Γ_R 上 x 以逆時針方向從 $-R$ 到 R 變化，故

$$\int_{S_R} \frac{p(z)}{q(z)} dz = \int_{-R}^{R} \frac{p(x)}{q(x)} dx$$

現在式 (22.1) 為

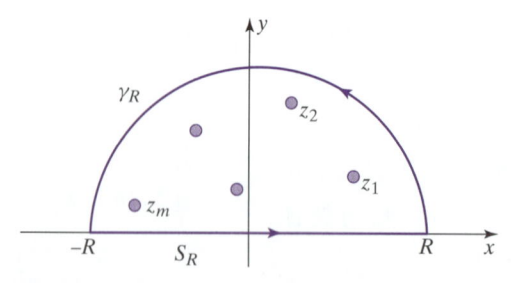

圖 22.2 Γ_R 圍繞上半平面的奇點

$$\int_{-R}^{R} \frac{p(x)}{q(x)}\,dx + \int_{\gamma_R} \frac{p(z)}{q(z)}\,dz = 2\pi i \sum_{j=1}^{m} \text{Res}(f, z_j) \tag{22.2}$$

當 $R \to \infty$ 時，取這個方程式的極限。在此極限中，半圓 γ_R 在整個上半平面上開展，並且區間 $[-R, R]$ 在實線上延伸。此外，因為 $q(z)$ 的次數比 $p(z)$ 的次數至少多 2，$z^2 p(z)$ 的次數不會超過 $q(z)$ 的次數。這意味著，當 R 很大時，$z^2 p(z)/q(z)$ 是有界的。若對於 $|z| \geq R$，$|z^2 p(z)/q(z)| \leq M$，則

$$\left|\frac{p(z)}{q(z)}\right| \leq \frac{M}{|z|^2} \leq \frac{M}{R^2}$$

其中 $|z| \geq R$。但是，因為 γ_R 的長度為 πR，當 $R \to \infty$ 時，

$$\left|\int_{S_R} \frac{p(z)}{q(z)}\,dz\right| \leq \frac{M}{R^2}(\pi R) \to 0$$

因此，在式 (22.2) 中，當 $R \to \infty$，γ_R 上的積分趨近於零，剩下

$$\int_{-\infty}^{\infty} \frac{p(x)}{q(x)}\,dx = 2\pi i \sum_{j=1}^{m} \text{Res}\left(\frac{p(z)}{q(z)}, z_j\right)$$

總之，在陳述的條件下

$$\int_{-\infty}^{\infty} \frac{p(x)}{q(x)}\,dx$$
$$= 2\pi i \left[\frac{p(z)}{q(z)} \text{ 在上半平面的極點的留數總和}\right] \tag{22.3}$$

例 22.17

計算

$$\int_{-\infty}^{\infty} \frac{1}{x^6 + 64}\,dx$$

使用這個方法時滿足 $p(z) = 1$ 和 $q(z) = z^6 + 64$ 的條件。

$q(z)$ 的零點是 -64 的六次方根。為了求這些零點，將 -64 寫成極式，$-64 = 64e^{i(\pi + 2n\pi)}$，其中 n 為任意整數。六次方根為 $2e^{i(\pi + 2n\pi)/6}$，$n = 0, 1, 2, 3, 4, 5$。對應於 $n = 0, 1, 2$ 的上半平面的三個六次方根為

$$z_1 = 2e^{\pi i/6}, z_2 = 2e^{\pi i/2} = 2i \text{ 和 } z_3 = 2e^{5\pi i/6}$$

在每個單極點求 $p(z)/q(z)$ 的留數：

$$\text{Res}(p(z)/q(z), z_1) = \frac{1}{6(2e^{\pi i/6})^5} = \frac{1}{192}e^{-5\pi i/6}$$

$$\text{Res}(p(z)/q(z), z_2) = \frac{1}{6(2i)^5} = -\frac{i}{192}$$

$$\text{Res}(p(z)/q(z), z_3) = \frac{1}{6(2e^{5\pi i/6})^5} = \frac{1}{192}e^{-25\pi i/6} = \frac{1}{192}e^{-\pi i/6}$$

因此

$$\int_{-\infty}^{\infty} \frac{p(x)}{q(x)} dx = \frac{2\pi i}{192}[e^{-5\pi i/6} - i + e^{-\pi i/6}]$$

$$= \frac{\pi i}{96}\left[\cos\left(\frac{5\pi}{6}\right) - i\sin\left(\frac{5\pi}{6}\right) - i + \cos\left(\frac{\pi}{6}\right) - i\sin\left(\frac{\pi}{6}\right)\right]$$

如今

$$\cos\left(\frac{5\pi}{6}\right) + \cos\left(\frac{\pi}{6}\right) = 0 \text{ 且 } \sin\left(\frac{5\pi}{6}\right) = \sin\left(\frac{\pi}{6}\right) = \frac{1}{2}$$

故

$$\int_{-\infty}^{\infty} \frac{1}{x^6 + 64} dx = \frac{\pi i}{96}\left(-\frac{i}{2} - \frac{i}{2} - i\right) = \frac{\pi}{48}$$

22.3.2 有理函數乘以餘弦或正弦

假設 p 和 q 是滿足 22.3.1 節條件的多項式，$q(x)$ 不具有實零點。令上半平面 $q(x)$ 的零點為 $z_1, \cdots, z_m$，我們要計算

$$\int_{-\infty}^{\infty} \frac{p(x)}{q(x)} \cos(cx) \, dx \text{ 和 } \int_{-\infty}^{\infty} \frac{p(x)}{q(x)} \sin(cx) \, dx$$

的積分，其中 c 為任意非零的數。

我們的想法是考慮

$$\oint_{\Gamma_R} \frac{p(z)}{q(z)} e^{icz} \, dz$$

其中 Γ_R 是圖 22.2 中的曲線，即由半圓的上半部分和連接半圓端點的實軸的一部分組成。我們得到

$$\oint_{\Gamma_R} \frac{p(z)}{q(z)} e^{icz}\,dz = 2\pi i \sum_{j=1}^{m} \operatorname{Res}(p(z)e^{icz}/q(z), z_j)$$

$$= \int_{\gamma_R} \frac{p(z)}{q(z)} e^{icz}\,dz + \int_{S_R} \frac{p(z)}{q(z)} e^{icz}\,dz$$

$$= \int_{\gamma_R} \frac{p(z)}{q(z)} e^{icz}\,dz + \int_{-R}^{R} \frac{p(x)}{q(x)} \cos(cx)\,dx + i \int_{-R}^{R} \frac{p(x)}{q(x)} \sin(cx)\,dx$$

取 $R \to \infty$ 的極限。如第 22.3.1 節所述，γ_R 上的積分趨近於 0，我們有

$$\int_{-\infty}^{\infty} \frac{p(x)}{q(x)} \cos(cx)\,dx + i \int_{-\infty}^{\infty} \frac{p(x)}{q(x)} \sin(cx)\,dx$$
$$= 2\pi i \sum_{j=1}^{m} \operatorname{Res}\left(\frac{p(z)}{q(z)} e^{icz}, z_j\right) \tag{22.4}$$

在這個計算中，我們實際上獲得了兩個實數積分，在計算留數總和的 $2\pi i$ 倍之後，這個數的實部是含有 $\cos(cx)$ 的積分，而虛部是含有 $\sin(cx)$ 的積分。

例 22.18

計算

$$\int_{-\infty}^{\infty} \frac{\cos(cx)}{(x^2+\alpha^2)(x^2+\beta^2)}\,dx$$

其中 c、α、β 為正數，且 $\alpha \neq \beta$。令

$$f(z) = \frac{e^{icz}}{(z^2+\alpha^2)(z^2+\beta^2)}$$

f 在上半平面的極點為 αi 和 βi，且

$$\operatorname{Res}(f, \alpha i) = \frac{e^{-c\alpha}}{2\alpha i(\beta^2 - \alpha^2)}$$

和

$$\operatorname{Res}(f, \beta i) = \frac{e^{-c\beta}}{2\beta i(\alpha^2 - \beta^2)}$$

因此

$$\int_{-\infty}^{\infty} \frac{\cos(cx)}{(x^2+\alpha^2)(x^2+\beta^2)} dx + i \int_{-\infty}^{\infty} \frac{\sin(cx)}{(x^2+\alpha^2)(x^2+\beta^2)} dx$$
$$= 2\pi i \left[\frac{e^{-c\alpha}}{2\alpha i(\beta^2-\alpha^2)} + \frac{e^{-c\beta}}{2\beta i(\alpha^2-\beta^2)} \right]$$
$$= \frac{\pi}{\beta^2-\alpha^2} \left(\frac{e^{-c\alpha}}{\alpha} - \frac{e^{-c\beta}}{\beta} \right)$$

將實部和虛部分開,可得

$$\int_{-\infty}^{\infty} \frac{\cos(cx)}{(x^2+\alpha^2)(x^2+\beta^2)} dx = \frac{\pi}{\beta^2-\alpha^2} \left(\frac{e^{-c\alpha}}{\alpha} - \frac{e^{-c\beta}}{\beta} \right)$$

和

$$\int_{-\infty}^{\infty} \frac{\sin(cx)}{(x^2+\alpha^2)(x^2+\beta^2)} dx = 0.$$

可以立即得到上式,因為被積函數是奇函數。

22.3.3 餘弦和正弦的有理函數

令 $K(x, y)$ 是兩變數 x 和 y 的多項式的商,例如

$$K(x,y) = \frac{x^3y - 2xy^2 + x - 2y}{x^4 + xy^4 - 8}$$

這樣的函數稱為 x 和 y 的**有理函數** (rational function)。若我們將 $x = \cos(\theta)$ 和 $y = \sin(\theta)$ 代入,就得到了餘弦和正弦的有理函數。我們想要用一種方法來計算這個函數在 $[0, 2\pi]$ 上的積分,亦即計算形如下式的積分

$$\int_0^{2\pi} K(\cos(\theta), \sin(\theta)) \, d\theta$$

這個概念是將實數積分表示成複數積分,然後用留數定理計算。

令 γ 為關於原點的單位圓,$\gamma(\theta) = e^{i\theta}$, $0 \leq \theta \leq 2\pi$。在這曲線上 $z = e^{i\theta}$ 且 $\bar{z} = e^{-i\theta} = 1/z$,故

$$\cos(\theta) = \frac{1}{2}\left(e^{i\theta} + e^{-i\theta}\right) = \frac{1}{2}\left(z + \frac{1}{z}\right)$$

且

$$\sin(\theta) = \frac{1}{2i}\left(e^{i\theta} - e^{-i\theta}\right) = \frac{1}{2i}\left(z - \frac{1}{z}\right)$$

此外，在 γ

$$dz = ie^{i\theta}d\theta = izd\theta$$

故

$$d\theta = \frac{1}{iz}dz$$

因此

$$\oint_{\gamma} K\left(\frac{1}{2}\left(z+\frac{1}{z}\right), \frac{1}{2i}\left(z-\frac{1}{z}\right)\right)\frac{1}{iz}dz$$

$$= \int_{0}^{2\pi} K(\cos(\theta), \sin(\theta))\frac{1}{ie^{i\theta}}ie^{i\theta}\,d\theta$$

$$= \int_{0}^{2\pi} K(\cos(\theta), \sin(\theta))\,d\theta$$

用留數定理計算第一個積分，得到我們想要的積分。

總之，要計算 $\int_0^{2\pi} K(\cos(\theta), \sin(\theta))\,d\theta$，首先要計算函數

$$f(z) = K\left(\frac{1}{2}\left(z+\frac{1}{z}\right), \frac{1}{2i}\left(z-\frac{1}{z}\right)\right)\frac{1}{iz} \tag{22.5}$$

因此

$$\int_{0}^{2\pi} K(\cos(\theta), \sin(\theta))\,d\theta = 2\pi i \sum_{|z_j|<1} \text{Res}(f, z_j) \tag{22.6}$$

這個和是在單位圓內對 $f(z)$ 的所有奇點 z_j 求留數的總和。

在此討論中所製造的函數 $f(z)$ 可能在單位圓外有奇點。這與目前的方法無關，此方法使用留數定理來計算環繞單位圓的積分，因此僅在由這個曲線圍繞的奇點處計算留數。

例 22.19

計算

$$\int_{0}^{2\pi} \frac{\sin^2(\theta)}{2+\cos(\theta)}\,d\theta$$

令 $K(x, y) = y^2/(2+x)$，故

$$K(\cos(\theta), \sin(\theta)) = \frac{\sin^2(\theta)}{2+\cos(\theta)}$$

在 $K(x, y)$ 中令 $x = \cos(\theta) = (z + 1/z)/2$ 且 $y = \sin(\theta) = (z - 1/z)/2i$，乘以 $1/iz$ 產生式 (22.5) 的複數函數：

$$f(z) = \left(\frac{[(z - 1/z)/2i]^2}{2 + (z + 1/z)/2}\right)\frac{1}{iz} = \frac{i}{2}\frac{z^4 - 2z^2 + 1}{z^2(z^2 + 4z + 1)}$$

f 在 0 有雙極點且在 $z^2 + 4z + 1$ 的零點 $-2 + \sqrt{3}$ 與 $-2 - \sqrt{3}$ 有單極點。只有極點 0 和 $-2 + \sqrt{3}$ 被單位圓 γ 圍繞。由式 (22.6)，

$$\int_0^{2\pi} \frac{\sin^2(\theta)}{2 + \cos(\theta)} d\theta = 2\pi i[\text{Res}(f, 0) + \text{Res}(f, -2 + \sqrt{3})]$$

計算這些留數

$$\text{Res}(f, 0) = \lim_{z \to 0} \frac{d}{dz}(z^2 f(z)) = \lim_{z \to 0} \frac{d}{dz} \frac{i}{2} \frac{z^4 - 2z^2 + 1}{z^2 + 4z + 1}$$

$$= \frac{i}{2} \lim_{z \to 0} \left(2\frac{z^5 + 6z^4 + 2z^3 - 4z^2 - 3z - 2}{(z^2 + 4z + 1)^2}\right) = -2i$$

且

$$\text{Res}(f, -2 + \sqrt{3}) = \frac{i}{2}\left[\frac{z^4 - 2z^2 + 1}{2z(z^2 + 4z + 1) + z^2(2z + 4)}\right]_{z = -2 + \sqrt{3}}$$

$$= \frac{i}{2}\frac{42 - 24\sqrt{3}}{-12 + 7\sqrt{3}}$$

因此

$$\int_0^{2\pi} \frac{\sin^2(\theta)}{2 + \cos(\theta)} d\theta = 2\pi i\left[-2i + \frac{i}{2}\frac{42 - 24\sqrt{3}}{-12 + 7\sqrt{3}}\right] = \left(\frac{90 - 52\sqrt{3}}{12 - 7\sqrt{3}}\right)\pi$$

例 22.20

計算

$$\int_0^{2\pi} \frac{1}{\alpha + \beta \cos(\theta)} d\theta$$

其中 $0 < \beta < \alpha$。

以 $(z + 1/z)/2$ 替換 $\cos(\theta)$ 且利用式 (22.5) 產生函數

$$f(z) = \frac{1}{\alpha + (\beta/2)(z + 1/z)}\frac{1}{iz} = \frac{-2i}{\beta z^2 + 2\alpha z + \beta}$$

f 在

$$z = \frac{-\alpha \pm \sqrt{\alpha^2 - \beta^2}}{\beta}$$

有單極點。

因為 $\alpha > \beta$，這些極點為實數。其中只有一個，

$$z_1 = \frac{-\alpha + \sqrt{\alpha^2 - \beta^2}}{\beta}$$

被 γ 圍繞。因此

$$\int_0^{2\pi} \frac{1}{\alpha + \beta \cos(\theta)} d\theta = 2\pi i \text{Res}(f, z_1)$$
$$= 2\pi i \frac{-2i}{2\beta z_1 + 2\alpha} = \frac{2\pi}{\sqrt{\alpha^2 - \beta^2}}$$

22.3 習題

習題 1–5，計算積分。無論出現在哪裡，α 和 β 都是正數。

1. $\int_0^{2\pi} \dfrac{1}{2 - \cos(\theta)} d\theta$

2. $\int_{-\infty}^{\infty} \dfrac{1}{x^6 + 1} dx$

3. $\int_{-\infty}^{\infty} \dfrac{x \sin(2x)}{x^4 + 16} dx$

4. $\int_{-\infty}^{\infty} \dfrac{\cos^2(x)}{(x^2 + 4)^2} dx$

5. $\int_{-\infty}^{\infty} \dfrac{x^2}{(x^2 + 4)^2} dx$

習題 6–11，無論出現在哪裡，α 和 β 都是正數。

6. 證明

$$\int_{-\infty}^{\infty} \frac{\cos(\alpha x)}{x^2 + 1} dx = \pi e^{-\alpha}$$

7. 令 $\alpha \neq \beta$。證明

$$\int_0^{2\pi} \frac{1}{\alpha^2 \cos^2(\theta) + \beta^2 \sin^2(\theta)} d\theta = \frac{2\pi}{\alpha\beta}$$

8. 證明

$$\int_0^{\infty} e^{-x^2} \cos(2\beta x) dx = \frac{\sqrt{\pi}}{2} e^{-\beta^2}$$

提示：將 e^{-z^2} 積分，其中矩形路徑是以 $\pm R$ 和 $\pm R + \beta i$ 為四個頂點。使用柯西定理計算這個積分，設定它等於矩形邊上的積分之和，並取 $R \to \infty$ 的極限。假定

$$\int_0^\infty e^{-x^2}\,dx = \frac{\sqrt{\pi}}{2}$$

為已知的標準結果

9. 導出 Fresnel 積分 (Fresnel's integrals)

$$\int_0^\infty \cos(x^2)\,dx = \int_0^\infty \sin(x^2)\,dx = \frac{1}{2}\sqrt{\frac{\pi}{2}}$$

提示：如圖 22.3 所示，將 e^z 在 $0 \leq x \leq R$, $0 \leq \theta \leq \pi/4$ 所界定的扇形的封閉路徑上積分。使用柯西定理來計算這個積分，然後將其計算為扇形邊界上的積分之和。證明當 $R \to \infty$ 時，圓弧上的積分趨近於零，並使用線段上的積分來獲得 Fresnel 積分。

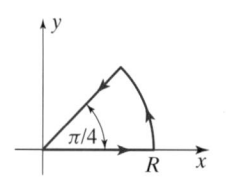

圖 22.3 習題 9 中的積分路徑

10. 令 α 與 β 為正數，證明

$$\int_0^\infty \frac{x\sin(\alpha x)}{x^4 + \beta^4}\,dx = \frac{\pi}{2\beta^2}e^{-\alpha\beta/\sqrt{2}}\sin\left(\frac{\alpha\beta}{\sqrt{2}}\right)$$

11. 令 $0 < \beta < \alpha$，證明

$$\int_0^\pi \frac{1}{(\alpha + \beta\cos(\theta))^2}\,d\theta = \frac{\alpha\pi}{(\alpha^2 - \beta^2)^{3/2}}$$

習題解答

CHAPTER 1　一階微分方程式

1.1　術語和可分離變數的方程式

1. $y^3 = 2x^2 + c$，或 $y = (2x^2 + c)^{1/3}$
2. 不可分離
3. $y = 1/(1-cx)$ 且 $y = 0$ 與 $y = 1$ 為奇異解
4. $\sec(y) = kx$ 且 $y = (2n+1)\pi/2$，其中 n 為任意整數
5. 不可分離
6. $\frac{1}{2}y^2 - y + \ln(y+1) = \ln(x) - 2$
7. $(\ln(y))^2 = 3x^2 - 3$
8. $3y\sin(3y) + \cos(3y) = 9x^2 - 5$
10. $7.3°C$
12. $10(1/2)^{1/4.5} \approx 8.57$ 公斤

1.2　線性一階方程式

1. $y = cx^3 + 2x^3 \ln|x|$
2. $y = \frac{1}{2}x - \frac{1}{4} + ce^{-2x}$
3. $y = 4x^2 + 4x + 2 + ce^{2x}$
4. $y = \frac{1}{x-2}(x^3 - 3x^2 + 4)$
5. $y = x + 1 + 4(x+1)^{-2}$
6. $y = -2x^2 + cx$
8. $A_1(t) = 50 - 30e^{-t/20}$，$A_2(t) = 75 + 90e^{-t/20} - 75e^{-t/30}$，在 $60\ln(9/5)$ 分，$A_2(t)$ 有最小值 $5450/81$ 磅。

1.3　正合方程式

1. $2xy^2 + e^{xy} + y^2 = c$
2. 非正合
3. $y^3 + xy + \ln|x| = c$
4. $\alpha = -3$；$x^2y^3 - 3xy - 3y^2 = c$
5. $3xy^4 - x = 47$
6. $x\sin(2y - x) = \pi/24$
7. 由於方程式 $\varphi(x, y) = k$ 和 $\varphi(x, y) + c = k$ 以 x 的形式隱含地定義 y 的相同函數，所以通解是相同的。
9. $\mu(x, y) = x^{1/2}y^{3/2}$，$(1/5)x^{5/2}y^{5/2} + (1/3)x^{3/2} = c$

1.4 積分因子

1. $\frac{1}{M}(\frac{\partial N}{\partial x} - \frac{\partial M}{\partial y})$ 與 x 無關。

2. (a) $\frac{\partial M}{\partial y} = 1$，$\frac{\partial N}{\partial x} = -1$，故此方程式不為正合。
   (b) $\mu(x) = \frac{1}{x^2}$
   (c) $v(x) = \frac{1}{x^2}$
   (d) 對所有滿足 $a+b = -2$ 的 a、b 而言，$\eta(x, y) = x^a y^b$

3. e^{3y}；$xe^{3y} - e^y = c$

4. $\frac{1}{y+1}$；$x^2 y = c$ 或 $y = -1$

5. $e^{-3x} y^{-4}$；$y^3 - 1 = ky^3 e^{3x}$

6. $\frac{1}{x}$；$y = 4 - \ln|x|$

7. $\frac{1}{y}$；$y = 4e^{-x^2/3}$

8. $\frac{\partial}{\partial y}(c\mu M) = c\frac{\partial}{\partial y}(\mu M) = c\frac{\partial}{\partial x}(\mu N) = \frac{\partial}{\partial x}(c\mu N)$

1.5 齊次、伯努利與李卡地方程式

1. 李卡地方程式，$S(x) = x$；
$$y = x + \frac{x}{c - \ln(x)}$$

2. 伯努利方程式，$\alpha = 2$；
$$y = \frac{1}{1 + ce^{-x^2/2}}$$

3. 齊次，$y\ln|y| - x = cy$

4. 正合，通解為 $xy - x^2 - y^2 = c$，亦為齊次

5. 伯努利，$\alpha = -3/4$；$5x^{7/4} y^{7/4} + 7x^{-5/4} = c$

6. 伯努利，$\alpha = 2$；
$$y = 2 + \frac{2}{cx^2 - 1}$$

7. 李卡地，$S(x) = e^x$；
$$y = \frac{2e^x}{ce^{2x} - 1}$$

9. 選擇 $h = 2$，$k = -3$ 可得
$$3(x-2)^2 - 2(x-2)(y+3) - (y+3)^2 = K$$

10. 選擇 $h = 2$，$k = -1$ 可得
$$(2x + y - 3)^2 = K(y - x + 3)$$

CHAPTER 2　二階微分方程式

2.1　線性二階方程式

1. $W(x) = -6$。相關齊次方程式的通解為

$$y_h(x) = c_1 \sin(6x) + c_2 \cos(6x)$$

非齊次方程式的通解為

$$y(x) = c_1 \sin(6x) + c_2 \cos(6x) + \frac{1}{36}(x-1)$$

初值問題的解為

$$y(x) = y(x) = \frac{71}{216} \sin(6x) - \frac{179}{36} \cos(6x) + \frac{1}{36}(x-1)$$

2. $W(x) = e^{-3x}$。相關齊次方程式的通解為

$$y_h(x) = c_1 e^{-2x} + c_2 e^{-x}$$

非齊次方程式的通解為

$$y(x) = c_1 e^{-2x} + c_2 e^{-x} + \frac{15}{2}$$

初值問題的解為

$$y(x) = y(x) = \frac{23}{2} e^{-2x} - 22 e^{-x} + \frac{15}{2}$$

3. $W(x) = e^{2x}$。相關齊次方程式的通解為

$$y_h(x) = c_1 e^x \cos(x) + c_2 e^x \sin(x)$$

非齊次方程式的通解為

$$y(x) = c_1 e^x \cos(x) + c_2 e^x \sin(x) - \frac{5}{2}x^2 - 5x - \frac{5}{2}$$

初值問題的解為

$$y(x) = \frac{17}{2} e^x \cos(x) - \frac{5}{2} e^x \sin(x) - \frac{5}{2}x^2 - 5x - \frac{5}{2}$$

5. **提示**：確定在這個例子中不滿足的定理的一些假設。

2.2　降階法

1. $y = c_1 \cos(2x) + c_2 \sin(2x)$
2. $y = c_1 e^{5x} + c_2 x e^{5x}$
3. $y = c_1 x^2 + c_2 x^2 \ln|x|$
4. $y = c_1 x^4 + c_2 x^{-2}$

5. $y = c_1(\frac{\cos(x)}{\sqrt{x}}) + c_2(\frac{\sin(x)}{\sqrt{x}})$
6. $y = c_1 e^{-ax} + c_2 x e^{-ax}$
7. (a) $y^4 = c_1 x + c_2$
   (b) $(y-1)e^y = c_1 x + c_2$ 或 $y = c_3$
   (c) $y = c_1 e^{c_1 x}/(c_2 - e^{c_1 x})$ 或 $y = 1/(c_3 - x)$
   (d) $y = \ln|\sec(x + c_1)| + c_2$
   (e) $y = \ln|c_1 x + c_2|$

2.3 常係數齊次方程式

1. $y = c_2 e^{-2x} + c_2 e^{3x}$
2. $y = e^{-3}x(c_1 + c_2 x)$
3. $y = e^{-5x}(c_1 \cos(x) + c_2 \sin(x))$
4. $y = e^{-3x/2}[c_1 \cos(3\sqrt{7}x/2) + c_2 \sin(3\sqrt{7}x/2)]$
5. $y = e^{7x}(c_1 + c_2 x)$
6. $y = 5 - 2e^{-3x}$
7. $y(x) = 0$
8. $y = e^{3(x-2)} + e^{-4(x-2)}$
9. $y = e^{x-1}(29 - 17x)$
10. $y = e^{(x+2)/2}\left[\cos(\sqrt{15}(x+2)/2) + \frac{5}{\sqrt{15}}\sin(\sqrt{15}(x+2)/2)\right]$
11. (a) $\varphi(x) = e^{ax}(c_1 + c_2 x)$ (b) $\varphi_\epsilon(x) = e^{ax}(c_1 e^{\epsilon x} + c_2 e^{-\epsilon x})$
    (c) $\lim_{\epsilon \to \infty} \to 0\, \varphi_\epsilon(x) = e^{ax}(c_1 + c_2) \neq \varphi(x)$ in general.
13. 特徵方程式之根為
$$\lambda_1 = \frac{-a + \sqrt{a^2 - 4b}}{2}, \lambda_2 = \frac{-a - \sqrt{a^2 - 4b}}{2}$$

若 $a^2 - 4b > 0$，則 λ_1 與 λ_2 兩者皆為負，故當 $x \to \infty$，解 $c_1 e^{\lambda_1 x} + c_2 e^{\lambda_2 x}$ 衰減至零。若 $a^2 = 4b$，當 $x \to \infty$，因 $a > 0$，解 $e^{-ax/2}(c_1 + c_2 x) \to 0$。若 $a^2 - 4b < 0$，解為正弦與餘弦的線性組合乘以 $e^{-ax/2}$，且當 $x \to \infty$，此解趨近於零。

2.4 非齊次方程式的特解

1. $y = c_1 \cos(x) + c_2 \sin(x) - \cos(x) \ln|\sec(x) + \tan(x)|$
2. $y = c_1 \cos(3x) + c_2 \sin(3x) + 4x \sin(3x) + \frac{4}{3} \cos(3x) \ln|\cos(3x)|$
3. $y = c_1 e^x + c_2 e^{2x} - e^{2x} \cos(e^{-x})$
4. $y = c_1 e^{2x} + c_2 e^{-x} - x^2 + x - 4$
5. $y = e^x[c_1 \cos(3x) + c_2 \sin(3x)] + 2x^2 + x - 1$
6. $y = c_1 e^{2x} + c_2 e^{4x} + e^x$

7. $y = c_1 e^x + c_2 e^{2x} + 3\cos(x) + \sin(x)$

8. $y = e^{2x}[c_1 \cos(3x) + c_2 \sin(3x)] + \frac{1}{3}e^{2x} - \frac{1}{2}e^{3x}$

9. $y = \frac{7}{4}e^{2x} - \frac{3}{4}e^{-2x} - \frac{7}{4}xe^{2x} - \frac{1}{4}x$

10. $y = \frac{3}{8}e^{-2x} - \frac{19}{120}e^{-6x} + \frac{1}{5}e^{-x} + \frac{7}{12}$

11. $y = 2e^{4x} + 2e^{-2x} - 2e^{-x} - e^{2x}$

12. $y = 4e^{-x} - \sin^2(x) - 2$

2.5 歐勒方程式

1. $y = c_1 x^2 + c_2 x^{-3}$
2. $y = c_1 \cos(2\ln(x)) + c_2 \sin(2\ln(x))$
3. $y = c_1 x^4 + c_2 x^{-4}$
4. $y = c_1 x^{-2} + c_2 x^{-3}$
5. $y = x^{-12}(c_1 + c_2 \ln(x))$
6. $y = \frac{7}{10}\left(\frac{x}{2}\right)^3 + \frac{3}{10}\left(\frac{x}{2}\right)^{-7}$
7. $y = x^2(4 - 3\ln(x))$
8. $y = 3x^6 - 2x^4$
9. 令 $x = e^t$，則 $Y(t) = y(x^t)$，將歐勒方程式 $x^2 y'' + Axy' + By = 0$ 變換為常係數方程式 $Y''(t) + (A-1)Y'(t) + BY(t) = 0$。解此方程式然後令 $t = \ln(x)$。

CHAPTER 3　拉氏變換

3.1 定義與符號

1. $3\dfrac{s^2 - 4}{(s^2 + 4)^2}$
2. $\dfrac{14}{s^2} - \dfrac{7}{s^2 + 49}$
3. $-10\dfrac{1}{(s+4)^3} + \dfrac{3}{s^2 + 9}$
4. $\cos(8t)$
5. $e^{-42t} - t^3 e^{-3t/6}$
8. 因絕對值，$f(t)$ 的週期為 π/ω 且

$$\mathcal{L}[f](s) = \dfrac{E\omega}{s^2 + \omega^2}\left(\dfrac{1 + e^{-\pi s/\omega}}{1 - e^{-\pi s/\omega}}\right)$$

10. $f(t)$ 的週期為 6 且

$$\mathcal{L}[f](s) = \dfrac{1}{3s^2(1 - e^{-6s})}\left(1 - e^{-6s} - 6se^{-6s}\right)$$

12. $f(t)$ 的週期為 $2a$ 且

$$\mathcal{L}[f](s) = \dfrac{h}{1 - e^{-2as}}\left(\dfrac{1}{s}\right)(1 - e^{-as})$$

$$= \dfrac{h}{s}\dfrac{1}{1 + e^{-as}}$$

3.2　初值問題的解

1. $y = \frac{1}{4} - \frac{13}{4}e^{-4t}$
2. $y = -\frac{4}{17}e^{-4t} + \frac{4}{17}\cos(t) + \frac{1}{17}\sin(t)$
3. $y = -\frac{1}{4} + \frac{1}{2}t + \frac{17}{4}e^{2t}$
4. $y = \frac{22}{25}e^{2t} - \frac{13}{5}te^{2t} + \frac{3}{25}\cos(t) - \frac{4}{25}\sin(t)$
5. $y = \frac{1}{16} + \frac{1}{16}t - \frac{33}{16}\cos(4t) + \frac{15}{64}\sin(4t)$

3.3　Heaviside 函數與移位定理

1. $\dfrac{6}{(s+2)^4} - \dfrac{3}{(s+2)^2} + \dfrac{2}{s+2}$
2. $\dfrac{1}{s}(1 - e^{-7s}) + \dfrac{s}{s^2+1}\cos(7)e^{-7s} - \dfrac{1}{s^2+1}\sin(7)e^{-7s}$
3. $\dfrac{1}{s^2} - \dfrac{11}{s}e^{-3s} - \dfrac{4}{s^2}e^{-3s}$
4. $\dfrac{1}{s+1} - \dfrac{2}{(s+1)^3} + \dfrac{1}{(s+1)^2+1}$
5. $\dfrac{s}{s^2+1} + \left(\dfrac{2}{s} - \dfrac{s}{s^2+1} - \dfrac{1}{s^2+1}\right)e^{-2\pi s}$
6. $\dfrac{(s+1)^2 - 9}{((s+1)^2+9)^2}$
7. $\dfrac{1}{s^2} - \dfrac{2}{s} + \left(\dfrac{1}{s} - \dfrac{1}{s^2}\right)e^{-16s}$
8. $\dfrac{24}{(s+5)^5} + \dfrac{4}{(s+5)^3} + \dfrac{1}{(s+5)^2}$
9. $F(s) = \dfrac{1}{(s-2)^2+1}$，故 $f(t) = e^{2t}\sin(t)$
10. $\frac{1}{3}\sin(3(t-2))H(t-2)$
11. $F(s) = \dfrac{1}{(s+3)^2 - 2}$，故 $f(t) = \frac{1}{\sqrt{2}}e^{-3t}\sinh(\sqrt{2}t)$
12. $F(s) = \dfrac{(s+3) - 1}{(s+3)^2 - 8}$，故 $f(t) = e^{-3t}\cosh(2\sqrt{2}t) - \dfrac{1}{2\sqrt{2}}e^{-3t}\sinh(2\sqrt{2}t)$
13. $\frac{1}{16}(1 - \cos(4(t-21)))H(t-21)$
15. $y = \cos(2t) + \frac{3}{4}(1 - \cos(2(t-4)))H(t-4)$
16. $y = \left[-\dfrac{1}{4} + \dfrac{1}{12}e^{-2(t-6)} + \dfrac{1}{6}e^{-(t-6)}\cos(\sqrt{3}(t-6))\right]H(t-6)$
17. $y = -\dfrac{1}{4} + \dfrac{2}{5}e^{t} - \dfrac{3}{20}\cos(2t) - \dfrac{1}{5}\sin(2t)$
    $\quad - \left[-\dfrac{1}{4} + \dfrac{2}{5}e^{t-5} - \dfrac{3}{20}\cos(2(t-5)) - \dfrac{1}{5}\sin(2(t-5))\right]H(t-5)$

18. $i(t) = \dfrac{k}{R}\left(1 - e^{-Rt/L}\right) - \dfrac{k}{R}\left(1 - e^{-R(t-5)/L}\right)H(t-5)$

19. $f(t) = \dfrac{1}{6}e^{t} + \dfrac{4}{7}e^{2t} + \dfrac{25}{42}e^{5t}$

20. $f(t) = -\dfrac{7}{11}e^{3t} + \dfrac{47}{143}e^{-8t} + \dfrac{17}{13}e^{5t}$

3.4 卷積

1. $\dfrac{1}{16}[\sinh(2t) - \sin(2t)]$
2. $\dfrac{\cos(at)-\cos(bt)}{(b-a)(b+a)}$ 若 $b^2 \neq a^2$；$t\sin(at)/2a$ 若 $b^2 = a^2$
3. $\dfrac{1}{a^4}[1 - \cos(at)] - \dfrac{1}{2a^3}t\sin(at)$
4. $\left(\dfrac{1}{2} - \dfrac{1}{2}e^{-2(t-4)}\right)H(t-4)$
5. $y(t) = e^{3t} * f(t) - e^{2t} * f(t)$
6. $y(t) = \dfrac{1}{4}e^{6t} * f(t) - \dfrac{1}{4}e^{2t} * f(t) + 2e^{6t} - 5e^{2t}$
7. $y(t) = \dfrac{1}{3}\sin(3t) * f(t) - \cos(3t) + \dfrac{1}{3}\sin(3t)$
8. $y(t) = \dfrac{4}{3}e^{t} - \dfrac{1}{4}e^{2t} - \dfrac{1}{12}e^{-2t} - \dfrac{1}{3}e^{t} * f(t) + \dfrac{1}{4}e^{2t} * f(t) + \dfrac{1}{12}e^{-2t} * f(t)$
9. $f(t) = \dfrac{1}{2}e^{-2t} - \dfrac{3}{2}$
10. $f(t) = \cosh(t)$
11. $f(t) = 3 + \dfrac{2}{5}\sqrt{15}e^{t/2}\sin(\sqrt{15}t/2)$

3.5 脈衝與 Dirac delta 函數

1. $y(t) = 3[e^{-2(t-2)} - e^{-3(t-2)}]H(t-2) - 4[e^{-2(t-5)} - e^{-3(t-5)}]H(t-5)$
3. $y = 6(e^{-2t} - e^{-t} + te^{-t})$
5. $\varphi(t) = (B+9)e^{-2t} - (B+6)e^{-3t}$

3.6 線性微分方程組

1. $x(t) = -t - 2 + 2e^{t/2}$，$y(t) = -t - 1 + e^{t/2}$
2. $x(t) = \dfrac{1}{3}t + \dfrac{4}{9}(1 - e^{3t/4})$，$y(t) = \dfrac{2}{3}(-1 + e^{3t/4})$
3. $x(t) = \dfrac{1}{2}(t + t^2) + \dfrac{3}{4}(1 - e^{2t/3})$，$y(t) = t + \dfrac{3}{2}(1 - e^{2t/3})$
4. $x(t) = t - 1 + e^{-t}\cos(t)$，$y(t) = t^2 - t + e^{-t}\sin(t)$
5. $x(t) = 1 - (2t+1)e^{-t}$，$y(t) = 1 - e^{-t}$
6. $x(t) = \dfrac{2}{27} - \dfrac{2}{9}t - \dfrac{1}{6}t^2 - \dfrac{2}{27}e^{-3t}$，$y(t) = -\dfrac{1}{4}t(t+2)$，$z(t) = -\dfrac{2}{81} - \dfrac{16}{27}t - \dfrac{1}{9}t^2 + \dfrac{2}{81}e^{-3t}$
7. 迴路電流滿足

$$20i'_1 + 10(i_1 - i_2) = 5H(t-5)$$

$$30i'_2 + 10i_2 + 10(i_2 - i_1) = 0$$

電流為
$$i_1(t) = \left[1 - \frac{1}{10}e^{-(t-5)} - \frac{9}{10}e^{-(t-5)/6}\right] H(t-5)$$
$$i_2(t) = \left[\frac{1}{2} + \frac{1}{10}e^{-(t-5)} - \frac{3}{10}e^{-(t-5)/6}\right] H(t-5)$$

9. 方程組為
$$x_1' = -\frac{6}{200}x_1 + \frac{3}{200}x_2$$
$$x_2' = \frac{4}{200}x_1 - \frac{4}{200}x_2 + H(t-3)$$

解為
$$x_1(t) = e^{-3t/50} + 9e^{-t/100} + 3\left(e^{-(t-3)/100} - e^{-3(t-3)/50}\right) H(t-3)$$
$$x_2(t) = -e^{-3t/50} + 6e^{-t/100} + \left(3e^{-3(t-3)/50} + 2e^{-(t-3)/100}\right) H(t-3)$$

Chapter 4 級數解

4.1 冪級數解

1. a_0 與 a_1 為任意數；$a_2 = \frac{1}{2}(3 - a_0)$，
$$a_{n+2} = \frac{n-1}{(n+1)(n+2)} a_n, \, n = 1, 2, \cdots$$
且
$$y(x) = a_0 + a_1 x$$
$$+ (3 - a_0) \left[\frac{1}{2!}x^2 + \frac{1}{4!}x^4 + \frac{3}{6!}x^6 + \frac{3(5)}{8!}x^8 + \frac{3(5)(7)}{10!}x^{10} + \cdots\right]$$

2. a_0，a_1 為任意數；$2a_2 + a_1 + 2a_0 = 1$，$6a_3 + 2a_2 + a_1 = 0$，$12a_4 + 3a_3 = -1$，
$$a_n = \frac{-(n-1)a_{n-1} + (n-4)a_{n-2}}{n(n-1)}, n = 5, 6, \cdots$$
且

$$y(x) = a_0\left(1 - x^2 + \frac{1}{3}x^3 - \frac{1}{12}x^4 + \frac{1}{30}x^5 - \cdots\right)$$
$$+ a_1\left(x - \frac{1}{2}x^2\right) + \frac{1}{2}x^2 - \frac{1}{6}x^3$$
$$- \frac{1}{24}x^7 - \frac{1}{360}x^6 + \frac{1}{2520}x^7 + \cdots$$

3. a_0、a_1 為任意數；$a_2 + a_0 = 0$，$6a_3 + 2a_1 = 1$，

$$a_n = \frac{(n-3)a_{n-3} - 2a_{n-2}}{n(n-1)}, n = 4, 5, \cdots$$

且

$$y(x) = a_0\left[1 - x^2 + \frac{1}{6}x^4 - \frac{1}{10}x^5 - \frac{1}{90}x^6 + \cdots\right]$$
$$+ a_1\left[x - \frac{1}{3}x^3 + \frac{1}{12}x^4 + \frac{1}{30}x^5 - \frac{7}{180}x^6 + \cdots\right]$$
$$+ \left[\frac{1}{6}x^3 - \frac{1}{60}x^5 + \frac{1}{60}x^6 + \frac{1}{1260}x^7 - \frac{1}{480}x^8 + \cdots\right]$$

其中 $a_0 = y(0)$ 且 $a_1 = y'(0)$。第三個括弧內為當 $a_0 = a_1 = 0$ 時的特解。

4. a_0 為任意數；$a_1 = 1$，$2a_2 - a_0 = -1$，且 $a_n = \frac{1}{n}a_{n-2}, n = 3, 4, \cdots$；

$$y(x) = a_0 + x + \frac{1}{3}x^3 + \frac{1}{3 \cdot 5}x^5 + \frac{1}{3 \cdot 5 \cdot 7}x^7 + \cdots$$
$$(a_0 - 1)\left(\frac{1}{2}x^2 + \frac{1}{2 \cdot 4}x^4 + \frac{1}{2 \cdot 4 \cdot 6}x^6 + \cdots\right)$$

5. a_0 為任意數；$a_1 + a_0 = 0$，$2a_2 + a_1 = 1$，

$$a_{n+1} = \frac{1}{n+1}(a_{n-2} - a_n), n = 2, 3, \cdots$$

且

$$y(x) = a_0\left[1 - x + \frac{1}{2!}x^2 + \frac{1}{3!}x^3 - \frac{7}{4!}x^4 + \cdots\right]$$
$$+ \frac{1}{2!}x^2 - \frac{1}{3!}x^3 + \frac{1}{4!}x^4 + \frac{11}{5!}x^5 - \frac{31}{6!}x^6 + \cdots$$

4.2 Frobenius 解

1. $y_1(x) = c_0\left[x^2 + \frac{1}{3!}x^4 + \frac{1}{5!}x^6 + \frac{1}{7!}x^8 + \cdots\right] = c_0 x \sinh(x)$，

$$y_2(x) = c_0^*[x - x^2 + \frac{1}{2!}x^3 - \frac{1}{3!}x^4 + \frac{1}{4!}x^5 - \cdots] = c_0^* x e^{-x}$$

3. $y_1(x) = c_0 \left[x^{1/2} - \frac{1}{2(1!)(3)}x^{3/2} + \frac{1}{2^2(2!)(3)(5)}x^{5/2} \right.$

$\left. - \frac{1}{2^3(3!)(3)(5)(7)}x^{7/2} + \frac{1}{2^4(4!)(3)(5)(7)(9)}x^{9/2} + \cdots \right]$

$= c_0 x^{1/2} \left[1 + \sum_{n=1}^{\infty} \frac{(-1)^n}{2^n n!(3 \cdot 5 \cdots (2n+1))} x^n \right]$

$y_2(x) = c_0^* \left[1 - \frac{1}{2}x + \frac{1}{2^2(3!)(3)(5)}x^3 \right.$

$\left. + \frac{1}{2^4(4!)(3)(5)(7)}x^4 + \cdots \right]$

$= c_0^* \left[1 + \sum_{n=1}^{\infty} \frac{(-1)^n}{2^n n!(1 \cdot 3 \cdots (2n-1))} x^n \right]$

5. $y_1(x) = c_0(1-x)$, $y_2(x) = c_0^* \left[1 + \frac{1}{2}(x-1) \ln((x-2)/x) \right]$

7. $y_1(x) = c_0[x^4 + 2x^5 + 3x^6 + 4x^7 + \cdots]$

$= c_0 \frac{x^4}{(1-x)^2}, y_2(x) = c_0^* \frac{3-4x}{(1-x)^2}$

9. $y_1(x) = c_0(1-x)$,

$y_2(x) = c_0^* \left[(1-x) \ln(x) + 3x + \frac{1}{4}x^2 + \frac{1}{36}x^3 + \frac{1}{288}x^4 + \frac{1}{2400}x^5 + \cdots \right]$

Chapter 5　向量與向量空間 R^n

5.1　平面與三維空間的向量

習題 1–3 之解分別表示 **F** + **G**、**F**–**G**、2**F**、3**G** 與 ‖ **F** ‖。

1. $(2+\sqrt{2})\mathbf{i} + 3\mathbf{j}$, $(2-\sqrt{2})\mathbf{i} - 9\mathbf{j} + 10\mathbf{k}$, $4\mathbf{i} - 6\mathbf{j} + 10\mathbf{k}$, $3\sqrt{2}\mathbf{i} + 18\mathbf{j} - 15\mathbf{k}$, $\sqrt{38}$
2. $3\mathbf{i} - \mathbf{k}$, $\mathbf{i} - 10\mathbf{j} + \mathbf{k}$, $4\mathbf{i} - 10\mathbf{j}$, $3\mathbf{i} + 15\mathbf{j} - 3\mathbf{k}$, $\sqrt{29}$
3. $3\mathbf{i} - \mathbf{j} + 3\mathbf{k}$, $-\mathbf{i} + 3\mathbf{j} - \mathbf{k}$, $2\mathbf{i} + 2\mathbf{j} + 2\mathbf{k}$, $6\mathbf{i} - 6\mathbf{j} + 6\mathbf{k}$, $\sqrt{3}$
4. $\frac{3}{\sqrt{5}}(-5\mathbf{i} - 4\mathbf{j} + 2\mathbf{k})$
5. $x = 3 - 6t, y = t, z = 0, -\infty < t < \infty$
6. $\frac{4}{9}(-4\mathbf{i} + 7\mathbf{j} + 4\mathbf{k})$
7. $x = 0, y = 1 - t, z = 3 - 2t, -\infty < t < \infty$

8. $x = 2 - 3t, y = -3 + 9t, z = 6 - 2t, -\infty < t < \infty$

5.2 點積

1. 2，$\cos(\theta) = 2/\sqrt{14}$，非正交
2. -23，$\cos(\theta) = -23/\sqrt{29}\sqrt{41}$，非正交
3. -18，$\cos(\theta) = -9/10$，非正交
4. $3x - y + 4z = 4$
5. $4x - 3y + 2z = 25$
6. $7x + 6y - 5z = -26$
7. $-\frac{9}{14}(-3\mathbf{i} + 2\mathbf{j} - \mathbf{k})$
8. $\frac{1}{62}(2\mathbf{i} + 7\mathbf{j} - 3\mathbf{k})$
9. $\frac{15}{53}(-9\mathbf{i} + 3\mathbf{j} + 4\mathbf{k})$

5.3 叉積

1. $\mathbf{F} \times \mathbf{G} = 8\mathbf{i} + 2\mathbf{j} + 12\mathbf{k}$
2. $\mathbf{F} \times \mathbf{G} = -8\mathbf{i} - 12\mathbf{j} - 5\mathbf{k}$
3. 非共線，$x - 2y + z = 3$
4. 非共線，$2x - 11y + z = 0$
5. 非共線，$29x + 37y - 12z = 30$
6. $\mathbf{i} - \mathbf{j} + 2\mathbf{k}$

5.4 n-向量和 R^n 的代數結構

1. S 為 R^4 的子空間。
2. S 不是 R^5 的子空間（具有第四座標 1 的向量的純量倍數不需要具有等於 1 的第四座標）。
3. S 不是 R^4 的子空間，因為具有至少一個等於零的座標的向量和可能不具有等於零的座標。
4. 獨立
5. 獨立
6. 相依，因為

$$<6, 4, -6, 4> = <4, 0, 0, 2> + 2 <1, 2, -3, 1>$$

7. 相依，因為

$$-2<1, -2> + 2<4, 1> = <6, 6>$$

8. 獨立
9. 基底由 $<1, 0, 0, -1>$ 與 $<0, 1, -1, 0>$ 構成，且維數為 2。
10. 基底由 $<1, 0, 0, 0>, <0, 0, 1, 0>$ 與 $<0, 0, 0, 1>$ 構成，維數為 3。
11. 向量 $<0, 1, 0, 2, 0, 3, 0>$ 形成一基底，且維數為 1。
12. 兩向量為線性獨立因為它們都不是其他的純量倍數。此外，

$$-5<1, 1, 1> + 2<0, 1, 1> = <-5, -3, -3>$$

13. 兩向量為線性獨立因為它們都不是其他的純量倍數。最後，
$$-3<1,0,-3,2>-<1,0,-1,-1>=<-4,0,10,-5>$$

14. 因為 $\mathbf{U}$ 在 S 中，為 $\mathbf{V}_1,\cdots,\mathbf{V}_k$ 的基底，則 $\mathbf{U}$ 為 $\mathbf{V}_1,\cdots,\mathbf{V}_k$ 的線性組合。因此 $\mathbf{V}_1,\cdots,\mathbf{V}_k$ 為線性獨立。

5.5 正交集合和正交化

4. $\mathbf{V}_1=<0,-1,2,0>, \mathbf{V}_2=<0,4/5,2/5,0>$

5. $\mathbf{V}_1=<-1,0,3,0,4>, \mathbf{V}_2=\frac{1}{26}<109,0,-41,0,58>, \mathbf{V}_3=\frac{1}{651}<-962,0,-1406,0,814>$

6. $\mathbf{V}_1=<1,2,0,-1,2,0>, \mathbf{V}_2=\frac{1}{10}<21,-8,-60,-31,-18,0>, \mathbf{V}_3=\frac{1}{269}<-423,-300,489,-759,132,0>, \mathbf{V}_4=\frac{1}{91}<337,-145,250,29,-9,0>$

7. $\mathbf{V}_1=<0,-2,0,-2,0,-2>, \mathbf{V}_2=<0,1,0,-1,0,0>, \mathbf{V}_3=<0,-8/3,0,-8/3,0,16/3>$

5.6 正交補餘和投影

1. $\mathbf{u}_S=<-2,6,0,0>, \mathbf{u}^\perp=\mathbf{u}-\mathbf{u}_S=<0,0,1,7>$

2. $\mathbf{u}_S=<9/2,-1/2,0,5/2,-13/2>, \mathbf{u}^\perp=<-1/2,-1/2,3,-1/2,-1/2>$

3. $\mathbf{u}_S=<3,1/2,3,1/2,3,0,0>, \mathbf{u}^\perp=<5,1/2,-2,-1/2,-3,-3,4>$

5. 若 $\mathbf{u}_1,\cdots,\mathbf{u}_k$ 為 S 的基底且 $\mathbf{v}_1,\cdots,\mathbf{v}_m$ 為 $S^\perp$ 的基底，則在 R^n 之任意向量 $\mathbf{w}$ 有唯一表示式
$$w=c_1\mathbf{u}_1+\cdots+c_k\mathbf{u}_k+d_1\mathbf{v}_1+\cdots+d_m\mathbf{v}_m$$
此外，這些向量為線性獨立因此形成 R^n 之基底，因此
$$\dim(S)+\dim(S^\perp)=k+m=n$$

7. 最接近之向量為
$$\mathbf{u}_S=\frac{7}{3}<1,1,-1,0,0>+<0,2,1,0,0>-\frac{4}{3}<0,1,-2,0,0>=<11/3,3,-11/3,11/3,0>$$

CHAPTER 6 　矩陣、行列式與線性方程組

6.1 矩陣與矩陣代數

1. $\begin{pmatrix} 14 & -2 & 6 \\ 10 & -5 & -6 \\ -26 & -43 & -8 \end{pmatrix}$

2. $\begin{pmatrix} 2+2x-x^2 & -12x+(1-x)(x+e^x+2\cos(x)) \\ 4+2x+2e^x+2xe^x & -22-2x+e^{2x}+2e^x\cos(x) \end{pmatrix}$

3. $\begin{pmatrix} -36 & 0 & 68 & 196 & 20 \\ 128 & -40 & -36 & -8 & 72 \end{pmatrix}$

4. $\mathbf{AB} = \begin{pmatrix} -10 & -34 & -16 & -30 & -14 \\ 10 & -2 & -11 & -8 & -45 \\ -5 & 1 & 15 & 61 & -63 \end{pmatrix}$

   $\mathbf{BA}$ 無定義。

5. $\mathbf{AB} = (115)$ 且

   $$\mathbf{BA} = \begin{pmatrix} 3 & -18 & -6 & -42 & 66 \\ -2 & 12 & 4 & 28 & -44 \\ -6 & 36 & 12 & 84 & -132 \\ 0 & 0 & 0 & 0 & 0 \\ 4 & -24 & -8 & -56 & 88 \end{pmatrix}$$

6. $\mathbf{AB}$ 無定義；

   $$\mathbf{BA} = \begin{pmatrix} 410 & 36 & -56 & 227 \\ 17 & 253 & 40 & -1 \end{pmatrix}$$

7. $\mathbf{AB}$ 無定義；

   $$\mathbf{BA} = \begin{pmatrix} -16 & -13 & -5 \end{pmatrix}$$

8. $\mathbf{BA}$ 無定義；

   $$\mathbf{AB} = \begin{pmatrix} 39 & -84 & 21 \\ -23 & 38 & 3 \end{pmatrix}$$

9. $\mathbf{AB}$ 為 14×14，$\mathbf{BA}$ 為 21×21
10. $\mathbf{AB}$ 無定義；$\mathbf{BA}$ 為 4×2
11. $\mathbf{AB}$ 無定義；$\mathbf{BA}$ 為 7×6

6.2 列運算與簡化矩陣

1. $\begin{pmatrix} -2 & 1 & 4 & 2 \\ 0 & \sqrt{3} & 16\sqrt{3} & 3\sqrt{3} \\ 1 & -2 & 4 & 8 \end{pmatrix}$; $\Omega = \begin{pmatrix} 1 & 0 & 0 \\ 0 & \sqrt{3} & 0 \\ 0 & 0 & 1 \end{pmatrix}$

2. $\begin{pmatrix} 40 & 5 & -15 \\ -2+2\sqrt{13} & 14+9\sqrt{13} & 6+5\sqrt{13} \\ 2 & 9 & 5 \end{pmatrix}$; $\Omega = \begin{pmatrix} 0 & 5 & 0 \\ 1 & 0 & \sqrt{13} \\ 0 & 0 & 1 \end{pmatrix}$

3. $\begin{pmatrix} 30 & 120 \\ -3+2\sqrt{3} & 15+8\sqrt{3} \end{pmatrix}$; $\Omega = \begin{pmatrix} 0 & 15 \\ 1 & \sqrt{3} \end{pmatrix}$

4. $\begin{pmatrix} -1 & 0 & 3 & 0 \\ -36 & 28 & -20 & 28 \\ -13 & 3 & 44 & 9 \end{pmatrix}$; $\Omega = \begin{pmatrix} 1 & 0 & 0 \\ 0 & 0 & 4 \\ 14 & 1 & 0 \end{pmatrix}$

5. 若 $i \neq s$ 且 $i \neq t$，

$$(\mathbf{EA})_{ij} = (\mathbf{E}\text{ 的第 }i\text{ 列}) \cdot (\mathbf{A}\text{ 的第 }j\text{ 行})$$
$$= (\mathbf{I}_n\mathbf{A})_{ij} = \mathbf{A}_{ij}$$

其次

$$(\mathbf{EA})_{sj} = (\mathbf{E}\text{ 的第 }s\text{ 列}) \cdot (\mathbf{A}\text{ 的第 }j\text{ 行})$$
$$= (\mathbf{I}_n\text{ 的第 }t\text{ 列}) \cdot (\mathbf{A}\text{ 的第 }j\text{ 行})$$
$$= \mathbf{A}_{ij} = \mathbf{B}_{sj}$$

同理，$(\mathbf{EA})_{tj} = \mathbf{A}_{sj} = \mathbf{B}_{tj}$。

7. 減少 $\mathbf{A}$ 的一種方法是從 $\mathbf{I}_2$ 的第 1 行中減去第 2 行，然後將（新矩陣的）第 2 行乘以 $1/3$：

$$\mathbf{I}_2 = \begin{pmatrix} 1 & 0 \\ 0 & 1 \end{pmatrix} \to \begin{pmatrix} 1 & -1 \\ 0 & 1 \end{pmatrix} \to \begin{pmatrix} 1/3 & -1/3 \\ 0 & 1 \end{pmatrix} = \Omega$$

則

$$\mathbf{A}_R = \begin{pmatrix} 1 & 0 & 1/3 & 4/3 \\ 0 & 1 & 0 & 0 \end{pmatrix}$$

8. 矩陣為簡化式，所以 $\Omega = \mathbf{I}_2$ 且 $\mathbf{A}_R = \mathbf{A}$。

9. $\Omega = \begin{pmatrix} 0 & 1 \\ 1 & -2 \end{pmatrix}$

且

$$\mathbf{A}_R = \begin{pmatrix} 1 & 1 \\ 0 & 0 \end{pmatrix}$$

10. $\Omega = \begin{pmatrix} -1/3 & 0 \\ 0 & 1 \end{pmatrix}$

且

$$\mathbf{A}_R = \begin{pmatrix} 1 & -4/3 & -4/3 \\ 0 & 0 & 0 \end{pmatrix}$$

11. $\Omega = \frac{1}{4} \begin{pmatrix} 0 & 0 & 1 \\ 4 & -4 & -8 \\ -4 & 8 & 8 \end{pmatrix}$

且

$$\mathbf{A}_R = \begin{pmatrix} 1 & 0 & 0 & -3/4 \\ 0 & 1 & 0 & 3 \\ 0 & 0 & 1 & 0 \end{pmatrix}$$

12. $\Omega = \begin{pmatrix} 0 & 0 & 1 & 0 \\ 0 & 1 & 3 & 0 \\ 1 & 0 & -6 & 0 \\ 0 & 0 & -1 & 1 \end{pmatrix}$

且

$$\mathbf{A}_R = \begin{pmatrix} 1 \\ 0 \\ 0 \\ 0 \end{pmatrix}$$

6.3 齊次線性方程組的解

1. $\alpha \begin{pmatrix} -1 \\ 1 \\ 1 \\ 0 \end{pmatrix} + \beta \begin{pmatrix} 1 \\ -1 \\ 0 \\ 1 \end{pmatrix}$

解空間之維數為 2。

2. $\begin{pmatrix} 0 \\ 0 \\ 0 \end{pmatrix}$

（僅為當然解）。解空間之維數為 0。

3. $\alpha \begin{pmatrix} -9/4 \\ -7/4 \\ -5/8 \\ 13/8 \\ 1 \end{pmatrix}$

解空間之維數為 1。

4. $\alpha \begin{pmatrix} -5/6 \\ -2/3 \\ -8/3 \\ -2/3 \\ 1 \\ 0 \end{pmatrix} + \beta \begin{pmatrix} -5/9 \\ -10/9 \\ -13/9 \\ -1/9 \\ 0 \\ 1 \end{pmatrix}$

解空間之維數為 2。

5. $\alpha \begin{pmatrix} 5/14 \\ 11/7 \\ 6/7 \\ 1 \end{pmatrix}$

解空間之維數為 1。

6. $\alpha \begin{pmatrix} 1 \\ 1 \\ 0 \\ 1 \\ 1 \\ 0 \\ 0 \end{pmatrix} + \beta \begin{pmatrix} -2 \\ -3/2 \\ 2/3 \\ -4/3 \\ 0 \\ 1 \\ 0 \end{pmatrix} + \gamma \begin{pmatrix} 0 \\ 1/2 \\ -3 \\ 0 \\ 0 \\ 0 \\ 1 \end{pmatrix}$

解空間之維數為 0。

7. 是，若 $m - \text{rank}(\mathbf{A}) > 0$。例如，方程式

$$x_1 + 3x_2 = 0, \, 2x_1 + 6x_2 = 0, \, 3x_1 + 9x_3 = 0$$

有解 $x_1 = -3x_3, x_2 = x_3$，且解空間之維數為 1。

6.4 非齊次線性方程組的解

1. 唯一解 $\begin{pmatrix} 1 \\ 1/2 \\ 4 \end{pmatrix}$

2. $\alpha \begin{pmatrix} 1 \\ 1 \\ 3/2 \\ 1 \\ 0 \\ 0 \end{pmatrix} + \beta \begin{pmatrix} 0 \\ 0 \\ 1/2 \\ 0 \\ 1 \\ 0 \end{pmatrix} + \gamma \begin{pmatrix} -17/2 \\ -6 \\ -51/4 \\ 0 \\ 0 \\ 1 \end{pmatrix} + \begin{pmatrix} 9/2 \\ 3 \\ 25/4 \\ 0 \\ 0 \\ 0 \end{pmatrix}$

3. $\alpha \begin{pmatrix} 2 \\ 2 \\ 7 \\ 3/2 \\ 1 \\ 0 \end{pmatrix} + \beta \begin{pmatrix} -2 \\ -1 \\ -9/2 \\ -3/4 \\ 0 \\ 1 \end{pmatrix} + \begin{pmatrix} -4 \\ -4 \\ -38 \\ -11/2 \\ 0 \\ 0 \end{pmatrix}$

4. $\alpha \begin{pmatrix} -1/2 \\ -1 \\ 3 \\ 1 \\ 0 \end{pmatrix} + \beta \begin{pmatrix} -3/4 \\ 1 \\ -2 \\ 0 \\ 1 \end{pmatrix} + \begin{pmatrix} 9/8 \\ 2 \\ 0 \\ 0 \\ 0 \end{pmatrix}$

5. $\alpha \begin{pmatrix} -1 \\ 1 \\ 0 \\ 0 \\ 0 \\ 0 \\ 0 \end{pmatrix} + \beta \begin{pmatrix} 1 \\ 0 \\ 0 \\ 1 \\ 0 \\ 0 \\ 0 \end{pmatrix} + \gamma \begin{pmatrix} -3/14 \\ 0 \\ 3/14 \\ 0 \\ 1 \\ 0 \\ 0 \end{pmatrix} + \delta \begin{pmatrix} -1 \\ 0 \\ 0 \\ 0 \\ 0 \\ 1 \\ 0 \end{pmatrix} + \epsilon \begin{pmatrix} 1/14 \\ 0 \\ -1/14 \\ 0 \\ 0 \\ 0 \\ 1 \end{pmatrix} + \begin{pmatrix} -29/7 \\ 0 \\ 1/7 \\ 0 \\ 0 \\ 0 \\ 0 \end{pmatrix}$

6. $\alpha \begin{pmatrix} -19/15 \\ 3 \\ 67/15 \\ 1 \end{pmatrix} + \begin{pmatrix} 22/15 \\ -5 \\ -121/15 \\ 0 \end{pmatrix}$

7. 唯一解

$$\mathbf{X} = \frac{1}{57} \begin{pmatrix} 16 \\ 99 \\ 23 \end{pmatrix}$$

8. 若 **AX = B** 為相容，則 **C** 有一解。因為 **AC** 之 **A** 行的線性組合（見 16.1.1 節），故 **B** 在 **A** 的行空間內。反之，若 **B** 在 **A** 的行空間內，則 **B** 為 **A** 的行的線性組合，

$$a_1 A_1 + \cdots + a_m A_m$$

且 **AC = B**，其中 **C** 為係數 $a_1, \cdots, a_m$ 的行矩陣。

6.5 反矩陣

1. $\frac{1}{5} \begin{pmatrix} -1 & 2 \\ 2 & 1 \end{pmatrix}$
2. $\frac{1}{12} \begin{pmatrix} -2 & 2 \\ 1 & 5 \end{pmatrix}$

3. $\frac{1}{12}\begin{pmatrix} 3 & -2 \\ -3 & 6 \end{pmatrix}$

4. $\frac{1}{31}\begin{pmatrix} -6 & 11 & 2 \\ 3 & 10 & -1 \\ 1 & -7 & 10 \end{pmatrix}$

5. $-\frac{1}{12}\begin{pmatrix} 6 & -6 & 0 \\ -3 & -9 & 2 \\ 3 & -3 & -2 \end{pmatrix}$

6. $\mathbf{X} = \mathbf{A}^{-1}\mathbf{B} = \frac{1}{11}\begin{pmatrix} -1 & -1 & 8 & 4 \\ -9 & 2 & -5 & 14 \\ 2 & 2 & -5 & 3 \\ 3 & 3 & -2 & -1 \end{pmatrix}\begin{pmatrix} 1 \\ 2 \\ 0 \\ -5 \end{pmatrix} = \frac{1}{11}\begin{pmatrix} -23 \\ -75 \\ -9 \\ 14 \end{pmatrix}$

7. $\frac{1}{7}\begin{pmatrix} 22 \\ 27 \\ 30 \end{pmatrix}$

8. $\frac{1}{5}\begin{pmatrix} -21 \\ 14 \\ 0 \end{pmatrix}$

6.6 行列式

1. -22
2. -14
3. $-2,247$
4. -122
5. 72
6. $15,698$
7. $3,372$

6.7 克蘭姆法則

1. $x_1 = -11/47$, $x_2 = -100/47$
2. $x_1 = -1/2$, $x_2 = -19/22$, $x_3 = 2/11$
3. $x_1 = 5/6$, $x_2 = -10/3$, $x_3 = -5/6$
4. $x_1 = -86$, $x_2 = -109/2$, $x_3 = -43/2$, $x_4 = 37/2$
5. $x_1 = 33/93$, $x_2 = -409/33$, $x_3 = -1/93$, $x_4 = 116/93$

CHAPTER 7　特徵值、對角化與特殊矩陣

7.1 特徵值與特徵向量

1. $p_{\mathbf{A}}(\lambda) = \lambda^2 - 2\lambda - 5$；特徵值及對應的特徵向量為

$$1+\sqrt{6}, \begin{pmatrix} \sqrt{6} \\ 2 \end{pmatrix}, 1-\sqrt{6}, \begin{pmatrix} -\sqrt{6} \\ 2 \end{pmatrix}$$

喬斯哥林圓之圓心為 $(1, 0)$ 半徑為 3，與圓心為 $(1, 0)$ 半徑為 2。

2. $p_{\mathbf{A}}(\lambda) = \lambda^2 + 3\lambda - 10$，

$$-5, \begin{pmatrix} 7 \\ -1 \end{pmatrix}, 2, \begin{pmatrix} 0 \\ 1 \end{pmatrix}$$

喬斯哥林圓之圓心為 $(2, 0)$ 半徑為 1。

3. $p_\mathbf{A}(\lambda) = \lambda^2 - 3\lambda + 14$，
$$\frac{1}{2}(3 + \sqrt{47}i), \begin{pmatrix} -1 + \sqrt{47}i \\ 4 \end{pmatrix}, \frac{1}{2}(3 - \sqrt{47}i), \begin{pmatrix} -1 - \sqrt{47}i \\ 4 \end{pmatrix}$$

喬斯哥林圓之圓心為 $(1, 0)$ 半徑為 6，與圓心為 $(2, 0)$ 半徑為 2。

4. $p_\mathbf{A}(\lambda) = \lambda^3 - 5\lambda^2 + 6\lambda$，
$$0, \begin{pmatrix} 0 \\ 1 \\ 0 \end{pmatrix}, 2, \begin{pmatrix} 2 \\ 1 \\ 0 \end{pmatrix}, 3, \begin{pmatrix} 0 \\ 2 \\ 3 \end{pmatrix}$$

喬斯哥林圓之圓心為 $(0, 0)$ 半徑為 3。

5. $p_\mathbf{A}(\lambda) = \lambda^2(\lambda + 3)$，
$$0, 0, \begin{pmatrix} 1 \\ 0 \\ 3 \end{pmatrix}, -3, \begin{pmatrix} 1 \\ 0 \\ 0 \end{pmatrix}$$

喬斯哥林圓之圓心為 $(-3, 0)$ 半徑為 2。

6. $p_\mathbf{A}(\lambda) = (\lambda + 14)(\lambda - 2)^2$，
$$-14, \begin{pmatrix} -16 \\ 0 \\ 1 \end{pmatrix}, 2, 2, \begin{pmatrix} 0 \\ 0 \\ 1 \end{pmatrix}$$

特徵值 2 的重數為 2 不具有兩個線性獨立之特徵向量。喬斯哥林圓之圓心為 $(-14, 0)$ 半徑為 1，與圓心為 $(2, 0)$ 半徑為 1。

7. $p_\mathbf{A}(\lambda) = \lambda(\lambda^2 - 8\lambda + 7)$，
$$0, \begin{pmatrix} 14 \\ 7 \\ 10 \end{pmatrix}, 1, \begin{pmatrix} 6 \\ 0 \\ 5 \end{pmatrix}, 7, \begin{pmatrix} 0 \\ 0 \\ 1 \end{pmatrix}$$

喬斯哥林圓之圓心為 $(1, 0)$ 半徑為 2，與圓心為 $(7, 0)$ 半徑為 5。

8. $p_\mathbf{A}(\lambda) = (\lambda - 1)(\lambda - 2)(\lambda^2 + \lambda - 13)$，

$$1, \begin{pmatrix} -2 \\ -11 \\ 0 \\ 1 \end{pmatrix}, 2, \begin{pmatrix} 0 \\ 0 \\ 1 \\ 0 \end{pmatrix},$$

$$(-1+\sqrt{53})/2, \begin{pmatrix} \sqrt{53}-7 \\ 0 \\ 0 \\ 2 \end{pmatrix}, (-1-\sqrt{53})/2, \begin{pmatrix} -\sqrt{53}-7 \\ 0 \\ 0 \\ 2 \end{pmatrix}$$

喬斯哥林圓之圓心為 $(-4, 0)$ 半徑為 2，與圓心為 $(3, 0)$ 半徑為 1。

7.2 對角化

習題 1 到 5，給予特徵值與對角化矩陣 **P**，或敘述此矩陣不可對角化。

1. $(3+\sqrt{7}i)/2, (3-\sqrt{7}i)/2$，

$$\mathbf{P} = \begin{pmatrix} 2 & 2 \\ -3-\sqrt{7}i & -3+\sqrt{7}i \end{pmatrix}, \mathbf{P}^{-1}\mathbf{A}\mathbf{P} = \begin{pmatrix} (3+\sqrt{7}i)/2 & 0 \\ 0 & (3-\sqrt{7}i)/2 \end{pmatrix}$$

2. 不可對角化；**A** 具有特徵值 1, 1 且所有具有 -2 的特徵向量都是純量倍數

$$\begin{pmatrix} 0 \\ 1 \end{pmatrix}$$

所以矩陣為非對角化。

3. $0, 5, -2$,

$$\mathbf{P} = \begin{pmatrix} 0 & 5 & 0 \\ 1 & 1 & -3 \\ 0 & 0 & 2 \end{pmatrix}, \mathbf{P}^{-1}\mathbf{A}\mathbf{P} = \begin{pmatrix} 0 & 0 & 0 \\ 0 & 5 & 0 \\ 0 & 0 & -2 \end{pmatrix}$$

4. 特徵值為 $1, -2, -2$ 且所有特徵向量都是純量倍數

$$\begin{pmatrix} -3 \\ 1 \\ 0 \end{pmatrix}$$

所以矩陣為非對角化。

5. $1, 4, (-5+\sqrt{5})/2, (-5-\sqrt{5})/2$

$$\mathbf{P} = \begin{pmatrix} 1 & 0 & 0 & 0 \\ 0 & 1 & (2-3\sqrt{5})/41 & (2+3\sqrt{5})/41 \\ 0 & 0 & (-1+\sqrt{5})/2 & (-1-\sqrt{5})/2 \\ 0 & 0 & 1 & 1 \end{pmatrix}$$

6. 因 $\mathbf{P}^{-1}\mathbf{AP} = \mathbf{D}$，則 $\mathbf{A} = \mathbf{PDP}^{-1}$，故
$$\mathbf{A}^k = (\mathbf{PDP}^{-1})(\mathbf{PDP}^{-1})\cdots(\mathbf{PDP}^{-1})$$
$$= \mathbf{PD}^k\mathbf{P}^{-1}$$

7. $\mathbf{A}^6 = \begin{pmatrix} 1 & 0 \\ -3,906 & 15,625 \end{pmatrix}$ 　　　8. $\mathbf{A}^6 = \begin{pmatrix} 8 & 0 \\ 0 & 8 \end{pmatrix}$

7.3　特殊矩陣及其特徵值和特徵向量

習題 1 到 6，給予特徵值和相關的特徵向量，以及給予矩陣對角化的正交矩陣 $\mathbf{Q}$。

1. $0, \begin{pmatrix} 1 \\ 2 \end{pmatrix}, 5, \begin{pmatrix} -2 \\ 1 \end{pmatrix}, \mathbf{Q} = \begin{pmatrix} 1/\sqrt{5} & -2/\sqrt{5} \\ 2/\sqrt{5} & 1/\sqrt{5} \end{pmatrix}$

2. $5+\sqrt{2}, \begin{pmatrix} 1+\sqrt{2} \\ 1 \end{pmatrix}, 5-\sqrt{2}, \begin{pmatrix} 1-\sqrt{2} \\ 1 \end{pmatrix}$

   $\mathbf{Q} = \begin{pmatrix} (1+\sqrt{2})/(\sqrt{4+2\sqrt{2}}) & (1-\sqrt{2})/(\sqrt{4-2\sqrt{2}}) \\ 1/\sqrt{4+2\sqrt{2}} & 1/\sqrt{4-2\sqrt{2}} \end{pmatrix}$

3. $3, \begin{pmatrix} 0 \\ 0 \\ 1 \end{pmatrix}; -1+\sqrt{2}, \begin{pmatrix} 1 \\ \sqrt{2}-1 \\ 0 \end{pmatrix}; -1-\sqrt{2}, \begin{pmatrix} 1 \\ -1-\sqrt{2} \\ 0 \end{pmatrix}$

   $\mathbf{Q} = \begin{pmatrix} 1/\sqrt{4-2\sqrt{2}} & 1/\sqrt{4+2\sqrt{2}} & 0 \\ (-1+\sqrt{2})/\sqrt{4-2\sqrt{2}} & (-1-\sqrt{2})/\sqrt{4+2\sqrt{2}} & 0 \\ 0 & 0 & 1 \end{pmatrix}$

4. $7, \begin{pmatrix} 0 \\ 1 \\ 0 \end{pmatrix}; (5+\sqrt{41})/2, \begin{pmatrix} 5+\sqrt{41} \\ 0 \\ 4 \end{pmatrix}; (5-\sqrt{41})/2, \begin{pmatrix} 5-\sqrt{41} \\ 0 \\ 4 \end{pmatrix}$

   $\mathbf{Q} = \begin{pmatrix} 0 & (5+\sqrt{41})/\sqrt{82+10\sqrt{41}} & (5-\sqrt{41})/\sqrt{82-10\sqrt{41}} \\ 1 & 0 & 0 \\ 0 & 4/\sqrt{82+10\sqrt{41}} & 4/\sqrt{82-10\sqrt{41}} \end{pmatrix}$

習題 5 到 7，給予特徵值，以及其矩陣為非單式、賀米特、反賀米特或以上皆非。

5. $2, 2$，非單式、賀米特或反賀米特
6. $0, \sqrt{3}i, -\sqrt{3}i$，反賀米特
7. $2, i, -i$，非單式、非賀米特、非反賀米特

7.4　二次式

1. 矩陣形式為

$$\mathbf{A} = \begin{pmatrix} -5 & 2 \\ 2 & 3 \end{pmatrix}$$

特徵值為 $-1 \pm 2\sqrt{5}$。標準式為
$$(-1 + 2\sqrt{5})y_1^2 + (-1 - 1\sqrt{5})y_2^2$$

2. 矩陣
$$\mathbf{A} = \begin{pmatrix} -3 & 2 \\ 2 & 7 \end{pmatrix}$$

特徵值為 $2 \pm \sqrt{29}$。標準式為
$$(2 + \sqrt{29})y_1^2 + (2 - \sqrt{29})y_2^2$$

3. $\mathbf{A} = \begin{pmatrix} 0 & -3 \\ -3 & 4 \end{pmatrix}$

特徵值為 $2 \pm \sqrt{13}$。標準式為
$$(2 + \sqrt{13})y_1^2 + (2 - \sqrt{13})y_2^2$$

4. $\mathbf{A} = \begin{pmatrix} 0 & -1 \\ -1 & 2 \end{pmatrix}$

特徵值為 $1 \pm \sqrt{2}$。標準式為
$$(1 + \sqrt{2})y_1^2 + (1 - \sqrt{2})y_2^2$$

CHAPTER 8 　線性微分方程組

8.1　線性方程組

在這些解答中，給予一個基本矩陣。可為每個系統編寫不同的基本矩陣（例如，若使用系統矩陣的不同特徵向量）。基本矩陣用於編寫初始值問題的唯一解。

1. $\mathbf{\Omega}(t) = \begin{pmatrix} -e^{2t} & 3e^{6t} \\ e^{2t} & e^{6t} \end{pmatrix}$

   $\mathbf{X}(t) = \begin{pmatrix} -3e^{2t} + 3e^{6t} \\ 3e^{2t} + e^{6t} \end{pmatrix}$

2. $\mathbf{\Omega}(t) = \begin{pmatrix} 4e^{(1+2\sqrt{3})t} & 4e^{(1-2\sqrt{3})t} \\ (-1+\sqrt{3})e^{(1+2\sqrt{3})t} & (-1-\sqrt{3})e^{(1-2\sqrt{3})t} \end{pmatrix}$

$$\mathbf{X}(t) = \begin{pmatrix} 2e^t\cosh(2\sqrt{3}t) + \frac{10}{\sqrt{3}}e^t\sinh(2\sqrt{3}t) \\ 2e^t\cosh(2\sqrt{3}t) - \frac{1}{\sqrt{3}}e^t\sinh(2\sqrt{3}t) \end{pmatrix}$$

3. $\Omega(t) = \begin{pmatrix} -e^t & e^t & e^{-3t} \\ 0 & e^t & 3e^{-3t} \\ e^t & 0 & e^{-3t} \end{pmatrix}$

$$\mathbf{X}(t) = \begin{pmatrix} 10e^t - 9e^{-3t} \\ 24e^t - 27e^{-3t} \\ 14e^t - 9e^{-3t} \end{pmatrix}$$

8.2 當 A 為常數的 X′ = AX 的解

為每個問題給予一個基本矩陣。基本矩陣並不是唯一的，並且可以為每個方程組找到其他基本矩陣。

1. $\Omega(t) = \begin{pmatrix} 7e^{3t} & 0 \\ 5e^{3t} & e^{-4t} \end{pmatrix}$
2. $\Omega(t) = \begin{pmatrix} 1 & e^{2t} \\ -1 & e^{2t} \end{pmatrix}$

3. $\Omega(t) = \begin{pmatrix} 1 & 2e^{3t} & -e^{-4t} \\ 6 & 3e^{3t} & 2e^{-4t} \\ -13 & -2e^{3t} & e^{-4t} \end{pmatrix}$
4. $\Omega(t) = e^{2t}\begin{pmatrix} -2\sin(2t) & 2\cos(2t) \\ \cos(2t) & \sin(2t) \end{pmatrix}$

5. $\Omega(t) = \begin{pmatrix} e^{2t} & -3e^{5t} & (-3-2/3)e^{5t} \\ 0 & -3e^{5t} & (-3t-1)e^{5t} \\ 0 & e^{5t} & te^{5t} \end{pmatrix}$
6. $\Omega(t) = e^{2t}\begin{pmatrix} -2\sin(2t) & 2\cos(2t) \\ \cos(2t) & \sin(2t) \end{pmatrix}$

7. $\Omega(t) = e^t\begin{pmatrix} 2\cos(t) - \sin(t) & \cos(t) + 2\sin(t) \\ \cos(t) & \sin(t) \end{pmatrix}$

8. $\Omega(t) = \begin{pmatrix} 0 & e^{-t}\cos(2t) & e^{-t}\sin(2t) \\ 0 & e^{-t}(\cos(2t) - 2\sin(2t)) & e^{-t}(2\cos(2t) + \sin(2t)) \\ e^{-2t} & 3e^{-t}\cos(2t) & 3e^{-t}\sin(2t) \end{pmatrix}$

9. $\Omega(t) = e^{3t}\begin{pmatrix} 1 & t \\ 0 & 1/2 \end{pmatrix}$

10. $\Omega(t) = e^{4t}\begin{pmatrix} -2\cos(\sqrt{29}t) + \sqrt{29}\sin(\sqrt{29}t) & -\sqrt{29}\cos(\sqrt{29}t) - 2\sin(\sqrt{29}t) \\ 3\cos(\sqrt{29}t) & 3\sin(\sqrt{29}t) \end{pmatrix}$

11. $\Omega(t) = \begin{pmatrix} 2 & 3e^{3t} & e^t & 0 \\ 0 & 2e^{3t} & 0 & -2e^t \\ 1 & 2e^{3t} & 0 & -2e^t \\ 0 & 0 & 0 & e^t \end{pmatrix}$

8.3　指數矩陣解

1. $e^{\mathbf{A}t} = \begin{pmatrix} \cos(2t) - \frac{1}{2}\sin(2t) & \frac{1}{2}\sin(2t) \\ -\frac{5}{2}\sin(2t) & \cos(2t) + \frac{1}{2}\sin(2t) \end{pmatrix}$

2. $e^{\mathbf{A}t} = e^{3t}\begin{pmatrix} \cos(2t) + \sin(2t) & -\sin(2t) \\ 2\sin(2t) & \cos(2t) - \sin(2t) \end{pmatrix}$

3. $e^{\mathbf{A}t} = e^{t}\begin{pmatrix} \cos(2t) & 2\sin(2t) \\ -\frac{1}{2}\sin(2t) & \cos(2t) \end{pmatrix}$

4. $e^{\mathbf{A}t} = e^{-t/2}\begin{pmatrix} \cos(at) + \frac{1}{\sqrt{3}}\sin(at) & -\frac{2}{\sqrt{3}}\sin(at) \\ \frac{2}{\sqrt{3}}\sin(at) & \cos(at) - \frac{1}{\sqrt{3}}\sin(at) \end{pmatrix}$, $a = 3\sqrt{3}/2$。

CHAPTER 9　向量的微分

9.1　單變數的向量函數

1. $(f(t)\mathbf{F}(t))' = -12\sin(3t)\mathbf{i} + 12t[2\cos(3t) - 3t\sin(3t)]\mathbf{j} + 8[\cos(3t) - 3t\sin(3t)]\mathbf{k}$
2. $(\mathbf{F} \times \mathbf{G})' = (1 - 4\sin(t))\mathbf{i} - 2t\mathbf{j} - (\cos(t) - t\sin(t))\mathbf{k}$
3. $(f(t)\mathbf{F}(t))' = (1 - 8t^3)i + (6t^2\cosh(t) - (1 - 2t^3)\sinh(t))\mathbf{j} + (-6t^2 e^t + e^t(1 - 2t^3))\mathbf{k}$
4. $te^t(2 + t)(\mathbf{j} - \mathbf{k})$
5. (a) $\mathbf{F}(t) = \sin(t)\mathbf{i} + \cos(t)\mathbf{j} + 45t\mathbf{k}$, $0 \leq t \leq 2\pi$, $\mathbf{F}'(t) = \cos(t)\mathbf{i} - \sin(t)\mathbf{j} + 45\mathbf{k}$
   (b) $s(t) = \sqrt{2026}\,t$
   (c) $\mathbf{G}(s) = \mathbf{F}(t(s)) = \dfrac{1}{\sqrt{2026}}\left[\sin(s/\sqrt{2026})\mathbf{i} + \cos(s/\sqrt{2026}) + (45s/\sqrt{2026})\mathbf{k}\right]$
   $\mathbf{G}'(s) = \dfrac{1}{\sqrt{2026}}\left[\cos\left(\dfrac{s}{\sqrt{2026}}\right)\mathbf{i} - \sin\left(\dfrac{s}{\sqrt{2026}}\right)\mathbf{j} + \dfrac{45}{\sqrt{2026}}\mathbf{k}\right]$
6. (a) $\mathbf{F}(t) = t^2(2\mathbf{i} + 3\mathbf{j} + 4\mathbf{k})$, $1 \leq t \leq 3$, $\mathbf{F}'(t) = 2t(2\mathbf{i} + 3\mathbf{j} + 4\mathbf{k})$
   (b) $s(t) = \sqrt{29}(t^2 - 1)$
   (c) $\mathbf{G}(s) = \mathbf{F}(t(s)) = \left(1 + \dfrac{s}{\sqrt{29}}\right)(2\mathbf{i} + 3\mathbf{j} + 4\mathbf{k})$
   $\mathbf{G}'(s) = \dfrac{1}{\sqrt{29}}(2\mathbf{i} + 3\mathbf{j} + 4\mathbf{k})$

9.2　速度、加速度與曲率

1. $\mathbf{v}(t) = 3\mathbf{i} + 2t\mathbf{k}$, $v(t) = \sqrt{9 + 4t^2}$, $\mathbf{a}(t) = 2\mathbf{k}$,
   $a_T = \dfrac{4t}{\sqrt{9 + 4t^2}}, \kappa = \dfrac{6}{(9 + 4t^2)^{3/2}}, a_N = \dfrac{6}{(9 + 4t^2)^{1/2}}$

2. $\mathbf{v}(t) = 2\mathbf{i} - 2\mathbf{j} + \mathbf{k}$, $v(t) = 3$, $\mathbf{a}(t) = \mathbf{O}$
   $\kappa = 0, a_T = a_N = 0$

3. $\mathbf{v}(t) = -3e^{-t}(\mathbf{i} + \mathbf{j} - 2\mathbf{k}), v(t) = 3\sqrt{6}e^{-t}, \mathbf{a}(t) = 3e^{-t}(\mathbf{i} + \mathbf{j} - 2\mathbf{k})$
   $\kappa = 0, a_T = -3\sqrt{6}e^{-t}, a_N = 0$

4. $\mathbf{v}(t) = 2\cosh(t)\mathbf{j} - 2\sinh(t)\mathbf{k}, v(t) = 2\sqrt{\cosh(2t)}, \mathbf{a}(t) = 2\sinh(t)\mathbf{j} - 2\cosh(t)\mathbf{k}$
   $\kappa = \dfrac{1}{2(\cosh(2t))^{3/2}}, a_T = 2\sinh(2t)/\sqrt{\cosh(2t)}, a_N = 2/\sqrt{\cosh(2t)}$

5. $\mathbf{v}(t) = 2t(\alpha\mathbf{i} + \beta\mathbf{j} + \gamma\mathbf{k}), v(t) = 2|t|\sqrt{\alpha^2 + \beta^2 + \gamma^2}, a_N = 0, \kappa = 0, a_T = 2\sigma\sqrt{\alpha^2 + \beta^2 + \gamma^2}$，
   其中 σ 等於 1 若 $t \geq 0$，且 σ 等於 -1 若 $t < 0$

9.3 梯度場

1. $\nabla\varphi = yz\mathbf{i} + xz\mathbf{j} + xy\mathbf{k}, \nabla\varphi(1, 1, 1) = \mathbf{i} + \mathbf{j} + \mathbf{k}, \sqrt{3}, -\sqrt{3}$

2. $\nabla\varphi = (2y + e^z)\mathbf{i} + 2x\mathbf{j} + xe^z\mathbf{k}, \nabla\varphi(-2, 1, 6) = (2 + e^6)\mathbf{i} - 4\mathbf{j} - 2e^6\mathbf{k}$,
   $\sqrt{20 + 4e^6 + 5e^{12}}, -\sqrt{20 + 4e^6 + 5e^{12}}$

3. $\nabla\varphi = 2y\sinh(2xy)\mathbf{i} + 2x\sinh(2xy)\mathbf{j} - \cosh(z)\mathbf{k}, \nabla\varphi(0, 1, 1) = -\cosh(1)\mathbf{k}$,
   $\cosh(1), -\cosh(1)$

4. $(1/\sqrt{3})(8y^2 - z + 16xy - x)$

5. $\dfrac{1}{\sqrt{5}}(2x^2z^3 + 3x^2yz^2)$

6. 切平面：$x + y + \sqrt{2}z = 4$
   法線：$x = y = 1 + 2t, z = \sqrt{2}(1 + 2t)$

7. 切平面：$x = y$
   法線：$x = 1 + 2t, y = 1 - 2t, z = 0$

8. 切平面：$x = 1$
   法線：$x = 1 + 2t, y = \pi, z = 1$

9. 等值面為平面 $x + z = k$

9.4 散度與旋度

習題 1 到 3，先給予 $\nabla \cdot \mathbf{F}$，然後 $\nabla \times \mathbf{F}$。

1. $4, \mathbf{O}$
2. $2y + xe^y + 2, (e^y - 2x)\mathbf{k}$
3. $\cosh(x) + xz\sinh(xyz) - 1, (-1 - xy\sinh(xyz))\mathbf{i} - \mathbf{j} + yz\sinh(xyz)\mathbf{k}$

習題 4 和 5，$\nabla\varphi$ 為已知。

4. $\mathbf{i} - \mathbf{j} + 4z\mathbf{k}$
5. $-6x^2yz^2\mathbf{i} - 2x^3z^2\mathbf{j} - 4x^3yz\mathbf{k}$

6. $(\cos(x+y+z) - x\sin(x+y+z))\mathbf{i} - x\sin(x+y+z)(\mathbf{j}+\mathbf{k})$
7. $\nabla \cdot (\varphi \mathbf{F}) = \nabla\varphi \cdot \mathbf{F} + \varphi(\nabla \cdot \mathbf{F})$
   $\nabla \times (\varphi \mathbf{F}) = \nabla\varphi \times \mathbf{F} + \varphi(\nabla \times \mathbf{F})$

9.5 向量場的流線

1. $x=x, y=1/(x+c), z=e^{x+k}; x=x, y=1/(x-1), z=e^{x-2}$
2. $x=x, y=e^x(x-1)+c, z=\dfrac{1}{2}(k-x^2); x=x, y=e^x(x-1)-e^2, z=\dfrac{1}{2}(12-x^2)$
3. $x=c, y=y, 2e^z=k-\sin(y); x=3, y=y, z=\ln\left(1+\dfrac{\sqrt{2}}{4}-\dfrac{1}{2}\sin(y)\right)$
4. 有很多這樣的向量場。這些流線之一是關於平面 $z=0$ 中原點的圓
$$\mathbf{F}(x,y,z) = -\dfrac{1}{x}\mathbf{i} + \dfrac{1}{y}\mathbf{j}$$

CHAPTER 10　向量的積分

10.1　線積分

1. 0
2. $26\sqrt{2}/3$
3. $-422/5$
4. $\sin(3) - 81/2$
5. 0
6. $-27/2$

10.2　格林定理

1. -8
2. -12
3. -40
4. 512π
5. 0
6. $95/4$
8. 由格林定理
$$\oint_C -\dfrac{\partial u}{\partial y}dx + \dfrac{\partial u}{\partial x}dy = \iint_D \left[\dfrac{\partial}{\partial x}\left(\dfrac{\partial u}{\partial x}\right) - \dfrac{\partial}{\partial y}\left(-\dfrac{\partial u}{\partial y}\right)\right]dA$$

10. 如果 C 不圍繞原點，則為 0；如果 C 圍繞 $(0,0)$，則為 2π
11. 不論 C 是否圍繞原點皆為 0
12. 0

10.3　與路徑無關以及位勢理論

1. 保守，$\varphi(x,y) = xy^3 - 4y$
2. 保守，$\varphi(x,y) = 8x^2 + 2y - y^3/3$
3. 保守，$\varphi(x,y) = \ln(x^2+y^2)$
4. $\varphi(x,y,z) = x - 2y + z$

5. 向量場非保守
6. -27
7. $5 + \ln(3/2)$
8. -5
9. -403
10. $2e^{-2}$
11. 寫出

$$E(t) = 總能 = \frac{m}{2}\mathbf{R}'(t) \cdot \mathbf{R}'(t) - \varphi(x(t), y(t), z(t))$$

利用 $m\mathbf{R}'' = \nabla \varphi$ 之事實（由牛頓運動定律之一）證明 $E'(t) = 0$。

10.4 面積分

1. $125\sqrt{2}$
2. $\pi(29^{3/2} - 27)/6$
3. $28\pi\sqrt{2}/3$
4. $(9/8)(\ln(4 + \sqrt{17}) + 4\sqrt{17})$
5. $-10\sqrt{3}$

10.5 面積分的應用

1. $49/12$, $(12/35, 33/35, 24/35)$
2. $9\pi K\sqrt{2}$, $(0, 0, 2)$
3. 78π, $(0, 0, 27/13)$
4. $128/3$

10.6 高斯散度定理

1. $256\pi/3$
2. 0
3. $8\pi/3$
4. 2π
5. 0 因 $\nabla \cdot (\nabla \times \mathbf{F}) = 0$

10.7 史托克定理

1. 邊界是平面 $y = 0$ 中的圓 $x^2 + z^2 = R^2$。
2. 0
3. 0
4. π

CHAPTER 11　史特姆－李歐維里問題與特徵函數展開

11.1 特徵值、特徵函數與史特姆－李歐維里問題

1. 在 $[0, L]$ 問題為正則，且特徵值為 $((2n - 1\pi/2L)^2$，其中 $n = 1, 2, \cdots$。函數 $\sin((2n - 1)\pi x/2L)$ 為特徵函數。
2. 在 $[0, 4]$ 為正則，$((2n - 1)\pi/8)^2$，$\cos((2n - 1)\pi x/8)$
3. 在 $[-3\pi, 3\pi]$ 有週期性，$n^2/9$，其中 $n = 0, 1, 2, \cdots$，$a_n \cos(nx/3) + b_n \sin(nx/3)$，$a_n$ 與 b_n 不全為 0。

4. 在 [0, 1] 為正則，特徵值為 $\tan(\sqrt{\lambda}) = 1/2\sqrt{\lambda}$ 的正解，若 λ 為特徵值，特徵函數為 $2\sqrt{\lambda}\cos(\sqrt{\lambda}x) + \sin(\sqrt{\lambda}x)$。

5. 在 $[0, \pi]$ 為正則，$1 + n^2$ 與 $e^{-x}\sin(nx)$，其中 $n = 1, 2, \cdots$

11.2 特徵函數展開

1. 特徵值為 $(n\pi x/2)$ 且特徵函數展開為

$$\sum_{n=1}^{\infty} \frac{2}{n\pi}(1 + (-1)^n)\sin(n\pi x/2)$$

當 $0 < x < 2$ 級數收斂至 $1 - x$。

3. 展開式為

$$\sum_{n=1}^{\infty} \frac{4}{(2n-1)\pi}\left(\sqrt{2}(\cos(n\pi/2) - \sin(n\pi/2)) - (-1)^n\right)\cos\left(\frac{(2n-1)\pi x}{8}\right)$$

當 $0 < x < 2$ 級數收斂至 -1，當 $2 < x < 4$ 級數收斂至 1，當 $x = 2$ 級數收斂至 0。

5. 當 $-3\pi < x < 3\pi$,

$$x^2 = 3\pi^2 + 36\sum_{n=1}^{\infty} \frac{(-1)^n}{n^2}\cos(nx/3)$$

11.3 傅立葉級數

1. 4；在 $[-3, 3]$ 級數（由一項構成）收斂至 4。

2. $\dfrac{1}{\pi}\sinh(\pi) + \dfrac{2}{\pi}\sinh(\pi)\sum_{n=1}^{\infty}\dfrac{(-1)^n}{n^2+1}\cos(n\pi x)$

當 $-1 \leq x \leq 1$ 收斂至 $\cos(\pi x)$。

3. $\dfrac{16}{\pi}\sum_{n=1}^{\infty}\dfrac{1}{2n-1}\sin((2n-1)x)$

當 $-\pi < x < 0$ 收斂至 -4，當 $0 < x < \pi$ 收斂至 4，當 $x = 0, -\pi, \pi$ 收斂至 0。

4. $\dfrac{13}{3} + \sum_{n=1}^{\infty}(-1)^n\left[\dfrac{16}{n^2\pi^2}\cos\left(\dfrac{n\pi x}{2}\right) + \dfrac{4}{n\pi}\sin\left(\dfrac{n\pi x}{2}\right)\right]$

當 $-2 < x < 2$ 收斂至 $f(x)$，在 $x = \pm 2$ 收斂至 7。

5. $\dfrac{3}{2} + \dfrac{1}{\pi}\sum_{n=1}^{\infty}\dfrac{1-(-1)^n}{n}\sin(nx)$

當 $-\pi < x < 0$ 收斂至 1，當 $0 < x < \pi$ 收斂至 2，在 $x = 0, -\pi, \pi$ 收斂至 $3/2$。

6. $\dfrac{1}{3}\sin(3) + 6\sin(3)\sum_{n=1}^{\infty}\dfrac{(-1)^{n+1}}{n^2\pi^2-9}\cos\left(\dfrac{n\pi x}{3}\right)$

在 $[-3, 3]$ 收斂至 $\cos(x)$。

7. 級數收斂至

$$\begin{cases} 2x, & -3 < x < -2 \\ 0, & -2 < x < 1 \\ x^2, & 1 < x < 3 \\ -2, & x = -2 \\ 1/2, & x = 1 \\ 3/2, & x = -3 \text{ 或 } x = 3 \end{cases}$$

8. 級數收斂至

$$\begin{cases} -2, & -4 < x < -2 \\ 1 + x^2, & -2 < x < 2 \\ 0, & 2 < x < 4 \\ -1, & x = -4 \text{ 或 } x = 4 \\ 3/2, & x = -2 \\ 5/2, & x = 2 \end{cases}$$

13. 餘弦級數為

$$-\frac{4}{\pi} \sum_{n=1}^{\infty} \frac{(-1)^n}{2n-1} \cos((2n-1)\pi x/2)$$

級數收斂至

$$\begin{cases} 1, & 0 \le x < 1 \\ -1, & 1 < x \le 2 \\ 0, & x = 1 \end{cases}$$

正弦級數為

$$\frac{2}{\pi} \sum_{n=1}^{\infty} \frac{1}{n}(1 + (-1)^n - 2\cos(n\pi/2))\sin(n\pi x/2)$$

級數收斂至

$$\begin{cases} 1, & 0 < x < 1 \\ 0, & x = 0, 1, 2 \\ -1, & 1 < x < 2 \end{cases}$$

14. 餘弦級數為

$$1 - \frac{8}{\pi^2} \sum_{n=1}^{\infty} \frac{1}{(2n-1)^2} \cos((2n-1)\pi x)$$

當 $0 \leq x \leq 1$ 收斂至 $2x$。

正弦級數為

$$-\frac{4}{\pi} \sum_{n=1}^{\infty} \frac{(-1)^n}{n} \sin(n\pi x)$$

當 $0 < x < 1$ 收斂至 $2x$，當 $x = 0$ 且當 $x = 1$ 收斂至 0。

15. 餘弦級數為

$$1 - \frac{1}{e} + 2 \sum_{n=1}^{\infty} \frac{1 - (-1)^n e^{-1}}{1 + n^2 \pi^2} \cos(n\pi x)$$

當 $0 \leq x \leq 1$ 收斂至 e^{-x}。

正弦級數為

$$2\pi \sum_{n=1}^{\infty} \frac{n}{1 + n^2 \pi^2} (1 - (-1)^n e^{-1}) \sin(n\pi x)$$

當 $0 < x < 1$ 收斂至 e^{-x}，當 $x = 0$ 且當 $x = 1$ 收斂至 0。

16. 餘弦級數為

$$-\frac{1}{5} + \frac{4}{\pi} \sum_{n=1}^{\infty} \frac{1}{n} \cos(n\pi/5) \sin(2n\pi/5) \cos(n\pi x/5)$$

級數收斂至

$$\begin{cases} 1, & 0 \leq x < 1 \\ 1/2, & x = 1 \\ 0, & 1 < x < 3 \\ -1/2, & x = 3 \\ -1, & 3 < x < 5 \end{cases}$$

正弦級數為

$$\frac{4}{\pi} \sum_{n=1}^{\infty} \frac{1}{2n} (1 + (-1)^n - 2\cos(n\pi/5)\cos(2n\pi/5)) \sin(n\pi x/5)$$

級數收斂至

$$\begin{cases} 1, & 0 < x < 1 \\ 1/2, & x = 1 \\ 0, & 1 < x < 3 \text{ 且 } x = 0 \text{ 且 } x = 5 \\ -1/2, & x = 3 \\ -1, & 3 < x < 5 \end{cases}$$

17. 餘弦級數為

$$-1 - \frac{24}{\pi^2} \sum_{n=1}^{\infty} \frac{1}{n^2} \left[2(-1)^n + \frac{4}{n^2}(1 - (-1)^n) \right] \cos(n\pi x/2)$$

當 $0 \leq x \leq 2$ 收斂至 $1 - x^2$。

正弦級數為

$$\frac{2}{\pi} \sum_{n=1}^{\infty} \frac{1}{n} \left[1 + 7(-1)^n - \frac{48}{n^2\pi^2}(-1)^n \right] \sin(n\pi x/2)$$

當 $0 < x < 2$ 收斂至 $1 - x^2$，當 $x = 0$ 且當 $x = 2$ 收斂至 0。

CHAPTER 12　傅立葉級數

12.1　在 $[-L, L]$ 的傅立葉級數

1. 4；在 $[-3, 3]$ 級數（由一項構成）收斂至 4。

2. $\dfrac{1}{\pi} \sinh(\pi) + \dfrac{2}{\pi} \sinh(\pi) \sum_{n=1}^{\infty} \dfrac{(-1)^n}{n^2 + 1} \cos(n\pi x)$

當 $-1 \leq x \leq 1$ 收斂至 $\cos(\pi x)$。

3. $\dfrac{16}{\pi} \sum_{n=1}^{\infty} \dfrac{1}{2n - 1} \sin((2n - 1)x)$

當 $-\pi < x < 0$ 收斂至 -4，當 $0 < x < \pi$ 收斂至 4，當 $x = 0, -\pi, \pi$ 收斂至 0。

4. $\dfrac{13}{3} + \sum_{n=1}^{\infty} (-1)^n \left[\dfrac{16}{n^2\pi^2} \cos\left(\dfrac{n\pi x}{2}\right) + \dfrac{4}{n\pi} \sin\left(\dfrac{n\pi x}{2}\right) \right]$

當 $-2 < x < 2$ 收斂至 $f(x)$，在 $x = \pm 2$ 收斂至 7。

5. $\dfrac{3}{2} + \dfrac{1}{\pi} \sum_{n=1}^{\infty} \dfrac{1 - (-1)^n}{n} \sin(nx)$

當 $-\pi < x < 0$ 收斂至 1，當 $0 < x < \pi$ 收斂至 2，在 $x = 0, -\pi, \pi$ 收斂至 $3/2$。

6. $\dfrac{1}{3} \sin(3) + 6 \sin(3) \sum_{n=1}^{\infty} \dfrac{(-1)^{n+1}}{n^2\pi^2 - 9} \cos\left(\dfrac{n\pi x}{3}\right)$

在 $[-3, 3]$ 收斂至 $\cos(x)$。

7. 級數收斂至

$$\begin{cases} 3/2, & x = \pm 3 \\ 2x, & -3 < x < -2 \\ -2, & x = -2 \\ 0, & -2 < x < 1 \\ 1/2, & x = 1 \\ x^2, & 1 < x < 3 \end{cases}$$

8. 級數收斂至

$$\begin{cases} \frac{1}{2}(2 + \pi^2), & x = \pm \pi \\ x^2, & -\pi < x < 0 \\ 1, & x = 0 \\ 2, & 0 < x < \pi \end{cases}$$

9. 級數收斂至

$$\begin{cases} -1, & -4 < x < 0 \\ 0, & x = \pm 4 \text{ 或 } x = 0 \\ 1, & 0 < x < 4 \end{cases}$$

10. 級數收斂至

$$\begin{cases} -1, & x = -4 \text{ 或 } x = 4 \\ 3/2, & x = -2 \\ 5/2, & x = 2 \\ -2, & -4 < x < -2 \\ 1 + x^2, & -2 < x < 2 \\ 0, & 2 < x < 4 \end{cases}$$

12.2 正弦和餘弦級數

1. 當 $0 \leq x \leq 3$，餘弦級數為 4，函數本身。正弦級數為

$$\frac{16}{\pi} \sum_{n=1}^{\infty} \frac{1}{2n-1} \sin\left(\frac{(2n-1)\pi x}{3}\right)$$

若 $x = 0$ 或 $x = 3$，則級數收斂於 0 且若 $0 < x < 3$，則收斂於 4。

2. 餘弦級數為

$$\frac{1}{2}\cos(x) + \sum_{n=1,n\neq 2}^{\infty} \frac{2n\sin(n\pi/2)}{\pi(n^2-4)} \cos\left(\frac{nx}{2}\right)$$

當 $0 \le x < \pi$ 收斂至 0，在 $x = 2\pi$，收斂至 1，當 $\pi < x < 2$ 收斂至 $\cos(x)$，在 $x = \pi$，收斂至 $-1/2$。正弦級數為

$$-\frac{2}{3\pi}\sin(x/2) + \sum_{n=3}^{\infty} \frac{-2n}{\pi(n^2-4)}(\cos(n\pi/2) + (-1)^n)\sin(nx/2)$$

當 $0 \le x < \pi$ 且當 $x = 2\pi$ 收斂至 0，當 $x = \pi$ 收斂至 $-1/2$，當 $\pi < x < 2\pi$，收斂至 $\cos(x)$。

3. 餘弦級數為

$$\frac{4}{3} + \frac{16}{\pi^2}\sum_{n=1}^{\infty} \frac{(-1)^n}{n^2}\cos(n\pi x/2)$$

當 $0 \le x \le 2$ 收斂至 x^2。正弦級數為

$$-\frac{8}{\pi}\sum_{n=1}^{\infty}\left[\frac{(-1)^n}{n} + \frac{2(1-(-1)^n)}{n^3\pi^2}\right]\sin(n\pi x/2)$$

若 $0 < x < 2$ 收斂至 x^2，當 $x = 0$ 且當 $x = 2$ 收斂至 0。

4. 餘弦級數為

$$\frac{1}{2} + \sum_{n=1}^{\infty}\left[\frac{4}{n\pi}\sin(2n\pi/3) + \frac{12}{n^2\pi^2}\cos(2n\pi/3) - \frac{6}{n^2\pi^2}(1+(-1)^n)\right]\cos(n\pi x/3)$$

若 $0 \le x < 2$ 收斂至 x，若 $x = 2$ 收斂至 1，若 $2 < x \le 3$ 收斂至 $2 - x$。正弦級數為

$$\sum_{n=1}^{\infty}\left[\frac{12}{n^2\pi^2}\sin(2n\pi/3) - \frac{4}{n\pi}\cos(2n\pi/3) + \frac{12}{n\pi}(-1)^n\right]\sin(n\pi x/3)$$

若 $0 \le x < 2$ 收斂至 x，若 $x = 2$ 收斂至 1，若 $2 < x < 3$ 收斂至 $2 - x$，若 $x = 3$ 收斂至 0。

5. 餘弦級數為

$$\frac{5}{6} + \frac{16}{\pi^2}\sum_{n=1}^{\infty}\left[\frac{1}{n^2}\cos\left(\frac{n\pi}{4}\right) - \frac{4}{n^3\pi}\sin\left(\frac{n\pi}{4}\right)\right]\cos\left(\frac{n\pi x}{4}\right)$$

當 $0 \le x \le 1$ 收斂至 x^2，且當 $1 < x \le 4$ 收斂至 1。正弦級數為

$$\sum_{n=1}^{\infty}\left[\frac{16}{n^2\pi^2}\sin\left(\frac{n\pi}{4}\right) + \frac{64}{n^3\pi^3}\left[\cos\left(\frac{n\pi}{4}\right) - 1\right] - \frac{2(-1)^n}{n\pi}\right]\sin\left(\frac{n\pi x}{4}\right)$$

當 $0 \le x \le 1$ 收斂至 x^2，當 $1 < x < 4$ 收斂至 1，當 $x = 4$ 收斂至 0。

6. 級數收斂至 $1/2 - \pi/4$。

8. 若 f 為偶函數且為奇函數，則 $f(x) = f(-x) = -f(x)$，故 $f(x) = 0$。

12.3 傅立葉級數的積分與微分

1. f 在 $[-\pi, \pi]$ 之傅立葉級數為

$$\frac{\pi}{4} + \sum_{n=1}^{\infty} \left[\frac{-1 + (-1)^n}{\pi n^2} \cos(nx) + \frac{(-1)^{n+1}}{n} \sin(nx) \right]$$

此級數在 $(-\pi, \pi)$ 收斂於 $f(x)$。將此級數逐項積分可得

$$\int_{-\pi}^{x} f(t)\, dt =$$

$$= \frac{\pi}{4}(x + \pi) + \sum_{n=1}^{\infty} \left[\frac{-1 + (-1)^n}{\pi n^3} \sin(nx) + \frac{(-1)^n}{n} (\cos(nx) - (-1)^n) \right]$$

其中 $-\pi < x < \pi$。現在明確計算 $\int_{\pi}^{x} f(t)\, dt$ 並在 $[-\pi, \pi]$ 上，將計算所得的函數以傅立葉級數展開，而與 $f(x)$ 的傅立葉級數逐項積分所得的結果進行比較。

3. 當 $-\pi \leq x < \pi$

$$x \sin(x) = 1 - \frac{1}{2} \cos(x) + 2 \sum_{n=2}^{\infty} \frac{(-1)^{n+1}}{n^2 - 1} \cos(nx)$$

在 $[-\pi, \pi]$ f 為連續以及 f 有連續的第一和第二導數，且 $f(-\pi) = f(\pi)$，故我們可將級數逐項微分得到

$$x \cos(x) + \sin(x) = \frac{1}{2} \sin(x) + 2 \sum_{n=2}^{\infty} \frac{n(-1)^n}{n^2 - 1} \sin(nx)$$

其中 $-\pi < x < \pi$。

12.5 複數傅立葉級數

1. $3 + \dfrac{3i}{\pi} \displaystyle\sum_{n=-\infty, n\neq 0}^{\infty} \dfrac{1}{n} e^{2n\pi i x/3}$

該級數在 $x = 0$ 和 $x = 3$ 時收斂至 3，在 $0 < x < 3$ 時收斂到 $2x$。頻譜點為

$$(0, 3), \left(\frac{2n\pi}{3}, \frac{3}{n\pi} \right)$$

2. $\dfrac{3}{4} - \dfrac{1}{2\pi} \displaystyle\sum_{n=-\infty, n\neq 0}^{\infty} \dfrac{1}{n} \left(\sin(n\pi/2) + (\cos(n\pi/2) - 1)i\right) e^{n\pi ix/2}$

若 $x = 0$、1 或 4，則該級數收斂至 $1/2$，若 $0 < x < 1$ 收斂至 0，如果 $1 < x < 4$ 收斂至 1。頻譜點為

$$\left(0, \dfrac{3}{4}\right), \left(\dfrac{n\pi}{2}, \dfrac{1}{2n\pi}\sqrt{\sin^2(n\pi/2) + (\cos(n\pi/2) - 1)^2}\right)$$

3. $\dfrac{1}{2} + \dfrac{3i}{\pi} \displaystyle\sum_{n=-\infty, n\neq 0}^{\infty} e^{(2n-1)\pi ix/2}$

若 $x = 0$、2 或 4，則該級數收斂至 $1/2$，如果 $0 < x < 2$ 收斂至 -1，如果 $2 < x < 4$ 收斂至 2。頻譜點為

$$\left(0, \dfrac{1}{2}\right), \left(\dfrac{n\pi}{2}, \dfrac{3}{(2n-1)\pi}\right)$$

4. $\dfrac{1}{2} - \dfrac{2}{\pi^2} \displaystyle\sum_{n=-\infty, n\neq 0}^{\infty} \dfrac{1}{(2n-1)^2} e^{(2n-1)\pi ix}$

當 $0 \leq x \leq 2$ 時，該級數收斂於 $f(x)$。頻譜點為

$$\left(0, \dfrac{1}{2}\right), \left(n\pi, \dfrac{2}{\pi^2(2n-1)^2}\right)$$

CHAPTER 13　傅立葉變換

13.1　傅立葉變換

1. $2i[\cos(\omega) - 1]/\omega$

   振幅譜為

$$|\widehat{f}(\omega)| = \left|\dfrac{2}{\omega} \cos(\omega - 1)\right|$$

的圖形

2. $10e^{-7i\omega} \sin(4\omega)/\omega$

   振幅譜為

$$\left|\dfrac{10}{\omega} \sin(4\omega)\right|$$

的圖形

3. $\dfrac{4}{1+4i\omega}e^{-(1+4i\omega)k/4}$

振幅譜為
$$\left|\dfrac{4e^{-k/4}}{\sqrt{1+16\omega^2}}\right|$$
的圖形

4. $\pi e^{-|\omega|}$

振幅譜為
$$\pi e^{-|\omega|}$$
的圖形

5. $\dfrac{24}{16+\omega^2}e^{2i\omega}$

振幅譜為
$$\dfrac{24}{16+\omega^2}$$
的圖形

6. $18\sqrt{\dfrac{2}{\pi}}e^{-8x^2}e^{-4ix}$ 　　　　　7. $H(x+2)e^{-(10+(5-3i)x)}$

8. $H(x)[2e^{-3x}-e^{-2x}]$ 　　　　　10. $H(x)te^{-x}$

12. $\displaystyle\int_{-\infty}^{\infty}|f(x)|^2\,dx=\dfrac{1}{2\pi}\int_{-\infty}^{\infty}\widehat{f}(\omega)\overline{\widehat{f}(\omega)}\,d\omega=\dfrac{1}{2\pi}|\widehat{f}(\omega)|^2\,d\omega$

13.2 傅立葉餘弦和正弦變換

1. $\widehat{f}_C(\omega)=\dfrac{1}{1+\omega^2},\widehat{f}_S(\omega)=\dfrac{\omega}{1+\omega^2}$

3. 當 $\omega\neq\pm 1$
$$\hat{f}_C(\omega)=\dfrac{1}{2}\left[\dfrac{\sin(K(1-\omega))}{1-\omega}+\dfrac{\sin(K(1+\omega))}{1+\omega}\right]$$
$$\hat{f}_C(-1)=\hat{f}_C(1)=\dfrac{K}{2}+\dfrac{1}{2}\sin(2K)$$

當 $\omega\neq\pm 1$
$$\hat{f}_S(\omega)=\dfrac{\omega}{\omega^2-1}-\dfrac{1}{2}\left[\dfrac{\cos(K(1+\omega))}{1+\omega}+\dfrac{\cos(K(1-\omega))}{1-\omega}\right]$$
$$\hat{f}_S(1)=\dfrac{1}{4}(1-\cos(2K))=-\hat{f}_S(-1)$$

5. $f_C(\omega) = \dfrac{1}{2}\left[\dfrac{1}{1+(1+\omega)^2} + \dfrac{1}{1+(1-\omega)^2}\right]$

   $f_S(\omega) = \dfrac{1}{2}\left[\dfrac{1+\omega}{1+(1+\omega)^2} - \dfrac{1-\omega}{1+(1-\omega)^2}\right]$

CHAPTER 14　波動方程式

14.1　在有界區間的波動

1. $y(x,t) = \displaystyle\sum_{n=1}^{\infty}\left(\dfrac{16\sin(n\pi/2) - 8n\pi\cos(n\pi/2)}{n^3\pi^3}\right)\sin\left(\dfrac{n\pi x}{2}\right)\sin\left(\dfrac{n\pi t}{2}\right)$

2. $y(x,t) = \displaystyle\sum_{n=1}^{\infty}\dfrac{108}{(2n-1)^4\pi^4}\sin((2n-1)\pi x/3)\sin(2(2n-1)\pi t/3)$

3. $y(x,t) = \displaystyle\sum_{n=1}^{\infty}\dfrac{24(-1)^{n+1}}{(2n-1)^2\pi}\sin((2n-1)x/2)\cos((2n-1)\sqrt{2}t)$

4. $y(x,t) = \displaystyle\sum_{n=1}^{\infty}\dfrac{-32}{(2n-1)^3\pi^3}\sin((2n-1)\pi x/2)\cos(3(2n-1)\pi t/2)$

   $+ \displaystyle\sum_{n=1}^{\infty}\dfrac{4}{n^2\pi^2}[\cos(n\pi/4) - \cos(n\pi/2)]\sin(n\pi x/2)\sin(3n\pi t/2)$

5. 令 $Y(x,t) = y(x,t) + h(x)$ 且代入問題，選擇 $h(x) = (x^3 - 4x)/9$。對 Y 而言，問題為

$$\dfrac{\partial^2 Y}{\partial t^2} = 3\dfrac{\partial^2 Y}{\partial x^2}$$

$$Y(0,t) = Y(2,t) = 0,$$

$$Y(x,0) = \dfrac{1}{9}(x^3 - 4x), \dfrac{\partial Y}{\partial t}(x,0) = 0,$$

解為

$$Y(x,t) = \sum_{n=1}^{\infty}\dfrac{32(-1)^n}{3n^3\pi^3}\sin(n\pi x/2)\cos(n\pi\sqrt{3}t/2)$$

則

$$y(x,t) = Y(x,t) - \dfrac{1}{9}x(x^2 - 4)$$

6. 令 $Y(x,t) = y(x,t) + h(x)$ 且知 $h(x) = \cos(x) - 1$。對 Y 而言，問題為

$$\frac{\partial^2 Y}{\partial t^2} = \frac{\partial^2 Y}{\partial x^2}$$

$$Y(0,t) = Y(2\pi, t) = 0$$

$$Y(x,0) = 1 - \cos(x), \frac{\partial Y}{\partial t}(x,0) = x$$

則

$$Y(x,t) = \sum_{n=1}^{\infty} (a_n \cos(nt/2) + b_n \sin(nt/2)) \sin(nx/2)$$

其中

$$a_n = \frac{1}{\pi} \int_0^{2\pi} (1 - \cos(\xi)) \sin(n\xi/2) \, d\xi$$

$$= \frac{8(-1 + (-1)^n)}{n\pi (n^2 - 4)}$$

若 $n \neq 2$ 且 $a_2 = 0$，則

$$b_n = \frac{2}{n\pi} \int_0^{2\pi} \xi \sin(n\xi/2) \, d\xi = \frac{8(-1)^{n+1}}{n^2}$$

最後，

$$y(x,t) = Y(x,t) - 1 + \cos(x)$$

8. 令 $y(x,t) = Y(x,t) + \psi(x)$，其中

$$\psi(x) = -\frac{1}{7} e^{-x} + \frac{1}{14}(e^{-2} - 1)x + \frac{1}{7}$$

則

$$Y(x,t) = \sum_{n=1}^{\infty} (a_n \cos(n\pi \sqrt{7} t/2) + b_n \sin(n\pi \sqrt{7} t/2)) \sin(n\pi x/2)$$

其中

$$a_n = \frac{2}{7n\pi (4 + n^2 \pi^2)} (-4 + (-n^2 \pi^2 e^{-2} + e^{-1} n^2 \pi^2 + 4e^{-1})(-1)^n)$$

且

$$b_n = \frac{40(-1)^{n+1}}{n^2 \pi^2 \sqrt{7}}$$

14.2 在無界介質中的波動

1. $y(x,t) = \int_0^\infty \dfrac{10}{\pi(25+\omega^2)} \cos(\omega x) \cos(12\omega t)\, d\omega$

2. $y(x,t) = \int_0^\infty \dfrac{1}{2\pi\omega} \dfrac{\sin(\pi\omega)}{1-\omega^2} \sin(\omega x) \sin(4\omega t)\, d\omega$

3. $y(x,t) = \int_0^\infty \left[\left(\dfrac{e^{-2}}{3\pi\omega} \dfrac{2\cos(\omega) - \omega\sin(\omega)}{4+\omega^2}\right) \cos(\omega x)\right.$

$\left. + \left(\dfrac{e^{-2}}{3\pi\omega} \dfrac{\omega\cos(\omega) + 2\sin(\omega)}{4+\omega^2}\right) \sin(\omega x)\right] \sin(3\omega t)\, d\omega$

4. $y(x,t) = \int_0^\infty [a_\omega \cos(\omega x) + b_\omega \sin(\omega x)] \cos(7\omega t)\, d\omega$

$+ \int_0^\infty [A_\omega \cos(\omega x) + B_\omega \sin(\omega x)] \sin(7\omega t)\, d\omega$

其中

$$a_\omega = \dfrac{1}{\pi\omega}(\sin(\omega) - 2\sin(2\omega) + 3\sin(5\omega)), \quad b_\omega = \dfrac{1}{\pi\omega}(\cos(\omega) + 2\cos(2\omega) - 3\cos(5\omega))$$

$$A_\omega = \dfrac{1}{7\pi\omega(1+\omega^2)}\left((e-e^{-1})\cos(\omega) + \omega(e+e^{-1})\sin(\omega)\right)$$

且

$$B_\omega = -\dfrac{1}{7\pi\omega(1+\omega^2)}\left((e^{-1}-e)\omega\cos(\omega) + (e+e^{-1})\sin(\omega)\right)$$

5. $y(x,t) = \int_0^\infty b_\omega \cos(\omega x) \cos(\omega t/4)\, d\omega + \int_0^\infty A_\omega \cos(\omega x) \sin(\omega t/4)\, d\omega$

其中

$$b_\omega = \dfrac{1}{\pi\omega^2}(2\sin(2\omega) - 4\omega\cos(2\omega))$$

且

$$A_\omega = \dfrac{8}{\pi\omega^4}(9\omega^2 \sin(3\omega) - 2\sin(3\omega) + 6\omega\cos(3\omega))$$

6. $y(x,t) = \dfrac{4}{3\pi} \int_0^\infty \dfrac{\cos(4\omega) - \cos(11\omega)}{\omega^2} \sin(\omega x) \sin(3\omega t)\, d\omega$

7. $y(x,t) = -\dfrac{4}{\pi} \int_0^\infty \dfrac{\omega}{1+\omega^2} \sin(\omega x) \cos(6\omega t)\, d\omega$

8. 解為
$$y(x,t) = \int_0^\infty [a_\omega \cos(\sqrt{13}\omega t) + b_\omega \sin(\sqrt{13}\omega t)] \sin(\omega x)\, d\omega$$

其中
$$a_\omega = \frac{2}{\pi} \int_0^\infty f(\xi) \sin(\omega \xi)\, d\xi = \frac{2\sin(\omega)}{\pi^2 - \omega^2}$$

且
$$b_\omega = \frac{2}{\sqrt{13}\pi\omega} \int_0^\infty g(\xi) \sin(\omega x)\, d\omega = \frac{2}{\sqrt{13}\pi\omega^2}(1 - 2\cos(\omega) + \cos(4\omega))$$

14.3 d'Alembert 的解和特徵線

1. $y(x,t) = \frac{1}{2}[(x-t)^2 + (x+t)^2] + \frac{1}{2}\int_{x-t}^{x+t} -\xi\, d\xi = x^2 + t^2 - xt$

正向波與反向波分別為
$$F(x,t) = \frac{1}{2}(x-t)^2 - \frac{1}{2}\int_0^{x-t} -\xi\, d\xi$$

和
$$B(x,t) = \frac{1}{2}(x+t)^2 + \frac{1}{2}\int_0^{x+t} -\xi\, d\xi$$

2. $y(x,t) = \frac{1}{2}[\cos(\pi(x-7t)) + \cos(\pi(x+7t))] + t - x^2 t - \frac{49}{3}t^3$

$\qquad = \cos(\pi x)\cos(7\pi t) + t - x^2 t - \frac{49}{3}t^3$

$F(x,t) = \frac{1}{2}\cos(\pi(x-7t)) - \frac{1}{14}\int_0^{x-7t}(1-\xi^2)\, d\xi$

$B(x,t) = \frac{1}{2}(x+7t) + \frac{1}{14}\int_0^{x+7t}(1-\xi^2)\, d\xi$

3. $y(x,t) = \frac{1}{2}[e^{x-14t} + e^{x+14t}] + xt = e^x \cosh(14t) + xt$

$F(x,t) = \frac{1}{2}e^{x-14t} - \frac{1}{28}\int_0^{x-14t} \xi\, d\xi$

$B(x,t) = \frac{1}{2}e^{x+14t} + \frac{1}{14}\int_0^{x+14t} \xi\, d\xi$

4. $y(x,t) = \dfrac{1}{2}\left[e^{-3|x-\sqrt{3}t|} + e^{-3|x+\sqrt{3}t|}\right] + \dfrac{1}{\sqrt{3}}\left[\sin\left(\dfrac{x+\sqrt{3}t}{2}\right) - \sin\left(\dfrac{x-\sqrt{3}t}{2}\right)\right]$

$F(x,t) = \dfrac{1}{2}e^{-3|x-\sqrt{3}t|} - \dfrac{1}{2\sqrt{3}}\displaystyle\int_0^{x-\sqrt{3}t} \cos(\xi/2)\,d\xi$

$B(x,t) = \dfrac{1}{2}e^{-3|x+\sqrt{3}t|} + \dfrac{1}{2\sqrt{3}}\displaystyle\int_0^{x+\sqrt{3}t} \cos(\xi/2)\,d\xi$

對於問題 7 到 9，$c=1$ 和零初始速度的正向與反向波的總和為

$$F(x) = \dfrac{1}{2}(f(x+t) + f(x-t))$$

對於每個問題，此總和是在選定的時間繪製的。在所有的情況下，正向波與反向波分離，因為在閉區間之外每個波都為零。

7. 圖 0.1 到 0.4。

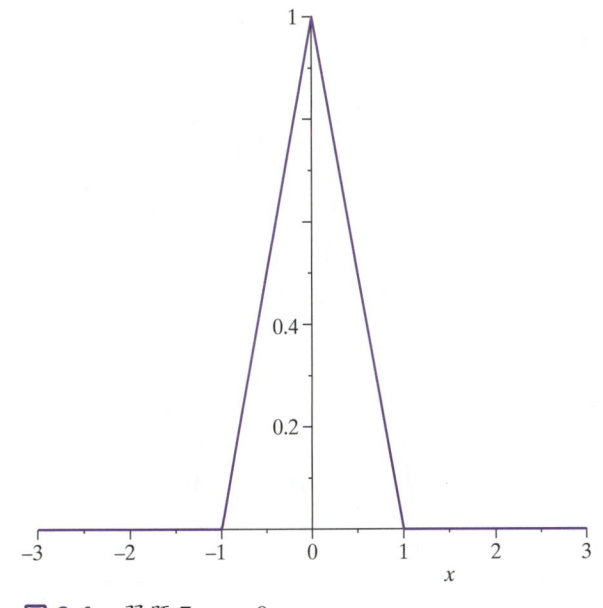

圖 0.1 習題 7，$t=0$

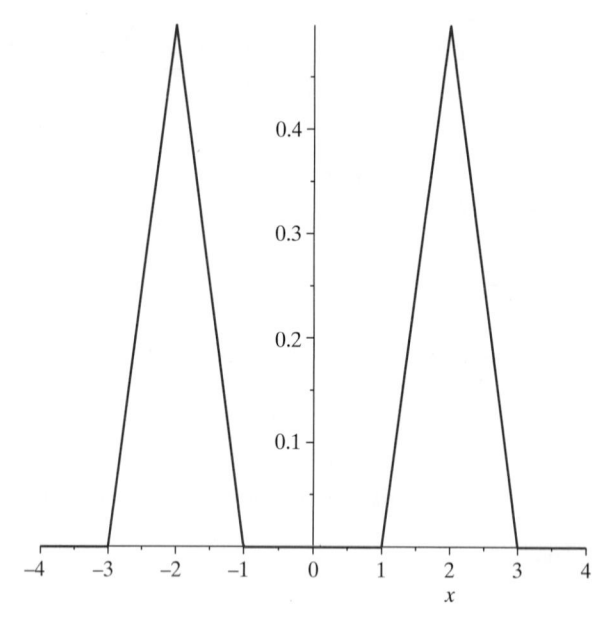

圖 0.2　習題 7，$t = 1/2$

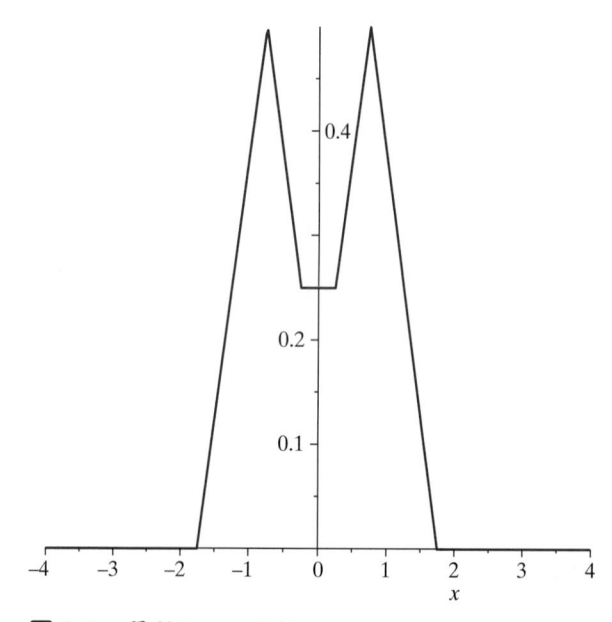

圖 0.3　習題 7，$t = 3/4$

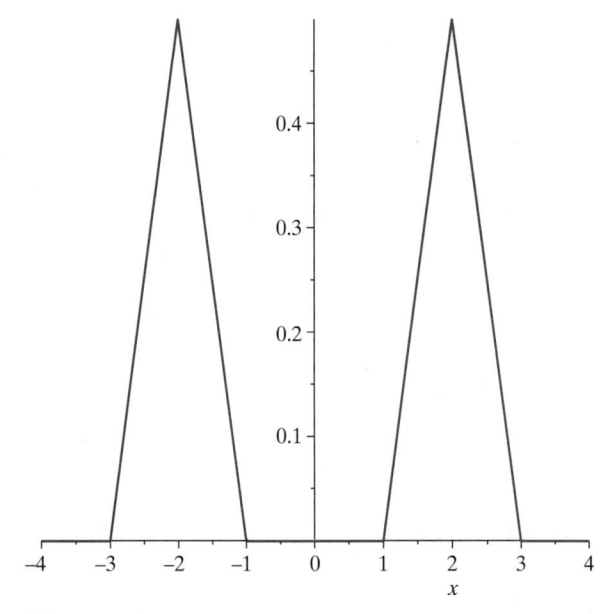

圖 **0.4** 習題 7，$t=2$

8. 圖 0.5 到 0.9。

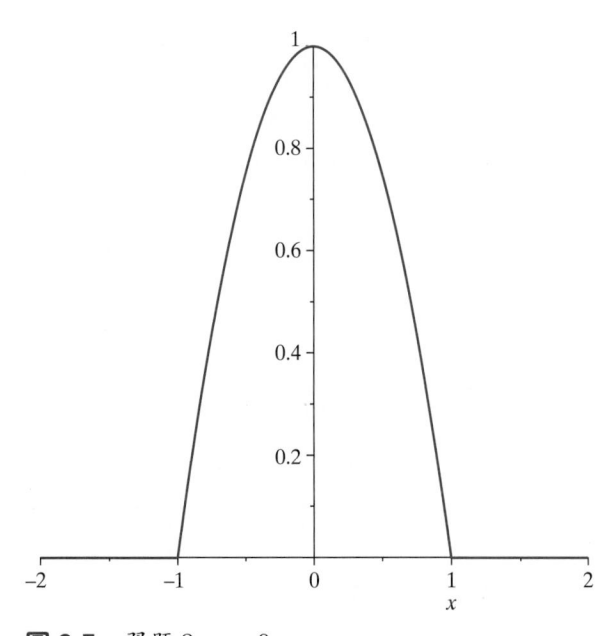

圖 **0.5** 習題 8，$t=0$

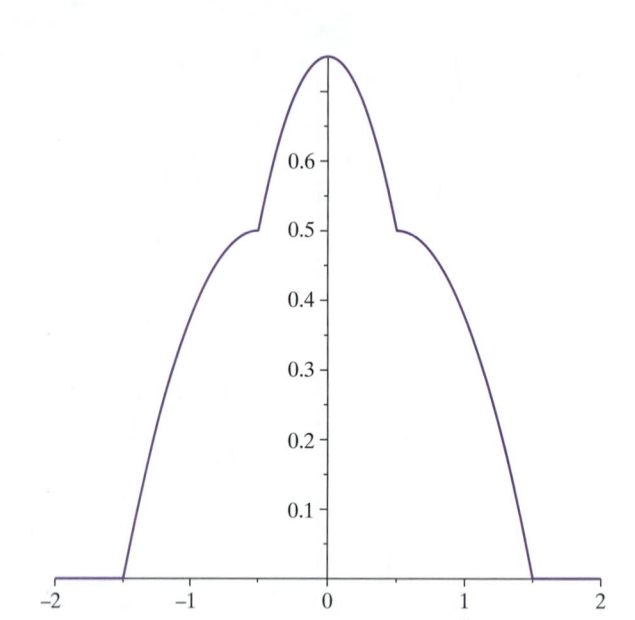

圖 0.6　習題 8，$t = 1/2$

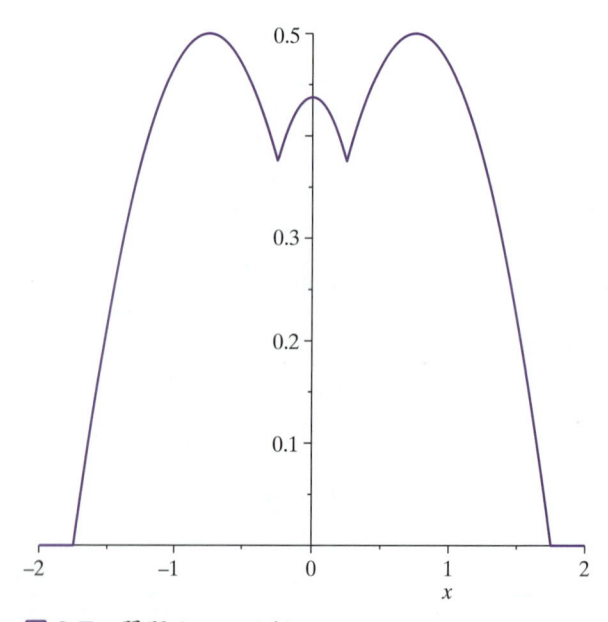

圖 0.7　習題 8，$t = 3/4$

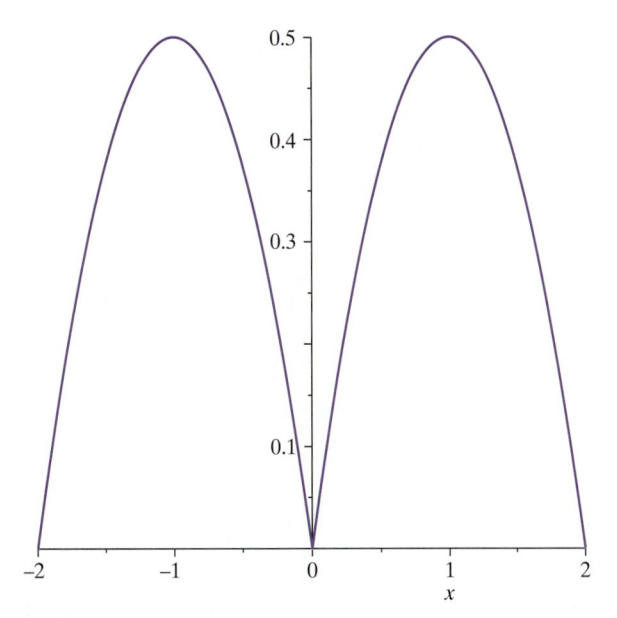

圖 0.8 習題 8，$t=1$

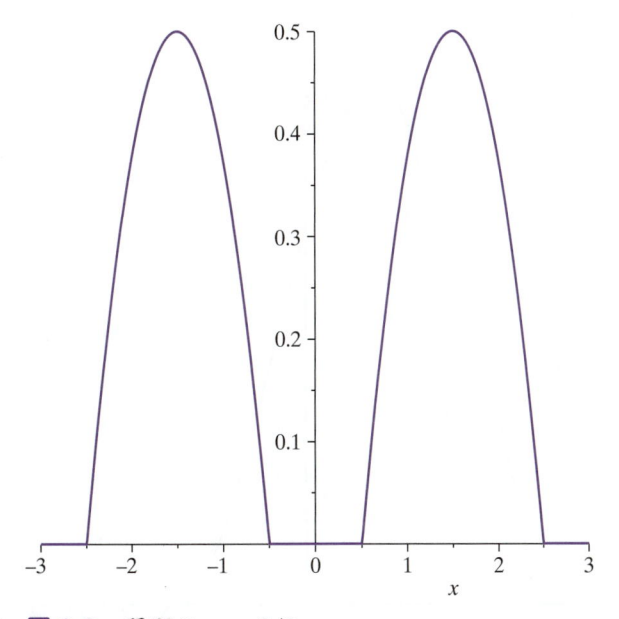

圖 0.9 習題 8，$t=3/2$

9. 圖 0.10 到 0.15。

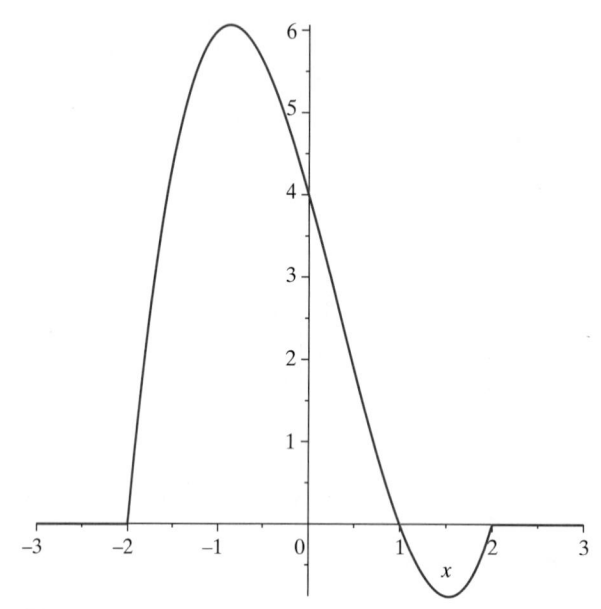

圖 0.10　習題 9，$t=0$

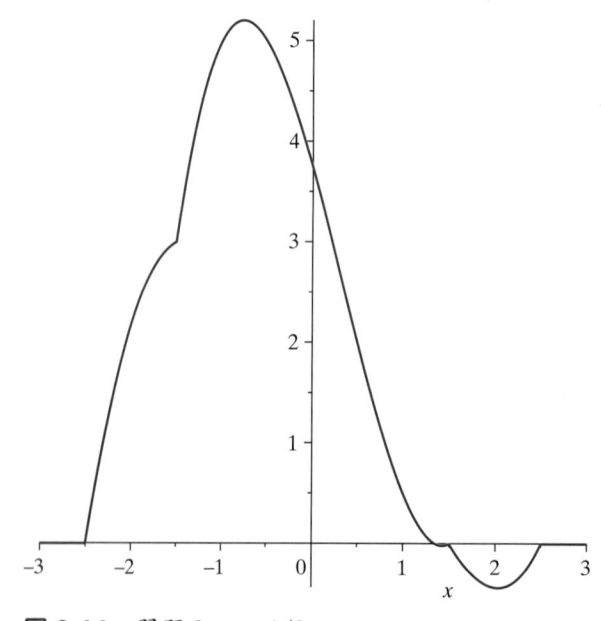

圖 0.11　習題 9，$t=1/2$

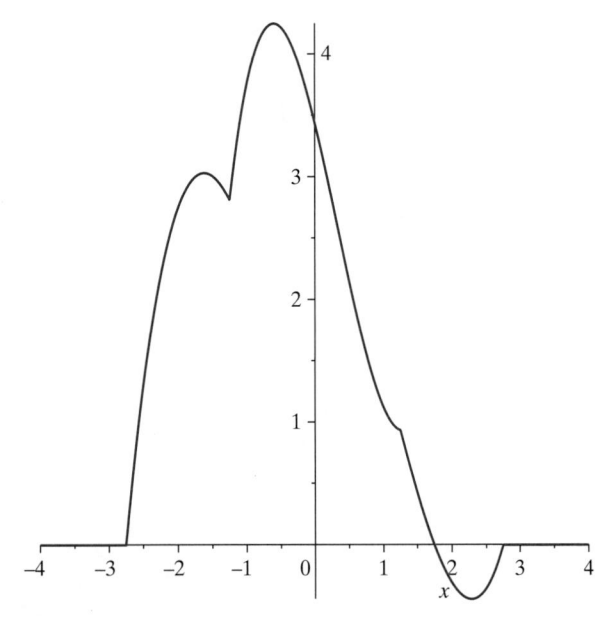

圖 0.12 習題 9，$t = 3/4$

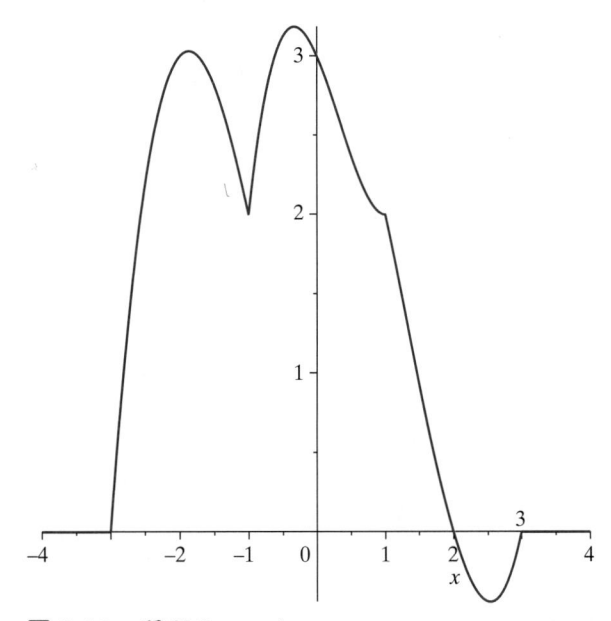

圖 0.13 習題 9，$t = 1$

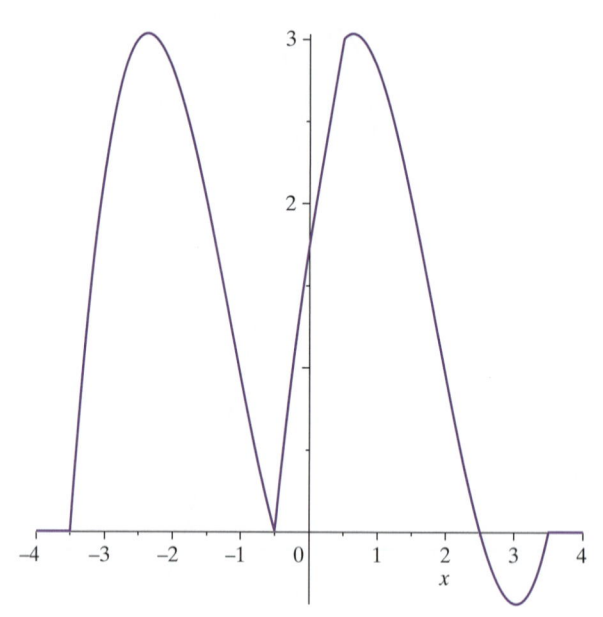

圖 0.14　習題 9，$t = 3/2$

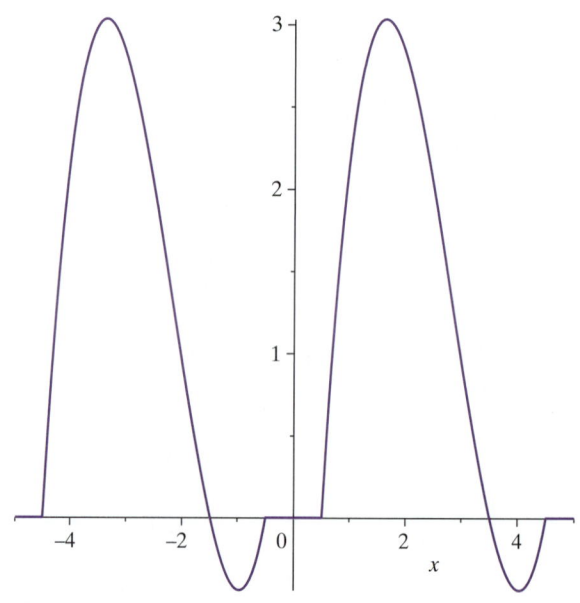

圖 0.15　習題 9，$t = 5/2$

14.4　具有強制項 K(x, t) 的波動方程式

1. $y(x,t) = x + \dfrac{1}{8}(e^{-x+4t} - e^{-x-4t}) + \dfrac{1}{2}xt^2 + \dfrac{1}{6}t^3$

3. $y(x,t) = x^2 + 64t^2 - x + \dfrac{1}{32}(\sin(-2x+16t) + \sin(2x+16t)) + \dfrac{1}{32}xt^4$

5. $y(x,t) = \dfrac{1}{2}[\cosh(x-3t) + \cosh(x+3t)] + t + \dfrac{3}{20}xt^5$

CHAPTER 15　熱方程式

15.1　在有界介質中的擴散問題

1. $u(x,t) = \sum_{n=1}^{\infty} \dfrac{8L^2}{(2n-1)^3 \pi^3} \sin((2n-1)\pi x/L) \exp(-(2n-1)^2 \pi^2 kt/L^2)$

2. $u(x,t) = \sum_{n=1}^{\infty} d_n \sin((2n-1)\pi x/L) \exp(-3(2n-1)^2 \pi^2 t/L^2)$,

其中
$$d_n = \dfrac{-16L}{(2n-1)\pi[(2n-1)^2 - 4]}$$

3. $u(x,t) = \dfrac{2}{3}\pi^3 + \sum_{n=1}^{\infty} a_n \cos(nx/2) e^{-n^2 t}$

其中
$$a_n = -\dfrac{16}{\pi n^4}\left(n^2\pi^2 - 6 + 5(-1)^n\right)$$

4. $u(x,t) = -\dfrac{4}{3}\left(\dfrac{2+3\pi}{\pi^2}\right) + \sum_{n=1}^{\infty} a_n \cos(n\pi x/6) e^{-n^2\pi^2 t/18}$

其中
$$a_n = \dfrac{24(-18 - 18n^2 - 27\pi(-1)^n + 12n^2\pi(-1)^n)}{\pi^2(4n^2 - 9)^2}$$

6. $u(x,t) = \sum_{n=1}^{\infty} c_n \sin((2n-1)\pi x/2L) e^{-(2n-1)^2 \pi^2 kt/4L^2}$

其中
$$c_n = \dfrac{8B}{\pi^2(2n-1)^2}(-1)^{n+1}$$

8. 使用 $A=4$，$B=2$，$k=1$ 並定義傅立葉變換
$$u(x,t) = e^{-2x-2t} v(x,t)$$

則
$$v(x,t) = \sum_{n=1}^{\infty} c_n \sin(nx) e^{-n^2 t}$$

其中

$$c_n = \frac{-4}{\pi(n^2+4)^3}[24n - 2n^3 + 16n\pi + 4n^3\pi - 24ne^{2\pi}(-1)^n$$
$$+ 2n^3 e^{2\pi}(-1)^n + 16n\pi e^{2\pi}(-1)^n + 4n^3\pi e^{2\pi}(-1)^n]$$

9. 使用 $A = -6$，$B = 0$，$k = 1$ 並使用傅立葉變換
$$u(x,t) = e^{3x-9t} v(x,t)$$

則
$$v(x,t) = \sum_{n=1}^{\infty} c_n \sin(nx) e^{-n^2 t}$$

其中
$$c_n = \frac{2}{\pi} \int_0^{\pi} \xi(\pi - \xi) e^{-3\xi} \sin(n\xi)\, d\xi$$
$$= \frac{2ne^{-3\pi}}{\pi(n^2+9)^3} \left[6\pi(n^2+9)((-1)^n + e^{-3\pi}) + 2(n^2 - 27)(e^{3\pi} - (-1)^n) \right]$$

10. 令 $u(x,t) = v(x,t) + h(x)$ 並且要求
$$h(0) = T, h(L) = 0 \text{ 與 } h''(x) = 0$$

則
$$h(x) = T\left(1 - \frac{x}{L}\right)$$

$v(x,t)$ 的問題的解為
$$v(x,t) = \sum_{n=1}^{\infty} b_n \sin(n\pi x/L) e^{-n^2\pi^2 kt/L^2}$$

其中
$$b_n = \frac{2}{L} \int_0^L (\xi(L-\xi)^2 - h(\xi)) \sin(n\pi\xi/L)\, d\xi$$
$$= \frac{2}{n^3\pi^3} \left(-n^2\pi^2 T + 4L^2 + 2L^3(-1)^n\right)$$

11. 令 $u(x,t) = v(x,t) + h(x)$ 並且選擇
$$h(x) = T\left(1 - \frac{x}{L}\right)$$

在 $u(x,0) = 0$ 的情況下，$v(x,0) = -h(x)$，v 的解為
$$v(x,t) = \sum_{n=1}^{\infty} b_n \sin(n\pi x/L) e^{-9n^2\pi^2 t/L^2}$$

其中
$$b_n = \frac{2}{L}\int_0^L -T\left(1-\frac{\xi}{L}\right)\sin(n\pi\xi/L)\,d\xi = -\frac{2T}{n\pi}$$

15.2 具有強制項 $F(x,t)$ 的熱方程式

1. $u(x,t) = \sum_{n=1}^{\infty} \frac{1}{8\pi n^5}(1-(-1)^n)(-1+4n^2t+e^{-4n^2t})\sin(nx)$

$+ \sum_{n=1}^{\infty} \frac{1}{\pi n^3}(1-(-1)^n)\sin(nx)e^{-4n^2t}$

3. $u(x,t) = \sum_{n=1}^{\infty} \frac{50(1-\cos(5)(-1)^n)}{n^3\pi^3(n^2\pi^2-25)}(n^2\pi^2t - 25 + 25e^{-n^2\pi^2t/25})\sin(n\pi x/5)$

$+ \sum_{n=1}^{\infty} \frac{500}{n^3\pi^3}((-1)^{n+1}-1)\sin(n\pi x/5)e^{-n^2\pi^2t/25}$

5. $u(x,t) = \sum_{n=1}^{\infty} \frac{27(-1)^{n+1}}{128n^5\pi^5}\left(16n^2\pi^2 - 9 + 9e^{-16n^2\pi^2t/9}\right)\sin(n\pi x/3)$

$+ \sum_{n=1}^{\infty} \frac{2K}{n\pi}(1-(-1)^n)\sin(n\pi x/3)e^{-16n^2\pi^2t/9}$

15.3 實線上的熱方程式

1. 解為
$$u(x,t) = \frac{8}{\pi}\int_0^\infty \frac{1}{16+\omega^2}\cos(\omega x)e^{-\omega^2 kt}\,d\omega$$

也可以寫為
$$u(x,t) = \frac{1}{2\sqrt{\pi kt}}\int_{-\infty}^\infty e^{-|\xi|}e^{-(x-\xi)^2/4kt}\,d\xi$$

3. 我們可以寫出解為
$$u(x,t) = \int_0^\infty (a_\omega \cos(\omega x) + b_\omega \sin(\omega x))e^{-\omega^2 kt}\,d\omega$$

其中
$$a_\omega = \frac{1}{\pi}\int_0^4 \xi\cos(\omega\xi)\,d\xi = \frac{1}{\pi\omega^2}(4\omega\sin(4\omega) + \cos(4\omega) - 1)$$

且

$$b_\omega = \frac{1}{\pi}\int_0^\infty \xi \sin(\omega\xi)\,d\xi = \frac{1}{\pi\omega^2}(\sin(4\omega) - 4\omega\cos(4\omega))$$

也可以寫為

$$u(x,t) = \frac{1}{2\sqrt{\pi kt}}\int_0^4 \xi e^{-(x-\xi)^2/4kt}\,d\xi$$

5. $u(x,t) = \int_0^\infty (a_\omega \cos(\omega x) + b_\omega \sin(\omega x))e^{-\omega^2 kt}$

其中 $a_\omega = 0$ 且

$$b_\omega = \frac{1}{\pi}\int_{-1}^1 f(\xi)\sin(\omega\xi)\,d\xi = 4\left(\frac{1-\cos(\omega)}{\pi\omega}\right)$$

7. $u(x,t) = \int_0^\infty (a_\omega \cos(\omega x) + b_\omega \sin(\omega x))e^{-\omega^2 kt}$

其中 $b_\omega = 0$ 且

$$a_\omega = \frac{2\cos(\pi\omega/2)}{\pi(1-\omega^2)}$$

15.4　半線上的熱方程式

1. $u(x,t) = \dfrac{2}{\pi}\displaystyle\int_0^\infty \left(\dfrac{\omega}{\omega^2+\alpha^2}\right)\sin(\omega x)e^{-k\omega^2 t}\,d\omega$

3. $u(x,t) = \dfrac{2}{\pi}\displaystyle\int_0^\infty \left(\dfrac{1-\cos(h\omega)}{\omega}\right)\sin(\omega x)e^{-k\omega^2 t}\,d\omega$

5. $u(x,t) = \displaystyle\int_0^\infty a_\omega \cos(\omega x)e^{-\omega^2 kt}\,d\omega$

其中

$$a_\omega = \frac{2}{\pi}\int_0^4 \xi(1+\xi)\cos(\omega\xi)\,d\xi$$
$$= \frac{2}{\pi\omega^3}(-\omega + 20\omega^2\sin(4\omega) - 2\sin(4\omega) + 9\omega\cos(4\omega))$$

7. $u(x,t) = \displaystyle\int_0^\infty \dfrac{8}{\pi\omega}(\sin(9\omega) - \sin(5\omega))\cos(\omega x)e^{-\omega^2 kt}\,d\omega$

CHAPTER 16　拉氏方程式

16.1　矩形的 Dirichlet 問題

1. $u(x,y) = \dfrac{1}{\sinh(\pi^2)} \sin(\pi x) \sinh(\pi(\pi - y))$

2. $u(x,y) = \displaystyle\sum_{n=1}^{\infty} \dfrac{32}{\pi^2 \sinh(4n\pi)} \dfrac{n(-1)^{n+1}}{(2n-1)^2(2n+1)^2} \sin(n\pi x) \sinh(n\pi y)$

3. $u(x,y) = \dfrac{1}{\sinh(\pi^2)} \sin(\pi x) \sinh(\pi y)$
   $+ \displaystyle\sum_{n=1, n\neq 2}^{\infty} \dfrac{10n[(-1)^n - 1]}{\pi^2(n-2)^2(n+2)^2 \sinh(n\pi^2/2)} \sin(n\pi x/2) \sinh(n\pi y/2)$

4. $u(x,y) = \displaystyle\sum_{n=1}^{\infty} c_n \sin((2n-1)\pi x/2a) \sinh((2n-1)\pi y/2a)$
   其中
   $$c_n = \dfrac{2}{a \sinh((2n-1)\pi b/2a)} \int_0^a f(\xi) \sin((2n-1)\pi \xi/2a)\, d\xi$$

6. $u(x,y) = \dfrac{-1}{\sinh(4\pi)} \sinh(\pi(x-4)) \sin(\pi y)$
   $+ \displaystyle\sum_{n=1}^{\infty} \dfrac{2}{\sinh(4n\pi)} \left(\dfrac{2(1-(-1)^n)}{\pi^3 n^3} \right) \sinh(n\pi x) \sin(n\pi y)$

16.2　圓盤的 Dirichlet 問題

1. $u(r,\theta) = 1$

2. $u(r,\theta) = \dfrac{1}{3}\pi^2 + \displaystyle\sum_{n=1}^{\infty} \left(\dfrac{r}{2}\right)^n 2(-1)^n \dfrac{1}{n^2}[2\cos(n\theta) + n\sin(n\theta)]$

3. $u(r,\theta) = \dfrac{1}{\pi}\sinh(\pi) + \dfrac{2}{\pi}\displaystyle\sum_{n=1}^{\infty} \left(\dfrac{r}{4}\right)^n \dfrac{(-1)^n \sinh(\pi)}{n^2+1}[\cos(n\theta) + n\sin(n\theta)]$

4. $u(r,\theta) = 1 - \dfrac{1}{3}\pi^2 + \displaystyle\sum_{n=1}^{\infty} \left(\dfrac{r}{8}\right)^n \dfrac{4(-1)^{n+1}}{n^2}\cos(n\theta)$

5. 以極座標表示，問題為解
   $$\nabla^2 U(r,\theta) = 0,\ r<4,\ U(4,\theta) = 16\cos^2(\theta).$$
   解為
   $$U(r,\theta) = 8 + r^2\left(\cos^2(\theta) - \dfrac{1}{2}\right)$$

故
$$u(x,y) = \frac{1}{2}(x^2 - y^2) + 8$$

6. 以極座標表示，$U(r,\theta) = r^2(2\cos^2(\theta) - 1)$，故 $u(x,y) = x^2 - y^2$。

16.3　Poisson 積分公式

1. $u(1/2, \pi) = \dfrac{3}{8\pi} \displaystyle\int_{-\pi}^{\pi} \dfrac{\xi}{5/4 - \cos(\xi - \pi)}\, d\xi = 0$；被積分項為奇數。

   $u(3/4, \pi/3) \approx 0.88261$，$u(0.2, \pi/4) \approx 0.024076$

3. $u(4, \pi) \approx -16.4654$，$u(12, \pi/6) \approx 0.0694$，$u(8, \pi/4) \approx 1.5281$

16.4　無界區域的 Dirichlet 問題

1. $u(x,y) = \dfrac{y}{\pi} \displaystyle\int_{-\infty}^{\infty} \dfrac{f(\xi)}{y^2 + (\xi - x)^2}\, d\xi$

2. $-\infty < x < \infty$ 且 $y < 0$，
   $$u(x,y) = -\frac{y}{\pi} \int_{-\infty}^{\infty} \frac{f(\xi)}{y^2 + (\xi - x)^2}\, d\xi.$$

3. $u(x,y) = \dfrac{2}{\pi} \displaystyle\int_0^\infty \left(\int_0^\infty f(\xi) \sin(\omega\xi)\, d\xi \right) \sin(\omega x) e^{-\omega y}\, d\omega$
   $+ \dfrac{2}{\pi} \displaystyle\int_0^\infty \left(\int_0^\infty g(\xi) \sin(\omega\xi)\, d\xi \right) \sin(\omega y) e^{-\omega x}\, d\omega$

4. $(x,y) = \dfrac{y}{\pi} \displaystyle\int_4^8 \dfrac{A}{y^2 + (\xi - x)^2}\, d\xi = \dfrac{A}{\pi}\left[-\arctan\left(\dfrac{x-8}{y}\right) + \arctan\left(\dfrac{x-4}{y}\right) \right]$

16.5　紐曼問題

1. $u(x,y) = c_0 - \dfrac{4}{\pi \sinh(\pi)} \cosh(\pi(1-y)) \cos(\pi x)$

2. $u(x,y) = c_0 - \dfrac{\cosh(3(\pi - y))}{3 \sinh(\pi)} \cos(3x) + \displaystyle\sum_{n=1}^{\infty} \dfrac{12((-1)^n - 1)}{n^3 \pi \sinh(n\pi)} \cosh(ny) \cos(nx)$

3. $u(x,y) = \displaystyle\sum_{n=1}^{\infty} \dfrac{2}{n^4 \pi^4 \sinh(n\pi)} [n^2 \pi^2 (-1)^n + 6(1 - (-1)^n)] \cosh(n\pi(1-x)) \sin(n\pi y)$

4. $u(r,\theta) = \dfrac{1}{2} a_0 + \dfrac{R}{2} \left(\dfrac{r}{R} \right)^2 \cos(2\theta)$

5. $u(x,y) = \dfrac{1}{2\pi} \displaystyle\int_{-\infty}^{\infty} \ln(y^2 + (\xi - y)^2) e^{-|\xi|} \sin(\xi)\, d\xi$

6. $u(x,y) = \displaystyle\int_0^\infty a_\omega \cos(\omega x) e^{-\omega y}\, d\omega$

其中
$$a_\omega = -\frac{2}{\pi\omega}\int_0^\infty f(\xi)\cos(\omega\xi)\,d\xi$$

16.6 Poisson 方程式

1. $u(x,y) = v(x,y) + w(x,y)$，其中
$$v(x,y) = \sum_{n=1}^\infty \frac{2(-1)^{n+1}}{n\pi \sinh(n\pi)} \sin(n\pi(1-x))\sin(n\pi y)$$

且
$$w(x,y) = \sum_{n=1}^\infty \sum_{m=1}^\infty k_{nm} \sin(n\pi x)\sin(m\pi y)$$

其中
$$k_{nm} = \frac{4(-1)^{n+m+1}}{(n^2+m^2)nm\pi^4}$$

3. $u(x,y) = v_1(x,y) + v_2(x,y) + w(x,y)$，其中
$$v_1(x,y) = \sum_{n=1}^\infty \frac{2}{n\pi \sinh(n\pi)}(1-(-1)^n)\sin(ny)\sinh(n(\pi-x))$$
$$v_2(x,y) = \sum_{n=1}^\infty \frac{2}{n \sinh(n\pi)}(-1)^{n+1}\sinh(nx)\sin(ny)$$
$$w(x,y) = \sum_{n=1}^\infty \sum_{m=1}^\infty k_{nm} \sin(nx)\sin(my)$$

其中
$$k_{nm} = \frac{4}{\pi^2(n^2+m^2)}(2+2(-1)^n+n^2\pi^2(-1)^n)(-2+2(-1)^m-m^2\pi^2(-1)^m)$$

CHAPTER 17 特殊函數

17.1 雷建德多項式

1. 展開的第 n 個係數為
$$c_n = \frac{2n+1}{2}\int_{-1}^1 f(\xi)P_n(\xi)\,d\xi$$

近似前 6 項係數。c_0、c_2 和 c_4 近似為零，而

$$c_1 \approx 1.215854203,\ c_3 \approx -0.2248913308,\ c_5 \approx 0.009197869969$$

前 6 項部分和為

$$c_1 P_1(x) + c_3 P_3(x) + c_5 P_5(x)$$

2. c_1、c_3 和 c_5 近似為零，而

$$c_0 \approx 0.272675613,\ c_2 \approx 0.4961198722,\ c_4 \approx -0.06335726400$$

3. c_0、c_2 和 c_4 為零，而

$$c_1 \approx 1.50000000,\ c_3 \approx -0.8750000000,\ c_5 \approx 0.6875000000$$

4. $P_6(x) = -\dfrac{6!}{2^6 3! 3!} + \dfrac{8!}{2^6 2! 4! 2!} x^2 - \dfrac{10!}{2^6 5! 4!} x^4 + \dfrac{12!}{2^6 6! 6!} x^6$

$P_7(x) = -\dfrac{8!}{3! 4!} x + \dfrac{10!}{2^7 2! 5! 3!} x^3 - \dfrac{12!}{2^7 6! 5!} x^5 + \dfrac{14!}{2^7 7! 7!} x^7$

8. 將 $x = t = 1/2$ 代入生成函數中可得

$$\dfrac{2}{\sqrt{3}} = \sum_{n=0}^{\infty} \dfrac{1}{2^n} P_n\left(\dfrac{1}{2}\right)$$

17.2 貝索函數

1. 展開式的形式為

$$\sum_{n=1}^{\infty} c_n J_0(j_n x)$$

其中 j_n 是 $J_0(x)$ 的第 n 個正零點且

$$c_n = \dfrac{2}{(J_1(j_n))^2} \int_0^1 \xi e^{-\xi} J_0(j_n \xi)\, d\xi$$

2. 展開式為

$$\sum_{n=1}^{\infty} c_n J_1(j_n x)$$

其中 j_n 是 $J_1(x)$ 的第 n 個正根且

$$c_n = \dfrac{2}{(J_2(j_n))^2} \int_0^1 \xi^3 e^{-2\xi} J_1(j_n \xi)\, d\xi$$

3. 展開式為

$$\sum_{n=1}^{\infty} c_n J_4(j_n x)$$

其中 j_n 是 $J_4(x)$ 的第 n 個正根且

$$x_n = \frac{2}{(J_5(j_n))^2} \int_0^1 \xi \sin(3\xi) J_4(j_n \xi)\, d\xi$$

6. 利用 $J_0'(x) = -J_1(x)$ 的事實可驗證

$$\int_0^\alpha J_1(x)\, dx = 1$$

現在在這個積分中改變變數 $s = \alpha x$。

8. 方程式 (17.23) 的兩邊都用 $\nu = n$ 來表示以證明

$$\int x^n J_{n-1}(x)\, dx = x^n J_n(x)$$

通過積分方程式 (17.24) 獲得第二個積分。

14. 將給定的微分方程式與習題 13 的一般方程式匹配。通過選擇

$$a = \frac{1}{3},\ b = c = 1,\ \nu = \frac{1}{4}$$

通解為

$$y(x) = c_1 x^{1/3} J_{1/4}(x) + c_2 x^{1/3} J_{-1/4}(x)$$

15. $y(x) = c_1 x^3 J_{1/2}(2x^4) + c_2 x^{1/3} J_{-1/2}(2x^4)$

16. $y(x) = c_1 x^2 J_{2/3}(x^3) + c_2 x^2 J_{-2/3}(x^3)$

17. 我們得到 $a = b = 0$,所以這種方法只產生一個當然解。但是,請注意:微分方程式是一個具有解的歐勒方程式

$$y(x) = c_1 x^{1/4} + c_2 x^{-1/4}$$

CHAPTER 18　以變換法求解

18.1　拉氏變換法

1. $y(x,t) = \left[f\left(t - \frac{x}{c}\right) - \frac{K}{2}\left(t - \frac{x}{c}\right)^2 \right] H\left(t - \frac{x}{c}\right) + \frac{1}{2} K t^2$

2. $y(x,t) = \dfrac{A}{6}\left(t - \dfrac{x}{c}\right)^3 H\left(t - \dfrac{x}{c}\right) - \dfrac{A}{6} t^3$

3. $y(x,t) = f\left(t - \dfrac{x}{c}\right) H\left(t - \dfrac{x}{c}\right) - \dfrac{A}{6} x t^4$

4. $u(x,t) = e^{kt-x} - e^{-kt} * \mathcal{L}^{-1}\left[e^{-\sqrt{s/k}x}\right](t) = e^{kt-x} - e^{-kt} * \dfrac{x}{2\sqrt{\pi kt^3}} e^{-x^2/4kt}$

18.2 傅立葉變換

1. $u(x,t) = \dfrac{1}{2\sqrt{\pi kt}} \displaystyle\int_{-\infty}^{\infty} e^{-4|\xi|} e^{-(x-\xi)^2/4kt}\, d\xi$

2. $u(x,t) = \dfrac{1}{2\sqrt{\pi kt}} \displaystyle\int_{0}^{4} \xi e^{-(x-\xi)^2/4kt}\, d\xi$

3. $y(x,t) = \dfrac{1}{2\pi} \displaystyle\int_{0}^{\infty} \dfrac{10}{\pi(25+\omega^2)} \cos(\omega x) \cos(12\omega t)\, d\omega$

4. $y(x,t) = \displaystyle\int_{0}^{\infty} \dfrac{1}{2\pi\omega} \dfrac{\sin(\pi\omega)}{1-\omega^2} \sin(\omega x) \sin(4\omega t)\, d\omega$

5. $y(x,t) = \displaystyle\int_{0}^{\infty} \left[\left(\dfrac{e^{-2}}{3\pi\omega} \dfrac{2\cos(\omega)-\omega\sin(\omega)}{4+\omega^2} \right) \cos(\omega x) \right.$
   $\left. + \left(\dfrac{e^{-2}}{3\pi\omega} \dfrac{\omega\cos(\omega)+2\sin(\omega)}{4+\omega^2} \right) \sin(\omega x) \right] \sin(3\omega t)\, d\omega$

6. $u(x,y) = \dfrac{1}{\pi}\left[2\arctan\left(\dfrac{x}{y}\right) - \arctan\left(\dfrac{4+x}{y}\right) + \arctan\left(\dfrac{4-x}{y}\right) \right]$

18.3 傅立葉正弦與餘弦變換

1. $y(x,t) = \displaystyle\int_{0}^{\infty} \dfrac{2}{\pi} \dfrac{2(1-\cos(\omega)-\omega\sin(\omega))}{\omega^3} \sin(\omega x) \cos(3\omega t)\, d\omega$

2. $y(x,t) = \displaystyle\int_{0}^{\infty} \dfrac{1}{\pi\omega} \dfrac{\sin(\pi\omega/2)-\sin(5\pi\omega/2)}{\omega^2-1} \sin(\omega x) \sin(2\omega t)\, d\omega$

3. $y(x,t) = \displaystyle\int_{0}^{\infty} \dfrac{3}{7\pi\omega^5} d_\omega \sin(\omega x) \sin(14\omega t)\, d\omega$

   其中
   $$d_\omega = 2\sin(3\omega) - 4\omega\cos(3\omega) - 3\omega^2\sin(3\omega) - 2\omega$$

4. $u(x,t) = -\dfrac{2}{\pi} \displaystyle\int_{0}^{\infty} f(t) * e^{-(1+\omega^2)t} \cos(\omega x)\, d\omega$

CHAPTER 19　複數與函數

19.1　複數的幾何和算術

1. $26 - 18i$
2. $(1 + 18i)/65$
3. $4 + 228i$
4. $6 - i$
5. $(-1632 + 2024i)/4225$
6. $\pi/2 + 2k\pi$，k 為任意整數

7. $|-3+2i| = \sqrt{13}$, $\arg(-3+2i) = \arctan(-2/3) + \pi + 2k\pi$
8. $|-4| = 4$, $\arg(-4) = \pi + 2k\pi$ 9. $2\sqrt{2}e^{3\pi i/4}$
10. $\sqrt{29}e^{i\arctan(-2/5)}$ 11. $\sqrt{65}e^{i(\arctan(1/8))}$
12. $i^{4n} = (i^2)^{2n} = (-1)^{2n} = 1$, $i^{4n+1} = i$, $i^{4n+2} = -1$, $i^{4n+3} = -i$
13. 按逆時針順序標記頂點 z、w、u。邊是由複數 $w-z$、$u-w$、$z-u$ 表示的向量。三角形是等邊的若且唯若

$$|w-z| = |u-w| = z-u|$$

且每邊可以旋轉 $2\pi/3$ 弳以與鄰邊對齊。因此

$$u-w = (w-z)e^{-2\pi i/3} \text{ and } z-u = (u-w)e^{-2\pi i/3}$$

檢查是否給出 $z^2 + w^2 + u^2 = zw + zu + wu$

15. 若 $|z| = 1$，則 $z\bar{z} = 1$ 且

$$\left|\frac{z-w}{1-\bar{z}w}\right| = \left|\frac{z-w}{z\bar{z}-\bar{z}w}\right|$$

$$= \left|\frac{z-w}{|\bar{z}||z-w|}\right| = \frac{1}{|\bar{z}|} = 1$$

類似的論點如若 $|w| = 1$。

17. M 是由所有 $z = x+iy$ 組成的開放半平面，其中 $y < 7$。邊界點是水平線的點 $x+7i$。

19. U 是點 $z = x+iy$ 的垂直帶狀區域，其中 $1 < x \leq 3$。U 既不是開放的也不是閉合的。邊界點是點 $1+iy$（不在 U 中）和點 $3+iy$（在 U 中）。U 不是有界的。

21. $z = x+iy$ 在 W 中若且唯若 $x > y^2$。這是拋物線 $x = y^2$ 內部的開放區域。邊界點是拋物線上的點 y^2+iy。W 不是閉合的，因為它不包含所有的邊界點。W 是開放的，因為 W 的所有點都是內點。

19.2 複變函數

1. $u(x, y) = x$, $v(x, y) = y-1$。柯西－黎曼方程式在任何點均成立，且對所有 z 而言，f 為可微分。

2. $u(x, y) = \sqrt{x^2+y^2}$, $v(x, y) = 0$。柯西－黎曼方程式在任何點均不成立，且 f 在 z 不可微分。

3. $u(x, y) = 0$, $v(x, y) = x^2+y^2$。柯西－黎曼方程式僅在 $z = 0$ 成立，所以 f 可微的唯一可能值為 $z = 0$。由導數之極限定義，可得 $f'(0) = 0$。

4. $u(x, y) = 1$, $v(x, y) = y/x$。柯西－黎曼方程式在任何點均不成立，且在 $f(z)$ 定義之任意點，f 不可微分。

5. $u(x, y) = x^2-y^2$, $v(x, y) = -2xy$。柯西－黎曼方程式僅在 $z = 0$ 成立，由導數之極限定義，$f'(0) = 0$。

6. $u(x,y) = -4x + \dfrac{x}{x^2+y^2}, v(x,y) = -4y - \dfrac{y}{x^2+y^2}$

對所有 $z \neq 0$，柯西－黎曼方程式成立。對所有非零 z 而言，f 可微分（對 $z \neq 0$，偏導數為連續）。

19.3 指數與三角函數

1. $\cos(1) + i\sin(1)$
2. $\cos(3)\cosh(2) - i\sin(3)\sinh(2)$
3. $e^5[\cos(2) + i\sin(2)]$
4. $\frac{1}{2}[1 - \cos(2)\cosh(2) + i\sin(2)\sinh(2)]$
5. i
6. $u(x,y) = e^{x^2-y^2}\cos(2xy), v(x,y) = e^{x^2-y^2}\sin(2xy)$

$\dfrac{\partial u}{\partial x} = e^{x^2-y^2}(2x\cos(2xy) - 2y\sin(2xy)) = \dfrac{\partial v}{\partial y}$

$\dfrac{\partial u}{\partial y} = e^{x^2-y^2}(-2y\cos(2xy) - 2x\sin(2xy)) = -\dfrac{\partial v}{\partial x}$

8. $f(z) = ze^z = (x+iy)e^x(\cos(y) + i\sin(y))$
$= xe^x\cos(y) - ye^x\sin(y) + i(ye^x\cos(y) + xe^x\sin(y))$

故

$u(x,y) = xe^x\cos(y) - ye^x\sin(y)$ 和 $v(x,y) = ye^x\cos(y) + xe^x\sin(y)$

對所有 (x,y)，柯西－黎曼方程式成立。

10. $\ln(2) + i(4k+1)\dfrac{\pi}{2}$，$k$ 為任意整數
12. $\ln(2) + (2k+1)\pi$

19.4 複數對數

1. $\ln(4) + i(3\pi/2 + 2n\pi)$, with n any integer.
2. $\ln(5) + (2n+1)\pi i$
3. $\frac{1}{2}\ln(85) + (\arctan(-2/9) + (2n+1)\pi)i$

19.5 冪次

1. $i^{e^{-(\pi/2+2n\pi)}}$
2. $e^{-(\pi/2+2n\pi)}$
3. $e^{9\pi/4+6n\pi}[\cos(3\ln(2\sqrt{2})) - \sin(3\ln(2\sqrt{2}))]$
4. $e^{i(\pi+4n\pi)/8}$, $n = 0, 1, 2, 3$
5. $16e^{(2n+1)\pi}[\cos(\ln(4)) - i\sin(\ln(4))]$
6. $2e^{(2n+1)\pi i/4}$, $n = 0, 1, 2, 3$

數值為

$$\sqrt{2}(1+i), \sqrt{2}(-1+i), \sqrt{2}(-1-i), \sqrt{2}(1-i)$$

7. $e^{n\pi i/3}$, $n = 0, 1, 2, 3, 4, 5$

數值為
$$1, \frac{1}{2}(1+\sqrt{3}i), \frac{1}{2}(-1+\sqrt{3}i), -1, \frac{1}{2}(-1-\sqrt{3}i), \frac{1}{2}(1-\sqrt{3}i)$$

CHAPTER 20　積分

20.1　複變函數的積分

1. $8 - 2i$
2. $\frac{3}{2}(1+i)$
3. $-\frac{13}{2} + 2i$
4. $-\frac{1}{2}[\cosh(8) - \cosh(2)]$
5. $-\cos(2)\sinh(1) - i\sin(2)\cosh(1)$
6. $10 + 210i$
7. $25i/2$
8. $\frac{2}{3}(1+i)$
9. 有一界為 $1/\sqrt{2}$。任意大的數亦為界。

20.2　柯西定理

1. 0 由柯西定理
2. 0
3. $2\pi i$
4. 0
5. 0
6. $4\pi i$

20.3　柯西定理的結果

1. $32\pi i$
2. $2\pi i(-8 + 7i)$
3. $-2\pi e^2[\cos(1) - \sin(1)i]$
4. $\pi i[6\cos(12) - 36\sin(12)]$
5. $-512\pi(1-2i)\cos(256)$
6. $-\frac{13}{2} - 39i$
7. 2π

CHAPTER 21　函數的級數表示法

21.1　冪級數

1. 收斂半徑為 2，收斂的開圓盤為 $|z + 3i| < 2$
2. $1/e$, $|z - 1 + 3i| < 1/e$
3. 2, $|z + 8i| < 2$
4. 沒有（零離 $2i$ 比離 i 更遠）
5. $\cos(z) = \sum_{n=0}^{\infty} \frac{(-1)^n}{(2n)!} 2^{2n} z^{2n}$, $|z| < \infty$（所有 z）
6. $z^2 - 3z + i = -3 + (1-2i)(z-2+i) + (z-2+i)^2$

7. $(z-9)^2 = 63 - 16i + (-16+2i)(z-1-i) + (z-1-i)^2$

8. $f(z) = 1 + iz + \frac{3}{2}z^2 + \frac{2i}{3!}z^3 + \frac{6}{4!}z^4 + \frac{4i}{5!}z^5 + \cdots$

10. 首先在麥克勞林級數中展開 e^{zw}：

$$\frac{1}{2\pi i}\oint_\gamma \frac{z^n}{n!w^{n+1}}e^{zw}\,dw = \frac{1}{2\pi i}\oint_\gamma \sum_{k=0}^{\infty}\frac{z^{n+k}w^{k-n-1}}{n!k!}\,dw$$

在這個積分中將 $w = e^\theta$ 參數化為 $0 \leq \theta \leq 2\pi$ 以獲得

$$\frac{1}{2\pi i}\oint_\gamma \frac{z^n}{n!w^{n+1}}e^{zw}\,dw = \frac{(z^n)^2}{(n!)^2}$$

使用此式可得

$$\frac{1}{2\pi i}\oint_\gamma \frac{z^n}{n!w^{n+1}}e^{zw}\,dw = \frac{(z^n)^2}{(n!)^2}$$

11. $z^2\sin^2(z)$ 在 0 時具有 4 階零點。

12. $\cos^3(z)$ 在 $3\pi/2$ 時具有 3 階零點。

13. $f(z) = \sin^4(z)/z^2$ 在 0 時未定義。然而，如果我們設 $g(z) = f(z)$，$z \neq 0$ 且 $g(0) = 0$，則 $g(z)$ 具有 2 階零點。

14. 證明

$$a_n = \frac{f^{(n)}(z_0)}{n!} = b_n, n = 1, 2, \cdots$$

21.2　勞倫展開

1. $\dfrac{1}{z-i} + \dfrac{1}{2i}\sum_{n=0}^{\infty}\dfrac{(-1)^n}{(2i)^n}(z-i)^n, 0 < |z-i| < 2$

2. $\sum_{n=1}^{\infty}\dfrac{(-1)^{n+1}4^n}{(2n)!}z^{2n-2}, 0 < |z| < \infty$

3. $-\dfrac{1}{z-1} - 2 - (z-1), 0 < |z-1| < \infty$

4. $\sum_{n=1}^{\infty}\dfrac{1}{n!}z^{2n-2}, 0 < |z| < \infty$

5. $1 + \dfrac{2i}{z-i}, 0 < |z-i| < \infty$

CHAPTER 22　奇點與留數定理

22.1　奇點的分類

1. 2 階極點在 0
2. 本質奇點在 0
3. 單極點在 i，$-i$，雙極點在 1
4. 可移除奇點在 i，單極點在 $-i$
5. 單極點在 1，-1，i，$-i$
6. 單極點在 $(2n+1)/2$，其中 n 為任意整數。

22.2　留數定理

1. $2\pi i$
2. 0
3. $2\pi i$
4. $2\pi i$
5. $-\pi i/4$
6. 0
7. $2\pi i$
8. $\pi[\cos(8) - 1 + i\sin(8)]/2$
11. $2\pi i$
13. $2\pi i$

22.3　實數積分的計算

1. $2\pi/\sqrt{3}$
2. $\pi/3$
3. $\pi e^{-2\sqrt{2}} \sin(2\sqrt{2})/4$
4. $\frac{\pi}{32}(1 + 5e^{-4})$
5. $\pi/4$
6. $e^{i\alpha z}/(z^2+1)$ 在上半平面有一奇點且在 i 有單極點，求出在 i 的留數為 $\pi e^{-\alpha}$。
7. 令 $z = e^{i\theta}$，代入 $\cos(\theta)$，$\sin(\theta)$，dz 可得

$$\int_0^{2\pi} \frac{1}{\alpha^2 \cos^2(\theta) + \beta^2 \sin^2(\theta)} d\theta$$
$$= \frac{4}{i} \int_{|z|=1} \frac{z}{(\alpha^2 - \beta^2)z^4 + 2(\alpha^2 + \beta^2)z^2 + (\alpha^2 - \beta^2)} dz$$

被積分項有兩個單極點，由單位圓所圍住的兩個單極點為 $(\beta - \alpha)/(\beta + \alpha)$ 之平方根。在計算中包括 $4/i$ 的因子，每個極點的被積函數殘差為 $1/(i\alpha\beta)$。根據殘差定理，積分等於 $2\pi/\alpha\beta$。

8. 矩形路徑 Γ，由柯西定理，$\oint_\Gamma e^{-z^2} dz = 0$。將 Γ 之每一邊參數化且將 $\oint_\Gamma e^{-z^2} dz$ 寫成三積分之和

$$\int_{-R}^{R} e^{-x^2} dx - e^{\beta^2} \int_{-R}^{R} e^{-x^2} \cos(2\beta x) dx$$
$$+ 2e^{-R^2} \int_{0}^{\beta} e^{t^2} \sin(2Rt) dt = 0$$

令 $R \to \infty$ 可得

$$\int_{-\infty}^{\infty} e^{-x^2} \cos(2\beta x) dx = \sqrt{\pi} e^{-\beta^2}$$

10. 首先以變數變換證明

$$\int_{0}^{\infty} \frac{x \sin(\alpha x)}{x^4 + \beta^4} dx = \frac{1}{2} \int_{-\infty}^{\infty} \frac{x \sin(\alpha x)}{x^4 + \beta^4} dx$$

證明 $ze^{i\alpha z}/(z^4 + \beta^4)$ 在上半平面之 $\beta e^{i\pi/4}$ 與 $\beta e^{3\pi/4}$ 有單極點，且計算在 $\beta e^{i\pi/4}$ 與 $\beta e^{3\pi/4}$ 之留數以求得所要的積分值。

索引

$|\mathbf{A}|$ 以第 i 列的餘因子展開　cofactor expansion of $|\mathbf{A}|$ by row i　203

$|\mathbf{A}|$ 以第 j 行的餘因子展開　cofactor expansion of $|\mathbf{A}|$ by column j　204

d'Alembert 的解　d'Alembet's solution　463

del 算子　del operator　295

Dirichlet 問題　Dirichlet problem　513

Euler-Mascheroni 常數　Euler-Mascheroni constant　563

$f(x)$ 在 $[0, \infty]$ 的傅立葉餘弦積分表達式　Fourier cosine integral representation of $f(x)$ on $[0, \infty]$　511

$f(x)$ 在 $[a, b]$ 的最佳最小平方近似　best least-squares approximation to $f(x)$ on $[a, b]$　376

$f(x)$ 在半線的傅立葉正弦積分表達式　Fourier sine integral representation of $f(x)$ on the half-line　508

$f(x)$ 在半線的傅立葉正弦積分係數　Fourier sine integral coefficients of $f(x)$ on the half-line　508

$f(x)$ 在區間的特徵函數展開　eigenfunction expansion of $f(x)$　366

$f(x)$ 在實線的複數傅立葉積分表達式　complex Fourier integral representation of $f(x)$ on the real line　420

$f(x)$ 的特徵函數係數　eigenfunction coefficients of $f(x)$　369

$f(x)$ 的特徵函數展開　eigenfunction expansion of $f(x)$　369

f 在 $[-L, L]$ 的複數傅立葉級數　complex Fourier series of f on $[-L, L]$　415

f 在 z_0 的第 n 個泰勒係數　nth Taylor coefficient of f at z_0　657

f 在 γ 的積分　integral of f over γ　632

f 的傅立葉正弦變換　Fourier sine transform of f　436

f 的傅立葉餘弦變換　Fourier cosine transform of f　435

f 的複數傅立葉積分係數　complex Fourier integral coefficient of f　420

f 關於 z_0 的泰勒展開　Taylor expansion of f about z_0　657

f 關於 z_0 的泰勒級數　Taylor series f about z_0　657

Fresnel 積分　Fresnel's integrals　692

Frobenius 級數　Frobenius series　118

F 的標準表示　standard representation of **F**　133

F 和 **G** 之間的角度　angle between **F** and **G**　138

F 與 **G** 的叉積　cross product of **F** with **G**　143

$g(x)$ 在 $[0, L]$ 的傅立葉正弦係數　Fourier sine coefficients of $g(x)$ on $[0, L]$　380

$g(x)$ 在 $[0, L]$ 的傅立葉正弦級數　Fourier sine series for $g(x)$ on $[0, L]$　380

$g(x)$ 在 $[0, L]$ 的傅立葉餘弦係數　Fourier cosine coefficient of $g(x)$ on $[0, L]$　379

$g(x)$ 在 $[0, L]$ 的傅立葉餘弦級數　Fourier cosine series for $g(x)$ on $[0, L]$　379

Gram-Schmidt 正交化過程　Gram-Schmidt orthogonalization process　157

Hankel 積分　Hankel's integrals　575

Heaviside 公式　Heaviside formula　98

Heaviside 函數　Heaviside function　87

Jordan 曲線定理　Jordan curve theorem　637

Lommel 積分　Lommel's integrals　574

L 的參數方程式　parametric equations of L　135

m 階極點　pole of order of m　671

Parseval 等式　Parseval's equality　377

Poisson 方程式　Poisson equation　537

Poisson 核　Poisson kernel　522

Poisson 積分　Poisson's integrals　575

Poisson 積分公式　Poisson's integral formula　524

Putzer 演算法　Putzer algorithm　269

s 變數的移位　shifting in the s variable　84

Sonine 積分　Sonine's integrals　575

S 的正交補餘　orthogonal complement of S　160

t 變數的移位　shifting in the t-variable　89

u 映射到 S 的正交投影　orthogonal projection of **u** onto S　162

v 階貝索方程式　Bessel's equation of order v　560

v 階第一類貝索函數　Bessel function of the first kind of order v　563

v 階第二類貝索函數　Bessel function of the second kind of order v　563

Π 的方程式　equation of the plane Π　141

二劃

二次式　quadratic form　241

人口成長的物流模式　logistic model of population growth　16

力線　lines of force　299

三劃

三角不等式　triangle inequality　604

三點共線　collinear　145

索引

上三角　upper triangular　209
凡得蒙得行列式　Vandermonde determinant　209
大小　magnitude　131, 148, 602
子空間　subspace　149

四劃

不相容　inconsistent　191
中心　center　654
互補誤差函數　complementary error function　582
元素　element　165
內部　interior　314, 637
內點　interior point　606
分布　distribution　103
分離常數　separation constant　481
分離變數　separation of variables　480
切平面　tangent plane　291
反　inverse　198
反向波　backward wave　464
反拉氏變換　inverse Laplace transform　78
反傅立葉變換　inverse Fourier transform　422, 588
反賀米特　skew-hermitian　239
反導數　antiderivative　661
方陣　square　169

片段平滑　piecewise smooth　337, 385
片段連續　piecewise continuous　79, 385
牛頓的冷卻定律　Newton's law of cooling　480

五劃

主對角　main diagonal　169, 225
加速度　acceleration　282
加權函數　weight function　366
半衰期　half-life　12
可分離　separable　3
可移除奇點　removable singularity　671
可微　differentiable　277, 611
可解析　analytic　111
右手規則　right-hand rule　144
史特姆－李歐維里方程式的標準式　Standard form of the Sturm-Liouville equation　359
史特姆－李歐維里問題　Sturm-Liouville problem　359
史特姆－李歐維里微分方程式　Sturm-Liouville differential equation　359
外部　exterior　314, 637
外部　external　316
平行　parallel　132
平行四邊形定律　parallelogram law　133
平滑　smooth　337
本質奇點　essential singularity　671

未定係數法　method of undetermined coefficients　61

正交　orthogonal　140, 148, 235

正交基底　orthogonal basis　156

正向波　forward wave　464

正向的　positively oriented　314

正合　exact　24

正則　regular　117

正則矩形　regular rectangular　325

正則邊界條件　regular boundary conditions　360

生成函數　generating function　547, 565

收斂的開圓盤　open disk of convergence　655

曲率　curvature　282

曲線　curve　304

有序的　ordered　604

有界　bounded　611

有界集合　bounded set　611

有理函數　rational function　684, 688

自然長度　natural length　67

自然頻率　natural frequency　68

行列式　determinant　203

行空間　column space　166

六劃

交叉乘積項　cross product term　243

共振　resonance　68

共軛　conjugate　602

共軛複數　complex conjugate　602

列空間　row space　166

列等價　row equivalent　177

向量　vector　131

向量函數　vector functioin　277

向量和　vector sum　132

向量場　vector field　287

無限的收斂半徑　infinite radius of convergence　655

收斂半徑　radius of convergence　655

七劃

位勢方程式　potential equation　513

位勢函數　potential function　24, 320

位置向量　position vector　278

伽瑪函數　gamma function　561

伯努利方程式　Bernoulli equation　37

完全　complete　365

投影　projection　142

李卡地方程式　Riccati equation　39

李歐維里定理　Liouville's theorem　649

貝索不等式　Bessel's inequality　159, 377

八劃

卷積　convolution　100, 430

卷積定理　convolution theorem　100, 431
奇　odd　391
奇函數　odd function　382
奇異　singular　200
奇異解　singular solution　7
奇異點　singular point　117
孤立奇點　isolated singularity　671
孤立　isolated　661
拉氏方程式　Laplace's equation　513
拉氏變換　Laplace transform　75
波動方程式的柯西問題　Cauchy problem for the wave equation　463
法　normal　141, 334
法向量　normal vector　291
法向導數　normal derivative　528
法線　normal line　291
物流方程式　logistic equation　16
初始條件　initial condition　4, 246, 443
初始質量　initial mass　11
初始點　initial point　303
初始－邊界值問題　initial-boundary value problem　480
初值問題　initial value problem　4, 246
近齊次　nearly homogeneous　40
非正則奇異點　irregular singular point　117
非奇異　nonsingular　200

非旋轉　irrotational　298
非當然　nontrivial　215
非對角元素　off-diagonal element　225
非齊次　nonhomogeneous　47, 191, 245, 488–489

九劃

保守　conservative　320
係數　coefficient　654
垂直　perpendicular　140
封閉　closed　347
恢復力　restoring force　56
指數成長　exponential growth　12
指數矩陣　exponential matrix　267
指數衰減　exponential decay　12
指標方程式　indicial equation　119, 121
柯西－舒瓦茲不等式　Cauchy-Schwarz inequality　138
柯西－歐勒微分方程式　Cauchy-Euler differential equation　70
柯西－黎曼方程式　Cauchy-Riemann equations　614
流動線　flow lines　300
流線　stremline　299
相依　dependent　45
相容　consistent　191
相等　equal　166

相對於這個基底的 **F** 的座標　coordinates of **F** with respect to this basis　156

相關聯　associated with　213

穿孔圓盤　punctured disk　665

負向　negative orientation　314

重數　multiplicity　220

重疊原理　principle of superposition　58

面積分　surface integral　338

十劃

差　difference　48

座標函數　coordinate functions　303

振幅譜　amplitude spectrum　417, 423

時域　time-domain　77

時間常數　time constant　81

朗士基　Wronskian　45

特殊函數　special functions　543

特解　particular solution　4

特徵三角形　characteristic triangle　473

特徵方程式　characteristic equation　54, 71

特徵向量　eigenvector　213

特徵多項式　characteristic polynomial　215

特徵函數　eigenfunction　359

特徵值　eigenvalue　213, 359

特徵線　characteristics　470

留數　residue　676

秩　rank　186

純量　scalar　131

純量三重積　scalar triple product　147

純量函數　scalar function　277

純量乘法　scalar multiplication　132

純量場　scalar field　287

紐曼問題　Neumann problem　528

脈動　pulse　88

脈衝　impulse　103

高斯散度定理　Gauss's divergence theorem　347

十一劃

偶　even　391

偶函數　even function　382

參數方程式　parametric equations　303

參數變換法　method of variation of parameters　58

域　domain　327, 329, 637

基本列運算　elementary row operations　174

基本矩陣　elementary matrix　176

基本矩陣　fundamental matrix　251

基底　basis　153

旋度　curl　294

混合問題　mixing problem　20

移位 Heaviside 函數　shifted Heaviside function　87

移位函數　shifted function　84

移位的 delta 函數　shifted delta function　433

第一、第二與第三分量　first, second, and third components　131

終端速度　terminal velocity　12

終點　terminal point　303

被正規化　normalized　412

通量　flux　344

通解　general solution　4, 46, 186, 249

連通　connented　637

連鎖律　chain rule　283

連續　continuous　277, 611

速度　velocity　282

速率　speed　282

閉合形式　closed form　111

閉集合　closed set　606

閉圓盤　closed disk　605

麥克勞林　Maclaurin　657

十二劃

傅立葉方法　Fourier method　480

傅立葉正弦係數　Fourier sine coefficients　396

傅立葉正弦展開　Fourier sine expansion　396

傅立葉正弦級數　Fourier sine series　396

傅立葉正弦變換的變換對　transform pair for the Fourier sine transform　594

傅立葉係數　Fourier coefficients　385

傅立葉展開　Fourier expansion　385

傅立葉級數　Fourier series　385

傅立葉餘弦係數　Fourier cosine coefficients　399

傅立葉餘弦展開　Fourier cosine expansion　399

傅立葉餘弦級數　Fourier cosine series　399

傅立葉餘弦積分係數　Fourier cosine integral coefficients　510

傅立葉餘弦變換的變換對　transform pair for the Fourier cosine transform　593–594

最小平方法　method of least squares　164

勞倫級數　Laurent series　653

單一　simple　557

單式　unitary　237

單式系統　unitary system　238

單位向量　unit vector　133

單位矩陣　identity matrix　169

單位階梯函數　unit step function　87

單連通　simply connected　328, 329, 638

單極點　simple pole　673

單範正交　orthonormal　156

中文	English	頁碼
幅角	argument	603
散度	divergence	294
棒的熱擴散率	thermal diffusivity of the bar	479
等位面	level surface	290
絕對可積	absolutely integrable	419, 508
絕對收斂	absolutely convergent	504, 586
虛部	imaginary part	601
虛軸	imaginary axis	602
賀米特	hermitian	238
距離	distance	268, 411
週期性邊界條件	periodic boundary conditions	360
開集合	open set	606
開圓盤	open disk	605
階乘性質	factorial property	562
階數	order	662

十三劃

中文	English	頁碼
傳遞常數	transfer constant	480
極式	polar form	603
極限	limit	609
楊氏係數	Young's modulus	454
當然子空間	trivial subspace	149
解空間	solution space	185
路徑	path	314, 637
跳躍不連續	jump discontinuity	80, 385

中文	English	頁碼
運算規則	operational rule	427
過濾性質	filtering property	107
雷建德方程式	Legendre's equation	543
雷建德多項式	Legendre polynomial	546
電報方程式	telegraph equation	455
零向量	zero vector	132
零矩陣	zero matrix	169
零解	trivial solution	361
零點	zero	557, 661

十四劃

中文	English	頁碼
圖形	graph	304
實二次式	real quadratic form	241
實部	real part	601
實軸	real axis	602
實線上 $f(x)$ 的傅立葉積分表達式	Fourier integral representation of $f(x)$ on the real line	504
實線上 $f(x)$ 的傅立葉積分係數	Fourier integral coefficients of $f(x)$ on the real line	504
對角化	diagonalize	226
對角矩陣	diagonal matrix	225
對稱	symmetric	233
對應於	corresponding to	213
對應齊次方程式	associated homogeneous equation	48
緊緻	compact	611

維數　dimension　154
與路徑無關　independence of path　323, 636
遞迴關係式　recurrence relation　114
領導元素　leading entry　177
齊次　homogeneous　45, 245, 488
齊次方程組　associated homogeneous system　252
齊次微分方程式　homogeneous differential equation　33

十五劃

增益　gain　81
增廣矩陣　augmented matrix　180
暫態部分　transient part　21
標準式　standard form　148, 243
標準單位向量　standard unit vectors　148
歐勒常數　Euler's constant　563
歐勒微分方程式　Euler differential equation　70
熱方程式　heat equation　351, 479
範數　norm　131, 148, 268, 411
線性　linear　17, 43, 77
線性相依　linearly dependent　45, 151, 247
線性組合　linear combination　45, 150, 247
線性獨立　linearly independent　45, 151, 248
線積分　line integral　305

複數　complex number　601
複數平面　complex plane　602
複變函數　complex function　609
調和　harmonic　513
調和共軛　harmonic conjugate　617
論證原理　argument principle　683
餘因子　cofactor　203
黎曼引理　Riemann's lemma　414

十六劃

獨立　independent　45
積分方程式　integral equation　102
積分因子　integrating factor　17, 27
積分曲線　integral curve　4, 43
輸入頻率　input frequency　68
靜態平衡　static equilibrium　67
頻率　frequency　420
頻率微分　frequency differentiation　429
頻譜　frequency spectrum　417

十七劃

環　annulus　665
點積　dot product　137

十八劃

擴散方程式　diffusion equation　479
歸一化特徵函數　normalized eigenfunctions　375

簡化　reducing　179

簡化列梯形式　reduced row echelon form　177

簡化式　reduced form　177

簡化的方程組　reduced system　186

簡化矩陣　reduced matrix　178

織成　span　150, 412

轉移矩陣　transition matrix　269

轉置　transpose　170

離散傅立葉變換　Discrete Fourier Transform (DFT)　597

離散餘弦變換　Discrete Cosine Transform (DCT)　589

雙極點　double pole　673

十九劃

穩態　steady-state　21

穩態熱方程式　steady-state heat equation　518

邊界　boundary　352

邊界條件　boundary conditions　443

邊界點　boundary point　606

二十三劃

變換對　transform pair　423, 436, 588